Radiotelegraphisches Praktikum

Von

Dr.-Ing. H. Rein

Dritte, umgearbeitete und vermehrte Auflage
(Berichtigter Neudruck)

von

Dr. K. Wirtz
o. Professor der Elektrotechnik an der Technischen Hochschule
zu Darmstadt

Mit 432 Textabbildungen und 7 Tafeln

Berlin
Verlag von Julius Springer
1922

ISBN-13:978-3-642-98304-7 e-ISBN-13: 978-3-642-99115-8
DOI: 10.1007/978-3-642-99115-8

Softcover reprint of the hardcover 1st edition 1922

Vorwort zur zweiten Auflage.

Die vorliegende zweite Auflage des radiotelegraphischen Praktikums unterscheidet sich in mehrfacher Hinsicht von der ersten. Wenn auch in der Anordnung des Stoffes keine Änderung vorgenommen wurde, so machte doch der Umstand, daß die einzelnen Meßmethoden nicht mehr an die besonderen Einrichtungen der Technischen Hochschule in Darmstadt angelehnt sind, eine allgemeinere und ausführlichere Behandlung der Aufgaben notwendig. Dem Zwecke des Buches entprechend habe ich freilich die Darstellung nicht so weit ausgesponnen, daß eine abgeschlossene Übersicht über die gesamte Entwicklung der drahtlosen Technik entstand, sondern nur angestrebt, unter Voraussetzung der allgemeinen Grundlagen der Radiotelegraphie Hinweise und Ergänzungen nach der physikalisch-technischen Seite zu geben. Aus diesem Grunde habe ich es auch vermieden, längere mathematische Entwicklungen aufzunehmen, sondern zumeist vorgezogen, nur die Schlußgleichungen anzugeben. Stets wurde auf Einfachheit und physikalische Übersichtlichkeit der Darstellung ein größerer Wert gelegt, wie auf absolute Genauigkeit des zu erzielenden Ergebnisses. Damit soll nicht etwa der Oberflächlichkeit Vorschub geleistet werden, sondern nur die Tatsache zum Ausdrucke kommen, welche für jede technische Anlage mehr oder weniger gilt, daß das Wesentlichste fast immer dem technischen Geschicke und der bewährten Erfahrung des Ingenieurs überlassen bleiben muß. Denn es würde unwirtschaftlich und deshalb fehlerhaft sein, an einer Stelle die Berechnungen und Messungen mit übergroßer Genauigkeit auszuführen, während man auf der andern Seite wichtige Einzelheiten rein erfahrungsgemäß festlegt. Die Beurteilung darüber, welche Meßgenauigkeit in jedem einzelnen Falle anzustreben ist, kann daher nicht allgemein entschieden werden.

Ein besonderes Wort verlangen die den einzelnen Abschnitten beigegebenen Literaturangaben. Es wurde hierbei nicht beabsichtigt, eine möglichst vollständige Zusammenstellung der bisherigen Veröffentlichungen zu geben, sondern die Auswahl möglichst auf diejenigen Aufsätze beschränkt, welche ohne umfangreiche Vorstudien eine wertvolle Ergänzung der beschriebenen Meßmethoden enthalten. Aus diesem Grunde wurde es auch vermieden, auf Patentschriften Bezug zu nehmen, einmal weil hier wichtige und unwichtige Dinge mit gleicher Ausführlichkeit behandelt zu werden pflegen und zweitens, weil manche Patentbeschreibungen einer schärferen Kritik nicht standzuhalten vermögen.

Endlich habe ich versucht, bei denjenigen radiotelegraphischen Arbeitsmethoden und Apparaten, welche eine allgemeinere Verbreitung gefunden haben, die Urheber derselben anzugeben. Denn in letzter Linie knüpft sich auch der Fortschritt in der Technik stets an einzelne Persönlichkeiten, und dies ist nur selten das Ergebnis einer genossenschaftlichen Arbeitsweise. Freilich bin ich mir bewußt, daß ich mich damit auf ein außerordentlich strittiges Gebiet begebe, da sich für den gleichen Erfindungsgedanken vielfach mehrere Urheber melden. In solchen Fällen habe ich es für richtig gehalten, entweder den Namen der ausführenden Firma allein anzugeben, oder denjenigen zu nennen, welchem nicht nur die Idee, sondern vor allem auch ihre technische Durcharbeitung im einzelnen zuzuschreiben ist. Denn besonders die Radiotelegraphie stellt eines der technischen Gebiete dar, bei welchem die Zahl der ausgearbeiteten Anregungen und Vorschläge zu den an sich vorhandenen eine außerordentlich geringe ist. Ein Leitmotiv macht eben noch keine Oper. Sollte mir hierbei in der einen oder anderen Richtung ein Irrtum begegnet sein, so bin ich für jede Richtigstellung dankbar.

Den Herren Prof. Dr. H. Th. Simon (Göttingen) und Dr. G. Seibt (Berlin), sowie folgenden Firmen:

Telephon-Fabrik A.-G., vorm. J. Berliner (Wien),
Hans Boas, Elektrotechnische Fabrik (Berlin),
Hartmann und Braun A. G. (Frankfurt a. M.),
Dr. Erich F. Huth, G. m. b. H. (Berlin),
C. Lorenz A.-G. (Berlin),
Kontinentales Syndikat für Poulsen Radiotelegraphie A.-G (Kopenhagen),
Gesellschaft für drahtlose Telegraphie m. b. H., System Telefunken (Berlin)

möchte ich auch an dieser Stelle für die freundliche Überlassung von Photographien meinen verbindlichsten Dank aussprechen.

Zu ganz besonderem Danke bin ich Herrn Prof. Dr. K. Wirtz (Darmstadt) verpflichtet, der mir an Hand der Korrekturen viele wertvolle Ratschläge zuteil werden ließ.

H. Rein.

Vorwort zur dritten Auflage.

Hans Rein hatte schon die zweite Auflage seines radiotelegraphischen Praktikums auf eine wesentlich breitere Grundlage gestellt, als das kleine, im Jahre 1910 erschienene Buch. Während dieses sich beschränkte auf eine kurzgefaßte Zusammenstellung der Schaltbilder und Gleichungen nebst knappen Anleitungen für die verschiedenen Messungen, die damals in den radiotelegraphischen Übungen an der Technischen Hochschule zu Darmstadt ausgeführt wurden, hat in der zweiten Auflage nicht nur die Beschreibung der Meßgeräte Aufnahme gefunden, auch alle Erläuterungen sind ausführlicher gehalten, und es war wohl Reins Absicht, sein Buch bei späteren Auflagen in dieser Richtung weiter zu entwickeln.

Im Sinne Reins glaubte ich zu handeln, wenn ich bei der vorliegenden dritten Auflage noch etwas weiter gegangen bin.

Zunächst wurden daher, einem vielfachen Wunsche entsprechend, die Ableitungen der wichtigeren Gleichungen aufgenommen, soweit dies mit einfachen Mitteln möglich war. Viele Messungen sind durch Zahlenbeispiele erläutert. Neu hinzugekommen sind ferner Erläuterungen über Aufbau, Wirkungsweise und Handhabung der wichtigeren Sende- und Empfangsgeräte, wodurch, ebenfalls einem Wunsche Reins entsprechend, die Selbständigkeit des Buches gegenüber seinem zur Zeit vergriffenen Lehrbuch der drahtlosen Telegraphie noch mehr zum Ausdruck gebracht ist und es vorläufig als Ersatz bis zum Erscheinen der in Vorbereitung befindlichen Neuauflage des Lehrbuchs dienen kann.

Sowohl hierbei, wie bei der Beschreibung der verschiedenen Geräte und Verfahren sind die einzelnen Bestimmungsstücke möglichst durch Zahlenwerte erläutert, da das Erlernen ihrer Größenordnung eine der wichtigsten Aufgaben bei den Übungen ist.

Sämtliche, bis zum Erscheinen dieser Auflage vorliegenden Neuerungen sind berücksichtigt, insbesondere auch die Kathodenröhren als Sender, Wellenanzeiger und Verstärker und die Verfahren zu ihrer Untersuchung. Einige konnten allerdings nur noch in den Literaturnachweisen Aufnahme finden.

Ich hoffe, daß trotz der starken Vergrößerung seines Umfanges auf mehr als das Doppelte der letzten Auflage dem Buch durch die vorgenommene Änderung in der Einteilung und die weitgehende Gliederung der einzelnen Abschnitte seine Übersichtlichkeit erhalten geblieben ist.

Weitgehend war die Unterstützung, die ich auch bei der Herausgabe dieses zweiten Werkes von Hans Rein durch seine früheren Mitarbeiter auf dem Gebiete der drahtlosen Telegraphie gefunden habe.

Viele wertvolle Unterlagen verdanke ich der C. Lorenz A.-G. (Berlin-Tempelhof), insbesondere deren Oberingenieur Herrn O. Scheller, der Gesellschaft für drahtlose Telegraphie (Berlin), Herrn Dr. G. Seibt (Schöneberg-Berlin), H. Boas, Elektrotechnische Fabrik (Berlin), Siemens & Halske, A.-G. (Siemensstadt-Berlin), Hartmann & Braun, A.-G. (Frankfurt a. M.), Schott u. Gen., Glaswerk (Jena) und der Akkumulatoren-Fabrik, A.-G. (Berlin).

Die Schaltbilder sind wieder in alter Meisterschaft von Herrn Dr.-Ing. Hammerschmidt entworfen. Von den Herren Telegraphendirektor Dipl.-Ing. W. Hahn und Oberingenieur Dr.-Ing. L. Pungs wurden die Fahnenabzüge durchgesehen. Die Verlagsbuchhandlung Julius Springer hat keine Kosten und Mühen gescheut, auch diesem Werke Reins eine dem Andenken Reins würdige Ausstattung zu geben.

Ihnen allen sei herzlichster Dank gesagt.

Diese immer bereite, vielseitige Hilfe, die allein es mir ermöglicht hat, trotz des seelischen Druckes, der in dieser Zeit tiefster Schmach des Vaterlandes auf uns lastet, das Buch nun doch zu vollenden, sie galt dem Gedächtnis Hans Reins, der schon im ersten Kriegsjahr in den vordersten Linien unseres Feldheeres als Kompagnieführer eines Infanterieregimentes sein Leben für sein deutsches Land hingegeben hat.

Und wie so oft wandern auch meine Gedanken jetzt, beim Abschluß dieser Arbeit, nach dem einsamen Grab in fremder Erde, begleitet von der festen Zuversicht, daß Deutschland wieder erstarkt, trotz der schamlosen Bestimmungen, die unser wissenschaftliches und wirtschaftliches Leben vernichten sollen und die, aufgebaut auf Haß und Lüge, schmachvoller noch für unsere Feinde als für uns selbst, niemals der Welt den Frieden bringen können.

Weihnachten 1920.

K. Wirtz.

Inhaltsverzeichnis.

B. Kapazitäten.

C. Induktivitäten.

D. Kopplungskoeffizienten.

E. Wellenlängen.

F. Die Dämpfung.

Q. Allgemeine Gesichtspunkte für den Aufbau der Sende- und Empfangsstelle.

R. Sender.

S. Wellenanzeiger.

T. Empfangseinrichtungen.

U. Die drahtlose Telephonie 511

V. Richtungsbestimmungen 518

Bezeichnungen und Abkürzungen.

Gleichstrommaschine, Gleichstrommotor.

Batterie.

Wechselstrommaschine für kleine und mittlere Periodenzahlen.

Hochfrequenzmaschine.

Hochspannungstransformator, Resonanzinduktor.

Unterbrecher.

Gewöhnliche Funkenstrecke.

Löschfunkenstrecke.

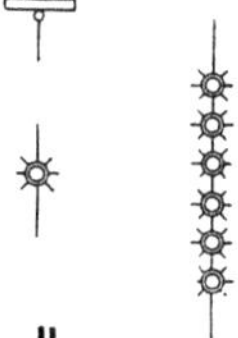
Lichtbogengeneratoren.

Fester Kondensator, Blockkondensator.

Stetig veränderlicher Kondensator.

Ohmscher Widerstand.

Feste Selbstinduktionsspule.

Stufenweise veränderliche Selbstinduktionsspule.

Stetig veränderliche Selbstinduktionsspule, Variometer.

Drosselspule mit und ohne Eisen.

Strommesser, Spannungsmesser.

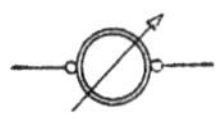
Galvanometer.

Thermoelement.

Elektrolytischer Detektor.

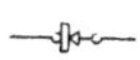
Kristalldetektor. Thermodetektor.

Ventilröhre.

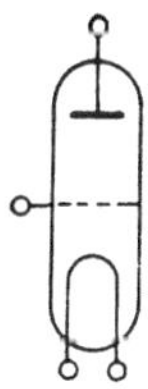
Kathodenstrahlenröhre. (Audion, Verstärkerröhre, Senderröhre.)

Geißler-Rohr, Heliumröhre.

Telephon.

Mikrophon.

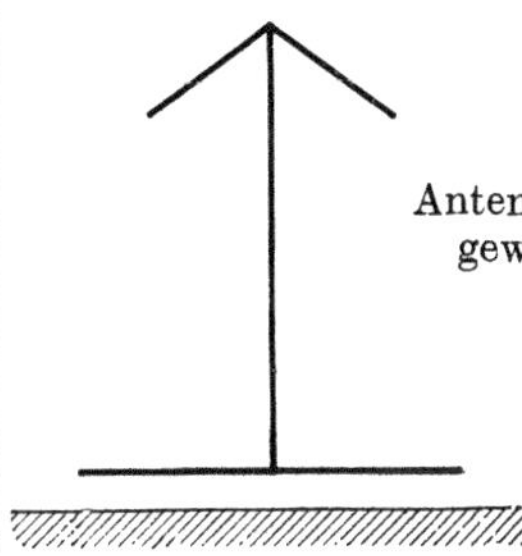
Antenne mit Gegengewicht.

Sofern nicht ausdrücklich anders angegeben ist, gelten folgende Bezeichnungen:

E = Spannungsscheitelwert.
EMK = Elektromotorische Kraft.
e = Wirksame Spannung (Effektivwert der Spannung).
E_F, F = Elektrische Feldstärke.
J = Stromscheitelwert.
i_t = Augenblickswert des Stromes.
i = Wirksame Stromstärke (Effektivwert der Stromstärke).
Q = Elektrizitätsmenge.
B = Magnetische Induktion.
μ = Permeabilität.
ε = Dielektrizitätskonstante.
A = Arbeit.
A_e = Arbeitsvorrat des elektrischen Feldes.
A_m = Arbeitsvorrat des magnetischen Feldes.
N = Leistung.
η = Wirkungsgrad.
$\cos\varphi$ = Leistungsfaktor.
σ = spezifischer Widerstand.
w = Ohmscher Widerstand.
L = Selbstinduktionskoeffizient.
L_{12}, M = Koeffizient der gegenseitigen Induktion.
$\varkappa$ = Kopplungsfaktor, Kopplungsgrad.
w_L = Induktiver Widerstand.
C = Kapazität.
w_C = Kapazitiver Widerstand.
δ = Dämpfungsziffer.
ϑ = Dämpfungsdekrement.
ν = Periodenzahl in der Sekunde.
$\omega = 2\pi\nu$ = Kreisfrequenz.
λ = Wellenlänge.
T = Periodendauer.
a = Funkenzahl in der Sekunde.
n = Umlaufszahl in der Minute
h_w = Wirksame Antennenhöhe.

Wiedem. Ann. = Wiedemanns Annalen der Physik und Chemie (Barth, Leipzig).
Ann. d. Phys. = Annalen der Physik (Barth, Leipzig).
Arch. f. Elektrot. = Archiv für Elektrotechnik (Springer, Berlin).
Elektr. u. Masch. = Elektrotechnik und Maschinenbau (Wien).
ETZ = Elektrotechnische Zeitschrift (Springer, Berlin).
Helios = Helios. Fach- u. Exportzeitschrift für Elektrotechnik (Hachmeister u. Thal, Leipzig).
Jahrb. = Jahrbuch der drahtlosen Telegraphie und Telephonie (Barth, Leipzig und von Band 12 an M. Krayn, Berlin).
Phys. Z. = Physikalische Zeitschrift (Hirzel, Leipzig).
Zeitschr. f. Instr. = Zeitschrift für Instrumentenkunde (J. Springer, Leipzig).
Verh. d. D. Phys. Ges. = Verhandlungen der Deutschen Physikalischen Gesellschaft (Vieweg & Sohn, Braunschweig).
Elektr. World = The Electrical World (Mc Graw Publishing Co., New-York).
Electrician = The Electrician (Georg Tucker, London).
Lumière électr. = La Lumière électrique (Paris).

Einleitung.

Nachdem Hertz durch seine bahnbrechenden Untersuchungen über die Strahlen elektrischer Kraft die elektromagnetischen Schwingungsvorgänge geklärt und Marconi den experimentellen Nachweis erbracht hatte, daß auf diese Erscheinungen sich ein neues, technisches Verfahren der Nachrichtenübermittlung aufbauen läßt, nachdem weiterhin die ersten Erfolge klar erwiesen hatten, daß hier eine Erfindung vorlag, die, wenn sie auch nicht die alten Telegraphensysteme verdrängen, so doch eine wesentliche Ergänzung vorhandener Einrichtungen darstellen würde, sind den hierbei neu auftauchenden Problemen eine große Zahl wissenschaftlich-technischer Mitarbeiter erstanden, deren wechselseitigem Zusammenwirken es möglich wurde, in kurzer Zeit Außerordentliches zu leisten. So kam es, daß sich in den verschiedenen Ländern die verschiedensten Systeme herausbildeten, die zumeist den Namen desjenigen führen, dem die Hauptarbeit ihrer Entwicklung zuzuschreiben ist, obwohl keine der ausgeführten Anlagen als in allen Teilen originell bezeichnet werden kann. Alle benutzen neben Eigenem mehr oder weniger Einzelgeräte, Schaltungseinrichtungen und Betriebsverfahren, die fremden Ursprungs sind, deren Anwendung jedoch nicht zu umgehen ist. Oft liegen die Fortschritte des betreffenden Systems allein auf konstruktivem Gebiete, ein Umstand, der jedoch niemals unterschätzt werden darf. Anfangs nämlich bauten sich die Anlagen aus lauter Einzelteilen auf, die den verschiedensten Gebieten der Wissenschaft und Technik entnommen waren. Erst in jüngster Zeit hat man sich von diesen Überlieferungen frei zu machen gesucht; das Bedürfnis schuf eine Konstruktionstechnik der Hochfrequenzgeräte.

Noch auf einen anderen Gesichtspunkt, der den Wert der einzelnen Systeme angeht, sei in diesem Zusammenhang hingewiesen. Auf keinem Gebiete der Technik tritt die Verknüpfung wissenschaftlicher Erkenntnis mit geschäftlicher Spekulation so vielseitig zutage, wodurch der Unterschied zwischen Zukunftshoffnungen und wirklich Erreichbarem vielfach völlig verwischt wird. Aus diesem Grunde ist zunächst ganz allgemein festzustellen, daß es kein System gibt, das allen anderen in jeder Beziehung überlegen ist. Vielmehr besitzt jede Sende- und Empfangseinrichtung ihre besonderen Vorzüge und Nachteile, deren Wichtigkeit nur im Rahmen der Gesamtanlage beurteilt werden kann.

Auch die Zahl der nach einem Systeme ausgeführten Anlagen gibt noch nicht ohne weiteres einen Maßstab für den technischen Wert desselben ab, da hier vielfach rein geschäftliche Gesichtspunkte ausschlaggebend sind. Wenn trotzdem im folgenden öfters von bestimmten Systemen gesprochen wird, so muß man stets im Auge behalten, daß hierdurch keine Beschränkung beabsichtigt ist, sondern nur der Anschaulichkeit halber die Anlehnung an bestimmte Stationseinrichtungen vorgenommen wurde. Von diesen ist den in Deutschland gebräuchlichen deshalb der Vorzug gewährt, weil hier die Möglichkeit vorlag, durch zahlreiche Abbildungen das Eindringen in das Wesen der Vorgänge zu erleichtern.

I. Die Sendeseite.

1. Das System Braun-Slaby-Arco. Ausgehend von der ältesten Anordnung Marconis, bei der die Antenne mit Hilfe einer in sie eingeschalteten Funkenstrecke in Schwingungen versetzt wurde, führte das Streben nach Vergrößerung der Reichweiten und Erhöhung der Abstimmfähigkeit auf der Empfangsseite zu der Vereinigung eines geschlossenen Erregerkreises mit der Antenne, wodurch einmal ein größerer Leistungsumsatz möglich wurde, und zweitens ein allmähliches Abklingen der Schwingungen in der Senderantenne eintrat. Freilich haften auch dieser Anordnung noch eine große Reihe von Mängeln an, die hauptsächlich darin bestehen, daß infolge der Kopplung der beiden in Resonanz befindlichen Schwingungskreise zwei Hauptwellen entstehen, von denen nur eine für den Empfang nutzbar gemacht werden kann. Mit dem Wegfall der Eintönigkeit der Wellenstrahlung vermindert sich gleichzeitig infolge des periodischen Hin- und Herpendelns der Leistung zwischen Antenne und Erregerkreis die Stärke der elektromagnetischen Strahlung und die Schärfe der Abstimmung in solchem Maße, daß als Empfangsindikator zweckmäßig kein integrierender Detektor, sondern ein auf einen Stoß ansprechender Wellenanzeiger (Fritter) Verwendung fand. Die hierdurch bedingte besondere Arbeitsweise der Anlagen besitzt somit folgende Übelstände: Einmal ist der verfügbare Wellenbereich eines Senders wegen der an der Antenne auftretenden Höchstspannungen nur ein beschränkter, und weiter sind beim Eintreten atmosphärischer Störungen die Zeichen auf der Empfangsseite nicht mehr durchzuhören. Die Nachteile, die diesem nur noch bei Störsendern verwendeten Systeme anhaften, mußten nun bei der Weiterentwicklung der radiotelegraphischen Fernübertragung beseitigt werden. Demgemäß bewegte sich der Fortschritt hauptsächlich nach zwei Richtungen hin. Zunächst wurde die Funkenzahl und damit die Senderleistung gesteigert, was auf der Empfangsseite die Verwendung eines integrierenden Detektors nötig machte. Gleichzeitig wurde angestrebt, die Anordnung so zu treffen,

daß die Entladungszahl in der Sekunde der Periode eines gut hörbaren Tones entspricht, also zwischen 500 und 2000 liegt. Damit ist bei einwandfreiem Betriebe die Möglichkeit gegeben, die Zeichen der Sendestelle als musikalischen Ton aus den zeitweilig auftretenden atmosphärischen Störgeräuschen herauszuhören.

2. Das System „Telefunken". Alle diese Fortschritte sind in dem Systeme der „tönenden Löschfunken" (Gesellschaft für drahtlose Telegraphie m. b. H., Berlin) vereinigt, bei dem durch Verwendung der Wienschen Stoßerregung gleichzeitig die Mehrwelligkeit der Antennenstrahlung, die dem alten Systeme anhaftete, beseitigt ist. Die Verteilung der Gesamtleistung auf eine große Zahl von Einzelentladungen vermindert die Größe der Höchstspannungen des Luftleiters gegen Erde, wodurch eine Steigerung des Wellenbereiches möglich wird. Weiterhin bedingt die Ausschaltung der dauernden Verluste im Erregerkreis eine wirtschaftliche Umsetzung der Primärleistung, was für den Umfang und das Gewicht der Maschinenanlagen vorteilhaft ist. Freilich setzt das Prinzip der Wienschen Stoßerregung die Beibehaltung zweier scharf aufeinander abgestimmter Kreise voraus, wodurch bei gewünschter stetig veränderlicher Wellenlänge die Bedienung der Anlage mehr Handgriffe erfordert oder einen verwickelteren Aufbau nötig macht.

3. Das Poulsensche Lichtbogensystem. Die einfachste Anordnung besitzt in dieser Beziehung das Poulsensche Lichtbogensystem (Telephon-Fabrik A.-G. vorm. J. Berliner, Wien; C. Lorenz A.-G., Berlin, Syndikat für Poulsen Radio-Telegraphie A.-G., Kopenhagen), das auf die alte Marconischaltung zurückgreift und die Stromquelle unmittelbar in die Antenne einfügt. Dies bedeutet völlige Einwelligkeit der Energiestrahlung und die Möglichkeit, mit Hilfe von Variometern und Drehkondensatoren die Wellenlänge schnell und einfach zu verändern. Die geringen Höchstwerte der Spannung gestatten weiterhin die Erzeugung von Wellenlängen solcher Größe, wie sie kein Funkensender hervorzubringen imstande ist. Dieser Umstand ist nicht nur in militärischer Hinsicht wichtig, sondern auch in allen den Gegenden (Tropen) von Wert, in denen erfahrungsgemäß mit längeren Wellen größere Reichweiten erzielt werden. Da die entstehenden Schwingungen ungedämpft sind, d. h. gleichbleibende Scheitelwerte aufweisen, ist die Abstimmung auf der Empfangsseite außerordentlich scharf und damit die Möglichkeit gegeben, bei störendem Dazwischenarbeiten fremder Sender durch Anwendung einer Reihe von aufeinander abgestimmten Zwischenkreisen und Einstellung losester Kopplung zwischen Antenne und Empfänger alle nicht gewünschten Impulse auszuschließen. Dieser Umstand war ursprünglich um so wichtiger, als die ausgesandten Zeichen nicht als durchdringende, charakteristische Töne, sondern als Geräusche aufgenommen werden konnten. Denn da die Ströme, die in dem Empfangs-

gerät entstehen, ungedämpft sind, muß, um sie im Telephon hörbar zu machen, eine Einrichtung benutzt werden, die die Gleichförmigkeit der Wellen zerstört. Dies wird mit Hilfe eines Unterbrechers (Ticker) bewirkt, der, wie später näher dargelegt ist, eine periodische Verstimmung der Kreise verursacht. Wie bei den alten Funkensendern müssen jedoch auch beim Tickerempfang atmosphärischen Störungen die Zeichenaufnahme erschweren. Der für ungedämpfte Schwingungen jetzt allgemein verwendete Überlagerungsempfang und das Tonrad haben diese Schwierigkeit wesentlich verringert.

Aus der Tatsache heraus, daß die Aufnahme der Zeichen, die von der Senderseite ausgehen, nur dann auch von fremden Stellen erfolgen kann, wenn diese entsprechende Empfangseinrichtung hinsichtlich des notwendigen Wellenbereiches und der eigentlichen Aufnahmegeräte besitzen, geht nicht nur der Wert der ungedämpften Schwingungen in militärischer Hinsicht hervor, sondern dürfte auch ihre Bedeutung für den Betrieb von Großstellen besonders klar zutage treten. Werden nämlich derartige Riesenanlagen mit tönenden Sendern ausgerüstet, die mit abklingenden Schwingungen arbeiten, so ist es für die im nächsten Umkreis liegenden kleineren Stationen, falls nicht jeder Sender und Empfänger eine ausgesprochene Richtfähigkeit besitzt, nicht möglich, einen einwandfreien Betrieb während des Arbeitens der betreffenden Großstelle untereinander aufrechtzuerhalten. Hier können, wie die Erfahrung gezeigt hat, nur die ungedämpften Schwingungen mit ihrer scharfen Abstimmung und ihren für die gewöhnlichen Empfangseinrichtungen unhörbaren Zeichen einen störungsfreien Verkehr anderer Anlagen gewährleisten. Vereinigt man außerdem die Sende- und Empfangsseite mit einem Schnellgeber und Schnellschreiber, so ist damit eine Stationsform geschaffen, die besonders für gewerbliche Zwecke einen weiten Anwendungsbereich besitzt. Endlich wird als Vorzug der ungedämpften Schwingungen der angesprochen, daß die Energieabsorption in dem die Wellen übertragenden Medium geringer ist als bei den mit gedämpften Impulsen arbeitenden Systemen. Jedoch fehlen hierüber noch ausreichende Erfahrungen. Auf der anderen Seite verursacht die unmittelbare Einschaltung des Lichtbogengenerators in die Antenne zuzeiten gewisse Betriebsschwierigkeiten, die in der Aufrechterhaltung einer vorzüglichen Isolation des Luftleiters bestehen. Läßt diese infolge ungünstiger Witterungsverhältnisse nach, wächst also die Antennendämpfung über das zulässige Maß, so ist die Erzeugung eines vollkommenen ungedämpften Schwingungszustandes unter Umständen in Frage gestellt.

4. Das Goldschmidtsche Hochfrequenzmaschinensystem. Schon früh tauchte der Gedanke auf (Tesla), die ungedämpften Wechselströme hoher Frequenz nicht mit Hilfe eines Funken-Lichtbogens zu er-

zeugen, sondern die Aufgabe auf maschinellem Wege zu lösen. Die besonderen Schwierigkeiten jedoch, die hierbei auftraten, und von denen an späterer Stelle die Rede sein wird, haben die Herstellung einer betriebstechnisch brauchbaren Maschine lange Zeit verhindert. Das gewünschte Ziel wurde zuerst erreicht, nachdem es auf Grund einer von R. Goldschmidt (C. Lorenz A.-G., Berlin) angegebenen Schaltung gelang, die Grundperiode einer Wechselstrommaschine durch entsprechend abgeglichene, am Läufer und Ständer angeschlossene Schwingungskreise so zu vervielfachen, daß ihre Verwendung in der Radiotelegraphie möglich wurde. Die Wirkungsweise dieser Stromquelle ist S. 58 kurz erläutert. Hier sei nur darauf hingewiesen, daß alles, was beim Poulsen-System von den ungedämpften Schwingungen gesagt wurde, auch für die Hochfrequenzmaschine sinngemäß gilt. Während jedoch eine schnelle und einfache Wellenveränderung bei Verwendung eines Lichtbogengenerators keine Schwierigkeiten verursacht, kann bei der Maschine die Lösung dieser Aufgaben nicht in so einfacher Weise erfolgen. Da weiterhin die auf mechanischem Wege erzeugte Periode stets mit der Eigenschwingung der Antenne in Resonanz sein muß, bedeutet die Erhaltung dieser Abstimmung eine Erschwerung dem Lichtbogensystem gegenüber, die jedoch durch die Möglichkeit der Erzielung größter Leistungen aufgewogen wird.

5. Die Hochfrequenzstromquelle der Gesellschaft für drahtlose Telegraphie. Auf einem neuen Wege hat die Gesellschaft für drahtlose Telegraphie die Aufgabe, große Hochfrequenzleistungen zu gewinnen, erfolgreich einer durch außerordentliche Betriebssicherheit ausgezeichneten Lösung zugeführt: Eine Wechselstrommaschine gewöhnlicher Bauart liefert Ströme mittlerer Frequenz, die durch ruhende Frequenzwandler auf die für Sendezwecke erforderliche hohe Wechselzahl gesteigert wird.

6. Das Vieltonsystem. Das Bestreben, den von der Gebestelle ausgesandten Zeichen eine erhöhte Selektionsfähigkeit zu sichern, führte in der Weiterentwicklung der Systeme zu dem auf den Schaltungen von Burstyn und v. Lepel aufgebauten und von Rein ausgebildeten Vieltonsender (C. Lorenz A.-G., Berlin; Telephon-Fabrik A.-G. vorm. J. Berliner, Wien), dessen Besonderheit darin besteht, daß die Morsezeichen in einem beliebigen Tonrhythmus telegraphiert werden können. Da somit die Zeichen der Senderstelle nicht nur durch die angewandte Wellenlänge gekennzeichnet sind, sondern auch eine akustische Eigenart aufweisen, kann jetzt auf der Empfangsseite bei Verwendung von Monotelephonen zu der elektrischen Abstimmung noch die akustische treten. Auch gestattet der mittels Klaviatur erfolgende schnelle und einfache Tonwechsel, bestimmte Signale, einfache Tonrhythmen und ähnliches radiotelegraphisch zu übertragen, was für viele Betriebe zur Ergänzung

der Morsezeichen von großem Werte ist. Technisch wurde diese Aufgabe gelöst, indem man mit einer in idealer Stoßerregung arbeitenden Entladestrecke noch einen weiteren Schwingungskreis, den Tonkreis, nebeneinanderschaltet, dessen Kapazitäts- und Selbstinduktionswerte derart abgeglichen sind, daß seine Eigenschwingung der eines hörbaren Tones entspricht. Durch diese Anordnung wird einmal die selbsttätige Steuerung der Hochfrequenzleistungen im Sinne dieses Tonrhythmus, sowie der weitere Vorteil erzielt, daß die Höhe des Tones sowohl von der Periodenzahl der Maschine, wie von der der Hochfrequenzschwingungen praktisch unabhängig ist, eine Erscheinung, die besonders bei kleinen Stromerzeugungsanlagen von Wichtigkeit ist, deren Umlaufszahl gleichbleibend zu halten Schwierigkeiten bereitet. Infolge der engen Kopplung des Stoßkreises mit der Antenne und der verwendeten idealen Stoßerregung braucht die Abstimmung der beiden Hochfrequenzkreise nicht scharf zu sein, was den Bau der Geräte und deren Betrieb sehr vereinfacht. Weiterhin gestattet dieses Verfahren die Anwendung ganz beliebiger, auch sehr stark strahlender Antennen, ohne daß hierdurch die Schärfe der Abstimmung auf der Empfangsseite oder die Reinheit des Tones eingebüßt wird. Diesen vielseitigen Vorzügen steht der Nachteil gegenüber, daß die Verluste in der Entladestrecke infolge der notwendigerweise schnell aufeinanderfolgenden Stöße größer sind als bei kleinen Funkenzahlen, wenn auch berücksichtigt werden muß, daß die Entionisierungsarbeit für jede einzelne Entladung im ersteren Falle viel geringer ist. Weiterhin findet auch die Wellensteigerung zwar nicht aus Spannungsrücksichten, wohl aber durch den Umstand eine obere Grenze, daß die einzelnen Entladungsgruppen bei kleineren Periodenzahlen sich zu überlappen beginnen und damit, sofern man die Aufnahme der Morsezeichen nicht mit Hilfe des Tickers, sondern mit dem Kontaktdetektor oder der Ventilröhre bewirkt, eine Verwischung und damit Unreinheit der Töne eintritt. Je schwächer gedämpft der Luftleiter ist, um so mehr macht sich diese Erscheinung geltend.

7. Röhrensender. Die neueste Senderanordnung beruht auf der Verwendung von Kathodenstrahlenröhren, deren Bau in den letzten Jahren auf eine hohe Stufe der Vollkommenheit gebracht ist. Die Röhren liefern als Stromerzeuger Schwingungen mit gleichbleibenden Scheitelwerten von einer seither nicht erreichten Gleichmäßigkeit, deren Periodenzahlen sich in einfachster Weise beliebig einstellen lassen. Theorie und experimentelle Untersuchung dieser neuen Stromquelle sind in kurzer Zeit so gefördert worden, daß es heute möglich ist, eine Röhre wie eine Maschine vorauszuberechnen und den verschiedensten Anforderungen anzupassen. Ist auch die Leistung, die eine einzelne Röhre liefern kann, nicht sehr groß (etwa 1,5 Kilowatt), so können durch Nebeneinanderschalten mehrerer Röhren schon jetzt Leistungen gewonnen werden, mit denen sich außer-

ordentliche Entfernungen überbrücken lassen, zumal da durch Verbindung der neuen Verstärker und der Überlagerungsempfänger die Reichweite des Röhrensenders schon bei kleinen Leistungen eine seither für unmöglich gehaltene Steigerung erfahren hat.

II. Die Empfangsseite.

Mit der Umgestaltung der Senderanlagen mußte naturgemäß die Entwicklung der Empfangseinrichtungen Hand in Hand gehen, soweit die Wahl des Wellenanzeigers und seiner Schaltung von der Art der einfallenden Schwingungen bestimmt wird. Da der alte Funkensender einen Stromstoß mit schnell abklingenden Scheitelwerten erzeugt, und diese zeitlich langsam aufeinanderfolgen, war hier die Verwendung des Fritters am Platze, der, von Wellen bestrahlt, ein Relais auslöst, das einen Morseschreiber in bekannter Weise betätigt. Zu reinem Hörempfang diente ursprünglich der Magnetdetektor. Die stoßartige Reizung beider Indikatoren bringt es mit sich, daß eine scharfe Abstimmung zwischen den Stationen nicht vorhanden sein konnte und daher jede fremde Störung den gegenseitigen Verkehr beeinträchtigte, ja völlig zu unterbinden vermochte. Dieser Umstand war die Veranlassung, auf der Senderseite möglichst schwach gedämpfte Wellenzüge zu erzeugen und gleichzeitig in den Empfangskreisen Leistungsdetektoren (elektrolytische Zelle, Kristalldetektoren) zur Anwendung zu bringen, welche auf dem Integralwert der ankommenden Schwingungen ansprechen. Bei loser Kopplung zwischen Luftleiter und Empfangskreis konnten dadurch die Störungen der Atmosphäre oder fremder Sender immer mehr unwirksam gemacht werden. Am vollkommensten ist dieser Zustand bei den ungedämpften Schwingungen erreicht, bei denen erst nach einer gewissen Zeit, in der die Scheitelwerte sich im Empfänger auf einen hohen Wert hinaufgeschaukelt haben, die Höreinrichtung selbsttätig angeschlossen wird. Hierbei müssen jedoch die gleichmäßigen Wellenzüge, die nicht unmittelbar mit den vorher genannten Wellenanzeigern sich aufnehmen lassen, durch einen Ticker in Gruppen zerhackt werden, die im Hörer ähnliche Geräusche hervorrufen wie die Funkensender.

Viel ausgiebiger aber ist die Ausnutzung der Vorzüge ungedämpfter Wellen durch das Tonrad von Goldschmidt und den jetzt weitverbreiteten Überlagerungsempfang. Der Umstand, daß bei diesen beiden Empfangsverfahren die Zeichen wieder als Töne vernommen werden und kein anderer Empfänger eine gleichgroße Selektivität aufweist, hat sie zu einem besonders wirksamen Schutz gegen Störungen gemacht. Sehr wesentlich ist die Verbesserung, die der Überlagerungsempfang neuerdings durch Benutzung des Röhrensenders als Hilfsstromquelle an Stelle eines Lichtbogengenerators erfahren hat.

Gleichzeitig hat auch der Bau von Verstärkern durch die Kathodenstrahlenröhren mit hohem Vakuum eine befriedigende Lösung gefunden, durch die die Reichweite von Sendern für ganz geringe Leistungen außerordentlich vergrößert werden konnte und der Empfang mit der sog. Rahmenantenne ermöglicht wurde, der fast frei ist von atmosphärischen Störungen.

Aus dieser Entwicklungsübersicht erkennt man weiterhin, wie man vom anfänglichen Schreibempfang abkam und fast allgemein zum Hörempfang überging, eine Erscheinung, die auch in der Leitungstelegraphie bis zu einem gewissen Grade sich zeigt.

In neuester Zeit jedoch wird auch dem Bau von Schreibern wieder erhöhtes Interesse entgegengebracht, da die sich anbahnende Entwicklung zur Schnelltelegraphie ein derartiges Hilfsmittel unbedingt nötig machte. Hier fand man zunächst in dem schon längere Zeit bekannten, jedoch nur selten verwendeten Lichtschreiber eine Ausgangsform, auf die die fortschreitende Technik aufbauen konnte.

Die neuen, zuverlässig arbeitenden Röhrenverstärker und Gleichrichter ermöglichen jetzt auch weniger empfindliche Geräte, z. B. schnellaufende Morseschreiber, Typendrucker und den bewährten Schnellschreiber von Siemens & Halske oder den Parlograph, zu verwenden.

A. Hilfsgeräte.

I. Stromquellen.

1. Stromquellen für mittlere Frequenzen (100—6000 Per./sek.).

Die Aufgabe, eine Wechselstromquelle zu beschaffen, die den vielseitigen Anforderungen der Meßtechnik genügt, hat in neuester Zeit durch den Bau der Kathodenstrahlenröhren eine nach jeder Richtung hin befriedigende Lösung gefunden. Das neue Hilfsmittel ist berufen, eine wesentliche Verfeinerung der Meßverfahren der Hochfrequenztechnik anzubahnen. Trotzdem werden die seither benutzten Wechsel-

Abb. 1. Saitensummer (Gesellschaft für drahtlose Telegraphie, Berlin). $^3/_4$ wirkl. Größe.

stromquellen ihre Bedeutung nicht verlieren. Die Lebensdauer einer Röhre ist begrenzt, ein Umstand, der immer dann, wenn die Preisfrage Berücksichtigung fordert, zur Verwendung der leicht herstellbaren Summer insbesondere in Verbindung mit der Eichhornschen Schaltung und einfacher Ausführungsformen von Lichtbogengeneratoren führen wird. Dazu kommt, daß Übungen in der Handhabung der verschiedenen Wechselstromquellen das Verständnis der für die Radiotelegraphie wichtigen Hochfrequenzerscheinungen ungemein erleichtern. Hauptsächlich gilt dies für die Lichtbogengeneratoren. Die folgende Zusammenstellung, die gleichzeitig ein Bild von der Entwicklung der Wechselstromquellen geben soll, durfte daher etwas ausführlicher gehalten werden.

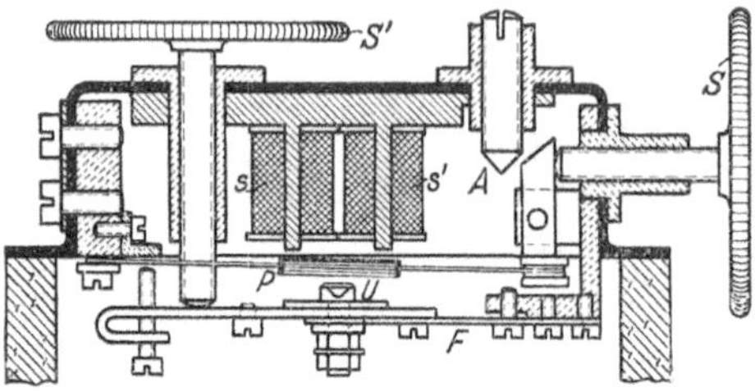

Abb. 2.

a) Saitensummer. Verzichtet man auf die Verwendung von rein sinusförmigen Wechselströmen, was bei vielen Messungen zulässig ist, so kann zur Stromerzeugung ein sogenannter Summer benutzt werden.

Eine der bekanntesten Ausführungsformen ist der Saitensummer der Gesellschaft für drahtlose Telegraphie. Ein schleifenförmig gespannter, 0,3 mm dicker Stahldraht (Abb. 1 und 2) trägt in der Mitte eine dünne Eisenplatte P, die sich über den Polen eines kleinen Elektromagnets befindet. Mit dessen Wicklung ss', die einen Widerstand von etwa 3 Ohm besitzt, ist ein Platinunterbrecher U und als Stromquelle eine Batterie von etwa 4 Volt in Reihe geschaltet. Im Nebenschluß zur Spule oder der Unterbrechungsstelle liegt ein Widerstand von etwa 50 Ohm oder ein Kondensator von 2 Mf., der ein gleichmäßiges Arbeiten des Summers bewirkt. Durch mehr oder weniger starkes Spannen der Saite mittels der mit einer Teilung versehenen Scheibe S kann die Unterbrechungszahl zwischen 500 und 1000 verändert werden. Der Anschlag A verhindert zu starkes Spannen der Saite. Der Spielraum des an der Feder F befestigten Kontaktes U läßt sich durch die Scheibe S verändern. Die Unterbrechungen sind bei richtiger Einstellung von S' so regelmäßig, daß in einem an die Summerwicklung angeschlossenen Telephon ein reiner Ton entsteht.

Abb. 3. Topfsummer (Blattfedersummer) (Gesellschaft für drahtlose Telegraphie, Berlin). $^4/_5$ wirkl. Größe.

Zur Entnahme von Wechselströmen schaltet man die Spule des Elektromagnets hintereinander mit der Primärwicklung eines kleinen Transformators, dessen Sekundärspule mit der Meßvorrichtung z. B.

einer Wheatstoneschen Brücke verbunden wird oder man versieht den Elektromagnet mit einer Sekundärwicklung.

An Stelle der Saite wird jetzt vielfach eine Blattfeder benutzt, wodurch der Summer wesentlich kleinere Abmessungen erhält, wie Abb. 3 zeigt, die einen sog. Topfsummer darstellt.

b) Mikrophonsummer. Ein mehr sinusförmiger Verlauf der Ströme ergibt sich, wenn die vollständigen Stromunterbrechungen, die bei den Saitensummern entstehen, ersetzt werden durch Widerstandsänderungen, die proportional sind den Schwingungsweiten einer Saite oder Membran. Man erreicht dies dadurch, daß man an Stelle des Platinunterbrechers ein kleines Beutelmikrophon benutzt.

α) Summer von Dolezalek. Abb. 4 stellt den nach diesen Gesichtspunkten gebauten Summerumformer von Dolezalek dar. Die Telephonmembran P trägt ein kleines Beutelmikrophon m. Dieses ist umgeben von einem magnetisierten Stahlrohr R, dessen oberer Rand in geringer Entfernung von der Membran liegt. Über dem Rohr befindet sich eine Spule S, die mit der Sekundärwicklung w_2 des kleinen Transformators T und einem zwischen a und b liegenden Widerstand von 100 Ohm in Reihe geschaltet ist. Seine Enden a, b stellen die Pole der Wechselstromquelle dar; an sie ist der Meßkreis anzulegen. Statt dessen kann zwischen a und b auch die Primärwicklung eines zweiten Transformators eingeschaltet werden, mit dessen Sekundärwicklung der Meßkreis verbunden wird. Sind a und b nicht in der einen oder anderen Art überbrückt, so spricht der Summer nicht an. Die Widerstandsänderungen, die durch die Schwingungen der Membran entstehen, rufen Stromänderungen in der Primärwicklung w_1 des Transformators T hervor, durch die die Schwingungen der Membran dauernd aufrecht erhalten und in w_2 nahezu sinusförmige Wechselströme erregt werden.

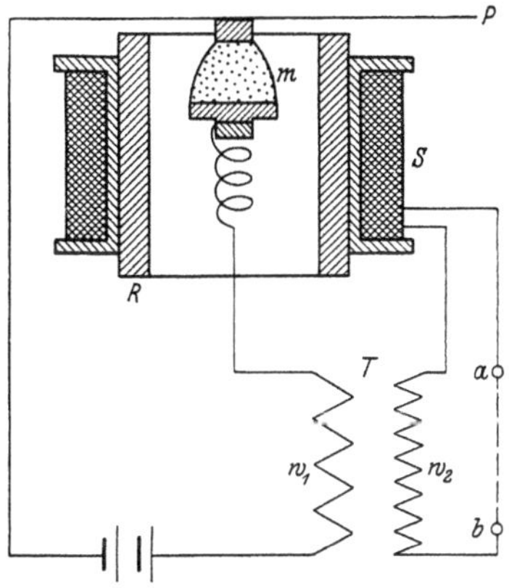

Abb. 4. Mikrophonsummer von Dolezalek (Siemens & Halske, Siemensstadt-Berlin).

Der Widerstand zwischen a und b bedingt ein gleichmäßiges Arbeiten des Summers und ermöglicht sein Ansprechen auch dann, wenn die Meßanordnung abgeschaltet ist. Die Periodenzahl beträgt meist 550. Sie läßt sich durch Auswechseln der Membran gegen eine von anderer Dicke zwischen 300 und 650 verändern, wozu einige Übung gehört. An Stelle des Widerstandes kann zwischen a und b auch ein Kondensator gelegt werden. Bringt man durch passende Wahl seiner Kapazität die Eigenfrequenz des Sekundärkreises in Resonanz mit der Eigenschwingungszahl der Membran, so erhält man sehr kräftige, sinusförmige Wechselströme. Ändert man die Kapazität des Kondensators, so müssen erzwungene Schwingungen entstehen. Die Frequenz des Wechselstromes läßt sich dadurch ebenfalls ändern. Der Meßkreis wird mit dem Kondensator entweder nebeneinander oder in Reihen geschaltet.

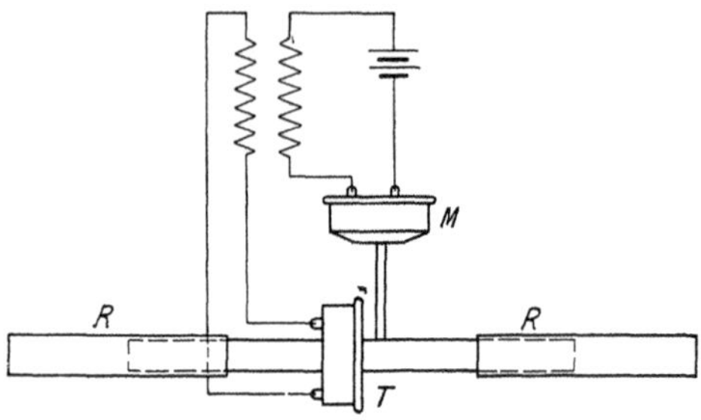

Abb. 5. Mikrophonsummer von Larsen (Dänische Telegraphenfabrik A.-G., Kopenhagen).

β) Mikrophonsummer von Larsen. Dieser Summer, der eine ähnliche Wirkungsweise aufweist, hat den Vorzug, daß er sich leicht zusammenstellen läßt. Auf beiden Seiten eines Dosentelephons *T* (Abb. 5 und 6), dessen Rückseite durchbohrt sein muß, werden gleiche, ausziehbare Röhren *R R* angebracht. Die eine trägt dicht bei dem Telephon einen seitlichen Ansatz, auf den ein Mikrophon *M* gesteckt wird. Das Mikrophon ist mit zwei Trockenelementen und der Primärwicklung eines Transformators in Reihe geschaltet und dessen Sekundärwicklung mit der Telephonspule verbunden. Beim Schließen des Mikrophonkreises gerät die Membran des Fernhörers in Schwingungen, deren

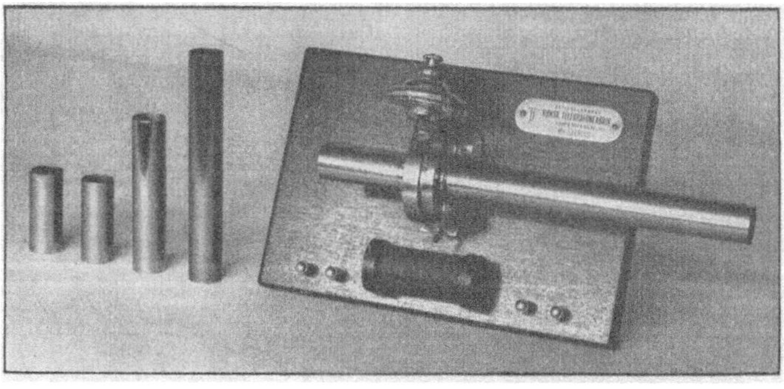
Abb. 6. Mikrophonsummer von Larsen (Dänische Telegraphenfabrik A.-G., Kopenhagen).

Zahl durch Ausziehen der Röhren sich verändern läßt. An den Sekundärklemmen des Transformators kann ein Wechselstrom von 600 bis 1200 Perioden abgenommen werden, den man durch einen zweiten Transformator auf die für die besonderen Meßzwecke geeignete Spannung bringt. Einige Zeit nach dem Einschalten stellt sich eine bis auf 0,2 % gleichbleibende Periodenzahl ein.

c) **Wechselstrommaschinen.** Höheren Anforderungen als diese Summer genügt die Wechselstrommaschine von Siemens & Halske (Abb. 7), die sinusförmigen Strom von 750 bis zu 5000 Per./sek. liefert. Ihre Leistung beträgt bei 3000 Perioden etwa 7 Watt in einem Schließungswiderstande von 200 Ohm. Der Läufer der Maschine hat einen Durchmesser von 20 cm und besteht aus einem Paket dünner, voneinander isolierter Bleche, die durch einen Ring aus Isolierstoff zusammengehalten sind und an ihrem Umfang 100 Zähne tragen. Er bewegt sich vor den Polen eines ebenfalls aus Eisenblechscheiben hergestellten, hufeisenförmigen Elektromagneten, dessen Pole schneidenför-

Abb. 7. Wechselstrommaschine von Siemens & Halske, Siemensstadt-Berlin.

mig zugespitzt sind. Der Erregerstrom für die Elektromagnetwicklung beträgt 1,5 Amp. Auf den Polen des Elektromagnets liegen zwei weitere Wicklungen, die nebeneinander oder in Reihe geschaltet werden können und in denen beim Umlauf des Läufers Wechselströme entstehen. Etwa auftretende Oberschwingungen lassen sich dadurch unschädlich machen, daß man in den Maschinenkreis einen Kondensator schaltet, dessen Kapazität so gewählt wird, daß Resonanz zwischen der Periodenzahl der Maschine und der Eigenperiodenzahl des Maschinenkreises entsteht. Dadurch werden die Oberschwingungen geschwächt, die Grundschwingung verstärkt. Dieses Hilfsmittel wird auch bei anderen Anordnungen vielfach mit Vorteil verwendet, um aus einer verzerrten Wechselstromkurve eine rein sinusförmige Schwingung herauszusieben. Zur Abstimmung dient ein sprungweise von 0,001 bis

1 Mikrofarad veränderbarer Glimmerkondensator und ein mit Paraffinöl gefüllter Drehkondensator für stetige Kapazitätsänderungen von 0,0002 bis 0,004 Mikrofarad. Beide sind nebeneinander geschaltet.

Abb. 8. Wechselstromsirene von Siemens & Halske, Siemensstadt-Berlin.

Der Läufer wird angetrieben durch einen Gleichstrommotor (in Abb. 7 rechts), dessen Drehzahl auf 3000 gesteigert werden kann. Auf der Achse dieser Maschine ist ein Unterbrecher, bestehend aus einer Walze und 3 Bürsten, angebracht, mittels deren zur Ermittlung der Periodenzahl ein Zungenfrequenzmesser angeschlossen wird. Durch eine zweite Gleichstrommaschine (in Abb. 7 links), die auf einen Widerstand arbeitet, kann der Motor belastet und damit auch bei kleinen Veränderungen in der Lager- und Bürstenreibung eine völlig gleichbleibende Umlaufszahl erzielt werden. Da jedem Umlauf 100 Perioden entsprechen, beträgt die Periodenzahl bei der höchst zulässigen Drehzahl $\frac{3000}{120} \cdot 2 \cdot 100 = 5000$.

Eine kleinere Maschine dieser Art (Abb. 8) liefert etwa 2,5 Watt bei 1500 Perioden. Die Zahnzahl beträgt 30 bzw. 60 für 3000 Perioden.

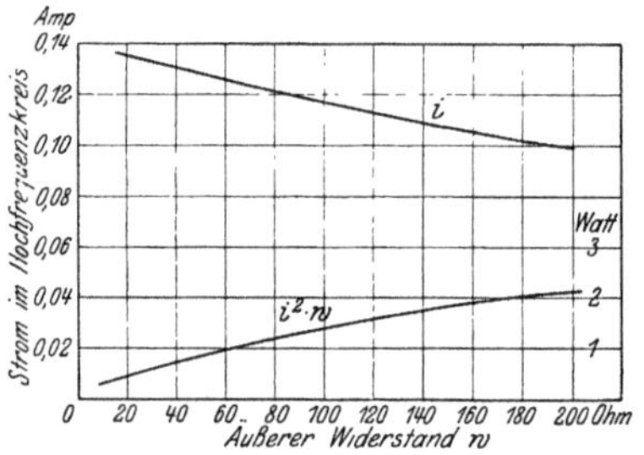

Abb. 9.

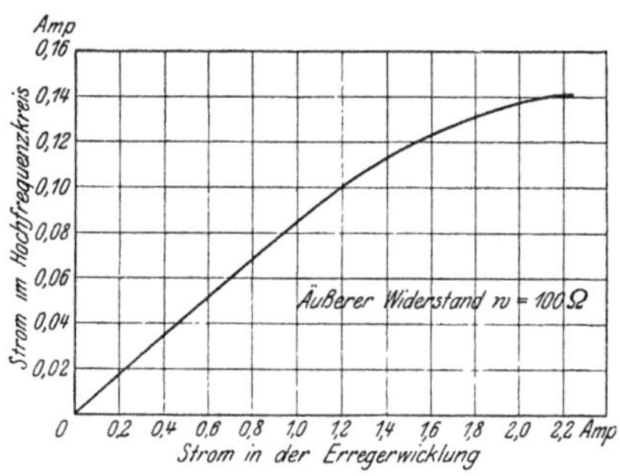

Abb. 10.

Der Gleichstrommotor ist mit Schleifringen versehen zur Entnahme von Wechselstrom für Bremszwecke und zum Anschluß eines Frequenzmessers. Abb. 9 stellt Ankerstrom i und Leistung $i^2 \cdot w$ dieser Maschine in Abhängigkeit von dem Belastungswiderstand w, Abb. 10 den Anker strom in Abhängigkeit von der Erregerstromstärke für einen Belastungswiderstand von 100 Ohm dar. Bei der Aufnahme der Kurven wurde nur eine Ankerspule benutzt, die Periodenzahl betrug 1500, der Maschinenkreis war auf diese Periodenzahl abgestimmt.

Auch die Firma Hartmann & Braun baut derartige Maschinen in vorzüglicher Ausführung.

d) Wechselstromerzeuger von Vreeland. Einfache Handhabung, sinusförmiger Verlauf der Wechselströme und völliges Gleichbleiben der Periodenzahl, die leicht auf verschiedene Werte gebracht werden kann, sind die Vorzüge dieser Stromquelle, die sich bezüglich der Periodenzahlen zwischen die Summer und die Hochfrequenzstromquellen einreiht. Abb. 11 zeigt die Schaltung. Der Apparat besteht in der Hauptsache aus einer Quecksilberdampflampe besonderer Bauart. Q ist die Quecksilberanode, zu der vollkommen symmetrisch links und rechts die Kohleelektroden K_1 und K_2 angeordnet sind. Zur Speisung der Lampe dient eine Gleichstromquelle von 110 Volt, zum Zünden die Hilfselektrode H. D_1 und D_2 sind Drosselspulen von genau gleichem Widerstand.

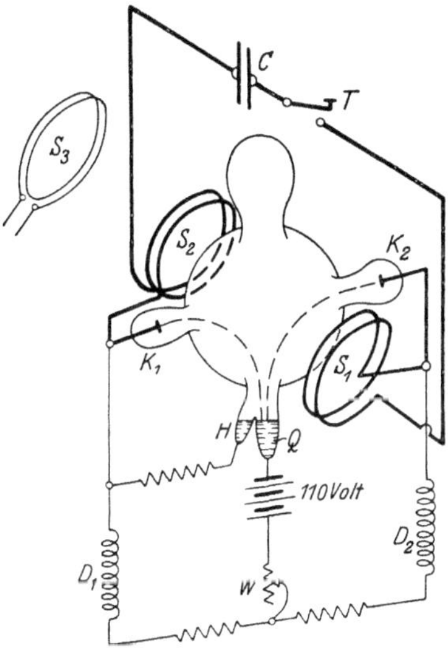

Abb. 11. Oszillator von Vreeland.

Ist durch leichtes Schütteln des Gefäßes der Lichtbogen zwischen H und Q gebildet, so bleibt er dauernd erhalten zwischen der Elektrode Q einerseits und den beiden Elektroden K_1 und K_2 andererseits.

Mittels des Widerstandes W wird alsdann der Lampenstrom auf 3,5 bis 8 Ampere eingestellt. Zwischen K_1 und K_2, d. h. im Nebenschluß zum Lichtbogen, liegt ein Schwingungskreis, bestehend aus dem Kondensator C und den beiden gleichgebauten Spulen S_1 und S_2. Sie haben den gleichen Selbstinduktionskoeffizienten L und gleichen Widerstand und können nebeneinander oder in Reihe geschaltet werden. Die Achsen von S_1 und S_2 fallen mit der Senkrechten auf der Mitte der Verbindungslinie von K_1 und K_2 zusammen. Beim Schließen von T entsteht in dem Schwingungskreis ein Wechselstrom. Im Rhythmus dieses Stromes erfährt der Lichtbogen zwischen Q und den Anoden K_1 und K_3 Ablenkungen und damit Widerstandsänderungen, durch die der Wechselstrom dauernd aufrecht erhalten wird. Der entstehende Wechselstrom verhält sich wie die Schwingungen III. Art eines Lichtbogengenerators (vgl. S. 35). Die wirksame Stromstärke ist gleich dem $\sqrt{2}$ fachen Betrag des nach jeder Anode fließenden Gleichstromes. Die Schwingungen setzen erst ein, wenn $C > 0{,}16$ Mikrofarad. Von der zugeführten Gleichstromleistung werden jedoch nur 2,5 % als Wechselstromleistung gewonnen, der Wirkungsgrad ist also sehr gering.

Die Periodenzahl des Wechselstromes hängt nur ab von C und L und berechnet sich zu

$$\nu = \frac{1}{2\pi \cdot \sqrt{\frac{C \cdot L}{2}}}$$

wenn S_1 und S_2 nebeneinander geschaltet sind. Bei Reihenschaltung der Spulen sinkt ν auf die Hälfte. Eine weitere Veränderung der Periodenzahl kann durch stufenweise Änderung von C vorgenommen werden. Hierzu dienen Schaltscheiben, die ermöglichen etwa in Zehnerstufen die Periodenzahlen zwischen 200 und 3000 einzustellen. Der Meßstrom wird von den Klemmen einer dritten, mit S_1 magnetisch gekoppelten Spule S_3 abgenommen. Die Windungen von S_3 sind unterteilt und nach den Kontakten eines Kurbelschalters geführt, der eine stufenweise Veränderung des Meßstromes ermöglicht. Eine feinere Einstellung läßt sich erreichen durch Verschieben von S_3 auf einem Schlitten und ferner durch Drehen um eine senkrechte Achse. Der Drehungswinkel kann auf einer Kreisteilung abgelesen werden.

Die Ströme i und Spannungen e, die S_3 entnommen werden können, sind für verschiedene Periodenzahlen ν in beistehender Zahlentafel zusammengestellt.

i in Milliampere	e in Volt bei			
	$\nu = 200$	1000	2000	3000
0	9	25	45	50
40	9	23,5	43,5	47
80	8,8	20,6	33,5	37,5
120	8,5	15,8	20,5	19,0
160	8,2	10,0	5,0	—
200	7,5	—	—	—
280	5	—	—	—

2. Hochfrequenzstromquellen.

Von den seither beschriebenen Stromquellen ermöglicht der Vreelandoszillator mit etwa 600 Perioden die höchste Frequenz zu erzeugen. Darüber hinaus kommen mit ihm Schwingungen nicht mehr oder nur sehr schwer zustande.

Genügen diese Periodenzahlen nicht, so muß man zu den Verfahren greifen, die bei den Sendern der drahtlosen Telegraphie zur Erzeugung der Hochfrequenzströme dienen.

Sofern man mit kleinen Leistungen und Wechselströmen mit abnehmenden Scheitelwerten auskommt, eignet sich für viele Zwecke die Eichhornsche Summerschaltung. Größere Leistungen dieser Art erhält man mit den Anordnungen, die den Namen Löschfunkenerreger führen, während mit dem Duddellbogen und den aus ihm hervorgegangenen Lichtbogengeneratoren, endlich mittels Hochfrequenzmaschinen besonderer Bauart (Goldschmidt, Heyland) und durch Frequenzwandler Wechselströme mit gleichbleibenden Scheitelwerten gewonnen werden.

Weit besser aber als diese Stromquellen eignen sich für Meßzwecke die in den letzten Jahren zu großer Vollkommenheit gebrachten Kathodenstrahlenröhren, durch die die Hochfrequenzmeßtechnik eine sehr wesentliche Förderung erfahren hat.

a) Die Eichhornsche Summerschaltung. Eines der am meisten verwendeten Verfahren zur Erzeugung von Hochfrequenzströmen für Meßzwecke beruht auf einer von Eichhorn angegebenen Anordnung. Sie liefert in einem geschlossenen Schwingungskreis, der aus einem Kondensator von der Kapazität C und einer Spule mit dem Selbstinduktionskoeffizienten L besteht, Wechselströme mit mehr oder weniger stark abnehmenden Scheitelwerten (gedämpfte Wechselströme), deren Periodenzahl ν hinreichend genau mittels der Kirchhoff-Thomsonschen Gleichung $\nu = \frac{1}{2\pi \cdot \sqrt{C \cdot L}}$ berechnet werden kann.

Die Hochfrequenzleistungen, die mittels dieses Verfahrens erzielt werden können, sind etwa von der Größenordnung 0,05 Watt, also verhältnismäßig klein. Sie reichen jedoch für viele Messungen vollständig aus.

Zur Erzeugung der Wechselströme wird ein mit zwei Trockenelementen betriebener Unterbrecher U (Abb. 12), am besten einer der S. 10 beschriebenen Summer, mit einem aus einer Spule L und einem Kondensator C bestehenden Schwingungskreis verbunden. Wird jetzt durch den Summer die Verbindung mit der Gleichstromquelle unterbrochen, so muß das magnetische Feld der Spule verschwinden. Die in ihr aufgespeicherte elektromagnetische Arbeit geht, bis auf die kleinen Verluste in den Widerständen des Kreises, in Form von elektrischer Ladungsarbeit auf den Kondensator über.

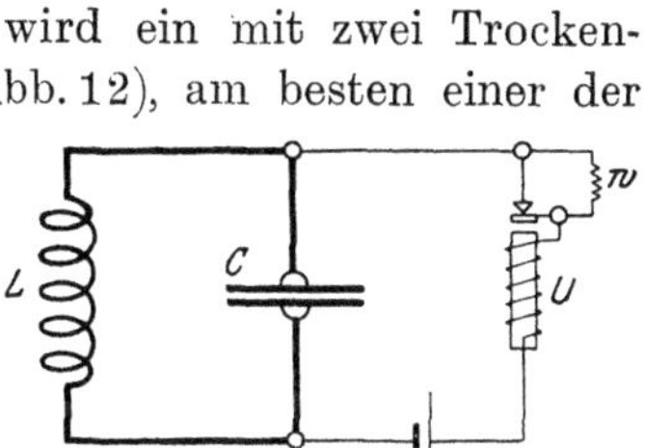

Abb. 12.

Darauf entlädt sich C rückwärts durch die Spule L. Hierbei fließt in L ein Strom umgekehrter Richtung, der ein neues magnetisches Feld erzeugt, das nach der Entladung von C verschwindet, wobei der Strom mit abnehmender Stärke weiterfließt und C mit umgekehrter Spannung auflädt. Nun wiederholt sich der Vorgang, bis die Arbeit durch die Verluste aufgezehrt ist. Vorausgesetzt ist, daß $R < 2 \cdot \sqrt{\frac{L}{C}}$, wo R den Widerstand des geschlossenen Schwingungskreises bedeudet. Dieser oszillatorische Vorgang läuft nun ab, lange bevor der Unterbrecher U von neuem die Stromquelle mit dem geschlossenen Schwingungskreis wieder verbindet. Im Rhythmus der Summerunterbrechungen müssen daher in dem geschlossenen Schwingungskreis gedämpfte Wellenzüge aufeinander folgen, die durch Zeiten der Stromlosigkeit getrennt sind.

Um die Funkenbildung an der Unterbrecherstelle zu verringern und damit ein gleichmäßigeres Arbeiten des Summers zu erreichen, schaltet man in den Nebenschluß zu ihr oder zur Elektromagnetwicklung einen Kondensator oder einen Widerstand w.

Soll die Summerschaltung für Messungen benutzt werden, so läßt man die Spule L auf eine im Meßkreis liegende Spule induzieren. Besteht der Meßkreis aus einer Hörempfangsschaltung, so vernimmt man im Telephon bei regelmäßigem Gang des Unterbrechers einen reinen Ton, dessen Höhe der Zahl der Unterbrechungen entspricht, ähnlich wie beim Empfang der Zeichen von Tonsendern.

Eine ausgedehnte Anwendung findet diese Schaltung z. B. bei den Resonanzwellenmessern, um diese als geeichte Oszillatoren verwenden zu können.

In vielen Fällen werden an Stelle von L (Abb. 12) zwei hintereinander geschaltete Spulen L_s und L_k (Abb. 13) benutzt. An der Spule L_s, die auch Stoßspule heißt, und die fest angeordnet wird, liegt der Unterbrecherkreis. Die zweite Spule L_k, auch Kopplungsspule genannt, ist durch biegsame Leitungen mit dem Schwingungskreis verbunden. Sie kann daher in jede beliebige Lage gebracht und insbesondere so aufgestellt werden, daß sie allein auf den Meßkreis induziert. Dadurch werden alle Störungen vermieden, die bei der Schaltung Abb. 12 im Meßkreis durch Gleichstromstöße entstehen können, und die Kopplung mit ihm kann leicht verändert werden. Zur Berechnung von ν ist jetzt in der Gleichung für ν an Stelle von L die Summe $L_s + L_k$ zu setzen.

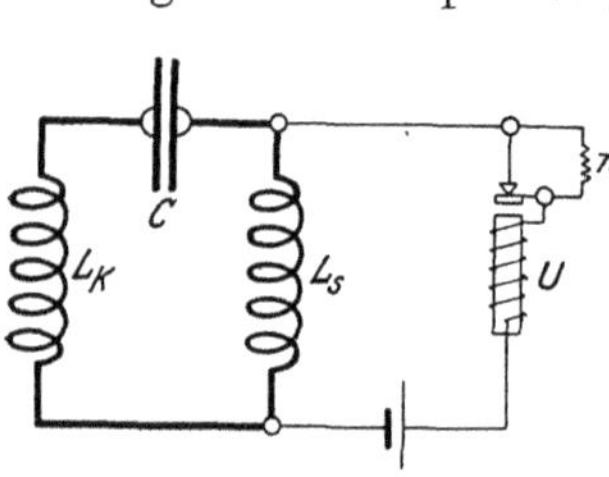

Abb. 13.

Macht man C oder L oder beide veränderlich, so kann in einfachster

Weise die Periodenzahl der erzeugten Hochfrequenzströme auf beliebige Werte gebracht werden.

Ein Hauptvorzug der Eichhornschen Summerschaltung besteht darin, daß sie sich schon mit den einfachsten Hilfsmitteln zusammenstellen läßt, was sie zu einem vorzüglichen Gerät beim experimentellen Studium der Hochfrequenzerscheinungen macht und hauptsächlich zu ihrer ausgedehnten Anwendung beigetragen hat.

b) Funkenerreger. α) Knallfunkenerreger. Wird eine Kapazität C zu dem Höchstwert E_0 der Spannung in einer Sekunde a mal aufgeladen und wieder entladen, so berechnet sich die verfügbare Schwingungsleistung zu

$$N = a \cdot \frac{C \cdot E_0^2}{2}. \tag{1}$$

Bei der Eichhornschen Summerschaltung haben C und a schon verhältnismäßig große Werte, trotzdem sind die mit ihr erzielten Hochfrequenzleistungen wegen des kleinen E_0 nur gering.

Wesentlich größere Leistungen lassen sich mit der in Abb. 14 dargestellten Anordnung gewinnen, die hauptsächlich für Funkensender benutzt wird, die sich aber auch für Meßzwecke eignet und in verschiedener Weise zweckentsprechend abgeändert werden kann.

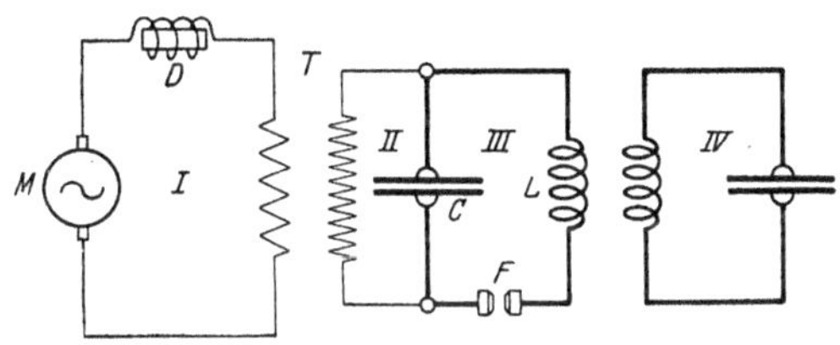

Abb, 14.

Sie setzt sich aus 4 Teilen zusammen:

1. dem Primärkreis I eines Transformators oder Resonanzinduktors T, in dem Wechselströme von 50 bis 2000 Perioden fließen;
2. dem Sekundärkreis II des Transformators, der die Ladung des Kondensators C besorgt und der Wechselströme der nämlichen Periodenzahl von wesentlich geringerer Stärke, aber höherer Spannung führt;
3. dem primären Hochfrequenzkreis III, auch Erregerkreis oder Stoßkreis genannt. Er besteht aus der Kapazität C, der Selbstinduktionsspule L und einer Funkenstrecke F. Ist bei der Aufladung des Kondensators die Zünd- oder Einsatzspannung der Funkenstrecke erreicht, so entlädt sich C oszillatorisch in Form von Wechselströmen mit hoher Periodenzahl und abnehmenden Scheitelwerten;
4. Kreis IV, in dem je nach den Versuchsbedingungen mehr oder weniger stark gedämpfte Hochfrequenzschwingungen infolge der induktiven Kopplung mit III erregt werden.

Je nach der Bauart der Funkenstrecke sind die Erscheinungen verschieden. Ist F eine Funkenstrecke mit einem Elektrodenabstande von mehreren Millimetern, d. h. eine gewöhnliche oder sog. Knallfunkenstrecke, so entstehen bei nicht zu loser Kopplung der beiden Kreise III und IV in jedem derselben zwei Wechselströme mit den Periodenzahlen ν_1 und ν_2. Waren III und IV vorher abgestimmt auf die Periodenzahl ν_0, so ist mit einer für viele Zwecke hinreichenden Genauigkeit:

$$\nu_1 = \frac{\nu_0}{\sqrt{1+\varkappa}} \qquad \nu_2 = \frac{\nu_0}{\sqrt{1-\varkappa}}, \tag{2}$$

wo $\varkappa$ die Kopplungsziffer bedeutet.

Das Entstehen der beiden Wechselströme ist zurückzuführen auf eine Schwebungserscheinung. Die Zahl der Schwebungen berechnet sich angenähert zu:

$$\nu_s \sim \nu_0 \cdot \varkappa \tag{3}$$

Kreis III gibt zunächst bis auf die auftretenden Verluste die auf den Kondensator C aufgespeicherte Arbeit an IV ab. Infolge davon nehmen die Schwingungsweiten des Wechselstromes in III ab, während die Amplituden des Stromes in IV wachsen. Ist die gesamte Arbeit auf Kreis IV übertragen, d. i. ist der Amplitudenwert in III Null geworden, so hat die Schwingungsweite in IV ihren Höchstwert erreicht. Bei fester Kopplung zwischen III und IV tritt jetzt eine Rückwirkung des Kreises IV auf III ein, infolge deren von nun an umgekehrt die in IV aufgespeicherte Arbeit — wieder bis auf die entstehenden Verluste — in den Kreis III zurückwandert. Nunmehr wiederholen sich diese zwei Vorgänge so lange, bis die ursprüngliche Arbeit durch die Verluste und die Nutzleistung aufgezehrt ist, wobei die Kreise III und IV dauernd ihre Rolle als Leistungsquelle und Leistungsspeicher vertauschen.

Abb. 15a gibt ein anschauliches Bild von dem Vorgang, das deutlich das Auftreten der Schwebungen erkennen läßt. Voraussetzung für die Möglichkeit, daß die Arbeit zwischen beiden Kreisen III und IV in dieser Weise hin und her wandert, ist, daß der Raum zwischen den Elektroden der Funkenstrecke seine Leitfähigkeit nicht verliert, Kreis III also bis zum Ablauf des Schwebungsvorgangs eine geschlossene Strombahn darstellt.

Diese Leitfähigkeit der Funkenstrecke beruht auf der starken Erhitzung ihrer Elektroden durch den kräftigen Funken und die damit verbundene Ionisierung. Mit dem Abklingen der Schwebungen erkalten die Elektroden. Ist infolgedessen die Ionisierung verschwunden, so kann sich der Kondensator C wieder zur ursprünglichen Zündspannung aufladen, worauf eine neue Entladung einsetzt. In gleichen Zeitzwischenräumen folgen alsdann a solcher Entladungen aufeinander.

Die Elektroden bestehen meist aus Zink. Für Meßzwecke ist Magnesium zu empfehlen.

β) Löschfunkenerreger. 1. Wirkungsweise. Ersetzt man die Knallfunkenstrecke durch eine Funkenstrecke, deren Elektroden sich nicht stark erhitzen können oder sich wenigstens sehr rasch wieder abkühlen und bei der die Ionisierung bereits verschwunden ist, wenn der Strom in Kreis III (Abb. 14) den Nullwert erreicht hat,

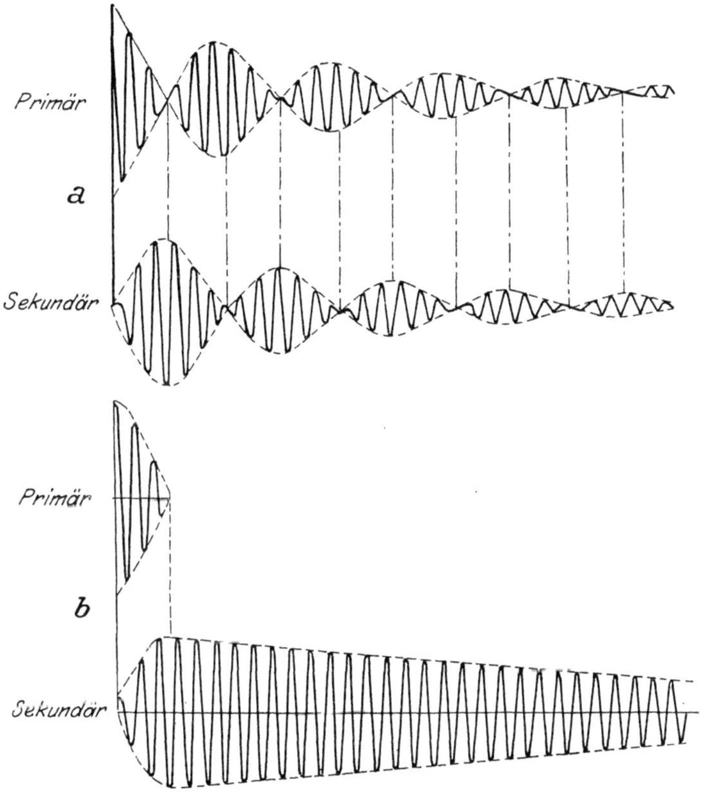

Abb. 15.

d. h. durch eine sog. Lösch- oder Zischfunkenstrecke, so verlaufen die Schwingungsvorgänge in III und IV wesentlich anders.

Auch jetzt wird zuerst die auf *C* aufgespeicherte Arbeit von Kreis III in Kreis IV hinüberwandern. Mit dem Abnehmen der Scheitelwerte des Stromes in III steigt aber nun der Widerstand der Funkenstrecke so hoch, daß eine Rückwanderung der Arbeit von Kreis IV in Kreis III nicht mehr möglich ist. Die in IV aufgespeicherte Arbeit muß sonach oszillatorisch mit der Eigenperiode und entsprechend der

Eigendämpfung des Kreises IV, unbeeinflußt von III, ausklingen. In jedem der beiden Kreise kann man bei richtiger Einstellung nur noch einen einzigen Wechselstrom nachweisen, dessen Periodenzahl mit der Periodenzahl ν_0 zusammenfällt, auf die beide Kreise abgestimmt waren. Den Verlauf der Schwingungen gibt Abb. 15b wieder.

Auch dieser Vorgang wird ganz wesentlich beeinflußt durch die Größe der Kopplung. Je fester die Kopplung ist, um so rascher wird die Arbeit von III nach IV übertragen. Bei zu fester Kopplung findet infolgedessen auch eine Löschfunkenstrecke nicht mehr Zeit, sich zu entionisieren. Ist jedoch die Kopplung zu lose, so dauert die Übertragung sehr lange, die Funkenstrecke erhitzt sich stark. Dazwischen muß ein günstigster Kopplungswert liegen, der durch die Löschwirkung der Funkenstrecke bestimmt ist.

Dieser günstigste Wert der Kopplung läßt sich mittels eines in IV eingeschalteten Strommessers einstellen. Zu dem Zweck verändert man die Kopplung so lange, bis die größte Stromstärke erreicht ist.

Auch die Beschaffenheit des Funkens gibt Anhaltspunkte hierzu. Bei richtiger Kopplung wird der Funke klein und unscheinbar, an Stelle des prasselnden Geräuschs tritt ein leises Zischen und in einem Tonprüfer hört man einen reinen musikalischen Ton; ein umlaufendes Heliumrohr zeigt ein gleichmäßiges Bild, das keine Teilfunken erkennen läßt.

Ein weiteres Hilfsmittel liefert der sog. Tonzeiger (S. 353), ein Drehspulengalvanometer, das in den Sekundärkreis des Transformators eingeschaltet wird. Bei richtiger Einstellung der Niederfrequenzkreise und völlig gleichmäßiger Funkenfolge zeigt das Gerät keinen oder einen gleichbleibenden Ausschlag.

Um diese gleichmäßige Funkenfolge zu erzielen, müssen insbesondere die Erregung der Wechselstrommaschine und die Vorschaltedrossel D (Abb. 14) richtig bemessen werden. Ferner soll der Sekundärkreis II des Transformators in Resonanz gebracht sein mit dem Maschinenkreis, was durch richtige Einstellung der Drossel und der Umlaufszahl der Wechselstrommaschine erreicht wird. Ausführlicher sind diese Maßnahmen S. 350 besprochen. Trägt man durch passende Wahl der Transformatorspannung dafür Sorge, daß die Zahl der in einer Halbperiode einsetzenden Funkenentladungen stets dieselbe bleibt, so ist eine scharfe Einstellung der Transformatorresonanz nicht unbedingt nötig.

In erster Linie aber ist ausschlaggebend zur Erzielung gleichmäßiger Schwingungszüge die Güte der Löschwirkung der Funkenstrecke. Je wirksamer sie ist, desto enger kann offenbar die Kopplung gewählt werden. Denn da die Dauer des ersten Kleinstwertes der Schwebung im Stoßkreise von der Größe der Schwebungsperiode abhängt, diese aber von der Kopplungsziffer der beiden Kreise III und IV bestimmt wird, darf mit zunehmender Löschfähigkeit der Entladestrecke offenbar die Zeit kürzer ausfallen, in der die Schwingungsweiten den Nullwert zu durchlaufen trachten. Wird dieser infolge unscharfer Abstimmung überhaupt nicht erreicht, so kann es vorkommen, daß, da die Entionisation nicht energisch vor sich geht, das genaue Abreißen des Stromes nach der ersten Halbschwebung im Erregerkreise ausbleibt. Dies bedeutet, daß je geringer die Löschwirkung der verwendeten Funkenstrecke ist, um so schärfer die Abstimmung der Kreise erfolgen und um so loser die Kopplung gewählt werden muß. Ist jedoch der Entladestrecke eine hohe Löschfähigkeit eigen, so kann bei enger Kopplung der Kreise III und IV ihre gegenseitige Verstimmung ziemlich beträchtlich sein, ohne daß das Stoßphänomen verschwindet. Hieraus ergibt sich die Abhängigkeit zwischen Verstimmung und Kopplungsziffer. Ist eine dieser Größen nicht auf den günstigsten Wert eingestellt, so wird durch Veränderung der anderen in den meisten Fällen das Widereintreten gleichmäßiger Stoßerregung erreicht. Diese Erscheinung macht sich um so mehr geltend, je fester die Kopplung gewählt werden darf, und je kürzer der Elektrodenabstand der Funkenstrecke ist. Den Grenzfall stellt die reine Stoßerregung dar, die beim Vieltonsender angewendet wird, und bei der durch Verwendung besonderer Entladestrecken und entsprechend bemessener Stoßkreise bei engster Kopplung beider Kreise der primäre Stromfluß schon nach einer halben Periode oder früher abreißt.

2. Ausführungsformen von Löschfunkenstrecken. Fast alle praktischen Formen dieser Entladestrecken benutzen bisher das von Wien angegebene Mittel, die Fläche der Elektroden verhältnismäßig groß gegenüber ihrem gegenseitigen Abstand auszubilden. Je kleiner hierbei die Funkenlänge eingestellt wird, desto vollkommener ist die Löschwirkung. Diese kann weiterhin gefördert werden:

a) durch Verbesserung der Wärmeableitung von den Stellen, an denen der Entladungsvorgang seinen Fußpunkt besitzt,
b) durch Verminderung des Wärmeinhaltes der Elektrodenumgebung (Kühlung) und
c) durch jene Anordnungen und Maßnahmen, die bewirken, daß jede Neuzündung stets an einer frischen Stelle erfolgt.

Vielfach wird die Löschfunkenstrecke noch verbunden mit einer Belichtungsfunkenstrecke oder aber einer besonderen Abreißfunkenstrecke, zu der eine sog. Löschdrossel im Nebenschluß liegt. Derartige Anordnungen, durch die das Ausklingen der Schwingungen im Stoßkreis beschleunigt wird, sind S. 344 näher erläutert.

Für die Elektroden der Löschfunkenstrecken wird Kupfer, Silber, Platiniridium oder Wolfram verwendet. In einfachster Weise läßt sich eine Löschfunkenstrecke zusammenbauen aus zwei Kupferklötzen, die mit den polierten Flächen aufeinandergelegt und durch ein dünnes Stück ungeleimten Papiers getrennt werden. Der Funke wandert dann gleichmäßig über die Fläche, wobei das Papier verkohlt.

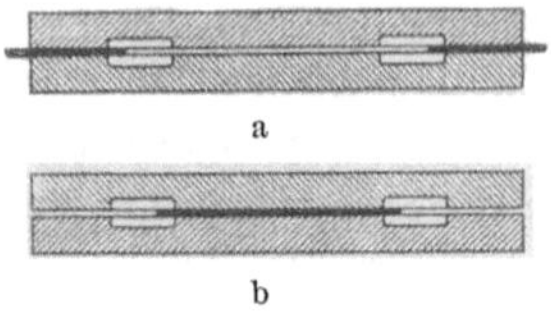

Abb. 16.

Meist wird der erforderliche Elektrodenabstand durch Glimmerringe eingestellt, die entweder auf dem Außenrand der Elektroden (Abb. 16a) oder im Inneren derselben (Abb. 16b) liegen. In die Elektroden sind Rillen eingedreht, die das Wandern des Funkens begrenzen. Bei großen Leistungen werden zur Erzielung der nötigen Spannung mehrere Funkenstrecken in Reihe geschaltet. Der lange Funke der Knallfunkenstrecke, der die Elektroden stark erhitzt, ist auf diese Weise in eine große Zahl kleiner Fünkchen zerlegt. Diese bewirken nur eine geringe Erwärmung der großen Metallmassen der Elektroden. Bei sehr großen Leistungen werden die einzelnen Elektroden noch mit Kühlrippen versehen oder durch einen Luftstrom gekühlt.

Die Gesellschaft für drahtlose Telegraphie verwendet Silber. Der Abstand der Silberelektroden beträgt 0,1 bis 0,2 mm, die

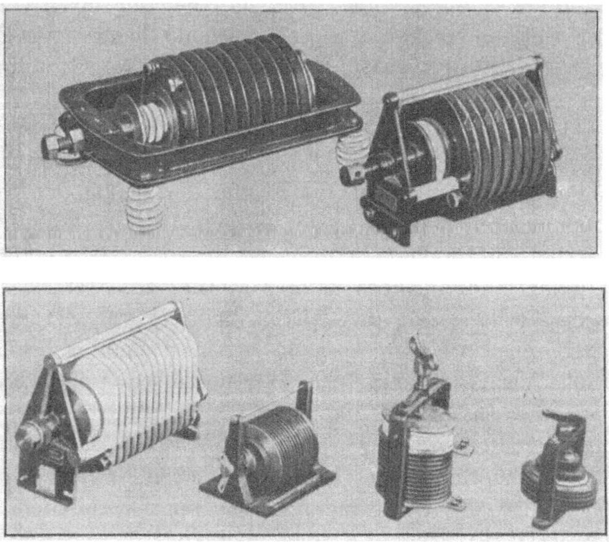
Abb. 17. Löschfunkenstrecken (Gesellschaft für drahtlose Telegraphie, Berlin). $^1/_5$ wirkl. Größe.

mittlere Einsatzspannung etwa 1400 Volt bei 0,2 mm Elektrodenentfernung. Die Abb. 17 zeigt verschiedene Ausführungsformen solcher Löschfunkenstrecken.

Statt der plattenförmigen werden auch zylinderförmige Elektroden benutzt, die um ihre Achse gedreht werden können und durch eine Parallelführung sich in den gewünschten Abstand bringen lassen.

Die günstigste Kopplung zwischen den Kreisen III und IV (Abb. 14) für Löschfunkenstrecken mit Silberelektroden liegt bei etwa 18—30%. Größere Werte der Kopplung sind erreichbar, wenn man den Elektrodenabstand so weit verkleinert, als die Wärmeausdehnung zuläßt, was die Verwendung von Metallen mit geringerer Zerstäubungsfähigkeit und dementsprechend besserer Löschwirkung bedingt. Aus diesem Grunde benutzte Boas Platiniridium und später Wolfram. Der Abstand der Elektroden beträgt hierbei nur etwa 0,05 mm, ihr Durchmesser 8 mm. Größere Durchmesser verbieten sich durch die Schwierigkeiten, die es macht, den außerordentlich kleinen Abstand gleichmäßig einzustellen und zu erhalten. Die Kopplung kann bei diesen Funkenstrecken bis auf 45% erhöht werden. Ein anderes, von Boas angegebenes Mittel, um die Löschwirkung zu vergrößern, besteht darin, daß man die Funken in einer Atmosphäre von Wasserstoff, Leuchtgas oder Spiritusdampf entstehen läßt.

Der Grenzwert der Kopplung, bei der man noch von Schwingungen im Stoßkreis sprechen kann, ist bei 50% erreicht. Die Schwingungen reißen bei dieser Kopplung schon ab, wenn der Primärstrom zum erstenmal durch Null hindurchgeht, ein Vorgang, bei dem die ideale Stoßerregung beginnt.

3. Aperiodische Stoßerregung. Die zulässige Funkenzahl läßt sich beträchtlich steigern, wenn man die Stoßzeit des primären Kreises noch weiter derart verkleinert, daß ihm jede Schwingungsfähigkeit genommen ist und in ihm nur noch einzelne Stromstöße entstehen, die im Sekundärkreis abklingende Wellenzüge hervorrufen, deren Dämpfung und Wellenlänge allein durch die Eigenschaften des Sekundärkreises bedingt wird. Die Abstimmung zwischen dem Stoßkreis III und Kreis IV ist daher unnötig.

Nach dem Vorschlag von Rein erzielt man die hohe Funkenzahl dadurch, daß man die Kapazität im Stoßkreis III so groß und die Selbstinduktion so klein wählt, daß die Entladung des Kondensators nur noch aperiodisch erfolgt. Der Kondensator erhält daher eine Kapazität von wenigstens 10000 cm, während die Selbstinduktion so weit verringert wird, daß gerade noch hinreichend Selbstinduktion zur Kopplung mit Kreis IV (Abb. 14) zur Verfügung steht. Obwohl beide Kreise nicht aufeinander abgestimmt sein müssen, ist es doch zweckmäßig, sich nicht zu weit von der Resonanzlage zu entfernen.

Wird gleichzeitig durch eine kräftig wirkende Löschfunkenstrecke die aperiodische Entladung im Stoßkreis kurz nach Beginn der Entladung unterbrochen und auf diese Weise die Stoßzeit noch weiter verkürzt, so läßt sich die Funkenzahl leicht so weit steigern, daß sie die Grenze der hörbaren Töne überschreitet und in einem Tonprüfer ein Ton nicht mehr vernommen werden kann.

Eine von Scheller gebaute einteilige Funkenstrecke dieser Art, die beim Vieltonsender Verwendung findet, ist in den Abb. 18 und 19, eine Zweifachfunkenstrecke, die jedoch weniger gleichförmig

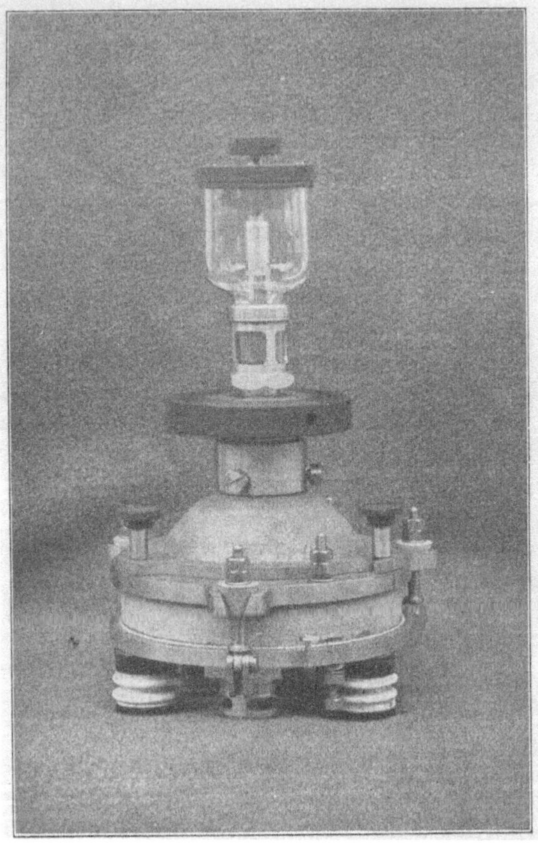

Abb. 18. Einteilige Funkenstrecke nach Scheller.

arbeitet, durch Abb. 20 dargestellt. Die Elektroden haben kugelförmige Flächen. Durch einen Tropföler wird dem Raum, in dem der Funken übergeht, Spiritus zugeführt. Der Funke entsteht daher in einer Spiritusatmosphäre, die die Löschfähigkeit erhöht.

Will man eine besonders hohe Funkenzahl erhalten, so wird der Kondensator mit Gleichstrom aufgeladen, da hierbei der Leistungsnachschub im Stoßkreis noch viel rascher erfolgt als beim Aufladen mit Wechselstrom. Der Gleichstromkreis und insbesondere die

Abb. 19. Einteilige Funkenstrecke nach Scheller.

Drosselspule müssen möglichst verlustfrei sein, so daß das Aufladen oszillatorisch erfolgt. Dadurch erreicht man, daß die Kondensatorspannung auf etwa den doppelten Betrag der Gleichspannung ansteigt. Die Funkenstrecke ist so einzustellen, daß der Funke einsetzt in dem Augenblick, wo dieser Spannungsbetrag vorliegt. Da Ladestrom und Ladespannung nahezu 90^0 Phasenverschiebung haben, durchläuft der Ladestrom in diesem Augenblick den Nullwert.

Abb. 20. Zweifachfunkenstrecke nach Scheller. $^1/_6$ wirkl. Größe.

Glatzel hat auf diese Weise Funkenzahlen bis zu 100000 erzielt, die bei kinematographischen Aufnahmen von Geschoßbewegungen Verwendung fanden. Meist wird an Stelle der Gleichstromquelle eine niederperiodische Wechselstrommaschine benutzt, deren Spannung während der kurzen Ladezeit als gleichgerichtet gelten kann.

4. Umlaufende Funkenstrecken. Gleich gute Ergebnisse wie mit Löschfunkenstrecken lassen sich auch mit umlaufenden Funkenstrecken erzielen, die aus zwei festen Elektroden bestehen, zwischen denen sich ein Rad mit freistehenden Speichen dreht (Abb. 21). Die Entladung des Stoßkreiskondensators setzt ein, wenn die Entfernung der festen und beweglichen Elektroden einen durch die Kondensatorspannung bestimmten kleinsten Wert erreicht hat, worauf wieder eine Schwebungserscheinung zwischen Stoßkreis und Primärkreis zustande kommt. Umlaufsgeschwindigkeit des Rades, Dämpfung im Stoßkreis und Kopplung begrenzen die Dauer dieses Vorganges. Ist der Stoßkreis infolge der Entfernung der Elektroden der Funkenstrecke unterbrochen, so schwingt auch hier der Sekundärkreis mit seiner Eigenwelle aus. Durch passende Wahl, besonders der Umlaufsgeschwindigkeit und der Kopplung lassen sich völlig gleichmäßige Schwingungszüge erzielen.

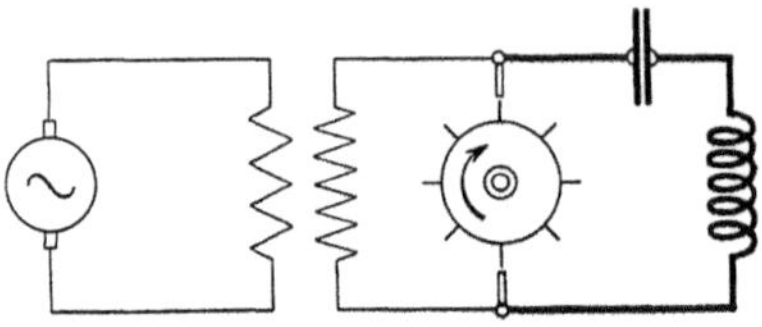

Abb. 21.

c) **Pfeifender Lichtbogen.** Diese von Duddell angegebene Anordnung, die den Ausgangspunkt für den Bau von Lichtbogengeneratoren gebildet hat, eignet sich wegen ihres einfachen Aufbaues und der leichten Handhabung dann zur Erzeugung von Hochfrequenzschwingungen für Meßzwecke, wenn nicht zu hohe Periodenzahlen verlangt werden. Der Lichtbogen L (Abb. 22) muß zwischen Homogenkohlen brennen. Im Nebenschluß zu ihm liegt ein Schwingungskreis, der aus einem Kondensator C und einer Selbstinduktionsspule besteht, und dessen Periodenzahl sich mit hinreichender Genauigkeit aus der Gleichung berechnet:

$$\nu = \frac{1}{2\pi \cdot \sqrt{C \cdot L}}$$

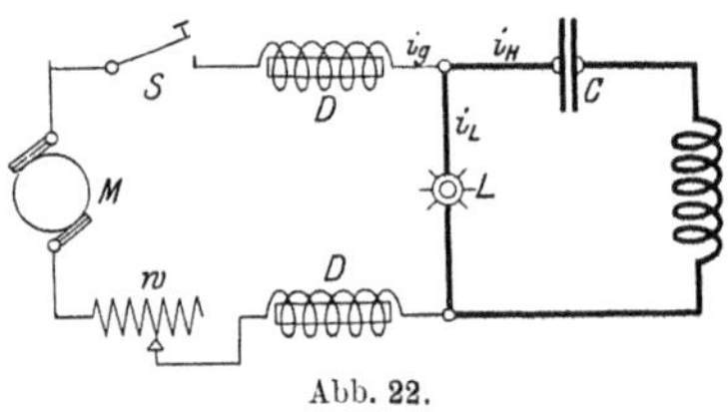

Abb. 22.

Spanungen der Gleichstromquelle M von 70 Volt genügen schon zur Speisung des Lichtbogens. Vor ihn sind ein einstellbarer Widerstand w und die Drosselspulen DD geschaltet, die die Hochfrequenzströme von der Gleichstromquelle abhalten sollen. Mittels des Widerstandes und durch Veränderung der Bogenlänge läßt sich ein gleichmäßiges Arbeiten des Lichtbogens herbeiführen. Der Kondensatorstrom i_H lagert sich über den Gleichstrom i_L im Lichtbogen und verändert im Rhythmus der Periodenzahl dessen Temperatur. Infolge davon gibt der Bogen einen pfeifenden Ton von sich, dessen Höhe mit der Periodenzahl des Wechselstromes im Schwingungskreis zusammenfällt. Durch Änderung der Kapazität und Selbstinduktion kann sie auf beliebige Werte gebracht werden.

Um diese Wechselströme einer Meßanordnung, z. B. einer Brückenschaltung zuzuführen, legt man zweckmäßig in den Hochfrequenzkreis die Primärwicklung eines kleinen Transformators und verbindet dessen Sekundärwicklung mit der Brücke. Ist der Eisenkern des Transformators verschiebbar, so läßt sich auch mit ihm die Periodenzahl verändern.

d) Lichtbogengeneratoren. Sehr hohen Anforderungen bezüglich Unveränderlichkeit der Hochfrequenzströme genügt die Duddellsche Anordnung nicht. Dazu kommt, daß die Periodenzahl, die man mit ihr erzielen kann, ihren Grenzwert für gleichförmige Schwingungen bei etwa $\nu = 5000$ erreicht. Schon vorher wird die Erzeugung der Schwingungen schwierig. Durch eine Reihe von Maßnahmen ist es Poulsen 1903 gelungen, aus dem Duddellschen Bogen einen Lichtbogengenerator zu entwickeln, der Schwingungen bis zu Periodenzahlen von $\nu = 1{,}5 \cdot 10^6$ von fast gleichbleibender Stärke und weit größerer Leistung liefert.

α) Wirkungsweise. Die Aufrechterhaltung eines gleichmäßigen Schwingungszustandes ist nur dann möglich, wenn der Lichtbogen selbsttätig die Arbeit im Takte der Periode bald in den Kondensatorkreis hinein-, bald aus ihm heraus steuert. Zur Erfüllung dieser Aufgabe muß er demnach während der Ladung des Kondensators einen viel höheren Widerstand besitzen als bei der Entladung. Daß er dieser Forderung gerecht wird, läßt sich unschwer aus seinen physikalischen Eigenschaften ableiten.

Der Lichtbogen ist eine glühelektrische Erscheinung. Sein Entstehen ist demnach an das Vorhandensein einer weißglühenden Kathode gebunden, die nur in diesem Zustande in der Lage ist, zahlreiche Elektronen auszusenden, welche die Träger der Erscheinung darstellen. Die Anzahl der Elektronen selbst bestimmt den Widerstand des Lichtbogens. Da die Kathode offenbar ihre Hemmungen gegen den Austritt von Elektronen um so vollkommener verliert, je höher ihre Temperatur und je größer ihre glühende Kraterfläche unter der Einwirkung des heizenden Gleichstromes ist, wird die Leitfähigkeit des Lichtbogens mit der Zunahme des Produktes dieser beiden Größen anwachsen. Ein Maß für die Leitfähigkeit in Abhängigkeit von den jeweiligen elektrischen Zuständen läßt sich in einfacher Weise durch eine Strom- und Spannungsmessung am Lichtbogen ermitteln, eine Aufnahme, die über einen größeren Strombereich ausgeführt, die statische Kennlinie des Lichtbogens ergibt (Abb. 23). Bei der Durchführung einer derartigen Messung erkennt man, daß im Einklang mit den soeben angeführten theoretischen Darlegungen über die Physik des Lichtbogens sein Widerstand mit wachsendem Strome abnimmt, d. h. seine Kennlinie eine fallende ist. Diese Eigenschaft, die er noch mit einer Reihe anderer Leiter teilt, befähigen ihn nun in hohem Maße als schwingungserregendes Organ jene Leistungssteuerung vorzunehmen, von der eingangs gesprochen wurde. In den Zeitabschnitten, in denen der Kondensator seinen Strom über den Lichtbogen schickt, addiert sich hier der Schwingungsstrom zu dem Gleichstrome, was ein Sinken des Lichtbogenwiderstandes bedeutet. In den darauffolgenden Zeitperioden findet eine erneute Aufladung des Kondensators durch die Gleichstromquelle statt, der Lichtbogenstrom verringert sich, und sein Widerstand wächst. Man erkennt somit, daß wie das Wasser die Pumpenklappen, der Lichtbogenstrom in selbsttätiger Weise die Leistungswanderung in der Weise steuert, daß ein Schwingungsstrom mit stets gleichbleibendem Scheitelwert entsteht. Wie jedoch in dem Analogon aus der Hydraulik die Ventilmasse die Bewegung des Wassers in erheblicher Weise stören kann, so besitzt auch der Lichtbogen eine Art elektrischer Trägheit, die von Simon mit Lichtbogenhysteresis bezeichnet wurde. Man versteht hierunter die Erscheinung, daß ein Lichtbogen, der von einem periodisch wechselnden Strome erzeugt wird, eine Kennlinie aufweist, die von der statischen grundsätzlich verschieden ist. Zur Erklärung dieser Tatsache muß man auf die Entstehungsursache des Lichtbogens zurückgreifen und sich bewußt werden, daß die Zahl der Elektronen, wie oben dargelegt wurde, seinen Widerstand bestimmt. Wechselt nun die Stärke des Stromes außerordentlich schnell, so ist offenbar der Herd des Elektronenaustrittes, der Elektrodenkrater, nicht imstande, seine Temperatur in entsprechender Weise periodisch derart zu ändern, daß der Widerstand des Lichtbogens ausschließlich durch den ihn durchfließenden Strom bestimmt ist. Vielmehr wird der Wärmespeicher der Elektroden bestrebt sein, den periodisch wechselnden Elektronenaustritt mit zunehmender Schwingungszahl immer mehr zu einem gleichbleibenden zu machen, d. h. die Veränderlichkeit des Widerstandes des

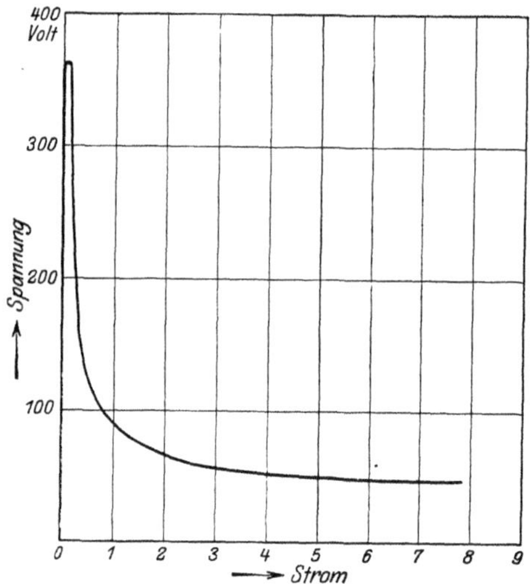

Abb. 23.

Lichtbogens zu beseitigen. Damit werden die Voraussetzungen gestört, die den Lichtbogen zum Schwingungserzeuger befähigen, was meßtechnisch dadurch zum Ausdruck kommt, daß seine statische Kennlinie in eine dynamische Kennlinie übergeht, d. h. immer flacher verläuft. Dies bedeutet, daß die zu gleichen Stromwerten zugehörigen Spannungsgrößen davon abhängen, ob man von zu- oder abnehmenden Stromstärken ausgeht. Die ursprünglich fallende statische Kennlinie des Lichtbogens verliert je nach seiner Vorgeschichte mit zunehmender Periodenzahl immer mehr dieses Bestreben, bis sie eine Gestalt annimmt, die das Entstehen der Schwingungen überhaupt unmöglich macht. Alle Mittel nun, die geeignet sind, hysteresisvermindernd zu wirken, müssen den Lichtbogen befähigen, Schwingungen von immer höherer Periodenzahl zu erzeugen. Als solche wurden vorgeschlagen:

1. Reihenschaltung mehrerer Lichtbogen und Kühlung der Elektroden (Simon),
2. Einbetten des Lichtbogens in eine Wasserstoffatmosphäre unter gleichzeitiger Verwendung eines Magnetfeldes (Poulsen).

Die große Ionenbeweglichkeit dieses Gases bewirkt, daß das Spannungsgefälle längs des Lichtbogens verändert und damit das für die Heizung des negativen Kraters in Frage kommende Kathodengefälle kleiner wird. Weiterhin fördert die hohe Molisierungsgeschwindigkeit des Wasserstoffes die Bildung neutraler Moleküle und sorgt somit für die schnelle Verringerung der Leitfähigkeit des Bogens. Außerdem muß die energische Wärmeableitung von passend gewähltem und mit Luft oder Wasser ausreichend gekühltem Elektrodenstoff die Nachwirkung der Gleichstromheizleistung herabdrücken.

Damit waren gleichzeitig die Mittel gefunden, die Schwingungszahl der Lichtbogengeneratoren derart zu steigern, daß sie als wirksame Hochfrequenzquellen auch in der drahtlosen Telegraphie Verwendung finden können. Noch ist aber ihre Leistungsfähigkeit von beschränktem Umfange. Diese wurde erst dadurch gehoben, daß nach dem Vorschlage von Poulsen der Lichtbogen in einem transversalen Magnetfelde angeordnet wurde. Zur Erklärung der Wirkungsweise dieses Hilfsmittels seien an Hand der beistehenden oszillographischen Aufnahmen die verschiedenen Schwingungszustände erläutert, die der Lichtbogengenerator hervorbringen kann, und die als Schwingungen erster, zweiter und dritter Art in die Literatur Eingang gefunden haben.

1. Die Schwingungen erster Art sind dadurch gekennzeichnet, daß ihr Scheitelwert kleiner als der Speisegleichstrom ist (Abb. 24a, b, c). Sie entstehen dann, wenn bei nicht zu geringer Gleichstromstärke die Selbstinduktion des angeschlossenen Schwingungskreises auf Kosten seiner Kapazität vergrößert wird. Die

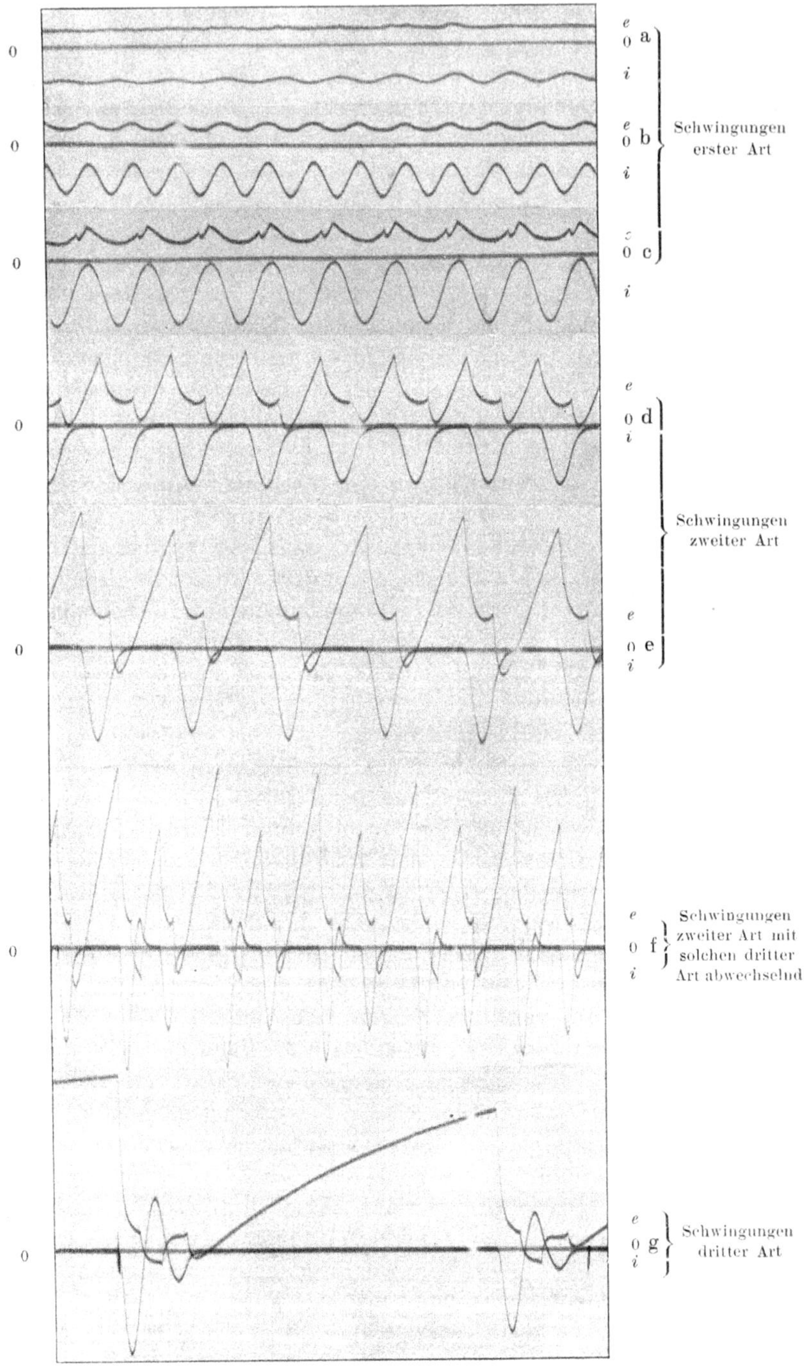

Abb. 24. Lichtbogenschwingungen.
e = Lichtbogenspannung, i = Lichtbogenstrom.

experimentelle Feststellung, ob man es gerade mit dieser Schwingungsform zu tun hat, geschieht in der Weise, daß man mit Hilfe eines Wellenmessers die Wellenlängen bestimmt, welche in dem Schwingungskreise sowohl bei Erregung mit einem Lichtbogengenerator als auch unter Verwendung einer Funkenstrecke entstehen. Sind in beiden Fällen die gemessenen Werte gleich, so wird der Hochfrequenzkreis von Schwingungen erster Art durchflossen. Für Meßzwecke, wo keine große Leistung verlangt wird, kann diese Schwingungsform mit Vorteil Verwendung finden, da der entstehende Wechselstrom, wie die Oszillogramme zeigen, nahezu vollkommen sinusförmigen Verlauf besitzt und seine Periodenzahl sich aus den Kreisbestimmungsstücken mit großer Annäherung berechnen läßt. Für radiotelegraphische Zwecke ist jedoch dieser Betriebszustand nicht zu brauchen, da die verfügbare Schwingungsleistung zu klein ist. Erst durch Steigerung der Spannung, mit der die Kapazität aufgeladen wird, lassen sich mit dem Lichtbogengenerator höhere Leistungen erzielen. Diese Aufgabe ist gleichbedeutend mit jener, ein periodisches Aussetzen des Entladungsvorganges zwischen den Elektroden herbeizuführen (Abb. 24 d, e). Man erhält dann

2. Schwingungen zweiter Art, wobei der Lichtbogenstrom aus einer Reihe regelmäßig aufeinanderfolgender Stromstöße besteht, die durch kurze Pausen der Stromlosigkeit unterbrochen sind. Erzielt wird diese Schwingungsform dadurch, daß infolge der verminderten Lichtbogenhysteresis und des energischen Entfernens der Elektronen aus der Lichtbogenbahn die Wechselströme so stark anschwellen, daß ihr Scheitelwert J_w größer als der Speisegleichstrom i_g wird. Voraussetzung bei dieser Schwingungsart ist, daß keine Rückzündungen entstehen, d. h. der Bogen nur zündet, wenn die Kupferelektrode positives Potential hat. Der Bogen bleibt alsdann um so länger erloschen, je größer das Verhältnis $\frac{J_w}{i_g}$ ist. Für Lichtbogensender hat sich der Wert $\frac{J_w}{i_g} = 1{,}1$ als am günstigsten erwiesen. Er liefert neben großer Leistung nahezu sinusförmige und deshalb resonanzfähige Schwingungen. Als technisch wertvolle Mittel zur Herbeiführung von Schwingungen zweiter Art haben sich bewährt:

1. Starke Kühlung der positiven Elektrode durch Wasser oder Luft,
2. Einbetten des Bogen in eine Wasserstoffatmosphäre,
3. Drehung von mindestens einer Elektrode (Poulsen), oder des Lichtbogens (Rein),
4. Verwendung eines Magnetgebläses zur Entfernung des ionisierten Gases.

Jedesmal, wenn der Elektrodenraum seine elektrische Leitfähigkeit verloren hat, lädt sich der Kondensator des Schwingungskreises so lange auf, bis seine Kapazitätsspannung den Wert der Zündspannung erreicht. Der nunmehr einsetzende Lichtbogenstrom erlöscht infolge der kräftigen Blaswirkung des Magneten in dem Augenblick, in dem er den Nullwert durchläuft, darauf wiederholt sich das Spiel von neuem. Dieser Vorgang kann sich jedoch nur dann mit völliger Gleichförmigkeit abspielen, wenn die Zeiten der Stromlosigkeit der Entladestrecke in einem bestimmten Verhältnis zu jenen stehen, in denen ein Stromfluß stattfindet. Dies bedeutet, daß bei kleinen Kapazitäten nur dann größere Leistungen erzielt werden können, wenn die Zündspannung groß ist, d. h. das Magnetfeld kräftig zur Wirkung kommt.

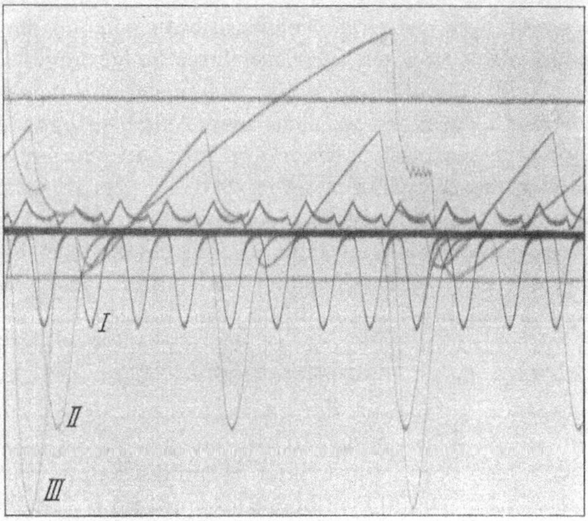

Abb. 25.

In Luft	a) Lichtbogenspannung,	I. Stromstärke im Lichtbogen
„ Leuchtgas	b) „	II. „ „ „
„ Leuchtgas mit Magnetgebläse	c) „	III. „ „ „

Ebenso ist es einleuchtend, daß bei hohen Periodenzahlen wegen der Kürze der Zeit, in der der Bogen erloschen ist, ein starkes Gebläse notwendig wird. Aus alledem geht zunächst die Tatsache hervor, daß das Magnetfeld erst den Lichtbogengenerator zu einer leistungsfähigen Hochfrequenzquelle macht, und zweitens, daß für die verschiedenen Wellenlängen und Kapazitäten die magnetische Induktion richtig zu wählen ist, sofern man unter Beibehaltung resonanzfähiger Schwingungen große Hochfrequenzleistungen erzeugen will.

Zur Erläuterung der Wirksamkeit der angegebenen Mittel auf die Erhöhung der Zündspannung sind in Abb. 25 eine Reihe von Strom- und Spannungskurven wiedergegeben, die die Bedeutung der Wasserstoffatmosphäre und des Magnetgebläses sowohl bezüglich Amplitude der Schwingungen, wie auch deren Periode kennzeichnen, Man ersieht aus den Aufnahmen, daß die Leistungssteigerung zugleich mit einem Rückgang der Periodenzahl verbunden ist. Vergrößert man deshalb durch Verwendung geeigneter Endladestrecken, die eine hohe Löschfähigkeit aufweisen, und durch entsprechende Wahl der elektrischen Größen des Schwingungskreises wie der Speisestromstärke die Pausen zwischen den einzelnen Stromstößen, so büßt der Hochfrequenzkreis mehr und mehr seine Resonanzfähigkeit ein und ist somit imstande, ein mit ihm eng gekoppeltes schwingungsfähiges System in idealer Stoßerregung anzustoßen. Damit ist derselbe Betriebszustand erreicht, der im vorhergehenden Abschnitt, der die gedämpften Schwingungen behandelte, als Grenzfall der Wienschen Stoßerregung bezeichnet wurde. Er stellt somit eine elektrische Entladungsform dar, die als Übergangszustand vom Lichtbogen zum Funken bezeichnet werden kann. Die nächste Stufe in dieser Richtung ist im Oszillogramm Abb. 24f wiedergegeben, in dem Schwingungen zweiter Art abwechseln mit

3. Schwingungen dritter Art. Damit wird ein Schwingungszustand des Lichtbogen-Funkens bezeichnet, bei dem infolge dauernder Rückzündungen die auf dem Kondensator aufgespeicherte Arbeit sich in Form eines gedämpften Schwingungszuges über den Lichtbogen entlädt, ein Vorgang, der auch schon bei den Funkenentladungen behandelt wurde. Für die Meßtechnik wie für die Radiotelegraphie kommt diese Schwingungsform, die Abb. 24g wiedergibt, nur selten in Frage. Sie wird dadurch hervorgerufen, daß man alle Mittel, die zur Erzielung hoher Zündspannungen für die Schwingungen zweiter Art angegeben wurden, in erhöhtem Meße zur Wirksamkeit bringt.

Während die in Abb. 24 und 25 dargestellten Strom- und Spannungskurven — aufgenommen von Ament auf Veranlassung von Th. H. Simon — unter Verwendung eines selbsttönenden Lichtbogens (Duddell-Bogen) erzeugt wurden, geben die nachstehend (Abb. 26 bis 28) abgebildeten Glimmlichtschwingungsbilder den Stromverlauf für die kennzeichnenden Betriebsformen bei Benutzung hochfrequenter Schwingungen wieder.

β) Ausführungsformen und Schaltungen. Die Abb. 29 u. 30 zeigen Lichtbogengeneratoren nach Poulsen. Die stark gekühlte Elektrode wird mit dem positiven Pol der Gleichstromquelle verbunden. Die Wicklungen der Feldmagnete müssen so geschaltet sein, daß der Bogen durch das transversale Magnetfeld nach oben geblasen wird. Die hierzu erforderliche Schaltung geht aus Abb. 31 hervor. Die Wasserstoffatmosphäre wird meist erzeugt durch Auftropfen von Alkohol aus einem Tropföler auf die Kupferelektrode. Gleichmäßigere Verhältnisse erzielt man, wenn man durch die Lichtbogenkammer Wasserstoff

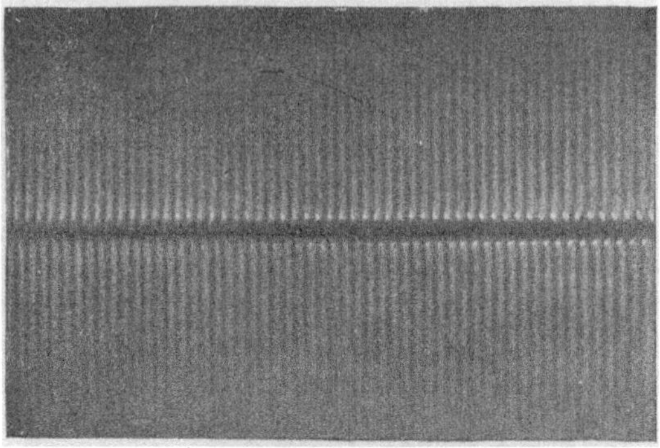

Abb. 26. Lichtbogenschwingungen erster Art.

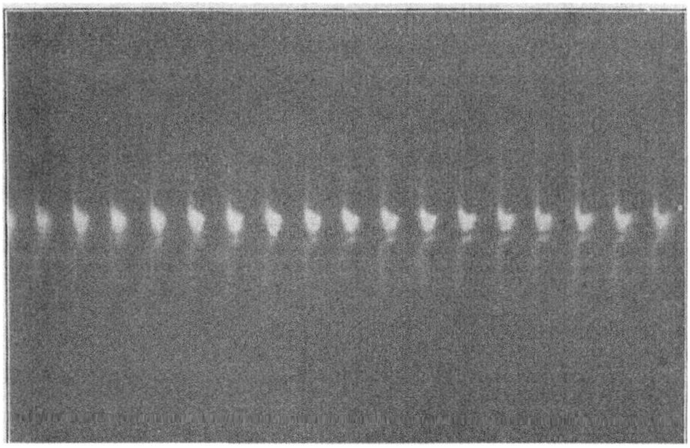

Abb. 27. Lichtbogenschwingungen zweiter Art (idealer Stoß).

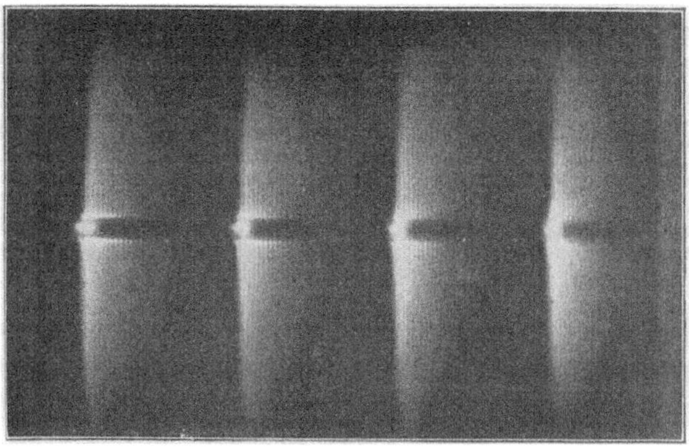

Abb. 28. Lichtbogenschwingungen dritter Art.

Abb. 29. Lichtbogengenerator von Poulsen.

Abb. 30. Lichtbogengenerator der C. Lorenz A.-G., Berlin-Tempelhof.

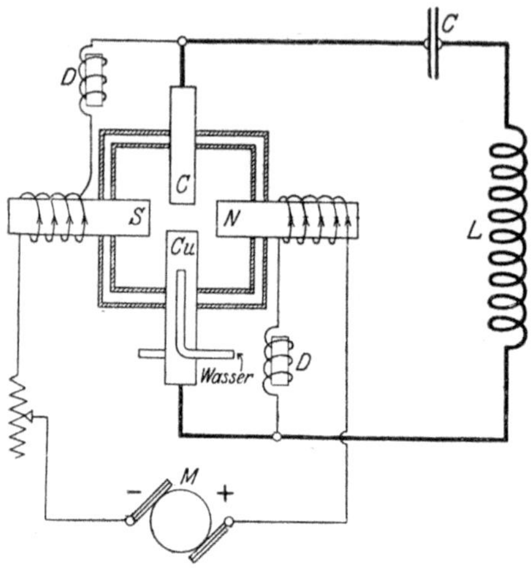

Abb. 31.

Abb. 32. Lichtbogengenerator mit umlaufendem Bogen nach Rein.

leitet, der vorher eine mit Azeton gefüllte Waschflasche zum Karburieren des Gases durchlaufen hat. Die Geschwindigkeit des Gasstromes muß den Versuchsbedingungen (Leistung, Wellenlänge) angepaßt werden. Bei sehr hohen Anforderungen an die Gleichförmigkeit der Hochfrequenzströme empfiehlt sich die Benutzung eines Gasdruckreglers.

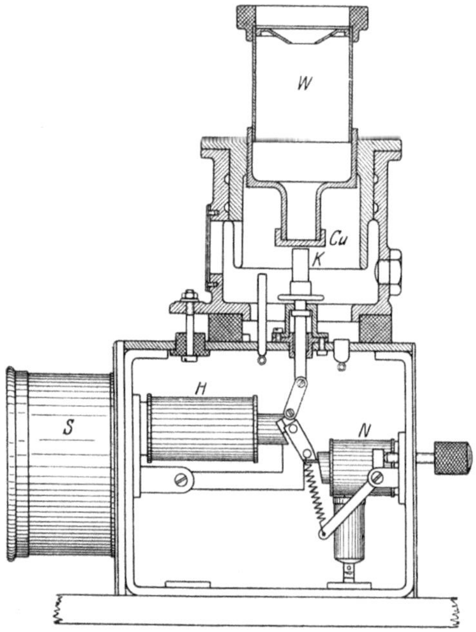

Abb. 33. Meßlampe der C. Lorenz A.-G., Berlin-Tempelhof. 1/4 wirkliche Größe

Bei der in Abb. 32 dargestellten Lampe von Rein wird der Lichtbogen durch das magnetische Feld in Umlauf gesetzt. In der Elektrodenkammer befindet sich ein ringförmiges Gefäß, daß die Elektroden umgibt und Alkohol enthält. Beim Eingießen des Alkohols muß sorgfältig vermieden werden, daß die Kohleelektroden sich mit Alkohol benetzen.

Meßlampe der C. Lorenz A.-G. Der Lichtbogen (Abb. 33) brennt in einer Flammenkammer zwischen der oberen, wassergekühlten, auswechselbaren und verstellbaren Kupferelektrode *Cu* und der Kohleelektrode *K*, die ebenfalls auswechselbar an einem durch eine Stopfbüchse mit der elektromagnetischen Reguliervorrichtung verbundenen Halter befestigt ist. Die Reguliervorrichtung besteht aus der Hauptstromspule *H* und

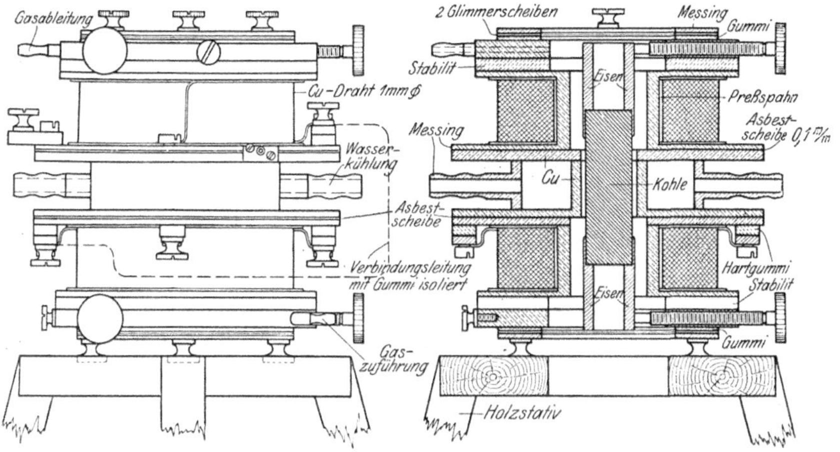

der Nebenschlußspule *N*. Sie besorgt die Zündung des Bogens und hält ihn auf gleichem Widerstand. Zur Einstellung des Bogens besitzt das Kühlgefäß *W* ein Gewinde, mittels dessen es mit der Kupferelektrode von außen gehoben und gesenkt werden kann. Ein blaues Fenster ermöglicht die Beobachtung des Bogens. An dem Spannungsmesser *S* kann die Bogenspannung abgelesen werden. Zwischen Lampe und Stromquelle sind zwei im Lampensockel liegende Drosselspulen aus Eisendraht geschaltet, die die Hochfrequenzströme von der Stromquelle absperren. Die Betriebspannung beträgt 440 Volt, die Spannung am Bogen 80 bis 130 Volt. Am besten arbeitet die Lampe mit einem Strom von 0,5 bis 3,5 Amp. bei 50 bis 110 Volt Lichtbogenspannung. Je kleiner die Wellenlängen sind, um so kleiner ist die Stromstärke zu wählen. Durch die Flammenkammer wird ein Leuchtgas- oder Wasserstoffstrom geführt. An der Kohle bildet sich ein stiftförmiger

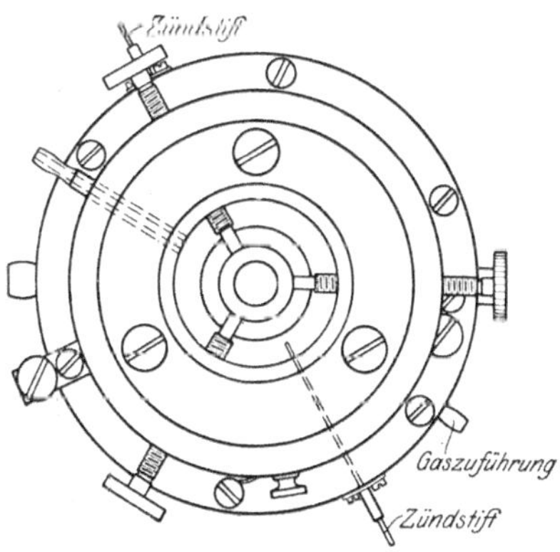

Abb. 34. Meßlampe nach Lindemann. 1/3 wirkliche Größe.

Niederschlag; der Spannungszeiger geht alsdann zurück. Durch Herunterschrauben der Kupferelektrode bis zur Berührung mit der Kohleelektrode muß dieser Niederschlag alle 10 bis 15 Minuten entfernt werden. Erfordern die Messungen völlig gleichmäßige Schwingungen, so leitet man den Gasstrom durch Benzol oder Benzin und verwendet eine Elektrode aus reiner Kohle, die auf 5 mm oben zugespitzt wird. Die Kohleausscheidung ist dann allerdings etwas größer wie bei Kohlen mit Graphitzusatz, bei der die Lampe ohne Nachstellung $^1/_2$ Stunde lang brennen kann. Unruhiges Arbeiten der Lampe, fortgesetztes Abreißen und Neuzünden des Bogens ist auf zu geringe Stromstärke zurückzuführen.

Die von Lindemann angegebene Meßlampe Abb. 34 besteht aus einem Kupferrohr, in das ein Kohlezylinder mittels dreier Schrauben genau zentrierbar eingeführt ist. Durch Niederdrücken eines Hebels wird der Lichtbogen zwischen dem abgeschrägten Rande der Kohle und der Kupferelektrode gezündet. Das durch eine Spule erzeugte senkrecht verlaufende Magnetfeld setzt ihn in langsamen Umlauf. Die hohle Kupferelektrode wird mit fließendem Wasser gekühlt. Der Bogen brennt in Wasserstoff, der durch die Flammenkammer strömt. Alle anderen Einzelheiten und die Abmessungen sind aus Abb. 34 zu ersehen.

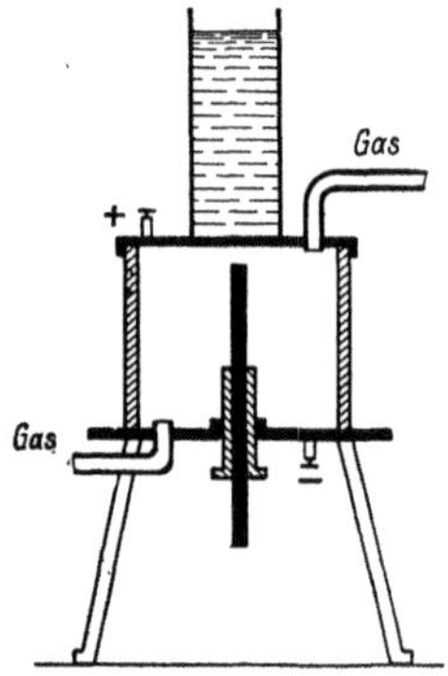

Abb. 35. Meßlampe nach Kiebitz.

Etwas einfacher ist die in Abb. 35 dargestellte Lampe von Kiebitz gebaut. In den Metalldeckel eines Glasgefäßes ist ein Messingzylinder eingesetzt, dessen Boden aus einem 0,4 mm dicken Kupferblech besteht, das die positive Elektrode der Lampe bildet. Der Messingzylinder wird mit Wasser gefüllt. Als negative Elektrode wird durch die mit einem Gewinde versehene Hülse, die in den Metallboden des Glaszylinders geschraubt ist, eine 5 mm dicke Homogenkohle eingeführt. Durch Verschieben kann die Kohle grob, durch Verdrehen der Hülse feinstufig verstellt werden. Dem Glasgefäß wird oben vorher durch Azeton geleiteter Wasserstoff zugeführt, der unten wieder austritt, wobei 1 bis 4 kleine Gasblasen in der Sekunde ausreichen. Die Betriebsspannung von 220 Volt wird durch einen Vorschaltwiderstand auf 60 Volt Lichtbogenspannung abgedrosselt. Die Stromstärke beträgt alsdann etwa 1,7 Ampere.

Die Gesellschaft für drahtlose Telegraphie verwendet eine Anordnung, die aus sechs oder zwölf kleinen, in Reihe geschalteten Lichtbogen besteht (Abb. 36), die zwischen Homogenkohlen und den Kupferböden von mit Wasser gefüllten Metallrohren gebildet werden. Die Entfernung der Elektroden jedes einzelnen Lichtbogens läßt sich unabhängig von den anderen einstellen. Durch einen Druck auf den rechts in der Abbildung sichtbaren Haupthebel werden die Elektroden in Berührung gebracht, worauf beim Loslassen des Hebels alle Lichtbogen gleichzeitig zünden. Die Bogenlänge ist so einzustellen, daß die Bogen nur ein ganz leises, weiches Zischen hören lassen. Durch passende Wahl der Lichtbogenlänge und insbesondere des Widerstandes im Gleichstromkreis erhält man auch mit dieser Anordnung Schwingungen, die wegen ihrer Gleichmäßigkeit für Messungen verwendbar sind. Die Kapazitäten im Schwingungskreis dürfen nicht zu klein sein.

γ) Erzeugung von Oberschwingungen mit Lichtbogengeneratoren. Eine wichtige Anwendung finden die Lichtbogen-

Abb. 36. Lichtbogengenerator (Gesellschaft für drahtlose Telegraphie, Berlin). $^1/_6$ wirkliche Größe.

generatoren zur Eichung von Wellenmessern. Sind bei Schwingungen II. Art die Zeiten groß, während deren der Bogen erloschen ist, so bestehen die erzeugten Hochfrequenzströme aus einer Grundwelle und einer mehr oder weniger großen Zahl von gut nachweisbaren Oberwellen, deren Wellenlängen genau in dem Verhältnis 1 : 2 : 3 ... stehen. Um diese harmonischen Oberschwingungen zu erhalten, hat man sonach nur nötig, die Versuchsbedingungen so zu wählen, daß der Lichtbogen längere Zeit erloschen bleibt (vgl. S. 33), was nach dem früher Gesagten z. B. durch Schwächung des Gleichstromes und große Kapazität im Schwingungskreis erreicht wird. Ein Wellenmesser spricht alsdann bei einer Reihe von Zeigerstellungen an, für die die Wellenlänge unmittelbar angegeben werden kann, wenn die Wellenlänge der Grundschwingung oder auch einer Oberschwingung und ferner die Ordnungszahlen der übrigen Oberschwingungen bekannt sind.

Unter Umständen ist die Stärke der so gewonnenen Oberschwingungen sehr verschieden, manche sind kaum nachweisbar oder wenig konstant. Zweckmäßiger ist alsdann das folgende von Schapira angegebene und von Lindemann für die Messung von Wellenlängen benutzte Verfahren zur Erzeugung der harmonischen Oberschwingungen:

In den Nebenschluß zu dem Hauptschwingungskreis I (Abb. 37) des Lichtbogengenerators, dessen Kapazität C_1 und Selbstinduktion L_1 so zu wählen sind, daß in I die gewünschte Grundwelle entsteht, wird ein zweiter Kreis II gelegt mit der Kapazität C_2 und der Selbstinduktion L_2. Ist die Eigenwellenlänge des Kreises I ein ganzes Vielfaches der Wellenlänge von II, so wird II zu kräftigen Schwingungen angeregt, die sonach Oberschwingungen zur Welle in I darstellen.

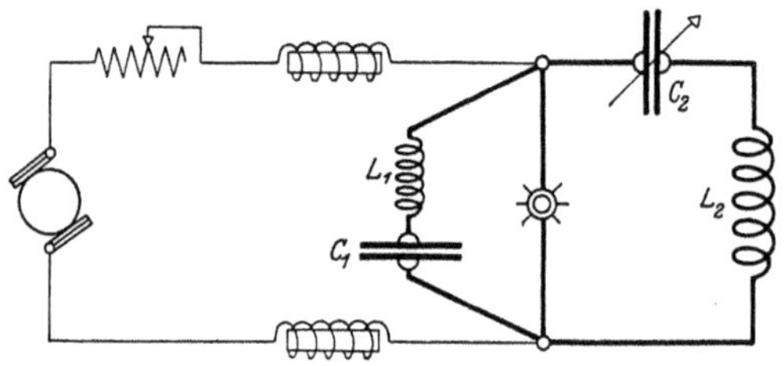

Abb. 37.

Die Kapazität C_2 muß klein sein, sofern man gleichbleibende Schwingungen erzielen will. Ferner muß Kreis II sehr scharf auf die gewünschte Oberwelle des Hauptkreises I abgestimmt werden, wenn nur diese und nicht auch andere Oberwellen entstehen sollen. Am größten wird die Verstärkung der gewünschten Oberwelle, wenn im Hauptkreis I die Oberwellen möglichst geschwächt werden, die Schwingungen in ihm also möglichst sinusförmigen Verlauf haben.

Die Gleichmäßigkeit der so gewonnenen Oberwellen ist wesentlich größer als die der unmittelbar durch Vergrößerung der Kapazität im Hauptkreis entstehenden. Durch stufenweise Änderung der ursprünglichen Grundschwingung ist man in der Lage, mit diesem Verfahren einen sehr großen Wellenbereich zu umfassen. Es macht keine Schwierigkeiten, die 80. Oberschwingung zu erhalten.

Für genaue Dämpfungsmessungen sind die so erzeugten Oberschwingungen nicht hinreichend konstant, dagegen eignen sie sich vorzüglich, um schwach gedämpfte Schwingungskreise auf Resonanz scharf einzustellen, eine Forderung, die gerade beim Eichen von Wellenmessern vorliegt. Dieses Eichverfahren ist S. 183 ausführlicher erläutert.

e) Kathodenstrahlenröhren. *α*) Wirkungsweise. Bringt man im Innern einer Glühlampe gegenüber dem Brenner K (Abb. 38) eine Metallelektrode A an und legt zwischen A und K eine Gleichstromquelle, deren positiver Pol mit A verbunden ist, so fließt, wie zuerst Edison beobachtet hat, zwischen K und A ein Strom i_A, sobald die Glühkathode durch den Brennerstrom i_H zur Gelbglut erhitzt wird.

Der glühende Leiter sendet negativ geladene Teilchen, sog. Elektronen aus, die von der positiv geladenen Elektrode A angezogen werden und von deren Zahl die Stromstärke abhängt. Die Elektronenzahl wächst mit steigender Fadentemperatur sehr rasch an und nimmt ferner zu mit wachsendem Spannungsunterschied zwischen A und K. Weiterhin ist sie abhängig von der Beschaffenheit des Glühfadens, insbesondere dem Stoff, aus dem er besteht.

Eine sehr ausgiebige Elektronenemission erhält man nach den Untersuchungen von Wehnelt mit den glühenden Oxyden der Erdalkalimetalle, z. B. Kalzium- oder Bariumoxyd, eine Erscheinung, die Wehnelt zum Bau der bekannten, nach ihm benannten Röhre verwendet hat.

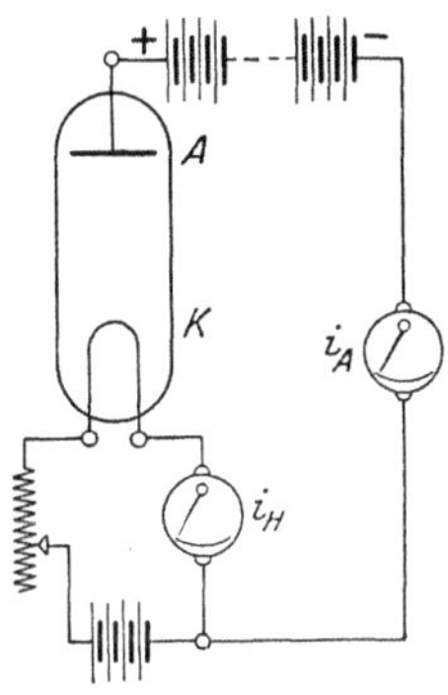

Abb. 38.

In Röhren, die noch Gasreste enthalten, werden durch den Anprall der Elektronen die Gasmoleküle gespalten in neue Elektronen und positiv geladene Ionen, wobei sich die Röhre häufig mit Glimmlicht füllt. Die Zahl der Ionen und die Größes des Ionenstroms hängt ab von der Beschaffenheit des Vakuums. Dieses aber ändert sich im Laufe der Zeit und mit der Temperatur. Gleichmäßige Betriebsverhältnisse sind daher von einer Röhre mit schlechtem Vakuum nicht zu erwarten. Am empfindlichsten machen sich diese störenden Unregelmäßigkeiten bei Verstärkergeräten bemerkbar, wie der Vorgänger der neuen Kathodenröhren, die v. Liebenröhre zeigt. Der große Fortschritt, der in den letzten Jahren im Röhrenbau erzielt wurde, beruht im wesentlichen auf der Verwendung eines möglichst vollkommenen Vakuums, das man durch Entfernen der in den Elektroden und dem Glas eingeschlossenen Gasteilchen und durch weitgehendes Auspumpen zu erreichen sucht.

Zu dem Zweck wird die Glasbirne beim Auspumpen bis nahe zum Weichwerden erhitzt und zwischen Anode und Kathode eine hohe Spannung gelegt, durch die die Geschwindigkeit der auf die Anode prallenden Elektronen so weit gesteigert werden kann, daß sie durch den Elektronenstoß in Weißglut gerät. Die bei der hohen Temperatur aus dem Glas und der Elektrode ausgetriebenen Gasreste werden mit Molekular- und in neuester Zeit mit Diffusionspumpen entfernt, mit denen der Druck sich auf etwa 10^{-6} mm verringern läßt.

In derartig behandelten Röhren fließt im kalten Zustande überhaupt kein Strom, selbst dann nicht, wenn zwischen Anode und Kathode eine hohe Spannung gelegt wird. Ein Strom entsteht erst, wenn man die Kathode erhitzt und dadurch die kinetische Energie der im

Brenner festgehaltenen Elektronen so weit steigert, daß die anziehenden Kräfte überwunden werden, die das Austreten der Elektronen aus dem Brenner verhindern.

Da sich bei der Abwesenheit aller Gasmolekule Ionen nicht mehr bilden können, beruht der Strom i_A in solchen Röhren auf einer reinen Elektronenemission.

Infolgedessen erzielt man fast völlig gleichmäßige Betriebsverhältnisse und alle Vorgänge werden so übersichtlich, daß sie sich an der Hand einfacher physikalischer Überlegungen verfolgen lassen und die Möglichkeit besteht, die Bestimmungsstücke einer Röhre den besonderen, durch ihre Verwendung bedingten Anforderungen anzupassen und selbst rechnerisch im voraus zu ermitteln. Das Verständnis der Vorgänge wird besonders erleichert, wenn man zum Vergleich die Erscheinungen beim Sieden von Flüssigkeiten heranzieht.

Vertauscht man in Abb. 38 die Pole der Stromquelle, d. h. bringt die Platte A auf negatives Potential, so hemmt die jetzt abstoßende Wirkung von A die Elektronenbewegung, und schon bei kleinen negativen Potentialen von A verschwindet i_A. Die Röhre kann daher auch als Gleichrichter benutzt werden.

Ermittelt man mit Hilfe der Schaltung Abb. 38 bei gleichbleibender Spannung e_A zwischen A und K den Strom i_A in Abhängigkeit vom Heizstrom, so erhält man beistehende Kurve (Abb. 39). Sie zeigt, daß, ähnlich wie eine Flüssigkeit erst bei einer bestimmten Temperatur zu sieden beginnt, auch die Glühkathode erst von einer bestimmten Temperatur an Elektronen entweichen läßt, daß aber, sobald diese Temperatur erreicht ist, der Strom i_A sehr rasch steigt, worauf er bei weiterer Temperaturerhöhung einem Grenzwert zustrebt.

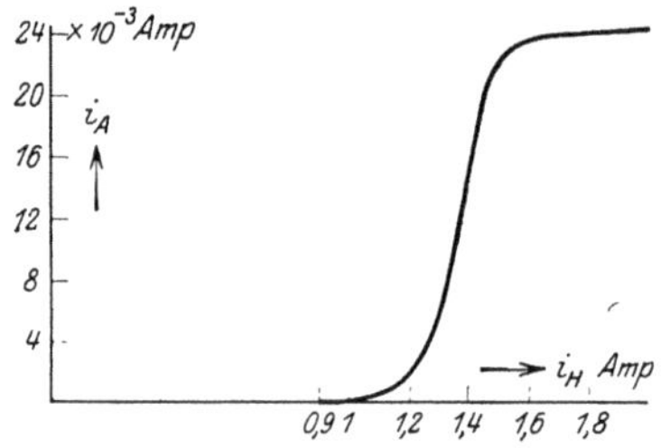

Abb. 39.

Bezeichnet man die kleinste Spannung e_A, die erforderlich ist, damit die Anode sämtliche am Brenner in der Zeiteinheit frei werdenden Elektronen zu sich hinzuziehen vermag, oder die sog. Sättigungsspannung mit e_S, so lassen sich folgende zwei Fälle unterscheiden:

1. $e_A \geqq e_S$. Der Strom i_A besteht alsdann aus sämtlichen aus dem Brenner entweichenden und nach der Anode wandernden Elektronen. Er heißt Sättigungsstrom, ist nur abhängig von Stoff, Oberfläche O und absoluter Temperatur T der Kathode und berechnet sich mittels der Gleichung von Richardson zu:

$$i_A = i_S = O_{\mathrm{cm}^2} \cdot a \cdot \sqrt{T} \cdot e^{-\frac{b}{T}} \text{ Ampere} \tag{4}$$

wobei nach Langmuir für Wolfram $a = 2{,}36 \cdot 10^7$, $b = 5{,}24 \cdot 10^4$ zu setzen ist. In Abb. 39 z. B. sind sämtliche i_A für alle Werte von $i_H < 1{,}6$ Sättigungsströme.

2. $e_A < e_S$. Die bereits aus dem Brenner ausgetretenen Elektronen erzeugen ein elektrisches Feld, das abstoßend auf weitere aus dem Brenner entweichende Elektronen wirkt. Solange daher die Anode nicht hinreichende Anziehungskraft, d. h. genügend hohes positives Potential hat, vermag sie nur einen Teil der in der Zeiteinheit frei werdenden Elektronen zu sich hinzuziehen. Infolgedessen muß i_A für jedes e_A einen Grenzwert i_R erreichen.

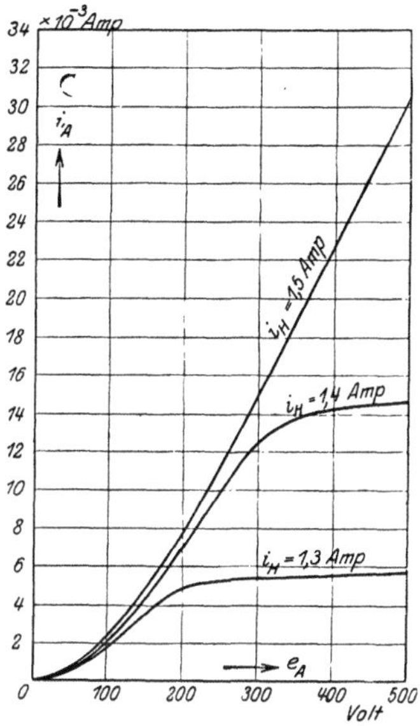

Abb. 40.

Man bezeichnet diese Erscheinung als Raumladewirkung, i_R als Raumladestrom. Für eine bestimmte Temperatur oder einen bestimmten Heizstrom hängt i_R nur ab von e_A und den Abmessungen von K und wird nach Langmuir und Schottky für eine Röhre mit geradem Heizfaden von der Länge l, der in einer zylindrischen Elektrode mit dem Radius r liegt:

$$i_R = 1{,}52 \cdot 10^{-5} \cdot \frac{l}{r} \cdot e_A^{1{,}5} \quad \text{Ampere.}$$

Erhöht man e_A, so werden immer mehr Elektronen nach der Anode hingezogen, der Raumladestrom i_R nimmt zu, und schließlich geht i_R über in i_S, worauf bei weiterer Steigerung von e_A und gleichbleibendem i_H der Strom i_A nicht mehr wächst. Ein Bild von diesen Verhältnissen geben die Kurven, die man erhält, wenn man den Heizstrom unverändert läßt und i_A in Abhängigkeit von der Anodenspannung e_A bestimmt. In Abb. 40 sind eine Reihe solcher Kurven für verschiedene Heizströme wiedergegeben. Für alle Werte von $e_A < e_S$ stellen die eingezeichneten Ströme i_A Raumladeströme dar. Bemerkenswert ist auch die starke Zunahme der Steilheit der Kurven mit wachsendem i_H.

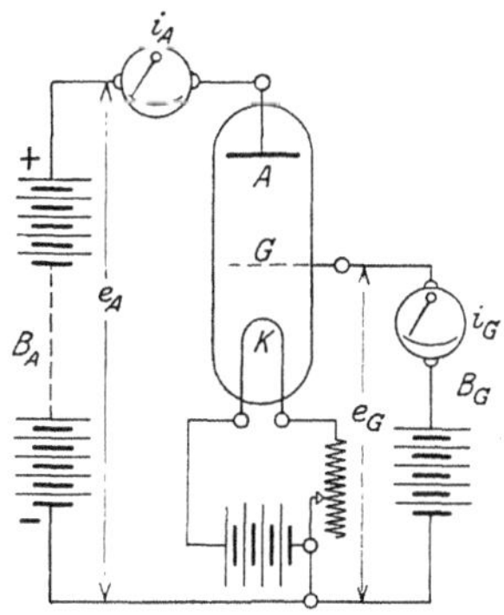

Abb. 41.

Röhren, die als Stromerzeuger oder Verstärker dienen sollen, enthalten sämtlich noch eine dritte Elektrode, das sog. Gitter G (Abb. 41), das bei den älteren Röhren in Form einer siebartigen Platte in geringer Entfernung vom Brenner zwischen diesem und der Anode angebracht war, bei den neueren Ausführungen aber ersetzt ist durch eine engmaschige Spirale oder ein Netz aus sehr dünnem Wolfram-, Molybdän-, Eisen- oder Nickeldraht, die den Brenner umgeben. Da das Gitter in den Weg der vom Brenner abwandernden Elektronen gestellt ist, muß es zunächst eine Verringerung des Anodenstromes bewirken, die noch begünstigt wird durch die Einschnürung, die die Elektronenbahnen durch dals elektrische Feld erfahren.

Legt man an das Gitter den positiven, an den Brenner den negativen Pol einer Gleichstromquelle, so unterstützt letztere die Wirkung der Anode, indem sie mehr Elektronen aus dem Brenner herauszieht wie die Anode allein. Infolgedessen wächst der Anodenstrom mit zunehmender Spannung e_G zwischen K und G, der sog. Gitterspannung, und zwar um so mehr, je kleiner der Abstand zwischen Brenner und Gitter gewählt ist. Hierbei wird ein Teil der Elektronen in das Gitter hineingezogen, d. h. es entsteht in dem Kreise $G\,B_G\,K$, dem sog. Gitterkreis, der Gitterstrom i_G. Die vom Gitter durchgelassenen Elektronen liefern den Anodenstrom i_A. Zwischen Gitter und Kathode fließt somit im Inneren der Röhre der Gesamtstrom

$$i_e = i_A + i_G.$$

Werden die Pole der Hilfsstromquelle B_G vertauscht, so wirkt die jetzt negative Ladung des Gitters abstoßend auf die Elektronen und hindert die Elektronenbewegung, bis schließlich bei hinreichend großem negativem e_G die Aufnahme von Elektronen durch das Gitter völlig gehemmt und der Gitterstrom zu Null wird. Schon Spannungen von -1 Volt bringen i_G zum Verschwinden. Gitter und Kathode verhalten sich alsdann gegen Spannungsänderungen wie die Belege eines verlustfreien Kondensators mit sehr kleiner Kapazität. Voraussetzung hierbei ist allerdings der Wegfall jeglichen Ionenstromes, d. h. ein vorzügliches Vakuum. Die durch eine veränderliche Gitterspannung verursachten Änderungen des Anodenstromes erfordern alsdann keinerlei Leistungsaufwand, eine Erscheinung, die für den Bau von Verstärkerröhren von besonderer Wichtigkeit ist.

Die geschilderten Änderungen des Anodenstromes folgen selbst den raschesten Änderungen der Gitterspannung. Durch richtige Wahl der Versuchsbedingungen läßt sich zwischen beiden auch vollkommene Proportionalität erzielen.

β) Kennlinien. Über die Wirkungsweise dieser Röhren mit zwei kalten und einer heißen Elektrode geben Kennlinien Aufschluß, die mit Gleichspannungen aufgenommen werden können. Sie bilden die Grundlage für die Beurteilung des Verhaltens der Röhren als Stromerzeuger, Verstärker und Wellenanzeiger und stellen die Beziehungen dar zwischen:

1. Heizstrom i_H;
2. Anodenspannung e_A = Spannungsunterschied zwischen Anode A und Kathode K;
3. Gitterspannung e_G = Spannungsunterschied zwischen Gitter G und Kathode K;
4. Anodenstrom i_A = Stromstärke im Zweige $A\,B_A\,K$ (Abb. 41);
5. Gitterstrom i_G = Strom im Zweige $G\,B_G\,K$ (Abb. 41).
6. Kathoden- oder Emissionsstrom $i_e = i_A + i_G$.

Die wichtigeren dieser Kennlinien sind:

1. Anodenstrom i_A in Abhängigkeit vom Heizstrom i_H bei verschiedenen Anodenspannungen.
2. Anodenstrom i_A in Abhängigkeit von Anodenspannung e_A für verschiedene Heizstromstärken i_H oder verschiedene Gitterspannungen e_G.
3. Anodenstrom i_A in Abhängigkeit von der Gitterspannung e_G bei verschiedenen Anodenspannungen.

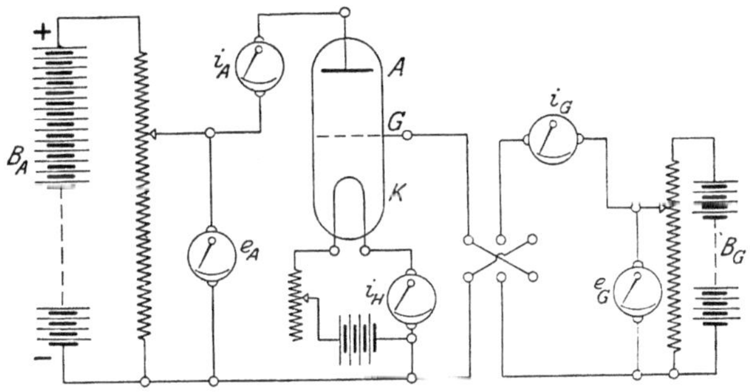

Abb. 42.

Die Abb. 43—45 geben ein Bild vom Verlaufe dieser Kennlinien, die mit der in Abb. 42 dargestellten Versuchsanordnung an einer 10 Watt Senderröhre gewonnen sind.

1. Die Kurven $i_A = f(i_H)$ für e_A = const. und e_G = const. (Abb. 43) lassen zunächst wieder erkennen, daß der Anodenstrom erst von einem bestimmten Werte des Heizstromes an meßbare Beträge annimmt, dann aber sehr rasch steigt und einen Grenzwert erreicht, der, wie die Kurvenschar zeigt, um so größer ist, je höher die Anodenspannung gewählt wird.

2. Die Kennlinien $i_A = f(e_A)$ für i_H = const. und e_G = const., die den nämlichen Verlauf haben, wie die Kurven Abb. 40, besagen, daß der Anodenstrom mit wachsender Anodenspannung ebenfalls einem Grenzwert, den Sättigungsstrom, zustrebt, und daß sowohl dieser als auch die Steilheit der Kurven mit dem Heizstrom zunimmt.

Wird die Kennlinie $i_A = f(e_A)$ bei dem nämlichen Heizstrom, aber verschiedenen, gleichbleibenden Gitterspannungen aufgenommen, so verschieben sich die einzelnen Kurven der Schar um so mehr nach links, je größer e_G gewählt wird, ein Ergebnis, daß unmittelbar aus der weiter unten angeführten Gleichung 7 abgelesen werden kann.

Die wichtigste dieser Kennlinien stellt dar

3. die Abhängigkeit $i_A = f(e_G)$.

Abb. 44 zeigt eine Schar solcher Kurven, die bei der nämlichen Anodenspannung, aber bei verschiedenen konstant gehaltenen Heizströmen aufgenommen sind, und Abb. 45 die Kennlinien $i_A = f(e_G)$ für gleichbleibenden Heizstrom bei verschiedenen Anodenspannungen.

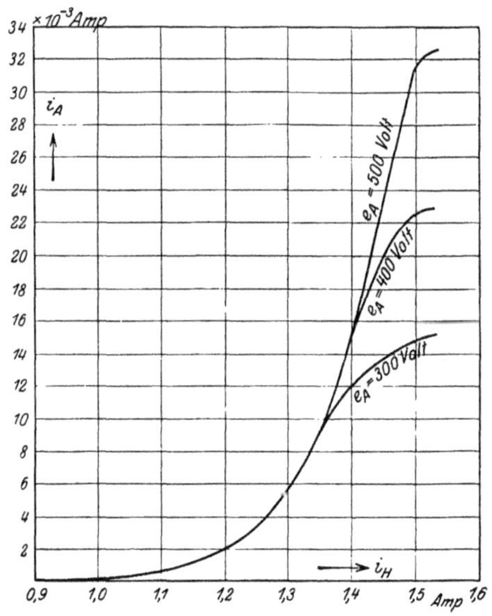

Abb. 43.

Die Steilheit der Kurven in Abb. 44 und der Bereich ihres geradlinigen Teiles wächst mit der Heizstromstärke. Der in Abb. 45 mit aufgenommene Gitterstrom beträgt etwa 5% des Anodenstromes und wird bereits für geringe negative Werte von e_G zu Null.

Läßt man die Gitterspannung allmählich wachsen, so wenden bei kleinen Werten von i_A die Kurven beider Abbildungen 44 und 45 ihre konvexe Seite der Abszissenachse zu, worauf sie innerhalb eines großen Bereichs geradlinig verlaufen, umbiegen und allmählich einem Grenzwert zustreben. Je höher die Anodenspannung ist, bei der die einzelnen Kurven der Schar (Abb. 45) aufgenommen sind, um so weiter verschieben sie sich nach links, d. h. in den Bereich negativer Gitterspannung, was ebenfalls aus Gleichung 7 zu ersehen ist.

Aus Abb. 45 läßt sich gleichzeitig noch eine andere, für die Arbeitsweise der Röhren wichtige Größe, der Durchgriff, entnehmen. Das von der Anode erzeugte Feld wird durch das Gitter nicht völlig abgeschirmt, ein Teil der Kraftlinien dieses Feldes geht durch die Maschen des Gitters. Infolgedessen setzt sich die gesamte Gitterspannung e_{GR} aus der an das Gitter gelegten Spannung e_G und einem vom Anodenfelde herrührenden Beitrag $D \cdot e_A$ zusammen, d. h. es ist:

$$e_{GR} = e_G + D \cdot e_A. \tag{6}$$

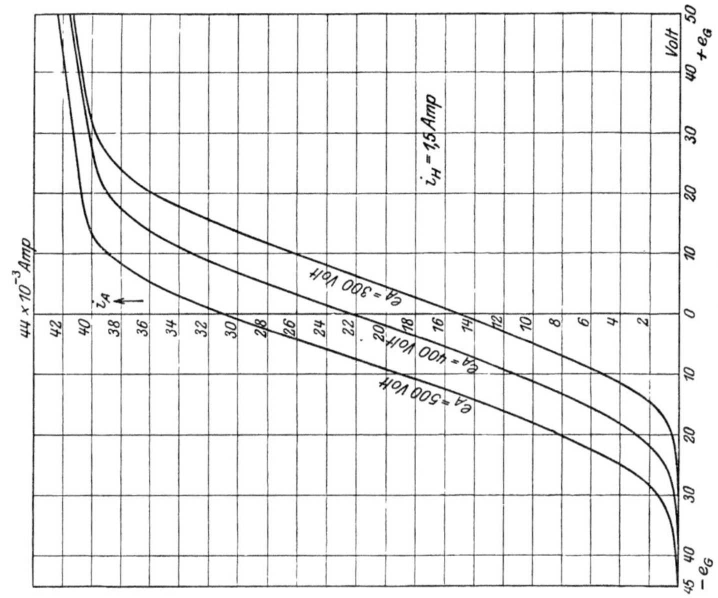
44 x 10⁻³ Amp
i_A
i_H = 1,5 Amp
e_A = 300 Volt
e_A = 400 Volt
e_A = 500 Volt
Volt
+ e_G
− e_G

Abb. 45.

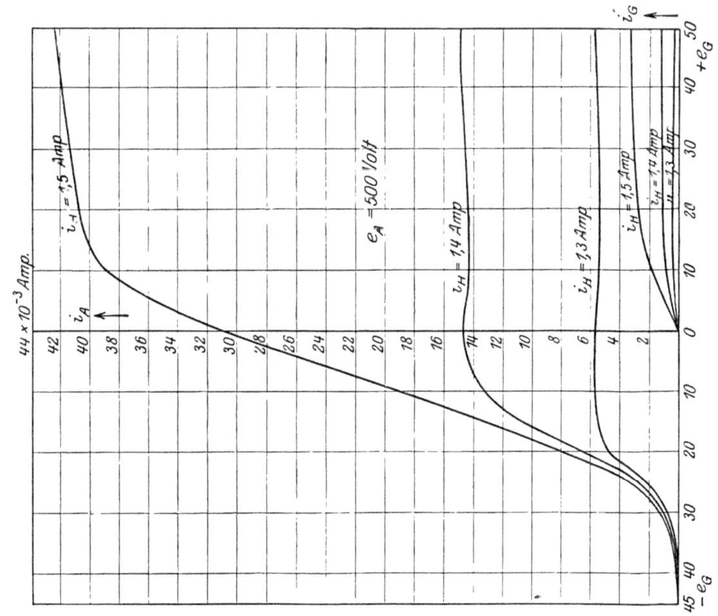
44 x 10⁻³ Amp.
i_A
i_G
e_A = 500 Volt
i_H = 1,5 Amp
i_H = 1,4 Amp
i_H = 1,3 Amp
+ e_G
− e_G

Abb. 44.

Meßbar ist e_{GR}, die sogenannte Steuerspannung, nicht, sie kann nur aus den gemessenen Größen D, e_G und e_A berechnet werden.

Die Größe D wird nach Barkhausen als Durchgriff bezeichnet. Er ist dargestellt durch das Verhältnis der Änderung der Gitterspannung zu derjenigen Änderung der Anodenspannung, die die Anodenspannung erfahren muß, um nach einer Änderung der Gitterspannung den Gesamtstrom i_e wieder auf den ursprünglichen Betrag zu bringen, d. h. durch

$$D = \frac{\Delta e_G}{\Delta e_A} \quad \text{für} \quad i_A + i_G = \text{const.}$$

Der wagerechte Abstand der einzelnen Kurven, die mit Anodenspannungen aufgenommen sind, die gleiche Unterschiede aufweisen, liefert ein Maß für den Durchgriff.

Beim Bau der Röhren hat man es in der Hand, dieser Größe gewünschte Werte zu geben. Gitter mit weiten Maschen, ferner großer Abstand zwischen Gitter und Brenner ergeben großen Durchgriff. Bei Senderröhren liegt D zwischen 0,005 bis 0,02, bei Empfangsröhren zwischen 0,05 bis 0,10.

Der gesamte von der Glühkathode ausgehende Elektronenstrom

$$i_e = i_G + i_A$$

läßt sich nach Langmuir darstellen durch

$$i_e = c_1 \cdot e_{GR}^{1,5} = c_1 \cdot (e_G + D \cdot e_A)^{1,5}, \tag{7}$$

wo c_1 eine Konstante bedeutet, die von dem Stoff, den Abmessungen und der Temperatur des Glühfadens und dem Abstand zwischen diesem und dem Gitter abhängt.

Für Zylinderröhren mit einem geraden Glühfaden von der Länge l, den ein zylindrisches Gitter in der Entfernung r umgibt, erhält man nach Gleichung 7 für die üblichen Temperaturen i_e in Ampere, wenn nach Gleichung 5

$$c_1 = 1{,}5 \cdot 10^{-5} \cdot \frac{l^{\text{cm}}}{r^{\text{cm}}}$$

gesetzt und die Gitter- und Anodenspannung in Volt ausgedrückt werden.

Die Kurven zeigen weiter, daß schon sehr kleine Änderungen von e_G große Änderungen von i_A bewirken.

Diese Beeinflussung des Anodenstromes durch die Gitterspannung wächst mit der Steilheit der Kurven. Je steiler dieselben verlaufen, um so kleinere Änderungen von e_G sind nötig für große Änderungen von i_A. Steile Kennlinien besitzen die Röhren mit langen oder dicken Glühfäden und kleinem Abstand zwischen Gitter und Brenner. Großer Heizstrom begünstigt ebenfalls die Steilheit. Verschiebt man durch

Erhöhung von e_A die Kurven in den links von der Ordinatenachse gelegenen Bereich, so verschwindet der Gitterstrom. Die Änderungen von i_A, die eine an das Gitter gelegte Wechselspannung hervorgerufen, werden alsdann lediglich durch Ladeströme mit vernachlässigbaren Leistungsverlusten bewirkt, eine Erscheinung, auf der, wie schon erwähnt, die Verwendbarkeit der Röhren als Verstärker beruht.

γ) Die Kathodenstrahlenröhre als Schwingungserzeuger. 1. Fremderregung. In dem Bereiche zwischen den Punkten a und b der Kennlinie $i_A = f(e_G)$ (Abb. 46) bewirkt schon eine kleine Änderung von e_G eine große Änderung von i_A. Beide Änderungen sind in dem geradlinig verlaufenden Teil ab der Kennlinie einander proportional. Stellt man nun bei dem für die Röhre vorgeschriebenen Heizstrom durch passende Wahl der Anodenspannung und der Gittergleichspannung den Anodenstrom so ein, daß man zu Punkt c der Kennlinie (Abb. 46) gelangt, sonach $i_A = c'c$ ist, und legt darauf zwischen Gitter und Brenner eine sinusförmig verlaufende Wechselspannung e_{Gt}, so erfährt, unter der Annahme, daß die Anodenspannung konstant bleibt und e_{Gt} den Wert $a'c' = c'b'$ nicht überschreitet, d. h. die Änderungen von i_A in den geradlinigen Teil ab der Kennlinie fallen, der Anodenstrom ebenfalls sinusförmig verlaufende Änderungen.

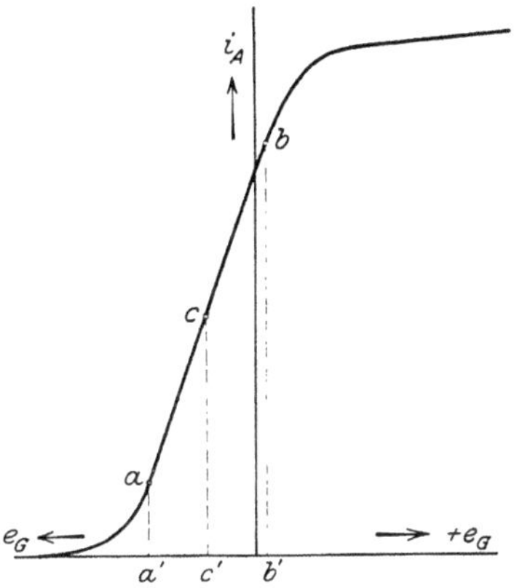

Abb. 46.

Im Anodenkreis fließt infolgedessen ein Strom, der sich durch die Übereinanderlagerung des Gleichstromes $c'c = i_{A_0}$ und der Augenblickswerte $\mathfrak{i}_t$ eines Wechselstromes darstellen läßt, d. h. es wird:

$$\mathfrak{i}_{At} = i_{A_0} + \mathfrak{i}_t = i_{A_0} + \mathfrak{J}_w \cdot \sin \omega t .$$

Die Röhre verhält sich wie eine Maschine mit Fremderregung. Dem Erregerkreis entspricht der Gitterkreis, der Anodenkreis dem Anker mit dem äußeren Stromkreis. Die in ihm verfügbare Wechselstromleistung wird von der Anodenbatterie geliefert.

Den gleichbleibenden Strom i_{A_0} bezeichnet man als Nullstrom oder auch als Ruhestrom. Er ist mit Leistungsverlusten in der Röhre verbunden, auch solange diese keine Schwingungen erzeugt, und man wird ihn deshalb möglichst klein zu halten suchen, was nach Gleichung 7 dadurch erreicht werden kann, daß man der Röhre z. B. einen kleinen Durchgriff D gibt.

Wird der Höchstwert von $\mathfrak{e}_{Gt}$ so bemessen, daß $\mathfrak{e}_{Gt} > c'b'$, d. h. daß $\bar{\mathfrak{i}}_{At}$ bei seinen durch $\mathfrak{e}_{Gt}$ verursachten Änderungen den Punkt b überschreitet, so sind die Änderungen von $\mathfrak{e}_{Gt}$ und $\mathfrak{i}_{At}$ nicht mehr einander proportional. Sie werden zunächst bei gleichen Änderungen von $\mathfrak{e}_{Gt}$ viel geringer und verschwinden völlig, wenn der Sättigungspunkt überschritten ist. Im Anodenkreis entstehen infolgedessen stark verzerrte Wechselströme, die eine größere Zahl von Oberwellen aufweisen. Solange somit der Höchstwert $\mathfrak{E}_G$ von $\mathfrak{e}_{Gt}$ kleiner ist als $c'b'$, liefert die Röhre Schwingungen I. Art, und wenn $\mathfrak{E}_G > c'b'$, Schwingungen II. Art.

Durch passende Wahl von $\mathfrak{E}_G$ hat man es daher in der Hand, die eine oder andere Schwingungsart zu gewinnen.

Weiter wird das Entstehen von Oberwellen begünstigt durch kleinen Durchgriff und negative Gittergleichspannung.

Unter der gemachten Annahme, daß $e_A = \text{const.}$, kann der Verlauf der Kurve der Augenblickswerte $\mathfrak{i}_{At}$ aus der mit Gleichstrom ermittelten Röhrenkennlinie $i_A = f(e_G)$ und der Kurve der Augenblickswerte $\mathfrak{e}_{Gt} = f(t)$ zeichnerisch gefunden werden. Statt dessen läßt sich die Kurve $\bar{\mathfrak{i}}_{At} = f(t)$ auch unmittelbar experimentell durch Gleichstrommessungen bestimmen. Um den der Zeit t entsprechenden Wert von $\bar{\mathfrak{i}}_{At}$ zu erhalten, hat man nur nötig, die der Zeit t entsprechenden Werte von $\bar{\mathfrak{e}}_{At}$ und $\mathfrak{e}_{Gt}$ einzustellen und den zugehörigen Anodenstrom zu messen. Wiederholt man die Messung für verschiedene Werte von t, so läßt sich die gesamte Kurve $\bar{\mathfrak{i}}_{At} = f(t)$ statisch aufnehmen.

In Wirklichkeit bleibt die Anodenspannung e_A nicht konstant, da sich über die Gleichspannung zwischen K und A noch die erzeugte Wechselspannung lagert. Dazu treten die Änderungen, die bei Belastung der Röhre durch den Spannungsverlust bedingt sind. Können diese Änderungen von e_A nicht vernachlässigt werden, so genügt zur zeichnerischen Ermittlung der Kurve der Augenblickswerte $\bar{\mathfrak{i}}_{At}$ nicht mehr eine einzige Kennlinie, man muß vielmehr eine ganze Schar von Kennlinien für verschiedene Anodenspannungen heranziehen oder die sog. Arbeitskennlinie der Röhre bestimmen.

Einfacher ist in diesem Fall das oben angedeutete experimentelle Verfahren, das S. 411 näher erläutert wird.

2. Selbsterregung. Statt den Gitterkreis mit einer besonderen Spannungsquelle zu verbinden, kann man zur Erzeugung der Erregerspannung $\mathfrak{e}_{Gt}$ auch den Anodenkreis heranziehen, indem man ihn nach Meissner mit dem Gitterkreis koppelt. Die Röhre erregt sich dann selbst, ähnlich wie eine Nebenschluß- oder Hauptstrommaschine.

Von den verschiedenen für diesen Zweck vorgeschlagenen Schaltungen läßt die durch Abb. 47 dargestellte die Verhältnisse am raschesten übersehen. Der äußere Anodenkreis besteht aus der Nebeneinanderschaltung einer Kapazität C und einer Selbstinduktion L, die über eine Batterie mit der Anode und der Kathode verbunden ist. Zwischen Kathode und Gitter liegt die Kopplungsspule L_k. Beim Einschalten des Schwingungskreises LC entstehen in ihm Schwingungen, deren Periodenzahl aus C und L sich näherungsweise mittels der Gleichung

$$\nu \sim \frac{1}{2\pi \cdot \sqrt{C \cdot L}}$$

berechnen läßt. Sie rufen im Gitterkreis bei richtiger Kopplung eine Wechselspannung e_{Gt} von der nämlichen Periodenzahl hervor. Dadurch wird der Wechselstrom im Anodenkreis verstärkt, die Spannung e_{Gt} wächst, und nun wiederholt sich der Vorgang, wobei die Schwingungen im Anodenkreis so lange hinaufpendeln, bis ihr Scheitelwert den Betrag des Sättigungsstromes erreicht hat. Im Schwingungskreis LC fließen alsdann Wechselströme mit völlig gleichbleibenden Scheitelwerten. Durch Änderung von C und L läßt sich deren Periodenzahl von ganz kleinen bis zu den höchsten Werten steigern.

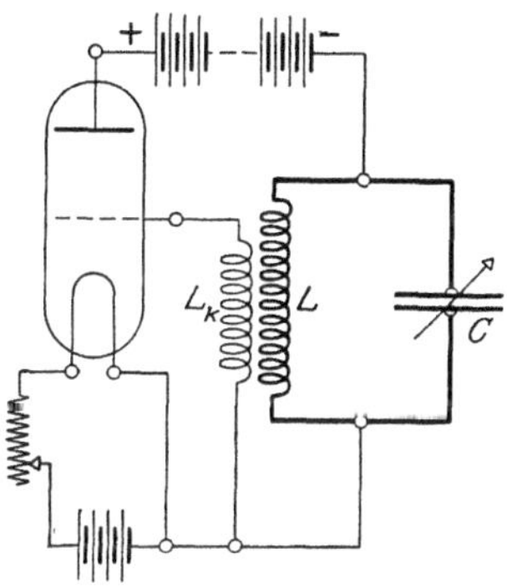

Abb. 47.

Dieses Hinaufpendeln des Anodenstromes setzt indessen voraus, daß der erzeugte Anodenstrom das Anwachsen der Gitterspannung dauernd unterstützt, was dann der Fall ist, wenn die Wechselspannungen zwischen Kathode und Gitter einerseits und Kathode und Anode andererseits in der Phase um 180^0 oder nahezu 180^0 verschoben sind. Schwingungen entstehen daher nur dann, wenn Brenner und Gitter richtig an die Enden der Kopplungsspule angeschlossen sind. Ferner setzen die Schwingungen nur dann ein, wenn nicht nur die Kopplung zwischen Gitter- und Anodenkreis, sondern auch die Anodenkopplung richtig gewählt ist (s. auch S. 378). Um die Anodenkopplung ändern zu können, macht man, wie in Abb. 52, den Anschlußpunkt der Anode mit dem Schwingungskreis auf der Selbstinduktion L verschiebbar. Die günstigsten Kopplungen probiert man am besten aus.

Der Höchstwert des entstehenden Gesamtstromes $i_{A_0} + \mathfrak{J}_w$ kann den Sättigungsstrom nicht überschreiten, andererseits aber auch wegen der Gleichrichterwirkung der Röhre keine negativen Werte annehmen.

Auch bei der Selbsterregung hat man es durch die schon erwähnten Maßnahmen in der Hand, entweder sinusförmige oder verzerrte Wechselströme zu erzielen. Als weitere Ursachen für das Entstehen von Oberwellen treten zu den S. 52 schon erwähnten noch folgende hinzu: Feste Kopplung zwischen Gitter- und Anodenkreis, kleine Kapazität und große Selbstinduktion im Schwingungskreis. Umgekehrt lassen sich die Oberwellen durch Einschalten eines Widerstandes im Gitterkreis unterdrücken.

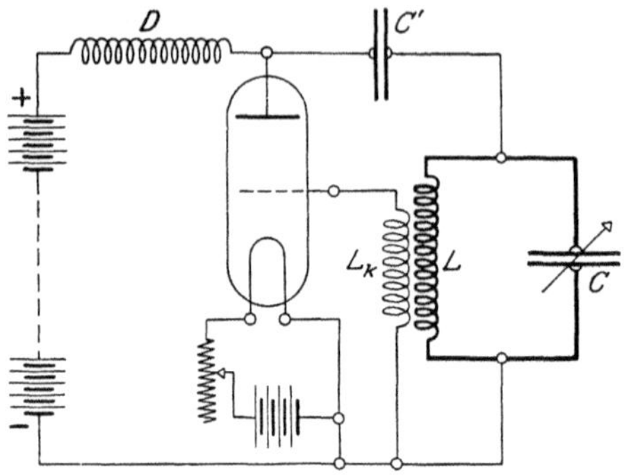

Abb. 48.

Einen wesentlichen Einfluß hat die Kurvenform der mit einer Röhre erzeugten Ströme auf den Wirkungsgrad der Anordnung. Verzerrte, z. B. trapezförmige, Wechselstromkurven ergeben einen wesentlich höheren Wirkungsgrad als sinusförmige.

Sicheres Einsetzen der Schwingungen verlangt großen, hoher Wirkungsgrad kleinen Nullstrom. Diese zwei einander widersprechenden Forderungen lassen nach Möller sich in Übereinstimmung bringen, wenn man in den Gitterkreis einen hohen Widerstand legt, der durch einen Kondensator überbrückt ist.

Für die Lebensdauer einer Röhre ist folgende Erscheinung nicht unwichtig: Wird der Anodenkreis an das negative Ende des Glühfadens gelegt, so addiert sich an diesem Ende beim Schließen des Anodenkreises der Anodenstrom zum Heizstrom. Infolge der Temperaturerhöhung steigt der Anodenstrom und damit wieder der Heizstrom usw., d. h. das negative Fadenende ist der Gefahr des Durchbrennens ausgesetzt. Zweckmäßig ist es daher, den Anodenkreis am positiven Pol der Heizstromquelle anzuschließen. Ferner soll das zur Einstellung des Heizstromes dienende Meßgerät in diejenige Zuleitung zur Glühkathode gelegt werden, in der sich der größere Stromwert ergibt.

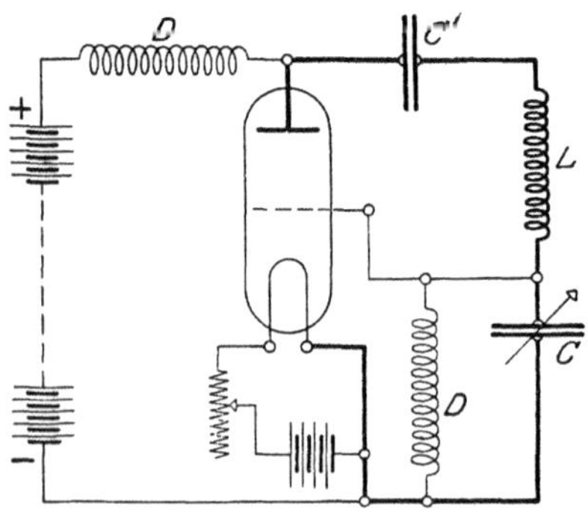

Abb. 49.

Die Abbildungen 48 und 49 stellen zwei weitere, viel verwendete Schaltungen dar. *D* im Gleichstromkreis sind Drosseln zum Absperren der Hochfrequenzströme, *C'* Blockkondensatoren für den Gleichstrom. In Abb. 48 ist die Rückkopplung induktiv, in Abb. 49 kapazitiv. Die Drossel *D* im Nebenschluß zu *C* dient zum Ausgleich der Gitterladung.

Um Erregung und Periodenzahl unabhängig voneinander ändern zu können, verbindet man zwei Röhren in der durch Abb. 50 dargestellten Anordnung, die die auf S. 51 beschriebene Fremderregung ergibt. Röhre I erregt sich selbst in der vorher geschilderten Art und bildet alsdann die Erregerquelle für Röhre II, d. h. sie liefert deren Gitterspannung. Zwischen Anode und Kathode von II wird der Nutzstrom abgenommen. Durch Änderung von e_{Gt} (z. B. durch Änderung der Kopplung zwischen L_k und L_k') können alsdann Amplitude und Kurvenform, durch Änderung von C und L die Periodenzahl des Nutzstromes unabhängig voneinander und beliebig eingestellt werden. Da bei dieser Anordnung eine Rückwirkung des Anodenkreises der zweiten Röhre auf das Gitter nicht stattfindet, ist der Einfluß der Änderung der Belastung von Röhre II ausgeschaltet.

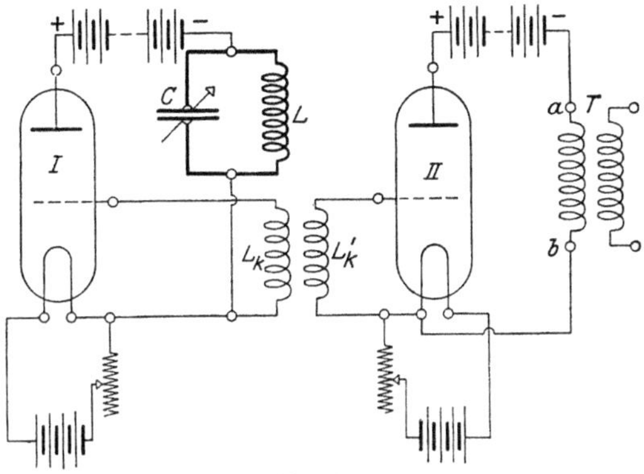

Abb. 50.

In Abb. 51 ist eine vollständige Anordnung dieser Art nach Hohage wiedergegeben, die infolge der gewählten großen Selbstinduktionen im Schwingungskreis ermöglicht, Ströme mittlerer Frequenz ($\nu = 1500$) zu erzeugen. B_H ist die gemeinsame Heizstromquelle für die Röhre I und II, B_1 die Anodenbatterie für Röhre I, B_2 die Anodenbatterie für Röhre II. Man kommt mit einer Anodenbatterie (B_2) aus, wenn man B_1 wegläßt und die Punkte c und d der beiden

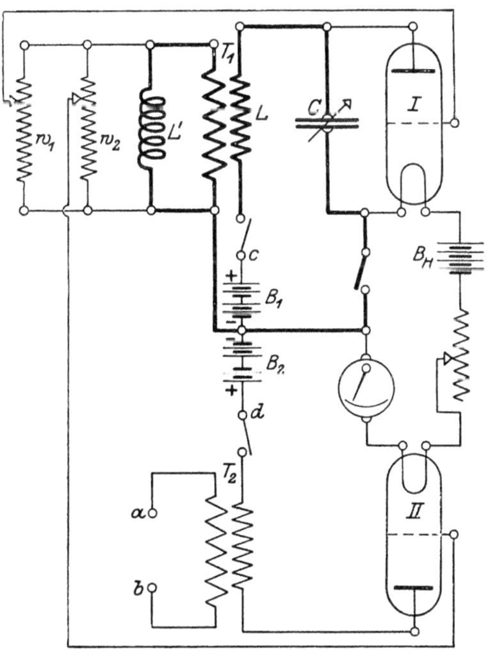

Abb. 51.

Schalter miteinander verbindet. Der Schwingungskreis der als Schwingungserzeuger dienenden Röhre I besteht aus einem Drehkondensator C mit einer Höchstkapazität von 5000 cm und der Wicklung L_1 (18 000 Windungen) eines Übertragers T_1 für Fernsprechzwecke. An die Sekundärwicklung von T_1 sind die zwei Spannungsregler w_1 und w_2 angeschlossen. Sie dienen zur Einstellung der Gitterspannungen der Röhren I und II. Durch Zu- und Abschalten der Spule L' mit Eisenkern (3500 Windungen) kann die Periodenzahl etwa um eine Oktave geändert werden. Im Anodenkreis von II liegt ein zweiter, dem ersten gleicher Übertrager T_2, von dessen Niederspannungswicklung (3000 Windungen) der Wechselstrom zwischen den Klemmen a und b abgenommen

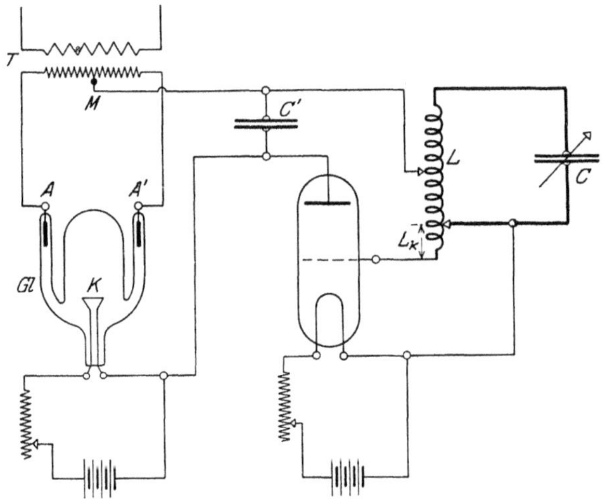

Abb. 52.

wird. Erhöht man, von Null beginnend, mittels w_1 allmählich die Gitterspannung von I, so setzen bei einer bestimmten Spannung die Schwingungen ein. In der Nähe dieses Wertes sind die zwischen a und b abgenommenen Wechselströme sinusförmig; bei weiterer Vergrößerung der Gitterspannung von I erhält man Ströme mit verzerrter Kurvenform. w_1 regelt sonach die Kurvenform, w_2 die Größe des Wechselstromes.

Die für den Betrieb der Röhren erforderlichen Gleichspannungen können, besonders wenn höhere Spannungen nötig sind, auch mittels eines Transformators und Gleichrichters erzeugt werden.

Sehr geeignet hierzu sind die von der Akkumulatorenfabrik A.-G., Berlin hergestellten Wehnelt-Gleichrichter. Sie bestehen aus einem luftleer gemachten Glasgefäß Gl (Abb. 52 u. 318, S. 377), in das zwei Anoden A und A' und eine Metalloxydkathode K eingebaut sind. In ihm kann, sobald die Kathode zur Gelbglut erhitzt ist, ein Strom nur von der kalten zur heißen Elektrode fließen. Verbindet man daher die Enden der Sekundärwicklung eines Transformators T mit den beiden Anoden A und A' (Abb. 42), die Mitte M, die einen besonderen Anschluß besitzen muß, mit der Kathode K, so kann zwischen M und K eine Gleichspannung abgenommen werden, deren negativer Pol der Punkt M darstellt. Die wirksame Sekundärspannung e_w des Transformators, die zur Erzeugung der Gleichspannung e_g nötig ist, berechnet sich aus der Gleichung:

$$e_w = 2{,}3 \cdot (e_g + 40).$$

Abb. 52 veranschaulicht eine solche Anordnung, bei der die Anodengleichspannung der Kathodenröhre einem Gleichrichter entnommen wird. Gleichzeitig stellt sie eine von den früher erwähnten etwas abweichende, aber vielbenutzte Schaltung einer Röhre als Hochfrequenzquelle dar mit galvanisch-induktiver Rückkopplung. C' beseitigt die Schwankungen der Gleichspannung.

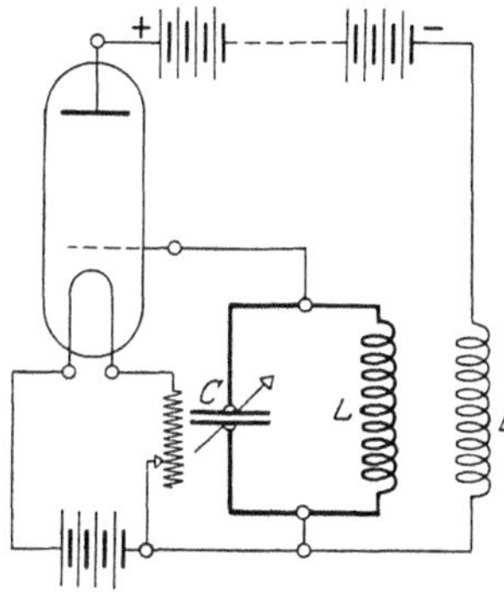

Abb. 53.

Statt den Hochfrequenzkreiz zwischen Anode und Kathode zu legen, kann man ihn auch, wie in Abb. 53, zwischen Kathode und Gitter schalten.

Eine wichtige Erscheinung, die sich einstellt, wenn der Schwingungskreis einer Röhre mit einem zweiten Kreis, z. B. einem Meßkreis oder einer Antenne induktiv gekoppelt wird, ist das „Ziehen“ (s. S. 379). Es führt, besonders bei Dämpfungsmessungen, zu großen Unterschieden und Fehlern in den Meßergebnissen und muß durch lose Kopplung vermieden werden.

f) Hochfrequenzmaschinen. Zwischen der Polzahl p, der Umlaufszahl n in der Minute und der Periodenzahl ν einer Wechselstrommaschine besteht die bekannte Beziehung:

$$\nu = \frac{n \cdot p}{120}.$$

Die Gleichung zeigt, daß durch Steigerung von p und n die Periodenzahl sich vergrößern läßt. Die Schwierigkeiten, die sich hierbei einstellen, lassen sich leichter erkennen, wenn man durch Einführung der Polteilung t in Metern und der Umfangsgeschwindigkeit u m/sec den Ausdruck für ν in die Form bringt:

$$\nu = \frac{1}{2} \cdot \frac{u}{t}.$$

Die Vergrößerung von u findet ihre Grenze in der mechanischen Festigkeit der umlaufenden Maschinenteile und der zunehmenden

Schwierigkeit für den Betrieb, die mit der hohen Umlaufzahl der Maschine verbunden ist. Ebenso kann die Polteilung t nicht unbegrenzt verkleinert werden, da sonst die Leistung stark zurückgeht und infolge wachsender Isolationsschwierigkeiten die Gefahr des Durchschlags entsteht. Da nämlich in der Größe t die Zahnbreite, der Kupferdurchmesser nebst dessen Isolation und die Nutenisolation inbegriffen sind, wird mit zunehmender Polzahl das Verhältnis zwischen wirksamem Eisen- und Kupferquerschnitt zur Stärke der Isoliermasse immer ungünstiger. Dasselbe gilt für die Zunahme des magnetischen Streuflusses dem wirksamen Kraftflusse gegenüber.

Eine zuerst von Tesla nach diesen Gesichtspunkten gebaute Maschine lieferte bei 3000 Umdrehungen in der Minute und 384 feststehenden Polen die Periodenzahl $\nu = 9600$. Wesentlich größer sind die Periodenzahlen, die später Alexanderson erzielte. Der umlaufende Teil seiner Maschine besteht aus einer Stahlscheibe mit 300 Zähnen, die zwischen den Polen des feststehenden Teiles, der gleichzeitig die Erreger- und Ankerwicklung trägt, 20000 Umdrehungen in der Minute macht. Die Periodenzahl beträgt daher 100000. Die Maschine liefert zwei Kilowatt.

Einen ganz anderen und völlig neuen Weg hat Goldschmidt beim Bau von Hochfrequenzmaschinen eingeschlagen. Aus einer Wechselstrommaschine, deren Periodenzahl nur so hoch gesteigert wird, als die Betriebssicherheit zuläßt, entnimmt er mit Hilfe des Reflexionsprinzips Hochfrequenzströme, deren Periodenzahl ein ganzzahliges Mehrfaches der Grundperiodenzahl darstellt.

Da derartige Maschinen meist nur für größere Leistungen gebaut werden und deshalb für Meßzwecke seltener in Frage kommen, soll im folgenden nur ihre Wirkungsweise kurz erläutert werden.

Die Schaltung für eine Steigerung der Grundperiodenzahl in drei Stufen zeigt Abb. 54.

Sobald an die Ständerwicklung St die zur Erregung dienende Gleichstromquelle unter Zwischenschaltung einer Hochfrequenzdrosselspule D angeschlossen ist, entsteht im Läufer L ein Strom von der Periodenzahl ν_1, der sich aus der Umlaufs- und Polzahl der Maschine mit Hilfe obiger Gleichung berechnen läßt. Damit dieser Strom sich ohne Leistungsverbrauch ungehindert entfalten kann, ist der am Läufer anliegende Schwingungskreis $L_L C_1 C_2 L_2$ so abgeglichen, daß

$$(2\pi\nu_1)^2 \cdot C_1 \cdot L_L = 1$$

und

$$(2\pi\nu_1)^2 \cdot C_2 \cdot L_2 = 1$$

ist.

Für die Periodenzahl ν_1 herrscht demgemäß zwischen den Punkten a und b unter der Voraussetzung der Verwendung möglichst verlustloser Kondensatoren und Selbstinduktionsspulen die Spannung Null. Denkt man sich das von diesem Strom erzeugte Wechselfeld zerlegt in zwei im Läufer im entgegengesetzten Sinne umlaufende Drehfelder, so wird das eine von ihnen, vom Ständer aus betrachtet, ruhen, das andere mit der doppelten Geschwindigkeit gegen den Ständer umlaufen, d. h. in diesem Ständer eine EMK hervorrufen, deren Periodenzahl $\nu_2 = 2\,\nu_1$ ist. Um auch für den entstehenden Strom von der Periodenzahl ν_2 eine möglichst widerstandslose Bahn zu schaffen, ist für den in den Ständerbreis eingeschalteten Kondensator C_3 und die Spule L_3 die Bedingung erfüllt

$$(2\,\pi\nu_2)^2 \cdot C_3 \cdot (L_{St} + L_3) = 1\,.$$

Durch Wiederholung dieses Vorgangs entsteht nunmehr im Läufer ein Stromfluß von der Periodenzahl $\nu_3 = 3\,\nu_1$, wobei entsprechend

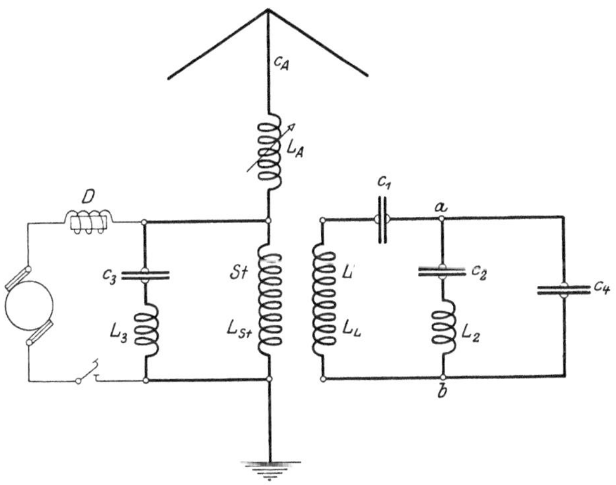

Abb. 54.

dem Vorhergehenden die elektrischen Größen durch folgende Gleichung bestimmt werden:

$$(2\,\pi\nu_3) \cdot \frac{C_1 \cdot C_4}{C_1 + C_4} \cdot L_L = 1\,.$$

Endlich ist als letzter Kreis an die Ständerwicklung eine Antenne nebst Erde angeschlossen, deren Eigenperiodenzahl $\nu_4 = 4\,\nu_1$ mit Hilfe des Variometers so abgeglichen ist, daß die Beziehung gilt:

$$(2\,\pi\nu_4)^2 \cdot C_A \cdot (L_{St} + L_A) = 1\,.$$

Indem man auf diese Weise bald den Läufer und bald den Ständer zum primären Teil macht, läßt sich theoretisch die Frequenzsteigerung beliebig fortsetzen. Praktisch jedoch wird das Verhältnis der Vergrößerung der Periodenzahl zu dem Rückgang der Leistung der Anlage infolge der Zunahme der leerschwingenden Leistung in der Maschine bald unwirtschaftlich.

Die Einstimmung der Kreise geschieht nach Erregung der Maschine bei gleichbleibender Umlaufszahl dadurch, daß man die einzelnen Kreise der Reihe nach anschaltet und ihre elektrischen Größen jedesmal so lange verändert, bis der Höchstwert des Stromes in dem betreffenden Kreise auftritt. Die so ermittelte Abgleichung eines Kreises bedarf jedoch bei Zuschaltung der nächsten stets einer gewissen Nacheinstellung.

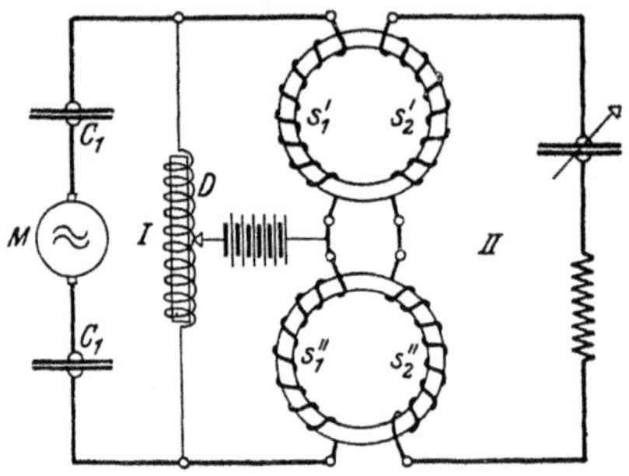

Abb. 55.

g) Frequenzwandler. Ein weiteres Verfahren, das ermöglicht, ohne eine Entladestrecke hochfrequente Wechselströme zu erzeugen, beruht auf der Verwendung eines oder mehrerer ruhender Transformatoren. Auch diese Anordnung, die bei radiotelegraphischen Sendern für große Leistungen mit Erfolg benutzt wird, kommt nur in seltenen Fällen als Stromquelle für Meßzwecke in Betracht. Daher sollen im folgenden auch wieder nur die Hauptgesichtspunkte für das Verständnis der Wirkungsweise hervorgehoben werden. Ganz allgemein kommt sie darauf hinaus, daß durch besondere Maßnahmen stark verzerrte Wechselströme erzeugt und aus diesen durch abstimmbare Kreise unter Verwendung der Resonanzerscheinung Oberschwingungen der gewünschten Frequenz und mit sinusförmigem Verlauf herausgesiebt werden.

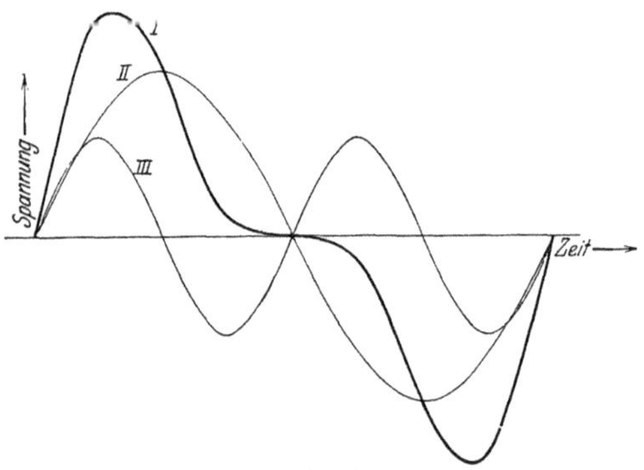

Abb. 56.

Abb. 55 stellt die Schaltung dar, die z. B. ermöglicht, Wechselströme von der doppelten Periodenzahl einer Wechselstrommaschine zu gewinnen.

Zwei gleichgebaute Transformatoren besitzen je zwei Wicklungen, von denen die primären s_1' und s_1'' in Reihe geschaltet sind, während die sekundären s_2', s_2'' derartig miteinander verbunden werden, daß die in ihnen entstehenden elektromotorischen Kräfte sich aufheben, solange die Gleichstromquelle unterbrochen ist. Speist man darauf

s_1' und s_1'' auch mit Gleichstrom, so entsteht eine Ungleichförmigkeit in der Magnetisierung der beiden Transformatoren, die sich in der Weise äußert, daß infolge der vorhandenen Gleichstrommagnetisierung die ursprünglich sinusförmig verlaufende Kurve der Primärspannung der Transformatoren in die stark verzerrte Kurve I (Abb. 56) übergeht. Im allgemeinen enthält diese Kurve außer der Grundschwingung noch eine Reihe harmonischer Oberschwingungen. Durch passende Wahl der Gleichstrommagnetisierung läßt sich erreichen, daß gegenüber der zweiten Harmonischen die übrigen nur schwach ausgebildet sind. In den gegeneinandergeschalteten Sekundärwicklungen heben sich alsdann die Grundschwingungen auf, und nur die zweite Harmonische kommt zur Wirkung. Stimmt man mittels des Kondensators den Sekundärkreis II auf diese Oberschwingung ab, so fließt in ihm ein nahezu rein sinusförmiger Strom von der doppelten Periodenzahl 2ν. Mittels eines zweiten Transformatorpaares läßt sich der vierfache Wert der ursprünglichen Periodenzahl erreichen usw.

Abb. 57. Frequenzwandler.
C. Lorenz A.-G. Berlin-Tempelhof.

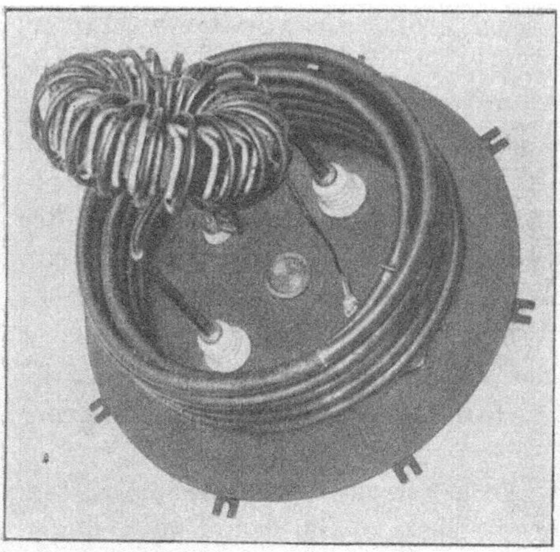

Abb. 58. Frequenzwandler.
C. Lorenz A.-G., Berlin-Tempelhof.

Abb. 59. Frequenzwandler (geschlossen)
C. Lorenz A.-G., Berlin-Tempelhof.

Abb. 60. Hochfrequenzmaschine für 10 KW mit Frequenzwandler. C. Lorenz A.-G., Berlin-Tempelhof

Die Bauart von Frequenzwandlern ist aus den Abb. 57—60 ersichtlich.

Während bei der Anordnung von Goldschmidt die Periodenzahl der $p$ten Stufe $p \cdot \nu$ beträgt, wird sie durch p Frequenzwandlerpaare auf $2^p \cdot \nu$ erhöht.

Das geschilderte Verfahren läßt sich in verschiedener Weise abändern. Gibt man z. B. den beiden Transformatoren verschiedene Eisenquerschnitte und dadurch verschiedene Eisensättigungen, so ist eine unmittelbare Steigerung von ν auf $3\,\nu$ möglich.

II. Widerstände.

1. Widerstand und Wechselzahl (Stromverdrängung, Oberflächenwirkung, Hautwirkung). Da die magnetische Feldstärke von der Mitte des Leiterquerschnittes nach der Oberfläche hin abnimmt, muß auch der Selbstinduktionskoeffizient und damit der Wechselstromwiderstand der einzelnen Stromfäden von der Leiterachse nach der Oberfläche hin kleiner werden. Infolgedessen haben die Strombahnen im Innern des Leiters einen größeren Wechselstromwiderstand als die näher bei der Oberfläche liegenden. Der Strom wird gleichsam vom Innern des Leiters nach der Oberfläche abgedrängt. die Stromdichte wird daher in der Nähe der Oberfläche wesentlich größer als nahe bei der Leiterachse. Während bei Durchgang von Gleichstrom der ganze Querschnitt gleichmäßig an der Stromführung teilnimmt, kommt für Wechselströme nur ein Teil des gesamten Querschnitts in Betracht. Man nennt diese Erscheinung Stromverdrängung oder Oberflächenwirkung. Sie ist um so stärker ausgeprägt, je größer der Querschnitt und die Wechselzahl sind, und sie hängt weiterhin ab von der elektrischen und magnetischen Leitfähigkeit der Strombahn. In Leitern mit großem spezifischen Widerstand und großer Permeabilität fließt bei hohen Wechselzahlen der Strom nur noch in einer dünnen Oberflächenhaut, weshalb die Erscheinung auch als Hautwirkung bezeichnet wird.

Der Widerstand w_w eines von Wechselstrom durchflossenen Leiters muß deshalb größer sein als der Gleichstromwiderstand w_g. Infolge davon sind auch die Verluste durch Joulesche Wärme größer.

Bei magnetischen Metallen kommt zu diesen Versuchen noch der Hysteresisverlust hinzu, der sich ebenfalls in einer Erhöhung des scheinbaren Widerstandes äußert.

Zur raschen Ermittlung des durch die Stromverdrängung bedingten Wechselstromwiderstandes w_w hat Zenneck die folgenden, für geradlinig ausgespannte Drähte gültigen Gleichungen angegeben, die in den meisten Fällen ausreichen, um mit hinreichender Genauigkeit den Wert von w_w zu finden:

$$w_w \sim w_g \cdot \left(1 + \frac{a^4}{3}\right), \text{ wenn } a \text{ wesentlich kleiner als 1 (für } a = 0{,}65 \text{ wird der Fehler } 6\,\%); \tag{8}$$

$$w_w \sim w_g \cdot \left(1 + \frac{a^4}{3} - \frac{a^8}{180} + \frac{a^{12}}{4620} - \ldots\right), \text{ wenn } a \sim 1 \text{ u. } < 1{,}4; \tag{9}$$

$$w_w \sim w_g \cdot \left(\frac{1}{4} + a\right), \text{ wenn } a \text{ wesentlich größer als 1;} \tag{10}$$

wo

$$\left.\begin{aligned} a &= b \cdot r \cdot \sqrt{z} = 2{,}45 \cdot 10^5 \cdot b \cdot r \cdot \sqrt{\frac{1}{\lambda}} \\ b &= \pi \cdot \sqrt{\frac{k \cdot \mu}{2 \cdot 10^5}} = 7 \cdot 10^{-3} \cdot \sqrt{k \cdot \mu} \end{aligned}\right\} \tag{11}$$

und ferner

w_g = Gleichstromwiderstand,
r = Halbmesser des Drahtes in cm,
z = Wechselzahl in der Sekunde,
λ = Wellenlänge in Metern,
k = Leitvermögen bezogen auf Meter/Quadratmillimeter,
μ = magnetische Leitfähigkeit.

Die Werte von b, die nur von der Natur des Leiters abhängen, finden sich für einige, hauptsächlich in Frage kommenden Stoffe in der folgenden Zahlentafel.

Stoff	k	μ	b
Eisen	8,6	4000	1,28
		400	0,41
		100	0,205
Kupfer	58,7	1	$5{,}37 \cdot 10^{-2}$
Platin	6,95	1	$1{,}85 \cdot 10^{-2}$
Nickelin	4,27	1	$1{,}10 \cdot 10^{-2}$
Manganin	2,35	1	$1{,}07 \cdot 10^{-2}$
Konstantan	2,03	1	$1 \cdot 10^{-2}$
Kohle	$2 \cdot 10^{-2}$	1	$9{,}9 \cdot 10^{-4}$
Kupfervitriol (gesättigt)	$4{,}6 \cdot 10^{-6}$	1	$1{,}5 \cdot 10^{-5}$

Beispiel: Eisendraht $\mu = 400$, $r = 2$ mm, $z = 10^6$ ($\lambda = 600$ mm)

$$a = 0{,}41\cdot 0{,}2\cdot\sqrt{10^6} = 82, \quad \text{hieraus nach Gleichung 10 } w_w = 82{,}2\cdot w_g.$$

Kupferdraht $r = 2$ mm, $z = 10^6$

$$a = 5{,}4\cdot 10^{-2}\cdot 0{,}2\cdot\sqrt{10^6} = 10{,}8, \qquad w_w \sim w_g\cdot\left(10{,}8 + \frac{1}{4}\right) \sim 11\cdot w_g.$$

Kohle $r = 10$ mm, $z = 10^6$

$$a = 9{,}9\cdot 10^{-4}\cdot 1\cdot\sqrt{10^6} = 0{,}99 \sim 1, \qquad w_w = w_g\cdot\left(1 + \frac{1}{3} - \frac{1}{180} + \frac{1}{4620}\ldots\right) = 1{,}32\cdot w_g.$$

Kupfervitriol $r = 20$ mm, $z = 10^6$

$$a = 1{,}5\cdot 10^{-5}\cdot 2\cdot\sqrt{10^6} = 0{,}03, \qquad w_w = w_g\cdot\left(1 + \frac{27}{10^6}\right) \sim w_g.$$

Beim Aufbau von Versuchsanordnungen entsteht häufig die Frage: wie groß darf der Querschnitt eines Leiters noch gewählt werden, wenn der Unterschied $w_w - w_g$ einen vorgegebenen Betrag nicht überschreiten soll. Die beistehenden, nach den Formeln von Zenneck berechneten Kurven Abbildung 61 geben hierüber Aufschluß. Sie liefern für die zur Anfertigung von Widerständen meist verwendeten Legierungen Manganin und Konstantan die Drahtstärken, die zulässig sind, wenn bei den als Abszissen aufgetragenen Wellenlängen $\left(\lambda_m = \frac{6\cdot 10^8}{z}\right)$ die Widerstandserhöhung 1 % nicht überschreiten soll. Eine dritte Kurve gibt für die verschiedenen Drahtdicken die zulässigen mittleren Belastungsstromstärken, die für Manganin und Konstantan als gleich angenommen sind.

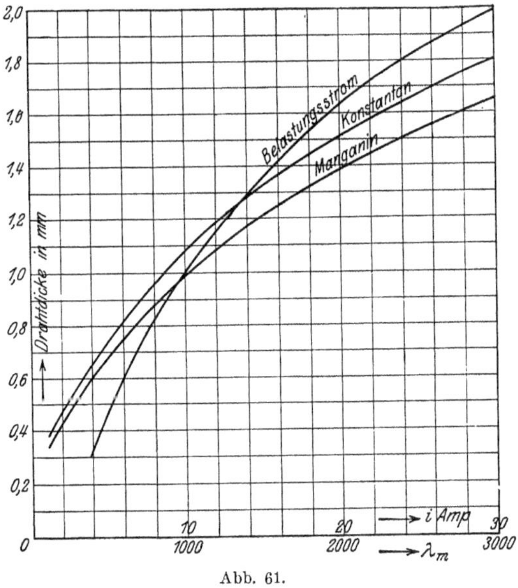

Abb. 61.

2. Selbstinduktionskoeffizient und Wechselzahl. Auch der Selbstinduktionskoeffizient muß durch die Stromverdrängung eine Änderung erfahren, und zwar wird er mit zunehmender Wechselzahl verkleinert. Folgende Überlegung zeigt, daß diese Änderung indessen nur gering ist: Den Selbstinduktionskoeffizienten kann man sich aus zwei Teilen zusammengesetzt denken, von denen der eine dem Feld im Inneren des Leiters, der andere dem äußeren Feld entspricht. Die größte Änderung des Induktionskoeffizienten tritt ein, wenn infolge der Hautwirkung alle Stromlinien nach der Oberfläche des Leiters gedrängt sind. Sie ist also gleich dem Teilbetrag, der bei Durchgang von Gleichstrom durch das innere Feld geliefert wird. Dieser aber ist gegenüber demjenigen, der durch das äußere Feld entsteht, sehr klein.

Für Leiter mit großem Krümmungshalbmesser läßt sich der Induktionskoeffizient L_w für Wechselstrom nach der folgenden Näherungsformel von Zenneck finden:

$$L_w = L_g + \frac{\mu}{2} \cdot \left[-1 + \frac{1}{a} - \frac{1}{a^2} \right], \tag{12}$$

wobei L_g den Induktionskoeffizienten für Gleichstrom bedeutet.

3. Eigenkapazität. Eine weitere Erscheinung, die bei Messungen sehr störend werden kann, ist die Entstehung von Kondensatorströmen, die durch die verteilte Kapazität der Widerstände bedingt sind und die um so stärker hervortreten, je höher die Wechselzahl ist. Um den Einfluß der Kapazität zu übersehen, kann man sich bei kleinen Wechselzahlen, denen Wellenlängen entsprechen, die groß sind gegen die Drahtlänge, die verteilte Kapazität in einen in den Nebenschluß zum Widerstand geschalteten Kondensator verlegt denken. Man erkennt alsdann, daß, wie später gezeigt wird, die Kapazität des Widerstandes eine scheinbare Verkleinerung seines Wertes verursacht. Aus diesem Grunde sind die in der Meßtechnik üblichen bifilar gewickelten Präzisionswiderstände für Hochfrequenzmessungen nicht verwendbar, besonders dann nicht, wenn die Widerstandsspulen aus mehreren Lagen bestehen.

Sowohl bei der Herstellung von Widerständen für Meßzwecke, als auch beim Bau von Spulen ergibt sich daher die Forderung, daß Stromverdrängung und verteilte Kapazitäten vermieden werden.

Um die Widerstandsvergrößerung durch Stromverdrängung zu verhindern, wählt man die Drahtquerschnitte nach der Kurventafel Abb. 61. Reichen diese Drahtquerschnitte nicht aus, so müssen mehrere Drähte nebeneinandergeschaltet werden, oder man benutzt Litzendraht, dessen Einzelleiter voneinander isoliert und möglichst so verdrillt sein sollen, daß sie abwechselnd in das Innere und an die Oberfläche zu liegen kommen.

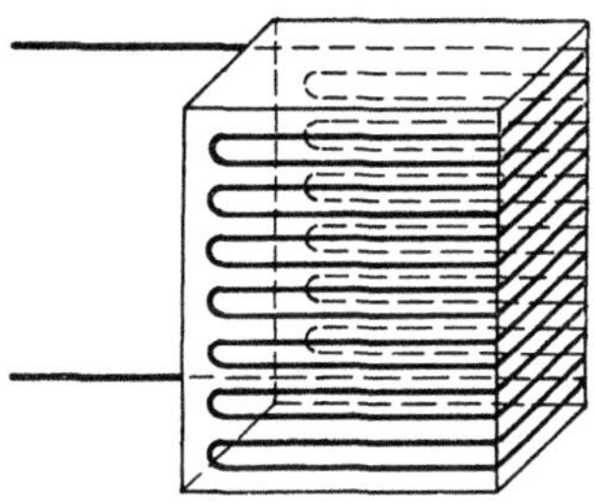

Abb. 62. Einfacher kapazitäts- und induktionsfreier Widerstand nach Hahnemann.

4. Widerstände für Meßzwecke. Einen einfachen kapazitätsfreien, bifilaren Widerstand zeigt Abb. 62.

Für größere Widerstände eignet sich die Kreuzwicklung Abb. 63.

Bei Dämpfungsmessungen an Antennen werden vielfach Drähte verwendet, die in mit Öl gefüllten Glasröhren eingeschlossen sind.

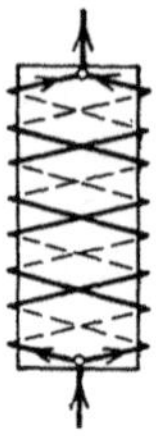

Abb. 63. Widerstand mit Kreuzwicklung.

Induktionsfreie Widerstände für starke Ströme stellt man aus Konstantanblech her. Nimmt der Selbstinduktionskoeffizient einer einzelnen Blechschleife zu hohe Werte an, so werden mehrere Blechstreifen zu einer Art bifilarem Widerstand vereinigt. Zu dem Zweck wird eine große Zahl dünner, durch Glimmerblätter getrennte Bleche an einem Ende verlötet und die anderen Enden abwechselnd mit zwei Metallklötzen verbunden, die alsdann die Enden des Widerstandes darstellen (Abb. 64).

Kohlewiderstände und insbesondere Flüssigkeitswiderstände sind auch bei großen Querschnitten fast unabhängig von der Wechselzahl. Bei Flüssigkeitswiderständen kann die Kapazität zwischen den Elektrodenplatten störend werden. Als Flüssigkeit empfiehlt sich eine Lösung aus 121,1 g Mannit, 41,2 g Borsäure und 0,06 g Chlorkalium in 1 l Wasser. Sie hat ein Leitvermögen von etwa 0,001 (bezogen auf 1 cm und 1 qcm), zwischen 17^0 und 27^0 einen sehr kleinen Temperaturkoeffizienten und weist in Röhren aus Jenenser Glas nur geringe zeitliche Änderungen ihres Widerstandes auf.

Hohe Widerstände für Meßzwecke, die z. B. für die Untersuchung von Verstärkertransformatoren Verwendung finden, liefern Bleistiftstriche auf Mattglasscheiben oder auf nicht polierten Platten aus Isolierstoffen.

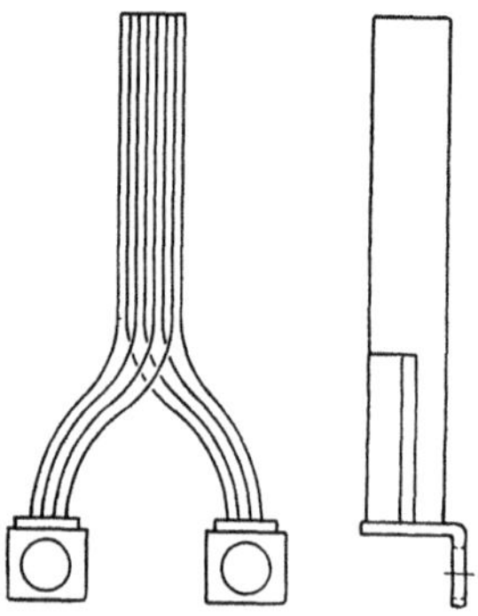

Abb. 64. Induktionsfreier Starkstromwiderstand nach Keinath.

5. Ersatzschaltungen. Häufig wird beim Aufbau von Versuchsanordnungen in den Nebenschluß zu einem Widerstand ein Kondensator oder eine Selbstinduktionsspule gelegt, z. B. um den Dämpfungsbeitrag des Widerstandes, beispielsweise eines Strommessers, in schwach gedämpften Schwingungskreisen zu verringern.

Da die meist verwendeten Formeln für die Wellenlänge und das Dämpfungsdekrement für einen Schwingungskreis gelten, in dem Widerstand, Selbstinduktion und Kapazität in Reihe geschaltet sind, kann aus ihnen der Einfluß der genannten Vereinigung von Widerstand w und Kapazität C oder Widerstand w und Selbstinduktion L auf Dämpfungsdekrement und Wellenlänge nicht unmittelbar erkannt werden. Um ihn zu übersehen, führt man die Nebeneinanderschaltung von w und C oder w und L über in eine Reihenschaltung aus w' und C' oder w' und L', d. h., man läßt an ihre Stelle eine Ersatzschaltung treten, die so gewählt werden muß, daß Spannung, Strom und Leistungsverbrauch oder, was auf dasselbe hinauskommt, die Phasenverschiebung zwischen Spannung und Strom keine Änderung erfahren.

a) C im Nebenschluß zu w. Aus dem beistehenden Strahlenbild (Abb. 65) ergibt sich bei Nebeneinanderschaltung von w und C:

$$i = e \cdot \sqrt{\left(\frac{1}{w}\right)^2 + (\omega \cdot C)^2}, \qquad \operatorname{tg}(e, i) = \operatorname{tg}\varphi = \omega \cdot C \cdot w,$$

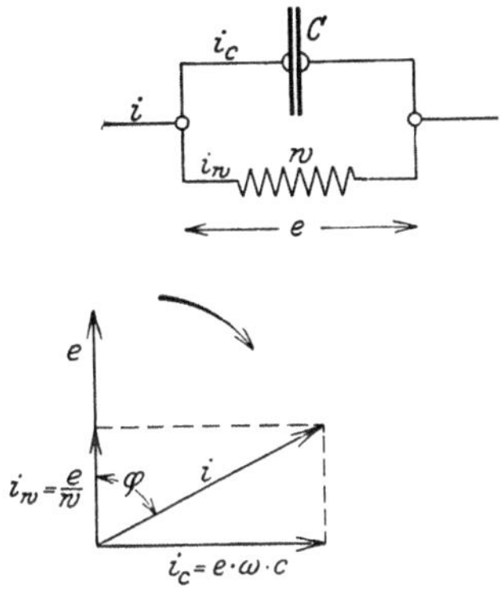

Abb. 65.

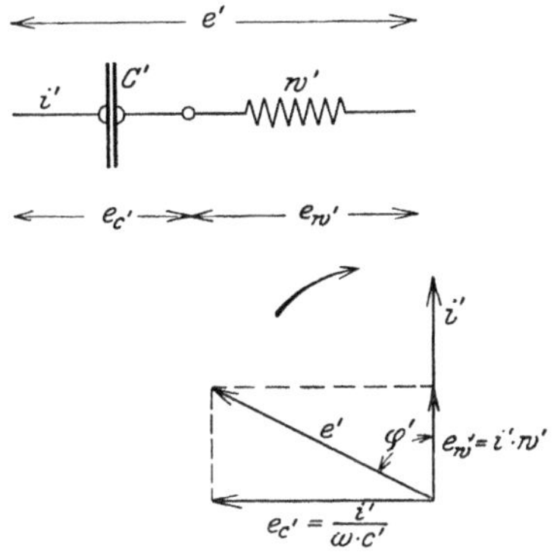

Abb. 66.

bei Hintereinanderschaltung von w' und C' nach Abb. 66:

$$i' = \frac{e'}{\sqrt{w'^2 + \left(\frac{1}{\omega \cdot C'}\right)^2}}, \qquad \operatorname{tg}(e', i') = \operatorname{tg}\varphi' = \frac{1}{\omega \cdot C' \cdot w'}.$$

Damit $\qquad e = e', \quad i = i', \quad \varphi = \varphi',$

sind mithin w' und C' aus den beiden Gleichungen zu berechnen:

$$\frac{1}{w'^2 + \left(\frac{1}{\omega \cdot C'}\right)^2} = \frac{1}{w^2} + \omega^2 \cdot C^2, \qquad \frac{1}{\omega \cdot C' \cdot w'} = \omega \cdot C \cdot w.$$

Aus ihnen folgt: $\qquad w' = w \cdot \frac{1}{1 + \omega^2 \cdot C^2 \cdot w^2}$ (13)

$$C' = C + \frac{C}{\omega^2 \cdot C^2 \cdot w^2}, \tag{14}$$

oder da nach Gleichung 13

$$\omega^2 \cdot C^2 \cdot w^2 = \frac{w}{w'} - 1$$

$$C' = C \cdot \left(1 + \frac{w'}{w - w'}\right).$$

Wird sonach in den Nebenschluß zu einem Widerstand eine Kapazität gelegt, so erfährt der Widerstand eine scheinbare Verkleinerung, sein ursprünglicher Dämpfungsbeitrag wird geringer.

Umgekehrt tritt bei Nebeneinanderschaltung eines Widerstandes mit einer Kapazität eine scheinbare Vergrößerung der Kapazität ein.

b) L im Nebenschluß zu w. Aus den Strahlenbildern Abb. 67 und 68 ergeben sich, sofern wieder:

$$e = e', \qquad i = i' \qquad \operatorname{tg}\varphi = \operatorname{tg}\varphi'$$

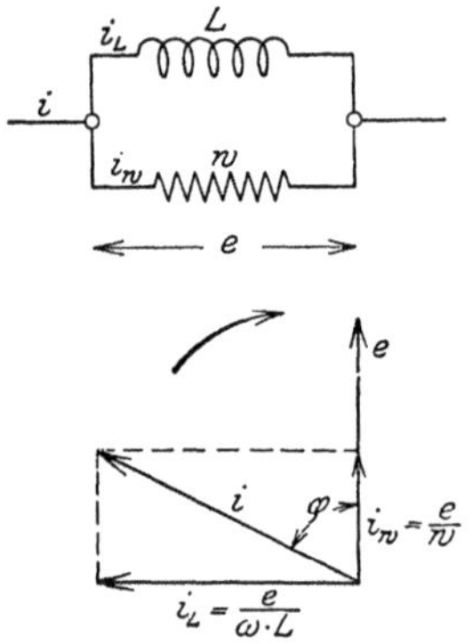

Abb. 67.

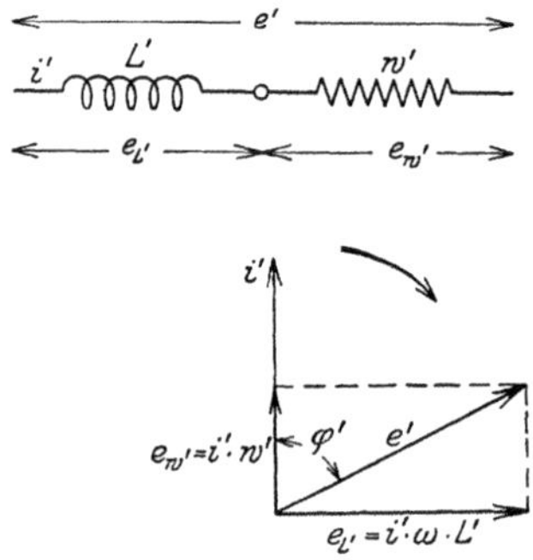

Abb. 68.

sein soll, die Beziehungen:

$$\frac{1}{w'^2 + \omega^2 \cdot L'^2} = \frac{1}{w^2} + \frac{1}{\omega^2 \cdot L^2}$$

$$\frac{\omega \cdot L'}{w'} = \frac{w}{\omega \cdot L}$$

und hieraus:

$$w' = w \cdot \frac{\omega^2 \cdot L^2}{\omega^2 \cdot L^2 + w^2} \tag{15}$$

$$L' = L \cdot \frac{w^2}{\omega^2 \cdot L^2 + w^2}. \tag{16}$$

Führt man in den Gleichungen 13 und 14 mittels der Beziehung $w_C = \frac{1}{\omega \cdot C}$ den kapazitiven und in den Gleichungen 15 und 16 mittels der Beziehung $w_L = \omega \cdot L$ den induktiven Widerstand ein, so gehen sie über in:

$$\left.\begin{aligned} w' &= w \cdot \frac{w_C^2}{w_C^2 + w^2} \qquad & w'_C &= w_C \cdot \frac{w^2}{w_C^2 + w^2} \\ w' &= w \cdot \frac{w_L^2}{w_L^2 + w^2} \qquad & w'_L &= w_L \cdot \frac{w^2}{w_L^2 + w^2} \end{aligned}\right\} \tag{17}$$

Die vier Gleichungen haben sonach die gemeinsame Form:

$$w_1 = w_2 \cdot \frac{w_3^2}{w_2^2 + w_3^2} \tag{18}$$

In Tafel I sind die zusammengehörigen Werte von w_1, w_2, w_3 graphisch dargestellt. Die Kurven können benutzt werden, um eine der drei, durch Gleichungen 17 verknüpften Größen aus den beiden anderen rasch zu ermitteln. Soll z. B. zu den gegebenen Werten w und w_C der Wert von w' gefunden werden, so hat man zu setzen

$$w' = w_1, \qquad w = w_2, \qquad w_C = w_3 .$$

III. Galvanometer und Telephone.

1. **Gleichstromgalvanometer** werden bei Hochfrequenzmessungen entweder in Verbindung mit Thermoelementen und Bolometern oder in Verbindung mit Wellenanzeigern (Kristalldetektoren, Kathodenröhren) zur Messung sehr schwacher Ströme verwendet. Von den verschiedenen Formen verdienen Drehspulengalvanometer, oder wenn sehr rasch verlaufende Ströme zu messen sind, Fadengalvanometer den Vorzug.

Thermoelemente, deren Widerstand klein ist, erfordern Galvanometer mit geringem Widerstand, während bei Strommessungen mittels Wellenanzeigern mit großem Widerstand, wie Kristalldetektoren und Kathodenröhren, Galvanometer mit großem Widerstand höhere Empfindlichkeit liefern.

In vielen Fällen kommt man aus mit Zeigergeräten, deren beweglicher Teil in Spitzen gelagert oder wenn eine etwas größere Empfindlichkeit verlangt ist, an einem dünnen Metallband aufgehängt wird.

Anhaltspunkte zur Wahl der günstigsten Galvanometerform soll umstehende Zusammenstellung geben.

2. **Hörer (Telephone).** Eine weit größere Anwendung findet das Telephon, und zwar nicht nur als Nullzeiger für die verschiedensten Messungen, sondern auch zur Zeichenaufnahme bei fast allen Empfangseinrichtungen.

Auch hierbei ist die erreichbare Empfindlichkeit in hohem Grade abhängig von der richtigen Bemessung des wirksamen Widerstandes der Hörerwicklungen. Hochohmische Meßbrücken z. B. erfordern Telephone mit großen Widerständen, während beim Hörempfang der Widerstand des Hörers dem Detektorwiderstand angepaßt werden muß.

Dazu kommt, daß die Empfindlichkeit stark abhängig ist von der Tonhöhe. Am günstigsten sind Tonhöhen zwischen 500 und 5000, während bei kleinen Schwingungszahlen die Empfindlichkeit stark zurückgeht.

Galvanometerform	Widerstand in Ohm	Stromstärke für 1 Teilstrich oder 1 mm Ablenkung bei 1 m Skalenabstand
Drehspulengalvanometer	5	$4 \cdot 10^{-8}$
mit Spiegelablesung von Hartmann und Braun	600	$1{,}5 \cdot 10^{-9}$
Saitengalvanometer von Edelmann		
a) mit Elektromagnet und		
1. Goldfaden $d = 8{,}5 \cdot 10^{-3}$ mm	47	$7{,}5 \cdot 10^{-8}$ $t = 0{,}06''$
2. mit Platinfaden, $d = 3{,}8 \cdot 10^{-3}$ mm	4000	$7{,}8 \cdot 10^{-8}$ $t = 0{,}02''$
b) mit permanentem Magnet und		
1. Goldfaden $d = 8{,}5 \cdot 10^{-3}$ mm	140	$7{,}5 \cdot 10^{-8}$ $t = 0{,}08''$
2. Platinfaden, $d = 3{,}8 \cdot 10^{-3}$ mm	4000	$3{,}6 \cdot 10^{-7}$ $t = 0{,}02''$
Galvanometer mit Bandaufhängung und Zeigerablesung von Hartmann und Braun	80	$3 \cdot 10^{-7}$
Nadirgalvanometer mit Spitzenlagerung und Zeigerablesung	350	$3 \cdot 10^{-7}$

d = Fadendicke,
t bedeutet die Zeit für den vollen Ausschlag.

Wie die folgende Zahlentafel zeigt, die neben dem Kleinstwert i des Stromes für noch eben hörbare Schwingungen auch die Widerstände und Selbstinduktionskoeffizienten der Hörerwicklung enthält, bleibt die Empfindlichkeit nicht wesentlich hinter der von guten Galvanometern zurück:

	Gleichstromwiderstand in Ohm	Selbstinduktions-Koeffizient in Henry	i
Telephon f. Hörempfang	1000	0,251	$7{,}15 \cdot 10^{-7}$
" " "	4000	0,645	$1{,}63 \cdot 10^{-7}$

Da die Membran eines Hörers nicht frei ist von Eigenschwingungen spricht er auf einen, unter Umständen auch auf mehrere Töne am kräftigsten an. Mittels einer kleinen Wechselstrommaschine, die man von hoher Umdrehungszahl auslaufen läßt, kann die günstigste Tonhöhe leicht gefunden werden. Durch Ausnutzung dieser akustischen Resonanz unter Verwendung von rein sinusförmigen Schwingungen ist eine sehr wesentliche Empfindlichkeitssteigerung möglich.

3. Vibrationsgalvanometer. Benutzt man Telephone als Nullzeiger, z. B. bei Messungen mit der Wechselstrombrücke, so entstehen vielfach

Schwierigkeiten dadurch, daß das Telephon gleichzeitig auch auf Schwingungszahlen mehr oder weniger stark anspricht, die nicht mit der Eigenschwingung der Membran zusammenfallen. Ein völliges Schweigen des Telephons ist daher bei Brückenmessungen unter Verwendung von Wechselströmen mit verzerrter Kurvenform nicht zu erreichen. Diese Schwierigkeiten fallen weg, wenn statt des Hörers ein Vibrationsgalvanometer verwendet wird. Die Schleifenvibrationsgalvanometer haben eine ähnliche Bauart wie der Schleifenoszillograph. Während aber bei dem Oszillographen jede Resonanz zwischen der Schwingungsdauer seines beweglichen Teiles und der Periodendauer des Meßstromes

Abb. 69. Vibrationsgalvanometer nach Schering und Schmidt.

vermieden werden muß, ist sie beim Vibrationsgalvanometer eine notwendige Forderung. Schwingungszahl und Dämpfung der Oszillographenschleife müssen daher möglichst groß sein. Beim Vibrationsgalvanometer dagegen soll die Schwingungsdauer des beweglichen Teils mit der Periodendauer des Meßstromes zusammenfallen und die Dämpfung so klein sein, daß das Galvanometer, wenn es z. B. auf die Grundwelle eines verzerrten Wechselstromes abgestimmt ist, auf dessen Oberschwingungen nicht mehr oder nur in sehr geringem Maße anspricht.

Bei dem Schleifenvibrationsgalvanometer von Schering und Schmidt liegt die Stromschleife, die aus einem 0,2 mm breiten und 0,02 mm dicken Silberband von 1 m Länge besteht, zwischen den Polen eines permanenten Magnets. An ihrem oberen Ende läuft sie über ein federnd aufgehängtes Röllchen. Die unteren

Enden sind mit festen Klemmen verbunden, die zur Stromzuführung dienen. Durch zwei verschiebbare Stege läßt sich die Abstimmung

Abb. 70. Vibrationsgalvanometer nach Schering und Schmidt.

grobstufig und durch Spannung der Tragfeder des Röllchens feinstufig zwischen 25 und 125 Schwingungen verändern. Der auf der Mitte der Schleife mittels alkoholischer Schellacklösung aufgeklebte Spiegel hat eine Breite von 1 mm und eine Länge von 2 bis 3 mm. Ein Strom von $1 \cdot 10^{-7}$ Amp. liefert bei 1 m Skalenabstand eine Verbreiterung des Lichtbildes um 1 mm.

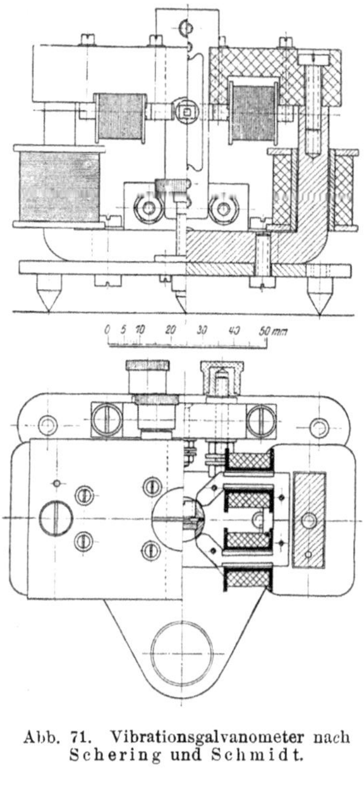

Abb. 71. Vibrationsgalvanometer nach Schering und Schmidt.

Etwas gedrungenere Gestalt hat das Galvanometer von Zöllich, bei dem zwischen den Polflächen eine 1 mm breite, 5 cm lange Spule schwingt. Die Abstimmung erfolgt in ähnlicher Weise.

Das Gerät wird gebaut für Periodenzahlen 15 bis 20, 25 bis 60 und 50 bis 150. 4 bis $8 \cdot 10^{-9}$ Amp. liefern eine Bildverbreiterung von 1 mm.

Das neue Nadelvibrationsgalvanometer von Schering und Schmidt (Abb. 69—71) ermöglicht die Abstimmung allein durch Änderung des Erregerstromes der Elektromagnetwicklung zu erreichen. Der bewegliche Teil besteht, wie bei dem älteren, Rubenschen Galvanometer, aus einer „Nadel", die an einem Phosphorbronzefaden befestigt ist. Die Enden des 0,02 mm dicken Fadens, auf den als Nadel ein kleines Eisenblech geklebt ist, sind mit einem 0,2 mm dicken Blechrahmen verlötet. Für Periodenzahlen zwischen 30 und 160 besteht die Nadel aus einem 0,06 mm dicken, 4 mm langen und 4 mm breiten Eisenblech, das in der Mitte ein 2 mm langes, 1 mm breites Spiegelchen trägt. Der Rahmen ist zwischen zwei halbzylindrischen Backen (Abb. 70 rechts) aus Isolierstoff befestigt. Mit ihnen wird der Einsatz zwischen die Pole eines U-förmigen Gleichstromelektromagnets geschoben, der die Nadel magnetisiert und die Richtkraft für sie abgibt, wobei die Backen die Nadel in der richtigen Lage zu den Polen halten. Auf die beiden Polflächen sind U-förmige Polstücke aufgeschraubt, deren 4 Pole die Wechselstromwicklung tragen. Gleichstrom- und Wechselfeld stehen senkrecht aufeinander. Die Nadel sucht sich in die Richtung des Gesamtfeldes einzustellen. Da die Eigenschwingungsdauer der Nadel proportional ist der Wurzel aus dem Quotienten von Trägheitsmoment durch Richtkraft, kann Abstimmung auf eine bestimmte Periodenzahl und Empfindlichkeit ohne jeden mechanischen Eingriff, der immer störende Erschütterungen und Änderungen der Ruhelage verursacht, allein durch passende Wahl der Gleichstromerregung vom Platze des Beobachters aus vorgenommen werden. Hierin liegt ein Hauptvorzug des Geräts. Einer Stromstärke von $1 \cdot 10^{-7}$ Amp. entspricht eine Bildverbreiterung von 1 mm bei 1 m Skalenabstand.

Die Abmessungen der übrigen Einzelteile dieses sehr handlichen Galvanometers, dessen Herstellung nicht schwierig ist, können aus Abb. 71 entnommen werden. Jeder Schenkel des Gleichstromelektromagnets trägt eine Wicklung von 670 Windungen aus 0,22 mm starkem Emailledraht von 26 Ohm Widerstand mit einem zulässigen Belastungsstrom von 0,25 Ampere, während auf jedem der vier Polstücke eine Wechselstromwicklung von 1000 Windungen des gleichen Drahtes (Widerstand 18 Ω) liegt.

B. Kapazitäten.

I. Ausführungsformen von Kondensatoren.

Die beim Aufbau der Sende- und Empfangsanlagen der Radiotelegraphie gebräuchlichen Kondensatoren unterscheiden sich in der Größe ihrer Kapazität, der zulässigen Spannung und der Höhe der im Dielektrikum durch Ableitung und infolge der Randstrahlung entstehenden Verluste. Da ihr Verwendungszweck in erster Linie bestimmend ist für ihre konstruktive Durchbildung, ergeben sich naturgemäß zwei Gruppen von Kondensatorformen, von denen die erste ausschließlich beim Sender, die zweite vorzugsweise auf der Empfangsseite Verwendung findet.

1. Die Kondensatoren für Sendezwecke wiederum lassen sich nach verschiedenen Gesichtspunkten unterscheiden, nämlich zunächst, ob ihre Kapazitäten unveränderlich sind oder verändert werden können, ob weiter der Kondensator für den betreffenden Schwingungskreis periodenbestimmend wirkt, d. h. eine Verlängerung oder Verkürzung der Wellenlänge hervorrufen soll, oder ob er nur als Block- oder Absperrkondensator die Aufgabe hat, Gleichströme und niederperiodische Wechselströme von den Hochfrequenzkreisen fernzuhalten, oder endlich, ob seine Kapazität an einer Stelle zusammengedrängt oder gleichförmig über einen Leiter verteilt in die Erscheinung tritt. Die nachfolgenden Abbildungen mögen als Beispiele hierfür dienen.

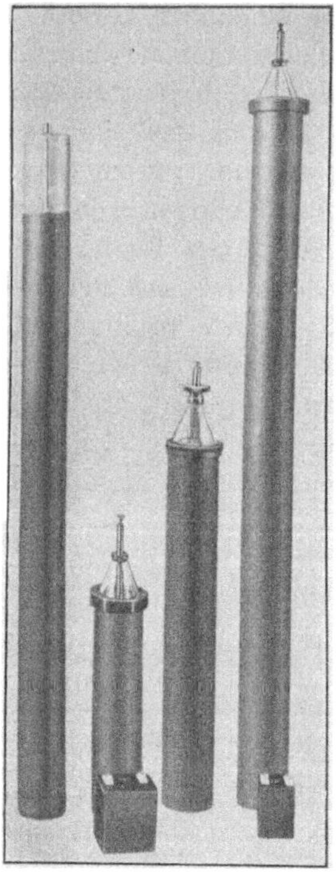

Abb. 72. Glasflaschen, Stahlflaschen u. Papierkondensatoren.

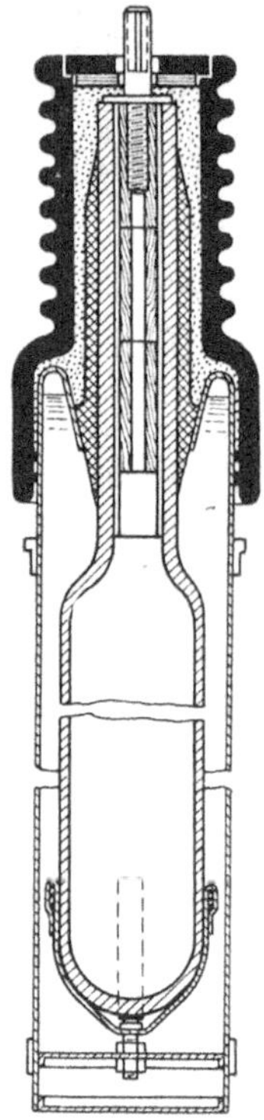

Abb. 73. Kondensator von Moscicki.

Den Ausgangspunkt für den Bau von Hochspannungskondensatoren bildet die bekannte, auch jetzt noch für Versuchszwecke vielfach verwendete Leydener Flasche, deren Aufbau durch Gesichtspunkte, die der Festigkeitslehre der Hochspannungstechnik entnommen sind, nicht unwesentliche Verbesserungen erfahren hat. Bei der großen, in Abb. 72 links dargestellten Flasche z. B. ist die Glasstärke an den Stellen, wo die Felddichte hohe Werte aufweist und die Gefahr des Durchschlags vorliegt, auf etwa 8 mm gebracht, während sie in den mittleren Teilen nur etwa 0,4 mm beträgt. Besonders gut sind diese Gesichtspunkte ausgenutzt bei dem Kondensator von Moscicki (Abb. 73). Auch hier ist der dielektrische Widerstand der hauptsächlich gefährdeten Teile vergrößert durch Verdickung des Glases. Die Flaschen werden innen und außen galvanisch versilbert, und dann die dünne

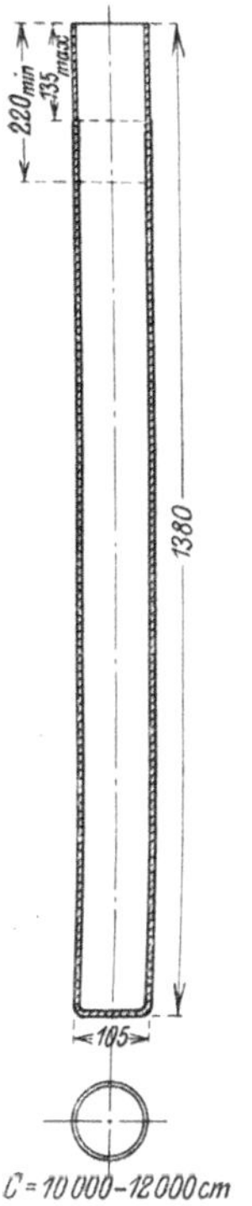

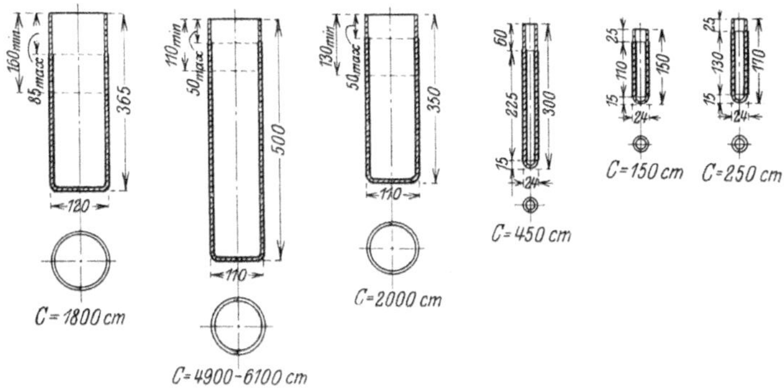

Abb. 74. Abmessungen und Kapazitäten von Leydener Flaschen (Gesellschaft für drahtlose Telegraphie, Berlin).

Silberunterlage galvanisch mit einer dicken Kupferschicht überzogen. Auf diese Weise ist das Entstehen von Luftblasen zwischen Glas und Beleg, die leicht Glimmerscheinungen verursachen, die den Durchschlag der Flasche nach sich ziehen, völlig vermieden.

Abb. 74 gibt die Abmessungen und Kapazitäten von Leydener Flaschen verschiedener Größe. Abb. 75 stellt eine Leydener Doppelflasche des Glaswerkes Jena dar, die selbst bei einer Beanspruchung von 30000 Volt keine Sprüherscheinungen zeigt und deren Kapazität durch passendes Zusammenschalten der Einzelteile auf 5000, 2500 und 1250 cm gebracht werden kann.

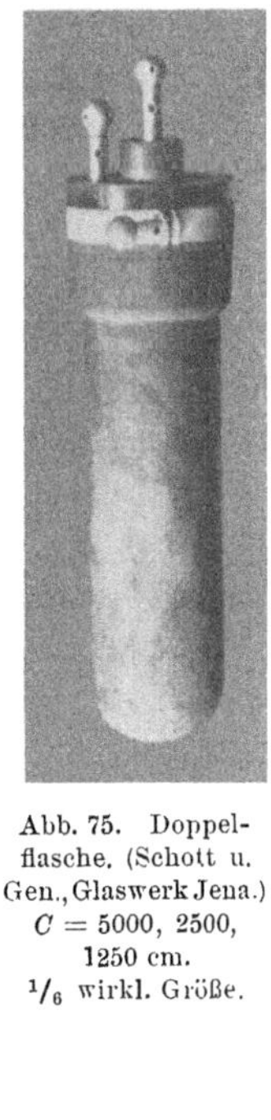

Abb. 75. Doppelflasche. (Schott u. Gen., Glaswerk Jena.) $C = 5000, 2500, 1250$ cm. $^1/_6$ wirkl. Größe.

An Stelle der mit Metall belegten Glasflaschen werden häufig zwei oder mehrere ineinandergesteckte Metallzylinder benutzt, deren Zwischenraum mit Preßluft oder Öl gefüllt ist (Abb. 72 und 76). Sie finden hauptsächlich beim Prüfen von Sendern als Ersatz für die Antennenkapazität Verwendung.

Kondensatoren für sehr große Leistungen werden jetzt vielfach aus Blechscheiben hergestellt, die durch 1,3 bis 1,5 mm dicke Glasplatten getrennt und in einen mit Öl gefüllten Kasten eingebaut sind (Abb. 77). Damit das Öl sich frei bewegen kann, sind die Bleche gewellt. Selbst bei hohen Beanspruchungen weisen auch diese Kondensatoren nur sehr kleine Verluste auf.

Die Abb. 78 gibt eine Kondensatorform mit stetig veränderlicher Kapazität wieder, wobei zur besseren Raumausnutzung nach dem Vorschlage von Marconi

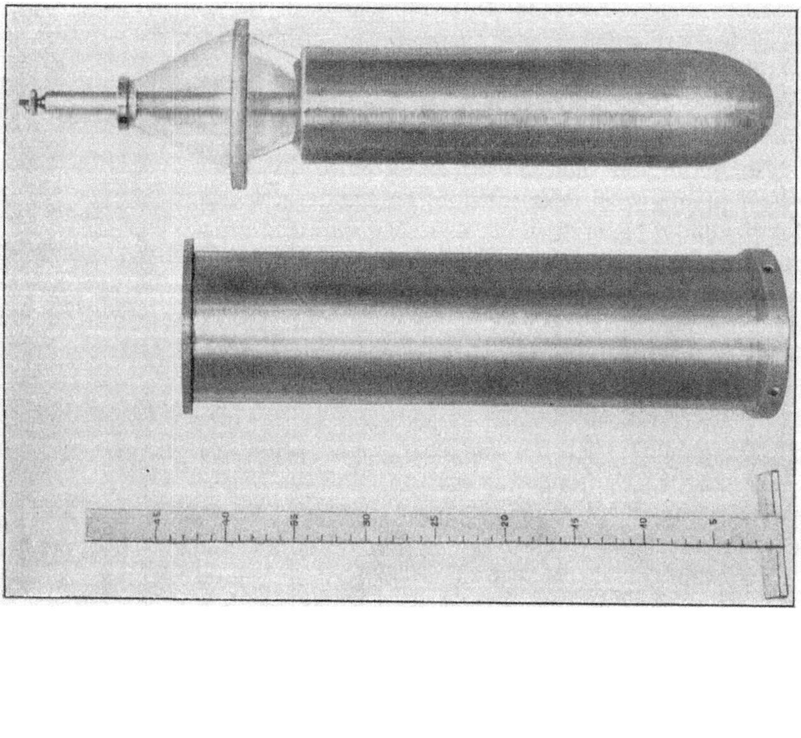

Abb. 76. Messingflasche mit Paraffinölfüllung. Abstand der Belege 8 mm. C = 150 cm. Überschlagspannung 25000 Vol.

Abb. 77. Kondensator für große Leistungen. C = 40000 cm

das bewegliche wie das feste Plattensystem aus zwei voneinander isolierten Hälften besteht, von denen je eine Gruppe des feststehenden

Abb. 78. Drehkondensator in Öl für Sendezwecke. C. Lorenz A.-G., Berlin-Tempelhof.

und beweglichen Teiles miteinander verbunden sind und so je einen Pol des Kondensators bilden. Für den kleinsten einstellbaren Kapazitäts-

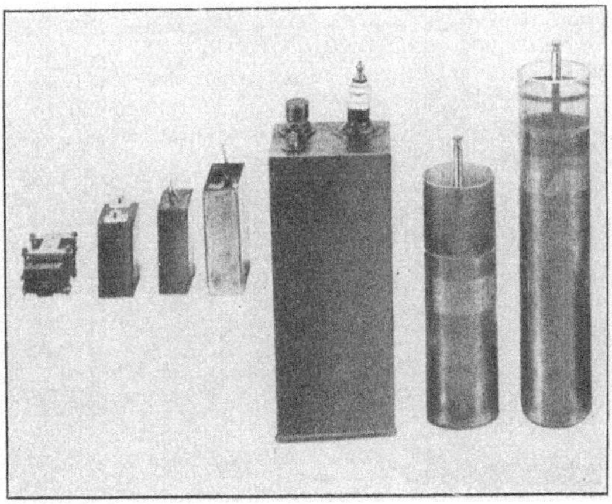

Abb. 79. Glasplattenkondensatoren und Leydener Flaschen.

wert (*o*-Stellung) sind jedesmal die Gruppen gleicher Polarität ineinandergedreht, während in der 180°-Stellung die gegenüberstehenden festen und beweglichen Plattensysteme elektrische Ladungen von entgegengesetztem Vorzeichen aufweisen (Höchstwert der Kapazität).

Abb. 80. Minosplattenverdichter (Schott u. Gen., Glaswerk Jena). $^1/_5$ wirkl. Größe. $C = 7150$ cm.

Auch Kondensatoren, die aus 0,8 bis 1 mm dicken, galvanisch verkupferten Glasplatten bestehen, die im Vakuum mit Paraffin vergossen sind, haben sich gut bewährt (Abb. 79 links).

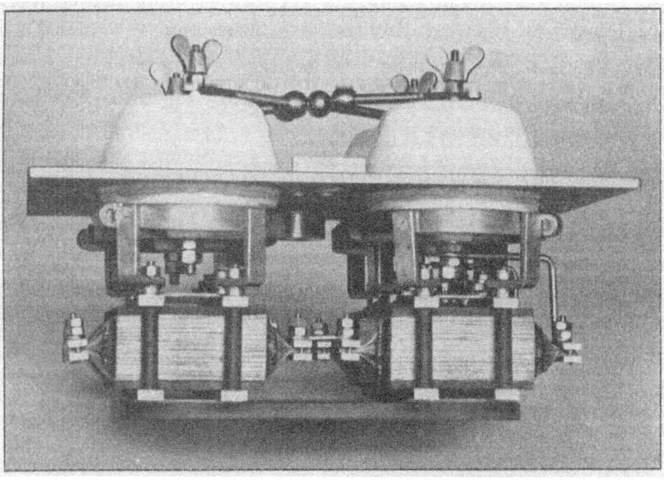

Abb. 81. Fester Kondensator nach Rein aus dem mit Öl gefüllten Metallkasten herausgenommen. C. Lorenz A.-G., Berlin.

In vorzüglicher Ausführung liefern Schott u. Gen., Glaswerk Jena, Glasplattenkondensatoren unter dem Namen Minosplatten-

Abb. 82. Blockkondensator für Lichtbogengeneratoren.

verdichter (Abb. 80), die wegen ihres geringen Raumbedarfs, ihrer hohen Durchschlagsfestigkeit und eines Dämpfungsdekrementes von nur 0,001 bereits eine große Verbreitung gefunden haben.

Sehr handlich sind die neuerdings vielfach als Stoßkreiskondensator für kleine Sender benutzten Papierkondensatoren (Abb. 79), bei denen an Stelle von Glimmer Papier getreten ist, das mit Paraffin oder einem anderen Isolator hoher Durchschlagsfestigkeit getränkt wird.

Eine andere Form, welche als Block- und Stoßkreiskondensator Verwendung finden kann, gibt Abb. 81 wieder, die eine Gruppe von an einem Metalldeckel hängenden Glimmerkondensatoren zeigt, die nach Bedarf in Reihe oder nebeneinandergeschaltet werden können. Die Verluste sind bei diesen Kondensatoren etwas größer als die der Glasplattenkondensatoren. Um sie zu verringern, empfiehlt sich Vergießen im Vakuum. Abb. 82 stellt einen Blockkondensator für Lichtbogensender dar.

Abb. 83. Ausgewuchteter Kondensator nach Scheller.

Kondensatoren mit sehr kleinen Abmessungen und mit fester oder sprungweise veränderlicher Kapazität lassen sich leicht herstellen durch Aufwickeln von zwei Emailledrähten. Die Drähte bilden die Belege, die dünne Emailleschicht das Dielektrikum. Eine kleine Spule von 40 mm Länge und 18 mm

Abb. 84. Ausgewuchteter Kondensator nach Scheller (rechts grobe, links feine Einstellung).

Abb. 85. Drehkondensator mit eingelöteten Platten nach Scheller.

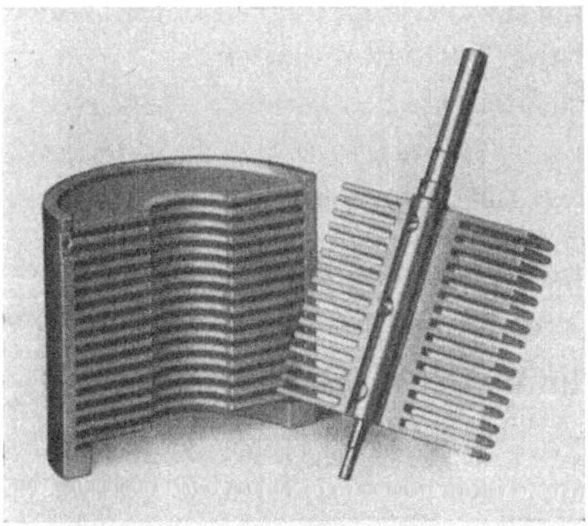

Abb. 86. Feste und bewegliche gefräste Platten eines Drehkondensators nach Seibt.

Abb. 87. Gekoppelte Kondensatoren nach Seibt

Abb. 88. Gefräste Drehkondensatoren nach Seibt. $^1/_5$ wirkl. Größe.

Plattenzahl:	32	16	28	14	7
$C =$	4200	2100	2100	1050	525

Abb. 89. Teile von Spritzgußkondensatoren (Gesellschaft für drahtlose Telegraphie, Berlin).

Durchmesser aus 0,2 mm dickem Draht liefert z. B. eine Kapazität von 5000 cm.

2. Kondensatoren für Empfangszwecke. Während schon die äußeren Abmessungen der Senderkondensatoren darauf hinweisen, daß sie sowohl

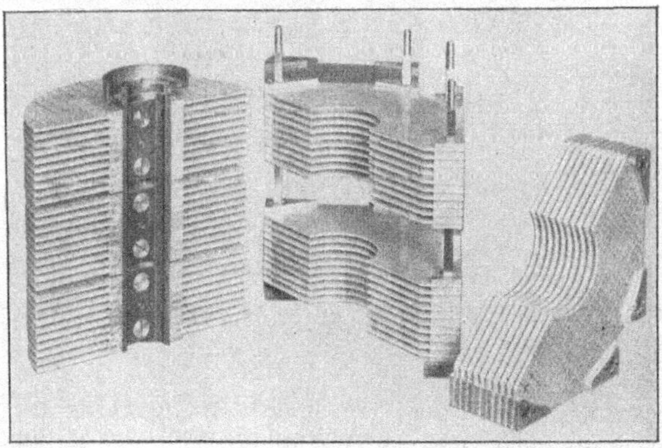

Abb. 90. Teile von Spritzgußkondensatoren (Gesellschaft für drahtlose Telegraphie, Berlin).

starke Ströme aufzunehmen imstande sind, als auch genügende elektrische Festigkeit gegen Durchschlag besitzen, treten diese Rücksichten bei der Durchbildung der Empfangskondensatoren zurück gegenüber der

Forderung möglichst geringer Verluste, stetiger Veränderbarkeit und kleinen Gewichts. Da man beim Empfang zur Abstimmung der Schwingungskreise im allgemeinen mit kleinen Kapazitäten auskommt, sind diese Forderungen unschwer zu erfüllen durch Drehkondensatoren mit Luft als Dielektrikum.

Derartige Ausführungsformen sind in den Abb. 83 bis 92 wiedergegeben. Und zwar sind die Drehkondensatoren in den Abb. 83 u. 84 insofern

Abb. 91. Spritzgußkondensator (Gesellschaft für drahtlose Telegraphie, Berlin). $^1/_2$ wirkl. Größe. $C = 5000$ cm.

bemerkenswert, als nach dem Vorschlag von Scheller ihr beweglicher Teil so ausgebildet ist, daß bei beliebiger Lage des Kondensators die jedesmalige Einstellung ohne weiteres erhalten bleibt. Die Abb. 86 bis 88 stellen eine von Seibt angegebene Anordnung dar, die sich dadurch auszeichnet, daß das feste wie das bewegliche Plattensystem, aus dem Vollen herausgefräst, bei gleicher Kapazität wegen des geringen Plattenabstandes außerordentlich kleine Abmessungen aufweisen.

Ähnliche Vorzüge besitzen die Spritzgußkondensatoren der Gesellschaft für drahtlose Telegraphie (Abb. 89 bis 92), deren

Abb. 92. Spritzgußkondensator (Gesellschaft für drahtlose Telegraphie, Berlin). $^1/_3$ wirkl. Größe.

Platten durch das Spritzgußverfahren zu einem starren Gefüge vereinigt sind. Blockkondensatoren für Empfangszwecke stellt Abb. 93 dar.

3. Eigenkapazitäten. Die in diesem Abschnitt beschriebenen Meßverfahren erstrecken sich nun nicht nur auf die Bestimmung von Kondensatorkapazitäten der bisher besprochenen Ausführungsformen, sondern können auch zur Ermittlung der Eigenkapazität der verschiedenartigsten Geräte Verwendung finden, eine Größe, deren Kenntnis für die Erklärung der Wirkungsweise vieler Vorgänge von größter Bedeutung ist. Demnach kommt zu den oben angeführten zwei

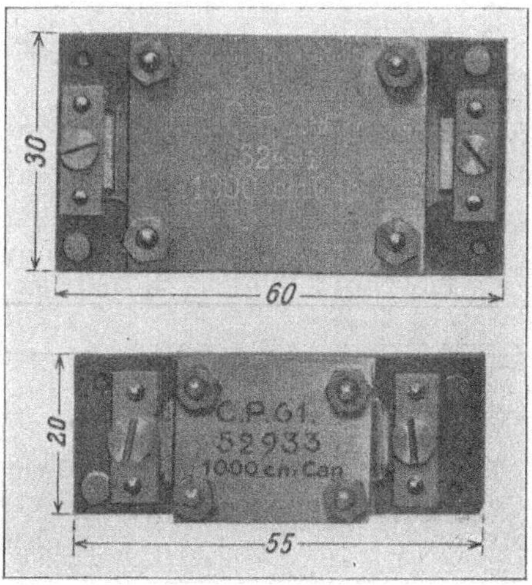

Abb. 93. Blockkondensatoren für Empfangszwecke.

Gruppen von Kondensatoren noch eine dritte, die alle diejenigen Geräte umfaßt, denen eine Eigenkapazität eigentümlich ist. Hierzu gehören außer anderen

a) alle Arten von Hochfrequenz- und Drosselspulen, Variometern und Transformatoren,

b) Zuführungsdrähte, ganze Schaltungsanordnungen,

c) bestimmte Arten von Detektoren (z. B. Fritter, Leuchtröhren, Kontaktdetektoren, Kathodenröhren),

d) Leitungs- und Durchführungsisolatoren, Antennenisolatoren, Abspannisolatoren.

II. Allgemeine Grundlagen für die Untersuchung von Kondensatoren.

1. Kapazitiver Widerstand. Schaltet man eine Wechselstromquelle mit einer Kapazität C und einem Widerstand w in Reihe, so wird für sinusförmigen Verlauf der wirksamen Wechselspannung e und die Periodenzahl ν die wirksame Stromstärke

$$i = \frac{e}{\sqrt{w^2 + \left(\frac{1}{2\pi\nu \cdot C}\right)^2}} \tag{19}$$

und wenn w^2 vernachlässigbar ist gegen $\left(\frac{1}{2\pi\nu \cdot C}\right)^2$:

$$i = \frac{e}{\frac{1}{2\pi\nu \cdot C}} = \frac{e}{w_C} \tag{19a}$$

wo

$$w_C = \frac{1}{\omega \cdot C} \tag{20}$$

als kapazitiver Widerstand des Kondensators und

$$\omega = 2\pi \cdot \nu,$$

d. h. die Zahl der Perioden in 2π Sekunden, als Wechselgeschwindigkeit oder auch als Kreisfrequenz bezeichnet wird.

Führt man mittels der Beziehung

$$\lambda^{\text{cm}} = 3 \cdot 10^{10} \cdot \frac{1}{\nu}$$

an Stelle von ν die Wellenlänge λ ein und drückt mit Rücksicht darauf, daß

10^9 elektromagnetische (c-g-s) Widerstandseinheiten = 1 Ohm

1 elektromagnetische Einheit der Kapazität = $9 \cdot 10^{20}$ elektrostatische Einheiten

sind, w_C in Ohm, λ in Metern aus, so erhält man:

$$w_C^{\Omega} = \frac{\lambda^{\mathrm{m}}}{2\pi \cdot 3 \cdot 10^8} \cdot \frac{9 \cdot 10^{20}}{C^{\mathrm{cm}}} \cdot \frac{1}{10^9} = 477{,}5 \frac{\lambda^{\mathrm{m}}}{C^{\mathrm{cm}}}, \tag{21}$$

wobei C^{cm} in elektrostatischen Einheiten einzusetzen ist.

Zur schnellen Ermittlung einer der drei durch diese Gleichung verknüpften Größen aus den beiden anderen dient Tafel II.

2. Schaltung von Kondensatoren. Die wirksame Kapazität C mehrerer Kondensatoren mit den Kapazitäten $C_1, C_2, C_3, \ldots, C_n$ wird bei Nebeneinanderschaltung:

$$C = C_1 + C_2 + C_3 + \ldots + C_n, \tag{22}$$

bei Hintereinanderschaltung:

$$\frac{1}{C} = \frac{1}{C_1} + \frac{1}{C_2} + \frac{1}{C_3} + \ldots + \frac{1}{C_n}. \tag{23}$$

C ist im letzten Fall immer kleiner als die kleinste der in Reihe liegenden Teilkapazitäten.

Häufig werden die einzelnen Elemente einer größeren Kondensatorbatterie in Gruppen geschaltet, um sie nicht der vollen Betriebsspannung auszusetzen. Sind n gleich große Kondensatoren mit der Kapazität C' nebeneinander und h solcher Gruppen in Reihe geschaltet, so ist die Gesamtkapazität der Batterie

$$C = \frac{n \cdot C'}{h}. \tag{24}$$

Verbindet man mehrere nebeneinander geschaltete Kondensatoren $C_1, C_2, \ldots, C_n$ mit den Polen einer Wechselstromquelle, so verhalten sich die Teilströme $i_1, i_2, \ldots, i_n$ in den einzelnen Kondensatoren umgekehrt wie deren kapazitive Widerstände $w_{C_1}, w_{C_2}, w_{C_3}, \ldots, w_{C_n}$ oder unmittelbar wie die Kapazitäten:

$$i_1 : i_2 : i_3 : \ldots : i_n = \frac{1}{w_{C_1}} : \frac{1}{w_{C_2}} : \frac{1}{w_{C_3}} : \ldots : \frac{1}{w_{C_n}} = C_1 : C_2 : C_3 : \ldots : C_n, \tag{25}$$

während bei Hintereinanderschaltung sich die Spannungen $e_1, e_2, e_3, \ldots, e_n$ an den einzelnen Kondensatoren wie deren kapazitive Widerstände oder umgekehrt wie die Kapazitäten verhalten:

$$e_1 : e_2 : e_3 : \ldots e_n = w_{C_1} ; w_{C_2} : w_{C_3} : \ldots w_{C_n} = \frac{1}{C_1} : \frac{1}{C_2} : \frac{1}{C_3} : \ldots : \frac{1}{C_n}. \tag{26}$$

An den Kondensator mit der kleinsten Kapazität legt sich der größte Teilbetrag der Gesamtspannung.

Eine weitere, häufig vorkommende Anordnung betrifft die Nebeneinanderschaltung eines Widerstandes w mit einem Kondensator C (Abb. 94). Hierdurch wird nicht nur, wie bereits auf

S. 66 erwähnt wurde und spätere Erläuterungen zeigen, die Dämpfung des Schwingungskreises eine andere, sondern auch die Kapazität des Kondensators erfährt, sofern sie mit wellenbestimmend ist, eine scheinbare Änderung ihrer Größe. Hat man die Wellenlänge λ des Kreises I Abb. 94 gemessen und berechnet aus λ und dem Selbstinduktionskoeffizienten L mittels der Gleichung

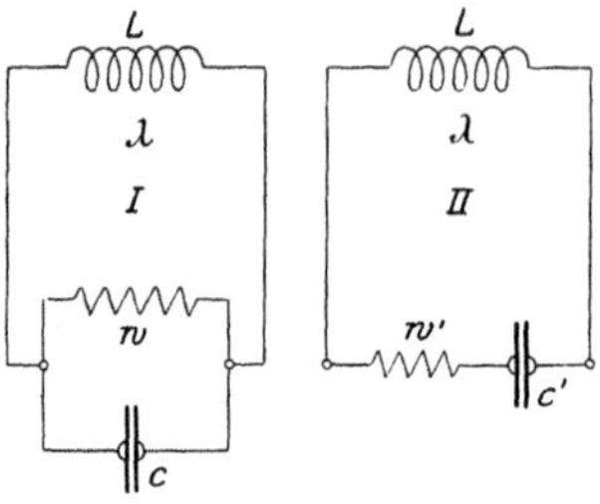

Abb. 94.

$$\lambda^{\mathrm{cm}} = 2\,\pi \cdot \sqrt{C^{\mathrm{cm}} \cdot L^{\mathrm{cm}}}$$

die scheinbare Kapazität, so erhält man einen Wert C', der größer ist als die wirklich eingeschaltete Kapazität C. Die Beziehung zwischen dieser scheinbaren Kapazität C' und C läßt sich ermitteln, wenn man, wie S. 67 gezeigt wurde, die Nebeneinanderschaltung von C und w durch eine Reihenschaltung des Widerstandes w' und der Kapazität C' sich ersetzt denkt. Man findet auf diese Weise nach Gleichung 14

$$C' = C + \frac{C}{\omega^2 \cdot C^2 \cdot w^2}$$

oder wenn man nach Gleichung 17 die kapazitiven Widerstände einführt:

$$w'_C = w_C \cdot \frac{w^2}{w^2 + w_C^2}\,.$$

Die Kapazitätssteigerung, die C durch Nebeneinanderschaltung mit dem Widerstande w erfährt, ist um so größer, je kleiner die Periodenzahl und je kleiner der Widerstand sind.

Diese scheinbare Veränderung der Kapazität ist bei einer großen Anzahl von Anordnungen zu berücksichtigen, z. B. bei Wellenmessern, Empfangseinrichtungen und Meßschaltungen, bei denen vorzugsweise Wellenanzeiger, die einen Ohmschen Widerstand darstellen, im Nebenschluß zu einem Kondensator Verwendung finden.

In ähnlicher Weise erfährt auch der Widerstand w durch Nebeneinanderschalten mit C eine scheinbare Änderung, die sich mittels der S. 67 abgeleiteten Gleichungen:

$$w' = \frac{w}{1 + \omega^2 \cdot C^2 \cdot w^2} = w \cdot \frac{w_C^2}{w^2 + w_C^2}$$

berechnen läßt. Sie zeigen, daß der wirksame Widerstand verringert wird, eine Erscheinung, die bei dem Aufbau schwach gedämpfter Kreise mit Vorteil benutzt werden kann.

3. Betriebskapazität. Die Kapazität C eines aus zwei Platten bestehenden Kondensators, die auf die Potentiale v_1 und v_2 gebracht und auf denen die gleichen, aber entgegengesetzten Elektrizitätsmengen q angesammelt sind, ist dargestellt durch den Quotienten

$$C = \frac{q}{v_1 - v_2}.$$

C ist nur dann allein durch die Abmessungen des Kondensators und die Dielektrizitätskonstante eindeutig bestimmt, wenn alle Einflüsse von Leitern in der Umgebung, zu denen auch die Erde zu rechnen ist, wegfallen.

Befinden sich in der Umgebung des Kondensators noch andere Leiter mit den Teilkapazitäten c_{ab}, die durch die Wechselwirkung zwischen je zwei Leitern a und b bedingt sind und den Teilkapazitäten $c_1, c_2, c_3, \ldots, c_n$ gegen Erde oder gegen eine sie umschließende geerdete Hülle, deren Potential durch Verbindung mit der Erde auf Null gebracht ist, so tritt an Stelle der Gleichung

$$q = C \cdot (v_1 - v_2)$$

die Gleichungsgruppe

$$\begin{aligned} q_1 &= c_1 \cdot v_1 + c_{12} \cdot (v_1 - v_2) + \ldots + c_{1n} \cdot (v_1 - v_n) \\ q_2 &= c_2 \cdot v_2 + c_{21} \cdot (v_2 - v_1) + \ldots + c_{2n} \cdot (v_2 - v_n) \\ &\ldots\ldots\ldots\ldots\ldots\ldots\ldots\ldots \end{aligned}$$

in der $q_1, q_2 \ldots$ die Ladungen der einzelnen Leiter bedeuten.

Für einen Zweiplattenkondensator erhält man somit:

$$\begin{aligned} q_1 &= c_1 \cdot v_1 + c_{12} \cdot (v_1 - v_2) \\ q_2 &= c_2 \cdot v_2 + c_{21} \cdot (v_2 - v_1) \end{aligned}$$

wo c_{12} die Kapazität der Belegungen gegeneinander, c_1 und c_2 die Kapazitäten der Belegungen gegen Erde bedeuten. Sind c_1 und c_2 vernachlässigbar gegen c_{12}, so sind die Ladungen der Platten entgegengesetzt gleich und nur abhängig von $v_1 - v_2$. c_{12} wird in diesem Fall als Kapazität des Kondensators bezeichnet. Verschwindet jedoch der Einfluß der Teilkapazitäten nicht, so werden die Ladungen q_1 und q_2 verschieden groß und ändern sich mit der Lage des Kondensators zu benachbarten Leitern.

Die Kapazität eines derartigen Kondensators hat daher nur unter genau festgelegten Betriebsbedingungen einen eindeutig bestimmbaren Wert.

Legt man als Betriebsbedingung die Annahme zugrunde

$$q_1 = -q_2,$$

so erhält man aus den beiden letzten Gleichungen:

$$c_1 v_1 + c_2 v_2 = 0$$

$$q_1 = -q_2 = q = \left(c_{12} + \frac{c_1 \cdot c_2}{c_1 + c_2}\right) \cdot (v_1 - v_2)$$

und hieraus

$$C = \frac{q}{v_1 - v_2} = c_{12} + \frac{c_1 \cdot c_2}{c_1 + c_2}. \tag{27}$$

Man bezeichnet eine solche Kapazität, die nur für eine bestimmte Betriebsbedingung (hier $q_1 = -q_2$) gilt, als Betriebskapazität.

c_1, c_2, c_{12} und damit auch C können durch die drei folgenden Kapazitätsmessungen ermittelt werden:

1. Platte 2 mit Erde verbunden:

$$c_{12} + c_1 = \alpha.$$

2. Platte 1 mit Erde verbunden:

$$c_{12} + c_2 = \beta.$$

3. Platte 1 und 2 miteinander verbunden. Gemessen wird die Kapazität gegen Erde:

$$c_1 + c_2 = \gamma.$$

Aus den gemessenen Werten α, β, γ ergeben sich, wenn $\alpha + \beta + \gamma = s$ gesetzt wird, für die Teilkapazitäten die Werte:

$$c_{12} = \frac{s}{2} - \gamma \qquad c_1 = \frac{s}{2} - \beta \qquad c_2 = \frac{s}{2} - \alpha \tag{28}$$

aus denen die Betriebskapazität C mittels Gleichung 27 gefunden wird.

Je kleiner c_{12} ist, um so stärker äußert sich der Einfluß der Teilkapazitäten c_1, c_2 auf den Wert von C. Eine Änderung in der Aufstellung des Kondensators oder auch nur das Annähern der Hand verursachen bei kleinem c_{12} infolge der Änderung von c_1 und c_2 Änderungen der Betriebskapazität, eine Erscheinung, die beim Abstimmen von Schwingungskreisen sehr störend sein kann. Aus diesem Grunde müssen Kondensatoren mit kleiner Kapazität mit einer geerdeten Metallhülle umschlossen werden.

4. Der Verlustwinkel. Die seither angegebenen Gleichungen gelten unter der Voraussetzung, daß in den Kondensatoren keine Verluste auftreten, was nur selten zutrifft. Meist entstehen durch dielektrische Hysteresis, schlechte Isolation, Glimm- und Sprüherscheinungen Verluste, die von der Beschaffenheit des Dielektrikums, der Betriebsspannung des Kondensators und der Periodenzahl abhängen.

Einen Kondensator, der solche Verluste aufweist, kann man sich immer ersetzt denken entweder durch einen verlustfreien Kondensator C_n, der mit einem induktionsfreien Widerstand w_n nebeneinander, oder durch einen Kondensator C_h, der mit dem Widerstande w_h in Reihe geschaltet ist. Man bezeichnet diese Widerstände als Verlustwiderstände. Auf Grund einer Messung der Verluste N_v und der Kondensatorspannung e oder des Kondensatorstromes i ergeben sich die beiden Widerstände aus den Gleichungen:

$$N_v = \frac{e^2}{w_n} \qquad N_v = i^2 \cdot w_h. \tag{29}$$

Die Widerstände w_h und w_n können als Maß für die Verluste dienen.

Zur Berechnung der Kapazitäten C_h und C_n liefern die Strahlenbilder Abb. 95 und 96 die Gleichungen:

$$C_n = \frac{i}{e \cdot \omega} \cdot \sin\varphi \qquad C_h = \frac{i}{e \cdot \omega} \cdot \frac{1}{\sin\varphi}, \tag{29a}$$

wo φ den Winkel der Phasenverschiebung zwischen Betriebsspannung e und Betriebsstrom i bedeutet.

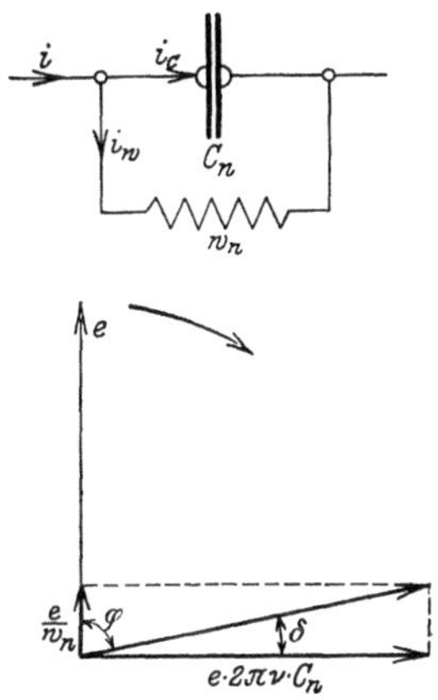

Abb. 95.

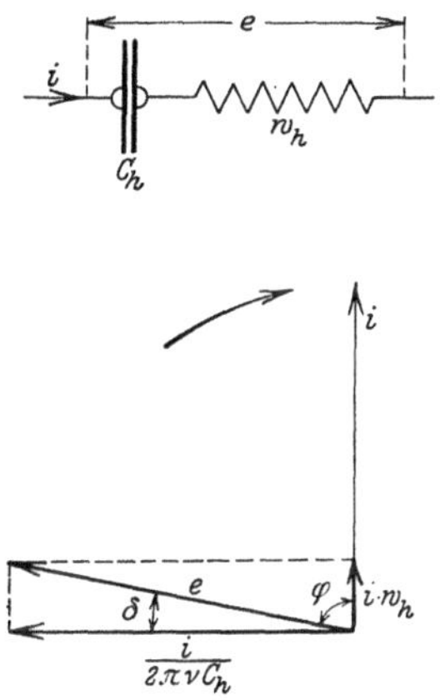

Abb. 96.

Der gesamte, in dem Kondensator auftretende Verlust N_v läßt sich immer darstellen durch:

$$N_v = e \cdot i \cdot \cos\varphi$$

oder wenn man setzt:

$$\varphi = 90 - \delta$$

durch:

$$N_v = e \cdot i \cdot \sin\delta. \tag{30}$$

Da die Verluste in einem Kondensator im allgemeinen klein sind, erreicht φ den Betrag von nahezu 90^0. δ ist somit ein sehr kleiner Winkel, so daß angenähert gesetzt werden kann:

$$N_v \sim e \cdot i \cdot \delta, \tag{30a}$$

d. h. die Verluste sind dem Winkel δ proportional, δ liefert unmittelbar ein Maß für die Verluste.

Man bezeichnet deshalb δ auch als Verlustwinkel.

Die Darstellung der Verluste durch den Verlustwinkel hat gegenüber der Darstellung durch den Verlustwiderstand den Vorzug, daß δ unabhängig ist von den Abmessungen des Kondensators und nur bedingt wird durch die Beschaffenheit des Dielektrikums, die Betriebsspannung und die Periodenzahl, während die Verlustwiderstände sich auch mit der Größe des Kondensators ändern.

Aus den Strahlenbildern S. 89 liest man noch die folgenden wichtigen Beziehungen ab. Nach Abb. 95 wird:

$$\operatorname{tg} \delta_n = \frac{1}{w_n \cdot \omega \cdot C_n} \tag{31}$$

oder angenähert

$$\delta_n \sim \frac{1}{w_n \cdot \omega \cdot C_n} = \frac{21\,600}{w_n \cdot 4\,\pi^2 \nu \cdot C_n} \text{ Minuten.} \tag{31a}$$

und nach Abb. 96

$$\operatorname{tg} \delta_h = \frac{w_h}{\frac{1}{\omega \cdot C_h}} = w_h \cdot \omega \cdot C_h \tag{32}$$

oder angenähert

$$\delta_h \sim w_h \cdot \omega \cdot C_h = 21\,600 \cdot w_h \cdot \nu \cdot C_h \text{ Minuten} \tag{32a}$$

Aus beiden Gleichungen folgt der $\delta_h = \delta_n$:

$$w_h \cdot w_n = \frac{1}{\omega^2 \cdot C_h \cdot C_n}. \tag{33}$$

Bei kleinen Werten von δ weichen C_h und C_n nur wenig voneinander ab, d. h. es wird $C_h \sim C_w \sim C$ mithin:

$$w_h \cdot w_n = \frac{1}{(\omega \cdot C)^2}. \tag{34}$$

Die Messung der Kapazität und des Winkels δ eines nicht verlustfreien Kondensators wird meist in der Weise ausgeführt, daß man den zu untersuchenden Kondensator, z. B. in einer Wechselstrombrücke, vergleicht mit einer künstlich hergestellten Ersatzschaltung, bestehend aus einem verlustfreien Luftkondensator C und einem mit diesem in Reihe oder nebeneinander geschalteten Widerstand w_h oder w_n. Da δ nur klein ist, mithin $C_h \sim C_n \sim C$, ergibt sich nach den Gleichungen 31 und 32:

$$\left.\begin{array}{ll} w_n = \dfrac{1}{\omega \cdot C} \cdot \dfrac{1}{\operatorname{tg} \delta} & w_h = \dfrac{1}{\omega \cdot C} \cdot \operatorname{tg} \delta \\ & \dfrac{w_n}{w_h} = \dfrac{1}{\operatorname{tg}^2 \delta} \end{array}\right\} \tag{35}$$

In dieser Form zeigen nun die Gleichungen, daß w_n bei gleichem δ ganz wesentlich größer sein müßte als w_h. In solchen Fällen wählt man daher, um unbequem große Widerstände zu vermeiden, die Reihenschaltung von C und w_h.

Nur bei der Untersuchung von Kondensatoren mit verhältnismäßig gut leitendem Dielektrikum ist die Nebeneinanderschaltung am Platz.

Beispiel. Für die Werte:

$$\delta = 30', \quad C_h \sim C_n = C = 1000 \text{ cm}, \quad \nu = 30000$$

wird nach Gleichung 31:

$$w_h = \frac{30}{21600 \cdot 3 \cdot 10^4 \cdot \frac{1000}{9 \cdot 10^{11}}} = 41{,}6 \text{ Ohm},$$

und nach Gleichung 34:

$$w_n = \frac{1}{41{,}6 \cdot \left(6{,}28 \cdot 3 \cdot 10^4 \cdot \frac{10^3}{9 \cdot 10^{11}}\right)^2} = 5{,}47 \cdot 10^5 \text{ Ohm}.$$

5. Berechnung von Kapazitäten. Als Einheiten für die Kapazität werden in der Hochfrequenztechnik das Farad, das Mikrofarad, meist aber, um handliche Zahlenwerte zu bekommen, die elektrostatische Einheit, das Zentimeter (cm) benutzt. Zwischen ihnen bestehen die Beziehungen:

$$1 \text{ Farad} = 10^6 \text{ Mikrofarad} = 9 \cdot 10^{11} \text{ cm}.$$

Die Kapazität der für die Meßtechnik wichtigsten Form eines Kondensators, des Plattenkondensators, berechnet sich für zwei Platten, die durch einen Stoff mit der Dielektrizitätskonstanten ε getrennt sind, näherungsweise zu:

$$C \sim \frac{\varepsilon \cdot F}{4\pi \cdot d} \text{ cm} \sim \frac{1}{9 \cdot 10^{11}} \cdot \frac{\varepsilon \cdot F}{4\pi \cdot d} \text{ Farad}, \tag{36}$$

wo F die Größe einer Platte in qcm und d die Entfernung der Platten in cm bedeutet. Besteht der Kondensator aus n Platten, so wird:

$$C \sim (n-1)\frac{\varepsilon \cdot F}{4\pi \cdot d} \text{ cm} \sim (n-1)\frac{1}{9 \cdot 10^{11}}\frac{\varepsilon \cdot F}{4\pi \cdot d} \text{ Farad}. \tag{37}$$

Beispiel: Ein Luftkondensator ($\varepsilon = 1$) aus halbkreisförmigen Platten mit einem Durchmesser $D = 20$ cm und einem Abstand $d = 1$ mm, soll eine Kapazität $C = 2000$ cm erhalten. Da $F = \frac{1}{2} \cdot 3{,}14 \cdot \left(\frac{20}{2}\right)^2 = 157 \text{ cm}^2$, wird nach Gleichung 37:

$$n = \frac{4 \cdot 3{,}14 \cdot 0{,}1}{157} \cdot 2000 + 1 = 17.$$

Setzt sich das Dielektrikum aus mehreren Schichten zusammen mit den Dielektrizitätskonstanten $\varepsilon_1, \varepsilon_2, \ldots, \varepsilon_n$ und den Dicken d_1, $d_2, d_3, \ldots$, so wird;

$$C \sim \frac{F}{4\pi \cdot \left(\frac{d_1}{\varepsilon_1} + \frac{d_2}{\varepsilon_2} + \frac{d_3}{\varepsilon_3} + \ldots + \frac{d_n}{\varepsilon_n}\right)} \text{ cm}, \tag{38}$$

wie sich daraus ergibt, daß ein Isolierstück von der Dicke d und der Dielektrizitätskonstanten ε gleichwertig ist einer Luftschicht von der Dicke $\frac{d}{\varepsilon}$.

6. Eichkurven. Die Kapazität C eines stetig veränderlichen Kondensators, dessen Platten in Halbkreisform geschnitten sind, läßt sich mit großer Annäherung als Funktion der Gradteilung α durch die Gleichung:

$$C = f(\alpha) = a + b \cdot \alpha$$

darstellen. Die Eichkurve ist eine Gerade.

Für viele Messungen ist es wünschenswert, Kondensatoren zu besitzen, deren prozentuale Kapazitätsänderung konstant bleibt. Während bei den vorerwähnten Formen die Randkurven der beweglichen Platten Halbkreise bilden, also in Polarkoordinaten ausgedrückt

$$r_\alpha = f(\alpha) = \text{const.}$$

ist, müssen in jenem Falle die beweglichen Platten durch eine logarithmische Spirale begrenzt sein, d. h.

$$r_\alpha = f(\alpha) = a \cdot e^{a},$$

sofern die Kapazitätsänderung für jeden Drehwinkel den gleichen Wert besitzen soll. Erhält die Randkurve der beweglichen Platten die Form einer Fermatschen Spirale, gehorcht also r_α der Gleichung:

$$r_\alpha = f(\alpha) = a \cdot \sqrt{\alpha},$$

so entsteht ein Kondensator, der z. B. beim Bau von Wellenmessern mit Vorteil zu verwenden ist. Man erhält dadurch eine gleichmäßige Teilung nach Wellenlängen.

7. Kondensator- und Widerstandskapazität. Für die Ermittlung von Kapazitäten ist häufig die Beziehung zwischen der Widerstandskapazität C_w und der elektrostatischen Kapazität C von Nutzen, nach der die elektrostatische Kapazität C gefunden wird mittels der Gleichungen:

$$C = \frac{1}{4\pi \cdot C_w} \qquad C_w = k \cdot w, \tag{39}$$

wo w den Ohmschen Widerstand zwischen den Belegen des Kondensators C bedeutet, der sich ergibt, wenn C in ein möglichst großes Gefäß eingebaut wird, das eine Flüssigkeit mit dem Leitvermögen k enthält.

III. Messung von Kapazitäten.

Meßtechnisch sind zur Bestimmung einer Kapazität zwei Wege gangbar:

α) durch unmittelbare Vergleichung der unbekannten Kapazität C_x mit einer Normalkapazität C_n (Vergleichsverfahren),

β) durch Berechnung der Kapazität aus gemessenen elektrischen Größen, wie Strom, Spannung, Wechselzahl usw. (indirektes Verfahren).

Die Vergleichung zweier Kondensatoren kann ausgeführt werden mit Nieder- oder Hochfrequenz, kleineren oder größeren Spannungen, in einer Brückenschaltung (Nullmethode) oder unter Verwendung zweier Schwingungskreise (Resonanzverfahren). Meist läßt sich mit der Kapazitätsbestimmung auch unmittelbar die Messung des Verlustwinkels verbinden. Die Auswahl der Verfahren richtet sich nach der Größe und dem Verwendungszwecke des betreffenden Kondensators.

1. Messungen von Kapazitäten mit der Wheatstoneschen Brücke.

a) Allgemeine Grundlagen.

α) Die beiden Bedingungsgleichungen. Fehlerquellen. Eine Reihe von Fehlerquellen, die bei Gleichstrommessungen nicht auftreten, erschweren vielfach die Messungen mit der Wechselstrombrücke. Durch verschiedene Hilfsmittel, die wir den eingehenden Arbeiten von Wien, Orlich, Giebe und Wagner verdanken, lassen sich indessen die Einflüsse dieser Fehlerquellen beseitigen, wodurch auch die Wechselstrombrücke zu einem der zuverlässigsten und genauesten Geräte geworden ist, nicht nur für die Bestimmung von Kapazitäten und Selbstinduktionskoeffizienten, sondern insbesondere auch von Verlustwinkeln.

Um eine Messung mit der Brücke auszuführen, sind ihre Zweige w_1, w_2, w_3, w_4 (Abb. 97) so abzugleichen, daß der zwischen a und c eingeschaltete Nullzeiger stromlos, d. h. der Spannungsunterschied $e_{ba} = e_{bc}$ und $e_{da} = e_{dc}$ ist.

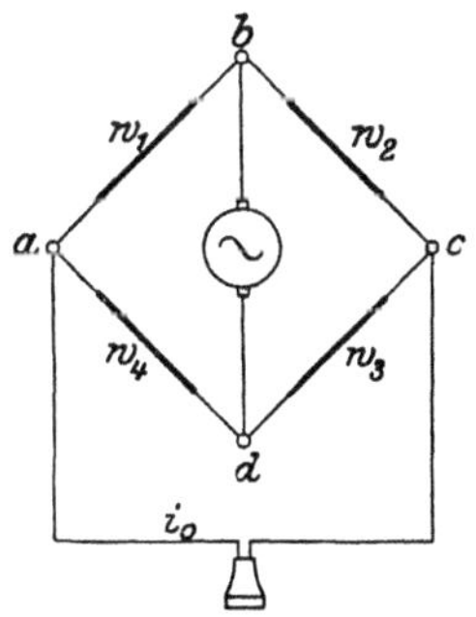

Abb. 97.

Wird die Brücke mit Gleichstrom gespeist, so ist jede dieser beiden Bedingungen durch eine einzige Gleichung dargestellt. Man erhält:

$$i_1 \cdot w_1 = i_2 \cdot w_2 \quad \text{und} \quad i_4 \cdot w_4 = i_3 \cdot w_3$$

und daraus, da für $i = o$, $i_1 = i_4$, $i_2 = i_3$, die Endgleichung:

$$\frac{w_1}{w_2} = \frac{w_4}{w_3}.$$

Da Wechselspannungen nur dann gleich sind, wenn sie nicht nur der Größe, sondern auch der Richtung oder Phase nach übereinstimmen, tritt bei der Wechselstrombrücke zu jeder der Gleichungen $e_{ba} = e_{bc}$ und $e_{da} = e_{dc}$ noch eine weitere Gleichung hinzu, die ausdrückt, daß auch die Phasenverschiebungen dieser Spannungsgefälle gegen den Strom einander gleich sind. Die Bedingung $i_0 = o$ führt infolgedessen zu zwei Endgleichungen.

In den verwickelteren Fällen ergeben sich diese Gleichungen am einfachsten, wenn man in der allgemeinen Gleichung:

$$\frac{w_1}{w_2} = \frac{w_4}{w_3}$$

die Wechselstromwiderstände w_1, w_2, w_3, w_4 der Brückenzweige durch komplexe Größen (Widerstandsoperatoren) darstellt, wodurch die Forderung der Phasengleichheit schon mit berücksichtigt ist. Nach Ordnen der reellen und imaginären Teile erhält man, wenn $j = \sqrt{-1}$, alsdann das Endergebnis in der allgemeinen Form:

$$p + j \cdot q = p' + j \cdot q'$$

oder

$$p = p' \qquad q = q'.$$

An Stelle der einen Bedingungsgleichung treten sonach jetzt zwei. Kommt in den Endgleichungen die Periodenzahl nicht vor, so besagt dies, daß wenn die Brücke abgeglichen ist, die Abgleichung für alle Frequenzen gilt. Der Zweig ac bleibt dann nicht nur für sinusförmigen, sondern auch für Wechselstrom mit stark verzerrter Kurvenform stromlos, da weder die Grundschwingung noch die Oberschwingungen in den Nullzweig ac gelangen können.

Tritt dagegen die Periodenzahl in den Endgleichungen auf, so gilt, wenn die Brücke abgeglichen ist, die Abgleichung nur für diese eine Periodenzahl, nicht aber gleichzeitig auch für andere. Hat man z. B. die Abgleichung für die Grundschwingung eines verzerrten Wechselstromes vorgenommen, so bleibt der Nullzweig nur für diese, nicht aber für die Oberschwingungen stromlos.

Dieser Fall liegt dann vor, wenn den Widerständen, Kapazitäten und Selbstinduktionskoeffizienten in den Brückenzweigen scheinbare Werte zukommen, die von der Wechselzahl abhängen, d. h. bei 1. Widerständen und Spulen infolge der Stromverdrängung (Gleichungen 8 bis 11). 2. Widerständen mit Eigenkapazität oder Selbstinduktion (Gleichung 18). 3. Spulen mit Eigenkapazität (Gleichungen 61 bis 64). 4. Nicht verlustfreien Kondensatoren (Gleichung 14) und Spulen, insbesondere Spulen mit Eisenkernen (Gleichungen 16, 63 b). Erscheinungen dieser Art bilden neben den Erdkapazitäten der Zweige die Hauptfehlerquellen der Wechselstrombrücke.

β) **Die Nullzeiger.** Als Nullzeiger werden benutzt für Messungen mit Niederfrequenzströmen der Hörer, das optische Telephon und das Vibrationsgalvanometer, für Messungen mit Hochfrequenzströmen Kristalldetektoren und Kathodenröhren in Verbindung mit einem Hörer oder einem Galvanometer, das Bolometer und die Thermokreuzbrücke. Die drei zuerst genannten zeigen, je nachdem die Abgleichung der Brücke von der Periodenzahl abhängig oder unabhängig ist, verschiedenes Verhalten.

Kommt in den Endgleichungen die Periodenzahl nicht vor, so ist auch bei verzerrter Kurvenform der Stromquelle eine scharfe Einstellung sowohl mit Telephon als auch mit dem Vibrationsgalvanometer zu erzielen.

Ist jedoch die Gleichgewichtsbildung nicht unabhängig von der Periodenzahl, so zeigen Hörer und Vibrationsgalvanometer verschiedenes Verhalten. Ein Hörer spricht auf sämtliche Frequenzen an. Wechselströme mit verzerrter Kurvenform ergeben daher nur ein mehr oder weniger breites Tonminimum. Denn wenn auch die Brücke für eine der Oberschwingungen des Wechselstromes abgeglichen ist, so gehen in diesem Falle noch die Grundschwingung und die anderen Oberschwingungen durch die Wicklungen des Hörers. Gleichzeitig beobachtet man, sobald man die Brückenabgleichung ändert, daß die Klangfarbe des Tones zu beiden Seiten der ursprünglichen Einstellung verschieden ist. Umgekehrt läßt sich, wenn diese Erscheinung auftritt, schließen, daß die oben erwähnten Ursachen vorhanden sind, die die Periodenzahl in den Endgleichungen erscheinen lassen und die häufig in fehlerhaftem Aufbau der Brücke zu suchen sind.

Anders verhält sich das Vibrationsgalvanometer. Es wird, um größte Empfindlichkeit zu erzielen, auf eine bestimmte Frequenz eingestellt. Ist die Brücke für diese Frequenz abgeglichen und das Vibrationsgalvanometer auf die nämliche Frequenz eingestellt, so kann es auch dann keinen Ausschlag zeigen, wenn noch Wechselströme anderer Frequenz durch den Nullzweig gehen, da es auf andere Frequenzen nicht oder nur ganz schwach anspricht. Man bekommt also mit ihm auch bei Verwendung von Wechselströmen mit verzerrter Kurvenform eine scharfe Einstellung. Nur wenn sehr kräftig entwickelte Oberschwingungen auftreten, ist auch mit dem Vibrationsgalvanometer eine vollkommene Ruhe nicht zu erwarten.

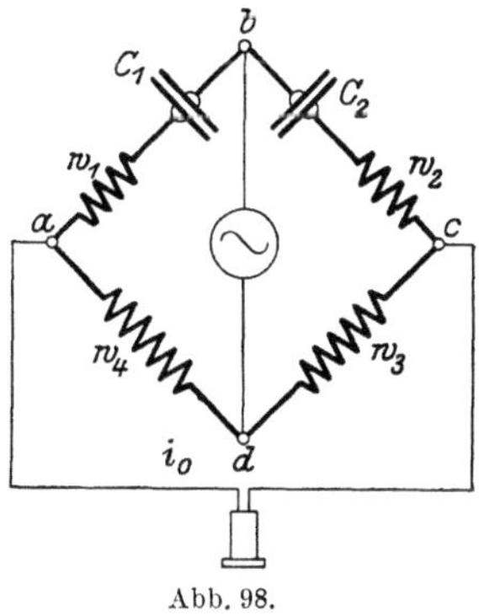

Abb. 98.

γ) Gleichungen für die Brückenschaltung. a) Für kapazitäts- und induktionsfreie Widerstände. Da für $i_0 = 0$

$$i_1 = i_4 \quad i_2 = i_3$$

ergibt sich nach Gleichung 9 für den allgemeinen Fall, in dem mit C_1 noch ein Widerstand w_1 und mit C_2 ein Widerstand w_2 in Reihe geschaltet ist, für den Strom i in den Brückenzweigen $b\,a\,d$ und den Strom i' in $b\,c\,d$ (Abb. 98):

$$i = \frac{e}{\sqrt{(w_1 + w_4)^2 + \left(\frac{1}{\omega \cdot C_1}\right)^2}} \qquad i' = \frac{e}{\sqrt{(w_2 + w_3)^2 + \left(\frac{1}{\omega \cdot C_2}\right)^2}}$$

und ferner für die Phasenverschiebungen φ und φ' dieser Ströme gegen die Spannung e_{bd} zwischen b und d:

$$\operatorname{tg}\varphi = \frac{1}{(w_1 + w_4)\,\omega \cdot C_1} \qquad \operatorname{tg}\varphi' = \frac{1}{(w_2 + w_3)\,\omega \cdot C_2}.$$

Setzt man die Werte von i und i' ein in die Gleichungen:

$$e_{ba} = e_{bc} \qquad e_{da} = e_{dc}$$

und berücksichtigt, daß

$$\operatorname{tg}\varphi = \operatorname{tg}\varphi'$$

sein muß, so folgt nach einigen Umformungen:

$$\frac{C_1}{C_2} = \frac{w_3}{w_4} \qquad \frac{w_1}{w_2} = \frac{w_4}{w_3}.$$

Das Telephon schweigt nur dann, wenn diese beiden Gleichungen gleichzeitig erfüllt sind.

Die S. 94 angedeutete Rechnung mit komplexen Größen würde ergeben:

$$\frac{w_1 + \dfrac{j}{\omega \cdot C_1}}{w_4} = \frac{w_2 + \dfrac{j}{\omega \cdot C_2}}{w_3},$$

woraus man unmittelbar durch Trennung der reellen und imaginären Bestandteile die Endgleichungen erhält.

b) Für Widerstände mit Eigenkapazität und Eigenselbtinduktion. Haben die Widerstände w_1, w_2, w_3, w_4 Eigenkapazität und Eigenselbstinduktion, so wird der Strom in ihnen gegen die Spannung um einen kleinen Winkel vor- oder nacheilen. Bezeichnet man die Phasenfehler der Widerstände mit $\varphi_1, \varphi_2, \varphi_3, \varphi_4$, die Verlustwinkel der Kapazitäten C_1 und C_2 mit δ_1 und δ_2, so liefert in diesem Falle die Rechnung mit Widerstandsoperatoren die Gleichungen:

$$\frac{C_1}{C_2} = \frac{w_3}{w_4}\left[1 + \omega \cdot C_2 \cdot w_2\,(\varphi_2 - \varphi_4 - \varphi_1 - \varphi_3)\right] \tag{40}$$

$$\delta_1 - \delta_2 = \omega \cdot (w_2 \cdot C_2 - w_1 \cdot C_1) + \varphi_4 - \varphi_3. \tag{41}$$

Das Zusatzglied in Gleichung 40 ist meist vernachlässigbar, d. h. bei der Messung einer Kapazität kann die einfachere Gleichung:

$$\frac{C_1}{C_2} = \frac{w_3}{w_4} \tag{40a}$$

benutzt werden, während in Gleichung 41 das Zusatzglied zu berücksichtigen ist. Sie findet z. B. Verwendung bei der Bestimmung des Verlustwinkels eines Kondensators durch Vergleich mit einem verlustfreien Normalkondensator, für den der Verlustwinkel δ verschwindet.

c) Für Brücken mit Kapazitäten in allen vier Zweigen. Die Widerstände w_3 und w_4 in Abb. 98 lassen sich auch durch Kondensatoren ersetzen. Alsdann wird:

$$\frac{C_1}{C_2} = \frac{C_3}{C_4}. \tag{40b}$$

d) Die Erdung der Brücke. Erhebliche Fehler, besonders bei der Messung von kleinen Kapazitäten, können durch Erdkapazitäten, d. h. die Kapazitäten der Brückenteile und Zuleitungen gegen Erde entstehen. Diese Fehler lassen sich verringern, wenn man die Brücke erdet und, wenn dies nicht genügt, ihre Teile abschirmt. Der Erfolg der Erdung hängt ab von der Wahl der Stelle, an der sie vorgenommen wird. Welcher Brückenpunkt zu erden ist, ergibt sich durch folgende Überlegung: Jede der Leitungen, die von einem Verzweigungspunkt ausgeht, besitzt eine kleine Kapazität gegen Erde. In Abb. 99 seien C_a die Gesamtkapazität der drei von a ausgehenden Leitungen gegen Erde, ferner C_b, C_c und C_d die Gesamtkapazitäten der von den Verzweigungspunkten b, c, d wegführenden Leitungen gegen Erde.

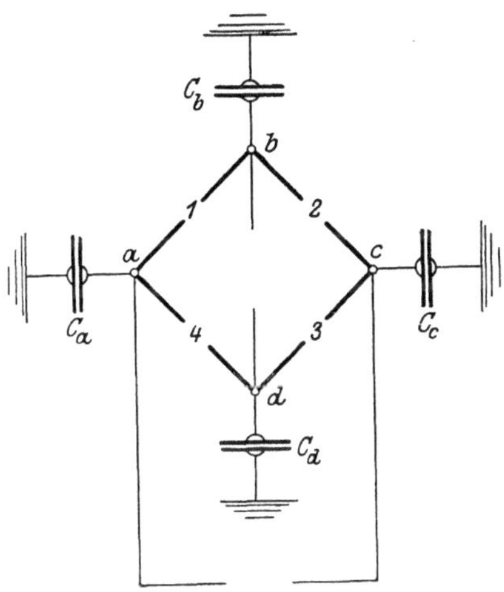

Abb. 99.

Die Kapazität der Verbindungsleitungen mit der Stromquelle ist im allgemeinen größer als diejenige der Zuführungen zum Nullzeiger. Liegt daher die Stromquelle zwischen b und d, der Nullzeiger zwischen a und c, so sind C_b und C_d größer als C_a und C_c.

Erdet man nun einen der vier Verzweigungspunkte, so wird damit die Erdkapazität der in ihm zusammenkommenden Leitungen kurzgeschlossen und dadurch unschädlich gemacht.

Wird z. B. der Punkt a oder c geerdet, so bleiben die großen Erdkapazitäten der Zuleitungen zur Stromquelle noch wirksam, und die Kapazitäten, die in diesem Fall mit den Brückenzweigen nebeneinandergeschaltet erscheinen, sind viel größer, als wenn einer der Punkte b oder d geerdet wird. Denn erdet man b, so verschwindet der Einfluß von C_b, während die Kapazität C_a im Zweige 3 mit dem Betrage $\frac{C_c \cdot C_d}{C_c + C_d}$ und im Zweige 4 mit dem Betrage $\frac{C_a \cdot C_d}{C_a + C_d}$ eingeht und zu Zweig 1 nur C_a, zu Zweig 2 nur C_c im Nebenschluß liegen. Sind C_a

und C_c nicht vernachlässigbar, so bedürfen sie einer besonderen Messung. Aus diesem Grunde darf keiner der Punkte geerdet werden, an denen der Nullzeiger liegt, sondern immer nur einer der Punkte, mit denen die Stromquelle verbunden ist. Legt man hierbei die Kapazitäten C_1 und C_2 an den geerdeten Punkt, die Widerstände an den ihm gegenüberliegenden Verzweigungspunkt, so ist damit gleichzeitig erreicht, daß die zu vergleichenden Kapazitäten unter genau festgelegten Betriebsbedingungen stehen.

Um den Einfluß der Kapazitäten, die zu den Zweigen 3 und 4 im Nebenschluß liegen, möglichst zu beseitigen, müssen w_3 und w_4 klein gegen den kapazitiven Widerstand von C_d sein. w_3 und w_4 dürfen dementsprechend nicht zu groß sein. Auch der Einfluß der viel kleineren Eigenkapazitäten von w_3 und w_4 wird dadurch verringert.

Reichen die Maßnahmen, die sich aus diesen Gesichtspunkten ergeben, nicht aus, so muß man zur Abschirmung der einzelnen Teile der Brücke greifen. In dem Abschnitt über die Messung von Selbstinduktionskoeffizienten ist eine Brückenanordnung beschrieben (S. 135), die sämtliche Hilfsmittel zur Verringerung des Einflusses der Fehlerquellen vereinigt.

b) Ausführung der Messungen mit der Wechselstrombrücke.

α) **Mit Niederfrequenz und Niederspannung.** 1. C_x und C_n verlustfrei, w_3, w_4 kapazitäts- und induktionsfrei. Am einfachsten gestaltet sich die Messung, wenn die Kondensatoren verlustfrei sind und die Widerstände der Brückenzweige keine Eigenkapazität und Eigenselbstinduktion haben. Abb. 100 zeigt die Schaltung, die z. B. zur Eichung eines Drehkondensators zu verwenden ist. Sie verdient gegenüber der Schaltung den Vorzug, bei der Hörer und Stromquelle vertauscht sind, wegen ihrer größeren Stromempfindlichkeit und des geringeren Einflusses von Erdkapazitäten. Punkt *d* ist zu erden. Als Stromquellen verwendet man solche, die im Hörer möglichst reine musikalische Töne liefern, für die das Ohr besonders empfindlich ist. Sehr gut eignen sich daher die S. 55 beschriebene Röhrenschaltung und Summer. Um hinreichend hohe Spannungen zu erhalten, legt man zwischen Brücke und Summer noch einen kleinen Transformator.

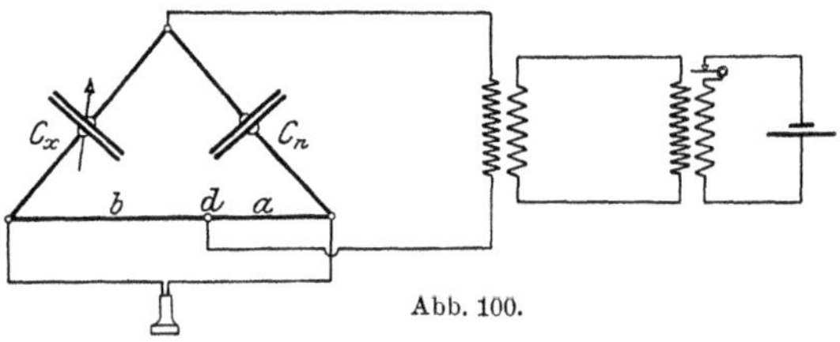

Abb. 100.

Hat man die Widerstände a und b so abgeglichen, daß der Ton im Hörer verschwindet, so ist

$$C_x = \frac{a}{b} \cdot C_n,$$

wo C_n die bekannte Kapazität eines Normalkondensators bedeutet. Bei der Eichung eines Drehkondensators ist diese Messung für verschiedene Drehwinkel α des Zeigers durchzuführen und das Ergebnis graphisch durch die Kurve

$$C_x = f(\alpha)$$

darzustellen.

An Stelle eines Drahtes mit verschiebbarem Greifer kann auch ein etwa 0,05 mm dicker, 1 m langer Manganindraht in Zickzackform verwendet werden, von dem mehrere Abzweigungen nach kleinen Klemmen führen, die ermöglichen, verschiedene, vorher gemessene Werte von $\frac{a}{b}$ einzuschalten. Für genauere Messungen benutzt man an Stelle von a und b Kurbel- oder Stöpselkästen. Dabei ist zu beachten, daß die in der Meßtechnik üblichen bifilar gewickelten Widerstände meist nicht hinreichend kapazitätsfrei sind. Besser eignen sich Kreuzwiderstände oder auf Glimmerplatten aufgewickelte Widerstände.

2. C_x nicht verlustfrei. w_3 und w_4 kapazitäts- und induktionsfrei. Bestimmung des Verlustwinkels eines Kondensators. Unmittelbare Messung. Ist $C_2 = C_x$ in Abb. 98 nicht verlustfrei, so kann man zwar die Spannungsunterschiede e_{ba} und e_{bc} einerseits und e_{da} und e_{dc} andererseits gleichmachen, nicht aber auch ihre Phasenverschiebungen gegen die Ströme. Das Telephon ist infolgedessen nicht vollständig zum Schweigen zu bringen. Eine scharfe Einstellung erhält man in diesem Falle dadurch, daß man mit dem verlustlosen Kondensator C_n noch einen veränderbaren Widerstand $w_2 = w_h$ in Reihe schaltet. Durch passende Wahl von w_h kann Gleichheit der Phasenverschiebungen und völliges Verschwinden des Stromes im Telephon erzielt werden.

Steht ein Drehkondensator mit einer, der gesuchten gleichen Kapazität zur Verfügung, so macht man die als kapazitäts- und induktionsfrei angenommenen Widerstände $w_1 = o$, w_3 und w_4 einander gleich und ändert C_n und den mit C_n in Reihe liegenden Widerstand w_2 so lange, bis völliges Schweigen des Hörers eintritt. Alsdann ist

$$C_x = C_n,$$

$$w_2 = w_h = \text{Verlustwiderstand von } C_x.$$

Aus w_h und der Periodenzahl berechnet sich der Verlustwinkel δ mittels Gleichung 32 zu:

$$\operatorname{tg} \delta_h = \omega \cdot C_n \cdot w_h$$

oder der Näherungsgleichung:

$$\delta \sim \omega \cdot C_n \cdot w_h = 21\,600 \cdot \nu \cdot C_n \cdot w_h \text{ Minuten.}$$

Ist C_x zu groß oder C_n nicht stetig veränderbar, so muß die Abgleichung der Brücke mittels der Widerstände w_1, w_2, w_3, w_4 vorgenommen werden.

Hat man dadurch den Strom im Hörer zum Verschwinden gebracht, so ergibt sich nach Gleichung 41, in der $C_1 = C_x$, $C_2 = C_n$ zu setzen ist, da $\delta_2 = o$, ferner $\varphi_1 = \varphi_2 = \varphi_3 = \varphi_4 = o$

$$C_x = \frac{w_3}{w_4} C_n$$

$$\delta_x \sim \omega \cdot (w_2 \cdot C_n - w_1 \cdot C_x)$$

oder wenn $w_1 = o$ gemacht war:

$$\delta_x \sim \omega \cdot w_2 \cdot C_n .$$

Vertauschungsverfahren. Läßt sich auch mit der vorher beschriebenen Anordnung nur ein unscharfes Tonminimum erreichen, so weist dies auf Fehler im Aufbau der Brücke hin, die in den Erdkapazitäten, den Eigenkapazitäten und Eigenselbstinduktionen der Widerstände zu suchen sind. Will oder kann man diese Fehlerquellen durch die früher angegebenen Hilfsmittel nicht beseitigen, so empfiehlt sich auch bei großen Ansprüchen an die Genauigkeit das folgende Vertauschungsverfahren:

a) Messung von C_x. $C_1 = C_x$ sei der zu untersuchende Kondensator, C_2 ein Hilfskondensator mit dem Verlustwinkel δ_2. Durch Veränderung der Widerstände wird die Brücke abgeglichen. Die Widerstände seien alsdann $w_1 = w_1'$, $w_2 = w_2'$, w_3 und w_4. Darauf wird C_x durch einen stetig veränderlichen Luftkondensator C_n ersetzt und die Brücke durch Änderung von C_n und w_1 abgeglichen. Die Widerstände seien jetzt $w_1 = w_1''$, $w_2 = w_2'$, w_3 und w_4.

Alsdann ist

$$C_x = C_n .$$

b) Messung von δ_x. Der Verlustwinkel kann nach Gleichung 41 gefunden werden, die für die erste Abgleichung, bei der $C_1 = C_x$, $w_1 = w_1'$, $w_2 = w_2'$ war, übergeht in:

$$\delta_x - \delta_2\, \omega \cdot (w_2' \cdot C_2 - w_1' \cdot C_n) + \varphi_4 - \varphi_3 \qquad (41\,\text{a})$$

und für die zweite, bei der C_x durch den verlustfreien Kondensator C_n ersetzt ist, mithin $\delta_1 = o$ wird, in

Das Verfahren ermöglicht ferner auch $\varphi_3 - \varphi_4$ zu bestimmen, wenn man als Hilfskondensator C_2 ebenfalls einen verlustfreien Luftkondensator C_n' benutzt. Dadurch wird in der vorletzten Gleichung für $-\delta_2$ auch $\delta_2 = o$, und man erhält:

$$\varphi_3 - \varphi_4 = \omega \cdot (w_2' \cdot C_n' - w_1'' \cdot C_n). \quad (43)$$

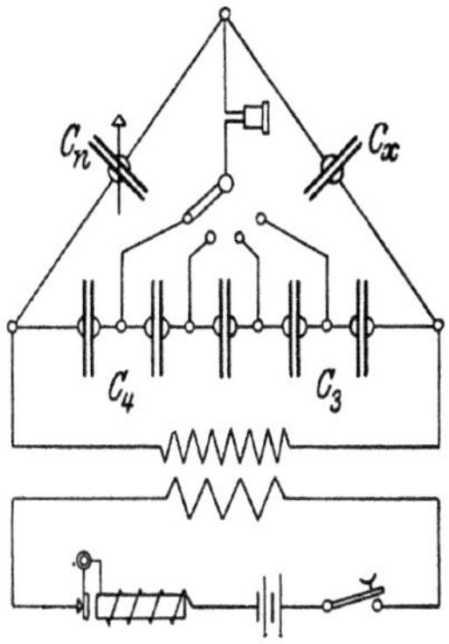

Abb. 101.

b) Steht ein Luftkondensator von gleicher Größe wie der zu untersuchende nicht zur Verfügung, so führt folgende von Wagner angegebene Abänderung des Vertauschungsverfahrens zum Ziele:

C_x wird abgeglichen gegen einen passenden Luftkondensator C_2'. Die hierzu erforderlichen Widerstände seien w_1', w_2', w_3, w_4. Da in Gleichung 41a $\delta_2 = o$, folgt:

$$\delta_x = \omega \cdot (w_2' \cdot C_2' - w_1' \cdot C_x) + \varphi_4 - \varphi_3. \quad (44)$$

Darauf werden C_x und C_2' durch die kleineren Luftkondensatoren C_1'' und C_2'' ersetzt. Einer dieser Kondensatoren muß veränderbar sein. Die Abgleichung wird nunmehr mit C_1'', w_1 und w_2 vorgenommen, w_3 und w_4 bleiben unverändert. Mit Rücksicht darauf, daß C_1'' ebenfalls ein verlustfreier Luftkondensator ist, wird jetzt auch $\delta_1 = o$. Mithin ergibt sich:

$$o = \omega \cdot (w_2'' \cdot C_2'' - w_1'' \cdot C_1'') + \varphi_4 - \varphi_3,$$

d. h:

$$\varphi_4 - \varphi_3 = \omega \cdot (w_1'' \cdot C_1'' - w_2'' \cdot C_2''). \quad (45)$$

Abb. 102. Kapazitätsbrücke (Gesellschaft für drahtlose Telegraphie, Berlin).

β) **Kapazitätsbrücken.** Vielfach hat man die für die Kapazitätsmessung erforderlichen Einzelteile in einem Meßgerät vereinigt, das dann den Namen Kapazitätsbrücke führt.

Die Abb. 101 bis 103 stellen die Schaltung und die innere und äußere Ansicht einer derartigen Kapazitätsbrücke der Gesellschaft für drahtlose Telegraphie dar, die hauptsächlich zur Messung von Antennenkapazitäten bestimmt ist. An der Teilung des Dreh-

Abb. 103. Kapazitätsbrücke (Gesellschaft für drahtlose Telegraphie, Berlin). Meßbereich $10 \div 10^5$ cm. Größe $215 \times 120 \times 175$ mm.

kondensators kann nach der Abgleichung der Brücke für das gewählte Kapazitätsverhältnis $\frac{C_4}{C_3}$ die unbekannte Kapazität unmittelbar abgelesen werden.

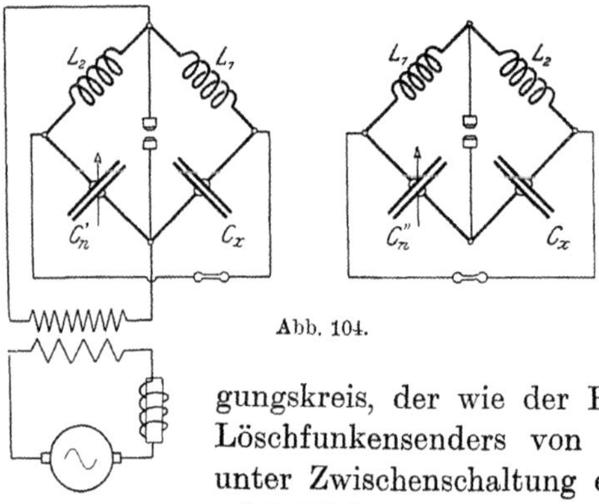

Abb. 104.

γ) Messung mit Hochspannung und Hochfrequenz. Dieses Verfahren ermöglicht, die Kapazität bei der Betriebsspannung des Kondensators zu bestimmen, hat aber mehr didaktisches Interesse. Die Brücke bildet einen Schwingungskreis, der wie der Erregerkreis eines Knall- oder Löschfunkensenders von einer Wechselstrommaschine unter Zwischenschaltung eines Transformators gespeist wird (Abb. 104).

Die Widerstände w_1 und w_2 sind durch Spulen ersetzt, deren Abmessungen den größeren Strömen angepaßt werden. An Stelle des

Hörers ist eine Leuchtröhre getreten. Durch passende Wahl der Periodenzahl der Wechselstrommaschine und entsprechende Einstellung der im Primärkreis des Transformators eingeschalteten Drossel wird der Sekundärkreis des Transformators mit der ihn belastenden Kapazität $C_n + C_x$ in Resonanz gebracht. Darauf wird im Hochfrequenzkreis die Kapazität C_n' so lange verändert, bis das Geißlersche Rohr gerade nicht mehr aufleuchtet, worauf man die Spulen L_1 und L_2 vertauscht und die Einstellung wiederholt. Verschwindet das Leuchten der Röhre in der Schaltung links (Abb. 104) für eine Kapazitätseinstellung C_n'', in der zweiten Schaltung (Abb. 104 rechts) für C_n'', so wird:

$$C_x = C_n' \cdot \frac{L_2}{L_1} \qquad C_x = C_n'' \cdot \frac{L_1}{L_2},$$

d. h. die gesuchte Kapazität berechnet sich aus der Gleichung:

$$C_x = \sqrt{C_n' \cdot C_n''}.$$

Die Größe der gewünschten Spannung wird durch passende Einstellung der Funkenlänge erzielt.

2. Resonanzverfahren zur Messung von Kapazitäten.

Das Resonanzverfahren beruht auf der für zwei Schwingungskreise I und II gültigen Beziehung

$$C_1 \cdot L_1 = C_2 \cdot L_2,$$

die auf die gleiche Wellenlänge abgestimmt, d. h. in Resonanz sind. Die Messung wird meist in der Weise ausgeführt, daß ein Hochfrequenzkreis I einen zweiten Hochfrequenzkreis II, den Meßkreis, erregt, in dem nacheinander die unbekannte Kapazität C_x und die bekannte Kapazität C_n eingeschaltet werden. Hierbei werden beide Kreise aufeinander abgestimmt, und zwar:

1. während C_x in II eingeschaltet ist, mittels des Kondensators C_1 des Kreises I,

2. bei gleichbleibender Kapazität C_1 und, nachdem C_x mit C_n vertauscht ist, mittels des veränderlichen Kondensators C_n.

Alsdann ist

$$C_x = C_n.$$

Sind L_1 und L_2 bekannt, so kann zur Ermittlung von C_x auch die Gleichung benutzt werden

$$C_2 = C_x = C_n \cdot \frac{L_1}{L_2}.$$

Das Verfahren läßt sich in der verschiedensten Weise abändern, was im folgenden durch einige Beispiele erläutert werden soll.

a) Eichung eines Drehkondensators mittels Hochfrequenz und Niederspannung. α) C_n und C_x sind von annähernd gleicher

Größenordnung. Die erforderliche Schaltung zeigt Abb. 105. Kreis I wird in der Summerschaltung erregt. Zur Feststellung der Resonanzlage dient z. B. eine elektrolytische Zelle mit Hörer, die an einen Blockkondensator angeschlossen sind. Die Abstimmung ergibt ein scharfes Tonmaximum, wenn die Kreise I und II lose gekoppelt werden.

Nachdem die Batteriespannung an der Zelle mittels des Spannungsreglers so eingestellt ist, daß man im Hörer ein leises Rauschen wahrnimmt, wird Kreis II mittels des Normaldrehkondensators C_n auf Kreis I abgestimmt. Darauf wird die Abstimmung unter Verwendung des zu eichenden Drehkondensators C_x wiederholt. Da alsdann

$$C_x = C_n,$$

ist damit die Eichung für einen Punkt durchgeführt.

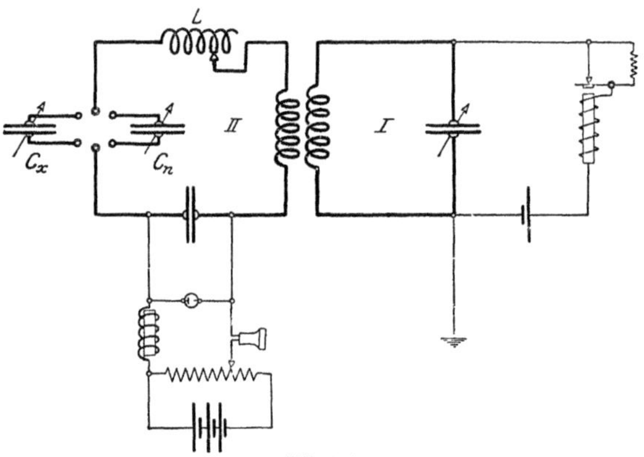

Abb. 105.

Durch mehrmalige Änderung der Windungszahl der Spule L und erneute Abgleichung mit C_n und C_x läßt sich somit die Eichkurve

$$C_x = f(\alpha)$$

für den ganzen Meßbereich aufstellen.

β) C_n ist erheblich größer als C_x. Bisher wurde angenommen, daß beide Kapazitäten C_n und C_x von annähernd gleicher Größenordnung sind. Ist der Normalkondensator C_n erheblich größer als C_x, so schaltet man nach erfolgter Abgleichung mit C_x', C_x und C_n'' nebeneinander (Abb. 106) und erhält:

$$C_n' = C_x + C_n''$$

und

$$C_n = C_n' - C_n''$$

Abb. 106 erläutert gleichzeitig, wie die frühere Schaltung Abb. 105 abgeändert werden kann, wenn an Stelle der elektrolytischen Zelle zur Feststellung der Resonanzlage ein Kristalldetektor verwendet wird, dessen Empfindlichkeit sich durch Anlegen einer Hilfsspannung unter Umständen beträchtlich steigern läßt.

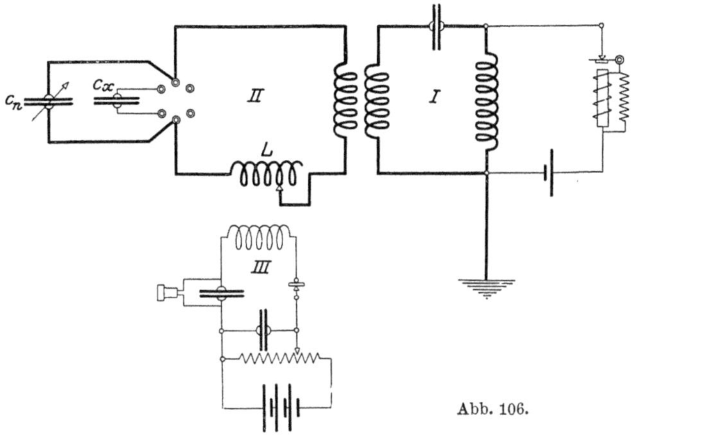

Abb. 106.

γ) C_n ist wesentlich kleiner als C_x. Sollen mit einem kleinen Normalkondensator größere Kapazitätswerte gemessen werden, so wird

1. Kreis I und II durch Veränderung von C_n in Resonanz gebracht. Einstellung C_n',

2. C_x mit dem Normalkondensator in Reihe geschaltet (Abb. 107) und darauf C_n so lange vergrößert, bis wieder die Resonanzlage erreicht ist. Einstellung C_n''.

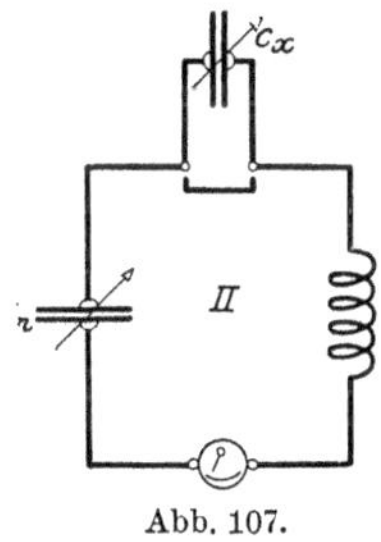

Abb. 107.

Dann gilt: $$C_n' = \frac{C_x \cdot C_n''}{C_x + C_n''}$$

und daraus $$C_x = \frac{C_n'' \cdot C_n'}{C_n' - C_n''}.$$

b) Messung von Kapazitäten mittels Hochspannung. Während die Messung der Kapazität nach dem Verfahren 1 auf einem Nullverfahren beruht, liegt hier ein Maximalverfahren vor.

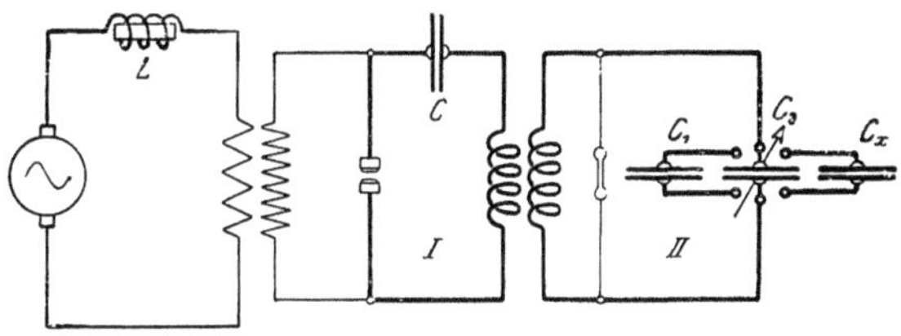

Abb. 108.

Schwingungskreis I wird unter Zwischenschaltung eines Hochspannungstransformators mittels einer Wechselstrommaschine erregt (Abb. 108). Wechselzahl der Maschine, primäre Selbstinduktion L und Kapazität sind derart abgeglichen, daß der Transformator in Resonanz arbeitet (vgl. S. 22).

Zur Feststellung der Resonanz zwischen den Hochfrequenzkreisen I und II dient ein Leuchtrohr. Nacheinander werden bei loser Kopplung zwischen I und II die beiden folgenden Resonanzeinstellungen gemacht:

1. In Kreis II ist $C_1 + C_2$ eingeschaltet. C_2 wird so lange verändert, bis das Rohr bei der Kapazität $C_2 = C_2'$ aufleuchtet.

2. In Kreis II wird C_1 ersetzt durch die unbekannte Kapazität C_x. C_2 wird neuerdings verändert, bis das Rohr wieder aufleuchtet. Dies sei der Fall, wenn $C_2 = C_2''$.

Alsdann ist

$$C_1 + C_2' = C_x + C_2''$$

d. h.:

$$C_x = C_1 + C_2' - C_2''.$$

Eine besonders scharfe Einstellung erhält man, wenn man statt der Knallfunkenstrecke eine Löschfunkenstrecke verwendet oder die Erregung des Kreises I mit Hilfe eines Lichtbogengenerators oder einer Kathodenröhre vornimmt.

c) Verfahren von Seibt. Eine andere Form des Resonanzverfahrens, das eine außerordentlich scharfe Einstellung ermöglicht und sich besonders für die Messung von sehr kleinen Kapazitäten eignet, ist das von Seibt angegebene Nullverfahren. Der Messung liegt beistehende Schaltung (Abb. 109) zugrunde. Zwei Spulen L_1 und L_2 von gleicher Selbstinduktion (etwa 10^6 cm) und gleichen Widerständen werden zweckmäßig auf einem gemeinsamen Isolationszylinder aufgewickelt und derart in Reihe geschaltet, daß sie zwei gegeneinander wirkende magnetische Felder erzeugen. Auf dem gleichen Isolationskörper liegt lose eine dritte Spule L_3, die verschoben und so eingestellt werden kann, daß die in ihr von L_1 und L_2 induzierten elektromotorischen Kräfte sich aufheben. Sie bildet mit einem Kristalldetektor, einem Hörer oder einem Zeigergalvanometer (Stromempfindlichkeit etwa $2 \cdot 10^{-7}$) den aperiodischen Empfangskreis III.

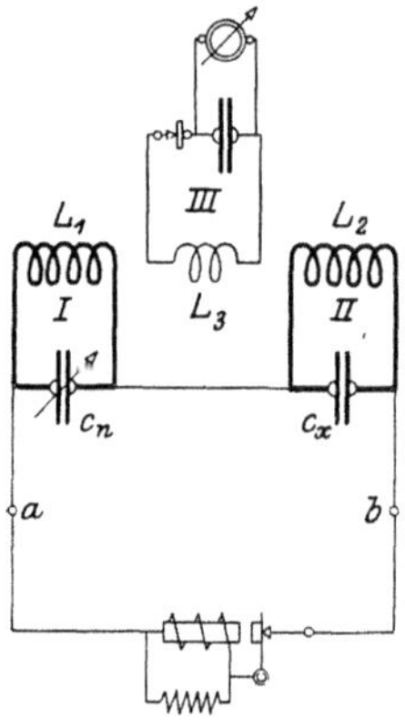

Abb. 109.

Die Messung einer Kapazität mit dieser Anordnung zerfällt in zwei Schritte:

1. Einstellung der Meßvorrichtung. Die Kondensatoren C_n und C_x in Abb. 109 sind entfernt, nur zwischen die Punkte a und b wird ein Kondensator geschaltet. Mittels des Summers werden in dem aus dem Kondensator und den Spulen L_1 und L_2 bestehenden Gesamtkreis schwach gedämpfte Hochfrequenzschwingungen erzeugt,

die auf den aperiodischen Detektorkreis einwirken. L_3 wird so lange verschoben, bis der Galvanometerausschlag verschwindet.

2. Bestimmung von C_x. Der Kondensator zwischen a und b wird weggenommen, die Kondensatoren C_x und C_n werden wie in Abb. 109 eingeschaltet.

C_n wird so lange verändert, bis der Ausschlag am Stromzeiger verschwindet. Alsdann ist:

$$\lambda = 2\pi \cdot \sqrt{C_n \cdot L_1} = 2\pi \cdot \sqrt{C_x L_2}$$

und für $L_1 = L_2$

$$C_x = C_n.$$

Sind die Selbstinduktionswerte der Spulen L_1 und L_2 nicht völlig gleich, fallen sie sonach aus der Schlußgleichung nicht heraus, so wiederholt man die Messung, nachdem L_1 und L_2 vertaucht sind. Hat man bei der ersten Abgleichung den Kapazitätswert C_n' am Normalkondensator abgelesen, bei der zweiten C_n'', so berechnet sich der gesuchte Wert C_x aus:

$$C_x = \sqrt{C_n' \cdot C_n''}.$$

3. Das Differentialverfahren (Hausrath, Hund).

Die zwei, bei dem Seibtschen Verfahren erforderlichen Spulen lassen sich auch zu einem Differentialtransformator (Abb. 110) vereinigen. Der Strom in der Sekundärspule S_2 des Transformators verschwindet nur dann, wenn die Ströme in den beiden Primärspulen S_1, S_1' in Größe und Phase übereinstimmen. Schaltet man daher den Transformator in einen Hochfrequenzkreis und legt den zu untersuchenden Kondensator C_x in den einen und einen Luftkondensator C_n, mit dem ein induktions- und kapazitätsfreier veränderlicher Widerstand w in Reihe geschaltet ist, in den zweiten Zweig des Differentialtransformators, so ist, wenn man durch passende Einstellung von C_n und w den Sekundärstrom zum Verschwinden gebracht hat,

$$C_x = C_n$$

und

$$w = \text{Verlustwiderstand von } C_x.$$

S_1 und S_1' müssen in diesem Falle völlig gleich sein und insbesondere dürfen ihre Koeffizienten der gegenseitigen Induktion gegen S_2 untereinander keine Unterschiede aufweisen.

Diese Bedingungen sind unschwar zu erfüllen, wenn man nach Hund den Transformator in folgender Weise aufbaut: Auf einen Glas- oder Ebonitzylinder (Durchmesser 15 cm) wird zunächst die Sekundärwicklung, bestehend auf 9 Windungen Emailledrahtlitze gebracht. Dann folgt als Schutz gegen kapazitive Störungen eine einlagige

Wicklung aus massivem Emailledraht, der längs einer Mantellinie blank geschabt und mit einem geerdeten Kupferdraht verlötet wird. Längs der gegenüberliegenden Mantellinie muß der so entstandene dünne Metallzylinder aufgeschnitten werden. Über die Schutzhülle sind die Primärwicklungen gelegt.

Um möglichst geringe Dämpfung zu erzielen, stellt man jede der Spulen $S_1 S_1'$ auf 4 Emailledrahtlitzen (Drahtdicke 0,07 mm) her.

Die 8 Litzen für beide Spulen werden zu einem Bande verflochten, das in 6 Windungen aufgewickelt wird, worauf man die Anfänge der Litzen 1 bis 4 mit den Enden der Litzen 5 bis 8 zur Lötstelle *c* (Abb. 110) und ferner die Enden von 1 bis 4 einerseits zur Lötstelle *a* und die An-

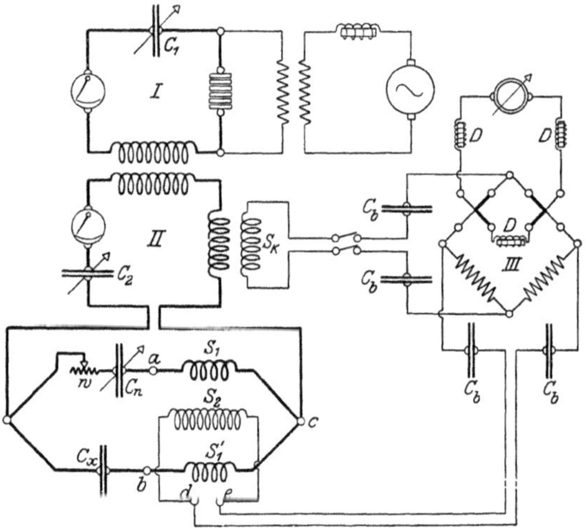

Abb. 110.

fänge von 5 bis 8 andererseits zur Lötstelle *b* des Tansformators unter sich verlötet. Man erhält auf diese Weise zwei völlig gleichwertige Primärwicklungen, die nun noch mit einer zweiten geerdeten und aufgeschnittenen Schutzhülle aus Emailledraht umgeben werden.

Als Nullzeiger dient ein Detektor mit Galvanometer oder Hörer oder ein Bolometer, die mit der Sekundärspule zu einem aperiodischen Kreis vereinigt sind. Noch größere Empfindlichkeit liefert die Thermokreuzbrücke (s. S. 233), bei der durch passende Wahl des Hilfsstromes die Empfindlichkeit beliebig eingestellt werden kann. Die vollständige Schaltung hierfür zeigt Abb. 110. Der Löschfunkenkreis I erregt den Meßkreis II, in den die beiden Spulen $S_1 S_1'$ des Differentialtransformators, der Normalkondensator C_n nebst dem Widerstand w und der zu untersuchende Kondensator C_x geschaltet sind. Als Nullzeiger dient die Thermokreuzbrücke III (s. auch S. 233), die mit den Enden d und e der Sekundärspule S_2 verbunden wird. Die Drosselspulen D sperren die Hochfrequenzströme vom Galvanometer ab. C_b sind Blockkondensatoren von etwa 1 Mikrofarad. Der Hilfsstrom für die Brücke wird von der mit dem Meßkreis II induktiv gekoppelten Spule S_k entnommen.

Mittels C_2 wird zunächst Kreis II auf Kreis I abgestimmt und darauf abwechselnd C_n und w so lange verändert, bis der Galvanometerausschlag verschwindet, wobei die hierdurch entstehenden Änderungen der Resonanzeinstellung mittels C_1 immer wieder ausgeglichen werden müssen.

Zum Vergleich von Kapazitäten sehr verschiedener Größenordnung verwendet man Primärspulen mit verschieden großen Windungszahlen, am besten einen Transformator, bei dem das Übersetzungsverhältnis der Primärspulen sprungweise verändert werden kann.

Messungen mit langsamen Wechselströmen erfordern Spulen mit größerer Windungszahl, die auf einen unterteilten, aus Eisendraht oder Blechscheiben bestehenden Kern zu wickeln sind.

Für Messungen mit Wechselströmen zwischen 50 und 3000 Perioden erhält man mit einem nach den Angaben von **Hund** gebauten Transformator von folgenden Abmessungen gute Ergebnisse:

Mittlerer Durchmesser des Eisendrahtringes 80 mm.
Durchmesser des kreisförmigen Ringquerschnittes 13 mm.
Sekundärwicklung: 3 Lagen Emailledraht, Dicke 0,15 mm, Windungszahl 3×1300.
Primärwicklungen: 150 Windungen aus 4 Emailledrähten, Dicke 0,35 mm, die ähnlich wie oben angegeben verbunden sind.

4. Das indirekte Verfahren.

Das Verfahren gestaltet sich am einfachsten, wenn man die unbekannte Kapazität an eine Wechselstromquelle anlegt, die sinusförmigen Wechselstrom mit gleichbleibenden Scheitelwerten liefert.

Aus der zwischen den Belegen des Kondensators gemessenen wirksamen Spannung e in Volt, dem wirksamen Kondensatorstrome i in Ampere und der Wechselgeschwindigkeit ω folgt alsdann nach Gleichung 19a:

$$C_x = \frac{i}{\omega \cdot e} \text{ Farad} = \frac{9 \cdot 10^{11} \cdot i}{\omega \cdot e} \text{ cm.} \tag{46}$$

Voraussetzung für die Gültigkeit der Gleichung ist, daß der Strom im Spannungsmesser gegen den Kondensatorstrom vernachlässigt werden kann und der Kondensator keine Verluste aufweist.

Treten Leistungsverluste im Kondensator auf, so sind diese durch eine Verlustmessung besonders zu ermitteln. Aus den Verlusten N_v erhält man mittels der Gleichungen 29 und 29a die Verlustwiderstände w_h oder w_n und die Ersatzkapazitäten C_h oder C_n.

Die Abbildungen 111 und 112 erläutern die beim indirekten Verfahren erforderlichen Schaltungen für zwei besondere Fälle:

a) Messungen der Kapazität von Kondensatorbatterien mit Niederfrequenz und Hochspannung. Die Anordnung Abb. 111 eignet sich besonders für die Bestimmung der Kapazität größerer Hochspannungsbatterien, wie sie in Resonanzkreisen von Hochfrequenzmaschinen, oder als Stoßkreis- und Blockkondensatoren Verwendung finden. Den Transformator läßt man dabei zweckmäßig wieder in Resonanz mit der Periodenzahl ν der Wechselstrommaschine arbeiten.

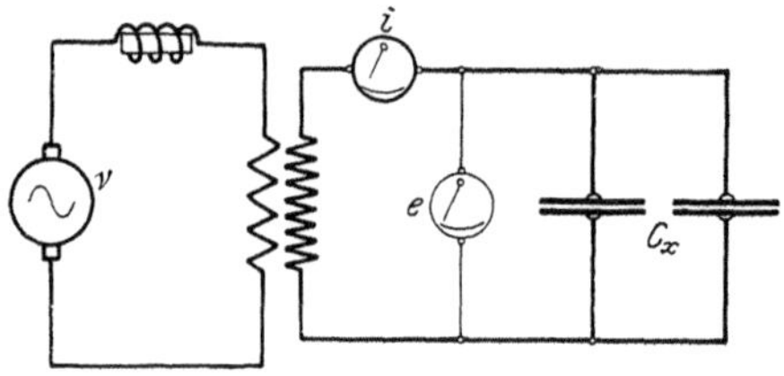

Abb. 111.

Aus den Angaben des Hitzdrahtstrommessers i und des Hochspannungsmessers (Elektrometers) e ermittelt sich die gesuchte Kapazität nach Gleichung 46.

Die Periodenzahl wird entweder unmittelbar an einem Zungenfrequenzmesser abgelesen oder aus Umlaufszahl n in der Minute und Polzahl p der Wechselstrommaschine berechnet nach der Gleichung:

$$\nu = \frac{p \cdot n}{120} .$$

b) Messung kleiner Kapazitäten mittels Hochfrequenz und Hochspannung. Macht die Bestimmung kleinerer Kapazitäten in der vorhergehenden Schaltung durch das Fehlen von handlichen, unmittelbar zeigenden Strommessern für kleine Wechselströme Schwierigkeiten, so verwendet man eine Hochfrequenzstromquelle, z. B. eine Kathodenstrahlenröhre, oder wie in Abb. 112 einen an einem Gleichstromlichtbogen liegenden Schwingungskreis. Aus der Spannung e_c am Kondensator C_x der Stromstärke i und der an Stelle der Periodenzahl ν gemessenen Wellenlänge λ ergibt sich

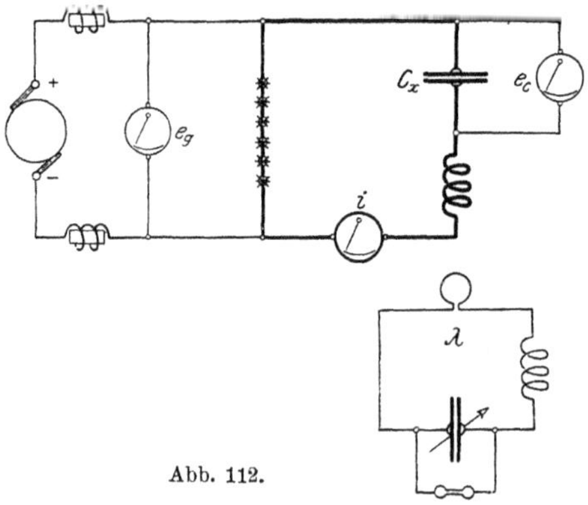

Abb. 112.

alsdann, da $\nu = \frac{3 \cdot 10^{10}}{\lambda}$, nach Gleichung 46:

$$C_x^{\text{cm}} = \frac{30}{2\pi} \cdot \frac{i \cdot \lambda^{\text{cm}}}{e_c} = 477{,}5 \cdot \frac{i \cdot \lambda^{\text{m}}}{e_c} .$$

Sofern die Gleichspannung e_g gegen e_c nicht vernachlässigt werden kann, muß e_x berechnet werden aus

$$e_x = \sqrt{e_e^2 - e_g^2}, \tag{47}$$

wo e_c die am Kondensator gemessene Gesamtspannung bedeutet.

Stehen Normalkondensatoren von passender Kapazität zur Verfügung, so führt die in Abb. 113 angegebene Vergleichsschaltung noch schneller zum Ziele. Sind e_x und e_n die Wechselspannungen an den Kapazitäten C_x und C_n, so wird:

$$C_x = C_n \cdot \frac{e_n}{e_x}.$$

Die Ermittlung von C_x erfordert somit nur die Messuug der beiden Spannungen e_n und e_x. Die Bestimmung der Periodenzahl erübrigt sich.

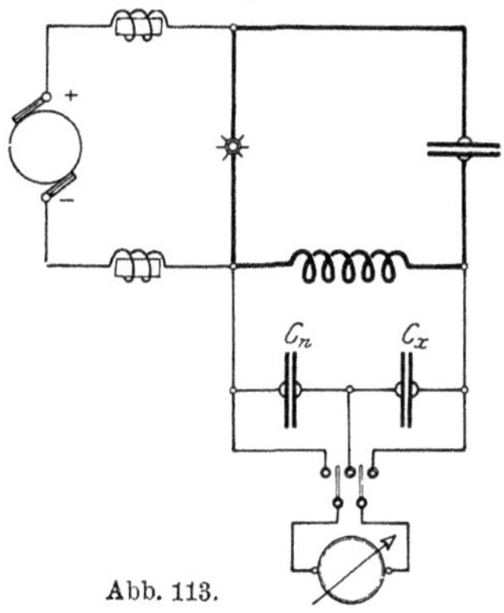

Abb. 113.

5. Messung von Spulenkapazitäten.

a) Bestimmung mit Wellenmesser. Die in den Sende- und Empfangsschaltungen verwendeten Hochfrequenzspulen besitzen neben ihrer Selbstinduktion eine verteilte Kapazität, deren Einfluß um so mehr hervortritt, je größer die Lagenzahl der betreffenden Spule ist, und je räumlich näher die Punkte größten Spannungsunterschiedes liegen. Im allgemeinen sind diese Kapazitäten nur klein. Man kann sich eine derartige Spule ersetzt denken durch eine kapazitätsfreie Selbstinduktion L, mit der ein Kondensator von der Kapazität C_l nebeneinandergeschaltet ist. Die Vereinigung beider besitzt demnach eine Eigenwellenlänge λ, deren Größe mittels eines Wellenmessers bestimmt werden kann. Zu dem Zwecke erregt man (Abb. 114) die offene Spule mit dem Wellenmesser und verändert dessen Einstellung so lange, bis größte Lautstärke im Hörer des Empfangskreises vorhanden ist, wobei dieser so aufzustellen ist, daß er nur von der Spule und nicht auch gleichzeitig vom Wellenmesser beeinflußt wird. Hat

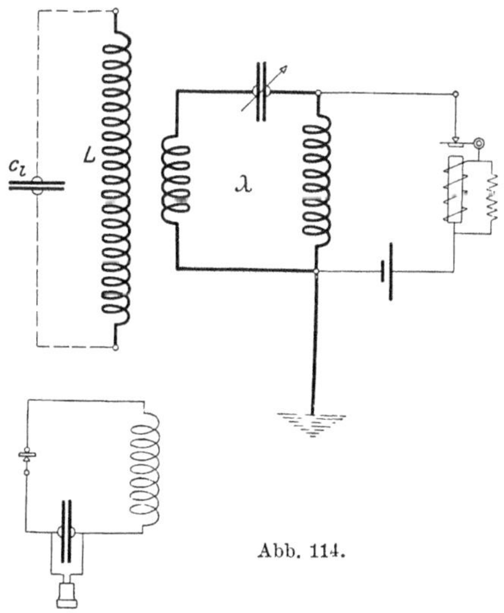

Abb. 114.

man weiterhin, etwa durch eine Brückenmessung, die Selbstinduktion L der betreffenden Spule bestimmt, so berechnet sich aus der bei Abstimmung am Wellenmesser abgelesenen Wellenlänge λ und der Selbstinduktion L die äquivalente Kapazität der Spule zu:

$$C_n^{\mathrm{cm}} = \frac{\lambda^{2\,\mathrm{cm}}}{4\pi^2 \cdot L^{\mathrm{cm}}}.$$

An Stelle des Wellenmessers kann auch ein Löschfunkensender oder der Schwingungskreis eines Röhrensenders oder Lichtbogengenerators zur Erregung der Spule benutzt und die Resonanzlage mit einem kleinen, am oberen Ende der Spule angebrachten Leuchtrohr festgestellt werden.

b) Verfahren von Rietz. Dieses, besonders für Empfangsspulen geeignete Verfahren beruht darauf, daß die zu untersuchende Spule mit einem Drehkondensator verbunden wird, der in Abb. 114 mit C_l nebeneinandergeschaltet erscheint. Bestimmt man nun die Eigenwellenlängen dieses Schwingungskreises in Abhängigkeit von der Kapazität C des veränderlichen Kondensators, so müßte die Kurve

$$\lambda^2 = 4\pi^2 \cdot C \cdot L = f(C)$$

eine Gerade sein, die durch den Anfangspunkt des Koordinatensystems geht, wenn die Spule keine Eigenkapazität besitzt. Ist die Eigenkapazität C_l der Spule nicht Null, so wird

$$\lambda^2 = 4\pi^2 \cdot (C_l + C)\, L = 4\pi^2 \cdot C_l \cdot L + 4\pi^2 \cdot C \cdot L,$$

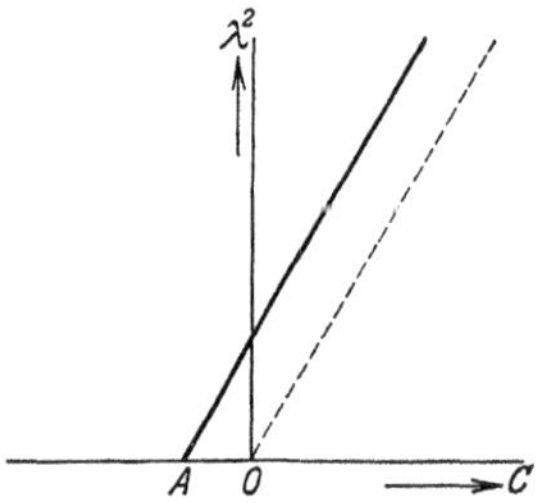

Abb. 115.

d. h., man erhält eine Gerade (Abb. 115), die die Abszissenachse im Punkte A schneidet.

Da für $\lambda = 0$ auch:

$$C_l + C = 0$$

ist, folgt

$$C_l = -C = \overline{OA}.$$

Die Eigenkapazität der Spule kann also unmittelbar auf der Abszissenachse abgelesen werden.

c) Verfahren von Behnken. Die zu untersuchende Spule mit dem Selbstinduktionskoeffizienten L_x wird verlängert mit einer kleinen Spule L, die so zu bemessen ist, daß ihre Eigenkapazität gegen die Kapazität C_x der Spule verschwindet. Darauf erdet man den einen Endpunkt der beiden in Reihe geschalteten Spulen (Abb. 116a), erregt sie, etwa mit einer Summerschaltung, und mißt die Eigenwellenlänge des offenen Schwingungskreises I. Sie sei gleich λ_0.

Alsdann vereinigt man L mit einem Drehkondensator C zu einem geschlossenen Schwingungskreis II (Abb. 116b) und stimmt mittels C Kreis II auf die Wellenlänge λ_0 ab, d. h. derart, daß

$$L \cdot C = C_x \cdot (L_x + L).$$

Denkt man sich L_x mit dem geerdeten Schwingungskreis II verbunden (Abb. 116c), so wird der Kopplungsfaktor des offenen Schwingungskreises und des Kreises II, die durch L gekoppelt sind:

$$\varkappa = \sqrt{\frac{L_{\rm I\,II}^2}{L_{\rm I} \cdot L_{\rm II}}} = \sqrt{\frac{L^2}{L + L_x}} \sqrt{\frac{C_x}{C}},$$

da $L_{\rm I\,II} = L$, $L_{\rm I} = L + L_x$, $A_{\rm II} = L$. Somit ergibt sich:

$$C_x = \varkappa^2 \cdot C. \tag{48}$$

$\varkappa$ kann nach einem der später besprochenen Verfahren gefunden werden, am einfachsten dadurch, daß man die beiden Kopplungswellen λ_1 und λ_2 für die Schaltung Abb. 116c ermittelt, aus denen sich $\varkappa$ berechnet zu

$$\varkappa = \frac{\lambda_1^2 - \lambda_2^2}{\lambda_1^2 + \lambda_2^2} = \frac{\lambda_1^2 - \lambda_2^2}{2\lambda_0^2} \sim \frac{\lambda_1 - \lambda_2}{\lambda_0},$$

wo λ_0 die gemeinsame Wellenlänge beider Kreise bedeutet.

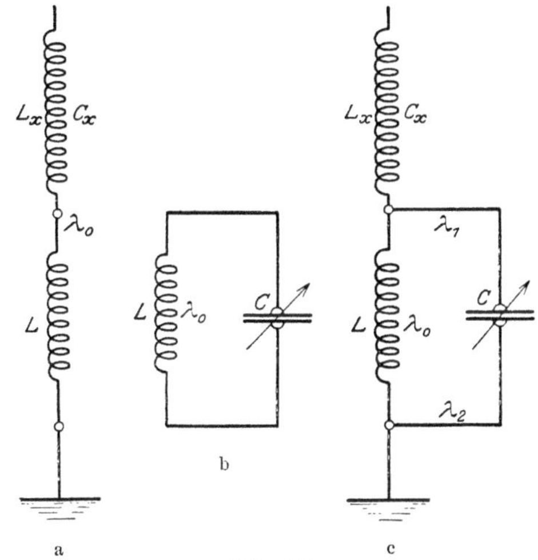

Abb. 116.

Beispiel. Für eine Seibtsche Spule (Länge 68 m, Durchmesser 20 cm, Windungszahl 700) war:

$$\lambda_0 = 1120 \qquad C = 420 \text{ cm}$$
$$\lambda_1 = 1225 \text{ m} \qquad \lambda_2 = 1025.$$

Daraus: $$\varkappa = \frac{1225^2 - 1025^2}{2 \cdot 1120^2} = 0{,}178$$

und $$C_x = 420 \cdot (0{,}178)^2 = 13{,}4 \text{ cm}.$$

6. Messung der Kapazität von Leitungen, Widerständen, Detektoren und Isolatoren.

Hier handelt es sich ebenso wie bei der vorhergehenden Messung um die Ermittlung verhältnismäßig kleiner Kapazitäten, die jedoch innerhalb der gesamten radiotelegraphischen Anlage von großer Bedeutung werden können. Und zwar ist die Kenntnis der Kapazitätsgröße hauptsächlich aus folgenden Gründen wichtig: einmal, um zu erkennen, ob und in welchem Maße der Schwingungsvorgang in dem betreffenden Kreise beeinflußt wird. Weiterhin läßt sich berechnen, wie groß die kapazitive schädliche Ableitung werden kann, und ferner beurteilen, von welcher Größenordnung die Zunahme des Dämpfungsdekrements ist.

Der Einfluß solcher Zusatzkapazitäten auf die Wellenlänge läßt sich von vornherein durch richtige Anordnung der Einzelteile des Schaltungsaufbaues unschwer beseitigen, mögen diese infolge der besonderen Leitungsführung, durch Telephonschnüre oder durch Anschaltung von Nebengeräten, wie Relais, Schreiber, Stromquellen und ähnlichen, bedingt sein. Man braucht nur diese Zusatzkapazitäten in den Nebenschluß zu größeren Kondensatoren zu legen, um jede Kreisverstimmung auszuschließen. Weiterhin wird man bestrebt sein, die Leitungen mit hohem Spannungsunterschied räumlich möglichst weit voneinander anzuordnen, sowie jede unnötige Anhäufung von Metallmassen peinlich zu vermeiden. Eine besondere Durchbildung nach dieser Richtung hin erfordern die in die Sende- wie Empfangseinrichtungen eingeschalteten Ohmschen Widerstände, denen die Aufgabe zufällt, die Primärleistung zu schwächen und die Empfangsgeräte vor zu starker Reizung durch die ankommenden Schwingungen zu schützen.

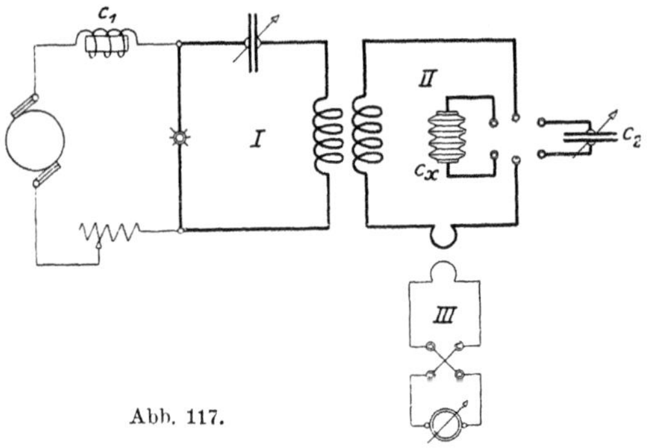

Abb. 117.

Die **Messung** derartig kleiner Kapazitäten nach den Resonanzverfahren (S. 103) erfolgt zweckmäßig mit Hilfe eines von ungedämpften Schwingungen durchflossenen Kreises I (Abb. 117), der auf einen Meßkreis II einwirkt, dessen Selbstinduktion mit einer kleinen veränderlichen und geeichten Kapazität verbunden ist. Als Indikator findet am besten ein vom Kreis II in induktiver Schaltung erregtes empfindliches Thermoelement oder ein Kristalldetektor Verwendung. Nachdem man die beiden in loser Kopplung verbundenen Kreise mit Hilfe des Kondensators in I auf gleiche Eigenschwingung abgestimmt hat, wobei zunächst in II der unbekannte Kondensator — in der Abbildung beispielsweise ein Isolator — eingeschaltet war, sucht man nach Einfügung des Kondensators C_2 unter Beibehaltung der von I erzeugten Welle von neuem die Resonanzlage von II, die durch den Höchstausschlag des Galvanometers bestimmt ist. Die gesuchte Isolatorkapazität C_x ist dann gleich der des Drehkondensators C_2.

Dieses Verfahren läßt sich nunmehr zwanglos auch auf die Untersuchung anderer Geräte ausdehnen, wie Fritter, Leuchtröhren, Telephonschnüre, Widerstände, Spulen, Gleichrichter u. dgl.

Auch das Seibtsche Verfahren (S. 106) und besonders das Überlagerungsverfahren (S. 485) eignen sich gut für diese Messung.

7. Bestimmung der Dielektrizitätskonstanten fester und flüssiger Stoffe.

a) Bedeutet C_l die Kapazität eines Luftkondensators, C_ε die Kapazität des nämlichen Kondensators mit einem Isolierstoff mit der Dielektrizitätskonstante ε, so ist

$$\varepsilon = \frac{C_\varepsilon}{C_l}. \tag{49}$$

Um die Dielektrizitätskonstante ε zu finden, müssen sonach die beiden Kapazitäten C_ε und C_l ermittelt werden.

Zu dem Zwecke verwendet man zwei kreisförmige, ebene, parallele Metallplatten und mißt die Kapazität einmal in Luft und darauf unter Einführung des zu prüfenden Stoffes. Feste Isolierstoffe werden in Form von Scheiben, deren Durchmesser wesentlich größer ist, als der Durchmesser der Metallplatten, zwischen diese gebracht, oder aber man beklebt den Isolierstoff zu beiden Seiten mit Stanniol. Zur Untersuchung flüssiger Isolierstoffe wird der Plattenkondensator in ein Gefäß gehängt, das mit der Flüssigkeit gefüllt ist. Auch jede andere Form von Luftkondensatoren, z. B. Drehkondensatoren oder zwei ineinandergestellte Metallzylinder können Verwendung finden.

Die erforderlichen Kapazitätsmessungen sind nach den vorher besprochenen Verfahren für die Bestimmung kleiner Kapazitäten durchzuführen, die in verschiedener Weise abgeändert und den besonderen Versuchsbedingungen angepaßt werden können.

b) Eine Vergleichmessung unter Verwendung des Resonanzverfahrens läßt sich mit beistehender Schaltung (Abb. 118) machen: Die Selbstinduktion L des schwach gedämpften Meßkreises wird lose mit einem Erregerkreis für Hochfrequenzströme gekoppelt. In dem Meßkreis liegt der Drehkondensator C, mit dem das Plattenpaar P nebeneinander geschaltet werden kann. Bei unveränderter Wellenlänge wird der Meßkreis mittels des Kondensators C dreimal mit dem Erregerkreis in Resonanz gebracht, wobei eingeschaltet ist:

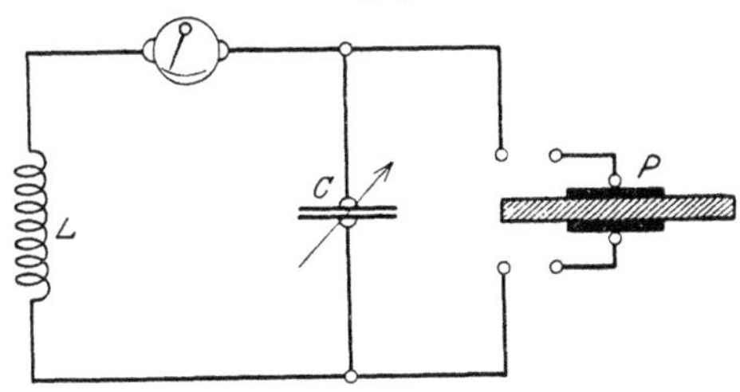

Abb. 118.

1. C. Resonanz sei vorhanden für $C = C_1$.

2. $C + C_l$. Resonanz sei vorhanden für $C = C_2$.

3. $C + C_\varepsilon = C + \varepsilon \cdot C_l$. Resonanz sei vorhanden für $C = C_3$, wo C_l die Kapazität des durch das Plattenpaar dargestellten Luftkondensators und C_ε dessen Kapazität bedeutet, nachdem der Isolierstoff zwischen die Platten gebracht ist.

Da die Wellenlänge nicht geändert wurde, muß:

$$L \cdot C_1 = L \cdot (C_2 + C_l) = L \cdot (C_3 + \varepsilon \cdot C_l),$$

d. h.:

$$\varepsilon = \frac{C_1 - C_3}{C_l} = \frac{C_2 - C_l - C_3}{C_l},$$

mithin, da $C_l = C_1 - C_2$

$$\varepsilon = \frac{C_1 - C_3}{C_1 - C_2} \tag{50}$$

sein.

Um geringere Dämpfung im Meßkreis und größere Genauigkeit zu erzielen, kann man zur Feststellung der Resonanzlage auch einen besonderen, mit Kristalldetektor und Galvanometer oder Hörer ausgerüsteten Hilfskreis benutzen.

Eine weitere Verbesserung, besonders wenn ein Erregerkreis mit Knall- oder Löschfunkenstrecke verwendet wird, ist dadurch zu erreichen, daß man den Erregerkreis nicht unmittelbar, sondern unter Zwischenschaltung eines möglichst schwach gedämpften Zwischenkreises auf den Meßkreis wirken läßt.

c) Füllt der Isolierstoff den Raum zwischen den Metallplatten vollkommen aus, so ist $\varepsilon = \frac{C_\varepsilon}{C_l}$. Ist jedoch der Abstand d_l der festen Platten größer als die Dicke d_ε des Isolierstoffes, d. h. bleibt zwischen den Metallplatten und dem Isolierstoff noch ein Luftraum von der Dicke $d_l - d_\varepsilon$, so ergibt sich mit Rücksicht darauf, daß der Isolierstoff von der Dicke d_ε durch eine Luftschicht von der Dicke $\frac{d_\varepsilon}{\varepsilon}$ ersetzt werden kann, nach Gleichung 36:

$$C_\varepsilon = \frac{F}{4\pi \cdot \left(d_l - d_\varepsilon + \frac{d_\varepsilon}{\varepsilon}\right)}.$$

Da weiter

$$C_l = \frac{F}{4\pi \cdot d_l}$$

erhält man aus den beiden Gleichungen:

$$\frac{1}{\varepsilon} = 1 - \frac{C_\varepsilon - C_l}{C_\varepsilon} \cdot \frac{d_l}{d_\varepsilon}. \tag{51}$$

Neben der Ermittlung von C_l und C_ε erfordert sonach die Bestimmung von ε in diesem Falle auch noch die Messung von d_l.

d) Diese drei Messungen lassen sich umgehen, wenn zwei Meßplatten zur Verfügung stehen, die mikrometrisch, parallel und meßbar verschoben werden können. Stellt man, nachdem der Isolierstoff zwischen die Platten gebracht ist, durch Vergrößerung des ursprünglichen Plattenabstandes d_l um Δd_l (Abb. 119) so ein, daß die Kapazität C_l des zuerst aus den beiden Meßplatten allein gebildeten Luftkondensators gleich der Kapazität C_ε des jetzt vorliegenden Kondensators ist, d. h.

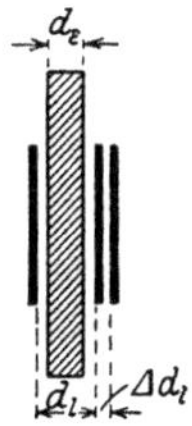

Abb. 119.

$$\frac{F}{4\pi \cdot d} = \frac{F}{4\pi \cdot \left(d_l - d_\varepsilon + \frac{d_\varepsilon}{\varepsilon} + \Delta d_l\right)},$$

so wird

$$\varepsilon = \frac{d_\varepsilon}{d_\varepsilon - \Delta d_l}. \tag{52}$$

Die Bestimmung von ε ist damit zurückgeführt auf die Ermittlung der Dicke des Isolierstoffes und der Plattenverschiebung Δd_l. Ein Nachteil des Verfahrens liegt darin, daß schon geringfügige Verbiegungen der Meßplatten bei den zwei aufeinanderfolgenden Einstellungen infolge der Kleinheit von Δd_l erhebliche Fehler verursachen.

e) Vergleichung von Dielektrizitätskonstanten mit dem Wellenmesser. Das Plattenpaar, zwischen das die zu untersuchenden Stoffe nacheinander bei gleichem Plattenabstand gebracht werden, wird als Kondensator in einen Hochfrequenzkreis (in Abb. 120 der Schwingungskreis einer Summerschaltung) gelegt.

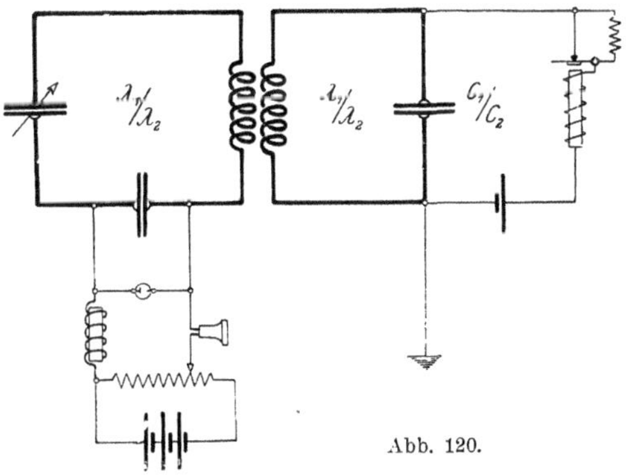

Abb. 120.

Die Ermittlung des Verhältnisses von zwei Dielektrizitätskonstanten ist alsdann auf die Bestimmung zweier Wellenlängen zurückgeführt, da

$$\frac{\lambda_1^2}{\lambda_2^2} = \frac{C_2}{C_1} = \frac{\varepsilon_2}{\varepsilon_1}. \tag{53}$$

C. Induktivitäten.

I. Ausführungsformen von Spulen.

Beim Aufbau der radiotelegraphischen Sende- und Empfangseinrichtungen bilden die Selbstinduktionsspulen neben den Kondensatoren den wichtigsten Bestandteil. Die Spulen können ein- oder mehrlagig ausgeführt werden, wobei im letzteren Falle der Vermeidung jeder Eigenkapazität eine besondere Sorgfalt zuzuwenden ist. Infolge der Eigenkapazität bilden sich in der Spule selbst geschlossene Schwingungskreise aus. Wird nun eine derartige Spule mit einer kleinen Kapazität verbunden, z. B. in eine Antenne geschaltet, so entstehen in ihr Nebenströme, die gegen den Strom im Hauptschwingungskreis nicht vernachlässigbar sind. Sie bedingen nicht nur beträchtliche Verluste, vergrößern sonach die Dämpfung des Kreises, sondern beeinflussen auch die Wellenlänge. Häufig lassen sich bei nicht kapazitätsfreien Spulen eine ganze Anzahl von Eigenwellenlängen nachweisen. Besonders störend äußern sich diese Erscheinungen bei Empfangsschaltungen, da bei ihnen die Reinheit der Abstimmung völlig verloren gehen kann. Das gleiche gilt auch für alle Drosselspulen der Sende- und Empfangsseite, denen die Aufgabe zufällt, durch ihren hohen induktiven Widerstand die hochfrequenten Ströme von anderen Kreisen fernzuhalten. Sobald infolge ungeschickten Aufbaues ihre Eigenkapazität groß ausfällt, sind sie nicht mehr imstande, ihre Aufgabe zu erfüllen, da die hochfrequenten Ströme in dem kapazitiven Nebenschluß, der infolge der Eigenkapazität entsteht, einen geringen Widerstand finden und somit in den abzuschirmenden Kreis eindringen können.

Das Aufwickeln solcher Spulen hat daher so zu erfolgen, daß Punkte größten Spannungsunterschiedes möglichst weit auseinanderzuliegen kommen. Für mehrlagige Hochfrequenzspulen muß deshalb unbedingt Stufenwicklung verwendet werden, deren Anordnung aus Abb. 121 rechts ersichtlich ist, in der diese Wicklungsart mit der für Niederfrequenzströme üblichen nebeneinandergestellt ist.

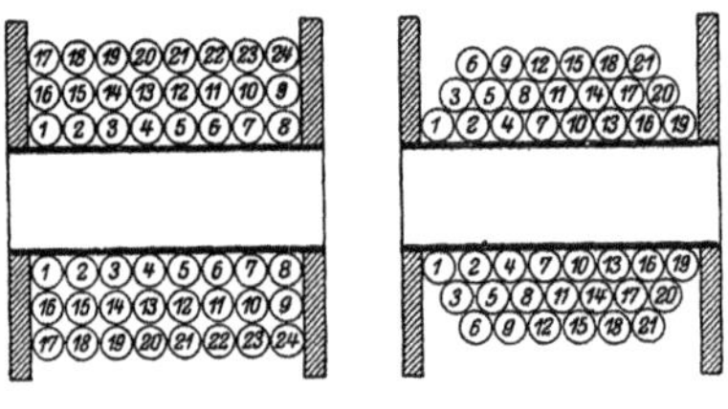

Abb. 121.
Gewöhnliche und kapazitätsfreie Wicklung.

Spulen mit sehr großer Windungszahl können trotzdem die Erscheinung des Mitschwingens von Schwingungsbahnen im Inneren der Spule zeigen, die besonders dann stark hervortritt, wenn die Schwingungszahl des Erregerkreises und die Eigenschwingungszahl dieser Bahnen sich nähern. In solchen Fällen

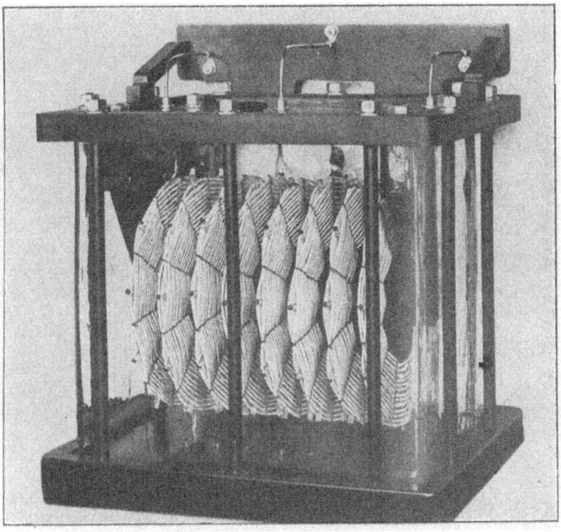

Abb. 122. Flachspulen.

kann man durch folgende weitere Mittel dem Auftreten dieser störenden Resonanzerscheinungen begegnen:

a) vielfache Unterteilung und doppelpolige Abschaltung der Spulenabschnitte;

b) Verlängerung der Spulenschwingung mittels passend abgeglichener Kondensatoren im Nebenschluß zur Spule;

c) Verstimmung durch im Nebenschluß zur Spule liegende Selbstinduktionsspulen.

Will man den wirksamen Widerstand der Spulenwicklung und dessen Veränderung mit der Periodenzahl möglichst klein halten, so ist Litzendraht am Platze, bei dem die Erscheinung der Stromverdrängung sich nicht äußert.

Abb. 123. Drosselspule für Lichtbogengeneratoren.

Um die Isolation zu verbessern, wird man die Spulen in Öl tauchen, in Paraffin einbetten oder in einem Preßgaßbehälter unterbringen. In vielen Fällen besitzt die Drahtart die nötige Festigkeit, um die Spule als selbsttragendes Gerät durchzubilden, wie die Abb. 122 zeigt.

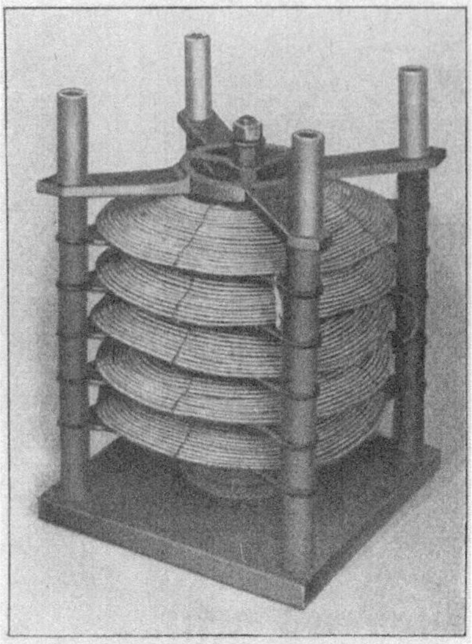

Abb. 124. Konusspulen nach Rein.

Abb. 125. Stetig veränderbare Selbstinduktion mit Schleifgreifer.

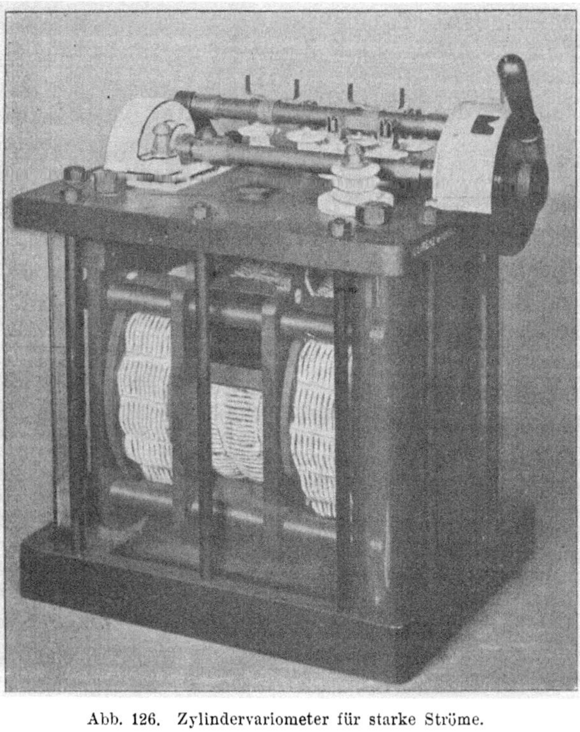

Abb. 126. Zylindervariometer für starke Ströme.

Die Verwirklichung der verschiedenen, an die Spulen zu stellenden Forderungen, bei hohem Selbstinduktionskoeffizienten und kleinen äußeren Abmessungen geringen wirksamen Widerstand und kleine

Abb. 127. Zylindervariometer (C. Lorenz A.-G., Berlin-Tempelhof).

Kapazität darzustellen, hat eine große Zahl von Ausführungsformen hervorgebracht, die man in Zylinder-, Flach- und Konusspulen einteilen kann und von denen die Abb. 122 bis 124 einige der bemerkenswertesten wiedergegeben.

Zur Veränderung der Selbstinduktion aller dieser Formen sind zwei Möglichkeiten gegeben: eine sprungweise Änderung durch Zu- und Abschalten von Windungen, eine stetige Veränderung des Selbstinduktionskoeffizienten durch stetige Verlängerung oder Verkürzung des Spulendrahtes (Abbildung 125), sowie durch räumliche Verschiebung einzelner oder ganzer Gruppen von Windungslagen, die gegeneinander oder gleichsinnig wirkend geschaltet sein können. Das vielseitige Bedürfnis nach derartigen Spulen hat auch hier eine große Zahl von Ausführungen geschaffen, für die das Kugelvariometer (Ayrton und Perry), das Flachspulenvariometer (Rendahl) und das Zylinder-

Abb. 128. Zylindervariometer (C. Lorenz A.-G., Berlin-Tempelhof).

variometer (Adelmann) den Ausgangspunkt bilden. Einige Formen zeigen die Abb. 125 bis 129. Die Abb. 126 und 127 gibt ein von Rein durchgebildetes Variometer für starke Ströme und hohe Spannungen, Abb. 128 ein Variometer für Empfangszwecke wieder, bei welchen die Zylinderwicklung Verwendung gefunden hat. Während bei diesen Formen (Abb. 126 bis 128) durch Verdrehen der Spulenfelder die Selbstinduktion stetig geändert wird, hat auch das einfache Verschieben

Abb. 129. Flachspulenvariometer (Gesellschaft für drahtlose Telegraphie, Berlin)

der Spulen in oder senkrecht zu ihrer Achsenrichtung (Abb. 129) eine vielfache Anwendung erfahren. Oft sind auch die beiden Bewegungsvorgänge vereinigt worden, wobei zwei oder mehrere Paare von in Reihe oder nebeneinander geschalteten Spulen benutzt werden. Wie man auch die Anordnung treffen mag, stets wird es zur Erzielung eines großen Änderungsbereiches zweckmäßiger sein, eine Reihe kleinerer Variometer hintereinander zu schalten, als die gewünschte größte Selbstinduktion in einem einzigen Variometer unterzubringen.

II. Allgemeine Grundlagen für die Untersuchung von Spulen.

1. Induktiver Widerstand. Die wirksame Stromstärke i in Ampere eines sinusförmigen Wechselstromes in einer eisenfreien Spule mit dem Selbstinduktionskoeffizienten L in Henry und dem Ohmschen Widerstand w berechnet sich zu:

$$i = \frac{e}{\sqrt{w^2 + (2\pi\nu \cdot L)^2}} \tag{54}$$

wo e die wirksame Wechselspannung in Volt zwischen den Endpunkten der Spule, ν die Periodenzahl in der Sekunde bedeuten.

Ein kennzeichnendes Merkmal vieler Hochfrequenzkreise besteht darin, daß w^2 gegen $(2\pi\nu \cdot L)^2$ vernachlässigt werden kann. Gleichung 54 geht alsdann über in

$$i = \frac{e}{2\pi\nu \cdot L} = \frac{e}{w_L}.$$

Die Größe

$$w_L = 2\pi\nu \cdot L = \omega \cdot L \tag{55}$$

wird als induktiver Widerstand bezeichnet.

Führt man mittels der Beziehung

$$\lambda_m = 3 \cdot 10^8 \cdot \frac{1}{\nu}$$

die Wellenlänge λ in Metern ein und drückt mit Rücksicht darauf, daß

10^9 elektromagnetische Einheiten des Widerstandes $= 1$ Ohm

sind, w_L in Ohm aus, so erhält man:

$$w_L^{\Omega} = 1{,}885 \cdot \frac{L^{\mathrm{cm}}}{\lambda_{\mathrm{m}}}. \tag{56}$$

Aus Tafel II kann der induktive Widerstand w_L, den eine Spule mit dem Selbstinduktionskoeffizienten L für eine der Periodenzahl ν entsprechende Wellenlänge λ darstellt, unmittelbar entnommen werden.

2. Schaltungen von Spulen. Schaltet man mehrere Spulen mit den Selbstinduktionskoeffizienten L_1, L_2, L_3, ... in Reihe, so ist, wenn die Spulen sich nicht gegenseitig beeinflussen, der gesamte Selbstinduktionskoeffizient

$$L = L_1 + L_2 + L_3 + \ldots + L_n, \tag{57}$$

während bei Nebeneinanderschaltung der wirksame Selbstinduktionskoeffizient L aus der Beziehung gefunden wird:

$$\frac{1}{L} = \frac{1}{L_1} + \frac{1}{L_2} + \frac{1}{L_3} + \ldots + \frac{1}{L_n}. \tag{58}$$

4. Ersatzschaltung für eine nicht verlustfreie Spule. Der Leistungsverbrauch N_v in einer Spule ist dargestellt durch:

$$N_v = e \cdot i \cdot \cos\varphi,$$

wo φ die Phasenverschiebung zwischen e und i bedeutet. Er setzt sich im allgemeinen aus folgenden Beiträgen zusammen: Joulesche Wärme, Wirbelstrom- und magnetische Hysteresisverluste, ferner dielektrische

Verluste, die durch die Eigenkapazität der Spule bedingt sind, zu denen endlich auch noch Strahlungsverluste treten können.

Ein anschauliches Bild von den Betriebsverhältnissen einer solchen Spule erhält man, wenn man, wie bei einer nicht verlustfreien Kapazität, eine Ersatzschaltung verwendet. Zu dem Zwecke kann man an Stelle der Spule entweder die Reihenschaltung oder die Nebeneinanderschaltung einer verlustfreien Selbstinduktion mit einem Ohmschen Widerstand w_h bzw. w_n treten lassen. Die Widerstände w_h und w_n sind so zu bemessen, daß im ersten Falle bei dem Betriebsstrome i, im zweiten Falle bei der Betriebsspannung e die gleichen Verluste auftreten, wie in der Spule, d. h. sie sind zu berechnen mittels der Gleichungen:

$$N_v = i^2 \cdot w_h \quad \text{oder} \quad N_v = \frac{e^2}{w_n}, \tag{59}$$

wo N_v den gemessenen Verlust darstellt.

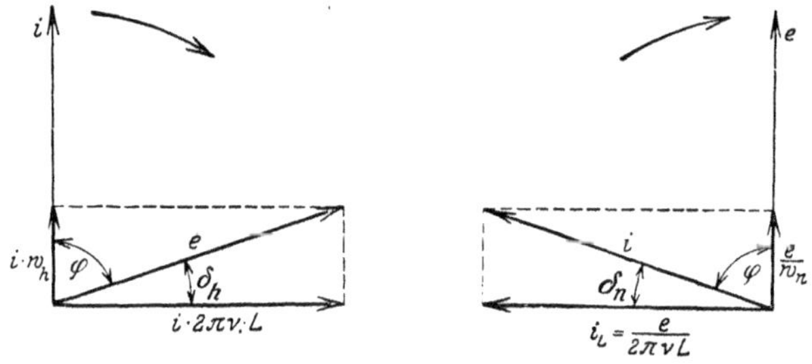

a d

Abb. 130.

Aus den beiden Strahlenbildern, Abb. 130a für Reihen- und Abb. 130b für Nebeneinanderschaltung, liest man weiter die Beziehungen ab für:

Reihenschaltung	Nebeneinanderschaltung	
$e \cdot \sin\varphi = i \cdot \omega \cdot L_h$	$i \cdot \sin\varphi = \dfrac{e}{\omega \cdot L_n}$	
$L_h = \dfrac{e}{i \cdot \omega} \cdot \sin\varphi$	$L_n = \dfrac{e}{i \cdot \omega} \cdot \dfrac{1}{\sin\varphi}$,	(60)
$\operatorname{tg}\delta_h = \operatorname{tg}(90 - \varphi) = \dfrac{w_h}{\omega \cdot L_h}$	$\operatorname{tg}\delta_n = \operatorname{tg}(90 - \varphi) = \dfrac{\omega \cdot L_n}{w_n}$	(60a)

Ist $\delta_h = \delta_n$, so wird:

$$w_h \cdot w_n = \omega^2 \cdot L_n \cdot L_h. \tag{60b}$$

Ein Beispiel für die Gleichungen 60 findet sich S. 253.

4. Spulen mit Eigenkapazität. Widerstandserhöhung. Meßtechnisch und für den Bau insbesondere von Empfangseinrichtungen wichtig ist die in Abb. 131a dargestellte Nebeneinanderschaltung einer Spule mit dem Selbstinduktionskoeffizienten L und dem Ohmschen Widerstand w mit einem Kondensator von der Kapazität C. Dieses Leitergebilde verhält sich wie eine Spule mit dem Induktionskoeffizienten L' und dem wirksamen Widerstande w', deren Werte, wenn C verlustfrei ist, durch die folgenden Gleichungen gegeben sind:

$$w' = \frac{w}{(1 - \omega^2 \cdot C \cdot L)^2 + (\omega \cdot C \cdot L)^2} \qquad (61)$$

oder näherungsweise:

$$w' \sim \frac{w}{(1 - \omega^2 \cdot C \cdot L)^2} \qquad (61\,a)$$

und

$$L' = \frac{L \cdot (1 - \omega^2 \cdot C \cdot L) - w^2 \cdot C}{(1 - \omega^2 \cdot C \cdot L)^2 + \omega^2 \cdot C \cdot w^2} \qquad (62)$$

oder angenähert:

$$L' \sim \frac{L}{(1 - \omega^2 \cdot C \cdot L)^2}. \qquad (62\,a)$$

Die zu der Spule im Nebenschluß liegende Kapazität C verursacht sonach mit wachsender Periodenzahl, solange $\omega^2 \cdot C \cdot L < 1$ ist, eine Zunahme und wenn $\omega^2 \cdot C \cdot L > 1$, eine Abnahme des wirksamen Widerstandes und der Selbstinduktion des Leitergebildes Abb. 131a.

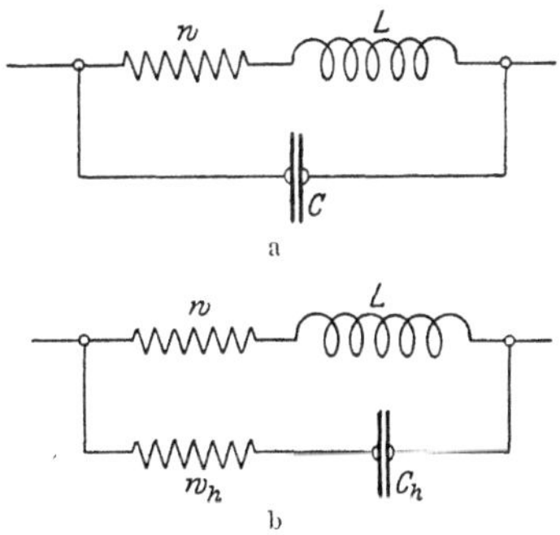

Abb. 131.

Ist die Kapazität nicht verlustfrei, und denkt man sich dementsprechend C ersetzt durch die Reihenschaltung einer verlustfreien Kapazität C_h und eines Ohmschen Widerstandes w_h (Abb. 131b), so treten an Stelle der Gleichungen für w' die folgenden Ausdrücke:

$$w' = \frac{w + \omega^4 \cdot C_h^2 \cdot L^2 \cdot w_h + \omega^2 \cdot C_h^2 \cdot w \cdot w_h \cdot (w + w_h)}{(1 - \omega^2 \cdot C_h \cdot L)^2 + \omega^2 \cdot C_h^2 \cdot (w + w_h)^2} \qquad (63)$$

oder mit genügender Annäherung:

$$w' = \frac{w + \omega^4 \cdot C_h^2 \cdot L^2 \cdot w_h}{(1 - \omega^2 \cdot C_h \cdot L)^2}. \qquad (63\,a)$$

Der dielektrische Verlust bedingt sonach eine weitere Vergrößerung der Widerstandszunahme, die in dem Gliede $\omega^4 \cdot C_h^2 \cdot L^2 \cdot w_h$ zum Ausdruck kommt.

Diese Ersatzschaltungen finden z. B. Verwendung bei Spulen, die nicht frei sind von Eigenkapazität. In den durch Abb. 131a und b dargestellten Anordnungen bedeuten dann C bzw. C_h die Eigenkapazität, die in einen Nebenschluß zu der Spule verlegt ist. Insbesondere geben sie die Verhältnisse in der Spule gut wieder, wenn die Drahtlänge klein ist gegen die Eigenwellenlänge.

5. Wirksamer Widerstand einer Spule. Die Gleichungen 61 und 63 zeigen, daß der wirksame Widerstand einer derartigen Spule mit der Periodenzahl zunehmen muß, und daß diese Zunahme bei Spulen mit dielektrischen Verlusten größer ist, wie bei Spulen mit verlustfreier Eigenkapazität.

Zu der Eigenkapazität und den dielektrischen Verlusten als Ursachen für die Widerstandszunahme kommt als dritte die Stromverdrängung hinzu. Sie bedingt eine Widerstandserhöhung, die proportional ist dem Quadrate der Periodenzahl. Um sie zu berücksichtigen, hat man w in Gleichung 63a zu ersetzen durch:

$$w = w_g + a \cdot \nu^2,$$

wo w_g den mit Gleichstrom gemessenen Widerstand der Spule und a eine Konstante bedeutet. Beachtet man ferner, daß nach Gleichung 32:

$$\operatorname{tg} \delta_h = \omega \cdot C \cdot w_h$$

und $\operatorname{tg} \delta_h$ unabhängig ist von ν, da, wie die Versuchsergebnisse zeigen, w_h umgekehrt proportional ν zunimmt, d. h. daß man:

$$\operatorname{tg} \delta_h = \text{const.} = c$$

setzen kann, so wird:

$$w_h = \frac{c}{\omega \cdot C_h}.$$

Das Glied mit ω^4 im Zähler von Gleichung 63a geht daher über in:

$$\omega^4 \cdot C_h^2 \cdot L^2 \cdot w_h = c \cdot \omega^3 \cdot C_h \cdot L^2 = b \cdot \nu^3$$

und dementsprechend Gleichung 63a in:

$$w' = \frac{w_g + a \cdot \nu^2 + b \cdot \nu^3}{(1 - \omega^2 \cdot C \cdot L)^2}. \tag{63b}$$

In dieser Formel kommen sämtliche Ursachen der Vergrößerung des wirksamen Widerstandes zum Ausdruck. Der Faktor $\frac{1}{(1 - \omega^2 \cdot C \cdot L)^2}$ bestimmt den Einfluß der Eigenkapazität der Spule allein, die Größe $a \cdot \nu^2$ stellt die Widerstandserhöhung infolge der Stromverdrängung und $b \cdot \nu^3$ die durch dielektrische Verluste bedingte Widerstandszunahme dar. Sind die Bestimmungsgrößen w_g, C, L, a und b einer Spule, die sämtlich experimentell gefunden werden können, bekannt, so läßt sich mittels Gleichung 63a der wirksame Widerstand der Spule für beliebige Wechselzahlen berechnen.

6. Berechnung von Selbstinduktionskoeffizienten. Zwischen den in der Hochfrequenztechnik verwendeten Einheiten für den Selbstinduktionskoeffizienten: der elektromagnetischen Einheit cm und der praktischen Einheit Henry besteht die Beziehung:

$$10^9 \text{ cm} = 1 \text{ Henry} = 10^3 \text{ Millihenry.}$$

Die zahlreichen Formeln, die zur Berechnung von Selbstinduktionskoeffizienten aufgestellt sind, haben je nach dem Bau der Leitergebilde die verschiedensten Formen. Meist sind es verwickelte Ausdrücke, die eine umständliche und langwierige Rechenarbeit erfordern. In vielen Fällen verzichtet man daher auf ihre Benutzung und sucht auf Grund von Messungen an vorhandenen Leitergebilden und von Analogieschlüssen die gesuchten Größen zu finden.

Im folgenden sollen daher nur einige der einfachsten dieser Formeln zusammengestellt werden, mit denen ohne Zuhilfenahme besonderer Zahlentafeln oder Kurven der Selbstinduktionskoeffizient sich berechnen läßt und die von Nutzen sein können, wenn man z. B. angewiesen ist, sich mit einfachen Hilfsmitteln ein Selbstinduktionsnormal anzufertigen. Die Längen sind in den Formeln in cm auszudrücken.

Kreis:

$$L = 4\pi \cdot R \cdot \left(\log\text{nat}\,\frac{2R}{d} + 0{,}33\right) \text{ cm}, \tag{64}$$

wo

$$R = \text{Halbmesser des Kreises},$$

$$d = \text{Dicke des Drahtes}.$$

Rechteck: Seitenlänge a und b groß gegen $\frac{d}{2}$.

$$\left.\begin{aligned} L = 4\left[a \cdot \log\text{nat}\,\frac{4a \cdot b}{d(a+p)} + b \cdot \log\text{nat}\,\frac{4a \cdot b}{d(b+p)} - 2(a+b-p)\right] \\ + a - b \text{ cm}, \end{aligned}\right\} \tag{65}$$

wo

$$d = \text{Drahtdicke},$$

$$p = \sqrt{a^2 + b^2}.$$

Quadrat:

$$L = 8a \cdot \left(\log\text{nat}\,\frac{2a}{d} - 0{,}52\right) \text{ cm}. \tag{66}$$

Beim Aufbau von Hochfrequenzkreisen sind häufig Verfahren erwünscht, die ermöglichen, rasch und einfach Selbstinduktionskoeffizienten näherungsweise vorauszuberechnen. Hierzu eignen sich besonders gut die von Korndörfer empirisch abgeleiteten und an einer großen Zahl von Spulen nachgeprüften Gleichungen, ferner die Tafeln III und IV.

Im folgenden bedeuten:

L = Selbstinduktionskoeffizient der Spule in cm.
D = mittlerer Durchmesser der Spule in cm.
l = Länge der Spule in cm.
N = gesamte Windungszahl.
$n = \frac{N}{l}$ = Windungszahl der Längeneinheit.
Λ = Gesamtlänge des Drahtes in cm.
f = der aus den Tafeln zu entnehmende Wert.

Gleichungen von Korndörfer:

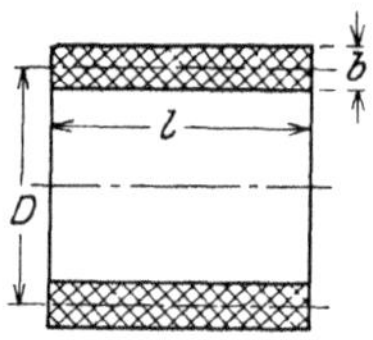

Abb. 132.

Berechnung von *L* aus den Messungen. Ist:

$U = 2(l + b)$ = Umfang des rechteckigen Wicklungsquerschnitts mit den Seitenlängen l und b (Abb. 132),

so wird:

$$L = 10{,}5 \cdot N^2 \cdot D \cdot \sqrt[4]{\frac{D}{U}} \text{ cm für } \frac{D}{U} \text{ zwischen 0 und 1,} \qquad (67)$$

$$L = 10{,}5 \cdot N^2 \cdot D \cdot \sqrt{\frac{D}{U}} \text{ cm für } \frac{D}{U} \text{ zwischen 1 und 3,} \qquad (68)$$

$$L = 10{,}5 \cdot N^2 \cdot D \text{ cm für } \frac{D}{U} = 1. \qquad (69)$$

Für $\frac{D}{U} = 3$ wird der Wert von L höchstens um 8% zu groß, für größere Werte sind die Formeln nicht mehr verwendbar.

Beispiel. Es sei:

$N = 50$ $D = 50$ $l = 10{,}5$ $b = 20$

Somit ist:

$$U = 2(20 + 10{,}5) = 61, \qquad \frac{D}{U} = 0{,}82$$

und nach Gleichung 67

$$L = 10{,}5 \cdot 50^2 \cdot 50 \cdot \sqrt[4]{0{,}82} = 1{,}25 \cdot 10^6 \text{ cm}.$$

Flachspulen, für die $\frac{b}{l} \geqq 7$ ist, sind für alle Werte von $\frac{D}{U}$ zwischen 0 und 3 nach Formel 68 zu berechnen.

Bestimmung von Induktionskoeffizienten mittels Tafel III und IV.

Diese einer Arbeit von Cursey entnommenen Tafeln liefern f für alle Werte von $\frac{l}{D}$ zwischen 0,0001 und 50.

Zur Berechnung von L dienen die Formeln:

$$L = (\pi \cdot D \cdot n)^2 \cdot l \cdot f \tag{70}$$

oder

$$L = A^2 \cdot l \cdot f. \tag{71}$$

Gleichung 70 und 71 kann benutzt werden zu einer angenäherten Berechnung von zylindrischen Spulen, Flachspulen und gerade ausgespannten Drähten.

Zylindrische Spule. a) Bestimmung des Selbstinduktionskoeffizienten L. Gegegeben l, D und $\frac{N}{l} = n$.

Man entnimmt aus Tafel III zu $\frac{l}{D}$ als Abszisse den zugehörigen Wert f, worauf L nach Gleichung 70 berechnet wird.

Beispiel. Es sei für eine kapazitätsfrei gewickelte Spule mit zwei Lagen Litzendraht:

$$l = 20{,}4 \text{ cm} \qquad D = 24{,}0 \text{ cm} \qquad n = \frac{N}{l} = \frac{276}{20{,}4} = 13{,}52.$$

Aus Tafel III, Kurve B ergibt sich zu $\frac{l}{D} = 0{,}85$ der Wert $f = 0{,}65$ und hiermit

$$L = (3{,}14 \cdot 24 \cdot 13{,}52)^2 \cdot 20{,}4 \cdot 0{,}65 = 13{,}75 \cdot 10^6 \text{ cm}.$$

b) Berechnung der Spulenlänge l. Gegeben L, D und n. Aus diesen Größen berechnet man zunächst:

$$\frac{L}{\pi^2 \cdot n^2 \cdot D^3} = \frac{l \cdot f}{D}$$

und entnimmt alsdann aus Tafel IV zu $\frac{l}{D} \cdot f$ als Ordinate die zugehörige Abszisse $\frac{l}{D}$. Sie ergibt durch Vervielfachung mit D die gesuchte Spulenlänge l.

Beispiel. Für eine Wellenmesserspule soll werden:

$$L = 2{,}8 \cdot 10^6 \text{ cm} \qquad D = 15 \text{ cm} \qquad n = 30.$$

Diese Werte liefern:

$$\frac{l \cdot f}{D} = \frac{2{,}8 \cdot 10^6}{(3{,}14 \cdot 30 \cdot 15)^2 \cdot 15} = 0{,}0934.$$

Mit diesem Werte erhält man aus Kurve B, Tafel IV: $\frac{l}{D} = 0{,}26$ und hieraus

$$l = 0{,}26 \cdot 15 = 3{,}9 \text{ cm} \qquad N = 30 \cdot 3{,}9 = 117.$$

Flachspule. Der Selbstinduktionskoeffizient einer Flachspule wird gefunden, wenn man dieselbe auffaßt als eine zylindrische Spule, deren Länge gleich der Windungstiefe l der Flachspule ist und deren Durchmesser gleich ist dem mittleren Durchmesser D der Windungen der Flachspule (s. Abbildung auf Tafel IV).

Bestimmung von L. Gegeben l, D.

Aus den Kurven Tafel III wird zu $\frac{l}{D}$ als Abszisse die Ordinate f entnommen, worauf L nach Gleichung 71 berechnet werden kann.

Beispiel. Die Abmessungen einer Flachspule (aus isoliertem 1 mm dicken Draht) waren:

$$N = 36 \qquad l = 6{,}8 \text{ cm} \qquad D = 13{,}2 \text{ cm}.$$

Daraus folgt $\frac{l}{D} = 0{,}515$ und hierzu nach Tafel III, Kurve B $f = 0{,}534$.

Mithin nach Gleichung 70:

$$L = \left(3{,}14 \cdot 13{,}2 \cdot \frac{36}{6{,}8}\right)^2 \cdot 6{,}8 \cdot 0{,}534 = 0{,}175 \cdot 10^6 \text{ cm}.$$

Gleichung 68 ergibt $L = 0{,}177 \cdot 10^6$.

Geradliniger Leiter. Bestimmung von L. Gegeben die Drahtdicke d und die gesamte Drahtlänge Λ.

Man setzt $\frac{d}{\Lambda} = \frac{l}{D}$, entnimmt zu $\frac{l}{D}$ als Abszisse aus Tafel III die Ordinate f. Alsdann wird

$$L = \pi \cdot \frac{\Lambda^2}{d} \cdot f.$$

Beispiel. Für einen geraden Draht sei

$$\Lambda = 1000 \text{ cm}, \qquad d = 2 \text{ mm},$$

mithin $\frac{d}{\Lambda} = \frac{0{,}2}{1000} = 0{,}0002 = \frac{l}{D}$. Zu $\frac{l}{D} = 0{,}0002$ als Abszisse gehört auf Kurve D, Tafel III die Ordinate $f = 0{,}00113$ und es wird:

$$L = 3{,}14 \cdot \frac{1000^2}{0{,}2} \cdot 0{,}00113 = 17750 \text{ cm}.$$

III. Messung von Selbstinduktionskoeffizienten.

Zur Ermittlung des Koeffizienten der Selbstinduktion einer Spule sind grundsätzlich die gleichen Verfahren verwendbar, wie für die Bestimmung von Kapazitäten. Eine Erweiterung erfahren dieselben nur insofern, als die Messung des Koeffizienten der gegenseitigen Induktion und damit des Kopplungskoeffizienten hinzukommt.

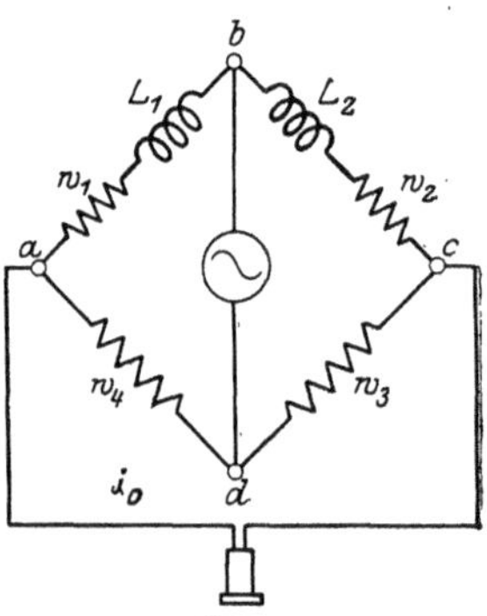

Abb. 133.

1. Messung von Selbstinduktionskoeffizienten in der Brückenschaltung.

a) Bedingungsgleichungen. Für die Messung von Selbstinduktionskoeffizienten mit der Wheatstoneschen Brücke sind die nämlichen Gesichtspunkte maßgebend wie für die Bestimmung von Kapazitäten.

Soll i_0 (Abb. 133) verschwinden, so müssen auch jetzt die Spannungsunterschiede e_{ba} und e_{bc}, ferner e_{da} und e_{dc} der Größe und Phase nach gleich sein. Da für $i_0 = 0$

$$i_1 = i_4 \qquad i_2 = i_3,$$

ergibt sich nach Gleichung 54 für die Ströme i und i' in den Zweigen bad und bcd und deren Phasenverschiebungen φ und φ' gegen die Spannung e_{bd}:

$$i = \frac{e}{\sqrt{(w_1 + w_4)^2 + \omega^2 \cdot L_1^2}} \qquad i' = \frac{e}{\sqrt{(w_2 + w_3)^2 + \omega^2 \cdot L_2^2}}$$

$$\operatorname{tg} \varphi = \frac{\omega \cdot L_1}{w_1 + w_4} \qquad \operatorname{tg} \varphi' = \frac{\omega \cdot L_2}{w_2 + w_4}.$$

Setzt man die Werte von i und i' ein in die Gleichungen:

$$e_{ba} = e_{bc} \qquad e_{da} = e_{dc}$$

so erhält man in Verbindung mit der Gleichung, die ausdrückt, daß auch die Richtungen der Spannungsgefälle $i \cdot w_4$ und $i' \cdot w_3$ übereinstimmen müssen, d. h. daß

$$\frac{\omega \cdot L_1}{w_1 + w_4} = \frac{\omega \cdot L_2}{w_2 + w_3}$$

sein muß, nach einigen Umformungen die Bedingungsgleichungen:

$$\frac{w_1}{w_2} = \frac{w_4}{w_3} \qquad \frac{L_1}{L_2} = \frac{w_4}{w_3}. \tag{72}$$

Der Strom im Nullzeiger verschwindet sonach nur dann, wenn gleichzeitig sowohl die Widerstände als auch die Selbstinduktionskoeffizienten diesen Gleichungen Genüge leisten. Da in den Gleichungen die Periodenzahl nicht vorkommt, ist die Einstellung der Brücke gültig für beliebige Periodenzahlen und Kurvenformen der Stromquelle, weshalb sich in diesem Fall auch mit einem Hörer eine scharfe Abgleichung erzielen läßt.

Sind die Widerstände w_3 und w_4 nicht induktionsfrei, und bezeichnet man ihre Selbstinduktionskoeffizienten mit L_3 und L_4, so treten an Stelle der Gleichungen 72 die Ausdrücke:

$$\left.\begin{aligned} \frac{w_1}{w_2} &= \frac{w_4}{w_3} + \omega^2 \cdot \frac{L_1 \cdot L_3 - L_2 \cdot L_4}{w_2 \cdot w_3} \\ \frac{L_1}{L_2} &= \frac{w_4}{w_3} - \frac{w_1 \cdot L_3 - w_2 \cdot L_4}{w_3 \cdot L_2}, \end{aligned}\right\} \tag{73}$$

die sich am einfachsten durch die Rechnung mit Widerstandsoperatoren ergeben.

Sie bilden gleichzeitig die Grundlage für die Lösung einer meßtechnisch schwierigen Aufgabe: die Bestimmung von kleinen Selbstinduktionskoeffizienten bei sehr großem Ohmschen Widerstand, ein Fall, der z. B. bei großen, bifilar gewickelten Widerstandsrollen vorliegt.

Zweig 3 in Abb. 134 möge eine derartige Spule mit sehr kleinem unbekanntem Selbstinduktionskoeffizienten L_3 enthalten. Um L_3 zu bestimmen, wird in Zweig 4 eine kleine, bekannte oder berechenbare Selbstinduktion L_4, die auch vernachlässigbar sein kann, geschaltet. Hat man die Brücke für Wechselstrom eingestellt, so ist:

$$\frac{w_1}{w_2} = \frac{w_4}{w_3} + \omega^2 \cdot \frac{L_1 \cdot L_3 - L_2 \cdot L_4}{w_2 \cdot w_3}.$$

Muß bei der anschließenden Gleichstromabgleichung w_1 in w_1' geändert werden, so ist

$$\frac{w_1'}{w_2} = \frac{w_4}{w_3}.$$

Aus beiden Gleichungen ergibt sich der gesuchte kleine Induktionskoeffizient L_3 zu:

$$L_3 = \frac{L_2}{L_1} \cdot L_4 + \frac{w_1 - w_1'}{\omega^2 \cdot L_1} \cdot w_3, \tag{74}$$

wo L_1 und L_2 große, bekannte Induktionskoeffizienten darstellen.

b) Ausführung der Messungen. Bei der Messung von Selbstinduktionskoeffizienten mit Wechselstrom treten ähnliche Schwierigkeiten auf, wie bei den Kapazitätsmessungen.

Sie äußern sich ebenfalls in der Weise, daß der Strom im Nullzweig nicht wie bei der Messung mit Gleichstrom ohne weiteres zum Verschwinden gebracht werden kann und infolgedessen z. B. mit dem Hörer als Nullzeiger zunächst nur eine unscharfe Einstellung erreicht wird. Diese Erscheinung beobachtet man immer dann, wenn die Spannungen e_{ba} und e_{bc} einerseits und e_{da} und e_{dc} andererseits zwar der Größe nach gleich sind, in der Phase aber nicht übereinstimmen. Ihre Erklärung findet sie entweder in der Natur der zu untersuchenden Spulen oder in der Kurvenform der Stromquelle und dem Aufbau der Brücke. Besonders nicht verlustfreie Spulen, also alle Spulen mit Eisenkernen, ferner Spulen mit Eigenkapazität, zeigen diese Erscheinung. Da deren wirksamer Widerstand abhängig ist von der Wechselzahl, läßt sich eine genaue Brückenabgleichung nur mit rein sinusförmigen Wechselströmen oder, wenn die Stromquelle Wechselströme mit verzerrter Kurvenform liefert, nur mit dem Vibrationsgalvanometer als Nullzeiger erreichen. Zu diesen Einflüssen können die Wirkungen der Erdkapazitäten der Brückenzweige und deren Eigenkapazitäten hinzutreten, die durch besondere Maßnahmen beseitigt werden müssen.

α) Messung mit Niederfrequenz und Niederspannung. Solange Störungen bei der Brückenmessung durch Erdkapazitäten nicht zu befürchten sind, kann die durch Abb. 134 dargestellte Schaltung verwendet werden, die z. B. auch der Induktionsbrücke von Siemens & Halske zugrunde liegt. Die Widerstände R, R' müssen kapazitäts- und induktionsfrei sein. Entsprechen die üblichen, bifilar gewickelten Widerstände dieser Anforderung nicht, so empfiehlt sich die Verwendung von Kreuzwiderständen. Der Wert dieser Widerstände selbst braucht nicht bekannt zu sein.

Als Stromquelle dient ein Summer in Verbindung mit einem kleinen Transformator zur Vergrößerung der Stromstärken in der Brücke, an dessen Sekundärklemmen ein Kondensator angeschlossen werden kann, um etwa auftretende Oberschwingungen zu beseitigen. Besser noch eignet sich eine Stromquelle, die rein sinusförmig verlaufenden Wechselstrom liefert, z. B. eine Maschine, deren Ankerkreis durch einen passend abgeglichenen Kondensator in Resonanz mit der Periodenzahl der

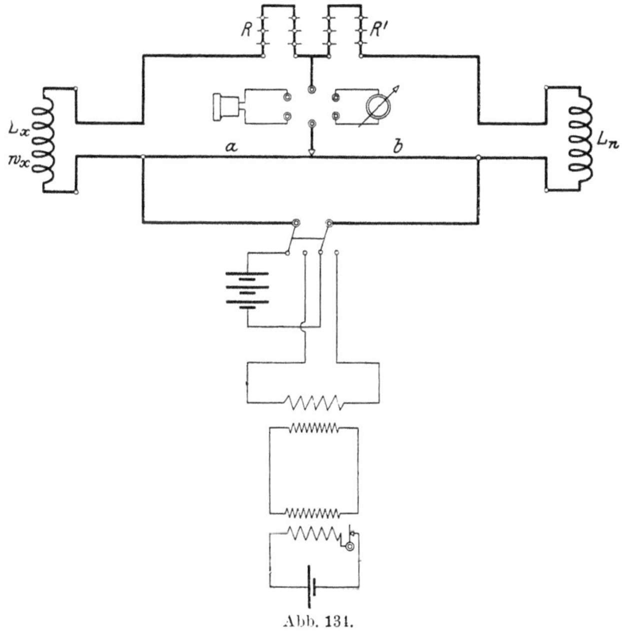

Abb. 131.

Maschine gebracht ist oder eine Kathodenröhre (Abb. 388, S. 467). Ein Umschalter ermöglicht, eine Batterie an die Brücke zu legen, wenn Messungen mit Gleichstrom auszuführen sind, bei denen an Stelle des Hörers das Galvanometer zu verwenden ist. Die Abgleichung hat so zu erfolgen, daß gleichzeitig die Gleichungen 72 erfüllt sind, d. h.:

$$\frac{L_x}{L_n} = \frac{a}{b}, \qquad \frac{w_x + R}{w_n + R'} = \frac{a}{b}.$$

Um dies zu erreichen, kann man zuerst die Einstellung mit Gleichstrom vornehmen, worauf eine zweite Abgleichung mit Wechselstrom zu machen ist, und zwar derart, daß die Bedingung $\frac{w_x + R}{w_n + R'} = \frac{a}{b}$ nicht gestört wird, d. h. so, daß die Verhältnisse $\frac{a}{b}$ und $\frac{w_x + R}{w_n + R'}$ oder die Produkte $(w_x + R) \cdot b$ und $(w_n + R') \cdot a$ ungeändert bleiben.

Rascher kommt man zum Ziele, wenn man zunächst durch Verschieben des Greifers längs des Gleitdrahtes ein ungefähres Wechselstromminimum aufsucht und dann durch Veränderung der Zusatzwiderstände R, R' und gleichzeitiges Nachstellen des Greifers so lange probiert, bis der Summerton im Hörer vollständig verschwindet. Alsdann gilt die Beziehung:

$$L_x = L_n \cdot \frac{a}{b}.$$

Ersetzt man die Normalselbstinduktion L_n durch einen bekannten Widerstand w_n und schließt die Widerstände R, R' kurz, so kann mit Hilfe der Gleichstromquelle und des Galvanometers als Nullzeiger gleichzeitig der reine Ohmsche Widerstand w_x ermittelt werden. Man erhält:

$$w_x = w_n \cdot \frac{a'}{b'}.$$

In dieser Weise wird nicht nur der Selbstinduktionskoeffizient einzelner Spulen gemessen, sondern auch die Eichkurve von Variometern aufgenommen.

Einfacher, aber weniger genau wird die Messung, wenn man an Stelle von L_n eine stetig veränderliche Selbstinduktion benutzt. Durch abwechselndes Verstellen des Schleifgreifers und des Variometers läßt sich dann sehr schnell eine Brückenabgleichung erreichen, bei der der Ton im Hörer völlig verschwindet. Am genauesten wird die Messung mit der gleicharmigen Brücke, für die

$$L_1 = L_n \qquad w_1 = w_2 \qquad w_3 = w_4.$$

Um $w_1 = w_2$ zu machen, muß in diesem Fall zu L_1 oder zu L_n noch ein induktionsfreier Widerstand geschaltet werden.

Bei dem zuerst angegebenen Verfahren können, wenn w_3 und w_4 nicht völlig induktionsfrei sind, beträchtliche Fehler entstehen, über deren Größe die Gleichungen 73 Aufschluß geben. Um genaue Ergebnisse zu erhalten, muß man in diesem Fall die Induktionskoeffizienten L_3 und L_4 bestimmen und der Rechnung die Gleichungen 73 zugrunde legen. Für die gleicharmige Brücke fallen die Zusatzglieder in den Gleichungen 73 weg, weshalb die Verwendung der gleicharmigen Brücke in allen den Fällen am Platze ist, in denen Fehler wegen der Eigenselbstinduktion von w_3 und w_4 zu befürchten sind und die Ermittlung von L_3 und L_4 nicht ermöglicht ist oder vermieden werden soll.

Sind Fehler bei der Brückenmessung durch Erdkapazitäten der Brückenteile zu befürchten, so ist es zweckmäßig, in der Schaltung Abb. 134 Stromquelle und Nullzeiger zu vertauschen und den Greifer zu erden. Man erhält dadurch eine sehr viel weniger kapazitätsempfindliche Anordnung.

Bestimmung des Verlustwiderstandes einer Spule. Entstehen in der Spule neben den durch den Ohmschen Widerstand bedingten Verlusten auch Wechselstromverluste durch Hysteresis, Wirbelströme, Strahlung u. dgl., so erhält man den den Wechselstromverlusten entsprechenden Widerstand w_v, wenn man die Brücke zuerst mit Wechselstrom und darauf mit Gleichstrom abgleicht. Bei der Gleichstrommessung wird nur der Widerstand in dem Zweige geändert, der die Spule enthält, und zwar erhöht um den Betrag w_1', die Widerstände in den übrigen Zweigen bleiben ungeändert. Alsdann stellt w_1'

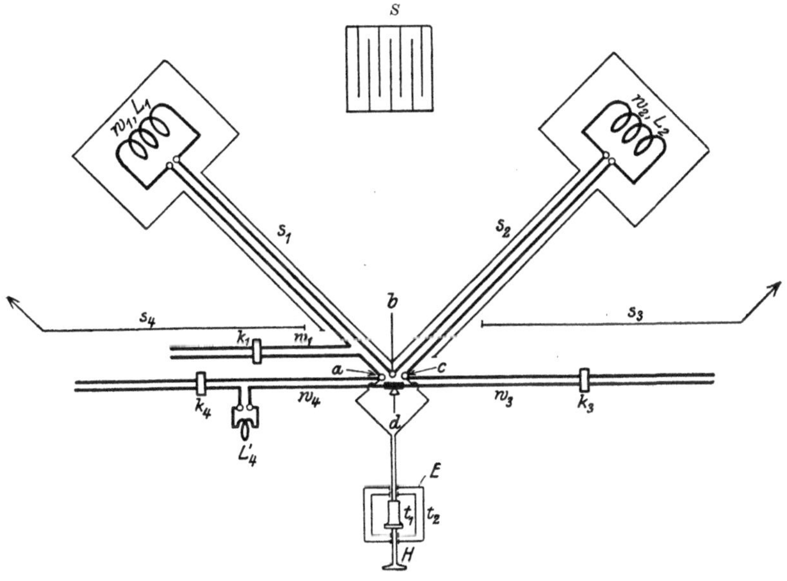

Abb. 135. Wechselstrombrücke nach Giebe.

den gesuchten Wechselstromverlustwiderstand w_v dar. Wegen der Abhängigkeit des Widerstandes w_v von dem Wechselstrom i in der Spule muß auch dieser gemessen und dem Ergebnis beigefügt werden. Die Wechselstromverluste berechnen sich zu:

$$N_v = i^2 \cdot w_v.$$

Da w_v abhängig ist von der Periodenzahl, erhält man mit dem Hörer nur dann eine scharfe Einstellung, wenn die Stromquelle rein sinusförmigen Strom liefert. Verzerrte Kurvenformen erfordern ein Vibrationsgalvanometer.

Wechselstrombrücke von Giebe. Weit höheren Anforderungen an Störungsfreiheit genügt die Form, die Giebe der Brücke gegeben hat (Abb. 135). Um zunächst Induktionswirkungen zu verhindern, sind alle Leitungen bifilar geführt und die Verzweigungspunkte der Brücke möglichst nahe zusammengelegt. Die Widerstände w_1, w_3, w_4 bestehen aus Manganindraht. Die Bifilardrähte von w_4 haben einen Durchmesser von 0,05, die Drähte von w_3 einen solchen von 0,15 mm. Ihre Drahtachsen werden durch kleine Hartgummistücke im Abstand von 1,3 mm gehalten. Ihr Selbstinduktionskoeffizient ist berechenbar. k_3, k_4 sind verstellbare Klemmen, k_1 ein Gleitgreifer. Die ebenfalls bifilar verlegten Zuleitungen zu den Spulen L_1 und L_2 sind 1 m lang. Zwischen w_3 und w_4 ist ein 2 cm langer, 0,35 mm dicker Schleifdraht eingeschaltet. Ein auf ihm verschiebbarer Greifer d vermittelt die Stromzuführung an den Punkten b und d. Durch Verschieben des Greifers läßt sich eine Änderung der Brückeneinstellung von 0,2 % erzielen. Reicht dies nicht aus, so müssen die Klemmen k_3 und k_4 versetzt werden. Die Zuleitungen zur Stromquelle und zu dem zwischen a und c angeschlossenen Hörer sind ebenfalls bifilar verlegt. Sie laufen senkrecht zur Ebene der Zeichnung nach oben und unten.

Der Einfluß der Erdkapazitäten wird durch Erdung des Punktes d beseitigt oder wenigstens verringert. Ferner sind die Spulen in mit Stanniol ausgekleideten Pappkästen gesetzt, das in der aus Abb. 134 S ersichtlichen Art zerschnitten ist, um das Entstehen von Wirbelströmen zu verhindern. An die Pappkästen schließen Messingröhren s_1 und s_3 zum Abschirmen der Zuleitungen zu den Spulen an. Kästen und Rohre sind mit dem Verzweigungspunkt b der Brücke verbunden.

Die Widerstände w_1, w_3, w_4 werden nicht abgeschirmt. Sie besitzen eine nicht unmerkliche Kapazität gegen die Kästen und die Röhren s_1 und s_2. Da diese Kapazität im Nebenschluß zu den Selbstinduktionen liegt, bedingt sie eine scheinbare Vergrößerung der Eigenkapazität der Spulen. Um sie unwirksam zu machen, sind große, geerdete Schutzschirme s_3, s_4 aus mit Pappe beklebten Stanniol zwischen die Kästen und Widerstände gestellt. Zwar werden dadurch die schon beträchtlichen Erdkapazitäten der Kästen noch vergrößert, auf die Abgleichung bleibt dies jedoch ohne Einfluß, da diese Kapazitäten zwischen c und d einen Nebenschluß zu der ganzen Brückenanordnung bilden.

Liegen die Selbstinduktionen unterhalb 10^{-2} Henry, die Frequenz unter 5000, so sind die Schutzkästen $s_1\,s_2$ und die Schirme $s_3\,s_4$ unnötig. In allen Fällen ist jedoch Punkt d zu erden.

Das Telephon erhält zwei Metallhüllen. Die eine, t_1, besteht aus einer Umwicklung des Hörers mit Stanniol, die mit dem Punkte a oder c verbunden wird, die zweite geerdete Hülle t_2 aus einem mit Stanniol ausgekleideten Pappkasten. Sie soll die Kapazitätswirkungen zwischen t_1, s_1, s_2 und w_1, w_2 einerseits und t_1 und dem Beobachter andererseits verhindern. In der ungleicharmigen Brücke ist t_1 so anzuschließen, daß die Kapazität von t_1 und t_2 in den Nebenschluß zu dem kleineren der Widerstände w_3 und w_4 zu liegen kommt. Zur Beobachtung dient ein auf den Hörer aufgesetztes Glas- oder Kautschukrohr H.

β) Mit Hochfrequenz und Hochspannung. Die Bestimmung der Größe L_x erfolgt in beistehender Meßanordnung (Abb. 136). Steht ein Normalselbstinduktions-Variometer zur Verfügung, so erhält man nach Abgleichung der Brücke in der ersten Schaltung:

$$L_x = L_n' \cdot \frac{C_1}{C_2}.$$

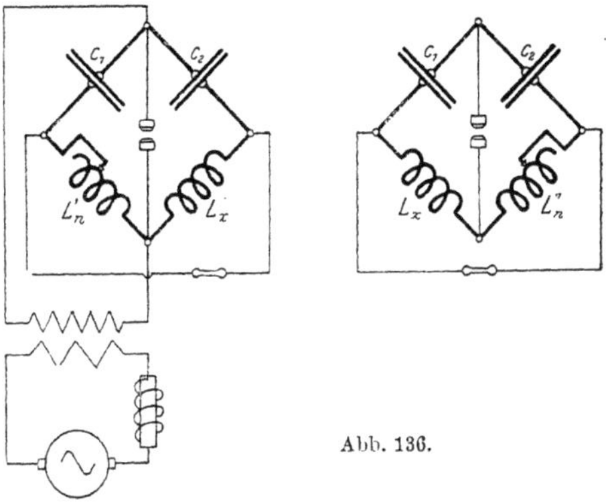

Abb. 136.

Nach Vertauschung der Spulen (Schaltung rechts) ergibt sich:

$$L_x = L_n'' \cdot \frac{C_2}{C_1}.$$

Folglich:

$$L_x = \sqrt{L_n' \cdot L_n''}.$$

Bei Verwendung geeichter Drehkondensatoren und einer bekannten, festen Selbstinduktion L_n berechnet sich der gesuchte Wert L_x aus:

$$L_x = L_n \cdot \frac{C_1}{C_2}.$$

2. Messung der Selbstinduktion mittels des Resonanzverfahrens.

α) Mit Hochfrequenz und Niederspannung. Durch Abgleichung des geeichten Resonanzkreises auf die Eigenschwingung des Primärkreises ergibt sich die Wellenlänge λ bei einer Kapazitätseinstellung C_1 (Abb. 137). Wird sodann L_x in den Empfangskreis eingeschaltet und die Resonanzlage von neuem aufgesucht, so erhält man eine Kapazitätseinstellung C_2.

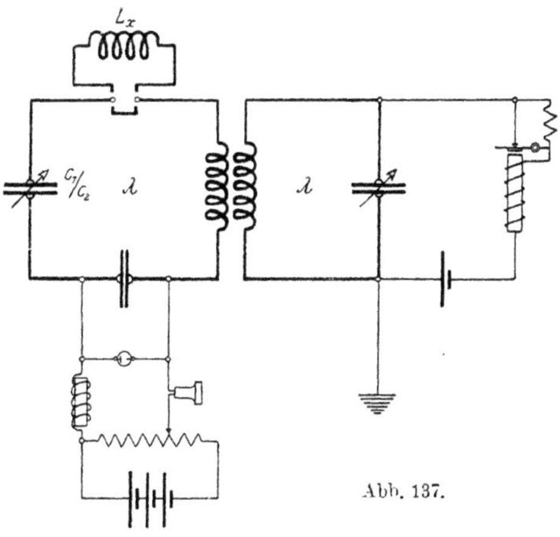

Abb. 137.

Daraus folgt:

$$L_x = \left(\frac{\lambda}{2\pi}\right)^2 \cdot \frac{C_1 - C_2}{C_1 \cdot C_2}. \quad (75)$$

Besitzt die Spule eine hohe Selbstinduktion, so verändert man zweckmäßig die Versuchsanordnung, indem man die Spule L_x mit einem geeichten Kondensator C als Erregerkreis zusammenschaltet, mit Hilfe des Wellenmessers die Eigenschwingung des Kreises bestimmt und den gesuchten Wert aus der Beziehung

$$L_x = \left(\frac{\lambda}{2\pi}\right)^2 \cdot \frac{1}{C} \tag{76}$$

berechnet, wobei die Selbstinduktion der Verbindungsleitungen im Erregerkreis gegen L_x vernachlässigt ist.

Steht ein geeichtes Variometer zur Verfügung, so läßt sich die Bestimmung des Selbstinduktionskoeffizienten L_x bei gleichbleibendem Sekundärkondensator in ähnlicher Weise durchführen wie die S. 103 ff. beschriebenen Messungen von Kondensatorkapazitäten. Unter Berücksichtigung der dort angegebenen Schaltungen (Abb. 105 bis 107), die im vorliegenden Falle entsprechend zu ändern sind, ergibt sich der gesuchte Selbstinduktionswert L_x bei Verwendung des einfachen Vergleichsverfahrens zu

$$L_x = L_n.$$

Erfolgt die Abgleichung des Sekundärkreises einmal mit Hilfe des Normalvariometers (Einstellung L_n') allein und dann bei Nebeneinanderschaltung desselben mit der zu untersuchenden Spule (Einstellung L_n''), so erhält man den gesuchten Selbstinduktionskoeffizienten aus der Gleichung

$$L_x = \frac{L_n' \cdot L_n''}{L_n'' - L_n'}.$$

Und endlich läßt sich auch eine Reihenschaltung der zu vergleichenden Größen benutzen, indem der Sekundärkreis bei gleichbleibender Wellenlänge unter Zuhilfenahme des Variometers in Resonanz mit der primären Periodenzahl gebracht wird (Einstellung L_n'), worauf nach Einfügung der unbekannten Selbstinduktion L_x in den Resonator die Abgleichung von neuem vorgenommen wird (Einstellung L_n''). Der gesuchte Selbstinduktionskoeffizient berechnet sich dann aus der Beziehung:

$$L_x = L_n' - L_n''.$$

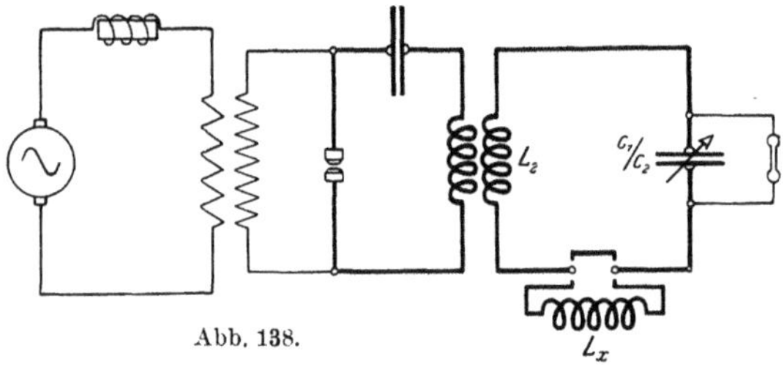

Abb. 138.

b) Mit Hochfrequenz und Hochspannung. Dieses Verfahren beruht auf den gleichen Gesichtspunkten wie das vorige. Eine bekannte Selbstinduktion L_2 (Abb. 138), mit einem geeichten Drehkondensator vereinigt, ist bei dessen Kapazitätseinstellung C_1 in Resonanz mit dem Primärkreise. Bei Einschaltung der unbekannten

Selbstinduktion L_x leuchtet das Geißlersche Rohr für einen Kapazitätswert C_2 hell auf.

Alsdann ergibt die Gleichung:

$$L_x = L_2 \cdot \frac{C_2 - C_1}{C_2}$$

den gesuchten Selbstinduktionswert der Spule.

Mit Hilfe eines Normalvariometers läßt sich dieses Verfahren auch als unmittelbare Vergleichsmessung ausbilden. Bei der zweiten Messung wird in diesem Falle L_x durch das Variometer L_v ersetzt und bei ungeändertem Werte von C_1 mittels L_v die Resonanzlage wieder herbeigeführt. Alsdann ist der abgelesene Selbstinduktionswert L_v:

$$L_v = L_x.$$

Vielfach wird es zweckmäßig sein, die zu bestimmende Selbstinduktion L_x mit der bekannten Selbstinduktion L_2 nebeneinander zu schalten, wobei eine gegenseitige Beeinflussung vermieden werden muß. Dann erhält man den gesuchten Wert aus der Beziehung:

$$L_x = L_2 \cdot \frac{C_1}{C_2 - C_1}.$$

c) Mittels Differentialtransformators. Das Verfahren ist S. 287 näher erläutert.

3. Messung von Selbstinduktionskoeffizienten nach dem indirekten Verfahren.

a) Mit Niederfrequenz. Nach Gl. 54 erhält man:

$$L_x = \frac{1}{\omega} \cdot \sqrt{\left(\frac{e}{i}\right)^2 - w^2}. \tag{77}$$

Der Selbstinduktionskoeffizient L_x einer Spule, die außer den durch ihren Ohmschen Widerstand verursachten Verlusten weitere Leistungsverluste nicht aufweist, kann sonach gefunden werden, wenn man sinusförmigen Wechselstrom durch die Spule schickt und den Spannungsunterschied e zwischen ihren Endpunkten, den Strom i, die Periodenzahl ν und den Widerstand w mißt.

Entsteht in der Spule noch ein weiterer Leistungsverbrauch, z. B. durch Hysteresis und Wirbelströme, wie bei Drosselspulen, die Eisen enthalten, so sind die obengenannten Messungen zu ergänzen durch eine Bestimmung des Leistungsverbrauchs N_v, worauf mittels der Gl. 59 und 60 die Größen w_h, L_h oder w_n, L_n berechnet werden können. Ein Beispiel findet sich S. 253.

b) Mit Hochfrequenz. Benutzt man Stromquellen, die Hochfrequenzströme liefern, so ist in Gl. 54 meist w^2 vernachlässigbar gegen

$\omega^2 \cdot L^2$, d. h. der Ausdruck für L nimmt die einfache Form an

$$L = \frac{e}{\omega \cdot L \cdot i}, \tag{78}$$

die durch Einführung der Wellenlänge λ an Stelle von ν übergeht in

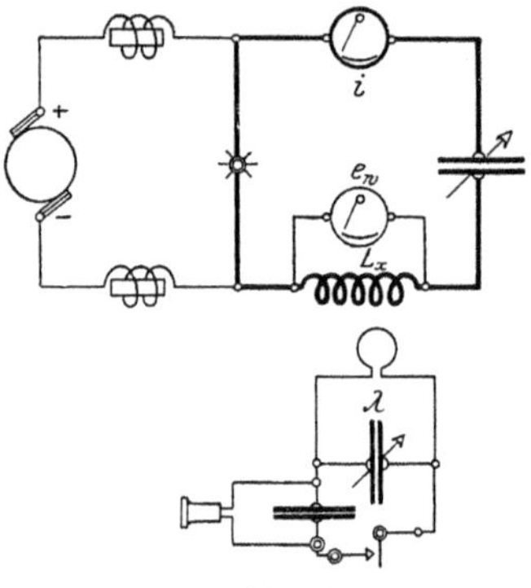

Abb. 139.

$$L^{\text{cm}} = \frac{1}{1{,}885} \cdot \frac{e \cdot \lambda^{\text{m}}}{i}. \tag{79}$$

Die Bestimmung von L erfordert sonach eine Strom-, Spannungs- und Wellenlängenmessung, wobei beistehende Versuchsanordnung (Abb. 139) benutzt werden kann.

Hiermit ist auch die Möglichkeit gegeben, den Einfluß der Periodenzahl auf den Selbstinduktionskoeffizienten für die in der Praxis der Radiotelegraphie vorkommenden Wellenlängen festzustellen.

c) Vergleichsverfahren. Stehen Normalselbstinduktionen von annähernd gleicher Größenordnung wie die zu messende zur Verfügung, so führt das Vergleichsverfahren (Abb. 140) schnell zum Ziel, wobei

$$L_x = L_n \cdot \frac{e_x}{e_n}$$

ist. Bei Verwendung eines geeichten Variometers braucht man deshalb nur auf gleiche Spannungswerte einzustellen, um L_x und L_n einander gleich zu machen.

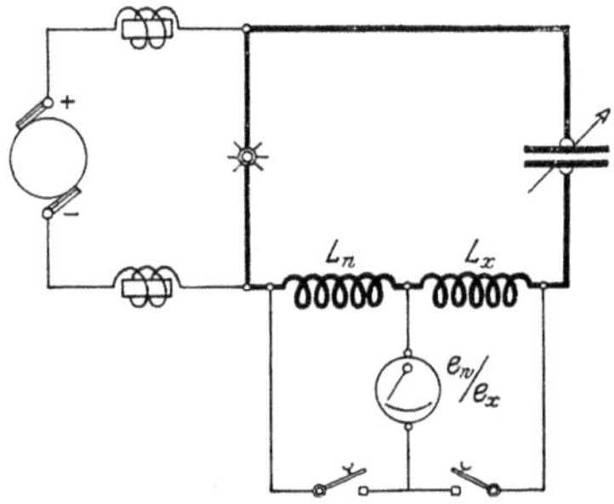

Abb. 140.

Schaltet man die beiden Spulen nebeneinander und mißt die Einzelströme der beiden Zweige, so ergibt sich der gesuchte Wert L_x aus der

$$e = i_n \cdot \omega \cdot L_n = i \cdot \omega \cdot L_x,$$

also

$$L_x = L_n \cdot \frac{i_n}{i_x}.$$

Bei Verwendung eines geeichten Variometers braucht man deshalb nur auf gleiche Stromwerte einzustellen, um beide Größen einander gleich zu machen. Ähnliche Vergleichsmessungen lassen sich auch mit Hilfe einer bekannten Kapazität ausführen.

4. Messung der Eigenselbstinduktion von Kondensatoren mit Hochfrequenz und Hochspannung.

In dem geschlossenen Schwingungskreise von Sendern wird bei gegebener Wellenlänge mit Rücksicht auf die Größe der zu erzielenden Schwingungsleistung und das Maß der gewünschten Kreisdämpfung die Kapazität auf Kosten der Selbstinduktion möglichst groß gewählt. Dieses Bestreben findet seine Grenze meist nur darin, daß die Kopplung mit dem Luftleiter einen für das benutzte Erregerverfahren ausreichenden Wert besitzen muß, also die gewählte Selbstinduktion der primären Induktionsspule eine bestimmte Größe nicht unterschreiten darf. Dabei ist zu berücksichtigen, daß die Belege der Kapazitätsbatterie, sowie ihre Verbindungsleitungen, selbst bei vorteilhaftester Anordnung, noch verteilte Selbstinduktion von einer Größenordnung besitzen, die gegenüber der zusammengedrängten Selbstinduktion der Kopplungsspule nicht vernachlässigt werden darf.

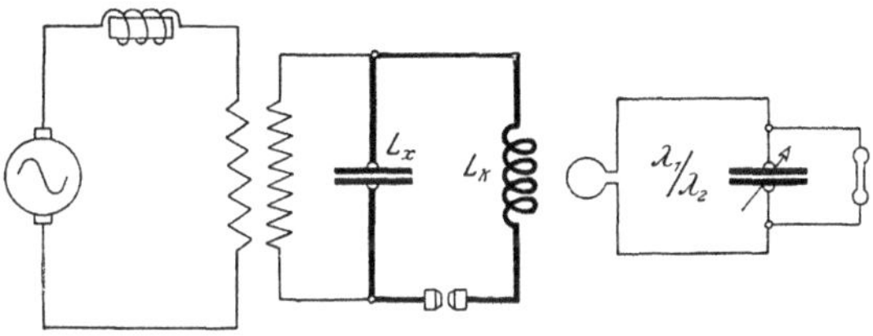

Abb. 141.

Wird bei ausgeschalteter Spule L_k (Abb. 141) für die Resonanzlage des Wellenmessers der Wert λ_1 ermittelt, für den vollständigen Schwingungskreis jedoch λ_2, so berechnet sich die gesuchte Selbstinduktion:

$$L_x = L_k \cdot \frac{1}{\left(\frac{\lambda_2}{\lambda_1}\right)^2 - 1}.$$

Führt man statt der Wellenlängen λ die am Meßkreiskondensator abgelesenen Kapazitätswerte ein, so erhält man;

$$L_x = L_k \cdot \frac{C_1}{C_2 - C_1}.$$

D. Kopplungskoeffizienten.

I. Arten der Kopplung.

Für die Leistungsübertragung von einem primären auf einen sekundären Kreis kommen in der Hochfrequenztechnik drei Anordnungen in Frage, die auf einer magnetischen oder induktiven, einer kapazitiven oder einer galvanischen Kopplung beruhen.

Bei der magnetischen Kopplung (Abb. 142) vermitteln magnetische, bei der kapazitiven (Abb. 143) elektrische Kraftlinien die Wechselwirkung zwischen Primär- und Sekundärkreis, während bei der galvanischen Kopplung (Abb. 144) der Spannungsunterschied zwischen den Endpunkten eines Ohmschen Widerstandes die Leistungsübertragung besorgt. Oft werden magnetische und galvanische zu der gemischten Kopplung (Abb. 145) vereinigt.

Die wichtigste und am häufigsten verwendete Kopplungsart ist die magnetische oder induktive, die sich bei allen Sender- und Empfangsanordnungen findet, während die kapazitive Kopplung bei Empfängern

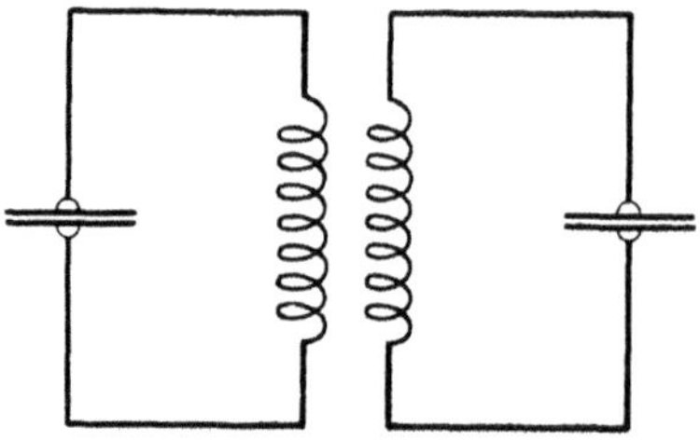

Abb. 142.

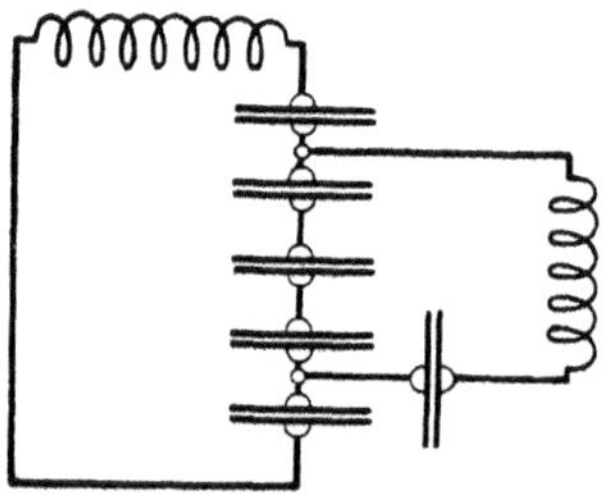

Abb. 143

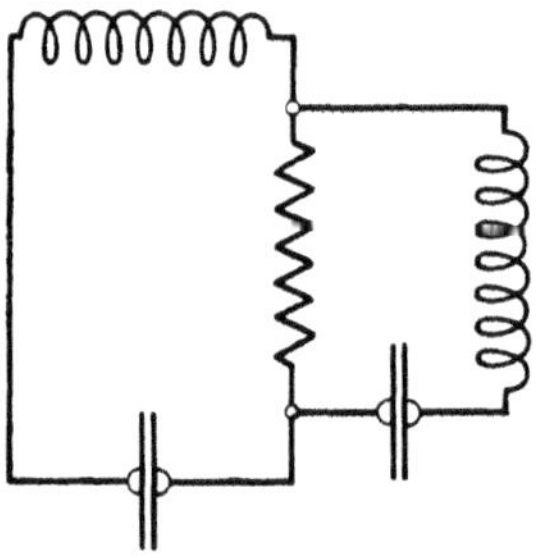

Abb. 144.

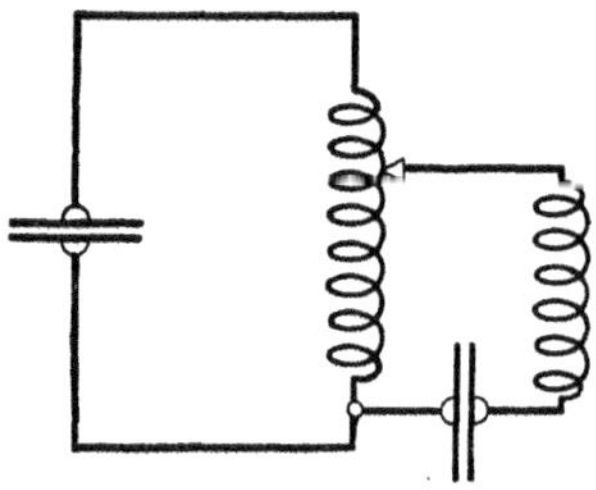

Abb. 145.

und neuerdings auch bei Röhrensendern mit Nutzen verwendet wird. Die rein galvanische Kopplung dagegen spielt in der Hochfrequenztechnik nur eine untergeordnete Rolle.

Ein wichtiger Unterschied zwischen diesen drei Kopplungsarten, der von Scheller zur Störbefreiung beim Bau von Empfangseinrichtungen verwendet wurde, ergibt sich bei der Aufnahme von Resonanzkurven. Dieselben verlaufen bei rein galvanischer Kopplung vollkommen symmetrisch zur Ordinatenachse (Abb. 146). Induktive Kopplung dagegen ergibt, unabhängig von der Größe der Kopp-

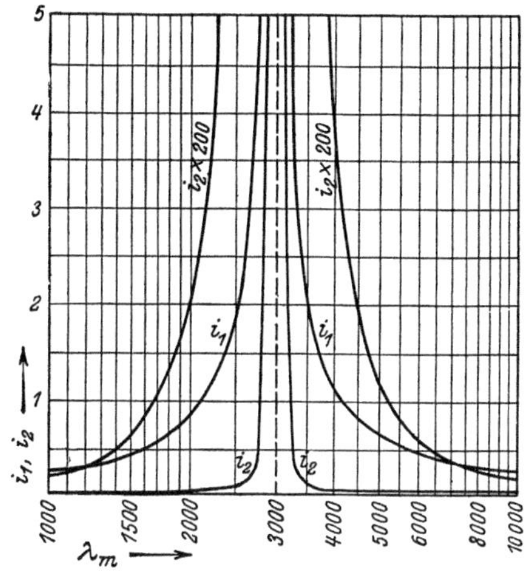

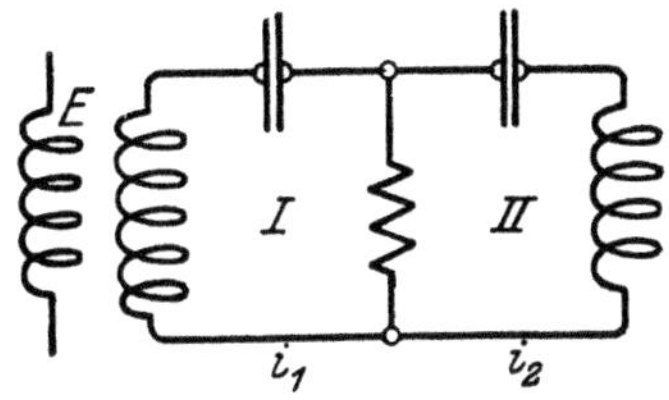

Abb 146

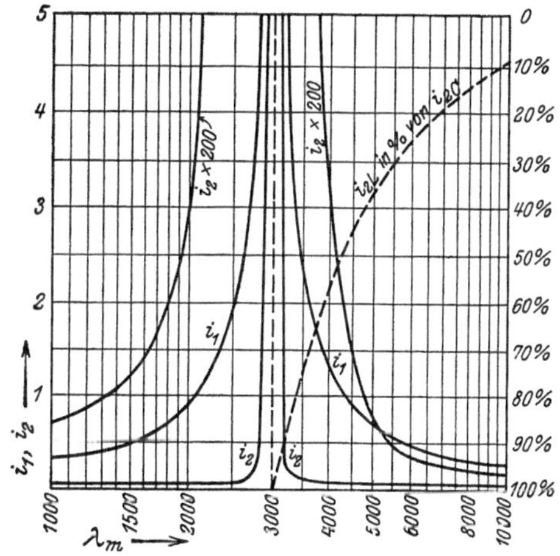

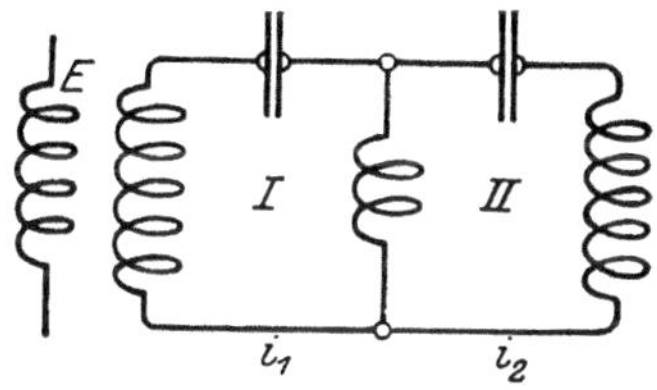

Abb. 147.

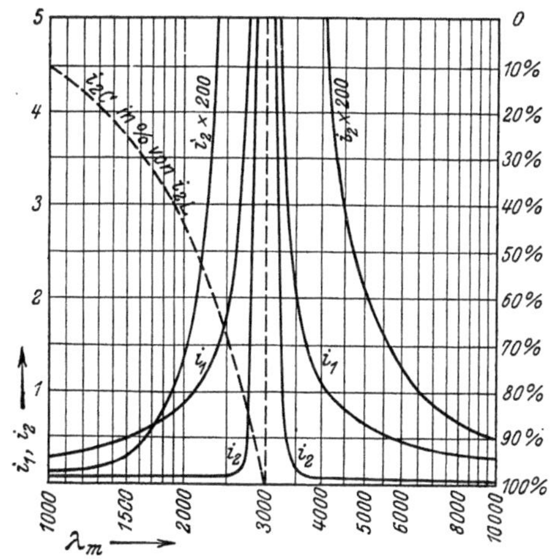

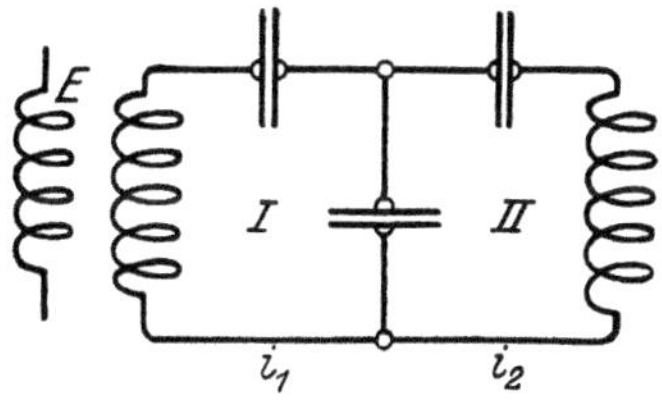

Abb. 148.

lung, eine unsymmetrische Erhöhung der Sekundärstromstärke nach den kürzeren Wellen zu (Abb. 147), während bei kapazitiver Kopplung die Sekundärströme für die längeren Wellen größer ausfallen (Abb. 148). Infolgedessen muß ein induktiv gekoppelter Empfänger durch kurze, ein kapazitiv gekoppelter durch lange Wellen stärker gestört werden. In manche Empfangseinrichtungen wird daher ein Umschalter eingebaut, der ermöglicht, beim Empfang kurzer Wellen die kapazitive, beim Empfang langer Wellen die induktive Kopplung zu verwenden.

Die den verschiedenen Wellenlängen entsprechenden Ströme in den Abb. 145 bis 147 sind aus den Wechselstromwiderständen unter Vernachlässigung des Ohmschen Widerstandes der Spulen berechnet unter der Annahme, daß auf den Primärkreis eine gleichbleibende, bestimmte Spannung mit veränderlicher Wechselzahl wirkt, ferner daß Primär- und Sekundärkreis aufeinander abgestimmt sind. Der Deutlichkeit wegen sind die Sekundärströme noch in 200facher Vergrößerung eingezeichnet.

Abb. 149. Kopplungstransformator (C. Lorenz A.-G. Berlin-Tempelhof).

Um die Überlegenheit der einen Kopplungsart gegenüber der anderen noch besser hervortreten zu lassen, ist ferner in Abb. 147 i_{2L} in Prozenten von i_{2C} und in Abb. 148 i_{2C} in Prozenten von i_{2L} aufgetragen.

II. Kopplungsspulen.

Zur Veränderung des gemeinsamen magnetischen Kraftflusses von zwei induktiv-gekoppelten Schwingungskreisen lassen sich zunächst die aufeinander induzierenden Spulen in ihrer Achsenrichtung oder auch senkrecht hierzu verschieben, oder es wird durch Drehen der einen Spule die gegenseitige Induktion verändert. Ferner finden sich auch Formen, die auf einer gleichzeitigen Anwendung dieser beiden Bewegungsmöglichkeiten beruhen (Abb. 149 bis 151). Während hierbei eine Lagenänderung der einen der beiden einander beeinflussenden Spulen eine stetige Änderung der Kopplung bewirkt, kann auch durch sprungweises oder stetiges Verändern der Selbstinduktion der primären oder sekundären Kopplungsspule unter gleichzeitigem Hinzufügen eines nicht induzierten gleichen Betrages in den betreffenden Kreis eine Änderung der gegenseitigen Induktion erzielt werden. Der gleiche Zweck wird erfüllt, wenn man mit den Kopplungsspulen Selbstinduktionswerte nebeneinanderschaltet.

Abb. 150. Klapptransformator (Gesellschaft f. drahtl. Telegr., G. m. b. H. Berlin).

Abb. 151. Tauchtransformator nach Adelmann (C. Lorenz A.-G. Berlin-Tempelhof).

III. Allgemeine Grundlagen für Kopplungsmessungen.

1. **Kopplungsfaktor.** Als Maß für die Größe der Kopplung dient der Kopplungsfaktor oder Kopplungskoeffizient. Für magnetische oder induktive Kopplung ist er dargestellt durch den Ausdruck:

$$\varkappa = \frac{L_{12}}{\sqrt{L_1 \cdot L_2}}, \qquad (80)$$

wo L_{12} den Koeffizienten der gegenseitigen Induktion der beiden gekoppelten Kreise mit den Selbstinduktionskoeffizienten L_1 und L_2 bedeutet. Für nicht stationäre Strömung ist $\varkappa$ abhängig von der Stelle an der Primär- und Sekundärkreis gekoppelt werden. Bei der Kopplung zwischen einer Antenne und einer Spule z. B. erhält man den größten Wert für $\varkappa$, wenn man die Kopplung am Erdungspunkt vornimmt, da dort der Strom und damit auch das magnetische Feld ihren Höchstwert haben, während sie in den höher gelegenen Stellen kleinere Werte annehmen.

Je nach dem Grade der Wechselwirkung zwischen Primär- und Sekundärkreis bezeichnet man die Kopplung als fest oder lose.

Zwei Erscheinungen sind es hauptsächlich, denen, durch die Kopplung bedingt, beim Aufbau von Hochfrequenzanordnungen eine besondere Bedeutung zukommt: das Entstehen der beiden Kopplungswellen und die scheinbare Vergrößerung des Widerstandes gekoppelter Strombahnen.

2. Die beiden Kopplungswellen. Koppelt man zwei Schwingungskreise (Abb. 152), die vorher auf die nämliche Welle λ_0 abgestimmt waren, fest miteinander, so lassen sich bei freien, z. B. durch Knallfunken- oder Summererregung erzeugten Schwingungen in jedem der beiden Kreise zwei Wellen λ_1 und λ_2 nachweisen, die man als Kopplungswellen bezeichnet und durch die folgenden Gleichungen darstellen kann:

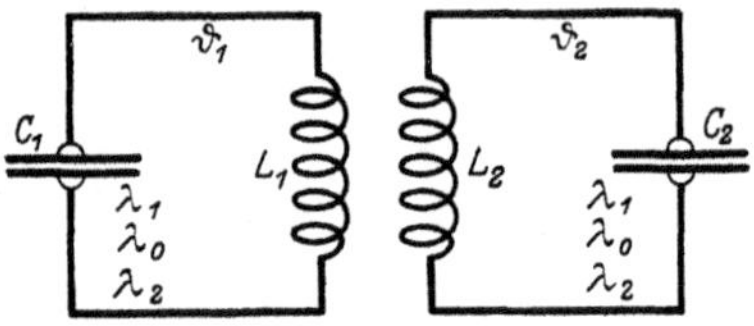

Abb. 152.

$$\left.\begin{aligned}\lambda_1 &= \lambda_0 \cdot \sqrt{1 - \sqrt{\varkappa^2 - \left(\frac{\vartheta_1 - \vartheta_2}{2\pi}\right)^2}}\\ \lambda_2 &= \lambda_0 \cdot \sqrt{1 + \sqrt{\varkappa^2 - \left(\frac{\vartheta_1 - \vartheta_2}{2\pi}\right)^2}}\end{aligned}\right\} \quad (81)$$

oder

$$\lambda_1 = \lambda_0 \cdot \sqrt{1 - \varkappa'}, \qquad \lambda_2 = \lambda_0 \cdot \sqrt{1 + \varkappa'}. \quad (82)$$

Hierbei ist:

$\varkappa$ = Kopplungskoeffizient,

ϑ_1 = logarithmisches Dekrement der Dämpfung des Primärkreises,

ϑ_2 = logarithmisches Dekrement der Dämpfung des Sekundärkreises,

$\varkappa' = \sqrt{\varkappa^2 - \left(\frac{\vartheta_1 - \vartheta_2}{2\pi}\right)^2}$ = Kopplungsgrad.

Ist $(\vartheta_1 - \vartheta_2)^2$ klein gegen $4\pi^2$, kann also $\left(\frac{\vartheta_1 - \vartheta_2}{2\pi}\right)^2$ gegen $\varkappa^2$ vernachlässigt werden, so fallen Kopplungsgrad $\varkappa'$ und Kopplungsfaktor $\varkappa$ zusammen, und die Gleichungen 81 und 82 gehen über in die einfacheren:

$$\lambda_1 = \lambda_0 \cdot \sqrt{1 - \varkappa}, \qquad \lambda_2 = \lambda_0 \cdot \sqrt{1 + \varkappa}. \quad (83)$$

Die beiden Wellen λ_1 und λ_2 rücken um so weiter auseinander, je fester die Kopplung gemacht wird. Das gleichzeitige Auftreten der Schwingungen mit den Wellenlängen λ_1 und λ_2, denen die Periodenzahlen ν_1 und ν_2 entsprechen, ist durch eine Schwebungserscheinung bedingt. Die Anzahl der Schwebungen ν_s in der Sekunde wird:

$$\nu_s = \nu_1 - \nu_2. \quad (84)$$

Da

$$\nu_1 = \frac{\nu_0}{\sqrt{1 - \varkappa}} \sim \nu_0 \cdot \left(1 + \frac{\varkappa}{2}\right), \qquad \nu_2 = \frac{\nu_0}{\sqrt{1 + \varkappa}} \sim \nu_0 \cdot \left(1 - \frac{\varkappa}{2}\right),$$

folgt:

$$\nu_s \sim \nu_0 \cdot \varkappa \quad (85)$$

und die Dauer einer Schwebung:

$$\frac{1}{\nu_0 \cdot \varkappa} \sim \frac{T_0}{\varkappa} \text{ Sekunden.}$$

Hieraus erhält man als Zahl der Perioden, die bei einer bestimmten Kopplung auf eine Halbschwebung entfallen:

$$\frac{T_0}{2\varkappa} : T_0 \sim \frac{1}{2\varkappa}.$$

Vergrößert man, etwa durch Einschalten von Widerstand im Primärkreis, das Dämpfungsdekrement ϑ_1 so weit, daß

$$\varkappa^2 \sim \left(\frac{\vartheta_1 - \vartheta_2}{2\pi}\right)^2,$$

so entsteht, wie aus den Gleichungen hervorgeht, auch bei fester Kopplung nur eine Welle, und zwar die Welle λ_0, auf die beide Kreise vorher abgestimmt waren.

Diese Vergrößerung der Dämpfung im Primärkreis bewirkt, daß die Schwingungen in ihm sehr rasch abklingen, worauf der Sekundärkreis mit seiner Eigenwelle λ_0 und seiner Eigendämpfung ϑ_2, also eintönig ausschwingt.

Die Untersuchung dieser Erscheinungen hat Wien zu dem Vorschlage geführt, an Stelle des Widerstandes eine Löschfunkenstrecke zu verwenden, um das rasche Abklingen der Schwingungen im Primärkreis zu erzwingen, ein Vorschlag, auf den sich die Entwicklung der Löschfunkensender aufbaut.

3. Die scheinbare Widerstandsvergrößerung. Bei nicht hinreichend loser Kopplung zwischen zwei Kreisen (Abb. 153) tritt eine Rückwirkung des sekundären auf den primären Kreis ein, die sich in einer scheinbaren Vergrößerung des Widerstandes des Primärkreises äußert. Der ursprüngliche Widerstand w geht über in $w + w_\varkappa$. Hierbei ist $w_\varkappa$ die durch die Rückwirkung verursachte Widerstandserhöhung. $w_\varkappa$ läßt sich, wie die Rechnung zeigt, darstellen durch:

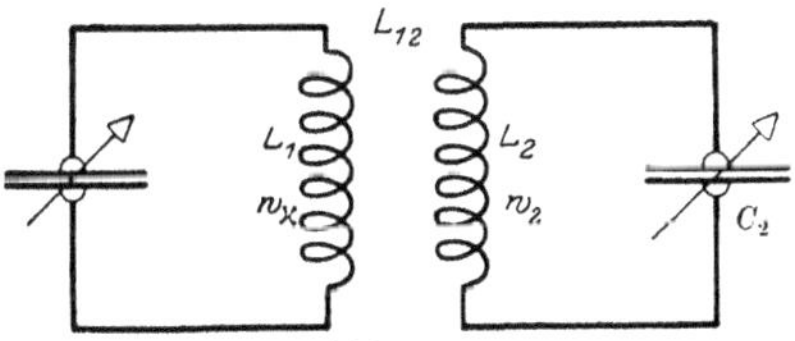

Abb 153.

$$w_\varkappa = \frac{\omega_1^2 \cdot L_{12}^2}{w_2^2 + \left(\omega_1 \cdot L_2 - \frac{1}{\omega_1 \cdot C_2}\right)^2} \cdot w_2. \qquad (86)$$

wobei $\omega_1 = 2\pi \cdot \nu_1$ und ν_1 die Periodenzahl der Schwingung im Primärkreis, ferner C_2, L_2, w_2 Kapazität, Selbstinduktion und Widerstand des Sekundärkreises bedeuten.

Im Resonanzfalle, d. h. wenn $\omega_1 \cdot L_2 = \frac{1}{\omega_1 \cdot C_2}$ ist, nimmt Gleichung 86 die Form an:

$$w_\varkappa = \frac{\omega_1^2 \cdot L_{12}^2}{w_2}. \tag{87}$$

Ist C_2 sehr groß, so daß $\frac{1}{\omega_1 \cdot C_2}$ gegen $\omega_1 \cdot L_2$ verschwindet, so geht der Ausdruck für $w_\varkappa$ über in

$$w_\varkappa = \frac{\omega_1^2 \cdot L_{12}^2}{w_2^2 + \omega_1^2 \cdot L_2^2} \cdot w_2. \tag{88}$$

Dieser Fall liegt z. B. vor bei einem aperiodischen Sekundärkreis (Abb. 154) oder einem Sekundärkreis, der keinen Kondensator enthält.

Je nachdem w_2^2 gegen $(\omega_1 \cdot L_2)^2$ oder umgekehrt $(\omega_1 \cdot L_2)^2$ gegen w_2^2 vernachlässigt werden darf, kann an Stelle dieses Ausdrucks der einfachere gesetzt werden:

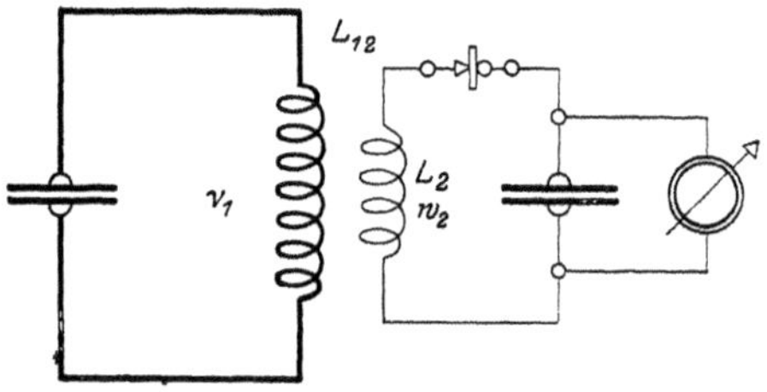

Abb. 154.

$$w_\varkappa \sim \frac{L_{12}^2}{L_2^2} \cdot w_2 \tag{89}$$

oder

$$w_\varkappa \sim \frac{\omega_1^2 \cdot L_{12}^2}{w_2}. \tag{90}$$

Wie jede andere, bedeutet auch die durch die Kopplung bedingte Vergrößerung des Widerstandes eine Zunahme der Dämpfung, die eine Verflachung der Resonanzkurve bewirkt.

Bei Dämpfungsbestimmungen muß daher die Kopplung entweder so lose genommen werden, daß diese Widerstandszunahme vernachlässigt werden kann, oder man muß sie durch besondere Meßverfahren getrennt ermitteln und in Abzug bringen, andernfalls werden die Ergebnisse zu groß.

Während hier die Widerstandszunahme die Messungen erschwert, gibt in anderen Fällen die Möglichkeit, durch Änderung der Kopplung den Widerstand eines Schwingungskreises stetig ändern zu können, ein brauchbares Hilfsmittel ab zur Herbeiführung der günstigsten Betriebsbedingungen, das besonders für die Einstellung von Empfangseinrichtungen ausgiebig benutzt wird.

IV. Messung von Kopplungskoeffizienten.

Nach Gleichung 80

$$\varkappa = \frac{L_{12}}{\sqrt{L_1 \cdot L_2}}$$

kann bei magnetischer Kopplung die Bestimmung eines Kopplungskoeffizienten zurückgeführt werden auf die Messung der Selbstinduktionskoeffizienten L_1 und L_2 der beiden induktiv gekoppelten Spulen und des Koeffizienten L_{12} ihrer gegenseitigen Induktion. Ist L_{12} sehr klein, so versagen häufig die aus der Schwachstromtechnik bekannten Verfahren zur unmittelbaren Messung von Koeffizienten der gegenseitigen Induktion.

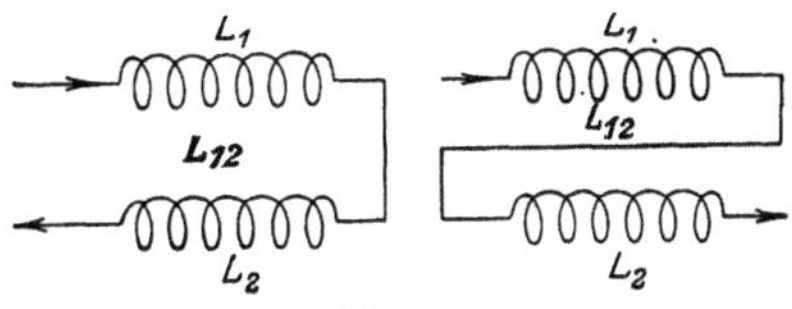

Abb. 155.

Aber L_{12} kann auch durch Messung von zwei Induktionskoeffizienten gefunden werden.

Schaltet man nämlich die beiden Spulen in der Lage, für die L_{12} ermittelt werden soll, derart hintereinander, daß die von ihnen erzeugten magnetischen Felder sich unterstützen (Abb. 155 a), so wird der gesamte Induktionskoeffizient L_{x_1} des aus beiden Spulen bestehenden Leitergebildes

$$L_{x_1} = L_1 + L_2 + 2 L_{12}.$$

Nach Umkehr der Stromrichtung in einer der Spulen durch Vertauschen ihrer Enden (Abb. 155 b) geht der gesamte Induktionskoeffizient über in:

$$L_{x_2} = L_1 + L_2 - 2 L_{12}.$$

Aus beiden Gleichungen folgt:

$$L_{12} = \frac{L_{x_1} - L_{x_2}}{4}. \tag{91}$$

Da aus dem vorhergehenden Abschnitt hervorgeht, daß noch außerordentlich kleine Selbstinduktionskoeffizienten der Messung zugänglich sind, braucht man nur die dort beschriebenen Verfahren sinngemäß zu benutzen, um auch den Koeffizienten der gegenseitigen Induktion und damit auch die Kopplungskoeffizienten einwandfrei bestimmen zu können. Im folgenden soll dies durch einige Beispiele erläutert werden.

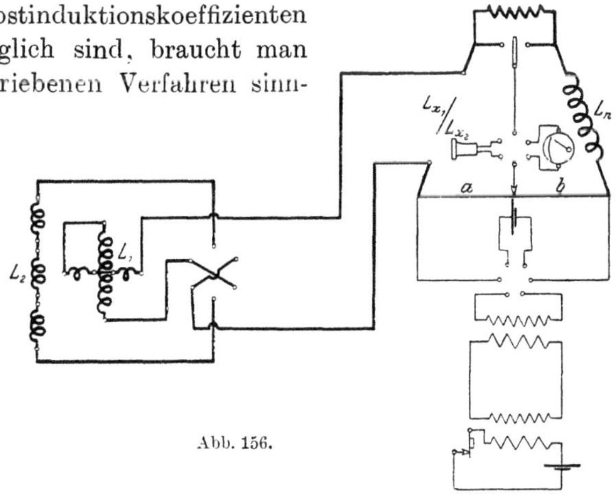

Abb. 156.

1. Bestimmung des Kopplungskoeffizienten mittels der Wechselstrombrücke. Abb. 156 stellt eine Schaltung dar, die dazu dient, um beispielsweise den Kopplungskoeffizienten eines Empfangstransformators zu bestimmen. Der Umschalter ermöglicht, die zwei Spulen

L_1 und L_2 des Transformators in der aus Abb. 155 ersichtlichen Art zu verbinden. Die Messung der Selbstinduktionskoeffizienten L_{x_1} und L_{x_2} liefert die beiden Gleichungen:

$$L_{x_1} = L_n \cdot \frac{a_1}{b_1} = L_n \cdot \alpha_1 ,$$

$$L_{x_2} = L_n \cdot \frac{a_2}{b_2} = L_n \cdot \alpha_2 ,$$

aus denen nach Gleichung 91 sich ergibt:

$$L_{12} = \frac{L_{x_1} - L_{x_1}}{4} = \frac{L_n}{4} (\alpha_1 - \alpha_2) .$$

Hat man auch L_1 und L_2 gemessen, so folgt weiter:

$$\varkappa = \frac{L_{12}}{\sqrt{L_1 \cdot L_2}} .$$

Beispiel: Zwei Spulen mit den Selbstinduktionskoeffizienten

$L_1 = 1{,}005 \cdot 10^6$ cm, $L_2 = 1{,}352 \cdot 10^6$ cm

wurden in verschiedene Entfernung d voneinander gebracht. Die Zahlentafel enthält die gemessenen Werte von L_{x_1} und L_{x_2} und die nach Gleichung 91 berechneten Werte von $\varkappa$.

d cm	L_{x_1} cm	L_{x_2} cm	$\varkappa$
40	$3{,}22 \cdot 10^6$	$1{,}485 \cdot 10^6$	0,372
37,5	$3{,}30 \cdot 10^6$	$1{,}340 \cdot 10^6$	0,42
35	$3{,}37 \cdot 10^6$	$1{,}285 \cdot 10^6$	0,448
32,5	$3{,}47 \cdot 10^6$	$1{,}119 \cdot 10^6$	0,489

2. Bestimmung des Kopplungskoeffizienten mittels Wellenmesser. Es sei L_1 (Abb. 157) der Selbstinduktionskoeffizient des primären, L_2 der des sekundären Kreises einer Anordnung, deren Kopplungskoeffizient gefunden werden soll, ferner L_{III} der Selbstinduktionswert der beiden aufeinander wirkenden Spulen in der Schaltung III und L_{IV} die der Schaltung IV. entsprechende Größe.

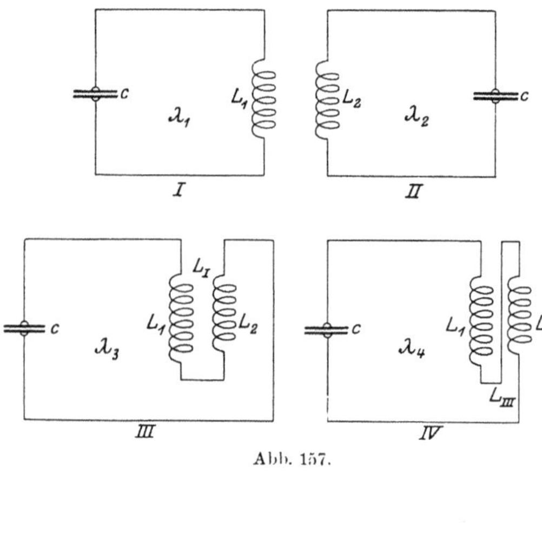

Abb. 157.

Mißt man unter der Voraussetzung, daß die Kapazität C unverändert bleibt, die Wellenlängen λ_1, λ_2, λ_3 und λ_4 für diese vier Schaltungen, so findet sich der Kopplungskoeffizient zu:

$$\varkappa = \frac{1}{4} \cdot \frac{L_{III} - L_{IV}}{\sqrt{L_1 \cdot L_2}} = \frac{1}{4} \cdot \frac{\lambda_3^2 - \lambda_4^2}{\lambda_1 - \lambda_2}.$$

Das Verfahren hat den Nachteil, daß in der Endgleichung die Unterschiede der Quadrate von zwei Wellenlängen eingehen. Läßt man statt der Kapazität die Wellenlänge λ unverändert, so ergibt sich aus den gemessenen Werten C_1, C_2, C_3 und C_4 die Größe von $\varkappa$ mittels der Beziehung

$$\varkappa = \frac{1}{4} \cdot \frac{C_4 - C_3}{C_3 \cdot C_4} \cdot \sqrt{C_1 \cdot C_2}.$$

Wird eine derartige Messung an einer durch Zusammenschalten eines geschlossenen und offenen Schwingungskreises entstehenden Anordnung vorgenommen, so ist stets zu beachten, daß die gewonnenen Werte die wirksamen Induktionen darstellen, diese aber wiederum von der Stromverteilung längs des offenen Schwingungskreises (z. B. eine Antenne) abhängen. Im besonderen ist, wie schon erwähnt, $\varkappa$ von der Stelle abhängig, an der die Kopplung vorgenommen wird. Findet diese im Indifferenzpunkt statt, so ist bei sonst gleicher Spulenentfernung der Kopplungskoeffizient am größten.

3. Bestimmung von Kopplungskoeffizienten mittels der beiden Kopplungswellen. Das wohl am häufigsten verwendete Verfahren zur Bestimmung des Kopplungskoeffizienten zweier Kreise I und II beruht auf den Beziehungen zwischen der Grundwelle λ_0, auf die beide Kreise abgestimmt waren, und den zwei, bei fester Kopplung in jedem der Kreise I und II entstehenden Wellen λ_1 und λ_2:

$$\lambda_1 = \lambda_0 \cdot \sqrt{1 - \varkappa}, \qquad \lambda_2 = \lambda_0 \cdot \sqrt{1 + \varkappa}.$$

Aus ihnen folgt:

$$\varkappa = 1 - \left(\frac{\lambda_1}{\lambda_0}\right)^2 = \left(\frac{\lambda_2}{\lambda_0}\right)^2 - 1 \tag{92}$$

und ferner

$$\left.\begin{aligned} \varkappa &= \frac{\lambda_2^2 - \lambda_1^2}{\lambda_1^2 + \lambda_2^2} = \frac{\left(\frac{\lambda_2}{\lambda_1}\right)^2 - 1}{\left(\frac{\lambda_2}{\lambda_1}\right)^2 + 1} \\ \varkappa &= \frac{\lambda_2^2 - \lambda_2^2}{2\,\lambda_0^2} = \frac{\left(\frac{\lambda_2}{\lambda_0}\right)^2 - \left(\frac{\lambda_1}{\lambda_0}\right)^2}{2} \end{aligned}\right\} \tag{93}$$

oder wenn

$$\sqrt{1 - \varkappa} \sim 1 - \frac{\varkappa}{2}, \qquad \sqrt{1 + \varkappa} \sim 1 + \frac{\varkappa}{2}$$

gesetzt wird, die Näherungsgleichung:

$$\varkappa \sim \frac{\lambda_2 - \lambda_1}{\lambda} . \tag{94}$$

Die Messung kann mittels eines Wellenmesser und beistehender Schaltung (Abb. 158) ausgeführt werden und erfordert die folgenden Schritte:

1. I und II werden getrennt oder in ganz loser Kopplung auf die gemeinsame Grundwelle λ_0 abgestimmt;

2. I und II werden in die Stellung zueinander gebracht, für die $\varkappa$ gefunden werden soll, worauf in einem der Kreise λ_1 und λ_2 zu messen sind.

Zur Berechnung von $\varkappa$ nach Gleichung 92 genügt die Messung von λ_0 und einer der Kopplungswellen. Genauere Ergebnisse erhält man durch Messung der beiden Kopplungswellen und mittels der Gleichungen 93.

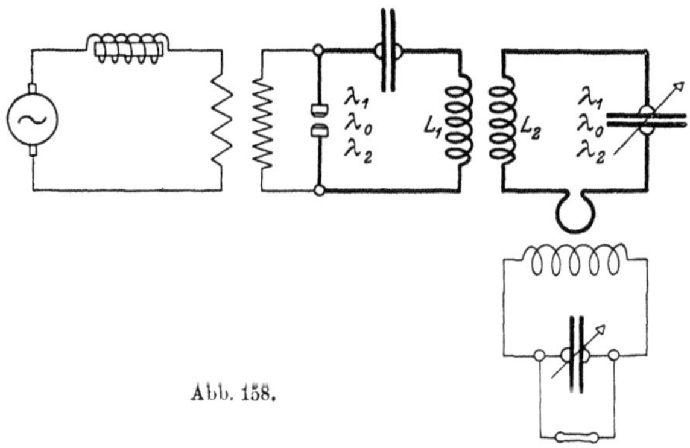

Abb. 158.

Beispiel: Für

$\lambda_0 = 1000$ m, $\lambda_1 = 866$ m, $\lambda_2 = 1118$ m

wird:

$$\frac{\lambda_2^2 - \lambda_1^2}{\lambda_1^2 + \lambda_2^2} = \frac{\lambda_2^2 - \lambda_1^2}{2\,\lambda_0^2} = 0{,}25 ; \qquad \frac{\lambda_2 - \lambda_1}{\lambda_0} \sim 0{,}252 .$$

Der mit der Näherungsformel berechnete Wert für $\varkappa$ weicht von dem richtigen Werte sonach im vorliegenden Fall um 0,8% ab.

Liest man am Wellenmesser statt der Wellenlängen die diesen entsprechenden Kapazitäten C_0, C_1 und C_2 ab, so erhält man:

$$\varkappa = \frac{C_0 - C_1}{C_0} = \frac{C_2 - C_0}{C_0} = \frac{C_2 - C_1}{C_1 + C_2} = \frac{1}{2} \cdot \frac{C_2 - C_1}{C_0} .$$

Enthält Kreis I eine Löschfunkenstrecke, so ist diese bei der Kopplungsmessung zu ersetzen durch eine Knallfunkenstrecke.

Die Gleichungen liefern nur dann den Kopplungskoeffizienten selbst, wenn $(\vartheta_1 - \vartheta_2)^2$ vernachlässigbar ist gegen $4\pi^2$. Trifft dies nicht zu, was nur selten vorkommt, so erhält man aus ihnen nur den Kopplungsgrad $\varkappa'$, d. h.

$$\varkappa' = \sqrt{\varkappa^2 - \left(\frac{\vartheta_1 - \vartheta_2}{2\pi}\right)^2}.$$

Die Bestimmung von $\varkappa$ erfordert in diesem Fall sonach auch noch die Messung der Dämpfungsdekremente ϑ_1 und ϑ_2 von I und II.

4. Verfahren von Kiebitz. L_1 und L_2 (Abb. 159) seien die Spulen, deren Kopplungskoeffizient ermittelt werden soll. Die eine von ihnen, L_1 in Abb. 165, wird mit einem Drehkondensator C_1 zu dem Schwingungskreis II vereinigt und lose mit dem Meßkreis I gekoppelt, der durch einen eingeschalteten Lichtbogengenerator, eine Kathodenröhre oder mittels einer Funkenstrecke oder eines Summers erregt wird. Zweckmäßig bringt man die Kapazität C von I auf den größten Betrag. Darauf sind zwei Resonanzeinstellungen zu machen:

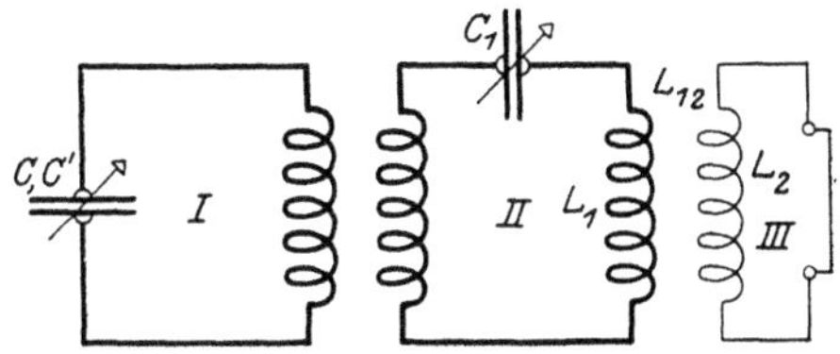

Abb. 159.

1. Kreis III wird entfernt oder geöffnet und hierauf C_1 in Kreis II so lange geändert, bis Kreis II mit Kreis I in Resonanz ist;
2. L_2 wird kurzgeschlossen und in diejenige Lage zu L_1 gebracht, für die der Kopplungskoeffizient bestimmt werden soll. Durch Verkleinerung der Kapazität C im Meßkreis I von C auf C' wird die Resonanz zwischen II und I wieder herbeigeführt.

Alsdann ist

$$\varkappa^2 = \frac{C - C'}{C}. \tag{95}$$

Teilt man den Teilkreis von C in 100 Teile und läßt die Teilung bei der größten Kapazität mit 0 beginnen, so wird die bei der zweiten Einstellung erforderliche Verkleinerung von C:

$$C - C' = a \text{ Teilstriche}$$

und wenn C mit 100, $C - C'$ mit a proportional ist:

$$\varkappa = \frac{\sqrt{a}}{10}. \tag{95a}$$

Man kann somit an dem Kondensator C auch unmittelbar eine Teilung nach $\varkappa$ anbringen.

Zum Erkennen der Resonanzlage eignet sich je nach der Größe der verfügbaren Leistung eine Leuchtröhre an C_1 oder eine aperiodische Empfangsschaltung, die ganz lose mit Kreis II gekoppelt ist.

An Stelle von I kann auch II als Erregerkreis benutzt werden. Der Resonanzzeiger ist alsdann an C zu legen oder lose mit 1 zu koppeln.

Fehler bei diesem Verfahren können entstehen, wenn sich Spule L_2 bei der ersten Einstellung nicht hinreichend weit entfernen läßt und auch bei geöffneter Spule L_2 in L_2 Ströme induziert werden, durch deren Rückwirkung die Wellenlänge von Kreis II vergrößert wird. Infolgedessen erhält man bei der ersten Einstellung nicht C, sondern den zu großen Wert C_f, aus dem sich der zu große Wert

$$\varkappa'^2 = \frac{C_f - C'}{C_f}$$

ergibt. Setzt man

$$C_f - C = f,$$

so erhält man aus Gleichung 95 den richtigen Wert von $\varkappa$ zu:

$$\varkappa = \sqrt{\frac{C_f - C' - f}{C_f - f}},$$

wo L den Selbstinduktionskoeffizienten des Kreises I und λ_2 die Eigenwellenlänge von L_2 darstellt, die durch eine besondere Messung bestimmt werden muß.

Der Ausdruck für f

$$f = \left(\frac{\lambda_2}{2\pi}\right)^2 \cdot \frac{\varkappa'^2}{L},$$

der sich aus der Gleichung für $\varkappa'$ ergibt, wenn man ihr C_f durch λ_2 ausdrückt, zeigt, daß der Unterschied zwischen C und C_f um so größer ist, je größer die Eigenwelle von L_2 und die Kopplung und je kleiner die Selbstinduktion im Meßkreis ist.

Läßt sich λ_2 nicht ermitteln, so müssen die Messungen mit möglichst langen Wellen ausgeführt werden, wodurch der Fehler verringert wird.

Das Verfahren ermöglicht auch, Koeffizienten der gegenseitigen Induktion und Selbstinduktionskoeffizienten zu bestimmen, und eignet sich im ersten Falle auch dann, wenn L_1 und L_2 stark verschieden voneinander sind.

a) Bestimmung von L_{12} zwischen L_1 und L_2. Sind L_1, L_2 bekannt, und ist $\varkappa$ in der vorher beschriebenen Art gemessen, so wird:

$$L_{12} = \varkappa \cdot \sqrt{L_1 \cdot L_2}\,.$$

b) Bestimmung eines Induktionskoeffizienten L_x. Man mißt die Kopplungskoeffizienten $\varkappa_1$ und $\varkappa_2$, und zwar:

1. $\varkappa_1$, wenn L_1 in II allein eingeschaltet ist. Alsdann gilt:

$$\varkappa_1^2 = \frac{L_{12} \cdot L_{21}}{L_1 \cdot L_2};$$

2. $\varkappa_2$, nachdem L_x zu L_1 in II zugeschaltet ist.

Da $\varkappa_2$ dargestellt werden kann durch

$$\varkappa_2^2 = \frac{L_{12} \cdot L_{21}}{(L_1 + L_x) \cdot L_2},$$

so folgt aus dieser und der ersten Gleichung:

$$L_x = L_1 \cdot \frac{\varkappa_1^2 - \varkappa_2^2}{\varkappa_2^2}.$$

Besonders für Messungen an Anordnungen mit verteilter Selbstinduktion ist dieses Verfahren zu empfehlen.

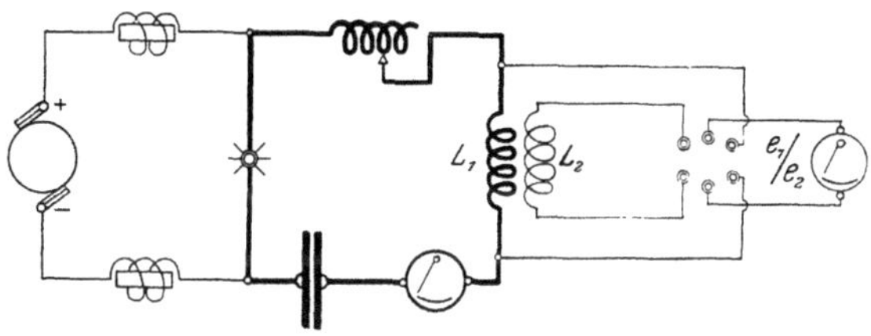

Abb. 160.

5. Bestimmung des Koeffizienten der gegenseitigen Induktion durch Spannungsmessungen. a) Für die Messung dient die Schaltung Abb. 160. Unter Zuhilfenahme des Umschalters werden nacheinander die Spannungen e_1 und e_2 an der Primär- und Sekundärspule ermittelt.

Ist der Selbstinduktionskoeffizient L_1 der Primärspule bekannt, so erhält man

$$L_{12} = L_1 \cdot \frac{e_2}{e_1}.$$

b) In ähnlicher Weise wie bei dem vorhergehenden Verfahren läßt sich auch nach einem Vorschlage von Scheller die Ermittlung von Kopplungskoeffizienten zurückführen auf die Messungen von Spannungen, die sich zwischen den Enden der einzelnen Teile beliebig gekoppelter Kreise bei Stromdurchgang ausbilden.

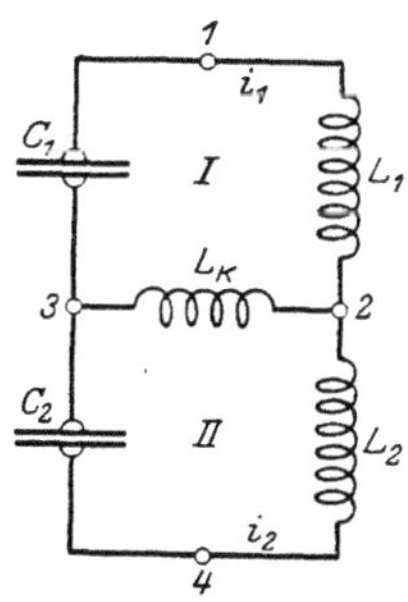

Abb. 161.

α) Induktive Kopplung (Abb. 161). Multipliziert man in der Gleichung

$$\varkappa = \sqrt{\frac{L_{12} \cdot L_{21}}{L_{\mathrm{I}} \cdot L_{\mathrm{II}}}}$$

in der $\qquad L_{\mathrm{I}} = L_\varkappa + L_1, \qquad L_{\mathrm{II}} = L_\varkappa + L_2.$

L_{12} und L_{I} mit $\omega \cdot i_1$, L_{21} und L_{II} mit $\omega \cdot i_2$ und setzt

$i_1 \cdot \omega \cdot L_{12} = e_{\varkappa 1}$, $i_2 \cdot \omega \cdot L_{21} = e_{\varkappa 2}$, $i_1 \cdot \omega \cdot L_{\mathrm{I}} = e_1$, $i_2 \cdot \omega \cdot L_{\mathrm{II}} = e_2$,

so wird

$$\varkappa = \sqrt{\frac{e_{\varkappa 1} \cdot e_{\varkappa 2}}{e_1 \cdot e_2}}, \tag{96}$$

wo

$e_{\varkappa 1}$ = Spannung zwischen 2 und 3 bei dem Strome i_1
e_1 = " " 1 " 3 " " " i_1
$e_{\varkappa 2}$ = " " 2 " 3 " " " i_2
e_2 = " " 3 " 4 " " " i_2

Um $\varkappa$ zu finden, wird

1. Kreis II an den Punkten 2 und 3 von Kreis I abgetrennt, worauf bei gleicher Stromstärke i_1 die Spannung zwischen 2 und 3 einerseits und die Spannung zwischen 1 und 3 andererseits zu messen sind.

2. Kreis I an den Punkten 2 und 3 von Kreis II gelöst und die Spannungen $e_{\varkappa 1}$ und e_2 bei gleichbleibendem Strom i_2 gemessen.

Die Ströme bei den zwei aufeinanderfolgenden Versuchen brauchen nicht unter sich gleich zu sein, sie können beliebig gewählt werden und sind nur so einzustellen, daß man gut meßbare Spannungen erhält. Im folgenden ist das Verfahren für rein induktive Kopplung zwischen L_1 und L_2 durch ein Beispiel erläutert.

Beispiel. Zur Messung von $\varkappa$ für zwei Spulen mit dem Selbstinduktionskoeffizienten $L_1 = 1{,}005 \cdot 10^6$ cm und $L_2 = 1{,}352 \cdot 10^6$ cm in verschiedenen Abständen d wurde zunächst L_1 mit einem Kondensator in den Schwingungskreis eines Lichtbogengenerators gelegt, L_2 durch L_1 erregt und bei gleichbleibendem Strome die Spannung $e_{\varkappa 1}$ an L_2 und e_1 an L_1 gemessen. Darauf wurden die Spulen vertauscht und die Spannung $e_{\varkappa 2}$ an L_1 und e_2 an L_2 gemessen. Diese Messungen ergaben beistehende Werte:

d in cm	$e_{\varkappa 1}$	e_1	$e_{\varkappa 2}$	e_2	$\varkappa = \sqrt{\frac{e_{\varkappa 1} \cdot \varkappa 2}{e_1 \cdot e_2}}$
40	210	510	190	600	0,35
37,5	240	515	205	610	0,396
35	265	508	235	605	0,452
32,5	290	510	260	605	0,493
30	335	507	283	605	0,614

β) Kapazitive Kopplung (Abb. 162). $\varkappa$ kann in diesem Falle dargestellt werden durch den Ausdruck:

$$\varkappa = \sqrt{\frac{\left(\frac{1}{\omega \cdot C_\varkappa}\right)^2}{\frac{1}{\omega \cdot C_{\mathrm{I}}} \cdot \frac{1}{\omega \cdot C_{\mathrm{II}}}}}, \tag{97}$$

wo

$$C_{\mathrm{I}} = \frac{C_1 \cdot C_\varkappa}{C_1 + C_\varkappa}, \qquad C_{\mathrm{II}} = \frac{C_2 \cdot C_\varkappa}{C_2 + C_\varkappa}.$$

Durch Multiplikation von Zähler und Nenner mit $i_1 \cdot i_2$ geht $\varkappa$ über in:

$$\varkappa = \sqrt{\frac{\frac{i_1}{\omega \cdot C_\varkappa} \cdot \frac{i_2}{\omega \cdot C_\varkappa}}{\frac{i_1}{\omega \cdot C_{\mathrm{I}}} \cdot \frac{i_2}{\omega \cdot C_{\mathrm{II}}}}} = \sqrt{\frac{e_{\varkappa 1} \cdot e_{\varkappa 2}}{e_1 \cdot e_2}}.$$

Die Bestimmung von $\varkappa$ erfordert sonach die Messung der folgenden Spannungspaare:

1. $e_{\varkappa 1}$ = Spannung zwischen 2 und 3
   e_1 = " " 1 " 2

wobei II von I abzutrennen ist und

2. $e_{\varkappa 2}$ = Spannung zwischen 2 und 3
   e_2 = " " 2 " 4

nachdem der den Strom i_1 führende Zweig unterbrochen oder von II gelöst ist.

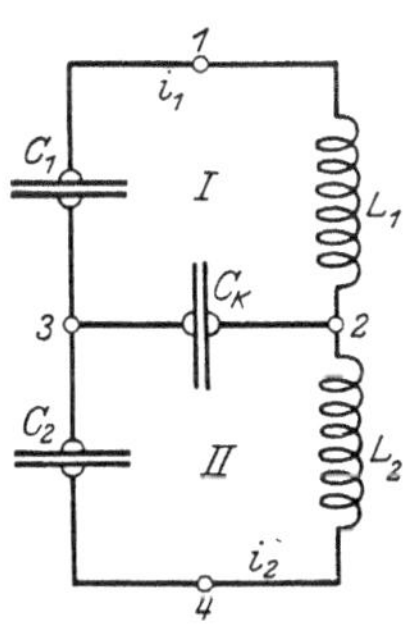

Abb. 162.

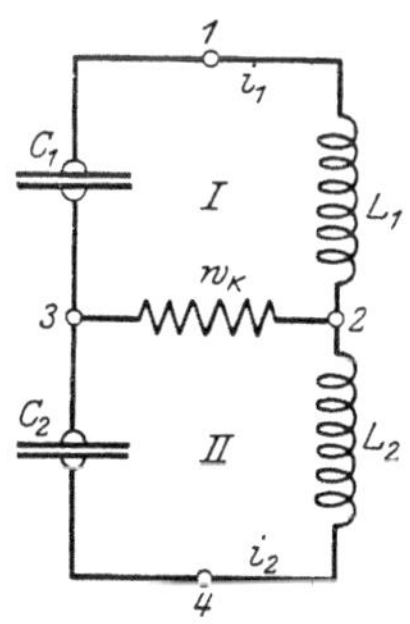

Abb. 163.

c) Galvanische Kopplung (Abb. 163). Sind die beiden Kreise durch einen Ohmschen Widerstand $w_\varkappa$ miteinander gekoppelt, so wird die Formel für den Kopplungskoeffizienten:

$$\varkappa = \sqrt{\frac{w_\varkappa}{\sqrt{w_\varkappa + (\omega \cdot L_1)^2} \cdot \sqrt{w_\varkappa + (\omega \cdot L_2)^2}}} \tag{98}$$

$$= \sqrt{\frac{w_\varkappa}{\sqrt{w_\varkappa + \left(\frac{1}{\omega \cdot C_1}\right)^2} \cdot \sqrt{w_\varkappa + \left(\frac{1}{\omega \cdot C_2}\right)^2}}}$$

oder wenn $w_\varkappa$ gegen die Werte $\omega \cdot L$ und $\frac{1}{\omega \cdot C}$ vernachlässigbar ist:

$$\varkappa = \sqrt{\frac{w_\varkappa}{\omega \cdot L_1 \cdot \omega \cdot L_2}} = \sqrt{\frac{w_\varkappa}{\frac{1}{\omega \cdot C_1} \cdot \frac{1}{\omega \cdot C_2}}},$$

woraus sich durch Multiplikation mit $i_1 \cdot i_2$ im Zähler und Nenner ergibt:

$$\varkappa = \sqrt{\frac{i_1 \cdot w_\varkappa \cdot i_2 \cdot w_\varkappa}{i_1 \cdot \omega \cdot L_1 \cdot i_2 \cdot \omega \cdot L_2}} = \sqrt{\frac{i_1 \cdot w_\varkappa \cdot i_2 \cdot w_\varkappa}{\frac{i_1}{\omega \cdot C_1} \cdot \frac{i_2}{\omega \cdot C_2}}}$$

oder:

$$\varkappa = \sqrt{\frac{e_{\varkappa 1} \cdot e_{\varkappa 2}}{e_{L1} \cdot e_{L2}}} = \sqrt{\frac{e_{\varkappa 1} \cdot e_{\varkappa 2}}{e_{C1} \cdot e_{C2}}} = \sqrt{\frac{e_{\varkappa 1} \cdot e_{\varkappa 2}}{e_1 \cdot e_2}}.$$

Zur Bestimmung von $\varkappa$ müssen daher die folgenden Spannungen gemessen werden:

1. $e_{\varkappa 1}$ = Spannung zwischen 2 und 3
   e_1 = „ „ 1 „ 2 oder zwischen 1 und 3

bei gleichbleibendem Strome i_1 und während II von I losgetrennt ist.

2. $e_{\varkappa 2}$ = Spannung zwischen 2 und 3
   e_2 = „ „ 2 „ 4 oder zwischen 3 und 4

bei dem Strome i_2, nachdem I von II abgeschaltet ist. Die Endgleichungen haben sonach für die drei Fälle die gemeinsame Form

$$\varkappa = \sqrt{\frac{e_{\varkappa 1} \cdot e_{\varkappa 2}}{e_1 \cdot e_2}}.$$

6. Bestimmung kleiner Kopplungskoeffizienten aus der Widerstandsänderung infolge Rückwirkung. Werden zwei Kreise derart miteinander gekoppelt, daß die Rückwirkung des Sekundärkreises auf den Primärkreis nicht verschwindet, so erfährt der Primärkreis eine Widerstandserhöhung $w_\varkappa$, die mit der Kopplung wächst (S. 147). Durch Messung dieser Widerstandszunahme kann der Koeffizient der gegenseitigen Induktion nach den Gleichungen 86 bis 90 gefunden werden. Die erforderliche Schaltung zeigt Abb. 164. Die Primärspule L_1 wird in den Meßkreis II eingeschaltet, die Sekundärspule L_2 über den bekannten Widerstand w_3 eines Stromzeigers geschlossen.

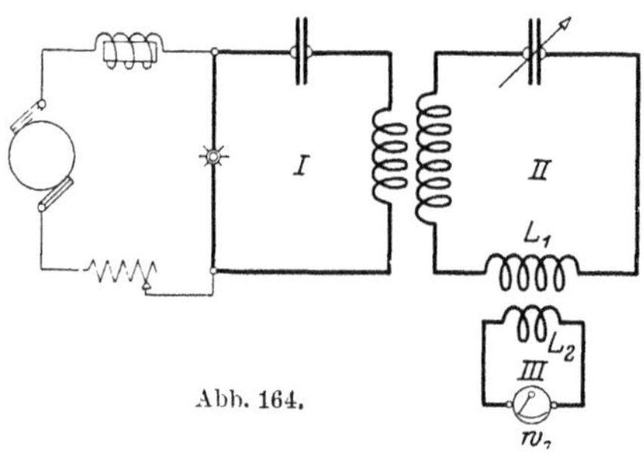

Abb. 164.

Nachdem bei loser Kopplung Meßkreis II auf den Erregerkreis I abgestimmt ist, mißt man unter Verwendung eines der Verfahren, die in dem Abschnitt über Dämpfungsmessung beschrieben sind:

1. den wirksamen Widerstand w_2 des Meßkreises II, während die Spule L_2 nicht angekoppelt ist;
2. den gesamten wirksamen Widerstand $w_2' = w_2 + w_\varkappa$ von II, nachdem L_2 mit L_1 gekoppelt ist.

Aus beiden Messungen erhält man:

$$w_\varkappa = w_2' - w_2 .$$

Ferner ist noch zu ermitteln

3. die Wellenlänge λ, auf die I und II abgestimmt waren.

Für den Fall, daß der Ohmsche Widerstand w_3 des Kreises III dessen induktiven Widerstand $\omega \cdot L_3$ bei weitem überwiegt, erhält man alsdann nach Gleichung 90:

$$L_{12} = \frac{1}{\omega} \cdot \sqrt{w_\varkappa \cdot w_3} \tag{99}$$

oder

$$L_{12}^{\mathrm{cm}} = \frac{\lambda^{\mathrm{m}}}{1{,}885} \cdot \sqrt{w_\varkappa \cdot w_2} . \tag{100}$$

Sind L_1 und L_2 bekannt oder gemessen, so ergibt sich weiter:

$$\varkappa = \frac{L_{12}}{\sqrt{L_1 \cdot L_2}}$$

E. Wellenlängen.

I. Berechnung von Wellenlängen.

Während in der Elektrotechnik vorwiegend der Begriff der „Periodenzahl" eines Wechselstromes gebräuchlich ist, weicht man in der Radiotelegraphie aus Zweckmäßigkeitsgründen von dieser Gewohnheit ab und rechnet ausschließlich mit „Wellenlängen". Zwischen Wellenlänge λ, Periodendauer T und Periodenzahl ν besteht die Beziehung:

$$\lambda^{\mathrm{cm}} = 3 \cdot 10^{10} \cdot T = \frac{3 \cdot 10^{10}}{\nu} \tag{101}$$

Die Wellenlänge entspricht der Ausdehnung des Raumes, den ein elektrischer Impuls während einer vollen Schwingung durchläuft.

Stellt man in dem Ausdruck für λ die Größe T durch die Bestimmungsstücke C, L und w eines Schwingungskreises dar, so erhält man, da

$$T = 2\pi \cdot \sqrt{C \cdot L + \left(\frac{w}{2L}\right)^2}, \tag{102}$$

für die der Periodendauer des Hochfrequenzstromes entsprechende Wellenlänge

$$\left.\begin{aligned} \lambda^{cm} &= 3\cdot 10^{10}\cdot 2\pi\cdot\sqrt{C\cdot L+\left(\frac{w}{2L}\right)^2} \\ &= \lambda_0\cdot\sqrt{1+\left(\frac{\vartheta}{2\pi}\right)^2}, \end{aligned}\right\} \qquad (103)$$

wobei ϑ das logarithmische Dekrement der Dämpfung des Schwingungskreises bedeutet.

Für $\vartheta = 0{,}6$ wird $\lambda = 1{,}005\cdot\lambda_0$. Man ersieht hieraus, daß man auch noch für sehr große, selten vorkommende Werte von ϑ hinreichend genaue Ergebnisse gewinnt, wenn man zur Berechnung der Wellenlänge die Annäherungsgleichung benutzt:

$$\lambda = 3\cdot 10^{10}\cdot 2\pi\cdot\sqrt{C\cdot L}\ \text{cm}.$$

Besitzt die Spule die Eigenkapazität C' und der Kondensator die Eigenselbstinduktion L', so wird

$$\lambda = 3\cdot 10^{10}\cdot 2\pi\cdot\sqrt{(C+C')\cdot(L+L')}\ \text{cm}. \qquad (104)$$

In der Hochfrequenztechnik wird der Selbstinduktionskoeffizient meist in Einheiten des elektromagnetischen c-g-s-Systems, die Kapazität in Einheiten des elektrostatischen c-g-s-Systems gemessen. Drückt man mittels der Beziehung:

$9\cdot 10^{20}$ elektrostatische Einheiten der Kapazität oder $9\cdot 10^{20}$ cm $= 1$ elektromagnetische Einheit der Kapazität

C in Einheiten des elektrostatischen Maßsystems aus, so erhält man den einfachen Ausdruck:

$$\lambda^{cm} = 2\pi\cdot\sqrt{C^{cm}\cdot L^{cm}}. \qquad (105)$$

Zur Ermittlung einer der drei durch Gleichung 105 verknüpften Größen kann nebenstehende Zahlentafel benutzt werden, die zusammengehörige Werte von λ und des Produktes

$$C_{cm}\cdot L_{cm} = 253{,}3\cdot\lambda_m^2 \sim \frac{10^3\cdot\lambda_m^2}{4} \qquad (104)$$

enthält.

Oder aber man stellt die drei zusammengehörigen Werte von λ, C und L in Kurvenblättern dar, wozu sich nach Rein am besten Logarithmenpapier eignet, weil alsdann die Gleichung:

$$\log\left(\frac{\lambda}{2\pi}\right)^2 = \log C + \log L$$

unter 45^0 gegen die Ordinatenachse geneigte Gerade ergibt (Tafel V). Sind zwei von den drei Größen C, L, λ gegeben, so kann aus Tafel V die dritte entnommen werden.

λ in mm	ν	$C_{cm} \cdot L_{cm}$	λ in mm	ν	$C_{cm} \cdot L_{cm}$
100	$3 \cdot 10^6$	$0{,}02533 \cdot 10^8$	2000	$1{,}5 \cdot 10^5$	$10{,}13 \cdot 10^8$
200	$1{,}5 \cdot 10^6$	$0{,}1013 \cdot 10^8$	2400	$1{,}25 \cdot 10^5$	$14{,}59 \cdot 10^8$
300	$1 \cdot 10^6$	$0{,}2280 \cdot 10^8$	3000	$1 \cdot 10^5$	$22{,}8 \cdot 10^8$
500	$6 \cdot 10^5$	$0{,}6332 \cdot 10^8$	3500	$8{,}57 \cdot 10^4$	$31{,}03 \cdot 10^8$
600	$5 \cdot 10^6$	$0{,}911 \cdot 10^8$	4000	$7{,}5 \cdot 10^4$	$40{,}54 \cdot 10^8$
800	$3{,}75 \cdot 10^5$	$1{,}623 \cdot 10^8$	4500	$6{,}66 \cdot 10^4$	$51{,}11 \cdot 10^8$
875	$3{,}43 \cdot 10^5$	$1{,}939 \cdot 10^8$	5000	$6 \cdot 10^4$	$63{,}3 \cdot 10^8$
900	$3{,}33 \cdot 10^5$	$2{,}052 \cdot 10^8$	7500	$4 \cdot 10^4$	$142{,}5 \cdot 10^8$
1000	$3 \cdot 10^5$	$2{,}533 \cdot 10^8$	8000	$3{,}75 \cdot 10^4$	$162{,}3 \cdot 10^8$
1200	$2{,}5 \cdot 10^5$	$2{,}648 \cdot 10^8$	10000	$3 \cdot 10^4$	$253{,}3 \cdot 10^8$
1500	$2 \cdot 10^5$	$5{,}70 \cdot 10^8$	15000	$2 \cdot 10^4$	$570 \cdot 10^8$
1800	$1.67 \cdot 10^5$	$8{,}21 \cdot 10^8$	20000	$1{,}5 \cdot 10^4$	$1013 \cdot 10^8$

Tafel V läßt sich nach Luckey auch ersetzen durch 3 logarithmisch geteilte Maßstäbe.

Eine andere sehr zweckmäßige zeichnerische Darstellung hat Eccles, eine weitere Sörensen gegeben.

II. Messung von Wellenlängen.

1. Resonanzwellenmesser.

Da die Periodenzahlen, mit denen in der Radiotelegraphie gearbeitet wird, die in der Stark- und Schwachstromtechnik üblichen bei weitem überragen, sind die für den Bau von Frequenzmessern verwendeten Gesichtspunkte im allgemeinen nicht ohne weiteres auf den Bau von Wellenmessern übertragbar. Das am meisten benutzte Verfahren beruht darauf, daß ein Schwingungskreis mit stetig veränderlicher Kapazität und sprungweise veränderlicher Selbstinduktion mit dem Schwingungskreise, dessen Wellenlänge gefunden werden soll, lose gekoppelt wird. Darauf wird die Kapazität des Kondensators so lange verändert, bis ein als Strom- oder Spannungsmesser geschalteter Wellenanzeiger Resonanz zwischen beiden Kreisen erkennen läßt. Die gesuchte Wellenlänge kann alsdann aus C und L berechnet oder unmittelbar an der Teilung des Kondensators abgelesen werden.

Die Messung wird um so genauer, je schärfer die Abstimmung zwischen den beiden Kreisen gemacht werden kann. Dies erfordert:

1. geringe Dämpfung des Schwingungskreises des Wellenmessers (bei gut ausgeführten Wellenmessern liegt das Dämpfungsdekrement zwischen 0,01 und 0,015);
2. lose Kopplung zwischen beiden Kreisen.

a) Resonanzanzeiger. Als Resonanzanzeiger dienen, wenn größere Leistungen zur Verfügung dienen, mit verdünntem Helium (gelb bis fleischfarben), Neon (orange) oder Argon (rosa oder blau) gefüllte kleine Glasröhren, die mit dem Kondensator nebeneinanderzuschalten sind, oder Hitzdrahtstrommesser und kleine Glühlampen, die in den Schwingungskreis des Wellenmessers oder in den Nebenschluß zu einem Blockkondensator gelegt werden.

Auch Thermoelemente oder Bolometer eignen sich als Resonanzanzeiger. An ihre Stelle tritt bei sehr kleinen Leistungen ein Kristalldetektor in Verbindung mit einem Hörer oder Galvanometer.

Statt diese Geräte unmittelbar mit dem Wellenmesser zu verbinden, schaltet man sie häufig auch in einen besonderen, mit der Wellenmesserspule induktiv gekoppelten aperiodischen Kreis.

Eine sehr scharfe Einstellung der Resonanzlage läßt sich auch mit einem Kurzschlußelektrodynamometer erzielen. Dasselbe besteht aus zwei senkrecht zueinander angeordneten Spulen, in deren Mitte drehbar ein Kurzschlußring aus Aluminium sich befindet. Die eine Spule wird mit dem Normalwellenmesser, die zweite mit dem zu untersuchenden Wellenmesser gekoppelt, und zwar galvanisch oder auch rein induktiv.

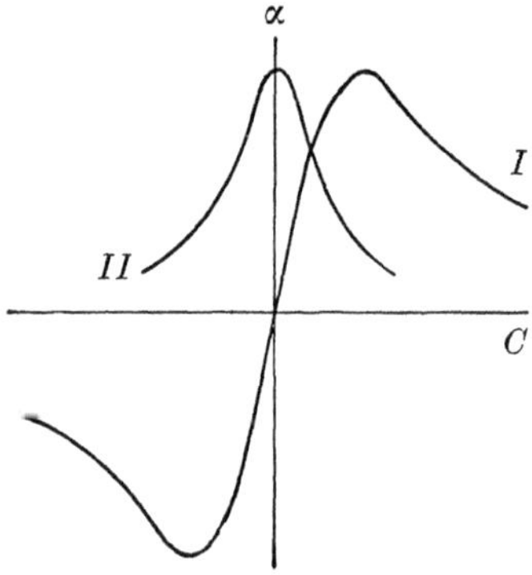

Abb. 165.

Die Ablenkungen α des Dynamometers sind proportional $\int_0^\infty i_1 \cdot i_2 \cdot dt$, wo i_1 und i_2 die Augenblickswerte der Ströme in den beiden Dynamometerspulen bedeuten.

Trägt man die Kapazitäten C des einen Wellenmessers als Abszissen, die Ablenkungen α als Ordinaten auf, so erhält man die Abb. 165 dargestellte Kurve I. Sie schneidet die Abszissenachse bei einem Werte der Kapazität, die der Resonanz zwischen den zwei Wellenmesserkreisen entspricht. Da die Kurve sehr steil gegen die Abszissenachse abfällt, kann die Resonanzlage und damit die gesuchte Wellenlänge mit großer Genauigkeit gefunden werden. Dazu kommt, daß die Resonanzlage nicht wie bei der, z. B. mit einem Hitzdrahtgerät aufgenommenen Resonanzkurve (Kurve II), durch den Höchstwert einer Ablenkung, sondern durch das Verschwinden von α gekennzeichnet ist. Störungen, die Änderungen der Stromstärke verursachen, und die im ersten Falle die Einstellung erschweren, sind daher viel weniger merklich. Der Verlauf der Kurve I hängt zwar ab von der Kopplung, indessen ist diese ohne Einfluß auf die Resonanzlage. Auch Unregelmäßigkeiten im Gang der Funkenstrecke im Erregerkreis beeinflussen die Messungen nur in geringem Maße.

b) Schaltung der Resonanzanzeiger. Ein wichtiger Umstand, der bei genauen Messungen nicht außer acht bleiben darf, ist die Abhängigkeit der Angaben eines Wellenmessers von der Art und Schaltung des verwendeten Resonanzanzeigers. Wird ein Heliumrohr benutzt, so ist eine andere Eichkurve zugrunde zu legen, wie für einen Hitzdrahtstrommesser oder eine Glühlampe.

Je nach seiner Aufgabe, den Höchstwert der Spannung oder des Stromes anzugeben, wird der Resonanzanzeiger nebeneinander- oder in Reihe mit dem Kreiskondensator geschaltet. Da nun die gebräuchlichen Indikatoren einen Kapazitätswert, eine kleine Selbstinduktion oder einen Widerstand darstellen — vielfach setzen sich ihre elektrischen Eigenschaften auch aus diesen drei Größen zusammen —, so beeinflussen sie, wie im folgenden gezeigt wird, die wellenbestimmenden, wirksamen Größen der Dämpfung, der Kapazität C und Selbstinduktion L des Kreises in mannigfacher Weise.

Es seien deshalb für den einfachsten Fall, daß der betreffende Indikator einen reinen Ohmschen Widerstand w darstellt, die auftretenden Erscheinungen näher erläutert.

Wird der Resonanzanzeiger als Spannungsmesser verwendet, d. h. liegt er im Nebenschluß zur Kreiskapazität, so ist mit dieser hierdurch ein Ohmscher Widerstand nebeneinandergeschaltet. Damit berechnet sich die wirksame Kapazität nach Gleichung 14, S. 67, d. h. die Kapazität des Kreises und damit die ursprüngliche Wellenlänge werden vergrößert. Hierbei wird jedoch gleichzeitig, selbst bei hohem w, die Dämpfung des Kreises meist so groß und die Resonanzkurve so flach, daß die Anordnung für Messungen unbrauchbar ist.

Findet ein Strommesser Verwendung, so schaltet man mit ihm vielfach eine Kapazität C_1 (Abb. 166) oder eine Selbstinduktion L_1 (Abb. 167) nebeneinander, um seinen Meßbereich zu erhöhen und seinen Dämpfungsbeitrag herabzudrücken. Zur Berechnung der Wellenlänge λ muß man sich daher eine weitere Kapazitätsgröße C_1' oder einen Selbstinduktionswert L_1' in den Kreis geschaltet denken. Im ersteren Falle wird die ursprüngliche Wellenlänge verkleinert (Reihenschaltung zweier Kondensatoren), im zweiten Falle dagegen vergrößert (Reihenschaltung zweier Spulen). Die betreffenden Werte von C_1' und L_1' ergeben sich aus den früheren Gleichungen 17:

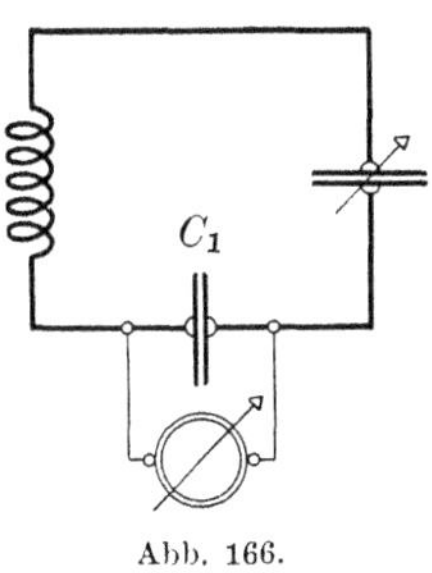

Abb. 166.

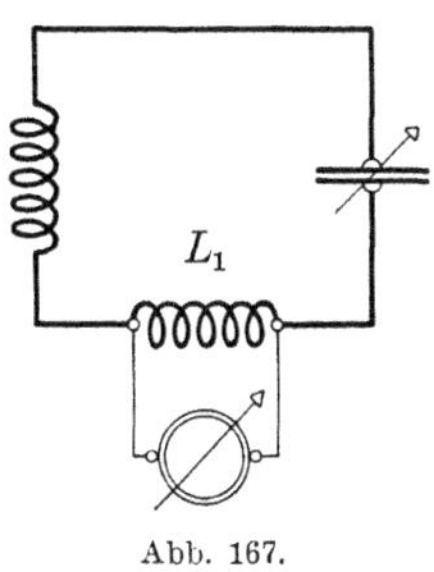

Abb. 167.

$$C_1' = C_1 + \frac{C_1}{\omega^2 \cdot C_1^2 \cdot w^2}, \qquad L_1' = L_1 \cdot \frac{w^2}{\omega^2 \cdot L_1^2 + w^2},$$

$$w'_{C_1} = w_{C_1} \cdot \frac{w^2}{C^2_{C_1} + w^2}, \qquad w'_{L_1} = w_{L_1} \cdot \frac{w^2}{w^2_{L_1} + w^2},$$

(vgl. Tafel I: $w'_{L_1} = w_1$, $w_{L_1} = w_3$, $w = w_2$).

Neben der Bestimmung der Frequenz findet der Wellenmesser auch zur Ermittlung der Dämpfung schwingungsfähiger Kreise vielfache Verwendung. Hierbei ist es nötig, seine elektrischen Größen derart zu wählen, daß seine Eigendämpfung einen möglichst geringen Wert aufweist. Aus später entwickelten Gleichungen läßt sich das logarithmische Dekrement der Dämpfung ϑ eines isochron und quasistationär schwingenden Kreises aus der folgenden Beziehung berechnen

$$\vartheta = \pi \cdot W^{\Omega} \cdot \sqrt{\frac{C^{\text{Farad}}}{L^{\text{Henry}}}} = \frac{1}{152} \cdot \frac{C^{\text{cm}} \cdot W^{\Omega}}{\lambda^{\text{cm}}}. \tag{104}$$

Hierbei bedeuten C die wirksame Kreiskapazität, λ die Wellenlänge und W den gesamten Ohmschen Widerstand des Schwingungskreises. Dieser setzt sich hauptsächlich aus dem wirksamen Widerstande der Spule w'' und dem des Indikators w zusammen, der meist für diese Messungen ein Stromzeiger ist. Besitzt letzterer einen kapazitiven oder induktiven Nebenschluß, so ist sein wirksamer Widerstandswert w' einzuführen, der sich auf Grund der Gleichungen 17 zu:

$$w' = w \cdot \frac{w_C^2}{w^2 + w_C^2}$$

oder zu

$$w' = w \cdot \frac{w_L^2}{w_L^2 + w^2}$$

ergibt und mittels Tafel I gefunden werden kann. Alsdann wird

$$W = w' + w''. \tag{105}$$

Zumeist sind beide Widerstandswerte w' und w'' von annähernd gleicher Größenordnung.

c) Aufbau und Ausführungsformen. Beim Zusammenstellen der Einzelteile eines Wellenmessers kann man nun entweder nur die Kapazität, nur die Selbstinduktion oder beide stetig veränderlich machen. Die stetige Änderung der Selbstinduktion mittels eines Variometers bedingt eine Lagenänderung seiner beweglichen Teile. Da der Wellenmesser meist induktiv mit dem Erregerkreis gekoppelt wird, so muß beim Abstimmen sich die Kopplung ändern. Aus diesem Grunde benutzt man meist stetig veränderliche Drehkondensatoren und einen Satz von auswechselbaren Spulen, deren Selbstinduktionskoeffizienten den einzelnen Stufen des gesamten Meßbereichs angepaßt werden.

Die Zahl der erforderlichen Spulen ergibt sich durch folgende Überlegung: Der Meßbereich einer einzelnen Spule ist durch den Kleinstwert C' und den Höchstwert C'' der stetig veränderlichen Kapazität des Drehkondensators festgelegt. Das Verhältnis $\frac{C''}{C'}$ hat sonach für den Meßbereich jeder der Spulen denselben Wert, der bei den üblichen Ausführungsformen von Wellenmessern etwa 5 : 1 beträgt. Das Ver-

Abb. 168. Wellenmesser der C. Lorenz A.-G., Berlin-Tempelhof.

hältnis der größten Welle λ'' und der kleinsten λ' eines jeden Meßbereichs läßt sich aber darstellen durch:

$$\frac{\lambda''}{\lambda'} = \frac{2\pi \cdot \sqrt{C'' \cdot L}}{2\pi \cdot \sqrt{C' \cdot L}} = \sqrt{\frac{C''}{C'}}. \tag{106}$$

Ist die kleinste Welle, die überhaupt gemessen werden soll, λ_1, die größte λ_2, so ergibt sich mithin die Anzahl x der Spulen, die erforderlich sind, um den ganzen Meßbereich zwischen λ_1 und λ_2 zu umfassen, mittels der Gleichung:

$$\frac{\lambda_2}{\lambda_1} = \sqrt[x]{\frac{C''}{C'}}. \tag{107}$$

Für den Aufbau des Wellenmesserkreises hat, wie schon erwähnt, als erster Gesichtspunkt zu gelten, daß Kondensator und Spulen möglichst verlustfrei sind. Dadurch erzielt man ein kleines Dämpfungsdekrement, daß eine scharfe Einstellung der Resonanzlage ermöglicht, eine Bedingung, die nicht nur bei der Messung von Wellenlängen, sondern auch bei Dämpfungsmessungen erfüllt sein muß.

Abb. 169. Wellenmesser der Gesellschaft für drahtlose Telegraphie, Berlin. Höchstkapazität 3700 cm. Meßbereich 80 ÷ 9000 m. Größe 319 × 450 × 250 mm.

Als veränderliche Kapazität benutzt man daher einen Drehkondensator, dessen Platten in ein mit Paraffinöl gefülltes Gefäß gesetzt werden, um ihn auch bei höheren Spannungen gegen Durchschlag zu sichern.

Die Spulen bestehen aus Litzendraht in Stufenwicklung. Dadurch ist der Einfluß der Stromverdrängung verringert, die Spulenverluste und die Widerstandsänderungen der Spulen halten sich in mäßigen Grenzen.

Wesentlich für die Güte eines Wellenmessers ist ferner, daß sein Dämpfungsdekrement für alle Wellenlängen annähernd gleichen Wert besitzt. Bei gleichbleibendem Leistungswiderstand W des Wellenmesserkreises müßten daher nach der Gleichung:

$$\vartheta = \pi \cdot W \cdot \sqrt{\frac{C}{L}}$$

gleichzeitig C und L so verändert werden, daß deren Verhältnis $\frac{C}{L}$ konstant bleibt, eine Forderung, die sich bei einem Wellenmesser mit

Abb. 170. Wellenmesser von Seibt. Höchstkapazität 2500 cm. Meßbereich 66 ÷ 18000 m. Größe 275 × 175 × 220 mm.

stetig veränderlichem Kondensator und einem Spulensatz nicht erfüllen läßt. Indessen liegen die Verhältnisse in Wirklichkeit günstiger, als sich

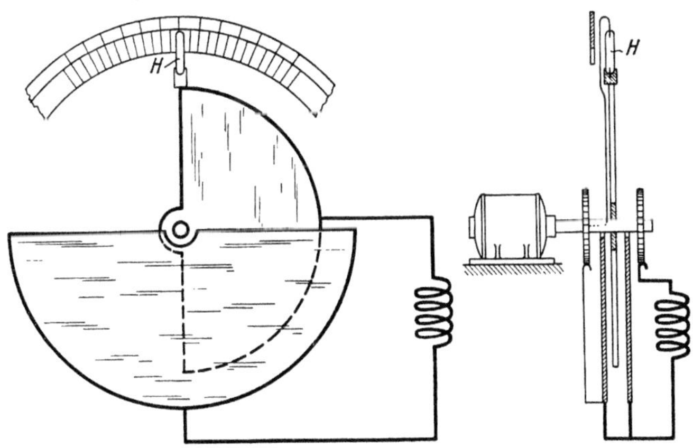

Abb. 171. Selbsttätig anzeigender Wellenmesser nach Hirsch.

aus obenstehender Gleichung ergibt. Nach ihr entspricht bei gleichbleibendem W einer Abnahme der Wellenlänge eine Verkleinerung der Dämpfung Tatsächlich ändert sich aber auch W. Die Verluste im Wellenmesserkreis wachsen für eine bestimmte Spule mit abnehmender Welle.

Ein weiterer Ausgleich kann durch passendes Einschalten des Strom-

Abb 172. Selbsttätig anzeigender Wellenmesser nach Hirsch.

messers geschaffen werden. Legt man den Strommesser nebeneinander mit einem Kondensator, Abb. 166, so sinkt die Spannung an diesem mit abnehmender Welle und mit ihr der Leistungsverbrauch im Strommesser. Liegt dieser jedoch im Nebenschluß zu einer Selbstinduktion (Abb. 167), so ergibt sich ein Anwachsen des Leistungsverbrauchs im Strommesser mit abnehmender Wellenlänge. Die entsprechenden wirksamen Widerstände für beide Schaltungen können durch die früher besprochenen Gleichungen 17 oder mittels Tafel I gefunden werden.

Nachstehende Zahlen geben ein Bild von der Größe der Selbstinduktion der Spulen und der Eigendämpfung des Wellenmessers Abb. 170.

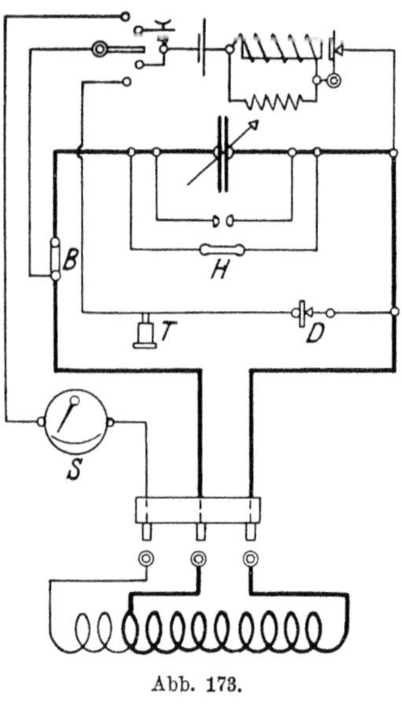

Abb. 173.

Spule	Meßbereich in m	L in cm	ϑ
I	90 ÷ 230	$4{,}27 \cdot 10^3$	0,014
II	160 ÷ 450	$1{,}43 \cdot 10^4$	0,014
III	350 ÷ 900	$5{,}73 \cdot 10^4$	0,014
VI	700 ÷ 1950	$2{,}65 \cdot 10^5$	0,015
V	1300 ÷ 3600	$9{,}07 \cdot 10^5$	0,016
VI	2400 ÷ 6500	$3{,}15 \cdot 10^6$	0,019

Die Abbildungen 168 bis 170 zeigen Ausführungsformen von Resonanzwellenmessern, während die Abbildungen 171 und 172 einen selbsttätig anzeigenden Resonanzwellenmesser von Hirsch darstellen. Die beweglichen Kondensatorplatten werden bei ihm durch einen kleinen Motor in rasche Umdrehungen versetzt. Mit den Platten ist durch Schleifbürsten ein Neonrohr N verbunden, das aufleuchtet, so oft der Kondensator die Resonanzstellung durchläuft. An der Teilung erscheinen daher ein oder bei Kopplungswellen zwei ruhende Lichtstreifen, die die Wellenlänge unmittelbar abzulesen erlauben.

d) Schaltung und Anwendungsgebiet. Das ausgedehnte Anwendungsgebiet eines Resonanzwellenmessers sei an Hand der Schaltung Abb. 173 des Wellenmessers Abb. 170 erläutert:

a) Wellenmesser als Empfänger:

1. Bestimmung von Wellenlängen. Als Resonanzanzeiger ist je nach der Größe der Leistung vorgesehen: ein Heliumrohr H im Nebenschluß zum Drehkondensator; ein Hitzdrahtgerät S, das unmittelbar in den Wellenmesserkreis eingeschaltet wird; ein Kristalldetektor D mit Blockkondensator und Hörer T im Nebenschluß zu einem Teil der Selbstinduktion.

2. Messung von Dämpfungsdekrementen durch
   a) Aufnahme der Resonanzkurve oder durch Verstimmung mittels Hitzdrahtgerät;
   b) zusätzliche Widerstände im Wellenmesserkreis mittels Hitzdrahtgerät und beigegebenen bekannten Widerständen, die nach Herausnahme des Bügels B in den Wellenmesserkreis gelegt werden können.

3. Prüfung der Zeichen eines Senders (Tonfunken) mit Detektor und Hörer. Benutzung als Tonprüfer.

b) Wellenmesser als Sender. Zur Erregung dient ein beigegebener Topf- oder Saitensummer. Die Anordnung kann benutzt werden zum

1. Eichen oder Abstimmen von Sendern und Empfangsschaltungen auf vorgeschriebene Wellenlängen;

2. Prüfen von Detektoren.

Dazu treten die Messungen von Kapazitäten, Selbstinduktionskoeffizienten, Kopplungsfaktoren, bei denen der Wellenmesser je nach dem Verfahren bald als Sender, bald als Empfänger dient.

2. Wellenmesser mit zwei Wechselstromwiderständen.

a) Allgemeine Gesichtspunkte. Der Umstand, daß ein Ohmscher Widerstand in einem Wechselstromkreis, sofern man die Stromverdrängung vernachlässigen kann, von der Periodenzahl unabhängig ist, ein kapazitiver Widerstand mit zunehmender Periodenzahl sich verkleinert, während ein induktiver wächst, gibt Gesichtspunkte, die in verschiedener Weise für die Messung von Periodenzahlen oder der ihnen entsprechenden Wellenlängen sich benutzen lassen.

So ersieht man z. B. aus den Gleichungen für die Spannung e_L an einer Spule mit dem Selbstinduktionskoeffizienten L oder für die Spannung e_C an einem Kondensator mit der Kapazität C:

$$e_L = 2\pi\nu \cdot L \cdot i_L, \qquad e_C = \frac{i_C}{2\pi\nu \cdot C},$$

daß bei gleichbleibendem Strom für die Bestimmung der Periodenzahl ν ein Spannungsmesser verwendet werden könnte. Besteht die Selbstinduktionsspule aus nicht zu dünnen Eisendrähten, so kann man gleichzeitig auch noch die starke Änderung des Widerstandes infolge der Hautwirkung mit ausnutzen (Peuckert).

Der Nachteil derartiger Anordnungen liegt darin, daß ihre Angaben nur für eine bestimmte Stromstärke richtig sind.

Meist werden daher zwei Wechselstromwiderstände, die verschiedenes Verhalten gegen eine Änderung der Periodenzahl zeigen, in Nebeneinanderschaltung in den Wechselstromkreis gelegt, dessen Periodenzahl zu ermitteln ist. Abb. 174a, b, c erläutert die einzelnen Möglichkeiten. Bezeichnet man die Spannung mit e, so gelten die folgenden Beziehungen: Für die Abb. 173

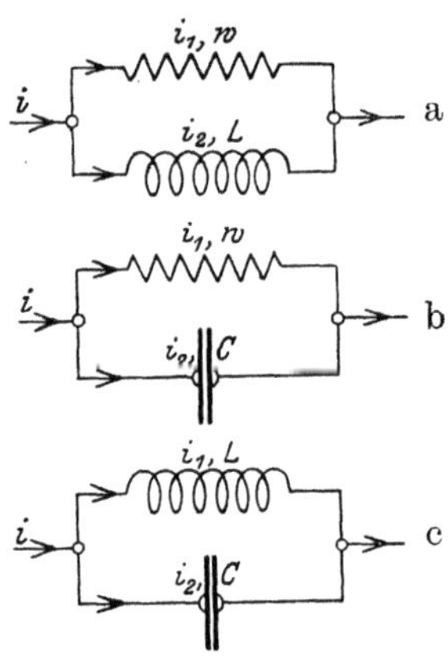

Abb. 174.

a) $e = i_1 \cdot w = i_2 \cdot 2\pi\nu \cdot L$

$$\frac{i_1}{i_2} = \frac{2\pi \cdot L}{w} \cdot \nu = c \cdot \nu$$

b) $e = i_1 \cdot w = \frac{i_2}{2\pi\nu \cdot C}$

$$\frac{i_1}{i_2} = \frac{1}{2\pi \cdot w \cdot C} \cdot \frac{1}{\nu} = c' \cdot \frac{1}{\nu}$$

c) $e = \frac{i_1}{2\pi\nu \cdot C} = i_2 \cdot 2\pi\nu \cdot L$

$$\frac{i_1}{i_2} = 4\pi^2 \cdot L \cdot C \cdot \nu^2 = c'' \cdot \nu^2,$$

wobei in allen drei Fällen der Widerstand der Spule vernachlässigt und C verlustfrei angenommen ist. Das Verhältnis der Ströme i_1 und i_2 in den beiden Zweigen ist sonach unabhängig vom Gesamtstrom und nur eine Funktion der Periodenzahl. Dieses Ergebnis hat zum Bau von Hitzdrahtwellenmessern, hauptsächlich aber von dynamometrischen Wellenmessern geführt.

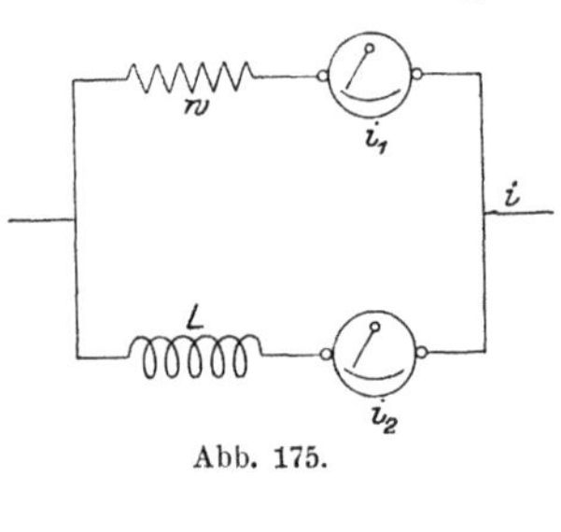

Abb. 175.

b) Hitzdrahtwellenmesser. Abbildung 175 stellt die Schaltung, Abb. 176

die Außenansicht eines Hitzdrahtwellenmessers von Ferrié dar. Statt der Spule L läßt sich natürlich auch ein Kondensator verwenden (Abb. 177), oder man kann in den einen Zweig eine Selbstinduktion, in den anderen eine Kapazität schalten. Die beiden Hitzdrähte sind in einem Gerät vereinigt. Ihre Durchbiegung wird in bekannter Weise auf zwei Zeiger übertragen, die sich an einer Stelle kreuzen, deren Lage gleichzeitig von der Periodenzahl und der Spannung abhängt. Bei gleichbleibender Spannung und zunehmender Periodenzahl rückt der Kreuzungspunkt auf einer der Spannung entsprechenden Kurve von links nach rechts, bei gleichbleibender Periodenzahl und zunehmender Spannung auf einer bestimmten Kurve nach oben weiter. Soll das Gerät nur zu Messungen von Wellenlängen dienen, so können die Kurven gleicher Spannung wegfallen.

Abb. 176. Hitzdrahtwellenmesser von Ferrié.

Wie beim Resonanzwellenmesser, sind auch die Angaben des Hitzdrahtwellenmessers unabhängig von der Spannung.

Gegenüber diesem besitzt er den Vorzug, daß die Wellenlängen ohne vorherige Einstellung unmittelbar abgelesen werden können, daß er sich daher auch als Schalttafelgerät verwenden läßt. Nachteile sind sein großer Leistungsverbrauch, ferner der Umstand, daß Fehler infolge von Nullpunktsänderungen stärker hervortreten müssen, und die Ablesung etwas mehr Übung erfordert.

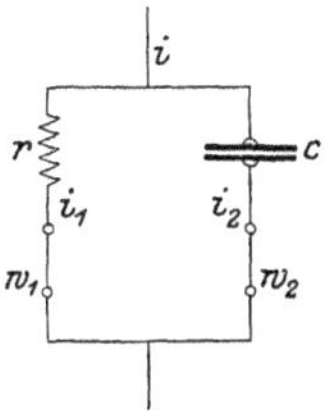

Abb. 177.

Dieser Wellenmesser kann auch mit Gleichstrom geeicht werden. Zu dem Zweck ersetzt man die für verschiedene Wechselzahlen vorher berechneten Wechselstromwiderstände durch Ohmsche Widerstände.

c) Dynamometrische Wellenmesser. In ähnlicher Weise wie ein Hitzdrahtgerät, kann auch das Dynamometer zu einem unmittelbar anzeigenden Wellenmesser umgebildet werden, wenn man seine beiden festen Spulen in zwei nebeneinandergeschaltete Stromkreise legt, deren Wechselstromwiderstände in verschiedener Weise sich mit der Wechselzahl ändern (vgl. Abb. 174). Das von den beiden Richtspulen erzeugte magnetische Feld zwingt den Kurzschlußanker bei verschiedenen Wechselzahlen verschiedene Lagen einzunehmen, wobei der Ring sich so einzustellen sucht, daß die Feldwirkung auf ihn einen kleinsten Wert annimmt.

Hochfrequenzelektrodynamometer wurden zuerst von Mandelstam und Papalexi als Resonanzanzeiger und zu Dämpfungsmessungen vorgeschlagen. Das Dynamometer bestand aus zwei rechtwinklig zueinander angeordneten festen Spulen, in deren Mitte drehbar als Kurzschlußanker ein dünner Aluminiumring aufgehängt ist (Abb. 178). Unter dem Einfluß der Richtspulen stellt sich der Ring in die Achse des Gesamtfeldes ein. Legt man die Spulen in je einen der Zweige der in den Abb. 174 dargestellten Anordnungen, so ändert sich das Verhältnis $\frac{i_1}{i_2}$ der Spulenströme mit der Wechselzahl, und das Dynamometer kann in dieser Schaltung als Wellenmesser dienen.

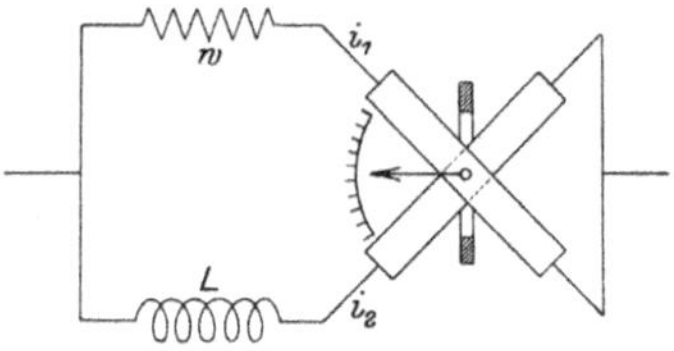

Abb. 178.

Auf einer solchen Anordnung beruht z. B. der Frequenzmesser von Weston zur Bestimmung kleinerer Wechselzahlen. Der einen Spule ist ein induktionsfreier Widerstand, der zweiten eine Spule mit großer Selbstinduktion vorgeschaltet. An Stelle des Kurzschlußringes ist ein kleines Eisenstückchen getreten.

Wesentlich größer als beim Bau von Frequenzmessern für kleine Periodenzahlen sind die Schwierigkeiten, auf die man beim Bau von dynamometrischen Hochfrequenzwellenmessern stößt. Durch eine außerordentlich geschickte Ausnutzung einer Reihe von mechanischen und elektrischen Hilfsmitteln hat Seibt diese Schwierigkeiten überwunden. Die hierzu erforderlichen Maßnahmen enthalten eine so große Zahl bemerkenswerter und für den Bau ähnlicher Anordnungen wichtiger Gesichtspunkte, daß es sich verlohnt, etwas länger bei ihnen zu verweilen.

α) Wellenmesser von Seibt. An Stelle der rechtwinklig zueinander stehenden Dynamometerspulen sind halbkreisförmige Flachspulen S_1 und S_2 (Abb. 179) getreten, deren Windungsflächen in einer Ebene liegen. Der Kurzschlußanker hat die in Abb. 179 dargestellte Form. Er bewegt sich dicht an den Spulen S_1 und S_2 hin. Durch diese Anordnung allein war schon eine wesentliche Steigerung der Empfindlichkeit und des gesamten Ausschlagwinkels erreicht. Von den Hilfsmitteln zur Erzielung einer starken Abhängigkeit des Verhältnisses der Ströme i_1 und i_2 in den Richtspulen mußten diejenigen ausgeschieden werden, die Kondensatoren erforderlich machen, da diese Eigenschwingungen veranlassen, die, wie die Versuche zeigten, zu erheblichen Abweichungen in den Angaben des Wellenmessers führen können, besonders bei gedämpften Schwingungen. Es kamen daher nur aperiodische Kreise in Frage, denen jede Schwingungsfähigkeit genommen ist. Deshalb wurde vor S_1 eine Spule L mit großem Selbstinduktionskoeffizienten und in Reihe mit S_2 ein induktionsfreier Widerstand w_2 geschaltet. Sind die von S_1 und S_2 erzeugten Felder räumlich gleich gerichtet und phasengleich, so bewegt sich der Anker in das schwächere Feld. Bei gleichen Stromwerten i_1 und i_2 ist in diesem Fall die Wirkung auf den Anker Null, auch bei den stärksten Strömen. Eine Gleichgewichtslage ist nicht vorhanden. Der Anker „schwimmt". Diese Erscheinung verschwindet, wenn man die Enden einer der Spulen vertauscht. S_1 und S_2 wirken alsdann im entgegengesetzten Sinne drehend auf den Anker, der sich so einstellt, daß die von S_1 und S_2 ausgeübten Drehmomente einander gleich sind. Gleichzeitig heben sich bei einer Phasenverschiebung von 180^0 zwischen i_1 und i_2 die im Anker durch S_1 und S_2 induzierten elektromotorischen Kräfte auf, der Ankerstrom wird Null.

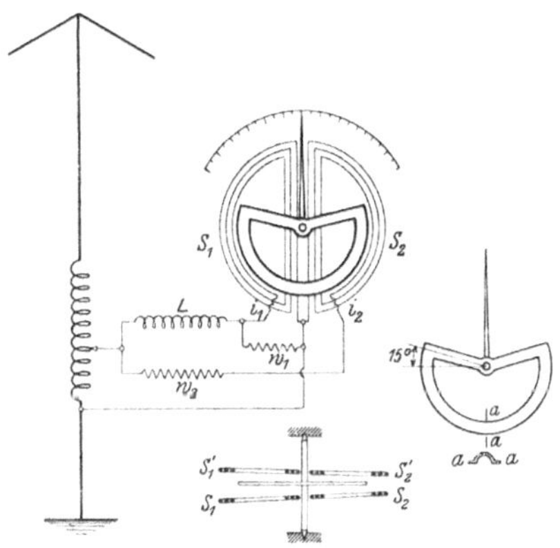

Abb. 179. Wellenmesser von Seibt.

Um diesem Grenzfall, der mit der geschilderten Anordnung nicht erreicht werden kann, möglichst nahe zu kommen, müßten L und w_2 sehr groß gewählt werden. Dadurch erzielt man zwar gleichzeitig auch die große, erwünschte Änderung von $\frac{i_1}{i_2}$ mit der Wellenlänge und einen großen Umfang der Teilung, aber der Leistungsverbrauch wird unerwünscht hoch. Schaltet man jedoch mit S_1 einen Widerstand w_1 nebeneinander, so kann w_2 wesentlich kleinere Werte erhalten. Die Teilung behält ihren Umfang, der Leistungsverbrauch ist kleiner und die Phasenverschiebung zwischen i_1 und i_2 so groß, daß der Anker in der Gleichgewichtslage nahezu stromlos wird. Er kann daher aus dünnem Blech hergestellt werden, ohne daß eine zu starke Erwärmung zu befürchten ist. Sind L und w_2 groß bei kleinem w_1, so ändert sich $\frac{i_1}{i_2}$ stark mit der Wellenlänge, die Teilstriche rücken weit auseinander, der Leistungsverbrauch ist groß. Ist dagegen w_2 klein, w_1 groß, so fallen die Striche nahe zusammen. Dazwischen liegt ein günstigster Wert für w_1 und w_2, der, wie die Versuche ergaben, dann erreicht ist, wenn $w_1 = 2\pi\nu \cdot L_1$, $w_2 = 2\pi\nu \cdot L_2$, wo L_1 und L_2 die Induktionskoeffizienten der Richtspulen und ν die Periodenzahl für die mittlere Wellenlänge des Meßbereichs bedeuten. Die Teilung wird für diese Werte fast völlig gleichmäßig und der Wattverbrauch sehr gering.

Die beiden Wechselfelder werden nun nicht, wie in Abb. 178 angegeben, durch nur zwei, sondern durch vier Spulen $S_1 S_1' S_2 S_2'$ (Abb. 179) erzeugt. Je zwei dieser Spulen, von denen jede 9 Windungen besitzt, sind nebeneinandergeschaltet. Dadurch ist der gesamte induktive Widerstand derart verringert, daß zur Erregung des Wellenmessers kleine Spannungen ausreichen. Gleichzeitig sind hohe Spannungsunterschiede und damit auch Funkenübergänge zwischen den Windungen und zwischen Spulen und Anker vermieden. Der Selbstinduktionskoeffizient eines Spulenpaares beträgt 2000 cm. In dem sehr engen Zwischenraum zwischen den Spulen bewegt sich der Anker. $S_1 S_1' S_2 S_2'$ sind, wie aus Abb. 179 zu ersehen ist, mit ihren Ebenen etwas gegeneinander geneigt. Dadurch ist eine weitere wesentliche Steigerung der Empfindlichkeit erzielt. Die Felddichte im Zwischenraum nimmt infolge der Neigung der Spulen von rechts nach links ab. Der Anker gelangt daher bei seiner Bewegung nach Stellen, deren Felddichte geringer ist als bei gleichem Spulenabstand, und erfährt, da in der Gleichgewichtslage die in ihm von beiden Wechselfeldern induzierten elektromotorischen Kräfte sich aufheben müssen, eine größere Ablenkung als bei gleichbleibender Felddichte.

Die Änderung des Meßbereichs erfolgt dadurch, daß beim Übergang zu längeren Wellen ein Teil der Widerstände w_1 und w_2 kurzgeschlossen wird. Für einen Meßbereich von 600 bis 3000 m müßten $w_1 = w_2 = 2\pi \cdot \frac{3 \cdot 10^{10}}{180000} \cdot \frac{2000}{10^9} \sim 2$ Ohm betragen.

Der Kurzschlußanker besteht aus einer einzigen Windung, die die aus Abb. 179 ersichtliche Form erhalten hat. Ihr Winkelumfang ist um 30^0 größer gewählt als derjenige der halbkreisförmigen Richtspulen, wodurch sich ein wesentlich größerer Ausschlagswinkel erzielen ließ als bei gleichem Umfang von Anker und Richtspulen.

Daß eine Vergrößerung der Windungszahl zu keiner Erhöhung der Empfindlichkeit führt, zeigt folgende Überlegung: Maßgebend für das Drehmoment einer der festen Spulen auf den Anker ist der Ausdruck:

$$D = c' \cdot n \cdot i_1 \cdot i,$$

wo i_1 den Strom in einer Richtspule, i den Strom im Anker und n dessen Windungszahl bedeuten. Sind ferner M der Koeffizient der gegenseitigen

Induktion zwischen Richtspule und Anker, w und L Widerstand und Selbstinduktionskoeffizient des Ankers, so ist:

$$i = \frac{M \cdot i_1}{\sqrt{w^2 + \omega^2 \cdot L^2}}.$$

Da M proportional n ist, w und L aber proportional sind n^2, wird D unabhängig von n. Man erreicht daher dieselbe Empfindlichkeit, wenn man bei gleichem Gewicht den Anker statt aus mehreren nur aus einer Windung herstellt. Über den Einfluß der Blechdicke auf die Empfindlichkeit, die dem Drehmoment D unmittelbar, der Reibungskraft R umgekehrt proportional ist, gibt das Verhältnis $\frac{D}{R}$ Aufschluß. Da der Widerstand w des Ankers der Blechdicke umgekehrt, R aber der Blechdicke unmittelbar proportional ist, kann man setzen:

$$\frac{D}{R} = c'' \cdot M \cdot \frac{w}{\sqrt{w^2 + \omega^2 \cdot L^2}}.$$

Für langsame Wechselströme verschwindet $\omega^2 \cdot L^2$ gegen w^2, und $\frac{D}{R}$ wird unabhängig von w. Die Empfindlichkeit ist sonach unabhängig von der Dicke des Bleches. Dünne Bleche wird man deshalb bei kleinem ν nur wählen, um Spitzen und Lager zu entlasten. Bei Hochfrequenzströmen jedoch überwiegt das Glied $\omega^2 \cdot L^2$, die Empfindlichkeit wächst mit w, und sie erfährt durch Verwendung sehr dünner Bleche eine wesentliche Steigerung. Der untere Grenzwert der Blechstärke ist in diesem Fall einerseits durch die Festigkeit des Bleches, andererseits dadurch gegeben, daß bei zu weitgehender Verringerung der Blechdicke die Empfindlichkeit nur noch sehr langsam zunimmt, da bei sehr dünnen Blechen $\omega^2 \cdot L^2$ wieder die Größenordnung von w^2 erreicht. Für längere Wellen sind dickere Bleche etwas günstiger als für kürzere. Wie die Versuche zeigen, eignen sich am besten Dicken zwischen 0,035 und 0,35 mm. Der Anker des Seibtschen Wellenmessers besteht aus einem 0,1 mm dicken Aluminiumblech. In einem Vollblech würden durch jede der Richtspulen S_1 und S_2 Wirbelströme induziert, die innerhalb jedes Spulenfeldes nach der Mitte und von da in fast gleicher Stärke nach dem Rande des Ankers verlaufen. Die Richtkräfte heben sich somit zum Teil auf, und die Ablenkung wäre nur klein. Das Ankerklech hat aus diesem Grunde die aus Abb. 179 ersichtliche Form erhalten, bei der nur eine schmale, von Wirbelströmen freie Strombahn übriggeblieben ist. Gleichzeitig ist dadurch erreicht, daß der Anker in der Gleichgewichtslage fast stromlos wird und infolgedessen seine Erwärmung trotz der geringen Blechstärke sich in mäßigen Grenzen hält.

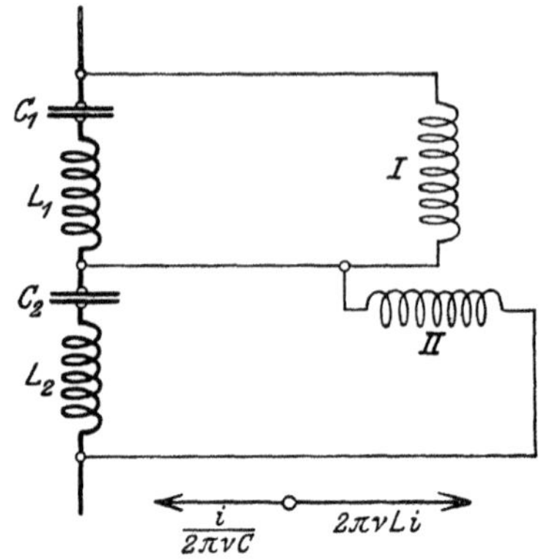

$C_1 = 16000$, $L_1 = 28000$, $C_2 = 20000$, $L_2 = 36000$, $L_I = L_{II} = 5 \cdot 10^5$ cm.

Abb. 180.

Die verschiedenen hier erwähnten Hilfsmittel ermöglichten Seibt den Leistungsverbrauch auf 3 Watt, den Stromverbrauch auf 1,2 bis 2 Ampere herabzusetzen. Übersteigen die Hochfrequenzströme nicht diesen Wert, so kann der Wellenmesser unmittelbar in den Schwingungskreis eingeschaltet werden. Größere Stromstärken verlangen induktive oder galvanische Kopplung (Abb. 179). Da der leichte Anker auch elektrostatischen Wirkungen unterworfen ist, muß der Anschluß in der Nähe des Erdungspunktes oder des Spannungsknotens erfolgen. Der Einfluß von äußeren magnetischen Wechselfeldern wird durch eine Umkleidung des Wellenmessers mit einem Kupfer- oder Aluminiummantel beseitigt. Kasten und Flügel für die Luftdämpfung werden aus Isolierstoffen, am besten aus Elfenbein, hergestellt, um anziehenden Kräften zwischen diesen Teilen bei Hochfrequenzströmen vorzubeugen.

β) Wellenmesser von Scheller. Dieser dynamometrische Wellenmesser unterscheidet sich von den anderen dadurch, daß die zwei Wechselstromwiderstände in Reihe geschaltet sind. Im Nebenschluß zu ihnen liegt je eine Richtspule. Der Kurzschlußanker hat eine besondere Form erhalten (Abb. 182), durch die kapazitive Störungen vermieden werden sollen.

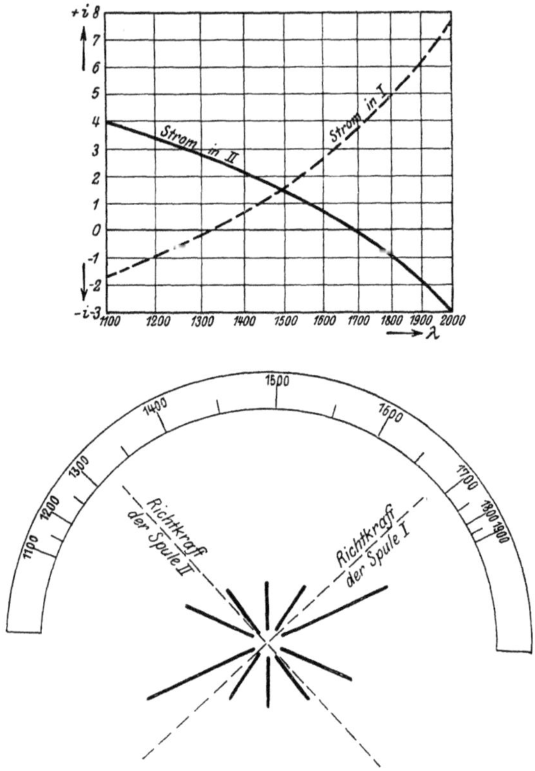

Abb. 181.

Die beiden Wechselstromwiderstände bestehen aus der Reihenschaltung von je einer Kapazität und einer Selbstinduktion, deren Werte für einen bestimmten Fall aus Abb. 180 ersichtlich sind, und deren Wechselstromwiderstand bei Ver-

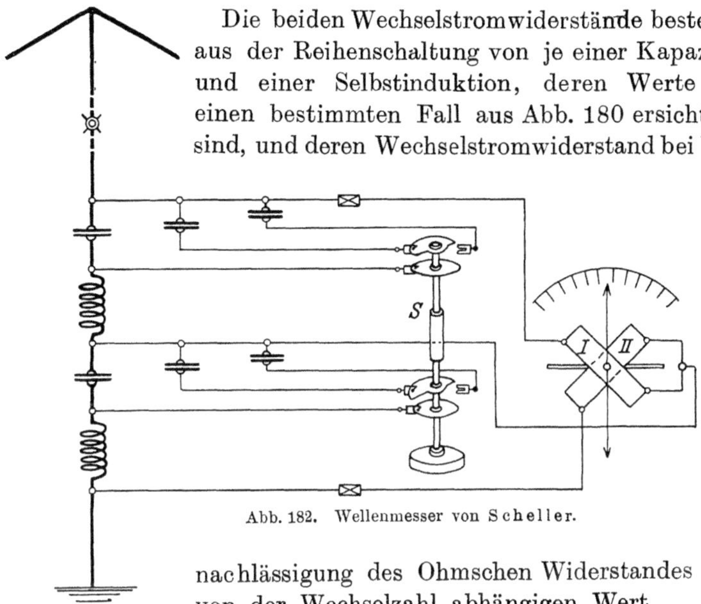

Abb. 182. Wellenmesser von Scheller.

nachlässigung des Ohmschen Widerstandes den von der Wechselzahl abhängigen Wert

$$w = \sqrt{\omega \cdot L - \frac{1}{\omega \cdot C}} \text{ besitzt. Ist } \omega \cdot L = \frac{1}{\omega \cdot C},$$

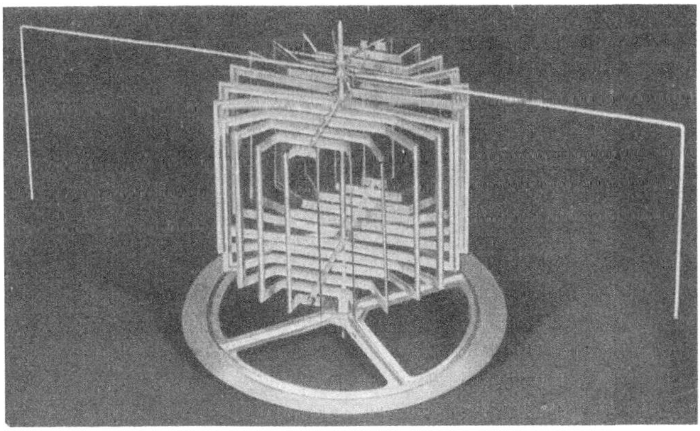

Abb. 183. Kurzschlußanker des Wellenmessers von Scheller.

so wird w und damit auch die Spannung zwischen den Endpunkten von w zu Null. Das in Abb. 180 dargestellte Strahlenbild schrumpft auf einen Punkt zusammen. Die Kapazitäten und Selbstinduktionen der zwei Widerstände sind so gewählt, daß der eine bei der Periodenzahl ν_1

(Wellenlänge λ_1), der andere bei der Periodenzahl ν_2 (Wellenlänge λ_2) verschwindet. Die eine Richtspule wird daher für λ_1, die andere für λ_2 stromlos. Der Kurzschlußring stellt sich mit seiner Windungsfläche in diesem Fall in die Richtung des Feldes der von Strom durchflossenen Spule ein. Bei anderen Werten von ν fließt der Strom in der einen oder anderen Richtung, je nachdem $\omega \cdot L$ oder $\frac{1}{\omega \cdot C}$ überwiegt, wie man aus dem Strahlenbild ersieht. In Abb. 181 (oben) sind die Stromstärken i_1 und i_2 in den beiden Richtspulen I und II bei gleichbleibendem Gesamtstrom i in Abhängigkeit von der Wellenlänge aufgetragen und darunter die ungefähre Größe und Richtung des Gesamtfeldes. Man erkennt, daß der größte Ausschlagswinkel fast 180^0 betragen muß.

Abb. 184. Wellenmesser nach Scheller.

Soll der Meßbereich erhöht werden, so sind mittels der Schaltwalze S (Abb. 182) Kapazitäten zuzuschalten. Abb. 183 zeigt den Kurzschlußanker, Abb. 184 eine Außenansicht dieses Wellenmessers.

3. Bestimmung von Wellenlängen durch Strom- und Spannungsmessung.

Legt man in einen von sinusförmigen Wechselströmen durchflossenen Kreis einen Kondensator, so wird, wenn e_C die Wechselspannung an der Kapazität in Volt, i_C die Stromstärke in Ampere bedeutet:

$$i_C = e_C \cdot 2\,\pi\,\nu \cdot C = e_C \cdot 2\,\pi \cdot 3 \cdot 10^{10} \cdot \frac{1}{\lambda}\,C = \frac{e_C \cdot 2\,\pi \cdot 3 \cdot 10^{10} \cdot C^{\mathrm{cm}}}{1{,}111 \cdot 10^{12} \cdot \lambda^{\mathrm{cm}}}$$

oder

$$\lambda^{\mathrm{cm}} = 0{,}209 \cdot \frac{C^{\mathrm{cm}} \cdot e_C^{\mathrm{Volt}}}{i_C^{\mathrm{Amp}}}. \qquad (108)$$

Ist die Kapazität C bekannt, so erfordert die Bestimmung der Wellenlänge nur die Ablesungen eines Strom- und Spannungsmessers.

Die erforderliche Schaltung zeigt Abb. 185.

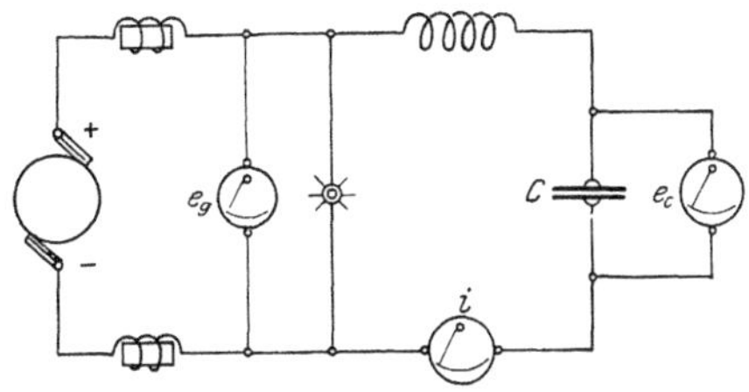

Abb. 185.

Zu beachten ist, daß e_C im allgemeinen nicht unmittelbar gleich der am Kondensator gemessenen Spannung e gesetzt werden darf, sondern aus der Gleichung:

$$e_C = \sqrt{e^2 - e_g^2}$$

ermittelt werden muß, wenn e_g^2 nicht vernachlässigbar gegen e^2 ist, wo e_g die Gleichstromspannung bedeutet. Ferner muß der Wechselstromwiderstand des Spannungsmessers so groß gegen den kapazitiven Widerstand von C sein, daß der Gesamtstrom i gleich i_C gesetzt werden kann.

4. Bestimmung von Wellenlängen mittels Glimmlichtoszillograph.

Es sei für den S. 260 beschriebenen Glimmlichtoszillograph

A = Entfernung zwischen photographischer Platte und Spiegel in mm,

n = Umlaufzahl des Spiegels in der Minute,

b = Bildlänge in mm,

s = Zahl der vollen Perioden innerhalb der Bildlänge b.

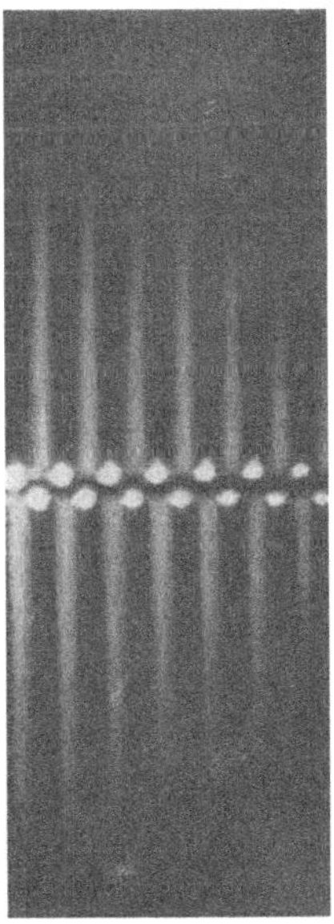
Abb. 186.

Da der Weg eines Bildpunktes in 1 Sekunde gleich $\frac{4\pi \cdot A \cdot n}{60}$ ist, wird die Zeit τ, während deren die Bildlänge b durchlaufen wurde:

$$\tau = \frac{1}{4\pi} \cdot \frac{60}{n} \cdot \frac{b}{A} \text{ Sekunden.} \tag{109}$$

Entfallen s volle Schwingungen auf die Bildlänge b, so ergibt sich die Periodendauer T der Hochfrequenzschwingung zu:

$$T = \frac{\tau}{s} = \frac{1}{\nu} = \frac{\lambda^{\text{cm}}}{3 \cdot 10^{10}} \tag{110}$$

mithin:

$$\lambda^{\text{m}} = 3 \cdot 10^8 \cdot \frac{\tau}{s} \tag{111}$$

Beispiel: Aus dem Schwingungsbild Abb. 186, das bei einer Umlaufzahl des Spiegels $n = 3000$ aufgenommen ist, liest man folgende Werte ab:

$b = 28{,}4$ mm,

$s = 7$.

Die Entfernung zwischen Spiegel und Platte war $A = 286$ mm. Mithin wird

$$\pi = \frac{1}{4\pi} \cdot \frac{60}{3000} \cdot \frac{28,4}{286} = 1,581 \cdot 10^{-4},$$

$$\lambda^{\mathrm{m}} = 3 \cdot 10^{8} \cdot \frac{1,581 \cdot 10^{-4}}{7} = 6780 \text{ m}.$$

Einem anderen von Scheller angegebenem Verfahren liegt beistehende Schaltung (Abb. 187) zugrunde. Zwei Lichtbogengeneratoren erregen die zwei Schwingungskreise I und II mit den Wellenlängen λ_1 und λ_2. Beide Kreise induzieren gemeinsam auf einen dritten, aperiodischen Kreis III, in den entweder ein Detektor in Verbindung mit einem Fernhörer oder die Oszillographenröhre geschaltet werden kann. Die beiden Kreise I und II erregen in III einen Hochfrequenzstrom, dessen Schwingungsweiten rhythmisch zu- und abnehmen, d. h. in ihm entsteht eine Schwebungserscheinung (Abb. 188). Dieser Vorgang macht sich im Hörer durch einen reinen Ton kenntlich, dessen Höhe durch Veränderung der Kapazitäten C_1 und C_2 beliebig und stetig eingestellt und z. B. mit Hilfe einer Stimmgabel gemessen werden kann.

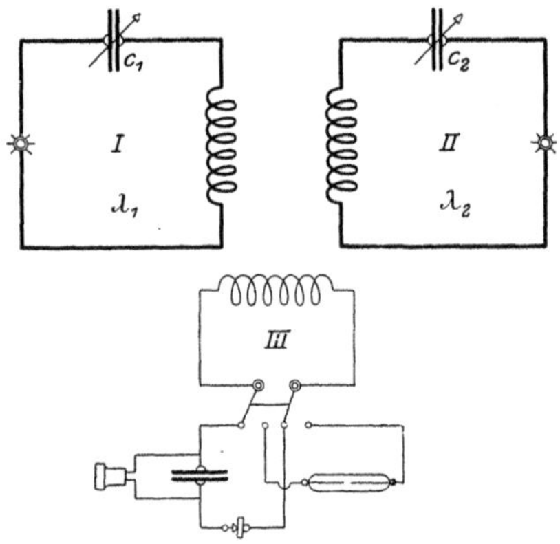

Abb. 187.

Bezeichnet man die Periodenzahl der Kreise I und II mit ν_1 und ν_2, die Periodenzahl des Schwebungstones mit ν_s, so ist:

$$\nu_s = \nu_1 - \nu_2. \tag{112}$$

Die Periodenzahl ν_0 des Hochfrequenzstromes in III berechnet sich zu

$$\nu_0 = \frac{\nu_1 + \nu_2}{2}. \tag{113}$$

Aus beiden Gleichungen folgt:

$$\nu_1 = \nu_0 + \frac{\nu_s}{2}, \qquad \nu_2 = \nu_0 - \frac{\nu_s}{2} \tag{114}$$

oder

$$\lambda_1^{\mathrm{m}} = \frac{3 \cdot 10^8}{\nu_1}, \qquad \lambda_2^{\mathrm{m}} = \frac{3 \cdot 10^8}{\nu_2}. \tag{115}$$

λ_1 und λ_2 lassen sich daher finden, wenn ν_s und ν_0 ermittelt sind. ν_s wird in der oben angegebenen Art mittels des Hörers bestimmt. Es kann auch berechnet werden aus der auf eine Schwebung entfallenden Bildlänge b_s und der Umlaufzahl n des Oszillographenspiegels, und zwar mittels der aus Gleichung 109 hervorgehenden Beziehung:

$$\nu_s = \frac{\pi \cdot n \cdot R}{15 \cdot b_s}.$$

ν_0 ergibt sich aus ν_s und der Anzahl s der vollen Hochfrequenzschwingungen in III, die auf eine Schwebungsperiode entfallen und die man am Schwingungsbild abzählt, zu:

$$\nu_0 = s \cdot \nu_s. \tag{116}$$

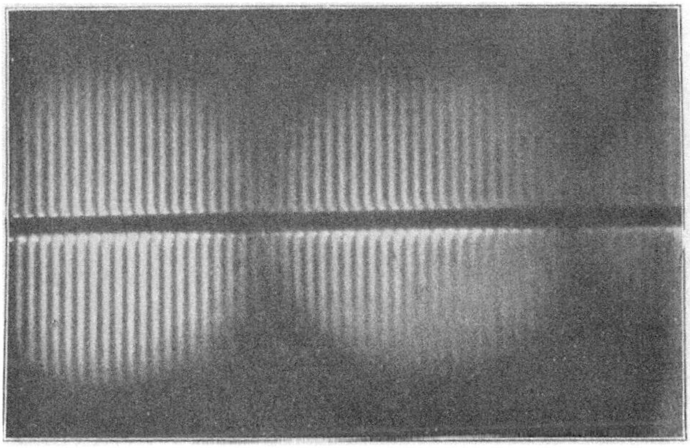

Abb. 188.

Beispiel. Aus Abb. 188 ergibt sich die Zahl der auf eine Schwebung entfallenden Perioden zu $s = 24$. Die Anzahl der Schwebungen in einer Sekunde wurde ermittelt zu $\nu_s = 1000$. Somit wird:

$$\nu_0 = 24 \cdot 1000 = 24000$$

$$\nu_1 = 24000 + 500 = 24500, \qquad \nu_2 = 24000 - 500 = 23500$$

$$\lambda_1 = \frac{3 \cdot 10^8}{24500} - 12250 \text{ m}, \qquad \lambda_2 = \frac{3 \cdot 10^8}{23500} = 12770 \text{ m}.$$

5. Eichung von Wellenmessern.

a) Durch Vergleich mit einem Normalwellenmesser. Am einfachsten gestaltet sich die Eichung, wenn ein Normalwellenmesser zur Verfügung steht, der von der Physikalisch-Technischen Reichsanstalt nachgeprüft ist und dessen Angaben alsdann auf $0{,}1\,^0/_0$ zuverlässig sind. Zur Eichung von Resonanzwellenmessern kann die Schaltung Abb. 189 benutzt werden. Bei möglichst loser Kopplung mit dem Erregerkreis werden beide Wellenmesser so eingestellt, daß die Heliumröhren aufleuchten. Alsdann ist

$$\lambda_x = \lambda_n.$$

Durch Änderung der Selbstinduktion L läßt sich die Eichung über den ganzen Meßbereich durchführen. Trägt man λ_x in Abhängigkeit von der Ablesung α an der Teilung auf, so liefert $\lambda_x = f(\alpha)$ die Eichkurve, die für jede Spule des Wellenmessers besonders aufzunehmen ist.

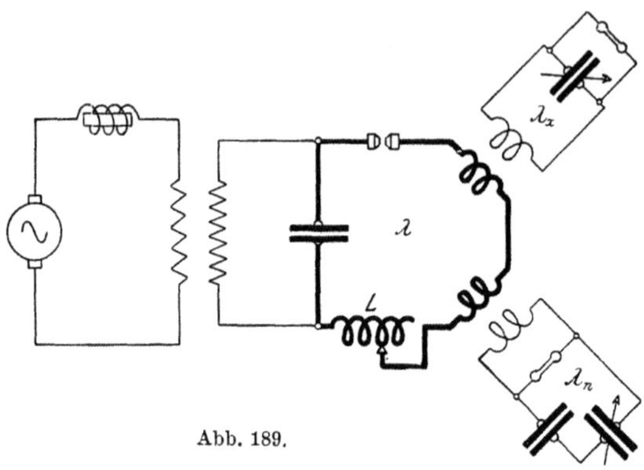

Abb. 189.

Zur graphischen Darstellung der Eichkurve verwendet man zweckmäßig in der Ordinatenrichtung logarithmisch geteiltes Papier.

Da das Verhältnis der einer Spule entsprechenden größten und kleinsten Wellenlänge $\frac{\lambda''}{\lambda'}$ für die verschiedenen Spulen bei den meisten Wellenmessern konstant ist, d. h.:

$$\log \frac{\lambda''}{\lambda'} = \log \lambda'' - \log \lambda' = \text{const.},$$

erhält man auf diese Weise für alle Eichkurven die gleiche lineare Ausdehnung in der Ordinatenachse, also die nämliche prozentuale Ablesungsgenauigkeit.

Während zur Erzeugung der Hochfrequenzschwingungen für die kleineren Wellen die Funkenerregung den Vorzug verdient, wird man als Erregerquelle für die mittleren und langen Wellen einen auf den Schwingungskreis arbeitenden Lichtbogengenerator oder eine Kathodenröhre verwenden oder auch eine Hochfrequenzmaschine, deren Wellenlänge sich aus der Gleichung $\lambda^{\mathrm{m}} = \frac{3{,}6 \cdot 10^{10}}{p \cdot n}$ ergibt, wo p die Polzahl und n die Umdrehungszahl in der Minute bedeuten.

Stehen nur kleine Leistungen zur Verfügung, so benutzt man Summererregung oder Kathodenstrahlenröhren. Die Heliumröhren sind in diesem Falle zu ersetzen durch empfindlichere Detektoren, z. B. Kristalldetektoren oder Kathodenröhren in Verbindung mit Hörer oder Galvanometer. Macht eine genaue Resonanzeinstellung wegen zu großer Dämpfung der Wellenmesserkreise Schwierigkeiten, so empfiehlt es sich, einen besonderen aperiodischen Kreis, der einen Kristalldetektor nebst Galvanometer enthält, lose mit dem Wellenmesser zu koppeln. Die Resonanzlage wird dann als Mittel aus zwei möglichst nahe beieinander liegenden Einstellungen gefunden, denen gleiche Ausschläge entsprechen.

b) Mittels der Oberschwingungen von Lichtbogengeneratoren oder Kathodenröhren (Lindemann).

α) Allgemeines. Schon auf S. 43 wurde hervorgehoben, daß die dort besprochene Erzeugung der harmonischen Oberschwingungen eines Lichtbogengenerators ein vorzügliches Hilfsmittel abgibt zur Eichung von Wellenmessern.

Bezeichnet man die Wellenlänge der Grundschwingung mit λ_g, so haben die aufeinanderfolgenden Schwingungen die Wellenlängen:

$$\lambda_1 = \lambda_g, \quad \lambda_2 = \frac{\lambda_g}{2}, \quad \lambda_3 = \frac{\lambda_g}{3} \ \ldots \ \lambda_n = \frac{\lambda_g}{n}.$$

Sind daher die Wellenlänge der Grundschwingung und die Ordnungszahl n einer Oberschwingung bekannt, so berechnet sich die Wellenlänge λ_n der letzteren zu

$$\lambda_n = \frac{\lambda_g}{n}.$$

Umgekehrt erhält man aus der Wellenlänge λ_n einer Oberschwingung mit der bekannten Ordnungszahl n die Wellenlänge der Grundschwingung:

$$\lambda_g = n \cdot \lambda_n.$$

Man kann daher die Eichung eines Wellenmessers aufbauen auf die Kenntnis einer einzigen Wellenlänge. Geht man z. B. von der Grundwelle aus, so läßt sich, indem man auf die Oberschwingungen abstimmt und, wenn nötig, die Grundschwingung auch noch stufenweise ändert, die Wellenmesserteilung von der längsten bis herab zu einer Wellenlänge von etwa 50 m mit einer Genauigkeit von 0,1 $^0/_0$ durcheichen.

Die Länge λ_g dieser Grundwelle, die genau bekannt sein muß, wird nach einem der in diesem Abschnitt beschriebenen Verfahren bestimmt. Oder aber man stellt sich einen Normalkreis aus einer Spule mit genau bekanntem Selbstinduktionskoeffizienten L und einer sorgfältig gemessenen Kapazität C her und berechnet dessen Eigenwellenlänge mittels der Gleichung:

$$\lambda = 2\pi \cdot \sqrt{(C + C') \cdot (L + L')},$$

wo L' die Eigenselbstinduktion des Kondensators und C' die Eigenkapazität der Spule bedeuten.

Die Ordnungszahlen n werden durch Abzählen gefunden, wenn die Reihe der Oberschwingungen sich lückenlos erzeugen läßt, können aber auch aus der Gleichung:

$$\frac{\lambda_g}{\lambda_n} = n$$

berechnet werden, wo n immer eine ganze Zahl sein muß. Zur Berechnung von n genügt die genaue Kenntnis von einer der beiden

Wellenlängen, während für die zweite ein Näherungswert eingesetzt werden kann. Erhält man für den Quotienten keine ganze Zahl, so ist die gesuchte Ordnungszahl n gleich der ganzen Zahl, die dem gefundenen Quotienten am nächsten liegt. Als Näherungswerte können z. B. bei der Nachprüfung eines Wellenmessers, dessen Teilung nicht sehr große Fehler aufweist, unmittelbar die Ablesungen an der Teilung eingesetzt werden. In anderen Fällen berechnet man sich solche Näherungswerte aus den Selbstinduktionskoeffizienten und Kapazitäten der betreffenden Schwingungskreise.

β) Versuchsanordnung für Lichtbogengeneratoren. Harmonische Oberschwingungen eines Lichtbogengenerators entstehen, wenn man die Betriebsbedingungen so wählt, daß die Zeiten, während deren der Lichtbogen erloschen ist, groß sind, was erreicht wird, wenn die Kapazität des Schwingungskreises groß, seine Selbstinduktion klein gewählt wird. Gleichmäßiger und kräftiger werden die Oberschwin-

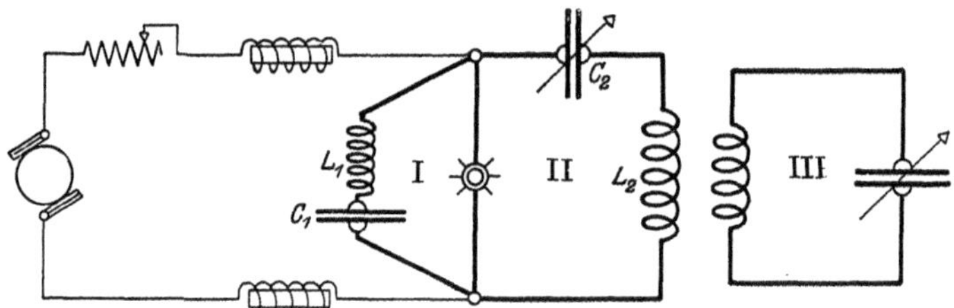

Abb. 190.

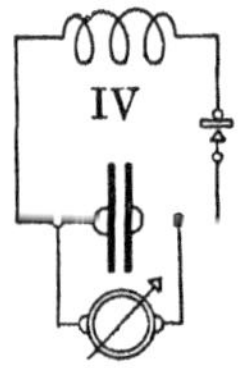

gungen, wenn man die S. 42 erwähnte Anordnung benutzt. Abb. 190 zeigt die hierzu erforderliche Schaltung nebst den Hilfskreisen zur Eichung eines Wellenmessers.

In Kreis I wird die Grundwelle mit der Länge λ_g erzeugt, die, z. B. mit Hilfe eines Normalkreises, bestimmt werden muß. Kreis II ist mit I fest zu koppeln. In II werden durch Änderung von C_2 die der Grundwelle λ_g entsprechenden Oberschwingungen hervorgerufen, auf die bei der Eichung der Wellenmesserkreis III abzustimmen ist. C_2 darf nicht zu groß sein. Zur Feststellung der Resonanz dient der ganz lose mit dem Wellenmesser gekoppelte aperiodische Kreis IV mit Kristalldetektor, Blockkondensator und Galvanometer. Die genaue Einstellung des Wellenmessers wird als Mittel gefunden aus zwei nahe beieinander liegenden Einstellungen, für die sich gleiche Ablenkungen am Galvanometer ergeben.

Die Wellenlängen der Oberschwingungen berechnen sich aus der bekannten Grundwelle λ_g und der Ordnungszahl der Oberschwingung zu

$$\lambda_n = \frac{\lambda_g}{n}.$$

Weit besser noch eignen sich für diese Messung Kathodenstrahlenröhren, mit denen man leicht durch passende Wahl der Versuchsbedingungen zahlreiche Oberschwingungen erhalten kann (s. S. 54 und 405).

Zu dem Zweck legt man in den unverzweigten Teil des Anodenkreises eine Spule, die mit einem besonderen, aus Kapazität und Selbstinduktion bestehenden Hilfskreis gekoppelt ist. Der Schwingungskreis der Röhre wird auf die Grundwelle abgestimmt, worauf in dem Hilfskreis mittels der Kapazität die Oberwellen eingestellt werden können.

γ) Genaue Bestimmung einer großen und einer kleinen Welle. Die Versuchsanordnung Abb. 190 kann auch benutzt werden zur genauen Bestimmung einer einzelnen sehr großen oder sehr kleinen Wellenlänge, die vielleicht der Messung mit einem Wellenmesser nicht mehr zugänglich sind.

1. Messung einer sehr großen Welle. Zunächst wird die zu messende Wellenlänge $\lambda_x = \lambda_g$ in Kreis I eingestellt und Kreis II mittels C_2 auf eine Oberschwingung von λ_g abgestimmt. Darauf wird die Wellenlänge λ_n dieser Oberschwingung, etwa mit Wellenmesser oder Normalkreis, bestimmt. Aus λ_n und der ermittelten Ordnungszahl n folgt

$$\lambda_g = n \cdot \lambda_n .$$

Zweckmäßig wiederholt man die Messung mit mehreren Oberschwingungen. Die Unterschiede zwischen den einzelnen so erhaltenen Werten von λ_g und ihrem Mittelwerte geben gleichzeitig ein Maß für die mit dem Verfahren erreichbare Genauigkeit.

2. Messung einer sehr kleinen Welle. λ_x wird in Kreis II eingestellt, dessen Kapazität und Selbstinduktion alsdann im Verlauf der Messung ungeändert bleiben. Kreis I wird, nachdem L_1 passend gewählt ist, mittels C_1 auf eine Wellenlänge λ_g abgestimmt, für die λ_x eine Oberschwingung darstellt mit der Ordnungszahl n. Darauf ist λ_g zu messen, die Ordnungszahl von λ_x zu ermitteln und λ_x zu berechnen aus

$$\lambda_x = \frac{\lambda_g}{n} .$$

Soll, um größere Genauigkeit zu erzielen, die Messung wiederholt werden, so stellt man, etwa durch Änderung von C_1, in I eine andere Wellenlänge λ_g' ein, für die wieder λ_x eine Oberschwingung ist, aber mit der Ordnungszahl n'. Ist λ_g' gemessen, n' abgezählt, so wird:

$$\lambda_x = \frac{\lambda_g'}{n} .$$

Durch stufenweise Änderung der Wellenlänge in I derart, daß das unveränderte λ_x immer zur Oberschwingung der Welle in I wird, nur mit anderer Ordnungszahl, lassen sich weitere Werte für λ_x finden, aus denen das Mittel zu nehmen ist. Hiermit läßt sich ebenfalls die Genauigkeit des Verfahrens prüfen.

6. Eichung eines Oszillators für bestimmte Wellenlängen.

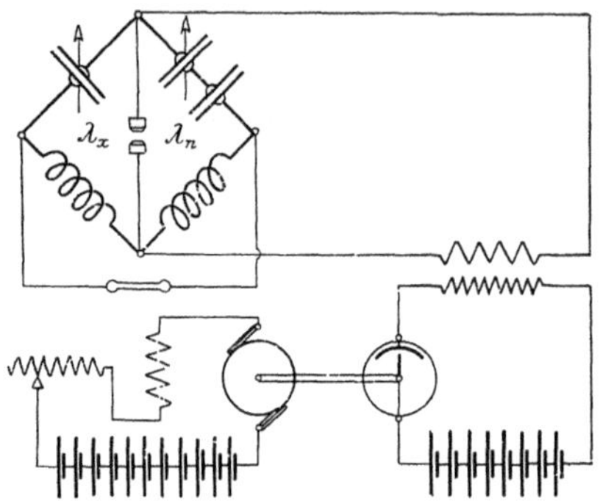

Abb. 191.

Zur Prüfung und Abstimmung von Empfangseinrichtungen ist ein geeichter Oszillator vielfach mit Vorteil zu verwenden. Durch Zusammenschalten eines derartigen Erregerkreises mit einem Normalwellenmesser kann in nebenstehender Brückenschaltung (Abb. 191) die Eichung vorgenommen werden, wobei

$$\lambda_n = \lambda_x .$$

F. Die Dämpfung.

I. Allgemeine Grundlagen.

1. Dämpfungsziffer und Dämpfungsdekrement. Werden die Belege eines geladenen Kondensators durch eine Leitung miteinander verbunden, so geht im periodischen Wechsel die aufgespeicherte elektrische Arbeit $\frac{C \cdot E_0^2}{2}$ in die magnetische $\frac{L \cdot J_0^2}{2}$ über, sofern der Schwingungkreis keine Verluste aufweist. Für irgendeinen Zeitpunkt gilt daher die Beziehung, daß die gesamte gleichbleibende, innere Arbeit A sich aus zwei Teilwerten zusammensetzt, von denen der eine die zur Zeit vorhandene elektrische Arbeit A_e, der zweite den Wert der magnetischen Arbeitsfähigkeit A_m verkörpert, d. h. in jedem Augenblick ist:

$$A = A_e + A_m .$$

Jeder Stromkreis besitzt aber Widerstand. Der geschilderte Vorgang ist daher jedenfalls immer mit Verlusten durch Joulesche Wärme verknüpft. Infolge davon wird die auf dem Kondensator aufgespeicherte Leistung mehr oder weniger rasch in Wärme umgesetzt.

Die mathematische Behandlung des Vorgangs zeigt, daß je nach der Größe des Widerstandes w im Verhältnis zu C und L folgende drei Fälle sich unterscheiden lassen: Der Ausgleich erfolgt, wenn:

$$\left.\begin{aligned} w &< 2\cdot\sqrt{\frac{L}{C}} \quad \text{oszillatorisch} \\ w &> 2\cdot\sqrt{\frac{L}{C}} \quad \text{aperiodisch} \\ w &= 2\cdot\sqrt{\frac{L}{C}} \quad \text{gerade noch aperiodisch,} \end{aligned}\right\} \tag{117}$$

wo C in Farad, L in Henry einzuführen ist, um w in Ohm zu erhalten.

Von diesen Möglichkeiten für die Kondensatorentladung ist für die Hochfrequenztechnik der oszillatorisch, d. h. periodisch verlaufende Ausgleichsvorgang der wichtigste. Er ist dadurch gekennzeichnet, daß die Strom- und Spannungsamplituden stetig abnehmen.

Bezeichnet J_0 den Höchstwert des Stromes bei Beginn der Entladung (Anfangsscheitelwert), so läßt sich der Strom i_t in irgendeinem Augenblick darstellen durch:

$$i_t = J_0 \cdot e^{-\frac{w}{2L}t} \cdot \sin\omega \cdot t.$$

Für viele Fragen ist die Größe des Amplitudenabfalls von besonderer Bedeutung. Zur Erleichterung der Vorstellung führt man sie auf eine Ursache zurück, die in Anlehnung an andere, periodisch verlaufende Erscheinungen als D ä m p f u n g d e s S c h w i n g u n g s k r e i s e s bezeichnet wird.

Zur rechnerischen Festlegung der Dämpfung dienen das Dämpfungsverhältnis, die Dämpfungsziffer und das logarithmische Dekrement der Dämpfung, das vielfach auch kurz als Dämpfung bezeichnet wird.

Unter D ä m p f u n g s v e r h ä l t n i s versteht man das Verhältnis zweier um eine Periode auseinanderliegender Scheitelwerte A_1 und A_2, also die Größe:

$$\frac{A_1}{A_2} = \frac{i_t}{i_{t+T}} = \frac{J_0 \cdot e^{-\frac{w}{2L}\cdot t} \cdot \sin\omega\cdot t}{J_0 \cdot e^{-\frac{w}{2L}(t+T)} \cdot \sin\omega\cdot t} = e^{\frac{w}{2L}\cdot T} = e^{\delta\cdot T}.$$

Der Quotient

$$\frac{w}{2L} = \delta \tag{118}$$

führt den Namen D ä m p f u n g s z i f f e r, während

$$\log\text{nat}\frac{A_1}{A_2} = \delta\cdot T = \vartheta \tag{119}$$

als l o g a r i t h m i s c h e s D e k r e m e n t d e r D ä m p f u n g bezeichnet wird.

Durch einfache Umrechnung kann man diesen Zahlenwert durch die verschiedenen, einen Schwingungskreis kennzeichnenden Größen wie folgt ausdrücken:

$$\left.\begin{aligned}\vartheta &= \frac{w^{\Omega}}{2\,L^{H}}\cdot T = \frac{w^{\Omega}}{2\,L^{H}}\cdot\frac{1}{\nu}\\ &= \pi\cdot w^{\Omega}\cdot\sqrt{\frac{C^{F}}{L^{H}}}\\ &= \frac{1}{152{,}3}\cdot\frac{C^{\mathrm{cm}}\cdot w^{\Omega}}{\lambda^{\mathrm{m}}}\\ &= \frac{1}{0{,}591}\cdot\frac{\lambda^{\mathrm{m}}\cdot w^{\Omega}}{L^{\mathrm{cm}}}\end{aligned}\right\} \qquad (120)$$

Tafel VI dient zur raschen Ermittlung von ϑ oder w.

ϑ ist für den ganzen Schwingungsverlauf gleichbleibend oder veränderlich, je nachdem der Widerstand des Kreises von der Stromstärke und der Periodenzahl abhängt oder nicht.

2. Der Dämpfungswiderstand. Im allgemeinen ist der Leistungsverbrauch im Ohmschen Widerstand des Schwingungskreises nicht allein die Ursache des Amplitudenabfalls, meist tritt zu ihr noch eine ganze Reihe anderer Erscheinungen hinzu, die oft in viel stärkerem Maße diese Abnahme bedingen. Wirkt der Schwingungskreis induzierend auf benachbarte Metallmassen ein, so entstehen in ihnen Wirbelstromverluste. Zu diesen treten Verluste durch magnetische Hysteresis, wenn die Spulen Eisen enthalten. Im Kondensator entsteht ein weiterer Leistungsverlust durch dielektrische Hysteresis. Bei hohen Spannungen kommen Glimmlicht- und Sprühverluste hinzu. Schließlich verursacht die elektrische Strahlung einen Leistungsverbrauch, der je nach der Form des Schwingungskreises mehr oder weniger groß ist und bei offenen Schwingungskreisen sehr hohe Werte annimmt, die bei Sendern unmittelbar angestrebt werden.

Alle diese Erscheinungen vergrößern die Dämpfung. Um ihren Einfluß zu berücksichtigen, denkt man sich den Schwingungskreis ersetzt durch einen anderen mit der gleichen Kapazität und Selbstinduktion, wie der ursprüngliche Kreis, in den aber ein Ohmscher Widerstand w_v eingeschaltet ist, so bemessen, daß in ihm ein Leistungsverbrauch entsteht, der gleich ist dem gesamten, auf die oben genannten Ursachen zurückgeführten Verbrauch. Man bezeichnet diesen Widerstand als Dämpfungswiderstand, Leistungswiderstand, Verlustwiderstand, wirksamen Widerstand oder Wirkwiderstand des Schwingungskreises. Der gesamte Leistungsverbrauch berechnet sich alsdann zu $i^2\cdot w_v$, wo i die wirksame Stromstärke darstellt.

Bisher wurde von der Annahme ausgegangen, daß ein Kondensatorkreis, einmal mit einem bestimmten elektrischen Arbeitsvorrat versehen, ohne weitere Leistungszufuhr sich selbst überlassen, ausschwingt und hierbei seinen Arbeitsvorrat in andere Formen umsetzt. Es läßt sich nun noch ein zweiter Fall verwirklichen, bei dem den Schwingungen im Kreise in jeder Periode so viel Arbeit nachgeliefert wird, daß die Amplituden stets gleichbleiben. Man nennt diese Form der Schwingungen meist ungedämpfte, obgleich diese Bezeichnungsweise irreführend sein kann, da sie zu der Vorstellung veranlaßt, daß bei ihnen der Einfluß der Dämpfung verschwindet, weil die Amplituden nicht abnehmen. Auch bei den ungedämpften Schwingungen ist indessen der Einfluß der Dämpfung noch vorhanden, er äußert sich nur in anderer Weise. Der Schwingungsverlauf in einem Schwingungskreise ist nicht nur abhängig von der Dämpfung, sondern auch von der Art der Leistungszufuhr. Gedämpfte Schwingungen kommen zustande, wenn mit Beginn der Entladung des Kondensators die Leistungszufuhr völlig unterbrochen wird oder wenn sie einen geringeren Betrag hat, wie der Leistungsverbrauch. Die dann entstehenden Schwingungen gleichen den Schwingungen eines Pendels, das, gehoben und darauf sich selbst überlassen, Schwingungen ausführt, deren Amplituden infolge von Lager- und Luftreibung abnehmen bis der ursprüngliche Gleichgewichtszustand wieder erreicht ist.

Die ungedämpften Schwingungen verhalten sich wie die Schwingungen eines Uhrpendels, bei denen durch Gewichts- oder Federantrieb der Reibungsverlust immer wieder ausgeglichen wird.

Technisch wird der entsprechende elektrische Vorgang verwirklicht, wenn eine Wechselstrommaschine auf einen Schwingungskreis arbeitet. Am übersichtlichsten werden in diesem Fall die Erscheinungen, wenn die Eigenschwingung des Kreises mit der von der Maschine aufgedrückten Periodenzahl in Resonanz ist. Strom und Spannung würden alsdann, wenn der Kreis keine Dämpfung besitzt, auf unendlich hohe Werte hinaufpendeln. Die Dämpfung des Kreises, die nicht nur durch die Verluste im äußeren Stromkreis, sondern auch durch die Verluste im Anker der Maschine selbst bedingt ist, setzt dem Anwachsen der Scheitelwerte eine Grenze. Infolge davon fließt schon kurze Zeit, nachdem die vorher erregte Maschine mit dem äußeren Stromkreis verbunden ist, in ihm ein Wechselstrom mit gleichbleibenden Scheitelwerten, da letztere infolge der Dämpfung nur so lange zunehmen können, bis sich zwischen zugeführter und verbrauchter Leistung ein Gleichgewichtszustand ausgebildet hat.

3. Das Dämpfungsdekrement als Quotient zweier Arbeitswerte. Rechnerisch kommt der eben geschilderte Einfluß der Dämpfung dadurch zum Ausdruck, daß sich das D ä m p f u n g s d e k r e m e n t auch als V e r h ä l t n i s z w e i e r A r b e i t s w e r t e darstellen läßt.

Ist

$$A_m = \tfrac{1}{2} \cdot L \cdot J_0^2$$

der zu einer bestimmten Zeit im Schwingungskreise vorhandene Arbeitsvorrat, ferner

$$A_w = i^2 \cdot w \cdot T = \tfrac{1}{2} J_0^2 \cdot w\, T$$

die während der darauf folgenden Periode in Wärme umgesetzte Arbeit und bildet man den Quotienten $\frac{A_w}{A_m}$, so ergibt sich:

$$\frac{A_w}{A_m} = \frac{\frac{1}{2} J_0^2 \cdot w \cdot T}{\frac{1}{2} L \cdot J_0^2} = 2 \cdot \frac{w}{2 \cdot L} \cdot T = 2 \cdot \delta \cdot T = 2\, \vartheta. \qquad (121)$$

Das Verhältnis der beiden Größen $\frac{A_w}{A_m}$ ist sonach gleich dem doppelten Betrag des logarithmischen Dekrementes.

Der Ausdruck ermöglicht häufig in einfacher Weise das Dekrement von Leiteranordnungen, z. B. die Strahlungsdämpfung von Luftleitern oder dem Dämpfungsbeitrag eines Kondensators, mit dem ein Widerstand in Reihe oder nebeneinandergeschaltet ist, zu berechnen.

Für die Reihenschaltung einer Kapazität C_h mit einem Widerstande w_h erhält man:

$$\vartheta_h = \frac{1}{2} \cdot \frac{w_h \cdot \frac{J_0^2}{2} \cdot T}{\frac{L \cdot J_0^2}{2}} = \frac{1}{2 \cdot 3 \cdot 10^{10}} \cdot \frac{w_h}{L} \cdot \lambda^{\mathrm{cm}} = \frac{1}{152} \cdot \frac{w_h^{\Omega} \cdot C_h^{\mathrm{cm}}}{\lambda^{\mathrm{m}}},$$

während für die Nebeneinanderschaltung von C_n und w_n sich ergibt:

$$\vartheta_n = \frac{1}{2} \cdot \frac{\frac{1}{w_n} \cdot \frac{E_0^2}{2} \cdot T}{\frac{C_n \cdot E_0^2}{2}} = \frac{\lambda^{\mathrm{cm}}}{6 \cdot 10^{10} \cdot C_n \cdot w_n} = \frac{1500 \cdot \lambda^{\mathrm{m}}}{C_n^{\mathrm{cm}} \cdot w_n^{\Omega}}.$$

Beispiel. Legt man in den Nebenschluß zu einem verlustfreien Kondensator von $C = 500$ cm einen Widerstand von 10^6 Ohm, so wird für $\lambda = 2000$ m

$$\vartheta_n = 0{,}006.$$

Geringe Isolationsfehler können sonach, besonders bei kleinen Kapazitäten, die Dämpfung eines Hochfrequenzkreises wesentlich vergrößern.

Eine andere wichtige Darstellungsweise für ϑ ergibt sich aus der Beziehung zwischen Leistungsverbrauch, wirksamer Spannung e, wirksamer Stromstärke i und dem Kosinus des Phasenverschiebungswinkels φ zwischen i und e. Da

$$\frac{J_0^2 \cdot w}{2} = e \cdot i \cdot \cos\varphi,$$

ferner:

$$J_0 = E_0 \cdot \sqrt{\frac{C}{L}}, \qquad E_0 = \sqrt{2} \cdot e,$$

folgt aus Gleichung 121

$$\vartheta = \pi \cdot \cos \varphi \,. \tag{122}$$

Die Kenntnis des Wertes der Dämpfung gestattet demnach die Berechnung des Leistungsverbrauchs in einem Hochfrequenzkreis, wobei es gleichgültig ist, ob die Schwingung aus einer Reihe gedämpfter Entladungen bestehen, durch einen Lichtbogengenerator, eine Kathodenröhre oder mittels einer Maschine erzeugt werden.

4. Gesamtes Dämpfungsdekrement. Sind in einem Schwingungskreise mehrere Geräte mit den Dämpfungsdekrementen ϑ_1, $\vartheta_2 \ldots$ in Reihe geschaltet, so berechnet sich die Gesamtdämpfung ϑ des Kreises zu

$$\vartheta = \vartheta_1 + \vartheta_2 + \vartheta_3 + \ldots$$

II. Dämpfungsmessungen.

Zur meßtechnischen Bestimmung des Dämpfungsdekrements und des Dämpfungswiderstandes sind eine große Zahl von Verfahren angegeben worden (z. B. mittels Braunscher Röhre, Magnetdetektor, Glimmlichtröhre, Pendelunterbrecher usw.). In der Radiotelegraphie werden hauptsächlich die folgenden benutzt:

1. Resonanzverfahren (Aufnahme der Resonanzkurve),
2. Vergleichsverfahren,
3. indirekte Verfahren (Leistungsmessung),
4. kalorimetrische Verfahren.

Das Resonanzverfahren liefert als Ergebnis der Messung unmittelbar das Dämpfungsdekrement, während mit allen übrigen Verfahren sich unmittelbar nur der Dämpfungswiderstand ermitteln läßt. Ist aber die eine von beiden Größen gemessen, so kann die andere mittels der Gleichungen 120 rechnerisch gefunden werden, wenn neben der Wellenlänge auch noch die Kapazität oder die Selbstinduktion der Schwingungskreise bekannt ist. Die genaue Bestimmung der wirksamen Kapazität und Selbstinduktion stößt indessen häufig auf Schwierigkeiten, z. B. bei Antennen. In solchen Fällen ist man bei der Ermittlung des Dämpfungsdekrementes auf die Aufnahme der Resonanzkurve angewiesen.

1. Bestimmung von Dämpfungsdekrementen durch Aufnahme der Resonanzkurve.

Dem Verfahren liegen die Beziehungen zugrunde zwischen dem Dämpfungsdekrement und den Koordinaten zweier Punkte der Resonanzkurve. Es erfordert daher die Aufnahme dieser Kurve oder wenigstens die Ermittlung des Resonanzpunktes und eines weiteren Punktes der Resonanzkurve (Verstimmung) und ergibt unmittelbar das Dämpfungsdekrement. Wegen der notwendigen Verstimmung bleibt seine Anwendbarkeit beschränkt auf die Fälle, in denen der wirksame Widerstand des zu untersuchenden Geräts keine starke Änderung mit der Wechselzahl erfährt. Der Aufbau der Versuchsanordnung und die Gleichungen zur Berechnung der Endergebnisse sind verschieden, je nachdem man bei den Messungen Schwingungen mit abnehmenden oder Schwingungen mit gleichbleibenden Scheitelwerten benutzt. Die einzelnen Fälle sind daher im folgenden getrennt behandelt.

a) Erregung mit gewöhnlichen Funken.

α) **Allgemeine Grundlagen.** 1. Gleichung von Bjerknes. Den Ausgangspunkt für die Verfahren zur Bestimmung von Dämpfungsdekrementen mittels Schwingungen mit abnehmenden Scheitelwerten bildet die von Bjerknes aufgestellte Gleichung für zwei lose miteinander gekoppelte Kreise:

$$i_2^2 = c \cdot a \cdot \frac{\vartheta_1 + \vartheta_2}{\vartheta_1 \cdot \vartheta_2} \cdot \frac{1}{\left(1 - \frac{\nu_2}{\nu_1}\right)^2 + \left(\frac{\vartheta_1 + \vartheta_2}{2\pi}\right)^2}, \tag{123}$$

wo

$$c = \frac{E_{02}^2}{64\,\pi^2 \cdot \nu_1^2 \cdot L_1^2}$$

und

ν_1 = Periodenzahl der Schwingungen im Erregerkreis,
L_1 = Selbstinduktionskoeffizient des Erregerkreises,
ϑ_1 = Dämpfungsdekrement des Erregerkreises,
a = Funkenzahl in der Sekunde,
E_{02} = erster, größter Wert der im Sekundärkreis wirkenden elektromotorischen Kraft,
i_2 = Strom im Sekundärkreis,
ν_2 = Periodenzahl des Sekundärkreises,
ϑ_2 = Dämpfungsdekrement des Sekundärkreises.

Schon in dieser Form stellt Gleichung 123 eine Annäherungsgleichung dar, die außerdem nur unter der Voraussetzung gilt, daß

1. die Kopplung zwischen Primär- und Sekundärkreis sehr lose und
2. $\vartheta_1 + \vartheta_2$ klein gegen 2π ist.

Im Resonanzfalle, d. h. für $\nu_2 = \nu_1$ ergibt sich:

$$i_{2r}^2 = c \cdot a \cdot 4\pi^2 \cdot \frac{1}{\vartheta_1 \cdot \vartheta_2 \cdot (\vartheta_1 + \vartheta_2)} \qquad (123\text{a})$$

und aus beiden Gleichungen 123 und 123a:

$$\left(\frac{i_2}{i_{2r}}\right)^2 = \frac{1}{4\pi^2} \cdot \frac{(\vartheta_1 + \vartheta_2)^2}{\left(\frac{\vartheta_1 + \vartheta_2}{2\pi}\right)^2 + \left(1 - \frac{\nu_2}{\nu_1}\right)^2} = \frac{1}{1 + \frac{4\pi^2}{(\vartheta_1 + \vartheta_2)^2} \cdot \left(1 - \frac{\nu_2}{\nu_1}\right)^2},$$

woraus folgt:

$$\vartheta_1 + \vartheta_2 = 2\pi \cdot \left(1 - \frac{\nu_2}{\nu_1}\right) \cdot \sqrt{\frac{i_2^2}{i_{2r}^2 - i_2^2}}. \qquad (124)$$

2. Resonanzkurven. Experimentell kann $\vartheta_1 + \vartheta_2$ durch Aufnahme einer Resonanzkurve ermittelt werden, die meist in der Weise erfolgt, daß man bei ungeändertem

$$\nu_1 = \frac{1}{2\pi \cdot \sqrt{C_1 \cdot L_1}}$$

des Erregerkreises die Periodenzahl

$$\nu_2 = \frac{1}{2\pi \cdot \sqrt{C_2 \cdot L_2}}$$

des Sekundärkreises verändert und die Stromstärken i_2 mißt. Der Sekundärkreis wird in diesem Fall als Meßkreis und die so gewonnene Kurve:

$$i_2^2 = f(\nu_2) \quad \text{für} \quad \nu_1 = \text{const.}$$

als Resonanzkurve bezeichnet.

Um ν_2 zu ändern, kann man entweder C_2 bei gleichbleibendem L_2 oder L_2 bei gleichbleibendem C_2 verändern. Die Änderung von C_2 verdient den Vorzug, da sie experimentell einfacher durchführbar ist und hierbei auch die mit der Änderung von L_2 verbundenen Änderungen des Dekrementes ϑ_2 vermieden werden.

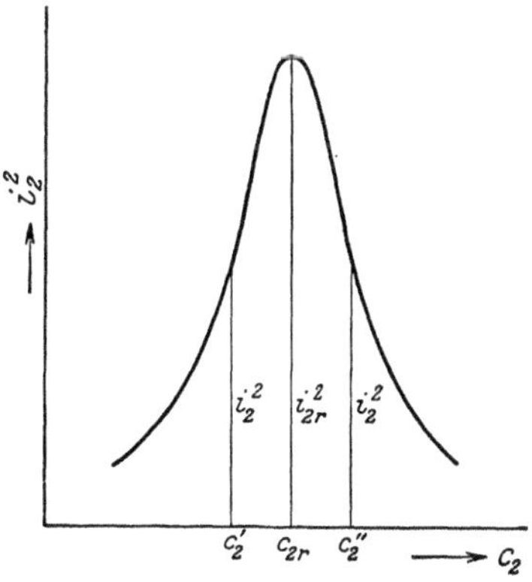

Abb. 192.

Abb. 192 stellt eine Resonanzkurve dar, in der die Werte von C_2 als Abszissen, die Werte von i_2^2 als Ordinaten aufgetragen sind.

Ferner läßt sich die Resonanzkurve auch in der Weise aufnehmen, daß man ν_1 an Stelle von ν_2 bei gleichbleibendem ν_2 ändert.

An Stelle von C_2 können auch die den Werten von C_2 entsprechenden Wellenlängen λ_2 aufgetragen werden.

Aus den Koordinaten des Resonanzpunktes und eines zweiten Punktes der Resonanzkurve läßt sich die Summe $\vartheta_1 + \vartheta_2$ der Dekremente des Erregerkreises und des Meßkreises berechnen.

3. Gleichungen zur Berechnung von $\vartheta_1 + \vartheta_2$. Die erforderlichen Gleichungen zur Berechnung von $\vartheta_1 + \vartheta_2$ werden dadurch erhalten, daß man sich zunächst ν_1 in Gleichung 124 durch ν_r ersetzt denkt und alsdann mittels der Beziehungen

$$\nu = \frac{1}{2\pi \cdot \sqrt{C \cdot L}}, \qquad \lambda = \frac{3 \cdot 10^{10}}{\nu}$$

an Stelle der Periodenzahlen ν die Kapazitäten C oder die Wellenlängen λ einführt. Dadurch ergeben sich die folgenden Ausdrücke:

$$\left.\begin{aligned} \vartheta_1 + \vartheta_2 &= 2\pi \cdot \left(1 - \frac{\sqrt{C_{2r}}}{\sqrt{C_2}}\right) \cdot \sqrt{\frac{1}{\left(\frac{i_{2r}}{i_2}\right)^2 - 1}} \\ &= 2\pi \cdot \left(\frac{\lambda_2 - \lambda_{2r}}{\lambda_2}\right) \cdot \sqrt{\frac{1}{\left(\frac{i_{2r}}{i_2}\right)^2 - 1}} \end{aligned}\right\} \tag{125}$$

oder die Näherungsgleichung

$$\vartheta_1 + \vartheta_2 \sim \pi \cdot \frac{C_2 - C_{2r}}{C_{2r}} \cdot \sqrt{\frac{1}{\left(\frac{i_{2r}}{i_2}\right)^2 - 1}} \tag{126}$$

die aus Gleichung 125 hervorgeht, wenn

$$\sqrt{\frac{C_{2r}}{C_2}} = \sqrt{1 - \frac{C_2 - C_{2r}}{C_2}} \sim 1 - \frac{1}{2} \cdot \frac{C_2 - C_{2r}}{C_2}$$

gesetzt wird und die nur gilt, solange $\frac{C_2 - C_{2r}}{C_2}$ klein ist gegen 1.

Wird als Strommesser ein Thermoelement in Verbindung mit einem Galvanometer benützt, so darf in den Gleichungen 125 und 126 nur dann die Ablenkung α des Galvanometers an Stelle von i_2^2 gesetzt werden, wenn die Eichkurve $\alpha = f(i_2^2)$ des Meßgerätes eine Gerade ist. Trifft dies nicht zu, so muß man, wie bei allen derartigen Messsungen, der Auswertung der Versuchsergebnisse die vollständige Eichkurve zugrunde legen, d. h. aus ihr zu den Ablenkungen α die zugehörigen Werte von i_2^2 entnehmen und diese in die Gleichungen einführen.

4. Arten des Resonanzverfahrens. Diese Gesichtspunkte für die Bestimmung von $\vartheta_1 + \vartheta_2$ lassen sich in verschiedener Weise

verwerten. Man kann entweder eine vollständige Resonanzkurve aufnehmen oder sich begnügen mit Ermittlung der Werte von i_{2r}^2, C_{2r} oder λ_{2r} für den Resonanzpunkt und eines Wertepaares für einen zweiten Punkt der Kurve (Verstimmung).

a) Die vollständige Aufnahme der Resonanzkurve hat den Nachteil, daß sie viel Zeit erfordert. Demgegenüber bietet sie den Vorzug, daß man aus dem Verlauf der Kurve leicht etwaige Fehler oder Störungen bei der Messung erkennen kann und eine große Zahl von Wertepaaren gewinnt zur Berechnung von $\vartheta_1 + \vartheta_2$, wodurch eine wechselseitige Prüfung der Versuchsergebnisse ermöglicht ist.

b) Die Ermittlung von $\vartheta_1 + \vartheta_2$ durch Verstimmung macht nur die beiden Schritte nötig:

1. Einstimmen von Meßkreis auf Erregerkreis. Ermittlung von i_{2r}^2 und ν_{2r} bzw. C_{2r} oder λ_{2r}.

2. α) Einmalige Verstimmung des Meßkreises durch Änderung von C_{2r} in C_2' und Messung des entsprechenden $i_2'^2$ oder

β) Zweimalige Verstimmung, wobei einmal C_{2r} verkleinert wird auf C_2' und darauf C_{2r} vergrößert wird auf C_2'', und zwar derart, daß in beiden Fällen der nämliche Stromwert i_2^2 sich ergibt.

$\vartheta_1 + \vartheta_2$ berechnet sich alsdann bei einmaliger Verstimmung mittels der Gleichungen 125 oder 125a, an deren Stelle bei zweifacher Verstimmung die Näherungsgleichungen treten:

$$\vartheta_1 + \vartheta_2 \sim \pi \cdot \frac{\lambda_2'' - \lambda_2'}{\lambda_{2r}} \sqrt{\frac{1}{\left(\frac{i_{2r}}{i_2}\right)^2 - 1}} \sim \frac{\pi}{2} \cdot \frac{C_2'' - C_2'}{C_{2r}} \sqrt{\frac{1}{\left(\frac{i_{2r}}{i_2}\right)^2 - 1}}, \qquad (127)$$

von denen die erste aus Gleichung 125 hervorgeht, wenn man setzt: $\lambda_2'' = \lambda_{2r} + b$, $\lambda_2' = \lambda_{2r} - b$ und b^2 gegen λ_{2r}^2 vernachlässigt.

Die Berechnung von ϑ wird vereinfacht, wenn man die Verstimmung so vornimmt, daß i_{2r}^2 sinkt auf:

$$i_2^2 = \frac{i_{2r}^2}{2}.$$

Alsdann wird für einfache Verstimmung:

$$\vartheta_1 + \vartheta_2 \sim 2\pi \cdot \frac{\lambda_2' - \lambda_{2r}}{\lambda_{2r}} \sim \pi \cdot \frac{C_2' - C_{2r}}{C_{2r}}, \qquad (127a)$$

für zweifache Verstimmung:

$$\vartheta_1 + \vartheta_2 \sim \pi \cdot \frac{\lambda_2'' - \lambda_2'}{\lambda_{2r}} \sim \frac{\pi}{2} \cdot \frac{C_2'' - C_2'}{C_{2r}}. \qquad (127b)$$

5. Die Trennung von ϑ_1 und ϑ_2. Die oben geschilderten Verfahren gestatten nur die Summe $\vartheta_1 + \vartheta_2$ zu bestimmen. Will man beide

Werte getrennnt erhalten, so ist noch der weitere folgende Versuch auszuführen:

In den Meßkreis wird ein induktions- und kapazitätsfreier Widerstand w eingeschaltet, d. h. das Dekrement des Kreises wird um $\Delta\vartheta_2$ vergrößert, worauf man den nun kleiner gewordenen Strom i'_{2r} im Meßkreis bestimmt.

Gleichung 123a geht alsdann über in:

$$i'^2_{2r} = c \cdot a \cdot 4 \cdot \pi^2 \cdot \frac{1}{\vartheta_1 \cdot (\vartheta_2 + \Delta\vartheta_2) \cdot (\vartheta_1 + \vartheta_2 + \Delta\vartheta_2)}.$$

Aus dieser und Gleichung 123a folgt:

$$\frac{i'^2_{2r}}{i^2_{2r}} = \frac{\vartheta_2 \cdot (\vartheta_1 + \vartheta_2)}{(\vartheta_2 + \Delta\vartheta_2) \cdot (\vartheta_1 + \vartheta_2 + \Delta\vartheta_2)}$$

oder

$$\vartheta_2 = \frac{\Delta\vartheta_2}{\left(\frac{i_{2r}}{i^2_{2r}}\right)^2 \cdot \frac{\vartheta_1 + \vartheta_2}{\vartheta_1 + \vartheta_2 + \Delta\vartheta^2} - 1}. \tag{128}$$

Ist w nicht kapazitäts- und induktionsfrei, so ist vor der Messung von i'_{2r} eine Neuabstimmung zwischen Meßkreis und Erregerkreis erforderlich. (Siehe auch S. 205.)

Da $\vartheta_1 + \vartheta_2$ durch den ersten Versuch gefunden ist, erfordert die Berechnung von ϑ_2 nur noch die Kenntnis von $\Delta\vartheta_2$. Ist Kapazität und Wellenlänge des Meßkreises bekannt, so kann $\Delta\vartheta_2$ mittels der Formel

$$\Delta\vartheta_2 = \frac{1}{152{,}3} \cdot \frac{C^{\mathrm{cm}} \cdot w^{\Omega}}{\lambda^{\mathrm{m}}_{2r}} \tag{128a}$$

berechnet werden.

Ist jedoch $\Delta\vartheta_2$ der Rechnung nicht zugänglich, so muß $\Delta\vartheta_2$ experimentell ermittelt werden.

Zu dem Zwecke bestimmt man, nachdem w eingeschaltet ist, die Gesamtsumme $\vartheta_1 + \vartheta_2 + \Delta\vartheta_2$ durch eine nochmalige Anwendung des Resonanzverfahrens, worauf sich ergibt:

$$\Delta\vartheta_2 = n - m, \tag{128b}$$

wenn

$$m = \vartheta_1 + \vartheta_2,$$
$$n = \vartheta_1 + \vartheta_2 + \Delta\vartheta_2$$

die bei den zwei Dämpfungsmessungen experimentell gefundenen Werte bedeuten.

Sofern ϑ_1 so groß ist, daß ϑ_2 und $\vartheta_2 + \Delta\vartheta_2$ vernachlässigbar sind gegen ϑ_1, nimmt Gleichung 128 die einfachere Form an:

$$\vartheta_2 \sim \frac{\Delta\vartheta_2}{\left(\frac{i_{2r}}{i'_{2r}}\right)^2 - 1} \tag{128c}$$

Voraussetzung für die Gültigkeit der Gleichungen war, daß die Kopplung zwischen Erregerkreis und Meßkreis verschwindend klein ist, so daß die Rückwirkung des Meßkreises auf den Erregerkreis vernachlässigt werden kann.

Trifft dies nicht zu, so liefert das Verfahren, wie Wien gezeigt hat, anstatt $\vartheta_1 + \vartheta_2$ den zu großen Wert

$$\sqrt{(\vartheta_1 + \vartheta_2)^2 + 4\pi^2 \cdot \varkappa^2},$$

solange

$$2\pi \cdot \varkappa > \vartheta_1 - \vartheta_2$$

ist, wo $\varkappa$ den Kopplungsgrad bedeutet.

β) Ausführung der Messungen. 1. Schaltung. Abb. 193 zeigt eine Anordnung zur Bestimmung des Dekrements des Erregerkreises I und des Meßkreises II. Kreis I wird von einer Wechselstrommaschine unter Zwischenschaltung eines Hochspannungstransformators gespeist. Kreis II ist gebildet durch den geschlossenen Schwingungskreis eines Wellenmessers, in dem ein Blockkondensator mit einem zu ihm nebeneinandergeschalteten Hitzdrahtgerät liegt. Durch einen Umschalter kann für den zweiten Versuch, der zur Trennung von ϑ_1 und ϑ_2 dient, ein Zusatzwiderstand w in Kreis II gelegt werden.

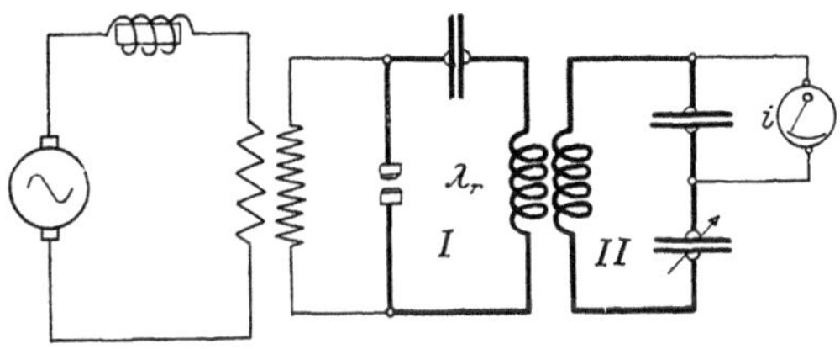

Abb. 193.

2. Versuchsbedingungen. Als Funkenstrecke benutzt man am besten Magnesiumkugeln. Um einen gut wirksamen Funken und eine gleichmäßige Funkenfolge zu erzielen, muß zunächst der Sekundärkreis des Transformators in Resonanz mit der Periodenzahl der Maschine gebracht werden. Alsdann werden beide Kreise so lose gekoppelt, daß der Hitzdrahtstrommesser noch einen für die Messung brauchbaren Ausschlag zeigt. Um die verlangte lose Kopplung zu erzielen, verändert man vor der endgültigen Messung die Kopplung so lange, bis die vorläufig gemessenen Werte von $\vartheta_1 + \vartheta_2$ bei weiterer Vergrößerung der Kopplung nicht mehr abnehmen, was sich bei großen Leistungen im Erregerkreis immer erreichen läßt. Wegen der bei der Messung erforderlichen Verstimmung müssen die Zusatzwiderstände unabhängig von der Wechselzahl sein. Ist die Stromstärke im Primärkreis nicht hinreichend konstant, so empfiehlt es sich, gleichzeitig auch den Strom im Primärkreis zu messen und die Angaben des Strommessers im Sekundärkreis auf gleichbleibende Stromstärke im Primärkreis umzurechnen.

3. Messungen. 1. Kreis II wird auf Kreis I abgestimmt. Daran schließt sich die Aufnahme der Resonanzkurve durch Änderung von C_2 bei gleichbleibendem λ_1.

Nach Gleichung 125 ergibt sich mittels der Resonanzkurve $\vartheta_1 + \vartheta_2$.

2. In II wird w zugeschaltet. II und I sind wieder aufeinander abzustimmen. Darauf ist die Resonanzstromstärke zu messen. Sie sei i'_{2r}.

3. $\Delta\vartheta_2$ wird berechnet mittels Gleichung 128a oder experimentell bestimmt nach S. 196 durch Einschalten eines Widerstandes w und Aufnahme einer zweiten Resonanzkurve.

4. Aus $\vartheta_1 + \vartheta_2$, $\Delta\vartheta_2$ und $\vartheta_1 + \vartheta_2 + \Delta\vartheta_2$ folgt ϑ_2 nach Gleichung 128b:

Um einen genauen Mittelwert zu gewinnen, wiederholt man die Messung mit verschiedenen Zusatzwiderständen.

Messung von ϑ durch Verstimmung. Kreis II sei ein Wellenmesser. Man bestimmt zunächst die Wellenlänge λ_r des Erregerkreises und die Resonanzstromstärke i_{2r} im Kreis II.

Darauf wird der Wellenmesser derart verstimmt, daß $i_2^2 = \frac{i_{2r}^2}{2}$.

Entsprechen bei zweimaliger Verstimmung diesem Werte die beiden Wellenlängen λ_2' und λ_2'', so wird:

$$\vartheta_1 + \vartheta_2 = \pi \cdot \frac{\lambda_2'' - \lambda_2'}{\lambda_{2r}}.$$

Bei bekannter Wellenmesserdämpfung ϑ_2 ist damit ϑ_1 gefunden. Das Verfahren hat den Vorzug, daß es keinerlei Änderungen am Erregerkreis nötig macht, wird bei kleinen Dämpfungen aber ungenau.

Beispiel: Gemessen war

$$\lambda_{2r} = 500 \text{ m}.$$

Bei zweimaliger Verstimmung, die den Ausschlag des im Meßkreis liegenden Hitzdrahtgerätes mit geradliniger Eichkurve $i^2 = f(\alpha)$ auf die Hälfte zurückführt, ergab sich:

$$\lambda_2' = 484 \text{ m}, \qquad \lambda_2'' = 516 \text{ m};$$

mithin ist:

$$\vartheta_1 + \vartheta_2 = 3{,}14 \cdot \frac{516 - 484}{500} = 0{,}2.$$

Zur Trennung von $\vartheta_1 + \vartheta_2$ wurde im Meßkreis, dessen Kapazität $C = 350$ cm betrug, ein Widerstand $w = 10\,\Omega$ zugeschaltet. Der ursprüngliche Ausschlag $\alpha_r = 8$ ging hindurch in $\alpha_r' = 4$ über. Da somit nach Gleichung 128a:

$$\Delta\vartheta_2 = \frac{1}{152{,}3} \cdot \frac{350 \cdot 10}{500} = 0{,}0459,$$

wird:

$$\vartheta_2 = \frac{0{,}0459}{2 \cdot \frac{0{,}2}{0{,}2 + 0{,}0459} - 1} = 0{,}0282,$$

$$\vartheta_1 = 0{,}172.$$

b) Die Stoßerregung.

Entsteht infolge zu fester Kopplung bei den vorher besprochenen Anordnungen eine Rückwirkung zwischen Meßkreis und Erregerkreis, so wird dadurch der Widerstand des letzteren scheinbar vergrößert, was sich in einer Verflachung der Resonanzkurve äußert. Die durch die Messung gefundenen Werte von $\vartheta_1 + \vartheta_2$ und ϑ_2 werden alsdann zu groß, und man erhält, wie Wien gezeigt hat, statt des Wertes ϑ_2 die Größe

$$\vartheta_2 + \frac{\pi^2 \cdot \varkappa^2}{\vartheta_1}.$$

Nebenbei kann noch eine andere Erscheinung sich einstellen: Die Resonanzkurve wird nicht nur verflacht, sondern ihr gesamter Verlauf wird derart geändert, daß sich verschiedene Werte für $\vartheta_1 + \vartheta_2$ ergeben, je nach der Lage der Punkte auf der Resonanzkurve, die zur Berechnung von $\vartheta_1 + \vartheta_2$ gewählt werden. Die Werte erreichen dann unter Umständen ein Vielfaches der richtigen Beträge. Diese Erscheinung, die zu völlig falschen Meßergebnissen führt, ist zurückzuführen auf einen Einfluß des Funkens. Sie läßt sich, wie Wien durch seine eingehenden Untersuchungen gefunden hat, durch folgende Maßnahmen beseitigen:

1. Im Erregerkreis *I* (Abb. 194) werden rasch abklingende Schwingungen erzeugt.

2. Der Meßkreis *III* wird nicht unmittelbar durch Kreis *I*, sondern durch einen schwach gedämpften Zwischenkreis *II* erregt, dessen Schwingungen durch Stoßerregung von Kreis *I* hervorgerufen werden.

Der Zwischenkreis schwingt infolgedessen unabhängig vom Erregerkreis *I* mit seiner Eigenwelle und Eigendämpfung aus und vertritt bei der Messung die Stelle des Erregerkreises. Dadurch ist der Meßkreis den obengenannten Einflüssen völlig entzogen. Notwendig ist der Zwischenkreis, weil bei der Stoßerregung eine unmittelbare, scharfe Abstimmung des Meßkreises *III* auf Kreis *I* und die Aufnahme der Resonanzkurve nicht möglich wäre. Seine Aufgabe erfüllt der Zwischenkreis um so besser, je kleiner seine Dämpfung gewählt wird.

Um die Stoßerregung mit Knallfunkenstrecken zu erzielen, muß die Dämpfung des Erregerkreises künstlich durch Einschalten von Widerstand so weit vergrößert werden, daß $\vartheta_1' > 10\,\vartheta_2$ wird, während Löschfunkenstrecken bei richtiger Einstellung der einzelnen Schwingungskreise (s. S. 350) ohne weiteres die gewünschte Schwingungsform liefern.

Man kann alsdann die Kopplung des Erregerkreises mit dem Zwischenkreis sehr fest wählen, ohne daß der Verlauf der Resonanzkurve des Meßkreises geändert wird. Auch eine Verstimmung zwischen diesen beiden Kreisen bleibt ohne Einfluß auf das Ergebnis der Messung.

Infolge der festen Kopplung wird wesentlich mehr Leistung auf den Meßkreis übertragen, in ihm entstehen kräftige, bei richtigem Aufbau des Meßkreises sehr wenig gedämpfte Schwingungen, die selbst Dämpfungsdekremente von der Größenordnung 0,01 mit 1 % Genauigkeit zu ermitteln erlauben. *Allerdings kann mit dieser Versuchsanordnung die Dämpfung* ϑ_1 *des Stoßkreises nicht bestimmt werden*, da ja ihr Einfluß auf den Meßkreis jetzt völlig ausgeschaltet ist. Das Verfahren eignet sich daher insbesondere zur Feststellung der Dämpfungsbeiträge einzelner Bestandteile von Sender- und Empfangsanordnungen, wie Spulen, Kondensatoren u. dgl., sowie zu Verlustmessungen und zur Bestimmung des Dämpfungswiderstandes von Antennen und verdient vor den früher erläuterten Verfahren den Vorzug.

Abb. 194 zeigt die Schaltung. Der Meßkreis III wird durch den Zwischenkreis II erregt, mit dem er lose gekoppelt ist. Die Aufnahme

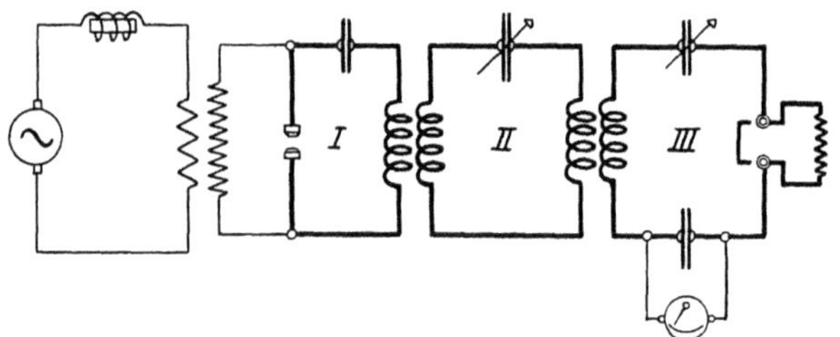

Abb. 194.

der Resonanzkurve erfolgt durch Änderung der Einstellung des Kondensators in III. Da der Einfluß von ϑ_1 beseitigt ist, liefern die Verfahren zunächst $\vartheta_2 + \vartheta_3$. Zur Berechnung dieser Summe aus den Versuchsergebnissen hat man daher in den früheren Formeln ϑ_1 durch ϑ_2 und ϑ_2 durch ϑ_3 zu ersetzen. Die Trennung von ϑ_2 und ϑ_3 wird genau so vorgenommen wie diejenige von ϑ_1 und ϑ_2 (S. 195) durch Einschalten eines Zusatzwiderstandes in III.

Für genaue Messungen empfiehlt sich auch hier zur Strommessung ein sehr lose mit dem Meßkreis gekoppelter aperiodischer Hilfskreis, der ein Thermoelement, ein Bolometer oder auch einen Detektor enthält, mit denen ein Galvanometer verbunden ist. Ferner soll bei der Auswertung der Versuchsergebnisse die vollständige Eichkurve des Strommessers und nicht eine einzelne Konstante zugrunde gelegt werden. Ganz besonders gilt dies, wenn ein Kristalldetektor benutzt wird. Durch lose Kopplung zwischen beiden Kreisen muß jede Rückwirkung des Hilfskreises auf den Meßkreis, die eine Vergrößerung des Widerstandes von III bedingen würde, vorgebeugt werden.

Die großen Leistungen, die bei Löschfunkenerregern zur Verfügung stehen, erlauben fast immer, diese Bedingung zu erfüllen. Ist dies nicht der Fall, so ist die Messung nach den S. 208 erläuterten Gesichtspunkten durchzuführen.

c) Erregung durch Schwingungen mit gleichbleibenden Scheitelwerten (ungedämpften Wechselströmen).

Die wirksame Stromstärke in einem Schwingungskreis, in dem eine sinusförmig verlaufende Wechselspannung mit gleichbleibenden Scheitelwerten wirkt, läßt sich darstellen durch:

$$i = \frac{e}{\sqrt{w^2 + \left(2\pi\nu_1 \cdot L_1 - \frac{1}{2\pi\nu_1 \cdot C}\right)^2}}, \tag{129}$$

wo ν_1 die dem Kreise aufgedrückte Periodenzahl bedeutet. Ändert man bei gleichbleibendem ν_1 die Kapazität C im Meßkreis und trägt die Stromstärken als Ordinaten, die Kapazitäten als Abszissen auf, so erhält man wieder eine Resonanzkurve, die um so flacher verläuft, je größer der Widerstand w oder, allgemeiner ausgedrückt, je größer die Leistungsverluste sind.

Der Strom erreicht einen größten Betrag, wenn $2\pi\nu_1 \cdot L = \frac{1}{2\pi\nu_1 \cdot C}$ oder $\nu_1 = \frac{1}{2\pi \cdot \sqrt{C \cdot L}}$. Da $\frac{1}{2\pi \cdot \sqrt{C \cdot L}}$ auch die Eigenschwingungszahl ν_2 des Schwingungskreises darstellt, tritt dieser Höchstwert somit ein, wenn $\nu_2 = \nu_1$, d. h. wenn infolge der Änderung von C die aufgedrückte und die Eigenschwingungszahl übereinstimmen, d. h. Resonanz vorhanden ist. Bezeichnet man die Resonanzstromstärke mit i_r, so folgt aus Gleichung 129:

$$i_r = \frac{e}{w}. \tag{129a}$$

Aus beiden Gleichungen 129 und 129a ergibt sich:

$$\frac{i^2}{i_r^2} = \frac{1}{1 - \frac{1}{w^2} \cdot \left(2\pi\nu_1 \cdot L - \frac{1}{2\pi\nu_1 \cdot C}\right)^2}$$

$$= \frac{1}{1 + \frac{1}{w^2} \cdot (\nu_1^2 \cdot 4\pi^2 \cdot C \cdot L - 1)^2 \cdot \frac{1}{4\pi^2 \nu_1^2 \cdot C^2}},$$

oder wenn man statt $4\pi^2 \cdot C \cdot L$ einsetzt $\frac{1}{\nu_2^2}$:

$$\frac{i^2}{i_r^2} = \frac{1}{1 - \frac{1}{w^2 \cdot 4\pi^2 \cdot \nu_1^2 \cdot C^2} \cdot \left(\frac{\nu_1^2}{\nu_2^2} - 1\right)^2}.$$

Da im Resonanzfall $\nu_2 = \nu_1$ und $(2\pi\nu_1)^2 \cdot C \cdot L = 1$, d. h. $L = \frac{1}{(2\pi\nu_1)^2 \cdot C}$, wird:

$$\vartheta = \frac{w}{2L} \cdot \frac{1}{\nu_1} = \pi \cdot w \cdot 2\pi\nu_1 \cdot C,$$

mithin

$$w^2 \cdot (2\pi\nu_1 \cdot C)^2 = \frac{\vartheta^2}{\pi^2}.$$

Dieser Wert, in obigen Ausdruck eingeführt, ergibt:

$$\vartheta = \pi \cdot \left(\frac{\nu_1^2}{\nu_2^2} - 1\right) \cdot \sqrt{\frac{i^2}{i_r^2 - i^2}}.$$

Ist $\nu_1 = \text{const.}$ und nur ν_2 veränderlich, so stellt ν_1 gleichzeitig die Resonanzperiodenzahl dar. Bezeichnet man diese mit ν_r, so wird:

$$\vartheta = \pi \cdot \left(\frac{\nu_r^2}{\nu_2^2} - 1\right) \cdot \sqrt{\frac{i^2}{i_r^2 - i^2}}, \tag{130}$$

oder wenn statt ν_r und ν_2 die entsprechenden Kapazitäten oder Wellenlängen eingeführt werden:

$$\left.\begin{aligned} \vartheta &= \pi \cdot \left(\frac{C_2}{C_r} - 1\right) \cdot \sqrt{\frac{1}{\left(\frac{i_r}{i}\right)^2 - 1}} = \pi \cdot \left(\frac{C_2}{C_r} - 1\right) \cdot \sqrt{\frac{\alpha}{\alpha_r - \alpha}} \\ \vartheta &= \pi \cdot \left(\frac{\lambda_2^2}{\lambda_r^2} - 1\right) \cdot \sqrt{\frac{1}{\left(\frac{i_r}{i}\right)^2 - 1}} = \pi \cdot \left(\frac{\lambda_2^2}{\lambda_r^2} - 1\right) \cdot \sqrt{\frac{\alpha}{\alpha_r - \alpha}} \end{aligned}\right\} \tag{131}$$

wobei wieder α und α_r Ablenkungen eines Meßgerätes darstellen, die den Quadraten der wirksamen Ströme proportional sind.

Die Gleichungen ermöglichen, unmittelbar die Größe ϑ für den Meßkreis zu bestimmen, auch dann, wenn derselbe mit einem besonderen Erregerkreis gekoppelt ist, wie sich ergibt, wenn man beachtet, daß bei der Ableitung der Gleichungen keine Voraussetzung gemacht war über die Art, wie die Schwingungen im Meßkreis erregt werden.

Die zur Berechnung von ϑ erforderlichen Wertepaare (z. B. C_r, i_r und C, i oder C_r, α_r und C, α) werden wieder

1. entweder einer Resonanzkurve entnommen oder

2. durch Verstimmung ermittelt.

Wählt man zur Berechnung von ϑ zwei Punkte der Resonanzkurve mit den gleichen Ordinatenwerten i^2 und bezeichnet die zu diesen Punkten gehörigen Kapazitäten mit C_2' und C_2'', die Wellenlängen mit λ_2' und λ_2'', so ist ϑ mittels der Gleichungen zu berechnen:

$$\left.\begin{aligned}\vartheta &= \frac{\pi}{2}\cdot\frac{C_2''-C_2'}{C_r}\cdot\sqrt{\frac{1}{\left(\frac{i_r}{i}\right)^2-1}} = \frac{\pi}{2}\cdot\frac{C_2''-C_2'}{C_r}\cdot\sqrt{\frac{\alpha}{\alpha_r-\alpha}}\\ \vartheta &= \frac{\pi}{2}\cdot\frac{\lambda_2''^2-\lambda_2'^2}{\lambda_r^2}\cdot\sqrt{\frac{1}{\left(\frac{i_r}{i}\right)^2-1}}\end{aligned}\right\} \quad (132)$$

Kann:

$$\frac{\lambda_2''+\lambda_2'}{2}\sim\lambda_r,$$

mithin

$$\frac{\lambda_2''^2-\lambda_2'^2}{\lambda_r^2}=\frac{(\lambda_2''-\lambda_2')\cdot(\lambda_2''+\lambda_2')}{\lambda_r^2}\sim 2\cdot\frac{\lambda_2''-\lambda_2'}{\lambda_r}$$

gesetzt werden, so erhält man an Stelle der letzten Gleichung den angenäherten Wert:

$$\vartheta\sim\pi\,\frac{\lambda_2''-\lambda_2'}{\lambda_r}\sqrt{\frac{1}{\left(\frac{i_r}{i}\right)^2-1}} \quad (133)$$

oder

$$\vartheta=\pi\cdot\frac{\lambda_2''-\lambda_2'}{\lambda_r}, \quad (133\text{a})$$

wenn

$$i^2=\frac{i_r^2}{2}$$

gewählt wird.

Ein wichtiger Unterschied gegenüber der gleichen Messung mit gedämpften Schwingungen besteht darin, daß bei letzterer zunächst die Summe der Dekremente $\vartheta_1+\vartheta_2$ und darauf durch Trennung der Einzelwerte sowohl das Dekrement des Erregerkreises als auch das Dekrement des Meßkreises bestimmt wird, während durch Aufnahme der Resonanzkurve mit ungedämpften Schwingungen man nur das Dekrement desjenigen von beiden Kreisen erhält, dessen Eigenperiodenzahl durch Änderung von C_2 oder L_2 verändert wird, somit das Dekrement des anderen nicht gleichzeitig mitgemessen werden kann.

d) Unmittelbar anzeigende Dämpfungsmesser.

Der Dämpfungsmesser von Kolster ist ein Wellenmesser, dessen Drehkondensator eine Teilung nach ϑ hat, die dadurch völlig gleichförmig gemacht ist, daß die beweglichen Platten so geformt sind, daß:

$$\frac{C_2-C_{2r}}{C_{2r}}=\frac{\Delta C_2}{C_{2r}}=\text{const.}$$

Die Randkurven dieser Platten müssen daher der Gleichung genügen:

$$C_2=a\cdot e^{b\cdot\varphi},$$

wo φ den Drehungswinkel des Kondensators aus der Anfangslage bedeutet. Die festen Platten sind halbkreisförmig. Da die Werte von ΔC_2 nur klein sind, ist die Kondensatorachse durch eine Zahnradübertragung mit der Achse einer Scheibe verbunden, die eine sechsmal so große Drehung ausführt. Auf der Scheibe, die an einer Marke vorüberläuft, können die Dekremente unmittelbar abgelesen werden.

Wiesent benutzt zum Bau seines Dämpfungsmessers ein Kurzschlußelektrodynamometer mit zwei um 45^0 gegeneinander geneigten, beweglichen Spulen. Jede der beiden festen Spulen ist mit einem Kondensator zu einem Schwingungskreis vereinigt. Beide Kreise werden mit dem Erregerkreis induktiv gekoppelt. Der eine ist in Resonanz gebracht mit dem Erregerkreis, der andere um einen festen Betrag verstimmt.

2. Vergleichsverfahren zur Bestimmung von Dämpfungswiderständen.

Das Vergleichsverfahren kommt in zwei Formen zur Anwendung. Bei der einen wird der gesuchte Dämpfungswiderstand mit einem bekannten Widerstand verglichen und aus den Resonanzstromstärken berechnet, die sich vor und nach Einschalten dieses Widerstandes in den Meßkreis ergeben, während bei der anderen die Messung darauf hinausläuft, eine Anordnung (Ersatzschaltung) zu schaffen, deren Bestimmungsstücke elektrisch gleichwertig sind denen des untersuchten Gebildes, und deren Ohmscher Widerstand alsdann den gesuchten Dämpfungswiderstand darstellt.

Die erste Form kann sowohl zur Ermittlung des Dämpfungswiderstandes ganzer Schwingungskreise als auch von Einzelgeräten benutzt werden. Die zweite eignet sich hauptsächlich zur Messung des Dämpfungsbetrages von Kondensatoren oder Geräten, die Kapazität besitzen, wie z. B. Antennen; sie kann aber auch zur Untersuchung von Spulen u. dgl. dienen.

Dabei wird die Gleichwertigkeit der Ersatzschaltung mit dem zu prüfenden Gerät entweder festgestellt durch Vertauschung oder mittels des Differentialtransformators.

Aus den durch diese Vergleichsverfahren gewonnenen Werten des Dämpfungswiderstandes kann sowohl das Dämpfungsdekrement als auch der Verlustwinkel berechnet werden, wenn die Bestimmungsstücke C und L des Meßkreises und die Wellenlänge bekannt sind.

a) Bestimmung von Dämpfungswiderständen aus Resonanzstromstärken und bekannten Zusatzwiderständen im Meßkreis.

Wie bei der Bestimmung des Dämpfungsdekrementes durch Aufnahme der Resonanzkurve haben auch bei diesem Verfahren die Gleichungen verschiedene Bauart, je nach der Art der Erregung. Am einfachsten gestaltet sich die Messung bei der Verwendung von Schwingungen mit gleichbleibenden Scheitelwerten, weshalb sie vorangestellt ist. Die Stoßerregung erfordert ähnliche Maßnahmen, wie die S. 199 beschriebenen. Die Messung (S. 214), die auf der Verwendung gewöhnlicher Funken beruht, stellt eine Erweiterung des S. 195 beschriebenen Verfahrens zur Trennung von ϑ_1 und ϑ_2 dar.

Alle diese Verfahren haben den Vorzug, daß nur Resonanzstromstärken zu messen sind und infolgedessen kleine Schwankungen der Wechselzahl (Wellenlänge) im Erregerkreis weniger störend werden als bei der Aufnahme der vollständigen Resonanzkurve oder auch bei der Messung durch Verstimmung. Dazu kommt, daß die Zahl der zu messenden Größen, insbesondere bei loser Kopplung zwischen Meßkreis und Hilfskreis, nicht größer ist. Diese Verfahren ergeben mit Ausnahme des S. 214 besprochenen, bei dem gedämpfte Schwingungen benutzt werden, nur den Dämpfungswiderstand desjenigen Kreises, in den die Vergleichswiderstände eingeschaltet werden.

Da nur Resonanzstromstärken gemessen werden, sind die Verfahren auch verwendbar für die Untersuchung von mit der Wechselzahl veränderlichen Widerständen. Sie verdienen, sofern nicht besondere Gründe für die Verwendung der vorher erläuterten Resonanzverfahren vorliegen, wegen ihrer Einfachheit und Genauigkeit den Vorzug.

Die Vergleichswiderstände. Die Zusatzwiderstände im Meßkreis sollen unabhängig von der Wechselzahl sein, andernfalls muß ihr Wert für die betreffende Wechselzahl besonders bestimmt werden. Man stellt sie deshalb aus dünnen Manganin- oder Konstantandrähten her. (Vgl. S. 64.) Ferner müssen diese Widerstände kapazitäts- und induktionsfrei sein, wenn eine Neuabstimmung auf Resonanz nach dem Einschalten derselben in den Meßkreis vermieden werden soll. Läßt sich dies nicht erreichen, so schaltet man von vornherein in den Meßkreis einen Kupferwiderstand, der die nämliche Form und dementsprechend auch den gleichen Selbstinduktionskoeffizient wie der Zusatzwiderstand, aber einen gegen letzteren vernachlässigbaren Ohmschen Widerstand besitzt und der beim Einschalten des Zusatzwiderstandes ausgeschaltet wird. Der Einfluß der Selbstinduktion des Zusatzwiderstandes ist dadurch beseitigt.

Eine weitere wichtige Versuchsbedingung, die oft nicht hinreichend beachtet wird, verlangt, daß der Eigenwiderstand des Meßkreises gegenüber den zu messenden Widerständen so klein wie möglich gehalten wird.

α) Erregung durch Schwingungen mit gleichbleibenden Scheitelwerten.

Der Meßkreis wird abgestimmt auf einen Erregerkreis, der sinusförmige, ungedämpfte Wechselströme führt, die man einer Kathodenstrahlenröhre, einem Lichtbogengenerator oder einer Hochfrequenzmaschine entnimmt.

Im folgenden ist immer angenommen, daß Meßkreis und Erregerkreis so lose gekoppelt sind, daß eine Rückwirkung des Meßkreises auf den Erregerkreis nicht stattfindet.

Der Strommesser zur Bestimmung der Resonanzstromstärken wird entweder in den Meßkreis eingeschaltet oder in einen besonderen, dritten, mit dem Meßkreis gekoppelten Hilfskreis. Kann die Kopplung zwischen diesen beiden so lose gewählt werden, daß die Rückwirkung des Hilfskreises auf den Meßkreis verschwindet, so kommt man mit einem Zusatzwiderstand aus, im anderen Fall erfordert die Beseitigung des Einflusses der Rückwirkung zwischen Meßkreis und Hilfskreis auf das Endergebnis eine Messung mit einem zweiten Zusatzwiderstand.

1. Strommesser im Meßkreis. Abb. 195 erläutert die Schaltung, z. B. für Bestimmung des Dämpfungsdekrementes eines Wellenmessers. Als Stromquelle dient ein Lichtbogengenerator oder eine Kathodenstrahlenröhre. w stellt einen kapazitäts- und induktionsfreien Widerstand dar, der kurzgeschlossen werden kann.

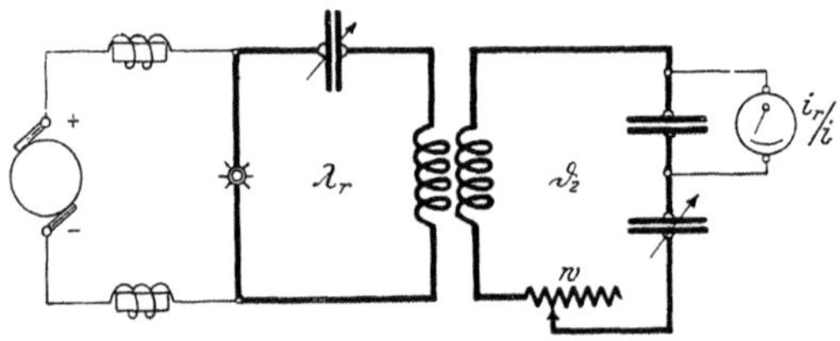

Abb. 195.

Der Meßkreis, im vorliegenden Fall der Wellenmesser, wird zunächst auf den Erregerkreis abgestimmt, worauf man die Resonanzstromstärken i_r und i_r' mißt, die sich ohne und mit Zusatzwiderstand w im Meßkreis ergeben.

Da in beiden Fällen die Resonanzbedingung erfüllt ist, wird nach Gleichung 129a:

$$i_r = \frac{e}{w_2}, \qquad i_r' = \frac{e}{w_2 + w},$$

wo w_2 den gesamten Dämpfungswiderstand des Wellenmesserkreises, einschließlich des Widerstandes des Strommessers bedeutet. Aus beiden Gleichungen folgt für gleichbleibende Erregung des Meßkreises:

$$w_2 = w \cdot \frac{i_r'}{i_r - i_r'}. \tag{134}$$

Wird ein Strommesser benutzt, dessen Angaben proportional sind dem Quadrate der Stromstärke, z. B. ein Thermoelement in Verbindung mit einem Galvanometer, und bezeichnet man mit α dessen Ablenkung, so folgt, da $i_r^2 = G \cdot \alpha_r$

$$w_2 = w \cdot \frac{1}{\sqrt{\frac{\alpha_r}{\alpha_r'}} - 1} \tag{134a}$$

(vgl. hierzu S. 194).

Eine Vereinfachung läßt sich dadurch erzielen, daß man w so wählt, daß

$$i_r' = \frac{i_r}{2} \quad \text{oder} \quad \alpha_r' = \frac{\alpha_r}{4}.$$

Vorstehende Gleichung für w_2 geht alsdann über in:

$$w_2 = w.$$

Der so gemessene Wert w_2 liefert ferner mittels Gleichung 120 oder Tafel VI das Dämpfungsdekrement ϑ_2.

Von w_2 und ϑ_2 sind nun noch die entsprechenden Werte für den Strommesser in Abzug zu bringen.

Voraussetzung für die Gültigkeit der Gleichungen war, daß die Rückwirkung des Meßkreises auf den Erregerkreis verschwindet. Vor Durchführung der endgültigen Messungen ist daher zu prüfen, ob diese Bedingung erfüllt ist. Zu dem Zwecke vergrößert man die Kopplung und bestimmt durch vorläufige Messungen w_2. Hat der jetzt gemessene Wert abgenommen, so muß die Kopplung weiter so lange vergrößert werden, bis sich das Ergebnis der Messung nicht mehr ändert.

Ausnahmslos und unbedingt erforderlich ist sehr lose Kopplung zwischen Erregerkreis und Meßkreis bei allen Dämpfungsmessungen, bei denen an Stelle des Lichtbogengenerators als Stromquelle eine Kathodenstrahlenröhre benutzt wird, um das S. 379 erwähnte „Ziehen" zu verhindern.

Beispiel: Zur Verringerung des von dem Strommesser gelieferten Dämpfungsbeitrages lag ein Kondensator von $C = 2{,}27 \cdot 10^5$ cm im Nebenschluß zum Hitzdrahtgerät, dessen Widerstand $w_i = 24{,}65\,\Omega$ betrug. Hat man den wirksamen Widerstand w_i' der Vereinigung beider nach Gleichung 13, S. 67 berechnet, so stellt $w_2 - w_i'$ den Dämpfungswiderstand w_S der Wellenmesserspule dar, wenn man die Verluste in den Kondensatoren vernachlässigt. Der Zusatzwiderstand w' wurde bei den Messungen so gewählt, daß:

$$i_r' = \frac{i_r}{2}, \quad \text{d. h.} \quad w' = w_2.$$

Die Messungen mit verschiedener Wellenlänge, bei denen nur die Kapazität des Wellenmessers geändert wurde, ergaben beistehende Werte.

λ_{m}	C_{cm}	i_r in Ampere	i_r' in Ampere	w' in Ohm	w_i' in Ohm	w_S	ϑ_S
4500	1040	0,09	0,045	39,63	3,16	36,38	0,0357
5800	1212	0,09	0,045	21,21	4,85	16,31	0,0227
7100	1917	0,09	0,045	17,56	6,6	10,96	0,0197

2. Strommesser im Hilfskreis. a) Rückwirkung von Hilfskreis auf Meßkreis verschwindend. Zur Bestimmung der Resonanzstromstärken ist mit dem Meßkreis ein abstimmbarer, meist aber aperiodischer Hilfskreis sehr lose gekoppelt, in den ein Hitzdrahtstrommesser (sog. Wattzeiger), ein Thermoelement, ein Bolometer oder auch ein Kristalldetektor eingeschaltet wird (Abb. 196 und 196a). Die Ströme im Hilfskreis sind alsdann proportional den Strömen im Meßkreis. Zur Berechnung der Versuchsergebnisse hat man daher in den Gleichungen 134 und 134a für die Ströme und Ablenkungen die am Strommesser des Hilfskreises abgelesenen Werte einzusetzen. Durch vorläufige Messungen wird die Kopplung zwischen Meßkreis und Erregerkreis einerseits und Hilfskreis und Meßkreis andererseits wieder den oben angegebenen Bedingungen entsprechend eingestellt. Die endgültige Messung kann darauf genau wie unter α) ausgeführt werden. Sie liefert unmittelbar den Dämpfungswiderstand des Meßkreises allein, da die Rückwirkung des Hilfskreises auf den Meßkreis vernachlässigbar sein sollte.

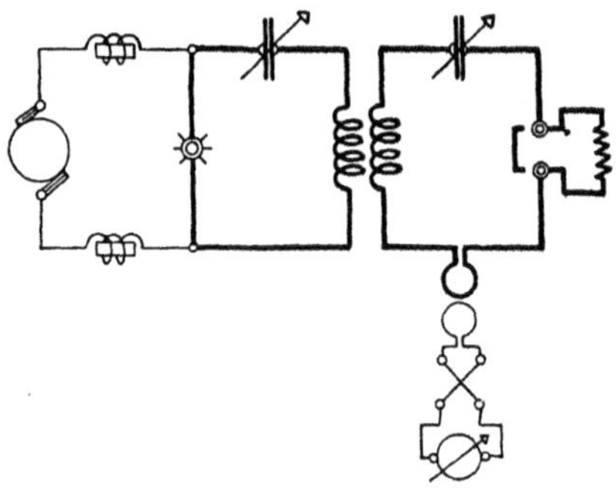

Abb. 196.

b) Rückwirkung von Hilfskreis auf Meßkreis nicht vernachlässigbar. Unter Umständen erlauben die Empfindlichkeit der Meßgeräte und die zur Verfügung stehende Hochfrequenzleistung nicht, die Kopplung zwischen Hilfskreis und Meßkreis hinreichend lose zu wählen. (Vgl. hierzu jedoch auch S. 207.) Die Rückwirkung des Hilfskreises auf den Meßkreis äußert sich alsdann in einer scheinbaren Vergrößerung $w_\varkappa$ des Widerstandes w_2 des Meßkreises. Man erhält dementsprechend mittels Gleichung 134 nicht mehr w_2, sondern den Betrag $w_2 + w_\varkappa$.

Um w_2 zu finden, muß sonach noch $w_\varkappa$ ermittelt werden. Hierzu gibt es zwei Wege, die beide darauf hinauskommen, daß man, nachdem $w_2 + w_\varkappa$ gemessen ist, eine zweite Messung mit verändertem $w_\varkappa$ macht. Die Änderung von $w_\varkappa$ aber kann, wie Gleichung 88

$$w_\varkappa = \frac{\omega^2 \cdot L_{23}^2}{w_3{}^2 + \omega^2 \cdot L_3{}^2} \cdot w_3$$

zeigt, entweder durch Änderung von L_{23}, d. h. der Kopplung zwischen Meßkreis und Hilfskreis (Lindemann) oder durch Änderung des Widerstandes w_3 des Hilfskreises (Loewe) erreicht werden. Der erste Weg ist meßtechnisch der einfachere.

Verfahren von Lindemann. Es sei durch die erste Messung gefunden:

$$\frac{w'}{\frac{i_{3\varkappa}}{i'_{3\varkappa}} - 1} = w_2 + w_\varkappa = a,$$

wo

$i_{3\varkappa}$ = Strom im Hilfskreis für $w' = 0$
$i'_{3\varkappa}$ = " " " " $w' = w'$.

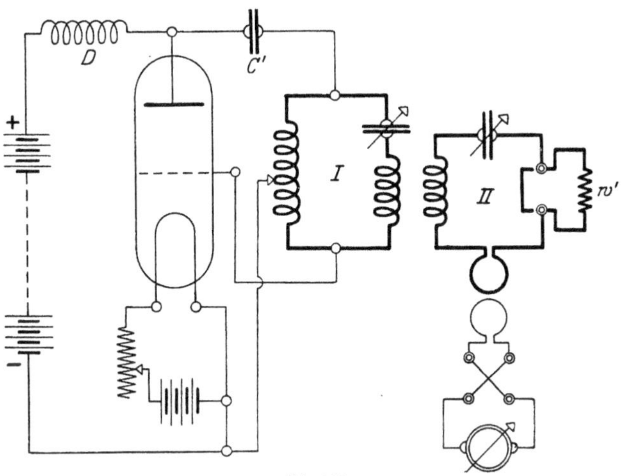

Abb. 196 a.

Bei gleichbleibender Kopplung zwischen Erregerkreis und Meßkreis werde nun die Kopplung zwischen Meßkreis und Hilfskreis verändert und die erste Messung wiederholt, worauf sich ergibt:

$$\frac{w'}{\frac{i_{3\varkappa'}}{i'_{3\varkappa'}} - 1} = w_2 + w_{\varkappa'} = b.$$

Setzt man:

$$w_{\varkappa'} = m \cdot w_\varkappa,$$

so erhält man aus den beiden letzten Gleichungen:

$$w_\varkappa = \frac{b - a}{m - 1},$$

d. h.:

$$w_2 = a - \frac{b - a}{m - 1}, \tag{135}$$

wo

$$m = \left(\frac{b}{a}\right)^2 \cdot \left(\frac{i_{3\varkappa'}}{i_{3\varkappa}}\right)^2, \tag{136}$$

wie folgende Überlegung zeigt:

Der Strom $i_{3\varkappa}$ im Hilfskreis kann dargestellt werden durch:

$$i_{3\varkappa}^2 = \frac{e_3^{\,2}}{w_3^{\,2} + \omega^2 \cdot L_3^{\,2}} = \frac{(\omega \cdot L_{23} \cdot i_2)^2}{w_3^{\,2} + \omega^2 \cdot L_3^{\,2}}.$$

Infolge der Abstimmung des Meßkreises auf den Erregerkreis ist ferner

$$i_2 = \frac{e_2}{w_2 + w_\varkappa}.$$

Mithin wird

$$i_{3\varkappa}^2 = \frac{\omega^2 \cdot L_{23}^2}{w_3^{\,2} + \omega^2 \cdot L_3^{\,2}} \cdot \frac{e_2^{\,2}}{(w_2 + w_\varkappa)^2},$$

woraus, da nach Gleichung 88, S. 148

$$\frac{\omega^2 \cdot L_{23}^2}{w_3^{\,2} + \omega^2 \cdot L_3^{\,2}} \cdot w_3 = w_\varkappa,$$

folgt:

$$i_{3\varkappa}^2 \cdot w_3 = w_\varkappa \cdot \frac{e_2^{\,2}}{(w_2 + w_\varkappa)^2}$$

und ferner, da die Kopplung zwischen Erregerkreis und Meßkreis und damit auch e_2 ungeändert bleibt:

$$i_{3\varkappa'}^2 \cdot w_3 = w_{\varkappa'} \cdot \frac{e_2^{\,2}}{(w_2 + w_{\varkappa'})^2},$$

sonach

$$\frac{w_{\varkappa'}}{w_\varkappa} = m = \left(\frac{b}{a}\right)^2 \cdot \left(\frac{i_{3\varkappa'}}{i_{3\varkappa}}\right)^2.$$

Zur Auswertung der Versuchsergebnisse verwendet man am besten das von Möller angegebene zeichnerische Verfahren. Zu dem Zweck trägt man die bei verschiedenen Kopplungen $\varkappa$ zwischen Meß- und Hilfskreis gefundenen Werte von $w_2 + w_\varkappa$ als Ordinaten und die Werte $i_{3\varkappa}^2 \cdot (w_2 + w_\varkappa)^2$ als Abszissen auf. Man erhält dann eine Gerade, deren Abschnitt auf der Ordinatenachse den Mittelwert von w_2 liefert, wie unmittelbar aus einer der beiden vorletzten Gleichungen hervorgeht, wenn man setzt:

$$x = i_3^{\,2} \cdot (w_2 + w_\varkappa)^2, \qquad w_\varkappa = y - w_2.$$

β) Funkenerregung.

Die S. 206 unter 1α erläuterten Verfahren lassen sich auch anwenden in dem Fall, wo der Meßkreis, wie in Abb. 197, durch Schwingungen mit abklingenden Scheitelwerten erregt wird, wenn man die Versuchsbedingungen so wählen kann, daß der Einfluß der Rückwirkung zwischen Erregerkreis und Meßkreis beseitigt ist und die im Meßkreis verbrauchte Leistung beim Einfügen des Hilfswiderstandes w_2' sich nicht ändert, d. h.

$$i_2^{\,2} \cdot w_2 = i_2'^{\,2} \cdot (w_2 + w)_2', \tag{137}$$

wo i_2 und i_2' die Ströme im Meßkreis vor und nach Einschalten von w_2' bei Resonanz zwischen Kreis I und II bedeuten. An Stelle von Gleichung 134 tritt dann zur Berechnung von w_2 die Gleichung:

$$w_2 = w_2 \cdot \frac{i_2'^2}{i_2^2 - i_2'^2}.$$

Die Verwirklichung dieser Voraussetzung ließe sich erzielen durch Stoßerregung, bei der die Schwingungen in Kreis I rasch abklingen, d. h. entweder mit Hilfe einer Löschfunkenstrecke oder mittels eines Knallfunkenerregers, in dessen Schwingungskreis zur Erhöhung der Dämpfung ein Widerstand w_1 geschaltet wird. Im letzteren Fall jedoch müßte zur Erfüllung von Gleichung 137, wie die Rechnung zeigt, $w_1 = \infty$ sein.

1. Verfahren von Loewe. a) Strommesser im Meßkreis. Hierbei dient zur Messung des Dämpfungswiderstandes w_2 des Meßkreises II

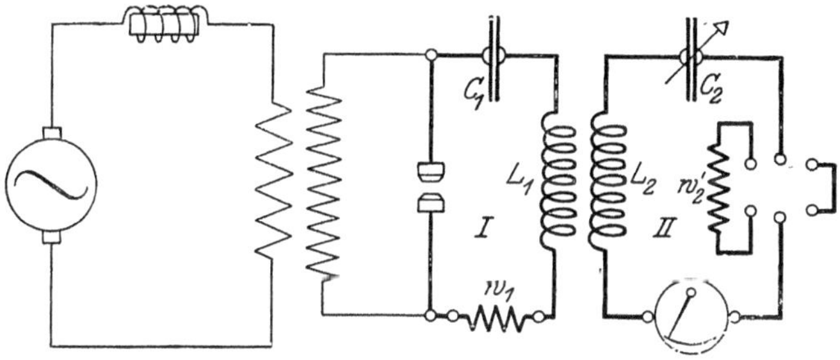

Abb. 197.

die Schaltung Abb. 197. Der Widerstand im Erregerkreis I hat einen endlichen Wert (vgl. S. 214). Ferner ist verzichtet auf das Verschwinden der Rückwirkung zwischen Erregerkreis und Meßkreis. Infolge dieser Rückwirkung wird nach den Entwicklungen von Wien nicht ϑ_2, sondern $\vartheta_2 + \frac{\pi_1^2 \cdot \varkappa_1^2}{\vartheta_1}$ gemessen. Eine ähnliche Rechnung wie bei Ableitung der Gleichung 128 liefert:

$$\vartheta_2 + \frac{\pi^2 \cdot \varkappa_1^2}{\vartheta_1} = \varDelta\vartheta_2 \cdot \frac{1 + \frac{\varDelta\vartheta_2}{\vartheta_1 + \vartheta_2}}{\left(\frac{i_2}{i_2'}\right)^2 - \left(1 + \frac{\varDelta\vartheta_2}{\vartheta_1 + \vartheta_2}\right)},$$

wo $\varkappa_1$ den Kopplungskoeffizient zwischen Stoßkreis und Meßkreis bedeutet. Durch Einführung der Dämpfungswiderstände an Stelle der Dämpfungsdekremente mittels der Beziehungen

$$\vartheta_1 = \pi \cdot w_1 \cdot \sqrt{\frac{C_1}{L_1}}, \qquad \vartheta_2 = \pi \cdot w_2 \cdot \sqrt{\frac{C_2}{L_2}}, \qquad \varDelta\vartheta_2 = \pi \cdot w_2' \cdot \sqrt{\frac{C_2}{L_2}},$$

und wenn $$m = \left(\frac{i_2}{i_2'}\right)^2, \qquad C_1 \cdot L_1 = C_2 \cdot L_2$$

gesetzt wird, ergibt sich

$$w_2 + \frac{\varkappa_1^2}{w_1 \cdot \frac{C_1}{L_2}} = \frac{w_2'}{\dfrac{m}{1 + \dfrac{w_2'}{w_1 \cdot \frac{C_1}{C_2} + w_2}} - 1}.$$

Hieraus folgt durch Auflösung nach w_2:

$$w_2 = \frac{w_2'}{m-1} + \sqrt{\left(\frac{c_2 - c_1}{2}\right)^2 + m \cdot \left(\frac{w_2'}{m-1}\right)^2} - \frac{c_1 + c_2}{2}, \tag{138}$$

wo

$$c_1 = \frac{\varkappa_1^2}{w_1 \cdot \frac{C_1}{L_2}}, \qquad c_2 = w_1 \cdot \frac{C_1}{C_2}.$$

c_1 stellt die Rückwirkung auf den Primärkreis dar.

Entwickelt man die Wurzelgröße in eine Reihe, so wird:

$$\left.\begin{aligned} w_2 + c_1 = \frac{w_2'}{m-1} &+ \frac{m}{c_2 - c_1} \cdot \left(\frac{w_2'}{m-1}\right)^2 \\ &- \frac{m^2}{(c_2 - c_1)^3} \cdot \left(\frac{w_2'}{m-1}\right)^4 + \dots \end{aligned}\right\} \tag{139}$$

Da das letzte Glied der Reihe und bei großen Werten von w_1 und kleinem $\varkappa_1$ auch c_1 verschwindend und ferner c_1 vernachlässigbar gegen c_2 ist, genugt zur Berechnung von w_2 in den meisten Fällen die Gleichung:

$$w_2 \sim \frac{w_2'}{m-1} + \frac{m}{c_2}\left(\frac{w_2'}{m-1}\right)^2. \tag{139a}$$

b) Strommesser im Hilfskreis (Abb. 198). An Stelle von w_2 liefert die Messung jetzt $w_2 + w_\varkappa$. Die Bestimmung von w_2 erfordert daher wieder eine zweite Messung mit veränderter Kopplung zwischen Meßkreis und Hilfskreis. Ferner sind in den Endgleichungen statt der Ströme im Meßkreis die Ströme im Hilfskreis einzusetzen.

Bei der ersten Messung mit der Kopplung $\varkappa$ zwischen Hilfskreis und Meßkreis sei gefunden:

1. Strom im Hilfskreis $= i_{3\varkappa}$ für den Widerstand im Meßkreis $w_2' = 0$
2. „ „ „ $= i'_{3\varkappa}$ „ „ „ „ „ $w_2' = w_2'$
3. $$\frac{i_{3\varkappa}}{i'_{3\varkappa}} = m.$$

Somit: $$w_2 + w_\varkappa = \frac{w_2'}{m-1} + \frac{m}{c_2} \cdot \left(\frac{w_2'}{m-1}\right)^2 = a.$$

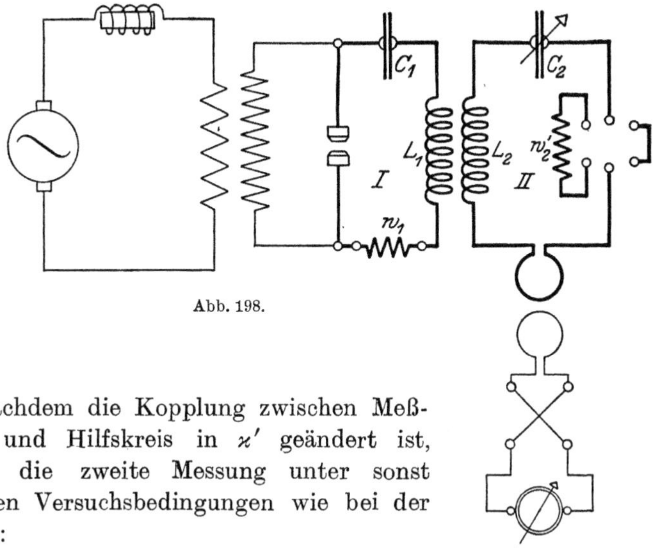

Abb. 198.

Nachdem die Kopplung zwischen Meßkreis und Hilfskreis in $\varkappa'$ geändert ist, liefert die zweite Messung unter sonst gleichen Versuchsbedingungen wie bei der ersten:

1. Strom im Hilfskreis $= i_{3\varkappa'}$ für den Widerstand im Meßkreis $w_2' = 0$
2. „ „ „ $= i'_{3\varkappa}$ „ „ „ „ „ $w_2' = w_2'$
3. $\dfrac{i_{3\varkappa'}}{i'_{3\varkappa'}} = m'$,

mithin: $$w_2 + w_{\varkappa'} = \frac{w_2'}{m' - 1} + \frac{w_2'}{c_2} \cdot \left(\frac{w_2'}{m' - 1}\right)^2 = b\,.$$

Setzt man $$w_{\varkappa'} = m'' \cdot w_\varkappa\,,$$

so folgt aus den beiden Gleichungen:

$$w_2 + w_\varkappa = a\,, \qquad w_2 + w_{\varkappa'} = b$$

zur Berechnung von w_2 aus den Versuchsergebnissen a und b der Ausdruck:

$$w_2 = a - \frac{b - a}{m'' - 1}\,, \tag{140}$$

wo $$m'' = \frac{b}{a} \cdot \left(\frac{i_{3\varkappa'}}{i_{3\varkappa}}\right)^2.$$

Dieser Wert für m'' wird erhalten unter der dem Verfahren zugrunde liegenden Voraussetzung, daß die Änderung der dem Meßkreis zugeführten Leistung bei geänderter Kopplung zwischen Meßkreis und Hilfskreis vernachlässigbar ist, d. h.

$$i_2^2 \cdot (w_2 + w_\varkappa) = i_2'^2 \cdot (w_2 + w_{\varkappa'})\,.$$

Hieraus ergibt sich in Verbindung mit der aus den Gleichungen für $i_{3\varkappa} \cdot w_3$ und $i_{3\varkappa'} \cdot w_3$ S. 210 hervorgehenden Beziehung

$$\frac{i_{3\varkappa'}^2}{i_{3\varkappa}^2} = \frac{w_{\varkappa'}}{w_\varkappa} \cdot \frac{i_2'^2}{i_2^2}$$

unmittelbar m''.

c) Versuchsbedingungen. Die Bestimmungsstücke C_1, w_1 und $\varkappa_1$ des Stoßkreises sind so zu wählen, daß der Einfluß zu fester Kopplung $\varkappa_1$ zwischen Stoßkreis und Meßkreis verschwindet. Ist C_1 bereits anderweitig festgelegt, so müssen daher jedenfalls w_1 und $\varkappa_1$ so bemessen werden, daß c_1 verschwindend klein ist gegen w_2. Als Zusatzwiderstand w_1 im Stoßkreis wird meist ein Widerstand von 15 bis 150 Ohm ausreichen. Die Messung sehr kleiner Widerstände w_2 erfordert lose Kopplung zwischen Stoßkreis und Meßkreis. Stoßkreis und Meßkreis stimmt man aufeinander ab, während w_1 ausgeschaltet ist. Verstimmungen bis zu $15\,^0/_0$ haben auf das Endergebnis keinen merklichen Einfluß. Ob c_1 vernachlässigbar ist, läßt sich experimentell feststellen, wenn man eine der Größen w_1, C_1 oder $\varkappa_1$ ändert und darauf eine zweite Messung ausführt. Ergibt sich hierbei für $w_2 + w_\varkappa$ ein anderer Wert, so muß die Kopplung verkleinert oder $w_2 + w_\varkappa$ aus der Gleichung berechnet werden

$$w_2 + w_\varkappa = \frac{w_1 \cdot w_2' - w_1' \cdot w_2''}{w_1 - w_1'},$$

wo w_1 und w_1' die Widerstände im Stoßkreis, w_2' und w_2'' die Zusatzwiderstände im Meßkreis bedeuten.

2. Verfahren von Högelsberger. Sind i_{2r}, i'_{2r}, i''_{2r} die Resonanzstromstärken, die man erhält ohne Zusatzwiderstand im Meßkreis und nach dem Einschalten der Zusatzwiderstände w' und w'', ferner $\varDelta\vartheta_2'$ und $\varDelta\vartheta_2''$ die zusätzlichen Dekremente, so ergibt sich nach Gleichung 128:

$$\frac{i'^2_{2r}}{i^2_{2r}} = \frac{\vartheta_2 \cdot (\vartheta_1 + \vartheta_2)}{(\vartheta_2 + \varDelta\vartheta_2') \cdot (\vartheta_1 + \vartheta_2 + \varDelta\vartheta_2')}, \quad \frac{i''^2_{2r}}{i^2_{2r}} = \frac{\vartheta_2 \cdot (\vartheta_1 + \vartheta_2)}{(\vartheta_2 + \varDelta\vartheta_2'') \cdot (\vartheta_1 + \vartheta_2 + \varDelta\vartheta_2'')}.$$

Eliminiert man aus den beiden Gleichungen $\vartheta_1 + \vartheta_2$ und setzt:

$$\frac{i^2_{2r} - i'^2_{2r}}{i'^2_{2r}} = a, \qquad \frac{i^2_{2r} - i''^2_{2r}}{i''^2_{2r}} = b, \qquad \frac{w''}{w'} = \frac{\varDelta\vartheta''}{\varDelta\vartheta'} = n\,(>1),$$

$$n^2 \cdot a - b = A, \qquad b - n \cdot a = B,$$

so folgt:

$$\frac{2\,\vartheta_2}{\varDelta\vartheta_2} = \frac{A}{B} \pm \sqrt{\frac{A^2}{B^2} - \frac{4\,n \cdot (n-1)}{B}}.$$

Für $1 + \dfrac{\varDelta\vartheta_1}{\varDelta\vartheta_2} = C$ findet sich:

$$A = \frac{n \cdot (n-1)}{C} \cdot (C+1) \cdot \frac{\varDelta\vartheta_2'}{\vartheta_2}, \qquad B = \frac{n \cdot (n-1)}{C} \cdot \left(\frac{\varDelta\vartheta_2'}{\vartheta_2}\right)^2.$$

Die Einführung dieser Werte in den Ausdruck für $\frac{2\vartheta_2}{\Delta\vartheta_2}$ liefert eine identische Gleichung, die zeigt, daß der Wurzelausdruck das negative Zeichen erhalten muß. Somit wird:

$$\vartheta_2 = \frac{\Delta\vartheta_2'}{2B} \cdot \left[A - \sqrt{A^2 - 4n \cdot (n-1) \cdot B}\right]. \qquad (141)$$

Mit diesem Wert von ϑ_2 erhält man weiter:

$$\vartheta_1 = \vartheta_2 \cdot \left(\frac{\Delta\vartheta_2'}{\vartheta_2} \cdot \frac{A}{B} - 2\right). \qquad (142)$$

Die Bestimmung von ϑ_1 und ϑ_2 erfordert sonach:

1. die Messung folgender drei Resonanzstärken:

i_{2r} für den Zusatzwiderstand $w = 0$,
i_{2r}' „ „ „ $w = w'$,
i_{2r}'' „ „ „ $w = w''$.

2. die Berechnung der Größen:

$$\frac{w''}{w'} = n, \qquad \left(\frac{i_{2r}}{i_{2r}'}\right)^2 - 1 = a, \qquad \left(\frac{i_{2r}}{i_{2r}''}\right) - 1 = b, \qquad (143)$$

$$n^2 \cdot a - b = A, \qquad b - n \cdot a = B,$$

worauf ϑ_2 und ϑ_1 mittels der Gleichungen 141 und 142 gefunden werden.

Mit einem Umschalter, der nacheinander die Widerstände 0, w' und w'' im Meßkreis einzuschalten erlaubt, läßt sich die Messung der drei Resonanzstromstärken in kurzer Zeit ausführen. Der Einfluß von Stromschwankungen, der bei Aufnahme der vollständigen Resonanzkurve sehr störend ist, wird dadurch fast ganz beseitigt.

Ein Nachteil des Verfahrens liegt darin, daß kleine Fehler bei Bestimmung von a, d. h. bei der Messung von i_{2r} und i_{2r}' das Endergebnis erheblich fälschen können. Diese Fehler werden um so geringer, je größer der absolute Wert von B ist. Um sie zu vermeiden, muß deshalb w' klein und w'' groß gemacht werden. Auch ein kleiner Wert von ϑ_1 wirkt günstig in diesem Sinne, wobei jedoch zu beachten ist, daß ϑ_1 groß bleiben muß gegen $\pi^2 \cdot \varkappa^2$.

b) Bestimmung des Dämpfungswiderstandes durch Vertauschung.

Die Versuchsanordnung zeigt Abb. 199. Der Meßkreis II kann mit Hilfe des mittleren von den drei Kondensatoren auf den Erregerkreis I abgestimmt werden. Ein Umschalter gestattet zu dem ständig eingeschalteten mittleren Luftkondensator C_L' einmal den zu untersuchenden Kondensator C_x und darauf an Stelle von C_x den verlustfreien Drehkondensator C_L in Nebenschluß zu legen.

Mit C_L ist ein veränderlicher, kapazitäts- und induktionsfreier Widerstand in Reihe geschaltet. Er werde mit w_2 bezeichnet.

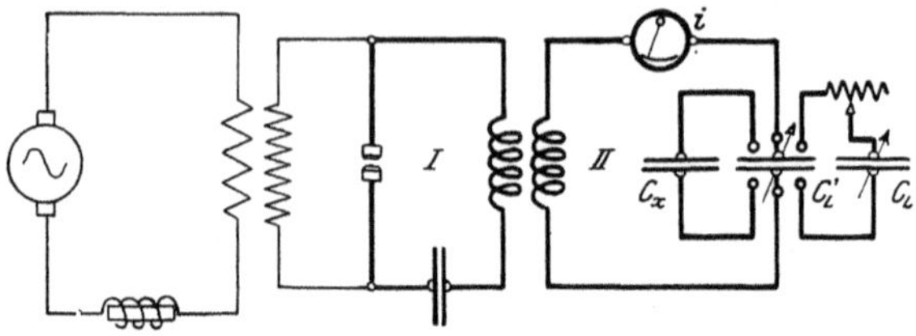

Abb. 199.

Zur Bestimmung des Verlustwiderstandes des Kondensators C_x sind zuerst zwei Resonanzeinstellungen zu machen. Zu dem Zweck wird die Kapazität in Kreis II so lange verändert, bis der Strommesser größten Ausschlag zeigt, und zwar während:

1. C_x nebeneinandergeschaltet ist mit C_L' durch Änderung des mittleren Kondensators C_L'. Die Resonanzstromstärke sei i_x,

2. C_L nebeneinandergeschaltet ist mit C_L' durch Änderung von C_L. Die Resonanzstromstärke sei i_L.

Darauf ist

3. w_2 so einzustellen, daß $i_x = i_L$.

Der jetzt mit C_L in Reihe geschaltete Widerstand w_2 stellt den Verlustwiderstand w_h der Kapazität C_x dar:

$$w_2 = w_h = w_x .$$

Der entsprechende Dämpfungsbeitrag und der Verlustwinkel berechnen sich alsdann mittels der Gleichungen 120, S. 188 und 32, S. 90 zu:

$$\vartheta_x = \frac{1}{152{,}3} \cdot \frac{C_x^{\mathrm{cm}} \cdot w_h^{\Omega}}{\lambda^{\mathrm{m}}}, \quad \operatorname{tg} \delta_h = 2\pi \cdot \nu \cdot C_L \cdot w_h = 2\pi \cdot \frac{3 \cdot 10^{10}}{\lambda^{\mathrm{cm}}} \cdot C_L \cdot w_h \sim \delta_h .$$

An Stelle des Funkenerregers kann bei den Messungen auch der Schwingungskreis einer Röhre oder eines Lichtbogengenerators Verwendung finden.

Messungen mit dem Differentialtransformator dieser Art sind S. 107 und 286 erläutert.

3. Bestimmung von Dämpfungswiderständen durch Leistungsmessungen. Die Beziehung

$$N = i^2 \cdot w_v = \frac{e^2}{w_v}$$

zwischen Leistungsverbrauch N, wirksamer Stromstärke i, wirksamer Spannung e und Verlustwiderstand w_v ermöglicht die Ermittlung von

w_v zurückzuführen auf eine Leistungs- und Strom- oder Spannungsmessung.

Für die Leistungsmessung kommen hauptsächlich das Dreispannungsmesserfahren (S. 249) und die Messung mit dem Binantenelektrometer (S. 247) in Betracht.

4. Kalorimetrische Messung von Dämpfungswiderständen.

Fließt durch einen in ein Kalorimeter eingebauten Widerstand w der Strom i während t Sekunden, so nimmt unter der Voraussetzung, daß alle Kalorimeterteile gleichmäßig erwärmt werden und die Temperatur durch Wärmeverluste und Rührarbeit keine Änderung erfährt, die Kalorimetergleichung die Form an:

$$W(T_2 - T_1) = 0{,}24 \cdot i^2 \cdot w \cdot t, \qquad (144)$$

wo W den Wasserwert des Kalorimeters, T_1 und T_2 Anfangs- und Endtemperatur bedeuten.

Bringt man in das Kalorimeter eine von Wechselstrom durchflossene Spule mit Eisenkern, so stellt w in Gleichung 144 den Verlustwiderstand der Spule dar, der den gesamten in der Spule durch Joulesche Wärme, Stromverdrängung, Hysteresis und Wirbelströme verursachten Verlusten entspricht. Wenn daher der Wasserwert des Kalorimeters bekannt ist, läßt sich aus den gemessenen Werten der Temperaturerhöhung $T_2 - T_1$, der wirksamen Stromstärke i und der Zeit t der Verlustwiderstand w ermitteln.

Der Wasserwert W kann entweder aus den Gewichten m und den spezifischen Wärmen c der Einzelteile des Kalorimeters mittels der Gleichung:

$$W = m_1 \cdot c_1 + m_2 \cdot c_2 + m_3 \cdot c_3 + \ldots$$

berechnet werden, oder man bestimmt ihn experimentell, indem man einen bekannten Widerstand in das Kalorimeter einsetzt, dem Gleichstrom zugeführt wird.

Beispiel: Ein 10 m langes Kupferrohr mit 50 qmm Kupferquerschnitt war zu einer Spule mit dem Selbstinduktionskoeffizienten $L = 25\,600$ cm aufgewickelt und in ein Kalorimeter eingebaut. Als Kalorimeter diente ein mit Öl gefülltes Glasgefäß. Die Gewichte und spezifischen Wärmen waren $m_g = 14{,}1 \cdot 10^3$ g, $c_g = 0{,}2$ für das Glasgefäß und $m_0 = 41{,}10^3$ g, $c_0 = 0{,}4$ für das Öl. Aus diesen Werten ergibt sich der Wasserwert W zu:

$$W = 19{,}2 \cdot 10^3 \text{ Grammcal.}$$

Bei einer mittleren Hochfrequenzstromstärke von $i = 148$ Ampere und der Periodenzahl $\nu = 47\,700$ ($\lambda = 6300$) betrug die Temperaturerhöhung $T_2 - T_1 = 5{,}50$, innerhalb 10 Minuten.

Somit wird nach Gleichung 144 der Verlustwiderstand

$$w = \frac{19{,}2 \cdot 10^3 \cdot 5{,}5}{0{,}24 \cdot 148^2 \cdot 10 \cdot 60} = 0{,}0335.$$

Der Gleichstromwiderstand w_g der Spule berechnet sich zu $w_g = \frac{10}{50 \cdot 57}$ $= 0{,}00351$ Ohm. Infolge der Stromverdrängung hat sich sonach der Spulenwiderstand auf den zehnfachen Betrag erhöht; nur 10% des Kupferquerschnittes werden zur Stromführung ausgenützt.

Dem Verlustwiderstand entspricht nach Gleichung 120 ein Dämpfungsdekrement von

$$\vartheta = \frac{1}{0{,}591} \cdot \frac{\lambda^{\mathrm{m}} \cdot w^{\Omega}}{L^{\mathrm{cm}}} = \frac{1}{0{,}591} \cdot \frac{6300 \cdot 0{,}0335}{25\,600} = 0{,}0139.$$

Die Fehler, die bei der Messung durch Wärmeabgabe an die Umgebung entstehen, lassen sich verringern durch einen in der Kalorimetrie üblichen Kunstgriff, bei dem die Anfangstemperatur um so viel Grade unter der Umgebungstemperatur gewählt wird, als die Endtemperatur über derselben liegen soll.

Ein anderes Verfahren, das gleichzeitig den Einfluß der Temperaturänderungen durch Rührarbeit zu beseitigen erlaubt, ist das folgende: Vor Beginn des Versuchs bestimmt man die Temperaturänderungen, bezogen auf eine Minute, die durch Rührarbeit und Wärmeaustausch mit der Umgebung entstehen. Haben dieselben einen gleichbleibenden Mittelwert τ' erreicht, so wird der Strom geschlossen. Die Anfangstemperatur sei T_1. Nachdem der Strom unterbrochen ist, beobachtet man nochmals den Temperaturverlauf, bis sich wieder eine gleichbleibende Temperaturänderung in der Minute einstellt. Sie sei τ''. Als Endtemperatur T_2 hat die Temperatur zu gelten, bei der der Temperaturgang wieder konstant wird. τ' und τ'' können positiv und negativ sein. Ist die Zeit, während deren die Temperatur von T_1 auf die beobachtete Endtemperatur T_2 gestiegen ist, gleich t, so ist in der Kalorimetergleichung statt $T_2 - T_1$ einzusetzen $T_2 - T_1 - \frac{\tau' + \tau''}{2} \cdot t$.

Häufig lassen sich Gleichstrom- und Wechselstromversuch in der Weise miteinander verbinden, daß man durch den Leiter, dessen Verlustwiderstand bestimmt werden soll, z. B. eine Spule, einen Wechselstrom und hieran gleich anschließend einen Gleichstrom schickt.

Bezeichnen i_w, T_w, t_w wirksamen Strom, Temperaturzunahme und Versuchsdauer für den Wechselstromversuch, i_g, T_g, t_g die entsprechenden Werte des Gleichstromversuchs, so wird nach Gleichung 144:

$$\frac{w_w}{w_g} = \frac{t_g}{t_w} \cdot \frac{T_w}{T_g} \cdot \frac{i_g^2}{i_w^2} \tag{145}$$

Um die Fehler durch Wärmeaustausch zu verkleinern, sind i_w und i_g möglichst so zu wählen, daß T_w und T_g, sowie t_w und t_g nahezu einander gleich werden. Zu dem Zweck berechnet man aus dem Wasserwert W, der nur näherungsweise bekannt zu sein braucht, und aus w_g

angenähert diejenige Stromstärke i_g, die innerhalb der Zeit t_w die Temperaturzunahme T_w ergibt. Während des Versuchs ist alsdann die Zeit oder, wenn eine kleine Änderung derselben nicht ausreicht, auch die Stromstärke so zu ändern, daß $T_w \sim T_g$ wird.

Ein nach den Angaben von Preuner und Pungs in den Laboratorien der Torpedoinspektion in Kiel gebautes Kalorimeter, das hauptsächlich für die Untersuchung von Spulen bestimmt ist, gibt Abb. 200 wieder. Es unterscheidet sich von den gewöhnlichen dadurch,

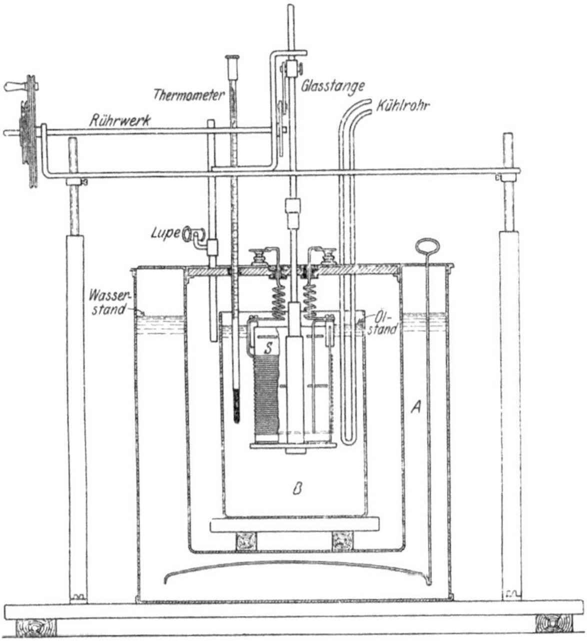

Abb. 200. Kalorimeter für Dämpfungsmessungen nach Preuner und Pungs. $^1/_{10}$ wirklicher Größe.

daß das Kalorimetergefäß B aus dünnwandigem Glas und alle inneren Teile des Rührwerks ebenfalls aus Glas oder Isolierstoff bestehen. Die zu untersuchende Spule wird auf die untere Scheibe des Rührwerks gesetzt und durch dieses während der Messung auf und ab bewegt. Als Kalorimeterflüssigkeit dient Paraffinöl. Das äußere doppelwandige Mantelgefäß A kann aus Zinkblech hergestellt werden, da die in ihm entstehenden Wirbelströme ohne Einfluß auf das Ergebnis sind. Mittels des Kühlrohres läßt sich das Öl nach Beendigung des Versuchs wieder auf die Anfangstemperatur bringen. Das Thermometer ist in $^1/_{50}{}^0$ geteilt, hat einen Meßbereich von 10^0 und wird mit einer Lupe abgelesen. Zweckmäßig ist es, zwei solcher Thermometer mit den Meßbereichen $15 \div 25^0$ und $20 \div 25^0$ zur Verfügung zu haben.

Beispiel: Beistehende Zahlentafel enthält die von Preuner und Pungs beobachteten Einzelwerte, die bei der Messung des wirksamen Widerstandes w_w einer Spule aus Kupfervolldraht nach diesem Verfahren und mit dem Kalorimeter Abb. 200 gewonnen sind. Der Gleichstromwiderstand der Spule betrug 0,9 Ohm, ihr Selbstinduktionskoeffizient $8,4 \cdot 10^5$ cm. Die Spule bildete den Teil eines Hochfrequenzkreises, der durch den Schwingungskreis eines Lichtbogengenerators erregt wurde. Beide Kreise waren auf die Welle $\lambda = 3150$ m abgestimmt. Durch Änderung der Kopplung konnte die Stromstärke im Meßkreis feinstufig und in weiten Grenzen geändert werden. Um auch den Einfluß eines in die Nähe der Spule gebrachten Metallkörpers zu untersuchen, wurde sie zuerst allein in das Kalorimeter gebracht und darauf die Messung wiederholt, nachdem unterhalb der Spule in einem Abstand von 18 mm von ihrer Stirnfläche und parallel zu dieser Metallscheiben von 1 mm Dicke und 136 mm Durchmesser gelegt waren.

	t_g in Minuten	t_w in Minuten	i_g Amp.	i_w Amq.	T_g	T_w	w_w Ohm	Mittel von w_w
Spule ohne Metallscheibe	10	10	4,8	2,52	1,11	1,04	3,08	3,1
	10	10	4,8	2,37	1,11	0,92	3,08	
	10	10	5,3	2,97	1,14	1,22	3,06	
	7	7	4,5	2,66	0,72	0,88	3,16	
	10	10	5,6	2,72	1,54	1,24	3,07	
	10	10	5,6	2,72	1,54	1,28	3,17	
	10	6	5,6	3,64	1,54	1,34	3,08	
Spule mit Eisenscheibe	13	13	5,0	2,05	1,61	1,61	5,35	5,3
	7	7	6,0	2,60	1,26	1,34	5,1	
	7	10	6,0	2,70	1,26	2,09	5,2	
	10	10	5,6	2,70	1,54	2,09	5,2	
	7	4	6,0	3,97	1,26	1,92	5,5	
Spule mit Kupferscheibe	10	10	5,6	2,76	1,54	1,45	3,5	3,45
	10	8	5,0	3,37	1,22	1,67	3,4	
Spule mit Zinkscheibe	10	8	5,0	3,06	1,22	1,43	3,52	3,5
	10	10	5,6	2,77	1,54	1,49	3,52	
Spule mit Eisenscheibe, die mit Kupferscheibe bedeckt ist	10	10	5,6	2,86	1,54	1.59	3,56	3,53
	10	10	5,6	2,78	1,54	1,44	3,50	
Spule mit Eisenscheibe, die mit Zinkscheibe bedeckt ist	10	10	5,6	2,76	1,54	1,50	3,62	3,62

Bei Wiederholung der Versuche mit einer Wellenlänge $\lambda = 2300$ ergaben sich als Mittelwerte für die vier ersten Versuchsanordnungen die Zahlen 3,9; 6,3; 4,2; 4,2.

Bei der Einstellung auf gleiche Temperaturzunahme entstehen Schwierigkeiten dadurch, daß nach der Stromunterbrechung die Temperatur noch 3 Minuten lang stark steigt. Man zerlegt deshalb nach dem Vorschlage von Preuner den Wechselstrom- und den Gleichstromversuch in je zwei Teile. Soll z. B. der Wechselstromversuch 10 Minuten dauern, so wird bei ihm

1. nach 5 Minuten der Strom unterbrochen,
2. nach 8 Minuten T_w abgelesen,
3. nach 9 Minuten der Strom wieder geschlossen und der Versuch nach weiteren 5 Minuten fortgesetzt.

Beim Gleichstromversuch bleiben die Schritte 1 bis 3 dieselben, nur wird bei 3, nachdem der Strom nach 9 Minuten wieder geschlossen ist, der Versuch nicht 5, sondern $10 \cdot \frac{T_w}{T_g} - 5$ Minuten fortgesetzt.

Soll der Gleichstromversuch unmittelbar an den Wechselstromversuch angeschlossen werden, d. h. will man nicht abwarten, bis das Öl sich wieder abgekühlt hat, so muß vorher die Temperatur des Wassers im Mantelgefäß auf die Temperatur gebracht werden, die das Öl nach Beendigung des Wechselstromversuchs besitzt.

Um dies zu erreichen, läßt man nach Beendigung des Wechselstromversuchs aus dem Abflußrohr des Mantelgefäßes die Wassermenge:

$$x = \frac{m \cdot T_g}{100 - T} \text{ Liter}$$

ablaufen und ersetzt sie durch die gleiche Menge Wasser von 100^0. Hier bedeuten:

m = Gesamtmenge des Wassers im Mantelgefäß in ccm,
T = Temperatur des Wassers im Mantelgefäß,
T_w = gewünschte Temperaturzunahme beim Gleichstromversuch.

Differentialverfahren. Die kalorimetrische Messung des Verlustwiderstandes läßt verschiedene Abänderungen zu. Eine der zweckmäßigsten ist das Differentialverfahren. Es erfordert allerdings zwei gleich gebaute Kalorimeter, ferner müssen die zu untersuchenden Geräte in zwei gleichen Ausführungsformen vorhanden sein. Dafür besitzt es den Vorzug, daß der Einfluß der Fehlerquellen, die die kalorimetrischen Messungen erschweren, wegfällt.

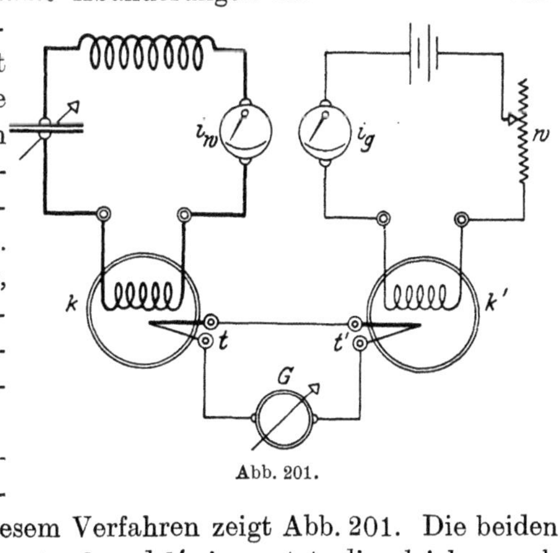

Abb. 201.

Die Schaltung für die Bestimmung des Verlustwiderstandes einer Spule nach diesem Verfahren zeigt Abb. 201. Die beiden Spulen sind in die Ölkalorimeter k und k' eingesetzt, die gleiche, nach der Spulengröße bemessene Ölmengen enthalten. Durch die eine Spule wird Hochfrequenzstrom, durch die zweite Gleichstrom geschickt. Zur Messung der Stromstärke dienen die Strommesser i_w und i_g. In jedem Kalorimeter befindet sich ein Thermoelement aus 0,25 mm dickem Konstantan und Manganindraht. Die Elemente sind in Gegenschaltung mit einem Galvanometer G von kleinem Widerstand verbunden. Nachdem beide Stromkreise geschlossen sind, wird der Strom i_w durch Änderung der Kopplung mit dem Erregerkreis und i_g mittels des Widerstandes w so eingestellt, daß die Temperatur in den zwei Kalorimetern nahezu ungeändert bleibt. Der Gleichgewichtszustand tritt nach etwa einer halben Stunde ein. Alsdann wird mittels des Widerstandes w die Stromstärke i_g feinstufig so lange verändert, bis der Galvanometerausschlag völlig verschwindet, worauf i_w und i_g noch weitere 15 Minuten in Zwischenräumen von $^1/_2$ Minute abzulesen sind. Nachdem die Kalorimeter vertauscht sind, wiederholt man den Versuch. Dadurch werden die Ungleichheiten in beiden Kalorimetern und Spulen, ferner alle kalorimetrischen Fehler ausgeglichen. Sind i_w und i_g die Mittelwerte aus den abgelesenen Stromstärken, so wird:

$$\frac{w_w}{w_g} = \frac{i_g^2}{i_w^2}. \tag{146}$$

Statt der Ölkalorimeter kann, besonders bei kleinen Abmessungen der zu untersuchenden Geräte, auch ein Differentialluftthermometer benutzt werden.

Ein großer Vorzug der kalorimetrischen Verfahren liegt darin, daß bei ihnen der Einfluß aller Verlustquellen ausgeschaltet ist, die nicht im Wirkwiderstand der Spule ihren Ursprung haben.

G. Strommessungen.

I. Hitzdrahtstrommesser.

1. Aufbau. Verhältnismäßig einfach gestaltet sich der Bau von Hitzdrahtstrommessern für kleine Stromstärken, da bei ihnen ein einzelner Hitzdraht genügt. Bei den älteren Formen wurde Platinsilberdraht benutzt. Hierbei entsprach dem größten Ausschlag eine Temperaturerhöhung des Drahtes von nur etwa 100⁰, weshalb auch schon Schwankungen der Umgebungstemperatur zu einer Änderung der Zeigereinstellung führen mußten. Bei den neueren Geräten besteht der Meßdraht aus Platiniridium, das eine Temperaturerhöhung von 300⁰ zuläßt. Die Verlängerung des Meßdrahtes, die bei den älteren Hitzdrahtgeräten nur 0,1 mm betrug, ist bei den neueren doppelt so groß. Um den

Einfluß von Schwankungen der Außentemperatur und der Erwärmung des ganzen Meßgeräts noch weiter zu verringern, dient eine Kompensationsplatte aus dickem Nickel- und Stahlblech. Hitzdrahtstrommesser mit einem einfachen Meßdraht werden für Strommessungen bis zu 0,5 Ampere benutzt. Ihre Teilung trägt vielfach nicht die Werte der wirksamen Stromstärke, sondern deren Quadrate, die dem Leistungsverbrauch im Hitzdraht proportional sind, weshalb solche Strommesser auch den Namen Wattmeter führen. Diese Teilung ist auch gewählt, um bei Dämpfungsmessungen mittels des Verstimmungsverfahrens (S. 195 und 203) ohne vorherige Rechnung rasch den Strom von i^2 auf $\frac{i^2}{2}$ einstellen zu können.

Für die von Hartmann und Braun gebauten, empfindlichsten Hitzdrahtgeräte dieser Art gelten folgende Zahlenwerte:

i	e	N	N_1	w
0,085	1,18	0,1	0,005	13,9
0,073	0,71	0,05	0,002	9,7
0,066	0,45	0,03	0,001	6,8

wo i, e, N Strom-, Spannungs- und Wattverbrauch beim größten Ausschlag, N_1 den Wattverbrauch für die Ablenkung von einem Teilstrich und w den Widerstand des Hitzdrahtes bedeuten. Zur Beruhigung der Zeigerbewegung wird Magnet- oder auch Luftdämpfung benutzt. Das Gehäuse muß sorgfältig abgeschlossen sein, damit nicht durch Eindringen von Staub, der Eisenspäne enthalten kann, die alsdann durch die Magnete angezogen werden, die Zeigerbewegungen eine Hemmung erfahren. Bei den kleinsten Geräten wird die Dämpfung vielfach auch ganz weggelassen, da bei ihnen die thermische Trägheit des Hitzdrahtes zur Dämpfung ausreicht.

Für den Bau von Hitzdrahtgeräten für größere Stromstärken kommen zunächst die Hilfsmittel in Betracht, die zur Erhöhung des Meßbereichs von Strommessern für niederfrequente Wechselströme maßgebend sind, also Nebenschlüsse und Stromwandler.

2. Erhöhung des Meßbereichs. Die Erhöhung des Meßbereichs durch Nebenschlüsse in Form von Ohmschen, induktiven oder kapazitiven Widerständen begegnet schon bei der Messung von Wechselströmen geringer Frequenz gewissen Schwierigkeiten, die in verstärktem Maße bei Hochfrequenzmessungen sich äußern.

a) Sollen nämlich die Angaben der Geräte unabhängig sein von der Wechselzahl, so müssen beim Zusammenbau des Strommessers mit seinem Nebenschluß bestimmte Bedingungen erfüllt werden, die sich aus der folgenden Überlegung ergeben: Bedeutet i_1 den Strom, der den Hitzdraht erwärmt (Abb. 202a), und i_2 denjenigen, der durch den Nebenschluß fließt, und werden mit w_1 und w_2, bezüglich L_1 und L_2 die Ohmschen Widerstände und Selbstinduktionskoeffizienten der beiden Verzweigungen bezeichnet, so wird das Gerät für alle Periodenzahlen nur dann die bei der Eichung mit Gleichstrom gewonnenen Werte anzeigen, wenn das Verhältnis der zwei Teilströme $\frac{i_1}{i_2}$ sich mit der Periodenzahl nicht ändert. Aus der für sinusförmigen Wechselstrom gültigen Gleichung

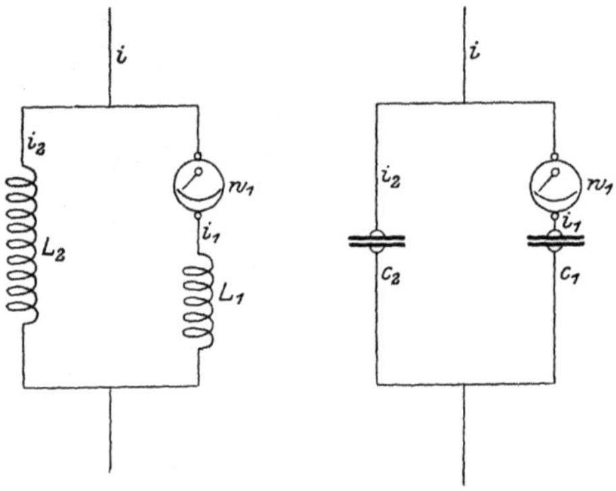

Abb. 202.

$$\frac{i_1}{i_2} = \sqrt{\frac{w_2^2 + (2\pi\nu\cdot L_2)^2}{w_1^2 + (2\pi\nu\cdot L_1)^2}} = f(\nu) \tag{147}$$

folgt jedoch, daß selbst unter der Annahme, daß die Widerstands- und Selbstinduktionswerte der Leitungsbahnen für die hochfrequenten Ströme dieselben bleiben wie für die niederfrequenten, im allgemeinsten Falle das Stromverhältnis eine Funktion der Periodenzahl ist. Nur für die nachfolgenden, zuerst von Hahnemann angegebenen, besonderen Anordnungen läßt sich die gewünschte Unabhängigkeit von der Wellenlänge erreichen.

α) $(2\pi\nu\cdot L_1)^2$ möge gegenüber w_1^2 und $2\pi\nu\cdot L_2$ gegenüber w_2^2 verschwinden. Dann ist:

$$\frac{i_1}{i_2} \sim \frac{w_2}{w_1} = \text{const.}$$

Diese Bedingung ist für die Periodenzahlen der Starkstromtechnik stets erfüllt.

β) Die Ohmschen Widerstände w sollen gegenüber den induktiven $2\pi\nu\cdot L$ zu vernachlässigen sein. Dann gilt:

$$\frac{i_1}{i_2} \sim \frac{L_2}{L_1} = \text{const.}$$

Durch Einfügung von zusätzlichen Selbstinduktionsgrößen, deren gegenseitige Beeinflussung jedoch vermieden werden muß, läßt sich diese Voraussetzung unschwer erfüllen (Abb. 202a).

γ) Die gleiche Wirkung wird naturgemäß durch Einschaltung von passend abgeglichenen Kondensatoren in die beiden Zweige erzielt (Abb. 202b). Hier gilt im allgemeinsten Falle:

$$\frac{i_1}{i_2} = \sqrt{\frac{w_2^2 + \left(2\pi\nu\cdot L_2 - \frac{1}{2\pi\nu\cdot C_2}\right)^2}{w_1^2 + \left(2\pi\nu\cdot L_1 - \frac{1}{2\pi\nu\cdot C_1}\right)^2}} = f(\nu). \tag{148}$$

Verschwinden jedoch die Ohmschen und induktiven Widerstände gegenüber den kapazitiven, so erhält man:

$$\frac{i_1}{i_2} \sim \frac{C_1}{C_2} = \text{const.}$$

Wenn demnach ein Strommesser ohne Nebenschluß für höhere Ströme Verwendung finden soll, so wird man nach den obigen Ausführungen eine der vorstehenden Schaltungen wählen. Dabei sind die Größen von L_1 bzw. C_1 so zu bemessen, daß im ersteren Falle w_1 gegenüber $2\pi\nu\cdot L_1$ bei der kleinsten vorkommenden Periodenzahl, im zweiten Falle w_1 gegenüber $\frac{1}{2\pi\nu\cdot C_1}$ bei der größten Periodenzahl vernachlässigbar ist.

Soll der Fehler des Gerätes für die betreffende Wellenlänge höchstens $\gamma^0/_0$ betragen, so ist die Selbstinduktion L_1 und die Kapazität C_1 mit Hilfe folgender Gleichung zu ermitteln:

$$\left.\begin{aligned} w_1 &\leqq (2\pi\nu\cdot L_1)\cdot\sqrt{\frac{1}{(1-\gamma)^2}-1}, \\ w_1 &\leqq \frac{1}{(2\pi\nu\cdot C_1)}\cdot\sqrt{\frac{1}{(1-\gamma)^2}-1}. \end{aligned}\right\} \tag{149}$$

Für den praktisch ausreichenden Fall, daß $\gamma = 0{,}01$ angesetzt wird, nehmen die vorstehenden Ausdrücke folgende Form an:

$$\left.\begin{aligned} 7\,w_1 &\leqq 2\pi\nu\cdot L_1, \\ 7\,w_1 &\leqq \frac{1}{2\pi\nu\cdot C_1}. \end{aligned}\right\} \tag{149a}$$

Bei der Ausmittlung der einzuschaltenden Selbstinduktions- oder Kapazitätswerte sind die Kurvenscharen der Tafel II mit Vorteil zu verwenden.

Man erkennt weiterhin, daß sich die Größe der Selbstinduktion L_2 oder der Kapazität C_2 ausschließlich nach dem gewünschten Meßbereich richtet, der mit Hilfe dieser Schaltungen bestrichen werden soll und der durch die Beziehung

$$i = i_1 + i_2$$

festgelegt ist.

Geräte, die nach den unter α angegebenen Gesichtspunkten gebaut sind, können unmittelbar mit Gleichstrom geeicht werden, was für die unter β und γ aufgeführten Anordnungen nicht gilt.

Strommesser mit induktivem Nebenschluß werden nach den Angaben W. **Keinaths** von Siemens & Halske gebaut (Abb. 203 und 204).

Abb. 203. Hitzdrahtstrommesser mit induktivem Nebenschluß nach Keinath (Siemens & Halske, Siemensstadt-Berlin).

Mit dem Heizdraht, dessen Widerstand R_2 sei, ist bei diesen Geräten noch ein induktiver Widerstand in Reihe geschaltet in Form einer Spule mit dem Selbstinduktionskoeffizienten L_2 (Abb. 205). Im Nebenschluß hierzu liegt die Vereinigung eines Ohmschen Widerstandes R_1 und einer Spule mit dem Induktionskoeffizienten L_1. R_1 ist so abgeglichen, daß bei Gleichstrom der Gesamtstrom J und der Strom i_{R_2} in R_2 in dem gewünschten Verhältnis $\frac{J}{i_{R_2}}$ stehen. Weiter werden L_1 und L_2 derart bemessen, daß

$$\frac{R_1}{R_2} = \frac{L_1}{L_2},$$

wobei gleichzeitig L_1 so gewählt wird, daß $2\pi\nu \cdot L_1$ gegenüber R_1 vernachlässigbar ist.

Abb. 204. Hitzdrahtstrommesser mit induktivem Nebenschluß nach Keinath (Siemens & Halske, Siemensstadt-Berlin).

Für die Verzweigung der Hochfrequenzströme ist dann nicht das Verhältnis der Widerstände R_1 und R_2 bestimmend, sondern das diesem gleiche Verhältnis $\frac{L_1}{L_2}$, während für die Eichung mit Gleichstrom das Verhältnis $\frac{R_1}{R_2}$ maßgebend ist.

Die Selbstinduktion L_2 ist dadurch regelbar gemacht, daß man sie in das Meßgerät in Form einer zylindrischen Spirale einbaut, deren Ganghöhe durch Zusammendrücken oder Auseinanderziehen verändert werden kann. Nach der Abgleichung mit

Gleichstrom wird mit Hochfrequenzstrom, und zwar einem solchen von der höchsten in Betracht kommenden Frequenz, der Selbstinduktionskoeffizient so eingestellt, daß das gewünschte Stromverhältnis $\frac{J}{i_{R_2}}$ vorliegt.

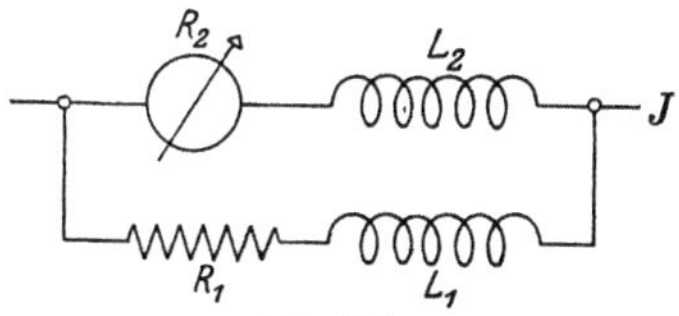

Abb. 205.

Beispiel. Bei einem Strommesser für 10 Amp., dessen Meßbereich durch einen induktiven Nebenschluß auf 500 Amp. erhöht war, haben die einzelnen Größen beistehende Werte:

Widerstand des Nebenschlusses $R_1 = 0{,}000\,612\,\Omega$
„ „ Hitzdrahtes $R_2 = 0{,}030\,\Omega$
Selbstinduktionskoeffizient des Nebenschlusses $L_1 = 150$ cm
„ „ Hitzdrahtes $L_2 = 7350$ cm.

Abb. 203 zeigt die Rückseite eines derartigen Strommessers mit den beiden Spulen.

Strommesser bis zu 30 Ampere erhalten als Nebenschluß einen schleifenförmig gebogenen Draht (Abb. 204). Als Nebenschlüsse für sehr große Stromstärken verwendet man auch die S. 66 beschriebene Form.

b) Außer den bisher erläuterten Möglichkeiten zeigt die Ausgangsgleichung:

$$\frac{i_1}{i_2} = \sqrt{\frac{w_2^2 + (2\pi\nu \cdot L_2)^2}{w_1^2 + (2\pi\nu \cdot L_1)^2}}$$

auch noch einen anderen Weg, um die Stromverteilung für alle Periodenzahlen konstant zu halten. Stellt man nämlich den Nebenschluß aus einer Reihe von Strombahnen her, die unter sich nebeneinandergeschaltet und dem eigentlichen Hitzdraht völlig gleich sind, so ist

$$\frac{i_1}{i_2} = \frac{1}{n} \cdot \sqrt{\frac{w_1^2 + (2\pi\nu \cdot L_1)^2}{w_1^2 + (2\pi\nu \cdot L_1)^2}} = \frac{1}{n} = \text{const.}$$

Sobald demnach die Stromverteilung innerhalb der Leiter für Gleich- und Wechselströme bei allen Wellenlängen keinen Unterschied aufweist, sind die Angaben des Geräts von der verwendeten Periodenzahl unabhängig. Dieser Gesichtspunkt liegt dem Bau der von der Firma Hartmann & Braun durchgebildeten Hitzbandstrommesser (Abb. 206) zugrunde, bei welchen durch symmetrische Anordnung der Heizbänder (Abb. 207) eine einseitig fälschende Wirkung der gegenseitigen Induktion praktisch vermieden ist.

Die Bänder bestehen aus 30 mm langen, 3 mm breiten und 0,01 mm dicken Platiniridiumstreifen, von denen jeder eine Strombelastung von

Abb. 206. Hitzbandstrommesser. (Hartmann & Braun, Frankfurt a. M.)

3 Ampere verträgt. Sie sind mit ihren Enden auf dem Umfang von zwei dicken Kupferscheiben gefaßt, die als Stromzuführung dienen

Abb. 207. Hitzbandstrommesser. (Hartmann & Braun, Frankfurt a. M.)

und gleichzeitig eine gute Wärmeabfuhr gewährleisten. Hitzbandgeräte dieser Art werden für Stromstärken bis zu 500 Ampere hergestellt.

Die handlichen kleineren Geräte bis zu 4 Ampere, die vielfach in Flugzeugsender eingebaut werden, besitzen einen zweiten Meßbereich bis 1 Ampere, der durch Abschalten eines Teiles der Bänder gewonnen wird.

c) Auf einem anderen Gesichtspunkt beruhen die im folgenden beschriebenen Strommesser, bei denen der Hitzdraht in erhöhter Weise ausgenutzt wird und damit die Messung stärkerer Ströme gestattet. Der Gedankengang, der zu dieser Anordnung führt, ist folgender: Soll ein bestimmter Hitzdraht unter der Einwirkung von hochfrequenten Strömen dieselbe Stromverteilung innerhalb seines Querschnittes beibehalten, wie sie bei Verwendung von Gleichstrom vorhanden ist, so müssen das Metall und seine äußeren Abmessungen nach bestimmten Gesichtspunkten gewählt werden, um die Erscheinung der Stromverdrängung zu verhindern. Diese Rücksichten laufen in erster Linie auf eine Beschränkung des Querschnittes hinaus, wodurch gleichzeitig die zulässige Strombelastung festgelegt wird. Leitet man jedoch den Strom nicht an zwei, sondern an mehreren Punkten dem Hitzdrahte zu, so läßt sich die Gesamtstromstärke unter Beibehaltung der Stromdichte um ein Mehrfaches steigern. Mittels beistehender Anordnung (Abb. 208), in der AB den eigentlichen Hitzdraht und die übrigen Linien die praktisch widerstandslosen Zuleitungen darstellen, wird beispielsweise eine Stromsteigerung auf das Fünffache erreicht. Freilich sind derartige Hitzdrahtgeräte nur für angenäherte Messungen brauchbar, da der Einfluß der Selbstinduktion der gesamten Zuleitungsdrähte meist nicht zu vernachlässigen ist.

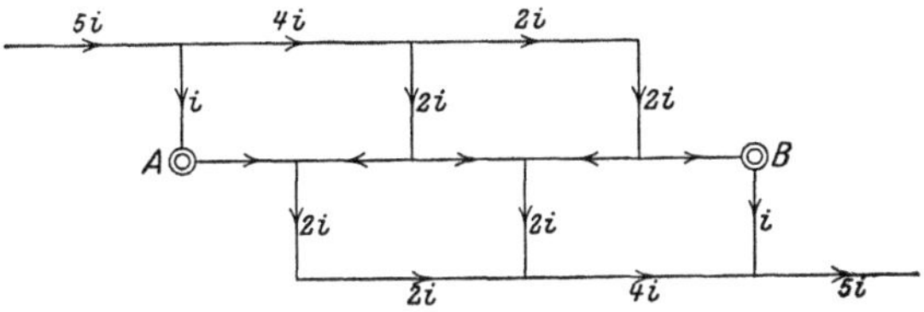

Abb. 208.

Es erübrigt sich, noch darauf hinzuweisen, daß bei Verwendung eines nicht sinusförmig verlaufenden Stromes eine Zerlegung der Schwingung nach Fourier in eine Reihe höherer Harmonischer von sinusförmigem Verlaufe vorgenommen werden kann, für die, einzeln betrachtet, die vorstehenden Darlegungen ihre Gültigkeit behalten.

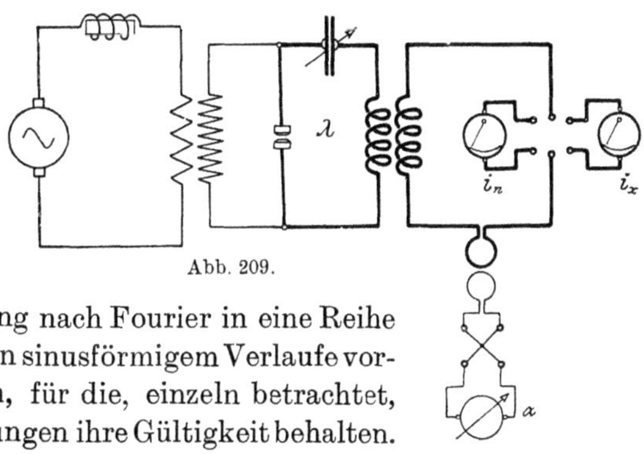

Abb. 209.

3. Eichung von Hitzdrahtstrommessern mit Nebenschluß. a) Mit Thermoelement. Hierzu wählt man zweckmäßig die in Abb. 209 angegebene Schaltung.

Wenn bei Einschaltung des Strommessers ohne Nebenschluß der im induzierten Kreise fließende Strom i_n und der Ausschlag am Galvanometer des Thermoelementes α_n ist, so gilt bei bestimmter Wellenlänge λ:

$$c = \frac{i_n}{\sqrt{\alpha_n}}$$

Damit ist die Konstante c der Vergleichsanordnung bestimmt, so daß sich nach Einfügung des zu eichenden Geräts in den Kreis die wirklich fließenden Stromstärken i_n mit den Angaben i_x des Strommessers vergleichen lassen. Durch Änderung der Kopplung beider Kreise oder Steigerung der Primärleistung läßt sich die Eichung für den ganzen Meßbereich durchführen und die Fehlerkurve für die betreffende Wellenlänge aufstellen. Ist Proportionalität zwischen den Angaben $\sqrt{\alpha_n}$ des mit dem Thermoelement verbundenen Galvanometers und den Einstellungen i_x des Hitzdrahtstrommessers vorhanden, so zeigt letzterer richtig. Wiederholt man weiter diese Messung unter Verwendung anderer Periodenzahlen, so läßt sich damit der Einfluß der Frequenz auf den Ausschlag des Stromzeigers feststellen.

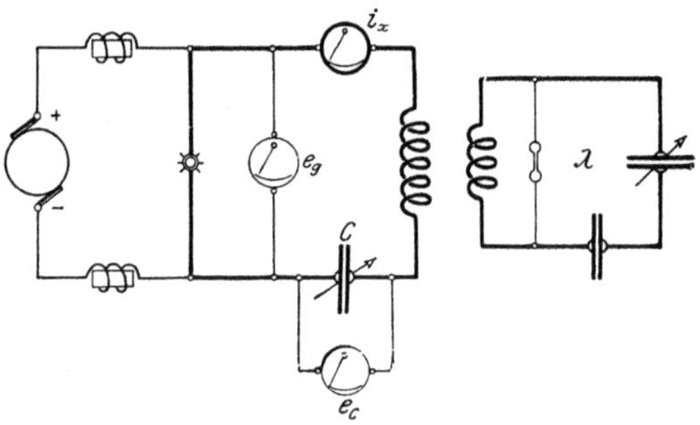

Abb. 210.

Statt des Thermoelementes kann bei der Eichung mit Erfolg auch ein kleines Paraffinölkalorimeter benützt werden, in das ein dünner Konstantandraht mit von der Wechselzahl unabhängigem Widerstand eingebaut ist und das vorher nach den für kalorimetrische Messungen S. 218 erläuterten Gesichtspunkten mit Gleichstrom geeicht wird.

b) Nach dem indirekten Verfahren. Die Eichung läßt sich mittels der Schaltung Abb. 210 ausführen. Hierbei wird

$$i_x = 0{,}209 \cdot \frac{C^{\mathrm{cm}} \cdot e_C^{\mathrm{Volt}}}{\lambda^{\mathrm{cm}}}, \qquad (150)$$

wobei e_C die mit Hilfe eines Röhrenspannungsmessers oder eines Elektrometers ermittelte Kondensatorwechselspannung darstellt.

II. Thermoelemente.

1. Aufbau. Für die Messung von kleineren Stromstärken sind Thermoelemente gut geeignet.

Ein Bild über die Größe der elektromotorischen Kraft verschiedener Zusammenstellungen für 1° C Temperaturunterschied der Lötstellen geben beistehende Zahlen:

Antimon-Wismut	$104 \cdot 10^{-6}$ Volt
Konstantan-Eisen	$51 \cdot 10^{-6}$ "
Konstantan-Manganin	$42 \cdot 10^{-6}$ "
Kupfer-Konstantan	$40 \cdot 10^{-6}$ "
Nickel-Eisen	$31 \cdot 10^{-6}$ "

Neuerdings wird meist die Vereinigung von Konstantan und Manganin verwendet an Stelle der früher viel benutzten Eisen-Konstantanelemente. Die Elemente werden in der Weise hergestellt, daß zwei kurze Drahtstücke übereinandergelegt und an der Kreuzungsstelle elektrisch verschweißt oder mit einem Flitterchen Lot verlötet werden. Die Vereinigungsstelle muß möglichst klein gehalten werden, und sie soll keinen Widerstand darstellen, der als Nebenschluß zum Galvanometer wirken kann und zwischen dessen Endpunkten sich eine Spannungsdifferenz ausbilden würde, die die Messungen fälscht. Thermoelemente für die Messung sehr kleiner Ströme stellt man aus 0,02 mm dicken Drähten her. Die Empfindlichkeit kann auf etwa den vierfachen Betrag erhöht werden, wenn man das Thermoelement in eine luftleer gemachte Glasbirne einschließt (Brandes). Während des Auspumpens wird die Birne in einem elektrischen Heizofen mehrere Stunden auf etwa 300° erhitzt, um jeden Wasserdampf und alle im Glas haftenden Gasteilchen zu entfernen.

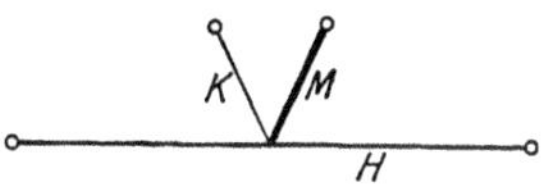

Abb. 211.

An Stelle der kreuzförmigen Elemente haben sich auch einfache Thermoelemente bewährt, deren Lötstelle mit einem besonderen Heizdraht H verbunden ist, der den zu messenden Strom führt (Abb. 211).

Werte zur Beurteilung der Verwendbarkeit derartiger Elemente finden sich in der folgenden Zahlentafel, und zwar für Vakuumelemente aus Eisen-Konstantan von Siemens & Halske.

Widerstand des Heizdrahtes in Ohm	Elektromotorische Kraft in Volt	Elektromotorische Kraft bei Ampere im Heizdraht	Höchststrom im Heizdraht in Ampere	Galvanometerausschlag beim Höchststrom
55	$8 \cdot 10^{-3}$	0,01	0,015	150
35	$5 \cdot 10^{-3}$	0,01	0,015	105
10	$2{,}5 \cdot 10^{-3}$	0,01	0,025	145
1	$1 \cdot 10^{-3}$	0,1	0,125	37

Der Widerstand der Elemente beträgt etwa 10 Ohm. Die Ausschläge beziehen sich auf ein Drehspulengalvanometer von Siemens & Halske mit 150 Ohm Spulenwiderstand, Spitzenlagerung und Zeigerablesung mit 150 Teilstrichen, 1 Teilstrich $= 1 \cdot 10^{-4}$ Volt.

Eine von der Physikalisch-technischen Reichsanstalt benutzte Form zeigt Abb. 122. Zwei Thermoelemente aus Konstantan- (k) und Manganindrähten (m) liegen in einer Brücke, die mittels des Widerstandes w so abzugleichen ist, daß der Strom im Galvanometer G verschwindet. Die Unterschiede, die sich sonst bei der Eichung mit Gleich- und Wechselstrom ergeben, fallen bei dieser Anordnung weg, da weder der Einfluß der Peltierwirkung noch derjenige des Temperaturkoeffizienten sich äußern kann. Der Spannungsabfall beträgt 0,24 Volt bei 0,05 Ampere.

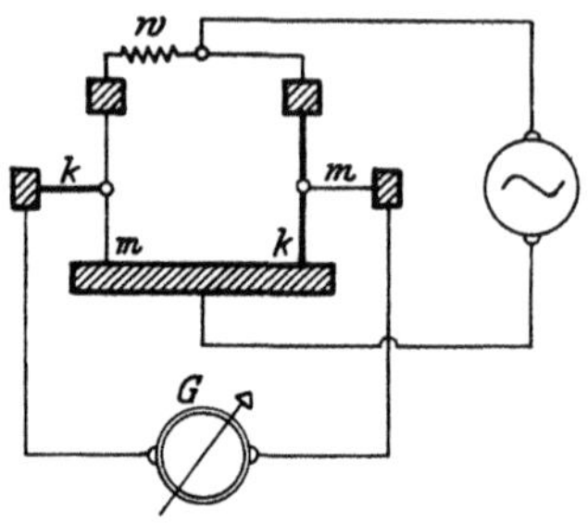

Abb. 212.

2. Eichung eines Thermoelementes. Der Ausschlag α eines an ein Thermoelement angeschlossenen Galvanometers ist, sofern die Erregung durch einen äußeren Gleichstrom i_g vorgenommen wird, die Folge von zwei Erscheinungen. Zu der thermoelektrischen Kraft in der Lötstelle tritt der Einfluß der Peltierwirkung. Diese erzeugt einen Thermostrom, der proportional dem äußeren Strome i_g ist und seine Richtung mit ihm ändert, also bei Verwendung von Wechselstrom nicht in Erscheinung treten kann. Die thermoelektrische Kraft dagegen ist unabhängig von der Polarität uud dem Quadrate des Stromes i_g proportional. Je nach der Richtung des Gleichstromes i_g entstehen daher Thermoströme i_1 oder i_2, die folgenden Gleichungen gehorchen:

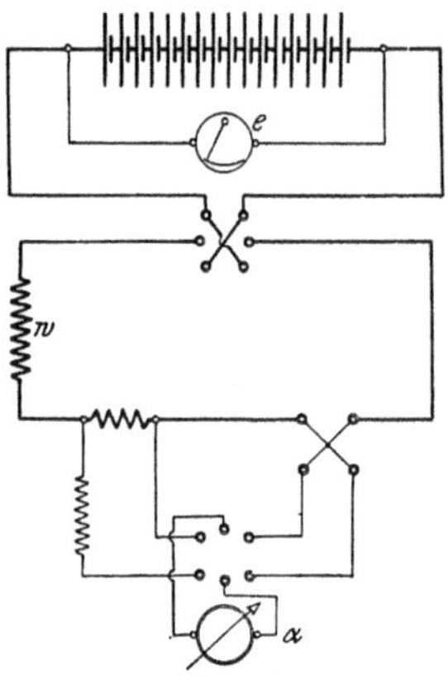

Abb. 213.

$$\left.\begin{aligned} i_1 &= A \cdot i_g^2 + B \cdot i_g = c_g \cdot \alpha_1 \\ i_2 &= A \cdot i_g^2 - B \cdot i_g = c_g \cdot \alpha_2 \\ i_1 + i_2 &= 2 \cdot A \cdot i_g^2 = c_g \cdot (\alpha_1 + \alpha_2) \end{aligned}\right\} \qquad (151)$$

Setzt man

$$\frac{\alpha_1 + \alpha_2}{2} = \alpha,$$

so wird die Konstante des Thermoelementes:

$$c_T = \frac{e}{w \cdot \sqrt{\alpha}}. \qquad (152)$$

Hierbei bedeuten e die Batteriespannung und w den Gesamtwiderstand des Gleichstromskreises (Abb. 213).

Zur Bestimmung der thermoelektrischen Kraft E des Elementes sowie seines inneren Widerstandes w_i dient beistehende Kompensationsschaltung (Abb. 214), mittels deren man erhält:

$$\left.\begin{aligned} E &= e_n \cdot \frac{w_1}{w_1 + w_2}, \\ w_i &= \frac{E - i \cdot w_g}{i}. \end{aligned}\right\} \qquad (153)$$

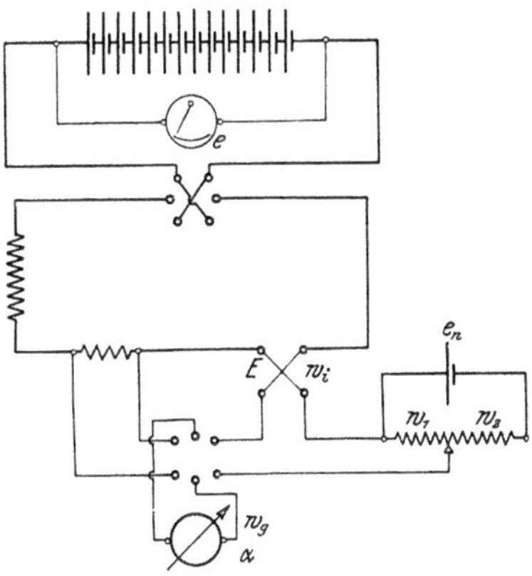

Abb. 214.

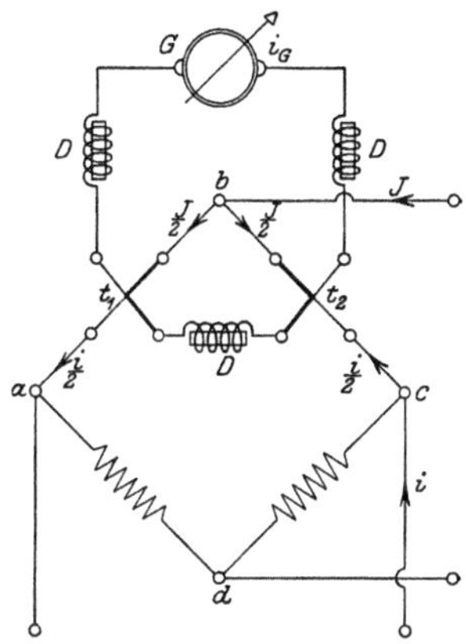

Abb. 215.

3. Die Thermokreuzbrücke. In den Zweigen ab und bc einer Wheatstoneschen Brücke (Abb. 215), deren vier Widerstände kapazitäts- und induktionsfrei und einander gleich sind, liegen zwei Thermoelemente t_1 und t_2, die genau gleiche thermoelektromotorische Kräfte liefern und gleichen Widerstand haben. Sie sind durch die mittlere Drossel D überbrückt und andererseits unter Zwischenschaltung der Drosseln DD mit dem Galvanometer G verbunden. Die Drosseln sollen die Hochfrequenzströme von G absperren.

Legt man zwischen b und d eine Wechselstromquelle, die den Hilfsstrom J liefert, und führt zwischen a und c einen mit J gleichphasigen und gleichperiodischen Strom i, den Nullstrom, zu, so sind die Augenblickswerte der Ströme in den Zweigen ab und bc:

$$\frac{J_t}{2} + \frac{i_t}{2} \quad \text{und} \quad \frac{J_t}{2} - \frac{i_t}{2}.$$

Die durch die Stromwärme erzeugten thermoelektromotorischen Kräfte rufen die Gleichströme i_1 und i_2 hervor, und durch das Galvanometer fließt, da die Drosseln die Wechselströme von ihm abhalten, der Gleichstrom:

$$i_G = i_1 - i_2$$

oder da

$$i_1 = c \cdot r \cdot \left(\frac{J_t + i_t}{2}\right)^2, \qquad i_2 = c \cdot r \cdot \left(\frac{J_t - i_t}{2}\right)^2$$

gesetzt werden kann, der Strom:

$$i_G = c \cdot r \cdot J_t \cdot i_t = c' \cdot J_t \cdot i_t.$$

Ist $J_t = \text{const.}$, so wird

$$i_G = c'' \cdot i_t,$$

i_G wächst sonach, wenn $J_t = \text{const.}$, linear mit i_t.

Die gesamte, in Abb. 215 wiedergegebene Anordnung stellt einen sehr empfindlichen Nullstromzeiger für Messungen mit Wechselstrombrücken oder Differentialtransformatoren dar. Denn verwendet man hierbei als Nullstromzeiger Thermoelemente, Bolometer oder Kristalldetektoren in Verbindung mit einem Galvanometer, so nehmen dessen Ablenkungen proportional dem Quadrate des Nullstromes ab, während, wenn die Thermokreuzbrücke mit den Punkten a und c als Nullstromzeiger an eine Wechselstrombrücke gelegt oder mit dem Sekundärkreis eines Differentialtransformators verbunden wird, die Abnahme nur proportional dem Nullstrome erfolgt. Dazu kommt, daß sich durch Vergrößerung des Hilfsstromes J die Empfindlichkeit beliebig steigern läßt.

Die Verbindung einer Thermokreuzbrücke mit einem Differentialtransformator ist durch Abb. 110, S. 108 erläutert.

III. Thermogalvanometer.

Eine unmittelbare Vereinigung eines Thermoelementes mit einem Spiegelgalvanometer stellt das Thermogalvanometer von Duddell (Abb. 216) dar. Ähnlich wie beim Schleifenoszillographen liegt bei ihm zwischen den Polen eines kräftigen Magnets eine schmale Drahtschleife, in deren unterem Ende ein Wismut-Antimonelement eingeschaltet ist. Der Meßstrom fließt durch einen besonderen, dünnen Heizdraht, der in eine kleine, oben offene Kapsel eingebaut ist und unterhalb des Elementes in verstellbarer Entfernung eingesetzt werden kann. Um Schwankungen der Umgebungstemperatur unschädlich zu machen, ist das ganze Gerät mit einem Metallzylinder überdeckt. Die Empfindlichkeit kann stetig geändert werden durch Änderung des Abstandes zwischen Heizdraht und Element oder sprungweise durch Auswechseln des Heizdrahtes gegen einen solchen von anderem Querschnitt. Über die erzielbare Empfindlichkeit geben beistehende Zahlen Aufschluß, wobei w den Widerstand des Heizdrahtes in Ohm, i den Strom in Ampere bei 250 mm, i' denselben bei 10 mm Ablenkung und einer Entfernung zwischen Spiegel und Skala von 1 m bedeuten. Für die Eichung des Thermogalvanometers gelten die gleichen

Abb. 216. Thermogalvanometer nach Duddell.

Gesichtspunkte wie bei der Eichung eines Thermoelementes. Die Peltierwirkung fällt weg.

w	i	i'
1000	$110 \cdot 10^{-6}$	$22 \cdot 10^{-6}$
100	$350 \cdot 10^{-6}$	$70 \cdot 10^{-6}$
10	$1100 \cdot 10^{-6}$	$220 \cdot 10^{-6}$

IV. Bolometer (Baretter).

1. Aufbau. Eine noch größere Stromempfindlichkeit besitzen die Bolometer. Ihre Wirkungsweise beruht auf der Änderung des Widerstandes eines sehr dünnen, vom Meßstrom durchflossenen Drahtes. Der Heizdraht wird in den einen Zweig einer Wheatstoneschen Brücke geschaltet, deren Widerstände so abgeglichen sind, daß im kalten Zustande der Strom im Brückenzweig verschwindet. Führt man dem Bolometerdraht Hochfrequenzströme zu, so tritt infolge der durch die Erwärmung verursachten Widerstandsänderung eine Störung des Gleichgewichtes der Brücke ein; durch das Galvanometer fließt ein Strom, der als Maß für die Stärke des Hochfrequenzstromes dient. Um zu verhindern, daß die Hochfrequenzströme außer dem Heizdraht auch die anderen Zweige der Brücke durchfließen, sind in diese Drosselspulen eingebaut.

Die Heizdrähte stellt man am besten aus 0,001 bis 0,003 oder für geringere Empfindlichkeiten aus 0,02 mm dicken Platindrähten her, die wie die Thermoelemente zur Erhöhung der Empfindlichkeit in gut ausgepumpte Glasbirnen eingeschlossen werden.

Der Einfluß von Änderungen der Außentemperatur kann dadurch verringert werden, daß man, wie in Abb. 217, zwei möglichst gleiche Bolometerdrähte verwendet, von denen nur der eine als Meßdraht dient.

Die Empfindlichkeit eines Bolometers ändert sich mit dem der Brücke von der Gleichstromquelle gelieferten Hilfsstrom. Bei jedem Bolometer erreicht sie für einen bestimmten Hilfsstrom einen Höchstwert. Die günstigste Stromstärke ist abhängig von dem Widerstand des Bolometers. Ein Bild von diesen Verhältnissen geben die folgenden von K. E. F. Schmidt gefundenen Werte:

d	w	i_g
0,003	137	0,0016
0,001	76,5	0,0026

Hierbei bedeuten d die Drahtdicke in mm, w den Widerstand in Ohm und i_g die günstigste Gleichstromstärke in Ampere.

Ströme von $1 \cdot 10^{-7}$ Ampere sind mit einem Bolometer in Verbindung mit einem Spiegelgalvanometer noch gut meßbar.

2. Eichung eines Bolometers. Um unmittelbar eine Beziehung zwischen der Wechselstromstärke i_w und der Größe der Widerstandsänderung zu erhalten, fügt man den Heizdraht in beistehende Wheatstonesche Brückenschaltung ein (Abb. 217).

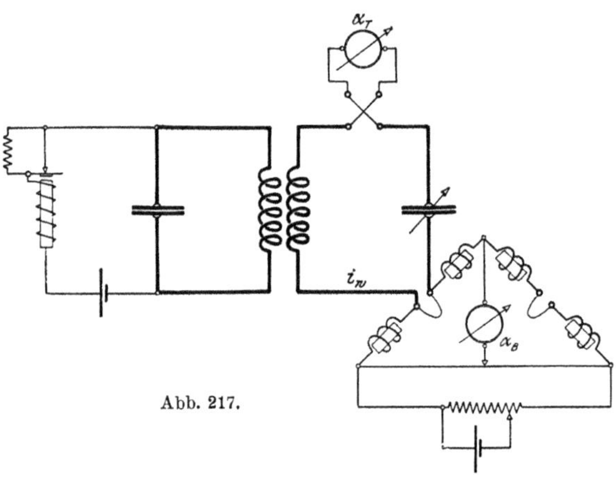

Abb. 217.

Nach erfolgter Abgleichung der Brücke mittels Gleichstrom wird beim Auftreffen der Hochfrequenzströme das gewonnene Widerstandsverhältnis gestört, und das Galvanometer zeigt den Ausschlag α_B an. Bei fast allen praktischen Ausführungen ist dieser proportional der Widerstandsänderung Δw des erwärmten Heizdrahtes, d. h.

$$\Delta w = c_B \cdot \alpha_B .$$

Da aber weiterhin die Größe von Δw durch den Quadratwert des Hochfrequenzstromes i_w gegeben ist, gilt:

$$i_w^2 = c_B \cdot \alpha_B \,. \tag{154}$$

Der günstigste Gleichstrom, für den sich die größte Empfindlichkeit ergibt, ist vor der Eichung durch einen Vorversuch festzustellen.

Die Bestimmung der Konstanten c_B des Bolometers kann unter Verwendung eines geeichten Thermoelementes in beistehender Stationsprüferschaltung (Abb. 217) vorgenommen werden.

Hierbei ist:

$$i_w^2 = c_T \cdot \alpha_T = c_B \cdot \alpha_B$$

$$c_B = c_T \cdot \frac{\alpha_T}{\alpha_B} \,. \tag{155}$$

Statt die Brückenverfahren anzuwenden, kann man auch nach Béla Gáti den Baretter in einer Kompensationsschaltung (Abb. 218) benutzen, indem man den Ausschlag α des Gleichstromgeräts durch Einfügung entsprechender Widerstände in die beiden Kreise stets wieder in die Nullstellung zurückführt. Ändert sich für eine gegebene Anordnung der gesamte Widerstand nicht, und bedeutet Δw den Zuwachs, den der Bolometerwiderstand beim Auftreffen elektrischer Schwingungen erfährt, so ist in dem

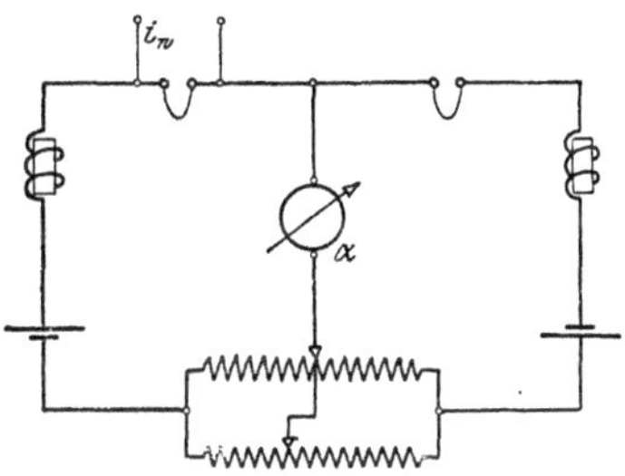

Abb. 218.

Kreise, der den Heizdraht nicht enthält, ein Widerstand von $2 \cdot \Delta R$ einzuschalten, sofern der Nullstromzeiger der Brücke stromlos bleiben soll, d. h.:

$$\Delta w = 2 \cdot \Delta R \,.$$

Folglich gilt:

$$i_w^2 = c \cdot \Delta w = c \cdot 2 \cdot \Delta R \,.$$

Die Ermittlung der Konstanten c des Barettermeßsatzes erfolgt mittels der oben angegebenen Versuchsanordnung.

Für die unmittelbare Eichung mit Wechselstrom kann mit Vorteil die S. 469 erläuterte Schaltung Abb. 392 benutzt werden, in der alsdann an Stelle des Hörers das Bolometer tritt.

V. Kristalldetektoren.

Noch größere Empfindlichkeit bei Strommessungen erzielt man mit Kristalldetektoren, die meist in einen aperiodischen oder einen abstimmbaren Empfangskreis geschaltet werden. Als Stromzeiger dient ein Drehspulengalvanometer oder zur Messung kurzdauernder Ströme ein Fadengalvanometer.

Gegenüber kleineren Stromstärken verhält sich der Kristalldetektor wie ein sehr empfindliches Thermoelement, d. h. die entstehende thermoelektromotorische Kraft ist proportional dem Quadrate des wirksamen Meßstromes, während von gewissen Stromwerten an diese Beziehung häufig ihre Gültigkeit verliert. Sind die Ablenkungen α des Gleichstromgalvanometers der Stromstärke i proportional, so erfordert daher die Verwendung eines Kristalldetektors zur Messung kleiner Ströme nur die Ermittlung einer Konstanten, die in ähnlicher Weise bestimmt wird wie die Konstante eines Thermoelementes. Um sicher zu sein, daß die Konstante ihren Wert nicht ändert, muß ihre Bestimmung auch für die größten, noch in Frage kommenden Ausschläge des Gleichstromgeräts durchgeführt werden.

Die Messung großer Ströme macht die vorherige Aufnahme einer vollständigen Eichkurve nötig, die auch bei der Messung kleiner Ströme nicht zu umgehen ist, wenn die Ablenkung des Gleichstromgeräts nicht über die ganze Teilung proportional dem Strome ist, worauf man besonders bei Fadengalvanometern achten muß.

Da ferner die Empfindlichkeit eines Kristalldetektors häufigen Änderungen unterworfen ist, soll bei allen Strommessungen mit Kristalldetektoren immer die Eichvorrichtung zur schnellen Nachprüfung zur Hand sein.

VI. Kathodenstrahlenröhren.

An Stelle von Kristalldetektoren lassen sich auch Kathodenstrahlenröhren in einer Gleichrichterschaltung verwenden. Ihre Handhabung ist zwar weniger einfach, dafür haben sie aber den Vorzug, daß durch passende Wahl der Hilfsspannungen die Empfindlichkeit leicht geändert werden kann. (Vgl. auch S. 244.)

VII. Stromwandler.

Ein ausgezeichnetes Hilfsmittel zur Messung großer Stromstärken und zur Erhöhung des Meßbereichs von Strommessern bieten die Stromwandler, die, sofern es sich um die Messung von Hochfrequenzströmen handelt, mit den einfachsten Mitteln sich herstellen lassen und dabei doch eine große Genauigkeit liefern.

Die Sekundärspule kann auf einen ringförmigen Kern aus Isolierstoff einlagig und möglichst gleichförmig aufgewickelt werden (Drahtstärke 0,3 mm). Den äußeren Durchmesser des Kernes wählt man zwischen 60 und 120 mm, den inneren zwischen 20 und 80 mm. Um Induktionswirkungen der Zuleitungen zu vermeiden, führt man die Drahtenden in entgegengesetzter Richtung um den Ring herum (Abb. 219) und von da in kleinem gegenseitigen Abstand zum Strommesser. Die Primärwicklung besteht aus Litzendraht, der einmal oder mehrmals durch den Ring hindurchgesteckt ist.

Als Strommesser eignen sich die S. 223 besprochenen Hitzdrahtgeräte für kleine Ströme und Hitzbandstrommesser.

Ist M der Koeffizient der gegenseitigen Induktion zwischen Primär- und Sekundärspule des Wandlers, w der Widerstand, L der Selbstinduktionskoeffizient des Sekundärkreises, i_1 der zu messende Strom in der Primärspule, so wird für sinusförmige Wechselströme mit gleichbleibenden Scheitelwerten der Sekundärstrom:

$$i_2 = \frac{\omega \cdot M \cdot i_1}{\sqrt{w^2 + \omega^2 \cdot L^2}}$$

und wenn w^2 klein ist gegen $\omega^2 \cdot L^2$

$$i_2 = \frac{M}{L} \cdot i_1$$

oder $$i_1 = \frac{n_2}{n_1} \cdot i_2,$$

wobei n_1 die Zahl der durch den Ring führenden primären Leiter, n_2 die sekundäre Windungszahl bedeuten.

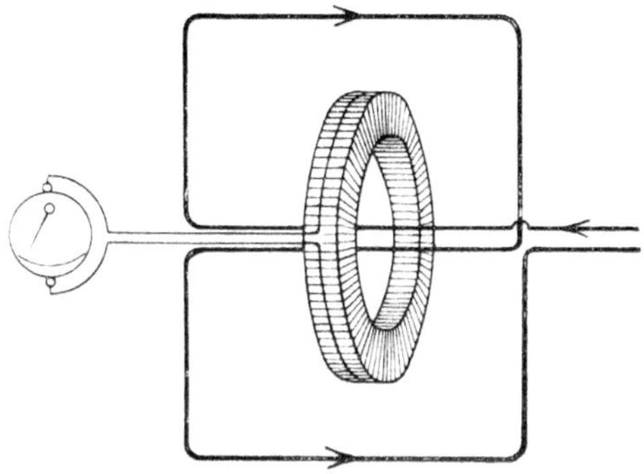

Abb. 219.

Die Prüfung solcher Stromwandler hat völlige Unabhängigkeit des Übersetzungsverhältnisses von der Strombelastung ergeben. Immerhin empfiehlt sich bei einem neu gebauten Wandler eine Nachprüfung.

Je höher der Meßstrom i_1 ist, um so größer muß die Zahl der Sekundärwindungen gewählt werden. Bei der Messung sehr starker Ströme von sehr hoher Frequenz kann daher die Eigenfrequenz der Sekundärwicklung die Größenordnung der Frequenz des Meßstromes erreichen. Dadurch entstehen Störungen, die sich in der Weise äußern, daß das Verhältnis $\frac{i_1}{i_2}$ nicht mehr unabhängig ist von der Frequenz. Die Angaben des mit dem Stromwandler verbunde-

Abb. 220. Hitzdrahtgerät mit eingebautem Stromwandler nach Keinath (Siemens & Halske, Siemensstadt-Berlin).

nen Meßgerätes werden infolgedessen fehlerhaft. In solchen Fällen ist es zweckmäßig, einen Wandler mit kleinerer Sekundärwindungszahl zu verwenden und zur Erhöhung des Meßbereichs vor das Hitzdrahtgerät einen Widerstand zu schalten. Zwar wird dadurch der Widerstand w vergrößert, aber es läßt sich auch dann noch wegen des hohen Wertes von z die Bedingung erfüllen, daß R^2 gegen $\omega^2 \cdot L^2$ klein sein soll.

Noch handlicher werden diese Stromwandler, wenn man als Träger für die Wicklungen an Stelle des Holzringes einen aus sehr dünnen Eisenblechscheiben zusammengesetzten Kern benutzt. Der Wandler erhält dadurch so kleine Abmessungen, daß er sich unmittelbar in das Hitzdrahtgerät einbauen läßt (Abb. 220). Keinath verwendet Scheiben aus hochlegiertem Blech von 0,08 mm Dicke. Ein Bild von den übrigen Abmessungen solcher Wandler gibt folgende Zusammenstellung:

	Wandler I für 50/5 Amp.	Wandler II für 200/10 Amp.
Äußerer Durchmesser des Eisenringes in mm	28	42
Innerer „ „ „ „ „	16	28
Breite „ „ „ „	8	10
Windungszahl primär „ „	1	1
„ sekundär „ „	10	20
Sekundärwiderstand (Widerstand des Hitzdrahtstrommessers)	0,024	0,024
Selbstinduktion im Kurzschluß in cm	120	520

Die Angaben der an den Wandler angeschlossenen Hitzdrahtstrommesser sind etwas kleiner als die aus dem Übersetzungsverhältnis berechneten Werte. Mit zunehmender Wechselzahl verringern sich jedoch die Abweichungen, wie nachstehende von Keinath angegebene Zahlentafel zeigt:

ν	λ in Meter	Abweichung in $^0/_0$ für Wandler I	Abweichung in $^0/_0$ für Wandler II
500		12,5	2,0
1000		7,4	1,4
10000	30000	1,7	0,4
100000	3000	0,61	0,4
1000000	300	0,54	

H. Spannungsmessungen.

I. Elektrometrische Spannungsmessungen.

Die Schwierigkeiten, die die Erfüllung der Anforderungen machen, die an einen Spannungsmesser gestellt werden müssen: geringer Stromverbrauch und Unabhängigkeit seiner Angaben von der Wechselzahl, und die bei hohen Frequenzen größer sind als bei kleinen, fallen bei elektrometrischen Messungen zum Teil weg. Ein jedes Elektrometer stellt einen Kondensator dar, dessen Kapazität bei Zeigergeräten die Größenordnung von etwa 100 cm besitzt, ein Wert, dem z. B. bei $\nu = 10^5$ ein kapazitiver Widerstand von 14300 Ohm und bei einer Wechselspannung von 100 Volt ein Stromverbrauch von 0,007 Amp. entspricht. Das Elektrometer von Szilard und Saitenelektrometer haben eine Kapazität von nur 5 cm, weshalb sie besonders gut für Hochfrequenzmessungen geeignet sind.

Zur Erhöhung des Meßbereichs dienen verlustfreie Kondensatoren, die man entweder mit dem Elektrometer in Reihe schalten oder auch als Spannungsteiler (Abb. 221) verwenden kann. Da das Elektrometer und diese Hilfsmittel zur Erhöhung des Meßbereichs gleichartige Wechselstromwiderstände darstellen, sind die Angaben des Elektrometers unabhängig von der Wechselzahl, sofern die Änderung der Elektrometerkapazität mit dem Ausschlag vernachlässigbar ist. Besitzen die Vorschaltkondensatoren geringe Kapazität, so bedürfen sie eines besonderen Schutzes gegen elektrostatische Beeinflussungen der Umgebung, der durch die auch in der Hochspannungstechnik üblichen Maßnahmen, nämlich Abschirmung des Elektrometers, der Kondensatoren und der Zuleitungen sich erreichen läßt. Die kleinen Werte für die Vorschaltekapazitäten lassen sich häufig dadurch vermeiden, daß man die Kapazität des Elektrometers durch einen kapazitiven Nebenschluß erhöht.

Auch der kapazitive Spannungsteiler, dessen Einzelkapazitäten groß sein müssen gegen die Elektrometerkapazität, ist äußeren Einflüssen in geringerem Maße ausgesetzt.

11. Hitzdrahtspannungsmesser.

Hitzdrahtgeräte haben seither für die Messung von Hochfrequenzspannungen die verbreitetste Anwendung gefunden. Der Stromverbrauch der für Niederfrequenzkreise benutzten Spannungsmesser beträgt beim größten Ausschlag etwa 0,2 Amp. Bei einem Widerstand des Hitzdrahtes von 3,6 Ohm müssen daher zur Messung einer Spannung von 120 Volt 582 Ohm vorgeschaltet werden. Wird ein solches Gerät für die Messung von Hochfrequenzspannungen verwendet, so sind seine Angaben nur dann richtig und unabhängig von der Wechselzahl, wenn der Vorschaltewiderstand kapazitäts- und induktionsfrei ist, was häufig nicht zutrifft. Die in die Spannungsmesser eingebauten Widerstände sollten deshalb durch Kreuzwiderstände oder, was noch zweckmäßiger ist, durch Vorschaltekondensatoren ersetzt werden. Bedeutet i den Strom im Hitzdraht, w dessen Widerstand,

C die Kapazität des Vorschaltekondensators, so ergibt sich die Spannung e bei sinusförmigem Verlauf zu:

$$e = i \cdot \sqrt{w^2 + \left(\frac{1}{\omega \cdot C}\right)^2}.$$

Ist der Ohmsche Widerstand w vernachlässigbar gegen den kapazitiven von C, so wird

$$e^{\text{Volt}} = i^{\text{Amp.}} \cdot \frac{1}{2\,\pi\,\nu \cdot C^{\text{Farad}}} = 477{,}5 \cdot \frac{\lambda^{\text{m}}}{C^{\text{cm}}} \cdot i^{\text{Amp.}} \qquad (156)$$

und die Angaben sind unabhängig von der Wechselzahl, da i proportional mit ν wächst.

Die Spannungsmessung ist damit zurückgeführt auf die Ermittlung des Stromes, der einen Kondensator von bekannter Kapazität durchfließt, ein Verfahren, das bei Hochfrequenzmessungen eine vielseitige Anwendung findet.

Statt der Vorschaltkondensatoren kann auch, besonders wenn sehr große Spannungen zu messen sind, ein kapazitiver Spannungsteiler (Abb. 221) benutzt werden. Hierbei wird die gesuchte Gesamtspannung:

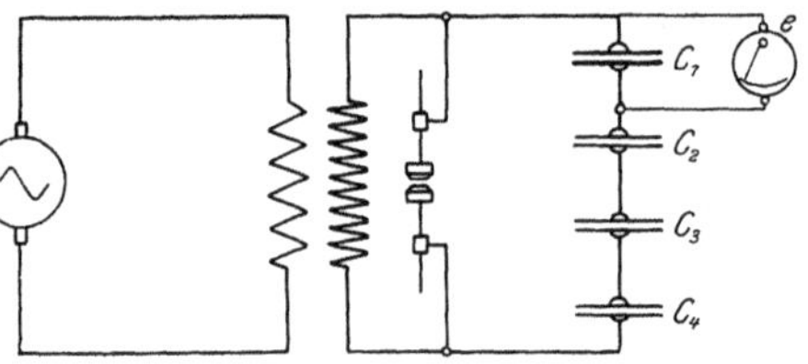

Abb. 221.

$$e_2 = e \cdot \frac{C_1}{C_c},$$

wo

$$\frac{1}{C_c} = \frac{1}{C_1} + \frac{1}{C_2} + \cdots + \frac{1}{C_n}.$$

Besonders gut eignen sich fur dieses Verfahren wegen ihres geringen Stromverbrauchs von nur 0,07 Amp. die S. 223 besprochenen sog. Wattmeter, in die kein Vorschaltewiderstand eingebaut ist.

III. Röhrenspannungsmesser.

Legt man mit einem Drehspulengalvanometer einen Gleichrichter in Reihe, so kann die Vereinigung beider nach vorheriger Eichung sowohl zur Messung von Wechselspannungen als auch von Wechselströmen beliebiger Frequenz benutzt werden.

Kristalldetektoren sind als Gleichrichter aber hierfür ungeeignet, da ihr Widerstand nicht konstant bleibt und sehr von der zufälligen Einstellung abhängt. Kathodenröhren dagegen können durch einfaches Einstellen von Spannungen und Strömen leicht wieder auf denselben elektrischen Zustand gebracht werden und die entsprechenden Eichkurven ändern sich auf lange Zeit nicht. Da außerdem ihr Widerstand sehr hoch (10^5 bis 10^6 Ohm), ihr Leistungsverbrauch also sehr gering ist, so eignen sie sich sehr gut für Spannungsmessungen, besonders wenn sie in einer Schaltung verwendet werden, die größtmögliche Empfindlichkeit gewährleistet.

Eine derartige, von Hohage angegebene Anordnung erläutert Abb. 222. Gitter und Brenner der Röhre sind hier dauernd verbunden. Im Anodenkreis liegt der Gleichspannungsmesser S, z. B. ein Drehspulengalvanometer mit Zeigerablesung, oder wenn kleinere Spannungen zu messen sind, ein Spiegelgalvanometer. Der Meßbereich kann durch einen Vorschaltwiderstand w und die Nebenschlußwiderstände w_1 und w_2 geändert werden. Im Anodenkreis liegt ferner noch eine regelbare Hilfsspannung e_H, und zwar mit ihrem positiven Pol am Brenner. Die unbekannte Wechselspannung e_x wird an die Klemmen a und b angeschlossen. Wenn die Spannungsquelle e_x selbst Gleichstrom führt, oder wenn ihr Gleichstromwiderstand gegen den inneren Widerstand der Röhre nicht vernachlässigbar ist, legt man sie nicht unmittelbar an a und b, sondern unter Zwischenschaltung eines Transformators von bekanntem Übersetzungsverhältnis oder nebeneinander mit einer Drosselspule von großer Selbstinduktion und kleinem Gleichstromwiderstand. Der Umschalter u_3 ermöglicht, die beiden Hälften der Wechselstromkurve zu vertauschen, wobei sich ungleiche Ablenkungen an S nur dann ergeben, wenn die Wechselstromkurve von e_x nicht symmetrisch zur Abszissenachse verläuft. Man kann in diesem Fall eine regelmäßige Umschaltung selbsttätig durch einen Polwechsler bewirken. Das Galvanometer stellt sich dann auf einen mittleren Ausschlag ein, der zur Bestimmung von e_x noch mit einer, von der Geschwindigkeit des Polwechslers abhängigen Zahl vervielfacht werden muß. Die Angaben sind aber von der Kurvenform abhängig.

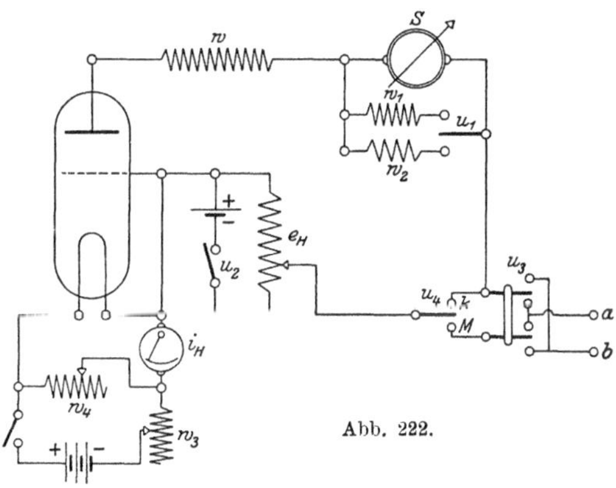

Abb. 222.

Um den Röhrenspannungsmesser einzustellen, wird zunächst der Umschalter u_4 auf k gestellt, wodurch die Meßanordnung unter Ausschaltung von e_x in sich geschlossen ist. Dann bringt man den Heizstrom i_H mittels w_3 grobstufig, mittels w_4 feinstufig auf den für die Röhre vorgeschriebenen Wert.

Diese Einstellung erfolgt am besten mittels des Galvanometers S, da einem bestimmten Heizstrom ein bestimmter Anodenstrom entspricht, letzterer aber sich bei Änderung von i_H in viel stärkerem Maße ändert als i_H. Der mittels S eingestellte Strom wird nunmehr durch Einschalten der regelbaren Hilfsspannung e_H bis auf einen kleinen Betrag (z. B. 10^0 bei einem Drehspulengalvauometer mit Zeigerablesung und der Empfindlichkeit $1 \cdot 10^{-4}$ Amp.) herabgedrückt. Ihn ganz zum Verschwinden zu bringen, empfiehlt sich nicht im Interesse der Empfindlichkeit der Messung. Nach Umlegen von u_4 auf M ist die Anordnung meßbereit.

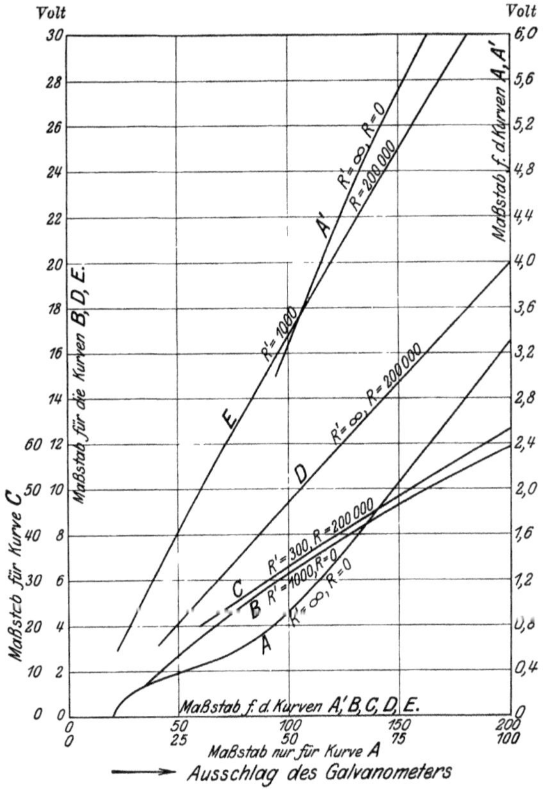

Abb. 223.

Die Eichung wird mit Wechselstrom vorgenommen. In Abb. 223 sind einige Eichkurven zusammengestellt. Dabei bedeutet R den Vorschaltwiderstand, R' den Nebenschluß zum Galvanometer, einem Drehspulenzeigergerät mit Fadenaufhängung (1 Teilstrich $= 1 \cdot 10^{-4}$ Ampere).

Die Anordnung läßt verschiedene Abänderungen zu. So kann man die Hilfsspannung e_h auch in den Gitterkreis legen oder auch die unbekannte Spannung an diesen schalten. Sollen kleine Spannungsänderungen festgestellt, z. B. Spannungen genau konstant gehalten werden, so empfiehlt es sich, die erforderliche Empfindlichkeit durch passende Wahl der Hilfsspannungen herbeizuführen.

Die Anordnung, bei der die unbekannte Spannung zwischen Gitter und Kathode liegt, hat den Vorzug, daß man durch passende Wahl der Gitterspannung erreichen kann, daß der Gitterstrom verschwindet. Der Röhrenspannungsmesser verhält sich dann wie ein Elektrometer mit sehr geringer Kapazität (3 cm). Er eignet sich in dieser Schaltung daher für solche Messungen, bei denen jede Belastung durch das Meßgerät vermieden werden soll, z. B. zur Untersuchung von Verstärkertransformatoren. Eine derartige Anordnung, bei der vor das im Anodenkreis liegende Galvanometer ein Detektor oder eine Gleichrichterröhre geschaltet wird, ist S. 456, Abb. 380 näher erläutert.

IV. Spannungsmessungen mit Funkenstrecken.

Sehr hohe Spannungen werden vielfach mit Kugelfunkenstrecken bestimmt. Dabei ist zu beachten, daß sich auf den Kugeloberflächen beim Funkenübergang bei größeren Belastungen leicht kleine Unebenheiten bilden, die bei längerem Gebrauch der Funkenstrecke Vorionisierungen nach sich ziehen, wodurch sich die Einsatzspannung verringert und die Meßergebnisse gefälscht werden. Um diese Vorionisierungen zu verhindern, sollten die Kugeln vor jeder Messung sorgfältig poliert werden, was die Messungen ziemlich zeitraubend macht. Die Funkenstrecken eicht man vorher mittels eines Niederfrequenzformators, dessen Sekundärspannung aus der Primärspannung und dem Übersetzungsverhältnis bestimmt wird. Daß bei allen Messungen mit Kugelfunkenstrecken jede Glimm- und Sprüherscheinung vermieden werden muß, ist eine selbstverständliche Forderung.

V. Spannungsmessungen mit der Braunschen Röhre.

Ein weiteres Hilfsmittel zur Messung hoher Spannungen liefert die S. 255 besprochene Braunsche Röhre mit einer Glühkathode aus Wolframdraht. Durch Vorschalt- und Nebenschlußkondensatoren kann der Meßbereich erhöht werden.

Bei sämtlichen Anordnungen für die Messung von Hochfrequenzspannungen ist größte Sorgfalt auf die Vermeidung von kapazitiven Nebenschlüssen zu verwenden, die hauptsächlich durch die Zuleitungen verursacht werden können.

J. Leistungsmessungen.

I. Gleichungen für die mittlere Wechselstromleistung.

Die Grundlage für die Messung von Hochfrequenzleistungen bilden die Ausdrücke für die mittlere Wechselstromleistung:

$$N = \frac{1}{T} \cdot \int_0^T e_t \cdot i_t \cdot dt = w_v \cdot \frac{1}{T} \cdot \int_0^T i_t^2 \cdot dt, \tag{157}$$

$$N = a \cdot w_v \cdot \int_0^\infty i_t^2 \cdot dt = i^2 \cdot w_v. \tag{158}$$

Gleichung 157 stellt den allgemeinen Ausdruck für die mittlere Wechselstromleistung dar, Gleichung 158 die mittlere Leistung für Wechselströme mit abnehmenden Scheitelwerten, wo

$a =$ Zahl der abklingenden Schwingungszüge (Kondensatorentladungen) in der Sekunde.

Dabei ist

1. für sinusförmige Wechselströme mit gleichbleibenden Scheitelwerten

$$e_t = E \cdot \sin \omega t, \qquad i_t = J \cdot \sin (\omega t + \varphi),$$

$\varphi =$ Phasenverschiebung zwischen i und e,

mithin

$$N = e \cdot i \cdot \cos \varphi. \tag{159}$$

2. für Wechselströme mit abnehmenden Scheitelwerten (Kondensatorentladungen)

$$i_t = J_0 \cdot e^{-\delta t} \cdot \sin \omega t$$

$$i^2 = a \cdot \int_0^\infty i_t^2 \cdot dt = a \cdot \frac{J_0^2}{4\delta} \cdot \frac{1}{1 + \left(\frac{\delta}{2\pi}\right)^2} \sim a \cdot \frac{J_0^2}{4\delta} \sim a \cdot \frac{J_0^2}{4\vartheta \cdot \nu},$$

mithin

$$N = i^2 \cdot w_v \sim a \cdot w_v \cdot \frac{J_0^2}{4\delta} \tag{160}$$

oder

$$N = a \cdot \frac{C \cdot E_0^2}{2} \tag{161}$$

wenn C die Kapazität des zur Spannung E_0 aufgeladenen Kondensators bedeutet.

II. Bestimmung der Leistung.

1. Leistungsbestimmung aus dem Wirkwiderstand.

Das in der Radiotelegraphie am häufigsten verwendete Verfahren zur Leistungsbestimmung erfordert die Ermittlung des Wirk- oder Verlustwiderstandes w_v und der wirksamen Stromstärke i, aus denen sich die Leistung nach Gleichung 158 berechnet zu:

$$N = i^2 \cdot w_v.$$

In dieser Weise werden hauptsächlich die Strahlungsleistungen von Antennen bestimmt.

2. Leistungsbestimmung aus Spannung und Strom.

Sehr einfach gestaltet sich die Messung von N, wenn die Phasenverschiebung φ zwischen Spannung e und Strom i verschwindet, d. h.

$$N = e \cdot i.$$

Dieser Fall liegt vor

a) in Kreisen, die nur rein Ohmschen Widerstand enthalten;

b) bei Wechselstromwiderständen, die aus einer Kapazität C und einer Selbstinduktion L bestehen und die auf die Periodenzahl der aufgedrückten Schwingung abgestimmt sind, so daß

$$\omega \cdot L = \frac{1}{\omega \cdot C}.$$

3. Elektrometrische Leistungsmessungen.

Die in der Niederfrequenztechnik üblichen dynamometrischen und elektrometrischen Verfahren haben zur Bestimmung von Hochfrequenzleistungen seither nur wenig Anwendung gefunden, was zum Teil auf die Schwierigkeiten zurückzuführen ist, die durch kapazitive und induktive Einflüsse von Teilen der Meßgeräte oder ihrer Schaltung entstehen. Sie erschweren besonders den Bau von dynamometrischen Meßgeräten für kleine Hochfrequenzleistungen. Für die Messung größerer Leistungen hat Eastham einen Leistungsmesser angegeben, der ähnlich ausgeführt ist wie die für Niederfrequenzmessungen früher verwendeten Torsionsgeräte. Bei Elektrometern erfordern die genannten Einflüsse, die oft nur schwer übersehbar sind, Abschirmungen und häufig die Benutzung unhandlicher Korrektionsformeln. Dazu kommt, daß das Elektrometer größere Übung bei der Einstellung und Handhabung voraussetzt.

Verhältnismäßig einfach gestaltet sich die Messung mit dem Binantenelektrometer.

Abb. 224 zeigt die Schaltung zur Untersuchung eines Kondensators C. Sie ermöglicht, entweder den Leistungsverbrauch von C oder den Verlustwiderstand w_x von C zu bestimmen.

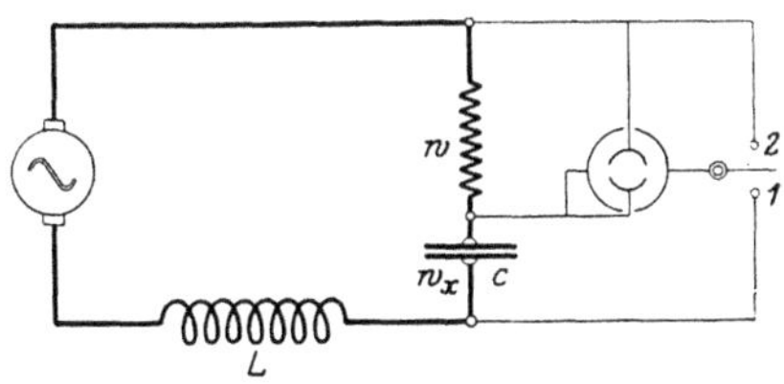

Abb. 224.

a) Bestimmung des Leistungsverbrauchs. Der zu untersuchende Stromverbraucher, in Abb. 224 der Kondensator C, wird in Reihe geschaltet mit einem Meßwiderstand w. Steht der Umschalter auf 1, so liegen die Binanten an C, die Nadelhälften an w, und der Ausschlag α des Elektrometers wird

$$\alpha = \varkappa' \cdot \frac{1}{T} \cdot \int_0^T e_{wt} \cdot e_{Ct} \cdot dt.$$

oder, da

$$e_{wt} = i_t \cdot w$$

$$\alpha = \varkappa' \cdot w \cdot \frac{1}{T} \cdot \int_0^T i_t \cdot e_{Ct} \cdot dt = \varkappa' \cdot w \cdot N.$$

Hieraus folgt, da w nicht geändert wird:

$$N = i^2 \cdot w_x = \frac{\alpha}{\varkappa' \cdot w} = \varkappa \cdot \alpha.$$

Die Elektrometerablenkungen werden nun schon durch geringfügige Änderungen der Versuchsanordnung, z. B. der Leitungsführung, und durch Wirbelstromverluste beeinflußt. Daher ist eine Gleichstromeichung zur Bestimmung von $\varkappa$ wertlos. Denn sie bedingt einerseits Änderungen der Leitungsführung, andererseits fallen bei ihr die Wirbelstromverluste weg, die die Messung von N fälschen.

Die Eichung des Elektrometers muß daher mit Hochfrequenzstrom von möglichst der gleichen Periodenzahl wie bei der Leistungsmessung vorgenommen werden, wobei jede Änderung der Schaltung, die zur Verlustmessung selbst dient, zu vermeiden ist.

Zu dem Zweck wird der Leistungsverbrauch im Meßkreis um einen bekannten Betrag vergrößert, indem man in Reihe mit C noch einen Meßwiderstand w' zuschaltet. Die Ablenkung α geht dadurch über in α', i_1 in i_1', und es wird:

$$N' = i_1'^2 \cdot (w_x + w') = \varkappa \cdot \alpha'.$$

Hieraus und aus $i_1^2 \cdot w_x = \varkappa \cdot \alpha$ folgt:

$$\varkappa = \frac{w'}{\frac{\alpha'}{\alpha_1'^2} - \frac{\alpha}{i_1^2}}.$$

Soll mit der Schaltung Abb. 224 der Leistungsverbrauch eines Sekundärkreises bestimmt werden, so ist es zweckmäßiger, bei der Eichung in diesem den Leistungsverbrauch zu erhöhen; w' wird daher im Sekundärkreis zugeschaltet.

Ist alsdann α_0 die Elektrometerablenkung bei geöffnetem Sekundärkreis, α' die Ablenkung, nachdem der Sekundärkreis mit w' geschlossen ist, so wird, wenn der Strom im Primärkreis in beiden Fällen auf den nämlichen Betrag gebracht war:

$$\varkappa = \frac{w'}{\frac{\alpha}{i_2^2}},$$

wo

$$\alpha = \alpha' - \alpha_0$$

$$i_2 = \text{Sekundärstrom}$$

Dieses von Mayer angegebene Eichverfahren hat gegenüber dem ersten den Vorzug, daß der Meßkreis keinerlei Änderung erfährt gegenüber der Schaltung, die für die Verlustmessung dient.

Sämtliche Ablenkungen sind bei diesen Elektrometermessungen die Mittel aus den vier Einzelwerten, die man erhält, wenn sowohl die Binanten als auch die Nadelhälften vertauscht werden. Zu allen Umschaltungen, auch zum Einschalten von w' und zum Unterbrechen des Sekundärkreises müssen Stöpselschalter mit möglichst kleinen Abmessungen verwendet werden, um jede Änderung der Leitungsführung zu vermeiden. α_0 ist im allgemeinen nur klein. Meist genügt es, die Anordnung des Stöpselschalters zu ermitteln, für die α_0 den kleinsten Wert hat, und mit ihr allein die Messungen auszuführen.

b) Bestimmung des Verlustwiderstandes w_x. Die Messung erfordert die Bestimmung:

1. der Ablenkung α_1 wenn der Schalter auf 1 steht,
2. „ „ α_2 „ „ „ „ 2 „

Für die erste Messung ist nach Gleichung

$$N_1 = i^2 \cdot w_x = \varkappa \cdot \alpha_1,$$

für die zweite, bei der Binanten und Nadelhälften an w liegen:

$$\alpha_2 = \varkappa' \cdot \frac{1}{T} \cdot \int_0^T e_w{}^2 \cdot dt = \varkappa' \cdot i^2 \cdot w^2$$

oder

$$i^2 \cdot w = \varkappa \cdot \alpha_2.$$

Mithin

$$\frac{w_x}{w} = \frac{\alpha_1}{\alpha_2},$$

wobei vorausgesetzt ist, daß $\varkappa$ beim Umschalten sich nicht ändert.

4. Dreispannungsmesserverfahren.

Für viele Zwecke geeignet erweist sich das sogenannte Dreispannungsmesserverfahren in der Form, die ihm Hohage gegeben hat.

Bei der ursprünglichen Form dieses Verfahrens wird mit dem Stromverbraucher, dessen Leistungsaufnahme ermittelt werden soll, ein induktionsfreier Widerstand R in Reihe geschaltet, worauf N sich aus der Spannung e_{12} am Stromverbraucher, der Spannung e_{23} am Widerstand R und der Gesamtspannung e_{13} berechnet zu:

$$N = \frac{e_{13}^2 - e_{12}^2 - e_{23}^2}{2\,R}.$$

Ferner werden die Verlustwiderstände w_n und w_h:

$$w_n = \frac{e_{12}^2}{N}, \qquad w_h = \frac{N}{i^2} = N \cdot \left(\frac{R}{e_{23}}\right)^2$$

und

$$\cos\varphi = \frac{N}{2 \cdot e_{12} \cdot e_{23}}.$$

Die Einflüsse von Fehlern bei der Messung der drei Spannungen werden am geringsten, wenn R so gewählt ist, daß $e_{12} = e_{23}$.

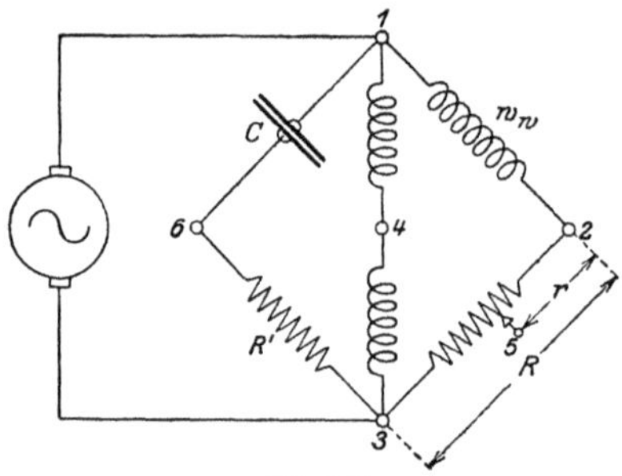

Abb. 225.

Ist φ sehr klein, so eignet sich zur genaueren Bestimmung von φ folgende von Hohage angegebene Abänderung: In den Nebenschluß zu der Reihenschaltung von w_w und R (Abb. 225) wird eine Spule mit großer Selbstinduktion und kleinem Gleichstromwiderstand gelegt, die in der Mitte eine Abzweigung 4 erhält, so daß $e_{14} = e_{34}$.

Um zunächst den Wechselstromwiderstand w_w des Verbrauchers zu finden, ändert man R bis

$$e_{12} = e_{23}.$$

Alsdann ist nach Abb. 226:

$$w_w = R, \qquad \sin\frac{\varphi}{2} = \frac{e_{24}}{e_{23}}$$

und der Leistungsverbrauch in w_w:

$$N = e_{12} \cdot i \cdot \cos\varphi = \frac{e_{12}^2}{R} \cdot \cos\varphi.$$

Zur Bestimmung von w_w allein brauchen die Spannungen e_{12} und e_{23} nicht bekannt zu sein.

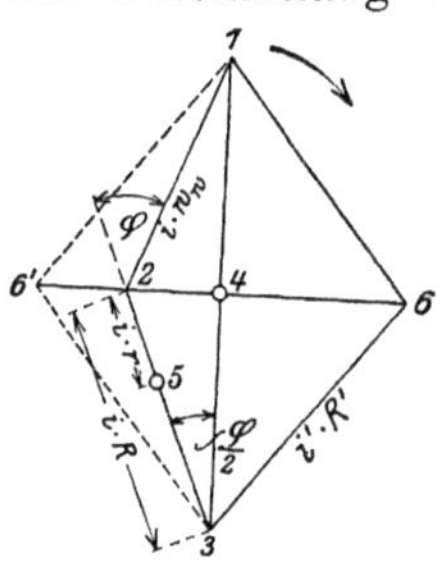

Abb. 226.

Will man auch bei Ermittlung von φ die Spannungsmessung umgehen, so ändert man r (Abb. 225) unter Beibehaltung des Gesamtwiderstandes R derart, daß $e_{24} = e_{25}$. Dann ist, wie das Strahlenbild Abb. 226 zeigt,

$$\sin\frac{\varphi}{2} = \frac{r}{R}.$$

Die Messung von φ erfordert sonach in diesem Fall die zwei folgenden Einstellungen:

1. R wird geändert bis $e_{12} = e_{23}$,

2. r unter Beibehaltung von R wird geändert bis $e_{24} = e_{25}$,

während die Spannungsmessungen selbst entfallen.

Durch eine Hilfsschaltung läßt sich schließlich auch feststellen, ob der Strom im Verbrauchsgerät der Spannung e_{12} vor- oder nacheilt, was aus den Messungen nicht unmittelbar zu ersehen ist.

Zu dem Zweck wird zwischen *1* und *3* (Abb. 225) die Reihenschaltung eines induktionsfreien Widerstandes R' und eines Kondensators C (oder einer Spule) gelegt und R' so gewählt, daß $e_{16} = e_{36}$. Durch einen Umschalter (u_1 in Abb. 227) lassen sich die Endpunkte dieser Reihenschaltung vertauschen, so daß einmal C an *1*, R' an *3*, und umgekehrt C an *3* und R' an *1* zu liegen kommt.

Bleibt, wie bei einer Spule mit Selbstinduktion, i hinter e_{12} in der Phase zurück, so liegt (Abb. 226) das gleichschenklige Dreieck *1 6 3* auf der entgegengesetzten Seite wie Dreieck *1 2 3*, wenn R' an *3*, C an *1* angeschlossen ist. Vertauscht man R' mittels u_1 mit C, so rückt das Dreieck auf die nämliche Seite wie *1 2 3*, d. h. in die Lage *1 6' 3*.

Eilt dagegen i der Spannung e_{12} vor, so liegen die Dreiecke *1 2 3* und *1 6 3* beide rechts von *1 3*, wenn R' mit *3*, C mit *1* verbunden ist.

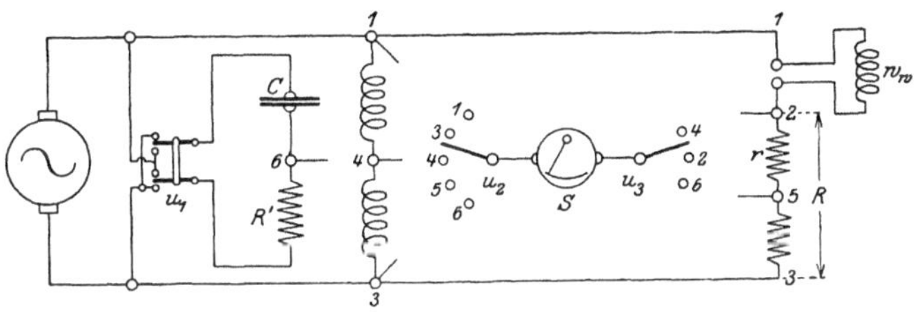

Abb. 227.

Nun hat aber C_{26} dann den größten Wert, wenn die Dreiecke auf verschiedenen Seiten liegen. Daher braucht man nur, um die Richtung der Phasenverschiebung festzustellen, e_{26} in den beiden Stellungen von u_1 zu messen.

Ist e_{26} am größten, wenn R' an *1*, so eilt der Strom vor,
ist e_{26} am größten, wenn R' an *3*, so bleibt der Strom zurück.

Als Spannungsmesser empfiehlt sich der S. 242 beschriebene Röhrenspannungsmesser oder ein Elektrometer.

Abb. 227 zeigt die vollständige Schaltung. Der zu untersuchende Stromverbraucher w_w wird zwischen die Punkte *1* und *2* gelegt. Die Punkte *1* bis *6* sind mit den gleichbezifferten Punkten der zwei Umschalter u_2 und u_3 verbunden. Diese ermöglichen den Spannungsmesser an die verschiedenen Stellen des Stromkreises anzuschließen, und zwar wird gefunden, während u_3 auf *2* steht und

u_2 auf *1* oder *3* der scheinbare Widerstand w_w,
u_2 auf *4* oder *5* der Phasenwinkel,
u_2 auf *6* und nach oben oder unten der Richtungssinn des Phasenwinkels.

Die Stellungen *4* und *6* des Umschalters u_3 dienen zur Prüfung der Gleichheit der Teilspannungen e_{14}, e_{34} einerseits und e_{16}, e_{36} andererseits.

Beispiel: Die Messungen wurden ausgeführt an der Sekundärwicklung einer Induktionsspule mit Eisen für Fernsprechgeräte und mit beistehenden Abmessungen:

	Windungszahl	Drahtstärke in mm	Widerstand in Ohm
Primär	350	0,45	1,4
Sekundär	3000	0,20	91

Untersucht wurde die Sekundärspule bei offener Primärspule.

Als Stromquelle diente eine Kathodenröhre mit besonderer Erregerröhre (Abb. 51, S. 55). Die Kreisfrequenz bei den Messungen betrug:

$$2\pi\nu = 5000\,.$$

Um sie einzustellen, wurde die Kapazität des Frequenzreglers so lange verändert, bis die Schwebungen mit einer abgestimmten Stimmgabel verschwanden. Die einzelnen Schritte und Ergebnisse der Messung sind:

1. Prüfung der Spannungsteilung $e_{14} = e_{34}$, d. h. Einstellung der Hilfsschaltung derart, daß $\frac{1}{2\pi\nu \cdot C} = R'$.

u_3 auf	Stellung von u_1	Ausschlag n u_2 auf *1*	Ausschlag n u_2 auf *3*	Bemerkungen
4	beliebig	112,0	112,5	Hierbei ist $R' = 1350$ Ohm
6	nach oben	156,0	156,0	

2. Messung des scheinbaren Widerstandes w_w.

u_3 auf	Stellung von u_1	R_1	R_2	Ausschlag n u_2 auf *1*	Ausschlag n u_2 auf *3*	Ergebnis
2	beliebig	1225	0	177,0	176,0	$w_w = R_1 + R_2$
2	"	1230	0	176,5	176,5	$= 1230 \pm 0{,}4\,\%$
2	"	1235	0	176,0	177,0	

3. Messung des Phasenwinkels φ.

u_2 auf	Stellung von u_1	R_1	R_2	Ausschlag n u_2 auf *4*	Ausschlag n u_2 auf *5*	Ergebnis
2	beliebig	792	438	102,0	101,0	$\sin\frac{\varphi}{2} = \frac{795}{1230} = 0{,}646$
2	"	795	435	101,5	101,5	
2	"	798	432	101,0	102,0	$\varphi = 80^0\,32'$

4. Feststellung des Richtungssinnes der Phasenverschiebung.

u_2 auf	Stellung von n_1	u_2 auf	R	n	Ergebnis
2	nach oben	*6*	1230	14	w_w besitzt Selbstinduktion
2	nach unten	*6*	1230	>200	

Aus der Eichkurve des Röhrenspannungsmessers ergab sich für den Ausschlag $n = 176{,}5$:

$$e_{12} = e_{23} = 15{,}0 \text{ Volt.}$$

Somit wird:

$$i = \frac{e_{12}}{R} = \frac{15}{1230} = 0{,}0122 \text{ Ampere}$$

und der Leistungsverbrauch N_v in der Spule:

$$N_v = e_{12} \cdot i \cdot \cos\varphi = 15 \cdot 0{,}0122 \cdot \cos 80^0\, 32' = 0{,}03010 \text{ Watt.}$$

Daraus erhält man mittels der Gleichungen 59 und 60, S. 124, die Bestimmungsstücke der beiden Ersatzschaltungen für die Spule zu:

$$w_h = \frac{A}{i^2} = 202{,}3\ \Omega\,, \qquad w_n = \frac{e^2}{N_v} = 7474\ \Omega\,,$$

$$L_h = 0{,}2426 \text{ Henry}, \qquad L_n = 0{,}2493 \text{ Henry}.$$

Ferner wird:

$$\vartheta = \pi \cdot \cos\varphi = 0{,}517\,.$$

K. Untersuchung von Schwingungsvorgängen.

I. Der Schleifenoszillograph.

Zur Aufnahme der Spannungs- und Stromkurven von niederfrequenten Wechselströmen besitzen wir in dem Schleifenoszillographen von Siemens & Halske ein Hilfsmittel, das allen Anforderungen genügt.

Soll er ermöglichen, Wechselstromkurven, die Oberschwingungen enthalten, unverzerrt aufzunehmen, so müssen Eigenfrequenz und Dämpfung seines beweglichen Teils möglichst groß sein. Diese Bedingungen sind dadurch erfüllt, daß die Eigenschwingungszahl der Meßschleife auf 10000 gebracht und Schleife nebst Spiegel in ein langes, mit Öl gefülltes Gefäß eingebaut sind.

Einige sehr wesentliche Verbesserungen hat Meyer an diesem Oszillographen angebracht. Die Zylinderlinse ist zerschnitten in zwei gegeneinander verschiebbare Hälften, so daß jeder Spiegel eines Oszillographen mit zwei Schleifen in den Brennpunkt einer Linsenhälfte gebracht werden kann, wodurch die Lichtstärke erheblich vergrößert wird. Auch der Strahlengang ist vereinfacht und damit die Einstellung noch weiter erleichtert.

Die folgenden Zahlenwerte liefern Anhaltspunkte für Beurteilung der Verwendbarkeit des Oszillographen, der auch in der Radiotelegraphie immer mehr Eingang findet, z. B. zur Untersuchung von Wellenanzeigern, insbesondere von Kathodenstrahlenröhren, zum Einstellen von Verstärkern und zum Studium der Vorgänge beim Schwebungsempfang.

ν	i
12000	$5{,}5 \cdot 10^{-3}$
3000	$3 \cdot 10^{-3}$
5000	$7 \cdot 10^{-3}$

Hierbei bedeutet ν die Eigenperiodenzahl der Schleife, i den Meßstrom in Ampere für 1 mm Ablenkung auf der Meßtrommel. Der letzte Wert $7 \cdot 10^{-3}$ bezieht sich auf eine Schleife für Projektionszwecke.

Zur Untersuchung von Hochfrequenzströmen ist die Trägheit der beweglichen Teile dieses Oszillographen noch zu groß und seine Dämpfung zu gering. In solchen Fällen kommen nur die sogenannten masselosen Oszillographen, d. h. die Braunsche Röhre und der Glimmlichtoszillograph in Frage, deren bewegliche Teile, ein Kathodenstrahl oder eine Glimmlichtschicht, unter dem Einfluß von Wechselströmen selbst der höchsten Frequenzen Bewegungen ausführen, bei denen keine Trägkeit nachzuweisen ist.

II. Die Braunsche Röhre.

Sie besteht aus einem luftleer gemachten Glasgefäß von der in Abb. 228 dargestellten Form. Am Anfang des Rohres ist die Kathode K und seitlich, in einiger Entfernung von dieser die Anode A eingesetzt. In dem weiten Glasteil befindet sich ein mit einem fluoreszierenden Stoff bedeckter Glas- oder Glimmerschirm S. Legt man an K den negativen, an A den positiven Pol einer Gleichstromquelle, z. B. einer

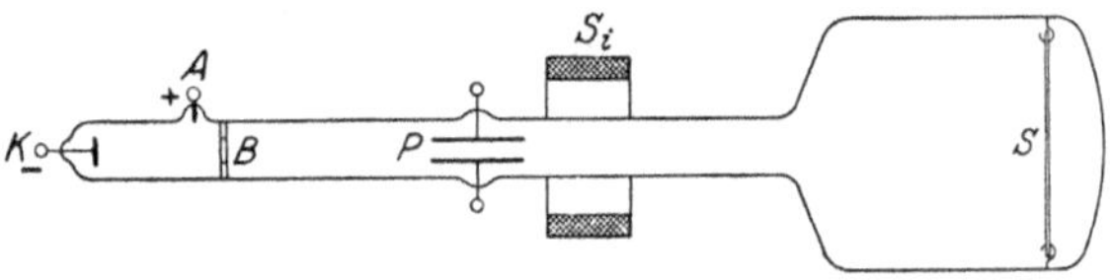

Abb. 228.

Influenzmaschine, so tritt senkrecht zur Platte K ein Kathodenstrahlenbündel aus, von dem die kleine Blende B nur einen dünnen Strahl durchläßt, der beim Auftreffen auf S einen hellen Lumineszenzfleck erzeugt.

In Röhren für photographische Kurvenaufnahmen besteht die fluoreszierende Schicht auf S aus Zinksulfid, das beim Fluoreszieren viel chemisch wirksame Strahlen und einen hellen Lumineszenzfleck liefert, während in allen anderen Fällen das viel billigere Zinksilikat Willemit genügt. Die Salze werden auf den vorher mit Wasserglas bestrichenen Schirm aufgestäubt.

Ein magnetisches Feld lenkt den Kathodenstrahl senkrecht zu den Kraftlinien, ein elektrisches Feld in Richtung der Kraftlinien ab. Die Ablenkung und damit die Empfindlichkeit der Röhre ist um so größer, je geringer die Geschwindigkeit der Kathodenstrahlen ist. Letztere hängt ab von der Güte des Vakuums und der Spannung zwischen A und K. Wie die Röntgenröhren unterscheidet man auch die Braunschen in harte und weiche. Die Geschwindigkeit der Elektronen in harten Röhren ist größer und infolgedessen der Lumineszenzfleck heller, seine Ablenkung geringer als bei weichen Röhren.

Bei öfterem Gebrauch ändert sich das Vakuum, und zwar derart, daß die Härte der Röhre zu-, die Empfindlichkeit sonach abnimmt. Um diesen Änderungen vorzubeugen, sind, ähnlich wie bei Röntgenröhren, verschiedene Hilfsmittel vorgeschlagen worden, z. B. ein besonders ausgeführtes Luftventil, Verringerung des Gasdruckes durch Platinelektroden, die in die Röhre eingesetzt, allmählich zerstäuben. Am sichersten ist es, dauernd eine Luftpumpe mit der Röhre zu verbinden. Noch bessere Ergebnisse erzielt man mit Röhren, in denen, wie bei den früher besprochenen Senderröhren, alle Gasreste entfernt und der Druck so weit erniedrigt ist, daß die Bahn der Elektronen nicht mehr durch das entstehende Glimmlicht sichtbar wird. Benutzt man gleichzeitig eine Glühkathode, so läßt sich durch Änderung des Heizstromes die Empfindlichkeit beliebig einstellen. Da ferner jetzt geringere Gleichspannungen genügen, kann die Influenzmaschine durch eine Gleichstrommaschine oder eine Sammlerbatterie ersetzt werden. Als Glühkathode dient eine flache Spirale aus Wolframdraht. Nach Messungen von Samson ergaben sich für eine derartige, 1 m lange Röhre beistehende Werte:

e_{AK}	1500	3000	5000	7000	9000
e_P	33	38	105	150	220
i	0,20	0,26	0,37	0,44	0,55

Hierbei bedeutet e_{AK} die Hilfsspannung, e_P die Spannung zwischen den Kondensatorplatten bei der größten Ablenkung des Flecks (5 cm) und i den Strom in der Spule S_i in Ampere. S_i war 15 cm lang und mit 8 Lagen von je 125 Windungen 0,8 mm starkem Kupferdraht bewickelt.

Will man mit der Braunschen Röhre die Zeitkurven von Strom und Spannung oder auch Kurven der Abhängigkeit zwischen beiden Größen aufnehmen, so muß dem Kathodenstrahlenbündel und damit dem Lumineszenzfleck eine Bewegung erteilt werden, die den genannten Größen entspricht. Dazu dienen entweder Ablenkungsspulen oder Kondensatorplatten. Kleine Ablenkungen des Lumineszenzfleckes sind genau, große nahezu proportional der Feldstärke der Spulen, während das elektrische Feld zwischen den Kondensatorplatten immer eine der elektrischen Feldstärke proportionale Verschiebung des Lumineszenzfleckes bewirkt.

Die Spulen erhalten am besten rechteckigen Querschnitt mit den Seitenlängen von 7 ÷ 8 cm und 10 ÷ 12 cm und eine Breite gleich dem $\sqrt{2}$ fachen Wert des Abstandes der beiden Spulen voneinander. Sie sind so anzuordnen, daß die Kathodenstrahlen eine möglichst große Ablenkung erfahren.

Die Kondensatorplatten können außerhalb oder in der Röhre angebracht werden. Das Entstehen von Wirbelströmen in den Platten durch benachbarte Felder muß jedoch hierbei auf das sorgfältigste vermieden werden.

Schickt man einen sinusförmigen Wechselstrom durch die Ablenkungsspulen, so erscheint eine ziemlich gleichmäßig helle Lichtlinie auf dem Schirm, deren Länge dem doppelten Höchstwert des Stromes proportional ist, während ein Wechselstrom mit abnehmendem Scheitelwert durch einzelne helle Punkte in der Lichtlinie gekennzeichnet ist, die an den Stellen entstehen, wo der Fleck in seiner Bewegung umkehrt und daher länger verweilt. Um ein Bild des zeitlichen Verlaufs der Stromwerte zu erhalten, muß dem Lumineszenzfleck noch eine scheinbare oder wirkliche seitliche, am besten gleichförmige Bewegung erteilt werden, deren Größe proportional der Zeit ist oder in bekannter Beziehung zu dieser steht. Zu dem Zwecke kann man den Lichtstreifen in einem rasch umlaufenden Spiegel betrachten, dessen Drehachse zur Lichtlinie parallel liegt. Je größer die Periodenzahl des Wechselstromes ist, um so rascher muß der Spiegel gedreht werden. Bewegt man eine photographische Platte mit großer Geschwindigkeit senkrecht zur Lichtlinie, so können die Kurvenbilder mittels eines sehr lichtstarken Objektivs auch photographisch aufgenommen werden.

Für die Untersuchung hochfrequenter Wechselströme eignen sich diese Verfahren nicht, da ihre Anwendbarkeit begrenzt ist durch die mechanischen Schwierigkeiten, die sich der Erzielung der erforderlichen hohen Geschwindigkeiten der bewegten Teile (umlaufender Spiegel, fallende photographische Platte, Kontaktscheibe) entgegenstellen. Man muß daher zu Hilfsmitteln greifen, die eine viel schnellere seitliche Ablenkung des Lichtflecks ermöglichen. Dazu eignen sich sehr rasch verlaufende Ströme, und zwar in demjenigen Bereiche der Kurven ihrer Augenblickwerte, in dem die Stromstärke sich proportional der Zeit ändert, also z. B. sinusförmige Wechselströme in der Nähe ihres Nullwertes oder der Entladestrom eines Kondensators zu Beginn der Entladung.

So kann man z. B. bei der Aufnahme der Kurven von Hochfrequenzmaschinen nach Zenneck durch die Hilfsspule einen Wechselstrom schicken, der von einer mit der Hochfrequenzmaschine synchron umlaufenden Niederfrequenzmaschine geliefert wird.

Zur Aufnahme von abklingenden Wellenzügen benutzt man einen Kontakt, der mit der Niederfrequenzmaschine, die den Hochfrequenzkreis speist, synchron umläuft und der die Verbindung mit dem Hilfskreis nur so lange aufrecht erhält, daß immer nur der geradlinige Teil der Zeitkurve des Hilfsstromes zur Wirkung gelangt.

Eine von Mandelstam angegebene Schaltung, mittels deren der

Hilfsstrom durch aperiodische Kondensatorentladungen gewonnen wird, zeigt Abb. 229. U ist ein umlaufender Unterbrecher, z. B. ein Turbinenunterbrecher. Ist U geöffnet, so laden sich der Kondensator C des Schwingungskreises und der Hilfskondensator C' (etwa $1\,\mu$F) gleichzeitig auf, während beim Schließen von U sich C oszillatorisch, C' aperiodisch entlädt. Der Widerstand w (etwa 1000 Ohm) schützt hierbei die Stromquelle B (100 Volt) gegen Kurzschluß. Während der rasch abklingenden Entladung von C ändert sich der Strom in den Spulen $S_h S_h$ proportional der Zeit und zieht das Bild auf dem Schirm zur Entladungskurve des Kondensators C auseinander.

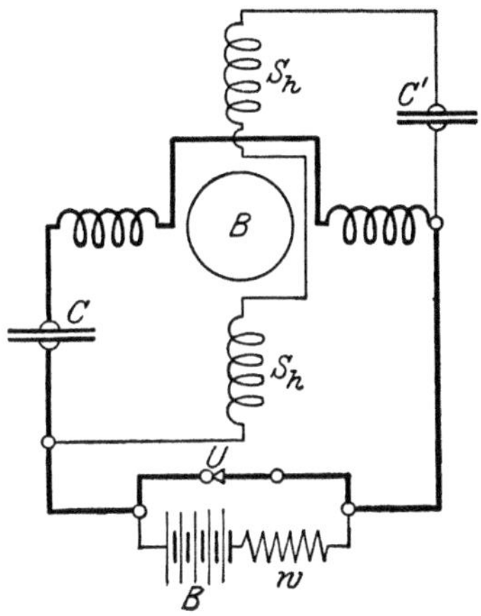

Abb. 229.

Reichen auch diese Mittel nicht aus, so muß auch als Hilfsstrom ein sinusförmiger Hochfrequenzstrom benutzt werden. Da es jetzt nicht mehr möglich ist, Stromwerte in der Nähe des Nullwertes abzusondern, muß man auf Proportionalität zwischen Hilfsstrom und Zeit verzichten. Die Frequenz des Hilfsstroms wird gleich der Frequenz des zu untersuchenden Hochfrequenzstromes oder gleich einem Vielfachen derselben gewählt, was sich sehr einfach erreichen läßt, wenn man den Hilfsstrom einem besonderen Stromkreis entnimmt, der durch den zu untersuchenden Kreis erregt und mit diesem in Resonanz gebracht wird.

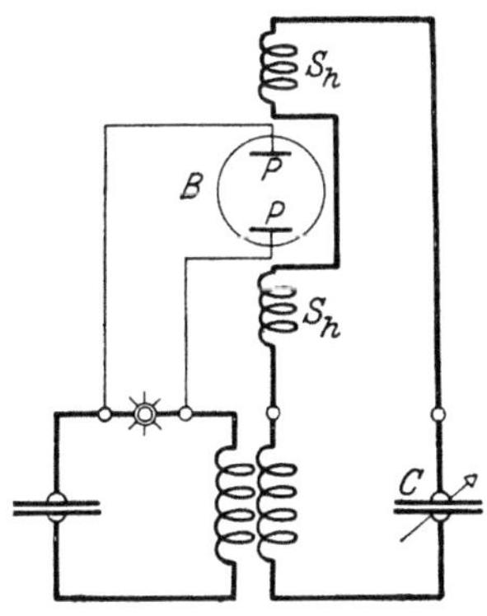

Abb. 230.

Abb. 230 erläutert eine derartige Schaltung zur Aufnahme der Spannungskurve eines Lichtbogengenerators. Der Lumineszenzfleck durchläuft jetzt unter dem Einfluß der vollen Perioden der Spannung und des Stromes eine Lissajous-Figur. Da er in rascher Aufeinanderfolge immer wieder dieselben Stellen trifft, ist das Bild viel lichtstärker und eignet sich vorzüglich zur unmittelbaren photographischen Aufnahme.

Da die seitliche Bewegung des Fleckes jetzt nicht mehr gleichmäßig erfolgt, seine Geschwindigkeit sich vielmehr sinusförmig mit der Zeit ändert, geben die Figuren nicht unmittelbar ein richtiges Bild von dem zeitlichen Verlauf der zu untersuchenden Größen. Die geschlossenen Kurven müssen daher umgezeichnet werden, am besten derart, daß man sie in ein rechtwinkliges Koordinatensystem überträgt mit der Zeit als Abszisse.

Abb. 231 erläutert das hierzu erforderliche Verfahren.

Der Umfang des Kreises unterhalb der aufgenommenen Lissajous-Figur, dessen Halbmesser gleich dem Scheitelwert der wagrechten Bewegung des Lichtflecks gemacht ist, wird entsprechend der Zeit in gleiche Abschnitte (*12* in Abb. 231) geteilt. Durch die Teilpunkte sind Senkrechte zu legen, die die Lissajous-Figur in den Punkten *1 2* ... *12* schneiden. Teilt man alsdann die Abszissenachse (rechts) in gleiche, beliebig große Strecken, legt durch die Teilpunkte *1* ... *12* Senkrechte und durch die Punkte *1* ... *12* der unmittelbar aufgenommenen Kurve (Lissajous-

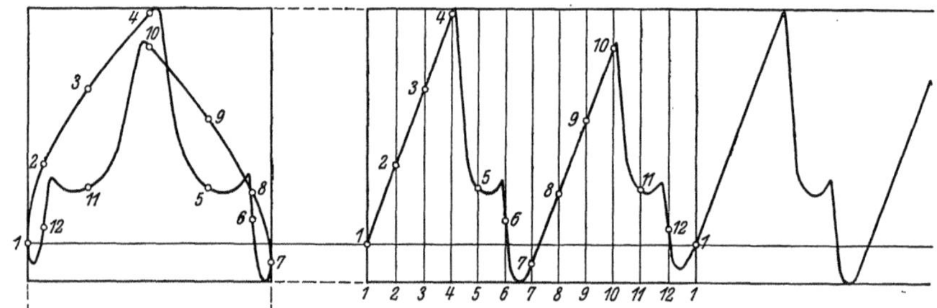

Abb. 231.

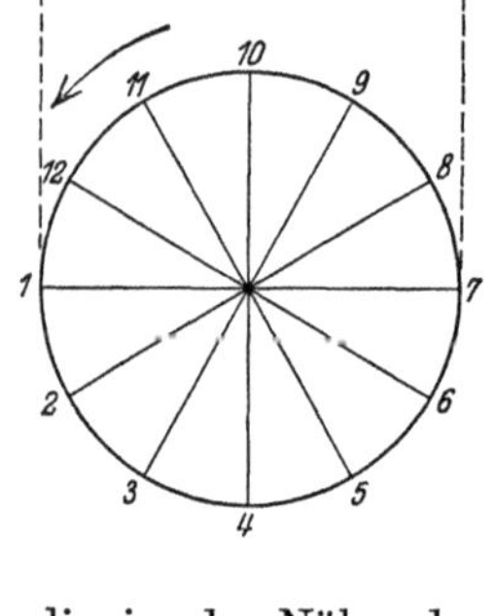

Figur) Wagrechte, so stellen die Schnittpunkte dieser Wagrechten mit den Senkrechten Punkte der gesuchten Kurve der Zeitwerte dar.

Die Konstruktion ergibt zunächst nur für den mittleren Teil der Lissajousschen Figur den Verlauf des entsprechenden Stückes der Zeitkurve genau wieder, während die Punkte, die in der Nähe der die Lissajousschen Figur begrenzenden Senkrechten liegen, nicht mit hinreichender Genauigkeit erhalten werden.

Dieser Mangel läßt sich beseitigen, wenn man eine zweite Aufnahme macht, bei der zur zeitlichen Ablenkung des Lichtflecks statt des Stromes die Spannung der Hilfsstromquelle benutzt wird. Da die Phasenverschiebung zwischen Strom und Spannung in dem abgestimmten Hilfskreis 90° beträgt, kommen jetzt die linken und rechten Ränder der ursprünglichen Lissajous-Figur bei dieser zweiten Aufnahme in die Mitte zu liegen.

Die Lissajous-Kurven, die bei anderen Phasenverschiebungen auf dem Schirme der Röhre entstehen, lassen sich aus einer einzelnen Aufnahme ermitteln, wenn man die aus ihr durch das oben erläuterte Verfahren gewonnene Kurve um einen Glaszylinder legt und den Zylinder dreht (Abb. 232).

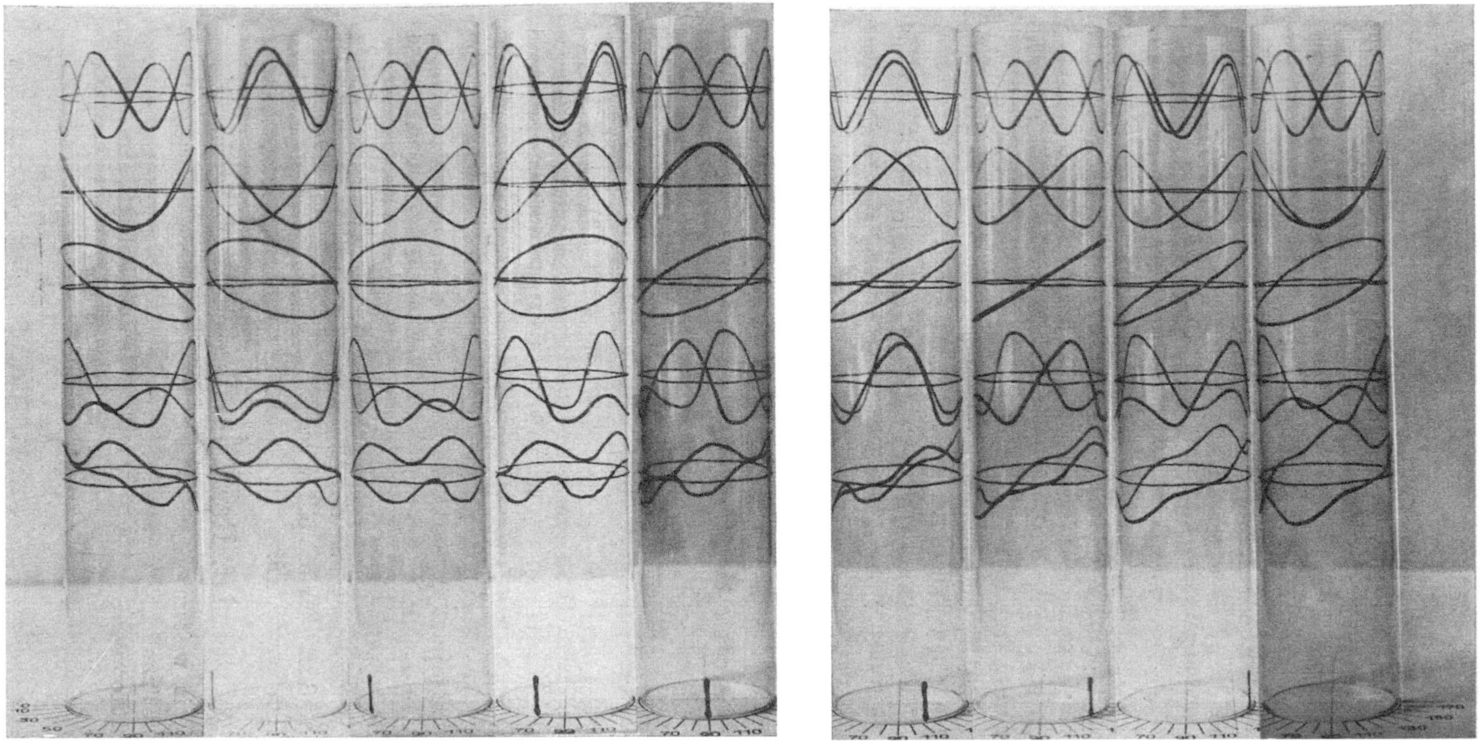

Abb. 232.

Damit die mit der Braunschen Röhre aufgenommenen Kurven nicht zu breit, sondern möglichst scharf ausfallen, darf der Lumineszenzfleck nur sehr klein sein. Um das zu erreichen, macht man von der Erscheinung Gebrauch, daß ein Kathodenstrahlenbündel in einem in seiner Richtung verlaufenden Magnetfeld sich zusammenzieht. Um die Röhre wird eine Spule S_i (Abb. 228) gelegt, die am besten in der Mitte zwischen Kathode und Schirm angebracht und mit Gleichstrom gespeist wird. Der Fleck wird alsdann stark verkleinert und wesentlich heller. Gute Ergebnisse erhält man mit einer Spule von etwa 10 cm Länge, 15 cm Durchmesser und 300 Windungen. Die günstigste Lage und Stromstärke (5 bis 8 Ampere) der Spule probiert man aus.

Weiter kann der Fleck auch dadurch verkleinert werden, daß man nach dem Vorschlag von Zenneck zwei Blenden in der Röhre anbringt und mittels eines kleinen Magnets die Kathodenstrahlen so ablenkt, daß nur ein Teil durch die zweite Blende tritt.

Häufig erschweren verschiedene Störungen das Arbeiten mit der Braunschen Röhre. Ursachen solcher Störungen können sein:

1. Ungleichmäßiges Arbeiten der Hochspannungsquelle, bedingt durch schlechte Ausführung oder Einstellung der Bürsten der Influenzmaschine.

2. Wirkungen von äußeren magnetischen oder elektrischen Feldern. Die magnetischen Felder entstehen häufig durch falsches Verlegen der Nieder- oder Hochfrequenzleitungen. Die Störungen durch elektrische Felder können meist durch Bedecken der Röhre mit Stanniol, das zu erden ist, beseitigt werden oder dadurch, daß man die Röhre dort, wo die Ablenkungsspulen liegen, mit einer Papierhülle umgibt, die mit dünnem Draht umwickelt wird.

In den Röhren von Gundelach tritt das Kathodenstrahlenbündel durch die zweite Öffnung eines Aluminiumzylinders ein, den es durch eine enge Öffnung verläßt. Der Zylinder wirkt wie ein Faradayscher Käfig, schützt gegen elektrische Felder und trägt zur Beruhigung des Lumineszenzflecks bei.

3. Wirbelströme in den Ablenkungsplatten. Können diese durch passende Anordnung der Ablenkungsplatten nicht vermieden werden, so muß man für beide Bewegungen des Lumineszenzflecks Ablenkungsspulen verwenden.

III. Der Glimmlichtoszillograph.

Ein weiteres Eindringen in die Schwingungsvorgänge ermöglicht der Glimmlichtoszillograph. Insbesondere die Einflüsse der Dämpfung und Kopplung lassen sich mit ihm gut verfolgen. Das Gerät ist aus der Anordnung hervorgegangen, die zuerst Feddersen bei seinen grundlegenden Untersuchungen über oszillatorische Entladungen benutzt hat. In der Hauptsache besteht dieser Oszillograph aus einem umlaufenden Spiegel, in dem aber nicht mehr, wie bei den Versuchen von Feddersen, ein Funken, sondern eine Gehrkesche Glimmlichtröhre betrachtet wird. Abb. 233 zeigt die Form, die Boas der Glimmlichtröhre gegeben hat. Das Glasgefäß enthält verdünnten Stickstoff von 8 ÷ 20 mm Druck. Die Elektroden bestehen aus hochglanzpolierten Nickelplatten, die vor dem Einbau elektrisch zur Weißglut erhitzt werden, um alle Verunreinigungen und in dem Metall eingeschlossenen Gase zu entfernen. Die Platten sind auf Glimmerstreifen durch Metallbänder befestigt.

Auf der Elektrode, die negatives Potential besitzt, entsteht bei etwa 300 Volt eine hellblaue, stark leuchtende Glimmlichtschicht. Sie steigt an der Platte bis zu einer Höhe, die, wie Hehl gezeigt hat, nahezu proportional ist dem Augenblickswert der Stromstärke. Die Röhre

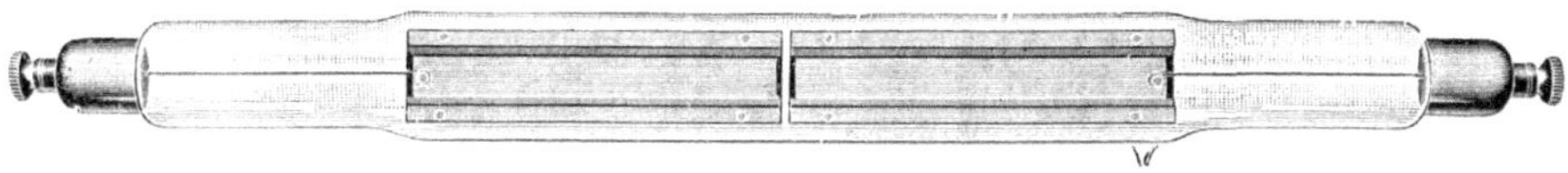

Abb. 233. Glimmlichtröhre nach Boas. Länge 270 mm.

wird in einem schnell umlaufenden, ebenen Nickelspiegel betrachtet, dessen Drehachse parallel der Elektrodenebene liegt. Die schmale Lichtlinie erscheint alsdann zu einem Bande auseinandergezogen, dessen Breite an den einzelnen Stellen der Stromstärke proportional ist. Die Randkurve des Lichtbildes gibt daher ein Bild von dem zeitlichen Verlauf der Stromstärke. Will man die Spannungskurve beobachten, so muß die Röhre unter Vorschalten eines Wasserwiderstandes zwischen die Punkte gelegt werden, zwischen denen die Spannung untersucht werden soll. Als Wasserwiderstand dient ein mit gewöhnlichem Leitungswasser gefülltes Rohr. Er wird so bemessen, daß die Glimmlichtschicht auf den Elektroden eine Länge von 3 ÷ 4 cm erreicht. Der Stromverbrauch beträgt alsdann 0,04 ÷ 0,1 Ampere. Höherer Gasdruck als 20 mm ergibt größere Helligkeit, bedingt aber auch größeren Leistungsverbrauch. Boas verwendet bei seinem Glimmlichtoszillographen (Abb. 234) einen Doppelspiegel, der auf der Welle eines Gleichstrommotors sitzt, dessen Umlaufszahl bis zu 17000 in der Minute gesteigert werden kann.

Für photographische Aufnahmen ist eine Kassette mit Schlitzverschluß angebaut. Der Planspiegel wird in diesem Fall ausgewechselt gegen einen Doppelhohlspiegel, da ersterer mit vorgeschaltetem Objektiv keine hinreichende Lichtstärke liefert. Die Abstände zwischen Röhre und Spiegel und zwischen Platte und Spiegel sind gleich dem Krümmungsradius des Hohlspiegels. Diese Abmessungen ergeben größte Bildschärfe und größte Helligkeit. Zur Aufnahme sehr rasch verlaufender Vorgänge müssen hochempfindliche Platten benutzt werden. Um die Röhre einzustellen, bringt man an Stelle der Platte ein weißes, starkes Papier und dreht die Röhre so, daß eine möglichst schmale Lichtlinie erscheint, worauf mittels der an der Kassette angebrachten Schlittenführung auf größte Bildschärfe eingestellt wird. Die Geschwindigkeit des Verschlusses ist so zu regeln, daß sie kleiner ist als die halbe Umdrehungszeit des Motors. Man erreicht dadurch, daß das Bild bei einer Umdrehung nur einmal auf der Platte erscheint. Während der Öffnung des Verschlusses muß das Bild auf der Platte aufblitzen. Ist das nicht der Fall, so ist die Aufnahme, die einige Übung erfordert, zu wiederholen.

Abb. 234. Glimmlichtoszillograph von Boas. $^1/_{15}$ wirkl. Größe.

Da die Glimmlichtröhre erst bei 300 Volt anspricht, fehlen die unteren Teile in den Kurvenbildern.

Ein Bild von der Leistungsfähigkeit des Glimmlichtoszillographen gewinnt man durch folgende Überlegung. Bedeutet:

A = Entfernung zwischen Platte und Spiegel in Millimetern,
n = Umdrehungszahl des Spiegels in der Minute,
l = Bildlänge in Millimetern,

so ist, da das vom Spiegel entworfene Bild doppelt so rasch umläuft wie der Spiegel, der Weg eines Bildpunktes in der Sekunde

$$4\pi \cdot A \cdot \frac{n}{60}$$

und die Bildlänge in τ Sekunden:

$$l = 4\pi \cdot A \cdot \frac{n}{60} \cdot \tau .$$

Die Bildlänge, die einer Periode des Wechselstromes, d. h. der Zeit $T = \frac{1}{\nu}$ entspricht, wird daher:

$$l = 4\pi \cdot A \cdot \frac{n}{60} \cdot \frac{1}{\nu} .$$

Für $n = 12000$, $A = 500$ mm, $\nu = 1{,}5 \cdot 10^5$ ($= 2000$ m) ergibt sich nach der letzten Gleichung eine Bildlänge von 2 mm für eine halbe Periode.

Bei hohen Wechselzahlen erscheinen somit die Bilder einer halben Periode nur als schmale Streifen. Sie geben infolgedessen keinen Aufschluß mehr über Einzelheiten im Verlauf der Zeitkurve, wohl aber über die mehr oder weniger große Dämpfung von ganzen Schwingungszügen. Der Glimmlichtoszillograph eignet sich daher besonders zur Untersuchung von Schwebungsvorgängen und rasch aufeinanderfolgenden Wellenzügen und Wellenzuggruppen und ergänzt damit die Untersuchungen mit der Braunschen Röhre.

Die Abbildungen S. 36, 179 und 181 erläutern einige dieser Verwendungsmöglichkeiten.

IV. Der Schwingungsprüfer.

In größeren, besonders den festen Senderanlagen findet man meist ein Gerät eingebaut, das hauptsächlich dazu dient, den jeweiligen Schwingungszustand dauernd prüfen zu können, das aber auch für einige Messungen, z. B. zur Bestimmung von Funkenzahlen und zur

Abb. 235. Schwingungsprüfer (Gesellschaft für drahtlose Telegraphie, Berlin).

qualitativen Untersuchung von Schwingungsvorgängen, verwendet werden kann. Er führt den Namen Schwingungsprüfer und besteht aus einem mit verdünnten Gasen gefüllten Leuchtrohr, das auf einer durch einen Motor angetriebenen Scheibe befestigt ist.

Zur Erregung des Rohres dient meist eine besondere, mit dem

Abb. 236. Vorschaltkondensator für Schwingungsprüfer.

Schwingungskreis gekoppelte Spule, die entweder durch Schleifbürsten oder durch kapazitive Kopplung mit dem Rohr verbunden ist.

Abb. 235 zeigt die Anordnung, bei der Schleifbürsten die Verbindung zwischen Leuchtrohr und Kopplungsspule vermitteln, Abb. 236 den zugehörigen Vorschaltkondensator.

Die kapazitive Kopplung hat den Vorzug, daß die Schleifbürsten mit ihrem veränderlichen Widerstand wegfallen. In die an dem Motorgestell (Abb. 237) angebrachten feststehenden Scheiben sind zu dem Zweck zwei kreisförmige Metallringe r_1, r_2 eingelegt, die mittels der Klemmen K_1, K_2 an die Kopplungsspule angeschlossen werden. Im Innern des zylindrischen Ringes läuft eine auf der Welle des Motors befestigte Scheibe um, die zwei weitere Metallringe r_1', r_2' trägt, mit denen die Enden der Leuchtröhre verbunden sind.

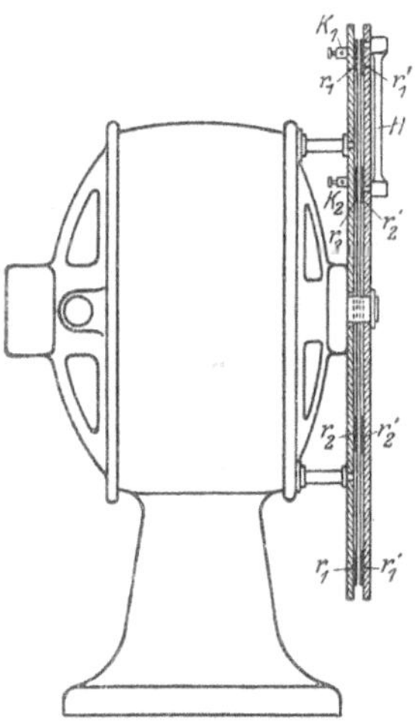

Abb. 237.

Größere Helligkeit erreicht man mit zwei Leuchtröhren. Will man die Schwingungszustände von zwei Kreisen, z. B. des primären und sekundären Kreises eines Senders, gleichzeitig beobachten, so erhalten die feste und die umlaufende Scheibe zwei Ringpaare, zwischen die je eine Röhre gelegt wird (Abb. 238 und 307).

Für unmittelbare Beobachtung verdienen die helleuchtenden, mit Helium oder Neon gefüllten Röhren den Vorzug, während für photographische Aufnahmän Argonröhren verwendet werden müssen, deren rosa oder blaues Licht reich ist an chemisch wirksamen Strahlen.

V. Der Tonprüfer.

Dieses Hilfsmittel, das nicht nur zur Untersuchung von Schwingungsvorgängen dient, sondern auch beim Bau von Senderanlagen wertvolle Dienste leistet und als Prüfgerät bei keiner fertigen Anlage fehlen sollte, besteht aus einem tragbaren aperiodischen Empfangs-

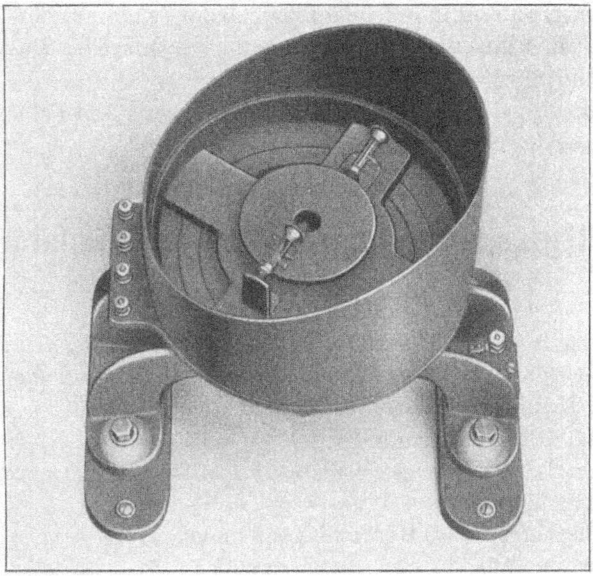

Abb. 238. Schwingungsprüfer für kapazitive Kopplung mit zwei umlaufenden Leuchtrohren (C. Lorenz A.-G., Berlin-Tempelhof).

kreis mit Kristalldetektor und Hörer (Abb. 239). Seine Einfachheit in der Handhabung und leichte Beweglichkeit gestatten es, außerhalb des Senderraumes an der Antenne, Erdungsanlage, am Maste und den Abspannseilen unter anderem folgende Beobachtungen vorzunehmen:

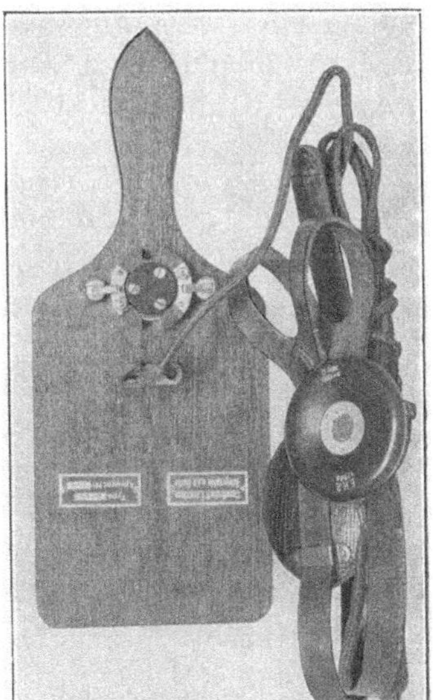

Abb. 239. Tonprüfer.

a) bei Löschfunken- und Vieltonsendern: Feststellung der Reinheit, Gleichförmigkeit und Höhe des Tones,

b) beim Betrieb mit Lichtbogengeneratoren: Beobachtung der Reinheit des Lampenbrandes (Nebengeräusche) und wenn als Stromquelle eine Gleichstrommaschine dient: Durchhören der durch den Stromwender hervorgerufenen Schwankungen,

c) bei Telephoniesendern: Feststellung der Lautstärke und Klarheit des gesprochenen Wortes,

d) Prüfung, ob und in welchem Bereiche der Senderantenne benachbarte Metallmassen (wie Pardunen, Abspannseile, Maste u. a.) mitschwingen,

e) Ermittlung der Richtung des elektromagnetischen Feldes in unmittelbarer Nähe der Senderanlage.

L. Prüfung von Isolierstoffen und Isolatoren.

I. Prüfung von Isolierstoffen.

Die Beurteilung der Brauchbarkeit eines Isolierstoffes für den Bau von Geräten der Hochfrequenztechnik gründet sich auf die Ergebnisse der Bestimmung folgender Größen:

1. Dielektrizitätskonstante ε,
2. Dielektrische Verluste (Verlustwinkel δ, Dämpfungsdekrement ϑ, Verlustwiderstand w),
3. Durchschlags- und Überschlagsspannung,
4. Isolierfähigkeit,
5. Lichtbogensicherheit.

Je kleiner die Dielektrizitätskonstante ist, je geringer der Leistungsverlust im Dielektrikum ausfällt, je höher Durchschlagsfestigkeit und Isolierfähigkeit des betreffenden Isolierstoffes sind, ein um so größerer Wert kommt ihm offenbar als Isolator in der Hochfrequenztechnik zu.

Eine allgemeine Anwendung erfordert außerdem völlige Gleichmäßigkeit im Gefüge und das Fehlen jeder hygroskopischen Eigenschaft. Ferner darf der Stoff nicht „fließen“ und muß leichte Bearbeitbarkeit (Feilen, Bohren, Drehen, Schleifen, Polieren) aufweisen.

1. Dielektrizitätskonstante.

Die wichtigsten Verfahren zu ihrer Bestimmung sind ausführlich bei den Kapazitätsmessungen besprochen worden (S. 115 bis 117).

2. Dielektrische Verluste.

Als Maß für die dielektrischen Verluste dienen der Verlustwinkel, das Dämpfungsdekrement und der Verlustwiderstand, von denen die beiden ersten sich am besten für die Kennzeichnung eines Isolierstoffs eignen, da sie unabhängig sind von den Abmessungen des Prüfstücks.

Ist eine von den drei Größen bekannt, so können die anderen mittels der Beziehungen:

$$\operatorname{tg} \delta_h = 2\pi\nu \cdot C_h \cdot w_h, \qquad \vartheta = \frac{1}{152{,}3} \cdot \frac{C^{\mathrm{cm}} \cdot w_h^{\Omega}}{\lambda^{\mathrm{m}}}$$

gefunden werden.

Für Messungen mit kleinen Periodenzahlen und wenn größere Kapazitäten zur Verfügung stehen, kann die Brücke (S. 99), das Dreispannungsmesserverfahren (S. 249) und das Elektrometer (S. 249) benutzt werden, während zur Untersuchung von kleinen Mengen des Isolierstoffs die Verfahren für Dämpfungsmessungen mit Hochfrequenzströmen besser geeignet sind, von denen die Vergleichs- und Vertauschungsverfahren (S. 204 und 215) oder auch Messungen mit dem Differentialtransformator (S. 108) den Vorzug verdienen.

Da die dielektrischen Verluste nicht nur abhängig sind von der besonderen chemischen Zusammensetzung des Isolierstoffs, verlangt eine eingehende Untersuchung noch die Ermittlung des Einflusses der folgenden Größen:

1. Spannung,
2. Periodenzahl (Wellenlänge),
3. Temperatur,
4. Glimmerscheinungen,
5. Schwingungsverlauf,

wozu die genannten Verfahren sich ohne wesentliche Abänderung eignen.

Der Einfluß der Spannung läßt sich am einfachsten ermitteln, wenn man durch Änderung der Leistung des Erregerkreises oder der Primärleistung oder Kopplung zwischen diesem und dem Meßkreis den Verlustwiderstand w in Abhängigkeit von der Kondensatorspannung e_c aufnimmt.

e_c wird hierbei unmittelbar gemessen oder was meist einfacher ist, aus dem Kondensatorstrom i mittels der Gleichung gefunden:

$$e_c = 477{,}5 \cdot i \cdot \frac{\lambda^{\mathrm{m}}}{C^{\mathrm{cm}}}.$$

Bei gleichbleibender Wellenlänge und Kapazität erhält man auf diese Weise die Beziehung:

$$\mathrm{Watt}/\mathrm{ccm} = f(e_c) = f(i).$$

Die Abhängigkeit von der Temperatur wird ermittelt durch Eintauchen des Kondensators in ein Ölbad, dessen Temperatur verändert werden kann.

Die Größenordnung des durch das Auftreten von Glimmerscheinungen (Randstrahlung) verursachten Leistungsverbrauchs ergibt sich dadurch, daß man zwei Messungen durchführt, wobei die Kondensatoren einmal in Luft, das andere Mal in einem das Glimmen verhindernden Ölbade sich befinden.

Vergleicht man weiterhin die Ergebnisse, welche bei Verwendung der Funkenerregung erzielt wurden, mit denen, die mit Hilfe von ungedämpften Schwingungen sich ergeben, so erhält man ein Bild darüber, ob und in welchem Umfange der Dämpfungswiderstand von der Art des Schwingungsverlaufes abhängt.

Empfehlenswert ist bei derartigen Messungen das Aufzeichnen der Ersatzschaltungen und deren Strahlenbilder (S. 89) an Hand der Versuchsergebnisse, da sie einen guten Einblick in die Einflüsse der Verluste gewähren.

Da ein jeder Kondensator, in dem ein Leistungsverbrauch auftritt, sich darstellen läßt durch eine verlustlose Kapazität, zu der ein Ohmscher Widerstand im Nebenschluß liegt, verhält er sich in einem Schwingungskreise so, als ob seine Kapazität größer geworden wäre.

Dämpfungsbeitrag von Spulenträgern. Neben der Verwendung als Dielektrikum von Kondensatoren werden die Isolierstoffe auch als Träger von Wicklungen in den mannigfachsten Ausführungen benutzt, sei es nun, daß man die Drähte auf einem Körper aufspult oder in die Isoliermasse selbst einbettet. Dies bedeutet in den meisten Fällen insofern eine Zunahme der gesamten Kreisverluste, als durch die entstehenden Wirbel- und Ausgleichsströme und infolge von Oberflächenleitung der wirksame Widerstand der eigentlichen Wicklung eine scheinbare Vergrößerung erfährt. Als Baustoffe für derartige Zwecke haben sich bewährt: Hartgummi, Preßspan, Holz, Fiber, Pertinax, Bakelit, Asbest, Glas, Porzellan, Stabilität, Paraffin und andere mehr.

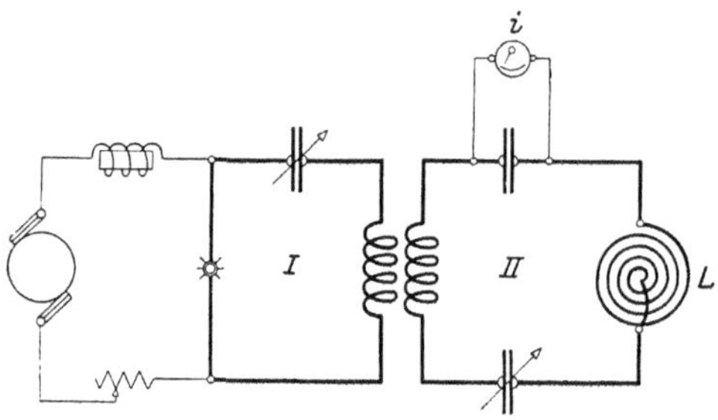

Abb. 240.

Um die Dämpfungszunahme, die die verschiedenen Isolierstoffe hierbei hervorrufen, angenähert und rasch miteinander vergleichen zu können, dient die beistehende Meßanordnung (Abb. 240). Nachdem der Meßkreis II bei loser Kopplung auf die Welle des Erregerkreises I abgestimmt ist, zeige das Hitzdrahtgerät den Stromwert i_1 an. Infolge der Resonanzeinstellung ist:

$$i_1 = \frac{e}{w},$$

wo w den Widerstand des Kreises II bedeutet.

Wird nunmehr der zu untersuchende Stoff auf die Flachspule L gelegt, so erfährt der Widerstand von II infolge der Verluste in dem Isolierstoff eine scheinbare Vergrößerung um w_x, der Strom geht unter Wahrung einer scharfen Abstimmung zurück auf

$$i_2 = \frac{e}{w + w_x}.$$

Aus beiden Gleichungen folgt:

$$w_x = w \cdot \frac{i_1 - i_2}{i_2}.$$

Werden nun der Reihe nach die verschiedenen Isolierstoffe, nachdem sie alle auf gleiche äußere Abmessungen gebracht sind, in derselben Weise durchgemessen, so läßt sich das Verhältnis der durch sie hervorgerufenen Widerstandsvermehrung bei gleichbleibender Wellenlänge wie folgt ermitteln:

für den Stoff A gilt:

$$w_x = w \cdot \frac{i_1 - i_2}{i_2},$$

für den Stoff B:

$$w_x' = w \cdot \frac{i_1' - i_2'}{i_2'},$$

folglich

$$\frac{w_x}{w_x'} = \frac{i_1 - i_2}{i_2} \cdot \frac{i_2'}{i_1' - i_2'}.$$

Ausgehend von einer Sorte als Vergleichsgröße (z. B. Hartgummi) kann somit eine Zahlentafel aufgestellt werden, aus der die vergleichsweise Brauchbarkeit des Stoffes hervorgeht.

Sehr gut eignet sich für dieses Verfahren auch der Differentialtransformator, in dessen Zweige man zweckmäßig zwei völlig gleichwertige Flach- oder Zylinderspulen einbaut, von denen die eine bei der zweiten Messung zur Aufnahme des Prüfstücks dient.

3. Durchschlagsfestigkeit.

Wird die elektrische Festigkeit eines Isolierstückes überschritten, so tritt der Durchschlag ein. Seine Ursachen sind zurückzuführen einerseits auf eine Ionisierung, andererseits auf Erwärmungserscheinungen. Er ist immer dort zu erwarten, wo die größte Felddichte herrscht, oder aber an den Rändern der Elektroden infolge von Wärmeentwicklung. Besonders bei festen Körpern unterscheidet man daher zwischen dem Ionendurchschlag und dem thermischen Zugrundegehen der Isolierstoffe, das in Hochfrequenzkreisen überwiegt. Eingeleitet wird der Durchschlag durch die vorangehende Ionisierung des Dielektrikums, die bei gasförmigen Stoffen wegen der leichten Beweglichkeit der Ionen rascher als bei flüssigen und festen erfolgt.

Bei längerer Einwirkung der Spannung erwärmt sich der Isolierstoff an einzelnen, besonders bevorzugten Stellen, die Ionenleitfähigkeit an ihnen wächst, was rückwärts wieder zu einer beschleunigten Erwärmung dieser Stellen führt, bis schließlich der Widerstand an diesen Stellen im Vergleich zu dem der übrigen verschwindend klein wird und der Durchschlag erfolgt.

Weiterhin erfordert der Durchschlag eine bestimmte verfügbare Leistung. Ein nicht unerheblicher Teil derselben wird durch die elektrische Hysteresis und besonders durch die Glimm- und Sprühverluste in Wärme umgesetzt. Dem Durchschlag folgt bei hinreichend großer Leistung die Lichtbogenbildung zwischen den Elektroden. Man bezeichnet diese Erscheinung auch als vollkommenen Durchbruch im Gegensatz zu dem Durchschlag, der nicht mit Lichtbogenbildung verbunden ist.

Von der Erwärmung im Inneren des Stoffes ist die Erhitzung an den Rändern der Elektroden scharf zu trennen. Sie ist es hauptsächlich, die zur frühen Zerstörung selbst der besten Isolierstoffe führt. Dabei wird zunächst die Luft zwischen den Elektrodenrändern ionisiert. Diese Ionisierung ist als leuchtende Entladung (Randentladung) sichtbar, die dann stufenweise über die Formen der Streifen-, Glimm- und Büschelentladung übergeht in den Gleitfunkenüberschlag. Häufig verkohlt auch die Oberfläche an einzelnen Stellen und in die dadurch geschaffenen Bahnen dringen Kriechströme ein, die bei Hochfrequenz jedoch meist verschwindend klein sind gegen die Randentladungsströme.

Alle diese Erscheinungen verlangen zu ihrer Ausbildung eine gewisse Zeit. Wechselspannungen mit gleichbleibenden Scheitelwerten beanspruchen daher die nicht gasförmigen Isolierstoffe mehr, als die von Funkenerregern herrührenden, die durch lange Pausen der Stromlosigkeit voneinander getrennte Wellenzüge liefern. Bei vergleichenden Messungen mit den nämlichen wirksamen Spannungen kann dieser Einfluß der Zeit jedoch zum Teil wieder verdeckt werden durch die größeren Anfangswerte der Scheitelspannungen von abklingenden Wellenzügen.

Vergleichbare Werte für Durchschlag und Überschlag sind nach diesen Darlegungen nur dann zu erwarten, wenn die Prüfungen vorgenommen werden bei

1. gleicher Kraftliniendichte zwischen den Elektroden,
2. gleicher Kurvenform der Wechselspannungen,
3. genügender Leistung.

Da die Durchschlagsspannung nicht proportional ist der Dicke des Prüfstücks, muß sich ihre Messung auf verschiedene Dicken erstrecken. Die Angabe der Durchschlagsspannung für nur eine Dicke ist daher meist wertlos. Am zuverlässigsten sind Messungen mit niederfrequenten Wechselspannungen, deren Werte sich aus dem Übersetzungsverhältnis des Transformators leicht und genau ermitteln lassen.

Zu der Prüfung mit Hochfrequenzspannungen wird am besten ein Teslatransformator benutzt, und zwar in den in Abb. 248 und 249 dargestellten Anordnungen, die für den vorliegenden Zweck sinngemäß abzuändern sind. Die Durchschlagsspannungen werden nach einem der S. 240 besprochenen Verfahren bestimmt.

4. **Isolierfähigkeit** (Oberflächenwiderstand).

Wird ein Stück Isolierstoff mittels passend geformter Elektroden in den Kreis einer Gleichspannungsquelle geschaltet, so entsteht ein Strom, der sich aus zwei Teilen zusammensetzt, von denen der eine durch den Isolierstoff tritt, während der zweite auf seiner Oberfläche verläuft. Beiden Stromwerten entsprechend kann man sich das Isolierstück ersetzt denken durch zwei nebeneinandergeschaltete Widerstände: den Durchgangswiderstand w_D und den Oberflächenwiderstand w_O. w_D hängt ab von den Eigenschaften des Isolierstoffes und ändert sich stark mit der Temperatur, während w_O hauptsächlich durch die Luftfeuchtigkeit bedingt ist. Für die Bestimmung der Isolierfähigkeit hat der Verband Deutscher Elektrotechniker ein Verfahren ausgearbeitet, das die Prüfung des Isolierstoffes in Plattenform unter folgenden Versuchsbedingungen verlangt:

1. Im Zustande der Einsendung und nach Abschleifen der Oberfläche mit Sandpapier.
2. Nachdem die Platten 24 Stunden in Wasser gelegen haben, nach dem Herausnehmen mit einem Tuch abgerieben sind und zwei Stunden senkrecht gestanden haben.
3. Nachdem die Platten mehrere Tage in 25 %iger Schwefelsäure lagen und dann eine Minute lang in fließendem Wasser abgespült sind.
4. Nach dreiwöchiger Einwirkung von Ammoniakdampf.

Um ein Bild von der Gleichförmigkeit des Isolierstoffes zu bekommen, ist die Prüfung unter 1. an verschiedenen Stellen der Oberfläche zu wiederholen. Bei allen Prüfungen müssen Temperatur und Luftfeuchtigkeit gemessen werden.

Bei der Untersuchung von Hartgummi ist zu beachten, daß auf seiner Oberfläche unter dem Einfluß des Sonnenlichtes sehr schnell, durch zerstreutes Licht allmählich, eine stark hygroskopische Schicht aus Schwefelsäure und schwefelsauren Salzen entsteht. Sie muß vor der Untersuchung entfernt werden, was sich leicht und vollständig durch Abwaschen mit reinem Wasser erreichen läßt. Die Prüfung von Hartgummi unmittelbar im Zustande des Eingangs ist deshalb wertlos. Nach den Verbandsvorschriften gilt als Maß für die Isolierfähigkeit der Kombinationswiderstand w_x aus Durchgangs- und Oberflächenwiderstand. Gemessen wird der Widerstand zwischen zwei geraden, mit Stanniol und Gummi gepolsterten Elektroden von 100×10 mm Oberfläche, die in 10 mm Abstand und parallel zueinander auf die nämliche Seite des in Plattenform gebrachten Isolierstücks gesetzt werden (Abb. 241). Diese Festsetzung ist gewählt mit Rücksicht auf die sehr verbreitete Anwendung, die Isolierstoffe in Form von Platten als Träger von Klemmen u. dgl. finden. Die Messungen werden mit dem auch sonst für Isolationsmessungen üblichen Verfahren durch Vergleich mit einem bekannten Widerstand ausgeführt. Als Spannungsquelle dient eine Gleichspannung von 1000 Volt.

Das Galvanometer soll bei $1 \cdot 10^{-9}$ Amp. und einem Abstand zwischen Spiegel und Skala von 1 m einen Ausschlag von wenigstens 1 mm ergeben. Der Vergleichswiderstand w hat 10^6 Ohm. Die Schaltung zeigt Abb. 241. w_s ist ein Schutzwiderstand von 10^4 Ohm, S ein elektrostatischer Spannungsmesser. Der positive Pol der Gleichstromquelle und ein Pol des Spannungsmessers sind geerdet. Auf dem Isolierstoff J sitzen die beiden Elektroden E, E', deren Halteplatte P ebenfalls geerdet ist. Das Galvanometer G besitzt einen Nebenschluß z, der die Empfindlichkeit auf den $n$ten Teil ($n = 10$, 100, 1000, 10000) zu verringern erlaubt. Um zu verhindern, daß Kriechströme durch das Galvanometer fließen und die Messung fälschen, sind die Zuleitungen von E zu z und von z zu G mit geerdeten Schutzhüllen s zu umgeben. Am besten benutzt man Panzeradern als Zuleitungen und erdet deren Panzerung. G und z werden auf geerdete Unterlagen u gestellt.

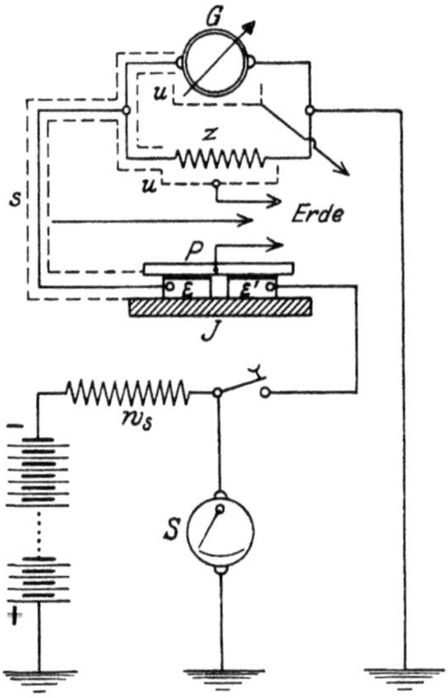

Abb. 241.

Ist beim Einschalten des Vergleichswiderstandes w und dem Empfindlichkeitsgrad n_w der Galvanometerausschlag α_w, beim Einschalten von w_x und dem Empfindlichkeitsgrad n_x der nach einer Minute abgelesene Ausschlag α_x, so berechnet sich der Isolationswiderstand zu:

$$w_x = \frac{n_w \cdot \alpha_w}{n_x \cdot \alpha_x} \cdot (w + w_s) - w_s. \tag{162}$$

Für die Beurteilung der Isolierfähigkeit dienen die Gütezahlen 5 bis 0, denen nacheinander folgende Werte von w_x in Megohm (10^6 Ohm) entsprechen: größer als 10^6, 10^6 bis 10^4, 10^4 bis 10^2, 10^2 bis 1, 1 bis 0,01, unter 0,01.

Häufig wird sich für die Messung besser die Anordnung eignen, bei der das Prüfstück, wie bei der Bestimmung der Dielektrizitätskonstanten, zwischen zwei Elektroden liegt. Auch in diesem Fall müssen Kriechströme durch einen Schutzring am Galvanometer vorüber zur Erde geführt werden. Alsdann wird gemessen in Abhängigkeit von der Zeit t:

1. nach Anlegen der Gleichspannung der Strom $i = f_1(t)$,
2. der Nachwirkungsstrom $i_n = f_2(t)$, der sich ergibt, wenn nach einer vereinbarten Zeit (z. B. einer Stunde) die Gleichspannung abgenommen und der Kondensator kurzgeschlossen und darauf mit dem Galvanometer verbunden wird.

Entnimmt man den beiden Kurven die zu demselben Zeitpunkt gehörigen Werte von i und i_n, so stellt

$$i - i_n = i_i$$

den Isolationsstrom dar.

Aus den für eine vereinbarte Zeit nach Beginn der Ablesungen (vielfach 1 Minute) gültigen Werten von i_n und i_i berechnen sich die gewöhnliche Leitfähigkeit k_i und die Nachwirkungsleitfähigkeit k_n zu:

$$k_i = \frac{i_i \cdot l}{e \cdot q}, \qquad k_n = \frac{i_n \cdot l}{e \cdot q}, \tag{162}$$

wo

e = Gleichspannung,
l = Dicke des Prüfstücks in Millimetern,
q = Fläche einer Elektrode in Quadratmetern.

Bei Messungen mit Wechselspannungen verschwindet der Nachwirkungsstrom. Zu den Verlusten im Isolationswiderstand treten dielektrische Verluste. Das Prüfstück kann man sich in diesem Fall ersetzt denken durch einen verlustlosen Kondensator, der von der wattlosen Wechselstromkomponente durchflossen wird und zu dem der von Wattstrom durchflossene Verlustwiderstand w_v im Nebenschluß liegt. Aus dem zu w_v gehörenden Verlustwinkel δ_n berechnet sich nach Abb. 95 der Wattstrom i_w zu:

$$i_w = i \cdot \sin \delta_n \sim i \cdot \delta_n \,. \tag{163}$$

Denkt man sich ferner w_v ersetzt durch zwei nebeneinandergeschaltete Widerstände w_i und w_d, wo w_i den Isolationswiderstand, w_d den Widerstand darstellt, der den rein dielektrischen Verlusten entspricht, so lassen sich w_d und der Strom in w_d getrennt ermitteln, wenn man die Annahme macht, daß w_i für Wechselspannungen den nämlichen Wert hat, wie für Gleichspannungen.

5. Homogenität.

Ein Bild von der gleichförmigen Beschaffenheit des Isolierstoffes erhält man, wenn man, wie schon erwähnt, bei der Anordnung in

Abb. 241 die Elektroden EE' an verschiedenen Stellen aufsetzt und die oben geschilderte Messung wiederholt.

Für manche Zwecke genügend und rascher durchzuführen ist folgendes Verfahren: An zwei gegenüberliegenden Kanten der zu untersuchenden Platten werden Bleche als Elektroden angebracht, zwischen die man eine Spannungsquelle schaltet. Mittels eines zweipoligen Tasters, der mit einem Elektrometer verbunden ist, prüft man, ob das elektrische Gefälle an allen Stellen der Platte dasselbe ist. Leitende Stellen im Prüfstück erkennt man an der Abnahme des Elektrometerausschlags. Die Untersuchung kann auch mit Hochfrequenzspannungen ausgeführt werden. Brauchbare Ergebnisse sind von diesem Verfahren jedoch nur dann zu erwarten, wenn die Tastpunkte immer auf einer elektrischen Kraftlinie und in gleicher Entfernung voneinander liegen.

6. Lichtbogensicherheit.

Auf die wagrecht liegende Platte des Isolierstoffs werden zwei etwas zugespitzte, einen Winkel von 90^0 miteinander bildende Reinkohlen derart aufgesetzt, daß ihre Ebene mit der Platte einen Winkel von 60^0 bildet. Darauf wird mittels einer Spannung von 220 Volt und unter Vorschaltung von 20 Ohm ein Lichtbogen zwischen beiden Kohlen erzeugt und diese dann rasch auf 12 mm auseinandergezogen, wobei der Bogen nicht erlöschen darf.

Hat der Bogen 30 Sekunden gebrannt, so wird die eine Kohle rasch entfernt und nach dem Erkalten wieder an die alte Stelle gebracht. Alsdann können folgende Erscheinungen eintreten, die zur Beurteilung der Lichtbogensicherheit des untersuchten Isolierstoffes dienen:

1. Die Platte leitet im kalten Zustande nicht mehr.
2. Kleine Funken springen von Teilchen zu Teilchen über.
3. Es entsteht eine mehr oder weniger stark glühende Brücke.
4. Die Platte beginnt wieder zu brennen.

7. Mechanische und Wärmeprüfung.

Diese Prüfungen erstrecken sich auf die Ermittlung der Biegefestigkeit, Schlagbiegefestigkeit, Kugeldruckhärte, Wärme- und Frostbeständigkeit und das Verhalten in der Flamme. Die Untersuchung der Biegefestigkeit gibt gleichzeitig Aufschluß über die wichtige Frage, ob der Isolierstoff „fließt“, die durch folgendes vereinfachtes Verfahren entschieden werden kann: Eine Platte oder ein Stab wird auf eine möglichst große Strecke hohl gelegt und in der Mitte längere Zeit belastet. Fließt der Stoff, so tritt nach einiger Zeit eine Krümmung der Platte oder des Stabes ein, die nicht zurückgeht, wenn die Belastung aufhört. Stoffe dieser Art sind nicht brauchbar für alle Zwecke, wo sie, wie z. B. bei Schaltern, einem dauernden

Abb. 242. Pardunen- und Abspannisolatoren (C. Lorenz A.-G., Berlin-Tempelhof).

Federdruck ausgesetzt sind, da sie mit der Zeit selbst schon einem schwachen Federdruck nachgeben würden.

Zur genaueren Ermittlung der oben genannten Größen sind vom Verband Deutscher Elektrotechniker ebenfalls Vorschriften ausgearbeitet, auf die hier verwiesen werden muß.

Hieran reihen sich Untersuchungen der Bearbeitbarkeit, für die sich schwer allgemeine Vorschriften festlegen lassen, ferner die Prüfung, ob

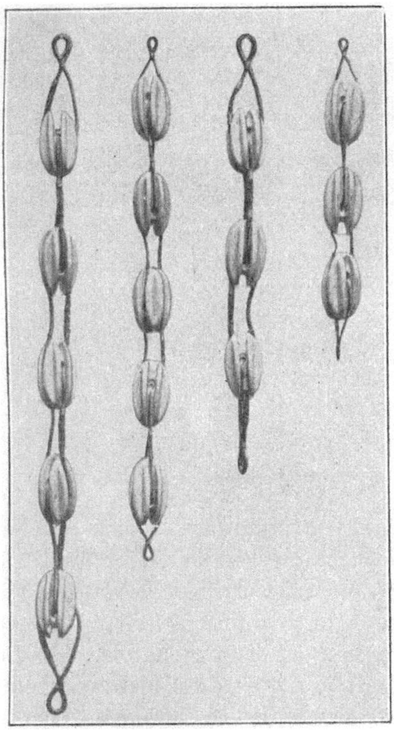

Abb. 243. Eiisolatoren (Gesellschaft für drahtlose Telegraphie, Berlin).

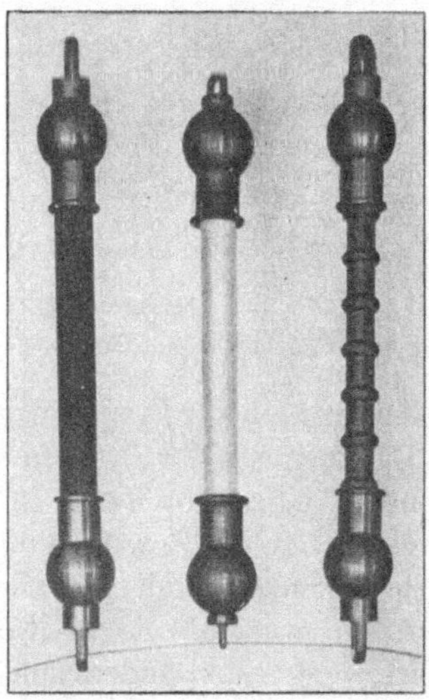

Abb. 244. Antennenisolatoren (C. Lorenz A.-G., Berlin-Tempelhof).

der Stoff hygroskopisch ist, die in einfacher Weise durch Bestimmung der Gewichtszunahme erfolgt, die ein Stück Isolierstoff erfährt, nachdem es längere Zeit im Wasser gelegen hat.

II. Prüfung von Isolatoren.

Von besonderer Bedeutung ist die Anwendung eines Teils dieser Meßverfahren für die Prüfung der Isolatoren der Hochfrequenztechnik, die beim Antennenbau zur Isolation der Luft- und Gegengewichtsdrähte, sowie bei der Unterteilung der Mastpardunen Verwendung finden. Die

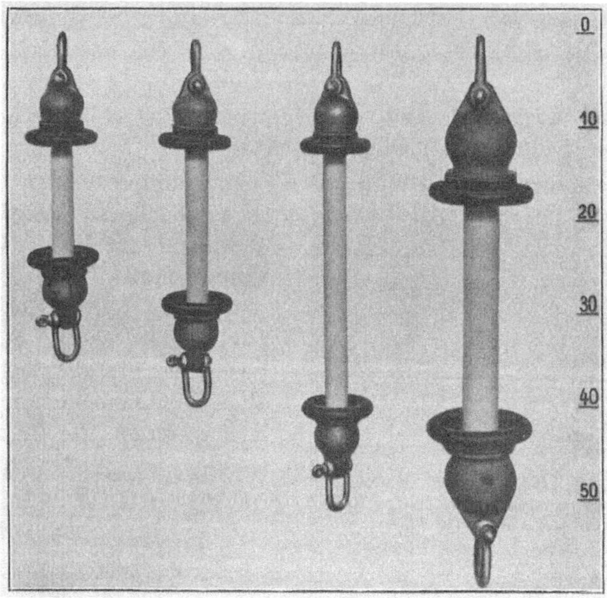

Gewicht in kg	1,12	1,2	1,32	5,2
Nutzlast in kg	400	400	400	1000
Bruchlast in kg	1200	1200	1200	3000
Überschlagsspannung in Kilovolt	70	90	150	160

Abb. 245. Antennenisolatoren (Gesellschaft für drahtlose Telegraphie, Berlin).

Abb. 242 bis 245 geben hierfür einige Ausführungsbeispiele wieder. Daneben hat das Bedürfnis nach zweckentsprechenden Durchführungs- und Tragisolatoren eine Reihe von neuen Isolatorformen geschaffen, für deren Bau die Gesichtspunkte aus den Abb. 246 und 247 ohne weiteres zu erkennen sind. Sie alle gründen sich auf der Erkenntnis, daß die Anforderungen, die die Niederfrequenztechnik an die Isolatoren stellt, im allgemeinen andere sind wie die, welche in der Hochfrequenztechnik erfüllt sein müssen. Während die ersteren hauptsächlich mit Rücksicht auf die Überschlagsspannung bemessen werden, besteht bei letzteren die Hauptaufgabe darin, einmal die dielektrischen und Ableitungsverluste des Isolators möglichst gering zu halten und weiterhin die Formgebung derart vorzunehmen, daß an keiner Stelle die Dichte des elektrischen Feldes einen Wert erreichen kann, der zur Entstehung eines Glimmstromes führt. Die besondere Gefahr, die der Glimmstrom für die Hochfrequenzisolatoren bezüglich ihrer elektrischen und damit auch ihrer mechanischen Festigkeit bedeutet, erklärt sich durch folgende physikalische Überlegungen: Durch die geringfügigsten Glimmlichterscheinungen findet stets eine Kapazitätsvergrößerung der gesamten Anordnung statt, eine Erscheinung, die schon von Tesla beobachtet wurde. Diese Zusatzkapazität wird nun von Watt- und wattlosen Strömen durchflossen, von denen die letzteren proportional mit der Periodenzahl zunehmen. Die hierbei auftretende Wärmeentwicklung wächst somit annähernd proportional dem Quadrate der Periodenzahl. Diese Erscheinung hat zur Folge, daß die angrenzenden Luftschichten mit fortschreitender Erhitzung ihre Isolierfähigkeit einbüßen, ein Vorgang, der das Bestreben zeigt, sich immer weiter auszubreiten. Während also das an scharfen Kanten und Spitzen auftretende Glimmen in der Niederfrequenztechnik ganz unschädlich bleiben kann, führt diese Erscheinung bei Verwendung von Strömen hoher Periodenzahl zu gefährlichen Beanspruchungen des Isolierstoffes. Dazu kommt noch als zweiter Umstand die dielektrische Verlustarbeit im Isolator selbst, die annäherungsweise proportional mit der Periodenzahl anwächst. Zur Vermeidung aller dieser Schwierigkeiten ist daher der Isolator derart durchzubilden, daß

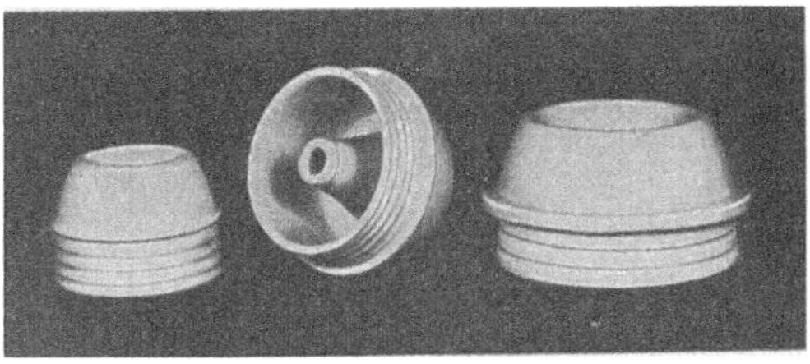

Abb. 246. Durchführungsisolator nach Rein (C. Lorenz A.-G., Berlin-Tempelhof).

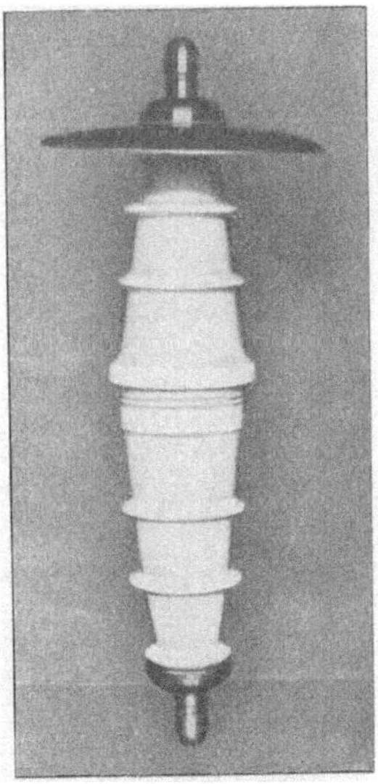

Abb. 247. Durchführungsisolator nach Kuhlmann.

a) die elektrische Dichte an keiner Stelle so groß wird, daß sie eine Glimmerscheinung hervorruft,

b) ein möglichst verlustfreier Isolierstoff von geringer dielektrischer Leitfähigkeit Verwendung findet und

c) der Rauminhalt des Isolationskörpers selbst, soweit es seine mechanische Festigkeit zuläßt, nach Möglichkeit verringert wird.

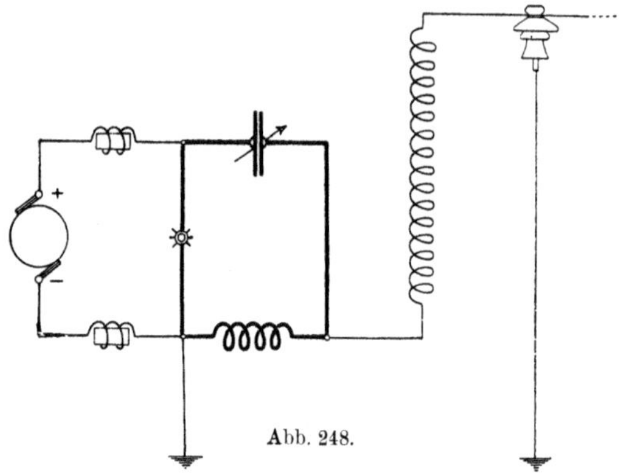

Abb. 248.

Eine vergleichende Übersicht über die Brauchbarkeit der verschiedenen Isolatorformen gewinnt man dadurch, daß man die auf der einen Seite geerdeten Isolatoren an einen Teslatransformator anschließt, durch Veränderung der Kapazität des Primärkendensators die beiden Kreise miteinander in Resonanz bringt und dann im verdunkelten Zimmer beobachtet, bei welchen Formen eine Glimmlichterscheinung auftritt. Abb. 248 stellt die für diesen Zweck erforderliche Schaltung, Abb. 249 einen Prüftransformator dar. Aus der Zunahme der Erwärmung des Isolierstoffes selber läßt sich dann ein Schluß auf die Anwendungsmöglichkeiten machen. Hierbei ist jedoch zu beachten, daß die Ergebnisse, die bei Verwendung von ungedämpften Schwingungen gewonnen wurden, nicht ohne weiteres bei Anlagen verwendet werden dürfen, die mit abklingenden Wellenzügen arbeiten.

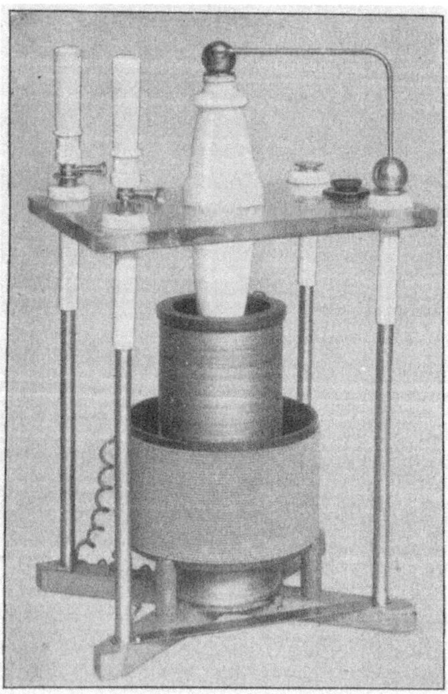

Abb. 249. Teslatransformator zur Prüfung von Isolatoren (C. Lorenz A.-G., Berlin-Tempelhof).

M. Eisenuntersuchungen mit Hochfrequenz.

Nachdem zahlreiche Versuche den Nachweis erbracht haben, daß das Eisen der magnetisierenden Kraft einer von hochperiodischen Wechselströmen durchflossenen Spule ausgesetzt, im allgemeinen das gleiche Verhalten zeigt, wie bei Verwendung eines Wechselstromes von geringer Periodenzahl, nachdem weiterhin mannigfache Ausführungsformen von Hochfrequenzmaschinen (Tesla, Fessenden, Alexanderson, Goldschmidt) und Frequenzwandlern den technischen Wert des Eisens auch für den Bau radiotelegraphischer Geräte dargetan haben, ist kein Grund mehr vorhanden, auch bei der Durchbildung von Abstimmspulen, Kopplungstransformatoren und Variometern von seiner Verwendung für die genannten Zwecke abzusehen. Denn die Möglichkeit, große Selbstinduktionswerte bei kleinen äußeren Abmessungen zu erreichen, wird in vielen Fällen den Ausführungsformen mit Eisen Eingang verschaffen.

Zur Bestimmung der richtigen Abmessungen des Eisenkernes aber ist die Kenntnis der Größe der Oberflächenwirkung und der Höhe der Leistungsverluste der betreffenden Eisensorte notwendig.

I. Oberflächenwirkung und magnetische Leitfähigkeit.

1. Magnetisierungskurven.

Wie bei einem von Wechselstrom durchflossenen Leiter die Stromfäden mit zunehmender Wechselzahl immer mehr nach der Oberfläche gedrängt werden und schließlich nur noch eine dünne Oberflächenhaut den Stromdurchgang vermittelt, so dringt auch die Magnetisierung eines Eisenstückes bei höheren Wechselzahlen nur bis zu geringen Tiefen unter die Oberfläche vor. Infolge dieser Erscheinung ist die Kraftlinienzahl auch bei Verwendung dünner Bleche oder fein unterteilter Drahtbündel um so ungleichförmiger über den Eisenquerschnitt verteilt, je größer die Wechselzahl ist. Die magnetische Induktion und die scheinbare magnetische Leitfähigkeit müssen daher bei gleicher Amperwindungszahl mit zunehmender Wechselzahl abnehmen. Hierzu kommt noch der Einfluß der Oberflächenwirkung auf die Höhe der Eisenverluste. Einen Überblick über diese Erscheinungen gewinnt man durch Aufnahme der Magnetisierungskurven

$$B_{\max} = f([i \cdot n]_1), \qquad \mu = f([i \cdot n]_1),$$

wo $B_{\max}$ = magnetische Induktion für den Höchstwert des magnetisierenden Wechselstromes.

$[i \cdot n]_1$ = Amperwindungszahl für 1 cm mittlere Weglänge der Kraftlinien im Eisen.

μ = magnetische Leitfähigkeit.

Die Kurven sind aufzunehmen

1. für veränderliche Periodenzahl (Wellenlänge) und $[i \cdot n]_1 = \text{const}$
2. für veränderliches $[in]_1$ und $\nu = \text{const.}$ ($\lambda = \text{const.}$).

Als Maß für die Größe der Oberflächenwirkung dient der Quotient $\frac{B_{\max}}{B_{0\max}}$, wo $B_{\max}$ bei hoher Periodenzahl, $B_{0\max}$ bei demselben $[i \cdot n]_1$, aber so kleiner Periodenzahl gemessen ist, daß man gleichförmige magnetische Induktion voraussetzen darf.

Die Ermittlung der Magnetisierungskurven mit Wechselstrom erfordert zunächst eine eindeutige Festlegung des Wertes von μ. Messungen mit Gleichstrom liefern ohne weiteres für jede magnetisierende Kraft H die durch den Quotienten $\frac{B}{H}$ eindeutig bestimmte statische Permeabilität μ, wenn man den zu H gehörenden Wert von B aus einer jungfräulichen Magnetisierungskurve entnimmt. Da mit Wechselfeldern eine jungfräuliche Kurve nicht erhalten wird, führt man an Stelle der statischen die dynamische Permeabilität ein, indem man setzt: $\mu = \frac{B_{\max}}{H_{\max}}$

Bedeutet

e = Klemmenspannung an der Magnetisierungsspule in Volt abzüglich ihres Ohmschen Spannungsverlustes,
f_e = Formziffer von e,
i = Magnetisierungsstrom in Ampere,
f_i = Scheitelziffer des Magnetisierungsstromes,
q = Eisenquerschnitt in Quadratzentimetern,
n = Gesamtwindungszahl der Magnetisierungsspule,
l_m = mittlere Weglänge der Kraftlinien im Eisen in Zentimetern

so ist:

$$H_{\max} = \frac{4\pi \cdot f_i \cdot i \cdot n}{10 \cdot l_m}, \qquad (16$$

während $B_{\max}$ sich ergibt aus der bekannten Gleichung:

$$e = 4 \cdot f_e \cdot \nu \cdot n \cdot B_{\max} \cdot q \cdot 10^{-8}$$

zu:

$$B_{\max} = \frac{e}{4 \cdot f_e \cdot \nu \cdot n \cdot q} \cdot 10^{8}. \qquad (16$$

Mithin wird die dynamische Permeabilität:

$$\mu = \frac{10^9}{16 \cdot \pi} \cdot \frac{l_m}{n^2 \cdot q} \cdot \frac{e}{i \cdot \nu} \cdot \frac{1}{f_e \cdot f_i}. \qquad (16$$

Nicht sinusförmige Magnetisierungsströme erfordern sonach zur Berechnung von $H_{\max}$ und $B_{\max}$ die Ermittlung der Größen f_e und f_i, d. h. der Formziffern der Zeitkurve sowohl von e als auch von i.

Da ferner der Berechnung von B_{max} mittels Gleichung 165 die Annahme symmetrischer Kurvenform von i zugrunde liegt, Oberschwingungen in Hochfrequenzkreisen jedoch meist unsymmetrische Stromkurven zur Folge haben, müssen bei allen Messungen mit Hochfrequenzströmen rein sinusförmige Ströme benutzt werden, was gleichzeitig den Vorteil bietet, daß nur die Zeitkurve von e ermittelt werden muß.

Die Bestimmung von B erfordert die Messung von e. Diese Spannungsmessung läßt sich auch ersetzen durch die Bestimmung des Selbstinduktionskoeffizienten L_x der Magnetisierungsspule. Da unter Vernachlässigung des Ohmschen Widerstandes der Spule:

$$e = i \cdot \omega \cdot L_x$$

sind zur Berechnung von B_{max} und μ in diesem Falle und für sinusförmige Zeitkurven von e und i die folgenden Ausdrücke zu verwenden:

$$B_{max} = 1{,}415 \cdot \frac{L_x}{n \cdot q} \cdot i \cdot 10^8, \qquad \mu = 0{,}796 \cdot \frac{l_m}{n^2 \cdot q} \cdot L_x \cdot 10^8. \qquad (167)$$

Da μ nach Gleichung 166 abhängig ist von f_e und f_i, sind Messungen ohne Angabe des Verlaufs der Zeitkurven von e und i nicht vergleichbar und meist wertlos, worauf zuerst Faßbender ausdrücklich hingewiesen hat. Ferner verlangt die Abhängigkeit der Oberflächenwirkung von der elektrischen Leitfähigkeit und damit der Temperatur immer eine Temperaturmessung des Eisenkörpers.

2. Aufnahme der Magnetisierungskurven.

a) Zur Messung der Oberflächenwirkung und zur Aufnahme der Magnetisierungskurven mit Hochfrequenzströmen bedient man sich zweckmäßig des Vergleichsverfahrens, mit dem gleichzeitig auch der durch die Eisenverluste bedingte Verlustwiderstand ermittelt werden kann. Das zu untersuchende Eisen wird hierbei in bekannter Weise innerhalb einer Ringspule angeordnet (Abb. 250). Nachdem die Kreise I und II für eine bestimmte Wellenlänge λ bei loser Kopplung aufeinander abgestimmt sind, wobei der Eisenring mit dem Selbstinduktionskoeffizienten L_x eingeschaltet war, wird nach Umlegung des Schalters unter Beibehaltung der gewonnenen Kondensatoreinstellung C_2 das eisenlose Variometer L_n so lange verstellt, bis der größte Ausschlag des Stromzeigers eintritt. Durch Verschiebung des Kontaktes an dem kapazitäts- und selbstinduktionsfreien

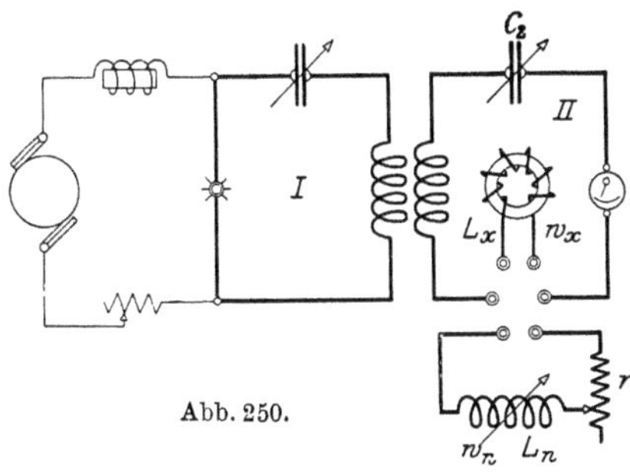

Abb. 250.

Widerstande r bringt man sodann die Stromstärke auf den bei der ersten Messung abgelesenen Wert.

Dann ist für die betreffende Wellenlänge λ und den eingestellten Stromwert i:

$$L_x^{\text{Henry}} = L_n^{\text{Henry}} = \frac{1}{(2\pi\nu)^2 \cdot C_2^{\text{Farad}}}.$$

Mit diesem Werte von L_x berechnet sich $B_{\max}$ und μ aus den Gleichungen 167, während $r + w_n$ den gesamten Verlustwiderstand darstellt.

b) Auch das Differentialverfahren (S. 286) und das Dreispannungsmesserverfahren (S. 249) eignen sich für diese Untersuchungen.

II. Die Eisenverluste.

Die unvermeidlichen Hysteresis- und Wirbelstromverluste, die in einem Eisenkern auftreten, der einer periodisch wechselnden magnetisierenden Kraft ausgesetzt ist, berechnen sich zu:

$$A_h = \eta \cdot \nu \cdot V \cdot B_{\max}^{1,6} \cdot 10^{-7} \text{ Watt}, \quad A_w = \xi \cdot \nu^2 \cdot d^2 \cdot V \cdot B_{\max}^2 \cdot 10^{-14} \text{ Watt}. \quad (168)$$

Genauere Ergebnisse erhält man, wenn man an Stelle von $\eta \cdot B_{\max}^{1,6}$ den Ausdruck

$$a \cdot B_{\max} + b \cdot B_{\max}^2$$

einführt, wo a und b Konstanten sind.

In den Gleichungen bedeuten V den Rauminhalt des Eisenkernes in Kubikzentimetern, $B_{\max}$ den Höchstwert der Kraftlinienzahl für einen Quadratzentimeter Eisenquerschnitt, d die Blechstärke in Zentimetern und η, ξ, a und b Zahlen, die je nach der Eisensorte verschieden sind und η und ξ im Mittel zu 0,002 und 2 angesetzt werden können. Will man also in der Hochfrequenztechnik die Eisenverluste niedrig halten, so ist bei gegebenem Rauminhalt V die Blechstärke d und der Höchstwert der Kraftliniendichte entsprechend zu wählen. Hierbei ist jedoch zu beachten, daß infolge des beträchtlichen Raumes, den bei der feinen Unterteilung des Eisenkörpers die Papier- oder Lackisolation einnimmt, es zweckmäßiger sein kann, zur Verringerung der Verluste die Blechstärke zu vergrößern, um den Eisenquerschnitt und damit bei gegebener Kraftlinienzahl die Induktion zu verringern, als durch weitgehende Verkleinerung von d die Kraftliniendichte und damit die Verluste zu steigern.

Auch bei der Ermittlung der Eisenverluste ist zu beachten, daß die gewonnenen Werte von dem elektrischen Widerstande des Eisens abhängen, der wiederum eine Funktion der Temperatur ist. Für einwandfreie Messungen ist daher der zu untersuchende Ring in ein Ölbad mit bekannter Temperatur einzutauchen.

Bei der Untersuchung der Eisenverluste lassen sich folgende Kurven aufnehmen:

Watt/ccm $= f(\lambda)$ bei gleichbleibender Ampere-Windungszahl.
Watt/ccm $= f(B_{max})$ bei gleichbleibender Wellenlänge.
Watt/ccm $= f(d)$ bei gleichbleibender Ampere-Windungszahl und Wellenlänge.

Zweckmäßiger ist es, an Stelle von Watt/ccm die sogenannte Verlustziffer einzuführen. Hierunter versteht man den Leistungsverbrauch, bezogen auf 1 kg Eisen, für einen bestimmten Wert von B_{max} und ν.

Für Messungen mit langsamen Wechselströmen werden meist $B_{max} = 10000$ und $\nu = 50$ zugrunde gelegt.

1. Verfahren zur Bestimmung der Eisenverluste.

a) Das Differentialverfahren (S. 286) und das Vergleichsverfahren (S. 204) liefern unmittelbar den Verlustwiderstand. Bei letzterem berechnen sich die gesamten Eisenverluste nach Abb. 250 zu:

$$A_h + A_w = i^2 \cdot (r + w_n).$$

b) Indirektes Verfahren. Statt diese Verfahren anzuwenden, kann man auch mit Vorteil die Messung auf indirektem Wege unter Benutzung einer Hochfrequenzmaschine durchführen (Abb. 251). Bei stets gleichbleibender Umlaufszahl der Maschine wird zunächst der Drehkondensator C derart eingestellt, daß der Strommesser einen Höchstwert i anzeigt. Sodann verschiebt man den Anschluß des Spannungsmessers e längs des kapazitiven Spannungsteilers so lange, bis der Spannungsmesser einen kleinsten Ausschlag aufweist, d. h. die Phasenverschiebung zwischen e und i nahezu Null ist. Nachdem mit Hilfe des Luftvariometers L_n eine feine Nacheinstellung erfolgt ist, bestimmt sich der Verlust im Eisen und der Verlustwiderstand w_x aus

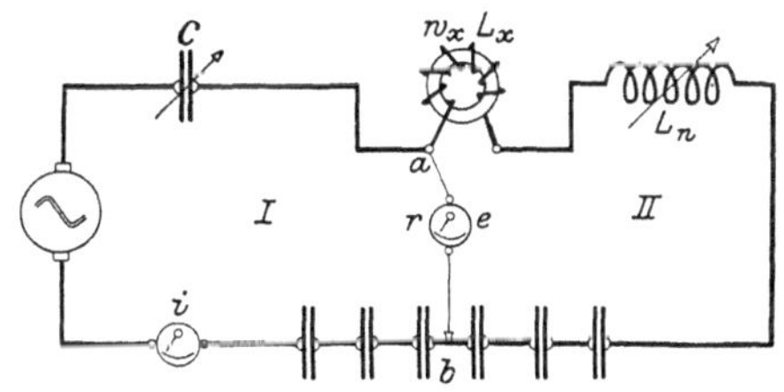

Abb. 251.

$$e \cdot i = A_h + A_w = i^2 \cdot w_x.$$

Eine genaue Messung erfordert hierbei noch die Berücksichtigung folgender Gesichtspunkte:

α) Der gemessene Widerstand zwischen den Punkten a und b umfaßt nicht nur den Wert w_x, sondern auch den des Variometers L_n, der Eisenwicklung, sowie den derjenigen Kondensatoren, die infolge des Anschlusses des Spannungsmessers bei b zum Kreise II gehören. Die aus der Messung ermittelte Größe w_x muß demnach um diese Widerstandsbeträge verringert werden, um den wirklichen Verlust im Eisen festzustellen.

β) Der abgelesene Strom i ist um den Betrag $\frac{e}{r}$ des Stromes im Spannungsmesser mit dem Widerstande r zu verkleinern.

γ) Es ist festzustellen, ob der Selbstinduktionswert L_n des Luftvariometers gegenüber dem der Spule mit dem Eisenkern zu vernachlässigen ist.

c) Das Dreispannungsmesserverfahren kommt hauptsächlich für mittlere Periodenzahlen in Frage.

N. Messung des wirksamen Widerstandes von Spulen.

Da ein beträchtlicher Teil der verfügbaren Hochfrequenzleistung der Sende- wie der Empfangsstellen in den wirksamen Widerständen der eingeschalteten Spulen und Variometer verloren geht, ist die Herabdrückung der Wicklungsverluste von größter Wichtigkeit für den richtigen Aufbau der Anlagen. In erster Linie sind es die Stromverdrängung und die dielektrischen Erscheinungen, die eine scheinbare Widerstandsvergrößerung der Drahtwicklung, jenem bei Gleichstrom gemessenen Werte gegenüber, bedingen. Diese Widerstandszunahme hängt ab

a) von der Wellenlänge,

b) von der Art des verwendeten Drahtes, bezüglich des Metalls, des Querschnittes, der Anzahl und Dicke der Einzeldrähte und deren Verdrillung,

c) von der Spulenform (Zylinder-, Flach- oder Konusspule, Ganghöhe, Lagenzahl),

d) von dem Isolierstoff der Drähte und des Spulenkörpers.

Die bisher aufgestellten Formeln für die Vorausberechnung des wirksamen Widerstandes von Hochfrequenzspulen lassen sich nur in besonderen Fällen anwenden, da für die vielseitigen Formen, die der organische Zusammenbau einer Anlage verlangt, sichere Ergebnisse auf dem Wege der Rechnung nicht zu erhalten sind. Hat man jedoch für eine bestimmte Spulenform eine Reihe von Dämpfungswerten ermittelt, so läßt sich in vielen Fällen, sofern es sich nicht um grundsätzliche Abänderungen handelt, für die betreffende Form der voraussichtliche wirksame Widerstand angeben. Die große Zahl der Möglichkeiten in der Durchbildung von Selbstinduktionen bringt es jedoch meist mit sich, daß man fast stets zur Bestimmung ihres wirksamen Widerstandes auf die Messung angewiesen ist.

Von den verschiedenen im Abschnitt F, II beschriebenen Verfahren verdient die Messung mit Zusatzwiderstand im Meßkreis (S. 205) den Vorzug, wobei z. B. die Schaltung Abb. 195 benutzt werden kann.

Nach Abstimmung des Empfangskreises auf die Welle λ_r des Erregerkreises zeigt der Strommesser bei ausgeschaltetem Widerstande w einen größten Ausschlag i_r. Sinkt nach Einfügung des Widerstandes w bei gleicher Wellenlänge λ_r der Strom auf den Wert i, so ergibt sich der Widerstand des gesamten Meßkreises zu:

$$w_2 = w \cdot \frac{i}{i_r - i}.$$

Unter Berücksichtigung des Teilbetrags w_i, den der Stromzeiger zu dem gesamten Widerstand w_2 liefert und der sich mit Hilfe der Kurventafel I leicht ermitteln läßt, berechnet sich der gesuchte Spulenwiderstand w_L unter der Annahme verlustloser Kondensatoren zu:

$$w_L = w_2 - w_i.$$

Daraus folgt nach Gleichung 120:

$$\vartheta_L = \frac{1}{152{,}3} \cdot \frac{C^{\mathrm{cm}} \cdot w_L^{\Omega}}{\lambda_r^{\mathrm{m}}}.$$

Will man eine Kathodenröhre als Stromquelle verwenden, so ist die Meßlampe nebst ihrem Schwingungskreis durch eine der S. 53 bis 57 und S. 209 angegebenen Anordnungen zu ersetzen.

Größere Genauigkeit erreicht man mittels des S. 206 besprochenen Verfahrens von Lindemann, bei dem der Stromzeiger in einem aperiodischen Kreis liegt, der induktiv mit dem Meßkreis gekoppelt wird. Ist die Widerstandsvergrößerung, die der Meßkreis durch die Kopplung mit diesem Hilfskreis erfährt, nicht vernachlässigbar, so muß sie nach den Darlegungen S. 209 besonders bestimmt und in den Endergebnissen berücksichtigt werden.

Ein Verfahren zur Nachprüfung der Versuchsergebnisse, durch das man gleichzeitig ein Urteil über den Grad der erreichten Genauigkeit gewinnt, ergibt sich durch folgende Überlegung: Die Messungen liefern den durch Gleichung 63b, S. 126 dargestellten Wert:

$$w' = \frac{w_g + a \cdot \nu^2 + b \cdot \nu^3}{(1 - \omega^2 \cdot C \cdot L)^2}.$$

Wird mit den Enden der Spule mit der Eigenkapazität C' ein Kondensator mit der Kapazität C_1 (Abb. 252) verbunden, so erhält der Meßkreis die beistehende Form (Abb. 252).

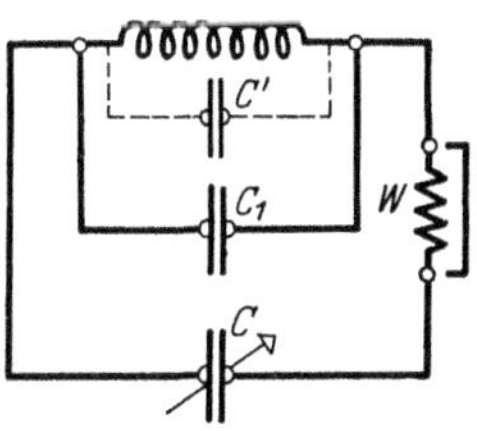

Abb. 252.

Die mit dieser Anordnung durch Einschalten des Zusatzwiderstandes w gemessenen Werte von w' lassen sich, wie die Rechnung zeigt, auch darstellen durch

$$w' = w_\nu \cdot \left(1 + \frac{C' + C_1}{C}\right)^2. \qquad (169)$$

Da w_ν nur abhängig ist von der Widerstandsvergrößerung infolge der Stromverdrängung und der magnetischen Hysteresis, muß der Quotient:

$$\frac{w'}{\left(1+\frac{C'+C_1}{C}\right)^2} = w_\nu$$

bei gleichbleibender Periodenzahl ν für verschiedene Werte von C_1 ungeändert bleiben. Legt man daher in den Nebenschluß zu der zu untersuchenden Spule einen verlustfreien Drehkondensator C_1 und wiederholt die Messung von w_ν für verschiedene Werte von C_1, wobei durch gleichzeitige Änderung von C immer der gleiche Wert der Wellenlänge einzustellen ist, so geben die Unterschiede der gemessenen Werte w_ν ein Maß für die Genauigkeit.

Wiederholt man diese Messungen für verschiedene Periodenzahlen, so können aus den Versuchsergebnissen die Zahlenwerte a und b in der S. 126 abgeleiteten Gleichung 163:

$$w_\nu = w_g + a \cdot \nu^2 + b \cdot \nu^3$$

berechnet werden, womit auch die Abhängigkeit des wirksamen Widerstandes w_ν oder w' einer Spule von der Wechselzahl festgestellt ist.

Der **Differentialtransformator** findet mit Vorteil Verwendung zum Vergleich des Verhaltens zweier Spulen verschiedener Bauart beim Durchgang von Hochfrequenzströmen in Abhängigkeit von der Wechselzahl.

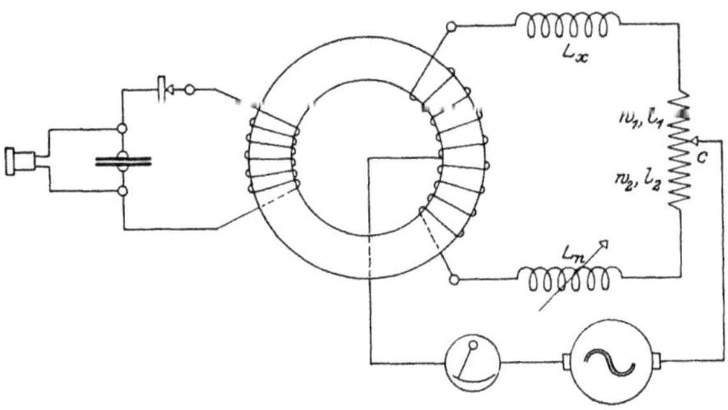

Abb. 253.

Hat man in der Anordnung Abbildung 253 durch Änderung der Selbstinduktionen die Scheitelwerte und durch Verschieben des Kontaktes c mittels der Widerstände w_1 und w_2 die Phasen der Zweigströme des Transformators gleichgemacht, so daß der Strom im Sekundärkreis verschwindet, so stellt

$$w_1 - w_2$$

den Unterschied der Verlustwiderstände beider Spulen dar. Die Spule mit dem kleineren Verlustwiderstand ist hierbei der größere Widerstand vorzuschalten.

Gleichzeitig ergibt sich der Selbstinduktionskoeffizient der Spule zu

$$L_x = L_n + (l_1 - l_2),$$

wenn L_n einen bekannten Induktionskoeffizienten und l_1 und l_2 die Induktionskoeffizienten von w_1 und w_2 darstellen, wofür unter Vernachlässigung der meist kleinen Größe $l_1 - l_2$ auch gesetzt werden kann

$$L_x = L_n.$$

Um den Teilbetrag von w_x, der durch die Eisenverluste allein bedingt ist, getrennt zu erhalten, führt man die Messung einmal mit Eisenkern und darauf nach Entfernen des Eisenkerns durch. Steht eine Vergleichspule mit bekanntem Verlustwiderstand zur Verfügung, so liefert die erste Messung auch den Beitrag, der auf die Verluste durch die Oberflächenwirkung und die dielektrischen Verluste der untersuchten Spule allein entfällt, wenn ihr Gleichstromwiderstand gemessen ist.

Auch das S. 217 erläuterte kalorimetrische Verfahren hat sich bei der Untersuchung von Spulen gut bewährt. Es steht bezüglich der erreichbaren Genauigkeit nicht wesentlich hinter den rein elektrischen Verfahren zurück, sofern man die Temperaturerhöhungen in Kalorimeter nicht über etwa 5^0 treibt.

O. Entladestrecken.

I. Allgemeines.

Einer jeden Entladestrecke kommt die Aufgabe zu, einmal die Aufladung des Erregerkreiskondensators zu gestatten und dann die Bahn für die hochperiodischen Schwingungen zu bilden. Dieser für alle drahtlosen Anlagen, die ihre Hochfrequenzleistung mit Funkenerregung erzeugen, wichtigste Bestandteil hat demnach die Aufgabe eines selbsttätig wirkenden Steuerorgans, das wechselweise die Leistungszufuhr und die Ausschwingung des Kreises veranlaßt. Vom meßtechnischen Standpunkte beansprucht besonderes Interesse die Beantwortung der Fragen:

a) welchen Einfluß die Funkenstrecke auf die Schwingungsperiode ausübt und

b) wie groß die in der Entladestrecke verbrauchte Leistung ist.

Für Verhältnisse, wie sie in der Praxis vorliegen, ist die erstere Erscheinung, selbst wenn man die Lichtbogengeneratoren im Auge hat, von nicht so einschneidender Bedeutung, um diese Abweichungen meßtechnisch zu verfolgen, wohl aber ist für den Bau von Entladestrecken die Kenntnis der Verluste wichtig, die jeder Funkenerscheinung anhaften. Um von vornherein hierüber ein Urteil zu gewinnen, ist es nicht unwichtig, sich darüber Klarheit zu verschaffen, von welchen physikalischen Größen die Verluste in einer Entladestrecke abhängen. Der Widerstand, den eine Entladestrecke darstellt, setzt sich zusammen aus dem Anoden- und Kathodenhindernis und dem des eigentlichen Funkens. Der Wert dieser Einzelwiderstände hängt seinerseits wieder von der Stromstärke ab, die mit zunehmendem Entladungspotential ansteigt. Die Höhe der Zündspannung selbst, die demnach in letzter Linie für die Größe des Dämpfungswiderstandes maßgebend ist, wird durch folgende Ursachen bestimmt:

a) von der Form und dem Abstande der Elektroden,

b) vom Elektrodenstoff,

c) von der Natur, dem Druck und der Temperatur des Stoffes, das den Elektrodenraum ausfüllt.

Da Form und Abstand der Elektroden für die Art der elektrostatischen Feldverteilung von entscheidendem Einfluß sind, ist man in der Lage, die Grenze für die elektrische Bruchfestigkeit beliebig wählen zu können. Spitz zulaufende Entladestrecken besitzen deshalb eine kleinere Zündspannung als solche, die zwischen den Elektroden ein gleichförmiges elektrostatisches Feld aufweisen. In diesem Zusammenhang spielt auch der Elektrodenstoff eine wichtige Rolle. Denn ist diesem eine hohe Zerstäubungsfähigkeit eigen, so bleibt offenbar bei stark beanspruchter Funkenstrecke die Glätte der Oberfläche nicht erhalten, die entstehenden kleinen Ansätze und Unebenheiten rufen an diesen Stellen eine erhöhte Felddichte hervor und fördern somit einen stets am gleichen Ort stattfindenden Elektrizitätsübergang. Auch die Zusammensetzung und der Druck der Gase, die den Elektrodenraum ausfüllen, sind wegen der Verschiedenheit ihrer Durchschlagsfestigkeit auf die Höhe des Entladungspotentials von Einfluß, was für die Erklärung der Wirkungsweise mancher Entladestrecken nicht unwesentlich ist.

Unter Berücksichtigung dieser Darlegungen lassen sich demnach folgende ohne weiteres verständliche Erfahrungssätze aufstellen, die auch mit der Theorie im Einklang stehen.

Der Widerstand einer Funkenstrecke ist um so kleiner, je stärker der sie durchfließende Strom ist, d. h. je höher das Entladungspotential der Anordnung ausfällt. Bei gleicher Stromstärke dagegen wächst der Widerstand mit dem Elektrodenabstande. Das gleiche tritt ein, wenn infolge schnell aufeinanderfolgender Entladungen die Zündspannung sinkt. Daneben beeinflussen die Kreiskonstanten die Stärke des Stromes insofern, als bei gleicher Wellenlänge mit wachsender Kapazität der Widerstand abnimmt, mit zunehmender Selbstinduktion dagegen ansteigt.

Bisher wurde angenommen, daß der Funkenwiderstand während des gesamten Entladungsvorganges sich nicht ändert. Da man es jedoch zumeist mit einem abklingenden Schwingungsverlaufe zu tun hat, muß strenggenommen der Widerstand während einer Entladungserscheinung dauernd zunehmen. Diese Tatsache wird sich bei längeren Wellen noch mehr ausprägen als bei kürzeren. Messungen des wirksamen Widerstandes können somit nur einen Mittelwert während des gesamten Schwingungsvorganges liefern.

Mit steigendem Funkenpotential und abnehmender Wellenlänge muß infolge der wachsenden Stromstärke und der verringerten Löschzeit die Güte der Löschwirkung selbst und damit die Leistungsfähigkeit der Funkenstrecke sich verkleinern. Zu diesen Erscheinungen tritt der Einfluß der Kopplung zwischen Stoßkreis und Nutzkreis, deren richtige Wahl für den Betrieb von Sendern von größter Bedeutung ist. Leistungsfähigkeit der Funkenstrecke und günstige Kopplung sind naturgemäß auch bedingt durch Elektrodenabstand, Elektrodenstoff und die Gaszustände im Elektrodenraum.

II. Messungen an Entladestrecken.

1. Zündspannung (Verfahren von M. Vos). Wird ein Kondensator von der Kapazität C in der Sekunde a mal in gleichem Sinne zur Spannung E_0 aufgeladen und wieder entladen, so ist die Elektrizitätsmenge, die während dieser Zeit im Ladekreis fließt, d. h. die Stromstärke:

$$i = a \cdot E_0 \cdot C.$$

Bildet der Kondensator den Teil eines Schwingungskreises, dessen Funkenstrecke bei der Spannung E_0 durchschlagen wird, so kann deren Zündspannung E_0 aus a, C und der mit einem Drehspulengalvanometer gemessenen Stromstärke i gefunden werden.

Das Verfahren ist auch dann verwendbar, wenn die Aufladung des Kondensators, wie bei den Tonfunkensendern, mittels Wechselstrom und unter Zwischenschaltung eines Transformators erfolgt. In die Sekundärwicklung des Transformators (Abb. 254) wird in diesem Falle ein Gleichstrommesser i gelegt, am besten ein Drehspulengalvanometer, das Ablesungen nach links und rechts erlaubt. Der erforderliche Meßbereich für dieses Gerät kann durch Annahme eines Näherungswertes für E_0 und a mit der vorigen Gleichung vorausbestimmt werden. Wird mittels Tonschieber und Drossel so eingestellt (siehe S. 353), daß auf jeden

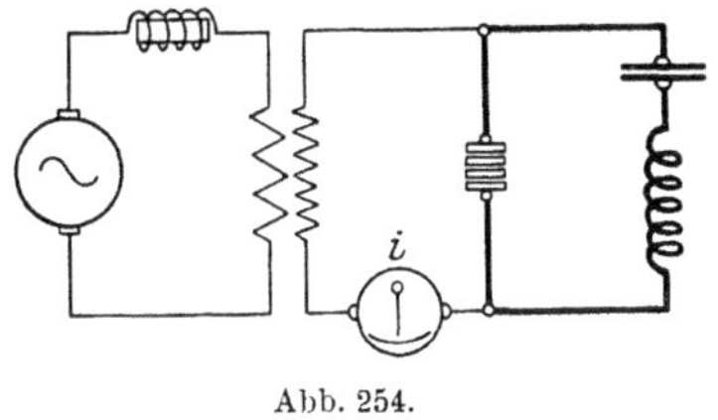

Abb. 254.

Wechsel eine Entladung erfolgt (hoher Ton), so ist der Kondensator vor jeder Entladung abwechselnd positiv und negativ aufgeladen. Der Gleichstrommesser zeigt keinen Ausschlag. Hat man jedoch die Verhältnisse im Niederfrequenzkreise so gewählt, daß erst bei jedem zweiten Wechsel die Funkenstrecke durchschlagen wird (tiefer Ton), so ist der Kondensator vor jeder Entladung immer im gleichen Sinne aufgeladen, und am Stromzeiger liest man eine Stromstärke i ab. Ist a die Tonhöhe, so wird daher

$$E_0 = \frac{i}{a \cdot C}. \tag{170}$$

a kann aus der Umlaufs- und Polzahl der Wechselstrommaschine oder mittels eines der unten beschriebenen Hilfsmittel gefunden werden.

Das Verfahren gibt nur bei vollkommen gleichförmiger Funkenfolge genaue Werte. Ist die Funkenfolge unregelmäßig, der Ton infolgedessen unrein, so schwankt der Ausschlag des Strommessers.

Beispiel. Eine 9teilige, geschlossene Löschfunkenstrecke war mit einem Stoßkreiskondensator vereinigt, dessen Kapazität $C = 40\,000$ cm betrug. Nachdem auf Tonreinheit für $a = 545$ eingestellt war, zeigte das Drehspulengerät bei gleichbleibendem Ausschlag den Strom $i = 0{,}337$ Amp. Die gesamte Zündspannung wird daher:

$$E_0 = \frac{0{,}337 \cdot 9 \cdot 10^{11}}{545 \cdot 4 \cdot 10^4} = 13\,910 \text{ Volt}$$

und die Zündspannung einer einzelnen Funkenstrecke:

$$E_{01} = \frac{13\,900}{9} = 1528 \text{ Volt.}$$

2. Funkenzahl und Tonhöhe. a) Messung mit der stroboskopischen Scheibe. Die Umlaufszahl der Scheibe (Abb. 255) wird derart eingestellt, daß die Sektoren stillzustehen scheinen. Ist n die Umdrehungszahl des Motors in der Minute, s die Sektorenzahl, so ist die Funkenzahl a in der Sekunde

$$a = \frac{n \cdot s}{60}. \tag{171}$$

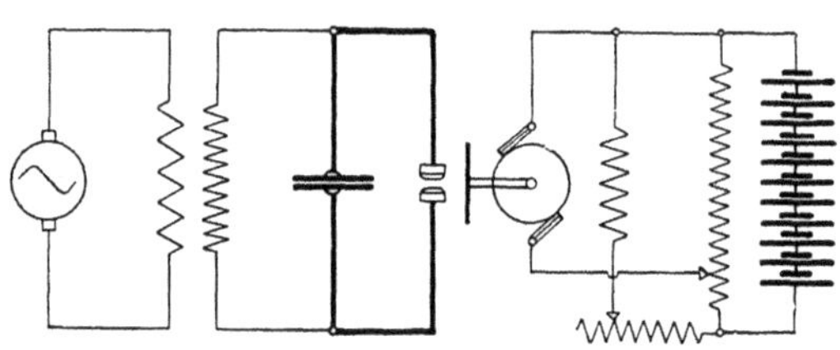

Abb. 255.

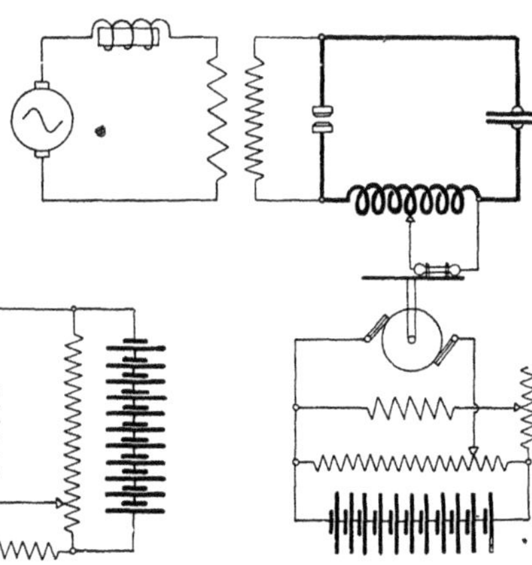

Abb. 256.

b) Messung mittels umlaufendem Leuchtrohr. Sehr gut eignet sich der S. 263 beschriebene Schwingungsprüfer. Abb. 256 zeigt die Versuchsanordnung, Abb. 257 eine Aufnahme mit dem Schwingungsprüfer. Hat man die Umlaufszahl des Motors so eingestellt, daß die umlaufende Scheibe scheinbar ruht, und ist s die Anzahl der leuchten-

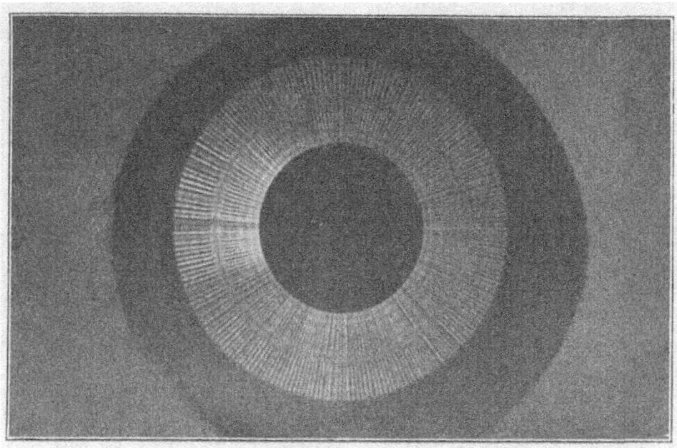

Abb. 257. Entladungszahl in der Sekunde $a = 5575$.

Abb. 258. Unterbrechungszahl in der Sekunde=1058.

den Streifen, so ergibt sich die gesuchte Funkenzahl a ebenfalls nach der letzten Gleichung.

c) Messung mit Glimmlichtoszillograph. Aus der Aufnahme Abb. 258 erhält man mittels Gleichung 109 für:

$$A = 250, \quad n = 200, \quad s = 7, \quad b = 55$$

die Unterbrechungszahl zu:

$$a = \frac{4 \cdot 3{,}14 \cdot 250 \cdot 200 \cdot 7}{60 \cdot 55} = 1058.$$

d) Messung mittels elektromagnetischer Stimmgabel. Das Verfahren macht einen besonderen Motor unnötig und kann benutzt werden, wenn der Schwingungskreis mit unterbrochenem Gleichstrom aufgeladen wird. Zu dem Zwecke schaltet man in die Primärwicklung des Transformators eine Drosselspule, die eine elektromagnetische Stimmgabel erregt. Die Eigenschwingungszahl der Stimmgabel läßt sich durch ein längs einer Teilung verschiebbares Laufgewicht verändern. Hat man so eingestellt, daß Resonanz zwischen der Zahl der Stromstöße und der Schwingungszahl der Gabel vorhanden ist, d. h. deren Schwingungen die größten Schwingungsweiten haben, so kann an der Teilung die Unterbrechungszahl abgelesen werden. Die geeichte Stimmgabel kann man auch durch einen Zungenfrequenzmesser ersetzen.

3. Dämpfungswiderstand. Vereinigt man eine Entladestrecke mit Spulen und Kondensatoren, deren Eigendämpfung bekannt ist, zu einem Schwingungskreis und mißt man dessen Gesamtdämpfung nach einem der früher beschriebenen Verfahren, so ergibt sich die mittlere Funkendämpfung, indem man von den gewonnenen Meßergebnissen die Einzeldämpfungen des Kreises abzieht. Wird die auf diese Weise untersuchte Funkenstrecke in den Erregerkreis eines Senders eingefügt, so können jedoch nur dann die gewonnenen Werte über den Widerstand des Funkens zur Berechnung der Gesamtverluste der Anlage verwendet werden, wenn die elektrischen Arbeitsverhältnisse die gleichen wie bei der vorher benutzten Versuchsanordnung sind. Dies ist besonders zu beachten, wenn die Messung der Funkendämpfung nach dem folgenden Vertauschungsverfahren vorgenommen wird (Abb. 259).

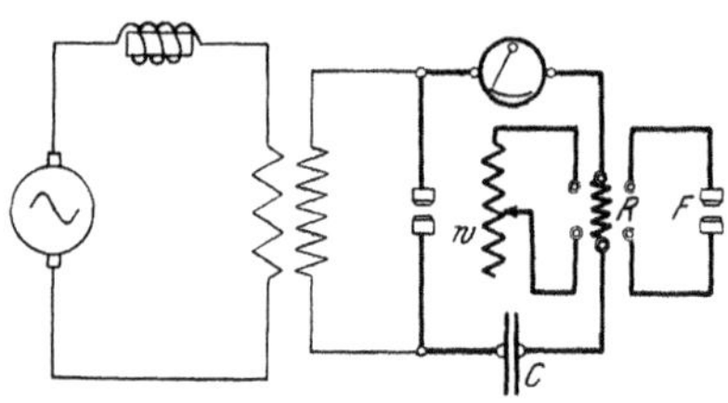

Abb. 259.

Während der hohe Widerstand R (oder auch eine Drosselspule) die Aufladung des Kondensators C ohne weiteres gestattet, erfolgt die Entladung über die Funkenstrecke F. Wird dann statt dieser ein veränderlicher induktionsfreier Widerstand w in den Kreis eingeschaltet und seine Größe derart eingestellt, daß die Angabe des Hitzdrahtstrommessers die gleiche ist wie vorher, so ist der mittlere Funkenwiderstand gleich dem eingeschalteten Widerstande.

4. Kopplung und Funkenlänge. Ermittelt man durch Änderung der Kopplung zwischen Stoßkreis und Verbrauchskreis die Abhängigkeit zwischen Kopplung und Strom im Verbrauchskreis, so erhält man im allgemeinen eine Kurve, die mehrere Höchstwerte aufweist. Dem größten derselben entspricht eine Kopplung, die um so höhere Werte annimmt, je kleiner die Elektrodenentfernung ist. Sie liegt bei Silberfunkenstrecken zwischen 14 % und 28 % und kann bei Wolframfunkenstrecken bis auf 45 % gesteigert werden.

Für den Betrieb von Sendern gilt jedoch nicht diejenige Kopplung als günstigste, bei der sich der größte Antennenstrom erzielen läßt, sondern diejenige, bei der am leichtesten ein reiner Ton entsteht, wobei natürlich auch die richtige Einstellung der Spannung der Wechselstromquelle eine wichtige Rolle spielt. (Vgl. auch S. 350.)

Funkenstrecken, bei denen die Elektrodenentfernung durch Glimmerringe bestimmt ist, werden in der Weise untersucht, daß man die günstigste Kopplung für Glimmerdicken von 0,1, 0,12, 0,15, 0,2 mm ermittelt. Mit dieser Messung wird zweckmäßig eine Aufnahme der entsprechenden Resonanzkurven verbunden.

5. Erwärmung. Die Löschwirkung einer Funkenstrecke sinkt mit der durch die Strombelastung verursachten Erwärmung. Die Temperaturerhöhung bestimmt man am besten mittels eines Thermometers, das, mit einer Stanniolumkleidung versehen, an die Funkenstrecke gelegt wird.

6. Leistung und Funkenstreckenzahl. Nach der Gleichung:

$$N = a \cdot \frac{(n \cdot E_{01})^2 \cdot C}{2}$$

sollte die Hochfrequenzleistung N im Verbrauchskreis mit dem Quadrate der Zahl n der in Reihe geschalteten Funkenstrecken wachsen. In Wirklichkeit erfolgt diese Zunahme langsamer. Die Untersuchung der Abhängigkeit zwischen beiden Größen liefert ein weiteres Bild von der Güte der Löschfähigkeit einer Funkenstrecke.

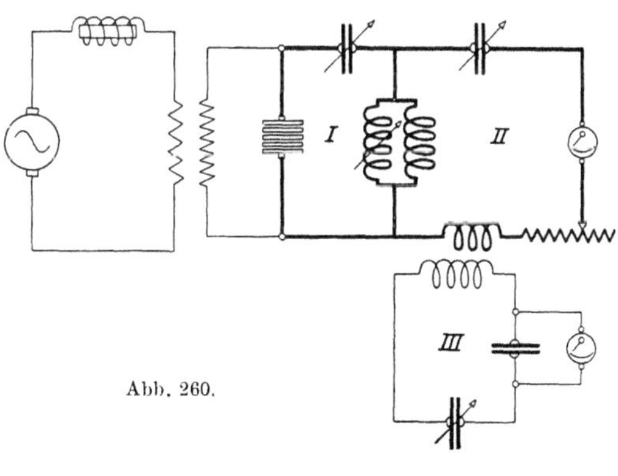

Abb. 260.

Denn mit steigendem Funkenpotential und abnehmender Wellenlänge nimmt infolge der wachsenden Stromstärke und der verringerten Löschzeit die Güte der Löschwirkung selbst ab. Deshalb ist die Feststellung wichtig, welche Leistungsfähigkeit die Funkenstrecke in dieser Richtung besitzt. Zu diesem Zwecke nimmt man bei verschiedenem Elektrodenabstande, Elektrodenstoff und Gaszuständen im Elektrodenraum Resonanzkurven von zwei miteinander gekoppelten Kreisen auf nnd stellt den Verlauf der Kurven bei gleicher Höchstamplitude als Funktion der Wellenlänge fest. Die hierbei anzuwendende Schaltung gibt Abb. 260

wieder. Da die Größe des Kopplungsgrades der in Wienscher Stoßerregung arbeitenden Kreise I und II ein Maß für die Wirksamkeit der Funkenlöschung darstellt, kann man die Versuchsanordnung auch zweckmäßig derart abändern, daß man den Stoß- und Antennenkreis rein induktiv miteinander koppelt und bei verschiedener Entfernung der Kopplungsspulen die Form der Resonanzkurve mit Hilfe des Wellenmessers III feststellt.

Die Messungen 5 und 6 können noch dahin erweitert werden, daß man im Stoßkreis außer der Löschfunkenstrecke noch eine Beleuchtungsfunkenstrecke oder eine Abreißfunkenstrecke mit Löschdrossel einschaltet (siehe S. 344 und 346) und deren Einfluß auf die Kopplung feststellt.

P. Luftleiter (Antennen).

I. Allgemeine Grundlagen.

1. Bestimmungsstücke von Luftleitern.

Für die Wirkungsweise einer Luftleiteranlage sind die folgenden, hauptsächlich von den Abmessungen und der Anordnung der Drähte abhängigen Größen maßgebend:

a) die wirksame oder dynamische Kapazität C_A und die statische Kapazität C_s des Luftleiters gegen Erde oder das Gegengewicht,
b) der wirksame Selbstinduktionskoeffizient L_A,
c) die Wellenlänge λ_A der Eigenschwingung,
d) die Verkürzungs- und Verlängerungszahl α und β,
e) die wirksame Höhe h_w,
f) die Antennenformziffer,
g) das magnetische und elektrische Feld,
h) der Strahlungswiderstand w_s,
i) der gesamte wirksame Widerstand w_A,
k) der Wirkungsgrad η_A der Antenne.

a) Kapazität. Messungen mit niederfrequenten Strömen, z. B. mittels der Wechselstrombrücke, liefern den Wert der statischen Kapazität C_s, die im allgemeinen wesentlich größer ist als die wirksame oder dynamische Kapazität C_A. Die Unterschiede erklären sich dadurch, daß im ersten Falle in einem bestimmten Augenblick der Strom in allen Punkten der Antenne den nämlichen Wert besitzt, d. h. in ihr ein stationärer Stromzustand herrscht. Hochfrequenten Strömen dagegen entspricht ein nicht stationärer Zustand. Bei einem geraden Luftleiter z. B. sind die Stromstärken sinusförmig verteilt. Am unteren

Ende entsteht ein Strombauch, am oberen ein Stromknoten. Infolge dieser ungleichförmigen Verteilung der Elektrizitätsmengen längs des geraden Leiters berechnet sich, unter der Annahme, daß die statische Kapazität gleichmäßig auf ihm verteilt ist, nach Behnken die wirksame Kapazität zu:

$$C_A = \frac{c' \cdot c_s \cdot \sin \frac{2\pi\nu \cdot l}{c'}}{2\pi\nu} = \frac{c_s \cdot \lambda \cdot \sin\left(\frac{2\pi \cdot l}{\lambda} \cdot \frac{c}{c'}\right)}{2\pi \cdot \frac{c}{c'}}, \tag{172}$$

wo c_s die statische Kapazität der Längeneinheit, $c = 3 \cdot 10^{10}$, l die Drahtlänge, c' die Fortpflanzungsgeschwindigkeit der Welle längs des Drahtes und λ deren Länge in Zentimetern bedeuten.

Mit zunehmender Wellenlänge wächst C_A und erreicht für $\lambda = \infty$ den Wert der statischen Kapazität:

$$C_A = l \cdot c_s, \tag{173}$$

während für die Eigenperiodendauer, d. h. $\nu_A = \frac{c'}{4l}$ sich ergibt:

$$C_A = \frac{2}{\pi} \cdot l \cdot c_s = \frac{2}{\pi} \cdot C_s. \tag{174}$$

b) Selbstinduktion. In ähnlicher Weise erhält man für den wirksamen Selbstinduktionskoeffizienten L_A eines geraden Leiters bei der Grundschwingung:

$$L_A = \frac{2}{\pi} \cdot L_s, \tag{175}$$

wo L_s den Wert für die quasistationäre Strömung darstellt.

c) Eigenwellenlänge. Die Kirchhoff-Thomsonsche Gleichung:

$$\lambda = 2\pi \cdot \sqrt{C \cdot L}$$

gilt für einen geschlossenen Schwingungskreis, dessen Abmessungen so klein sind gegen die Wellenlänge, daß Kapazität und Selbstinduktion in einem kleinen Raum zusammengedrängt erscheinen, d. h. sie gilt unter der Voraussetzung, daß der Strom an jeder Stelle gleichen Höchstwert und Phase besitzt. Bei einem geraden Leiter sind diese Forderungen nur teilweise erfüllt, weshalb zur Berechnung der Eigenwellenlänge λ_A die wirksame Selbstinduktion L_A und die wirksame Kapazität C_A eingeführt werden müssen. Da für einen geraden, geerdeten Draht von der Länge l und dem Durchmesser $2r$

$$L_s = 2l \cdot \log\text{nat} \frac{2l}{r}, \qquad C_s = \frac{l}{2 \log\text{nat} \frac{2l}{r}}, \tag{176}$$

	Mastart	Zuführungslänge A_m	G_m	Anzahl der Drähte n_A	n_G	Länge der Drähte in m l_A	l_G	Abstand der Drähte in m e_A	e_G	Höhe des Gegengew. über Erde h_G	C_s in cm	λ_A in m
Schirmantennen. Abb. 261.	Magirusmast $h = 30$ m	30	8	12	12	25	60			1,2	870	415
				6	6	25	60			1,2	610	385
				3	3	25	60			1,2	310	310
	Siewert Spindelmast $h = 25$ m	25	5	12	12	25	60			1,2	940	435
				6	6	25	60			1,2	680	360
				3	3	25	60			1,2	360	275
	Magirusmast $h = 18$ m	20	5	6	6	25	60			1,2	600	340
				3	3	25	60			1,2	380	250
	Holzmast $h = 18$ m			10	10						850	370
				6	6						570	320
Schirmantennen mit nur 2 Sektoren. Abb. 262.	Magirusmast $h = 18$ m	20	5	2×3	2×3	30[1]	58	5		0,4	585	325
							58	20		0,4	660	325
							50	5		0,4	580	310
							50	20		0,4	640	310
							60	5		1,0	600	375
							60	20		1,0	655	375
							60	5		1,0	585	360
							60	20		1,0	615	360
							60	10		1,0	545	340
T-Antennen. Abb. 263.	2 Siewert Spindelmaste $h = 18$ m Mastabstand 158 m	20	5	3	2	152	155	0,65	2,0	2,5	900	390
						130	155	2,0	2,0	2,5	845	420
	2 Stahlrohrmaste $h = 12$ m					120	120	1,7	1,7	1,1	680	350
	2 Stahlrohrmaste $h = 9$ m					120	120	1,7	1,7	1,1	660	345
Verlängerte T-Antenne. Abb. 26[illegible].	2 Siewert Spindelmaste $h = 18$ m	20	5	2	2	150	190	1,8	1,8	1,5	925	490
Doppelkonusantenne. Abb. 265.	Holzmast $h = 18$ m	2	2	4	4	7,25	24			1,5	240	135
						4,25						
										0	340	160
V-Antenne. Abb. 266.	Holzmast $h = 18$ m	18	18	2	2	60	60	1	7		300	340
				2	2	70	70	5	1,5		570	475
				2	3	90	90	5	2,5		640	550
Gerichtete Antenne. Abb. 267.	Holzmast $h = 18$ m	18	18	1	1	35	35	5		1,8	250	340
						25	25					
		18	18	3	3	50	50	5		0,8	600	515
						20	20					
Gerichtete Antenne. Abb. 268.	Holzmast $h = 18$ m		3			60	60	5		1	640	440
		18	5			40	60	5		1	460	340
			8			75	60	5		1	450	340
Erdantenne. Abb. 269.	Normale Bronzelitze			1	1	100	100			2,3	320	510
				4	4	40	40	6	6	2,0	415	245
Erdantenne. Abb. 270.	Gummiisolierte Bronzelitze 12 mm ∅			4		25		1		0,35	1000	410

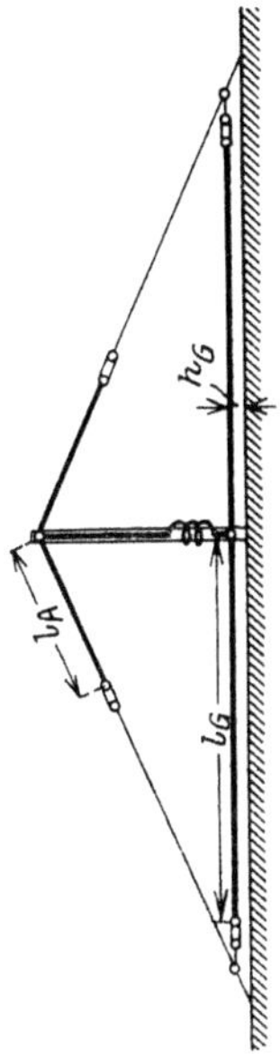

Abb. 261. Schirmantenne.

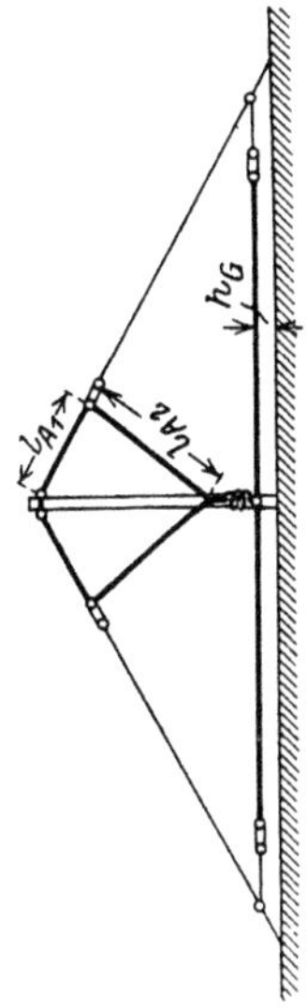

Abb 265. Doppelkonusantenne.

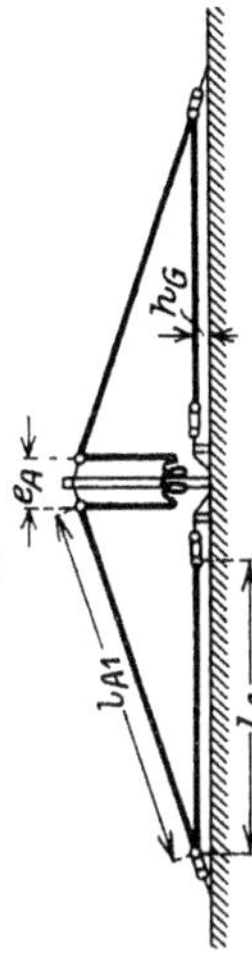

Abb. 267. Gerichtete Antenne.

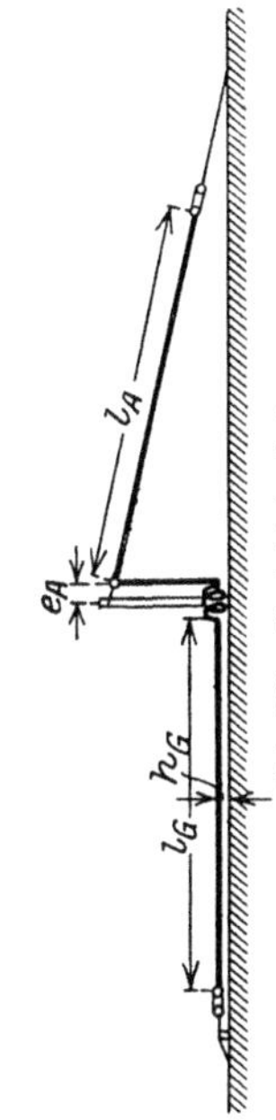

Abb. 268. Gerichtete Antenne.

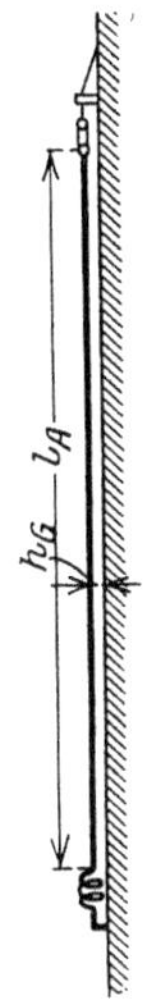

Abb. 270. Erdantenne.

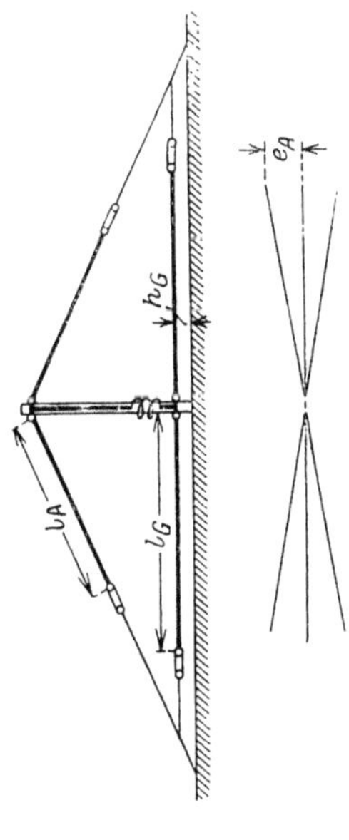

Abb. 262. Schirmantenne mit nur 2 Sektoren.

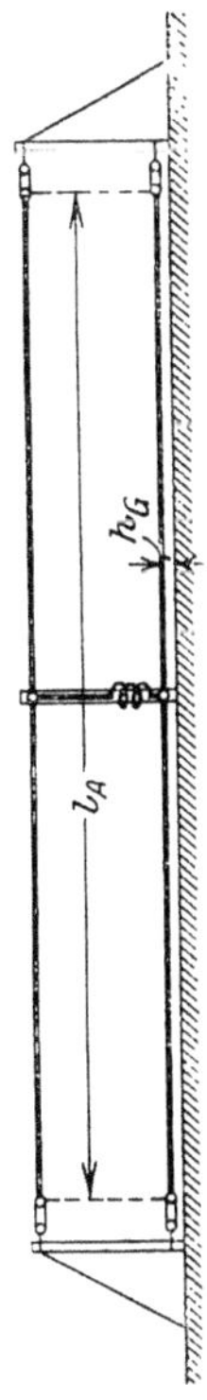

Abb. 263. T-Antenne.

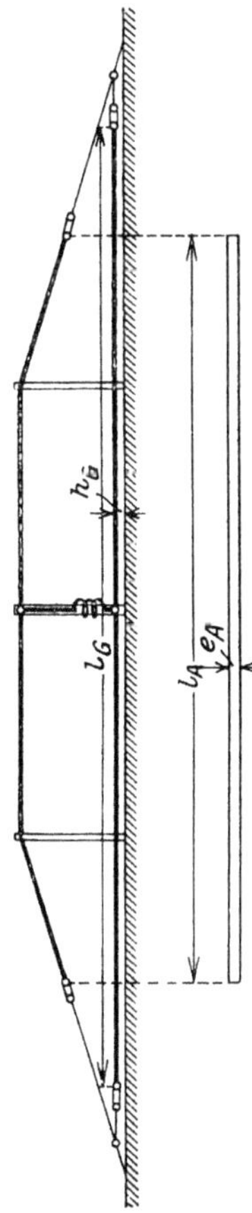

Abb. 264. Verlängerte T-Antenne.

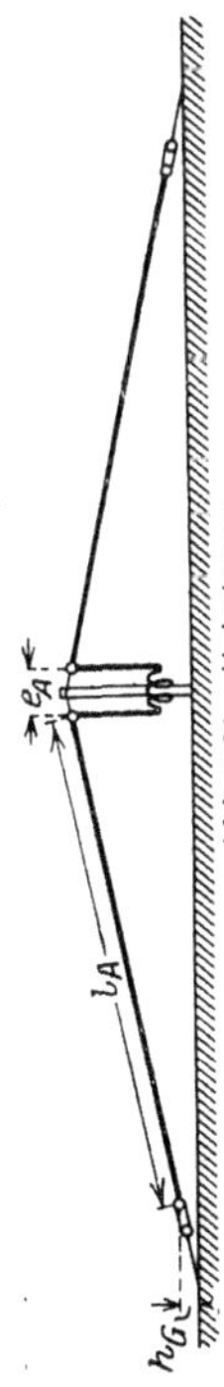

Abb. 266. V-Antenne.

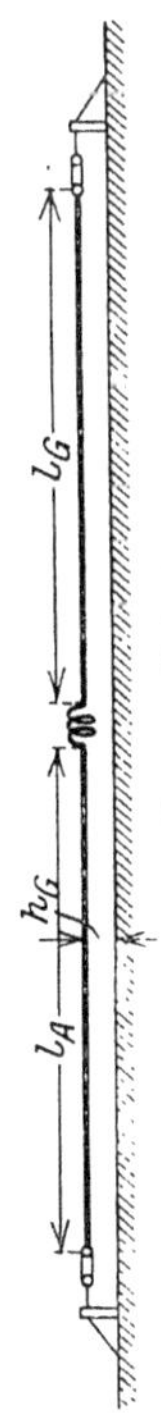

Abb. 269. Erdantenne.

T-Antennen für Schiffe (Abb. 263).

Antennenhöhe h	l_A in m	n_A	Drahtabstand in m	C_s in cm	λ_A in m
8	20	5	0,5	340	170
12	100	3	1	590	265
17	18	2	2,5	460	175
25	30	2	3	450	250
30	40	2	4	450	270
36	55	2	3	640	325
50	70	6	1,6	1500	460
60	75	2	6	1400	520
70	90	4	2	1230	735

erhält man durch Einführung von C_A und L_A mittels der Gleichungen 174 und 175 als Eigenwellenlänge λ_A den Wert:

$$\lambda_A = 2\pi \cdot \sqrt{\frac{2}{\pi} \cdot C_s \cdot \frac{2}{\pi} \cdot L_s} = 4 \cdot l.$$

Für eine beliebige Antennenform läßt sich λ_A darstellen durch:

$$\lambda_A = f \cdot \sqrt{C_s \cdot L_s}. \tag{177}$$

Hat man daher für irgendein Luftleitergebilde die Eigenwellenlänge λ_A, ferner die wirksame Kapazität C_A und Selbstinduktion L_A ermittelt, so gestattet die Zahl f, deren Grenzwerte 4 und 2π sind, einen Rückschluß auf die vorhandene Stromverteilung, d. h. darauf, ob das Luftleitergebilde mehr die Eigenschaften des geraden Strahldrahtes aufweist oder zu den Antennenformen mit großer Endkapazität gehört.

Die Zahlentafel S. 296 enthält die statischen Kapazitäten und Eigenwellenlängen verschiedener Antennenformen nach Angaben der Gesellschaft für drahtlose Telegraphie und obenstehende Tafel die Werte für T-Antennen mit Abmessungen, die für Schiffe in Frage kommen.

Aus umfangreichen Messungen der Gesellschaft für drahtlose Telegraphie ergeben sich nach Meißner die folgenden Beziehungen zwischen der Eigenwellenlänge λ_A und der längsten Strombahn l_i, gerechnet vom Erdungspunkt, für verschiedene Luftleiterformen, die zur raschen, angenäherten Berechnung von λ_A aus den Abmessungen der Antenne mit Vorteil Verwendung finden.

In Abb. 262 z. B. ist $l_i = h + l_A$, in Abb. 263 $l_i = h + \frac{l_A}{2}$, wenn h die Höhe des senkrechten Teils der Strombahn bedeutet.

Gerader Draht	$\lambda_A \sim 4{,}1 \cdot l_i$
„ „ geneigt gegen den Boden	$\lambda_A \sim 4{,}2 \cdot l_i$
„ „ 1 m über dem Boden	$\lambda_A \sim 5 \cdot l_i$

T-Antenne, schmal	$\lambda_A \sim 4{,}5 \cdot l_i$	bis	$5 \cdot l_i$
„ breit	$\lambda_A \sim 5 \cdot l_i$	„	$7 \cdot l_i$
„ Breite $= l$, Höhe $= \frac{l}{2}$ bis $\frac{l}{2}$	$\lambda_A \sim 9 \cdot l_i$	„	$10 \cdot l_i$
Schirmantenne, je nach der Drahtzahl	$\lambda_A \sim 6 \cdot l_i$	„	$8 \cdot l_i$
„ mit größter Drahtzahl, $h < \frac{l}{3}$	$\lambda_A \sim 8 \cdot l_i$	„	$10 \cdot l_i$

Der Faktor bei l_i ist um so größer, je größer bei gleicher Antennenkapazität C_s das Verhältnis $\frac{C_s}{L_s}$ und je größer die Antennenfläche ist.

d) Verkürzungs- und Verlängerungszahl. Sollen mit einem Luftleiter Wellen gesendet oder empfangen werden, die kleiner sind als seine Eigenwelle λ_A, so schaltet man in die Antenne eine Verkürzungskondensator. Derselbe liegt mit der Kapazität der Antenne in Reihe, die gesamte wirksame Kapazität wird daher verkleinert, und die Wellenlänge geht von λ_A über in

$$\lambda = \beta \cdot \lambda_A, \tag{178}$$

wo $\beta < 1$.

Die Verkürzungszahl β darf eine gewisse Grenze nicht unterschreiten, die von der Form des Luftleiters abhängt. Als mittlerer Grenzwert kann

$$\beta = 0{,}7$$

gelten.

In ähnlicher Weise wird durch eine in die Antenne gelegte Selbstinduktion die ursprüngliche Wellenlänge λ_A vergrößert auf

$$\lambda = \gamma \cdot \lambda_A. \tag{179}$$

Hierbei bedeutet γ die Verlängerungszahl. Wenn man auch die Verlängerung einer Antenne viel weiter treiben darf als die Verkürzung, so muß doch auch für sie eine obere Grenze eingehalten werden, da der Strahlungswiderstand nach Gleichung 186 mit dem Quadrate der Wellenlänge abnimmt. Beim Empfang kann γ wesentlich größer gewählt werden als beim Senden.

e) Wirksame Höhe eines Luftleiters. Um die Wirksamkeit von Luftleitern verschiedener Form und mit ungleichmäßiger Stromverteilung zu vergleichen, kann man sich jeden derselben ersetzt denken durch einen geraden, geerdeten Draht, der auf seiner ganzen Länge h_w gleichmäßig vom Strome i_0 durchflossen wird und der die nämliche Fernwirkung ausübt, wie die vorliegende Antenne, dessen Länge mithin so gewählt ist, daß

$$i_0 \cdot h_w = \int i \cdot dl,$$

wo i_0 den Strom im Strombauch der Senderantenne bedeutet.

Die Größe

$$h_w = \frac{1}{i_0} \cdot \int i \cdot dl \tag{180}$$

führt den Namen wirksame Höhe des Luftleiters.

h_w kann auch zeichnerisch gefunden werden, indem man für die verschiedenen Luftleitergebilde die Stromverteilung längs der einzelnen Drähte aufträgt, darauf die in denselben Höhen in gleichem Sinne wirkenden Ströme zusammenzählt, die gegeneinander wirkenden voneinander abzieht und auf diese Weise den für die Fernwirkung allein in Frage kommenden Gesamtbetrag bestimmt.

Führt man h_w ein in die Ausdrücke für das magnetische und das elektrische Feld und die Strahlungsleistung eines geraden, geerdeten Leiters, so erhält man die weiter unten folgenden Werte für einen beliebig geformten Luftleiter.

f) **Antennenformziffer** α. Die wirksame Höhe eines beliebigen Luftleiters kann dargestellt worden durch

$$h_w = \alpha \cdot h, \tag{181}$$

wo h die wahre Höhe, α die Formziffer der Antenne bezeichnet.

Für eine gerade, in ihrer Grundschwingung erregte, geerdete Antenne, für die

$$J_z = J_0 \cdot \cos \frac{\pi}{2\,l} \cdot z,$$

wo J_z den Scheitelwert des Wechselstromes in der Entfernung z vom Erdungspunkt bedeutet, wird

$$h_w = \frac{2}{\pi} \cdot l = \frac{2}{\pi} \cdot h,$$

d. h. die Formziffer

$$\alpha = \frac{2}{\pi}.$$

Die folgende Zusammenstellung enthält für verschiedene Antennenformen die Beziehungen zwischen wirksamer Antennenhöhe h_w und der wirklichen h:

gerader Draht	$h_w \sim \frac{2}{\pi} \cdot h = \frac{2}{\pi} \cdot l$
gerader Draht mit Verlängerungspule	$h_w \sim \frac{1}{2} \cdot h \sim \frac{1}{2} \cdot l$
T-Antenne	$h_w \sim h$
Schirmantenne	$h_w \sim$ Höhe des unteren Schirmrades $+ \frac{1}{3}$ Schirmhöhe.

g) Magnetisches und elektrisches Feld. Der Scheitelwert H_0 des sinusförmigen, magnetischen Wechselfeldes eines beliebig geformten Luftleiters mit der wirksamen Höhe h_w, hat in der Äquatorialebene des Leiters und in der Entfernung R den Wert:

$$H_0 = 4\pi \cdot \frac{h_w}{\lambda} \cdot \frac{J_1}{R} \text{ Gauß}, \tag{182}$$

wo J_1 den Scheitelwert des Stromes im Strombauch der Senderantenne bedeutet.

Überschreiten die Kraftlinien dieses Feldes mit der Geschwindigkeit $c = 3 \cdot 10^{10}$ cm einen Empfangsluftleiter in der Entfernung R, so erregen sie in der Längeneinheit desselben eine sinusförmige elektromotorische Kraft mit dem Scheitelwert:

$$E = 4\pi \cdot \frac{h_w}{\lambda} \cdot \frac{J_1}{R} \cdot 3 \cdot 10^{10} \text{ (c-g-s)} = 120 \cdot \pi \cdot \frac{h_w}{\lambda} \cdot \frac{J_{1\,\text{Amp.}}}{R_{\text{cm}}} \text{ Volt/cm}. \tag{183}$$

h) Gesamte Strahlungsleistung. Aus dem Werte für die Strahlungsleistung des geraden geerdeten Senders durch eine Halbkugel mit dem Radius R und dem Luftleiter als Achse:

$$N_s = \frac{c}{6} \cdot H_0^2 \cdot R_{\text{cm}}^2 \text{ Erg} = 5 \cdot 10^{12} \cdot H_0^2 \cdot R_{\text{km}}^2 \text{ Watt} \tag{184}$$

ergibt sich, wenn man H_0 nach Gleichung 182 einführt, für die Strahlungsleistung einer beliebig geformten Antenne:

$$N_s = \frac{3 \cdot 10^{10} \cdot 4\pi^2}{6} \cdot \left(\frac{h_w}{\lambda}\right)^2 \cdot (\sqrt{2} \cdot i_1)^2 \text{ Erg} = 1579 \cdot \left(\frac{h_w}{\lambda}\right)^2 \cdot i_{1\,\text{Amp.}}^2 \text{ Watt}, \tag{185}$$

wo $i_1 = \frac{J_1}{\sqrt{2}}$ die wirksame Stromstärke im Strombauch bedeutet.

i) Strahlungswiderstand w_s. Ein anschauliches Bild von der durch Gleichung 185 dargestellten Strahlungsleistung einer Antenne ergibt sich, wenn man sich in sie einen Ohmschen Widerstand geschaltet denkt, so bemessen, daß in ihm die gesamte verfügbare Strahlungsleistung in Wärme umgesetzt wird. Bei nicht stationären Stromverhältnissen, z. B. bei einer geraden, in ihrer Grundschwingung erregten Antenne, müßte dieser Widerstand verschiedene Werte haben, je nach der Stelle, an der er eingeschaltet gedacht ist. Um leicht vergleichbare Werte für verschiedene Luftleitergebilde zu erhalten, verlegt man ihn daher in den Strombauch. Dadurch erhält er nach Gleichung 185 den allein durch die wirksame Antennenhöhe und die Wellenlänge festgelegten Wert:

$$w_s = 1579 \cdot \left(\frac{h_w}{\lambda}\right)^2 \text{ Ohm}, \tag{186}$$

eine Größe, die als Strahlungswiderstand der Antenne bezeichnet wird. w_s kann entweder berechnet oder nach einem der S. 326 erläuterten Verfahren gemessen werden.

Die Vorausberechnung des Strahlungswiderstandes erfordert die Ermittlung von h_w in der vorher angedeuteten Weise und die Kenntnis der Betriebswellenlänge λ.

Für einen geraden, in seiner Grundschwingung erregten Luftleiter von der Länge l, für den

$$h_w = \frac{2}{\pi} \cdot l, \quad \lambda = 4 \cdot l,$$

wird

$$w_s = 36{,}6 \text{ Ohm}.$$

Umgekehrt läßt sich aus dem gemessenen Wert von w_s auch die wirksame Höhe h_w finden.

Zur Vereinfachung der Rechnungen bei derartigen Aufgaben dient Tafel VII.

k) Gesamter wirksamer Widerstand w_A. Derselbe kann dargestellt werden durch

$$w_A = w' + w_v.$$

Hierbei bedeuten:

w' = wirksamer Widerstand der Antenne nebst Erdung oder Gegengewicht,

w_v = wirksamer Widerstand der Abstimmittel, bestehend aus Spulen und Kondensatoren, die entweder mit der Antenne in Reihe geschaltet sind oder Teile eines mit der Antenne verbundenen geschlossenen Schwingungskreises bilden.

Der Widerstand w' des Strahlgebildes nebst Erdung oder Gegengewicht setzt sich nach der Gleichung:

$$w' = w_s + w_v'$$

aus zwei Hauptteilen zusammen, wo:

w_s = Strahlungswiderstand der Antenne,

w_v' = gesamter Verlustwiderstand des Luftleitergebildes nebst Gegengewicht oder Erdung.

w_v' selbst besteht wieder aus einer Reihe von Teilbeträgen, die den folgenden Verlustquellen entspringen:

1. Joulesche Wärme in den Antennendrähten,
2. Glimmerscheinungen, Drahtsprühen,
3. Induktion in den Halteseilen des Sendergebildes und benachbarten Leitern,
4. dielektrische Verschiebungsströme in der Umgebung,
5. Isolationsströme,
6. Erdströme.

l) **Wirkungsgrad.** Der Wirkungsgrad η_A einer Antenne ist dargestellt durch den Quotienten aus der Strahlungsleistung $i_1^2 \cdot w_s$ und der gesamten, von der Antenne aufgenommenen Leistung $N = i_1^2 \cdot w_A$, d. h. durch

$$\eta_A = \frac{w_s}{w_A}. \tag{187}$$

2. Einige Gesichtspunkte für den Antennenbau.

Um von der gesamten, einem Luftleiter zugeführten Leistung einen möglichst großen Betrag als Strahlungsleistung zu gewinnen, hat man sich bei der Errichtung einer jeden Luftleiteranlage vor allem die Bedingungen für die Entstehung der zuletzt aufgezählten Erscheinungen und Größen vor Augen zu halten.

Der Verlust durch Joulesche Wärme in den Antennendrähten selbst wird sich meist in mäßigen Grenzen bewegen.

Glimm- und Sprüherscheinungen sind überall da zu befürchten, wo die elektrische Felddichte Werte erreicht, die sich der Durchschlagsfestigkeit der Luft nähern. Spitzen, scharfe Biegungen und Knicke in der Leitungsführung sind daher möglichst zu vermeiden. Mit gutem Erfolg hat man die Enden der Antennendrähte mit Sprühschutzisolatoren verbunden.

Nicht unerheblich ist der Beitrag zur gesamten Antennendämpfung, den bei einer ungeschickt ausgeführten Anlage die Verluste in eisernen Masten, Abspannseilen, benachbarten Metallmassen verursachen, und die dadurch entstehen, daß die Antennenschwingungen in allen Leitern, die unmittelbar im elektromagnetischen Felde der Senderdrähte liegen, eine elektromotorische Kraft erzeugen, die einen Strom gemäß den vorhandenen Widerständen hervorbringt. In zwei Fällen können diese Ströme besonders große Werte annehmen:

Einmal dann, wenn in den betreffenden Metallmassen sich eine Resonanzerscheinung mit der aufgedrückten Schwingung oder auch einer ihrer Oberschwingungen ausbildet. Durch reichliche Unterteilung der induzierten Leitungen kann man dieser Erscheinung begegnen.

Der zweite Fall tritt bei aperiodischem Mitschwingen ein und zwar, wenn der rein Ohmsche Widerstand w der mitschwingenden Leiter gleich ist ihrem induktiven $\omega \cdot L - \frac{1}{\omega \cdot C}$. Wie die Theorie zeigt, erreicht unter diesen Umständen der Leistungsverbrauch seinen Höchstwert. Verschlechtert sich also beispielsweise für einen mehrfach unterteilten Eisenmast infolge ungünstiger Witterungsverhältnisse die Isolation zwischen den einzelnen Teilen der Metallmassen, und nähert sich dadurch die Größenordnung des als Reihenwiderstand umgerechneten Ohmschen Widerstandes dem induktiven, so wird eine beträchtliche Zunahme der Verluste die Folge sein. Vielfach hält man es daher für zweckmäßiger, von einer Unterteilung fremder Leiter ganz abzusehen, diese vielmehr gut zu erden. Wohl können alsdann, sofern ausgesprochene Resonanzerscheinungen ausgeschlossen sind, die schädlichen Leistungsverluste abnehmen, jedoch liegt die Gefahr nahe, daß infolge der entstehenden hohen Ströme eine beträchtliche Störung des elektromagnetischen Feldes und damit ein Rückgang der wirksamen Antennenstrahlung eintritt. Denn durch die Hochführung der Erde werden die elektrostatischen Linien in ihrem Ausbreitungsbestreben gehindert. Welche von den beschriebenen Wirkungen als die schädlichere anzusehen ist, muß von Fall zu Fall beurteilt werden. Man gewinnt hierüber einen ungefähren Anhalt, wenn man die Stromaufnahme in der Antenne bei gleichen Sendeverhältnissen für die verschiedenen Schaltungsmöglichkeiten feststellt, die man mit den im Antennenfelde liegenden Leitern vornehmen kann.

Ein Bild von dem **Einfluß einer schlechten Antennenisolation** gewinnt man am besten an Hand einer Ersatzschaltung, d. h. durch Umrechnung des mit der Antennenkapazität C_A nebeneinander geschalteten Isolationswiderstandes w_J in einen in dem Luftleiter selbst liegenden Reihenwiderstand w_J'. Man erkennt dadurch, daß der Isolationswiderstand zu den übrigen Dämpfungsgrößen der Antenne noch einen weiteren Beitrag liefert, der sich nach S. 68 aus folgenden Gleichungen berechnet:

$$\left.\begin{aligned} w_J' &= w_J \cdot \frac{\dfrac{1}{\omega^2 \cdot C_A^2}}{w_J^2 + \dfrac{1}{\omega^2 \cdot C_A^2}}, \\ w_J' &\sim \frac{L}{w_J \cdot C_A} = 22{,}8 \cdot \frac{\lambda^{2\,\text{cm}}}{w_J^{\Omega} \cdot C_A^{2\,\text{cm}}} \end{aligned}\right\} \qquad (188)$$

Die Ausdrücke zeigen, daß die Ableitungsverluste um so größer werden, je kleiner der Isolationswiderstand w_J ist und je mehr die Antennenkapazität C_A gegenüber der in das Strahlgebilde eingeschalteten Selbstinduktion L zurücktritt. Daß die wirksame Antennenkapazität C_A bei schlechter Isolation ebenfalls eine, wenn auch geringfügige Änderung erfährt, sei nebenbei bemerkt.

Eine der wichtigsten Anforderungen endlich, die an jede Antennenlage zu stellen ist, betrifft die möglichste **Verringerung der Leistungsverluste im Erdboden** in unmittelbarer Nähe der Anlage, die nur bei Luftschiff- und Flugzeugsendern wegfallen. Um sich auch hierbei ganz allgemein darüber klar zu werden, welche Ursachen jenen Leistungsverbrauch bedingen, muß man von der Vorstellung ausgehen, daß ein jedes Strahlgebilde den einen Belag eines Kondensators darstellt, dessen Gegenpol durch in oder oberhalb des Erdbodens verlegte Drahtnetze gebildet wird. Um nämlich die Erregerstelle des ursprünglichen geraden Hertzschen Oszillators an eine für den Bau der Anlage bequeme Stelle legen zu können, ersetzte Marconi die eine Hälfte der Schwingungsbahn durch die Erde selbst, während nach Lodge und Braun der gleiche Zweck mit Hilfe des Gegengewichtes, d. h. umfangreicher Drahtgebilde erreicht wurde, die isoliert in geringem Abstande vom Erdboden ausgespannt werden. Sofern sich nun das elektrostatische Feld ausschließlich zwischen den eigentlichen Antennenleitungen und den Erddrähten ausbilden würde, dürfte ein zusätzlicher Leistungsverbrauch nicht nachzuweisen sein. Da jedoch sowohl im Falle unmittelbarer Erdung wie bei Verwendung eines Gegengewichtes nach früheren Ausführungen der Erdboden selbst an der Stromleitung beteiligt ist, müssen, weil seine Leitfähigkeit im allgemeinen eine geringe ist, gewisse Leistungsverluste auftreten, die den Dämpfungswiderstand der Antennenschwingungen erhöhen. Schon aus diesen Vorstellungen heraus erkennt man, daß zur Verringerung der Leistungsverluste in der Erde einmal ein solcher Ort für die Errichtung der Anlage zu wählen ist, dessen obere Erdschichten eine möglichst hohe Leitfähigkeit aufweisen, und zweitens, daß durch entsprechende Ausführung der Antennen- und Erdungsanlage dafür Sorge zu tragen ist, daß die Stromdichte in unmittelbarer Nähe der Anlage sich klein und möglichst gleichförmig an jeder Stelle einstellt. Die erste Forderung bedeutet, daß man für eine bestimmte Form des Strahlgebildes die Drahtzahl nicht zu gering wählen darf, während die zweite Voraussetzung dann am besten erfüllt sein wird, wenn die von der Antenne ausgehenden Kraftlinien sich in möglichst großem Abstande von der eigentlichen Erdanschlußstelle zum Gegengewicht oder Erdboden schließen. Mit wachsender Entfernung der die höchsten Spannungen gegen Erde aufweisenden Punkte der Antennendrähte und mit zunehmender seitlicher Ausbreitung des Strahlgebildes von der senkrechten Symmetrielinie aus müssen daher die Verluste immer kleiner werden. Durch Aufzeichnung des wahrscheinlichen Kraftlinienverlaufes kann man jedes Strahlgebilde nach diesen Gesichtspunkten hin beurteilen. Eine meßtechnische Bestimmung des Erdwiderstandes dagegen ist mit einfachen Mitteln nicht möglich. Das mehrfach verwendete Verfahren, das Erddrahtgebilde in eine Reihe von Segmenten zu trennen und mit Hilfe einer Wechselstrombrücke oder auch einem der früher erläuterten Vergleichsverfahren ihren gegenseitigen Widerstand zu messen, liefert in den Endergebnissen zu kleine Werte, da hier nur die Übergangswiderstände vom Drahtgebilde zum Erdreich eingehen. Neuere Messungen (S. 334) und die Erfahrung haben folgende Ergebnisse gezeitigt, die beim Bau einer Anlage zu beachten sind:

α) Der Erdwiderstand ist abhängig von der Frequenz und nimmt mit wachsender Periodenzahl zu. Diese Erscheinung erklärt sich aus dem Umstande, daß der wirksame Widerstand eines jeden Leiters infolge des veränderten Stromverlaufes von der verwendeten Wellenlänge abhängt.

β) Die Verluste im Erdboden wachsen mit der tieferen Verlegung der Drähte, und zwar bei hohen Periodenzahlen schneller als bei kleineren. Als Platz für die Anlage ist daher ein Gelände um so geeigneter, je höher sein Grundwasserspiegel liegt.

γ) Je umfangreicher das Gegengewicht ist und mit je größerem Abstande es von der Erdoberfläche ausgespannt wird, desto kleiner muß der Leistungsverbrauch im Erdboden ausfallen.

Machen auch die außerordentlich mannigfachen Formen der verwendeten Strahlgebilde und der Einfluß der in nächster Nähe befindlichen Leiter es meist unmöglich, die kennzeichnenden Größen einer Anlage mit einiger Genauigkeit im voraus zu berechnen, so bieten doch die verschiedenen, im vorstehenden angeführten Gleichungen gewisse Anhaltspunkte. So ist die Feststellung nicht uninteressant, daß bei gleicher wirksamer Antennenhöhe, gleichbleibender Wellenlänge und übereinstimmendem Stromwert im Erdungspunkt des Luftleiters die Strahlungsleistungen je nach der Antennenform innerhalb der Grenzen 1 : 4 liegen können.

Weiter gilt für zwei Antennen von verschiedener Höhe, aber gleicher Bauart, daß ihre Wellenlängen sich verhalten wie ihre homologen Abmessungen, während ihre logarithmischen Dekremente und ebenso ihre Strahlungswiderstände gleich sind.

Überblickt man nun die bisherigen Überlegungen, so könnte man zu dem Schlusse gelangen, daß die Antennenform bei gegebener Luftleiterhöhe und feststehender Betriebswellenlänge für die Gesamtanlage nur von nebensächlicher Bedeutung ist. Diese Annahme ist jedoch nicht nur aus dem Grunde unzutreffend, der schon in den vorangehenden Erläuterungen über die Antennendämpfung gestreift wurde, daß nämlich die Form des elektrostatischen Luftleiterfeldes gegen Erde die Größe der schädlichen Verluste erheblich beeinflußt, sondern auch deshalb, weil die Sendergeräte nur mit Rücksicht auf die verwendete Antenne wirtschaftlich zu bauen sind. Denn gleiche Leistungen im Strahlgebilde vorausgesetzt, sind bei geringem Luftleiterwiderstande die einzelnen Teile des Senders nach Strom zu bemessen, während bei hohem Dämpfungswiderstande die Isolationsfragen Schwierigkeiten bereiten. Ein Lichtbogengenerator muß demnach beispielsweise bei gleicher Antennenleistung eine verschiedene Durchbildung erfahren, je nachdem er auf ein stark oder schwach strahlendes Luftleitergebilde arbeitet. Bei den Funkensendern kommt hinzu, daß die Rücksicht auf die Abstimmfähigkeit der miteinander verkehrenden Anlagen die Aussendung von elektromagnetischen Wellenzügen fordert, deren Amplitudenabnahme bestimmte Werte nicht überschreitet. Außerdem wird der Wunsch nach einer leichten Einstellbarkeit der bei Löschfunkensendern verwendeten Stoßerregung die Abmessungen des Luftleiters mit beeinflussen. Endlich ist mit Bezug auf spätere Darlegungen (S. 355) zu beachten, daß bei allen Sendern, die mit abklingenden Wellenzügen arbeiten, bei langen Wellen und geringer Dämpfung keine Überlagerung der einzelnen Entladungen stattfindet, damit der Ton auf der Empfangsseite keine Schwächung erfährt.

Neben den hauptsächlich verwendeten T- und Schirmantennen hat man sich in jüngster Zeit einer dritten Luftleiterform wieder zugewandt (Braun, Zehnder, Marconi, Fessenden, Kiebitz), die den Namen Erdantenne führt und die in der einfachsten Ausführung aus zwei unmittelbar über dem Erdboden, von der Erregerstelle in entgegengesetzten Richtungen ausgespannten oder auf der Erde liegenden Drähten gebildet wird. Wenn auch der Umstand, daß dieses Strahlgebilde keine hohen Maste benötigt und infolge der geringen Erhebung der Drähte über den Erdboden die atmosphärischen Störungen kleiner sein können als bei den übrigen Luftleiterformen, so dürfte doch auf Grund der Beobachtungen, daß einmal die Art des Untergrundes für die Größe der Reichweite bestimmend ist und zweitens die Eigendämpfung des Senders bei kleiner Kapazität verhältnismäßig hohe Werte besitzt, die Erdantenne für Sendezwecke weniger wie für den Empfang radiotelegraphischer Zeichen in Frage kommen. Für besondere Anlagen jedoch, bei welchen vorzugsweise in der Richtung, in welcher die Drähte ausgespannt sind, eine Nachrichtenübermittlung stattfinden soll, ist die Verwendung dieser Luftleiterform wohl in Betracht ziehen.

Aus den von Braun untersuchten geschlossenen Leitern hat sich im letzten Jahr für Empfangszwecke die Rahmen- oder Spulenantenne entwickelt (S. 495). Wenn auch der Rahmen noch größere Abmessungen wie eine Wellenmesserspule besitzt, so ist doch mit dieser Anordnung das S. 308 angedeutete Ziel erreicht, daß die hoch in die Luft geführte Antenne und mit ihr die atmosphärischen Störungen fast ganz in Wegfall kommen. Gleichzeitig stellt die Rahmenantenne einen sehr einfachen und genau arbeitenden Richtungsfinder dar.

Im Anschluß an diese mehr theoretischen Betrachtungen seien noch einige andere Fragen gestreift, die beim Bau von Antennenanlagen zu berücksichtigen sind. Wie aus den Bedingungen zur Erzielung größter Empfangsleistung hervorgeht, sind die Forderungen, die an die Senderluftleiter gestellt werden, andere wie die, die auf der Empfangsseite verwirklicht sein müssen. Denn während im ersteren Falle eine hohe Strahlungsfähigkeit notwendig ist, verlangen die günstigsten Empfangsbedingungen eine möglichste Verringerung dieses Wertes. Bei allen Anlagen nun, bei denen das Strahlgebilde wechselweise zum Senden und Empfangen gebraucht wird, ist man somit gezwungen, um beiden Forderungen möglichst nahe zu kommen, einen Ausgleich zwischen ihnen zu schaffen. Es lag daher nahe, zunächst bei besonderen Anlagen (Großstellen, Militärstationen) zur Erzielung günstigster Betriebsverhältnisse die Trennung von Sender- und Empfangsluftleiter durchzuführen, indem man entweder beide einige Kilometer voneinander entfernt errichtet und durch selbsttätige Blockierungsanlagen voneinander abhängig macht oder bei Verwendung einer gerichteten Empfangsantenne in deren elektrischen Schatten die Geberseite aufbaut. Auch bei allen Anordnungen, die ein gleichzeitiges Senden und Empfangen zum Ziele haben, möge dies in einfachster Form dadurch erreicht werden, daß man beim Drücken der Morsetaste jedesmal den Empfänger kurzschließt, oder die Einrichtung so getroffen sein, daß in den Pausen zwischen den einzelnen Entladungsgruppen die Umschaltung der Antenne an die Empfangskreise erfolgt oder endlich Anforderungen vorliegen wie bei der drahtlosen Telephonie, stets wird die Trennung von Sender- und Empfangsluftleiter die Betriebssicherheit erhöhen. Vor allem aber ist der weitere Vorteil vorhanden, die beiden Stahlgebilde ihrem Zwecke entsprechend auszuführen. Während man demnach auf der Senderseite einen hohen Mast errichten wird, der ein Drahtgebilde von großem Strahlungsvermögen trägt, sind auf der Empfangsstelle die Masthöhen einmal wegen der atmosphärischen Störungen nicht übermäßig hoch zu wählen (Erdantennen) und zweitens die Luftleiterdrähte so anzuordnen, daß der Strahlungswiderstand bei kleiner Verlustdämpfung nicht zu groß ausfällt. Eine vorzügliche Lösung haben die hier berührten Fragen dadurch gefunden, daß man neben einer besonderen Antenne zum Senden, für den Empfang eine Rahmenantenne (S. 495) verwendet.

Bezüglich der Antennenanlage selber entsteht nun die Frage, ob man mit einem Maste auskommt oder die Verwendung mehrerer größere Vorteile bietet. Gleichzeitig ist zu entscheiden, ob die Maste aus Holz oder Eisen, freitragend oder von Pardunen gehalten aufzubauen sind. Ohne auf die besonderen Anforderungen einzugehen, die bei manchen Anlagen erfüllt sein müssen (fahrbare Anlagen), oder die durch klimatische Verhältnisse (Tropen) bedingt sind, ist die Materialfrage, sofern man die rein elektrische Seite als allein ausschlaggebend ansieht, zugunsten des Holzmastes zu entscheiden. Schon S. 303 wurde auf die großen Verluste hingewiesen, die in allen im elektromagnetischen Felde des Luftleiters liegenden Metallmassen hervorgerufen werden. Damit ist auch die weitere Frage, ob man den Mast freitragend oder von Pardunen gehalten ausführen soll, dahin geklärt, daß unter Berücksichtigung der elektrischen Vorgänge die erste Bauart vorzuziehen ist. Sieht man jedoch aus anderen Gründen von einem freitragenden Mastaufbau ab, dann kann unter Umständen ein mehrfach unterteilter und in seinen Einzelteilen vorzüglich isolierter Eisenmast, der nur einer geringen Pardunenzahl bedarf, zweckmäßiger sein als ein Holzgerüst, das an einer großen Zahl von Stellen abzufangen ist.

Einfacher zu entscheiden ist die Frage, ob sich mit einem Mast ein gleich wirksames Luftleitergebilde herstellen läßt wie bei Verwendung einer großen Zahl von Türmen. Nicht nur der Vorteil, daß das den Mast belastende Antennengewicht nach allen Seiten gleichmäßig zur Wirkung kommt, daß weiter ein teilweises Herablassen von einzelnen Luftleiterabschnitten sich leichter bei einer völlig symmetrischen Anordnung bewerkstelligen läßt, spricht für die Verwendung nur eines Mastes, sondern auch die Tatsache, daß man an wirksamer Antennenhöhe durch Aufstellung mehrerer Türme nicht viel mehr erreicht. Hiervon kann man sich durch Aufzeichnung der Stromverteilungskurven längs der Drähte und Ermittelung der für die Fernwirkung maßgebenden Werte leicht überzeugen, mag man eine Konus-, Doppelkonus- oder Schirmantenne im Auge haben. Für unsymmetrische Strahlgebilde, die vielleicht eine ausgesprochene Richtfähigkeit besitzen sollen, gelten diese Überlegungen nicht.

Auch auf die Eigenschaften der einzelnen Luftleiterformen sei in diesem Zusammenhange hingewiesen. Besteht der Wunsch, die Eigenschwingung der Antenne für Empfangszwecke durch Einschaltung von Reihenkondensatoren möglichst verkürzen zu können, so ist es nötig, die Selbstinduktion des Strahlgebildes so gering wie möglich zu halten. Als wirksamstes Mittel hierfür hat sich die Anordnung erwiesen, bei der man die Luftleiterzuführungsdrähte gleich nach ihrem Austritt aus dem Betriebsraum in weitem Abstande voneinander befestigt (Reußenanordnung). Am ausgeprägtesten ist dieser Gedanke bei der Konusantenne verwirklicht, die demgemäß nur sehr kleine Eigenselbstinduktion besitzt. Da die Antennenkapazität gegen Erde um so größer ist, je kleiner der Abstand zwischen den Luftleiterdrähten und dem Grundwasser ist, hat man es in der Hand, durch Verlängerung oder Verkürzung der dem Erdboden zugeneigten Antennendrähte diesen Wert den Anforderungen der Sende- oder Empfangsstelle in weiten Grenzen anzupassen. Im Gegensatz hierzu kann es bei allen den Anlagen, die vorzugsweise nur mit einer Welle arbeiten, zweckmäßig sein, die Punkte höchsten Spannungsunterschiedes zwischen Luftleiter und Erde dadurch möglichst einander fernzuhalten, daß man der Zuführung an höchster Stelle einen großen Selbstinduktionswert gibt, während dieser in der Nähe des Erdbodens durch geeignete Drahtanordnung gering gehalten wird. Bei Anlagen dieser Art wird man außerdem bestrebt sein, jede sprungweise Veränderung der elektrischen oder geometrischen Eigenschaften der Antenne nach Möglichkeit zu vermeiden. Denn die hierdurch entstehenden Wellenreflexionen bedeuten nicht nur einen Leistungsverlust, sondern verringern auch infolge der entstehenden harmonischen und unharmonischen Oberschwingungen die Störungsfreiheit beim Empfang. Aus diesem Grunde verbindet man zweckmäßig, besonders bei großen Antennengebilden, die nach allen Seiten hin nicht symmetrisch sind, die Drahtenden durch Querleitungen, um das gesamte Drahtgebilde möglichst eintönig zu machen. Bei kleinen Luftleiteranordnungen wird man jedoch hiervon absehen, da derartige Leitungen unter Umständen als Kurzschlußring im Felde der senkrechten Zuführungsdrähte liegen, was zu Leistungsverlusten Veranlassung geben kann. Welche Maßnahme zweckentsprechender ist, muß von Fall zu Fall beurteilt werden.

II. Messungen an Luftleitern.

1. Bestimmung der Eigenwellenlänge eines Luftleiters.

a) Unmittelbare Messungen. Die Verfahren sind dadurch gekennzeichnet, daß die Antenne derart erregt wird, daß sie mit ihrer Eigenwelle schwingt.

α) Nachdem sämtliche Verlängerungsspulen und Verkürzungskondensatoren entfernt oder kurzgeschlossen sind, wird die Antenne in Marconischaltung erregt (Abb. 271). Hierzu genügt ein kleiner Induktor mit Hammerunterbrecher. Die mittels Wellenmesser bestimmte Wellenlänge stellt dann annähernd (vgl. S. 317) die Eigenwelle des Luftleiters dar, sofern der Selbstinduktionskoeffizient der kleinen Kopplungsspule für den Wellenmesser vernachlässigbar ist. Als Resonanzindikator dient ein Heliumrohr oder besser ein Hitzdrahtgerät. Die Feststellung der Resonanzlage kann auch mit einem mit dem Wellenmesser lose gekoppelten aperiodischen Empfangskreis wie in Abb. 272 erfolgen.

β) Soll die Antenne mittels Löschfunkenstrecke erregt werden, so wird in Abb. 272 zwischen *a* und *b* an Stelle der Funkenstrecke und der Sekundärwicklung des Induktors eine kleine Erregerspule eingeschaltet, die induktiv mit dem Stoßkreis eines Löschfunkensenders gekoppelt wird. Hierbei muß, wenn beide Kreise nicht aufeinander abgestimmt werden können, was nicht erforderlich ist, die Kopplung zwischen Erregerspule und Stoßkreis sehr lose gewählt werden.

Will man die Messung unter Beibehaltung der vollständigen Löschfunkensenderschaltung ausführen, so über-

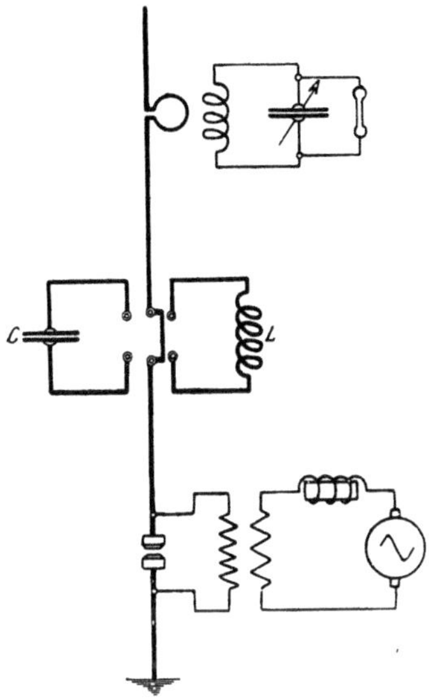

Abb. 271.

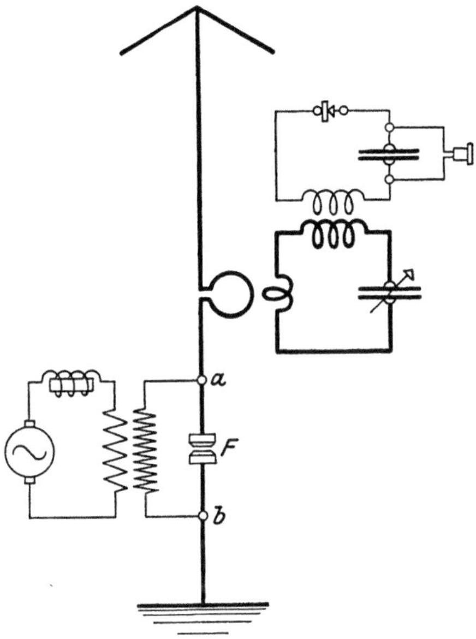

Abb. 272.

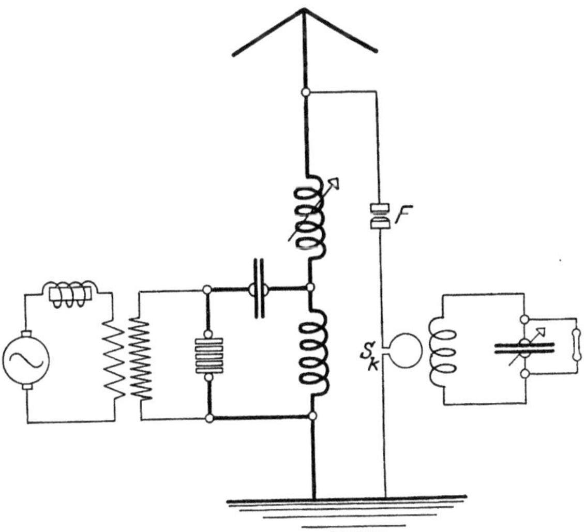

Abb. 273.

brückt man (Abb. 273) den unteren Teil des Luftleiters, der die Stoßkreis- und Verlängerungsspule enthält, durch eine besondere, geerdete kurze Leitung, in die eine kleine Funkenstrecke F und eine Kopplungsspule S_k für den Wellenmesser eingeschaltet ist. Die Messung muß bei verschiedenen Wellenlängen des Stoßkreises den gleichen Wert für die Eigenwellenlänge ergeben.

Auch eine Senderröhre und bei großen Eigenwellenlängen λ_A ein Lichtbogengenerator, der unmittelbar in den Luftleiter eingeschaltet oder induktiv mit ihm gekoppelt wird, eignen sich für die Messung.

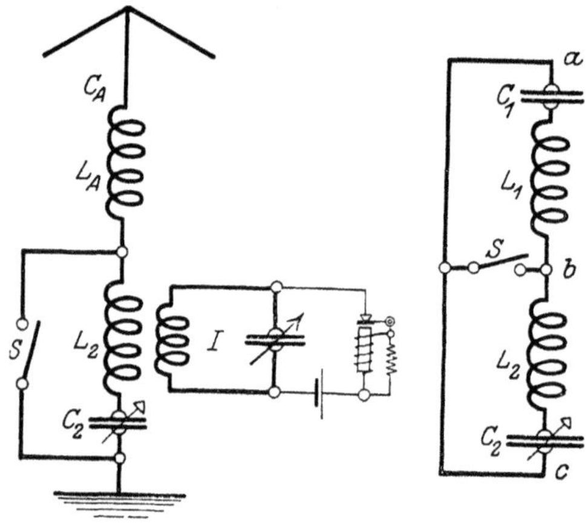

a Abb. 274. b

b) Verfahren von Martens. In die zu untersuchende Antenne $C_A L_A$ (Abb. 274a) wird die Reihenschaltung einer Spule L_2 und eines Drehkondensators C_2 gelegt, wozu am besten der Primärkreis eines Empfängers verwendet wird. Der Schalter S ermöglicht $L_2 C_2$ zu überbrücken. Bei der Messung wird der Kreis $L_2 C_2$ mittels des Wellenmessers I erregt. Zur Festlegung der Resonanzlage dient ein ebenfalls mit Kreis $L_2 C_2$ gekoppelter aperiodischer Empfangskreis. Um λ_A zu bestimmen, sind die beiden Kurven

$$\lambda = f(C_2)$$

aufzunehmen, die sich ergeben, wenn einmal S geöffnet und dann S geschlossen ist. Die Ordinate des Schnittpunktes beider Kurven liefert die gesuchte Eigenwelle λ_A des Luftleiters.

In Abb. 275 sind die Ergebnisse einer solchen, von Martens ausgeführten Messung niedergelegt, die mit zwei verschiedenen Empfängerspulen an einer T-Antenne aufgenommen wurden. Die Kurven I und I' ergeben sich, wenn S geöffnet, II und II', wenn S geschlossen ist. Beide Messungen liefern übereinstimmend $\lambda_A = 515$ m.

Die Abmessungen des Luftleiters waren:

Höhe der Maste	40 m
Abstand der Maste	80 m
Länge des wagrechten Teiles	70 m
Breite des wagrechten Teiles	7 m
Drahtzahl	5

Daß der Schnittpunkt der zwei Kurven die Eigenwelle der Antenne liefert, läßt sich beweisen, wenn man Abb. 274a durch Abb. 274b ersetzt, in der zwei Wechselstromwiderstände C_1, L_1 und C_2, L_2, die aus je einer Kapazität und einer Selbstinduktion in Reihenschaltung bestehen, zu einem Schwingungskreis vereinigt sind. Berechnet man einerseits die Eigenwelle λ_h des Gebildes, wenn die zwei Widerstände in Reihe (S geöffnet) und andererseits die Wellenlänge λ_n, wenn sie nebeneinandergeschaltet sind (S geschlossen), so ergibt sich für

$$C_1 \cdot L_1 = C_2 \; L_2,$$

d. h. wenn beide Widerstände auf die nämliche Wellen abgestimmt sind,

$$\lambda_h = \lambda_n,$$

d. h. die Wellenlänge des Gebildes bleibt in diesem Fall dieselbe, ob S geöffnet oder geschlossen wird.

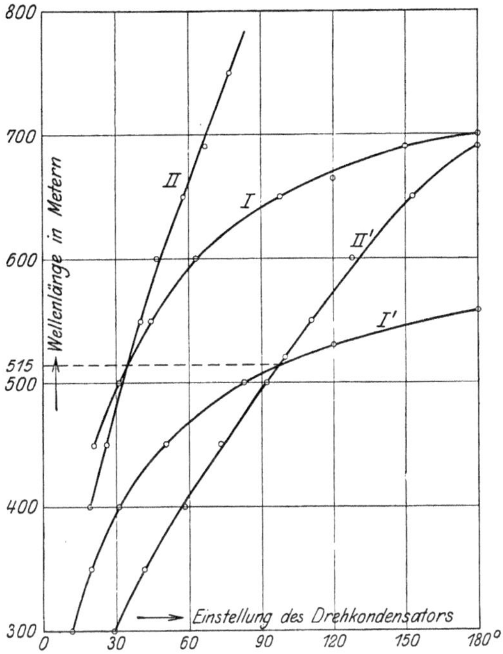

Abb. 275.

Dieses Ergebnis ist noch einfacher zu übersehen, wenn man beachtet, daß, sobald beide Widerstände auf die nämliche Welle abgestimmt sind, der Spannungsunterschied zwischen a und b einerseits und b und c andererseits Null sein muß, sofern man die Ohmschen Widerstände vernachlässigt. Das Schließen und Öffnen von S bleibt daher in diesem Fall ohne Einfluß auf die Schwingungsverhältnisse.

Die Messungen werden sehr genau, wenn L_2 klein gegen L_A oder höchstens gleich L_A ist.

Benutzt man als Wechselstromwiderstand L_2 C_2 einen Wellenmesser, so tritt an Stelle der Kurve für den geschlossenen Schalter die Eichkurve $\lambda = f(C)$ des Wellenmessers, d. h. es genügt nur die Kurve bei geöffnetem Schalter aufzunehmen.

2. Bestimmung der Lage des Spannungsknotens.

Die im folgenden beschriebenen Verfahren zur Ermittlung der Kapazität, der Selbstinduktion und des Strahlungswiderstandes eines Luftleiters erfordern die Kenntnis der Lage des Spannungsknotens des Strahlgebildes, d. h. jenes Punktes, dessen Spannung gegen Erde gleich Null ist. Bei vielen Antennen fällt derselbe mit dem Strombauch der Anordnung zusammen.

Bei Sendern wird die Lage des Spannungsknotens in der Weise ermittelt, daß man mit einer einseitig geerdeten Leuchtröhre längs des erregten Luftleitergebildes entlang fährt und jenen Punkt sucht, an dem die Röhre nicht aufleuchtet.

Genauere Ergebnisse erhält man durch Beobachtung des Antennenstromzeigers. Tastet man die Antenne, von den Punkten oberhalb des Strombauches ausgehend, mit einem geerdeten Draht ab, so wächst die Stromstärke, erreicht einen größten Wert beim Berühren des Spannungsknotens und nimmt dann wieder ab.

Statt des Tasters kann auch ein über die Antenne geschobener Stromwandler benutzt werden.

Ein anderes Verfahren, das sich auch für Empfangseinrichtungen eignet, besteht darin, daß man mit Hilfe einer Summerschaltung das Strahlgebilde erregt, mit diesem einen schwach gedämpften Wellenmesser koppelt und dessen Resonanzlage durch den größten Ausschlag eines mit einem Thermoelement oder Kristalldetektor verbundenen Galvanometers feststellt. Der Strom erreicht beim Abtasten des Luftleiters wieder einen größten Wert, wenn man mit dem geerdeten Draht den Spannungsknoten berührt. An Stelle des Wellenmessers kann jede Einrichtung für Hörempfang benutzt werden, die man auch unmittelbar zwischen die verschiebbare Taste und Erde schalten kann, wobei in diesem Fall der Strom jedoch dann verschwindet, wenn man mit dem Taster den Spannungsknoten berührt.

Diese Untersuchung gestattet gleichzeitig die Ermittlung des Einflusses, den eingeschaltete Spulen und Kondensatoren auf die Lage des Spannungsknotens ausüben.

3. Messung der wirksamen Kapazität und Selbstinduktion.

Solange eine Antenne erregt wird mit Wechselströmen von einer Periodenzahl, der eine Wellenlänge entspricht, die sehr groß ist gegen die Abmessungen der Antenne, entsteht in ihr eine quasistationäre Strömung, d. h. die Ladung ist gleichmäßig verteilt. Messungen mit langsamen Wechselströmen, z. B. mittels der Wheatstoneschen Brücke, liefern daher die statische Kapazität C_s des Luftleiters. Zur Ermittlung der wirksamen Kapazität C_A sind deshalb hochfrequente Wechselströme und besondere, im folgenden erläuterte Verfahren erforderlich.

a) Durch Verkürzung oder Verlängerung. α) Messung der wirksamen Kapazität C_A. 1. Durch Verkürzung. Nachdem mittels eines der oben besprochenen Verfahren die Eigenwelle λ_A des Luftleiters gemessen ist, schaltet man in dem Strombauch des Strahlgebildes die bekannte Kapazität C ein und bestimmt die jetzt entstehende kleinere Wellenlänge λ_C. Aus den beiden Gleichungen:

$$\lambda_A = 2\pi \cdot \sqrt{C_A \cdot L_A} \qquad \lambda_C = 2\pi \cdot \sqrt{\frac{C_A \cdot C}{C_A + C} \cdot L_A}$$

berechnet sich die Antennenkapazität zu:

$$C_{AC} = C \cdot \frac{\lambda_A^2 - \lambda_C^2}{\lambda_C^2}.$$

Führt man statt der Wellenlängen λ_A und λ_C die jedesmal am Wellenmesser eingestellten Kapazitätswerte C_1 und C_2 ein, so erhält man:

$$C_{AC} = C \cdot \frac{C_1 - C_2}{C_2}.$$

Die Ergebnisse der Messungen können um so mehr den Anspruch auf Genauigkeit machen, je mehr die an sich verteilte Antennenkapazität C_A in ihrer Wirkung der eines gewöhnlichen Kondensators gleichkommt.

Da die Stromverteilung längs der Antenne immer größere Abweichungen von der bei der Eigenschwingung λ_A vorhandenen aufweist, je kleiner die eingeschaltete Kapazität C ist, wird der aus den oben angegebenen Formeln berechnete Kapazitätswert C_{AC} mit kleiner werdendem Kondensator immer ungenauer. Die Verkürzung darf daher nicht wesentlich über 10 % gesteigert werden. Das häufig verwendete Verfahren, bei dem man zur Vereinfachung der Rechnung die Verkürzungskapazität so wählt, daß $\lambda_C = \frac{\lambda_A}{\sqrt{2}}$, wodurch $C_{AC} = C$ wird, ergibt daher meist nur Näherungswerte.

Ein weiterer Fehler bei diesem Verfahren kann dadurch entstehen, daß der Kondensator C nicht genau im Strombauch eingeschaltet ist.

2. Durch Verlängerung. Ähnliche Beziehungen erhält man, wenn man statt des Kondensators C eine Selbstinduktionsspule L in den Luftleiter einfügt. Hierdurch erfährt die zuerst gemessene Wellenlänge λ_A eine Vergrößerung auf λ_L. Aus λ_A, L und dem mit Hilfe des Wellenmessers ermittelten Werte von λ_L berechnet sich die gesuchte wirksame Kapazität C_{AL}, wenn im Luftleiter eine Verlängerungsspule mit dem Selbstinduktionskoeffizienten L eingeschaltet ist, zu:

$$C_{AL} = \frac{\lambda_L^2 - \lambda_A^2}{4\pi^2 \cdot L}.$$

Liest man auch hier statt der Wellenlängen am Wellenmesser die

Kapazitätsgrößen C_2 und C_1 ab, so vereinfacht sich, wenn L_0 die Selbstinduktion des Wellenmessers darstellt, obige Beziehung zu:

$$C_{AL} = \frac{(C_2 - C_1) \cdot L_0}{L}.$$

Was oben von der Veränderung der Stromverteilung längs der Antenne bei Einschaltung verschiedener Kondensatoren gesagt wurde, gilt in gleicher Weise für den vorliegenden Fall.

Je höhere Werte die Wellenlänge λ_L annimmt, um so mehr nähert sich die gemessene Kapazität des Strahlgebildes der statischen.

β) Bestimmung der wirksamen Selbstinduktion L_A. Sie kann entweder aus der vorher gemessenen Kapazität C_A und der Wellenlänge λ_A mittels der Formel

$$L_A = \frac{\lambda_A^2}{(2\pi)^2 \cdot C_A}$$

berechnet werden oder man findet sie aus der Gleichung:

$$L_{AL} = L \cdot \frac{\lambda_A^2}{\lambda_L^2 - \lambda_A^2} = L \cdot \frac{C_1}{C_2 - C_1}.$$

Sehr erhebliche Fehler können bei den unter a) erläuterten Verfahren dadurch entstehen, daß die Voraussetzung nicht erfüllt ist, nach der in den Ausgangsgleichungen für λ_A und λ_C bzw. λ_L, die zur Berechnung von C_{AC} und C_{AL} dienen, die Größen C_A und L_A beim Einschalten von C und L sich nicht ändern sollen. Diese Voraussetzung ist infolge der geänderten Spannungsverteilung auf der Antenne um so weniger erfüllt, je weiter man die Verkürzung oder die Verlängerung treibt, d. h. je weiter die Wellenlängen λ_A und λ_C bzw. λ_L auseinanderliegen.

Wählt man andererseits, um den Einfluß dieser Fehlerquellen zu verringern, bei der Messung nahe beieinanderliegende Wellenlängen, so entsteht eine neue Schwierigkeit dadurch, daß in den Gleichungen für C_{AC} und C_{AL} der Unterschied der Quadrate der gemessenen Wellenlängen eingeht und infolgedessen kleine Fehler bei Bestimmung derselben einen großen Fehler im Endergebnis nach sich ziehen. Diese Schwierigkeiten sind vermieden bei dem folgenden

γ) Verfahren von de Groot. Das Verfahren setzt die Kenntnis der Selbstinduktion L_A für die Grundschwingung der Antenne voraus, die man nach einem der in diesem Abschnitt erläuterten Verfahren oder einfacher nach dem folgenden, ebenfalls von de Groot angegebenen, Verfahren bestimmt, daß auf der Erscheinung beruht, daß die S. 310 erläuterte Messung bei Induktorerregung nicht die

Wellenlänge λ_A für die dynamische Kapazität C_A, sondern eine Wellenlänge λ_A' liefert, die der statischen Kapazität C_s entspricht. Es erfordert daher nur die Messung von λ_A' mittels der Schaltung Abb. 271 und die Messung von C_s, die viel einfacher ist als die Messung von C_A, worauf zur Berechnung von L_A an Stelle von λ_A und C_A die Werte von λ_A' und C_s in die vorletzte Gleichung einzusetzen sind.

Darauf wird die Antenne in Summerschaltung erregt und durch Einschalten einer sprungweise veränderlichen, nicht zu großen Selbstinduktion L die Kurve aufgenommen

$$\lambda_L = f(L_A + L).$$

Summererregung ist hierbei deswegen verwendbar, weil immer hinreichend große Selbstinduktion zur Verfügung steht.

Alsdann wird die Messung wiederholt, nachdem im Strombauch der Antenne eine Kapazität $C \sim 3 \cdot C_s$ eingeschaltet ist, wodurch sich ergibt die Kurve

$$\lambda_{CL} = f'(L_A + L).$$

Entnimmt man aus beiden Kurven ein Punktpaar, für das

$$\lambda_L = \lambda_{CL},$$

so besteht zwischen beiden Punkten die Beziehung:

$$C_{AL} \cdot (L_A + L_1) = \frac{C_{AL} \cdot C}{C_{AL} + C} \cdot (L_A + L_2).$$

Aus ihr werden nunmehr für verschiedene Punktpaare mit dem vorher ermittelten L_A die Werte von C_{AL} berechnet, wodurch sich die Kurve

$$C_{AL} = f''(L_A + L)$$

ergibt.

Da hierbei zur Berechnung von C_{AL} Punkte gleicher Wellenlänge, somit auch gleicher Spannungsverteilung auf der Antenne herangezogen werden, ist die oben erwähnte Fehlerquelle ausgeschaltet.

Die Kurve für C_{AL} nähert sich mit wachsendem λ_L dem Wert der statischen Kapazität C_s.

Die Ergebnisse dieser Messungen ermöglichen weiter noch die Bestimmung der Eigenwellen λ_A der Antenne.

Zu dem Zweck verlängert man die erste Kurve $\lambda_L = f(L_A + L)$ über die beobachteten Werte hinaus nach unten. Eine Parallele zur Ordinatenachse durch den Abszissenpunkt L_A schneidet alsdann die verlängerte Kurve in einem Punkt, dessen Ordinate die Eigenwelle λ_A der Antenne darstellt.

b) Verfahren von Fischer. Das Verfahren ermöglicht gleichzeitig die Ermittlung von C_A und L_A und beruht auf der Bestimmung der beiden Werte

$$C_A \cdot L_A \cdot \quad \text{und} \quad \frac{C_A}{L_A},$$

von denen der erste durch eine Wellenlängenmessung, der zweite durch Dämpfungsmessungen gefunden wird. Mittels der Beziehungen:

$$\lambda_A = 2\pi \cdot \sqrt{C_A \cdot L_A} \qquad \vartheta'_A - \vartheta_A = \pi \cdot w' \cdot \sqrt{\frac{C_A}{L_A}}$$

ergibt sich alsdann, wenn man nach Gleichung 120 in der Gleichung für $\vartheta'_A - \vartheta_A$ λ_A in Metern und w' in Ohm einführt:

$$C_A = 152 \cdot \frac{\lambda_A}{w'} (\vartheta'_A - \vartheta_A) \qquad L_A = 1{,}69 \cdot \frac{w' \cdot \lambda_A}{\vartheta'_A - \vartheta_A}. \tag{189}$$

Hierbei stellt $\vartheta'_A - \vartheta_A$ die Vergrößerung des Dämpfungsdekrements des Luftleiters dar, die durch Einschalten des bekannten Widerstandes w' im Strombauch der Antenne entsteht.

Die Bestimmung von C_A und L_A erfordert sonach:

1. Die Messung der Eigenwellenlänge λ_A;
2. Die Messung der Dekremente ϑ_A ohne Zusatzwiderstand und ϑ'_A mit Zusatzwiderstand w' im Strombauch der Antenne.

ϑ_A und ϑ'_A müssen durch Aufnahme von je einer Resonanzkurve oder durch Verstimmung ermittelt werden. Das Vergleichsverfahren oder die Messung mit künstlicher Antenne ist nicht verwendbar, da hierdurch ein Dämpfungswiderstand gefunden wird, aus dem nur bei bekanntem C_A oder L_A das Dämpfungsdekrement berechnet werden kann.

Die gemessenen Werte von C_A nehmen, wie die Beobachtungen zeigen, mit wachsendem w' ab. Brauchbare Ergebnisse sind nur zu erwarten, wenn w' nicht über 20% des Antennenwiderstandes beträgt. Dadurch aber wird $\vartheta'_A - \vartheta_A$ klein und die Messung leicht ungenau.

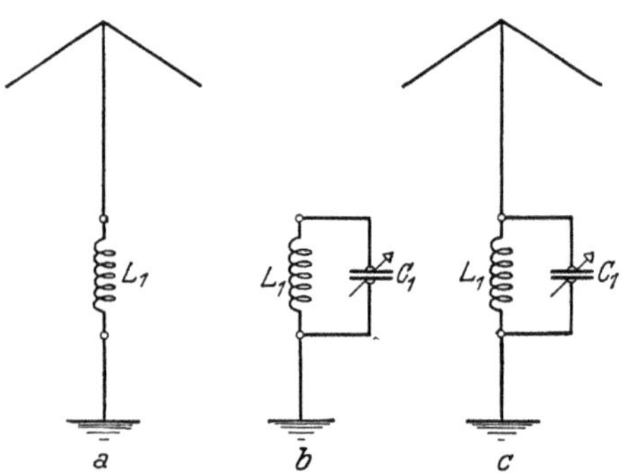

Abb. 276.

c) Verfahren von Behnken. Bei diesem, schon auf S. 112 erläuterten Verfahren tritt an Stelle der Dämpfungsmessungen die Bestimmung eines Kopplungsfaktors.

In die geerdete Antenne wird zuerst eine Verlängerungsspule mit dem Selbstinduktionskoeffizienten L_1 geschaltet (Abb. 276a), der offene Schwingungskreis erregt (am einfachsten mittels Summer) und die entstehende Welle gemessen. Alsdann vereinigt man L_1 mit einem Drehkondensator C_1 zu einem geschlossenen Schwingungskreis (Abb. 276b) und stellt mittels C_1 auf die nämliche Wellenlänge ein. Die erforderliche Kapazität sei C_1. Hat man ferner, nachdem die Antenne wieder zugeschaltet ist, für die Anordnung Abb. 276c die beiden Kopplungswellen λ_1 und λ_2 und damit den Kopplungsfaktor nach Gleichung 93 bestimmt, so wird, wie eine einfache Rechnung ergibt:

$$C_A = \varkappa^2 \cdot C_1 .$$

Das Verfahren liefert C_A für Wellenlängen oberhalb der Eigenschwingung des Luftleiters und eignet sich gut zur Untersuchung der Abhängigkeit der Eigenkapazität von der Wellenlänge.

Zur Berechnung der Eigenselbstinduktion L_A dient die Gleichung:

$$L_A = L_1 \cdot \frac{1 - \varkappa^2}{\varkappa^2},$$

deren Bauart zeigt, daß $\varkappa$ nicht zu groß gewählt werden darf. Andererseits ist, sofern $\varkappa$ aus den beiden Kopplungswellen mit hinreichender Genauigkeit gefunden werden soll, für die Kopplung auch eine untere Grenze festgelegt. Bei der Bestimmung von L_A ist man daher auf mittlere Werte von $\varkappa$ angewiesen.

Nochmals sei hervorgehoben, daß, wie aus allen vorangehenden Darlegungen sich ergibt, die gemessene wirksame Kapazität C_A und Selbstinduktion L_A nicht nur von den äußeren Abmessungen des Luftleiters abhängen, sondern vor allem durch die Art der örtlichen Strom- und Spannungsverteilung bestimmt werden, die wiederum eine Funktion der Wellenlänge ist. Dieser Umstand muß auch bei den S. 111 beschriebenen Kapazitätsmessungen von Spulen entsprechend berücksichtigt werden.

d) Verfahren von Wagner und Bakhuis. Das Verfahren erfordert folgende Schritte:

α) Messungen an dem zu untersuchenden Luftleiter.

1. Bestimmung der statischen Kapazität C_s.
2. „ „ Eigenwellenlänge λ_A.
3. „ „ Wellenlängen λ_1 und λ_2, die sich ergeben, wenn nacheinander Verlängerungsspulen mit den Induktionskoeffizienten L_1 und L_2 eingeschaltet werden. L_1 und L_2 brauchen nicht bekannt zu sein.

β) Herstellung einer künstlichen, durch Abb. 277b dargestellten Antenne, die möglichst getreu die Eigenschaften der zu untersuchenden wiedergibt.

Alsdann berechnet sich die gesuchte dynamische Kapazität für die Wellenlänge λ_1 allgemein zu

$$C_{A\lambda_1} = C_1 + C_2 - C_1 \cdot \left(\frac{\lambda_A}{\lambda_1}\right)^2 \qquad (190)$$

und für

$$\lambda_1 = \lambda_A$$

zu

$$C_{A\lambda_A} = C_2,$$

wo C_1 und C_2 die Kapazitäten der künstlichen Antenne (Abb. 277b und 278a) bedeuten.

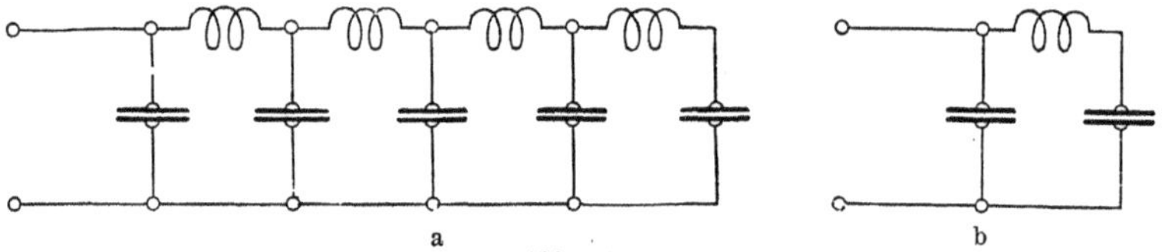

Abb. 277.

Ähnlich wie man für lange Wechselstromleitungen mit verteilter Kapazität und Selbstinduktion einen Kettenleiter (Abb. 277a) treten lassen kann, wird bei dem vorliegenden Verfahren auch die Antenne durch ein solches Gebilde ersetzt, wozu in den meisten Fällen schon die einfache Anordnung Abb. 277b genügt. Damit nun diese Schaltung ein getreues Abbild des zu untersuchenden Luftleiters darstellt, müssen C_1, C_2 und L (Abb. 278a) so gewählt werden, daß das Gebilde Abb. 278a nicht nur die Eigenwelle λ_A besitzt, sondern daß auch beim Einschalten von L_1 und L_2 zwischen A und B die nämlichen Wellen λ_1 und λ_2 entstehen, wie beim Einschalten dieser Spulen in den Luftleiter. Um das zu erreichen, verfährt man folgendermaßen: Man wählt:

$$C_2 = 0{,}9 \cdot C_s,$$
$$C_1 = C_s - C_2,$$

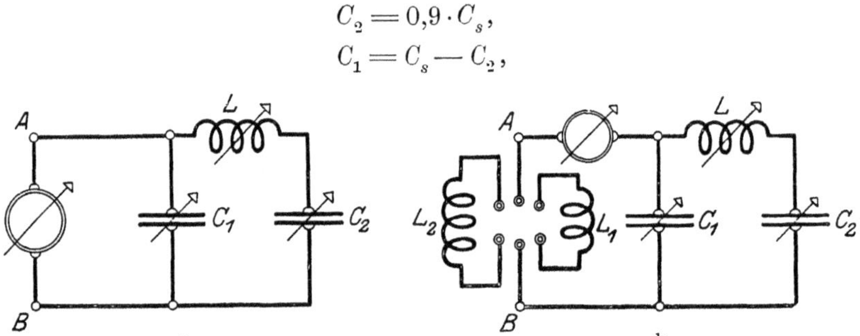

Abb. 278.

erregt das Gebilde Abb. 277a in der in Abb. 278a angegebenen Schaltung mit ungedämpften Schwingungen (Kathodenstrahlenröhre oder Lichtbogengenerator) mit der Wellenlänge λ_A und stimmt durch Änderung der Selbstinduktion L, die aus der Reihenschaltung einer Stöpselspule und einer blanken Spule mit verschiebbarem Greifer besteht, auf die Wellenlänge λ_A ab. Als Resonanzanzeiger dient ein Strommesser. Darauf wird die größere Selbstinduktion L_2 (Abb. 278b) eingeschaltet und die Welle des Erregerkreises so lange geändert, bis wieder Resonanz eintritt, d. h. der Strommeser einen Höchstausschlag zeigt. Ist die jetzt gemessene Wellenlänge $\lambda_2' < \lambda_2$, so muß C_2 auf C_2' vergrößert und C_1 auf $C_s - C_2'$ verkleinert werden. Nachdem L_1 entfernt ist, wird nunmehr die neue Anordnung in der ursprünglichen Schaltung, Abbildung 278a, wieder auf λ_A abgestimmt und darauf geprüft, ob sich nunmehr beim Einschalten von L_1 und L_2 die Wellenlängen λ_1 und λ_2 ergeben. Ist dies der Fall, so kann die künstliche Antenne als hinreichend getreues Abbild der zu untersuchenden aufgefaßt werden und C_2 stellt die gesuchte wirksame Kapazität C_A dar. Andernfalls müssen C_2 und C_1 nochmals verändert und die vorhergehenden Einstellungen und Messungen wiederholt werden.

e) Verfahren von Scheller. Die erforderliche Schaltung (Abb. 279) hat das Aussehen einer Wheatstonschen Brücke. In einem Zweig liegt der zu untersuchende Luftleiter, der an A angeschlossen wird, während E geerdet oder mit dem Gegengewicht verbunden ist. Die drei anderen Zweige enthalten Wechselstromwiderstände, die aus der Reihenschaltung eines Kondensators und einer Spule bestehen, deren Kapazitäten C_2, C_3, C_4 annähernd gleich der Kapazität C_A, und deren Selbstinduktionskoeffizienten annähernd gleich dem Selbstinduktionskoeffizienten L_A der Antenne sein sollen. Um diese Werte einzustellen, genügt eine ungefähre Abschätzung von C_A und L_A oder eine angenäherte Ermittlung aus der Eigenwelle λ_A und einer stark verlängerten Welle der Antenne nach einem der vorher erläuterten Verfahren. Nach Einstellung auf diese Werte bleiben C_3, C_4, L_3, L_4 unverändert. L_a und L_b sind zwei möglichst gleiche Spulen. L_a dient zur Erregung der Anordnung durch eine Hochfrequenzstromquelle, z. B. eine Summerschaltung, L_b zur Einstellung des Nullstromes mittels eines Nullstromzeigers, z. B. mit aperiodischem Kreis.

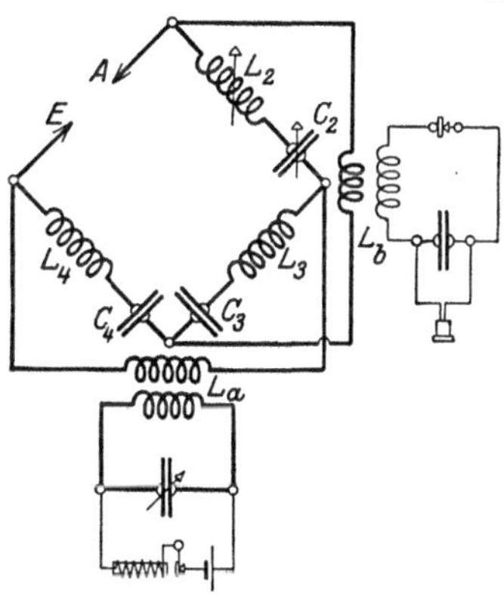

Abb. 279.

Das Gebilde wird nun abwechselnd mit einer größeren Welle λ_1 und einer kleineren Welle λ_2 erregt. Bei der Erregung mit λ_1 wird zum Einstellen auf das Verschwinden des Stromes in L_b nur C_2, bei der Erregung mit λ_2 nur L_2 geändert. Bei diesem Annäherungsverfahren werden die Einstellungsunterschiede von C_2 und von L_2 immer kleiner, bis sie schließlich völlig verschwinden. Die zuletzt gefundenen Werte sind alsdann gleich der gesuchten wirksamen (dynamischen) Kapazität C_A und der Selbstinduktion L_A des Luftleiters.

4. Messungen des Dämpfungsdekrementes und des wirksamen Widerstandes.

Von den verschiedenen S. 191 zusammengestellten Verfahren kommen für Messungen an Antennen hauptsächlich in Betracht das Resonanzverfahren und das Vergleichsverfahren.

Das erste liefert unmittelbar das Dämpfungsdekrement, das zweite den Dämpfungswiderstand. Ist eine von diesen Größen gemessen, so kann die andere aus dem Ergebnis der Messungen nur dann berechnet werden, wenn, wie die Gleichungen 120, S. 188 zeigen, auch noch die Eigenkapazität C_A oder die Eigenselbstinduktion L_A des Luftleiters bekannt ist.

Sofern nicht besondere Gründe für die Benutzung des Resonanzverfahrens vorliegen, verdienen die Vergleichsverfahren immer den Vorzug besonders in der Form, bei der die Messung des Dämpfungswiderstandes durch Einschalten bekannter Zusatzwiderstände im Strombauch der Antenne und die Erregung mit Kathodenröhren erfolgt.

Ganz allgemein ist bei allen diesen Messungen zu beachten, daß die Ergebnisse nur gültig sind für die gewählte Schaltungsordnung, da eingeschaltete Spulen und Kondensatoren die Größe der in der Antenne vorhandenen Schwingungsleistung, die Stromverteilung längs der Sendedrähte und die Wellenlänge maßgebend beeinflussen.

a) **Durch Aufnahme der Resonanzkurve.** Die Ermittlung des Dämpfungsdekrementes einer Antenne durch Aufnahme der Resonanzkurve mittels gedämpfter und insbesondere mittels ungedämpfter Schwingungen liefert gute Ergebnisse, wenn die Kurve einen regelmäßigen Verlauf zeigt und infolgedessen auch die tiefer liegenden Punkte derselben zur Berechnung des Dämpfungsdekrementes herangezogen werden können, und wenn man ferner die im Abschnitt 1 über Dämpfungsmessungen angegebenen Versuchsbedingungen für die verschiedenen Erregerarten sorgfältig berücksichtigt.

Der große Zeitaufwand, den die genaue Aufnahme einer Resonanzkurve erfordert, hat dazu geführt, daß man sich vielfach damit begnügt mittels eines Wellenmessers nur den Resonanzpunkt und zwei weitere Punkte der Resonanzkurve festzulegen, für die die Angabe des mit dem Wellenmesser verbundenen Stromzeigers halb so groß wie bei der Resonanzeinstellung ist. Sind λ_r, λ', λ'' die diesen Einstellungen entsprechenden Wellenlängen, so wird z. B. bei Erregung mit ungedämpften Schwingungen nach Gleichung 133a, S. 203:

$$\vartheta \sim \pi \cdot \frac{\lambda'' - \lambda'}{\lambda_r},$$

oder wenn man statt der Wellenlängen die entsprechenden Kapazitäten einführt nach Gleichung 132:

$$\vartheta = \frac{\pi}{2} \frac{C'' - C'}{C_h}.$$

Eine große Genauigkeit ist von diesem Verstimmungsverfahren nicht zu erwarten, da die Unterschiede zwischen den abgelesenen Wellenlängen oder Kapazitäten im allgemeinen nur klein sein können und infolgedessen das Endergebnis schon durch geringe Fehler bei der Ermittlung dieser Größen stark beeinflußt wird. Eine derartige Messung sollte daher nur als Notbehelf betrachtet werden.

Auch an dieser Stelle sei nochmals auf den schon S. 203 berührten Unterschied zwischen der Messung mit gedämpften und ungedämpften Wechselströmen hingewiesen.

Erregt man den Luftleiter mit gedämpften Schwingungen von gleichbleibender Wellenlänge und nimmt die Resonanzkurve mit einem Wellenmesser auf, und zwar in der Weise, daß man dessen Kapazität ändert, so erhält man durch Auswertung der Versuchsergebnisse die Summe $\vartheta_A + \vartheta_w$ der Dekremente des Luftleiters und des Wellenmessers. Bei Erregung des Luftleiters mit ungedämpften Schwingungen und sonst gleicher Versuchsanordnung dagegen würde die Resonanzkurve nur das Dämpfungsdekrement ϑ_w des Wellenmessers allein liefern. Um ϑ_A bei Erregung der Antenne mit ungedämpften Schwingungen zu erhalten, müßte daher zur Aufnahme der Resonanzkurve eines der Abstimmittel der Antenne geändert und der Strom unmittelbar in ihr oder in einem mit ihr gekoppelten aperiodischen Hilfskreis gemessen werden.

Wie man sieht, bietet die Messung mit gedämpften Schwingungen den Vorteil, daß sie keinen Eingriff in die Schaltungsanordnung der Antenne erfordert und die Messung im Betriebszustande des Senders ausgeführt werden kann.

b) Vergleichsverfahren. Am zuverlässigsten und einfachsten in der Handhabung ist das Vergleichsverfahren, das auf der Messung der beiden Resonanzstromstärken beruht, die sich einstellen ohne Widerstand in der Antenne und nachdem ein bekannter Widerstand in dieselbe eingeschaltet ist.

Auch das S. 215 beschriebene Verfahren, das eine künstliche Antenne, bestehend aus einem verlustfreien Kondensator und einem mit diesem in Reihe geschalteten Widerstand erfordert, führt zu brauchbaren Werten, die um so genauer sind, je gleichförmiger die Stromverteilung in der Antenne ist.

α) Vergleichsverfahren mittels bekannter Zusatzwiderstände. Je nach der Art der Erregung sind die S. 205ff. näher erläuterten Gesichtspunkte zu beachten.

Fehler können entstehen, wenn bei ungleichförmiger Stromverteilung der Zusatzwiderstand nicht in den Strombauch gelegt wird. Eine weitere, wiederholt hervorgehobene Forderung verlangt, daß die Zusatzwiderstände kapazitäts- und induktionsfrei sind. Ferner muß, wenn sie ihren Wert infolge Erwärmung ändern, dieser für die betreffende Strombelastung besonders bestimmt werden.

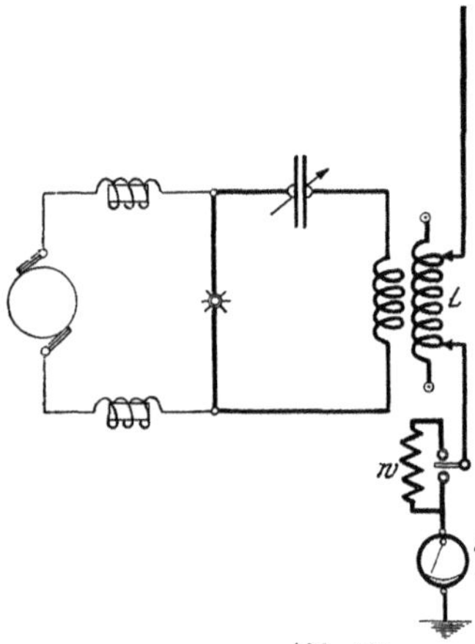

Abb. 280.

Im folgenden ist das Verfahren für den wichtigsten Fall, daß als Erregerstromquelle ein Lichtbogengenerator oder eine Kathodenröhre benutzt wird, näher erläutert.

Zunächst wird in beistehender Meßanordnung (Abb. 280) für ungedämpfte Schwingungen das Strahlgebilde in loser Kopplung auf die Wellenlänge des Erregerkreises abgestimmt und die Stromstärke i_1 gemessen.

Darauf schaltet man im Strombauch des Luftleiters einen induktions- und kapazitätsfreien Widerstand w ein, prüft die Abstimmung nach oder stellt sie wieder her und ermittelt die jetzt kleiner gewordene Stromstärke i_2. Die Summe des gesuchten wirksamen Widerstandes w_A und des Widerstandes w_i des Strommessers berechnet sich alsdann zu:

$$w_A + w_i = w \cdot \frac{i_2}{i_1 - i_2},$$

woraus folgt:

$$w_A = w \cdot \frac{i_2}{i_1 - i_2} - w_i.$$

Beispiel: Die mit einem Lichtbogengenerator als Stromquelle ausgeführte Messung des wirksamen Luftleiterwiderstandes der Großstelle Eilvese ergab für $\lambda = 9900$ m die Werte:

$w =$	0	2	3	4	5	6	7	8	Ohm
$i_2 =$	0,63	0,41	0,345	0,3	0,27	0,24	0,22	0,20	Ampere
$w_A + w_i =$	—	3,74	3,64	3,64	3,76	3,70	3,74	3,72	Ampere

und im Mittel

$$w_A + w_i = 3{,}7\ \Omega.$$

Der Widerstand des Strommessers mit einem Meßbereich bis zu 1 Ampere betrug $1{,}2\ \Omega$. Mithin ist

$$w_A = 3{,}7 - 1{,}2 = 2{,}5\ \Omega.$$

Für die Kapazität

$$C_A = 10000 \text{ cm}$$

der Antenne berechnet sich hieraus nach Gleichung 120

$$\vartheta_A = \frac{1}{125} \cdot \frac{10^4 \cdot 2{,}5}{9900} = 0{,}01662.$$

Abb. 281 zeigt eine Versuchsanordnung für die Messung mit Kathodenröhre.

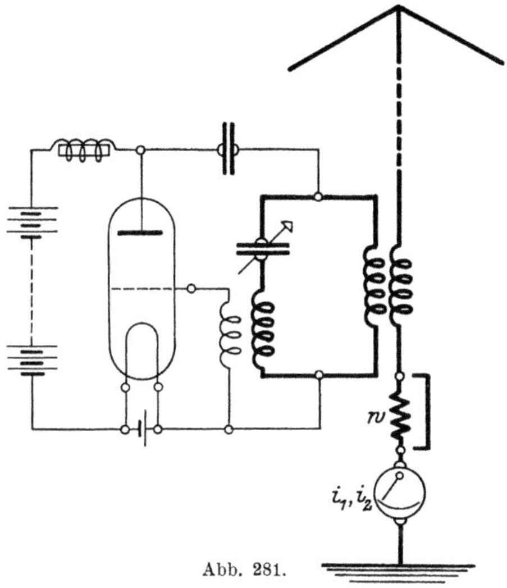

Abb. 281.

β) Vertauschungsverfahren von Fischer mittels künstlicher Antenne. Das Verfahren beruht auf der Vergleichung des stark verlängerten Luftleiters mit einer künstlichen Antenne, die aus der Reihenschaltung eines verlustfreien Kondensators und eines induktions- und kapazitätsfreien Widerstandes besteht. Hierzu kann die Anordnung Abb. 282 dienen. Der geschlosseneSchwingungskreis II wird zuerst mit der Antenne verbunden und mit dem Stoßkreis I in Resonanz gebracht. Nachdem die Stromstärke abgelesen ist, werden durch Umlegen der Schalter nach rechts statt der Antenne der verlustfreie Drehkon-

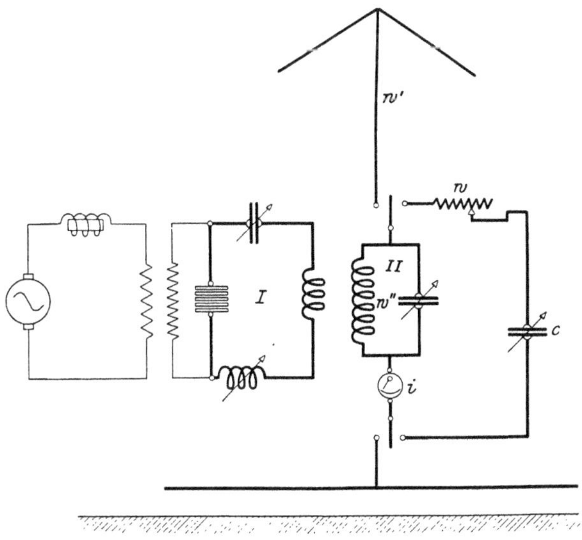

Abb. 282.

densator C und der Widerstand w eingeschaltet. Hat man durch Veränderung von C wieder Resonanz und durch passende Wahl von w wieder die gleiche Stromstärke wie bei der ersten Schaltung erzielt, so ist

$$w' = w .$$

Ist auch noch der gesamte wirksame Widerstand w_A z. B. mittels des Vergleichsverfahrens und der Schaltung Abb. 280 oder 281 gemessen, so ergibt sich, da

$$w_A = w' + w'',$$

der Verlustwiderstand w'' der in die Antenne eingeschalteten Abstimmmittel zu:

$$w'' = w_A - w'.$$

Voraussetzung für die Gültigkeit dieser Beziehung ist, daß die gleichförmige Stromverteilung in Kreis II auch beim Anlegen der Antenne erhalten bleibt. Trifft dies nicht zu, so muß w'' in beiden Schaltungen verschiedene Werte haben. Die Unterschiede sind um so geringer, je mehr die Antenne die Eigenschaften eines geschlossenen Schwingungskreises aufweist. Für genauere Messungen empfiehlt sich eine künstliche Antenne von der Form Abb. 266a, wobei indessen auch die Verluste in L berücksichtigt werden müssen.

Mit diesen Messungen von w_A verbindet man zweckmäßig die Aufnahme der Kurven

$$w_A = f(\lambda), \qquad w_A = f(i_A).$$

Die erste Kurve läßt den Einfluß benachbarter Metallmassen und, wenn sie zu verschiedenen Zeiten ermittelt wird, den Witterungseinfluß erkennen, während die zweite ein Bild der Wirkung der Glimm- und Sprühverluste liefert.

5. Bestimmung des Strahlungswiderstandes w_s.

w' umfaßt neben dem Strahlungswiderstand auch noch die Erdleitungs-, Isolations- und Sprühverlustwiderstände, ferner den Widerstandsbeitrag, der durch Induktionswirkungen in benachbarten Leitungen bedingt ist. Soll nun mittels der Gleichung

$$N_s = i^2 \cdot w_s$$

die Strahlungsleistung eines Luftleiters bestimmt werden, so ist die Kenntnis von w_s erforderlich. Es ist daher weiterhin notwendig, w_s zu trennen von den übrigen Teilbeträgen, aus denen w' besteht.

Durch Messungen an der Senderstelle allein läßt sich diese Aufgabe nur schwer lösen. Wohl aber ist man in der Lage, unter gleichzeitiger Bestimmung der Leistungsverhältnisse auf einer Empfangsstelle ein Urteil über die Größe der Strahlungsleistung der Senderantenne zu gewinnen.

a) Verfahren von Erskine Murray. Man mißt für zwei verschiedene Anordnungen, die man z. B. durch Heben oder Senken der Senderstrahldrähte erhält, bei gleicher Wellenlänge die Stromstärken i_1 und i_1' im Sender- und gleichzeitig die Stromstärken i_2 und i_2' im Empfängerluftleiter. Unter der Voraussetzung, daß beim Herablassen der Antenne ihre Form und während der beiden aufeinanderfolgenden Messungen die der Antenne zugeführte Leistung, ferner die Erdleitungs-, Isolations-, Sprüh- und Induktionsverluste sich nicht geändert haben, ist alsdann

$$w_A - w_s = w_A' - w_s'.$$

Ferner wird, wenn c eine Konstante bedeutet:

$$i_2^2 = c \cdot i_1^2 \cdot w_s$$
$$i_2'^2 = c \cdot i_1'^2 \cdot w_s'.$$

Setzt man

$$\frac{i_2^2}{i_2'^2} = m, \qquad \frac{i_1^2}{i_1'^2} = n,$$

so folgt aus den drei ersten Gleichungen:

$$w_s = \frac{w_A - w_A'}{1 - \frac{n}{m}}, \qquad w_s' = \frac{w_A - w_A'}{\frac{m}{n} - 1} \tag{191}$$

w_A und w_A' bedürfen einer besonderen Messung.

Das Verfahren erfordert, da mit verschiedenen Stromstärken i_2 und i_2' gearbeitet wird, eine sorgfältige Eichung des Strommessers an der Empfangsstelle, wenigstens für diese beiden Ströme. Ferner müssen bei den zwei aufeinanderfolgenden Messungen die Summe der Dämpfungsdekremente der Sender- und Empfangsantenne die nämlichen Werte haben, da die Empfangsströme nicht nur von der ausgestrahlten Leistung und der Wellenlänge, sondern auch von den Dämpfungsdekrementen abhängen, wie die Gleichung 203

$$i_2 = c_1 \cdot \frac{i_1}{\sqrt{1 + \frac{\vartheta_{s_1}}{\vartheta_2}}}$$

zeigt. Durch das Herablassen der Senderantenne beim zweiten Versuch erfährt aber deren Dekrement eine nicht unbeträchtliche Änderung. Nur bei Sendern für ungedämpfte Wellen oder wenn man bei Sendern für gedämpfte Wellen einen Empfänger benutzt, dessen Dämpfung sehr groß ist gegen diejenige des Senders, sind i_2 und i_2' nur abhängig von der Strahlenleistung und Wellenlänge.

b) Verfahren von de Groot. α) Die Eichung des Empfängers wird unnötig bei dem folgenden, abgeänderten Verfahren für Löschfunkensender:

α) Durch Vergrößerung der Funkenstreckenzahl im Stoßkreis des Senders von n_1 auf $n_2, n_3 \ldots n_m$ wird der Strom i_1 im Senderluftleiter erhöht und bei gleichbleibendem Gesamtwiderstand w_A die Kurve I (Abb. 283)

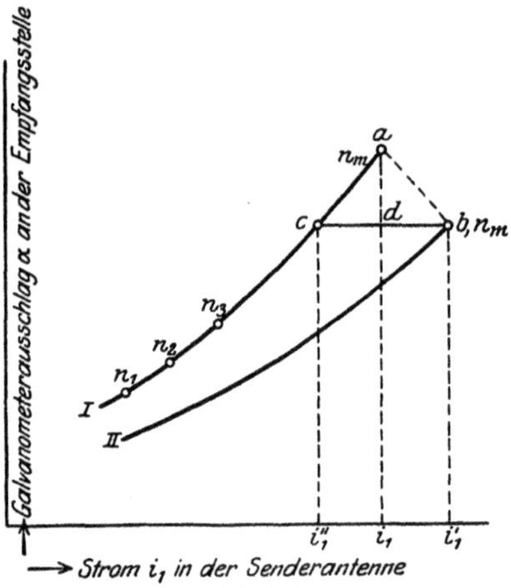

Abb. 283.

$$\alpha = f(i_1)$$

ermittelt, wo α die Ablenkung des Galvanometers an der Empfangsstelle bedeutet.

2. Die Antenne wird so weit herabgelassen, daß ihr Strahlungswiderstand w_s um etwa 20% sinkt, d. h. w_A übergeht in $w_A' < w_A$. Zu der zuletzt eingeschalteten Funkenstreckenzahl n_m ergibt sich daher jetzt ein größerer Strom $i_1' > i_1$ und weil die Strahlung verringert ist, die kleinere Anlenkung $\alpha' = \overline{i_1' b}$. Verkleinert man jetzt die Funkenstreckenzahl, so erhält man Kurve II. Zu Ermittlung von w_s und des gesamten Verlustwiderstandes w' genügt indessen Punkt b von Kurve II und Punkt c von Kurve I, für die $\alpha = \alpha'$.

Vor der endgültigen Messung von i_1' und α' müssen etwa eingetretene Änderungen in den Abstimmungen mittels des Luftdrahtvariometers ausgeglichen werden.

Um festzustellen, ob auch der Detektor während der Messungen keine Änderungen erfahren hat, wird die Antenne wieder hochgeführt und nochmals i_1 und α für Punkt a von Kurve I ermittelt.

Sind nun w_A und w_A' die gesamten Widerstände, w_s und w_s' die Strahlungswiderstände bei den zwei aufeinanderfolgenden Versuchsreihen, und bleibt der Verlustwiderstand w' ungeändert, so ist:

$$w' = w_A - w_s = w_A' - w_s'.$$

Ferner ergibt sich unter den weiteren Annahmen, daß in Abb. 283
1. für die Punkte a und b, die dem Sender zugeführten Leistungen;
2. für die Punkte b und c, denen gleiche Galvanometerablenkungen entsprechen, auch die Strahlungsleistungen gleiche Werte haben:

$$i_1^2 \cdot w_A = i_1'^2 \cdot w_A', \qquad i_1''^2 \cdot w_s = i_1'^2 \cdot w_s'.$$

Aus diesen drei Gleichungen folgt:

$$w_s = \frac{i_1'^2 - i_2^2}{i_1'^2 - i_1'^2} \cdot w_A = \frac{i_1' - i_1}{i_1' - i_1''} \cdot w_A \cdot \frac{i_1' + i_1}{i_1' + i_1''} \sim \frac{i_1' - i_1}{i_1' - i_1''} \cdot w_A. \qquad (192)$$

Setzt man daher $\overline{bc}$ in Abb. 283, in einem bestimmten Maßstab gemessen, gleich dem gesamten Antennenwiderstand w_A, so erhält man aus ihr unmittelbar:

$$w_s = \overline{bd}, \qquad w' = \overline{cd}.$$

Zwar entfällt bei diesem Verfahren die Eichung, jedoch muß, wie bei dem vorigen, w_A gemessen werden. Weiter wird gefordert, daß für die Punkte b und c die gesamte Antennenleistung $i_1^2 \cdot w_A$, der Verlustwiderstand w' und die Summe der Dämpfungen von Sender und Empfänger die nämlichen Werte haben. Die zwei ersten Bedingungen sind im allgemeinen schwer nachzuprüfen, die dritte ist nicht erfüllt, da beim Herablassen der Antenne sich w_A um etwa 20% verkleinert.

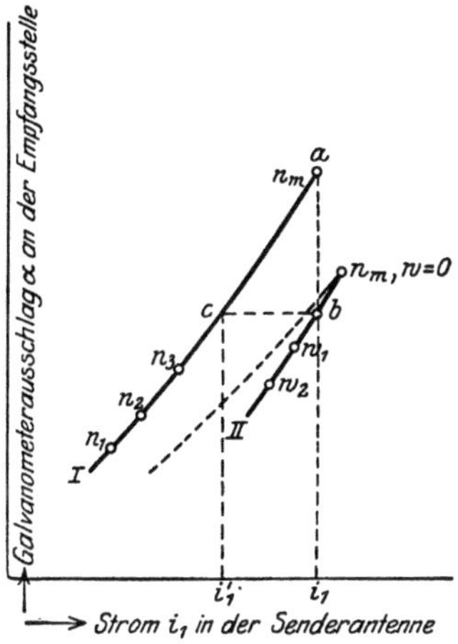

Abb. 284.

Die durch diese Forderungen bedingten Fehlerquellen sind durch ein **neues Verfahren von de Groot** beseitigt.

β) Dieses Verfahren unterscheidet sich von dem vorigen nur dadurch, daß zur Aufnahme der Kurve II die Senderleistung nicht durch Abschalten von Funkenstrecken, sondern durch Einschalten von induktions- und kapazitätsfreien Widerständen w_1, w_2, ... in die Senderantenne verkleinert wird, d. h. man ermittelt:

1. bei gleichbleibendem Gesamtwiderstand w_A durch Zuschalten von Funkenstrecken die Kurve I, Abb. 284:
$$\alpha = f(i_1),$$
2. nachdem die Antenne heruntergelassen ist, bei gleichbleibender Funkenstreckenzahl n_m durch Einschalten der Widerstände w_1, w_2, w_3, ... in die Senderantenne Kurve II, Abb. 284:
$$\alpha = f(i_1').$$

Um den gesuchten Strahlungswiderstand w_s aus beiden Kurven I und II zu erhalten, legt man:

a) durch den zuletzt aufgenommenen Punkt a von I eine Senkrechte, die Kurve II in b schneidet;

b) durch b eine Wagerechte, die Kurve I in c schneidet.

Da für die Punkte a und b die Funkenstreckenzahl dieselbe ist, hat auch die Antennenerregung für beide Punkte dieselbe Größe. Da ferner diese Erregung für die Punkte a und b den nämlichen Antennenstrom i_1 liefert, muß auch der Gesamtwiderstand der Antenne für a und b

denselben Betrag haben, d. h. die durch das Herunterlassen verursachte Abnahme des Strahlungswiderstandes w_s um $w_s - w_s'$ ist durch Zuschalten des Widerstandes w wieder ausgeglichen, oder es ist:

$$w_s - w_s' = w .$$

Da endlich den Punkten b und c gleiche Ablenkungen entsprechen und der gesamte Antennenwiderstand und damit jetzt auch die Summe der Dämpfungen von Sender und Empfänger für diese Punkte gleich sind, müssen nunmehr auch die Strahlungsleistungen für die Punkte b und c übereinstimmen, d. h. es ist:

$$i_1'^2 \cdot w_s = i_1^2 \cdot w_s' .$$

Aus beiden Gleichungen folgt zur Berechnung von w_s:

$$w_s = \frac{w}{1 - \left(\frac{i_1'}{i_1}\right)^2} . \tag{192}$$

Ob auch die Leistung der Wechselstrommaschine für die Punkte a und b den gleichen Wert hat, läßt sich nachprüfen, wenn man gleichzeitig zu jeder der Kurven I und II auch die Kurven der Klemmenspannung e und des Maschinenstromes i in Abhängigkeit vom Antennenstrom i_1, d. h. die zwei Kurvenpaare

$$e = f(i_1) , \qquad i = f(i_1)$$

in Abb. 284 einträgt. Sind die Maschinenleistungen für a und b einander gleich, so fällt der Schnittpunkt der zwei Kurven $e = f(i_1)$ einerseits und der Schnittpunkt der zwei Kurven $i = f(i_1)$ andererseits auf die durch a und b führende Gerade.

Bei sämtlichen bis jetzt erläuterten Verfahren zur Bestimmung von w_s muß eine größere Zahl von Stromstärken sowohl an der Sende- als auch der Empfangsstelle ermittelt und die Antenne bei einer der zwei Versuchsreihen herabgelassen werden. Sie stellen daher nicht geringe Anforderungen an die Geschicklichkeit des Beobachters. Viel einfacher gestaltet sich die Messung mit dem folgenden, zuerst von der Gesellschaft für drahtlose Telegraphie in großem Maßstabe benutzten Verfahren, daß die älteren wohl völlig verdrängen wird.

c) Verfahren von Braun und Rausch von Traubenberg. Nach Gleichung 184 ist die gesamte Strahlungsleistung eines geerdeten Luftleiters durch eine Halbkugel mit dem Halbmesser R und dem Luftleiter als Achse:

$$N_s = 5 \cdot 10^{12} \cdot (H_0 \cdot R_{\text{km}})^2 \text{ Watt},$$

wobei:

H_0 = Scheitelwert des von dem Luftleiter in seiner Äquatorialebene in der Entfernung R erzeugten Wechselfeldes in Gauß.

Aus

$$N_s = i_{1\,\mathrm{Amp.}}^2 \cdot w_s^\Omega \text{ Watt}$$

folgt weiter:

$$w_s = \frac{N_{s\,\mathrm{Watt}}}{i_{1\,\mathrm{Amp.}}^2} \text{ Ohm}$$

und nach Gleichung 186:

$$h_w = 2{,}517 \cdot 10^{-2} \cdot \sqrt{w_s^\Omega} \cdot \lambda_{\mathrm{m}} \text{ Meter.} \tag{194}$$

Die Bestimmung von w_s und h_w ist bei bekannter Entfernung R zwischen Sender und Empfänger durch diese Gleichungen somit zurückgeführt auf die Messung von i_1 und H_0.

H_0 kann unmittelbar oder durch ein Vergleichsverfahren gefunden werden.

α) unmittelbare Messung von H_0. Eine Meßspule mit n Windungen wird so angeordnet, daß sie von den Kraftlinien des Feldes H_0 senkrecht durchsetzt wird. Das von der Antenne erzeugte sinusförmige Wechselfeld

$$H_t = H_0 \cdot \sin \omega t$$

erregt dann in der Meßspule mit der Windungsfläche F eine elektromotorische Kraft

$$e_t = F \cdot \frac{dH_t}{dt} = \omega \cdot F \cdot H_0 \cdot \cos \omega t, \tag{195}$$

und wenn die Spule durch einen eingeschalteten Kondensator C auf die Welle der Senderantenne abgestimmt ist, die wirksame Stromstärke

$$i_2 = 10 \cdot \frac{\dfrac{\omega \cdot F_{\mathrm{cm}^2} \cdot H_0}{\sqrt{2}}}{10^9 \cdot w^\Omega} \text{ Ampere,} \tag{195a}$$

wo w den Wirkwiderstand der Spule bedeutet.

Ist sonach i_2, F, w und ω oder λ gemessen, so wird:

$$\left.\begin{aligned} H_0 &= \frac{10^8 \sqrt{2} \cdot i_2^{\mathrm{Amp.}}}{\omega \cdot F^{\mathrm{cm}^2}} \cdot w^\Omega = \frac{1}{\sqrt{2} \cdot 3 \cdot \pi} \cdot i_2^{\mathrm{Amp.}} \cdot \lambda^{\mathrm{m}} \cdot \frac{w^\Omega}{F^{\mathrm{cm}^2}} \\ &= 0{,}07505 \cdot i_2^{\mathrm{Amp.}} \cdot \lambda^{\mathrm{m}} \cdot \frac{w^\Omega}{F^{\mathrm{cm}^2}} \text{ Gauß} \end{aligned}\right\} \tag{196}$$

Zur Messung von i_2 benutzt man am besten Thermoelemente der S. 231 beschriebenen Form, die einen Widerstand von etwa 10 Ohm besitzen und eine thermoelektrische Kraft von etwa $2 \cdot 10^{-3}$ Volt bei 10^{-3} Amp. im Heizdraht liefern. Sie werden unmittelbar in den aus der Meßspule und einem Kondensator bestehenden Empfangskreis gelegt und mit einem Drehspulenspiegelgalvanometer von 10 Ohm Widerstand verbunden (Abb. 285).

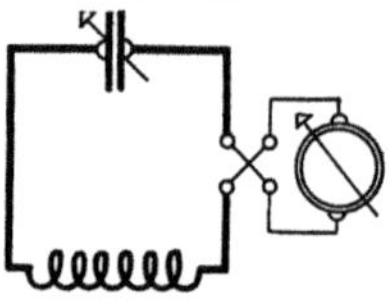
Abb. 285.

Mit dieser Anordnung lassen sich alsdann Werte von H_0 bis herab zu 10^{-6} Gauß messen bei Periodenzahlen der Senderschwingungen bis zu

$$\nu = 10^4.$$

Beispiel: Zur Untersuchung der Strahlungsverhältnisse des Senders einer Großstelle für ungedämpfte Schwingungen war 27 km von ihr eine quadratische Meßspule mit 3 m Seitenlänge und 30 Windungen 5,7 m über dem Erdboden aufgehängt. Das Thermoelement mit 10,7 Ohm lieferte eine elektromotorische Kraft von $1{,}9 \cdot 10^{-3}$ Volt bei 10^{-3} Amp. im Heizdraht. w war durch Einschalten eines Konstantandrahtes von 9 Ohm in den Meßkreis nach dem S. 206 beschriebenen Verfahren bestimmt. Die Messungen erfolgten an einer provisorischen Antennenanlage. Sie treffen nicht zu für die heutige Anlage. Gemessen wurde:
$\lambda = 12600$, $i_1 = 320$ Amp., $w = 17{,}9$ Ohm, $i_2 = 3{,}25 \cdot 10^{-4}$ Amp.
Somit ist nach Gleichung 196:

$$H_0 = 0{,}07505 \cdot 3{,}25 \cdot 10^{-4} \cdot 12600 \cdot \frac{17{,}9}{27 \cdot 10^5} = 2{,}037 \cdot 10^{-6} \text{ Gauß}$$

und nach Gleichung 182 und 186:

$$N_s = 5 \cdot 10^{12} (2{,}037 \cdot 10^{-6} \cdot 27)^2 \text{ Watt} = 15{,}13 \text{ Kilowatt},$$

$$w_s = \frac{15130}{320^2} = 0{,}1477 \text{ Ohm},$$

$$h_w = 2{,}517 \cdot \sqrt{0{,}1477} \cdot 12600 = 121{,}9 \text{ m}.$$

β) Vertauschungsverfahren zur Bestimmung von H_0. Zur Messung des Stromes an der Empfangsstelle wird jetzt statt des Thermoelementes ein Detektor in Verbindung mit einem Galvanometer verwendet (Abb. 286). Dasselbe zeige eine Ablenkung α. Darauf muß das Senden unterbrochen oder die Meßspule so gestellt werden, daß sie vom Sender unbeeinflußt bleibt.

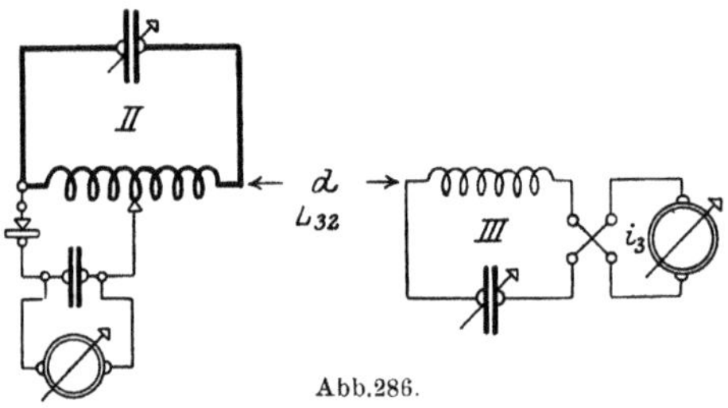

Abb. 286.

Die Meßspule des Kreises II wird nun mit einer besonderen Eichspule des Hilfskreises II erregt und der Strom i_3 in ihr so eingestellt, daß am Galvanometer die nämliche Ablenkung α wie beim ersten Versuch entsteht. Dann ist, wenn L_{32} der Koeffizient der gegenseitigen Induktion zwischen Eichspule III und Meßspule II bedeutet:

$$\omega \cdot L_{32}^{\text{cm}} \cdot \frac{\sqrt{2} \cdot i_3^{\text{Amp.}}}{10} = \omega \cdot H_0 \cdot F,$$

mithin:

$$H_0 = 0{,}141 \cdot \frac{L_{32}^{\text{cm}}}{F_{\text{cm}^2}} \cdot i_3^{\text{Amp.}} \text{ Gauß}. \tag{197}$$

Macht es Schwierigkeiten, i_3 so einzustellen, daß die Galvanometerablenkung wieder genau den Betrag α erreicht, so wählt man i_3 so, daß die Ablenkung einmal größer und einmal kleiner wird als α und ermittelt den gesuchten Wert von i_3 durch Interpolation oder durch Auftragen der Kurve $i_3 = f(\alpha)$.

Eine Nachprüfung der Ergebnisse ermöglicht die Gleichung

$$i_3 \cdot L_{32} = \frac{F \cdot H_0}{0{,}1414} = \text{const.}$$

Der Koeffizient der gegenseitigen Induktion L_{32} für zwei Spulen mit quadratischer Windungsfläche und den Windungszahlen n_1 und n_2 kann mittels der Gleichung berechnet werden:

$$\left.\begin{aligned} L_{32} = 8 \cdot n_1 \cdot n_2 \left[a \cdot \log\text{nat} \left(\frac{a + \sqrt{a^2 + d^2}}{a + \sqrt{2\,a^2 + d^2}} \cdot \frac{\sqrt{a^2 + d^2}}{d} \right) \right] \\ + 8 \cdot \left[\sqrt{2\,a^2 + d^2} - 2 \cdot \sqrt{a^2 + d^2} + d \right] \text{cm} \end{aligned} \right\} \quad (198)$$

$a =$ Seitenlänge des Quadrates in cm,

$d =$ Abstand der Spulen in cm.

Die Formel liefert für zwei Spulen von 3 m Seitenlänge, von denen die eine 30, die andere 1 Windung besitzt und die parallel und in d Meter Entfernung voneinander aufgestellt sind, die Werte:

$d =$	2	2,5	3	3,5	4	4,5	5
$L_{32} =$	18960	12984	9638	6635	4920	3744	2935.

Beispiel: Die Eichspule wurde mit einem Röhrensender erregt. Der Strom i_3 in ihr konnte mit Hilfe eines in die Spule geschalteten Thermoelements nebst Spiegelgalvanometer gemessen und durch Änderung der Kopplung zwischen Eichspule und Erregerkreis stetig und in weiten Grenzen verändert werden. Die Meßspule hatte die Abmessungen der Spule des vorigen Beispiels. Die Eichspule bestand aus einer einzelnen, quadratischen Windung mit 3 m Seitenlänge. Beide Spulen waren parallel und in $d = 4$ m Abstand voneinander auf einem 5,7 m über dem Boden hängenden Holzgestell befestigt. Zur Ermittlung des Stromes i_2 in der Meßspule diente die Reihenschaltung eines Kristalldetektors mit einem Spiegelgalvanometer, die durch kurze Leitungen mit einigen Windungen der Meßspule verbunden war und deren günstigste Zahl vorher ausprobiert wurde.

Nach Gleichung 198 wird:

$$L_{32} = 4920 \text{ cm}.$$

Gemessen war:

$$\lambda = 12600 \text{ m}, \qquad i_1 = 250 \text{ Amp.}, \qquad i_3 = 6{,}25 \cdot 10^{-3} \text{ Amp.}$$

Mithin ist:

$$H_0 = 0{,}1414 \cdot \frac{4920}{2{,}7 \cdot 10^6} \cdot 6{,}25 \cdot 10^{-3} = 1{,}611 \cdot 10^{-6} \text{ Gauß}$$

$$N_s = 5 \cdot 10^{12}\,(1{,}611 \cdot 10^{-6} \cdot 27)^2 \text{ Watt} = 9{,}46 \text{ Kilowatt},$$

$$w_s = \frac{9460}{250^2} = 0{,}151 \text{ Ohm},$$

$$h_w = 2{,}517 \cdot 10^{-2} \cdot \sqrt{0{,}151} \cdot 12600 = 123{,}1 \text{ m}.$$

6. Bestimmung der Leitfähigkeit des Erdbodens.

Die beiden folgenden von v. Traubenberg, Pusch und Abraham bei der Gesellschaft für drahtlose Telegraphie ausgearbeiteten Verfahren haben gegenüber der unmittelbaren Messung des Widerstandes von aus der Erde herausgenommenen Proben den Vorzug, daß die Messungen unter den für Senderanlagen gültigen Betriebsbedingungen vorgenommen werden.

a) Bestimmung des Leitvermögens aus der Stromabnahme. Zwei Drähte werden, parallel verlaufend, 30 bis 50 cm tief in den zu untersuchenden Boden eingegraben und durch Kopplung mit einem Kreis, der ungedämpfte Wellen liefert (Kathodenröhre, Lichtbogengenerator), erregt (Abb. 287).

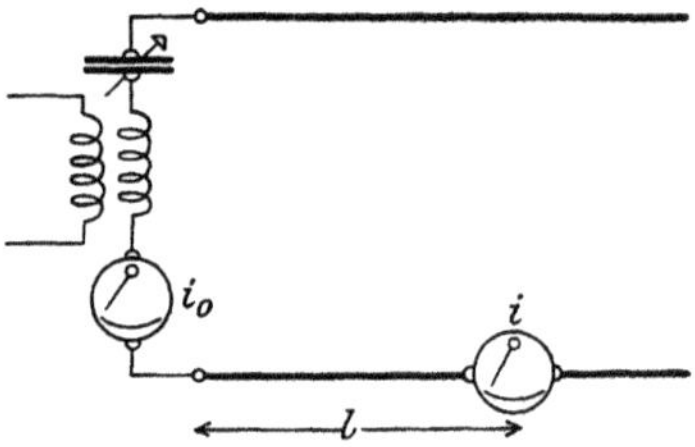

Abb. 287.

Der Widerstand des Bodens bedingt eine Abnahme des Stromes i nach den Enden der Drähte. Für eine um l vom Anfang entfernte Stelle kann, unter Vernachlässigung des Kondensatorstromes zwischen den Drähten, i dargestellt werden durch:

$$i = i_0 \cdot e^{-\beta \cdot l},$$

wo

$$\beta = 2\pi \cdot \sqrt{\frac{3 \cdot 10^{10} \cdot k}{\lambda}}.$$

k = Leitfähigkeit des Bodens in elektromagnetischen Einheiten,
i_0 = Strom am Anfang der Drähte.

In der Entfernung

$$l_e = \frac{1}{\beta}$$

vom Anfang der Drähte ist i_0 gesunken auf

$$i = \frac{i_0}{e} = \frac{i_0}{2{,}72}.$$

Für diese Werte ergibt sich aus der Gleichung für β:

$$k = \frac{1}{4\pi^2 \cdot l_e^2} \cdot \frac{\lambda}{3 \cdot 10^{10}} \text{ (c-g-s)}. \qquad (199)$$

Um k zu finden, hat man sonach nur nötig, diejenige Entfernung zu bestimmen, in der

$$i = \frac{i_0}{2{,}72}.$$

Zu dem Zweck wird einer der Drähte in verschiedenen Entfernungen von der Erregerstelle aufgeschnitten, ein Strommesser mit kleinem Widerstand eingeschaltet und die Stromstärke gemessen.

Trägt man die gefundenen Werte von i in Abhängigkeit von l auf, so kann die Entfernung l_e aus dem Bilde entnommen und k nach Gleichung 199 berechnet werden.

Für die Strommessungen eignen sich Hitzbandgeräte mit kleinem Widerstand (0,3 bis 5 Ohm).

Die Messung wird mit verschiedenen Wellenlängen ausgeführt.

b) Bestimmung des Leitvermögens durch Messung des wirksamen Widerstandes. Gemessen wird mittels der Schaltung Abb. 287, in der i jetzt wegfällt, der Gesamtwiderstand w zwischen den beiden Drähten. Aus w, dem Abstand a der Drähte und ihrer Dicke d berechnet sich k unter Vernachlässigung des Kondensatorstromes zwischen den Drähten zu:

$$k = \frac{4 \cdot 3 \cdot 10^{10}}{\lambda \cdot w^2} \cdot \log \text{nat} \left(\frac{2a}{d}\right)^2. \tag{200}$$

Zur Ermittlung von w benutzt man am besten das S. 231 erläuterte Vergleichsverfahren. Zu dem Zweck wird, nachdem i_0 gemessen ist, an der Erregerstelle ein bekannter induktions- und kapazitätsfreier Zusatzwiderstand w' eingeschaltet, der den Strom i_0 auf i' verkleinert. Alsdann ist:

$$w + w_1 = w' \cdot \frac{i_0}{i_0 - i'},$$

wo w_1 den Gesamtwiderstand des Strommessers i_0 und der Erregerspule bedeutet, der eine besondere Messung erfordert.

Eine Nachprüfung der Versuchsergebnisse ist dadurch möglich, daß

$$w \cdot \sqrt{\lambda} = \text{const.}$$

sein muß, sofern der Kondensatorstrom vernachlässigbar ist.

Die folgenden, von den oben Genannten bei der Gesellschaft für drahtlose Telegraphie gewonnenen Versuchsergebnisse erläutern das Verfahren.

Bodenart	w_i in Ohm	λ in m	$l=0$	2,5	5	10	15 Meter	k
			Stromstärke in Ampere					
feuchter Boden	0,35	610	0,875	0,58	0,44	0,25	0,10	$8{,}1 \cdot 10^{-14}$
		920	1,19	0,85	0,64	0,43	0,26	$8{,}0 \cdot 10^{-14}$
		1170	1,10	0,82	0,66	0,45	0,30	$7{,}7 \cdot 10^{-14}$
sehr feuchter Boden	0,35	660	1,15	0,775	0,58	0,36		$8{,}6 \cdot 10^{-14}$
		900	1,15	0,84	0,66	0,425		$7{,}4 \cdot 10^{-14}$
		1130	1,15	0,85	0,68	0,47		$6{,}5 \cdot 10^{-14}$
Wiesenboden, gefroren	4,5	280	0,25	0,13	0,075	0,025		$1{,}3 \cdot 10^{-13}$
		540	0,28	0,168	0,115	0,075		$1{,}17 \cdot 10^{-13}$
		880	0,21	0,142	0,105	0,065		$1{,}14 \cdot 10^{-13}$

Nach Verfahren *b* ergaben sich im unmittelbaren Anschluß an die erste Meßreihe für feuchten Boden:

Verfahren *b*.

λ	w	k	$w \cdot \sqrt{\lambda}$
610	36,5	$8{,}1 \cdot 10^{-14}$	900
920	31	$7{,}5 \cdot 10^{-14}$	940
1170	27	$7{,}8 \cdot 10^{-14}$	920

Q. Allgemeine Gesichtspunkte für den Aufbau der Sende- und Empfangsstelle.

Um über die Leistungsfähigkeit einer radiotelegraphischen Anlage ein Urteil zu gewinnen, ist

1. die Reichweite und
2. die Abstimmfähigkeit der Anlagen festzustellen und das einwandfreie Arbeiten der Geräte unter den verschiedensten Betriebsbedingungen zu beobachten.

Im folgenden sind zunächst einige Gesichtspunkte erörtert, die sich auf Reichweite und Abstimmfähigkeit beziehen und die allen Anlagen mehr oder weniger gemeinsam sind, mögen die Scheitelwerte ihres Antennenstromes stetig abnehmen oder von stets gleichbleibender Größe sein, während die Prüfung der Sender und Empfangsgeräte Gegenstand der folgenden Abschnitte bildet.

I. Die Reichweite.

Faßt man die Aufgabe, bestimmte Zeichen zwischen zwei Anlagen auf radiotelegraphischem Wege auszutauschen, als eine Aufgabe der drahtlosen Kraftübertragung auf, so handelt es sich darum, diejenigen Ursachen festzustellen, die einen Höchstbetrag von Leistung auf der Empfangsseite gewährleisten. Nach der von Sommerfeld entwickelten Theorie ergibt sich, daß bei Verwendung ungedämpfter Schwingungen und verschwindenden schädlichen Dämpfungsverlusten auf beiden Anlagen die wirksame Stromstärke i_2 im Strombauch des Empfängers sich darstellen läßt durch

$$i_2 = \frac{120 \cdot \pi}{w_2^{\Omega}} \cdot \frac{h_{1w}^{\mathrm{m}} \cdot h_{2w}^{\mathrm{m}}}{\lambda^{\mathrm{m}} \cdot R^{\mathrm{m}}} \cdot i_1 \cdot e^{\frac{-0{,}0019 \cdot R^{\mathrm{m}}}{\sqrt[3]{\lambda^{\mathrm{m}}}}}, \tag{201}$$

während die experimentelle Nachprüfung durch Austin und Barkhausen für i_2 den Ausdruck ergab:

$$i_2 = \frac{120 \cdot \pi}{w_2^{\Omega}} \cdot \frac{h_{1w}^{\mathrm{m}} \cdot h_{2w}^{\mathrm{m}}}{\lambda^{\mathrm{m}} \cdot R^{\mathrm{m}}} \cdot i_1 \cdot e^{\frac{-0{,}6015 \cdot R^{\mathrm{m}}}{\sqrt{\lambda^{\mathrm{m}}}}}. \tag{201a}$$

Bei großen Entfernungen R zwischen Sender und Empfänger sind die Werte von i_2 noch zu vervielfachen mit

$$\sqrt{\frac{\alpha}{\sin \alpha}}\,,$$

wo α den Winkel der Verbindungslinien der Sendestelle einerseits und der Empfangsstelle andererseits mit dem Erdmittelpunkt bedeutet.

Für Entfernungen unter 300 km ist die Wurzelgröße vernachlässigbar.

Unter der Voraussetzung günstigster Empfangsverhältnisse ist somit der Empfangsstrom i_2 proportional dem Primärstrome i_1 und umgekehrt proportional der Entfernung R zwischen Sender und Empfänger. In gleicher Weise nimmt der sekundäre Strom mit der Vergrößerung der wirksamen Antennenhöhen h_{1w} und h_{2w} beider Anlagen zu.

Eine besondere Beurteilung verlangt die zur Verwendung gelangende Betriebswellenlänge λ, die sowohl in dem Werte $e^{-\frac{0{,}0015 \cdot R^{\mathrm{m}}}{\sqrt{\lambda^{\mathrm{m}}}}}$, der den Einfluß der Absorption der elektromagnetischen Schwingungen im Zwischengelände verkörpert, als auch in dem Dämpfungswiderstande w_2 des Empfangsluftleiters enthalten ist. Hierfür ist es zweckmäßig, die Ausgangsgleichung derart umzuformen, daß statt der Stromstärken die betreffenden Leistungen erscheinen. Nach früheren Ausführungen erreicht die Nutzleistung N_n einen Höchstwert, wenn der Strahlungswiderstand w_{s_2} der Empfangsantenne gleich dem des Detektors w_D ist. Demnach gilt:

$$w_2 = w_D + w_{s_2}\,,$$

folglich:

$$N_n = i_2^{\,2} \cdot w_D = i_2^{\,2} \cdot w_{s_2} = i_2^{\,2} \cdot \frac{w_2}{2}\,.$$

Nach Gleichung 186 kann man den Strahlungswiderstand der Sender- und der Empfangsantenne durch folgende Größen ausdrücken:

$$w_{s_1}^{\Omega} = 160 \cdot \pi^2 \cdot \frac{h_{1w}^2}{\lambda^2}$$

und

$$w_{s_2}^{\Omega} = 160 \cdot \pi^3 \cdot \frac{h_{2w}^2}{\lambda^2}\,.$$

Folglich berechnet sich die primäre Strahlungsleistung N_{s_1} zu

$$N_{s_1} = i_1^{\,2} \cdot w_{s_1} = 160 \cdot \pi^2 \cdot \frac{h_{1w}^2}{\lambda^2} \cdot i_1^{\,2} \text{ Watt},$$

während der Wert für die Nutzleistung N_n sich aus folgender Gleichung ergibt:

$$N_n = i_2^{\,2} \cdot w_D = i_2^{\,2} \cdot w_{s_2} = 160 \cdot \pi^2 \cdot \frac{h_{2w}^2}{\lambda^2} \cdot i_2^{\,2}\,.$$

Folglich:

$$N_n = \left(\frac{3}{4}\right)^2 \cdot \left(\frac{\lambda}{2\pi}\right)^2 \cdot \frac{1}{R^2} \cdot N_{s_1} \cdot e^{\frac{-0{,}0015 \cdot R}{\sqrt{\lambda}}}.$$

Somit bestimmt sich der Wirkungsgrad η der radiotelegraphischen Kraftübertragung zu:

$$\eta = \frac{N_n}{N_{s_1}} = \left(\frac{3}{4}\right)^2 \cdot \left(\frac{\lambda}{2\pi}\right)^2 \cdot \frac{1}{R^2} \cdot e^{\frac{-0{,}0015 \cdot R}{\sqrt{\lambda}}}. \tag{202}$$

Werden in der Senderantenne einwellige Schwingungen mit abnehmenden Scheitelwerten erzeugt, so erfahren die Gleichungen folgende Erweiterung:

$$\left.\begin{aligned} i_2 &= \frac{120 \cdot \pi}{w_2^{\Omega}} \cdot \frac{h_{2w}^{\mathrm{m}} \cdot h_{2w}^{\mathrm{m}}}{\lambda^{\mathrm{m}} \cdot R^{\mathrm{m}}} \cdot \frac{1}{\sqrt{1 + \frac{\vartheta_{s_1}}{\vartheta_2}}} \cdot i_1 \cdot e^{\frac{-0{,}0015 \cdot R}{\sqrt{\lambda}}} \\ \eta &= \left(\frac{3}{4}\right)^2 \cdot \left(\frac{\lambda}{2\pi}\right)^2 \cdot \frac{1}{R^2} \cdot \frac{\vartheta^2}{\vartheta_{s_1}^2 + \vartheta_2^2} \cdot e^{\frac{-0{,}0015 \cdot R}{\sqrt{\lambda}}}. \end{aligned}\right\} \tag{203}$$

ϑ_{s_1} = logarithmisches Dekrement der Strahlung auf der Senderseite.

ϑ_2 = Gesamtdämpfungsdekrement der Empfangsantenne $= \vartheta_{s_2} + \vartheta_D$.

Wenn auch die auf Grund dieser Gleichungen berechneten Zahlenwerte nicht den Anspruch auf vollständige Genauigkeit machen können, so ist doch der Einfluß der verschiedenen Größen auf die Reichweite deutlich zu erkennen. Maßgebend für den Wert der Nutzleistung N_n ist danach bei gegebener Stationsentfernung R zunächst die Größe der primären Strahlungsleistung N_{s_1} und die Länge der verwendeten Welle. Die Aufgabe nun, möglichst große Leistungen auf der Sendeseite zur Ausstrahlung zu bringen, hängt eng mit der Form und der Anordnung des Luftleitergebildes zusammen, dessen Leistungsfähigkeit in erster Linie durch die Güte seiner Isolation bestimmt wird. Betrachtet man den Zeitpunkt, in dem die gesamte verfügbare elektrische Arbeit A_1 in elektrostatischer Form auf der Antenne aufgespeichert, d. h.:

$$A_1 = \frac{C_A \cdot E^2}{2}$$

ist, so erkennt man, daß diese Größe mit wachsender Antennenkapazität C_A und Spannung E zunimmt. Bei bekannter Luftleiterdämpfung ϑ_{s_1} ergibt sich nach Gleichung 121, S. 190

$$\vartheta_{s_1} = \frac{1}{2} \cdot \frac{N_{s_1} \cdot T}{A_1}$$

oder

$$N_{s_1} = 2 \cdot \vartheta_{s_1} \cdot \frac{A_1}{T} = \vartheta_{s_1} \cdot \frac{C_A \cdot E^2}{T} = \vartheta_{s_1} \cdot \nu \cdot C_A \cdot E^2.$$

d. h. bei gegebener Periodenzahl ν und dem Scheitelwert E der Spannung ϑ erreicht die Strahlungsleistung N_{s_1} ihren Höchstwert, wenn das Produkt aus Dämpfung ϑ_{s_1} und Kapazität C_L möglichst groß ausfällt. Mit einem Luftleitergebilde von großer Kapazität, aber kleiner Dämpfung (Schirmantenne) lassen sich deshalb unter Umständen bessere Ergebnisse erzielen, wie mit einem Strahlgebilde, das zwar hohes Strahlungsdekrement, aber geringe Kapazität aufweist (Markoniantenne). Jedoch ist hierbei zu berücksichtigen, daß der Höchstwert E der Spannung um so größer sein darf, je weniger Aufhängepunkte der Luftleiter nötig hat. Große Antennenanlagen mit vielfachen Isolierungsstellen (Dachantenne) können daher elektrisch nicht so hoch beansprucht werden wie solche, bei denen man mit einer kleinen Zahl von Befestigungsstellen auskommt (Markoniantenne, T-Antenne, Fächerantenne). Wenn auch alle diese Gesichtspunkte Berücksichtigung verdienen, so ist doch für die Wahl des Sendergebildes in erster Linie die Art der Hochfrequenzerzeugung maßgebend, ein Umstand, der bei Besprechung der einzelnen Systeme nochmals gestreift werden wird. Im allgemeinen jedoch gilt nach vorstehendem für alle Senderantennen, daß die Periodenzahl, die Strahlungsdämpfung und die Kapazität möglichst hoch zu wählen ist.

Anders liegen die Verhältnisse auf der Empfangsseite. Den ankommenden elektromagnetischen Schwingungen entzieht der Empfangsluftleiter einen gewissen Leistungsbetrag, der zu einem Teil im Wellenanzeiger verzehrt, zum anderen wieder ausgestrahlt wird. Unter der Voraussetzung einer in der Antenne wirksamen gleichbleibenden elektromotorischen Kraft vom wirksamen Wert e_2 erhält man dann den Höchstwert an Nutzleistung N_n, wenn die Bedingung erfüllt ist:

$$\frac{w_2}{2} = w_{s_2} = w_D\,,$$

$$N_n = i_2^2 \cdot w_D = \frac{e_2^2}{4 \cdot w_D} = \frac{e_2^2}{4 \cdot w_{s_2}}\,.$$

Da, wie S. 476 erläutert wird, man stets in der Lage ist, den Detektorwiderstand w_D dem Strahlungswiderstand w_{s_2} des Luftleiters anzupassen, hat man demnach zur Erzielung größter Empfangsleistung nur dafür zu sorgen, daß letzterer möglichst klein ausfällt, ohne jedoch gleichzeitig eine Verminderung der elektromotorischen Kraft e_2 herbeizuführen. Da diese nun durch die Gleichung

$$e_2 = E_F \cdot h_{2w}$$

gegeben ist, wobei E_F die elektrische Feldstärke senkrecht zur Erdoberfläche und h_{2w} die wirksame Antennenhöhe darstellt, darf der Strahlungswiderstand w_{s_2} auf Grund der Hertzschen Gleichung

$$w_{s_2} = 160 \cdot \pi^2 \cdot \frac{h_{2w}^2}{\lambda^2}$$

nur durch Vergrößerung der Betriebswellenlänge verringert werden. Dies erkennt man auch aus folgender umgeformten Gleichung

$$N_n = \frac{E_F^2 \cdot h_{2w}^2}{4 \cdot w_D} = \frac{1}{4 \cdot 160 \cdot \pi^2} \cdot E_F^2 \cdot \lambda^2,$$

nach der die Empfangsleistung mit zunehmender Wellenlänge ansteigt. Freilich ist auch dieses Mittel insofern nicht unbegrenzt anwendbar, als die Vergrößerung der Wellenlänge die Einschaltung von Spulen und Kondensatoren in den Luftleiter erfordert, deren wirksamer Widerstand dann nicht mehr gegenüber dem der Strahlung zu vernachlässigen ist. In diesem Sinne erfahren die oben angegebenen Gleichungen eine Beschränkung insofern, als der Einfluß der Wellenlänge auf den Wert von N_n mit wachsendem Verlustwiderstande immer mehr zurücktritt.

Neben den besonderen Eigenschaften der Sender- und Empfangsantenne und der Empfindlichkeit der verwendeten Wellenanzeiger tritt als dritte maßgebende Größe für die erzielbare Reichweite die geographische Beschaffenheit des Zwischengeländes und der besondere Zustand der Atmosphäre hinzu. Der Einfluß der letzteren wurde in der oben angegebenen Ausgangsgleichung durch den Ausdruck $e^{\frac{-0{,}0015 \cdot R}{\sqrt{\lambda}}}$ zu berücksichtigen versucht. Bei der Abmessung des Umfanges der Anlagen muß daher mit einer Sicherheitsziffer gerechnet werden, die aus der praktischen Erfahrung gewonnen wird. Aus vielfachen Beobachtungen hat sich ergeben, daß die Reichweite bei gleichen Stationsverhältnissen größer über See als über Land ist und daß hohe Gebirge und der Senderstelle benachbarte ausgedehnte Waldungen, große Städte und steile Bergabhänge eine erhöhte Leistungsabsorption verursachen. Im gleichen Sinne wirkt ein hoher Ionengehalt der Luft, der sich, hervorgerufen durch intensive Sonnenstrahlung, gegenüber den elektrischen Wellen ähnlich verhält wie ein trübes Medium gegen das Licht. Bei feuchtem Wetter und zur Nachtzeit dagegen nehmen die Reichweiten bedeutend zu.

Um nun allen diesen in ihrer Wirkung schwer festzustellenden schädlichen Einflüssen nach Möglichkeit zu begegnen, wird man in der Erwägung, daß z. B. die roten Lichtstrahlen die Luft und den Nebel leichter durchdringen als die kürzeren violetten Strahlen, die Betriebswellenlänge der miteinander verkehrenden Anlagen nicht zu klein wählen. Wenn sich auch eine allgemein gültige Regel für die vorteilhafteste Wahl der Wellenlänge nicht aufstellen läßt, so hat doch die Erfahrung die Bestätigung obiger Ansicht ergeben, daß bei Verwendung einer längeren Welle sowohl der absorbierende Einfluß der ionisierten Luft verringert wird, als auch die Überwindung räumlicher Hindernisse im Zwischengelände leichter vonstatten geht.

Zusammenfassend erkennt man jedenfalls das eine, daß die Wahl der günstigsten Wellenlänge nicht nur von den besonderen Einrichtungen der Sende- und Empfangsanlagen abhängt, sondern auch streng genommen für jede Tageszeit, Entfernung und Telegraphierrichtung eine andere sein müßte.

II. Die Abstimmfähigkeit.

Mit der wachsenden Zahl der radiotelegraphischen Anlagen und den hiermit zusammenhängenden Anforderungen, die ein geregelter Betrieb verlangt, rückt die Frage der Abstimmfähigkeit und Störungsfreiheit der Stationen immer mehr in den Vordergrund. Allgemein wird man eine Anordnung als scharf abgestimmt bezeichnen, wenn bei einigen Prozent Verstimmung im Empfänger die Zeichen der Sendestelle ausbleiben. Will man hierbei einen Zahlenwert angeben, so ist der Tatsache Rechnung zu tragen, daß die Schärfe der Abstimmung nicht nur von den Dämpfungsgrößen der Sende- und Empfangsstelle und von dem hier verwendeten Kopplungsgrade abhängt, sondern auch von der Stärke der ankommenden Leistung beeinflußt wird. Unter Berücksichtigung dieses Umstandes wird die pronzentuale Abstimmschärfe nur dann einwandfrei festzulegen sein, wenn man stets von einer bestimmten Empfangsleistung ausgeht und den Wellenbereich ermittelt, innerhalb dessen die Aufnahme der Zeichen noch erfolgen kann. Im allgemeinen wird man sich jedoch damit begnügen müssen, da ein Einheitsmaß für die Größe der notwendigen Empfangsstärke nicht vorhanden ist, die Verstimmung des Empfängers in Prozenten festzustellen, die nötig ist, um $^1/_2$, $^1/_3$, $^1/_4$, $^1/_5$, $^1/_{10}$ usw. der größten, erreichbaren Leistungsaufnahme zu erhalten. Auch auf der Sendestelle kann man sich von Dämpfungsgröße der ausgesandten Schwingungen ein Bild machen, wenn man mit einem erregten Wellenmesser bei 1, 2, 3, 4, 5 usw. Prozent Verstimmung die vorhandene Schwingungsleistung am Wattzeiger feststellt.

R. Sender.

Nach dem Verlauf der Antennenschwingungen lassen sich sämtliche Senderanordnungen einteilen in zwei Hauptgruppen:

1. Sender mit stetig abnehmenden Scheitelwerten des Antennenstromes.

2. Sender mit stets gleichbleibenden Scheitelwerten des Antennenstromes.

Jede derselben läßt wieder eine Gliederung in Untergruppen zu.

Zu der ersten Hauptgruppe gehören:

a) die gewöhnlichen Funkenanlagen,
b) die tönenden Löchfunkensender und
c) die Vieltonsender,

während der zweiten Gruppe

a) die Lichtbogensender
b) die Hochfrequenzmaschinenanlagen und
c) die Kathodenröhrensender

zuzurechnen sind.

Die Hauptgesichtspunkte für die Wirkungsweise dieser Senderarten sind bereits in dem Abschnitt über Hochfrequenzstromquellen besprochen.

Den im folgenden behandelten Untersuchungen an den verschiedenen Sendern sind zunächst immer vorangestellt die wichtigsten Gesichtspunkte für die Schaltung und den Betrieb der einzelnen Senderarten.

Dabei haben die alten Knallfunkensender, die heute nur noch in seltenen Ausnahmefällen (Störsender) benutzt werden, keine besondere Berücksichtigung erfahren, da sich die zu den Löschfunkensendern gegebenen Erläuterungen leicht sinngemäß auf die Knallfunkensender übertragen lassen.

Auch auf die Maschinensender und die Frequenzwandler, die zur Zeit nur in Anlagen für sehr große Leistungen vertreten sind und die für Messungen weniger in Frage kommen, ist nicht näher eingegangen.

I. Löschfunkensender.

1. Aufbau und Schutzvorrichtungen.

Als Stromquellen dienen Wechselstrommaschinen verschiedener Bauart, deren Periodenzahlen zwischen 300 bis 2000 liegen. Vielfach, besonders bei beweglichen Anlagen, werden Induktormaschinen benutzt und für kleine Leistungen (0,5 Kilowatt) auch Pendelumformer.

Der Pendelumformer besteht aus einem Transformator (Abb. 288), dessen zwei entgegengesetzt magnetisierende Niederspannungswicklungen an die Klemmen *3 4* und dessen Hochspannungswicklung an die Klemmen *1 2* angeschlossen sind. Das leicht bewegliche Pendel P trägt an seinem oberen Ende den mit einer dünnen Wicklung versehenen Anker, der beim Drücken der Morsetaste durch die volle Gleichspannung derart magnetisiert wird, daß an seinen Enden Nordpole entstehen. Da die Abstände zwischen den Polen nn und dem Transformatoreisen nie gleich groß sind, legt sich das Pendel an einen der Kontakte k_1 oder k_2. Infolgedessen fließt entweder Strom durch die linke oder durch die rechte Hälfte der Niederspannungswicklung. Liegt P im stromlosen Zustand an k_1, so entsteht im linken Schenkel des Transformatoreisens gegenüber n ein Südpol, im rechten ein Nordpol. P legt sich daher an k_2 und die Polarität des Transformatoreisens kehrt sich um. Das Pendel muß daher beim Drücken der Morsetaste dauernd hin und her schwingen, wobei abwechselnd durch die linke und rechte Hälfte der Gleichstromwicklung Strom fließt. Infolgedessen wird bei jeder Schwingung das Transformatoreisen ummagnetisiert, d. h. zwischen den Klemmen *1 2* entsteht eine Wechselspannung. Ihre Periodenzahl fällt mit der Anzahl der Pendelschwingungen in der Sekunde (meist 500) zusammen und läßt sich durch Verstellen der Entfernung zwischen k_1 und k_2 ändern.

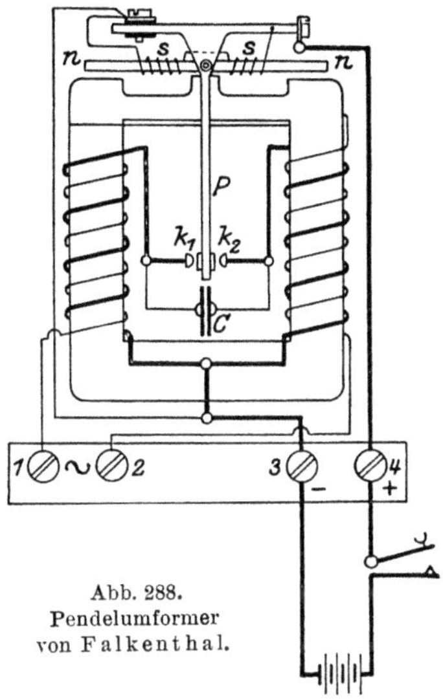

Abb. 288. Pendelumformer von Falkenthal.

Der Kondensator C dient zur Verringerung der Funkenbildung an k_1 und k_2.

Die Gleichspannung beträgt 12 oder 24 Volt. Die mit dem Pendelumformer erzeugte Wechselspannung kann durch einen besonderen Transformator nochmals erhöht werden.

An Stelle der früher häufig verwendeten Resonanzinduktoren sind jetzt meist Transformatoren mit eisengeschlossenem magnetischen Kreis (Abb. 289a und b) getreten. Die Sekundärspannungen dieser Transformatoren bewegen sich je nach der Leistung in den Grenzen von 3000 bis 70000 Volt. Zwischen Maschine und Transformator liegt die sog. Tondrossel, eine Drosselspule, deren Selbstinduktion mittels eines verschiebbaren Eisenkerns stetig veränderbar ist, und die zum Einstellen der Resonanz im Niederfrequenzkreis und der Tonreinheit dient. Häufig fällt die Tondrossel auch ganz weg und ihre Selbstinduktion wird in die Ankerwicklung der Wechselstrommaschine verlegt, deren Kurzschlußstrom dann meist kleiner ist als der normale Belastungsstrom. Bei Sendern für kleine Leistungen wird die Sekundärspule des Transformators mit der Funkenstrecke, bei großen Leistungen mit dem Stoßkreiskondensator verbunden. Die Kapazitäten im Stoßkreis betragen für ganz kleine, z. B. Flugzeugsender, etwa 4000, bei Sendern für mittlere Leistungen (10 Kilowatt Antennenleistung) 10^4 bis $3 \cdot 10^4$ cm und steigen bei den größten Sendern bis zu 10^5 cm. Die leicht zerbrechlichen und unhandlichen Leydener Flaschen hat man durch Glasplattenkondensatoren (Abb. 79 und 80, S. 77 und 78), Glimmerkondensatoren und in den Großstellen durch die Abb. 77, S. 76 dargestellte Form ersetzt, deren Elektroden aus in Ölbehälter eingebauten und durch Glasscheiben getrennten, gewellten Blechplatten bestehen. Um die Beanspruchung der Kondensatoren niedrig zu halten, werden die Einzelteile in Gruppen geschaltet. Eine Kapazität von 30000 cm setzt man bei Spannungen von 15000 Volt z. B. zusammen aus 3 Gruppen von je vier nebeneinandergeschalteten Einzelkondensatoren. Für die Berechnung der Funkenstreckenzahl kann die Gleichung

$$N = a \cdot \frac{C \cdot (n \cdot E_{01})^2}{2}$$

Abb. 289a. Transformatoren für 1,5 und 0,3 KW.

zugrunde gelegt werden, in der a die Funkenzahl, n die Zahl der Funkenstrecken und E_{01} die Einsatzspannung einer einzelnen Funkenstrecke bedeutet, deren Wert z. B. für Silberfunkenstrecken mit 0,2 mm Elektrodenentfernung annähernd 1400 Volt beträgt. Flugzeugsender für 0,2 Kilowatt arbeiten mit 2 bis 6, Großstellen mit bis zu 80 Strecken.

Um einen breiteren Spielraum für die richtige Einstellung der Kopplung zwischen Stoßkreis und Luftleiter zu gewinnen, hat man nach einer Ausführung der C. Lorenz A.-G. die Löschfunkenstrecke F_1 (Abb. 290) mit einer Beleuchtungsfunkenstrecke F_2 vereinigt, die in erstere eingebaut ist, und deren Funken durch Bestrahlung mit ultraviolettem Licht die Zündspannung der Einzelteile von F_1 von 1400 auf 800 Volt herabsetzen. F_2 ist eine gewöhnliche Knallfunkenstrecke mit konusförmigen, verstellbaren Zinkelektroden. Durch passende Wahl ihres Abstandes, der sehr sorgfältig eingestellt werden muß, wird die Zündspannung von F_2 größer gemacht als diejenige von F_1. Ist alsdann die Zündspannung von F_2 erreicht, so kann sich C

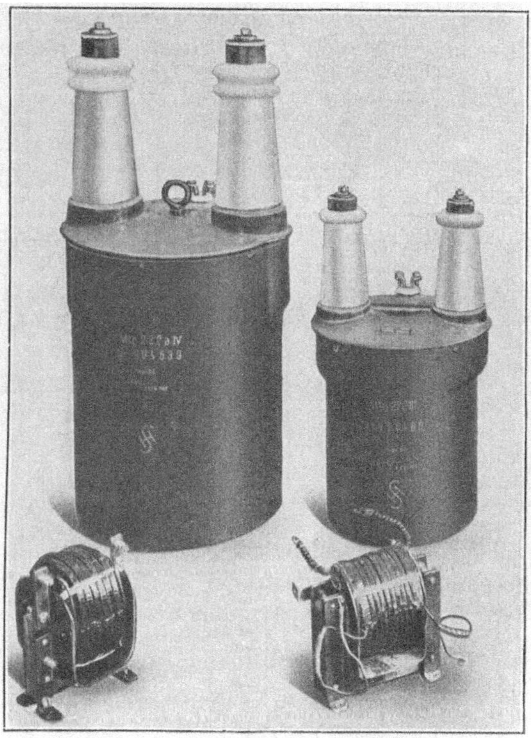

Abb. 289 b. Transformatoren für 5; 2,5; 0,7; 0,6 KW.

beim Durchschlagen von F_2 über F_2 aufladen und alsdann über die Löschfunkenstrecke F_1, deren Zündspannung während der Bestrahlung verringert ist, entladen. Nach dem Abreißen des Funkens bei F_2 verschwindet mit der ultravioletten Beleuchtung von F_1 auch sehr rasch die Ionisierung von F_1, d. h. F_1 arbeitet mit wesentlich gesteigerter Löschwirkung. Die Kopplung kann infolgedessen von $20\,^0/_0$ auf $35\,^0/_0$ gesteigert werden. Der Ton bleibt auch bei weniger genauer Einstellung der Kopplung noch rein und kann allein durch Änderung des Erregerwiderstandes der Wechselstrommaschine, d. h. mittels des **Tonschiebers**, in weit mehr Stufen geändert

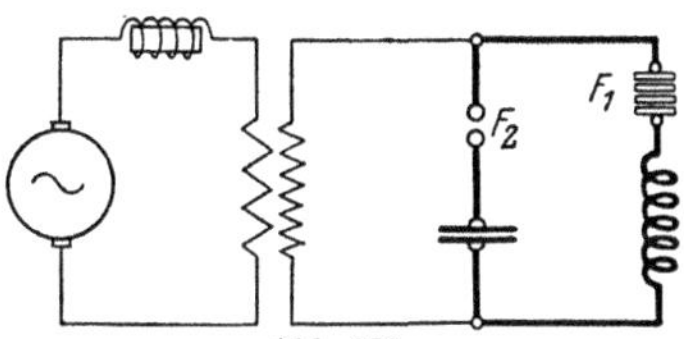

Abb. 290.

werden. Gleichzeitig wird mit dieser Anordnung eine Erweiterung des zulässigen Wellenbereiches, besonders nach unten, erreicht und das Arbeiten mit Luftdrähten von verschiedener Kapazität erleichtert, was besonders wichtig ist für kleine, bewegliche Sender.

Einfacher wird das gleiche Ziel erreicht, wenn man F_2 als Abreiß-funkenstrecke außerhalb von F_1 anbringt (Abb. 291) und in den

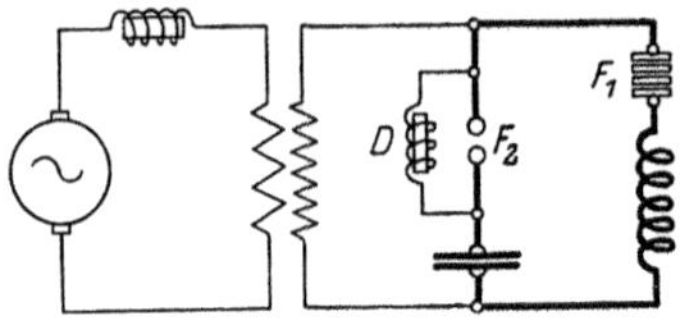

Abb. 291.

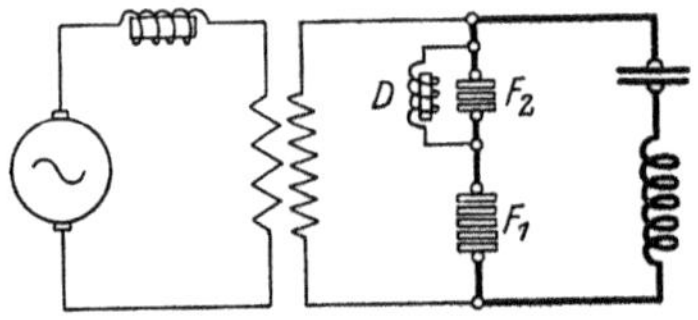

Abb. 292.

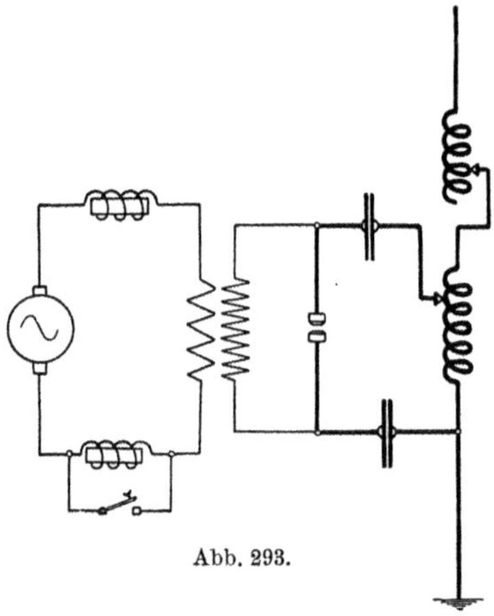

Abb. 293.

Nebenschluß zu F_2 eine Drosselspule D, die sog. Löschdrossel legt. Für die niederperiodischen Ladeströme stellt D nur einen kleinen Widerstand dar. C kann sich daher über D aufladen. Setzt die Ent-

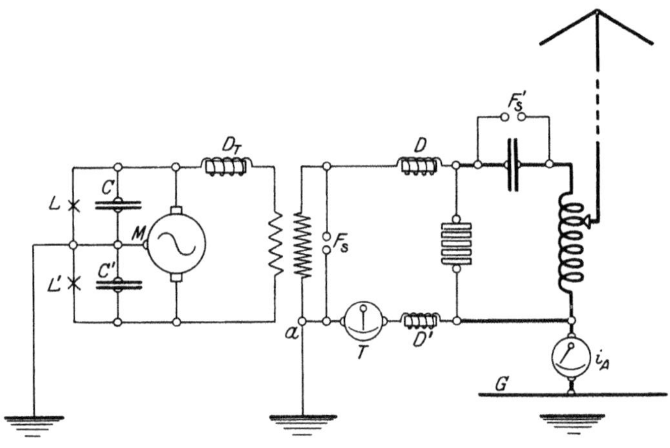

Abb. 294.

ladung ein, so drosselt D die Hochfrequenzströme ab, die Entladung muß deshalb über F_2 erfolgen. Hierbei ist jetzt F_2 in Reihe geschaltet mit F_1, wodurch das Abreißen des Funkens wesentlich beschleunigt wird.

Statt dessen kann man auch vor die Löschfunkenstrecke F_1 als Abreißfunkenstrecke eine zweite Löschfunkenstrecke F_2 schalten (Abb. 292), die aus etwa halb soviel Einzelfunkenstrecken wie F_1 besteht und durch eine Löschdrossel D überbrückt ist.

Abb. 295. Löschfunkensende- und -empfangsstelle; 1,5 Kilowatt Antennenleistung (Gesellschaft für drahtlose Telegraphie, Berlin).

Das Geben der Zeichen wird bei kleinen primären Stromstärken durch Unterbrechung des Maschinenstromes, bei größeren Anlagen durch Kurzschließen eines Teiles der Tondrossel beim Drücken der Taste, d. h. durch Verstimmung der Resonanz des Niederfrequenzkreises vorgenommen, wie die Ausführungsform in dem Schaltbild Abb. 293 angibt.

Einen besonderen Schutz erfordert die Niederfrequenzseite gegen das Eindringen von Hochfrequenzströmen, das nicht nur einen Leistungsverbrauch, sondern auch eine Gefahr für die gesamte Anlage bedeuten würde. In einem jeden Transformator sind nämlich mehrere Kondensatoren vereinigt. Primär- und Sekundärwicklung bilden die Belege eines dieser Kondensatoren. Die Belege der anderen sind dargestellt durch je eine Transformatorwicklung einerseits und das Gestell des Transformators oder die Erde andererseits. Die Wicklung der Wechselstrommaschine und deren Gehäuse bilden die Belege eines weiteren Kondensators. Ströme, die von der Hochfrequenzseite zum Transformator gelangt sind, finden daher zunächst einen Weg von der Primärwicklung über das Gestell zur Erde, dann aber auch von den Sekundärklemmen des Transformators zur Primärwicklung und von da über die Maschinenwicklung zur Erde. Gleichzeitig können hierbei Teile der Niederfrequenzseite zu Schwingungen angeregt werden, die zu Zerstörungen der Wicklungen führen. Um diese Ströme zunächst vom Transformator fernzuhalten, legt man in dessen zwei Verbindungsleitungen mit der Hochfrequenzseite je eine eisenfreie Schutzdrossel D, D' (Abb. 294). Bei Sendern für Leistungen unter 10 Kilowatt können die Drosseln wegbleiben. Sender jedoch, die mit Gegengewicht arbeiten, erfordern in allen Fällen Schutzdrosseln, die das Gegengewicht gegen die Niederfrequenzspannung des Transformators und letzteren gegen die Hochfrequenzspannung des Gegengewichtes schützen, während in Anlagen mit guter Erde, z. B. auf Schiffen, die Drosse D' unnötig ist. Gleichzeitig muß dann auch die Erdleitung bei a fortfallen, da sie einen Nebenschluß zum Strommesser bilden würde. Hochfrequenzströme, die trotz dieser Drosseln bis zum Transformator vorgedrungen sind, müssen an den Wicklungen des Transformators und der Maschine

Abb. 296. Motorbootsender für feste Welle $\lambda = 400$ m. Größe: $240 \times 350 \times 380$ mm. (C. Lorenz A.-G., Berlin-Tempelhof.)

vorüber und unmittelbar zur Erde abgeführt werden. Dies wird erreicht durch Hochfrequenzsicherungen. Sie bestehen aus zwei kleinen geerdeten Kondensatoren C, C' (Abb. 294), die mit je einem Pol der Maschine verbunden sind und deren Gestell ebenfalls zu erden ist. Jeder der Kondensatoren ist durch eine Glühlampe L überbrückt. In gleicher Weise und aus dem nämlichen Grunde muß auch der

Abb. 297. Löschfunkensender mit Abreißfunkenstrecke für 0.5 bis 1,5 Kilowatt, $C_A = 400 \div 800$ cm, $\lambda = 400 \div 1500$ m. Größe: 720 × 600 × 500 mm. KW. (C. Lorenz A.-G., Berlin-Tempelhof.)

Gleichstrommotor gesichert werden. Bei Wendepol-Verbund- und Hauptstrommotoren müssen die Glühlampen durch kleine Funkenstrecken ersetzt werden, um ein Umpolarisieren des Motors zu vermeiden. Die passende Größe der Schutzkondensatoren, die je nach der Leistung zwischen 200 und 3000 cm liegt, wird am besten experimentell ermittelt, was in der Weise geschieht, daß man ihre Kapazität so lange vergrößert, bis die Angaben eines zwischen Gehäuse und Erde geschalteten Strommessers nicht mehr wesentlich abnehmen.

Bei schlechter Erde (trocknem Sandboden) läßt man besser die Erdverbindung ganz weg und verbindet nur Gehäuse und Kondensator.

Den Aufbau verschiedener Löschfunkensender zeigen die Abb. 295 bis 297.

2. Einstellung der Löchfunkensender.

Die Überlegenheit des Löschfunkensenders über den Knallfunkensender hat in erster Linie ihren Grund in dem Umstand, daß die Zeichen des Löschfunkensenders im Empfänger reine Töne hervorrufen und die Senderantenne einwellig und schwach gedämpft ausschwingt. Dazu kommt der wesentlich höhere Wirkungsgrad, der hauptsächlich auf die günstigeren Kopplungsverhältnisse zurückzuführen ist. Da das Gehör für reine Töne viel empfindlicher ist als für Geräusche, reine Töne ferner durch störende Nebengeräusche hindurch gehört und von anderen Tönen leicht unterschieden werden können, war mit dem Löschfunkensender nicht nur eine beträchtliche Steigerung der überbrückten Entfernungen möglich, sondern gleichzeitig auch eines der wirksamsten Hilfsmittel zur Störbefreiung gewonnen.

Möglichste Reinheit des Tones ist daher die Forderung, die bei Inbetriebnahme eines Löschfunkensenders an erste Stelle zu setzen ist. Sie vereinigt in sich eine Reihe von Einzelforderungen:

1. Resonanz der Niederfrequenzkreise des Transformators mit der Periodenzahl der Wechselstrommaschine.
2. Resonanz zwischen Stoßkreis und Antenne.
3. Richtige Wahl der Kopplung zwischen Stoßkreis und Antenne.
4. Vermeidung von Teilfunken.
5. Vermeidung von sich überlappenden Wellenzügen.

Da die richtige Einstellung eines Löschfunkensenders auch die Grundlage bildet für seine Prüfung, sollen im folgenden die einzelnen Maßnahmen, die zur Tonreinheit führen, kurz zusammengestellt werden.

a) Resonanz in den Niederfrequenzkreisen. Die Erfüllung der Resonanzbedingung in den Kreisen I und II (Abb. 14, S. 19) deckt sich mit dem Bestehen der bekannten Seibtschen Gleichung:

$$T = 2\pi \cdot \sqrt{C \cdot L_2 \cdot (1 - \varkappa^2)}, \tag{204}$$

wo

$$\varkappa = \frac{L_{12}}{\sqrt{L_{\mathrm{I}} \cdot L_{\mathrm{II}}}}, \tag{204 a}$$

ferner L_{12} den Koeffizient der gegenseitigen Induktion der beiden Transformatorwicklungen, $L_{\mathrm{I}} = L_M + L_D + L_1$ die gesamte Selbstinduktion des Maschinenkreises und L_{II} die Selbstinduktion im Sekundärkreis des Transformators bedeutet.

An Stelle von Gleichung 204 kann auch mit Vorteil die bekannte Ersatzschaltung (Abb. 301) benutzt werden, um zu überlegen, welche Maßnahmen zu treffen sind, um bei gegebenen Versuchsbedingungen Resonanz der Niederfrequenzseite herbeizuführen.

Meist sind Selbstinduktionskoeffizienten L_2 der Sekundärseite des Transformators und die Stoßkreiskapazität unveränderlich. Verfügbar für die Resonanzeinstellung bleiben dann noch nach Gleichung 204 die Größen T und $\varkappa$ oder nach der Ersatzschaltung T und L_a.

Es sei nun z. B. angenommen, daß die Umlaufszahl der Wechselstrommaschine über, oder was auf dasselbe hinauskommt, deren Periodendauer T unterhalb der für die Werte von L_2 und C erforderlichen Resonanzumlaufszahl liegt. Die rechte Seite von Gleichung 204 muß daher verkleinert, d. h. $\varkappa$ muß vergrößert werden, da $C \cdot L_2$ unveränderlich sein sollte. Bei einem Transformator mit verschiebbaren Primärspulen läßt sich dies nach Gleichung 204a durch Vergrößerung der Entfernung zwischen Primär- und Sekundärspulen erreichen, während bei einem eisengeschlossenen Transformator mit unveränderbarem L_{12} nur eine Vergrößorung von L_1 möglich ist. Dazu dient die Drossel D_1. Grobstufige Änderungen von L_1 können bei Maschinen mit unterteilter Ankerwicklung auch durch Umschalten der Wicklungen erreicht werden.

Die Ersatzschaltung verlangt unter den gleichen Bedingungen eine Verkleinerung von L_a, d. h., wie der Vergleich dieser Schaltung mit der wirklichen Anordnung ergibt, eine Verringerung von L_{I} oder von L_{II}. Dadurch aber wird gleichzeitig nach Gleichung 204a die Kopplung vergrößert, was auch von der Seibtschen Gleichung gefordert war.

Um die nach diesen Gesichtspunkten erforderlichen Maßnahmen zur Herbeiführung der Resonanz treffen zu können, muß zunächst festgestellt werden, ob man sich bei gegebenen Versuchsbedingungen oberhalb oder unterhalb der Resonanzlage befindet. Am einfachsten erhält man hierüber Aufschluß durch Aufnahme einer Resonanzkurve. Zu dem Zweck ändert man bei gleichbleibender Maschinenerregung entweder die Umlaufszahl n oder die Stoßkreiskapazität C oder auch die Selbstinduktion der Drossel und ermittelt die Abhängigkeit zwischen einer dieser Größen und der Sekundärspannung des Transformators oder dessen Primärstrom. Häufig läßt schon ein kleiner Teil der Kurve erkennen, in welcher Richtung die Versuchsanordnung abzuändern ist.

Für die nun anschließende endgültige Einstellung auf Resonanz kommen die folgenden Hilfsmittel in Frage:

1. Eisendrossel (Tondrossel) im Primärkreis. Maschine mit unterteilten Ankerwicklungen, die nebeneinander oder in Reihe geschaltet werden können.
2. Änderung der Umlaufszahl der Maschine.
3. Änderung der Stoßkreiskapazität.

4. Reihen- oder Nebeneinanderschaltung bei Transformatoren mit unterteilten Wicklungen.
5. Verschieben der Spulen gegeneinander bei Resonanzinduktoren.
6. Eisendrossel im Sekundärkreis.

Hat man für eine bestimmte Transformatorenform bei gegebenen Betriebsverhältnissen die entsprechenden elektrischen Größen, die zur Resonanzeinstellung erforderlich sind, experimentell ermittelt, so erfolgt je nach der Schaltung der Primär- und Sekundärspulen die Umrechnung auf andere Periodenzahlen und Resonanzkapazitäten nach folgenden Gleichungen:

1. Gleichbleibende sekundäre Selbstinduktion L_2:

$$C'_R : C''_R \sim \nu''^2 : \nu'^2 .$$

2. Gleichbleibende Periodenzahl ν der Maschine:

$$C'_R : C''_R \sim Z''^2 : Z'^2$$

$$E_0'^2 : E_0''^2 \sim C''_R : C'_R .$$

C_R = Resonanzkapazität.
Z = Windungszahl der Sekundärspule.
E_0 = Höchstwert der Ladespannung.

3. Gleichbleibende Belastungskapazität C:

$$\nu' : \nu'' \sim Z'' : Z' .$$

Mit der Einstellung auf Resonanz im Niederfrequenzkreis ist jedoch eine gleichmäßige Funkenfolge noch nicht gewährleistet. Bei zu starker Erregung der Wechselstrommaschine entstehen Teilfunken, und selbst dann, wenn diese nicht auftreten, wird die Funkenfolge unregelmäßig, sobald die Kopplung zwischen Stoßkreis und Luftleiter nicht richtig gewählt ist, deren Bemessung ihrerseits wieder Resonanz zwischen diesen beiden Kreisen voraussetzt. Der nächste Schritt bezweckt daher die

b) Abstimmung zwischen Stoßkreis und Antenne. Dieselbe zerfällt in eine Vorabstimmung mit Niederspannung und die anschließende Abstimmung mit Hochspannung.

α) Abstimmung mit Niederspannung. Antenne und Stoßkreis werden getrennt und jeder Teil für sich abgestimmt. Als Erregerkreis dient ein Wellenmesser in Summerschaltung, der auf die gewünschte Welle eingestellt wird. Die Abstimmittel in der Antenne werden nun so lange verändert, bis in einem lose mit dem Luftleiter gekoppelten, aperiodischen Empfänger größte Lautstärke erreicht ist. In derselben Weise wird die Abstimmung des Stoßkreises vorgenommen, wobei die Funkenstrecke kurzgeschlossen ist und die Leitungen zu

Antenne und Erde abzunehmen sind. Vereinigt man hierauf wieder Stoßkreis und Antenne und erregt mit Wellenmesser und Summer einen Teil der Selbstinduktion, die nicht gleichzeitig beiden Kreisen angehört, so erhält man die zwei Kopplungswellen, aus denen die Kopplung berechnet werden kann.

β) Abstimmung mit Hochspannung. Nach dieser Vorabstimmung wird der Kurzschluß an der Funkenstrecke entfernt, Stoßkreis und Antenne in der betriebsmäßigen Schaltung von der Niederfrequenzseite aus gespeist und die Abhängigkeit zwischen Antennenstrom und Kopplung, d. h. die Kurve

$$i_A = f(\varkappa)$$

ermittelt, wobei für jeden Kopplungswert mittels der Abstimmittel in der Antenne auf größten Antennenstrom einzustellen ist. Die Kopplung wird hierbei meist aus den zwei Kopplungswellen gefunden. Zu dem Zweck muß die Löschfunkenstrecke durch eine Knallfunkenstrecke ersetzt werden. Oder aber man schließt die Löschfunkenstrecke kurz und erregt den Sender mittels Wellenmesser und Summer. Im allgemeinen erhält man bei Aufnahme der Kurve $i_A = f(\varkappa)$ mehrere Höchststromstärken verschiedener Größe. Für den Betrieb ist diejenige Kopplung zu wählen, bei der am leichtesten Tonreinheit zu erzielen ist, und wenn dies für mehrere Kopplungen zutrifft, die festeste von ihnen, da bei ihr die Funkenstrecke am geringsten beansprucht wird. Mit dem Wellenmesser darf alsdann nur eine einzige, sehr scharf einstellbare Welle nachzuweisen sein. Abweichungen von der gewünschten Welle können ausgeglichen werden durch kleine Änderungen der Selbstinduktion im Stoßkreis und Nachstellen der Selbstinduktion in der Antenne bis zum Höchstwert des Antennenstromes.

c) Endgültige Einstellung der Tonreinheit mittels Tonschieber und Tondrossel. Im allgemeinen bedürfen die bis jetzt erläuterten Einstellungen noch einer Ergänzung, um völlige Reinheit des Tones zu erzielen. Die Hilfsmittel, die hierbei für die Einstellung auf Tonreinheit verwendet werden, sind der Tonschieber und die Tondrossel, während zum Erkennen der Tonreinheit der Tonprüfer, der Schwingungsprüfer und der Tonzeiger, ein Gleichstrommesser für kleine Ströme in der Ladeleitung der Stoßkreiskapazität (Abb. 298), dienen.

Nachdem die Resonanzlage auf etwa 8% unterhalb der Umlaufszahl der Maschine bei Leerlauf eingestellt ist, vergrößert man allmählich mittels des Tonschiebers die Erregung der Wechselstrommaschine, wobei sich drei Bereiche unterscheiden lassen, die z. B. für eine 500 periodische Maschine durch die folgenden Merkmale gekennzeichnet sind:

α) Geringe Erregung. Im Tonprüfer hört man einen unreinen Ton, der bei Steigerung der Erregung in einen reinen Ton von 250 Schwingungen übergeht. Auf jeden dritten Wechsel entfällt jetzt eine Entladung. Der Schwingungsprüfer zeigt das Aussehen der Abb. 299. Der Tonzeiger gibt keinen Ausschlag.

Abb. 298. Tonzeiger.

β) Mittlere Erregung. Nachdem der Ton wieder unrein geworden ist, entsteht durch stetige Vergrößerung der Erregerstromstärke ein Ton von 500 Schwingungen, am Schwingungsprüfer erscheint das Bild Abbildung 300 unten, der Tonzeiger gibt einen gleichbleibenden Ausschlag.

γ) Volle Erregung. Auf Tonunreinheit folgt wieder ein reiner Ton, und zwar von 1000 Perioden. Jedem Wechsel entspricht jetzt ein Funke, der Ausschlag des Tonzeigers muß infolgedessen verschwinden. Das Bild am Schwingungsprüfer ist übergegangen in Abbildung 300 oben. Verstärkt man die Erregung noch weiter, so erhält man im Tonprüfer wieder ein kratzendes Geräusch, der Schwingungsprüfer läßt das Auftreten von Teilfunken erkennen, ein reiner Ton ist nicht mehr zu erhalten.

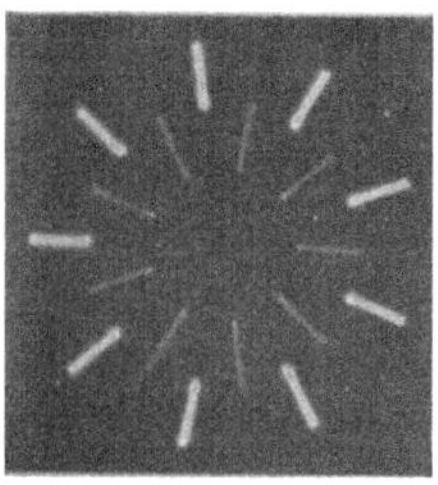

Abb. 299.

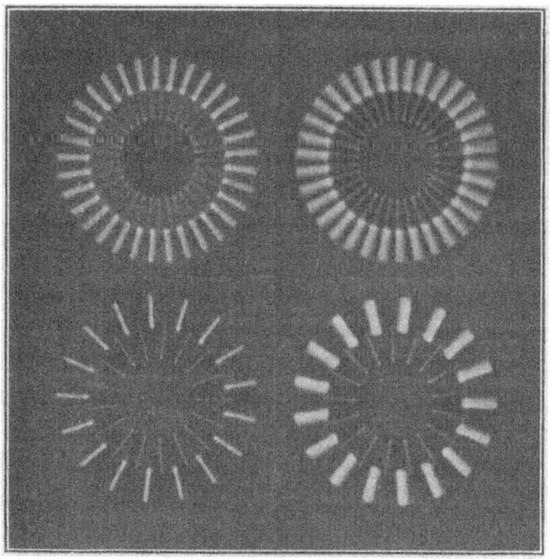

Abb. 300.

Ist die Änderung der Erregung zu grobstufig, so benutzt man zur feineren Einstellung die Tondrossel. Je größer die Spannung ist, die von ihr abgedrosselt wird, um so breiter ist der Bereich der Tonreinheit, und um so leichter gelingt es, einen reinen Ton zu erzielen. Ein gewisser Spannungsüberschuß sollte daher immer zur Verfügung stehen.

d) Das Überlappen der Wellenzüge. Die Scheitelwerte der Wellenzüge sinken auf $^1/_{100}$ oder auf $1\,^0/_0$ ihres Anfangswertes nach der Zeit

$$\tau = \frac{\log \operatorname{nat} 100}{\vartheta} \cdot \frac{\lambda^{\mathrm{m}}}{3 \cdot 10^8}, \tag{205}$$

wo ϑ das Dekrement der Schwingungen bedeutet. Entfallen auf eine Sekunde a Entladungen und ist

$$\tau > \frac{1}{a},$$

so setzt der neue Wellenzug bereits ein, bevor der vorangehende abgeklungen ist. Die Wellenzüge überlappen sich alsdann und der Ton wird infolgedessen unrein, was mit einer beträchtlichen Abnahme der Empfangslautstärke verbunden.

Abhilfe schafft: Verringerung der Funkenzahl a, Verkleinerung der Wellenlänge oder der Übergang vom Detektorempfang zu der Zeichenaufnahme mit dem empfindlicheren Ticker oder mittels Verstärker und endlich der Einbau einer kleinen Abreißfunkenstrecke im Erdungspunkt der Sendeantenne.

e) Steigerung der Leistung. Hilfszündung. Die Leistungssteigerung eines Löschfunkensenders erfolgt meist durch Vergrößerung der Funkenstreckenzahl. Zu jeder Funkenstreckenzahl gehört eine besondere Erregung der Wechselstrommaschine, um Tonreinheit zu erzielen. Die verschiedenen Erregungen werden beim Aufbau des Senders ermittelt und können dann im Betriebe bei jeder Belastungsänderung sofort eingestellt werden.

Um für eine bestimmte Funkenstreckenzahl die Leistung allein durch Änderung der Erregung in weiteren Grenzen verändern zu können, ohne an Tonreinheit Einbuße zu erleiden, benutzt die Gesellschaft für drahtlose Telegraphie die sog. Hilfszündung. Sie verbürgt auch bei längerem Betrieb, bei dem infolge Erhitzung der Funkenstrecken der Ton die Neigung hat unrein zu werden, Tonreinheit und eignet sich hauptsächlich für große Sender.

3. Untersuchungen an Löschfunkensendern.

a) Untersuchung der Niederfrequenzseite.

α) Ermittlung der Ersatzschaltung. Die S. 351 erwähnte Ersatzschaltung für die in Abb. 301 I dargestellte Niederfrequenzseite eines Funkensenders liefert nicht nur einen Einblick in die Betriebsverhältnisse der

Niederfrequenzkreise, sondern ermöglicht auch an Hand der Ergebnisse von Messungen, auf die sie sich aufbaut, und im Anschluß an die Aufnahme von Resonanzkurven Einzelteile dieser Kreise, wie die Abmessungen der Drosselspule und die Resonanzkapazität angenähert vorauszubestimmen oder die zweckmäßigste Schaltung der Maschinen und Transformatorenwicklung zu ermitteln.

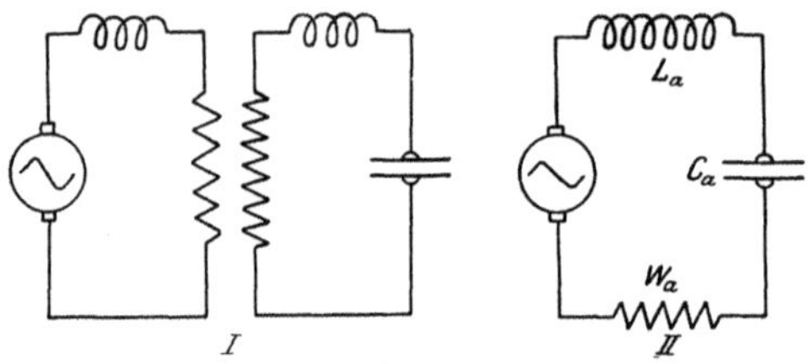

Abb. 301.

In seiner endgültigen Form ist der Ersatzkreis dargestellt durch die Reihenschaltung einer Kapazität C_a, einer Selbstinduktion L_a und eines Ohmschen Widerstandes w_a (Abb. 301 II), wobei C_a im einfachsten Fall (S. 359) durch Umrechnung der Stoßkreiskapazität C auf die Primärseite mit Hilfe der Gleichung:

$$C_a = u^2 \cdot C_2 \qquad (206)$$

erhalten wird, in der u das Übersetzungsverhältnis des Transformators bedeutet, während L_a und w_a sich mittels der nachstehenden Versuchsanordnung (Abb. 302) ergeben. Sie gestattet die Aufnahme der primären Größen: Watt N_1, Strom i_1 und Spannung e_1, sowie der sekundären Strom- und Spannungswerte i_2 und e_2. Um L_a und w_a zu finden, sind folgende Einzelmessungen vorzunehmen:

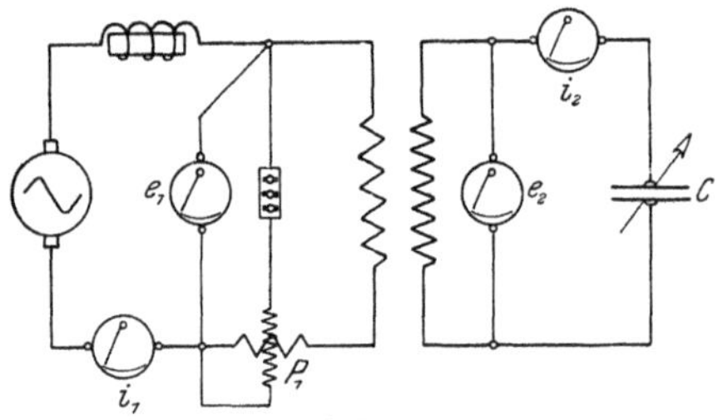

Abb. 302.

1. Untersuchung der Wechselstrommaschine:

α) Leerlaufsversuch: Ermittlung der EMK $= E_M$ als Funktion des Erregerstromes i_{2M} bei gleichbleibender Umlaufszahl.

β) Kurzschlußversuch: Feststellung des Kurzschlußstromes i_{KM} als Funktion der Erregung i_{2M} bei gleichbleibender Umlaufszahl.

γ) Messung des Gleichstromwiderstandes w_M der Anerwicklung.

Aus den beiden aufgenommenen Kurven werden für gleiche Erregerstromstärken eine Reihe zueinander gehöriger Werte von E_M und i_{KM} herausgegriffen und daraus unter Vernachlässigung des Ohmschen Widerstandes der induktive Widerstand der Maschine mit Hilfe der Gleichung

$$\omega \cdot L_M = \frac{E_M}{i_{KM}}$$

bestimmt.

2. Ermittlung der Bestimmungsstücke der Drosselspule:

Aus dem bei gleichbleibender Umlaufszahl der Wechselstrommaschine gemessenen Strome i_D, der Klemmenspannung e_D und dem Leistungsverbrauch N_D der Drosselspule berechnet sich ihr induktiver und ihr Verlustwiderstand, wie folgt:

Es ist nach S. 124:

$$w_D = \frac{N_D}{i_D^2}, \qquad \omega \cdot L_D = \frac{e_D \cdot \sin \varphi}{i_D}, \qquad \cos \varphi_D = \frac{N_D}{e_D \cdot i_D}. \qquad (207)$$

3. Untersuchung des Transformators:

α) Leerlaufsversuch: Gemessen wird bei gleichbleibender Periodenzahl ν der Wechselstrommaschine auf der Niederspannungsseite der Strom i_{10}, die Spannung e_{10} und der Wattverbrauch N_0, auf der Sekundärseite die EMK e_{20}. Aus diesen Werten berechnen sich zunächst wie bei der Drosselspule der den Eisenverlusten entsprechende Ersatzwiderstand w_T, sowie der induktive Widerstnd $\omega \cdot L_T$ und $\cos \varphi_0$ zu:

$$w_T = \frac{N_0}{i_{10}^2}, \qquad \omega \cdot L_T = \frac{e_{10} \cdot \sin \varphi_0}{i_{10}}, \qquad \cos \varphi_0 = \frac{N_0}{e_{10} \cdot i_{10}}. \qquad (208)$$

Weiter ergibt sich aus dem Verhältnis der Spannungen das Übersetzungsverhältnis des Transformators:

$$u = \frac{e_{20}}{e_{10}}.$$

β) Kurzschlußversuch: Hierbei legt man zweckmäßig die Hochspannungswicklung des Transformators an die Wechselstrommaschine, worauf wie bei dem vorhergehenden Versuch gemessen werden i_{1k}, e_{1k} und N_k auf der Generatorenseite sowie der Sekundärstrom i_{2k} Alsdann ist

$$\frac{i_{2k}}{i_{1k}} = u.$$

Da in diesem Falle die Eisenverluste verschwindend klein sind gegen die Kupferverluste, umfaßt N_k ausschließlich den Wattverbrauch in den beiden Wicklungen des Transformators, weshalb

$$w_k = \frac{N_k}{i_{1k}^2} = w_1 + \frac{1}{u^2} \cdot w_2.$$

Dieser Wert von w_k ist meist erheblich größer als der Wert, der sich aus den mit der Gleichstrombrücke gemessenen Werte von w_1 und w_2 errechnet.

Weiter erhält man aus der Gleichung:

$$e_{1k} = i_{1k} \cdot \sqrt{w_k^2 + \omega^2 \cdot L_k^2}$$

die induktive Größe

$$\omega \cdot L_k = \sqrt{\left(\frac{e_{1k}}{i_{1k}}\right)^2 - \left(\frac{N_k}{i_{1k}^2}\right)^2}$$

$$= \omega \cdot L_1 + \frac{1}{u^2} \cdot \omega \cdot L_2 .$$

Endlich ergeben sich die Einzelwerte w_1, w_2, $\omega \cdot L_1$ und $\omega \cdot L_2$ der Ohmschen und der induktiven Widerstände mit Hilfe von w_k und L_k und der meist eingehaltenen Bedingung:

$$u^2 = \left(\frac{n_1}{n_2}\right)^2 = \frac{w_1}{w_2} = \frac{L_1}{L_2}$$

zu

$$w_2 = \frac{u^2}{1 + u^4} \cdot w_k ,$$

$$w_1 = u^2 \cdot w_2$$

und ebenso:

$$\omega \cdot L_2 = \frac{u^2}{1 + u^4} \cdot \omega \cdot L_k , \qquad \omega \cdot L_1 = u^2 \cdot \omega \cdot L_2 . \tag{209}$$

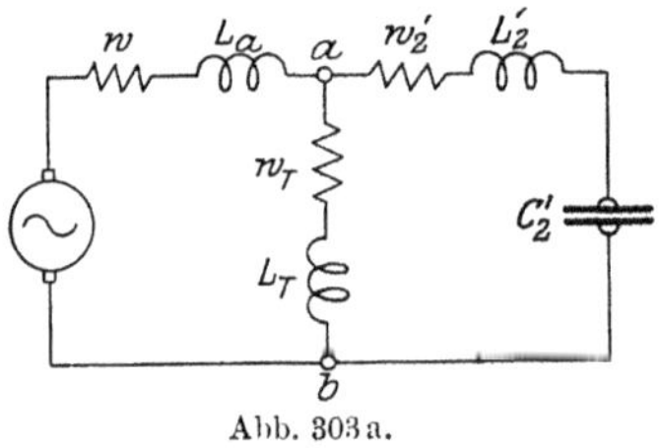

Abb. 303 a.

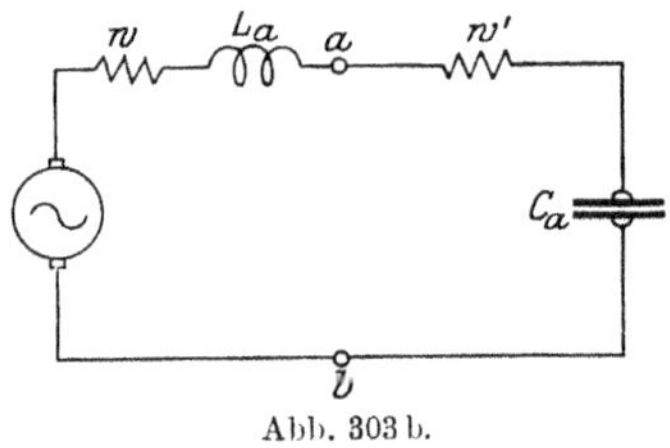

Abb. 303 b.

Damit sind sämtliche Widerstände ermittelt, die erforderlich sind, um die vollständige Ersatzschaltung (Abb. 303a) zusammenzustellen. Den Primärkreis derselben bildet ein Ohmscher und ein induktiver Widerstand, von denen der erstere aus der Summe der Einzelgrößen

$$w = w_M + w_D + w_1$$

besteht, während der induktive Widerstand die folgenden oben berechneten Werte vereinigt:

$$\omega \cdot L_a = \omega \cdot L_M + \omega \cdot L_D + \omega \cdot L_1 ,$$

wobei für L_M der der Maschinenerregung entsprechende Wert einzuführen ist.

Dem Maschinen- und Sekundärkreis gemeinsam sind die aus dem Leerlaufsversuch ermittelten Größen w_T und $\omega \cdot L_T$, an deren Enden a und b sich die Widerstandswerte des Belastungkreises anschließen, die sämtlich auf ein Übersetzungsverhältnis des Transformators von 1 : 1 umzurechnen sind mittels der Formeln:

$$\left.\begin{aligned} w_2' &= \frac{1}{u^2}\cdot w_2 \\ \omega\cdot L_2' &= \frac{\omega\cdot L_2}{u^2} \\ \frac{1}{\omega\cdot C_2'} &= \frac{1}{u^2}\cdot\frac{1}{\omega\cdot C_2} \end{aligned}\right\} \tag{210}$$

Diese äquivalenten Widerstandswerte des Sekundärkreises lassen sich nun mit denen des eigentlichen Transformators w_T und $\omega\cdot L_T$ am einfachsten zeichnerisch oder durch Rechnung mit komplexen Größen (Widerstandsoperatoren) zu einem Ausdruck vereinigen (Abb. 303b), der nunmehr folgende Form besitzt:

$$\sqrt{w'^2 + \left(\frac{1}{\omega\cdot C_a}\right)^2}. \tag{211}$$

wo C_a die scheinbare Kapazität des Kreises ist.

Durch unmittelbare Addition der Ohmschen und induktiven Größen des Primärkreises zu den entsprechenden Teilbeträgen dieser Summe erhält man schließlich den gesuchten einfachen Kreis, der aus den in Reihe geschalteten folgenden drei Widerstandswerten besteht:

$$\left.\begin{aligned} w_a &= w_M + w_D + w_1 + w' \\ \omega\cdot L_a &= \omega\cdot L_M + \omega\cdot L_D + \omega\cdot L_1 \\ \text{und}\quad & \frac{1}{\omega\cdot C_a} \end{aligned}\right\} \tag{212}$$

Diese allgemeinste Ableitung erfährt nun bei einer großen Zahl von Anordnungen wesentliche Vereinfachungen, indem manche der berechneten Widerstandsgrößen vernachlässigt werden können, ohne daß sich das Endergebnis verschiebt.

So ist z. B. der Ohmsche Widerstand w_a in den meisten Fällen für die Bestimmung der Resonanzverhältnisse zu vernachlässigen. Die Übereinstimmung der Periodenzahl ν der Maschine mit der Eigenschwingung des Kreises ergibt sich alsdann, wenn die Bedingung erfüllt ist:

$$\omega^2\cdot C_a\cdot L_a = 1. \tag{213}$$

Oder aber die durch die Leerlaufsmessung ermittelte, zwischen den Punkten a und b (Abb. 303a) angeschlossene Reihenschaltung von w_T und L_T kann wegfallen, wodurch man ohne weitere Rechnung zu dem in Abb. 301 II dargestellten Ersatzkreis gelangt, für den in diesem Fall:

$$C_a = u^2\cdot C_2.$$

Jedenfalls ist man durch die so gewonnenen Ersatzschaltungen in die Lage versetzt, zur Untersuchung der Arbeitsweise des Niederfrequenzkreises im Resonanz- oder einem beliebigen anderen Falle alle jene bekannten Gleichungen und Strahlenbilder verwenden zu können, die auf der einfachen Reihenschaltung eines Ohmschen Widerstandes w_a, einer Selbstinduktion L_a und einer Kapazität C_a beruhen.

β) **Aufnahme der Resonanzkurven.** Die Schaltung ist die gleiche wie bei dem vorhergehenden Versuch (Abb. 302). Die Kurven können aufgenommen werden unter den folgenden Betriebsbedingungen:

1. ν veränderlich, $C_2 = \text{konst.}$
2. C_2 veränderlich, $\nu = \text{konst.}$
3. Drossel im Primärkreis veränderlich, $C_2 = \text{konst.}$, $\nu = \text{konst.}$
4. Kopplung zwischen den Transformatorspulen veränderlich. $C_2 = \text{konst.}$, $\nu = \text{konst.}$

Ermittelt werden:

$$e_1,\ i_1,\ N_1,\ \cos\varphi_1 = \frac{N_1}{e_1 \cdot i_1},\ e_2,\ i_2,$$

wobei keine Funken übergehen dürfen.

Die Erregung der Wechselstrommaschine bleibt bei den einzelnen Versuchsreihen unverändert. Da aber die Resonanzlage abhängig ist von der Größe der Erregung, sind die Messungen mit verschiedenen Erregerstromstärken zu wiederholen.

Die Ergebnisse sind in Kurven niederzulegen, die die Abhängigkeit der veränderlichen Größe von den gemessenen Einzelgrößen darstellen.

Die letzte der oben aufgeführten Versuchsreihen bezieht sich auf einen Transformator, dessen Kopplung, wie bei dem Resonanzinduktor von Boas, durch Änderung des Abstandes zwischen den Primär- und Sekundärspulen veränderbar ist.

Für eine bestimmte Einstellung der verschiebbaren Primärspulen besitzt die Spannung an der Kapazität C_2 einen Höchstwert. Bedeutet L_2 die Selbstinduktion der Sekundärspule (gemessen durch einen Leerlaufversuch von der Sekundärseite aus), so besteht im Resonanzfalle die Beziehung:

$$\left.\begin{aligned} \frac{1}{\nu} &= 2\pi \cdot \sqrt{C_2 \cdot L_2'} = 2\pi \cdot \sqrt{C_2 \cdot L_2 \cdot (1 - \varkappa^2)} \\ \varkappa &= \sqrt{\frac{L_2 - L_2'}{L_2}} \end{aligned}\right\} \tag{214}$$

wobei L_2' die wirksame Selbstinduktion des Kreises darstellt.

Wird die Belastungskapazität geändert und durch jedesmalige Verschiebung der Primärspulen von neuem Resonanz herbeigeführt, so zeigt sich, daß der Kopplungsgrad $\varkappa$ einen günstigsten Wert besitzt, der durch die größte eintretende Kondensatorspannung erkennbar ist. Die zeichnerische Darstellung der Versuchsergebnisse führt zu der Kurve:

$$e_{C_2} = f(\varkappa).$$

Außer durch die Veränderung der gegenseitigen Lage der Primär- und Sekundärspulen kann die Kopplung noch verändert werden:

a) durch Vorschaltung einer Selbstinduktionsspule oder eines Widerstandes vor die Primärwicklung des Transformators,
b) durch passende Wahl einer Wechselstrommaschine mit größerer oder kleinerer Selbstinduktion,
c) durch Nebeneinanderschalten einer Selbstinduktionsspule oder eines Widerstandes zur Primärspule des Induktors,
d) durch Einschaltung einer Selbstinduktionsspule in den Sekundärkreis.

b) Untersuchung der Hochfrequenzseite.

α) Ermittlung der Grenzwerte des Erregerstromes für Tonreinheit. Sie wird im Anschluß an die Einstellung des Senders auf Tonreinheit in der Weise durchgeführt, daß man den Erregerstrom der Wechseltrommaschine verkleinert und vergrößert und die Grenzwerte aufsucht, innerhalb derer sich ohne Schwierigkeit ein reiner Ton noch sicher erzielen läßt.

Die Messungen sind auszudehnen auf die verschiedenen in Betracht kommenden Funkenstreckenzahlen.

β) Antennenstrom und Funkenstreckenzahl, $i_A = f(n)$. Die Kurve, die die Abhängigkeit zwischen diesen beiden Größen darstellt, hat insofern eine große betriebstechnische Bedeutung, als sie Aufschluß gibt über die Güte der Isolation der Antenne und die Beschaffenheit der Funkenstrecke.

Die Untersuchung ist in der Weise durchzuführen, daß zunächst für jede Funkenstreckenzahl Tonreinheit herbeigeführt wird, worauf zu ermitteln sind:

1. Antennenstromstärke.
2. Primärspannung des Transformators.
3. Die dem Transformator zugeführte Leistung mittels Wattmeter.
4. Angabe des Gleichstromzeigers (Tonzeigers) im Ladekreis.

Die Kurven sind aufzunehmen für verschiedene Wellenlängen, jedenfalls aber für die kleinste und größte Betriebswelle.

Geht man mit der Funkenstreckenzahl nicht über die im Betrieb verwendete hinaus, so muß die Kurve $i_A = f(n)$ eine Gerade sein. Ein Abbiegen der Kurve nach unten bei gleichzeitiger Zunahme der dem Transformator zugeführten Leistung weist auf ungenügende Antennenisolation hin. Rückgang der Leistungsaufnahme des Transformators mit wachsender Zahl der Funkenstrecken läßt auf starke Erhitzung der Funkenstrecke schließen.

γ) **Antennenstrom und Wellenlänge, $i_A = f(\lambda)$.** Bei den Messungen wird die größte für den Betrieb in Betracht kommende Funkenstreckenzahl eingeschaltet und für jede neue Wellenlänge vor der Messung des Antennenstromes immer wieder auf Tonreinheit eingestellt.

δ) **Wirkungsgrad.** Die Messung wird mit Hilfe der Schaltung Abb. 304 ausgeführt. Der Luftleiter von bestimmter Kapazität C_A und der Gesamtselbstinduktion L_A ist hierbei durch eine künstliche Antenne in Form eines geschlossenen Schwingungskreises ersetzt. Als verlustfreie Kapazitäten C_A eignen sich die S. 75 erwähnten und in Abb. 72 und 76 dargestellten Messingflaschen. Der Widerstand w_2 ist gleich dem gesamten Dämpfungswiderstand der Antenne zu wählen. Er muß kapazitäts- und induktionsfrei sein, und sein Wert muß für die verwendete Wellenlänge und den Belastungsstrom besonders ermittelt werden, sofern er nicht unabhängig von der Wechselzahl und der Temperatur ist.

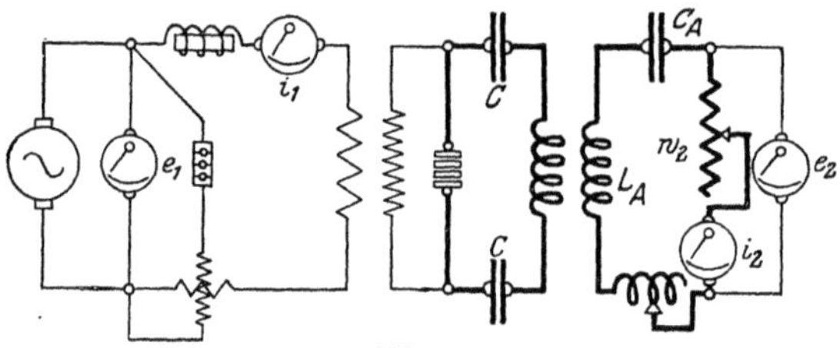

Abb. 304.

Nachdem die Nieder- und Hochfrequenzkreise in Resonanz gebracht, Kopplung und Erregerstromstärke so eingestellt sind, daß ein völlig reiner Ton entsteht, erhält man aus den Angaben i_1, e_1, N_1 des Strom-, Spannungs- und Leistungsmessers im Primärkreis:

$$\cos\varphi = \frac{N_1}{e_1 \cdot i_1}$$

und aus dem Strom i_A, der Spannung e_A oder dem Widerstand w_A der Antenne:

$$\left.\begin{aligned} N_A &= e_A \cdot i_A = i_A^2 \cdot w_A \\ \eta &= \frac{e_A \cdot i_A}{N_1} = \frac{i_A^2 \cdot w_A}{N_1} \end{aligned}\right\} \qquad (215)$$

Inwieweit bei der Ermittlung von N_1 die Konstante des Leistungsmessers für die gewählten Betriebsverhältnisse, hauptsächlich die hohe Periodenzahl der Wechselstrommaschine, gültig ist, muß durch eine besondere Untersuchung festgestellt werden. Stößt die Verwendung eines Leistungsmessers auf Schwierigkeiten, so bestimmt man die dem Antriebsmotor zugeführte Leistung durch eine Strom- und Spannungsmessung und berechnet aus dessen Wirkungsgrad und dem gesamten Wirkungsgrad der Wechselstrommaschine den gesuchten Wert. Ein geeichter Motor, für den die Abhängigkeit zwischen zugeführter

Leistung und Wirkungsgrad genau bestimmt ist, leistet bei solchen Messungen gute Dienste.

Beispiel: Im folgenden sind die Ergebnisse der Messungen an einem größeren Löschfunkensender zusammengestellt. Dabei wurde die Schaltung Abb. 292 des Stoßkreises verwendet, dessen Kapazität aus vier in Reihe geschalteten Gruppen von je drei nebeneinander geschalteten Kondensatoren von je 40000 cm bestand, n_1 bedeutet die Zahl der Löschfunkenstrecken, n_2 die Zahl der Abreißfunkenstrecken. Die Selbstinduktion der Löschdrossel betrug $L_D = 7{,}3 \cdot 10^7$ cm, ihr Widerstand 15,5 Ohm. Die künstliche Antenne bestand aus einer Kapazität $C_A = 10^4$ cm und einer Selbstinduktion $L_A = 10^5$ cm; ihre Eigenwelle betrug sonach $\lambda_A = 2000$ m. In der Antenne lag ein veränderbarer Widerstand w_2. Die Primärspannung e_1 des Transformators konnte durch einen Zwischentransformator den verschiedenen Belastungen angepaßt werden. Wellenlänge, Funkenstreckenzahl und Tonhöhe wurden geändert.

I. $\lambda = 2500$ m, $\varkappa = 0{,}256$, Tonhöhe 1000.

n_1	n_2	e_1	i_1	N_1 in Kilowatt	$\cos\varphi$	i_2	w_2	N_2 in Kilowatt	η
20	10	75	194	9,5	0,69	40	3,7	5,92	0,62
30	15	104	253	19	0,72	55	3,7	11,2	0,59
40	20	150	368	41	0,81	83	3,7	25,4	0,62
50	25	200	380	64	0,84	92	4,58	39	0,61

II. $\lambda = 4600$ m, $\varkappa = 0{,}238$.

n_1	n_2	e_1	i_1	N_1 in Kilowatt	$\cos\varphi$	i_2	w_2	N_2 in Kilowatt	η	Tonhöhe
20	12	100	260	17,5	0,67	39	7,35	11,1	0,63	1000
30	16	140	290	26	0,64	48	7,35	16,7	0,64	1000
30	16	90	230	14	0,67	34	7,35	8,5	0,61	500
48	25	220	420	60	0,65	71	7,35	37	0,62	1000
48	25	140	320	32	0,71	51	7,35	19,1	0,60	500

III. Tonhöhe 1000.

λ	n_1	n_2	e_1	i_1	N_1 in Kilowatt	$\cos\varphi$	e_2	i_2	N_2 in Kilowatt	η
2500	48	24	200	390	62	0,8	388	99	38,2	0,615
3100	48	24	200	410	65	0,79	394	102	40,2	0,62
3900	48	24	200	420	64	0,76	405	95	38,4	0,60
4600	48	24	200	430	63,5	0,74	404	93	37,5	0,59

II. Vieltonsender.

Die Vieltonanlagen werden, wie übrigens auch die tönenden Löschfunkensender, mit Gleich- oder Wechselstrom betrieben. In mehrfacher Hinsicht jedoch unterscheiden sich die Vorgänge bei beiden Anordnungen, und zwar sowohl in der Erzeugung der Hochfrequenzleistung, wie in der Hervorbringung des Tones. Durch die Verwendung einer der S. 26 besprochenen Entladestrecken mit hoher Löschfähigkeit und geeigneter Abmessung der Kapazitäts- und Selbstinduktionsgrößen des Stoßkreises I (Abb. 305) wird, wie schon S. 25 erläutert, bei ausreichender Sekundärspannung des mit niederperiodischem Wechselstrom gespeisten Transformators bewirkt, daß einmal eine außerordentlich hohe Entladungszahl in der Sekunde vorhanden ist und zweitens die einzelnen Stromstöße im Stoßkreise II aus Halbschwingungen bestehen, wie sie auch ein Lichtbogengenerator hervorbringt, wenn er Schwingungen zweiter Art erzeugt. Nur sind im vorliegenden Falle die Zeiten der Stromlosigkeit der Entladestrecke erheblich größer als die, in denen ein Ausgleich der Kapazitätsladung des Stoßkreiskondensators erfolgt. Da hierdurch dem Kreise I seine Resonanzfähigkeit genommen wird, ist eine scharfe Abstimmung auf die Eigenperiode der schwach gedämpften Antenne II unnötig. Den einzelnen Stromstößen des Primärkreises entsprechend, folgt im Luftleiter II ein gedämpfter Wellenzug dem anderen. Diese Wellenzüge können jedoch, sofern ihre Höchstamplituden gleich sind und ihr Aufeinanderfolgen regelmäßig stattfindet, auf der Empfangsseite mit der Zelle nicht gehört werden, da die im praktischen Betriebe verwendeten Telephone auf eine so hohe Stoßfolge nicht mehr ansprechen. Mit dieser Tatsache sind folgende betriebstechnische Vorteile verbunden:

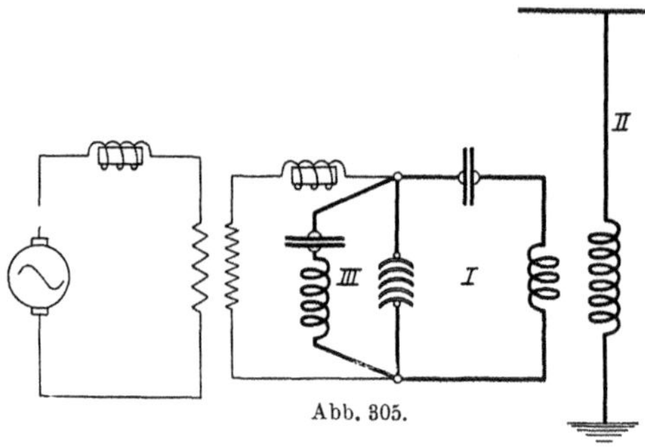

Abb. 305.

Abb. 306. Periodenzahl des Tones = 826.

Zunächst ist der Vorgang im Stoßkreis völlig unabhängig von der Periodenzahl der Wechselstrommaschine, sodann bedarf es einer scharfen Einstimmung von Stoßkreis und Antenne nicht und endlich nähert sich die Abstimmfähigkeit der miteinander verkehrenden Anlagen infolge der schnell aufeinanderfolgenden Einzelausschwingungen des Luftleiters Verhältnissen, wie sie sich sonst nur bei Verwendung von ungedämpften Schwingungen vorfinden. Beim Aufbau dieser Sender erleichtern ferner die auftretenden geringen Höchstspannungen die Lösung der Isolationsfrage.

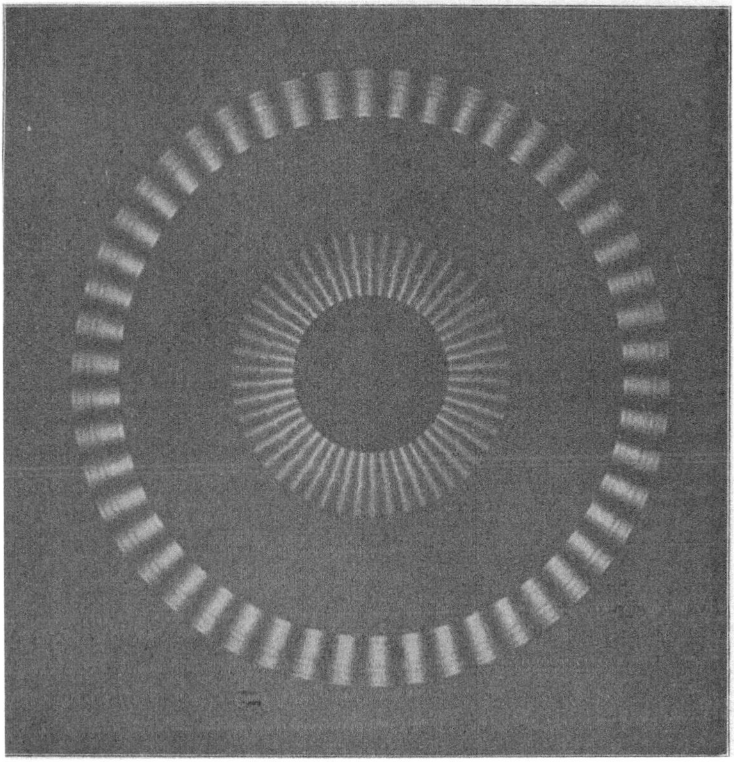

Abb. 307. Äußere Röhre mit der Antenne, innere mit dem Tonkreis gekoppelt.

Dazu kommt als weiterer wesentlicher Vorzug dieses Senders der, daß durch die besondere Art der Tonerzeugung die Zahl der Töne keiner Beschränkung unterworfen ist und somit die Möglichkeit besteht, nicht nur die Morsezeichen in einer beliebigen Tonhöhe telegraphieren, sondern auch bestimmte Signale, einfache Melodien und Rhythmen radiotelegraphisch übermitteln zu können. Zu diesem Zwecke liegt im Nebenschluß zur Entladestrecke außer dem Stoßkreis I noch der Tonkreis III, der in seinen Spulen und Kondensatoren derartige elektrische Abmessungen besitzt, daß seine jeweilige Eigenschwingung der Periode eines musikalischen Tones entspricht. Durch Veränderueg der Selbstinduktion oder der Kapazität dieses Kreises, was mit Hilfe einer Klaviatur geschehen kann, ist man in der Lage, die Vorgänge im Stoßkreise und damit auch im Luftleiter in jedem gewünschten Tonrhythmus zu steuern. Die interessanten Schwingungsvorgänge, die hierbei in den einzelnen Kreisen entstehen, sind in dem Lehrbuche von Rein durch zahlreiche Aufnahme mit dem Glimmlichtoszillographen erläutert, auf die hier verwiesen sei. Die Abb. 306 und 307 zeigen Aufnahmen mit dem Schwingungsprüfer. Dieses Tonerzeugungsverfahren bedeutet einen weiteren Vorzug des Vieltonsenders insofern, als die Höhe und Reinheit des Tones jetzt nicht mehr durch die verwendete Leistungsquelle oder die eingeschalteten Unterbrechervorrichtungen bestimmt wird, sondern allein von den gleichbleibenden Tonkreisgrößen abhängt. Wie aus dem Schaltungsbild hervorgeht, können natürlich auch die Hochfrequenzkreise auf die Güte des Tones keinen Einfluß ausüben.

Als Nachteil des Vieltonsenders ist der Umstand anzuführen, daß seine Handhabung etwas schwieriger ist und die Verluste in der Entladestrecke infolge der hohen Stoßzahl, die bis zu 100000 betragen kann, und der damit verbundenen ständigen Entionisierungsarbeit größer ausfallen, als bei dem Löschfunkensender und daß endlich die Verwendung langer Wellen an entsprechend gebaute, stark strahlende Antennen gebunden ist.

III. Lichtbogensender.

1. Schaltungen.

a) Der Gleichstromkreis. Ein leistungsfähiger Löschfunkensender verlangt, wie die vorhergehenden Darlegungen zeigten, eine sehr sorgfältige Einstellung seiner Einzelkreise und eine gleichbleibende Umlaufszahl der Wechselstrommaschine. Bei Sendern mit Lichtbogengeneratoren als Stromquelle fallen diese Betriebsbedingungen weg. Dazu kommt, daß der Lichtbogengenerator unmittelbar in den Luftleiter geschaltet werden kann, wodurch auch die Wellenveränderung wesentlich vereinfacht wird. Der Nachteil, daß die Zeichen ursprünglich nur mit dem Ticker aufgenommen werden konnten und infolgedessen im Hörer nicht mehr als Töne, sondern als Geräusche wahrgenommen wurden, ist durch den Empfang mittels Tonrad und durch den Überlagerungsempfang beseitigt.

Die wichtigsten Schaltungen und Betriebsbedingungen für einen Lichtbogengenerator sind bereits in dem Abschnitt über Stromquellen S. 29 besprochen. Sie sollen im folgenden nochmals kurz zusammengestellt und in einigen Punkten ergänzt werden, die für die Verwendung des Lichtbogengenerators in Senderanlagen eine besondere Berücksichtigung verdienen.

Der Hochfrequenzkreis muß durch Blockkondensatoren von etwa der 100fachen Antennenkapazität gegen den Gleichstrom verriegelt werden. In den Fällen, in denen zur Einstellung des Gleichstromes ein Widerstand verwendet wird, erfordert dessen Bemessung ..ne besondere Sorgfalt, sofern man gleichförmige Schwingungszustände erzielen will. Die Drosseln, die die Hochfrequenzströme von der Gleichstromseite abhalten sollen, müssen kapazitätsfrei sein. In jede Gleichstromleitung wird daher unmittelbar hinter dem Lichtbogen (Abb. 31, S. 38) eine eisenfreie einlagige Zylinderspule oder eine Reihe übereinandergesetzter Flachspulen mit einem Gesamtselbstinduktionskoeffizienten von etwa $20 \cdot 10^6$ cm gelegt. Mittels eines zwischen Maschinenpol und Erde geschalteten Hitzdrahtgeräts kann man sich von der Wirksamkeit dieser Drosseln überzeugen. Bei richtiger Bemessung derselben darf es keinen Ausschlag zeigen, Die bei den Löschfunkensendern üblichen Hochfrequenzsicherungen können alsdann wegfallen. Auch mit einem Wellenmesser, der mit einer zwischen Gestell und Erde liegenden Spule induktiv gekoppelt wird, können die abirrenden Hochfrequenzströme nachgewiesen nnd ihre Wellenlängen gemessen werden.

Resonanzfähige Schwingungen erhält man nur dann, wenn Oberschwingungen vermieden sind, was erreicht wird, wenn der Hochfrequenzstrom in einem bestimmten Verhältnis zum Gleichstrom steht. Ist der Hochfrequenzstrom zu groß, so entstehen Schwingungen zweiter Art mit langen Ruhepausen des Lichtbogens, die sich in eine Grundschwingung und zahlreiche Oberschwingungen zerlegen lassen, ein Fall, der z. B. eintritt, wenn die Kreiskapazität zu hohe Werte hat. Als günstigstes Verhältnis des Wechselstroms i_w zum Gleichstrom i_g kann die Zahl 0,70 gelten. Kurze Wellen erfordern ein stärkeres Magnetfeld als lange.

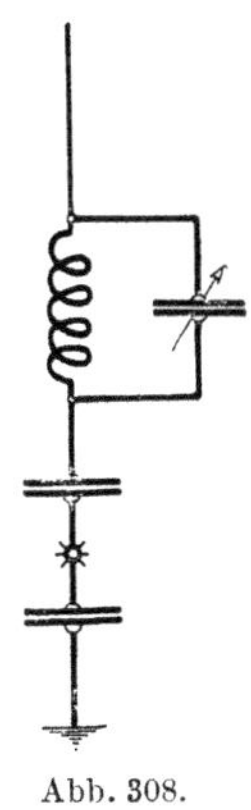

Abb. 308.

b) Die Hochfrequenzkreise. Die Schaltungen der Hochfrequenzkreise eines Lichtbogensenders sind derart auszubilden, daß die Wellenveränderung nur leicht vorzunehmende Handhabungen erfordert und ferner beim Geben der Morsezeichen Belastungsänderungen des Lichtbogengenerators vermieden werden. In einfachster Weise wird die erste Forderung erfüllt, wenn man den Lichtbogengenerator wie in Abb. 308 unmittelbar in den Luftleiter legt. Diese Schaltung ermöglicht bei passender Wahl der in der Anntene eingeschalteten Abstimmittel die Wellenlänge in äußerst einfacher Weise und in einem weiten Bereich zu ändern. Eine Verbesserung hat diese Anordnung durch die sog. Schwungradschaltung (Abb. 308) erfahren, die besonders bei kleinen Antennen zur schnellen und einfachen Wellenveränderung vielfach Verwendung fand.

Die günstige Wirkung dieser Schaltung beruht darauf, daß durch die Nebeneinanderschaltung des Drehkondensators mit der Luftleiterspule das Strahlgebilde bei gleicher Wellenlänge eine geringere Dämpfung besitzt als in dem Falle, in dem die Verlängerung durch die Selbstinduktionsspule allein vorgenommen wird. Denn wird eine Antenne, deren Dämpfungswiderstand bei einer bestimmten Periodenzahl w_A betragen möge, mit dem Strom i (Scheitelwert J) gespeist, so berechnet sich die verbrauchte Leistung zu

$$N_n = \frac{J^2}{2} \cdot w_A .$$

Bei Verlängerung durch eine Selbstinduktion L_1 ergibt sich die gesamte Schwingungsleistung aus der Gleichung:

$$N_1 = \frac{J^2 \cdot L_1}{2} .$$

Folglich besitzt das logarithmische Dekrement der Dämpfung nach Gleichung 121, S. 190 den Wert:

$$\vartheta_1 = \frac{1}{2} \cdot \frac{N_n}{N_1} = \frac{1}{2} \cdot \frac{w_a}{L_1} .$$

Wird die gleiche Antennenverlängerung mit Hilfe der Schwungradschaltung vorgenommen, so bestimmt sich bei gleichem Antennenstrome die Gesamtleistung nunmehr zu

$$N_2 = \frac{(2\,J)^2 \cdot L_2}{2} ,$$

wobei angenommen wurde, daß die zugeschaltete Kapazität C gleich der des Luftleiters C_A ist.

Aus der Bedingung gleicher Wellenlänge in beiden Fällen folgt weiter

$$\lambda = 2\,\pi \cdot \sqrt{C_A \cdot L_1} \sim 2\,\pi \cdot \sqrt{(C_A + C_A) \cdot L_2} ,$$

d. h.

$$L_2 = \frac{L_1}{2} .$$

Da somit

$$\vartheta_2 = \frac{1}{2} \cdot \frac{N_n}{N_2} = \frac{1}{4} \cdot \frac{w_A}{L_1}$$

ist, wird

$$\vartheta_2 = \frac{\vartheta_1}{2} .$$

Hat demnach der Lichtbogengenerator das Bestreben auszusetzen, so hilft ihm die in der Antenne vorhandene größere Schwingungsarbeit bei der Schwungradschaltung leichter über jene Betriebsstörung hinweg, als wenn die Verlängerung allein durch Spulen bewirkt wird. Auch hängt hiermit eine der Ursachen zusammen, warum bei längeren Wellen eine bessere Gleichmäßigkeit des Schwingungszustandes zu erzielen ist als bei kürzeren. Freilich bringt die Schwungradschaltung den Übelstand mit sich, daß sie das Entstehen von Oberschwingungen begünstigt.

Wird diese Schaltung noch in der Weise ergänzt, daß man nach dem Vorschlage von Hartenstein in den Nebenschluß zur Antenne einen Kondensator schaltet, der die gleiche Kapazität wie die Blockkondensatoren besitzt, so daß der Kondensatorkreis mit der Antenne nicht gekoppelt ist (Abb. 317), so kann eine wesentliche Steigerung des Wirkungsgrades erreicht werden, wie die später angeführten Zahlenwerte (S. 374) zeigen. Die Zuleitungen zu diesem Kondensator, die kleine und gleiche Selbstinduktionskoeffizienten haben sollen, müssen möglichst symmetrisch angeordnet sein.

Die C. Lorenz A. G. verwendet eine Schaltung, bei der die Kondensatoren durch Selbstinduktionsspulen ersetzt sind, die große Vorteile bietet.

Die zweite Forderung, d. h. die Vermeidung von Belastungsänderungen, wird dadurch erfüllt, daß, solange die Morsetaste ruht, an Stelle des Luftleiters eine künstliche Antenne eingeschaltet wird. In diesen Zeiten gehen sonach keine Wellen vom Sender aus, die gesamte Hochfrequenzleistung wird in dem Widerstand des Ersatzkreises vernichtet.

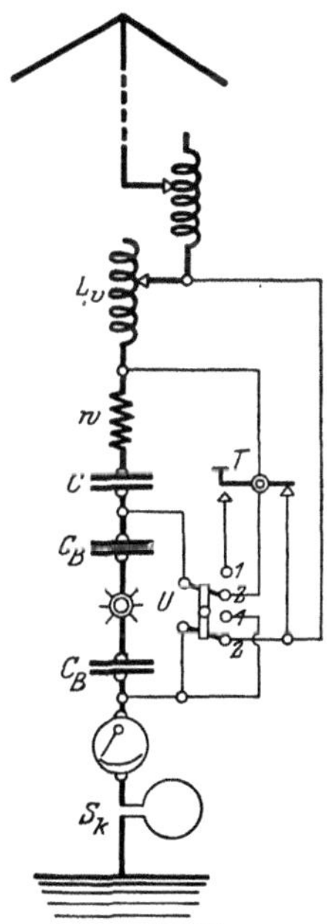

Abb. 309.

Bei einer anderen, etwas einfacheren Anordnung, die für kleinere Sender in Frage kommt, wird während der Pausen zwischen den Morsezeichen ein Teil der Selbstinduktion im Luftleiter kurzgeschlossen und dadurch die Antenne so weit verstimmt, daß die Empfangsstelle, die auf die Welle abgestimmt ist, die beim Drücken der Morsetaste entsteht (Betriebswelle), auf die kurze Welle (Verstimmungswelle) nicht anspricht. Der kleine Teil der Selbstinduktion, der hierbei kurzgeschlossen wird, muß so angeordnet sein, daß er von dem Hauptteil der im Luftleiter liegenden Spule nicht erregt werden kann.

Beide Schaltungen sind in Abb. 309 vereinigt. Steht der Umschalter U auf 1, so wird beim Geben der Ersatzkreis abwechselnd ein- und ausgeschaltet, während in der Stellung 2 beim Drücken der Taste die Betriebswelle, beim Loslassen die Verstimmungswelle ausgestrahlt wird.

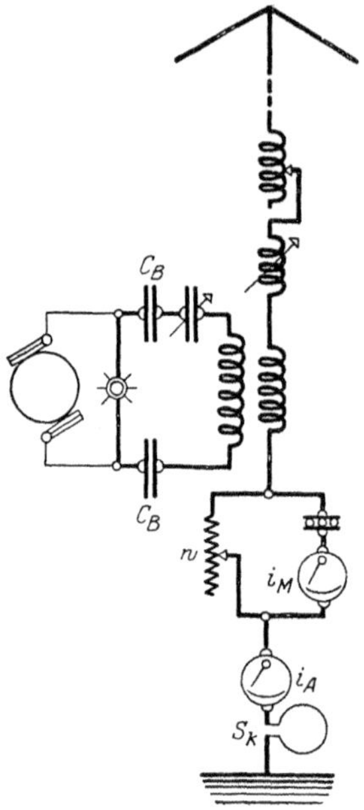

Abb. 310.

Kapazität C und Widerstand w des Ersatzkreises müssen so eingestellt werden, daß beim Drücken und Loslassen der Taste der zugeführte Gleichstrom möglichst gleiche Werte hat und beim Loslassen der Taste der Antennenstrom i_A auf Null zurückgeht.

Zum Geben mit verringerter Leistung dient die Telephonieschaltung Abb. 310, wobei die Mikrophone abgeschaltet und durch einen Kurzschluß überbrückt werden und durch Verstimmung gesendet wird.

An Stelle einer Selbstinduktion kann man auch zum Verstimmen einen Kondensator C_v (Abb. 311) benutzen. Die Anordnung

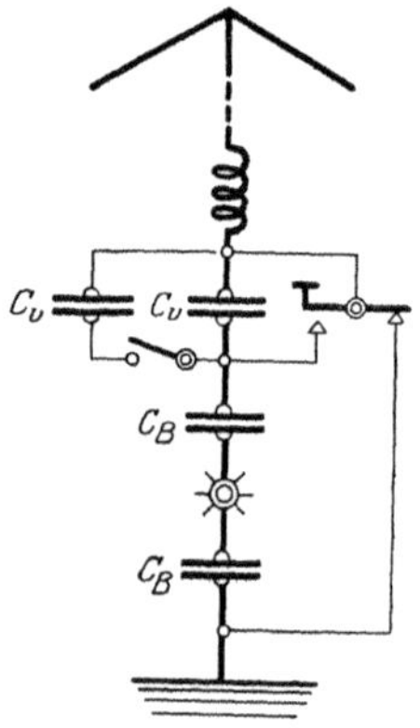

Abb. 311.

Abb. 312. Lichtbogengenerator, Gleichstromleistung 100 Kilowatt (C. Lorenz A.-G., Berlin-Tempelhof).

Abb. 313. Senderanordnung für Telegraphie und Telephonie für 0,6 Kilowatt Antennenleistung (C. Lorenz A.-G., Berlin-Tempelhof).

hat den Vorzug, daß man über den ganzen Wellenbereich mit derselben prozentualen Verstimmung tastet.

Schon von 1,5 Kilowatt Leistung an werden die Spannungen zwischen den Kontakten der Schalter zum Verstimmen oder Umschalten auf den Ersatzkreis so hoch, daß sie nicht rasch genug durch eine einfache Handtaste voneinander entfernt werden können, was zu Lichtbogenbildung und Unschärfe der Morsezeichen führt. Die Kontakte müssen daher in ein mit Petroleum gefülltes Gefäß gesetzt und durch ein besonderes Relais bewegt werden, dessen nur geringer Erregerstrom durch eine kleine Handtaste ein- und ausgeschaltet wird.

Die unter Öl sitzenden Kontakte bestehen aus Kupferrohren, die nach einer gewissen Abnutzung gedreht werden, so daß wieder glatte Oberflächen beim Tasten in Berührung kommen. Ist der Ölspiegel unter eine bestimmte Grenze gesunken, so entleert sich selbsttätig ein kleines, mit Öl gefülltes besonderes Glasgefäß, worauf eine Nachfüllung des Behälters, in dem die Schalter sitzen, nötig wird.

Abb. 312 zeigt einen Lichtbogengenerator für 100 Kilowatt Gleichstromleistung, Abb. 313 eine vollständige Senderanordnung für 0,6 Kilowatt Antennenleistung.

2. Messungen an Lichtbogengeneratoren.

a) Prüfung der Reinheit und Gleichförmigkeit der Schwingungen. Für alle Senderanlagen, besonders aber für die, die mit einem Lichtbogengenerator ausgerüstet sind, ist die dauernde Prüfung der Reinheit und Gleichmäßigkeit der Schwingungen von großer Wichtigkeit. Zu diesem Zwecke kann beistehende Schaltung (Abb. 314) benutzt werden.

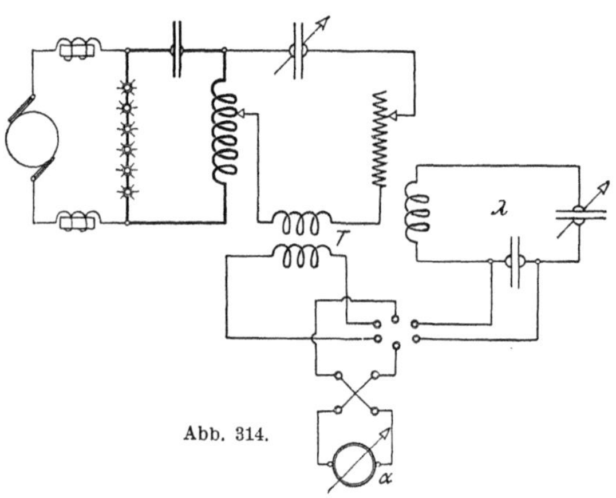

Abb. 314.

Der an den Wellenmesser angeschlossene Stromzeiger liefert in seinen Schwankungen ein Maß für die Veränderung der Wellenlänge und der Nutzleistung, während er, im Sekundärkreis des Transformators T liegend, nur die

Leistungsänderungen angibt. Man findet auf diese Weise die Leistungsschwankung in Prozenten zu:

$$\frac{\alpha_{T\max} - \alpha_{T\min}}{\alpha_{T\max}}\, 100\,\%.$$

Statt der Stromzeiger lassen sich auch entsprechend geschaltete Spannungsindikatoren, z. B. der Schwingungsprüfer (S. 263) mit Vorteil verwenden.

Ob die gesamte Anordnung mit der gewünschten Gleichmäßigkeit arbeitet, läßt sich auch dadurch feststellen, daß man im Gleichstromkreis durch Einschaltung eines Transformators oder Spartransformators, dessen Sekundärwicklung an ein Dynamometer oder Telephon angeschlossen ist, die Schwankungen des zugeführten Stromes beobachtet (Abb. 315).

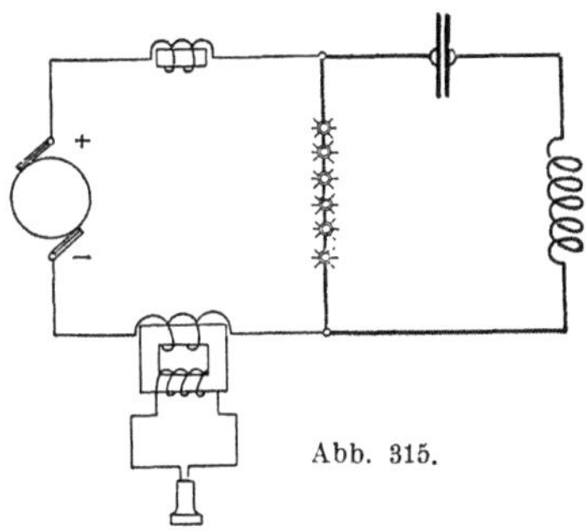

Abb. 315.

Die schärfste Prüfung auf Unveränderlichkeit der Wellenlänge ermöglicht eine Anordnung für Überlagerungsempfang (S. 481), bei der z. B. ein aperiodischer Detektorkreis gleichzeitig von dem Lichtbogengenerator und einer Kathodenröhre erregt wird, die eine völlig gleichbleibende Wellenlänge liefert. Die kleinsten Änderungen der Wellenlänge des Lichtbogenkreises machen sich hierbei in starken Schwankungen der Tonhöhe bemerkbar.

b) Bestimmung des Wirkungsgrades eines Lichtbogengenerators. Der Wirkungsgrad η eines Lichtbogengenerators kann entweder durch unmittelbare Messung der dem Generator zugeführten Gleichstromleitung N und der abgegebenen Leistung N_n gefunden werden oder dadurch, daß man N und die gesamten im Generator entstehenden Verluste N_v mißt.

Im ersten Falle wird

$$\eta = \frac{N_n}{N}$$

im zweiten

$$\eta = \frac{N - N_v}{N} \qquad (216)$$

α) Bestimmung von η durch unmittelbare Messung von N und N_n.

Eine für diese Messung geeignete Schaltung zeigt Abb. 316.

Statt der Antenne ist ein abgestimmter oder aperiodischer Ersatzkreis verwendet, in dem ein dem Antennenwiderstand gleichwertiger induktionsfreier Belastungswiderstand (etwa Glühlampen) liegt. Die Nutzleistung wird durch Strom und Spannungsmessungen oder aus Widerstand und Strom im Verbrauchskreis ermittelt.

Die Verwendung der Schwungrad-Transformatoren- oder Spartransformatorenschaltung führt in gleicher Weise zum Ziel.

Aus den Stromstärken i_g und i_2 (Abb. 316) und den Spannungen e_g und e_2 ergibt sich der gesuchte Wirkungsgrad zu

$$\eta = \frac{e_2 \cdot i_2}{e_g \cdot i_g} \tag{217}$$

oder, wenn der Widerstand w_2 des Nutzkreises bekannt, zu:

$$\eta = \frac{i_2^2 \cdot w_2}{e_g \cdot i_g}. \tag{218}$$

η wird um so größer, je höher die mittlere Spannung am Lichtbogen ist.

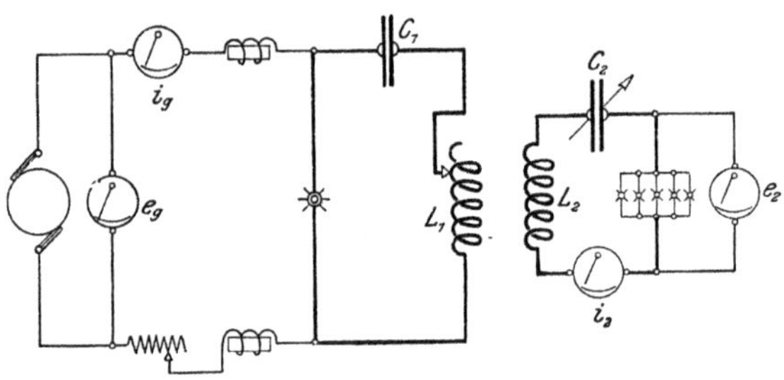

Abb. 316.

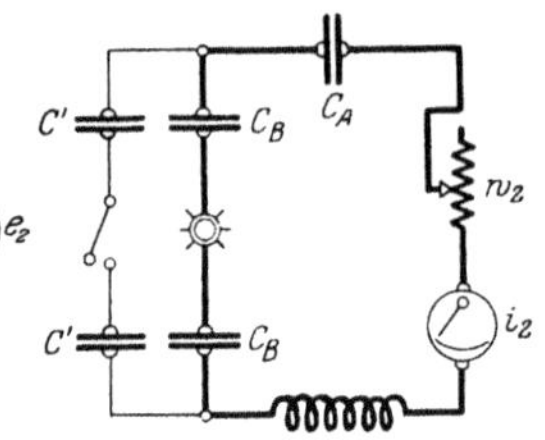

Abb. 317.

Beispiel: Die Ergebnisse einer derartigen Messung, die mit der Hartensteinschen Schaltung (Abb. 317) ausgeführt wurde, enthält die folgende Zahlentafel. Hierbei war:

$$C_A = 1{,}4 \cdot 10^4 \text{ cm}, \qquad C' = 10^5 \text{ cm}, \qquad C_B = 10^5 \text{ cm},$$

Die Widerstände w_2 der künstlichen Antenne hatten für die verschiedenen Wellenlängen die in der Zahlentafel aufgeführten Werte.

λ in m	e_g in Volt	i_g in Amp.	N_g in KW	i_2 in Amp.	w_2 in Ohm	$N_2 = i_2^2 \cdot w_2$ in Kilowatt	η_1	e_g in Volt	i_g in Amp.	N_g in KW	i_2 in Amp.	$N_2 = i_2^2 \cdot w_2$ in Kilowatt	η_2
	ohne Nebenschlußkondensatoren C'							mit Nebenschlußkondensator C'					
4000	380	34	12,9	23,5	3,6	1,99	0,15	650	34	22,2	12	0,51	0,02
6000	380	34	12,9	24	3,5	2,02	0,16	370	34	12,6	38	5,05	0,40
8000	380	34	12,9	24	3,6	2,07	0,16	480	34	16,3	46	7,40	0,45
11000	330	34	11,3	24	4,0	2,30	0,20	480	34	16,3	50	10,00	0,61
14000	420	34	14,3	24	4,8	2,76	0,19	600	31	18,6	50	12,00	0,65
17000	550	34	18,7	24	6,0	3,45	0,19	630	23	14,5	37	8,20	0,57
20000	550	34	18,7	24	7,0	4,03	0,22	650	16,5	10,7	30	6,30	0,59

β) Bestimmung von η durch Messung der Verluste. Bei größeren Lichtbogengeneratoren, deren Flammenkammer und Elektroden mit durchfließendem Wasser gekühlt werden, kann man auch in der Weise verfahren, daß man aus der Gesamtleistung und den einzelnen Verlustgrößen den gesuchten Wert für den Wirkungsgrad bestimmt.

Denn bedeuten:

$N = i_g \cdot e_g =$ aufgewendete Gleichstromleistung in Watt,

$N_v' = i_g^2 \cdot w_g =$ Verlust im Vorschaltwiderstande und den Wicklungen der Drosselspulen in Watt,

$N_v'' = \frac{m \cdot (t_2 - t_1)}{0{,}24 \cdot \tau} =$ Wärmeabgabe an das Kühlwasser in Watt,

$t_2 =$ Abflußtemperatur des Wassers in ^{0}C,

$t_1 =$ Zuflußtemperatur des Wassers in ^{0}C,

$\frac{m}{\tau} =$ Wassermenge in der Sekunde in ccm,

$N_v''' = \frac{\varepsilon \cdot O \cdot (t_g - t_0)}{0{,}24} =$ Verlust durch Wärmestrahlung des Gehäuses in Watt,

$O =$ Oberfläche des Gehäuses in qcm,

$\varepsilon =$ Emissionsziffer,

$t_g =$ Gehäusetemperatur in ^{0}C,

$t_0 =$ Außentemperatur in ^{0}C,

so bestimmt sich die vorhandene Schwingungsleistung zu

$$N_n = N - (N_v' + N_v'' + N_v''') \text{ Watt.}$$

Bei allseitiger guter Generatorkühlung und lebhaftem Wasserfluß kann man angenahert $N_v''' = 0$ setzen und erhält dann als Ausdruck für den Wirkungsgrad:

$$\eta = \frac{N_n}{N} = \frac{N - (N_v' + N_v'')}{N}, \tag{219}$$

ein Wert, der nunmehr für die verschiedensten Betriebsverhältnisse ermittelt werden kann.

Es ist selbstverständlich, daß man dieses etwas umständliche Verfahren, das einige Übung erfordert, auch bei Funkenstrecken verwenden kann, die mit durchfließendem Wasser gekühlt werden.

Da die Lichtbogengeneratoren in den meisten Fällen unmittelbar in die Antenne geschaltet werden, deren Kapazität und Widerstand als gegeben zu betrachten sind, hat sich die Prüfung der Senderanlage auch darauf zu erstrecken, in welchem Maße das Magnetfeld die Reinheit und Leistungsfähigkeit der Schwingungen in Abhängigkeit von der jedesmaligen Eigenperiode des Luftleiters beeinflußt.

Wie schon S. 229 hervorgehoben wurde, muß das magnetische Feld mit wachsender Wellenlänge schwächer gewählt werden, und zwar um so mehr, je größer die Antennenkapazität ist. Gleichzeitig wird man bei der Aufnahme der primären Strom- und Spannungskurven sowie des Luftleiterstromes in Abhängigkeit von der vorhandenen Frequenz die Beobachtung machen, daß mit abnehmender Periodenzahl bei gleichbleibender Antennenstromstärke die aufgewendete Gleichstromleistung bei bestimmten Wellenlängen einen Kleinstwert aufweist. Diese Erscheinung ist vor allem darin begründet, daß mit wachsender Wellenlänge des Wechselstromes der gesamte Dämpfungswiderstand des Luftleitergebildes zunächst infolge abnehmender Strahlung und geringer werdender Verluste in der Erde und benachbarten Leitern sinkt, worauf er von gewissen Werten an wieder steigt, da jetzt der Widerstand der Verlängerungsspulen, sowie vor allem die dielektrischen Verluste, die Ableitungserscheinungen und das Drahtsprühen einen erhöhten Leistungsverbrauch verursachen. Da weiter nach früheren Ausführungen mit zunehmender Wellenlänge infolge der geringeren Zahl der Entionisationen des Entladeraumes in der Sekunde der Wirkungsgrad des Generators steigt, die Nutzleistung der Antenne jedoch durch Verkleinerung ihrer Strahlungswirkung immer mehr abnimmt, muß die Anlage bei bestimmter Wellenlänge mit einem größten Wirkungsgrade arbeiten. Hierbei wird man freilich feststellen können, daß die gemessenen Werte mit den veränderten Witterungseinflüssen wechseln, von denen einmal die Größe des Erdwiderstandes mit abhängig ist und zweitens die Güte der Isolation bedingt wird. Eine Erhöhung der primären Gleichstromspannung zur Erzielung gleicher Stromstärken in der Antenne bedeutet eine Vergrößerung des wirksamen Widerstandes der Senderanlage. Diese Erscheinung ist besonders augenfällig bei allen Anordnungen, bei denen der Generator unmittelbar in die Antenne geschaltet ist.

IV. Kathodenröhrensender.

1. Betriebsbedingungen und Schaltungen.

a) Betriebsbedingungen.

Zur Erzeugung sowohl der Heiz- als auch der Anodenspannung können Gleichstrom- oder Wechselstromquellen benutzt werden. Bei Röhren für größere Leistungen verdient die Wechselstromquelle den Vorzug, da dann einerseits die Heizung der Kathode auf der ganzen Länge des Fadens gleichmäßiger wird, andererseits aber auch die erforderlichen Anodenspannungen (600 bis mehrere tausend Volt) mit Hilfe von Transformatoren sich leicht betriebssicher herstellen lassen.

Gleichzeitig werden, wenn man die Wechselspannung unmittelbar der Anode zuführt, die ungedämpften Schwingungen des Senders im Rhythmus der Periodenzahl des Wechselstromes gesteuert und im Hörer eines gewöhnlichen Empfängers mit Kristalldetektor entsteht ein Ton. Ein Überlagerer ist dann nicht erforderlich, jedoch gewinnt man nur die Hälfte der Leistung bei dieser Anordnung.

Meist wird jedoch die Wechselspannung mit Hilfe eines Wehnelt-Gleichrichters und der Schaltung Abb. 52, S. 56 in Gleichspannung übergeführt, deren Schwankungen durch einen Ausgleichskondensator von großer Kapazität (1—3 Mikrofarad) und einen Ausgleichtransformator zum Verschwinden gebracht werden.

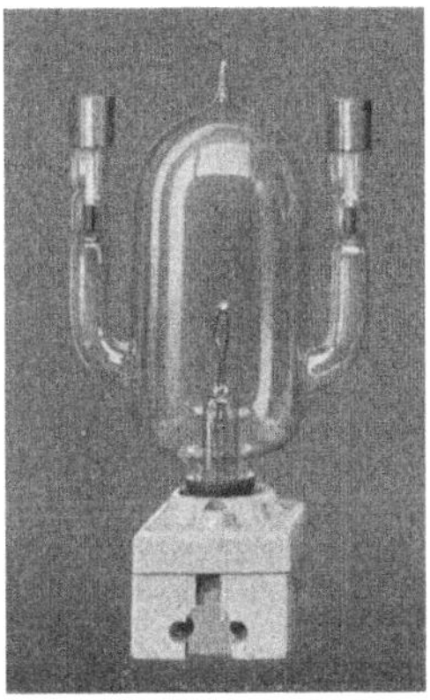

Abb. 318. Gleichrichter der Akkumulatorenfabrik A.-G., Berlin. $^1/_5$ wirklicher Größe.

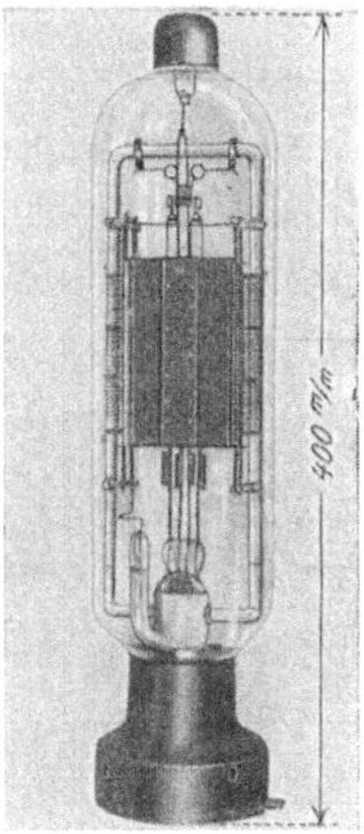

Abb. 319. 500 Watt-Senderröhre (Gesellschaft für drahtlose Telegraphie, Berlin).

Die Glühkathode des Gleichrichters besteht aus einem Kalziumoxydstäbchen, um das eine Heizspirale aus Platindraht gewunden ist, das Anodenpaar meist aus Graphit. Der Wirkungsgrad beträgt etwa 0,98.

Abb. 318 zeigt eine Ausführungsform eines solchen Gleichrichters der Akkumulatorenfabrik A.-G., Berlin für 7÷8 Amp. Heizstrom, 3000 Volt Gleichspannung und eine Strombelastung von 1 Amp., Abb. 319 eine 500-Watt-Senderröhre der Gesellschaft für drahtlose Telegraphie, Berlin.

Ähnlich wie Gleichstrommaschinen lassen sich auch die Senderröhren mit Fremderregung oder mit Selbsterregung betreiben.

Zur Fremderregung reicht eine kleine Röhre aus, die die Wechselspannung für den Gitterkreis der Senderröhre liefert und deren Leistung etwa 5% der Leistung der Senderröhre beträgt. Der Hochfrequenzkreis der Erregerkreisröhre kann bei dieser Anordnung nach Wellenlängen geeicht werden, auf die dann der zwischen Anode und Kathode der Senderröhre liegende Schwingungskreis abgestimmt wird.

Die Selbsterregung erfolgt durch Rückkopplung. Damit hierbei Schwingungen entstehen, muß die Phasenverschiebung der Wechselspannungen zwischen Gitter und Kathode einerseits und zwischen Anode und Kathode andererseits etwa 180° betragen. Die Abb. 320 bis 322 erläutern verschiedene Möglichkeiten für die hierzu erforderliche richtige Verbindung von Gitter und Kathode mit dem Schwingungskreis. Liegen auf dem Wege von der Anschlußstelle der Anode mit dem Schwingungskreis über b nach c gleichartige Wechselstromwiderstände, d. h. nur Spulen oder nur Kapazitäten, so müssen die Zuführungen zu Gittter und Kathode sich überkreuzen (Abb. 420), während bei ungleichartigen Widerständen (Abb. 321) keine Überkreuzung vorgenommen werden darf. In der Schaltung Abb. 322 ist ein besonderer, im Nebenschluß zum Hauptschwingungskreis liegender Zweig für die Kopplung vorgesehen (vgl. auch Abb. 323). In der Abb. 320 ist induktive, in der Abb. 321 kapazitive Kopplung verwendet. Bei falscher Verbindung entstehen keine Schwingungen. Die richtige Verbindung probiert man am besten aus.

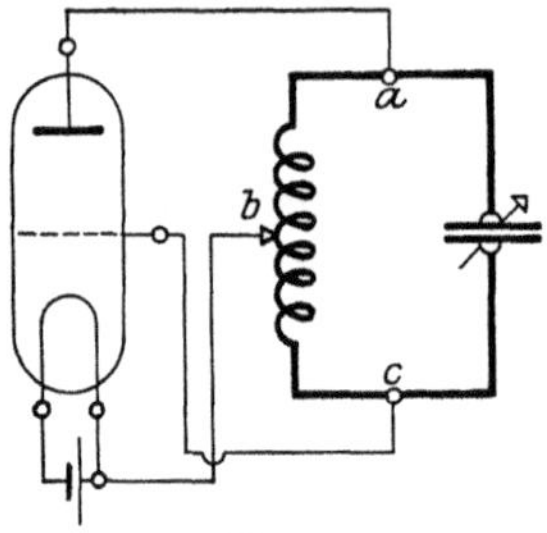

Abb. 320.

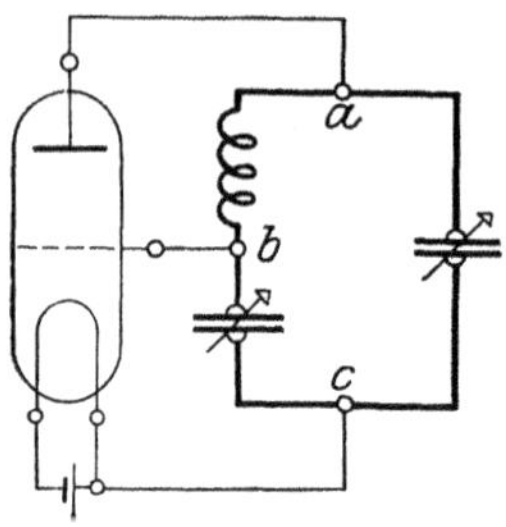

Abb. 321.

Darauf sind Gitter- und Anodenkopplung auf den für die Schwingungserzeugung günstigen Wert zu bringen (vgl. S. 421).

Weiter ist zu beachten, daß das Entstehen der Schwingungen auch an gewisse Grenzen für die Werte des Belastungswiderstandes gebunden ist.

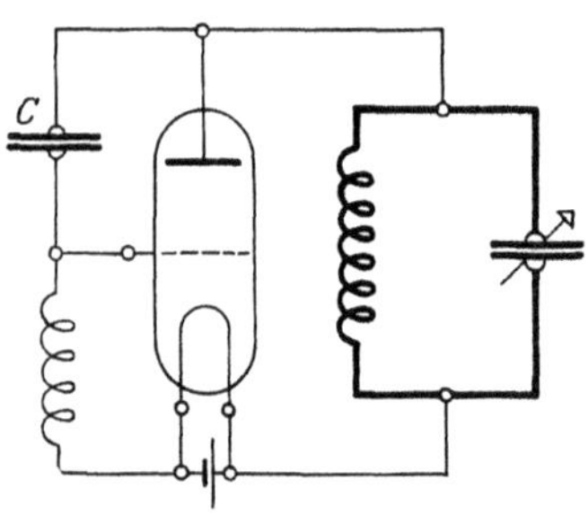

Abb. 322.

Nicht unwesentlich kann die Lebensdauer durch die S. 54 und 390 erwähnte Erscheinung, besonders bei zu großem Gitterstrom, beeinflußt werden, auf die zuerst Mühlbrett hingewiesen hat. Legt man den Anodenkreis an das negative Ende des Glühfadens, so addieren sich dort bei Gleichstromheizung Heiz- und Anodenstrom und der Heizfaden wird am negativen Ende heißer, als am positiven. Dadurch steigt am negativen Ende die Temperatur, die Angabe des Strommessers in der Schaltung Abb. 331, S. 390 sinkt, d. h. wenn man nach ihr den normalen Heizstrom einstellt, kann der Faden durchbrennen. Man vermeidet diese Gefahr, wenn man den Anodenkreis am positiven Fadenende anschließt. Bei Wechselstromheizung fällt sie weg.

Für die Lebensdauer der Röhre ist ferner wichtig, daß ihr Schwingungskreis immer belastet bleibt. Denn die gesamte in der Röhre selbst verbrauchte Leistung berechnet sich zu $e_{AK} \cdot i_A$. Ist die Anodenspannung e_{AK} groß, so kann die Anode durch Elektronenstoß weißglühend werden, was eine rasche Zerstörung der Röhre nach sich zieht. e_{AK} aber ist dargestellt durch die Anodengleichspannung, vermindert um den Spannungsverlust im äußeren Anodenkreis.

Diese Gefahr erfordert bei Röhren für große Leistungen eine sorgfältige Berücksichtigung und insbesondere auch richtige Wahl der Anodenkopplung; Röhren für kleine Leistungen sind ihr nur in geringem Maße ausgesetzt.

Man erkennt diese Gefahr leicht daran, daß die Anode beginnt weißglühend zu werden, was z. B. bei falscher Kopplung zwischen Erregerkreis und Antenne oder bei schlechtem Vakuum durch Zertrümmerung der Gasmoleküle und das hierdurch verursachte starke Anwachsen des Elektronenstromes eintritt.

Eine eigenartige Erscheinung, die man als „Ziehen“ bezeichnet und die nicht nur beim Senderbetrieb mit Zwischenkreis, sondern auch bei Messungen (S. 208) sehr störend werden kann, beobachtet man häufig, wenn der Schwingungskreis der Röhre mit einem zweiten Schwingungskreis gekoppelt ist. Ermittelt man für letzteren die Abhängigkeit zwischen seiner Eigenwelle λ und dem Strom, so erhält man zwei verschiedene Kurven, je nachdem man die Aufnahme mit zunehmender oder abnehmender Wellenlänge ausführt. Der größte Strom stellt sich beim Rückgang für ein größeres λ ein. Weiter findet sich auf den Kurven immer ein Punkt, für den der Betriebszustand völlig labil ist. Der Strom kann dann plötzlich bei der diesem Punkt entsprechenden Wellenlänge springen von dem durch die erste Kurve gegebenen Stromwert auf den auf der zweiten Kurve abzulesenden Wert oder auch auf Null sinken. Durch lose Kopplung zwischen beiden Kreisen beugt man dieser Erscheinung vor. Wegen weiterer Einzelheiten sei auf die einschlägigen Arbeiten verwiesen.

b) Senderschaltungen.

Zum Geben der Morsezeichen könnten ähnliche Schaltungen wie für Lichtbogensender benutzt werden. Meist aber wird getastet im Anodenkreis oder im Primärkreis des Transformators, der zur Speisung des Gleichrichters dient. Die vielseitigen Anordnungen sind im folgenden durch drei Beispiele erläutert.

Abb. 323 zeigt die Schaltung eines Röhrensenders der C. Lorenz A.-G. für 600 Watt Antennenleistung beim Senden ohne und 1000 Watt Antennenleistung beim Senden mit Zwischenkreis, der für eine Antenne von $C_A = 500$ cm und Wellenlängen von 400 bis 2000 m bestimmt ist.

Die Hochfrequenzstromquelle bilden zwei 500-Wattröhren in Nebeneinanderschaltung. Ihren Heizstrom (Heizleistung 200 Watt) liefert eine kleine Gleichstrommaschine, die Anodenspannung ein Gleichrichter *Gl*, dessen Glühkathode mit Wechselstrom vom Transformator T_H gespeist wird. *Gl* ist an die Sekundärwicklung eines zweiten Transformators *T* angeschlossen. T_H und *T* werden von einer 2000 periodischen Wechselstrommaschine gespeist. Der Ausgleichskondensator C_a mildert die

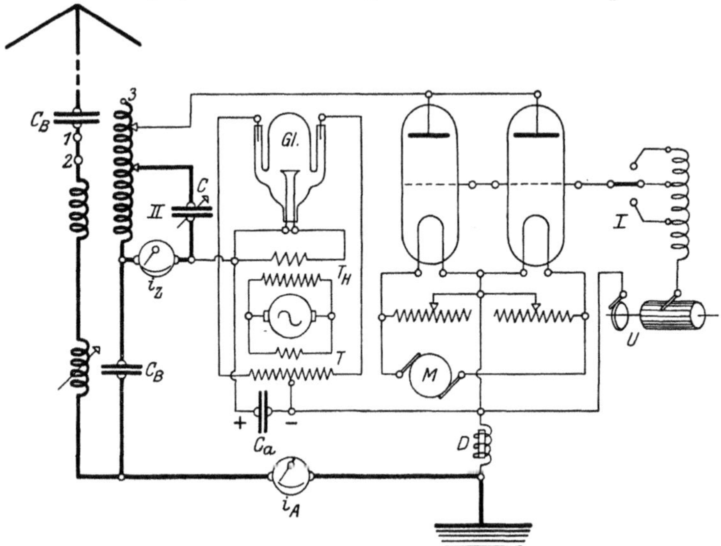

Abb. 323.

Schwankungen der Gleichspannung so weit, daß selbst in einem empfindlichen Telephon kein Ton vernehmbar ist. Die Blockkondensatoren C_B sperren den hochgespannten Gleichstrom von Antenne und Erde ab. Zum Geben der Zeichen dient eine im Primärkreis von T liegende Taste. Dabei kann die Antenne entweder mit Zwischenkreis oder unmittelbar erregt werden.

Zum Senden mit Zwischenkreis werden zunächst die Variometer im Zwischenkreis II und Hilfskreis I auf die gewünschte Welle eingestellt und dann durch Nachstellen des Hilfskreisvariometers der Strom i_z auf größten Wert gebracht. Darauf wird die Antenne mittels der Verlängerungsspule abgestimmt und durch Änderung der Kopplung zwischen Antenne und Kreis II der Antennenstrom i_A auf seinen Höchstwert eingestellt.

Soll ohne Zwischenkreis gesendet werden, so wird durch einen Schalter die Verbindung zwischen 12 unterbrochen, 1 an 3 gelegt und C ausgeschaltet. Nachdem mittels des Hilfskreisvariometers in I die gewünschte Welle eingestellt ist, werden die Abstimmittel in der Antenne so lange verändert, bis wieder i_A einen Höchstwert erreicht hat.

Für das Tonsenden muß bei beiden Senderarten im Hilfskreis der sonst kurzgeschlossene, umlaufende, von einem kleinen Motor angetriebene Gitterunterbrecher U eingeschaltet werden.

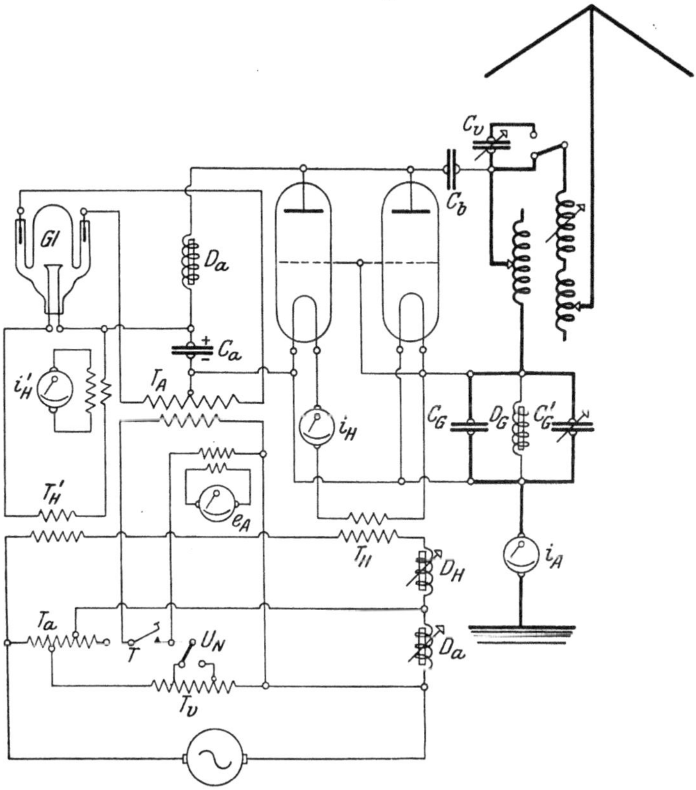

Abb. 324.

Als Beispiel eines Röhrensenders für größere Leistung, dessen Heiz- und Anodenspannungen unter Vermittlung von Transformatoren einer Wechselstrommaschine für 1,5 Kilowatt Leistung bei 500 Perioden entnommen werden, diene die Erläuterung der Schaltung und Inbetriebnahme eines 150-Watt-Senders der Gesellschaft für drahtlose Telegraphie, Abb. 324 und 325. Er ist ausgerüstet mit zwei 75-Wattröhren und angepaßt einer Antenne mit der Eigenkapazität $C_A = 500$ cm, der Eigenwelle $\lambda_A = 400$ m und für einen Wellenbereich von 500 bis 1300 m bemessen.

α) **Schaltungen.** 1. Niederfrequenzkreise. Zur Heizung der beiden Röhren, deren Fäden in Reihe geschaltet sind — weshalb immer zwei Röhren eingeschaltet werden müssen —, und des Gleichrichters Gl (Abb. 224) dienen die zwei getrennten, mit ihren Primärwicklungen hintereinander geschalteten Transformatoren T_H und T'_H. Diese beiden Transformatoren sind erforderlich, weil einerseits die Heizströme i_H und i'_H der Röhren und des Gleichrichters verschiedene Werte haben, andererseits eine unmittelbare Verbindung zwischen den Lampenfäden und den Fäden des Gleichrichters vermieden werden muß, da sonst zwischen beiden die volle Anodenspannung liegt.

Die Anodenspannung wird dem Hochspannungstransformator T_A entnommen und durch Gl in Gleichspannung verwandelt. Das an einen Spannungswandler angeschlossene Gerät e_A mißt die T_A zugeführte Spannung. Zur Messung von i_H und i'_H dient der Strommesser i_H und das an einen Stromwandler angeschlossene Gerät i'_H.

Die drei Transformatoren T_H, T'_H und T_A werden von der nämlichen Wechselstrommaschine gespeist. Infolge der Belastungsänderungen beim Senden und der damit verbundenen Spannungsänderungen der Maschine würden nun auch starke Spannungsschwankungen des Heiztransformators T_H und hierdurch auch des Heizstromes i_H eintreten, wenn die drei Transformatoren unmittelbar an die Maschine gelegt wären. Der Heizstrom darf sich jedoch beim Betrieb nicht ändern. Dies wird erreicht durch den Einspulentransformator T_a, den sog. Ausgleichstransformator und die ihm vorgeschaltete Ausgleichsdrosselspule D_a. T_a ist mit sieben Anschlüssen versehen zur sprungweisen Änderung der Spannung um je 50 Volt von 0 bis 300 Volt.

Ist der Maschinenschalter geschlossen, so fließt, auch wenn die Taste T nicht gedrückt ist, durch D_a und den eingeschalteten Teil von T_a ständig Strom, dessen Stärke durch Verschieben des Eisenkernes von D_a sich verändern läßt. An den Klemmen 0 und 200 von T_a ist nun die Reihenschaltung der Primärwicklungen von T_H und T'_H und der Drossel D_H mit verschiebbarem Eisenkern gelegt, der zum Einstellen von i_H und i'_H dient.

T_H und T'_H werden somit nur von einem Teil des gesamten Maschinenstromes gespeist. Wird die Gebetaste T geschlossen, so erhöht sich der Strom in dem links liegenden Teil der Wicklungen von T_a, die dann in dem rechts liegenden Teil der Windungen von T_a eine Zusatzspannung erzeugen, die bei richtiger Einstellung der Drosseln D_H und D_a den Einfluß des Spannungsabfalls der Maschine infolge der Belastungszunahme beim Drücken von T so weit ausgleichen, daß der Heizstrom fast völlig ungeändert bleibt.

In gleicher Weise ist auch T_A nicht unmittelbar an die Maschine, sondern an einen weiteren Einspulentransformator, den Vortrans-

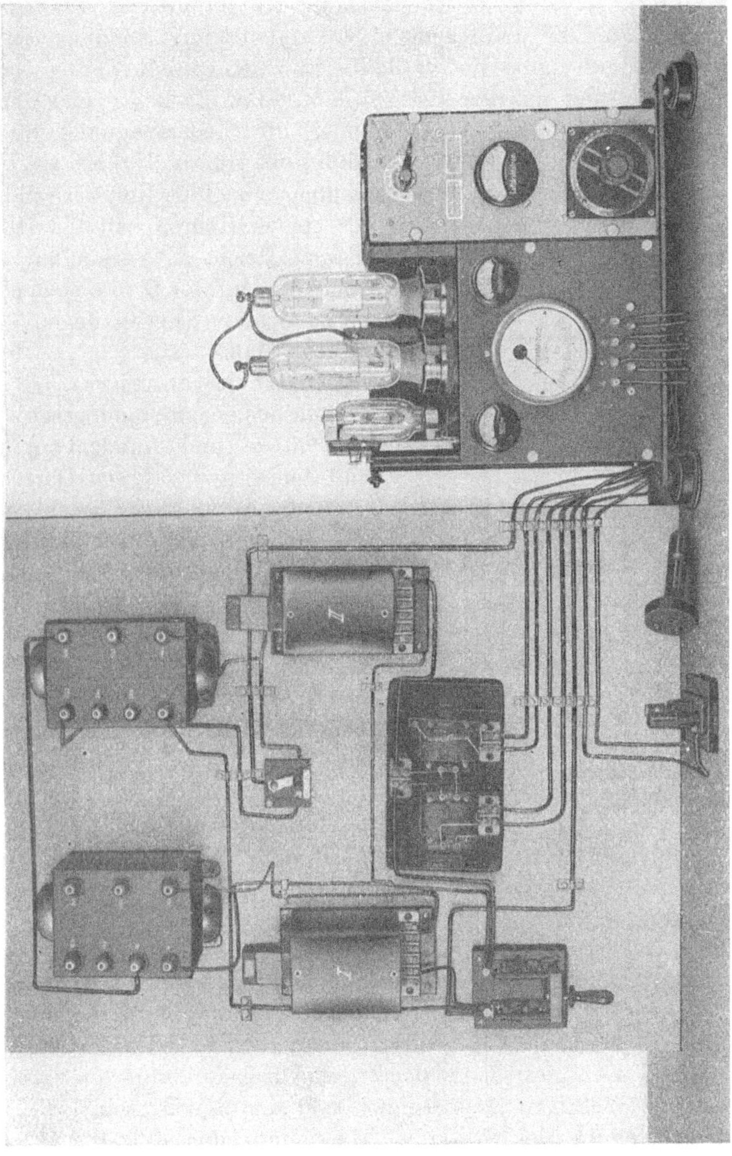

Abb. 325. Röhrensender mit Gleichrichter. (Gesellschaft für drahtlose Telegraphie, Berlin.) Leistung 2 × 75 Watt. Größe des Röhrenkastens: 550 × 265 × 590 mm.

formator T_v, angeschlossen. Er besitzt sechs Anschlußklemmen zur sprungweisen Änderung der Spannung um je 100 Volt zwischen 0 und

600 Volt. Seine Klemme 0 ist mit der Maschine, die Klemme 600 mit der Klemme 50 von T_a verbunden. Das eine Ende der Primärwicklung von T_A ist zur Klemme 0 von T_v, das andere Ende über die Gebetaste T nach dem Leistungsschalter U_N geführt, der zwei Kontakte besitzt, die mit den Klemmen 300 und 400 in Verbindung stehen, wodurch U_N auf halbe und volle Leistung eingestellt werden kann. Das Geben erfolgt mit der Taste T, d. h. durch Schließen und Öffnen des Primärkreises von T_A. T_A wandelt die Niederspannung (80 bis 120 Volt) in Hochspannung (2×1300 Volt) um und führt sie dem Gleichrichter zu, der sie in Gleichspannung von 1600 Volt verwandelt. Die Drossel D_a vor den Anoden der beiden Röhren hält die Hochfrequenzströme vom Röhrenkreis ab und gleicht in Verbindung mit dem Kondensator C_a die noch etwa vorhandenen Schwankungen der Gleichspannung aus.

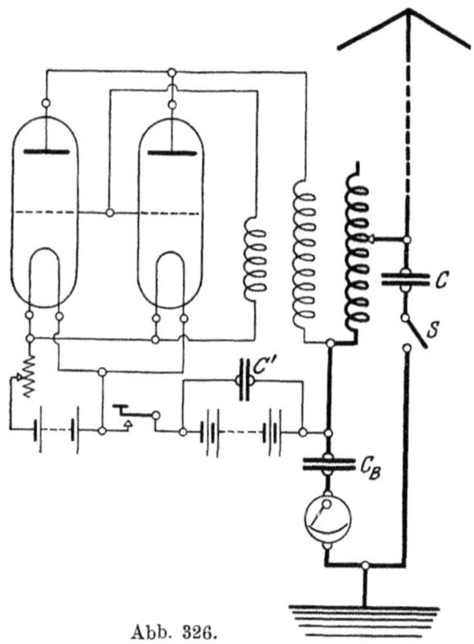

Abb. 326.

2. Hochfrequenzkreis. Er besteht aus dem Kopplungskreis für die Gitter- und Anodenkopplung und dem Antennenkreis. Der Gitterkreis der Röhren ist mit dem Hochfrequenzkreis durch die beiden nebeneinander geschalteten Kondensatoren C_G und C'_G kapazitiv gekoppelt, von denen C_G eine feste Kapazität besitzt, während C'_G als Drehkondensator eine stetige Änderung der Kopplung ermöglicht. Die Drossel D_G soll die Gittergleichspannungen abführen.

Zur Anodenkopplung dient eine in zehn Stufen veränderbare Selbstinduktion. Der Blockkondensator C_b hält die Anodengleichspannung von den Hochfrequenzkreisen ab.

Im Luftleiter liegen in Reihe geschaltet eine sprungweise und eine stetig veränderliche Selbstinduktion, mit denen der Drehkondensator C_v zur Verkürzung hintereinander geschaltet werden kann.

Abb. 325 zeigt die Außenansicht dieses Senders. Das Schaltbrett links trägt den Ausgleichs- und den Zwischentransformator (oben rechts) nebst den zugehörigen Drosselspulen und die Heizdrosseln I und II.

β) Einstellung des Senders. Einstellung des Heizstromes i_H. Sie vollzieht sich in folgenden Stufen:

1. Eisenkern der Ausgleichsdrossel D_a und der Heizdrossel D_H auf halbe Länge herausziehen.

2. Leistungsschalter U_N auf halbe Leistung.
3. Heizstrom i_H durch Verschieben der Kerne auf vorgeschriebenen Wert bringen.
4. Eisenkern der Ausgleichsdrossel D_a herausziehen bzw. einschieben, wenn i_H beim Drücken der Taste T steigt bzw. fällt.

Abb. 327. Röhrensender und Empfänger für Flugzeuge mit eingebautem Dreiröhrenverstärker (Gesellschaft für drahtlose Telegraphie). Leistung 20 Watt, Wellenbereich 300 ÷ 750 m. Größe: 400 × 125 × 330 m.

5. U_N auf volle Leistung stellen. Nachprüfung der Einstellung 4 und Nacheinstellung bei voller Leistung.
6. Kerne der Drosseln festklemmen.

Da das Gleichbleiben von i_H nur für volle Leistung von Wichtigkeit ist, ist eine Nachstellung der Kerne nicht mehr erforderlich, wenn nach der Einstellung 5 beim Senden mit halber Leistung i_H sich wieder ändern sollte.

Mit der Einstellung von i_H erhält gleichzeitig auch i'_H den richtigen Wert.

Abb. 328. Röhrensender und Empfänger für Telegraphie und Telephonie (C. Lorenz A.-G., Berlin-Tempelhof). Leistung 10 Watt, $C_A = 300 \div 1000$ cm, $\lambda = 300 \div 2000$ m. Größe: $340 \times 470 \times 250$ m.

γ) **Welleneinstellung.** Hierbei wird:

1. die verlangte Welle mit den Abstimmitteln in der Antenne eingestellt und mit Summer nachgeprüft;

2. zu der eingestellten Welle durch gleichzeitige Änderung der Anoden- und Gitterkopplung die günstigste, d. h. die Kopplung gesucht, mit der sich für die eingestellte Welle der größte Antennenstrom ergibt, wobei man mit fester Kopplung beginnt und allmählich zu loser Kopplung übergeht.

Der Drehschalter der Anodenspule darf hierbei nur im stromlosen Zustande, d. h. bei losgelassener Gebetaste verstellt werden.

Lange Wellen erfordern eine festere Kopplung als kurze. Starke Änderungen der Luftdraht-, Anoden- und Gitterkopplung beim Betrieb mit voller Leistung sind zu vermeiden. Sie führen infolge des starken Anwachsens der Anodenspannung zur Erhitzung der Anoden bis zur Weißglut, der die Zerstörung der Röhren bald folgt.

δ) **Zum „tönenden Senden"** legt man die Sekundärwicklung von T_A unter Weglassung des Gleichrichters unmittelbar zwischen Anode und Kathode der ersten Röhre. Hierbei erhält man jedoch nur die halbe Leistung, wie bei der vorigen Anordnung.

Abb. 329. Röhrensender (C. Lorenz A.-G., Berlin-Tempelhof). Leistung 10 Watt, $C_A = 360 \div 1900$ cm, $\lambda = 150 \div 2000$ m. Größe: 400×225 mm.

Die etwas einfachere Schaltung Abb. 326 wird für Flugzeugsender benutzt. Die Kondensatoren haben die Kapazitäten

$$C = 450 \text{ cm}, \qquad C_B = 27000 \text{ cm}, \qquad C' = 2700 \text{ cm}.$$

Die Abb. 327 bis 329 zeigen Anordnungen für kleinere Leistungen. In das Gerät Abb. 327 sind eingebaut eine 20-Watt-Senderröhre, ein Dreiröhrenverstärker mit vier Röhren, von denen eine als Wellenanzeiger dient und zwei Röhren für den Überlagerer.

Das Gerät Abb. 328 ist ausgerüstet mit einer Einrichtung für drahtlose Telephonie. Der in der Mitte sichtbare Drehschalter ermöglicht folgende Einstellungen:

1. Primär-(Such-)Empfang über den ganzen Wellenbereich,
2. Zwischenkreis-Empfang „ „ „ „
3. Senden (Telegraphie),
4. Senden (Telephonie),
5. Summerabstimmung des Antennenkreises,

wobei die einmal eingestellte Wellenlänge selbsttätig bei allen Stellungen des Schalters erhalten bleibt, beim Überlagerungsempfang jedoch die Abstimmung des Überlagerers besonders vorzunehmen ist. Die Summereinstellung hat den Vorzug, daß bei ihr die Antenne nicht strahlt, fremde Empfänger daher nicht aufmerksam gemacht und nicht gestört werden. Ferner ist nach einmaliger Abstimmung der Antenne für alle Schaltungen abgestimmt und für keine eine Änderung der Abstimmmittel mehr nötig.

2. Untersuchung von Kathodenstrahlenröhren.

Die vollständige Untersuchung einer Röhre zerfällt in zwei Gruppen von Messungen.

Die erste Gruppe liefert die Bestimmungsstücke und die Kennlinien. Die erforderlichen Messungen werden mit Gleichspannungen ausgeführt.

Die zweite Gruppe erstreckt sich auf die Untersuchung der Röhre als Schwingungserzeuger.

a) Ermittlung der Bestimmungsstücke und der Kennlinien einer Röhre mittels Gleichspannungen.

Maßgebend für den Betrieb einer Röhre, gleichgültig ob sie als Senderröhre, als Wellenanzeiger oder als Verstärkerröhre dienen soll, sind die in nebenstehender Tafel zusammengestellten Größen, in die außer der Größenordnung auch die Gleichungen für die einzelnen Bestimmungsstücke aufgenommen sind, während die Bedeutung derselben bei den einzelnen Messungen erläutert wird.

α) **Heizstrom i_H.** Von der richtigen Einstellung und Einhaltung des Heizstromes ist nicht nur die Lebensdauer der Röhre, sondern auch der Verlauf ihrer Kennlinien, auf dem die Wirkungsweise der Röhre beruht, von großer Bedeutung, da, wie die Richardsonsche Gleichung 4, S. 44 zeigt, der Sättigungsstrom i_S mit dem Exponentialglied außerordentlich rasch wächst. Da i_S im Betriebe möglichst groß sein soll, muß einmal die Kennlinie möglichst steil ansteigen und ferner i_H groß sein. Dadurch aber ergibt sich eine starke Abhängigkeit zwischen i_S und i_H. Schon eine Änderung von i_H um 3% verursacht eine Änderung von i_S um 40%.

Ist i_H für die Röhre nicht gegeben, so muß es experimentell bestimmt werden, und zwar am besten durch Ermittlung der Heizleistung in Abhängigkeit von i_S, d. h. der Kurve $i_S = f(N_H)$. Die Messung erfordert mithin die Kenntnis des Sättigungsstromes, der für Verstärkerröhren mit 10^{-3} Amp., für Senderröhren mit bis zu $8 \cdot 10^{-3}$ Amp. für 1 Watt Heizleistung angesetzt werden kann.

Liegen mehrere Röhren gleicher Bauart mit vorgeschriebenem Heizstrom i_H vor, so läßt sich eine sehr genaue Festlegung von i_H vornehmen, wenn man zu dem für die einzelnen Röhren angegebenen i_H die Elektronenströme i_e bestimmt und aus ihnen das Mittel nimmt. Dieser Mittelwert oder besser noch die ihm entsprechende Heizspannung e_H wird dann bei allen Untersuchungen an der Röhre zugrunde gelegt und auch zur Einstellung des Heizstromes benutzt.

Bestimmungsstück	Gleichungen	Größenordnung
Heizstrom i_H		für Senderröhren $i_H = 1$ bis 5 Amp. für Empfängerröhren $i_H = 0{,}55$ Amp.
Sättigungsstrom i_S . .		für 500 Watt Sendorröhron $i_S = 0{,}25 \cdot 10^{-3}$ Amp. für Empfängerröhren $i_S = 0{,}2 \cdot 10^{-4}$ Amp.
Durchgriff D	$D = \frac{\Delta e_G}{\Delta e_A}$ für $i_A + i_G = i_e = \text{const.}$ $D = \frac{1}{R_A \cdot S}$	für Senderröhren $D = 0{,}005$ bis $0{,}02$ für Empfängerröhren $D = 0{,}05$ bis $0{,}1$
Steilheit S	$S = \frac{\Delta i_e}{\Delta e_G}$ für $e_A = \text{const.}$	$S = 10^{-4} \frac{1}{\text{Ohm}}$
Innere Widerstände:		
a) Zwischen Anode u. Kathode $= R_A$.	$R_A = \frac{\Delta e_A}{\Delta i_e}$ für $e_G = \text{const.}$ $R_A = \frac{1}{D \cdot S}$	für Verstärkerröhren $R_A = 10^5$ Ohm und
b) Zwischen Gitter u. Kathode $= R_G$ . .	$R_G = \frac{\Delta e_G}{\Delta i_G}$	$R_G = 10^7$ Ohm
Güte des Vakuums . .	$G_v = \frac{i_{jA}}{i_G}$ oder $G_v = \frac{i_{jG}}{i_A}$	$G_v < 3 \cdot 10^{-4}$

Die Gleichung

$$D \cdot R_A \cdot S = 1 \tag{221}$$

kann zur Nachprüfung der Versuchsergebnisse dienen.

Bei der Messung des Heizstromes ist insbesondere noch zu beachten, daß seine eindeutige Festlegung auch noch eine Angabe darüber erfordert, ob i_H gemessen wurde, während der Elektronenstrom fließt oder unterbrochen ist, und ferner an welcher Stelle das Meßgerät eingeschaltet war, da sich der Elektronenstrom über den von der Heizstromquelle gelieferten Strom lagert, wodurch sich, je nach dessen Richtung und der Schaltung des Strommessers, die Angabe des letzteren beim Ein- und Ausschalten des Elektronenstromes ändert.

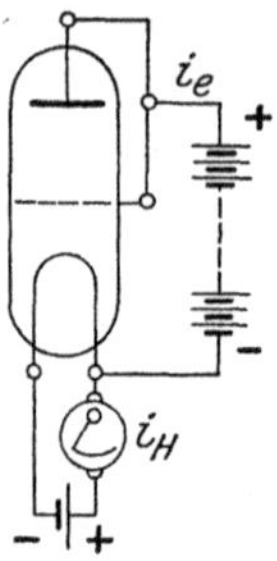

Abb. 330.

Die vier Möglichkeiten erläutern die zwei Abbildungen 330 und 331. Wird in den durch sie dargestellten Schaltungen der Elektronenstrom unterbrochen, so sinkt die Angabe des Strommessers, während sie beim Ausschalten des Elektronenstromes steigt, wenn man in den Abbildungen die Richtung des Heizstromes umkehrt, wie sich an Hand der Stromverzweigungen rechnerisch zeigen läßt.

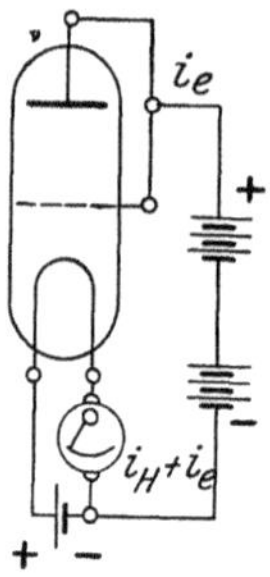

Abb. 331.

β) Sättigungsstrom i_S und Sättigungsspannung e_S. Unter Sättigungsstrom i_S versteht man im Gegensatz zum Raumladestrom denjenigen von der Kathode ausgehenden Elektronenstrom, der entsteht, wenn die Anodenspannung so hoch ist, daß die Anode die in jedem Augenblick freiwerdenden Elektronen wegzuführen vermag, während bei kleineren Spannungen der Raumladestrom fließt. i_S ist für eine bestimmte Röhre nur abhängig von der Temperatur und kann nach Gleichung (4) berechnet werden, der Raumladestrom dagegen ändert sich mit der Anodenspannung.

i_S wird gefunden, und zwar für die normale Anodenspannung, indem man Gitter und Anode verbindet und den Strommesser, dessen Meßbereich mit Hilfe der oben für i_S angegebenen Werte festgestellt werden kann, so schaltet, daß er $i_A + i_G$ mißt, worauf i_H so lange verändert wird, bis $i_A + i_G$ einen Höchstwert erreicht hat.

Mit der Ermittlung von i_S vereinigt man die Bestimmung der Sättigungsspannung e_S, d. h. der kleinsten Spannung, bei der i_S sich einstellen läßt. Da die Kurve $i_e = f(e_A)$ nur langsam dem Grenzwerte zustrebt, wählt man als Sättigungsspannung diejenige, für die

$$i_A + i_G \sim 0{,}9 \cdot i_S .$$

Für die so ermittelten Werte von i_S und e_S ergibt sich der Sättigungsstrom i_{S_1} für 1 Watt Heizleistung zu:

$$i_{S_1} = \frac{i_S}{e_H \cdot i_H} .$$

Ein Beispiel für diese Messungen an einer 75-Watt-Senderröhre liefert Abb. 332. Aus ihr folgt:

$$i_S = 200 \cdot 10^{-3}\ \text{Amp.},\quad \frac{i_S}{e_H \cdot i_H} = \frac{0{,}2}{10{,}5 \cdot 4{,}05} = 4{,}73 \cdot 10^{-3}\ \text{Amp.}$$

$$\text{und für}\quad 0{,}9 \cdot i_S = 180 \cdot 10^{-3}\ \text{Amp.},\quad e_S = 144\ \text{Volt.}$$

γ) **Die Aufnahme der Kennlinien,** die bereits S. 47 zusammengestellt sind, erfolgt mittels der Schaltung Abb. 42.

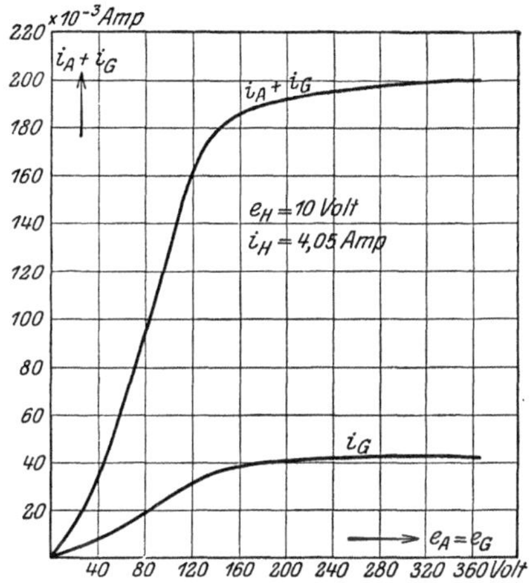

Abb. 332.

Das Verhalten einer Röhre kann abgelesen werden aus den Kennlinien:

$i_A = f(e_G)$ für $i_H = \text{const.}$, $e_A = \text{const.}$;

$i_A = f(e_A)$ für $i_H = \text{const.}$, $e_G = \text{const.}$;

$i_G = f(e_G)$ für $i_H = \text{const.}$, $e_A = \text{const.}$

Mit den Ablesungen beginnt man erst, nachdem die Röhre einige Zeit eingeschaltet war und sich hinreichend erwärmt hat. Die Strommesser sind durch einen Kurzschluß zu sichern, der nur bei den Einstellungen und Ablesungen geöffnet wird.

δ) **Messung des Durchgriffs D, der Steilheit S und der inneren Widerstände R_A und R_G.** Zur Ermittlung dieser Bestimmungsstücke gibt es zwei Wege:

1. Sollen die Werte nur für einen einzelnen, durch i_H, e_A, e_G festgelegten Punkt, einen Arbeitspunkt P, ermittelt werden, der für das Arbeiten der Röhre maßgebend ist, so genügt zur Bestimmung einer derselben die unmittelbare Messung von zwei Größen für je zwei Punkte in der Nähe von P.

2. Will man dagegen die Werte für eine Reihe von Punkten erhalten, so ist eine ganze Schar von Kennlinien $i_A + i_G = f(e_G)$ bei gleichbleibender Heizstromstärke und verschiedenen Anodenspannungen e_A', e_A'', e_A''' ... heranzuziehen.

Das erste Verfahren ist das genauere, das zweite hat den Vorzug, daß sich mit ihm rascher die Abhängigkeit der einzelnen Größen von der Lage beliebig gewählter Arbeitspunkte feststellen läßt.

Die Messungen erfordern die Bestimmung des Gesamtstromes $i_A + i_G = i_e$. Sie vereinfachen sich, wenn, wie bei Verstärkerröhren mit negativem Gitterpotential, $i_G = 0$ ist und infolgedessen an Stelle von i_e nur i_A gemessen werden muß (vgl. Beispiel S. 394).

1. Punktweise Messung von D, S, R_A und R_G.

a) Bestimmung des Durchgriffs (Abb. 333). Die Bedeutung von D ist bereits S. 48 erläutert. Um D zu finden, mißt man:

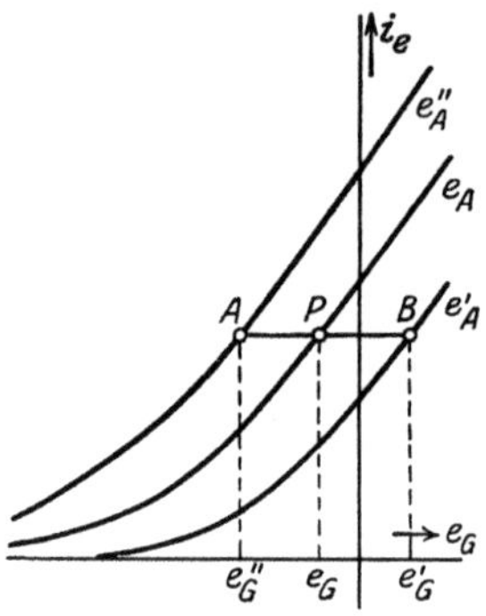

Abb. 333.

1. für den Arbeitspunkt P, d. h. für die Betriebswerte e_A und e_G den Strom $i_A + i_G = i_e$;
2. für zwei Spannungen $e_G' = e_G + \Delta e_G$ und $e_G'' = e_G - \Delta e_G$ (Punkt A und B) die Anodenspannungen e_A' und e_A'', die erforderlich sind, um den ursprünglichen Gesamtstrom $i_A + i_G$ zu erhalten.

Dann ist:

$$D = \frac{e_G' - e_G''}{e_A'' - e_A'}.$$

Ein anderes, von Hauser angegebenes, bewährtes Verfahren zur Bestimmung von D ist folgendes:

Die Anodengleichspannung wird sprungweise auf die Werte e_A, e_A', e_A'' ... gebracht und zu jedem dieser Werte die Gittergleichspannung e_G, e_G', e_G'' so eingestellt, daß immer der nämliche Elektronenstrom $i_A + i_G$ entsteht. Trägt man zusammengehörige Werte von e_A und e_G als Ordinaten auf, so ergibt sich, solange man im geraden Teil der Kennlinie $i_A + i_G = f(e_G)$ verbleibt, als Kurve

$$e_A = f(e_G)$$

eine Gerade und als Durchgriff die Tangente ihres Neigungswinkels gegen die Ordinatenachse.

Wiederholt man die Messung mit verschiedenen Elektronenströmen, so erhält man eine Schar paralleler Geraden. Bei sehr kleinen Werten von e_G biegen die Geraden nach der Abszissenachse ab, d. h. D ist in diesen Bereichen keine gleichbleibende Größe mehr, sondern wächst mit abnehmendem e_A, besonders bei sehr groben Gittern und Gittern, die den Anodenraum nicht abschließen, eine Erscheinung, die darauf zurückzuführen ist, daß die elektrischen Kraftlinien auch um das Gitter herumgreifen.

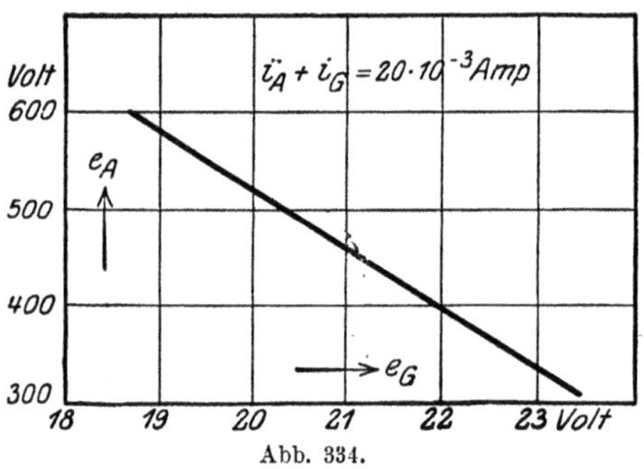

Abb. 334.

Beispiel. Abb. 334 zeigt die für eine 75-Watt-Senderöhre gefundene Gerade. Man erhält D unmittelbar in $^0/_0$, wenn man die Änderung von e_G abliest, die einer Änderung von e_A um 100 Volt entspricht.

Für die Röhre wird $D = 1{,}66\,^0/_0$.

b) Bestimmung der Steilheit S (Abb. 335). S ist für einen bestimmten Punkt der Kennlinie $i_e = f(e_G)$ dargestellt durch die Tangente des Neigungswinkels der Tangente in diesem Punkt.

Für Senderröhren ist der Bereich größter Steilheit von Wichtigkeit, da die Steilheit das Einsetzen der Schwingungen begünstigt.

Für Verstärkerröhren hat die größte Steilheit eine untergeordnete Bedeutung, da bei ihnen der Arbeitspunkt immer in den Bereich von $e_G = -1$ Volt verlegt wird, um den Gitterstrom zum Verschwinden zu bringen, weshalb der Wert von S für diesen Punkt der wichtigste ist.

Zur Ermittlung von S wird gemessen bei gleichbleibender Anodenspannung e_A:

1. für $e'_G = e_G + \Delta e_G$ der Gesamtstrom i'_e (Punkt A),
2. für $e''_G = e_G - \Delta e_G$ der Gesamtstrom i'' (Punkt B),

woraus

$$S = \frac{i'_e - i''_e}{e'_G - e''_G}.$$

S ist abhängig von der Lage des Arbeitspunktes.

Wiederholt man die Messung für verschiedene Arbeitspunkte, so gewinnt man die Kurve

$S = f(e_G)$ für $e_A = \text{const.}$

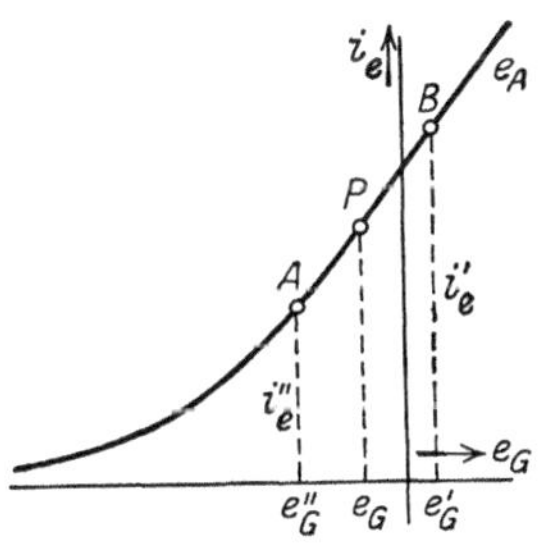

Abb. 335.

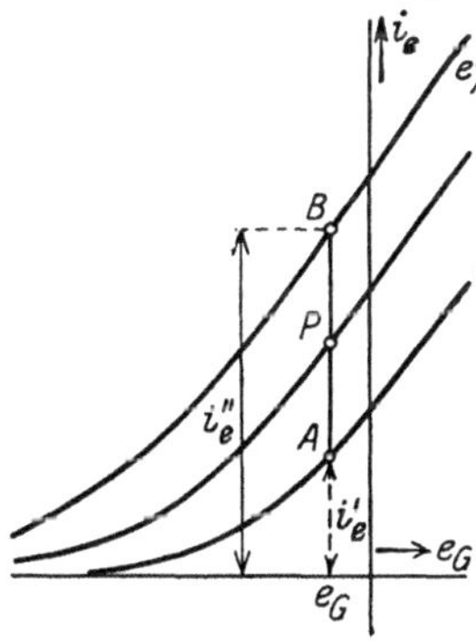

Abb. 336.

c) Bestimmung des inneren Röhrenwiderstandes R_A (Abb. 336). Bei gleichbleibender Gitterspannung e_G wird gemessen:

1. für $e'_A = e_A - \Delta e_A$ der Elektronenstrom i'_e,
2. für $e''_A = e_A + \Delta e_A$ der Elektronenstrom i''_e.

Hieraus folgt:

$$R_A = \frac{e''_A - e'_A}{i''_e - i'_e}.$$

Auch der innere Widerstand ändert sich mit der Lage des Arbeits-Punktes P. Er wird um so größer, in je flacher verlaufende Teile der Kennlinie $i_e = f(e_G)$ man P verlegt. Die Abhängigkeit kann dargestellt werden durch die Kurve

$$R_A = f(e_G).$$

d) Bestimmung des inneren Röhrenwiderstandes R_G. Man mißt bei gleichbleibender Anodenspannung e_A:

1) für e'_G den Gitterstrom i'_G,

2) für e''_G den Gitterstrom i''_G.

Dann ist:

$$R_G = \frac{e''_G - e'_G}{i''_G - i'_G}.$$

Ein Beispiel für die Bestimmung von R_G findet sich S. 398. Zur Erläuterung der Messungen unter a) bis c) diene das folgende

Beispiel. Die Messungen beziehen sich auf einen durch die Werte

$$i_H = 0{,}55 \text{ Amp.}, \quad e_A = 90 \text{ Volt}, \quad e_G = -0{,}8 \text{ Volt}$$

festgelegten Arbeitspunkt einer Verstärkerröhre.

a) Durchgriff. Gemessen war:

$$e'_A = 60, \quad e'_G = +1{,}2, \quad e''_A = 120, \quad e''_G = -2{,}6.$$

Hieraus:

$$D = \frac{3{,}8}{60} = 0{,}0633 = 6{,}3\,\%.$$

b) Steilheit. Aus den gemessenen Werten

$$e'_G = +1{,}0, \quad i'_A = 0{,}533 \cdot 10^{-3}, \quad e''_G = 0{,}6, \quad i''_A = 0{,}513 \cdot 10^{-3}$$

folgt:

$$S = \frac{0{,}2 \cdot 10^{-3}}{1{,}6} = 1{,}25 \cdot 10^{-4}.$$

c) Innerer Widerstand R_A. Die Werte

$$e'_A = 85, \quad i'_A = 0{,}496 \cdot 10^{-3}, \quad e''_A = 95, \quad i''_A = 0{,}578 \cdot 10^{-3}$$

liefern:

$$R_A = \frac{10}{0{,}082 \cdot 10^{-3}} = 1{,}22 \cdot 10^{-5}.$$

d) Sättigungsstrom und Heizleistung. Für die Werte

$$e_A = 90, \quad e_H = 2{,}93, \quad i_H = 0{,}55$$

wurde gemessen:

$$i_G + i_A = i_S = 2{,}2 \cdot 10^{-3}.$$

Mithin wird:

$$\frac{i_S}{e_H \cdot i_H} = \frac{2{,}2 \cdot 10^{-3}}{2{,}93 \cdot 0{,}55} = 1{,}38 \cdot 10^{-3} \text{ Amp. für 1 Watt Heizleistung.}$$

e) Güte der Röhre (S. 445). Sie berechnet sich aus den Werten von R_A und S zu:

$$G_R = R_A \cdot S^2 = 1{,}22 \cdot 10^5 \cdot 1{,}25^2 \cdot 10^{-8} = 1{,}91 \cdot 10^{-3}.$$

2. Messung von D, S, R_A und R_G mit Hilfe einer Kennlinienschar.

Hat man bei gleichbleibendem Heizstrom die Schar von Kennlinien $i_A + i_G = f(e_G)$ für verschiedene Anodenspannungen e_A, e'_A ... oder wenigstens zwei dieser Kurven aufgenommen, so erhält man für einen beliebig gewählten Arbeitspunkt P (Abb. 337) mit der Anodenspannung e_A und der Gitterspannung e_G die Größen D, S und R_A, indem man durch P eine Wagerechte legt, die eine zweite Kennlinie für die Anodenspannung e'_A in A schneidet und durch A eine Senkrechte, die die erste Kennlinie in B schneidet.

Alsdann ist:

$$D = \frac{AP}{e_A - e'_A}, \qquad S = \frac{AB}{AP}, \qquad R_A = \frac{e_A - e'_A}{AB}.$$

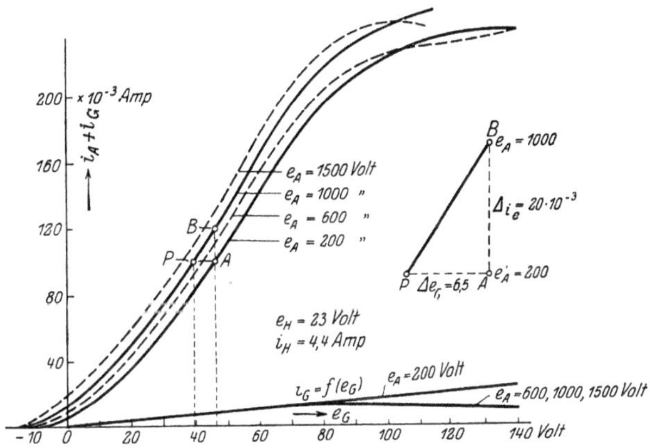

Abb. 337.

Beispiel: Abb. 337 stellt die Schar von vier Kennlinien einer Senderröhre für 500 Watt Hochfrequenzleistung dar. Trotz des großen Unterschiedes der gewählten Grenzwerte von 200 und 1500 Volt für die Anodenspannungen liegen infolge des kleinen Durchgriffs der Röhre die einzelnen Kurven nahe beieinander. Zur Ermittlung der Bestimmungsstücke der Röhre für den Arbeitspunkt P ist deshalb der in Frage kommende Teil noch einmal in vergrößertem Maßstab herausgezeichnet. Aus ihm entnimmt man für den durch

$$e_A = 1000 \text{ Volt}, \qquad e_G = +39{,}5 \text{ Volt}$$

gekennzeichneten Arbeitspunkt P:

$$D = \frac{6{,}5}{800} = 0{,}0081 = 0{,}81\,\%, \qquad S = \frac{20 \cdot 10^{-3}}{6{,}5} = 3{,}1 \cdot 10^{-3},$$

$$R_A = \frac{800}{20 \cdot 10^{-3}} = 4 \cdot 10^4.$$

ε) Bestimmung des Widerstandes R_A mit der Wechselstrombrücke.

R_A kann nach Schaltung Abb. 338 auch unmittelbar mit der Wechselstrombrücke gemessen werden, und zwar für beliebig gelegene

Arbeitspunkte, die man durch passende Wahl der Spannungen e_A und e_G einstellt. Die Wechselspannung der Stromquelle für die Brücke muß jedoch so klein gehalten werden, daß man im geraden Teil der Kennlinie verbleibt. Ist der Durchgriff D bekannt, so liefert die Messung auch die Steilheit $S = \frac{1}{D \cdot R_A}$.

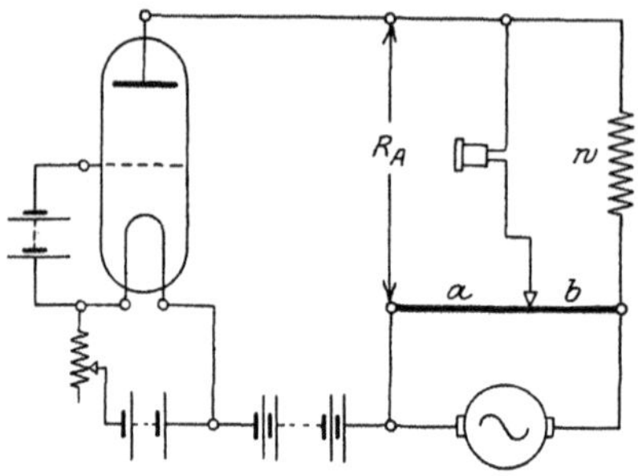

Abb. 338.

ζ) Prüfung des Vakuums. 1. Grundlagen. Die folgenden Verfahren zur Prüfung der Gasfreiheit von Kathodenröhren beruhen auf der Erscheinung, daß die Gasmoleküle durch Elektronenstoß zertrümmert und dadurch in Elektronen und positiv geladene Ionen gespalten werden. Letztere wandern nach der negativsten Stelle. Zu dem anfangs allein vorhandenen Elektronenstrom i_e gesellt sich ein Ionenstrom i_j, der in entgegengesetzter Richtung fließt wie i_e. Der gesamte Anodenstrom wird daher:

$$i_A = i_e - i_j.$$

Der Ursprung der Gasmoleküle ist entweder zurückzuführen auf ungenügendes Auspumpen oder darauf, daß durch Elektronenstoß Gitter oder Anode über die Temperatur beim Auspumpen erhitzt und die in den Elektroden noch verbliebenen Gasreste ausgetrieben werden. Man beobachtet diese Erscheinung hauptsächlich bei Elektrodenstoffen mit tieferem Schmelzpunkt (Kupfer, Eisen), seltener bei Tantalelektroden, die wegen ihres hohen Schmelzpunktes von 2800^0 C schon beim Auspumpen der Röhre stärker erhitzt werden können. Auch aus Wolfram gestrickte Anoden zeigen diese Erscheinung in geringerem Maß wegen ihrer kleineren Metallmasse und ihrer größeren Abkühlungsfläche. Dazu kommt, daß aus ihnen ausgetriebene Gasreste von den zerstäubten Fadenteilchen aufgenommen, mit diesen durch die Maschen der Elektroden geführt und an den Glaswandungen niedergeschlagen werden.

Weiter können auch aus dem Glühfaden und den Zuführungs-Leitungen Gasreste entweichen.

Der Ionenstrom ist proportional der Stoßzahl der Elektronen, d. h. proportional.

1. der Zahl der Gasmoleküle, d. h. dem Gasdruck p;
2. der Zahl der Elektronen, d. h. dem Elektronenstrom;
3. dem Ionisationsraum, d. h. dem Abstand d zwischen der negativen und positiven Elektrode.

a) Bringt man die Anode auf negatives, das Gitter auf positives Potential, so geht ein Teil der Ionen zum Glühfaden, der größte Teil aber zur Anode und es wird, wenn d_{AK} den Abstand zwischen Anode und Faden bedeutet, der zur Anode gehende Ionenstrom i_{jA}:

$$i_{jA} = c' \cdot d_{AK} \cdot p \cdot i_G,$$

$$p = \frac{1}{c' \cdot d_{AK}} \cdot \frac{i_{jA}}{i_G}.$$

b) Macht man das Gitter negativ, die Anode positiv, so gehen die Ionen zum Gitter und es wird, wenn d_{AG} den Abstand zwischen Anode und Gitter bedeutet:

$$i_{jG} = c'' \cdot d_{AG} \cdot p \cdot i_A,$$

c' u. c'' sind abhängig von der Beschaffenheit der Elektroden.

Auf die soeben erläuterten Gesichtspunkte baut sich ein gleichzeitig von Möller und der Gesellschaft für drahtlose Telegraphie angegebenes Verfahren zur Messung der Güte des Vakuums auf, das von Möller auf die Ermittlung der Gasfreiheit der Elektroden und ihrer Zuführungsleitungen ausgedehnt wurde.

2. Bestimmung der Güte des Vakuums. a) Die Messung wird mit der Schaltung Abb. 339 ausgeführt. Zwischen Gitter und Heizfaden legt man z. B. bei Verstärkerröhren eine Spannungsquelle von 220 Volt, deren positiver Pol über den Strommesser i_2, der zur Messung des Gitterstromes i_G dient, mit dem Gitter verbunden wird. Eine zweite Spannungsquelle von 10 Volt wird zwischen Heizfaden und Anode angeschlossen und ihr negativer Pol mit der Anode verbunden.

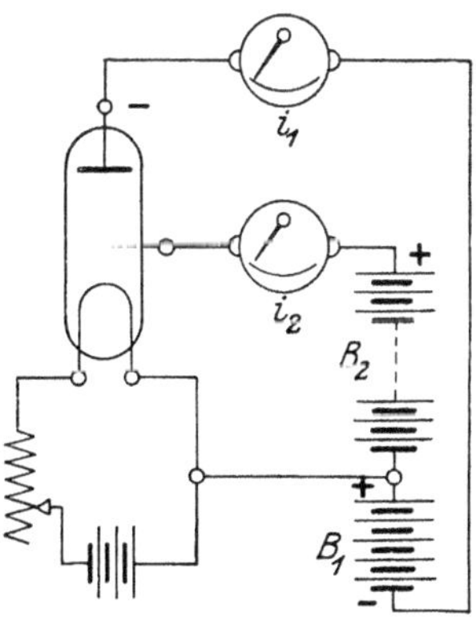

Abb. 339.

Zur Messung des Gitterstromes i_G genügt ein Zeigergerät i_2, während die Bestimmung des Ionenstromes i_{jA} ein Spiegelgalvanometer i_1 erfordert, das Ströme von $1 \cdot 10^{-8}$ Amp. zu messen erlaubt.

Gitter und Kathode müssen bei den Messungen vorzüglich isoliert sein, sonst entstehen Kriechströme, die ein schlechtes Vakuum vortäuschen können.

Als Maß für die Güte des Vakuums und die Gasfreiheit dient bei dieser Anordnung der Quotient:

$$G_v = \frac{i_{jA}}{i_G}. \tag{222}$$

Beistehende Zahlentafel enthält für drei Röhrenformen der Gesellschaft für drahtlose Telegraphie die bei dieser Versuchsanordnung zulässigen Werte von i_G und die Ströme i_{jA} in Ampere.

Röhrenform	$i_{jA} = i_1$	$i_G = i_2$	G_v
Senderröhre	$< 10 \cdot 10^{-7}$	$50 \cdot 10^{-3}$	$0{,}2 \cdot 10^{-4}$
Tellerröhre EVN 171 . . .	$< 1 \cdot 10^{-7}$	$5 \cdot 10^{-3}$	$0{,}2 \cdot 10^{-4}$
Zylinderröhre EVE 173 . .	$< 10 \cdot 10^{-7}$	$5 \cdot 10^{-3}$	$2 \cdot 10^{-4}$

Während des Betriebes verbessert sich das Vakuum mit der Zeit. Aufschluß über diese Änderungen erhält man durch Aufnahme der Kurve

$$G_v = f(t).$$

Beispiel. Abb. 340 enthält die mit der Schaltung Abb. 339 aufgenommenen Ströme i_G und i_A in Abhängigkeit von der Zeit, wobei

$$e_G = 90 \text{ Volt}, \qquad e_A = -6 \text{ Volt}$$

gewählt war.

Kurve I ist an einer neuen Röhre aufgenommen, die vor dem Versuch zwei Stunden im Betrieb war. Sie läßt eine Verbesserung des Vakuums vou $G_v = 2 \cdot 10^{-4}$ auf $G_v = 0{,}75 \cdot 10^{-4}$ innerhalb 32 Minuten erkennen.

Nach Aufnahme der Kurve I wurde der Versuch unterbrochen und nach 5 Minuten Kurve Ia aufgenommen, wobei sich eine weitere Verbesserung des Vakuums ergab.

Kurve Ib ist am folgenden Tag ermittelt. Das Vakuum erreichte dabei schon nach 3 Minuten einen gleichbleibenden Wert, der mit dem zuletzt gewonnenen Wert der Kurve Ia nahezu übereinstimmt.

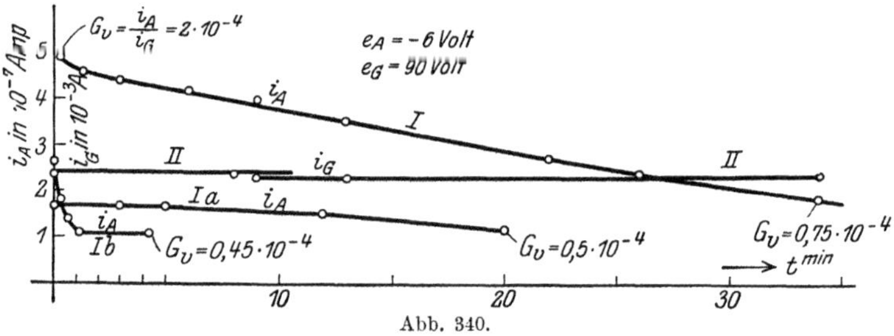

Abb. 340.

b) Bei gleichbleibendem positivem Potential der Anode werden aufgenommen die Kurven: $i_G = f(e_G)$, $i_A = f(e_G)$.

Solange $e_G > -1$ Volt ist $\quad i_G = i'_G - i_{jG}$,

wo i'_G den Elektronenanteil des Gitterstromes i_G darstellt. Für $e_G < -1$ Volt verschwindet i'_G und i_G geht über in den Ionenstrom

$$i_{jG} = G_v \cdot i_A.$$

Diese Gleichung dient zur Berechnung von G_v und in Verbindung mit der Gleichung für i_G zur Trennung des Elektronen- und des Ionenstromes.

Beispiel. In der Abb. 341 sind die Ergebnisse einer solchen Messung an einer Verstärkerröhre niedergelegt. Sie zeigt die Kurven

$$i_A = f(e_G), \qquad i_G = f(e_G), \qquad R_G = f(e_G),$$

für $i_H = 0{,}55$ Amp., $e_A = 90$ Volt. Der Widerstand R_G zwischen Gitter und Kathode soll für das Arbeitsgebiet der Röhre, das für die Röhre in der Verstärkerschaltung (s. S. 450) durch die Werte $e_G = -0{,}8$ Volt, $e_A = 90$ Volt festgelegt ist, $1 \cdot 10^7$ bis $2 \cdot 10^7$ betragen, damit der Transformator durch den Gitterstrom nicht belastet wird, um seine Resononz zu erhalten. Die Messung liefert für den Arbeitspunkt den Wert $R_G = 0{,}5 \cdot 10^7\,\Omega$. Das Vakuum genügt sonach nicht völlig den Anforderungen, was sich auch daraus ergibt, daß die Kurve $i_G = f(e_G)$ schon bei dem Wert $e_G = -0{,}7$ unter die Abszissenachse herabsinkt.

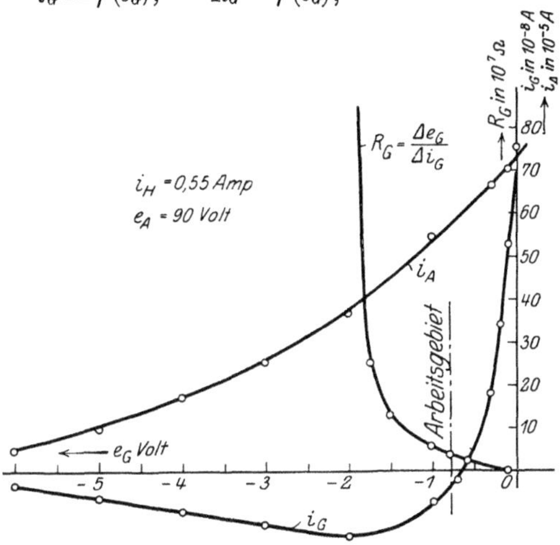

Abb. 341.

3. Prüfung der Elektroden auf Gasfreiheit. Das Verfahren findet Anwendung, wenn die Röhre auf $p < 10^{-6}$ mm Quecksilber ausgepumpt ist, so daß nur die Elektroden noch Gasreste enthalten können. Bei der Prüfung muß die zu untersuchende Elektrode durch Elektronenstoß höher erhitzt werden als beim Auspumpen, damit die in ihr zurückgebliebenen Gasreste entweichen. Zu dem Zweck ist die betreffende Elektrode auf positives Potential zu bringen.

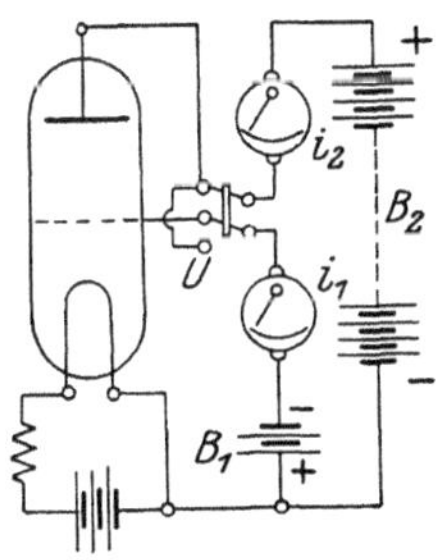

Abb. 342

Um nacheinander Anode und Gitter zu prüfen, dient die Anordnung Abb. 342.

Die Anodenprüfung erfolgt in der in Abb. 342 angegebenen Stellung des Umschalters U. Die Elektronen erhitzen beim Aufprall die Anode, wodurch nach einiger Zeit die Gasreste ausgetrieben und dann beim Zusammenstoß mit neuen Elektronen zertrümmert werden. Bei einem Potential von -4 Volt nimmt das Gitter keine Elektronen mehr auf; der Gitterstrom ist dann ein reiner Ionenstrom. Er wird mit dem Spiegelgalvanometer i_1 ermittelt und liefert ein Maß für die Gasmenge der Anoden.

Zur Gitterprüfung wird U nach unten gelegt, d. h. das Gitter auf positives Potential gebracht. Der Ionenstrom geht jetzt zur Anode und wird ebenfalls mit i_1 gemessen.

Erhält man in beiden Stellungen von U Ausschläge am Galvanometer, so können die Gasreste auch noch von den Zuleitungen herrühren. Ob dies der Fall ist, läßt sich dadurch entscheiden, daß man den Elektronenstrom verkleinert und den Heizstrom erhöht. Das Sinken von $\frac{i_2}{i_1}$ weist alsdann auf Gasreste im Glühfaden, das Ansteigen auf Gas in der Anode oder dem Gitter hin.

Bei allen Messungen soll die durch Elektronenstoß entwickelte Wärmemenge wenigstens gleich sein der beim Betrieb entwickelten.

4. Prüfung auf Gasfreiheit mit Hilfe der statischen Kennlinien nach Möller. Aufgenommen wird die Kennlinie

$$i_A = f(e_G) \quad \text{für} \quad i_H = \text{const.}, \; e_A = \text{const.}$$

und zwar einmal bei wachsendem und darauf bei abnehmendem e_G.

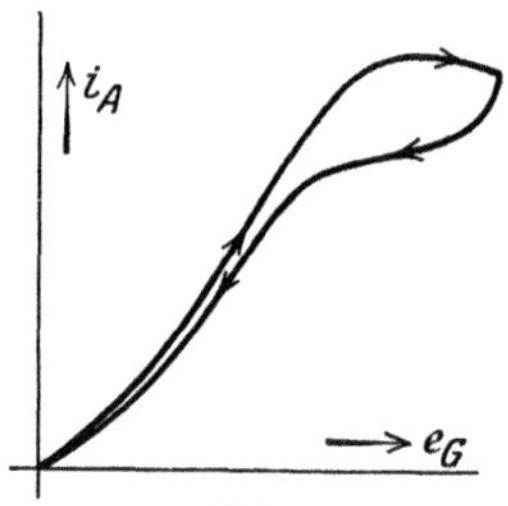

Abb. 343.

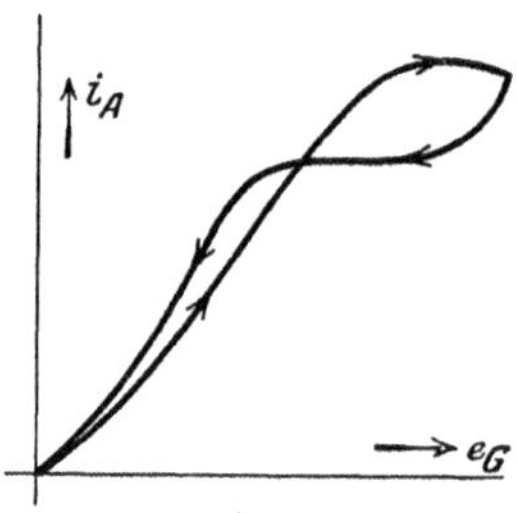

Abb. 344.

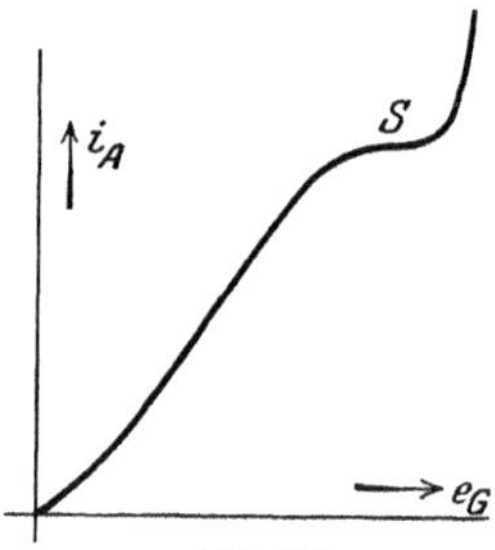

Abb. 345.

Gasfreiheit liegt vor, wenn beide Kurven sich decken. Erhält man eine Art Hysteresisschleife (Abb. 343), so sind geringe Gasreste vorhanden, die den Sättigungsstrom herabdrücken, während die Schleife Abb. 344 bei größeren Gasmengen entsteht, wobei die aus ihnen entwickelten Ionen die Raumladung verringern.

Bei sehr schlechtem Vakuum steigt die Kennlinie (Abb. 345), nachdem der Sättigungspunkt S erreicht ist, mit weiter zunehmendem e_G nochmals sehr steil an. Der Ionenstrom wird so groß, daß die Röhre durchbrennen kann.

Zu diesem Verfahren wird man immer dann greifen, wenn nicht hinreichend hohe Spannungen zur Verfügung stehen, um den Elektronen die erforderliche Geschwindigkeit zur genügenden Erhitzung der Anode zu erteilen, z. B. bei der Prüfung von Senderröhren mit kleinem Durchgriff.

b) Untersuchung einer Röhre als Schwingungserzeuger.

α) Allgemeine Grundlagen.

1. Spannungen und Ströme. Arbeitet eine Röhre als Schwingungserzeuger, so hat man neben den früher genannten Spannungen und

Strömen noch eine Reihe anderer zu unterscheiden, die im folgenden an Hand von Abb. 346 erläutert sind und für die im folgenden dort, wo sie gleichzeitig nebeneinander vorkommen, nachstehende Bezeichnungen benutzt sind. Für

Gleichspannungen und Gleichströme: römische, kleine Buchstaben;

Wechselspannungen und Wechselströme: deutsche Buchstaben und zwar für

Zeitwerte: kleine Buchstaben mit Index t: $\mathfrak{e}_t$, $\mathfrak{i}_t$;

Zeitwerte für Spannungen und Ströme mit überlagerten Gleichstromwerten: $\bar{\mathfrak{e}}_t$, $\bar{\mathfrak{i}}_t$;

Scheitelwerte: große Buchstaben $\mathfrak{E}$, $\mathfrak{J}$;

Wirksame Ströme und Spannungen: $\mathfrak{e}$, $\mathfrak{i}$.

Der Anodenkreis der Röhre besteht aus dem unverzweigten Teil I, der die Röhre, den Strommesser $\bar{\mathfrak{i}}_A$ und die Kopplungsmeßspule S_k enthält. An ihn ist der Verbrauchskreis II mit den Spulen L und L', dem Kondensator mit der Kapazität C, dem Belastungswiderstand w und dem Hochfrequenzstrommesser $\mathfrak{i}_w$ angeschlossen.

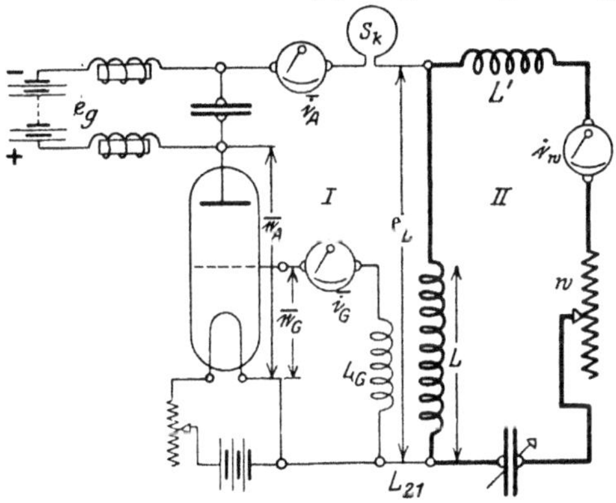

Abb. 346.

Als Betriebsspannung dient die Gleichspannung e_g.

Beim Schließen des äußeren Anodenkreises entstehen in dem starkgezeichneten Schwingungskreis II Eigenschwingungen mit der Periodenzahl

$$\nu \sim \frac{1}{2\pi \cdot \sqrt{C \cdot (L + L')}}.$$

Sie erregen in der Gitterkopplungsspule L_G eine Wechselspannung mit dem Zeitwert $\mathfrak{e}_{Gt}$, die ihrerseits bewirkt, daß der Anodenstrom sich ändert und sowohl die Schwingungsweiten in Kreis II als auch $\mathfrak{e}_{Gt}$ zunächst hinaufpendeln. Dazu ist erforderlich, daß die Änderungen von $\mathfrak{e}_{Gt}$, die Änderungen des unverzweigten Anodenstromes hervorrufen, den Strom in Kreis II nicht hemmen, sondern unterstützen, was der Fall ist, wenn $\mathfrak{e}_{Gt}$ und die Anodenwechselspannung eine Phasenverschiebung von etwa 180^0 haben. Schließlich stellt sich ein Gleichgewichtszustand ein, der dadurch gekennzeichnet ist, daß sowohl im unverzweigten Teil des Anodenkreises als auch im Kreis *II* Wechselströme mit gleichbleibenden Scheitelwerten fließen und der dadurch aufrecht erhalten wird, daß die Gleichstromquelle die in jedem Augenblick verbrauchte Arbeit immer wieder nachliefert.

Im unverzweigten Teil des Anodenkreises lagert sich daher über den Gleichstrom i_{A0}, den sog. *Nullstrom*, ein Wechselstrom mit dem Zeitwert i_{At}. Der Zeitwert $\bar{\mathrm{i}}_{At}$ des gesamten Anodenstromes wird daher:

$$\bar{\mathrm{i}}_{At} = i_{A0} + \mathrm{i}_{At}.$$

Setzen die Schwingungen aus, so geht $\bar{\mathrm{i}}_{At}$ über in den Nullstrom i_{A0}, der, abgesehen von der Heizstromstärke, durch die Betriebsspannung e_g und die Gittergleichspannung e_G festgelegt ist und passend eingestellt werden kann.

Großer Nullstrom oder positive Gittergleichspannung erleichtern das Einsetzen der Schwingungen, erhöhen aber auch die Leistungsverluste in der Röhre.

2. Schwingungsarten. Widerstand des Schwingungskreises II. Wie mit Lichtbogengeneratoren können auch mit Kathodenröhren *Schwingungen erster Art* und *Schwingungen zweiter Art* erzielt werden.

Einen Einblick in diese Verhältnisse verschafft man sich am raschesten, wenn man nach dem S. 52 angedeuteten und S. 409 und 414 ausführlich erläuterten Verfahren die Kurven

$$\bar{\mathrm{i}}_{At} = f(t)$$

des Zeitwertes $\bar{\mathrm{i}}_{At}$ des gesamten Anodenstromes unter verschiedenen Versuchsbedingungen zeichnerisch ermittelt.

Der ungefähre Verlauf dieser Kurven läßt sich aus folgenden Bedingungen finden:

1. Infolge der Gleichrichterwirkung der Röhre wird $\bar{\mathrm{i}}_{At}$ zu Null, sobald die Anode negatives Potential bekommt, d. h. $\bar{\mathrm{i}}_{At}$ kann keine negativen Werte annehmen.
2. $\bar{\mathrm{i}}_{At}$ kann den durch den Heizstrom festgelegten Wert des Sättigungsstromes i_S nicht überschreiten.
3. $\bar{\mathrm{i}}_{At}$ kann nach 1 und 2 nur positive Werte annehmen, die die Grenzen Null und i_S nicht überschreiten, d. h.:

$$0 \leqq \bar{\mathrm{i}}_{At} \leqq i_S.$$

4. $\bar{\mathrm{i}}_{At}$ wird ferner zu Null, wenn, wie die Kennlinien Abb. 347, S. 415 zeigen, die Gitterspannung bestimmte, von der Anodenspannung abhängige, *negative* Werte erreicht.

a) *Schwingungen erster Art*, d. h. Schwingungen, bei denen sich über den Nullstrom i_{A0} ein sinusförmiger Wechselstrom

$\mathfrak{i}_{At} = J_A \cdot \sin \omega t$ lagert, entstehen bei kleinen Scheitelwerten der sinusförmigen Gitterwechselspannung $\mathfrak{e}_{Gt}$, wenn gleichzeitig der Arbeitspunkt der Röhre so eingestellt ist, daß man bei allen Änderungen von $\bar{\mathfrak{i}}_{At}$ in den geradlinigen Teilen der Kennlinienschar $i_A = f(e_G)$ verbleibt.

Experimentell erkennt man diese Schwingungsart an dem Fehlen der Oberwellen und ferner auch daran, daß die Angabe eines im unverzweigten Teil des Anodenkreises liegenden Gleichstrommessers sich beim Aussetzen der Schwingungen nicht ändert.

Infolge der Resonanz des Kreises *II* mit der Grundschwingung entsteht in ihm ein kräftiger sinusförmiger Wechselstrom

$$\mathfrak{i}_{wt} = \mathfrak{J}_w \cdot \sin \omega t\,,$$

während im unverzweigten Teil des Anodenkreises der im allgemeinen viel kleinere Strom

$$\mathfrak{i}_{At} = i_{A0} + \mathfrak{i}_{At} \tag{223}$$

fließt (Stromresonanz).

Zwischen den Endpunkten der Spule L herrscht die Wechselspannung

$$\mathfrak{i}_{Lt} = \omega \cdot L \cdot J_L \cdot \sin \omega t \tag{224}$$

und zwischen Anode und Kathode die sinusförmige Anodenspannung

$$\bar{\mathfrak{e}}_{At} = e_g - \omega \cdot L \cdot \mathfrak{J}_L \cdot \sin \omega t\,. \tag{225}$$

b) Widerstand des Schwingungskreises. Kreis *II* kann unter Vernachlässigung von L' gegen L aufgefaßt werden als Nebeneinanderschaltung der zwei von den Anschlußpunkten des unverzweigten Teiles des äußeren Anodenkreises auslaufenden Wechselstromwiderstände

$$j \cdot \omega \cdot L \quad \text{und} \quad w - \frac{j}{\omega \cdot C}\,,$$

deren Kombinationswiderstand in komplexer Form sich berechnet zu:

$$\mathfrak{R} = \frac{j \cdot \omega \cdot L \cdot \left(w - \dfrac{j}{\omega \cdot C}\right)}{j \cdot \omega \cdot L + w - \dfrac{j}{\omega \cdot C}}\,.$$

Ist w gegen $\dfrac{1}{\omega \cdot C}$ vernachlässigbar, so wird wegen Resonanz des Kreises *II* mit dem in ihm auftretenden Wechselstrom $\mathfrak{i}_{wt}$:

$$j \cdot \omega \cdot L - \frac{j}{\omega \cdot C} = 0$$

und

$$\mathfrak{R} \sim \frac{L}{C \cdot w} \sim \frac{\omega^2 \cdot L^2}{w}\,. \tag{226}$$

Damit ist Kreis II durch einen rein Ohmschen Widerstand $\mathfrak{R}$ ersetzt, der einen nur für die Grundwelle gültigen Resonanzwiderstand darstellt, und $\mathfrak{e}_{Lt}$ läßt sich ausdrücken durch:

$$\mathfrak{e}_{Lt} = \mathfrak{E}_L \cdot \sin \omega t = \mathfrak{J}_{A1} \cdot \mathfrak{R} \cdot \sin \omega t,$$

wo $\mathfrak{J}_{A1}$ den Scheitelwert der Grundschwingung von $\mathfrak{i}_{At}$ bedeutet. Andererseits berechnet sich, sofern $\mathfrak{E}_L$ und $\mathfrak{J}_{A_1}$ bekannt sind, der Widerstand $\mathfrak{R}$ zu:

$$\mathfrak{R} = \frac{\mathfrak{E}_L}{\mathfrak{J}_{A1}}. \tag{226a}$$

Der größte Betrag $\frac{i_S}{2}$, den der Scheitelwert des über i_{A0} gelagerten sinusförmigen Wechselstromes nicht überschreiten darf, sofern noch Schwingungen erster Art entstehen sollen, wird erreicht, wenn $i_{A0} = \frac{i_S}{2}$.

Der Kleinstwert der Anodenspannung $\bar{\mathfrak{e}}_{At}$ darf nach der Bedingung 4 S. 402 nicht unter Null sinken, d. h. $\bar{\mathfrak{e}}_{At}$ kann schwanken zwischen e_g und Null.

Das Entstehen von Schwingungen erster Art ist somit gebunden an die Beziehungen:

$$\mathfrak{J}_{A1} \leqq \frac{i_S}{2}, \qquad e_g - \mathfrak{E}_L = e_g - \mathfrak{J}_{A1} \cdot \mathfrak{R} \geqq 0, \qquad \mathfrak{R} \leqq \frac{2\,e_g}{i_S}. \tag{226b}$$

c) Schwingungen zweiter Art. Nimmt innerhalb einer Periode die Wechselspannung $\mathfrak{e}_{Gt}$ am Gitter längere Zeit große negative Werte an, so wird der Zeitwert $\bar{\mathfrak{i}}_{At}$ des gesamten Anodenstromes zu Null. Andererseits aber verbleibt er längere Zeit auf dem Betrage des Sättigungsstromes, wenn $\mathfrak{e}_{Gt}$ während eines Teiles der Periode große positive Werte besitzt. $\bar{\mathfrak{i}}_{At}$ wird sonach innerhalb der Periode zwischen Null und i_S schwanken. Die Kurve $\bar{\mathfrak{i}}_{At} = f(t)$ setzt sich daher zusammen aus steil ansteigenden, aus geradlinigen, parallel zur Abszissenachse verlaufenden und aus in die Abszissenachse fallenden Stücken (Abb. 348a, S. 416), d. h. $\mathfrak{i}_{At}$ behält dauernd positive Werte und wird längere oder kürzere Zeit zu Null: das Kennzeichen von Schwingungen zweiter Art. Häufig entsteht eine trapezförmige Kurve mit Einbuchtungen (Abb. 348a), die darauf zurückzuführen sind, daß bei kleinen Anodenspannungen der Gitterstrom auf Kosten des Anodenstromes stark zunimmt und infolgedessen die Kennlinien $i_A = f(e_G)$ bei kleinen Anodenspannungen e_A mit zunehmender Gitterspannung wieder zur Abszissenachse abfallen, wie die mit Gleichspannungen aufgenommenen Kennlinien Abb. 347, S. 415 zeigen.

Die so entstehenden Kurven lassen sich zerlegen in eine Grundschwingung und eine Zahl von Oberschwingungen. Über den Nullstrom i_{A0} lagert sich somit auch bei rein sinusförmigem Verlauf der Gitterwechselspannung $\mathfrak{e}_{Gt}$ ein verzerrter Wechselstrom.

Die Länge der Grundwelle, die vom Heizstrom abhängig ist, ist etwas kleiner als der nach der Gleichung

$$\lambda = 2\pi \cdot \sqrt{C \cdot (L + L')}$$

berechnete Wert.

Ein experimentelles Kennzeichen für das Auftreten von Schwingungen zweiter Art liefert neben den Oberschwingungen, die mit einem mit der Spule S_K (Abb. 346) gekoppelten Wellenmesser nachzuweisen sind, die Abnahme des Ausschlags eines im unverzweigten Teil des Anodenkreises liegenden Gleichstromzeigers $\bar{\mathfrak{i}}_A$ beim Aussetzen der Schwingungen.

Der verzerrte Wechselstrom durchfließt nicht nur den unverzweigten Teil des Anodenkreises, sondern auch die Zweige von Kreis *II*. Da dieser jedoch mit der Grundwelle in Resonanz ist, erfährt in Kreis *II* die Grundschwingung gegenüber den Oberschwingungen eine derartige Verstärkung, daß letztere in Kreis *II* gegen die Grundschwingung fast völlig zurücktreten und infolgedessen mit einem unmittelbar mit Kreis *II* gekoppelten Wellenmesser sich meist nicht nachweisen lassen.

Da mithin in Kreis *II* die Oberschwingungen gegen die Grundschwingung vernachlässigbar sind, kann auch bei Schwingungen zweiter Art für die Zeitwerte $\mathfrak{i}_{wt}$ der Ströme in Kreis *II* und somit auch für die Gitterwechselspannung $\mathfrak{e}_{Gt}$ meist rein sinusförmiger Verlauf angenommen und ferner $\mathfrak{e}_{Lt}$ nach Gl. 224 berechnet werden.

Sonach wird für die Grenze zwischen Schwingungen erster Art und Schwingungen zweiter Art der Ersatzwiderstand nach den Gleichungen (226b)

$$\mathfrak{R} = \frac{2\,e_g}{i_S}.$$

Zusammengefaßt sind die Bedingungen, die das Entstehen von Oberschwingungen begünstigen, folgende:

1. Kleiner Heizstrom.
2. Großer Ruhestrom.
3. Negative Gittergleichspannung.
4. Große Gitterwechselspannung, d. h. feste Gitterkopplung.

Oberschwingungen im Verbrauchskreis *II* können gegenüber der Grundschwingung dadurch sehr klein gemacht werden, daß man C groß und L klein wählt.

Ein anderes Mittel, um die Oberwellen zu unterdrücken, ist nach Möller ein Nebenschluß zum Gitterkreis in Form eines sehr hohen Ohmschen Widerstandes.

3. Leistungen, Verluste und Wirkungsgrad. a) Die gesamte, einer Röhre zugeführte Leistung setzt sich zusammen aus der von der Gleichspannungsquelle gelieferten Leistung N_1 und der Heizleistung N_H für den Glühfaden.

Die beiden Werte lassen sich darstellen durch:

$$N_1 = e_g \cdot i_g = e_g \cdot \frac{1}{T} \cdot \int_0^T \mathrm{i}_{At} \cdot dt, \qquad N_H = e_H \cdot i_H. \tag{227}$$

Bei Röhren für kleine Leistungen beträgt N_H bis zu 65% von N_1. Für Röhren mittlerer Leistung, z. B. 250-Wattröhren, ist N_H etwas kleiner und sinkt bei großen Röhren auf 15 bis 20% und selbst auf 10% von N_1.

b) Die gesamte von der Röhre abgegebene Hochfrequenzleistung N_2 und die Nutzleistung N_w berechnen sich zu:

$$N_2 = \frac{1}{T} \cdot \int_0^T \mathrm{e}_{Lt} \cdot \bar{\mathrm{i}}_{At} \cdot dt, \qquad N_w = \mathrm{i}_w^2 \cdot w, \tag{228}$$

während $N_2 - N_w$ die Spulen- und Kondensatorverluste im Anoden- und Gitterkreis darstellt.

c) Die Röhrenverluste bestehen aus den Anodenverlusten und den Gitterverlusteu.

α) Die Anodenverluste N_A entstehen durch den Anprall der Elektronen auf die Anode, die durch hohe positive Anodenspannungen bei ungeschickt gewählten Versuchsbedingungen eine derartige Beschleunigung erfahren können, daß die Anode durch Elektronenstoß weißglühend wird und abschmelzen kann.

Man findet N_A mittels der Gleichung:

$$N_A = \frac{1}{T} \cdot \int_0^T \bar{\mathrm{e}}_{At} \cdot \bar{\mathrm{i}}_{At} \cdot dt. \tag{229}$$

Große Anodenverluste können entstehen, wenn infolge kleinen Spannungsverbrauchs im äußeren Anodenkreis die Anodenspannung stark ansteigt, z. B. bei starker Entlastung des Verbrauchskreises und falscher Anodenkopplung.

Setzen die Schwingungen aus, so wird:

$$\bar{\mathrm{e}}_{At} = e_g, \qquad \bar{\mathrm{i}}_{At} = i_{A0}, \qquad N_{A0} = e_g \cdot i_{A0}. \tag{230}$$

Hoher Nullstrom i_{A0}, der das Einsetzen der Schwingungen begünstigt, führt sonach bei einem Röhrensender, auch solange nicht getastet wird, zu erheblichen Verlusten.

β) Die Gitterverluste N_G erhält man aus der Beziehung:

$$N_G = \frac{1}{T} \cdot \int_0^T \bar{e}_{Gt} \cdot \bar{i}_{Gt} \cdot dt. \tag{231}$$

Neben den durch Elektronenstoß am Gitter auftretenden Verlusten können bei kleinen Anodenspannungen auch Verluste durch den die Gitterdrähte durchfließenden Strom $\bar{i}_{Gt}$ entstehen. Von dem gesamten von der Kathode ausgehenden Elektronenstrom, der sich in den Gitterkreis und den Anodenkreis verzweigt, vermag die Anode in diesem Fall nur einen kleineren Teil aufzunehmen. Der Gitterstrom kann infolgedessen so stark anwachsen, daß die dünnen Gitterdrähte durchbrennen.

d) Der gesamte Wirkungsgrad einer Röhre hat unter Berücksichtigung der Heizleistung den Wert

$$\eta_H = \frac{N_2}{e_g \cdot i_g + e_H \cdot i_H} = \frac{N_2}{N_2 + N_H + N_A + N_G}. \tag{232}$$

Vielfach wird der Wirkungsgrad ohne Berücksichtigung der Heizleistung (vgl. S. 406) angegeben. Dieser Wert ist im folgenden mit η bezeichnet.

Die Röhrenverluste und damit der Wirkungsgrad werden wesentlich durch die Form der Zeitkurven der Anodenströme und Anodenspannungen beeinflußt.

Bei Schwingungen erster Art, bei denen sich ein sinusförmiger Wechselstrom im Anodenkreis über den Ruhestrom lagert und für die

$$\bar{e}_{At} = e_g - \mathfrak{E}_L \cdot \sin \omega t, \qquad \bar{i}_{At} = i_{A0} + \mathfrak{J}_A \cdot \sin \omega t,$$

wird im günstigsten Fall, wo der Arbeitspunkt der Röhre, d. h. i_{A0}, so eingestellt ist, daß der sinusförmige Strom i_{At} zwischen $\pm \frac{i_S}{2}$ pendelt, der Höchstwert der abgegebenen Hochfrequenzleistung

$$N_2 \sim \frac{e_g}{2} \cdot \frac{i_S}{2} = \frac{e_g \cdot i_S}{4}.$$

Da weiter $i_{A0} \sim \frac{i_S}{2}$, wird

$$N_1 \sim \frac{e_g \cdot i_S}{2}$$

und somit der Wirkungsgrad

$$\eta = 0{,}5\,.$$

Wesentlich höhere Wirkungsgrade ergeben sich mit solchen Schwingungen zweiter Art, bei denen zu Zeiten großer Anodenspannung $\bar{e}_{At}$ der Strom $\bar{i}_{At}$ in der Röhre Null oder wenigstens klein ist, die Anodenverluste also beträchtlich geringer sind als bei Schwingungen erster Art. Derartig verlaufende Zeitkurven erzielt man:

1. durch Begünstigung der ungeraden Oberschwingungen in den Zeitkurven der Ströme sowohl als auch der Anoden- und Gitterspannung;
2. durch große negative Gittergleichspannung;
3. durch kleinen Ruhestrom i_{A0}.

Durch das erste Hilfsmittel lassen sich fast rechteckige Zeitkurven für $\bar{i}_{At}$ und $\bar{e}_{At}$ erreichen. Alsdann ist, während der Strom $\bar{i}_{At}$ im größten Teil der einen Periodenhälfte seinen Höchstwert hat, die Spannung $\bar{e}_{At}$ fast Null, worauf in der zweiten Periodenhälfte die Verhältnisse sich umkehren. Die Anodenverluste sind sonach klein. Die abgegebene Leistung wird annähernd

$$N_2 \sim \frac{e_g \cdot i_S}{2},$$

und der Wirkungsgrad kann bis zu

$$\eta = 0{,}8 \div 0{,}9$$

gesteigert werden.

Im zweiten Fall wächst, auch bei sinusförmigem e_{Lt}, der Strom rasch an und behält die hohen Werte nur während der kurzen Zeiten, in denen $\bar{e}_{At}$ sehr klein ist.

Den Nachteil, daß durch die negative Gitterspannung das Einsetzen der Schwingungen erschwert wird, kann man dadurch beseitigen, daß man die negative Gitterspannung während des Einsetzens abschaltet.

Im dritten Fall (i_{A0} klein), der bei Röhren mit kleinem Durchgriff vorliegt, hat der Strom, der rasch ansteigt, nur hohe Werte zu Zeiten kleiner Anodenspannung $\bar{e}_{At}$ und wird während eines großen Teils der Periode zu Null, wenn $\bar{e}_{At}$ große Werte erreicht (vgl. auch Abb. 348a). Günstigste Betriebsverhältnisse erzielt man mit:

$$i_{A0} \sim \frac{i_S}{6}.$$

Aus den Zeitkurven berechnen sich in diesem Fall mittlere Leistung und Wirkungsgrad zu:

$$N_2 \sim \frac{e_g \cdot i_S}{4}, \qquad \eta = 0{,}8$$

Beim Aussetzen der Schwingungen sinkt der Anodenverlust auf den Betrag $N_{A0} = e_g \cdot i_{A0}$, der meist kleiner ist als N_A bei belasteter Röhre.

β) Verfahren zur Untersuchung einer Röhre als Schwingungserzeuger.

Die Bestimmung der verschiedenen, im vorangegangenen erläuterten und für den Betrieb einer Röhre als Hochfrequenzstromquelle wichtigen Einzelgrößen kann auf zwei Arten erfolgen:

1. durch zeichnerische Ermittlung der Einzelgrößen aus den mit Gleichspannungen aufgenommenen Kennlinien;
2. durch unmittelbare Messung der Einzelgrößen im Betriebszustande der Röhre als Wechselstromerzeuger.

Im folgenden sind diese zwei Untersuchungsarten getrennt behandelt.

1. Zeichnerische Verfahren zur Untersuchung einer Röhre als Schwingungserzeuger.

Die Verfahren ermöglichen mit Hilfe der vorher mit Gleichspannungen aufgenommenen zwei Kennlinienscharen

$$i_A = f(e_G), \qquad i_G = f(e_G)$$

für eine gegebene Betriebsgleichspannung e_g und gegebene Zeitkurven von $\bar{e}_{Lt}$ und $\bar{e}_{Gt}$ die Zeitkurven von $\bar{i}_{At}$, N_{1t}, N_{At}, N_{2t}, $\bar{i}_{Gt}$, N_{Gt} und hieraus N_1, N_2, N_A, N_G und η zu finden.

a) Ermittlung der Zeitkurven des Anoden- und Gitterstromes.

α) Ermittlung der Zeitkurve des Anodenstromes

$$\bar{i}_{At} = f(t)$$

bei gleichbleibendem Heizstrom i_H und gleichbleibender Betriebsspannung e_g.

Da $\bar{i}_{At}$ sowohl von der gesamten Anodenspannung $\bar{e}_{At}$ als auch von der Gitterspannung $\bar{e}_{Gt}$ abhängt, müssen zur Bestimmung der Zeitkurve $\bar{i}_{At} = f(t)$ die beiden Zeitkurven

$$\bar{e}_{At} = f(t), \qquad \bar{e}_{Gt} = f(t)$$

gegeben sein. Um aus ihnen die Ordinaten eines einzelnen Punktes der gesuchten Zeitkurve zu erhalten, entnimmt man zu einem bestimmten Werte von t als Abszisse das zugehörige Wertepaar e_{At} und e_{Gt} und ermittelt darauf zu diesem t den zugehörigen Wert von i_{At} als Ordinate, und zwar entweder

1. unmittelbar experimentell oder
2. zeichnerisch mit Hilfe der zu dem Werte e_A gehörenden, mit Gleichstrom aufgenommenen Kennlinie $i_A = f(e_G)$.

Die Kurve $\bar{e}_{At} = f(t)$ wird erhalten, wenn man von der zwischen Anode und Brenner liegenden Gleichspannung e_g die meist sinusförmig verlaufende Wechselspannung e_{Lt} abzieht, d. h. bildet:

$$e_g - e_{Lt} = \bar{e}_{At}.$$

Zur Ermittlung von $\bar{\mathfrak{e}}_{At}$ kann man entweder den Scheitelwert $\mathfrak{E}_L$ von $\mathfrak{e}_{Lt}$ annehmen und mit ihm die Sinuskurve

$$\mathfrak{e}_{Lt} = \mathfrak{E}_L \cdot \sin \omega t$$

aufzeichnen (vgl. Beispiel S. 414) oder man kann die wirksame Spannung $\mathfrak{e}_L$ experimentell bestimmen, ein Fall, der vorliegt bei der Untersuchung einer Röhre, an die bereits, wie in Abb. 346, ein Schwingungskreis mit bestimmten Abmessungen angeschlossen ist.

In diesem Fall findet man $\mathfrak{E}_L = \sqrt{2} \cdot \mathfrak{e}_L$ entweder durch unmittelbare Messung von $\mathfrak{e}_L$ oder man mißt den Selbstinduktionskoeffizienten L, den Strom i_w und die Wellenlänge λ der Grundschwingung im Kreis II, worauf sich $\mathfrak{E}_L$ berechnet mit Hilfe der Gleichungen:

$$\omega = \frac{6 \cdot 10^8 \cdot \pi}{\lambda^{\mathrm{m}}}, \qquad \mathfrak{J}_L = \sqrt{2} \cdot \mathfrak{i}_L = \sqrt{2} \cdot \mathfrak{i}_w, \qquad \mathfrak{E}_L = \mathfrak{J}_L \cdot \omega \cdot L.$$

Die zweite Kurve $\bar{\mathfrak{e}}_{Gt} = f(t)$, die auch meist sinusförmig verläuft, d. h. sich darstellen läßt durch

$$\mathfrak{e}_{Gt} = \mathfrak{E}_G \cdot \sin \omega t,$$

kann ebenfalls unmittelbar aufgezeichnet werden, wenn man den Scheitelwert $\mathfrak{E}_G$ annimmt (vgl. Beispiel S. 414), oder durch Messung gefunden werden, wenn an die Röhre ein Schwingungskreis angeschlossen ist, und zwar entweder durch Messung der Gitterwechselspannung $\mathfrak{e}_G$ oder des Stromes $\mathfrak{i}_w$ und des Koeffizienten der gegenseitigen Induktion L_{12} zwischen L und L_G (Abb. 446), da

$$\mathfrak{E}_G = \sqrt{2} \cdot \mathfrak{e}_G, \qquad \mathfrak{E}_G = \omega \cdot L_{12} \cdot \sqrt{2} \cdot \mathfrak{i}_w.$$

1. Die punktweise experimentelle Bestimmung von $\mathfrak{i}_{At} = f(t)$ mit Gleichspannungen wird in der Weise ausgeführt, daß man aus den Kurven

$$\bar{\mathfrak{e}}_{At} = e_g - \mathfrak{E}_L \cdot \sin \omega t, \qquad \bar{\mathfrak{e}}_{Gt} = f(t),$$

Abb. 348a und Abb. 348b zusammengehörige Werte von $\bar{\mathfrak{e}}_{At}$ und $\bar{\mathfrak{e}}_{Gt}$ entnimmt, in der Schaltung Abb. 42, S. 47 diese Werte einstellt und den entstehenden Wert von i_A mißt.

2. Die zeichnerische Ermittlung der Zeitkurve $\bar{\mathfrak{i}}_{At} = f(t)$ erfordert neben den Kurven für $\bar{\mathfrak{e}}_{At}$ und $\bar{\mathfrak{e}}_{Gt}$ Abb. 348a und Abb. 348b noch die Aufnahme der Schar von Kennlinien

$$i_A = f(e_G), \qquad i_A' = f(e_G'), \qquad i_A'' = f(e_G'') \ldots,$$

bei dem nämlichen Heizstrom und verschiedenen, bei der Aufnahme der einzelnen Kennlinien gleichbleibenden Anodengleichspannungen e_{Ag}, e_{Ag}', $e_{Ag}'' \ldots$, aus denen alsdann zu den verschiedenen Wertepaaren $\bar{\mathfrak{e}}_{At}$ und $\bar{\mathfrak{e}}_{Gt}$ der zugehörige Wert von $\bar{\mathfrak{i}}_{tA}$ entnommen wird.

β) Ermittlung der Zeitkurve des Gitterstromes

$$\bar{\mathfrak{i}}_{Gt} = f(t)$$

für $i_H = \text{const.}$, $e_g = \text{const.}$

1. Punktweise experimentelle Ermittlung mit Gleichspannungen. Aus den vorher aufgezeichneten Kurven

$$\bar{\mathfrak{e}}_{Gt} = f(t), \qquad \bar{\mathfrak{e}}_{At} = e_g - \mathfrak{E}_L \cdot \sin \omega t$$

werden zusammengehörige Werte von $\bar{\mathfrak{e}}_{At}$ und $\bar{\mathfrak{e}}_{Gt}$ entnommen und mittels der Schaltung Abb. 42, S. 47 eingestellt. Alsdann ist der gemessene Wert $i_G = \bar{\mathfrak{i}}_{Gt}$.

2. Die zeichnerische Ermittlung erfordert die Aufnahme der Kennlinienschar

$$i_G = f(e_G)$$

bei gleichbleibendem Heizstrom und verschiedenen Anodenspannungen e_A, e_A', e_A'' ....

Aus den vorher aufgezeichneten Kurven

$$\bar{\mathfrak{e}}_{At} = f(t), \qquad \bar{\mathfrak{e}}_{At} = e_g - \mathfrak{E}_L \cdot \sin \omega t$$

entnimmt man zusammengehörige Werte von $\bar{\mathfrak{e}}_{Gt}$ und $\bar{\mathfrak{e}}_{At}$ und sucht auf der zu $\bar{\mathfrak{e}}_{At}$ gehörigen Kurve der Schar das zu $\bar{\mathfrak{e}}_{Gt}$ gehörige $\mathfrak{i}_{Gt}$.

b) Bestimmung der Leistungen N_1 und N_2 und des Wirkungsgrades η. Die gesamte, der Röhre von der Gleichstromquelle gelieferte Leistung N_1 ergibt sich nach Gleichung 227, wenn man den Quotienten aus der zwischen dem Abszissenstück T und der Kurve $\mathfrak{i}_{At} = f(t)$ liegenden Fläche und T mit e_g vervielfacht.

Teilt man die mit dem Planimeter in cm² gemessene Fläche durch das in cm gemessene Abszissenstück T, so erhält man eine Länge, die im Amperemaßstab gemessen, den mittleren Anodenstrom in Ampere darstellt.

Die von der Röhre gelieferte Hochfrequenzleistung N_2 wird nach Gleichung (228) in ähnlicher Weise durch Ausplanimetrieren der Fläche der Kurve $\mathfrak{e}_{Lt} \cdot \bar{\mathfrak{i}}_{At} = f(t)$ erhalten.

Aus N_1 und N_2 berechnen sich der Wirkungsgrad zu

$$\eta = \frac{N_2}{N_1},$$

und die durch Elektronenstoß entstehenden Verluste zu

$$N_A + N_G = N_1 - N_2 .$$

c) Bestimmung der Anoden- und Gitterverluste N_A und N_G.

α) Mittlerer Anodenverlust N_A. Der Zeitwert der Anodenverluste ist gleich dem Produkt

$$\bar{\mathfrak{e}}_{At} \cdot \bar{\mathfrak{i}}_{At}, \qquad \text{wo} \qquad \bar{\mathfrak{e}}_{At} = e_g - \mathfrak{e}_{Lt} .$$

Man erhält daher N_A, wenn man den mittels der Kurven

$$\bar{\mathfrak{e}}_{At} = e_g - \mathfrak{E}_L \cdot \sin \omega t, \qquad \mathfrak{i}_{At} = f(t)$$

berechneten Verlauf der Kurve

$$\bar{\mathfrak{e}}_{At} \cdot \mathfrak{i}_{At} = f(t)$$

für eine Periode aufzeichnet und den Quotienten aus der über T liegenden Kurvenfläche und T bildet.

β) Der mittlere Gitterverlust N_G wird gefunden, wenn man aus den Kurven

$$e_{Gt} = f(t), \qquad i_{Gt} = f(t)$$

die Zeitkurve der Gitterverluste

$$\bar{\mathfrak{e}}_{Gt} \cdot \bar{\mathfrak{i}}_{Gt} = f(t)$$

berechnet. Die von der Kurve und dem Abszissenstück T umgrenzte Fläche, geteilt durch T, stellt alsdann N_G dar.

d) Ermittlung der Oberschwingungen. Eine beliebige verzerrte Wechselstromkurve läßt sich nach dem Satz von Fourier darstellen durch:

$$\left.\begin{aligned} y = A_0 + A_1 \cdot \sin x + A_2 \cdot \sin 2x + A_3 \cdot \sin 3x + \ldots + A_n \cdot \sin n \cdot x \\ + B_1 \cdot \cos x + B_2 \cdot \cos 2x + B_3 \cdot \cos 3x + \ldots + B_n \cdot \cos n \cdot x \end{aligned}\right\} \quad (233)$$

wobei, wie sich aus den Integraleigenschaften der trigonometrischen Funktionen ergibt:

$$A_0 = \frac{1}{2\pi} \cdot \int_0^{2\pi} y \cdot dx, \quad A_n = \frac{1}{\pi} \cdot \int_0^{2\pi} y \cdot \sin n \cdot x \cdot dx, \quad B_n = \frac{1}{\pi} \cdot \int_0^{2\pi} y \cdot \cos n \cdot x \cdot dx. \quad (234)$$

Faßt man die Glieder gleicher Ordnung in Gleichung 233 zusammen, so wird das n-te Glied:

$$A_n \cdot \sin n \cdot x + B_n \cdot \cos n \cdot x = C_n \cdot \sin (n \cdot x + \varphi_n),$$

wo

$$C_n = \sqrt{A_n^2 + B_n^2}, \qquad \operatorname{tg} \varphi_n = \frac{B_n}{B_n}. \quad (235)$$

Die verzerrte Wechselstromkurve läßt sich daher auch wiedergeben durch:

$$\left.\begin{aligned} y = A_0 + C_1 \cdot \sin (x + \varphi_1) + C_2 \cdot \sin (2x + \varphi_2) \\ + C_3 \cdot \sin (3x + \varphi_3) + \ldots + C_n \cdot \sin (n \cdot x + \varphi_n) \end{aligned}\right\} \quad (236)$$

Hierbei bedeutet A_0 eine Gleichstromgröße und C_n den Scheitelwert der n-ten Oberschwingung.

A_0, A_n und B_n erhält man durch Aufzeichnen der Kurven

$$y = f_1(x). \qquad y \cdot \sin n \cdot x = f_2(x), \qquad y \cdot \cos n \cdot x = f_3(x)$$

und Ausplanimetrieren ihrer Flächen.

Anstatt die vollständigen Kurven aufzuzeichnen, genügt es für viele Zwecke, wenn man das einer Periode entsprechende Abszissenstück von 360^0 in eine Anzahl gleicher Teile teilt und aus den Ordinaten y_a der Teilpunkte die Produkte $y_a \cdot \sin n \cdot x$ und $y_a \cdot \cos n \cdot x$ ermittelt, worauf A_0, A_n, B_n sich ergeben aus den Gleichungen:

$$A_0 = \frac{\sum_1^a y_a}{a}, \quad A_n = 2 \cdot \frac{\sum_1^a y_a \cdot \sin n \cdot x}{a}, \quad B = 2 \cdot \frac{\sum_1^a y_a \cdot \cos n \cdot x}{a}, \qquad (234\,\text{a})$$

wo a die Zahl der Teilpunkte ist. Die Integrale in den Gleichungen 234 werden somit bei diesem Verfahren ersetzt durch die Summe von a Größen.

Die Berechnung von A_n und B_n wird durch die Benutzung der beistehenden Zahlentafeln wesentlich vereinfacht. Sie enthalten die Werte von $\sin n \cdot x$ und $\cos n \cdot x$, die erforderlich sind, um bei einer Einteilung der Periode in 24 Teile die Größen $y_a \cdot \sin n \cdot x$ und $y_a \cdot \cos n \cdot x$ zu finden. Man erhält diese Werte, wenn man die Ordinaten y_a zu den 24 Teilpunkten abmißt und mit den aus den Tafeln zu entnehmenden Werten vervielfacht.

$\sin(n \cdot x) = \sin(n \cdot \omega t)$.

$x = \frac{360}{24} \cdot a$	$n = 1$	2	3	4	5
0	0,000	0,000	0,000	0,000	0,000
15	+ 0,259	+ 0,500	+ 0,707	+ 0,866	+ 0,966
30	+ 0,500	+ 0,866	+ 1,000	+ 0,866	+ 0,500
45	+ 0,707	+ 1,000	+ 0,707	0,000	– 0,707
60	+ 0,866	+ 0,866	0,000	– 0,866	– 0,866
75	+ 0,966	+ 0,500	– 0,707	– 0,866	+ 0,259
90	+ 1,000	0,000	– 1,000	0,000	+ 1,000
105	+ 0,966	– 0,500	– 0,707	+ 0,866	+ 0,259
120	+ 0,866	– 0,866	0,000	+ 0,866	– 0,866
135	+ 0,707	– 1,000	+ 0,707	0,000	– 0,707
150	+ 0,500	– 0,866	+ 1,000	– 0,866	+ 0,500
165	+ 0,259	– 0,500	+ 0,707	– 0,866	+ 0,966
180	0,000	0,000	0,000	0,000	0,000
195	– 0,250	+ 0,500	– 0,707	+ 0,866	– 0,966
210	– 0,500	+ 0,866	– 1,000	+ 0,866	– 0,500
225	– 0,707	+ 1,000	– 0,707	0,000	+ 0,707
240	– 0,866	+ 0,866	0,000	– 0,866	+ 0,866
255	– 0,966	+ 0,500	+ 0,707	– 0,866	– 0,259
270	– 1,000	0,000	+ 1,000	0,000	– 1,000
285	– 0,966	– 0,500	+ 0,707	+ 0,866	– 0,259
300	– 0,866	– 0,866	0,000	+ 0,866	+ 0,866
315	– 0,707	– 1,000	– 0,707	0,000	+ 0,707
330	– 0,500	– 0,866	– 1,000	– 0,866	– 0,500
345	– 0,259	– 0,500	– 0,707	– 0,866	– 0,966
360	0,000	0,000	0,000	0,000	0,000

$$\cos(n\cdot x) = \cos(n\cdot\omega t)\,.$$

$x = \frac{360}{24}\cdot a$	$n = 1$	2	3	4	5
0	+ 1,000	+ 1,000	+ 1,000	+ 1,000	+ 1,000
15	+ 0,966	+ 0,866	+ 0,707	+ 0,500	+ 0,259
30	+ 0,866	+ 0,500	0,000	− 0,500	− 0,866
45	+ 0,707	0,000	− 0,707	− 1,000	− 0,707
60	+ 0,500	− 0,500	− 1,000	− 0,500	+ 0,500
75	+ 0,259	− 0,866	− 0,707	+ 0,500	+ 0,966
90	0,000	− 1,000	0,000	+ 1,000	0,000
105	− 0,259	− 0,866	+ 0,707	+ 0,500	− 0,966
120	− 0,500	− 0,500	+ 1,000	− 0,500	− 0,500
135	− 0,707	0,000	+ 0,707	− 1,000	+ 0,707
150	− 0,866	+ 0,500	0,000	− 0,500	+ 0,866
165	− 0,966	+ 0,866	− 0,707	+ 0,500	− 0,259
180	− 1,000	+ 1,000	− 1,000	+ 1,000	− 1,000
195	− 0,966	+ 0,866	− 0,707	+ 0,500	− 0,259
210	− 0,866	+ 0,500	0,000	− 0,500	+ 0,866
225	− 0,707	0,000	+ 0,707	− 1,000	+ 0,707
240	− 0,500	− 0,500	+ 1,000	− 0,500	− 0,500
255	− 0,259	− 0,866	+ 0,707	+ 0,500	− 0,966
270	0,000	− 1,000	0,000	+ 1,000	0,000
285	+ 0,259	− 0,866	− 0,707	+ 0,500	+ 0,966
300	+ 0,500	− 0,500	− 1,000	− 0,500	+ 0,500
315	+ 0,707	0,000	− 0,707	− 1,000	− 0,707
330	+ 0,866	+ 0,500	0,000	− 0,500	+ 0,866
345	+ 0,966	+ 0,866	+ 0,707	+ 0,500	+ 0,259
360	+ 1,000	+ 1,000	+ 1,000	+ 1,000	+ 1,000

Diese Rechnungen lassen sich in bestimmten Fällen durch passende Zusammenfassung der Ordinatenwerte noch weiter außerordentlich vereinfachen und auch durch zeichnerische Verfahren ersetzen. Rechnerische Verfahren dieser Art sind angegeben worden z. B. von Runge (nebst Vordrucken zum Eintragen der Zahlenwerte), Fischer-Hinnen; zeichnerische von Finsterwalder, v. Sanden.

e) Beispiel. Ihm liegen die an einer 75-Wattröhre mit Gleichspannungen aufgenommenen beiden Kennlinienscharen $i_A = f(e_G)$, $i_G = f(e_G)$ (Abb. 347) zugrunde. Die Zahlen an den Kurven bedeuten die bei ihrer Aufnahme verwendeten Anodenspannungen. Die Kurven lassen deutlich erkennen, wie bei abnehmenden Anodenspannungen die Gitterströme auf Kosten der Anodenströme stark ansteigen.

Abb. 348a enthält die Zeitkurven

$$\bar{e}_{At} = f(t)\,, \qquad N_{2t} = e_{Lt}\cdot i_{At}\,, \qquad N_{At} = \bar{e}_{At}\cdot \bar{i}_A$$

und Abb. 348b die Zeitkurven

$$i_{Gt} = f(t)\,, \qquad N_{Gt} = e_{Gt} = e_{Gt}\cdot i_{Gt}\,.$$

Die Kurven sind gezeichnet unter der Annahme, daß:

$$e_q = 2000 \text{ Volt}, \qquad e_{Lt} = 1800\cdot\sin\omega t\,, \qquad e_{Gt} = 200\cdot\sin\omega t\,,$$

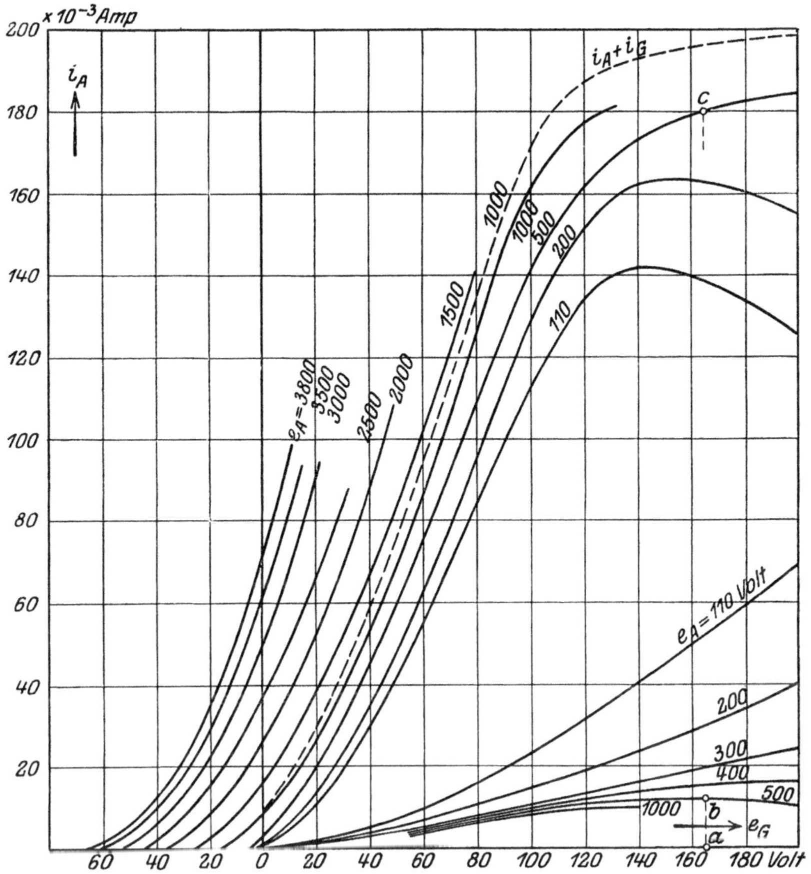

Abb. 347.

d. h. daß $\mathfrak{e}_{Lt}$ und $\mathfrak{e}_{Gt}$ durch Sinuskurven dargestellt sind mit den Scheitelwerten

$$\mathfrak{E}_L = 1800 \text{ Volt}, \qquad \mathfrak{E}_G = 200 \text{ Volt}$$

und daß die $\mathfrak{G}_{G0} = 0$ ist.

Um diese Kurven zu erhalten, zeichnet man in Abb. 348a ein:

1. eine Gerade im Abstand $e_g = 2000$ von der Abszissenachse;
2. die Sinuskurve
$$\mathfrak{e}_{Lt} = 1800 \cdot \sin \omega t ,$$
3. die Sinuskurve
$$\mathfrak{e}_{Gt} = 200 \cdot \sin \omega t ,$$

die zum Entstehen der Schwingungen um 180^0 gegen die Kurve $\mathfrak{e}_{Lt}$ verschoben sein muß.

Aus 1 und 2 ergibt sich unmittelbar

4. die Kurve
$$\bar{\mathfrak{e}}_{At} = e_g - \mathfrak{E}_L \cdot \sin \omega t = 2000 - 1800 \cdot \sin \omega t .$$

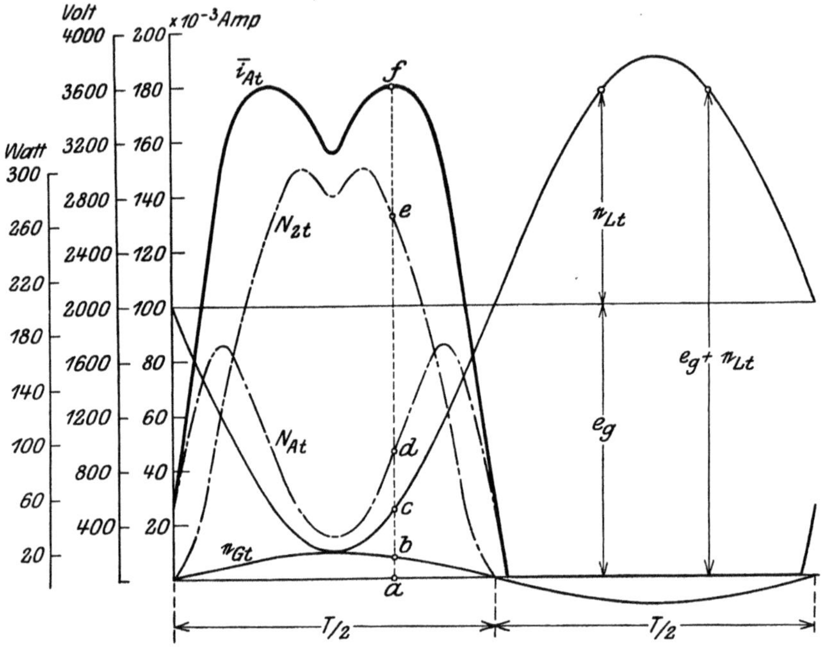

Abb. 348 a.

Zur Ermittlung der einzelnen Punkte der Kurven $\bar{i}_{At} = f(t)$ (Abb. 348a) und $i_{Gt} = f(t)$ (Abb. 348b) wählt man am besten solche Werte von $\bar{e}_{At}$ aus, für welche die Kennlinien in Abb. 347 unmittelbar vorliegen.

Zu dem Werte $\bar{e}_{At} = 500$ z. B., d. h. zu dem Abszissenpunkt a in Abb. 348a findet sich $e_{Gt} = 165$. Mit diesen zwei Werten

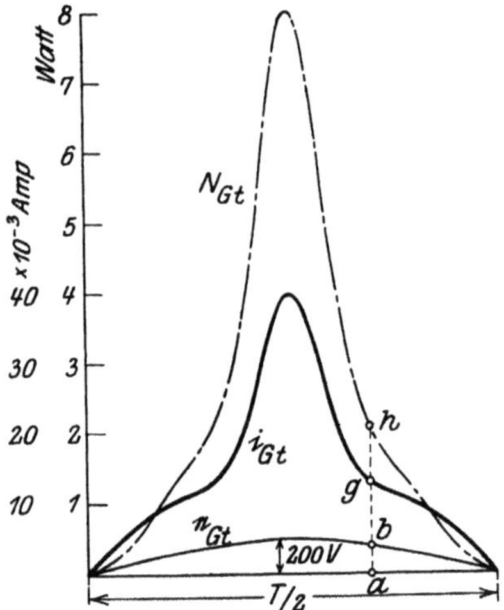

Abb. 348 b.

$$\bar{e}_{At} = 500\,, \qquad e_{Gt} = 165$$

erhält man aus Abb. 347 zum Abszissenpunkt a:

$$\overline{ac} = i_A = \bar{i}_{At} = 180 \cdot 10^{-3},$$

$$\overline{ab} = i_G = i_{Gt} = 12{,}1 \cdot 10^{-3},$$

die nun als Ordinaten $\overline{af}$ und $\overline{ag}$ zu den Abszissenpunkten a in den Abb. 348a und b einzutragen sind.

Weiter wird in Abb. 348a:

$$\overline{ae} = N_{2t} = e_{Lt} \cdot i_{At} = 1500 \cdot 180 \cdot 10^{-3} = 270 \text{ Watt},$$

$$\overline{ad} = N_{At} = \bar{e}_{At} \cdot \bar{i}_{At} = 500 \cdot 180 \cdot 10^{-3} = 90 \text{ Watt}$$

und in Abb. 348b:

$$\overline{ah} = N_{Gt} = e_{Gt} \cdot \bar{i}_{Gt} = 165 \cdot 12{,}1 \cdot 10^{-3} = 2 \text{ Watt}.$$

Durch Ausplanimetrieren der Kurvenflächen ergibt sich ferner in Watt

$$N_2 = 91{,}2, \quad N_A = 53{,}9, \quad N_G = 4{,}7$$

und der Mittelwert $\bar{i}_{Am}$ des Anodenstromes

$$\bar{i}_{Am} = 73{,}4 \cdot 10^{-3} \text{ Amp.},$$

mithin die von der Gleichstromquelle gelieferte Leistung

$$N_1 = e_g \cdot \bar{i}_{Am} = 2000 \cdot 73{,}4 \cdot 10^{-3} = 146{,}8 \text{ Watt},$$

und

$$\eta = \frac{N_2}{N_1} = 0{,}62.$$

Weiter erhält man aus Abb. 347 den Nullstrom i_{A0} für $e_g = 2000$ als Abschnitt der mit 2000 bezeichneten Kurve auf der Ordinatenachse zu:

$$i_{A0} = 26{,}7 \cdot 10^{-3} \text{ Amp.},$$

und daraus den zugehörigen Anodenverlust im Ruhezustand

$$N_{A0} = 2000 \cdot 24{,}7 \cdot 10^{-3} = 53{,}4 \text{ Watt}.$$

Zur Ermittlung der Grund- und Oberwellen entnimmt man aus Abb. 348a die Ordinatenwerte:

y_1	y_2	y_3	y_4	y_5	y_6	y_7	y_8	y_9
26	91	161	178,2	179,5	171,5	155	171,5	179,5

y_{10}	y_{11}	y_{12}	y_{13}	y_{14}	bis	y_{22}	y_{23}	y_{24}
178,2	161	91	26	0	—	0	3,5	26

Mithin berechnet sich nach den Erläuterungen S. 412

$$y = 73{,}8 + 105{,}2 \cdot \sin \omega t - 21{,}7 \cdot \cos 2\,\omega t + 27{,}8 \cdot \sin 3\,\omega t$$
$$+ 18{,}95 \cdot \cos 4\,\omega t - 0{,}46 \cdot \sin 5\,\omega t + \ldots,$$

wobei die Scheitelwerte in Milliampere angegeben sind.

Der Scheitelwert der Grundwelle wird somit nach Gl. (235), da $B_1 = 0$:

$$\mathfrak{J}_{A1} = C_1 = \sqrt{A_1^2 + B_1^2} = 105{,}2 \cdot 10^{-3} \text{ Amp.}$$

Aus ihm findet sich nach Gl. (226a) der Ersatzwiderstand der Schwingungskreise:

$$\mathfrak{R} = \frac{\mathfrak{E}_L}{\mathfrak{J}_{A1}} = \frac{1800}{0{,}1052} = 17100 \text{ Ohm}.$$

Die Kurve $i_{At} = f(t)$ (Abb. 348a) zeigt eine tiefe Einsattlung bei den kleinen Anodenspannungen e_{At}, die durch den angenommenen großen Scheitelwert $\mathfrak{E}_L = 1800$ und die durch ihn verursachten kleinen Werte von $e_g - e_{Lt}$ bedingt sind.

Wiederholt man die Zeichnung mit kleineren Scheitelwerten von e_L, die experimentell z. B. durch losere Anodenkopplung erzielt werden können, so wird die Einsattlung weniger tief und verschwindet völlig bei $\mathfrak{E}_L = 1500$ Volt.

Dieses zeichnerische Verfahren ermöglicht, das Verhalten einer Röhre, deren mit Gleichspannungen aufgenommene Kennlinien gegeben sind, in bezug auf Leistung, Verluste usw. unter verschiedenen Betriebsbedingungen, z. B. bei verschiedenen Spannungen e_g, beliebig verlaufenden und beliebig großen Spannungen e_{Lt} und e_{Gt}, d. h. verschiedener Anodenkopplung $\varkappa_A$ und Gitterkopplung $\varkappa_G$, zu untersuchen, und zwar unabhängig von dem Aufbau des Schwingungskreises.

Den Einfluß von $\varkappa_A$ und $\varkappa_G$ untersucht man getrennt, indem man einmal bei gleichbleibendem $\mathfrak{E}_G$ und veränderlichem $\mathfrak{E}_L$ und darauf bei gleichbleibendem $\mathfrak{E}_L$ und veränderlichem $\mathfrak{E}_G$ die Zeitkurven ermittelt. Sie zeigen, daß mit zunehmendem $\mathfrak{E}_L$, d. h. zunehmender Anodenkopplung die Einsattlung in der Stromkurve von $\bar{\mathfrak{i}}_{At} = f(t)$ immer größer wird. N_1, η und die Zahl der Oberschwingungen wächst.

Für kleine Werte von $\mathfrak{E}_L$, d. h. lose Kopplung $\varkappa_A$, wird Anodenspannung und Anodenstrom und damit der Verlust N_A groß, N_2 sinkt. Größte Leistung N_2 erhält man, wie das zeichnerische Verfahren ebenfalls zeigt, mit einer Anodenkopplung, für die $\mathfrak{E}_L = 0{,}8 \cdot e_g \div 0{,}75 \cdot e_g$.

Die Zeitkurven für verschiedene $\mathfrak{E}_G$, denen verschiedene Gitterkopplungen $\varkappa_G$ entsprechen, nähern sich mit abnehmendem $\mathfrak{E}_G$ immer mehr der Sinusform, die Verluste in der Röhre verringern sich, η steigt und N_2 sinkt.

Die zeichnerisch gewonnenen Ergebnisse stellt man durch Kurven dar, die die Abhängigkeit der Einzelgrößen N_1, N_2, η, N_A, N_G von e_g oder von $\varkappa_A$ und $\varkappa_G$ zeigen.

e) Verfahren von Möller. Bei dem vorigen Verfahren wurde aus den vorher angenommenen Werten von e_g, $\mathfrak{E}_{At}$, $\mathfrak{E}_{Gt}$ mittels der mit Gleichspannungen aufgenommenen Kennlinien $i_A = f(e_G)$, $i_G = f(e_G)$ zunächst die Kurve $\bar{\mathfrak{i}}_{At} = f(t)$ und aus ihr der Scheitelwert $\mathfrak{J}_{A1}$ bestimmt, mit dem dann der Widerstand $\mathfrak{R}$ im äußeren Anodenkreise berechnet werden konnte, der somit durch die gemachten Annahmen festgelegt war.

Das folgende Verfahren ermöglicht die Lösung der umgekehrten Aufgabe: Zu einem gegebenen Wert von $\mathfrak{R}$ sind die Werte von e_g, $\mathfrak{E}_L$; $\mathfrak{E}_G$ zu finden.

Die Lösung der Aufgabe erfordert:

1. Aufnahme der Kennlinienschar
$$i_A = f(e_G), \qquad i_G = f(e_G).$$
2. Zeichnerische Ermittlung einer Schar von Kurven
$$\bar{\mathfrak{i}}_{At} = f(t)$$
für eine Reihe von beliebig angenommenen Wertegruppen $\mathfrak{E}_A$, $\mathfrak{E}_G$ und $e_g = \text{const.}$
3. Bestimmung von $\mathfrak{R} = \dfrac{\mathfrak{E}_L}{\mathfrak{J}_{A1}}$ zu jeder Kurve $\bar{\mathfrak{i}}_{At} = f(t)$ aus dem Scheitelwert ihrer Grundschwingung.
4. Ermittlung der Schar der Schwingkennlinien
$$\mathfrak{J}_{A1} = f(\mathfrak{E}_G)$$

mit dem Parameter $\mathfrak{R}$, indem man $\mathfrak{J}_{A1}$ und $\mathfrak{E}_G$ aus den Kurven unter 3 entnimmt, als Ordinaten aufträgt und Punkte für gleiches $\mathfrak{R}$ miteinander verbindet.

Mit Hilfe der so gewonnenen Schwingkennlinien läßt sich alsdann die Aufgabe lösen, zu einem gegebenen $\mathfrak{R}$ die Betriebsbedingungen zu finden.

Zu dem Zweck wird:

1. zu dem gegebenen $\mathfrak{E}_G$ auf der zu $\mathfrak{R}$ gehörigen Schwingkennlinie

$$\mathfrak{J}_A = f(\mathfrak{E}_G)$$

in dem Schnittpunkt der Ordinate durch $\mathfrak{E}_G$ der Höchstwert $\mathfrak{J}_A$ für die Grundwelle entnommen und darauf berechnet

2. $$\mathfrak{E}_{A1} = \mathfrak{J}_{A1} \cdot \mathfrak{R},$$

3. mittels $\mathfrak{E}_{A1}$, $\mathfrak{E}_G$ die Kurve

$$\bar{i}_{A1} = f(t)$$

gezeichnet.

4. durch Ausplanimetrieren der mittlere Anodenstrom $\bar{i}_{Am}$ bestimmt worauf sich berechnet:

5. $$N_1 = e_g \cdot \bar{i}_{Am}, \qquad N_2 = \frac{\mathfrak{E}_A \cdot \mathfrak{J}_A}{2}, \qquad \eta = \frac{N_2}{N_1}.$$

Die Betriebsbedingungen für die größte Leistung erhält man mit Hilfe der Schwingkennlinien, wenn man aus jeder den Höchstwert von $\mathfrak{J}_{A1}$ entnimmt, mit dem jeweils zugehörigen Wert von $\mathfrak{R}$ bildet:

$$N_2 = \frac{\mathfrak{J}_{A1}^2}{2} \cdot \mathfrak{R}$$

und die Kurve

$$N_2 = f(\mathfrak{R})$$

aufzeichnet, aus der dann der größte der Höchstwerte von N_2 gefunden wird, den die Röhre bei gegebener Betriebsspannung e_g und gegebenem Heizstrom i_H zu liefern vermag.

Zu dieser Leistung ergibt sich als Grenzwiderstand

$$\mathfrak{R} = \frac{\mathfrak{E}_A}{\mathfrak{J}_{A1}},$$

während das zugehörige, aus der Kurve $\mathfrak{J}_{A1} = f(\mathfrak{E}_G)$ zu entnehmende $\mathfrak{E}_G$ die Grenzgitterspannung darstellt.

Diese Ergebnisse lassen sich jetzt verwerten zur

Ermittlung des Scheitelwertes $\mathfrak{J}_{A1}$, auf den die Grundschwingung bei der Selbsterregung der Röhre bei einem vorgeschriebenen $\mathfrak{R}$ hinaufpendelt.

Zu dem Zweck wird:

1. aus der Schar der Schwingkennlinien die zu dem gegebenen $\mathfrak{R} = \frac{L}{C \cdot w}$ gehörige Schwingkennlinie $\mathfrak{J}_A = f(\mathfrak{E}_G)$ entnommen;
2. durch den Endpunkt der Abszisse

$$e_{G0} = \text{Gittergleichspannung}$$

eine Gerade unter dem Winkel

$$\alpha = \operatorname{arccotg} \frac{L_{1G}}{C \cdot w}$$

gelegt. Dann liefert

3. ihr Schnittpunkt mit der Schwingkennlinie den Höchstwert, auf den $\mathfrak{J}_{A1}$ hinaufschaukeln kann.

Sind mehre Schnittpunkte vorhanden, so gilt das größte $\mathfrak{J}_{A1}$. Aus $\mathfrak{J}_{A1}$ läßt sich nun wieder $\mathfrak{E}_A$ berechnen, die $\bar{i}_{At}$-Kurve zeichnen, aus ihr der mittlere Anodenstrom und daraus N_1, N_2 und η finden.

Ferner können die Schwingkennlinien auch benutzt werden zur Untersuchung der Bedingungen für das Einsetzen und Aussetzen der Schwingungen und der quantitativen Ermittlung des zeitlichen Anwachsens der Schwingungen vom Augenblick des Stromschlusses im Anodenkreis bis zum Eintreten des Endzustandes. Wegen der Einzelheiten hierüber sei auf die Arbeit und das Buch von Möller verwiesen.

Der weiteren Verwertung der Ergebnisse können die zwei von Möller angegebenen Sätze zugrunde gelegt werden:

1. Für bestimmte Werte

$$\mathfrak{R} = \frac{L}{C \cdot w} = \text{const.}, \quad \mathfrak{E}_G = \text{const.}$$

ist auch

$$N_2 = \text{const.}$$

unabhängig davon, wie man C, L, w im einzelnen wählt.

Hat man daher dasjenige $\mathfrak{R}$ ermittelt, für das die Röhre den Höchswert der Leistung N_2 liefert, so kann man L, C, w für sämtliche Wellenlängen und Belastungswiderstände so berechen, daß N_2 den Höchstwert erreicht.

2. Für

$$\mathfrak{R} = \text{const.}, \quad \frac{L_{12}}{L} = \text{const.}$$

ist auch

$$N_2 = \text{const.}$$

unabhängig von den Einzelwerten von L, L_{12}, λ und w.

2. Mesungen an Röhrensendern.

a) Bestimmung der günstigsten Anoden- und Gitterkopplung $\varkappa_A$ und $\varkappa_G$. Nachdem die gewünschte Wellenlänge und der Belastungswiderstand w eingestellt sind, werden aufgenommen:

1. bei gleichbleibendem $\varkappa_G$ und veränderlichem $\varkappa_A$ die Kurve

$$i_w = f(\varkappa_A),$$

2. bei gleichbleibendem $\varkappa_A$ und veränderlichem $\varkappa_G$ die Kurve

$$i_w = f(\varkappa_G),$$

aus denen dann die beiden zusammengehörigen Werte von $\varkappa_A$ und $\varkappa_G$ entnommen werden, die dem größten Strom i_w entsprechen.

Rascher kommt man zum Ziel, wenn man abwechselnd $\varkappa_A$ und $\varkappa_G$ so lange verändert, bis i_w seinen Höchstwert erreicht hat.

b) Bestimmung des Grenzwiderstandes im Nutzkreis. Nachdem die günstigsten Werte von $\varkappa_A$ und $\varkappa_G$ wie oben angegeben eingestellt sind, wird w so lange vergrößert, bis die Schwingungen aussetzen. Die Summe

$$w + w'$$

stellt dann den Grenzwiderstand dar, wo w' die erforderliche Vergrößerung von w bedeutet.

c) Bestimmung des Nullstromes (Ruhestromes) i_{A0}. Hierunter versteht man denjenigen Wert des Anodenstromes, der sich einstellt, wenn die Röhre keine Schwingungen liefert oder zwischen Gitter und Kathode keine Wechselspannung angelegt ist. Er entspricht somit dem Arbeitspunkt der Röhre, der durch den Heizstrom, die Anoden- und Gittergleichspannung festgelegt und durch die Gleichung bestimmt ist:

$$i_{A0} = c_1 \cdot (e_G + D \cdot e_A)^{1,5}$$

oder, wenn die Gittergleichspannung $e_G = 0$, durch die Gleichung:

$$i_{A0} = c_1 \cdot D \cdot e_A^{1,5},$$

wo c_1 eine Konstante bedeutet.

i_{A0} kann unmittelbar gemessen werden, wenn man bei einer Senderröhre den Schwingungkreis unterbricht.

Weiter kann i_{A0} aus der Kennlinie

$$i_A = f(e_G) \text{ für } i_H \text{const.}, \; e_A = \text{const.}$$

als Abschnitt der Kennlinie auf der Ordinatenachse entnommen werden.

Endlich erhält man auch i_{A0} aus der Messung unter b, wenn w durch Vergrößerung um w' so weit erhöht ist, daß die Schwingungen aussetzen.

Gleichzeitig läßt sich mit Hilfe der Kennlinie für eine bestimmte Anodenspannung der Zusammenhang zwischen i_{A0} und Durchgriff finden und die Kurve

$$i_{A0} = f(D)$$

berechnen.

d) Aufnahme der Zeitkurven. Die verschiedenen Zeitkurven können experimentell mit der Braunschen Röhre oder, wenn man die Periodenzahl der Wechselströme durch passende Versuchsanordnung hinreichend klein macht, auch mit dem Schleifenoszillographen aufgenommen werden.

Die so gewonnenen Kurven lassen sich dann nach dem S. 412 erläuterten Verfahren in die Grundwelle und die Oberschwingungen zerlegen.

e) Messung der Wellenlängen der Grund- und Oberschwingungen erfolgt mittels eines Wellenmessers, der mit einer im unverzweigten Teil des Anodenkreises liegenden Spule $S_\varkappa$ (Abb. 346) gekoppelt wird.

f) Bestimmung des Wirkungsgrades. α) Aus den gemessenen Werten von e_g, i_g, i_w und w berechnet sich

$$\eta = \frac{i_w^2 \cdot w}{e_g \cdot i_g}.$$

β) Kalorimetrisches Verfahren von Preuner und Pungs. Durch Einsetzen der Röhre in ein Kalorimeter (S. 219) werden die gesamten Röhrenverluste $N_v + N_H + N_A + N_G$ gemessen, worauf:

$$\eta_H = \frac{e_g \cdot i_g - N_v}{e_g \cdot i_g}.$$

γ) Optisches Verfahren von Barkhausen. Während die Röhre Schwingungen liefert, bringt man eine Kohlenfadenlampe auf dieselbe Helligkeit, wie das durch Elektronenstoß glühend gewordene Anodenblech. Darauf verhindert man das Entstehen der Schwingungen und ändert bei gleicher Heizleistung die Anodenspannung so lange, bis wieder die Helligkeit des Anodenbleches übereinstimmt mit der unveränderten Helligkeit der Glühlampe. Dann ist die jetzt der Röhre zugeführte Gleichstromleistung gleich dem Anodenverlust N_A, und η_H kann unter Vernachlässigung der Gitterstromverluste nach der letzten Gleichung gefunden werden. Sofern die bei unterbrochenem Schwingungskreis leicht entstehenden kurzwelligen Schwingungen vermieden werden, stimmen die Ergebnisse dieses und des kalorimetrischen Verfahrens auf etwa $2\,^0/_0$ überein.

g) Ermittlung der Bestimmungsstücke des Hochfrequenzkreises. Der experimentellen Untersuchung zur Ermittlung der Bestimmungsstücke des Schwingungskreises eines Röhrensenders legt man nach Vos und Ziegler zweckmäßig folgenden Satz zugrunde, der sich unmittelbar ergibt, wenn man beachtet, daß bei dem vorher erläuterten zeichnerischen Verfahren keinerlei Annahmen über die Wellenlänge und die einzelnen Bestimmungsstücke des Schwingungskreises *II* gemacht waren.

Für eine bestimmte Röhre sind Anodengleichstrom i_g, Ruhestrom i_{A0}, die günstigste Gitterwechselspannung $\mathfrak{E}_G$, die günstigste Anodenwechselspannung $\mathfrak{E}_L$, die Höchstleistung N_2 und der Wirkungsgrad η von der Anordnung des Hochfrequenzkreises und der Wellenlänge λ unabhängige Größen, die nur mit der Anodengleichspannung e_g sich ändern.

Hat man diese Bestimmungsstücke in Abhängigkeit von der Betriebsgleichspannung ermittelt, so lassen sich aus ihnen für einen gegebenen Belastungswiderstand w und eine vorgeschriebene Leistung N_2 die Selbstinduktion der Anoden- und der Gitterkopplungsspule und bei kapazitiver Gitterkopplung die günstigste Gitterkapazität für beliebige Wellenlängen rechnerisch finden.

Dies erfordert die Aufnahme der folgenden Kurven:

$$i_g = f(e_g),\quad i_{A0} = f(e_g),\quad \bar{\mathfrak{e}}_L = f(e_g),\quad \bar{\mathfrak{e}}_G = f(e_g),\quad N_2 = f(e_g),\quad \eta = f(e_g),$$

bei beliebigen, gleichbleibenden Werten von λ und w und verschiedenen Werten der Betriebsgleichspannung e_g.

Für jeden Wert von e_g müssen hierbei nach dem S. 421 erläuterten experimentellen Verfahren diejenigen Werte der Selbstinduktionen der Anoden- und Gitterkopplungsspule oder der Gitterkapazität ermittelt werden, bei denen $\mathfrak{i}_w$ den Höchstbetrag annimmt. Die Spannungen an der Anoden- und der Gitterkopplungsspule oder an der Gitterkapazität werden entweder unmittelbar gemessen, am besten mit einem Röhrenspannungsmesser oder einem Elektrometer, wobei bei kapazitiver Kopplung die Elektrometerkapazität zu berücksichtigen ist, oder aber man berechnet sie aus den durch die Spule und die Kapazität fließenden Hochfrequenzströmen mittels der Beziehungen:

$$\mathfrak{E}_L = \omega \cdot L \cdot \sqrt{2} \cdot \mathfrak{i}_w,\quad \mathfrak{E}_G = \omega \cdot L_{12} \cdot \sqrt{2} \cdot \mathfrak{i}_w = \mathfrak{E}_L \cdot \frac{L_{12}}{L} \tag{237}$$

für rein induktive Gitterkopplung (Abb. 48)

$$\mathfrak{E}_L + \mathfrak{E}_G = \omega \cdot L \cdot \sqrt{2} \cdot \mathfrak{i}_w,\quad \mathfrak{E}_G = \omega \cdot C_G \cdot \sqrt{2} \cdot \mathfrak{i}_w \tag{238}$$

für kapazitive Gitterkopplung (Abb. 49).

$$\mathfrak{E}_L = \omega \cdot L \cdot \sqrt{2} \cdot \mathfrak{i}_w,\quad \mathfrak{E}_G = \omega \cdot L \cdot \sqrt{2} \cdot \mathfrak{i}_w \tag{239}$$

für gemischte Kopplung (Abb. 52).

Trägt man die Werte von e_g als Abszissen auf, so schneiden die einzelnen, obengenannten Kurven auf einer Parallelen zur Ordinatenachse die für einen bestimmten, durch e_g festgelegten Betriebszustand zusammengehörigen Größe ab. Bei bekannten w wird alsdann:

$$i_w = \sqrt{\frac{N_2}{w}},$$

während L und C_G aus vorstehenden Gleichungen sich ergeben.

S. Wellenanzeiger.

I. Einteilung und Zweck der Wellenanzeiger.

1. Einteilung.

Die überaus große Zahl der in der Hochfrequenztechnik verwendeten Hilfsmittel zur Kenntlichmachung der in einem Resonator hervorgerufenen Schwingungen, angefangen beim Hertzschen Funkenmikrometer, bis zu den neuesten Formen der Kathodenstrahlenröhren, macht ein Eingehen auf die Einteilungsmöglichkeiten notwendig. Die zunächst sich aufdrängende Gliederung nach den der Indikatorwirkung zugrunde liegenden physikalischen Gesetzen kann im vorliegenden Falle nicht als zweckmäßig erachtet werden, da hiermit keine Rücksicht auf die praktischen Bedürfnisse genommen wird; vielmehr muß man sich mit der allerdings etwas flüssigen Einteilung begnügen, nämlich in Wellenanzeiger, die

I. eine quantitative Bestimmung der Hochfrequenzströme und Spannungen gestatten und damit für die Meßtechnik besonderen Wert besitzen, und solche, die

II. zwar unmittelbar nur eine qualitative Beobachtung der Schwingungsvorgänge zulassen, von denen die Mehrzahl wegen ihrer größeren Empfindlichkeit jedoch auch zur drahtlosen Nachrichtenübermittlung auf weite Entfernungen geeignet ist.

Als Vertreter der Gruppe I sind zu nennen:

1. Hitzdrahtgeräte (Strommesser, Spannungsmesser, Wattzeiger),
2. Thermoelemente (Thermogalvanometer),
3. Bolometer (Baretter),
4. Elektrometer (Quadranten-, Binanten- und Saitenelektrometer),
5. Röhrenspannungsmesser.

In dem Abschnitt über Strom- und Spannungsmessungen sind diese Meßgeräte ausführlich behandelt.

In Gruppe II sind einzureihen:

a) Die Wellenanzeiger, die nur für qualitative Untersuchungen Verwendung finden können, d. h.:

1. Funkenmikrometer,
2. Ausgepumpte Röhren (Geißler-Röhre, Helium- und Argonröhre),
3. Metallfadenlampen.

Besoders zur Feststellung der Resonanzlage eines schwingungsfähigen Gebildes haben sie eine weite Verbreitung gefunden. Vom meßtechnischen Standpunkte bildet die Untersuchung ihrer Empfindlichkeit, d. h. der Grenzspannung oder des Grenzstromes, bei denen sie eben anzusprechen beginnen, neben der Dämpfung, die sie in den Schwingungskreis hineinbringen, das Hauptinteresse.

b) Die für die Zeichenaufnahme verwendeten Wellenanzeiger. Sie lassen sich wieder sondern in Detektoren, die wie ein in labilem Zustande befindliches Relais wirken, d. h. vorzugsweise auf die Spannungs- oder Stromamplitude der ankommenden Schwingung, und Detektoren, die auf den Integralwert der Schwingungsleistung ansprechen. Danach ergibt sich folgende Einteilung:

a) Momentandetektoren.
  1. Fritter (Mikrophon-Kohärer),
  2. Magnetdetektor.
b) Integraldetektoren.
  1. Elektrolytische Zelle,
  2. Kristall- und Thermedetektoren,
  3. Ticker (Schleifer),
  4. Tonrad,
  5. Kathodenstrahlenröhren (Wehneltröhre, Audion).

Dieser Einteilungsversuch kann jedoch nicht den Anspruch erheben, vollkommen das Wesen des betreffenden Empfängers zu kennzeichnen, da die Wirkung der meisten Wellenanzeiger auf einer Reihe von Einzelerscheinungen beruht, die je nach dem Stoff und dem Aufbau des Detektors mehr oder weniger entwickelt sind. Die oben angeführte Gliederung soll deshalb nur seine hervorstechendste Eigenschaft kennzeichnen.

2. Zweck der Wellenanzeiger.

Ströme sehr hoher Wechselzahl können, ganz abgesehen davon, daß der große induktive Widerstand der Hörerwicklung sie abdrosselt, die schwere Membran des Höres nicht in Bewegung setzen. Auf die dem Morsestrich eines Tonsenders entsprechenden aufeinanderfolgenden und durch Zeitpausen getrennten abklingenden Wellenzüge spricht daher ein Hörer nicht unmittelbar an.

Den Wellenanzeigern fällt nun die Aufgabe zu, die positiven oder negativen Kuppen der Wellenzüge abzuschneiden, d. h. diese Wellenzüge in gleichgerichtete Stromstöße zu verwandeln, die dann unter Vermittlung eines Blockkondensators dem Hörer zugeführt werden und in ihm einen der Funkenzahl entsprechenden Ton erzeugen.

Bei ungedämpften Schwingungen genügt auch diese Gleichrichtung nicht. Die in diesem Fall völlig gleichmäßigen, zusammenhängenden Schwingungen eines Morsezeichens würden auch nach der Gleichrichtung nur einen einmaligen Stoß auf die Hörerplatte bewirken. Sie müssen daher entweder in eine Gruppe von Schwingungszügen zerhackt oder aber in einen langsamen Wechselstrom verwandelt werden. Ticker und Schleifer lösen die erste, das Tonrad die zweite Aufgabe, während beim Überlagerungsempfang zunächst Hochfrequenzschwebungen hervorgerufen werden, die darauf ebenfalls noch durch einen Gleichrichter in gleichgerichtete Stromstöße übergeführt werden müssen.

Die besonderen Eigenschaften und die durch diese bedingte Schaltungsweise der einzelnen Indikatoren wird in dem Abschnitt über Untersuchung von Wellenanzeigern kurz besprochen.

Offenbar ist für jede Detektorschaltung die Forderung zu erfüllen, daß ihr ein Höchstbetrag der ankommenden Senderleistung zuzuführen ist, ohne daß fremde Schwingungserscheinungen eine wirksame Störung auszuüben vermögen. Diese können zweierlei Ursprungs sein. Einmal rufen die atmosphärischen Ladungserscheinungen der Antenne oszillatorische Ausgleichsvorgänge mit der Erde hervor, und weiter können fremde Stationen den Nachrichtenaustausch durch Dazwischentelegraphieren stören, und zwar um so leichter, je stärkere Leistungen sie ausstrahlen und je gedämpfter ihre Wellenzüge sind. Hieraus ergibt sich zunächst, daß das Ziel eines technisch vollkommenen radiotelegraphischen Verkehrs nur dann erreicht werden kann, wenn die Senderstelle schwach gedämpfte elektromagnetische Schwingungen aussendet. Denn ist der Geber stark gedämpft, die Empfangsseite jedoch nur wenig, so schwingt der Empfänger stets in seiner Eigenperiode, welche Welle ihm auch aufgedrückt werden möge. Im umgekehrten Falle überwiegt die Periode der Primärseite die des Sekundärkreises. Demnach verlangt eine wirklich abgestimmte Telegraphie schwach gedämpfte Sender- und Empfängereinrichtungen, die aber nur dann in dem gewünschten Sinne ausgenutzt werden können, wenn auch der Empfangsindikator für die entstehende Schwingungsform besonders geeignet ist. Man erkennt hieraus, wie die Frage der Abstimmfähigkeit zweier Anlagen in engem Zusammenhange steht mit der Natur des wellenempfindlichen Organs, und wie deshalb die auf Augenblickswerte ansprechenden Detektoren (z. B. Fritter) mit der fortschreitenden Entwicklung immer mehr in Fortfall kommen mußten. Auf Grund der Tatsache jedoch, daß für Vorführungszwecke jene Indikatorenformen noch Verwendung finden, sind sie im folgenden ebenfalls kurz berücksichtigt.

II. Untersuchung von Wellenanzeigern.

Was die Untersuchung der Empfänger im einzelnen anbelangt, so sind zunächst die Gesichtspunkte zu erörtern, nach denen ihre praktische Brauchbarkeit zu beurteilen ist. Und zwar empfiehlt sich hier folgende Einteilung:

a) nach der Empfindlichkeit (Dämpfung und Abstimmfähigkeit),
b) nach der Betriebssicherheit des Detektors und seiner Hilfsgeräte.

Dazu kommen noch eine Reihe anderer betriebstechnischer Fragen: ob der Detektor für Hör- oder Schreibempfang brauchbar ist; wieweit eine Steigerung der Telegraphiergeschwindigkeit (Schnelltelegraphie) zulässig erscheint und ob die Möglichkeit der Einrichtung eines selbsttätigen Anrufes vorliegt.

Die nachfolgenden Versuchsanordnungen für die verschiedenen Empfänger sollen die Grundlage für die Durchführung der Versuche nach den soeben allgemein erörterten Gesichtspunkten geben. Nicht berücksichtigt wurde hierbei die Messung des logarithmischen Dämpfungsdekrements der Detektoren, da diese Aufgabe sich durch die im Abschnitt über Dämpfungsmessungen besprochenen Verfahren erledigt.

1. Fritterprüfung.

Der Fritter stellt in unbestrahltem Zustande eine kleine Kapazität dar, die sich beim Auftreffen von Schwingungen in einen Ohmschen Widerstand verwandelt.

Er bedarf, um für den Gleichstrom des Relaiskreises leitend zu werden, einer gewissen Hochfrequenzspannung. Seine Einschaltung in das Empfangsgerät muß deshalb derart erfolgen, daß die Spannungsamplitude der Schwingung an seinen Elektroden einen möglichst hohen Wert erreicht. Diese Forderung wird verwirklicht, wenn man ihn in einen Sekundärkreis einfügt, in dem sich im Resonanzfalle durch passende Abmessung der Selbstinduktion und Kapazität die Spannung bis zu der nötigen Größe in die Höhe pendeln kann. Die Kapazität muß daher sehr klein (50 bis 200 cm), die Selbstinduktion groß gewählt werden. Im übrigen prägt sich diese Erscheinung um so vollkommener aus, je kleiner die schädlichen Dämpfungsursachen im Primär- und Sekundärkreis sind. Gleichzeitig läßt sich für die Kopplung beider Kreise ein günstigster Wert feststellen. (Vgl. S. 476.)

Seine Empfindlichkeit richtet sich nach dem Abstande, der Form und dem Stoff der Elektroden sowie des Frittpulvers. Eine vergleichende Untersuchung der Empfindlichkeit verschiedener Fritter erfolgt zweckmäßig unter Verwendung des vollständigen Sekundärkreises der Empfangseinrichtung, indem der Abstand vom Oszillator oder dessen Schwingungsleistung so lange verändert wird, bis eine Verstellung von einigen Graden an dem zu ihm im Nebenschluß liegenden Drehkondensator das Hinaufpendeln auf den zum Ansprechen nötigen Spannungswert verhindert.

2. Untersuchung eines Magnetdetektors.

Ein durch ein Uhrwerk bewegtes Seilchen aus voneinander isolierten dünnen Eisendrähten läuft vorüber an den Polen von zwei mit gleichnamigen Polen nebeneinanderliegenden permanenten Magneten (Abb. 349) und von da durch die Primärwicklung eines kleinen Transformators, dessen Sekundärwicklung an einen niedrigohmischen Hörer angeschlossen ist.

Abb. 349. Magnetdetektor nach Marconi. Größe: 250 × 46 × 19 mm.

Ähnlich nun, wie der Fritter auf den Scheitelwert der Spannung, spricht der Magnetdetektor auf den Höchstwert des Stromes an. Hierbei erfährt die magnetische Induktion des Seilchens eine sprungweise Änderung, was sich im Hörer als knackendes Geräusch oder bei gleichmäßiger Funkenfolge als Ton äußert. Da hier die entmagnetisierende Amperewindungszahl die Auslösung hervorruft, wird die Primärspule zweckmäßig unmittelbar in die Antenne geschaltet, wobei in jedem einzelnen Falle die Gesamtanordnung daraufhin zu untersuchen ist, ob die Eigendämpfung im richtigen Verhältnis zum wirksamen Widerstande des Luftleiters steht. Ist diese Bedingung nicht erfüllt, so ist eine induktive Schaltung zu wählen. Durch stetige Änderung der Kopplung lassen sich alsdann die günstigsten Betriebsverhältnisse unschwer ermitteln.

Die Untersuchung eines Magnetdetektors hat sich zu erstrecken auf die Messung seines Dämpfungsdekrementes und seiner Empfindlichkeit in Abhängigkeit von der Einstellung der permanenten Magnete und der Umlaufsgeschwindigkeit des Eisendrahtes. Während der erste Versuch schon in dem Abschnitt über Dämpfungsmessungen seine Erledigung gefunden hat, läßt sich die zweite Aufgabe lösen unter sinngemäßer Berücksichtigung der Schaltungen, die S. 468 zur Bestimmung von Telephonempfindlichkeiten angegeben sind.

Aus vorstehendem erkennt man, daß dem Fritter und dem Magnetdetektor die Eigenschaft gemeinsam ist, daß ihr Ansprechen auf einer elektrisch Stoßwirkung beruht und deshalb mit der betriebstechnischen Unsicherheit stets gerechnet werden muß, da ihre Auslösung auch durch plötzlich einsetzende fremde Impulse erfolgen kann.

Im Gegensatz hierzu weisen die folgenden Wellenanzeiger, die man unter dem Sammelnamen Leistungsdetektoren vereinigen kann, dann ihre stärksten Wirkungen auf, d. h. die Lautstärke im Telephon wird am größten, wenn ihnen ein Höchstbetrag von Schwingungsleistung zugeführt wird.

3. Untersuchung einer elektrolytischen Zelle (Schloemilchzelle).

Um eine elektrolytische Zelle anzufertigen, schmilzt man einen 0,02 bis 0,03 mm dicken Platindraht in ein Glasröhrchen ein, entfernt das aus diesem hervorstehende Drahtende und schleift die Glasfläche etwas ab. Das Röhrchen wird als positive Elektrode mit einem dickeren Platindraht, der als negative Elektrode dient, in ein mit Akkumulatorensäure gefülltes Gefäß gesetzt, worauf man beide Elektroden mit einem Spannungsregler verbindet, zwischen dessen Enden eine Spannung von etwa 4 Volt liegt.

Die Wirkung einer solchen durch die Hilfsspannung e erregten elektrolytischen Zelle beruht auf einer bei Wellenbestrahlung auftretenden Depolarisationserscheinung, die ein Anwachsen des primären Gleichstromes zur Folge hat. Dieser bestimmt sich bei abgeschaltetem Hochfrequenzkreise aus der Beziehung

$$i = \frac{e - e_0}{w}, \tag{240}$$

wobei e_0 die Zersetzungsspannung und w den gesamten Widerstand im Gleichstromkreise darstellen. Sobald jedoch eine Reizung des Indikators durch die hochperiodischen Ströme stattfindet, wächst der zugeführte Gleichstrom auf den Wert

$$i' = \frac{e}{w}$$

an.

Verschwindet die Reizung, so stellt sich der alte Zustand wieder selbsttätig her. In gleichen Zeiträumen sich folgende Wellenzüge rufen daher in einem im Detektorkreis liegenden Hörer einen reinen Ton hervor.

Die Einfügung der Zelle in den Sekundärkreis einer Empfangseinrichtung kann in dreifacher Weise erfolgen (Abb. 350, I bis III), wobei C_1 eine große feste Kapazität (Blockkondensator) und C_2 einen veränderlichen Luftkondensator darstellen. Der Blockkondensator, dessen Kapazität zwischen 2000 und 5000 cm gewählt wird, hat als Nebenschluß zum Hörer die Aufgabe, die Hochfrequenzströme durchzulassen und dem Hörer seine Ladungen zuzuführen. Da in der Schaltung I die Zelle den Schwingungsvorgang in außerordentlich geringfügiger Weise dämpft, ist somit eine scharfe und der wirklichen Welle entsprechende Einstellung des geeichten Sekundärkreises möglich, allerdings auf Kosten der Empfindlichkeit der Anordnung. In der Schaltung II ist das Dekrement, das der Detektor in den Schwingungskreis hineinbringt, schon erheblich größer, selbst wenn man die Gleichspannung an die Pole des Blockkondensators C_1 anschließt. Die größte Lautstärke im Hörer fällt daher im allgemeinen nicht mit der richtigen Abstimmung zusammen. Die vorgenommene Einstellung ist daher als Wellenmesserschaltung meist unbrauchbar. In der Schaltung III, die den anderen Grenzfall verwirklicht, verläuft der Stromfluß aperiodisch, und der Detektor bildet die sekundäre Belastung des Empfangstransformators. Hierbei schließt man zweckmäßig den Luftkondensator C_2 kurz und legt die Gleichspannung direkt an die Blockkapazität an. Damit hat man dann die einfachste Empfangsanordnung gewonnen, die zum Aufsuchen der Senderwellen auf der Empfangsstelle eine weite Verbreitung gefunden hat (vgl. Abb. 395, S. 474).

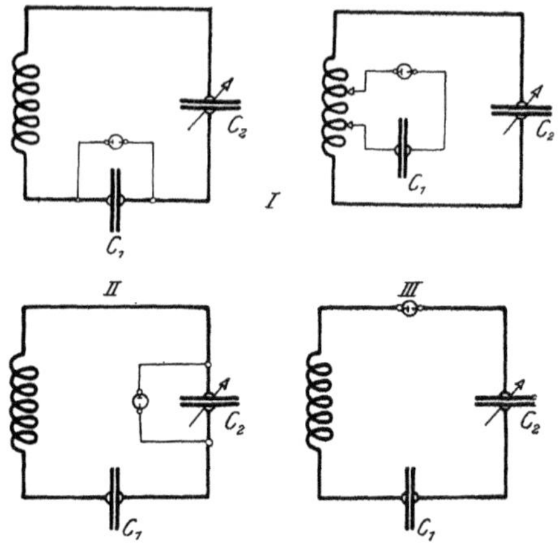

Abb. 350.

In welcher Größe nun die Hilfsspannung einzustellen ist, um die größte Stromänderung beim Auftreffen der Wellen hervorzurufen, läßt sich am besten aus aufgenommenen Kennlinien des Detektors entnehmen, von denen die folgenden von besonderer Bedeutung sind:

a) $e = f(i)$ ohne Wellenbestrahlung,

b) $e = f(i')$ mit Wellenbestrahlung,

c) $e = f(i' - i)$.

Dabei ist jedoch zu beachten, daß die Kennlinie ein und derselben Zelle abhängig ist von folgenden Nebenumständen:

a) ob der Detektor vor dem Versuch unter Spannung gestanden hat und wie lange,

b) ob eine längere Wellenbestrahlung vorausgegangen ist.

Eine vergleichende Untersuchung mehrerer Zellen hinsichtlich ihrer Empfindlichkeit wird in der beistehenden Versuchsanordnung (Abb. 351) derart vorgenommen, daß man durch Veränderung des Abstandes a der Kopplungsspulen die Entfernung feststellt, bei der das Telephon eben noch anspricht. Dabei wird man die Beobachtung machen, daß die Größe der Schwingungsleistung allein noch keinen Maßstab für die Lautstärke abgibt, vielmehr auch die Art der Wellenerzeugung für den Depolarisationsvorgang von entscheidendem Einfluß ist.

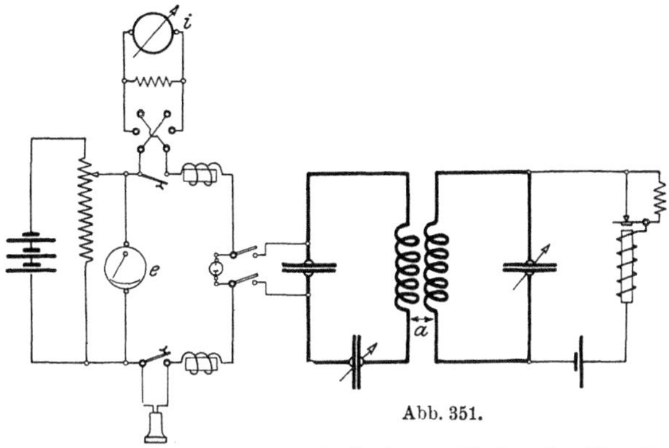

Abb. 351.

4. Untersuchung von Kristalldetektoren.

Von allen Wellenanzeigern der Radiotelegraphie hatten bis kurz vor der Einführung der Kathodenröhren (Audion) die Kristalldetektoren (Abb. 352) in Verbindung mit einem Hörer die größte Verbreitung erlangt. Sie bestehen meist aus zwei Stückchen verschiedener Mineralien oder einem Mineral- und einem Metallstückchen, die mit leichtem Druck aneinandergepreßt werden.

Ihre Verwendung als Wellenanzeiger beruht auf einer ausgesprochenen, von Braun entdeckten Gleichrichterwirkung, zu der sich häufig noch das Entstehen einer thermoelektromotorischen Kraft an der Berührungsstelle der Detektorelektroden gesellt. Nach Untersuchungen von Székely und von Huizinga beruht die Gleichrichterwirkung, ähnlich wie bei der Schloemilchzelle, auf dem Entstehen einer Zersetzungsspannung in einer dünnen, an den Elektroden haftenden Flüssigkeitshaut und Gasschicht.

Die Gleichrichterwirkung und der Wert der zu erzielenden Gleichstromkomponente ist nun von folgenden Größen abhängig:

a) vom Stoff der zur Berührung kommenden Detektorelektroden,
b) von der Elektrodenform,
c) von dem Drucke, mit dem die Pole zusammengepreßt werden,
d) von der Temperatur,
e) von der Größe der Amplitude der auftreffenden Schwingungen,
f) ob eine Gleichstrom-Hilfsspannung Verwendung findet und auf welchen Wert der Grundstrom eingestellt ist.

Als Detektorstoffe, die sich im Betriebe bewährt haben, kommen hauptsächlich die Oxyde und Sulfide in Frage. Als besonders geeignet haben sich die folgenden Zusammenstellungen erwiesen:

Kupferkies-Rotzinkerz oder Aluminium oder Golddraht,
Pyrit-Bronzedraht,
Bleiglanz-Tellur oder Graphit,
Karborund-Metallspitze mit Hilfsspannung,
Silizium-Tellur oder Golddraht,
Molybdänglanz-Silber oder Tellur oder Antimon.

Kupferkiesdetektoren lassen hohen Druck an der Berührungsstelle zu und sind infolgedessen leicht einzustellen. Karborunddetektoren werden meist mit einer besonderen Hilfsspannung betrieben und werden wenig durch Erschütterungen beeinflußt. Molybdänglanzdetektoren sind unempfindlich gegen stärkere Belastungen.

Abb. 352. Karborunddetektor. (Gesellschaft für drahtlose Telegraphie, Berlin.) $^2/_3$ wirkliche Größe.

Ausführungsformen von Kristalldetektoren zeigen Abb. 352 und 353.

Abb. 353. Sechsfach-Silizium-Detektor. (Gesellschaft für drahtlose Telegraphie.) $^3/_4$ wirkliche Größe.

Bei der Prüfung derartiger Kontaktdetektoren wird man oft die Erfahrung machen, daß, wie z. B. bei Pyrit, auch der Fundort des betreffenden Minerals insofern in Frage kommt, als gewisse fremde Beimengungen die Gleichrichterwirkung zu verstärken oder zu schwächen imstande sind, und daß kräftige Wirkungen sich oft auf nur punktförmige Stellen beschränken.

Um sich über die Größenordnung der Gleichrichterwirkung ein Bild zu machen, nimmt man am zweckmäßigsten in beistehender Schaltung Abb. 354 zunächst die Gleichstromkennlinie des Detektors

$$i_g = f(e_g)$$

auf, indem man für verschiedene Spannungswerte e_g die zugehörigen Ausschläge am Stromzeiger i_g für beide Stromrichtungen feststellt.

Abb. 355 zeigt die Kennlinie eines Siliziumdetektors, Abb. 356 die Kennlinie eines Karborunddetektors.

Beruht die Gleichrichterwirkung auf einer Zersetzungsspannung, so gilt auch für den Kristalldetektor Gleichung 240:

$$i = \frac{e - e_0}{w}.$$

Hat man e so weit gesteigert, daß e_0 seinen Grenzwert erreicht hat, so verläuft der weitere Teil der Kennlinie geradlinig. Die Tangente des Winkels der Geraden mit der Ordinatenachse liefert dann w, während e/i den scheinbaren Detektorwiderstand darstellt.

Je größer der Widerstand der Berührungsstelle in der einen Stromrichtung ausfällt, um so vollkommener ist die Gleichrichterwirkung. Es ist einleuchtend, daß hierbei nicht nur die Form der Elektroden von Einfluß sein muß, sondern daß auch der Druck, mit dem sie aufeinanderliegen, für die Empfindlichkeit der Anordnung in Frage kommt. In welcher Weise jedoch die Ausführungsform im einzelnen durchzubilden ist, muß an Hand von Versuchen von Fall zu Fall festgestellt werden. Denn außer der Abhängigkeit von den bisher erwähnten Größen läßt sich bei vielen Zellen eine Art Hysteresis (Nachwirkung) feststellen, d. h. die Güte der Gleichrichterwirkung wird von der Art, der Stärke und der Dauer der vorausgehenden Belastung beeinflußt. Vielfach kann man auch die mehr oder weniger ausgeprägte Erscheinung eines Schwellenwertes und das Vorhandensein einer thermoelektrischen

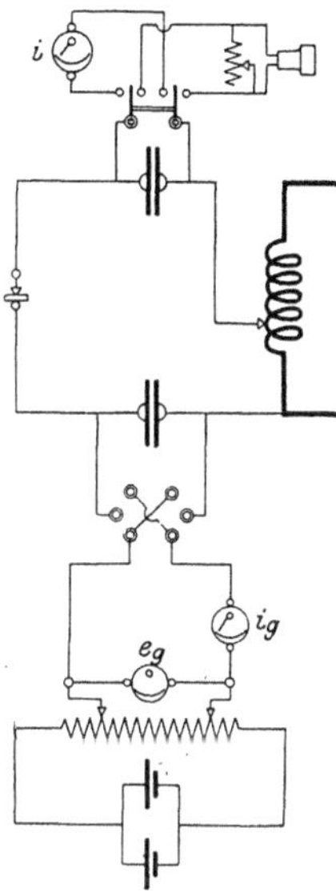

Abb. 354.

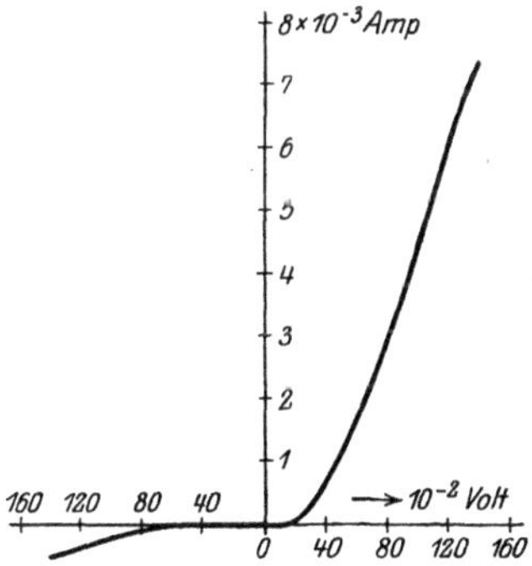

Abb. 355.

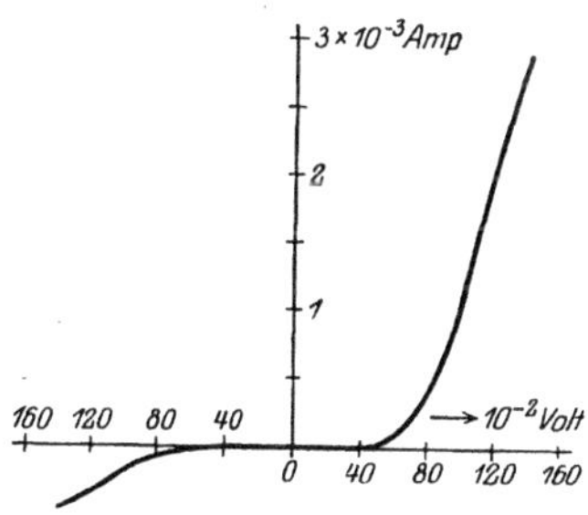

Abb. 356.

Wirkung beobachten. Daß weiterhin der Scheitelwert und der Verlauf des den Detektor erregenden Schwingungsstromes von maßgebendem Einfluß auf seine Empfindlichkeit sein muß, läßt sich schon aus der Form der Gleichstromkennlinie ersehen. Denn stellt man die Hilfsspannung e_g derart ein, daß kleinen Spannungsänderungen nach der einen Richtung große Stromänderungen entsprechen, während die Verhältnisse bei wechselnder Polarität sich gerade umkehren, so wird man einen günstigsten Wert für die Gleichrichterwirkung erhalten. Zur Erzielung größter Lautwirkung im Hörer ist daher bei gleicher Hochfrequenzleistung und Tonhöhe je nach der Größe der Schwingungsweiten und deren weiterem Verlaufe die Gleichstromspannung stets in bestimmter Weise zu wählen. Damit ist ein Mittel gegeben, das nicht nur die Reichweiten der Sender steigert, sondern auch zur Verbesserung der Störungsfreiheit des Empfanges wesentlich beitragen kann. Denn werden von einer Sendestelle die Zeichen von mehreren Senderanlagen zugleich gehört, so gelingt es vielfach, falls man nicht durch Einstellung einer loseren Kopplung unter Verwendung eines oder mehrerer Zwischenkreise von den Störungen freikommt, durch die Einstellung einer passenden Hilfsspannung den Detektor für die gewünschten Zeichen besonders empfindlich zu machen. Voraussetzung hierbei ist jedoch, daß die Schwingungsform der verschiedenen ausgesandten Wellenzüge bezüglich ihrer Amplitudengröße und ihres Dämpfungswertes besondere kennzeichnende Unterschiede aufweisen.

Neben großer Empfindlichkeit fordert der praktische Betrieb vom Kontaktdetektor auch seine völlige Konstanz, damit einmal die Lautstärke der Zeichen nicht nachläßt und zweitens bei Veränderung seines Zustandes fremde Störungen nicht plötzlich verstärkt werden. Kommen Detektoren in Frage, die frei von Einflüssen durch Erschütterungen sein sollen (Flugzeugempfänger), so ist, wie schon erwähnt, der Karborunddetekor mit Hilfsspannung am Platz.

Endlich hat sich die Untersuchung des Detekors darauf zu erstrecken, in welchem Umfange eine Überlastung der Berührungsstelle eintreten darf, ohne daß die vorhandene Gleichrichterwirkung schädlich beeinflußt wird.

5. Untersuchung eines Tickers.

Ungedämpfte Schwingungen können, wie S. 426 erläutert, mit den seither beschriebenen Detektoren mittels Hörers nur aufgenommen werden, nachdem in den Empfangsschaltungen ein Unterbrecher eingeschaltet ist, der die Wellenfolge zerhackt, d. h. mittels Ticker und Schleifer, oder aber mit Hilfe eines Tonrades und endlich mit dem jetzt meist verwendeten Überlagerungsempfänger.

Die von Poulsen herrührende Tickerschaltung (Abb. 357) zeichnet sich aus durch ihre große Empfindlichkeit. Der Ticker selbst (Abb. 358) ist ein elektromagnetischer Unterbrecher, an den bezüglich seiner Unterbrechungszahl und der Art der Kontaktgebung besondere Anforderungen gestellt werden. Ihm fällt die Aufgabe zu, den Telephonkreis periodisch mit dem Sekundärkreis zu verbinden, wobei sich folgende elektrische Vorgänge abspielen:

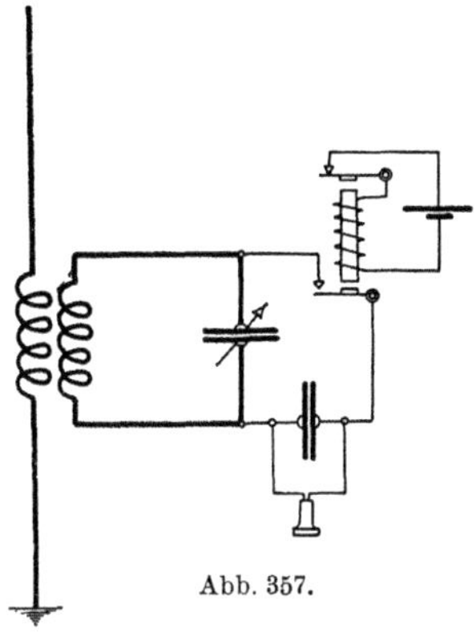

Abb. 357.

Bei geöffnetem Tickerkontakt findet zunächst unter dem Einfluß der erregenden Antennenschwingungen in dem auf gleiche Periode abgestimmten, schwach gedämpften Sekundärkreis so lange eine Amplitudensteigerung statt, bis die zugeführte Leistung gleich der in ihm vernichteten ist. Sobald nun der Tickerkontakt geschlossen wird, ist der Empfangskreis durch den jetzt eingeschalteten

Abb. 358. Peitschenticker (C. Lorenz A.-G., Berlin-Tempelhof). $^3/_4$ wirklicher Größe.

Telephonkondensator verstimmt, die Leistungszufuhr vom Luftleiter her hört auf, und der im Kreis vorhandene elektrische Arbeitsvorrat schwingt von jetzt ab mit kleinerer Periodenzahl hin und her, deren Größe sich aus den veränderten elektrischen Bestimmungsstücken des gesamten Schwingungskreises ergibt. Da weiterhin der Widerstand des Berührungspunktes der Tickerpeitschen mit abnehmender Stromstärke zunimmt, wird der geladen gedachte Telephonkondensator wegen des hohen Eigenwiderstandes des Tickerkontaktes seinen Arbeitsvorrat aperiodisch über den Fernhörer auszugleichen bestrebt sein. Die Wirkung des Tickers gründet sich demnach auf die Veränderung seines Kontaktwiderstandes, der, sofern er klein ist, die Leistungsübertragung vom Schwingungskreis auf den Telephonkondensator nicht hindert, bei

Abb. 359. Schleifer (C. Lorenz A.-G., Berlin-Tempelhof). $^1/_3$ wirklicher Größe.

hohen Werten jedoch ein Zurückströmen der Elektrizität zum großen Teile ausschließt. Da das Telephon auf diese Weise je nach dem Ladungszustand des Kondensators von willkürlich in ihrer Richtung wechselnden Strömen durchflossen wird, ist mit dem Ticker allein kein reiner Ton zu erzielen, selbst wenn die Unterbrechungen den Rhythmus eines musikalischen Tones besitzen. Erst wenn man mit *Hilfe eines Gleichrichters* die Ladung des Kondensators stets in gleichem Sinne vornimmt, *wird im Fernhörer ein Ton hervorgerufen*, der der Unterbrechungszahl des Tickers entspricht. Freilich ist damit eine Einbuße an Empfindlichkeit verbunden.

Obgleich der unmittelbare Tickerempfang eines charakteristischen Tones entbehrt, nimmt er doch insofern eine besondere Stellung unter den Empfängern ein, als er bisher als der *empfindlichste Wellenanzeiger* anzusehen war. Dazu kommt als weiterer Vorzug, daß neben seiner leichten Einstellbarkeit, Betriebssicherheit und Konstanz seine günstigte Kopplung mit der Antenne loser ist als bei allen anderen Leistungsdetektoren und aus diesem Grunde ein weiterer Fortschritt zur Erzielung einer ausreichenden Störungsfreiheit gegeben ist.

Eine andere Ausführungsform des Poulsenschen Tickers stellt der Schleifer (Abb. 359) dar, dessen Wirkungen auf dasselbe hinauslaufen wie die im vorhergehenden beschriebenen Vorgänge. An Stelle des Peitschenunterbrechers ist eine umlaufende Nickelscheibe getreten, auf der ein Golddraht schleift.

Die Untersuchung des Tickers und Schleifers selbst erstreckt sich auf die Bestimmung der Größe der Kapazität, die im Nebenschluß zum Telephon liegt, und die Einstellung der Unterbrechungsvorrichtung oder beim Schleifer der Umlaufszahl der Scheibe. Sie sind so zu wählen, daß sich die größte Lautstärke ergibt.

6. Untersuchung eines Tonrades (Goldschmidt).

Das Tonrad stellt eine außerordentlich regelmäßig arbeitende Unterbrechervorrichtung dar. Auf dem Rande einer gleichmäßig umlaufenden Stahlscheibe von 400 mm Durchmesser, in die 800 Zähne eingefräst sind, schleift als Bürste ein 0,2 mm dickes Bronzeblättchen, das mit dünnem Fließpapier umwickelt ist, um sein Einsinken in die Zahnlücken und Erschütterungen der kleinen Bürste zu verhindern. Die zweite Bürste schleift auf der Mitte des Rades.

Legt man diesen Unterbrecher mit einem Hörer in den Stromkreis einer Wechselstromquelle und wählt die Umlaufszahl des Rades so, daß Periodenzahl ν der Wechselstromquelle und Unterbrechungszahl ν_T einander gleich sind, so arbeitet er als Gleichrichter, der Hörer schweigt, während, wenn ν und ν_T voneinander verschieden sind, in langsamer Folge vorwiegend positive Augenblickswerte des Stromes mit vorvorwiegend negativen abwechseln. Im Hörer vernimmt man infolgedessen einen Ton, dessen Höhe dargestellt ist durch den Unterschied $\nu - \nu_T$. Ist beispielsweise $\nu = 41000$ und beträgt die Umlaufszahl der Scheibe in der Minute 3000, d. h. $\nu_T = \frac{3000}{60} \cdot 800 = 40000$, so hört man im Telephon den Ton 1000, der, wenn ν auf 42000 steigt oder ν_T auf 3900 sinkt, in den Ton 2000 übergeht.

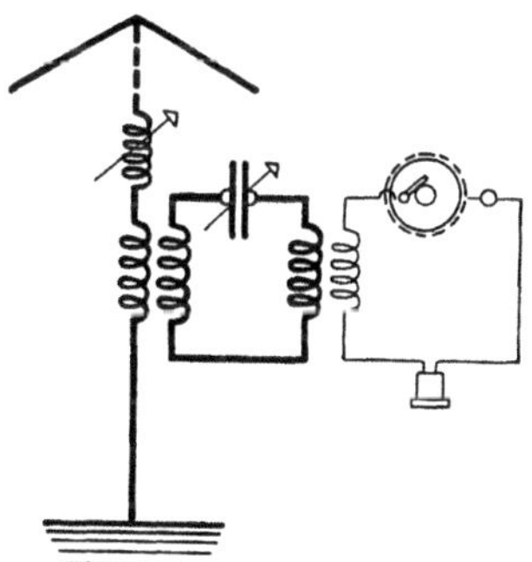

Abb. 360.

Zur Zeichenaufnahme wird das Tonrad in der durch Abb. 360 dargestellten Schaltung mit dem Sekundärkreis einer Empfangseinrichtung verbunden.

Die Prüfung eines Tonrades hat sich zu erstrecken auf die richtige Einstellung der Bürsten, ferner die für den Hörer und den Hörenden günstigste Tonhöhe, die Ermittlung der Empfindlichkeit und Selektivität und der Zeitkurven.

7. Kathodenstrahlenröhren.

a) Die Wehneltröhre.

Die Röhre besteht aus einem nahezu luftleeren Glasgefäß, in das als Glühkathode ein mit Kalziumoxyd bestrichenes Seilchen P aus Platindrähten eingezogen ist (Abb. 361). Als Anode dient ein Nickelblech N oder ein geschlitzter Nickelblechzylinder, der die Kathode umgibt. Die Verwendung der Röhre als Wellenanzeiger beruht auf einer reinen Gleichrichterwirkung (vgl. S. 44).

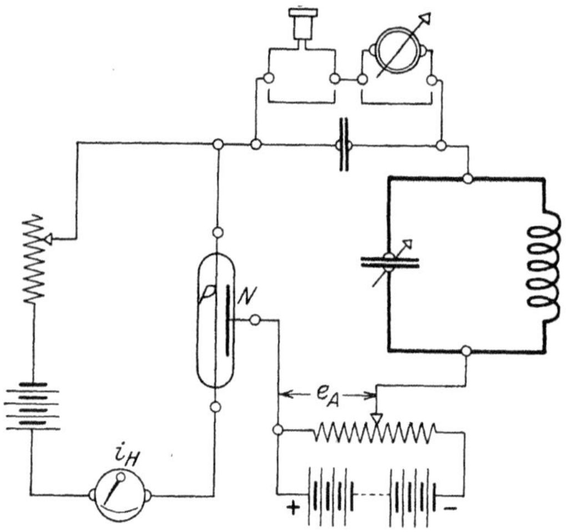

Abb. 361.

Abb. 361 zeigt die erforderliche Schaltung. Der Heizstrom i_H (etwa 5 bis 6 Amp.) und die Hilfsspannung e_A sind so einzustellen, daß größte Empfangslautstärke entsteht.

Die Untersuchung der Röhre, zu der Schaltung Abb. 361 ebenfalls verwendet werden kann, erstreckt sich auf die Aufnahme der Kurven

$$i_A = f(e_A) \quad \text{für} \quad i_H = \text{const.}$$
$$i_A = f(i_H) \quad \text{für} \quad e_A = \text{const.}$$

für verschiedene Werte von i_H im ersten und verschiedene Werte von e_A im zweiten Fall und ferner auf die Ermittlung der günstigsten Werte von i_H und e_A beim Empfang.

b) Eingitterröhren.

α) **Aufbau.** Die neueren Kathodenstrahlenröhren für Empfangszwecke unterscheiden sich von der Wehneltröhre einmal durch das Hinzutreten einer dritten Elektrode, des Gitters, und ferner dadurch, daß aus dem Glasgefäß und sämtlichen in dieses eingebauten Metallteilen alle Gasreste möglichst entfernt sind, d. h. das Vakuum so weit getrieben ist, daß jede Ionisation in Wegfall kommt und infolgedessen der Strom in der Röhre einen reinen Elektronenstrom darstellt.

Die Elektroden werden in den verschiedensten Formen ausgeführt. Vielfach besteht die Kathode aus einem *V*-förmigen oder einem geraden Wolframdraht, dem als Gitter eine flache Drahtspirale in geringer Entfernung (1 mm) gegenübersteht (Tellerröhre, Abb. 364) oder das Gitter ist in Form einer Spirale um den geraden Heizdraht gelegt, die von einem zylinderförmigen Metallblech als Anode umgeben ist (Zylinderröhre, Abb. 365).

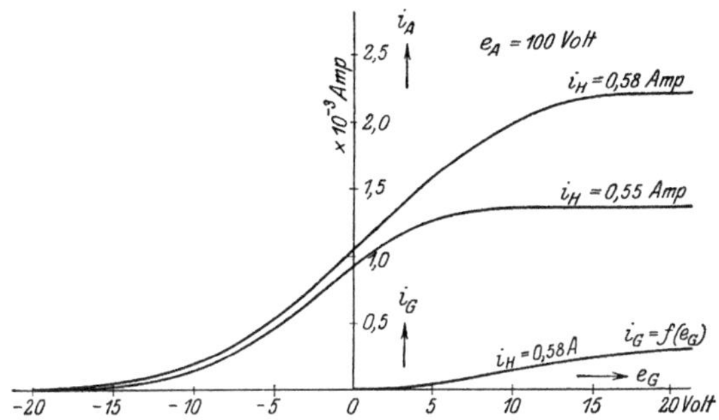

Abb. 362.

In den Empfangseinrichtungen wird die Röhre benutzt als Wellenanzeiger, Verstärker und als Hilfsstromquelle beim Überlagerungsempfang.

β) **Kennlinien.** Die Wirkungsweise dieser Röhren und die Gesichtspunkte für die günstigsten Schaltungen und Betriebsbedingungen lassen sich an Hand von Kennlinien ableiten, die den nämlichen Verlauf haben, wie die Kennlinien der Senderröhren, und die mittels derselben Schaltungen aufgenommen werden können, die auch für die Prüfung der Senderröhren dienen. Nur die Größenordnung ihrer Bestimmungsstücke (Durchgriff, Steilheit, Widerstand, Güte) und der Spannungen und Ströme bewegt sich in anderen Grenzen.

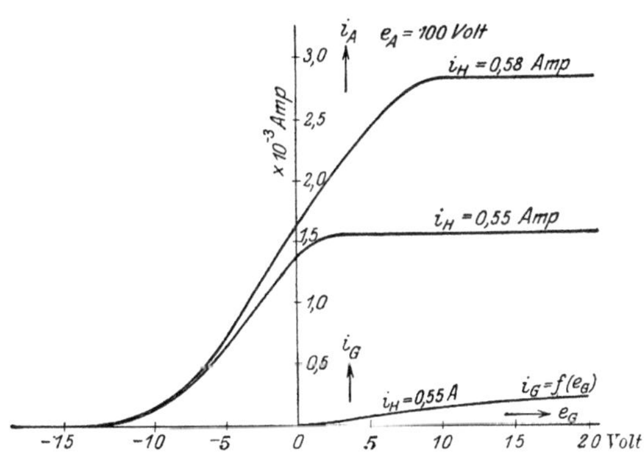

Abb. 363.

Abb. 362 zeigt die Kennlinien $i_A = f(e_G)$ für eine Tellerröhre (Abb. 364), Abb. 363 für eine Zylinderröhre (Abb. 365), bei je zwei Heizstromstärken. Beide Abbildungen enthalten gleichzeitig die Kurve $i_G = f(e_G)$ bei 0,55 Amp. Heizstrom.

Ein Beispiel für die Ermittlung des Bestimmungsstücke einer Verstärkerröhre findet sich S. 394 und 398.

γ) **Die Eingitterröhre als Wellenanzeiger und Gleichrichter.** Für Empfangszwecke kommen für Eingitterröhren zwei Schaltungen in

Frage: die Audionschaltung und die Gleichrichterschaltung, von denen die erste die ausgedehntere Anwendung findet.

1. Audionschaltung. Der Sekundärkreis CL des Empfängers L (Abb. 366) ist einerseits mit dem negativen Pol der Heizbatterie, anderer-

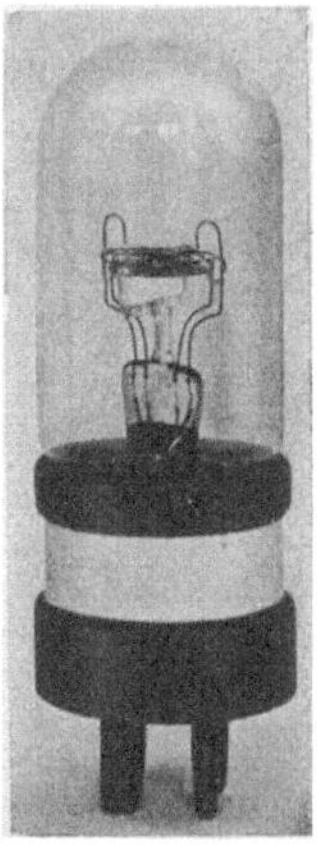

Abb. 364. Tellerröhre. Länge 120 mm. (Gesellschaft für drahtlose Telegraphie, Berlin.)

Abb. 365. Zylinderröhre. Länge 120 mm. (Gesellschaft für drahtlose Telegraphie, Berlin.)

seits über den Gitterkondensator C_G (etwa 1000 cm) mit dem Gitter verbunden. Zwischen Gitter und dem positiven Pol der Heizbatterie ist ein Widerstand w (10^6 Ohm) angeschlossen. Der Hörer liegt unmittelbar oder unter Zwischenschaltung eines Transformators im Anodenkreis.

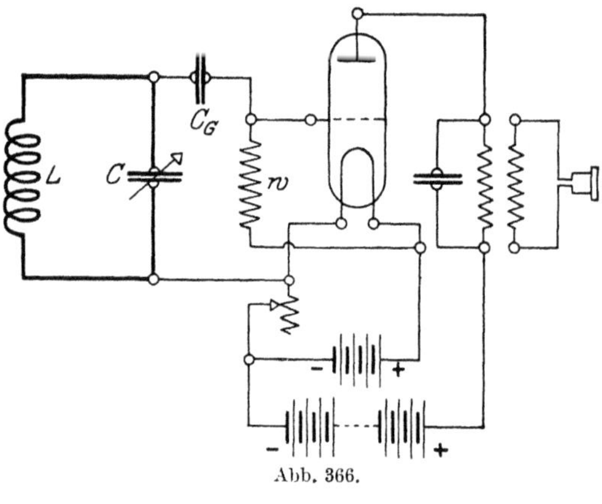

Abb. 366.

Treffen Wellenzüge eines Tonsenders den Empfänger, so sinkt bei jedem Wellenzug der Strom im Anodenkreis oszillatorisch mit der Frequenz der ankommenden Wellen, wie z. B. Aufnahmen mit dem Schleifenoszillographen zeigen, worauf in der Zeit bis zur Ankunft eines neuen Wellenzuges die auf dem Gitter aufgespeicherte negative Elektrizitätsmenge über den Widerstand w abfließt und der Anodenstrom seinen ursprünglichen Wert annimmt. Im Hörer vernimmt man einen Ton, dessen Höhe mit der Zahl der einzelnen Entladungen des Senders, d. h. mit der Gruppenfrequenz, zusammenfällt.

Neben diesen Vorgängen geht eine Verstärkerwirkung einher, die auf den S. 442 geschilderten Erscheinungen beruht.

Die Verstärkerwirkung kann beträchtlich erhöht werden durch die sog. Rückkopplung. Zu dem Zweck wird in Reihe mit der Primärwicklung von T (Abb. 367) eine Spule L_k gelegt, die durch die Spule L' induktiv mit dem Empfangskreis gekoppelt ist. Durch die an sich schon großen Stromschwankungen in L_k entstehen in L' Spannungen, die wesentlich größere Änderungen der Wechselspannung e_G und damit auch eine stärkere Änderung des Wechselstromes i_A im Anodenkreis verursachen als im ersten Fall. Größte Lautstärke erfordert eine sorgfältige Einstellung der Kopplung zwischen L_k und L'. (Vgl. hierzu auch S. 484.)

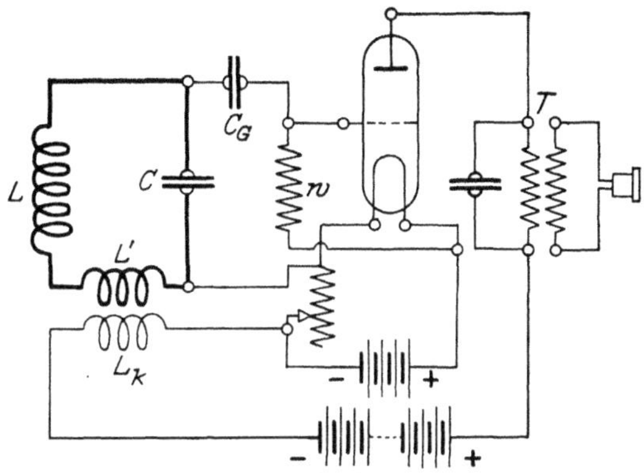

Abb. 367.

Ein Nachteil dieser Schaltung besteht darin, daß bei ihr die Röhre die Neigung hat zu pfeifen, eine Erscheinung, die darauf zurückzuführen ist, daß die Röhre infolge der Rückkopplung zum Schwingungserzeuger werden kann.

2. Gleichrichterschaltung. Hierbei ist der Schwingungskreis LC (Abb. 366) unter Wegfall von C_G und w über eine Hilfsspannungsquelle, die in die Verbindungsleitung von C mit dem Heizfaden gelegt wird, unmittelbar mit dem Gitter verbunden. Die Hilfsspannung wird so gewählt, daß der Arbeitspunkt auf der Kennlinie $i_A = f(e_G)$ entweder sehr hoch, d. h. nahe bei dem Sättigungspunkt, oder sehr tief, d. h. nahe bei der Abszissenachse, liegt. Infolgedessen können im ersten Fall die positiven, im zweiten Fall die negativen Zeitwerte einer sinusförmigen Gitterspannung keine Änderungen des Anodenstromes hervorrufen. In beiden Fällen lagert sich daher im Anodenkreis über den Nullstrom ein gleichgerichteter, stark pulsierender Strom, d. h. die Röhre arbeitet als Gleichrichter.

δ) **Die Eingitterröhre als Verstärker.** Soll die Röhre ausschließlich als Verstärker verwendet werden, so kann man entweder unmittelbar die Hochfrequenzströme verstärken oder aber man verstärkt erst die durch einen Wellenanzeiger, z. B. einen Kristalldetektor gewonnenen Niederfrequenzströme. Die erste Anordnung, die keine Transformatoren erfordert, eignet sich hauptsächlich zur Aufnahme von sehr schwachen Zeichen, z. B. zum Empfang mit der Rahmenantenne.

Die Erscheinung, daß eine Gitterröhre als Verstärker verwendet werden kann, erklärt sich aus ihrer S. 51 geschilderten Wirkungsweise als Wechselstromquelle mit Fremderregung. Eine an das Gitter angelegte Wechselspannung erzeugt hierbei im Anodenkreis einen Wechselstrom, der wesentlich größere Leistung führt als der Gitterstrom, und die von der Anodenbatterie geliefert wird.

Erteilt man nun dem Gitter ein so hohes negatives Potential gegen den Heizdraht, daß es auch bei den positiven Scheitelwerken der Gitterwechselspannung — bei Verstärkern wenige Tausendstel Volt — Elektronen nicht mehr aufzunehmen vermag, so verschwindet der Strom i_G im Gitterkreis bis auf einen kleinen Rest, der als Ladestrom dem Gitter zufließt. Die Änderungen des Anodenstromes werden alsdann durch Spannungsänderungen am Gitter bewirkt, mit denen kein Leistungsverbrauch verbunden ist, d. h. durch reine Kondensatorladungen. Die Wechselstromleistung im Anodenkreis entsteht somit, wenn $i_G = 0$, durch eine reine Auslösewirkung der Gitterwechselspannung.

Diese erste Hauptbedingung für größte Verstärkung:

$$i_G = 0$$

kann erfüllt werden entweder durch eine Hilfsspannungsquelle im Gitterkreis, mit der die Gittergleichspannung auf $e_G = -1$ Volt gebracht wird oder, was meist geschieht, dadurch, daß man Heizwiderstand und Gitterkreis am negativen Pol der Heizstromquelle abzweigt, wobei der Glühfaden auf seiner ganzen Länge positives Potential gegen das Gitter erhält.

Große Verstärkung verlangt ferner große Stromänderung Δi_A bei gegebenem Δe_G. Da die Abszisse des Arbeitspunktes der Röhre bereits durch den obengenannten Wert $e_G = -1$ Volt festgelegt ist und der Arbeitspunkt daher immer in den Schnittpunkt der Kennlinie $i_A = f(e_G)$ mit einer Parallelen zur Ordinatenachse im Abstande $e_G = -1$ fällt, so ergibt sich als

zweite Bedingung für größte Verstärkung: die Anodenspannung e_A muß so gewählt werden, daß die Kennlinie $i_A = f(e_G)$ derart verschoben wird, daß der Arbeitspunkt auf den steilsten Teil der Kennlinie rückt.

Erhöht man alsdann die Anodenspannung, so verschiebt sich die Kennlinie nach Gl. (7), S. 50 um $D \cdot e_A$ nach links (vgl. Abb. 45, S. 49). Der Arbeitspunkt wandert mithin in flachere Teile der Kennlinie. Die Verstärkung nimmt ab und verschwindet völlig, wenn der Arbeitspunkt den Sättigungspunkt der Kennlinie erreicht hat. Durch Änderung von e_A ändert sich sonach auch die Verstärkung. Sie wächst von Null auf einen Höchstwert und nimmt wieder ab, wenn man, von kleinen Werten von e_A ausgehend, e_A allmählich steigert (s. Abb. 387, S. 464), eine Erscheinung, die sich besonders leicht bei kleinen Heizströmen beobachten läßt.

Nicht unwesentlich ist auch die Änderung der Verstärkung mit dem Heizstrom i_H, wie sich aus der verschiedenen Steilheit der Kurven in den Abbildungen 40, S. 45; 44, S. 49 und 362, 363, S. 439 ergibt.

Da endlich die Röhre sich wie eine Wechselstromquelle verhält, deren innerer Widerstand gleich dem Röhrenwiderstand R_A zwischen Anode und Kathode ist, und die auf einen äußeren Widerstand R_a arbeitet, erhält man die Höchstleistung im Anodenkreis, wenn

$$R_a = R_A,$$

eine Beziehung, die die dritte Bedingung für größte Verstärkung darstellt.

Das Folgende mag die vorangegangenen, mehr physikalischen Überlegungen nach der rechnerischen Seite ergänzen.

Im geradlinigen Teil der Kennlinie ist unmittelbar $\Delta i_A = S \cdot \Delta e_G$. In diesem Bereich wird sonach der Zeitwert $\mathfrak{i}_{At}$ des Wechselstromes im Anodenkreis

$$\mathfrak{i}_{At} = S \cdot \mathfrak{e}_{Gt}.$$

Die Anodenspannung ist jedoch nicht konstant, sie erfährt vielmehr durch den Spannungsverlust in dem Widerstand R_a, der in Reihe mit der Anodenbatterie liegt, mit wachsendem Anodenstrom eine Abnahme. Infolgedessen ist der Anodenstrom abhängig von den zwei Veränderlichen $\mathfrak{e}_G$ und $\mathfrak{e}_A$, d. h. dargestellt durch die Gleichung

$$\mathfrak{i}_A = f(\mathfrak{e}_G, \mathfrak{e}_A).$$

Aus ihr ergibt sich der Einfluß von R_A und R_a auf $\Delta \mathfrak{i}_A$, wenn man bildet:

$$d\mathfrak{i}_A = \frac{\partial f}{\partial \mathfrak{e}_G} \cdot d\mathfrak{e}_G + \frac{\partial f}{\partial \mathfrak{e}_A} \cdot d\mathfrak{e}_A,$$

woraus, da

$$\frac{\partial f}{\partial \mathfrak{e}_G} = S, \qquad \frac{\partial f}{\partial \mathfrak{e}_A} = \frac{1}{R_A}, \qquad d\mathfrak{e}_A = -R_a \cdot d\mathfrak{i}_A,$$

folgt:

$$d\mathfrak{i}_A = \frac{S}{1 + \frac{R_a}{R_A}} \cdot d\mathfrak{e}_G. \tag{241}$$

Durch den äußeren Widerstand im Anodenkreis wird sonach di_A auf das $\frac{1}{1+\frac{R_a}{R_A}}$ fache verkleinert.

Ein anderes wichtiges Ergebnis gewinnt man, wenn man Gl. (241) in die Form bringt:

$$R_A \cdot S \cdot e_G = (R_A + R_a) \cdot i_A$$

oder

$$i_A = \frac{R_A \cdot S}{R_A + R_a} \cdot e_G,$$

woraus folgt:

$$i_A = \frac{\frac{e_G}{D}}{R_A + R_a}, \tag{241a}$$

da

$$D \cdot R_A \cdot S = 1. \tag{242}$$

Diese, zuerst von Barkhausen und Schottky abgeleitete Gleichung (241a) besagt:

Eine Gitterröhre verhält sich wie eine Wechselstromquelle mit dem inneren Widerstand R_A, die auf einen äußeren induktionsfreien Widerstand R_a geschlossen ist und die elektromotorische Kraft $\frac{e_G}{D}$ besitzt.

Ist $R_a = \infty$, d. h. $i_A = 0$, so wird die Anodenwechselspannung

$$e_A = \frac{e_G}{D},$$

d. h. das $\frac{1}{D}$ fache der Gitterwechselspannung. Kleiner Durchgriff liefert sonach erhebliche Verstärkung der Gitterwechselspannung.

Für eine Röhre, in deren Anodenkreis eine Spule mit dem Induktionskoeffizienten L (Hörer, Transformatorwirkung) liegt, wird die wirksame Wechselstromstärke i_A:

$$i_A = \frac{\frac{e_G}{D}}{\sqrt{(R_A + R_a)^2 + \omega^2 \cdot L^2}}.$$

Wie für jede Stromquelle erreicht auch die von einer Röhre abgegebene Leistung einen Höchstwert N_h, wenn $R_a = R_A$, der, wie eine einfache Rechnung zeigt, sich ergibt zu:

$$N_h = \frac{e_G^2}{4\,D^2 \cdot R_A},$$

wenn im Anodenkreis ein induktionsfreier Widerstand liegt.

Um die beste Verstärkerwirkung zu erzielen, soll dieser Höchstwert immer angestrebt werden. Hat man ihn durch passende Wahl der Betriebsbedingungen erreicht, so kann das Verhältnis

$$\frac{4 N_h}{e_G^2} = G_R \qquad (243)$$

als Maß für die Verstärkerwirkung der Röhre dienen.

Man bezeichnet G_R nach Barkhausen als Güte der Röhre. Sie läßt sich aus den Bestimmungsstücken der Röhre mittels der Gleichungen

$$G_R = R_A \cdot S^2 = \frac{S}{D}$$

berechnen und sie stellt nach Gl. (243) die vierfache Wechselstromhöchstleistug N_h der Röhre bei 1 Volt Gitterwechselspannung dar.

Als Maß für die durch die Röhre erzielte Leistungsverstärkung dient der Verstärkungsgrad

$$V_N = \sqrt{\frac{N_v}{N_u}}, \qquad (244)$$

wo N_v die verstärkte, N_u die unverstärkte Leistung bedeutet.

Bei Hochfrequenzverstärkung soll $N_u = 0$ sein, d. h. es wäre $V_N = \infty$. V_N verliert daher in diesem Fall seine Bedeutung als Verstärkungsmaß. An seine Stelle könnte man setzen das Verhältnis:

$$\frac{e_A}{e_G} = \frac{1}{D}. \qquad (244\text{a})$$

Die Verstärkung wird in diesem Fall sonach um so größer ausfallen, je kleiner D ist, und sie ist von der Steilheit unabhängig. Die Unabhängigkeit von der Steilheit ist jedoch nur eine scheinbare. Denn man strebt die Höchstleistung N_h an, was verlangt, daß $R_a = R_A$. R_A aber ändert sich nach Gl. (242) mit S und wird immer größer, je mehr man sich auf der Kennlinie $i_A = f(e_G)$ dem Sättigungsstrom nähert. Große Werte von R_A aber verbieten sich durch die Schwierigkeiten, die es macht, mit hohen Werten von R_a zu arbeiten, ganz abgesehen davon, daß in der Nähe des Sättigungspunktes Δi_A und damit auch die Verstärkung auf immer kleinere Werte sinkt. Ein Bild von dem Verstärkungsvermögen einer Röhre allein gibt nur die Güte G_R, in der auch wieder die Abhängigkeit von S zum Ausdruck kommt.

Bei Niederfrequenzverstärkung werden die Hochfrequenzströme zunächst durch einen Gleichrichter in Niederfrequenzströme verwandelt und darauf der Primärwicklung eines Transformators zugeführt, dessen Sekundärwicklung mit dem Gitterkreis verbunden ist (vgl. Abb. 378, S. 452).

Der Detektor stellt alsdann die Stromquelle für die Primärseite des Transformators dar. Damit letzterer den Höchstwert der Leistung aufnimmt, muß

$$w_D = w_{1T}$$

sein, wo w_D den Detektorwiderstand, w_{1T} den Wechselstromwiderstand der Primärwicklung des Transformators bedeutet.

Auch bei der Niederfrequenzverstärkung wird dem Gitter negatives Potential gegen die Kathode erteilt. Infolgedessen verschwindet der Gitterstrom und der Transformator ist sekundär unbelastet.

Die erreichbare Verstärkung ist aber jetzt nicht nur von der Güte der Röhre, sondern auch von der Güte G_T des Transformators abhängig. Als Maß für die Güte des Transformators dient nach Barkhausen die Größe

$$G_T = \frac{e_G^2}{N_{1T}}. \tag{245}$$

Sie kann aufgefaßt werden als der reziproke Wert derjenigen Leistung N_{1T}, die primär dem Transformator zugeführt werden muß, damit an seinen Sekundärklemmen eine Spannung von 1 Volt entsteht. Für Verstärkertransformatoren hat G_T die Größenordnung von $\frac{1}{10^3}$, d. h. $\frac{1}{10^6}$ Watt würden eine Sekundärspannung von 1 Volt liefern.

Sind die Versuchsbedingungen so gewählt, daß für den Anodenkreis $R_a = R_A$, d. h. daß in ihm der Höchstwert der Leistung

$$e_A \cdot i_A = \frac{G_R \cdot e_R^2}{4}$$

entsteht, so wird der gesamte Verstärkungsgrad für Niederfrequenzverstärkung:

$$V_N = \sqrt{\frac{e_A \cdot i_A}{N_{1T}}} = \frac{1}{2}\sqrt{G_R \cdot G_T}. \tag{246}$$

Für $G_R = 10^{-3}$, $G_T = 10^{-3}$ erhält man sonach: $V_N = \frac{1}{2}\sqrt{1000} \sim 16$ fach. In Wirklichkeit erreichbar ist nur $V_N = 10 \div 15$ fach.

Bei Dreiröhrenniederfrequenzverstärkern beträgt die Primärspannung e_1 des Eingangstransformators etwa $e_1 = 10^{-6} \div 10^{-7}$ Volt, und bei einem Wechselstromwiderstand der Primärwicklung von 1000 Ohm der Primärstrom $i_1 = 10^{-9} \div 10^{-10}$ Amp., die Primärleistung $N_1 = 10^{-15} \div 10^{-17}$ Watt. Die entsprechenden Ausgangsgrößen des Verstärkers sind etwa 10^{-4} Volt, 10^{-7} Amp., 10^{-11} Watt.

ε) Messungen an Eingitterröhren. Da der Beurteilung der Wirkungsweise von Empfangsröhren die nämlichen Kennlinien zugrunde gelegt werden können, aus denen sich auch die Wirkungsweise der Senderröhren ergibt, läßt sich ihre Prüfung in derselben Weise und mit den gleichen Schaltungen durchführen wie die der Senderröhren.

Die Prüfung hat sich daher zunächst zu erstrecken auf die S. 388ff. erläuterten Messungen.

Zahlenbeispiele hierfür finden sich S. 394 und 398.

Weitergehende Versuche dienen zur Ermittlung der Zeitkurven von Strom und Spannung in den einzelnen Kreisen. Diese Kurven können auch mit dem Schleifenoszillographen aufgenommen werden, wenn man die Periodenzahlen genügend verringert.

c) Zweigitterröhren.

α) Wirkungsweise. Die Güte G_R einer Röhre kann auf den 10fachen, die Leistungsverstärkung V_N auf den 3fachen Betrag gegenüber Eingitterröhren gesteigert werden durch den Einbau eines zweiten Gitters G', das nach Schottky entweder als Raumladegitter G' zwischen Brenner und das ursprüngliche Steuergitter G (Abb. 368) oder als Schutzgitter G' zwischen Anode und G (Abb. 369) gesetzt wird.

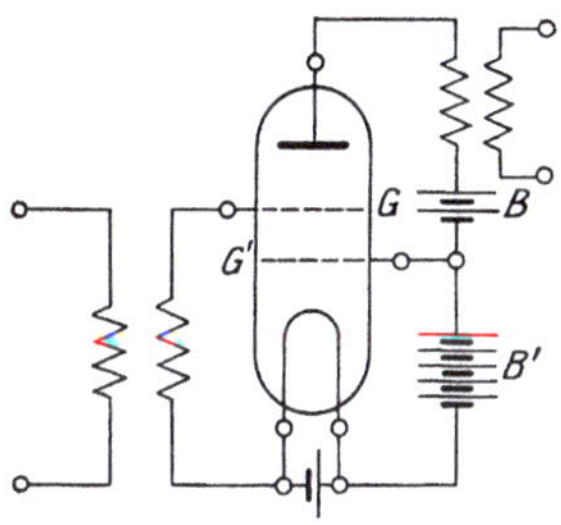

Abb. 368.

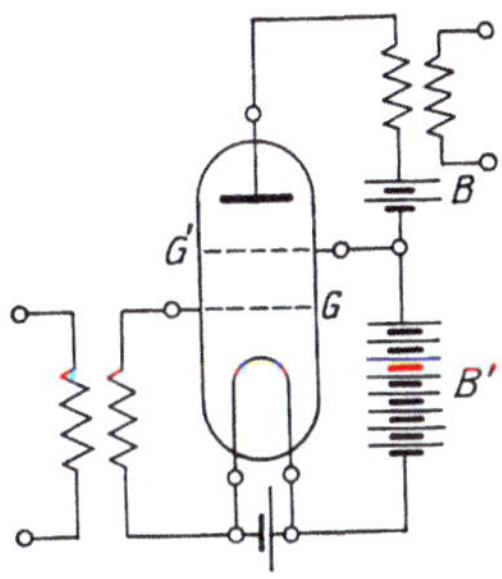

Abb. 369.

Soll die Verstärkung nicht erhöht werden, so ermöglicht das zweite Gitter die Verwendung kleinerer Anodenspannungen.

Das Raumladegitter, das auf positives Potential gebracht wird, verringert die Raumladewirkung, die bei kleinen Anodenspannungen das Entstehen stärkerer Anodenströme hindert.

Das Schutzgitter soll den schädlichen Einfluß der Anodenrückwirkung mildern, der in Gl. (242) dadurch zum Ausdruck kommt, daß der Anodenwechselstrom umgekehrt proportional dem Durchgriff ist. An Stelle von Gl. (7), S. 50, tritt für die Röhre:

$$i_e = c_1 \cdot [e_{G'} + D_{G'} \cdot (e_G + D \cdot e_A]^{3/2}, \tag{247}$$

wo $D_{G'}$ den Durchgriff des Schutzgitters bedeutet.

G' soll ferner möglichst wenig Elektronen abfangen und sein Durchgriff $D_{G'}$ groß sein. Dies bedingt grobe Gitter mit schmalen Stegen, die senkrecht zur Elektronenbewegung geringe Ausdehnung haben.

Dadurch geht die ursprüngliche Kennlinie *I* (Abb. 370) in die viel steiler verlaufende Kurve II über und die Änderung des Anodenstromes bei der nämlichen Änderung Δe_G der Gitterspannung wächst von Δi_A auf $\Delta' i_A$. Wegen seiner großen Nähe an der Kathode genügt schon eine kleine Spannung, um eine kräftige Wirkung zu erzielen. Das zweite Gitter wirkt wie eine Vergrößerung der Kathode, wodurch die Raumladewirkung verringert wird.

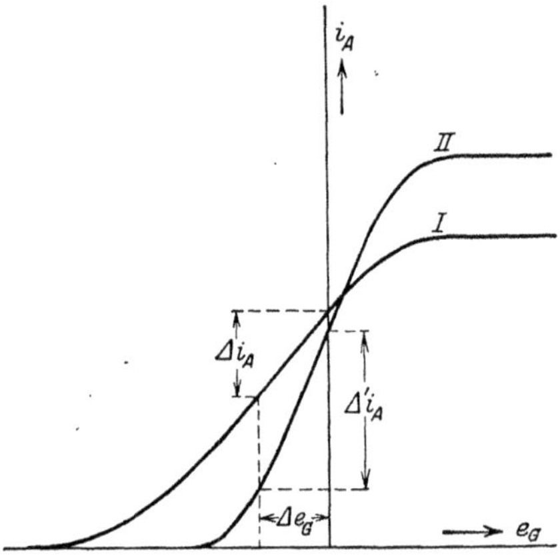

Abb. 370.

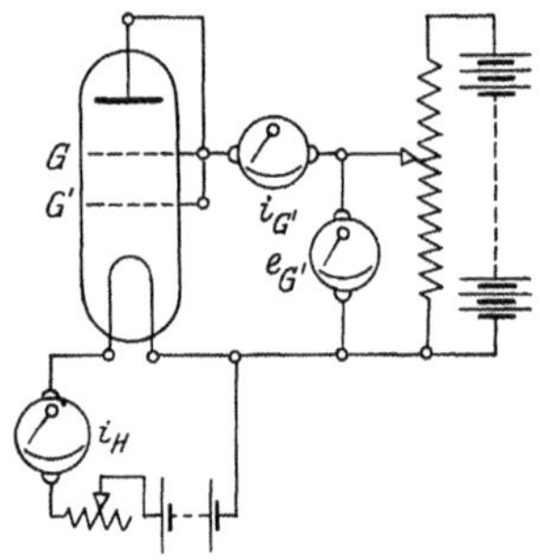

Abb. 371.

β) Untersuchung einer Röhre mit Raumladegitter. 1. Ermittlung der günstigsten Spannung $e_{G'}$ des Raumladegitters. Hierzu dient Schaltung Abb. 371. Anode *A*, Gitter *G* und Raumladegitter *G'* werden untereinander verbunden und dadurch auf gleiches Potential gebracht. Aufzunehmen sind die Kurven:

$$i_{G'} = f(e_{G'})$$

für verschiedene, konstant zu haltende Heizströme i_H, i'_H, $i''_H \ldots$

Als günstigste Spannungen $e_{G'}$ gelten für die einzelnen Heizströme die Spannungen $e_{G'}$, $e'_{G'}$, $e''_{G'}$ (Abb. 372), bei denen der Sättigungspunkt gerade überschritten wird.

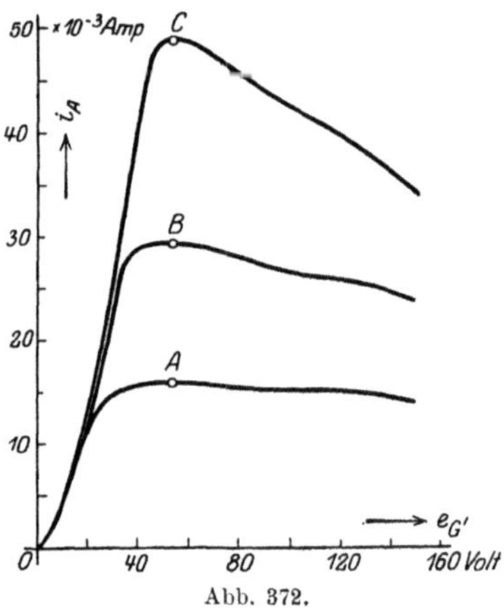

Abb. 372.

2. Aufnahme der statischen Kennlinien

$$i_A = f(e_G), \quad i_{G'} = f(e_G)$$

für

$$i_H = \text{const.}, \quad e_A = \text{const.}, \quad e_{G'} = \text{const.}$$

Die erforderliche Schaltung zeigt Abb. 373.

Man beginnt die Messung mit der größten, für die Röhren in Betracht kommenden negativen Spannung e_G, in Abb. 374 z. B. — 15 V, und ändert diese sprungweise auf $+ e_G$.

Bei -15 V ist der Durchtritt der Elektronen durch das Gitter gesperrt und $i_A = 0$. Von da an wächst i_A langsam, worauf die Kurve sehr steil ansteigt. Der Raumladegitterstrom $i_{G'}$ verläuft umgekehrt. In dem Maße, als i_A wächst, nimmt $i_{G'}$ ab, wobei für jeden Wert von e_G

$$i_A + i_{G'} \sim \text{const.}$$

$i_A + i_{G'}$ kann mit einem besonderen Strommesser bestimmt werden.

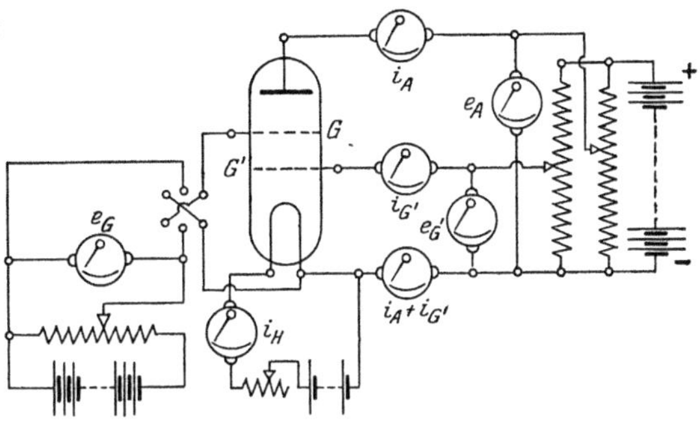

Abb. 373.

In Abb. 374 sind die beiden Kennlinien einer Röhre wiedergegeben.

3. Untersuchung der Röhre in der Gleichrichterschaltung Abb. 375. Die Zweigitterröhren liefern in Verbindung mit gewöhnlichen Verstärkern nicht nur eine weitere, ganz erhebliche Verstärkung, sie finden auch Verwendung als Gleichrichter zum Betriebe von Schreibern mittels Relais (vgl. S. 498, Abb. 415). Um gute Gleichrichterwirkung zu erzielen, muß an das Gitter G ein so hohes negatives Potential gelegt werden, daß der Durchtritt von Elektronen durch das Gitter nach der Anode gerade verhindert wird. Hierzu dient die Gleichstromquelle e_G, deren Spannung aus der Kurve $i_A = f(e_G)$ Abb. 374 entnommen werden kann und die so gewählt wird, daß $i_A = 0$, während die Spannung e_G' zwischen Kathode und Gitter G' aus den Kurven Abb. 372 zu entnehmen, d. h. je nach der Heizstromstärke gleich den den Punkten A, B, C entsprechenden Werten von e_G' zu wählen ist. Eine am Gitter liegende Wechselspannung liefert alsdann im Anodenkreis einen pulsierenden Gleichstrom, dessen wirksamer Wert mittels des im Anodenkreis ein-

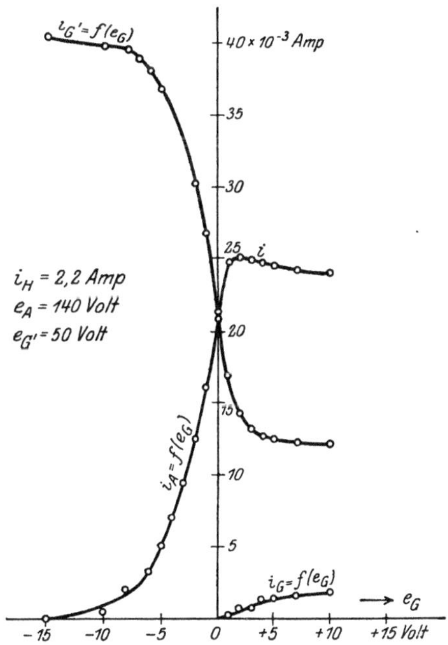

Abb. 374.

geschalteten Strommessers gefunden werden kann. Die Zeitkurve $\mathfrak{i}_{At}=f(t)$ läßt sich aus der statischen Kennlinie mittels des S. 409 erläuterten zeichnerischen Verfahrens finden.

4. Aufnahme der dynamischen Kennlinien. Die wichtigsten Kennlinien sind

$$\mathfrak{i}_A = f(\mathfrak{e}_G), \qquad \mathfrak{i}_{RG} = f(\mathfrak{e}_G)$$

für

$$i_H = \text{const.}, \qquad e_A = \text{const.}, \qquad e_G = \text{const.}, \qquad e_{G'} = \text{const.}$$

Die Kurven werden mit der Schaltung Abb. 375 aufgenommen. Dabei ist die Gegenspannung e_G so zu wählen, daß für $\mathfrak{e}_{G'}$ der Nullpunkt der statischen Kennlinie erreicht wird, worauf man die wirksame Wechselspannung $\mathfrak{e}_{G'}$ sprungweise von 0 bis zu dem für die Röhre vorgeschriebenen Höchstbetrag ändert.

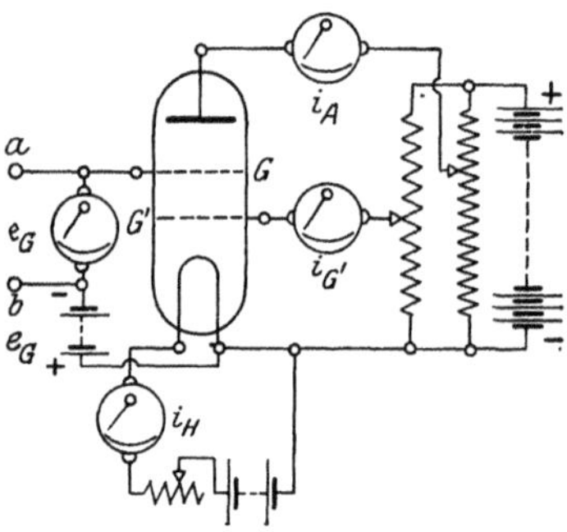

Abb. 375.

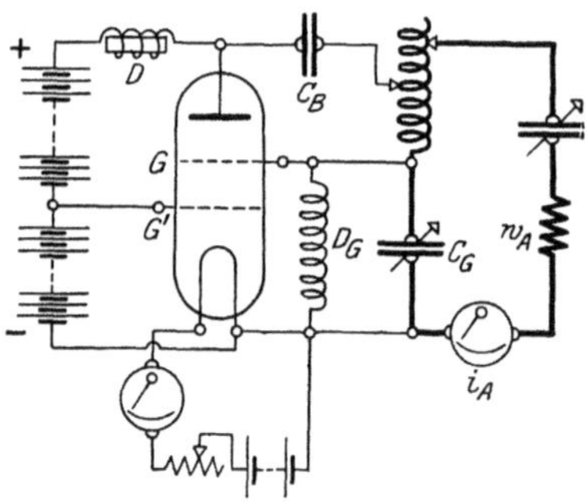

Abb. 376.

5. Will man ausnahmsweise auch die Röhre als Schwingungserzeuger verwenden, so kann die Schaltung Abb. 376 benutzt werden. Die Spannung zwischen Kathode und Raumladegitter ist hierbei nach den S. 448 angegebenen Gesichtspunkten (Abb. 372) zu wählen.

8. Kathodenröhrenverstärker.

a) Schaltungen und Aufbau.

Vor Einführung der Kathodenröhren hatte die Verstärkerfrage eine wenigstens einigermaßen befriedigende Lösung durch die verschiedenen Formen von mechanischen Verstärkern gefunden, von denen sich hauptsächlich der Resonanzverstärker von Schloemilch und der Mikrophonverstärker von Brown einer größeren Verbreitung erfreuten.

Ihre Vorzüge lagen in den kleinen Betriebsspannungen, die sie erforderten, und ihrer hohen Lebensdauer, ihre Nachteile in der Geschicklichkeit, die ihre Einstellung und Handhabung verlangten.

Den hohen Anforderungen, die heute an die Betriebssicherheit eines Verstärkers gestellt werden, waren sie nicht gewachsen und sie wurden deshalb völlig verdrängt durch die Röhrenverstärker mit reiner Elektronenemission, deren Entwicklung sich aufbaut auf die Eingitterröhre von v. Lieben mit nicht vollkommenem Vakuum. Man benutzt diese Röhren in zwei Schaltungen.

In der Hochfrequenzschaltung werden die vom Sender einlaufenden Hochfrequenzschwingungen unmittelbar der Röhe zugefuhrt, verstärkt und dann erst in Niederfrequenzströme verwandelt, während in der Niederfrequenzschaltung zunächst eine Umwandlung in gleichgerichtete Stromstöße erfolgt, die darauf durch Transformatoren eine Umwandlung in Niederfrequenzwechselspannungen erfahren, die der Röhre zugeführt werden.

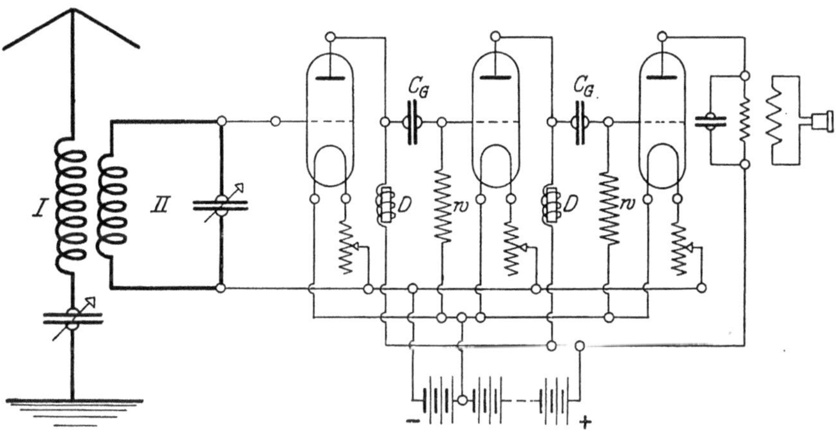

Abb. 377.

α) **Hochfrequenzverstärker.** Abb. 377 zeigt die aperiodische Schaltung für dreimalige Verstärkung. Der abstimmbare Kreis II ist mit dem Empfangsleiter *I* gekoppelt. Die Widerstände im Heizdraht sind auf der negativen Seite der Heizbatterien eingeschaltet, um dem Gitter negatives Potential gegen den Glühfaden zu erteilen und damit den Ruhepunkt in den negativen Teil des Koordinatensystems zu verlegen, wodurch Gitterstrom und Leistungsverbrauch verschwindend klein werden. Die Kondensatoren C_G halten die positive Anodenspannung vom Gitter fern. *D* sind Drosselspulen, die den Gleichstromkreis gegen Hochfrequenzströme verriegeln. Ihre Wechselstromwiderstände müssen groß sein gegen den inneren Widerstand der Röhre, sie erhalten daher Selbstinduktionskoeffizienten von der Größenordnung 10^6 cm. An Stelle der Drosseln können auch Graphitwiderstände von 10^6 Ohm verwendet werden. Die Widerstände *w* von 10^6 Ohm dienen dazu, die beim Auftreffen von Wellenzügen ansteigende negative Ladung des Gitters beim Abklingen immer wieder auf den ursprünglichen Betrag zurückzuführen. Hierzu eignen sich Graphit- oder Silitwiderstände.

Meist werden die Hochfrequenzverstärker mit fünf Röhren ausgerüstet. Die Heizfäden von je zwei Röhren sind dabei in Reihe geschaltet, die fünfte Röhre dient als Wellenanzeiger (Audion).

Zur Aufnahme von kurzen Wellen wird an die Drosel D der ersten Röhre die Reihenschaltung eines Drehkondensators und einer Stöpselspule als Schlußkreis gelegt.

β) **Niederfrequenzverstärker.** Bei größeren Empfangsleistungen wird der Detektorstrom mittels der Anordnung Abb. 378 verstärkt.

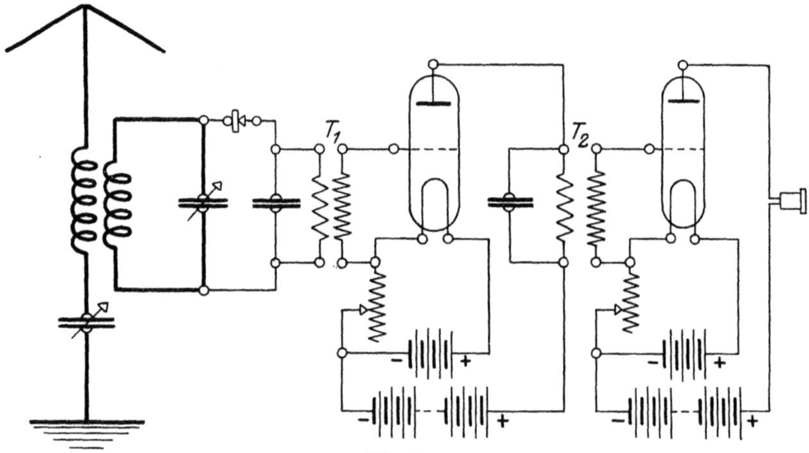

Abb. 378.

Der Eingangstransformator T_1 und der Durchgangstransformator T_2 setzen die Spannung hinauf.

Der Hörer wird entweder unmittelbar in den Anodenkreis der zweiten Röhre oder an die Sekundärwicklung eines dritten Transformators, des Ausgangstransformators, gelegt.

Die Wicklungen der Transformatoren bestehen aus 0,05 bis 0,07 mm dickem Draht.

Die Übersetzungsverhältnisse der drei Transformatoren lassen sich rechnerisch ermitteln. Ihre Werte sind festgelegt durch die Bedingung, daß bei jeder Röhre einerseits die dem Gitterkreis zugeführten, andererseits die im Anodenkreis entwickelten Leistungen ihren Höchstwert erreichen müssen, wenn größte Verstärkung erzielt werden soll, d. h. durch die Gitter- und Anodenwiderstände R_G und R_A der Röhren.

Der Wechselstromwiderstand $w_{1\,T_1}$ der Primärwicklung des Eingangstransformators T_1 muß, damit ihr der Höchstbetrag an Leistung zugeführt wird, dem Detektorwiderstand w_D derart angepaßt werden, daß für die Tonfrequenz

$$w_{1\,T_1} \sim w_D .$$

w_D hat die Größenordnung von etwa 5000 Ohm. Allzu ängstlich braucht man bei der Wahl von w_{1T_1} nicht zu sein. Vielfach wird die Primärwicklung stufenweise veränderbar gemacht, um die Anpassung an w_D zu ermöglichen. Die Sekundärseite von T_1 muß zunächst eine möglichst hohe Spannung liefern. Der innere Widerstand R_G der Röhe zwischen Gitter und Kathode hat die Größenordnung von 10^7 Ohm. Soll von T_1 der Höchstwert der Leistung auf die erste Röhre übertragen werden, so muß der Wechselstromwiderstand w_{2T_1} der Sekundärwicklung von T_1 der Bedingung genügen:

$$w_{2T_1} = R_G .$$

Jedenfalls soll unter diesen Betrag w_{2T_1} nicht sinken. Das erfordert hohe Windungszahl und kapazitätsfreie Wicklung, ferner vorzügliche Isolation des Gitterkreises. Die obengenannten Werte für w_D und R_G führen zu einem Übersetzungsverhältnis $u_1 = \sqrt{\frac{w_{2T_1}}{w_{1T_1}}} = 45$, das indessen nie erreicht wird, und zu den Drahtstärken von 0,05 bis 0,07 mm. Als Stromquelle für den Durchgangstransformator T_2 ist die Anodenseite der ersten Röhre anzusehen mit einem inneren Widerstand R_A zwischen Anode und Kathode von etwa 10^5 Ohm. Sie ist an die Primärwicklung von T_2 angeschlossen, deren Wechselstromwiderstand

$$w_{1T_2} = R_A \sim 10^5 \text{ Ohm}$$

sein muß. Die Sekundärwicklung von T_2 arbeitet auf den Gitterwiderstand R_G der zweiten Röhre, der wieder 10^7 Ohm beträgt, so daß $w_{2T_2} = 10^7$ Ohm sein müßte. Daraus folgt für Transformator T_2:

$$u_2 = \sqrt{\frac{w_{2T_2}}{w_{1T_2}}} = \sqrt{\frac{10^7}{10^5}} = 10 .$$

Der Hörer liegt entweder unmittelbar im Anodenkreis oder an der Sekundärwicklung eines weiteren, des Ausgangstransformators, der die hohe Anodenspannung fernhält vom Hörer. Da $R_A = 10^5$ Ohm und der Wechselstromwiderstand der Hörerwicklung etwa 5000 Ohm beträgt, wird das Übersetzungsverhältnis u_3 des Ausgangstransformators

$$u_3 = \sqrt{\frac{10^5}{5000}} = 4{,}5 .$$

Meist erhalten jedoch die Übersetzungsverhältnisse kleinere Werte als die berechneten, und zwar wird gewählt:

$$u_1 = 20 , \qquad u_2 = 3 .$$

Die primären Windungszahlen betragen dann 3000 für T_1 und 15000 für T_2.

Zweckmäßig ist es, die Transformatorenwicklungen abzustimmen auf Stromresonanz mit der Tonfrequenz. Dadurch erhält man einerseits große Widerstände (Nebeneinanderschaltung von Kapazität und Selbstinduktion), andererseits hohe Spannungen. Die Abstimmung kann erreicht werden durch die Eigenkapazität der Wicklungen. Andernfalls hilft man nach mittels Kondensatoren im Nebenschluß zu den Wicklungen. Die Eigenkapazität der Wicklungen hat die Größenordnung von 80 cm, ihr

Abb. 379. Zweiröhrenverstärker. (Gesellschaft für drahtlose Telegraphie, Berlin.) Verstärkung 500fach. Größe: 230 × 200 × 90 mm.

Selbstinduktionskoeffizient beträgt etwa 150 Henry und das Dekrement 0,4 bis 0,6.

Von den Sekundärwicklungen des Transformators, die auf den Gitterkreis arbeiten, muß jede Belastung ferngehalten werden, denn schon ein sehr hoher Widerstand würde die Resonanzeinstellung stören und einen starken Spannungsabfall bedingen, der die Verstärkung erheblich verringert. Auch aus diesem Grunde soll der Isolationswiderstand zwischen Gitter und Kathode den Betrag von 10^7 Ohm nicht unterschreiten.

Das Innere eines Zweiröhrenverstärkers zeigt Abb. 379.

b) Ursachen und Beseitigung von Störgeräuschen (Pfeifen) beim Empfang mit Kathodenröhren und Röhrenverstärkern.

Sehr häufig entstehen beim Empfang mit Kathodenröhren im Hörer lästige Geräusche und pfeifende Töne. Sie haben gewöhnlich folgende Ursachen:

1. Unerwünschte Kopplungen;
2. schlechtes Vakuum.

Galvanische Kopplung entsteht durch schlechte Isolation (Feuchtigkeit) oder wenn z. B. die Anodenbatterie zu hohen Widerstand besitzt, was oft bei alten Trockenbatterien der Fall ist. Abhilfe schafft das Überbrücken der Batterie durch einen Kondensator.

Magnetische Kopplungen kommen durch die Streufelder der Transformatoren und die Felder von Leitungen zustande. Um ihren Einflüssen zu begegnen, müssen die Transformatoren eingekapselt und Leiterschleifen möglichst vermieden, d. h. bifilare Zuleitungen verwendet werden.

Kapazitive Kopplungen des Hörers gegen die Eingangsleitungen, die durch Metallflächen vermittelt werden, beseitigt man durch Erdung der betreffenden Metallteile.

Schlechtes Vakuum der Röhren ist verbunden mit negativem inneren Widerstand, der, ähnlich wie beim Lichtbogengenerator, zur Schwingungserregung führt. Die Röhre arbeitet dann als Schwingungserzeuger, im Hörer entsteht starkes Pfeifen. Die Erscheinung tritt nur dann auf, wenn der Widerstand des vor dem Gitter liegenden Schwingungskreises kleiner ist als der absolute Betrag des Gitterwiderstandes. Hiergegen hilft nur das Auswechseln der Röhre.

Häufig läßt sich das Pfeifen eines Verstärkers durch Umpolen der Transformatorwicklungen beseitigen, wobei man nach Pirani bei einem Dreiröhrenverstärker in folgender Reihenfolge vorgeht:

Zuerst schaltet man die letzte Röhre aus und verbindet das Gitter der zweiten und dritten Röhre über einen Hörer. Tönt dann der Hörer auch noch nach Ausschalten der zweiten Lampe, so polt man die Primärwicklungen des zweiten Transformators um. Tritt das Tönen nur auf, wenn beide Lampen eingeschaltet sind, so werden die Sekundärwicklungen des zweiten Transformators umgepolt. Darauf wird die dritte Lampe eingeschaltet, das Gitter der zweiten und dritten Röhre über den Hörer verbunden und wie vorher umgepolt. Zeigt der Verstärker auch dann noch Pfeifneigung, so ist die Sekundärwicklung des ersten Transformators umzupolen. Das Ausschalten der Lampen erfolgt durch Wegnahme ihres Eisenwiderstandes.

c) Messungen an Röhrenverstärkern.

α) **Leerlaufsuntersuchung von Verstärkertransformatoren.** Die Sekundärwicklungen der in einen Verstärker eingebauten Eingangs- und Durchgangstransformatoren sind mit dem Gitter und der Kathode der Röhre verbunden und daher unbelastet, wenn der Arbeitspunkt der Röhre so eingestellt ist, daß $i_G = 0$. Messungen bei Leerlauf sind deshalb von besonderer Bedeutung. Dabei muß jede, selbst kapazitive Belastung durch die Meßgeräte, im Sekundärkreis vermieden werden. Es kommen daher für die Bestimmung der Sekundärspannung nur Elektrometer mit verschwindender Kapazität (Saitenelektrometer, Elektrometer von Szilard) oder der Röhrenspannungsmesser in der von Mühlbrett für diese Untersuchung benutzten Schaltung Abb. 380 in Betracht.

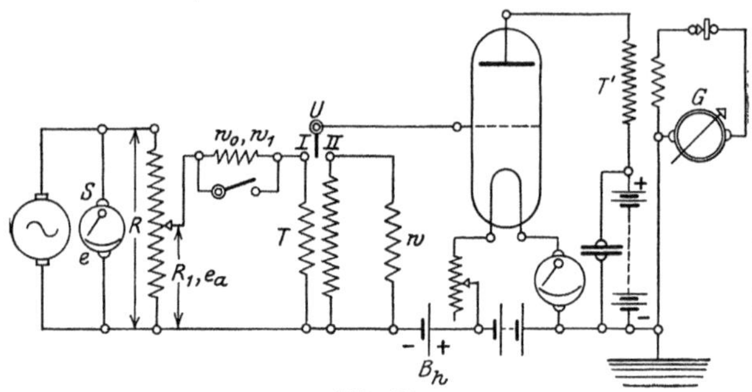

Abb. 380.

Die Leerlaufsuntersuchung für $e_{20} = \text{const.}$ kann mittels der Schaltung Abb. 380 ausgeführt werden. Sie erstreckt sich auf die Ermittlung der Größen:

$$u, \qquad i_{1T}, \qquad w_{1T} = \frac{e_1}{i_{1T}}, \qquad \cos\varphi, \qquad G_T = u^2 \cdot w_{1T},$$

wo u das Übersetzungsverhältnis, i_{1T} den Primärstrom, w_{1T} den Wechselstromwiderstand der Primärwicklung, φ die Phasenverschiebung zwischen Primärspannung und Primärstrom und G_T die Güte des Transformators bedeuten.

Als Stromquelle dient eine Wechselstrommaschine oder eine Röhre, deren Spannung e an S abgelesen werden kann. Die Spannung e_a für die Primärseite des Transformators wird durch Änderung der Erregung der Maschine oder der Röhre und mittels der Widerstände R und R_1 eingestellt und berechnet sich zu

$$e_a = e \cdot \frac{R_1}{R}.$$

Da der Transformator im Betrieb in Resonanz mit der zu verstärkenden Tonfrequenz arbeiten soll, muß die Stromquelle vor den Messungen ungefähr auf Resonanz gebracht werden. Zu dem Zweck legt man U auf II und ändert die Periodenzahl ν. Die Messungen werden alsdann mit demjenigen Werte von ν ausgeführt, für den G den größten Ausschlag zeigt.

Hierauf ist die für die Messung vorgeschriebene Sekundärspannung e_{20} einzustellen. Steht die Eichkurve $\alpha = f(\nu)$ für $e_{20} = \text{const.}$ des Röhrenspannungsmessers zur Verfügung, so hat man nur nötig, aus ihr den zu ν gehörigen Ausschlag α zu entnehmen und e_a mit den oben erwähnten Hilfsmitteln so zu wählen, daß, während U auf II steht, das Galvanometer diesen Ausschlag α zeigt. Andernfalls macht man bei der Periodenzahl ν mittels e, R und R_1 die Spannung $e_a = e_{20}$, legt U nach I, liest die Ablenkung des Galvanometers G ab, legt darauf U nach II und ändert e_a, bis G wieder die gleiche Ablenkung zeigt. Bei allen weiteren Messungen dient alsdann der Röhrenspannungsmesser nur noch zum Einstellen von e_{20}, d. h. G ist immer wieder auf dasselbe α zu bringen.

Das Übersetzungsverhältnis u berechnet sich nunmehr aus dem zu e_{20} gehörigen Werte von e_a zu:

$$u = \frac{e_{20}}{e_a} = \frac{e_{20}}{e} \cdot \frac{R}{R_1},$$

da $e_a = e_{10}$.

Zur Messung des Leerlaufstromes wird in die Primärseite des Transformators ein Widerstand w_0 geschaltet, der so groß sein soll, daß w_{1T} gegen ihn verschwindet (Größenordnung von $w_0 \sim 10^7\ \Omega$).

Hierauf muß die Primärspannung e_{10} wieder auf den vor dem Einschalten von w_0 vorliegenden Wert gebracht werden. Zu dem Zweck stellt man U auf II und ändert R_1 so lange, bis das Galvanometer die Ablenkung α zeigt. Alsdann hat e_{20} und damit auch e_{10} wieder den ursprünglichen Wert. Es sei jetzt $e_a = e_a'$, $R_1 = R_1'$. Dann wird, da w_{1T} vernachlässigbar ist gegen w_0:

$$i_{10} = \frac{e_a'}{w_0}, \qquad e_a' = e \cdot \frac{R_1'}{R},$$

mithin

$$i_{10} = \frac{e}{w_0} \cdot \frac{R_1'}{R}.$$

Aus i_0 und der zuerst gemessenen Leerlaufspannung e_{10} berechnet sich der Wechselstromwiderstand der Primärwicklung, der sog. Eingangswiderstand w_{1T} des Transformators bei Leerlauf zu

$$w_{1T} = \frac{e_{10}}{i_{10}}.$$

Die Bestimmung von $\cos\varphi$ wird mit dem Dreispannungsmesserverfahren ausgeführt. Zu dem Zweck ersetzt man w_0 durch einen bekannten Widerstand $w_1 \sim w_{1T}$. Darauf wird, während U auf II steht, durch Änderung von e_a in e_a' — d. h. von R_1 in R_1' — wieder e_{20} eingestellt. Da ν ungeändert bleibt, hat jetzt i_{10} und damit auch die Primärspannung e_{10} wieder den nämlichen Wert wie bei der ersten Messung ohne Widerstand im Primärkreis. Ferner wird $e_{w_1} = i_{10} \cdot w_1$. Da weiter $e_a' = e \cdot \frac{R_1'}{R}$, sind die drei Spannungen e_a', e_{10} und e_{w_1} zur Berechnung von $\cos\varphi$ gegeben und man erhält:

$$\cos\varphi = \frac{e_a'^2 - e_{w_1}^2 - e_{10}^2}{e_{10} \cdot e_{w_1}}.$$

Die Widerstände w_0 und w_1 werden aus Graphitstrichen auf mattgeschliffenen Isolierplatten hergestellt.

Aus e_{10}, i_{10} und $\cos\varphi$ folgt weiter der Verlust- oder Wirkwiderstand der Primärwicklung:

$$w_v = \frac{e_{10} \cdot \cos\varphi}{i_{10}}.$$

Aufnahme der Resonanzkurven bei Leerlauf. Das geschilderte Verfahren läßt sich ohne weiteres auch benutzen zur Ermittlung der Abhängigkeit der einzelnen Größen von der Periodenzahl, d. h. der Kurven

$$u = f(\nu), \qquad i_{10} = f(\nu), \qquad w_{10} = f(\nu), \qquad G_T = f(\nu).$$

Um die hierbei wiederholt erforderliche, vorher erläuterte Einstellung von e_{20} bei den verschiedenen Werten von ν abzukürzen, empfiehlt sich in diesem Fall die vorherige

Aufnahme der Eichkurve des Röhrenspannungsmessers

$$\alpha = f(\nu) \quad \text{für} \quad e_{20} = \text{const.}$$

An diese Messungen können angeschlossen werden Versuche zur Feststellung des Einflusses einer Belastung auf der Sekundärseite des Transformators, die sich nach denselben Gesichtspunkten wie die Leerlaufversuche durchführen lassen, und bei denen zur induktionsfreien Belastung Graphitwiderstände, zur kapazitiven Belastung Luftkondensatoren dienen.

Diese Messungen verbindet man zweckmäßig mit der Bestimmung der Eigenkapazität der Transformatorwicklungen, die man nach einem der S. 111 erläuterten Verfahren oder auch in der Weise ausführt, daß man die Resonanzperiodenzahl ermittelt einmal für den Transformator allein und darauf, nachdem eine bekannte Kapazität C in den Nebenschluß zu seiner Sekundärwicklung gelegt ist.

Statt des Galvanometers kann zur Einstellung von e_{20} und zur Messung von u und i_{10} auch ein Hörer benutzt werden, den man ohne

Detektor unmittelbar an die Sekundärklemmen des Transformators T' anschließt (Abb. 381).

Bei der Messung von u mittels Hörer wird $w_0 = 0$ gemacht, U auf I gelegt und mittels R_2 die Spannung $e' = e \cdot \frac{R_2}{R} = e_{20}$ gemacht.

Darauf wird U nach II gelegt, R_1 so gewählt, daß im Hörer gleiche Lautstärke entsteht wie bei der Stellung von U auf I. Alsdann ist $e_a = e \cdot \frac{R_1}{R} = e_{10}$ die zu e_{20} gehörende Primärspannung, mithin:

$$u = \frac{e_{20}}{e_{10}} = \frac{R_2}{R_1}.$$

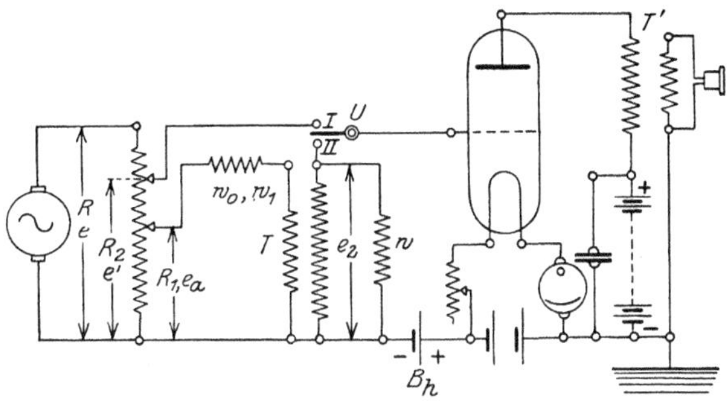

Abb. 381.

Die Leerlaufstromstärke i_{10} wird mit dem Hörer gemessen, indem man w_0 im Primärkreis wieder wesentlich größer als w_{1T} macht, R_2 beibehält und R_1 so bemißt, daß in beiden Stellungen I und II des Umschalters U sich wieder gleiche Lautstärke ergibt. Dann ist, wenn $R_1 = R_1'$

$$i_1 = \frac{e_a'}{w_0} = e \cdot \frac{R_1'}{R} \cdot \frac{1}{w_0}.$$

Mit einem Verstärker vor dem Hörer läßt sich die Empfindlichkeit bei diesen Messungen wesentlich steigern.

β) **Messung des Verstärkungsgrades.** Ein eindeutiges Bild von der Wirksamkeit eines Verstärkers gibt nur der Verstärkungsgrad, d. h. die Größe

$$V_N = \sqrt{\frac{N_v}{N_u}}, \tag{248}$$

wo N_u die dem Verstärker zugeführte, N_v die von ihm abgegebene Leistung darstellt. Bedeuten e_1 und e_2 die Spannungen, w_1 und w_2 die Widerstände der Primär- und Sekundärseite des Verstärkers, so wird, da

$$N_u = \frac{e_1^2}{w_1} = i_1^2 \cdot w_1, \qquad N_v = \frac{e_2^2}{w_2} = i_2^2 \cdot w_2,$$

$$V_N = \frac{e_2}{e_1} \cdot \sqrt{\frac{w_1}{w_2}} = \frac{i_2}{i_1} \cdot \sqrt{\frac{w_2}{w_1}}. \tag{249}$$

Die Messung von V_N ist dadurch zurückgeführt entweder auf die Ermittlung des Verhältnisses von zwei Spannungen oder Stromstärken und die Messung von zwei Widerständen. Die unmittelbare Bestimmung der meist kleinen Leistungen N_u und N_v ist hierbei vermieden.

w_1 und w_2 werden mit der Wechselstrombrücke oder mittels des Dreispannungsmesserverfahrens ermittelt. Wechselzahl und Stromstärken müssen dabei möglichst übereinstimmen mit den Werten, die beim Verstärkerbetrieb vorliegen.

1. Das Widerstandsverfahren von Pirani. Die Messung des Verhältnisses der Spannungen oder der Spannungsverstärkung

$$V_e = \frac{e_2}{e_1}$$

wird mit beistehender Schaltung (Abb. 382) ausgeführt. Der Strom i einer Wechselstromquelle (Kathodenröhre [Abb. 388], Wechselstromsirene, Summer), deren Wechselzahl der Tonfrequenz des Verstärkers entspricht, durchfließt die zwei kleinen, in Reihe geschalteten Widerstände a und b. Im Nebenschluß zu a liegt die Reihenschaltung des veränderlichen, gegen a großen Widerstandes R und des gegen w_1 kleinen Widerstandes c. An c ist die Primärseite des Verstärkers V angeschlossen.

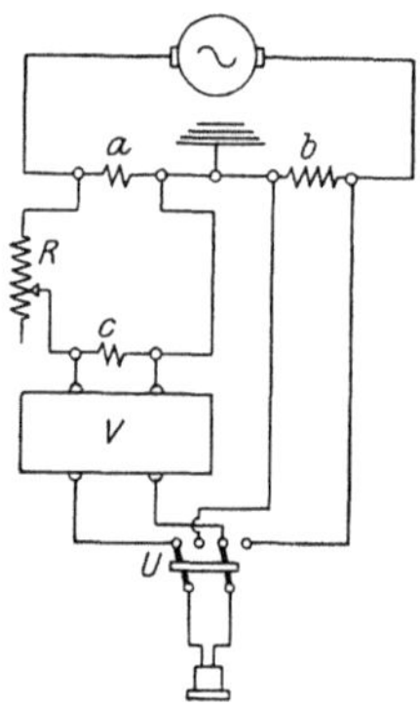

Abb. 382.

Der Umschalter U ermöglicht, den Hörer mit b oder mit der Sekundärseite des Verstärkers zu verbinden.

Hat man durch Veränderung von R für beide Stellungen von U gleiche Lautstärke erzielt, so sind auch die Spannungen am Hörer in beiden Stellungen von U, d. h. die durch den Verstärker von e_c auf $V_e \cdot e_c$ erhöhte Spannung und die Spannung e_b an b untereinander gleich. Da nun:

$$\frac{e_c}{e_b} = \frac{\dfrac{a \cdot (c + R)}{a + c + R} \cdot \dfrac{c}{c + R}}{b} = \frac{\dfrac{a \cdot c}{a + c + R}}{b},$$

berechnet sich, sofern a und c vernachlässigbar sind gegen R, die Spannungsverstärkung V_e zu:

$$V_e \sim \frac{b}{a \cdot c} \cdot R \sim k \cdot R, \tag{250}$$

a, b und c erhalten die Größenordnung von $0{,}1\,\Omega$, und zwar einerseits, um größere Spannungsunterschiede und damit kapazitive Störungen zwischen den Einzelteilen der Meßanordnung zu vermeiden, und andererseits, um den Strom in ihnen unabhängig zu machen von den zu a, b und c im Nebenschluß liegenden großen Widerständen.

Zweckmäßige Werte in Ohm sind:

$$a = 0{,}1\,, \qquad b = 0{,}2\,, \qquad c = 0{,}1\,.$$

Da selbst ein geübtes Ohr nur Lautstärkenunterschiede von 25 % noch zu unterscheiden vermag, genügt es, den Widerstand R in einer geometrischen Reihe mit dem Verhältnis $\frac{5}{4}$ abzustufen. Ein Widerstand R von 1000 Ohm erhält somit 30 Stufen.

Für die angegebenen Werte von a, b, c und R wird $k = 20$, mithin lassen sich Verstärkungen von 20 bis 20000 messen.

Kleinere Verstärkungen bis herab zu fünffacher Verstärkung können gemessen werden, wenn man $c = 0{,}9\ \Omega$ wählt.

Vor der Messung ist eine Prüfung auf Störungsfreiheit erforderlich. Zu dem Zweck wird das Telephon an den Verstärker gelegt. Der Ton in ihm muß verschwinden, wenn $R = \infty$, und gleichmäßig lauter werden, wenn man R stufenweise auf Null bringt. Oder aber man schließt den Verstärker nur einpolig an oder c kurz; im Hörer darf dann ebenfalls kein Ton vernehmbar sein.

Beispiel. Für einen älteren Dreiröhrenverstärker ergab sich in beiden Stellungen von U gleiche Lautstärke bei $R = 64$. Die Spannungsverstärkung wird somit:

$$V_e = \frac{b}{a \cdot c} \cdot R = \frac{0{,}2}{0{,}1 \cdot 0{,}1} \cdot 60 = 20 \cdot 64 \sim 1300\,\text{fach}.$$

Der mit der Wechselstrombrücke bei $\nu = 1000$ ermittelte Eingangswiderstand des Verstärkers war $w_1 = 3200\ \Omega$, der Wechselstromwiderstand des Hörers $w_2 = 3750$. Die Leistungsverstärkung berechnet sich daher zu:

$$V_N = 1300 \cdot \sqrt{\frac{3200}{3750}} = 1200\,\text{fach}.$$

Für Hochfrequenzverstärkung ist die geschilderte Anordnung nicht verwendbar, da man die erforderlichen Widerstände

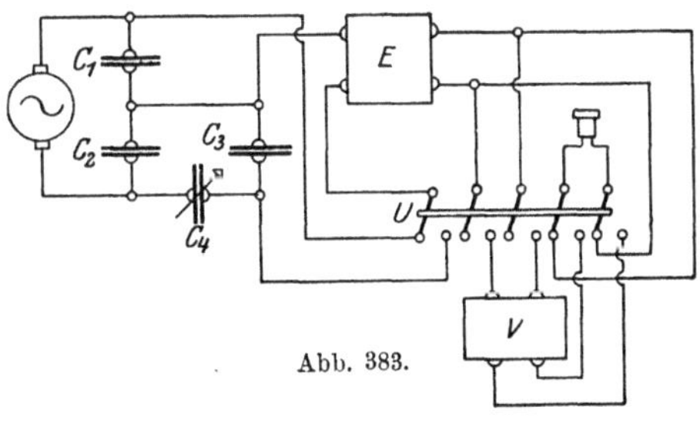

Abb. 383.

nicht genügend kapazitäts- und induktionsfrei machen kann. a, b, c und R müssen alsdann nach Paschen und Pirani durch Kondensatoren ersetzt werden, wodurch die Schaltung Abb. 383 entsteht, die sich von Abb. 382 weiter noch dadurch unterscheidet, daß auch noch ein Empfänger E mit Wellenanzeiger für die Hochfrequenzschwingungen und zwar der gleichen Art wie der Wellenanzeiger von V erforderlich ist, um diese im Hörer vernehmbar zu machen.

An Stelle von Gl. (250) tritt die Gleichung:

$$V_e = \frac{C_3}{C_1} + \frac{C_2}{C_1} \cdot \frac{C_3 + C_4}{C_4}. \tag{251}$$

Passende Werte für die Kapazitäten sind:

$$C_1 = 10000 \text{ cm}, \qquad C_4 = 200 \div 2200 \text{ cm},$$

wo C_4 ein Drehkondensator ist, während C_2 und C_3 je nach dem Meßbereich aus beistehender Zahlentafel zu entnehmen sind:

V_e	C_2 in cm	C_3 in cm
1 bis 50	10000	10000
25 „ 200	20000	20000
100 „ 1000	100000	20000
500 „ 5000	100000	100000

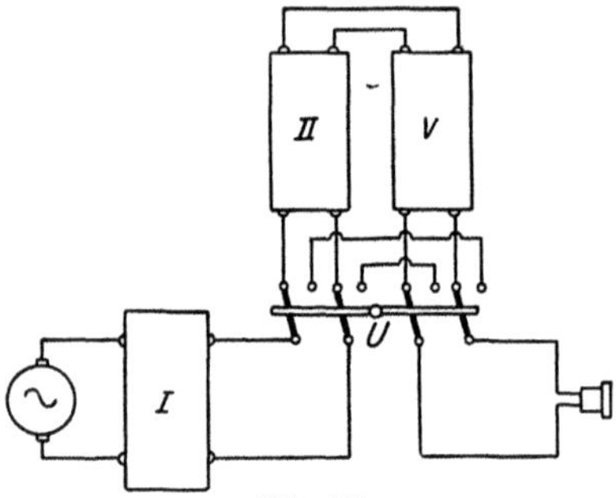

Abb. 384.

2. **Verstärkungsmessung mittels künstlicher Leitung**. Mittels des Schalters U (Abb. 384) kann der Hörer entweder unter Zwischenschaltung der künstlichen, unveränderlichen Leitung I an die Stromquelle oder an den Verstärker V gelegt werden, wobei in letzterem Fall gleichzeitig mit I eine weitere, aber veränderbare künstliche Leitung II in Reihe geschaltet wird. II wird so lange geändert, bis sich in beiden Stellungen von U gleiche Lautstärke im Hörer ergibt.

Im ersten Falle läßt sich der Strom i_2' im Hörer darstellen durch

$$i_2' = i_1 \cdot e^{-\beta_1},$$

im zweiten durch

$$i_2'' = i_1 \cdot e^{-(\beta_1 + \beta_2)} \cdot V_i,$$

wo β_1 und β_2 die Dämpfungsziffern der künstlichen Leitungen bedeuten.

Sind durch Änderung von β_2 die Lautstärken für beide Stellungen des Umschalters gleichgemacht, so wird die Stromverstärkung

$$V_i = e^{\beta_2}$$

oder

$$\log \text{Brigg } V_i = \frac{\beta_2}{2{,}3}. \tag{252}$$

Einige nach der letzten Gleichung berechnete, zusammengehörige Werte von β_2 und V_i, die für Verstärkungsmessungen in Betracht kommen, finden sich beistehend.

$\beta_2 =$	1	2	3	3,5	4	4,5	5	6	7	8	10	11
$V_i =$	2,7	7,1	20	33	55	90	150	400	1100	3000	22000	59000

Während bei dem vorigen Verfahren die Stromstärke unverändert bleiben muß, was dadurch erreicht wird, daß die Widerstände a, b, c klein gemacht werden, muß bei diesem Verfahren **die Spannung der Stromquelle unabhängig von ihrer Belastung** bleiben. Durch eine Stromquelle von hinreichend großer Leistung ließe sich diese Bedingung unmittelbar erfüllen. Mit kleineren Stromquellen kommt man aus, wenn man diese dauernd mit einer künstlichen Leitung von passend gewählter Dämpfung belastet. Hierzu dient in Abb. 383 die Kunstleitung K_1. Wie groß deren Dämpfung sein muß, läßt sich durch folgenden Versuch entscheiden: Man ändert β_1 und stellt darauf jedesmal durch Änderung von β_2 auf gleiche Lautstärke ein. Der Wert von β_1, von dem an sich gleichbleibende Werte von β_2 ergeben, ist die kleinste Dämpfung, die die Kunstleitung K_1 besitzen muß. Für eine bestimmte Versuchsanordnung ergaben sich hierbei z. B. folgende Werte:

$\beta_1 = 0$	0,5	1	2	3
$\beta_2 = 3{,}5$	4,0	4,7	4,7	4,7

Um mit der Anordnung die Verstärkung richtig zu messen, muß sonach eine Kunstleitung K_1 vorgeschaltet werden, deren Dämpfung mindestens $\beta_1 = 1$ beträgt.

Die Kunstleitung K_1 wird aus fünf induktions- und kapazitätsfreien Widerständen in beistehender Schaltung (Abb. 385), der sogenannten H-Schaltung, zusammengesetzt und erhält eine Dämpfung von $\beta_1 = 1{,}5$. Leitung K_2 besteht aus zwei Abteilungen einer Reihe von je fünf Widerständen in der H-Schaltung, von denen die eine β_2 von $\beta_2 = 0$ bis $\beta_2 = 0{,}5$ in Stufen von 0,05, die andere β_2 von $\beta_2 = 0$ bis $\beta_2 = 5$ in Stufen von 0,5 zu ändern erlaubt.

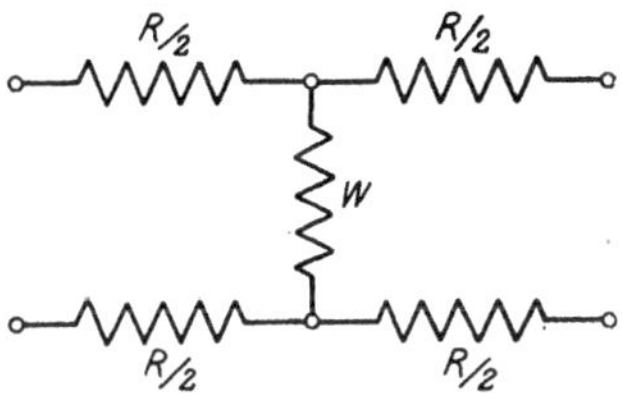

Abb. 385.

Die Leitungen sind verzerrungsfrei, d. h. durch sie werden die Oberwellen eines nicht sinusförmigen Stromes sämtlich im gleichen Verhältnis geschwächt, die Dämpfung ist unabhängig von der Wechselzahl.

Abb. 386 zeigt die äußere Ansicht einer derartigen Leitung von Siemens & Halske. Mit dem mittleren kleinen Drehschalter läßt sich eine Leitung von $\beta_2 = 5$ zu- oder abschalten. Das Gerät ermöglicht daher Verstärkungswerte von $\beta_2 = 0$ bis $\beta_2 = 10{,}5$ in Stufen von 0,05 zu messen. Die Aufschrift $\Delta = 0$ bedeutet, daß die Leitung verzerrungsfrei ist, $Z = 600$ den Wellenwiderstand (Charakteristik).

Nicht verzerrungsfreie Leitungen erhält man, wenn die Widerstände im Brückenzweige der H-Schaltung ersetzt werden durch Kondensatoren, Spulen oder die Vereinigung beider. Solche Leitungen hat zuerst Breisig zur Bestimmung der Dämpfung und des Wellenwiderstandes von Telephonleitungen (Freileitungen, Kabel, Pupinleitungen) benutzt. Dabei wird der Hörer in raschem Wechsel bald an die zu prüfende, bald an die Kunstleitung gelegt und der Aufbau der letzteren so lange geändert, bis das Gespräch in beiden Stellungen des Schalters gleiche Lautstärke und Klangfarbe besitzt. Dämpfung und Wellenwiderstand der untersuchten Leitung sind dann gleich den entsprechenden Werten der Kunstleitung.

Abb. 386. Künstliche Leitung für Verstärkungsmessungen (Siemens & Halske, Berlin-Siemensstadt).

Das geschilderte Verfahren der Verstärkungsmessung hat gegenüber dem vorigen den Nachteil, daß es teuere Geräte erfordert und das Arbeiten mit ihm etwas umständlicher ist, da zwei Schalter bedient werden müssen. Ferner muß die Stromquelle (Maschine oder Transformator) der Kunstleitung angepaßt werden oder hinreichend groß sein.

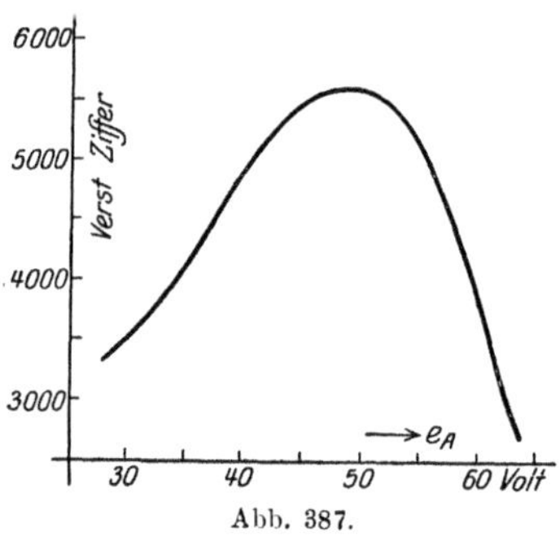

Abb. 387.

Die Bestimmung von V verbindet man zweckmäßig mit der Feststellung der Abhängigkeiten

$$V = f(e_A), \quad V = f(e_G), \quad V = f(i_H), \quad V = f(\nu).$$

Abb. 387 zeigt den Verlauf der ersten Kurve.

9. Untersuchung von Telephonen.

Die Empfindlichkeit eines Telephons ist, wenn es als Nullzeiger bei Messungen dienen soll, bestimmt durch den kleinsten Wert des Stromes, der den Hörer bei gleichbleibender Wechselzahl noch eben zum Ansprechen bringt oder bei Verwendung des Hörers zum Zeichenaufnahme durch den Kleinstwert des Stromes, bei dem Punkte und Striche des Morsealphabetes noch gerade voneinander unterschieden werden können. Hierbei ist zu beachten, daß nicht nur die Schwingungsweite der Membran von der Frequenz abhängig ist, sondern auch der Widerstand und die Selbstinduktion durch die Stromperiode beeinflußt werden. Weiterhin ergibt sich die verständliche Tatsache, daß die Lautstärke um so größer ist, je sinusförmiger der Erregerstrom verläuft. Damit gewinnt als dritte Veränderliche auch die Kurvenform des Telephonstromes Bedeutung, die wiedernm von der Art der in der Empfangsstelle entstehenden Hochfrequenzschwingungen und des verwendeten Wellenanzeigers bestimmt wird. Endlich sind die elektrischen Abmessungen der gesamten Empfangsschaltung selbst von wesentlichem Einfluß auf die Stärke der Lautwirkung im Fernhörer.

Da es nun im allgemeinen mit großen Schwierigkeiten verbunden ist, die Wirkung dieser mannigfachen Erscheinungen auf die Empfindlichkeit des Telephons meßtechnisch einwandfrei zu bestimmen, begnügt man sich in den meisten Fällen mit praktisch ausreichenden Annäherungsverfahren, die die Brauchbarkeit des betreffenden Gerätes innerhalb der verwendeten Schaltung zu beurteilen gestatten.

Zunächst wird man die Erfahrung machen, daß größte Lautstärke und Lautdeutlichkeit (Klangfarbe) nicht gleichzeitig verwirklicht werden können. Da der Telegraphenbetrieb nur die Aufnahme bestimmter Geräusche oder Töne verlangt, die Radiotelephonie dagegen auf die Deutlichkeit des gesprochenen Wortes den Hauptwert legen muß, sind die Anforderungen, die an den Fernhörer in beiden Fällen gestellt werden, grundverschieden. Im ersteren Falle wird man dafür Sorge tragen, daß die Eigenschwingung der Membran zur Erzielung großer Amplituden von der Periode des aufgenommenen Tones nicht allzusehr verschieden ist, während für ausgesprochen telephonische Zwecke die Klarheit der Sprachübertragung durch Vermeidung jeglicher Resonanzerscheinungen gefördert werden muß.

a) Messung der Eigenschwingungszahl der Membran.

Die Bedeutung dieser Messung erhellt aus dem vorhin Gesagten. Sie wird zweckmäßig in der Weise durchgeführt, daß man den Fernhörer an eine auslaufende Wechselstromsirene (s. S. 13, Abb. 7 und 8) anschließt und diejenigen Periodenzahlen feststellt, bei denen ein starkes Anschwellen des Tones stattfindet. Aus der Umlaufs- und Polzahl der Maschine oder mit Hilfe einer geeichten Daltonpfeife oder Stimmgabel lassen sich die Resonanzfrequenzen unschwer bestimmen, von denen eine gewöhnlich am ausgeprägtesten ist.

b) Bestimmung der Empfindlichkeit.

Sie kann erfolgen:

α) durch Ermittlung des kleinsten Stromes, bei dem das Telephon noch anspricht, d. h. der Reizschwelle;

β) durch Vergleich mit einem Normaltelephon von möglichst gleichbleibender Empfindlichkeit, die stets mit Hilfe einer Normalpfeife nachgeprüft werden kann.

Das erste Verfahren leidet an dem Nachteil, daß die von verschiedenen Beobachtern gewonnenen Werte Unterschiede bis zu 200% aufweisen können und die Reizschwelle stark durch Geräusche der Umgebung beeinflußt wird, während bei dem zweiten, von Pirani und Paschen durchgebildeten Verfahren Aufbau und Handhabung der Versuchsanordnung weniger einfach sind. Bei ihm wird das zu untersuchende mit einem Normaltelephon bei gleicher Lautstärke verglichen, die sich viel genauer feststellen läßt als die Reizschwelle. Die Messung liefert alsdann die

$$\text{Spannungsempfindlichkeit} \quad E_e = \frac{e_n}{e_u},$$

d. h. das Verhältnis der Spannung e_n am Normaltelephon zur Spannung e_u an dem zu untersuchenden, nachdem beide Hörer auf gleiche Lautstärke eingestellt sind.

Aus E_e lassen sich alsdann, wenn für beide Hörer noch die Wechselstrom- und Verlustwiderstände w_w oder w_h gemessen sind, die Leistungsempfindlichkeit $E_N = \frac{N_n}{N}$ und Stromempfindlichkeit $E_i = \frac{i_n}{i_u}$ auf folgende Weise berechnen:

Wie bei jeder Spule mit Eisenkern sind auch bei jedem Hörer vier Widerstände zu unterscheiden: der Gleichstromwiderstand w_g, der Verlustwiderstand w_h, der induktive Widerstand $\omega \cdot L$ und

$$w_w = \sqrt{w_h^2 + \omega^2 \cdot L^2},$$

der Wechselstromwiderstand, wo L den Selbstinduktionskoeffizienten des Hörers bedeutet. Für die Phasenverschiebung zwischen Spannung e und Strom i im Hörer besteht nach Abb. 130a, S. 124 die Beziehung

$$\cos\varphi = \frac{w_h}{w_w}.$$

Da ferner

$$e = i \cdot w_w, \quad \frac{N_n}{N_u} = \frac{e_n \cdot i_n \cdot \cos\varphi_n}{e_x \cdot i_x \cdot \cos\varphi_u} = E_e \cdot E_i \cdot \frac{\cos\varphi_n}{\cos\varphi_u} = E_N$$

folgt:

$$E_N = \left(\frac{e_n}{e_x}\right)^2 \cdot \frac{w_{wx}}{w_{wn}} \cdot \frac{\cos\varphi_n}{\cos\varphi_u}, \quad E_i = \frac{E_N}{E_e} \cdot \frac{\cos\varphi_u}{\cos\varphi_n}$$

Als Stromquellen für die Messungen eignen sich kleine Wechselstrommaschinen, Summer und besonders gut Röhrensender in der Schaltung Abb. 51, S. 55 oder der einfacheren, von Pirani und Paschen angegebenen Anordnung Abb. 388. Als Wechselstromquelle dient bei ihr eine Verstärkerröhre für 100 Volt Anodenspannung. T_1 und T_2 sind Transformatoren mit Eisenkern. Die am Gitter liegende Wicklung von T_1 besitzt 1000, die im Anodenkreis liegende 2000 Windungen. T_2 setzt die Spannung herab mit einem Übersetzungsverhältnis 50:1. Der Widerstand der Sekundärspule von T_2 beträgt 2,5 Ohm. Die Anodenbatterie ist durch einen Blockkondensator von 1 Mikrofarad (in der Abb. 388 nicht gezeichnet) überbrückt. Die Erdung des negativen Poles der Stromquellen und deren Verbindung mit der Sekundärwicklung von T_2 soll kapazitive Störungen verhindern. Zur Einstellung der Tonhöhe dient der Drehkondensator C mit einer Höchstkapazität von 5000 cm. Tiefe Töne liefert ein Kondensator im Nebenschluß zu T_1. Auch mit Hilfe des Heizstromes läßt sich die Tonhöhe verändern.

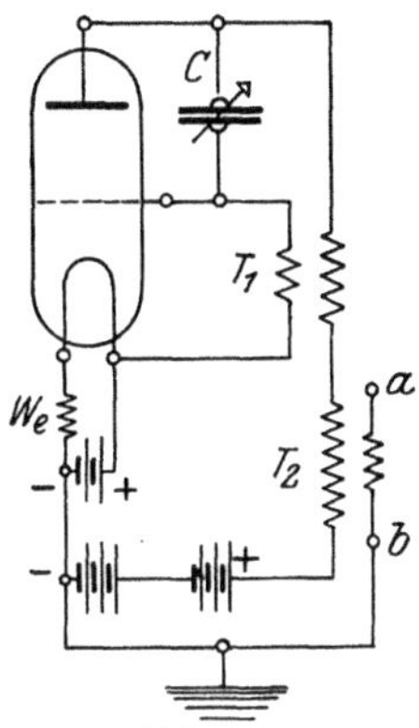

Abb. 388.

Die erzielbare Schwingungsleistung beträgt etwa 0,05 Watt bei $\nu = 600 \div 5000$.

Weiter erfordert das Verfahren ein Normaltelephon mit möglichst gleichbleibender Empfindlichkeit und ein Mittel zu ihrer Nachprüfung.

Man wählt daher als Normaltelephon einen Hörer mit nicht zu hoher Empfindlichkeit, d. h. mit großem Plattenabstand, dessen Empfindlichkeit durch Temperaturänderungen weniger beeinflußt wird.

Zur Nachprüfung der Empfindlichkeit dient ein Schallfeld, das durch eine Pfeife besonderer Bauart erzeugt und genau und leicht jederzeit wieder auf die nämliche Stärke sich einstellen läßt.

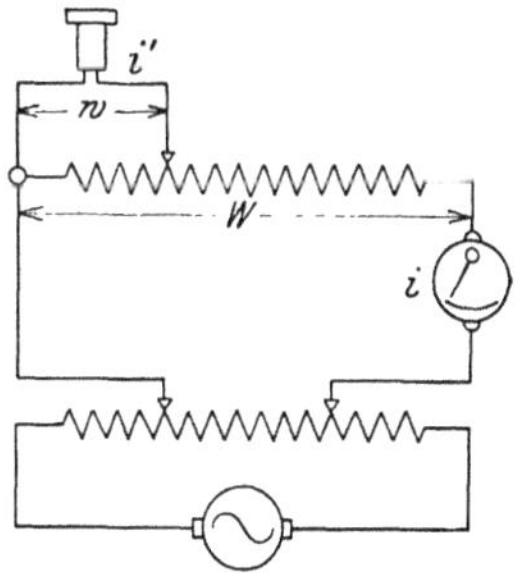

Abb. 389.

α) Bestimmung der Empfindlichkeit keit eines Hörers durch Ermittlung der Reizschwelle. Durch den großen kapazitäts- und induktionsfreien Widerstand W (Abb. 389) wird ein Wechselstrom i von gleichbleibender Periodenzahl ν geschickt, der durch einen Spannungsregler verändert und mit dem Strommesser i bestimmt werden kann. Im Nebenschluß zu einem kleinen Teil w von W liegt der Hörer. Der Gesamtstrom i wird nun so lange verringert, bis das Telephon nicht mehr anspricht. Alsdann stellt der Strom i' im Hörer, der aus i, w und dem Wechselstromwiderstand w_w des Hörers zu berechnen ist, die gesuchte Stromempfindlichkeit dar.

Beispiel: Der Wirk- oder Verlustwiderstand der Hörerwicklung w_h und ihr Selbstinduktionskoeffizient L hatten die Werte:

$$w_h = 1800 \text{ Ohm} \qquad L = 0{,}3 \text{ Henry.}$$

Der sinusförmige Wechselstrom der Maschine hatte eine Periodenzahl $\nu = 500$. Der Wechselstromwiderstand w_w des Hörers ist daher

$$w_w = \sqrt{w_h^2 + (2\pi\nu \cdot L)^2} = \sqrt{1800^2 + (2 \cdot 3{,}14 \cdot 500 \cdot 0{,}3)^2} = 2{,}04 \cdot 10^3 \text{ Ohm.}$$

Das Telephon lag im Nebenschluß zu $w = 1\,\Omega$ (Gesamtwiderstand $W = 4000\,\Omega$). Der Ton im Hörer war noch eben vernehmbar für $i = 0{,}8 \cdot 10^{-3}$ Amp.

Somit wird:

$$i' = i \cdot \frac{w}{w + w_w} \sim 8 \cdot 10^{-4} \cdot \frac{1}{2{,}04 \cdot 10^3} = 3{,}9 \cdot 10^{-7} \text{ Amp.}$$

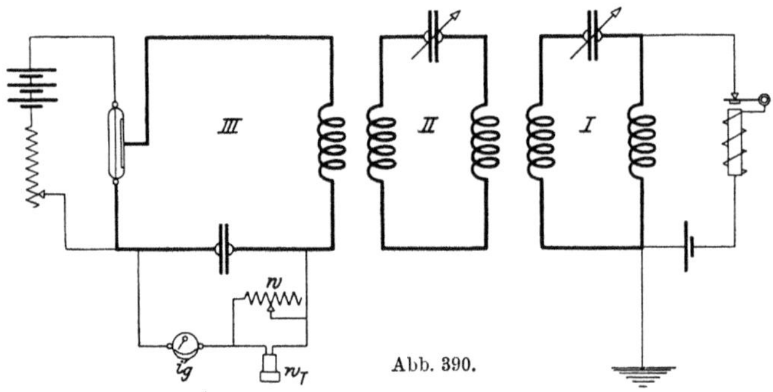

Abb. 390.

Zum Vergleich der Stromempfindlichkeit mehrerer Telephone in einer gegebenen Empfangsschaltung (Abb. 390) wird bei gleichbleibender Unterbrechungszahl des Tonsummers und stets gleicher Ausgangsstromstärke i der in den Nebenschluß zum Fernhörer geschaltete Widerstand w so lange geändert, bis der Ton verschwindet.

Bedeutet w_w wieder den Wechselstromwiderstand des Hörers, so ergibt sich der Strom i_H in ihm zu

$$i_H = \frac{1}{1+\alpha} \cdot i,$$

wobei

$$\frac{1}{1+\alpha} = \frac{1}{1 + \frac{w_w}{w}}$$

die Empfindlichkeitsziffer darstellt. Je kleiner dieser Zahlenwert ist, um so brauchbarer ist das Telephon in der betreffenden Empfangsschaltung.

Durch Veränderung der Tonhöhe des Summers läßt sich die Abhängigkeit der Tonempfindlichkeit von der Entladungszahl bestimmen. Als Wellenanzeiger kann natürlich statt der Ventilröhre (Wehnelt-Röhre) mit gleichem Erfolge irgendein anderer Detektor Verwendung finden, der auf den Integralwert der ihn erregenden Schwingungen anspricht.

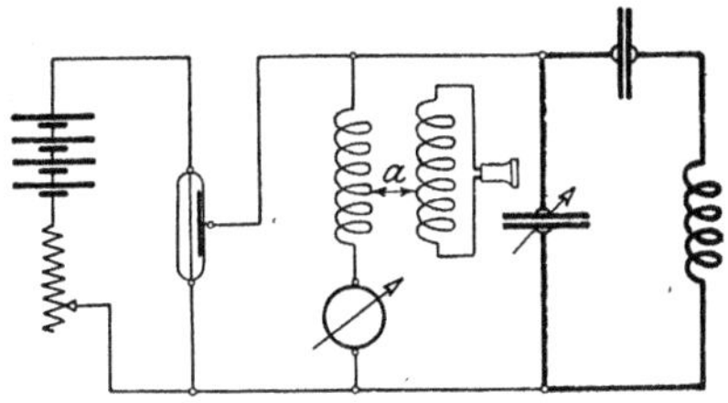

Abb. 391.

Statt die Stromempfindlichkeit von Telephonen mittels eines Nebenschlusses zu bestimmen, ein Verfahren, das sich auch zur Aufnahme von Resonanzkurven eignet, läßt sich die Anordnung noch insofern abändern, als man den Hörer auch in den Sekundärkreis eines Transformators legen kann, dessen gegenseitige Induktion veränderlich ist. Bei gleichen Widerständen im Sekundärkreis ist dann die Spulentfernung a ein Maß für die Telephonempfindlichkeit (Abb. 391).

β) Bestimmung der Spannungs-, Strom- und Leistungsempfindlichkeit nach Pirani und Paschen. Hierzu dient die Schaltung Abb. 392. W ist eine Wechselstromquelle, z. B. der oben beschriebene Röhrensender, H_n das Normaltelephon, H_u der zu untersuchende Hörer. H_n und H_u liegen im Nebenschluß zu je einem der Widerstände R_n und R_u, die klein sein müssen gegen die Wechselstromwiderstände der Hörer. Der Meßstrom wird eingestellt mit dem kleinen Kapazitäts- und induktionsfreien Widerstand R_1.

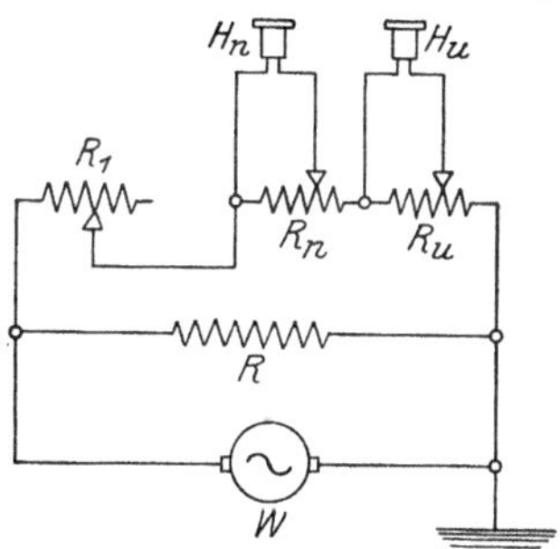

Abb. 392.

Zur Messung der Spannungsempfindlichkeit E_e ändert man hierauf die Widerstände R_n und R_u so lange, bis beide Hörer gleiche Lautstärke ergeben, wobei abwechselnd bald der eine, bald der andere Hörer zuerst an das Ohr gelegt wird. Alsdann ist:

$$E_e = \frac{R_n}{R_u}.$$

Aus E_e und den vorher ermittelten Werten der Wechselstromwiderstände w_w und der Verlustwiderstände beider Hörer w_h berechnet sich nunmehr weiter E_N und E_i mittels der letzten Gleichungen auf S. 466.

w_w und w_h mißt man mit einer kapazitäts- und induktionsfreien Brücke (vgl. S. 132 u. 133), wobei vor den als Nullzeiger dienenden Hörer noch ein Verstärker zur Vergrößerung der Empfindlichkeit geschaltet werden kann.

Das Schallfeld zur Einstellung und Nachprüfung des Normaltelephons, das auch zur Ermittlung der von Hörern abgegebenen elektrischen Leistung dienen kann, wird mit einer Pfeife erzeugt, die mit einem Luftstrom von bestimmtem Druck betrieben wird, der mit einem kleinen seitlich der Pfeife angebrachten Wassermanometer M sich einstellen läßt. Als Normaltelephon gilt dann der ausgewählte Hörer, wenn er in bestimmter Entfernung von der Pfeife angebracht ist.

Einzelheiten über Form und Abmessungen der Pfeife sind der Arbeit von Pirani und Paschen zu entnehmen.

Der Hörer liefert in dem Schallfeld eine bestimmte elektrische Leistung und eine Spannung e_r an dem Widerstand r (Abb. 393), der ein bestimmter Ausschlag am Galvanometer entspricht. Bei der Nachprüfung des Normalhörers unter den für die Pfeife angegeben Versuchsbedingungen muß das Galvanometer G, Unveränderlichkeit des Verstärkungsgrades und des Detektors vorausgesetzt, immer wieder dieselbe Ablenkung zeigen, wenn die Empfindlichkeit des Hörers sich nicht geändert hat.

Die von einem im Schallfeld der Pfeife befindlichen Hörer abgegebene Leistung berechnet sich für $i = \frac{e_r}{r}$ zu $N = i^2 \cdot (w_h + r)$.

Die Bestimmung von N erfordert außer der Kenntnis des Verlustwiderstandes w_h des Hörers noch die Messung von e_r. Hierzu wird mittels des Umschalters U das Galvanometer G an den zweiten Teil der Schaltung Abb. 393 gelegt, der von einer zwischen a und b liegenden Wechselstromquelle (Summer, Röhrensender) gespeist wird und hierauf durch Änderung von r_2 auf die ursprüngliche Galvanometerablenkung eingestellt. Alsdann $e_r = e_{r_3}$. Für $r_1 = 0{,}1$, $r_3 = 1{,}0$ und $r_4 = 0$ Ohm berechnet sich alsdann e_{r_3} nach dieser Einstellung von r_2 zu

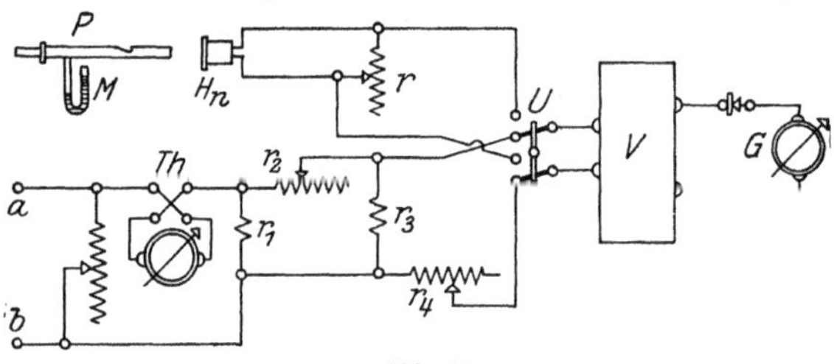

Abb. 393.

$$e_{r_3} = \frac{0{,}1 \cdot i_{Th}}{r_2 + 1{,}1},$$

wo i_{Th} der mit dem Thermoelement Th gemessene Strom bedeutet. i_{Th} liegt zwischen $5 \cdot 10^{-3}$ und $10 \cdot 10^{-3}$ Amp., e_{r_3} zwischen 10^{-5} und 10^{-4} Volt. r_4 dient zum Gleichhalten des Eingangswiderstandes des Verstärkers, wenn sich der Verstärkungsgrad mit diesem ändert. Der Einfluß von r_4 auf die Spannung ist besonders zu berücksichtigen.

Einige mit diesem Verfahren gewonnenen Ergebnisse finden sich in der folgenden, der Arbeit von Pirani und Paschen entnommenen Zahlentafel. Als Normaltelephon diente der Hörer EH_2, dessen Stromstärke beim Verschwinden des Tones 10^{-8} Amp. betrug. Die Messungen wurden mit dem Ton 1000 ausgeführt. Die Leistungsverstärkung des Dreiröhrenverstärkers war $2 \cdot 10^6$, sein Eingangswiderstand etwa 1500 Ohm.

Herkunft	Telephonart	w_g	w_h	L	w_w	E_e	E_i	H_N
Telefunken	EH_2	1000	1600	0,27	2200	1	1	1
„	EH_{105}	3600	5400	0,74	7150	1	3,25	3,1
„	$EH_{105\,a}$	2100	4600	1,25	9500	1,2	5,2	9,1
Lorenz	EHT	4000	9500	1,06	13800	0,8	5,0	4,2
Deutsche Telephon-Werke		2000	7900	1,44	11900	1,3	7,0	10
Seibt		1650	3560	1,98	13000	1	5,9	16
Brown	Zungentelephon	30	91	0,019	150	10,3	0,7	8,6

10. Anrufgeräte.

Die größte Zahl der für die Radiotelegraphie vorgeschlagenen Anrufgeräte beruht auf folgendem Gesichtspunkt: Die in der Antenne erregten Schwingungen induzieren auf einen abgestimmten oder aperiodischen Kreis, der eine Gleichrichter- oder Thermozelle enthält, unter deren Wirkung ein empfindliches Drehspulengalvanometer ausschlägt. Diese Erscheinung wird nun weiterhin dazu benutzt, ein Relais zu betätigen. wodurch ein sichtbares oder hörbares Anrufzeichen ausgelöst wird. Die verschiedenen Ausführungsformen unterscheiden sich ausschließlich durch die Art und Weise, wie der Ausschlag des Gleichstromzeigers den Ortsstromkreis schließt, ohne den beweglichen Teil des Stromzeigers in unzulässiger Weise mechanisch zu beanspruchen. Gibt man außerdem dem Drehspulengalvanometer eine gewisse Trägheit, so wird vermieden, daß das Anrufgerät auf jeden elektrischen Anstoß hin, wie ihn etwa atmosphärische Entladungen hervorrufen, in Tätigkeit tritt. Vereinigt man weiterhin die elektrische Resonanz mit einer akustischen oder mechanischen, so wird die Vorrichtung eine erhöhte Störungsfreiheit unerwünschten Erregerquellen gegenüber besitzen. Die mechanische Resonanz kann z. B. in der Weise ausgenutzt werden, daß die Rufzeichen mit einem Metronom gegeben werden, mit dessen Schwingungsdauer die Schwingungsdauer des Drehspulengeräts übereinstimmt. Die Schwingungsweiten der Drehspule nehmen dann nach einigen Stromstößen so weit zu, daß der Ortsstromkreis des Anrufgeräts geschlossen wird. Die Anordnung ist fast völlig frei von atmosphärischen Beeinflussungen. Durch Zuhilfenahme der neuen Röhrenverstärker und Gleichrichter hat der Bau von Anrufgeräten eine weitere wesentliche Förderung erfahren.

T. Empfangseinrichtungen.

I. Schaltungen.

1. Schaltung des Luftleiters. Die vorbereitenden Schritte zur Aufnahme drahtloser Nachrichten beginnen mit dem Suchen der ankommenden Welle und finden ihren Abschluß in der endgültigen und genauen Einstellung der gesamten Empfangseinrichtung, die derart auszubilden ist, daß auf jede Schwingungszahl innerhalb des gesamten Wellenbereichs auf die schnellste Art abgestimmt werden kann, eine Aufgabe, die für die Antenne in handlichster Weise mit Hilfe von Variometern und Drehkondensatoren sich lösen läßt. Für den einfachsten Fall, daß ein mit einem Drehkondensator zwangläufig gekuppeltes Variometer der Reihe nach so geschaltet wird, daß die Eigenschwingung des Luftleiters von kleineren auf größeren Wellen stetig zunimmt, ergeben sich beistehende, grundsätzliche Anordnungen (Abb. 394), die ohne weiteres verständlich sind und die natürlich bei einer größeren Zahl von Einzelteilen der Abstimmittel noch mannigfach verwehrt werden können.

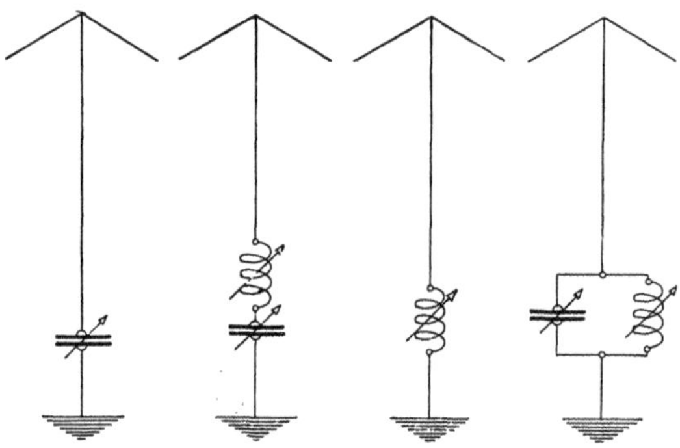

Abb. 394.

2. Schaltung des Wellenanzeigers. Die Verwirklichung des Gedankens, den Wellenanzeiger unmittelbar in den Luftleiter einzubauen, um ihm auf diese Weise einen möglichst großen Betrag der von der Antenne aufgenommenen Leistung zuzuführen, scheitert, und zwar einmal an dem meist hohen Widerstand der Detektoren und weiter infolge des Umstandes, daß ein in den Luftleiter geschalteter Detektor in stärkstem Maße alle Störungen ausgesetzt ist. Diese können zweierlei Ursprungs sein. Einmal rufen die atmosphärischen Ladungserscheinungen der Antenne oszillatorische Ausgleichsvorgänge mit der Erde hervor, und weiter können fremde Sender um so leichter den Nachrichtenaustausch durch Dazwischengeben stören, je stärkere Leistungen sie ausstrahlen, und je gedämpfter ihre Wellenzüge sind. Hieraus ergibt sich zunächst, daß das Ziel eines technisch vollkommenen radiotelegraphischen Verkehrs nur dann erreicht werden kann, wenn die Senderanlage schwach gedämpfte Schwingungen aussendet. Denn ist der Geber stark gedämpft, die Empfangsseite jedoch nur wenig, so wird der Empfänger durch Stoß erregt und schwingt infolgedessen stets in seiner Eigenperiode, welche Welle ihm auch aufgedrückt werden möge. Im umgekehrten Falle überwiegt die Periode der Primärseite die des Sekundärkreises. Demnach verlangt eine wirklich abgestimmte Telegraphie schwach gedämpfte Sender- und Empfängereinrichtungen, die aber nur dann in dem gewünschten Sinne ausgenutzt werden können, wenn auch der Wellenanzeiger für die entstehende Schwingungsform besonders geeignet ist. Man erkennt hieraus, wie die Frage der Abstimmfähigkeit zweierlei Anlagen in engem Zusammenhange steht mit der Natur des wellenempfindlichen Organs und daß deshalb die auf Höchstwerte ansprechenden Detektoren (z. B. Fritter) mit der fortschreitenden Entwicklung immer mehr in Fortfall kommen mußten.

Aus diesen Gründen findet man immer den Wellenanzeiger in einen besonderen Stromkreis verlegt, der mit dem Luftleiter unmittelbar oder durch Vermittlung eines oder auch mehrerer Zwischenkreise gekoppelt ist. Zwar läßt sich dadurch die dem Detektor zugeführte Schwingungsleistung nicht steigern, wohl aber ist dieser mit seinem hohen Dämpfungsbeitrag aus der Antenne entfernt, und alle ungewünschten Schwingungen, mögen sie nun von außen herrühren oder ihr Entstehen der teilweise zusammengedrängten Kapazität und Selbstinduktion des Luftleiters verdanken, können leichter vom Wellenanzeiger ferngehalten werden. Diese Schaltungen sind besonders wichtig bei großen Antennenanlagen, die auf lange Wellen abgestimmt werden, während Luftleiter von geringer Höhe und kleiner Kapazität fremden Störungen nicht in dem Maße ausgesetzt sind.

Zur Kopplung der einzelnen Kreise wird meist die induktive verwendet. Es ist selbstverständlich, daß mit galvanischer oder kapazitiver Verbindung der Kreise die gleichen Ergebnisse zu erzielen sind, wenn auch die Spannungsteilung durch Spulen oder Kondensatoren in mancher Beziehung größere Herstellungsschwierigkeiten verursacht. Weiterhin sind diese Schaltungen natürlich nicht auf Energiedetektoren beschränkt, sondern sie werden auch bei den auf Augenblickswerte ansprechenden Empfängern, wie bei Verwendung von Schleifern, Tickern und beim Überlagerungsempfang eine erhöhte Störungsfreiheit gewährleisten. In jedem besonderen Fall ist hierbei zu beachten, daß es nicht nur eine günstigste Kopplung gibt, sondern daß auch eine vorteilhafteste Kopplungswindungszahl vorhanden sein muß, will man bei gleicher Lautstärke im Empfangstelephon störende Einflüsse nach Möglichkeit ausschalten.

Auch an dieser Stelle sei nochmals darauf hingewiesen, daß die Eigenkapazität sämtlicher Spulen einer Empfangseinrichtung in möglichst engen Grenzen zu halten ist, um das Entstehen geschlossener Schwingungsbahnen und damit Mehrwelligkeit und dielektrische Verluste zu verhindern. Besonders im Luftleiter selbst verdienen aus diesen Gründen einlagige Spulen den Vorzug. Ferner sollten die bei der Abstimmung nicht benutzten Wicklungsteile abschaltbar sein, um deren Mitschwingen zu unterbinden.

Nicht gleichgültig ist die Wahl der Stelle, an der man die Kopplung vornimmt. Wenn auch bezüglich der Größe der Kopplung bei allen Luftleitergebilden mit vorwiegend quasistationärer Strömung (T-Antenne) kein merklicher Unterschied festzustellen ist, ob die Erregung der angeschlossenen Kreise in der Nähe oder in größerer Entfernung vom Erdungspunkt (Strombauch) erfolgt, so ist

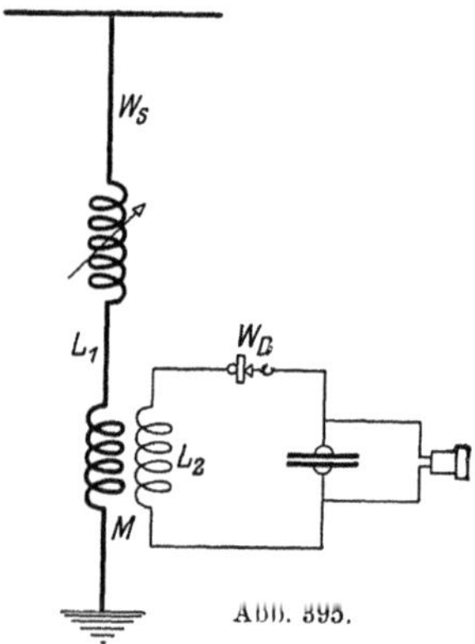

Abb. 395.

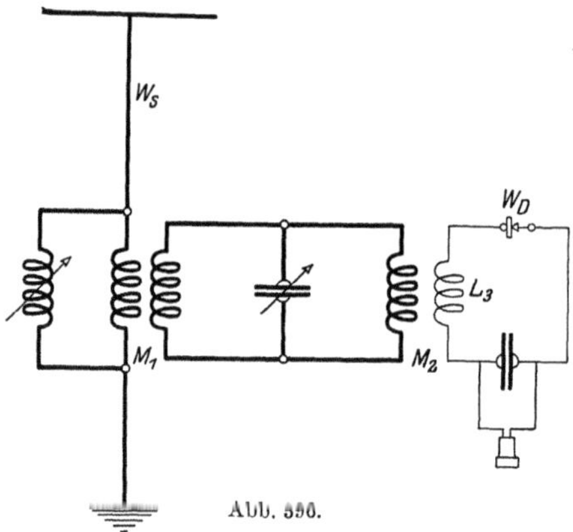

Abb. 396.

doch zur Vermeidung kapazitiver Nebenschlüsse, die sowohl eine Störung in der Abstimmung, wie einen erhöhten Leistungsaufwand bedingen, der Anschluß der Sekundärkreise in der Nähe des Indifferenzpunktes anzustreben. Dies gilt sowohl bei unmittelbarer Erdung, wie in dem Falle, in dem unter Zwischenschaltung eines Gegengewichts ein kapazitiver Schluß mit dem Grundwasser hergestellt ist.

Zum Suchen der Welle bedient man sich der, wohl zuerst von Scheller angegebenen aperiodischen Schaltung des Detektorkreises (Abb. 395), die den Vorzug hat, daß für ihn selbst die Abstimmung entfällt und nur der Antennenkreis abgestimmt werden muß, wodurch das Auffinden einer Welle ungemein erleichtert und beschleunigt wird.

Sobald es sich nun weiter darum handelt, beim Auftreten von äußeren Störungen den Empfang trotzdem aufrechtzuerhalten, versagt diese Schaltung. Erst wenn man durch Zwischenschaltung möglichst

Abb. 397. Einrichtung für Primär- und Sekundärempfang und Empfang mit Zwischenkreis. (Gesellschaft für drahtlose Telegraphie, Berlin.) Größe: 520 × 180 × 420 mm.

schwach gedämpfter und auf die Senderschwingung abgestimmter Kreise eine einfache oder mehrfache Siebung der ankommenden Wellen vornimmt, ist man imstande, die gewünschten Zeichen mit ausreichender Deutlichkeit durchzuhören. Ist daher durch schnelles Durchlaufen der Wellenskala die Abstimmung der Antenne auf die ankommende Schwingung erreicht, so wird man den aperiodischen Empfang aufgeben und den Detektor, um jede fremde Strömung nach Möglichkeit auszuschalten, unter Einfügung eines ebenfalls auf die Periode der Antennenschwingung abgestimmten Zwischenkreises nunmehr von diesem erregen lassen. Ob man hierbei wieder die aperiodische Schaltung verwendet oder galvanische oder kapazitive Kopplung hängt von der Natur des verwendeten Wellenanzeigers ab.

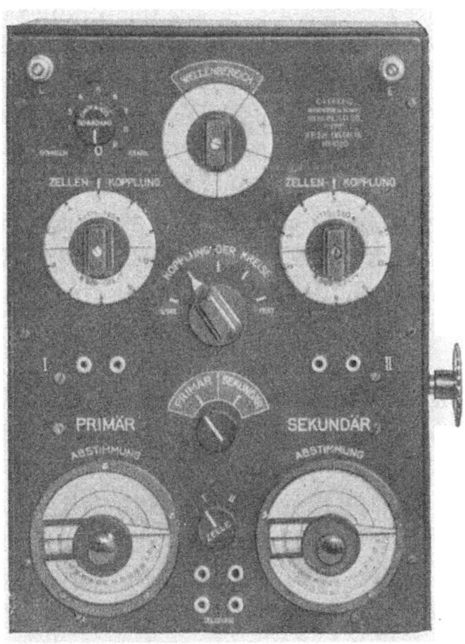

Abb. 398. Gerät für Primär- und Sekundärempfang. (C. Lorenz A.-G. Berlin-Tempelhof.) Größe: 280 × 209 × 360 mm.

Die nächstliegende Ausführung wäre, den aperiodischen Detektorkreis nur von der Spule des Sekundärkreises zu erregen.

Eine noch vollkommenere Störungsfreiheit wird erreicht, wenn man nach Ehret, Stone, Fessenden und Marconi die Zwischenkreisspule in zwei Einzelteile zerlegt, von denen der eine mit dem Luftleiter gekoppelt ist, während der zweite den Detektorkreis erregt (Abb. 396). Hierbei hat man es in der Hand, durch richtige Bemessung der Zwischenkreisspulen und deren Einwirkung auf die Antenne, wie auf den Tertiärkreis eine weitgehende Fernhaltung der Störungen vom Wellenanzeiger zu erreichen. Freilich verlangen derartige Empfangsschaltungen eine möglichste Herabsetzung des dämpfenden Eigenwiderstandes, sofern sie eine wirkliche Verbesserung darstellen sollen.

Zwei Ausführungsformen solcher Empfangseinrichtungen geben die Abb. 397 und 398 wieder.

II. Kopplung und Lautstärke.

Von der gesamten Leistung, die ein Luftleiter aufnimmt, wird im günstigsten Fall nur die Hälfte im Wellenanzeiger in nutzbare Leistung umgesetzt, die andere Hälfte strahlt die Antenne wieder aus.

Ist der Detektor unmittelbar in den Luftleiter eingeschaltet und dieser abgestimmt auf die ankommende Welle, so liegen, wie eine einfache Rechnung zeigt, diese Verhältnisse dann vor, d. h. man erhält die größte Lautstärke im Fernhörer, wenn der gesamte Antennenwiderstand w_A gleich ist dem Detektorwiderstand w_D. Da letzterer nur schwer und nur in engen Grenzen veränderbar ist, läßt sich diese Bedingung nur selten verwirklichen. Dazu kommt, daß bei Störungen, denen der Detektor bei dieser Schaltung in besonders hohem Maße ausgesetzt ist, die Zeichenaufnahme nur möglich wird, wenn man ihn in einen von der Antenne getrennten mit ihr gekoppelten Schwingungskreis verlegt.

Neben der Verringerung des Einflusses von Störungen hat die Verlegung des Detektors in einen Sekundärkreis den großen Vorzug, daß durch stetige Änderung der Kopplung für die verschiedensten Detektorarten die günstigsten Empfangsbedingungen und damit größte Lautstärke einfach und rasch erzielt werden können.

Aus den Gleichungen für gekoppelte Kreise ergibt sich nämlich, wie schon S. 147 erläutert ist, daß infolge der Rückwirkung eines Schwingungskreises auf seinen Erregerkreis letzterer eine scheinbare Widerstandsvergrößerung $w_\varkappa$ erfährt, die mit zunehmender Kopplung wächst.

Weiter zeigt die Rechnung, daß ein im Sekundärkreis liegender Detektor den größten Teilbetrag von der gesamten dem Luftleiter zugeführten Leistung dann aufnimmt, wenn

$$w_\varkappa = w_A,$$

wo

$$w_\varkappa = \frac{\omega_1{}^2 \cdot M^2}{w_D^2 + \left(\omega_1 \cdot L_2 - \frac{1}{\omega_1 \cdot C_2}\right)^2} \cdot w_D. \tag{253}$$

Die Gleichung besagt, daß durch Änderung des Koeffizienten M der gegenseitigen Induktion, d. h. durch Änderung der Kopplung nicht nur für einen gegebenen Antennenwiderstand auf größte Lautstärke im Fernhörer eingestellt werden kann, sondern daß gleichzeitig diese Einstellung den verschiedensten Wellenlängen und Detektorwiderständen sich anpassen läßt. Wie im besonderen die Versuchsbedingungen zu wählen sind, ersieht man aus der folgenden Zusammenstellung für einige Einzelfälle.

1. Aperiodischer Detektorkreis: $\frac{1}{\omega_1 \cdot C_2}$ vernachlässigbar gegen $\omega_1 \cdot L_2$. Gleichung (253) geht über in:

$$w_\varkappa = \frac{\omega_1{}^2 \cdot M^2}{w_D^2 + \omega_1{}^2 \cdot L_2{}^2} \cdot w_D. \tag{254}$$

a) w_D groß gegen $\omega_1 \cdot L_2$. Alsdann wird:

$$w_\varkappa = \frac{\omega_1{}^2 \cdot M^2}{w_D} = 3{,}55 \cdot \frac{M^{2\,\text{cm}}}{\lambda^{2\,\text{m}} \cdot w_D^\Omega}, \tag{255}$$

d. h.: Für einen bestimmten Detektorwiderstand muß die Kopplung mit wachsender Wellenlänge fester gewählt werden. Bei gleicher Wellenlänge erfordert von verschiedenen Detektoren derjenige mit dem größeren Widerstand die festere Kopplung.

b) w_D klein gegen $\omega_1 \cdot L_2$, d. h.:

$$w_\varkappa = \frac{M^2}{L_2{}^2} \cdot w_D. \tag{256}$$

Ist der Detektorwiderstand klein, so ist die günstigste Kopplung unabhängig von der Wellenlänge. Der Detektor mit dem kleineren Widerstand verlangt die festere Kopplung.

2. Abstimmbarer Detektorkreis. a) Sender- und Empfangsantenne nebst Sekundärkreis sind aufeinander abgestimmt. Alsdann ist $\omega_1 \cdot L_2 - \frac{1}{\omega_1 \cdot C_2} = 0$, d. h.

$$w_\varkappa = \frac{\omega_1{}^2 \cdot M^2}{w_D}. \tag{257}$$

Die Bedingungen für größte Lautstärke sind dieselben, wie unter 1a.

3. Empfang mit Zwischenkreis. Die günstigsten Empfangsbedingungen erhält man, wenn man Gleichung 253 ersetzt durch die Beziehung:

$$w_{\varkappa} = w_A = \frac{M_1^2}{M_2^2} \cdot \frac{\omega_1^2 \cdot L_3^2 + w_D^2}{w_D}, \qquad (258)$$

wo M_1 und M_2 die wirksamen Koeffizienten der gegenseitigen Induktion zwischen den drei Kreisen bedeuten.

Ist der induktive Widerstand $\omega_1 \cdot L_3$ gegen den Ohmschen Widerstand w_D zu vernachlässigen, so nimmt der Ausdruck die einfachere Form:

$$w_{\varkappa} = w_s = \frac{M_1^2}{M_2^2} \cdot w_D \qquad (259)$$

an, aus der hervorgeht, daß die günstigste Kopplung in diesem Falle unabhängig ist von der Wellenlänge.

Bei allen Empfangseinrichtungen, bei denen durch Änderung der Kopplung auf größte Lautstärke eingestellt werden kann, ist zu beachten, daß die Selbstinduktion jedes erregenden Kreises infolge der Rückwirkung des erregten Kreises eine scheinbare Verkleinerung erfährt, daß sonach jede Kopplungsänderung eine Neuabstimmung erfordert.

Da ferner die durch das elektromagnetische Senderfeld im Empfangsluftleiter erregte elektromotorische Kraft e in diesem einen Strom i hervorruft, der für Senderwellen mit gleichbleibenden Scheitelwerten und bei Resonanz zwischen den einzelnen Teilen der Empfangseinrichtung sich darstellen läßt durch

$$i = \frac{e}{w_A + w_D}$$

ersieht man, daß schwach strahlende Luftleiter eine bessere Empfangswirkung ergeben, als stark strahlende. Da die Strahlung mit zunehmender Wellenlänge abnimmt, wächst sonach mit der Wellenlänge auch die dem Detektor zugeführte Leistung. In gewissem Sinne wird diese Erscheinung jedoch dadurch wieder verwischt, daß die Verlängerungsmittel der Antenne, wie Spulen, Variometer und Kondensatoren, und die Verluste in dem Erdboden den wirksamen Widerstand w_A vermehren und damit die Vorzüge der Antennen mit geringem Strahlungsvermögen wieder aufheben.

Hieraus erkennt man, welcher Wert der Durchbildung schwach gedämpfter Empfänger beizumessen ist, besonders da, wo, wie z. B. bei Verwendung des Tickers, möglichst hohe Stromamplituden verlangt werden.

Die nämliche Forderung ergibt sich auch für alle Zwischenkreisschaltungen im besonderen dann, wenn die mit ihnen beabsichtigte Störbefreiung Erfolg versprechen soll.

Von den verschiedenen besonderen Schaltungen, die eine Störbefreiung anstreben und auf die hier nicht näher eingegangen werden kann, soll nur eine der am meisten benutzten erwähnt werden, die hauptsächlich den Zweck hat, Störungen durch statische Ladungen des Luftleiters unschädlich zu machen. Man erreicht dies durch eine mit einem Ende geerdete, eisenlose Spule *L* (Abb. 399), von großer Selbstinduktion, die sämtliche in der Antenne liegenden Abstimmittel überbrückt. Die Selbstinduktion muß so bemessen sein, daß auch bei langen Wellen eine Beeinträchtigung der Lautstärke beim Empfang nicht entsteht. Der zehnfache Betrag der Selbstinduktion, die zur Abstimmung auf die längsten Wellen im Luftleiter benötigt wird, reicht für diese Drossel aus.

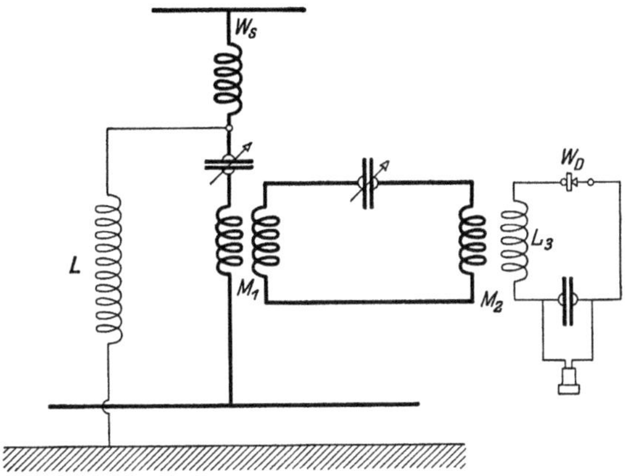

Abb. 399.

Auch dadurch, daß man in den Luftleiter Widerstände schaltet oder ihn etwas verstimmt, während die Sekundärkreise bei loser Kopplung scharf abgestimmt bleiben, lassen sich häufig die atmosphärischen Störungen beseitigen.

Ist der Empfänger sowohl für induktive als auch für kapazitive Kopplung eingerichtet, so kann man nach den Darlegungen von S. 142 auch durch Übergang von der einen zur anderen Kopplungsart Störungen durch fremde Sender verringern, und zwar indem man, je nachdem die Störungen durch lange oder kurze Wellen hervorgerufen werden, die induktive oder die kapazitive Kopplung benutzt. (Vgl. S. 142.)

III. Abstimmschärfe und Selektivität.

Allgemein wird man eine Empfangseinrichtung als scharf abstimmbar bezeichnen, wenn bei einigen Prozent Verstimmung des Empfängers oder des Senders die Zeichen nicht mehr aufgenommen werden können. Welche Bedeutung diese Größe bei der wachsenden Zahl der radiotelegraphischen Anlagen für einen geregelten, störungsfreien Betrieb besitzt, geht aus dem Früheren zur Genüge hervor. Als Maß für die Abstimmschärfe dient die Größe:

$$\varepsilon = \frac{\lambda_2 - \lambda_1}{\lambda_2} \quad \text{oder} \quad \frac{\lambda_2 - \lambda_1}{\lambda_2} \cdot 100\,\%, \tag{260}$$

wo $\lambda_2 - \lambda_1$ die Verstimmung darstellt, bei der noch gerade die Senderwelle λ_1 aufgenommen werden kann. Bei der Ermittlung von ε ist zu beachten, daß die Schärfe der Abstimmung nicht allein von den Dämpfungsdekrementen der Sende- und Empfangsstelle abhängt, sondern auch von der Größe der vom Empfänger aufgenommenen Senderleistung. Die Messungen müssen sonach auf eine bestimmte Empfangsleistung bezogen werden. Für unmittelbaren Empfang sind die Werte größer als für Empfang mit Sekundärkreis. Beträgt z. B. die Verstimmung im ersten Fall $5\,\%$, so sinkt sie auf 1,5 bis $3\,\%$ bei Sekundärempfang. Geringe Abstimmschärfe läßt auf schädliche Widerstände in den Schwingungskreisen der Empfangseinrichtung schließen.

An Stelle der Abstimmschärfe wird auch der Begriff der Selektivität S verwendet. Man versteht hierunter den Quotienten:

$$S = \frac{1}{\varepsilon' + \varepsilon''},$$

wo ε' und ε'' die Verstimmungen nach beiden Seiten der Resonanzlage bedeuten, die erforderlich sind, wenn dem Wellenanzeiger nur die Hälfte der Leistung wie bei Resonanz zugeführt werden soll.

Die Beziehung von S zu den beim Empfang in Frage kommenden Dämpfungsdekrementen läßt sich, wie die Rechnung zeigt, durch folgende Ausdrücke darstellen: Für

$$\text{Primärempfang} \quad S_P = \frac{\pi}{2\,\vartheta_D}, \tag{261}$$

$$\text{Sekundärempfang} \quad S_S = \frac{\pi \cdot \left(1 - \frac{\vartheta_3}{\vartheta_{A2}}\right)}{2\,\vartheta_3} \tag{262}$$

und hieraus:

$$S_S = S_P \cdot \left(\frac{\vartheta_{A2}}{\vartheta_3} - 1\right). \tag{263}$$

Gleichung 263 gilt für den Fall der Abstimmung der Empfangseinrichtung und günstigste Kopplung. S_S kann leicht auf ein Vielfaches von S_P gesteigert werden.

IV. Empfangsleistung und Lautstärke.

Hat man nach den S. 476 erläuterten Gesichtspunkten die Kopplung richtig gewählt, so hängt die Lautstärke noch ab von der Empfindlichkeit der beiden letzten Glieder einer jeden Empfangseinrichtung, des Wellenanzeigers und des Fernhörers. Allgemeingültige Werte lassen sich daher nicht angeben. Elektrolytische und Kristalldetektoren z. B. erfordern beim unverstärkten Empfang mit Hörern von 2000 Ohm Widerstand, einer Stromempfindlichkeit von $5 \cdot 10^{-6}$ Ampere und der Tonhöhe 1000 für noch eben hörbare Zeichen eine Empfangsleistung von etwa $25 \cdot 10^{-10}$ Watt. Sind die Zeichen bei einem Empfangsstrom von 10^{-6} Ampere noch eben aufzunehmen, so liefert der Strom $4 \cdot 10^{-6}$ gut hörbare Zeichen.

Beim Empfang mit Verstärkern liegt die untere Grenze noch wesentlich tiefer. Anordnungen für unmittelbare Hochfrequenzverstärkung, die auf einer reinen Auslösewirkung beruhen, sollten überhaupt keine untere Grenze zeigen.

V. Der Überlagerungsempfang.

1. Wirkungsweise. Zur Erläuterung der Wirkungsweise diene Abb. 400. Über den Strom von der Periodenzahl ν_1 im Luftleiter *I* wird der Strom des abstimmbaren Schwingungskreises *III* von der Periodenzahl ν_2 gelagert.

Dadurch entstehen im Empfangskreis *II* Schwebungen (vgl. S. 181, Abbildung 188), deren Zahl

$$\nu_s = \pm (\nu_1 - \nu_2).$$

Jede Schwebung ist aus Hochfrequenzschwingungen zusammengesetzt. Auf sie spricht wegen ihrer hohen Periodenzahl $\frac{\nu_1 + \nu_2}{2}$ ein Hörer im Empfangskreis *II* nicht unmittelbar an.

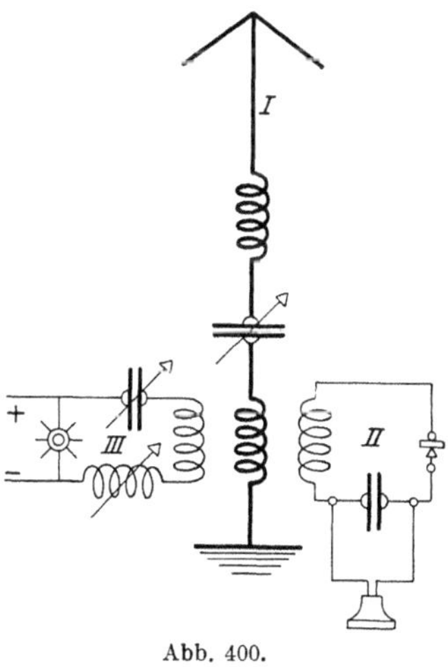

Abb. 400.

Die positiven oder die negativen Teile der Halbperioden der Schwebung müssen daher durch einen Gleichrichter (Kristalldetektor, Kathodenröhre) ausgeschieden werden, worauf man im Hörer einen Ton von der Höhe $\nu_1 - \nu_2$ vernimmt. Sind Kreis *I* und *III* in Resonanz, d. h. $\nu_1 = \nu_2$, so verschwindet der Ton. Bei geringer Verstimmung beider Kreise dagegen hört man zunächst einen tiefen Ton, dessen Höhe mit wachsender Verstimmung zunimmt und der schließlich wieder verschwindet, wenn $\nu_1 - \nu_2$ die Hörbarkeitsgrenze überschreitet.

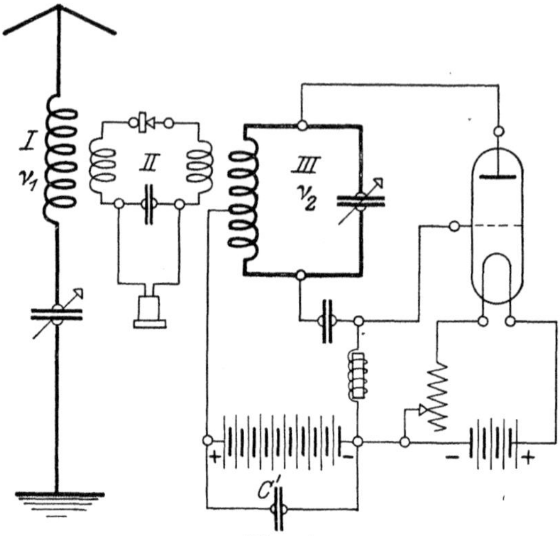

Abb. 401.

Schon bei sehr kleinen Änderungen einer der Periodenzahlen ν_1 und ν_2 entstehen sehr starke Änderungen des Schwebungstones

$$\nu_1 - \nu_2 .$$

Soll der Schwebungston nicht aus dem Bereich der für den Empfang ausnutzbaren Töne herausfallen, so dürfen z. B. die Schwankungen von ν_2 für Wellenlängen des Senders von 10^4, 10^3, 10^2 m nicht größer sein als 4 %, 0,4 %, 0,04 %. Je kleiner sonach die Senderwelle ist, um so schwieriger wird es, den für den Empfang brauchbaren Ton einzustellen und einzuhalten.

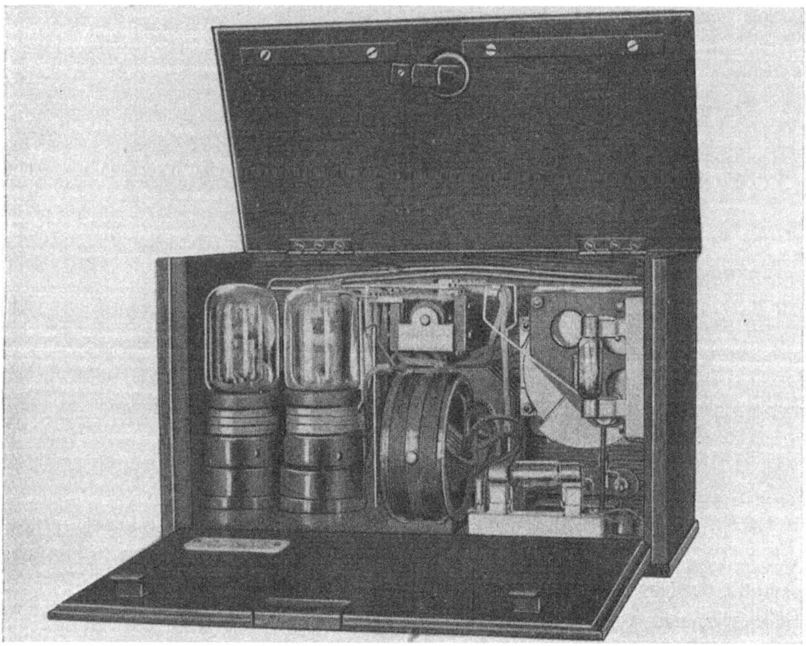
Abb. 402. Überlagerer. (Gesellsch. f. drahtl. Telegr. Berlin.) Wellenbereich: 200 ÷ 2000 m. Größe: 170×280×160 mm.

2. Hilfsstromquellen. Als Hilfskreis kann verwendet werden

1. der Schwingungskreis eines Lichtbogengenerators,
2. der Schwingungskreis einer Kathodenröhre,
3. die Eichhornsche Summerschaltung.

In der Anordnung Abb. 400, bei der als Hilfskreis der Schwingungskreis eines Lichtbogengenerators dient, wirkt Kreis *III* auf die Antenne ein.

Statt dessen kann man auch unmittelbar den Detektorkreis mit dem Hilfskreis koppeln, wodurch eine etwas größere Lautstärke erzielt wird.

In den neuen Überlagerungsempfängern ist als Hilfsstromquelle an Stelle des Lichtbogengenerators eine Kathodenröhre getreten, die gerade für diese Empfangsart durch die Gleichmäßigkeit ihrer Schwingungen und die Unveränderlichkeit der Wellenlängen ganz besondere Vorteile bietet.

Abb. 401 zeigt die Schaltung, Abb. 402 das Innere des Hilfskreises, der mit zwei Röhren von der Größe der Verstärkerröhren (Abb. 364 S. 440) ausgerüstet ist. Die beiden Röhren, die durch Verbindung ihrer Anoden einerseits und ihrer Gitter andererseits nebeneinandergeschaltet sind, werden benötigt, um trotz der Kleinheit der Röhren auch sehr kurze Wellen erzeugen zu können. Die Schwingungszahl ν_2 des Hilfskreises kann mittels des Kondensators grobstufig verändert werden. Im Nebenschluß zu ihm liegt meist ein zweiter, in Abb. 401 nicht gezeichneter Kondensator von kleinerer Kapazität für die feinstufige Einstellung. Vielfach wird auch nur ein Kondensator verwendet, der dann mit einer besonderen Feinverstellung versehen ist, die nach Feststellung seines Drehknopfes durch einen zweiten, seitlich angebrachten Drehknopf betätigt wird (Abb. 404).

Während die Anordnungen Abb. 401 und 402 nur als Hilfskreis dienen und zum Empfang, ebenso wie bei der Schaltung Abb. 400 noch ein besonderer Wellenanzeiger erfordert wird, kann man die Schaltung auch so ausführen, daß die Röhren nicht nur als Stromquelle für den Hilfskreis, sondern gleichzeitig auch als Wellenanzeiger (Audion) dienen, wie in Abb. 403. Die zwei Röhren bieten hierbei noch den Vorzug, daß sie nicht nur das Einsetzen der Schwingungen bei kurzen Wellen erleichtern, sondern auch eine erhöhte Lautstärke für alle Wellen ergeben.

Auch beim Empfang von gedämpften Schwingungen, z. B. tönenden Zeichen kann ein Überlagerer mit Vorteil verwendet werden. Die Anordnung mit besonderem Detektorkreis (Kristalldetektor) liefert in diesem Fall zwar keinen Ton, wohl aber erhält man bei richtiger Einstellung der Heizstromstärke der Röhre eine beträchtliche Verstärkung, die der eines Dreiröhrenverstärkers gleichkommen kann, wobei jedoch die Abstimmung zwischen Hilfskreis und der ankommenden Welle richtig gewählt sein muß.

Dagegen liefert die jetzt meist verwendete Schaltung Abb. 403, bei der die Röhre nicht nur als Schwingungserzeuger, sondern auch als Detektor arbeitet, auch bei gedämpften Schwingungen einen reinen Ton, wenn man etwas unter der Kopplung bleibt, bei der die Schwingungen gerade einsetzen.

Wird bei Überlagerungsempfang mit Röhren als Hilfsstromquelle ein Verstärker benutzt, so ist es vorteilhaft, getrennte Stromquellen für den Überlagerer und den Verstärker zu verwenden, um störenden Geräuschen vorzubeugen, die bei Benutzung einer gemeinsamen Stromquelle leicht entstehen.

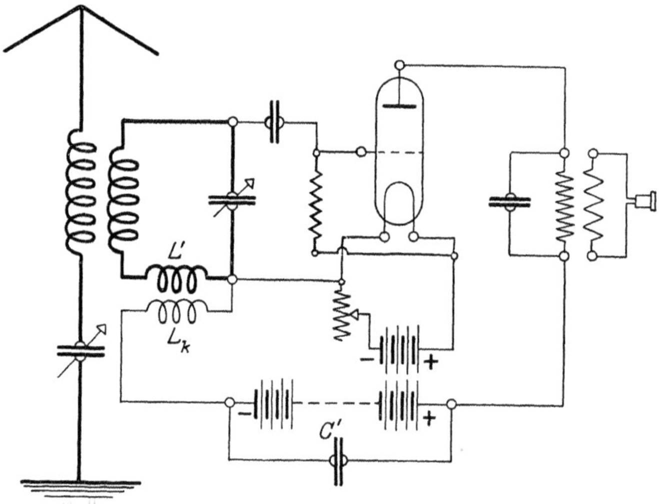

Abb. 403.

Auch die Eichhornsche Summerschaltung, z. B. in Form eines Wellenmessers, kann als Überlagerer benutzt werden. Man erhält mit ihr sowohl bei der Aufnahme von ungedämpften als auch von gedämpften Schwingungen einen reinen Ton und gleichzeitig eine beträchtliche Verstärkung, wenn der Hilfskreis schwach gedämpft, die Kopplung und die Abstimmung zwischen Empfangskreis und Summerschaltung richtig gewählt ist.

3. Die Vorzüge des Überlagerungsempfangs liegen zunächst darin, daß man an der Empfangsstelle jeden beliebigen Ton und im besonderen die für das Telephon und den Aufnehmenden günstigste Tonhöhe einstellen und sich weiterhin von Störungen durch fremde Sender frei machen kann. Zwar haben die Schwebungstöne, die durch Überlagerung entstehen, nicht die kennzeichnende Klangfarbe, die sie bei Löschfunkensendern durch die Art der Funkenerregung erhalten und die ermöglicht, die verschiedenen Senderstellen leicht zu erkennen. Infolge der starken Änderungen, die der Schwebungston schon bei äußerst kleinen Änderungen von ν_2 erfährt, erhält man aber dafür beim Schwebungsempfänger eine so hohe Selektivität, wie bei keinem anderen Empfänger.

Dadurch aber wird das ungestörte Arbeiten einer viel größeren Zahl von Sendern nebeneinander ermöglicht.

Für einen Wellenbereich von $\nu_1 \div \nu_1'$, entsprechend $\lambda_1 \div \lambda_1'$ und einen höchsten, für den Empfang brauchbaren Schwebungston $\pm \nu_s$ ergibt sich die Zahl n der noch störungsfrei nebeneinander arbeitenden Sender, wenn deren Wellenlänge um $\pm p\,{}^0/_0$ schwankt, zu

$$n = \frac{\nu_1 - \nu_1'}{2 \cdot \left(\nu_s + \frac{p \cdot \nu}{100}\right)}, \quad \text{wo} \quad \nu = \frac{\nu_1 + \nu_1'}{2}.$$

Beispiel. a) Bei $\nu_s = \pm 3000$ und $p = 0\,{}^0/_0$ ergibt sich für die Oktave von $\lambda_1 = 300 \div \lambda' = 600$ m $n = 83$; $\lambda_1 = 1200 \div \lambda' = 2400$ m $n = 21$.

b) Bei $\nu_s = \pm 3000$ und $\lambda = 400 \div \lambda' = 1200$ wird für

$p =$	0	± 1	± 2	$\pm 3\,{}^0/_0$
$n =$	83	31	19	14.

Ein weiterer Vorzug besteht darin, daß ein Überlagerer zu der von dem Sender dem Empfänger zugeführten Leistung eine Zusatzleistung liefert, durch die, wie schon erwähnt, eine wesentliche Verstärkung zustande kommt.

Eine wichtige Anwendung findet

4. Der Überlagerer als Hilfsmittel für Messungen. Wellenlängen z. B. können mittels eines Überlagerers mit außerordentlicher Genauigkeit eingestellt oder gemessen werden. Vorzügliche Dienste leistet er bei der

Bestimmung von sehr kleinen Kapazitäten.

Ergänzt man die Schaltung Abb. 187, S. 180 in der Weise, daß man die Spule im Detektorkreis aus zwei Teilen herstellt, ordnet dieselben so an, daß der eine von Kreis *I*, der andere von Kreis *II* erregt wird und legt in den Detektorkreis noch eine dritte Spule, die von einem vierten Schwingungskreis, der die Kapazität C_t und die Selbstinduktion L_t enthält, mit der Tonfrequenz n_t erregt wird, so vernimmt man im Hörer einen Schwebungston, dessen Höhe

$$(\nu_1 - \nu_2) - n_t = n_s.$$

Aus den Gleichungen

$$\nu_1 = \frac{1}{2\pi \cdot \sqrt{C_1 \cdot L_1}}, \quad n_t = \frac{1}{2\pi \cdot \sqrt{C_t \cdot L_t}}$$

folgt dann durch Differentiation:

$$\frac{d\nu_1}{dC_1} = \frac{1}{4\pi} \cdot C_1^{-3/2} \cdot L_1^{-1/2}, \qquad \frac{dn_t}{dC_t} = \frac{1}{4\pi} C_t^{-3/2} \cdot L_t^{-1/2},$$

und hieraus:

$$\frac{d\nu_1}{\nu_1} = \frac{1}{2} \cdot \frac{dC_1}{C_1}, \qquad \frac{dn_t}{n_t} = \frac{1}{2} \cdot \frac{dC_t}{C_t}. \tag{264}$$

Diese Gleichungen liefern die folgenden, von Preuner und Pungs angegebenen Verfahren zur Messung sehr kleiner Kapazitäten:

a) Die unbekannte Kapazität C_x wird zu C_1 in den Nebenschluß gelegt und auf Verschwinden des Tones, d. h. $n_s = 0$ eingestellt. Darauf wird C_x ersetzt durch einen Drehkondensator C_n und durch Änderung von C_n wieder $n_s = 0$ gemacht. Alsdann ist

$$C_x = C_n.$$

b) n_t wird so eingestellt, daß $n_s = 0$. Darauf wird C_x zu C_1 geschaltet, wodurch sich ν_1 um $d\nu_1$ ändert. Alsdann ändert man C_t so lange um dC_t und damit n_t um dn_t, bis wieder $n_s = 0$. Dann ist:

$$d\nu_1 = dn_t$$

und nach Gl. (264)

$$dC_1 = C_x = \frac{C_1}{C_t} \cdot \frac{n_t}{\nu_1} \cdot dC_t.$$

Hierbei entsprechen ganz kleinen Änderungen von C_1 sehr große Änderungen von C_t.

Ein Bild von der Genauigkeit dieses Verfahrens, die von keinem anderen erreicht wird, gibt folgendes

Beispiel: Für $C_1 = C_t$, $\nu_1 = 300000$ ($\lambda = 1000$ m), $n_t = 500$ wird:

$$dC_1 = \frac{1}{600} \cdot dC_t.$$

Eine Änderung von C_1 um 1 cm würde eine Änderung von C_t um 600 cm nötig machen, wenn der Ton im Hörer wieder verschwinden soll.

Statt der Lichtbogengeneratoren in Abb. 187 benutzt man Kathodenstrahlenröhren und im besonderen für den vierten Kreis mit der Periodenzahl n_t die Anordnung Abb. 388, S. 467.

5. Beispiel einer Ausführungsform. Als Beispiel für die wichtigsten Schaltungen beim Empfang sei im folgenden etwas ausführlicher auf den Audion-Zusatzempfänger und Überlagerer der Gesellschaft für drahtlose Telegraphie eingegangen, der nicht nur eine sorgfältig durchgebildete Empfangseinrichtung darstellt, sondern auch ein vorzügliches Gerät zum Einarbeiten in die verschiedenen Empfangsschaltungen und deren Handhabung.

Sein Verwendungsgebiet erstreckt sich auf

1. Suchen von tönenden Zeichen;
2. Suchen von ungedämpften Wellen.

Abb. 404. Audion-Zusatzempfänger und Überlagerer. (Gesellschaft für drahtlose Telegraphie. Berlin.)
Wellenbereich: 250 ÷ 12 500 m. Größe: 337 × 465 × 150 mm.

3. Aufnahme von tönenden Zeichen mit Zwischenkreis;
4. Aufnahme von ungedämpften Wellen mit Zwischenkreis;

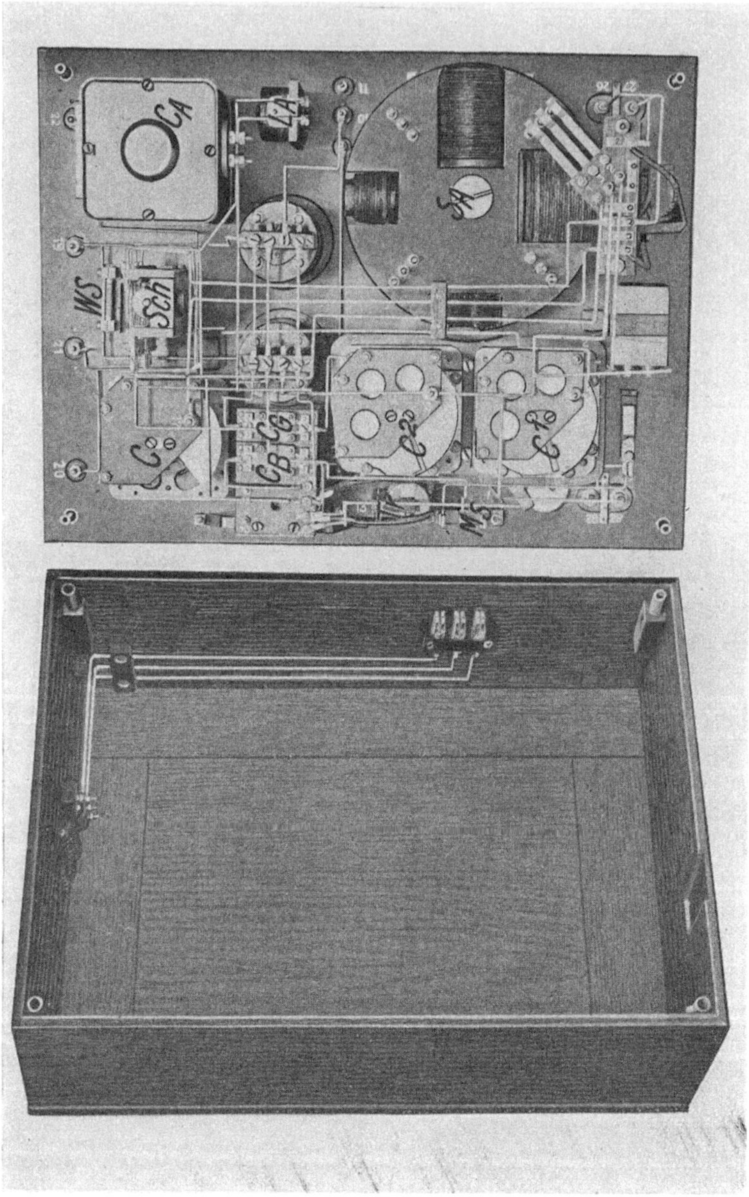

Abb. 405. Audion-Zusatzempfänger und Überlagerer, Innenansicht. (Gesellschaft für drahtlose Telegraphie, Berlin.)

5. Überlagerungsempfang mit Kristalldetektor als Wellenanzeiger;
6. Hochfrequenzstromquelle für Meßzwecke.

Für die Zwecke 1 bis 4 dienen Kathodenröhren als Wellenanzeiger.

Beim Suchen (1 und 2) werden in der Antenne Abstimmittel benutzt, die in das Gerät selbst eingebaut sind.

Der Empfang mit Zwischenkreis und der Überlagerungsempfang (3—5) erfordert den Einbau besonderer Abstimmittel in die Antenne, die zu diesem Zweck an den Primärkreis eines vorhandenen, einfachen Hilfsempfängers angeschlossen wird.

Den Übergang von den Schaltungen 1 bis 4 vermittelt der Umschalter *Sch*, Abb. 403, nachdem die Antenne mit der äußeren Klemme links am oberen Rande des Gerätekastens (Abb. 404), die Erde mit der äußeren Klemme rechts und ferner die Antennenklemme des Hilfsempfängers mit der zweiten, seine Erdklemme mit der dritten Klemme am oberen Rande des Geräts verbunden ist.

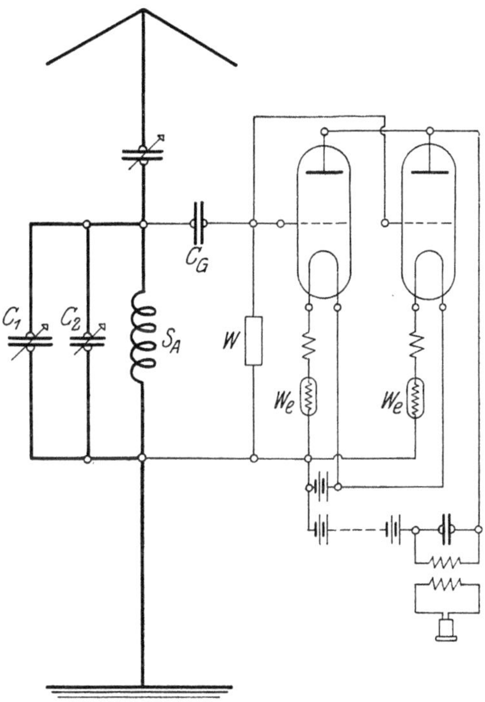

Abb. 406.

Beim Suchen (1 und 2) liegt der Kreis der Kathodenröhren unmittelbar am Antennenkreis, eine besondere Kopplungsspule ist nicht erforderlich, während beim Empfang (3 und 4) dieser Kreis mit der Antenne rein induktiv mittels einer besonderen, in das Gerät nicht eingebauten Spule gekoppelt werden muß. Zu dem Zweck verbindet man die Buchsen *D* (Abb. 404) mit den Klemmen oder Buchsen des Hilfsempfängers, während dessen Blockkondensator und Buehsen für das Telephon kurzgeschlossen werden.

Im übrigen gilt, nachdem diese Schaltungen gemacht sind, für die Zwecke 1 bis 4 folgendes:

1. Suchen von tönenden Zeichen. *Sch* auf „tönend Suchen". Dadurch entsteht das Schaltbild Abb. 406. Zur Abstimmung liegen in der Antenne die Spule S_A und die Drehkondensatoren C_1 und C_2 in Schwungradschaltung, ferner ein Verkürzungsdrehkondensator. S_A kann durch Drehen von *Sch*[1] (Abb. 404) in vier Stufen sprungweise geändert werden. Zur feinstufigen Änderung dient C_2 oder aber C_2

fällt weg, wie in Abb. 404, und es wird C_1 feinstufig geändert mit Hilfe des mit „Fein“ bezeichneten Knopfes rechts unten neben C_1, nachdem der Drehknopf von C_1 festgestellt ist.

Die zwei Kathodenröhren sind nebeneinander geschaltet und ohne Rückkopplung über den Gitterkondensator mit S_A verbunden. Die Heizstromstärke kann durch einen vor beide Röhren gelegten Widerstand, der durch den Knopf W_R veränderbar ist, passend gewählt werden. Der Hörer wird mit den Buchsen T verbunden.

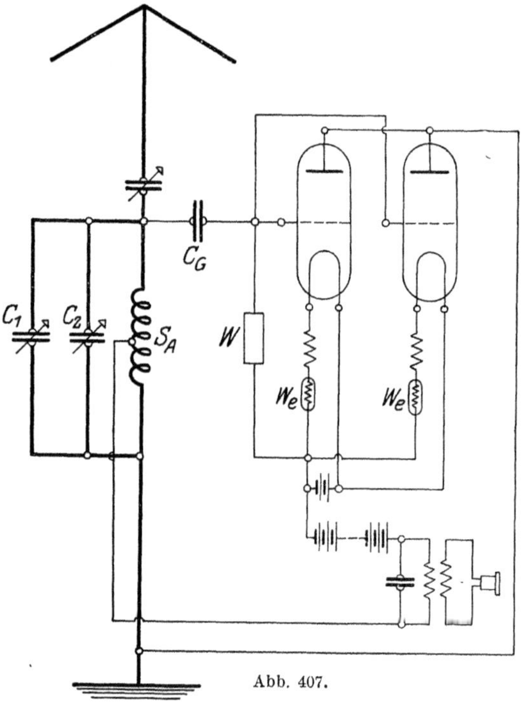

Abb. 407.

Beim Suchen wird:

a) Sch^1 auf den kleinsten Wellenbereich eingestellt, mit C_1 von 0^0 bis 180^0 durchgesucht und das Suchen mit den drei anderen Wellenbereichen wiederholt;

b) mit Knopf „Fein“ auf größte Lautstärke eingestellt.

2. Suchen von ungedämpften Wellen. *Sch* auf „ungedämpft Suchen“. Dadurch entsteht die Schaltung Abb. 407. Sie unterscheidet sich von der vorigen nur dadurch, daß die Röhren jetzt mit Rückkopplung an S_A angeschlossen sind.

a) Das Suchen erfolgt wie unter 1.

b) Größte Lautstärke wird durch Feinverstellung von C_1 und durch Änderung des Heizstromes mittels W_R herbeigeführt.

3. Empfang mit Zwischenkreis von tönenden Zeichen.

a) *Sch* auf „tönend Empfangen“. Dadurch werden, wie Abb. 408 zeigt:

α) die Abstimmittel des Primärkreises des Hilfsempfängers E in die Antenne,

β) C_1, C_2, S_A in den Zwischenkreis verlegt und an diesen die aus C_A, L_A und C bestehende künstliche Antenne angeschlossen C_A und L_A sind vorher mittels Schalter Sch^1 (Abb. 404) an dem Gerät auf die Werte der Eigenkapazität und Eigenselbstinduktion der benutzten Antenne einzustellen.

Die künstliche Antenne und die Einstellung dieser Größen ist erforderlich, damit beim Umschalten von „Suchen“ auf „Empfangen“ der dadurch gebildete Zwischenkreis sofort wenigstens annähernd auf die gesuchte Welle abgestimmt ist.

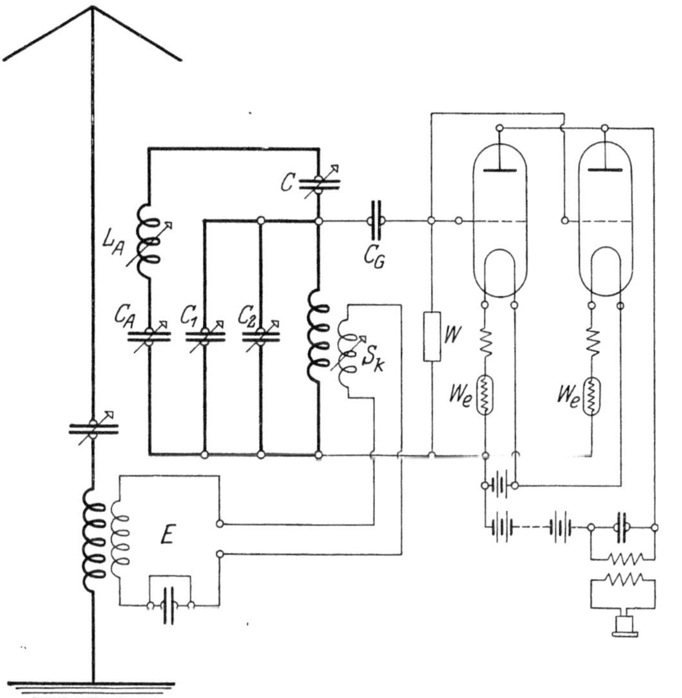

Abb. 408.

Der Zwischenkreis ist unter Vermittlung der in das Gerät eingebauten Kopplungsspule S_K und der mit dieser verbundenen Spule des Hilfsempfängers induktiv mit der Antenne gekoppelt. Die Kopplung läßt sich durch Drehen des Knopfes K_0 (Abb. 404) verändern.

Die Röhren sind ohne Rückkopplung über den Gitterkondensator an die Spule S_A angeschlossen.

Die genaue Abstimmung erfordert nunmehr folgende Schritte:

b) K_0 auf 45^0 stellen;

c) Antennenkreis des Hilfsempfängers abstimmen, worauf leiser Empfang eintritt;

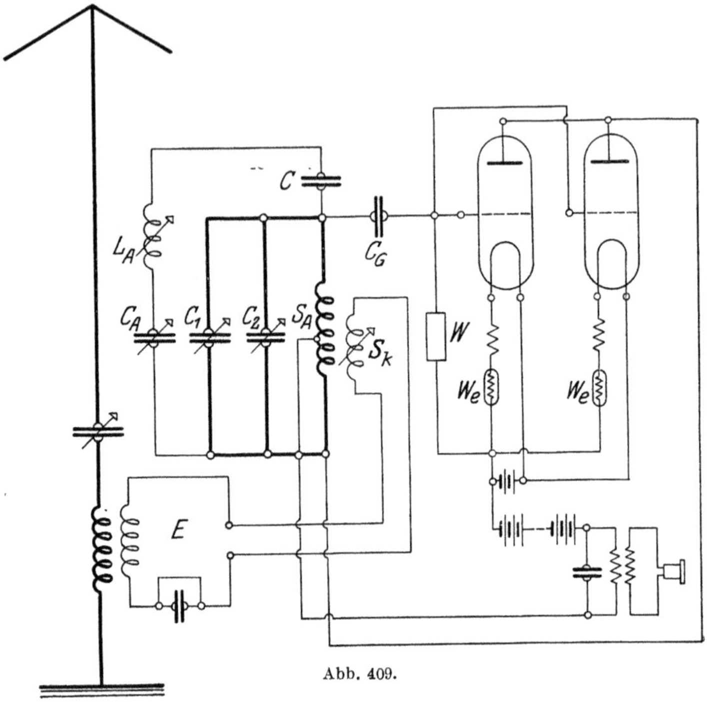

Abb. 409.

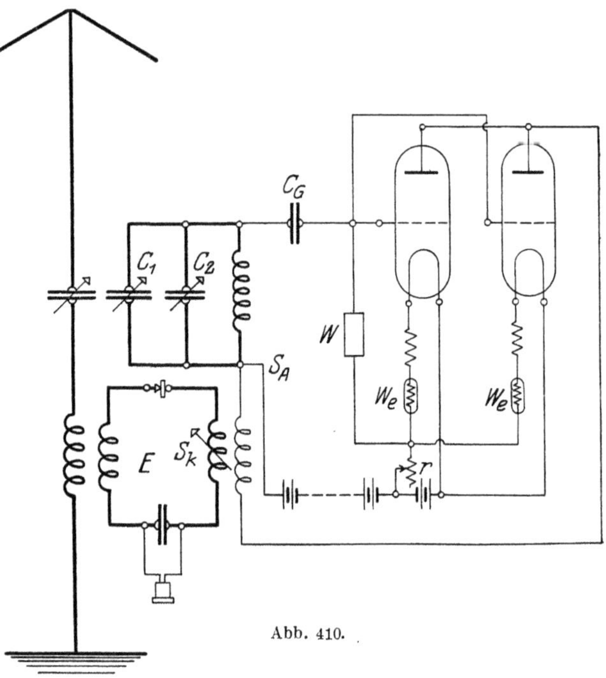

Abb. 410.

d) Feinabstimmung mittels C;
e) K_0 auf größte Lautstärke;
f) Antennenkreis des Hilfsempfängers etwas nachstimmen.

4. Empfang mit Zwischenkreis von ungedämpften Schwingungen. a) *Sch* auf „ungedämpft Empfangen". Die jetzt entstehende Schaltung (Abb. 409) unterscheidet sich von der vorigen nur dadurch, daß die Röhren mit Rückkopplung an S_A angeschlossen sind und nicht nur als Wellenanzeiger, sondern gleichzeitig auch als Hilfsstromquelle für die Überlagerungswelle dienen.

Die genaue Abstimmung erfordert die nämlichen Schritte wie vorher, nur wird zur Feinabstimmung unter d) neben C auch der Widerstand W_R im Heizstromkreis herangezogen und mit C die für den Empfang günstigste Tonhöhe eingestellt.

5. Überlagerungsempfang mit Kristalldetektor. Diese Empfangsart erfordert zunächst nach Abb. 410 folgende Abänderungen der früheren Verbindungen: Es werden

1. Antenne, Erde und Hilfsempfänger von den Klemmen 1 bis 4 abgenommen, die jetzt frei bleiben;
2. Antenne und Erde unmittelbar an den Primärkreis des Hilfsempfängers E gelegt;
3. Kristalldetektor und Hörer im Sekundärkreis des Hilfsempfängers eingeschaltet, und ferner wird
4. der Sekundärkreis des Hilfsempfängers mit der Kopplungsspule S_K des Geräts in Reihe geschaltet.

Zum Empfang wird:

a) Schalter *Sch* (Abb. 404) auf „Überlagerung" gestellt, wodurch das schon oben erwähnte Schaltbild Abb. 410 entsteht;
b) Schalter Sch^1 eingestellt auf den entsprechenden Wellenbereich;
c) mit C_1 grob und fein abgestimmt und günstigste Tonhöhe eingestellt;
d) durch Änderung der Kopplung mittels K_0 größte Lautstärke herbeigeführt.

6. Überlagerer als Hochfrequenzstromquelle. Hierfür kommen die Schaltungen Abb. 409 und 410 in Frage, bei denen die zwei Röhren als Schwingungserzeuger dienen.

6. Untersuchungen an Überlagerungsempfängern. Diese Untersuchungen lassen sich einteilen in Messungen mehr allgemeiner Art, die besonders über die günstigsten Betriebsbedingungen für die Zeichenaufnahme Aufschluß geben sollen, und in die Durcheichung der einzelnen Teile eines für Empfangszwecke fertig zusammengestellten Überlagerungsgerätes.

a) Zu den Messungen der ersten Gruppe eignet sich am besten die Schaltung Abb. 401, bei der die Antenne durch einen geschlossenen Erregerkreis ersetzt wird, und zwar werden aufgenommen:

α) Die Kurven

$$i_2 = f(i_3) \quad \text{für} \quad i_1 = \text{const.}$$

für verschiedene Werte von i_1. Hierbei bedeuten i_1, i_2, i_3 die Ströme in den Kreisen I, II, III.

Die Kopplung zwischen II und III muß sehr lose und dementsprechend i_3 hinreichend groß sein.

Dabei kann die Messung von i_2 mit Galvanometer auch durch eine Lautstärkemessung ersetzt werden.

Die Kurven werden aufgenommen für verschiedene Arten von Kristalldetektoren und für Kathodenröhren, wobei im letzteren Falle die Kurvenaufnahme erfolgt einmal während die Röhre als Wellenanzeiger in Kreis II gelegt ist und dann unter Wegfall von Kreis II mittels der Schaltung Abb. 403, in der die Röhre gleichzeitig als Hilfsstromquelle dient (Audionrückkopplungsschaltung).

Die Kurven steigen zunächst geradlinig an, biegen an einer Stelle um, die, wie Meißner gezeigt hat, mit dem Punkte größter Empfindlichkeit des Wellenanzeigers zusammenfällt und verlaufen darauf nahezu parallel der Abszissenachse.

Ferner sind aufzunehmen:

β) die Kurven

$$i_2 = f(i_1) \quad \text{für} \quad i_3 = \text{const.}$$

und verschiedene Werte von i_3.

An die Aufnahme dieser Kurven schließt man an die

γ) Untersuchung der Tonerhaltung, und zwar wenn:

1. Kreis I ein Tonfunkenerreger, Kreis III ein Röhrensender;
2. Kreis I ein Röhrensender, Kreis III ein Summererreger.

Diese Untersuchungen zeigen, daß im Falle I der Ton erhalten bleibt beim Empfang mit Röhre:

a) bei großem i_3,
b) bei Verstimmnng zwischen Kreis I und III,
c) bei nicht zu langen Wellen;

beim Empfang mit Kristalldetektor, wenn eine Hochfrequenzverstärkerröhre vorgeschaltet wird.

Fall 2 erledigt sich durch die Messung unter 1.

Einen weiteren Einblick in die Wirkungsweise eines Überlagerers liefert

δ) die Aufnahme der Zeitkurven mit der Braunschen Röhre oder bei kleinen Periodenzahlen mit dem Schleifenoszillograph, wobei die Röhrenleistungen entsprechend hoch sein müssen.

b) Die Eichung der Kreise eines Überlagerungsempfängers erfolgt nach den S. 500 erläuterten Gesichtspunkten. Sie wird zweckmäßig verbunden mit der Messung der Selektivität und bei Audionrückkopplungsempfängern der günstigsten Heizstromstärke und Kopplung.

VI. Empfang mit der Rahmenantenne.

Eine Rahmenantenne besteht aus einer, meist rechteckigen Spule mit dem Selbstinduktionskoeffizienten L, die zur Abstimmung auf die ankommenden Wellen mit einem Drehkondensator C zu einem Schwingungskreis vereinigt ist.

Hat man die Spule so eingestellt, daß ihre Fläche senkrecht von den magnetischen Kraftlinien des Senders durchsetzt wird, d. h. ihre Ebene in die Richtung zum Sender fällt, so wird nach Gleichung 195, S. 331 der Scheitelwert E der in der Spule induzierten elektromotorischen Kraft

$$E = \omega \cdot F \cdot H_0 = 2 \cdot 3 \cdot 10^{10} \cdot \pi \cdot \frac{F \cdot H_0}{\lambda}.$$

Sie erregt, wenn die Spule mittels des Drehkondensators auf die ankommende Welle $\lambda = 2\pi \cdot \sqrt{C \cdot L}$ abgestimmt ist, einen Strom mit dem Scheitelwert

$$J_2 = \frac{\omega \cdot F \cdot H_0}{w}.$$

Da dieser Strom nur klein ist, muß bei der Zeichenaufnahme ein Verstärker benutzt werden. Hierzu eignet sich am besten ein Hochfrequenzverstärker, dessen letzte Röhre gleichzeitig als Audion dient. Fast die gleiche Lautstärke wie ein Hochfrequenzverstärker liefert die Anordnung Abb. 411, in der V einen Niederfrequenzverstärker und $Ü$ einen Überlagerer (Abb. 401 und 402) bedeutet. Hierbei erfordern jedoch Verstärker und Überlagerer getrennte Stromquellen, da die Verwendung einer gemeinsamen Stromquelle leicht zu Störungen führt, die sich in Geräuschen und Pfeifen im Hörer äußern, wie schon früher erläutert wurde.

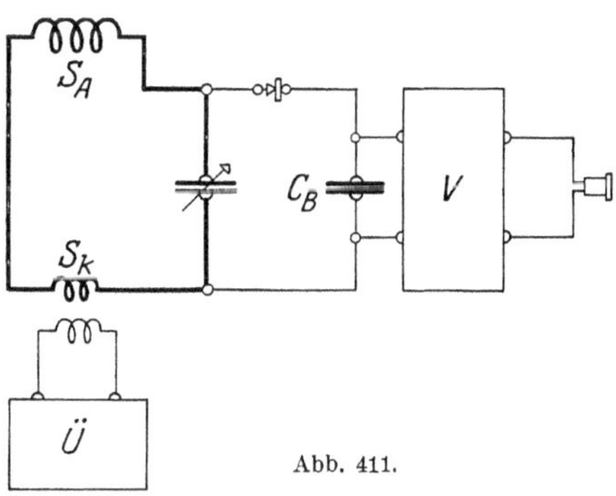

Abb. 411.

Auch in Verbindung mit der zuerst erwähnten Anordnung für Hochfrequenzverstärkung allein liefert der Überlagerer bei geringer Lautstärke und loser Kopplung mit der Rahmenantenne eine weitere, erhebliche Verstärkung und ergibt auch bei Tonsendern reine Töne.

Tönende Zeichen von größerer Lautstärke können auch aufgenommen werden, wenn man in Abb. 411 den Überlagerer *Ü* wegläßt.

Damit für die Abstimmung noch hinreichend Kapazität zur Verfügung steht, darf *L* einen gewissen Wert nicht überschreiten. Andererseits aber soll die Windungszahl der Spule groß sein, um großen Empfangs-

Abb. 412. Rahmenantenne. (Gesellschaft für drahtlose Telegraphie.) Seitenlänge des Rahmens 140 ÷ 225 cm.

strom, d. h. große Lautstärke zu erzielen. Die Spule muß daher so gewickelt werden, daß ihr Selbstinduktionskoeffizient bei gegebener Windungszahl möglichst klein ausfällt. Für die üblichen Abmessungen von Rahmenantennen wird dies dadurch erreicht, daß man die Windungen mit einem gegenseitigen Abstand von etwa 0,5 cm aufbringt. Gleichzeitig ergibt sich dadurch eine kleine Eigenkapazität der Spule. Bei größerer Ganghöhe nimmt die Selbstinduktion nur noch wenig ab.

Eine weitere Verkleinerung der Eigenkapazität wird dadurch erreicht, daß man die Windungen derart über ein Holzkreuz führt, daß sie größtenteils frei in der Luft verlaufen. Abb. 412 stellt eine nach diesen Gesichtspunkten ausgeführte Rahmenantenne dar.

Ein wesentlicher Vorzug dieser Antennenform ist ihr einfache und billige Herstellung und ihr geringer Raumbedarf. Eine Rahmenantenne, zusammenklappbar ausgeführt, läßt sich in einer Aktenmappe unterbringen. Da die Strahlung einer geschlossenen Spule nur klein ist, können mehrere Rahmen nahe beieinander aufgestellt und zum gleichzeitigen Empfang verwendet werden, ohne sich zu beeinflussen. Durch Zuhilfenahme einer besonderen Antenne zum Senden ermöglicht die Rahmenantenne auch das Gegensprechen. Atmosphärische Störungen treten beim Rahmenempfang stark zurück, was sich zum Teil durch die geringe Kapazität des Rahmens gegenüber der Kapazität offener Luftleiter erklärt. Störungen durch fremde Sender können infolge der Richtfähigkeit des Rahmens verhindert oder wenigstens gemildert werden, wenn man ihm eine passende Lage gibt. Durch den Wegfall des Erdwiderstandes erhält man ferner eine sehr geringe Dämpfung. Richtig bemessener Abstand des Rahmens von der Erde und Aufhängen an seiner Spitze lassen den Einfluß der Erde völlig beseitigen.

VII. Schreibempfang.

1. Fritterempfänger. Die letzte Entwicklungsstufe des Schreibempfängers mit Goldfritter, einem hochempfindlichen polarisierten Relais, das noch auf einen Strom von 10^{-4} Ampere sicher ansprach, und Morse stellte, abgesehen von seiner Beeinflussung durch atmosphärische Störungen, ein recht brauchbares Empfangsgerät dar.

2. Kristalldetektorschreiber. Nach Einführung der Verstärker wurde der Fritter durch die zuverlässigeren Kristalldektoren in der Schaltung Abb. 413 ersetzt, die sich aus leicht zu beschaffenden Teilen zusammenstellen und für die Aufnahme von gedämpften und ungedämpften Schwingungen verwenden läßt.

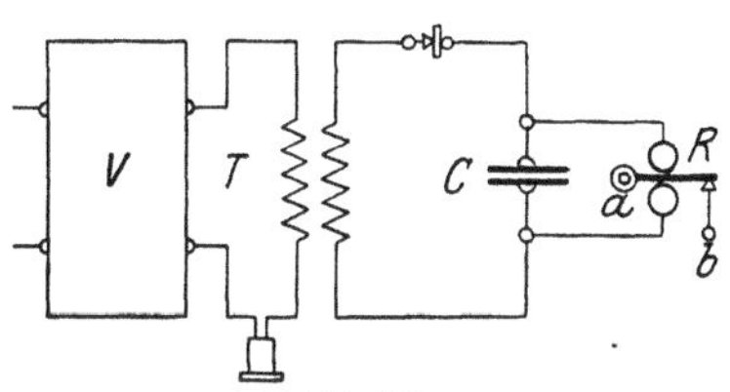

Abb. 413.

An den Verstärker V, früher ein Resonanzverstärker oder ein Brownscher Verstärker, jetzt ein Röhrenverstärker, ist die Reihenschaltung der Primärwicklung eines kleinen Transformators T und eines Hörers angeschlossen, an die Sekundärwicklung von T, als Gleichrichter ein Kristalldetektor mit dem Blockkondensator C von 0,1 bis 1 Mikrofarad, dessen Klemmen mit dem

Ortsstromkreis des Schreibers verbunden sind. Das Telephon dient zum gleichzeitigen Hörempfang.

Die Untersuchung dieser Einrichtung erstreckt sich auf die Feststellung der günstigsten Wicklungsverhältnisse von T, der zweckmäßigsten Größe von C und des für sicheres Ansprechen erforderlichen Relaisstromes.

3. Lichtschreiber (Abb. 414). Das Bedürfnis nach erhöhter Wortzahl führte dann zum Bau von Lichtschreibern. Als Schreiber diente ein Fadengalvanometer, dessen stark vergrößertes Fadenbild, durch eine Zylinderlinse punktförmig zusammengedrängt, auf einen durch ein Uhrwerk bewegten Papierstreifen fällt, der ein Entwicklungsbad

Abb. 414. Lichtschreiber (C. Lorenz A.-G., Berlin-Tempelhof).

durchläuft. Die hohe Empfindlichkeit erlaubt das Fadengalvanometer an Stelle des Hörers unmittelbar an eine Empfangseinrichtung anzuschließen, ein Relais ist unnötig.

4. Schreiber mit Gleichrichterröhren. Auch beim Schreibempfang hat die Verwendung von Kathodenröhren in Form von Ein- und Zweigitterröhren in Verbindung mit Verstärkern zu einer Lösung geführt, die selbst großen Ansprüchen an Betriebssicherheit und Wortzahl zu genügen vermag.

Abb. 415 stellt eine derartige Anordnung mit zwei Zweigitterröhren dar.

Die Hilfsspannung B der ersten Röhre muß so bemessen sein, daß im Ruhezustande, d. h. solange keine Zeichen ankommen, kein Strom durch Röhre I fließt, während der Widerstand R (1000 ÷ 10000 Ohm) so zu wählen ist, daß ein durch Röhre I und damit auch durch R fließender Strom zwischen den Endpunkten von R und damit zwischen G' und der Kathode von II einen Spannungsunterschied erzeugt, der gerade groß genug ist, um in Röhre *II* den Durchtritt von Elektronen durch *G'* zu sperren. Alsdann ist der Anodenkreis von *II* stromlos, solange Strom durch den Anodenkreis von *I* fließt. Die Spulen s_1 und s_2 des polarisierten Relais führen daher beim Empfang abwechselnd Strom, die eine immer den Zeichenstrom, die andere den Trennstrom für den zwischen *A* und *B* liegenden Schreibempfänger.

Die Heizströme und Anodenspannungen müssen so eingestellt werden, daß die Anodenströme in beiden Röhren gleich sind.

Die primäre Windungszahl des an Röhre *I* angeschlossenen Transformators beträgt 6000, die sekundäre 60000.

Zwischen die Anode von *I* und s_1 kann ein lautsprechendes Telephon gelegt werden.

Die Schaltung Abb. 415 läßt sich benutzen zum Betriebe von Morseschreibern, Typendruckern und Schnellschreibern und wird auch verwendet bei der Schnelltelegraphie mittels Hochfrequenzströmen auf Leitungen.

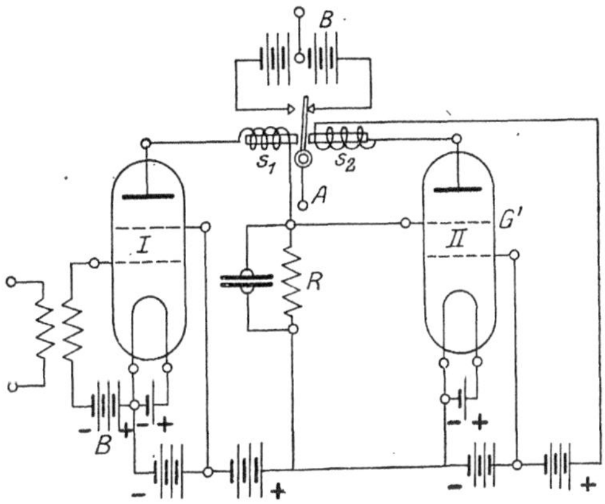

Abb. 415.

Sie kann wesentlich dadurch vereinfacht werden, daß man Röhre *II* wegläßt und an *R* die Reihenschaltung von s_2 und einer Gleichstromqnelle legt, deren Spannung die Spannung zwischen den Endpunkten von *R* zu kompensieren vermag.

Die Untersuchung erstreckt sich auf die Feststellung der Heizströme, der Anodenspannung und der Hilfsspannung *B*, die nach den Erläuterungen S. 448 vorzunehmen ist, und des Widerstandes *R*.

VIII. Messungen an Empfangseinrichtungen.

1. Eichung einer Empfangseinrichtung.

a) Eichung des Luftleiters. Zur Erregung der Antenne dient hierbei meist ein mit Summer betriebener Wellenmesser, der durch eine an der Erdungsstelle eingeschaltete Spule mit dem Luftleiter lose gekoppelt ist. Für Wellenlängen bis zum fünffachen Betrag der Eigenwelle des Luftleiters genügt eine Kopplungsspule, deren Selbstinduktion gleich der Hälfte der Eigenselbstinduktion der Antenne ist.

Aufzunehmen sind die Kurven:

α) $\lambda = f(C)$ für $L = \text{const.}$ und verschiedene Werte $L, L', L'' \ldots,$

β) $\lambda = f(L)$ für $C = \text{const.}$ und verschiedene Werte $C, C', C'' \ldots,$

wo C und L die Kapazität und Selbstinduktion des in die Antenne eingeschalteten Kondensators bzw. der Spule (Abb. 394, S. 472) bedeuten.

Zur Festlegung eines Punktes einer solchen Eichkurve kann man entweder den Wellenmesser auf eine bestimmte Welle einstellen und darauf die Abstimmittel im Luftleiter so lange ändern, bis größte Lautstärke im Hörer des aperiodischen Kreises erreicht ist, oder man gibt C und L im Luftleiter bestimmte Werte und ändert alsdann die Einstellung des Wellenmessers, bis der Hörer die Resonanzlage erkennen läßt. Die gewonnenen Ergebnisse gelten nur dann, wenn der Sekundärkreis der Empfangseinrichtung geöffnet oder entfernt ist, da, wie schon S. 478 hervorgehoben wurde, die Werte von C und L von der Kopplung zwischen Antennen- und Sekundärkreis abhängen.

b) Eichung des Sekundärkreises. An die Eichung des Luftleiters schließt sich die Eichung des Sekundärkreises an, zu dem, wenn besonders scharfe Abstimmung gewünscht wird, noch ein Zwischenkreis treten kann. Die Durchmessung derartiger geschlossener Schwingungskreise zur Ermittlung ihrer Wellenlänge in Abhängigkeit von der jedesmaligen Einstellung α des Drehkondensators erfolgt ebenfalls z. B. in der Eichhornschen Schaltung. Überlagerungsgeräte jedoch müssen mit ungedämpften Schwingungen geprüft werden, was z. B. bei den Schaltungen Abb. 409 und 410 in der Weise geschieht, daß man die Antenne durch den Schwingungskreis eines Röhrensenders ersetzt.

Auf Grund der erhaltenen Eichkurven

$$\lambda_x = \lambda_n = f(\alpha)$$

wird man zweckmäßig den Sekundärkreiskondensator für die verschiedenen Spulen mit Teilungen nach Wellenlängen versehen.

Eine wichtige Messung bei dieser Prüfung ist die Bestimmung der Selektivität (S. 504).

2. Messung der Empfangslautstärke.

Hierzu wurde seither allgemein das sog. Parallelohmverfahren benutzt, bei dem ein induktions- und kapazitätsfreier Widerstand w in den Nebenschluß zum Hörer gelegt und so lange verkleinert wird, bis beim Empfang Punkte und Striche noch gerade zu unterscheiden sind. Bedeutet w_w den Wechselstromwiderstand des Hörers, so geht alsdann von dem Gesamtstrom i nur der Teil

$$i_H = \frac{w}{w + w_w} \cdot i$$

durch das Telephon.

Als Maß für die Lautstärke dient die Hörbarkeit, die dargestellt ist durch den Quotienten:

$$\frac{w + w_w}{w} = \frac{i}{i_H}, \tag{265}$$

d. h. durch das Verhältnis der wirklichen Stromstärke zu der noch eben hörbaren.

Als Nebenschlüsse w eignen sich am besten Kreuzwiderstände. Die gewöhnlichen bifilar gewickelten Widerstände sind wegen ihrer Eigenkapazität für Messungen nach diesen Verfahren meist unbrauchbar.

Abb. 416 stellt einen nach diesen Gesichtspunkten ausgeführten Lautstärkenmesser die Signal-Gesellschaft Kiel dar. Die Teilung trägt statt der Widerstandswerte unmittelbar die Lautstärken. Sie ist, da w_w abhängt vom Selbstinduktionskoeffizienten L und dem Ohmschen Widerstand der Hörerwicklung, nur gültig für die beigegebene Hörerform.

Abb. 416. Lautstärkemesser für Hörer mit 1000 und 4000 Ohm Gleichstromwiderstand.
Größe: 180 × 210 × 110 mm.

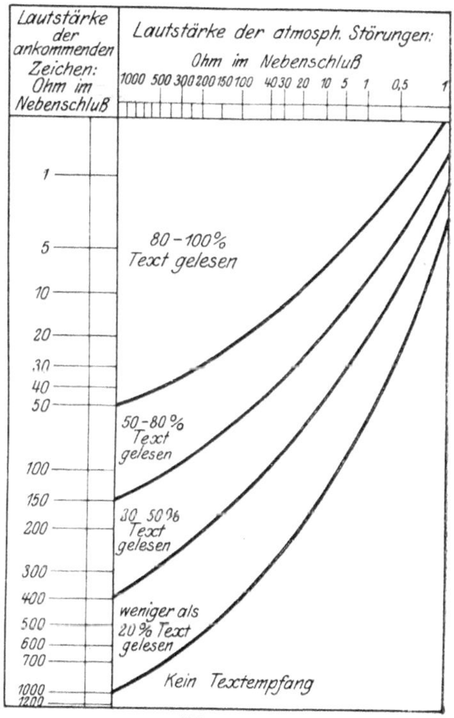

Abb. 417.

Mittels der Schnur mit Stöpsel oder der beiden oberen Klemmen wird das Meßgerät mit der Empfangseinrichtung verbunden, während die am unteren Rande angebrachten Klemmen zum Anschließen der Telephone dienen.

Ein übersichtliches Bild der Abhängigkeit zwischen Güte der Nachrichtenaufnahme, Hörbarkeit und Stärke der atmosphärischen Störungen gibt die von der Gesellschaft für drahtlose Telegraphie entworfene Darstellung Abb. 417.

Das soeben geschilderte einfache Verfahren setzt voraus, daß sowohl die Schwingungsverhältnisse im Detektorkreis als auch der Niederfrequenzgesamtstrom durch die bei der Messung erforderlichen Änderungen von w ungeändert bleiben, d. h. die Spannung am Hörer sich nicht ändert. Auf den Hochfrequenzkreis ist der Hörer wegen seines hohen induktiven Widerstandes ohne Einfluß. Dagegen wird die Kapazität des Blockkondensators C_B (vgl. hierzu Abb. 418) durch die Nebeneinanderschaltung mit w vergrößert und dadurch Dämpfung und Kopplung, mithin auch die Leistungsaufnahme des Detektorkreises I geändert. Diese Änderung wird um so geringer, je größer der Detektorwiderstand ist. Umgekehrt kann der kapazitive Widerstand von C_B für Niederfrequenz wegen seines hohen Betrages unberücksichtigt bleiben. Dagegen wird der ursprüngliche Widerstand zwischen a und b durch den Nebenschluß w verringert auf

$$\frac{w \cdot w_w}{w + w_w},$$

was eine weitere Änderung des Detektorstromes bedingt. Gleichzeitig ändert sich hiermit die Spannung am Detektor.

Eine erste Verbesserung läßt sich dadurch erreichen, daß man eine Drossel, oder besser, wie in Abb. 418, einen zweiten Hörer H_2 einschaltet, dessen hoher induktiver Widerstand sowohl die Änderung der scheinbaren Kapazität von C_B als auch die Änderungen des Niederfrequenzstromes mildert. H_2 kann dann gleichzeitig zum weiteren Abhören der Zeichen während der Messung dienen.

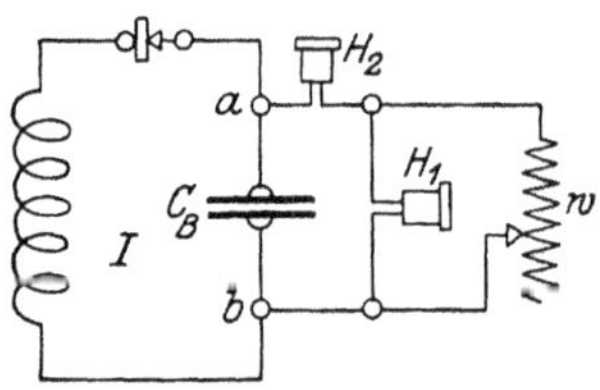

Abb. 418.

Noch bessere Ergebnisse erhält man mit der von Roux angegebenen Schaltung, bei der der Gesamtwiderstand w bis auf einen kleinen veränderbaren Betrag dauernd zwischen a und b liegt. Der Hörer H_1 wird zwischen einem Ende von w und einem auf w verschiebbaren Kontakt angeschlossen, d. h. w dient als Spannungsregler für den Hörer. Die Schaltung läßt sich ferner noch dadurch verbessern, daß man in Reihe mit H_1 einen Hörer H_3 legt (Abb. 419), der mit mit den Punkten c und d verbunden ist und somit einen Nebenschluß zu den ausgeschalteten Hunderten bildet. Bei der Messung bleibt alsdann, wie die Rechnung zeigt, der Gesamtwiderstand zwischen a und b innerhalb eines großen Bereichs ungändert.

Auch hiermit sind jedoch die Fehler nicht beseitigt, die dadurch entstehen, daß nicht nur verschiedene, sondern auch der nämliche Beobachter die Reizschwelle verschieden beurteilen.

Diese und alle vorher erwähnten Schwierigkeiten fallen weg bei dem von Dieckmann und ferner von Zenneck angegebenen

Vertauschungsverfahren, das gleichzeitig zur Messung der Empfangsstromstärke benutzt werden kann.

Hierbei wird zuerst die Hörbarkeit der mit der Antenne (Abb. 420) aufgenommenen Zeichen durch einen mit dem Meßkreis II verbundenen Hörbarkeitsmesser bestimmt. Darauf wird der Hörbarkeitsmesser durch einen Hilfskreis III erregt und entweder durch Änderung des Stromes im Hilfskreis oder durch Änderung der Kopplung zwischen Hilfskreis III und Meßkreis II wieder auf die Hörbarkeit der mit der Antenne aufgenommenen Zeichen eingestellt.

Aus den Bestimmungsstücken der einzelnen Kreise (Strom im Hilfskreis, Kopplung zwischen Hilfskreis und Meßkreis einerseits und Antenne und Meßkreis andererseits) läßt sich alsdann die Empfangsstrom-

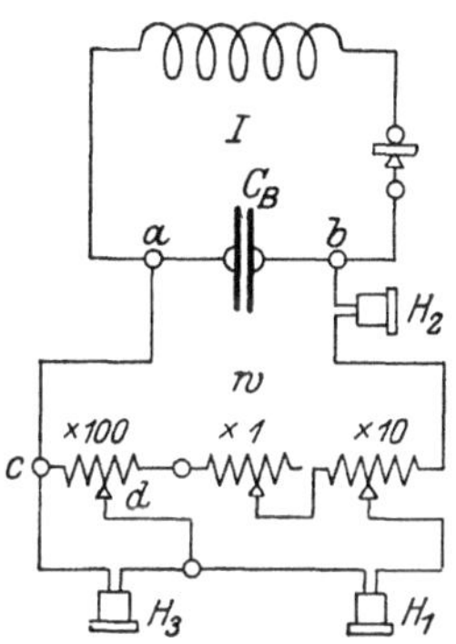

Abb. 419.

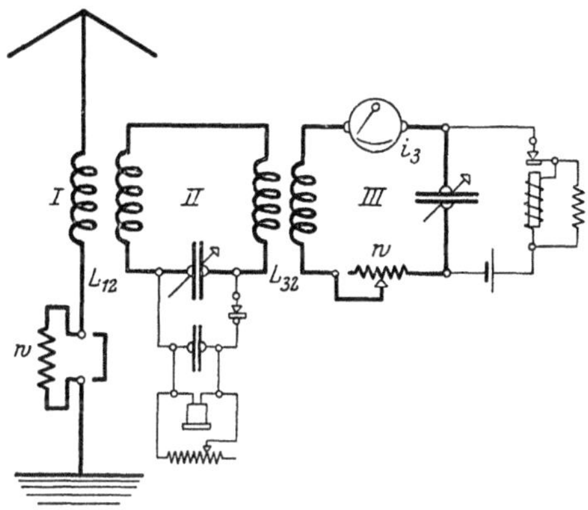

Abb. 420.

stärke im Luftleiter berechnen. Beim Aufbau der Versuchsanordnung ist folgendes zu beachten: Der Hilfskreis muß den nämlichen Schwingungsverlauf aufweisen, wie die Antenne, d. h. die in ihm erzeugten Schwingungen müssen dieselbe Wellenlänge, das nämliche Dekrement und die gleiche Gruppenfrequenz (Tonhöhe) haben, wie die Schwingungen des Luftleiters. Benutzt man zur Erregung des Hilfskreises die Eichhornsche Schaltung, so wird der Unterbrecher zweckmäßig über einen hohen Widerstand an einen Spannungsregler gelegt, um den Hochfrequenzstrom beliebig einstellen zu können.

Ob Antennenkreis und Hilfskreis gleiche Dekremente besitzen, prüft man in der Weise, daß man entweder sowohl in die Antenne als auch in den Hilfskreis den gleichen Zusatzwiderstand w schaltet oder aber dadurch, daß man beide Kreise um den nämlichen Betrag verstimmt. War vor diesen Änderungen auf gleiche Hörbarkeit eingestellt, so muß sich für beide Kreise auch jetzt wieder gleiche Hörbarkeit ergeben, wenn die Dekremente der zwei Kreise einander gleich waren.

Sind die Dekremente gleich und stellt man durch Änderung der Kopplung oder des Stromes im Hilfskreis Antenne und Hilfskreis auf gleiche Hörbarkeit ein, so sind auch die Scheitelwerte des Stromes in der Antenne gleich den Scheitelwerten des Stromes im Hilfskreis und der Empfangsstrom kann aus dem Hilfsstrom und den Bestimmungsstücken der Anordnung berechnet werden, da

$$i_2 = i_1 \cdot \omega \cdot L_{12}, \qquad i_2 = i_3 \cdot \omega \cdot L_{32},$$

mithin

$$i_1 = i_3 \cdot \frac{L_{32}}{L_{12}}. \tag{266}$$

Wesentlich einfacher wird die Messung beim Empfang von ungedämpften Schwingungen. Der Hilfskreis wird mit einer Senderröhre oder einem Lichtbogengenerator erregt und auf die Empfangswelle abgestimmt. Der Einfluß der Dämpfung fällt weg.

Vielfach hat man versucht, bei den Hörbarkeitsmessungen das Telephon durch ein Galvanometer zu ersetzen, was indessen nicht ohne weiteres zulässig ist. Denn die Galvanometerablesung ist bestimmt durch die Gleichstromkomponente des Detektorstromes, während die Lautstärke von der Raschheit abhängt, mit der der Kristalldetektor den Stromänderungen zu folgen vermag. Zwei Kristalldetektoren, mit denen man gleiche Galvanometerablenkungen erhält, können daher völlig (um mehrere 100%) verschiedene Lautstärken liefern, eine Erscheinung, auf die Zenneck hingewiesen hat und die seither nicht hinreichend berücksichtigt wurde. Dienen Kathodenröhren als Wellenanzeiger, so treten diese Unterschiede nicht auf.

3. Messung der Abstimmschärfe und Selektivität.

a) Durch Verstimmen der Senderwelle. Zwei Sender S und S', die sich in gleicher Entfernung von der Empfangsstelle befinden, senden mit gleicher Leistung und Tonhöhe, aber mit verschiedenen Wellenlängen. Durch Veränderung einer der Senderwellen wird ihr Unterschied so lange verkleinert, bis die zwei jetzt vorliegenden Wellen durch die eigene Abstimmung der Empfangsstelle gerade noch einwandfrei aufzunehmen sind, worauf

$$\varepsilon = \frac{\lambda_S - \lambda'_S}{\lambda_S}$$

den Grad der Verstimmung darstellt.

b) Durch Verstimmen des Empfängers. Man ändert die Abstimmung des Empfängers auf die Senderwelle λ, bis die Zeichen verschwinden. Tritt dies ein für die Einstellung der Welle λ' im Empfänger, so ist $\frac{\lambda - \lambda'}{\lambda}$ die Abstimmschärfe.

Zweckmäßig ist es, diese Messung dahin zu erweitern, daß man die Verstimmungen feststellt, die erforderlich sind, um $^1/_2$, $^1/_3$, $^1/_4$, $^1/_5$, $^1/_{10}$ usw. der erreichbaren größten Leistungsaufnahme im Empfänger zu erhalten, was sich durch Aufnahme einer Resonanzkurve erreichen läßt, aus der auch die Werte zur Berechnung der Selektivität entnommen werden können.

Wie schon S. 480 hervorgehoben wurde, ist die Abstimmschärfe nicht von der Dämpfung der Empfangseinrichtung allein, sondern auch von der Dämpfung der Senderantenne und der von ihr ausgestrahlten Leistung abhängig. Den Versuchsergebnissen sind daher Angaben über diese Größen beizufügen.

4. Messung der Empfangsströme.

Genauere Unterlagen zur Beurteilung der Güte einer Senderanlage als durch Ermittlung der Lautstärke gewinnt man durch unmittelbare Messung der Empfangsströme. Sie dient hauptsächlich auch zur Untersuchung der Einflüsse im Raume zwischen Sender- und Empfangsstellen an Hand der Gl. 201. Zu den Verlusten, die von der Beschaffenheit der Erdoberfläche abhängen und die z. B. über See viel geringer sind als über Land, die ferner durch Gebirge, Wälder, Flüsse und Städte verursacht werden, treten die Verluste in der Atmosphäre. Sie sind bedingt durch die Ionisierung, die wie ein trübes Medium wirkt, das kurze Wellen stärker absorbiert als lange. Da der Ionengehalt der Atmosphäre abhängig ist von der Witterung, ändern sich auch die Empfangströme stark mit ihr.

Zur Untersuchung dieser zahlreichen, wechselnden Einflüsse sind ausgedehnte, über lange Zeiträume sich erstreckende Messungen nötig unter genau festgelegten Betriebsbedingungen des Senders. Sollen hierbei unregelmäßig auftretende Einflüsse ausgeschaltet werden, so empfiehlt es sich, die Messungen bei ruhiger Witterung und bei Tage auszuführen mit Sendern und Empfängern, die durch weite Wasserflächen getrennt sind.

Für die Messung der Empfangsströme kommen die verschiedenen Hilfsmittel zur Messung kleiner Ströme in Betracht, die früher ausführlich besprochen wurden, so daß an dieser Stelle die folgende Zusammenstellung genügt:

1. Thermoelemente, Thermogalvanometer, Bolometer, die wegen ihres kleinen Widerstandes unmittelbar in die Antenne geschaltet werden können.
2. Kristalldetektoren und Kathodenröhren, die bei jeder Messung einer sorgfältigen Nacheichung bedürfen und zur Messung sehr kleiner Ströme zweckmäßig mit einem Verstärker von bekanntem Verstärkunggrad verbunden werden.

3. Die S. 330 erläuterten Verfahren zur Bestimmung der Strahlungsleistung unter Verwendung einer Rahmenantenne und das S. 502 besprochene Verfahren von Dieckmann und Zenneck.

5. Zeitzeichen und Wetterberichte.

Für viele der vorher erwähnten Untersuchungen eignen sich die Zeitzeichen der Großstellen Nauen und Eiffelturm, ferner die täglichen Wetterberichte von Königswusterhausen und des Eiffelturmes.

a) Zeitzeichen. *α*) **Nauen.** { Oestl. Länge von Greenwich: $0^h 50^m 20^s$. Nördliche Breite: 52° 39′.

Rufzeichen: poz (·— —· — — — — —··)

Die Zeichen werden gleichzeitig gegeben auf den Wellen

$\lambda = 3100$ m mit Tonfunken $\lambda = 12000$ m ungedämpft.[1]

12^{55} mitteleuropäische Zeit mittags und nachts: Internationales Zeitzeichen:

Eine Reihe von „*v*“ (···—) zum Abstimmen darauf Achtung (—·—·—), poz, mgz (— — ——· ——··) (mittl. Greenw. Zeit).

$12^{57} \div 1^h$: Internationales Zeitzeichen nach Abb. 421.

β) **Eiffelturm.** { Oestl. Länge von Greenwich: $0^h 9^m 10{,}9^s$ Nördliche Breite: 48° 51′ 30″.

Rufzeichen: fl (··—· ·—··)

Wellenlänge: $\lambda = 2500$ m. Sendeart: Tonfunken.

1. 10^{25} mitteleuropäische Zeit vormittags und nachts: Internationales Zeitzeichen:

„Observatoire de Paris“, 2 × 5 Striche im Sekundentempo, 1 Strich von 5 Sek. Länge, 2 × 5 Striche im Sekundentempo.

$10^{27} \div 10^{30}$: Internationales Zeitzeichen nach Abb. 421.

2. $10^{59} \div 11^5$ vormittags und nachts: Astronomisches Zeitzeichen für Koinzidenzbeobachtungen, und zwar:

$10^{59} \div 10\ 59^m 45^s$: Anruf —·—·—

15^s Ruhe.

$11 \div 11^5$: 300 Punkte mit je 0,98 Sek. Abstand, von denen der 60., 120., 180. und 240. ausfällt.

---

[1] Als Ausgangspunkt der 12000 m Wellen gilt:

$12^h 54^m 50{,}7^s$ östl. L. 52° 38′ 57,5″ nördl. Br.

als Ausgangspunkt der 3100 m, 3900 m, 4700 m und 4900 m Wellen:

$12^h 54^m 33{,}3^s$ östl. L. 52° 39′ 0,6″ nördl. Br.

3. $11^{43} \div 11^{49}$ vormittags und nachts: Französisches Zeitzeichen nach beistehender Anordnung, Abb. 422.

Das eigentliche Zeitzeichen wird dreimal gegeben und besteht aus je einem Punkt, der einsetzt genau um 11^{45}, 11^{47}, 11^{49}.

b) Wetterberichte.

α) **Königswusterhausen.** Rufzeichen l p (·—·· ·———·). Welle $\lambda = 5250$, ungedämpft.

1.	Bericht	7^{50} morgens.	Beobachtung	von	2^h nachts.
2.	„	9^{40} „	„	„	8^h morgens.
3.	„	9^{50} „	„	„	8^h „
4.	„	4^{50} mittags.	„	„	2^h mittags.
5.	„	4^{50} „	„	„	2^h „
6.	„	8^{40} abends.	„	„	7^h abends.
7.	„	8^{50} „	„	„	7^h „

Die Beobachtungsorte zu den Berichten finden sich S. 525.

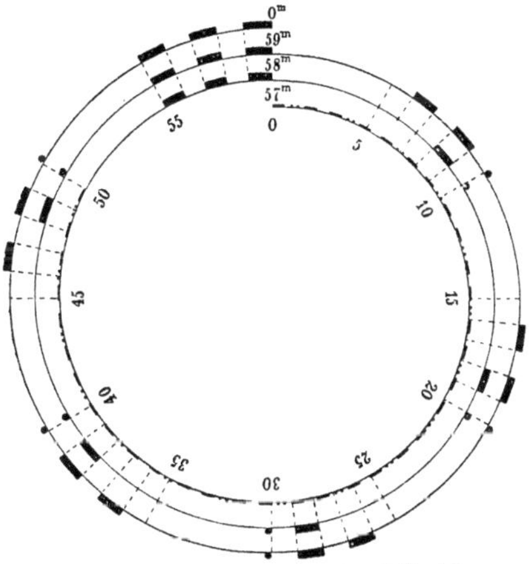

Abb. 421. Internationales Zeitzeichen.

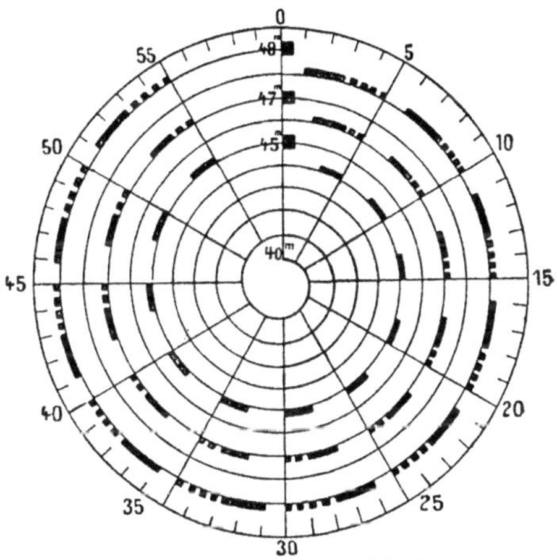

Abb. 422. Französisches Zeitzeichen.

Verschlüsselung zu Bericht 1., 5., 7:	q q BBBDD FwTT cbb
„ „ „ 2:	q q BBDD FwTTP cbbRR MMmmW
„ „ „ 3:	q q BBBDD FwTT cbbRR
„ „ „ 4:	q q BBBDD $FwTTW_2$ cbb
„ „ „ 6:	q q BBBDD $FwTTW_1$ cbb.

Im Anschluß an Bericht 2. im Winter Eismeldungen.

Den Berichten geht voraus: —·—·—, c q v l p Funkobs. bzw. Funkobs. Deutschland.

β) **Eiffelturm.** Täglich fünf Berichte mit Welle $\lambda = 2600$ m u. Tonfunken.

Den Berichten geht voraus: c q d e f l. meteo france bzw. meteo europe.

1. Bericht 9^{20} morgens. (Beobachtungen von 8^h morgens.)

$$\text{qq BBBDD FwTTd cbbRR MMmm} \begin{cases} S \\ W \end{cases}$$

2. Bericht 3^{20} nachts. Beobachtung von 2^h nachts.
3. „ 3^{20} mittags. „ „ 2^h mittags.
4. „ 8^{20} abends. „ „ 7^h abends.

Die Beobachtungsorte zu diesen Berichten finden sich S. 524.

Verschlüsselung: qq BBBDD FwTT.

Anschließend Höhenwindmessungen über Windrichtung und -Stärke:

	D_2F_2	D_2F_2	D_2F_2	D_2F_2	D_2F_2	D_2F_2
in	500	1000	1500	2000	3000	4000 m Höhe.

5. Bericht 12^{30} mittags. Sammelbericht um 8^h morgens der S. 524 angegebenen Orte.

Verschlüsselung: qq BBBDD FN_2b_3.

Anschließend im Klartext: Übersicht über Luftdruckverteilung und Wettervorhersage.

In sämtlichen Berichten wird der Verschlüsselung die auf S. 525 angegebene Nummer des Beobachtungswertes vorangestellt, sofern er nicht im Klartext gegegeben wird. Die Zahlengruppen werden durch $r = \cdot - \cdot$ getrennt.

γ) Schlüssel zu den Wetterfunksprüchen.

B B B = Luftdruck in $^1/_{10}$ mm, nachdem 700 zugezählt ist (641 = 764,1).

b b = Änderung des Luftdrucks in den letzten 3 Stunden in ganzen und $^1/_{10}$ mm. 98 heißt: Änderung > 9,7 mm, 99 nicht beobachtet.

b_3 = Einerziffer der Luftdruckänderung in den letzten 3 Stunden vor der Beobachtung in Halbmillimeter. Bei Änderungen von 10 ÷ 19 Halbmillimeter wird 33, bei 20 ÷ 29 Halbmillimeter 67 zur Windrichtung (D D) zugezählt.

c	Verhalten des Luftdrucks	d	Zugrichtung der oberen Wolken
0	beständig (ohne wesentliche Änderung oder nicht beobachtet)	0	Wolken beobachtet, aber ohne merkbare Bewegung
1	unbeständig	1	Wolkenzug aus NO
2	stetig steigend	2	„ „ O
3	„ fallend	3	„ „ SO
4	zuerst fallend, dann steigend	4	„ „ S
5	„ ohne wesentl. Änder., dann steigend	5	„ „ SW
6	„ ohne wesentl. Änder., dann fallend	6	„ „ W
7	„ fallend, dann ohne wesentl. Änder.	7	„ „ NW
8	„ steigend, dann ohne wesentl. Änderung oder fallend	8	„ „ N
9	Gewitternase		

D D	Richtung, aus der der Wind kommt	
02	NNO	Bei steigendem Luftdruck. Bei fallendem Luftdruck wird 50 zu diesen Zahlen gezählt.
04	NO	
06	ONO	
08	O	
10	OSO	
12	SO	
14	SSO	
16	S	
18	SSW	
20	SW	
22	WSW	
24	W	
26	WNW	
28	NW	
30	NNW	
32	N	

F	Windstärke	m/sec
0	Windstille	$0 \div 1$
1	sehr leicht	$1 \div 2$
2	leicht	$2 \div 4$
3	schwach	$4 \div 6$
4	mäßig.	$6 \div 8$
5	frisch	$8 \div 10$
6	stark	$10 \div 12$
7	steif	$12 \div 14$
8	stürmisch	$14 \div 16$
9	Sturm	> 16
10	starker Sturm . . .	
11	schwerer Sturm . .	
12	Orkan	

Bei $F > 9$ wird 9 eingesetzt und die Windstärke am Schluß in Worten angegeben.

D_2 = Richtung, aus der der Wind kommt. Die Richtungen werden durch Buchstaben dargestellt und zwar bedeutet:

a = NNO	e = OSO	i = SSW	m = WNW
b = NO	f = SO	j = SW	n = NW
c = ONO	g = SSO	k = WSW	o = NNW
d = O	h = S	l = W	p = N

F_2 = Windgeschwindigkeit in m/sec. S in wird durch Buchstaben dargestellt, wobei bedeutet:

a = 0	e = 8	i = 16	m = 24	q = 32	u = 40
b = 2	f = 10	j = 18	n = 26	r = 34	v = 42
c = 4	g = 12	k = 20	o = 28	s = 36	w = 44
d = 6	h = 14	l = 22	p = 30	t = 38	

M M = höchste
m m = niedrigste
} Temperatur der vergangenen 24 Stunden. Bei negativen Temperaturen ist 50 zugezählt. Für die Abrundung gilt das bei T T Gesagte.

N_2 = Größe der Gesamtbewölkung.

0 = wolkenlos	Luftdruckänderung positiv	5 = wolkenlos	Luftdruckänderung negativ
1 = $^1/_4$ bedeckt		6 = $^1/_4$ bedeckt	
2 = $^1/_2$ „		7 = $^1/_2$ „	
3 = $^3/_4$ „		8 = $^3/_4$ „	
4 = ganz „		9 = ganz „	

P = Prozentuale (relative Feuchtigkeit).

0	$95 \div 100\%$	5	$50 \div 59\%$
9	$90 \div 94\%$	4	$40 \div 49\%$
8	$80 \div 89\%$	3	$30 \div 39\%$
7	$70 \div 79\%$	2	$20 \div 29\%$
6	$60 \div 69\%$	1	$10 \div 19\%$

R R = Regen (Schnee) Menge, die in den vergangenen 24 Stunden (von Morgen zu Morgen) gefallen ist in ganzen mm.

00 = kein Niederschlag, 97 = weniger als 0,5 mm, 98 mehr als 96 mm. 99 = gefallen, aber nicht gemessen.

Falls Niederschläge von mehr als 96 mm gemessen sind, wird 98 gesetzt, und am Schluß die Niederschlagsmenge als Zusatz angegeben.

S	Seegang u. Dünung	Wellenhöhe in m
0	schlicht	0
1	sehr ruhig	< 1
2	ruhig	1 ÷ 2
3	leicht bewegt . . .	2 ÷ 3
4	mäßig bewegt . . .	3 ÷ 4
5	unruhig	4 ÷ 5
6	grob	6 ÷ 7
7	hoch	8 ÷ 9
8	sehr hoch	10 ÷ 12
9	äußerst hoch	> 12

T T = Temperatur abgerundet in Celsiusgraden (03 = 3°).

Bei Temperaturen unter 0° ist 50 zugezählt (53 = — 3°).

Die Abrundung findet stets nach dem näheren der ganzen Grade statt, bei fünf Zehnteln nach der höheren Temperatur hin. Um 0° herum wird durch 50 oder 00 unterschieden, ob die Temperatur einige Zehntel unter oder über 0° liegt.

Beispiele.

— 14,5° ÷ 13,6° = 64	— 0,5° ÷ — 0,1° = 50	+ 1,5° ÷ 2,4° = 02
— 2,5° ÷ 1,6° = 52	0,0° ÷ + 0,4° = 00	+ 2,5° ÷ 3,4° = 03
— 1,5° ÷ — 0,6° = 51	+ 0,5° ÷ + 1,4° = 01	+ 17,5° ÷ + 18,4° = 18

W	Witterungsverlauf in den vergangenen 24 Stunden	Niederschlag in 24 Std.
0	vorwiegend heiter	weniger als 0,4 mm
1	ziemlich kühl	
2	meist bewölkt	
3	Wetterleuchten (mehr als ein Blitz)	
4	hauptsächl. vorm. Niederschläge	mehr
5	„ nachm. „	
6	„ nachts „	
7	Gewitter	
8	Niederschläge in Schauern	
9	Anhaltende Niederschläge, Landregen	

w	Bewölkung
0	wolkenlos
1	1/4 bedeckt
2	1/2 bedeckt
3	3/4 bedeckt
4	bedeckt
5	Regen
6	Schnee
7	Dunst
8	Nebel
9	Gewitter

W_1 = Witterungsverlauf zwischen der Morgen- und Abendbeobachtung wie W, nur 6 = vorwiegend nebelig.

W_2 = Witterungsverlauf zwischen der Morgen- und Nachmittagsbeobachtung wie W, nur

4 = geringe Niederschläge, 5 = stärkerer Regen, 6 = stärkerer Schneefall.

1. Beispiel aus einem Wetterbericht von Königswusterhausen 9^{50} vormittags

18 62428 63040 50303 09038 bedeutet:

Brocken. Barometerstand = 662,4 mm. Windrichtung = NW bei steigendem Luftdruck.

Windstärke = 6 (stark). Witterung z. Z. der Beobachtung = $^3/_4$ bedeckt. Temperatur = + 4° C. Feuchtigkeit = 100 %,

Verhalten des Luftdrucks in den letzten 3 Stunden = beständig. Änderung des Luftdrucks = + 0,3 mm. Regenmenge in den vergangenen 24 Stunden = 3 mm. Temperatur in den vergangenen 24 Stunden: Höchste = 9° C, niedrigste = 3° C. Witterungsverlauf in den letzten 24 Stunden = ziemlich heiter.

2. Beispiel aus einem Wetterbericht des Eiffelturmes 9^{20} vormittags.

03 66320 14189 50300 3012 bedeutet:

Bordeaux. Barometerstand = 766,3 mm. Windrichtung = SW.

Windstärke = 1 (sehr leicht). Witterung z. Z. der Beobachtung = bedeckt. Temperatur = 18° C. Zugrichtung der oberen Wolken = keine Beobachtung.

Verhalten des Luftdrucks = ohne wesentliche Änderung, dann steigend, Änderung des Luftdrucks = + 0,3 mm. Regenmenge = 0 mm. Temperatur in den vergangenen 24 Stunden: Höchste = 30° C, niedrigste = 12° C.

Die Berichte der zahlreichen anderen Wetterfunkstellen sind zusammengestellt in der Schrift „Funk-Wetter, Liste und Schlüssel der Wetterfunksprüche, funkentelegraphischen Zeitsignalen und Eismeldungen“, die von der Deutschen Seewarte Hamburg bezogen werden kann.

U. Die drahtlose Telephonie.

Nachdem die Mittel zur Erzeugung von hochfrequenten Wechselströmen gleichbleibender Scheitelwerte gefunden waren, konnte auch die Durchbildung radiotelegraphischer Telephoniesender in Angriff genommen werden. Hierbei waren zwei Wege gangbar, indem man:

a) durch Veränderung der Strahlungsleistung,

b) durch Veränderung der Wellenlänge

eine der Schwingungszahl des gesprochenen Lautes entsprechende Veränderung im Empfänger hervorruft. Bei allen Telephoniesendern wird diese Aufgabe durch Vermittlung einer Mikrophonanordnung gelöst. Die erforderlichen Maßnahmen sind verschieden, je nachdem die Wellenerzeugung mit Maschinen, Frequenzwandlern, Lichtbogengeneratoren oder mit Kathodenröhren erfolgt.

Bei Verwendung von Hochfrequenzmaschinen kann z. B. der Erregerstrom der Maschine im Rhythmus des gesprochenen Wortes verändert werden, während bei Benutzung von Frequenzwandlern nach

Kühn die Magnetisierung des Wandlers und damit die Selbstinduktion des Sekundärkreises und die Wellenlänge durch den Strom in der Sekundärwicklung eines Mikrophontransformators verändert wird. Da diese Anordnungen, die umfangreiche maschinelle Anlage erfordern, nur in Frage kommen, wenn große Leistungen zur Verfügung stehen, soll im folgenden nur auf die Lichtbogen- und die Röhrensender eingegangen werden, die sich mit einfacheren Mitteln aufbauen lassen.

I. Lichtbogensender für Telephonie.

Die elektrischen Verhältnisse der radiotelephonischen Übertragung werden bei Lichtbogensendern am übersichtlichsten, wenn man die Laute im Empfangstelephon durch rhythmische Änderung der ausgestrahlten Senderleistung bei gleichbleibender Wellenlänge hervorbringt. Damit läuft das radiotelephonische Problem darauf hinaus, durch die Mikrophone möglichst kräftige Leistungsschwankungen auf der Senderseite hervorzurufen. Unter der Annahme, daß die erregende E.-M.-K. im Luftleiter der Senderanlage konstant bleibt, wird obige Forderung am besten erfüllt sein, wenn das Mikrophon in der Lage ist, einen möglichst hohen Leistungsbetrag in sich aufzunehmen. Nach der von Seibt entwickelten Theorie muß jedoch für eine gute Fernwirkung die weitere Bedingung annähernd erfüllt sein, daß der gesamte Antennenwiderstand w_A ungefähr gleich dem des Mikrophones w_M ist. Demnach werden an das Mikrophon die beiden Forderungen gestellt, daß einmal sein Ohmscher Widerstand dem des Luftleiters angepaßt sein muß und zweitens, daß es die notwendigen hohen Stromstärken ohne Betriebsstörungen aufzunehmen imstande ist. Unter Beibehaltung der gebräuchlichen niederohmigen Körnermikrophone führen diese Überlegungen zunächst zu einer Schaltung, in der die Mikrophone im Nebenschluß zu einem Ohmschen oder induktiven Widerstande liegend, derart abgeglichen werden, daß der wirksame Ohmsche Widerstand dieser Vereinigung mit der Größenordnung des Strahlungswiderstandes w_A in den Senderkreis eingeht. Der Vorteil, der hierdurch erreicht wird, besteht darin, daß man die Stromstärke des Luftleiters steigern kann, ohne die Mikrophone unzulässig zu beanspruchen. Allein durch die Verstärkung des Grundstromes wird, wie aus der Theorie hervorgeht, erreicht, daß die auf der Empfangsseite wirksame Leistung zunimmt.

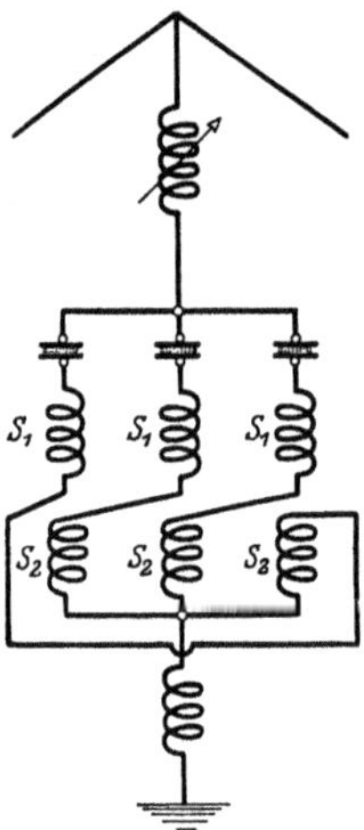

Abb. 423.

Die Beeinflussung des Antennenenstromes muß jedoch bei diesen Anordnungen eine weit vollkommenere werden, wenn die Herstellung von Starkstrommikrophonen gelingt, die hohe Ströme auszuhalten in der Lage sind. Wenn auch viele Versuche nach dieser Richtung hin vorliegen, so ist eine endgültige Lösung jedoch noch nicht gefunden, da hier die Schwierigkeiten einer kräftigen Besprechung der Membran zur Erzielung hinreichender Stromschwankungen, ohne Einbuße an der Klangfarbe zu erleiden, außerordentlich groß sind.

Aus diesem Grunde wurde bei der C. Lorenz A.-G. ein anderer Weg eingeschlagen, der zu einer Reihe von Schaltungen führte, mit denen unter Umgehung des Starkstrommikrophones diesem gleichwertige Ergebnisse erzielt wurden. Ausgehend von den bewährten Mikrophonen für schwache Ströme ist es offenbar dann möglich, große Leistungen wirksam zu beeinflussen, wenn die Nebeneinanderschaltung mehrerer Einzelmikrophone in der Weise gelingt, daß niemals ihre gleichmäßige Beanspruchung gestört wird. Ausführungsbeispiele für derartige radiotelephonische Senderschaltungen geben die Abb. 423 und 424 wieder. Die Wirkungsweise der ersteren Anordnung beruht auf dem Umstand, daß bei gleicher Belastung der Einzelteile durch entsprechenden Zusammenbau zweier zueinander geordneter Spulen S_1 und S_2 erreicht wird, daß ihre magnetisierenden Wirkungen sich aufheben. Sobald jedoch in einem der Zweige das Streben zu einer ungleichförmigen stärkeren Stromaufnahme vorhanden ist, tritt infolge der Rückwirkung der mit dieser Strombahn induktiv gekoppelten Spule eine Drosselwirkung ein, die jede unzulässige Beanspruchung verhindert. Die gleiche Wirkung wird mit der einfacheren und viel häufiger benutzten Schaltungsanordnung erzielt, die Abb. 424 wiedergibt. Hier ist es der Widerstand der eingeschalteten Kondensatoren C, der jede ungleichmäßige Stromaufnahme verhindert. Sie werden so bemessen, daß ihre kapazitiven Widerstände für einen mittleren Wert der Senderwelle ungefähr gleich dem Ohmschen Widerstand der Mikrophone sind.

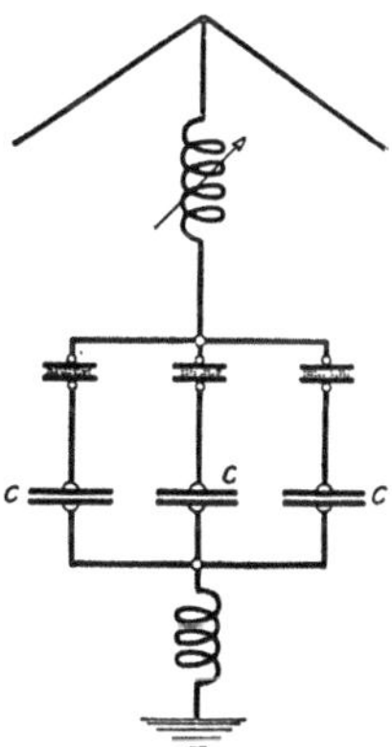

Abb. 424.

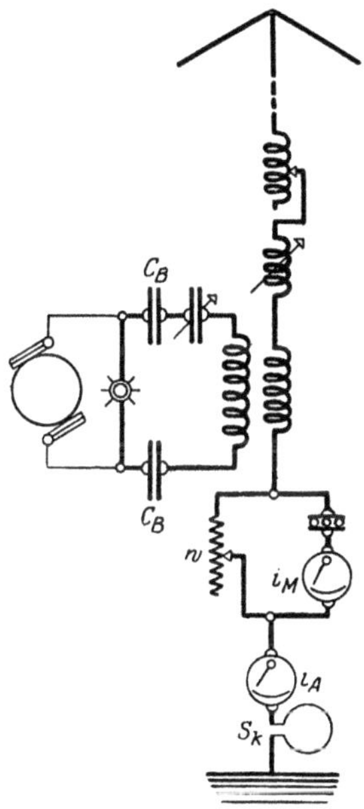

Abb. 425.

Abb. 425 stellt eine nach diesem Gesichtspunkte ausgeführte Anordnung der C. Lorenz A.-G. dar. Das Mikrophon ist unmittelbar in den Luftleiter eingeschaltet. Der Widerstand w im Nebenschluß zum Mikrophon dient zur richtigen Einstellung des Mikrophonstromes i_M, der einen bestimmten Teil des gesamten Antennenstromes i_A betragen muß, um gute Verständigung zu erzielen.

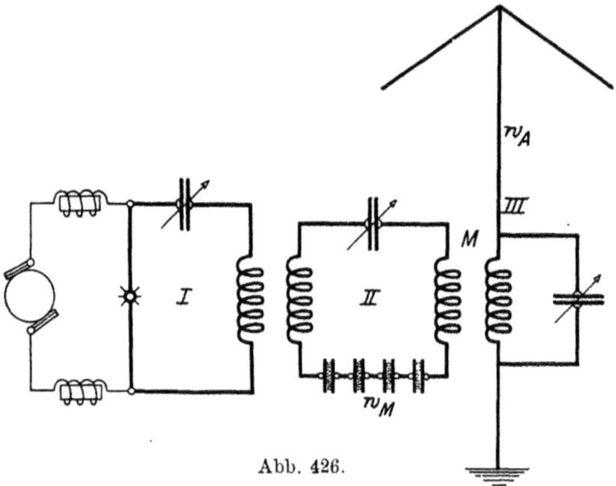

Abb. 426.

Statt die Mikrophone unmittelbar in die Antenne zu schalten, kann man sie auch unter Zuhilfenahme eines besonderen Transformators oder Zwischenkreises mit dem Luftleiter koppeln. Besonders wirksam ist hierbei die Anordnung nach Abb. 426, wobei die Mikrophone derart zusammenzustellen sind, daß ihr gesamter wirksamer Widerstand w_M, bezogen auf die Antenne, gleich dem gesamten Widerstande w_A des Strahlgebildes ist, d. h.

$$w_A^{\Omega} = \frac{(2\pi\nu)^2 \cdot M^2}{w_M} = 3{,}553 \frac{M^{2\,\text{cm}}}{w_M^{\Omega} \cdot \lambda^{2\,\text{cm}}}.$$

In der Gleichung bedeutet M den Koeffizienten der gegenseitigen Induktion des Zwischenkreises mit dem Luftleiter. Hierbei ist bei passender Wahl der Bestimmungsstücke des Kreises II als Grenzfall die dargestellte Hintereinanderschaltung sämtlicher Mikrophone möglich.

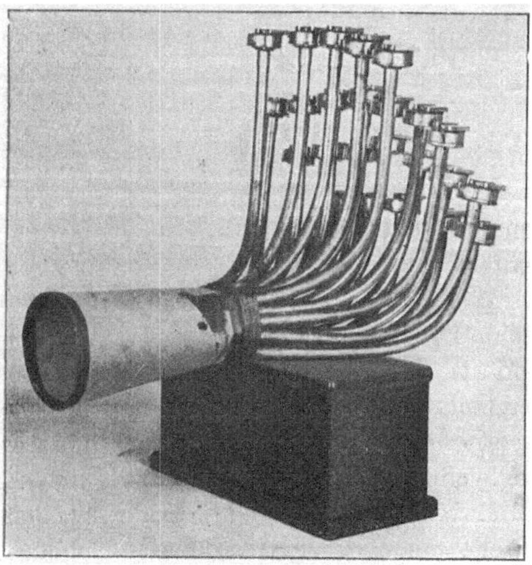

Abb. 427. Mikrophonsystem (C. Lorenz A.-G., Berlin).

Auf Grund aller dieser Schaltungen ist der Weg gewiesen, um große Leistungen durch die Mikrophone unter der Voraussetzung zu beeinflussen, daß die Stärke des Schalles ausreicht, die Membran in lebhafte Schwingungen zu versetzen. Da die Stärke des gesprochenen Wortes jedoch nach oben hin begrenzt ist, darf die Zahl der Einzelmikrophone nicht beliebig vermehrt werden, sofern man stets die günstigste Widerstandsänderung erzielen will. Umfangreiche Mikrophonanordnungen können deshalb nur unter Zwischenschaltung eines Lautverstärkers ausreichend beeinflußt werden, wobei zwei Wege möglich sind. Entweder wirkt ein Lautverstärker auf alle Einzelmikrophone gemeinsam ein (Abb. 427) oder jedes Mikrophon wird für sich besonders besprochen.

Bei der neueren Schaltung der C. Lorenz A.-G. werden in die Antenne die wenigen Windungen eines Hochfrequenztransformators geschaltet. An seine primäre, aus vielen Wicklungen bestehende Wicklung ist angeschlossen die Reihenschaltung eines einzelnen Mikrophons und der Mikrophonbatterie, und ferner eine Gleichstromquelle zur Vormagnetisierung des aus dünnem Eisenblech oder Eisendraht hergestellten Transformatorkerns. Der Magnetisierungsstrom muß passend eingestellt werden. Statt dessen kann man auch die Primärwicklung in den Anodenkreis einer Senderröhre legen, deren Gitterkreis, etwa mittels der Anordnung Abb. 428, durch das Mikrophon beeinflußt wird, eine Anordnung, die sich sinngemäß auch bei Maschinensendern in Verbindung mit Frequenzwandlern verwenden läßt (vgl. S. 511). Der Hochfrequenztransformator fällt dann weg, und an seine Stelle tritt eine besondere, auf einem der Frequenzwandler angebrachte und in den Anodenkreis der Senderröhre geschaltete Wicklung. Auch hierbei genügt ein einzelnes Mikrophon.

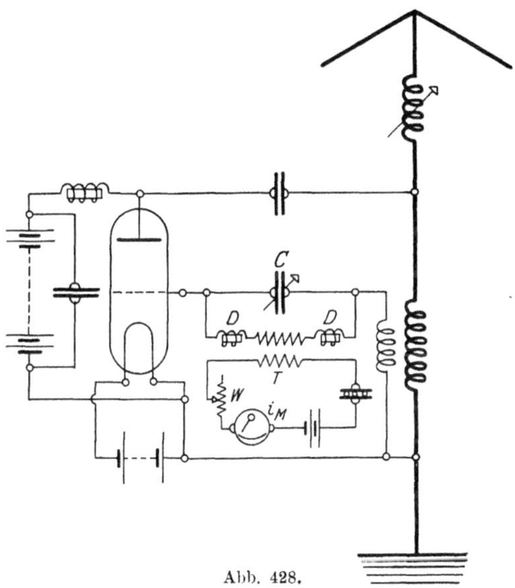

Abb. 428.

II. Röhrensender für Telephonie.

1. Aufbau und Betriebsbedingungen.

Auch für die drahtlose Telephonie können Röhrensender in den nämlichen Schaltungen wie die Lichtbogensender benutzt werden, bei denen die Änderung der Strahlungsleistung durch die Sprache in einem der Hauptschwingungskreise erfolgt (Abb. 425 und 426).

Zu einer anderen viel wirkungsvolleren und jetzt meist verwendeten Anordnung, bei der die Gitterspannung mit Hilfe des Mikrophons im Rhythmus der Sprache verändert wird, führen die Darlegungen über die Wirkungsweise der Röhrensender und Röhrenverstärker. Verbleibt man hierbei im geraden Teil der Kennlinie $i_A = f(e_G)$, so sind die Änderungen des Anodenstromes $\mathfrak{i}_{At}$ proportional den Änderungen der Gitterwechselspannung $\mathfrak{e}_{Gt}$ und die Sprache wird unverzerrt übertragen. Dazu kommt, daß bei dieser Anordnung wegen der geringen Stromstärken schon mit einem einzelnen Mikrophon sich hinreichend starke Änderungen der ausgestrahlten Leistungen erzielen lassen, womit alle Schwierigkeiten durch ungleichmäßige Belastung, die mit der Nebeneinanderschaltung der Mikrophonen bei Lichtbogensendern verbunden sind, wegfallen.

In der von der Gesellschaft für drahtlose Telegraphie angegebenen Anordnung Abb. 428 liegt die Sekundärwicklung des eisengeschlossenen Mikrophontransformators T mit sehr hoher Windungszahl im Gitterkreis. Sie ist an beiden Enden durch eisenfreie Drosselspulen D, D verlängert und durch einen Drehkondensator C von 200 bis 2000 cm überbrückt. Er unterhält die Hochfrequenzströme im Gitterkreis, die die Steuerspannung zur Selbsterregung der Röhre liefern und die sonst durch die Sekundärwicklung von T abgedrosselt würden. Die Drosseln verhindern den Durchgang der Hochfrequenzströme durch die Eigenkapazität der Transformatorwicklung. Damit C nicht einen kapazitiven Nebenschluß für die niederfrequenten Sprechströme darstellt, darf seine Kapazität nicht zu groß sein. Ermittelt man die Abhängigkeit zwischen Antennenstrom i_A und C, so erhält man die Kurve Abb. 429. Die für die Übertragung günstigste Kapazität liegt bei Punkt A, wo die Stromstärke nur noch langsam ansteigt. Bei kleineren Kapazitäten wird die Sprache völlig entstellt, während bei größeren Werten von C die Lautstärke erheblich sinkt.

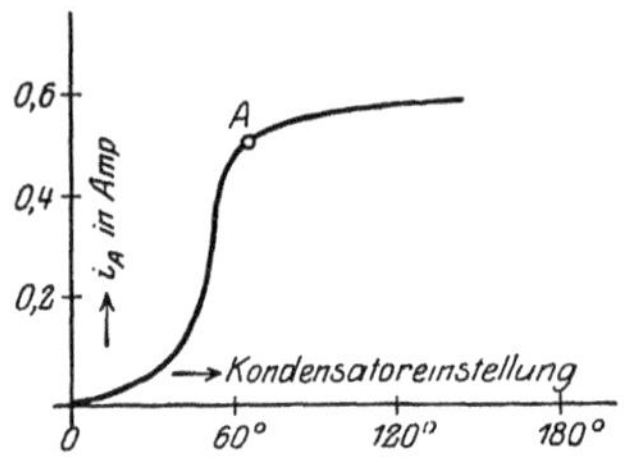

Abb. 429.

Sehr wesentlich für die Güte der Übertragung ist die richtige Wahl des Mikrophonstromes, der durch den Widerstand w sich verändern läßt. Von geringerem Einfluß dagegen ist die Anodenspannung. Selbst wenn sie beträchtlich unter der normalen Spannung für die Röhre liegt, tritt nur eine unwesentliche Abnahme der Lautstärke ein. Die Reinheit der Sprachübertragung ist jedoch an eine bestimmte untere Grenze der Anodenspannung gebunden.

Steht nur eine Antenne zur Verfügung, so muß sie beim Empfang auf die Empfangseinrichtung umgeschaltet werden, was ähnlich wie bei manchen Einrichtungen für Leitungstelephonie durch einen Druckknopf oder besser durch einen Umschalter bewirkt wird.

Zum gleichzeitigen Empfangen und Senden ist neben der Senderantenne noch eine besondere Empfangsantenne erforderlich, die auf eine von der Senderantenne etwas verschiedene Welle abgestimmt wird.

Sehr gut eignet sich für diesen Zweck die Rahmenantenne.

2. Untersuchung eines Röhrensenders für Telephonie.

Nach den vorangehenden Darlegungen hat sich die Prüfung des Röhrensenders zu erstrecken auf:

a) die Aufnahme der Kurve

$$i_A = f(C);$$

b) die Feststellung der Reinheit der Sprache und der Lautstärke in Abhängigkeit von folgenden Größen:

1. Kapazität des Kondensators C,
2. Mikrophonstrom i_M,
3. Anodengleichspannung,
4. Antennenstrom i_A,
5. Sekundärspannung des Transformators T,
6. Gitterkopplung.

Als Maß für die Lautstärke dient die Sekundärspannung von T, die mit einem Röhrenspannungsmesser ermittelt wird, während vor dem Mikrophon eine Normalpfeife aufgestellt ist. Der Mikrophonstrom muß bei den Messungen mit Hilfe eines Spannungsteilers von möglichst kleinem Widerstand eingestellt werden, um jede schädliche Erhöhung des Widerstandes des Mikrophonkreises zu vermeiden.

Will man an Stelle der Pfeife Sprachlaute als Schallquelle benutzen, so ist es zweckmäßig, nicht einzelne Vokale in das Mikrophon zu rufen, sondern zusammenhängende Sätze, da die Vokale durch die Obertöne, aus denen sie zusammengesetzt sind, ganz verschiedene Lautstärken erhalten. Man gewinnt dann einen mittleren Wert für die Spannung.

V. Richtungsbestimmungen.

Für Richtungsbestimmungen kommen hauptsächlich drei Anordnungen in Frage:

1. die Sternantenne,
2. der Richtungsfinder mit zwei gekreuzten Antennenpaaren,
3. die Rahmenantenne.

Da die Richtungsbestimmungen mit der Sternantenne, die sehr genaue Ergebnisse liefern, ein umfangreiches Luftleitergebilde erfordern, sind im folgenden nur die Messungen mit dem Richtungsfinder und der Rahmenantenne besprochen.

I. Der Richtungsfinder mit zwei gekreuzten Antennenpaaren.

Dieser Richtungsfinder besteht aus zwei, mit ihren Achsen senkrecht zueinander angeordneten, festen Spulen *aa'* und *bb'* (Abb. 430), in deren Innerem eine drehbare Spule *S* sich befindet, die an einen aperiodischen Detektorkreis angeschlossen ist.

Werden die Enden der festen Spulen *aa'* und *bb'* mit zwei vollständig gleichen Antennenpaaren verbunden, deren Ebenen aufeinander senkrecht stehen und die beiden Antennenkreise mittels der Kondensatoren C_a und C_b auf die ankommende Welle abgestimmt, so erhält man größte Lautstärke im Hörer, wenn die Achse der beweglichen Kopplungsspule *S* mit der Richtung des Gesamtfeldes der festen Spulen zusammenfällt.

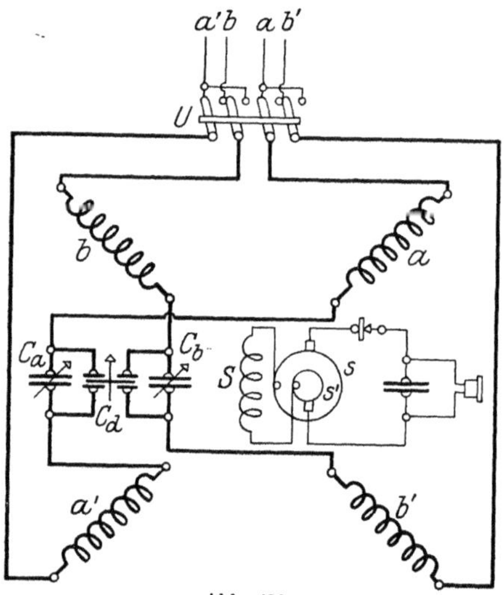

Abb. 430.

Weitere Einzelheiten sind im folgenden erläutert an dem Richtungsfinder von Seibt. Die zwei festen, zylindrischen Spulen sind übereinandergestellt, was den Vorteil bietet, daß auch Antennenpaare benutzt werden können, deren Winkel von 90° abweicht. Die zwei Drehkondensatoren, die zur Abstimmung auf die ankommenden Wellen dienen, sind mechanisch miteinander gekuppelt (s. Abb. 87, S. 80) und liegen, um Zweiwelligkeit zu vermeiden, nicht im Nebenschluß zu den festen Spulen, sondern sind in deren Mitte eingeschaltet. Zu sprungweisen Änderungen der Wellenlängen sind die zwei festen Spulen unterteilt. Sehr lange Wellen können aufgenommen werden, nachdem an jeden der Kondensatoren C_a und C_b je ein weiterer Kondensator mittels Buchsen angeschaltet ist. Nach dem Aufbau und Anschluß der Antennenpaare müssen die zwei Antennenkreise auf genau gleiche Eigenwellen abgestimmt werden. Dies wird erreicht einerseits durch eine kleine Zusatzspule in einem der Kreise, andererseits durch den Differenzkondensator C_d.

Letzterer besteht aus zwei festen Platten und einer drehbaren Platte. Die festen Platten sind in der aus Abb. 430 ersichtlichen Art mit C_a und C_b verbunden. Beim Drehen der beweglichen Platte wird die Kapazität des einen der Kondensatoren C_a, C_b vergrößert, die des andern verkleinert. Dadurch lassen sich nicht nur kleine Unterschiede in den Antennenkapazitäten, sondern auch Änderungen der Kapazitäten von C_a und C_b, die sich im Laufe der Zeit einstellen, bis zu $\pm$ 8 cm ausgleichen.

Weiter wird der Differenzkondensator benutzt, um das Tonminimum auf völlige Klangfreiheit einzustellen.

Die Kopplungsspule besteht aus zwei Einzelspulen mit gemeinsamer Drehachse, von denen jede sich in einer der beiden Zylinderspulen bewegt und ebenfalls unterteilt ist zur Anpassung an verschiedene Wellenlängen.

Die Richtung der ankommenden Wellen könnte nun dadurch gefunden werden, daß man die Kopplungsspule so lange dreht, bis größte Lautstärke im Hörer erreicht wird. Wesentlich genauere Ergebnisse erhält man, wenn man die zwei Lagen der beweglichen Spule ermittelt, in der sich geringste Lautstärke ergibt, da diese Stellungen viel schärfer begrenzt sind. Zu dem Zweck sucht man links und rechts vom Tonminimum zwei möglichst nahe bei ihm liegende Stellungen, für die man gleiche Lautstärke und Klangfarbe erhält und nimmt aus beiden Einstellungen das Mittel.

Wird bei diesen Messungen ein Lautverstärker benutzt, so ist zu beachten, daß durch ihn das Minimum stark abgeflacht werden kann, da er die geringen Lautstärken mehr verstärkt als große.

Das Tonminimum soll völlig klangfrei sein. Die Klangfreiheit tritt nicht ein, wenn entweder:

1. die Wechselfelder der beiden festen Spulen infolge kleiner Ungleichheiten in der Abstimmung der Antennenkreise eine Phasenverschiebung aufweisen und sich daher zu einem elliptischen Drehfeld zusammensetzen oder wenn

2. das Feld der ankommenden Welle bereits ein elliptisches

Drehfeld ist, das durch die Vereinigung des Feldes der Senderwelle mit einer reflektierten Welle des gleichen Senders entstanden sein kann.

Im ersten Fall läßt sich die Ungleichheit der Antennenkreise und die Phasenverschiebung ihrer Felder mittels des Differenzkondensators beseitigen und dadurch völlige Klangfreiheit erreichen, während man im zweiten Fall auf Klangfreiheit verzichten muß.

Der Winkelbereich, in dem keine Zeichen zu hören sind, darf nur klein sein, damit durch das Drehen der Empfangsspule S die beiden Antennenkreise nicht verstimmt werden, was zu Fehlern bei der Richtungsbestimmung führt. Da der Grad dieser Verstimmung nur durch die Leistung bedingt ist, die der Detektor aufnehmen muß, um die Zeichen hörbar zu machen, nicht aber durch die Windungszahl von S, so können die Fehler, die durch die Rückwirkung des Detektorkreises auf das Gesamtfeld der festen Spulen entstehen, nur durch Herabsetzung der dem Detektor zugeführten Leistung verkleinert werden, d. h. man muß möglichst empfindliche Detektoren oder aber Lautverstärker verwenden.

Kleine Ungleichheiten in der Abstimmung der zwei Antennenkreise lassen sich auch durch den Einbau der Zusatzspule nicht völlig vermeiden. Zur Beseitigung der Fehler, die dadurch entstehen, müssen die Verbindungen der Antennenpaare mit den zwei Spulen durch den Umschalter U derart vertauscht werden, daß die Ost-West-Antenne, die vorher an den Spulen bb' lag, mit den Spulen aa' und die Süd-Nord-Antenne mit den Spulen bb' verbunden wird. Die Ablesungen, die nach dem Umlegen von U erhalten werden, sind alsdann von 90^0 oder besser, um Minuszeichen zu vermeiden, von 270^0 abzuziehen und die so gewonnenen Werte mit den Ablesungen bei der ersten Stellung von U zu einem Mittelwert zu vereinigen.

Die Antennenpaare können die verschiedensten Formen erhalten. Um mit einem Mast auszukommen, wählt man am besten eine geschlossene oder offene Dreieckfläche.

Am wenigsten geeignet ist, trotz ihres einfachen Aufbaues, die Erdantenne, da bei ihr sehr häufig sich nur unscharfe Einstellungen erzielen lassen.

Bei einer zweiten Form des Richtungsfinders von Seibt sind die beiden festen Spulen ineinandergesetzt, weshalb nur eine drehbare Spule nötig ist. Dieser Richtungsfinder erfordert zwei gekreuzte, geschlossene Luftleiter, etwa von der Form Abb. 267, S. 297. Zum Anschluß derselben an den Richtungsfinder sind an diesem acht in einer Reihe sitzende Klemmen vorgesehen. Die vier Klemmen links werden mit den Enden der wagerechten, die vier Klemmen rechts mit den Enden der hochgeführten Antennendrähte verbunden, nachdem die in Abb. 267 zwischen sie geschalteten Spulen entfernt sind. Mittels eines Umschalters können zur Änderung des Wellenbereichs in die geschlossenen Luftleiter Kondensatoren gelegt werden, die zu dem Zweck in das Gerät eingebaut sind.

II. Richtungsbestimmung mit der Rahmenantenne.

Nach den Darlegungen über den Empfang mit der Ramenantenne (S. 495) kann jede derartige Einrichtung auch als Richtungsfinder dienen, wenn man die Spule um eine senkrechte Achse drehbar macht und sie mit einem Teilkreis versieht und den Rahmen so lange dreht, bis größte Lautstärke erreicht ist. Seine Fläche fällt alsdann in die Richtung der ankommenden Wellen. Genauer wird die Messung, wenn man wieder auf Verschwinden der Zeichen einstellt, was bei vier Lagen eintritt. Je zwei derselben bilden je einen Winkel, deren Halbierende zusammenfallen sollen und die gesuchte Richtung liefern. Diese Messungen gestalten sich zwar wesentlich einfacher als mit der vorherigen Anordnung, da nicht nur die erforderliche Abgleichung der zwei Antennenkreise, die große Sorgfalt erfordert, sondern auch die Umschaltung der Antennenpaare in Wegfall kommt, jedoch können starke Abweichungen entstehen durch Wände, Metallmassen u. dgl., da die Rahmenantenne nur einen kleinen Feldausschnitt umfaßt.

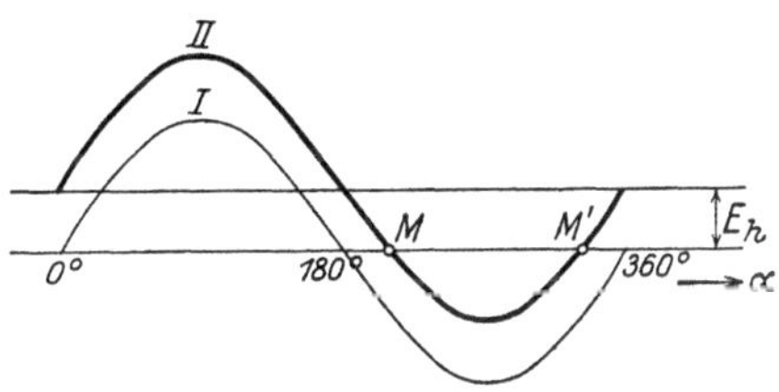

Abb. 431.

Fällt bei diesen Messungen die Halbierende z. B. in die Nord-Süd-Richtung, so kann der Sender entweder im Norden oder im Süden liegen. Seine Lage ist sonach noch nicht eindeutig gefunden.

Eindeutig läßt sich die gesuchte Richtung nach Hoffmann finden, wenn man über die Schwingungen des Rahmens die Schwingungen einer gewöhnlichen, hochgeführten Hilfsantenne lagert, deren Stärke unabhängig von der Richtung der einfallenden Welle ist.

Stellen in Abb. 431 die Ordinaten der Sinuskurve I die Scheitelwerte der im Rahmen induzierten elektromotorischen Kraft E dar in Abhängigkeit von seinem Drehwinkel α aus der Anfangslage, die senkrecht zur gesuchten Richtung angenommen ist, und ferner die Entfernung der Parallelen zur Abszissenachse von dieser die Erregung E_h durch die Hilfsantenne, so liefert die Kurve II die Scheitelwerte der gesamten elektromotorischen Kraft $E + E_h$ in Abhängigkeit von α. Die Schnittpunkte von II mit der Abszissenachse, die wieder die Stellung des Rahmens ergeben, für die $E+E_h=0$ ist, liegen jetzt näher zusammen und decken sich, wenn $E=E_h$, während für $E_h>E$ Kurve II die Abszissenachse überhaupt nicht mehr schneidet. Ist $E>E_h$, so erhält man durch Aufsuchen der vier Lagen des Rahmens, für die die Zeichen unhörbar sind, zwei verschieden große Winkel β und β' (Abb. 432). Welcher der beiden Winkel zu halbieren ist, um die gesuchte Richtung zu finden, hängt vom Wicklungssinn des Rahmens ab und wird am einfachsten festgestellt durch Anzielen eines Senders, dessen Lage bekannt ist.

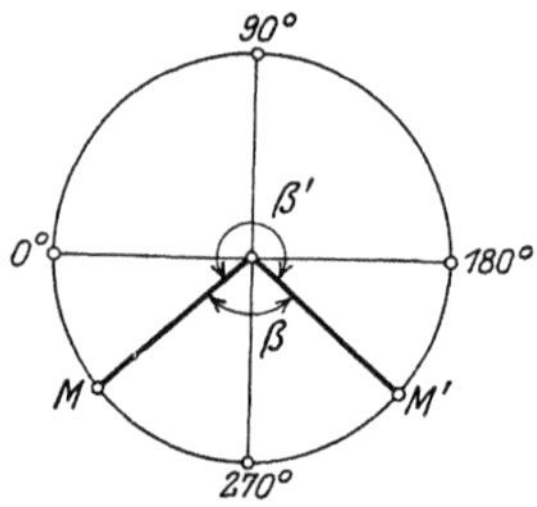

Abb. 432.

Meist ist die Wirkung der Hilfsantenne zu stark. In diesem Falle koppelt man sie induktiv ohne Abstimmung mit der Rahmenantenne oder man stimmt sie ab und wählt die Kopplung entsprechend lose. Zweckmäßig ist es, mit mehreren Werten von E_h, die durch Kopplungsänderung sich einstellen lassen, die Messung zu wiederholen und aus den Ergebnissen das Mittel zu nehmen.

Statt eine besondere Hilfsantenne zu verwenden, genügt, besonders beim Empfang von kürzeren Wellen, häufig auch die Fläche des Rahmens, der dann an einer Stelle geerdet wird.

Für die Bestimmung des Ortes einer Empfangsstelle setzt man zwei um eine gemeinsame Achse drehbare Rahmen ineinander. Der eine Rahmen wird nun auf einen, der andere auf einen zweiten Sender eingezielt. An zwei mit den Rahmen verbundenen Zeigern können alsdann die Winkel einerseits der Verbindungslinien des gesuchten Ortes mit den Sendern und andererseits der Verbindungslinie der zwei Sender abgelesen werden, worauf die Lage der Empfangsstelle aus der bekannten Lage der zwei Sender sich ermitteln läßt.

III. Fehlerquellen.

Zu den schon erwähnten Fehlerquellen, die sich bei richtigem Aufbau und richtiger Handhabung der Meßgeräte vermeiden lassen, kommen noch eine Reihe weiterer hinzu, deren Ursachen außerhalb der Empfangsstelle im Raume zwischen Sender und Meßstelle zu suchen sind.

Sie äußern sich entweder in gleichbleibenden Abweichungen von der bekannten Richtung einer Peilsenderstelle oder aber dadurch, daß sich bei Messungen, die in verhältnismäßig kurz aufeinanderfolgenden Zeiten ausgeführt sind, ganz verschiedene Richtungen für die ankommenden Wellen ergeben oder endlich dadurch, daß das Tonminimum völlig unscharf wird.

Die erstgenannten Abweichungen sind gewöhnlich zurückzuführen auf die Bodenverhältnisse, auf Flußläufe, Städte und Wälder, die die Wellenausbreitung beeinflussen. Sie müssen nach dem Aufbau eines ortsfesten Richtungsfinders vor den endgültigen Messungen durch Anzielen eines Senders von bekannter Lage festgestellt werden.

Die Ursachen der Unterschiede in den Ergebnissen von kurz nacheinander ausgeführten Messungen sind noch nicht völlig geklärt. Sie sind wohl in Spiegelungen der Wellen an Ionenbänken im Raume zwischen Sender und Empfänger zu suchen.

Bei Tage beobachtet man diese Schwankungen nur selten, sie treten meist nachts und hauptsächlich zur Zeit der Dämmerung kurz vor Sonnenaufgang und Sonnenuntergang, ferner auch in mondhellen Nächten ein. Bei ruhiger, gleichmäßiger Witterung sind sie gering, bei stürmischem Wetter und schnellen Witterungsumschlägen dagegen sehr groß. Eine gleichmäßige Schneedecke über der Erde bringt sie fast ganz zum Verschwinden.

Nachtrag zu S. 62 (Frequenzwandler).

Das S. 57 geschilderte Verfahren zur Frequenzsteigerung erfordert wenigstens zwei Transformatoren und ferner eine besondere Gleichstrommagnetisierung, die jedoch wegfallen kann, wenn man den Transformatorkernen verschiedene Querschnitte gibt. Ein neues, von K. Schmidt bei der C. Lorenz A.-G. durchgebildetes Verfahren erzielt die Frequenzsteigerung mit nur einem Transformator und ohne Gleichstrommagnetisierung.

Es beruht auf der Erscheinung, daß die Spannungskurve der Bewicklung eines Eisenringes im Grenzfalle in positive und negative, rasch ansteigende Spitzen übergeht, wenn in der Wicklung ein sinusförmiger Wechselstrom fließt, der so bemessen ist, daß das Eisen hoch gesättigt wird. Diese Kurve läßt sich alsdann zerlegen in eine Grundwelle und zahlreiche, ungeradzahlige Oberwellen.

Der Eisenring trägt nur eine einzige Wicklung, an die unter Zwischenschaltung eines Kondensators die Wechselstromquelle angeschlossen wird. Bei passend gewählter Kapazität erhält man dann großen Maschinenstrom und hohe Eisensättigung. Die Spannung wird so hoch getrieben, daß die Kipperscheinung eintritt. An der Wicklung liegt ferner die Reihenschaltung einer Spule und eines zweiten Kondensators, mit dem der so gebildete Schwingungskreis auf die für den Betrieb gewünschte Oberwelle abgestimmt wird und der mit einem dritten Hochfrequenzkreis, z. B. einer Antenne, induktiv gekoppelt ist.

An einem Schwingungsprüfer erscheint alsdann das gleiche Bild wie bei Lichtbogenregeneratoren.

Mit einer Wechselstrommaschine, die bei 2 Kilowatt einen Wechselstrom von 8000 Perioden lieferte, ergab sich unschwer mit einer Kapazität von 2000 cm im zweiten Kreis eine Periodenzahl von 296000, entsprechend einer Wellenlänge von 1015 m, d. h. unmittelbar das 37fache der Grundschwingung und in dem induktiv gekoppelten Verbrauchskreis eine Stromstärke von 10 Ampere. Legte man den Transformator unter Zwischenschaltung eines Abstimmkondensators an einen zweiten Transformator, so konnte bei gutem Wirkungsgrad die Frequenz auf das 21×21fache der Grundfrequenz gesteigert werden.

Beobachtungsorte zu den Wetterberichten S. 507 u. 508.

α) Königswusterhausen.

Beobachtungsorte zu den Berichten 1, 3, 5, 7 (Funkobs.).

qq	Ort	qq	Ort	qq	Ort	qq	Ort
21	Helder	38	Kinn	55	Krakau	73	Athen
22	Vlissingen	39	Utsire	56	Lemberg	75	La Coruña
23	De Bilt	40	Lerwick	57	Pinsk	76	Madrid
24	Kopenhagen	41	Tynemouth	58	Mathieu	77	San Fernando
25	Skagen	42	Yarmouth	59	Rochefort	78	Mahon
26	Hanstholm	43	Calshot	60	Bayonne	79	Maddalena
27	Haparanda	44	Scilly	61	Paris	80	Venedig
28	Hernösand	45	Holyhead	62	Dijon	81	Livorno
29	Stockholm	46	Stornoway	63	Montpellier	82	Neapel
30	Wisby	47	Blacksod	65	Zürich	85	Algier
31	Karlstad	48	Valencia	66	Genf	86	Bizerta
32	Spitzbergen	49	Helsingfors	67	Lugano	87	Malta
33	Jan Mayen	50	Sortavala	68	Prag	88	Teydisfjord
34	Bäreninsel	51	Dorpat	69	Budapest	89	Thorshavn
35	Ingö	52	Riga	70	Belgrad	90	Horta
36	Röst	53	Posen	71	Bukarest		
37	Valdersund	54	Warschau	72	Sofia		

Beobachtungsorte zu den Berichten 2, 4, 6 (Obs. Deutschland).

qq	Ort	qq	Ort	qq	Ort	qq	Ort	qq	Ort
01	Borkum	06	Memel	11	Breslau	16	Zugspitze (2964 m)	18	Brocken (1148 m)
02	Keitum	07	Aachen	12	Frankfurt	17	Kahler Asten (852 m)	19	Fichtelberg (1213 m)
03	Hamburg	08	Cassel	13	Karlsruhe			20	Wien
04	Swinemünde	09	Berlin	14	München				
05	Danzig	10	Dresden	15	Fürth				

β) Eiffelturm.

Beobachtungsorte zu den Berichten 9^{20} morgens, 3^{20} mittags, 3^{20} nachts.

qq	Ort	qq	Ort	qq	Ort	qq	Ort
01	Rochefort	09	Limoges	18	Rennes	26	Ajaccio
02	Bayonne	10	Lyon	19	Straßburg	27	Argentan
03	Bordeaux	11	St. Mathieu	20	Toulon	28	Cosne
04	Brüssel	13	Mainz	21	Toulouse	30	Le Havre
07	Dijon	14	Montpellier	22	Tours	31	Istres
08	Calais	15	Paris	24	St. Julien Génèvois		

Beobachtungsorte zu dem Bericht 12^{30} mittags des Eiffelturmes.

qq	Ort	qq	Ort	qq	Ort	qq	Ort
01	Paris	13	Warschau	25	Perpignon	35	Isle Sanguinaires (Parata)
02	Madrid	14	Brönnö	26	Skudenes	36	Croydon
03	Wien	15	Blacksod Point	27	La Coruña	37	Hamburg
04	Stockholm	16	Biarritz	28	Florenz	38	Isle d'Aix
05	Stornoway	17	Tunis	29	Blaavandshuk (Fanö)	39	Brüssel
06	Clermond-Ferrand	18	Prag	30	Mahon	40	Valencia
07	San Fernando	19	Vardö	31	Krakau	41	Rabat
08	München	20	Seydisfjord	32	Holyhead	42	Lissabon
09	Haparanda	21	Scilly	33	Bern	43	Horta
10	Thorshavn	22	Nizza	34	Helder		
11	St. Mathieu	23	Danzig				
12	Algier	24	Tynemouth				

Literaturverzeichnis.

Hilfsgeräte.

Stromquellen.

Zu Seite

Stromquellen für mittlere Frequenzen.

11. Dolezalek, F.: Meßeinrichtung zur Bestimmung der Induktionskonstanten und des Energieverlustes von Wechselstromapparaten. Z. Instrumentenk. **23**, 240. 1903.

12. Larsen, A.: Ein akustischer Wechselstromerzeuger mit regulierbarer Periodenzahl für schwache Ströme. ETZ **32**, 284. 1911.

13. Dolezalek, F.: Meßeinrichtung zur Bestimmung der Induktionskonstanten und des Energieverlustes von Wechselstromapparaten. Z. Instrumentenk. **23**, 240. 1903.

15. Vreeland-Oszillator. ETZ **30**, 834. 1909. ETZ **38**, 28. 1917. Übersicht über die Arbeit in Journ. Telegr. **40**, 121, 145, 169, 193.

Funkenerreger und Lichtbogengeneratoren.

17. Seibt, G.: Ein Instrumentarium zur Untersuchung und Demonstration von Mineralien auf Empfindlichkeit gegen elektrische Schwingungen. Zentralbl. f. Mineral., Geol. u. Paläontol. 1911, Nr. 18 u. 19.

17. Eichhorn, G.: Stoßsender der drahtlosen Telegraphie. Jahrb. **9**, 206 1914. ETZ **35**, 1001. 1914.

17. — Über eine Methode der Stoßerregung elektrischer Schwingungen und ihre Anwendung in der radiotelegraphischen Meßtechnik. Mitt. d. Phys. Ges. Zürich Nr. 18. 1916.

23. Wien, M.: Über die Dämpfung von Kondensatorschwingungen. Ann. Physik **25**, 625. 1908.

25. Boas, H.: Löschfunkenstrecke für enge Kopplung. Verh. d. D. Phys. Ges. **13**, 527. 1911. **15**, 1130. 1913. Jahrb. **5**, 563. 1912.

25. Rein, H.: Der radiotelegraphische Gleichstrom-Tonsender. Phys. Z. **11**, 591. 1910.

27. Glatzel, B.: Elektrische Methoden der Momentphotographie. Braunschweig: F. Vieweg u. Sohn 1915.

28. Duddell, W.: On rapid variations in the current through the direct current arc. Electr. **46**, 269. 1900.

30. Simon, H. Th.: Über ungedämpfte elektrische Schwingungen. Jahrb. **1**, 16. 1907.

30. Poulsen, V.: Ein Verfahren zur Erzeugung ungedämpfter elektrischer Schwingungen und seine Anwendung in der drahtlosen Telegraphie. ETZ **27**, 1040, 1075. 1906.

40. Lindemann, R.: Untersuchungen über die Widerstandszunahme von Drahtlitzen bei schnellen elektrischen Schwingungen. Jahrb. **4**, 561. 1911. S. 570 kurze Beschreibung der Lampe. Verh. d. D. Phys. Ges. **11**, 682. 1909; **12**, 572. 1910.

Zu Seite
40. Kiebitz, F.: Einige Versuche über schnelle elektrische Schwingungen. Jahrb. **2**, 357. 1909. ETZ **30**, 20. 1909.
40. Gildemeister, M.: Eine kleine Poulsenlampe für Meßzwecke. ETZ **40**, 616. 1919.
42. Lindemann, R.: Über die Verwendung der harmonischen Oberschwingungen des Poulsenkreises bei Messungen der Wellenlänge. Verh. d. D. Phys. Ges. **14**, 624. 1912. Jahrb. **8**, 147. 1914.
42. Schapira, C.: Über den Wirkungsgrad der Hochfrequenz-Lampen mit unterteiltem Lichtbogen. Dissertation Charlottenburg 1908. Jahrb. **2**, 54. 1908.

Kathodenstrahlenröhren.

42–57. Hohage, K.: Die technische Untersuchung hochgepumpter Kathodenröhren an Hand von Betriebskurven. Techn. Mitt. d. Versuchskompagnie der Tafern Nr. 2. 1917.
— Über die Verwendung der Kathodenröhren in der Fernmelde- und Meßtechnik. Helios **25**, 193, 201. 1919.
42—57. Meißner, A.: Über Röhrensender. ETZ **40**, 65, 78. 1919. Jahrb. **14**, 5, 1919.
42—57. Barkhausen, H.: Die Vakuumröhre uud ihre technischen Anwendungen. Jahrb. **14**, 27. 1919. **16**, 82. 1920.
42—57. Rukop, H.: Die Hochvakuum-Eingitterröhre. Jahrb. **14**, 110. 1919.
44. Richardson, O. W.: Notes on the Kinetic Theorie of Matter. Philosophical Magazine **18**, 695. 1909.
44. Schottky, W.: Bericht über thermische Elektronenemission. Untersuchungen aus den Jahren 1905—1914. Jahrb. d. Radioaktivität u. Elektronik **12**, 147. 1915.
50. Langmuir, I.: Thermionenströme im hohen Vakuum. Phys. Z. **15**, 348, 516. 1914.
50. Schottky, W.: Die Wirkung der Raumladung auf Thermionenströme in hohem Vakuum. Phys. Z. **15**, 526. 1914.
50. Jaffé, G.: Zur Theorie der Hochvakuumentladung. Ann. Physik **63**, 145. 1920.
50. Laue, v. M.: Glühelektronen. Jahrb. d. Radioaktivität u. Elektronik **15**, 205. 1920.
— Über Gleichgewichtszustände bei den von glühenden Körpern entsandten Elektronen. Jahrb. **16**, 199. 1920.
42—47. Möller, H. G.: Über Messungen an Elektronröhren. Arch. Elektrot. **8**, 46. 1919.
42—47. Mühlbrett, K.: Vakuumröhren als Verstärker und Schwingungserzeuger. Arch. Elektrot. **8**, 32. 1919.

Hochfrequenzmaschinen und Frequenzwandler.

53. Alexanderson, E. F. W.: Wechselstrommaschine für die Frequenz 100000. ETZ **30**, 1003. 1909. Z. Intsrumentenk. **30**, 164. 1910.
— Hochfrequenzapparate für drahtlose Telegraphie und Telephonie. ETZ **33**, 659. 1912.
58. Goldschmidt, R.: Maschinelle Erzeugung von elektrischen Wellen für drahtlose Telegraphie. ETZ **32**, 54. 1911. Jahrb. **4**, 341. 1911.
58. Sörensen, A. S. M.: Radiogroßstation Eilvese. ETZ **40**, 233. 1919.
60. Arco, G. Graf von: Drahtlose Telegraphie. Jahrb. **7**, 105. 1913.
— Die drahtlose Großstation Nauen. ETZ **40**, 665. 1919.
60. Osnos, M.: Beitrag zur Theorie und Wirkungsweise des stationären Frequenzverdopplers. Jahrb. **13**, 289. 1918.

Zu Seite

Widerstände.

63. Zenneck, J.: Elektrischer und magnetischer Widerstand bei Schwingungen. Ann. Physik **11**, 1135. 1903.
64. Austin, L. W.: Passende Drahtdimensionen für Hochfrequenzwiderstände (Zahlentafel der Drahtstärken für Konstantan, Manganin, Platin, Kupfer). Jahrb. **6**, 588. 1913.
66. Kouwenhoven, W. B.: Über Hochspannungsmessungen. Dissertation Karlsruhe. Berlin: Julius Springer 1914.
66. Induktions- und kapazitätsfreier Widerstand mit Kreuzwicklung. ETZ **33**, 721. 1912. Jahrb. **6**, 585. 1913.

Telephone und Galvanometer.

70. Pirani, M. u. Paschen, P.: Über Lautstärke und Wirkungsgrad von Telephonen. Verh. d. D. Phys. Ges. **21**, 43. 1919.
71. Schering, H. u. Schmidt, R.: Ein empfindliches Vibrationsgalvanometer für niedrige Frequenzen. Arch. Elektrot. **1**, 254. 1912.
72. Zöllich, H.: Über ein hochempfindliches Vibrationsgalvanometer für sehr niedrige Frequenzen. Arch. Elektrot. **3**, 369. 1915.
73. Schering, H. u. Schmidt, R.: Ein Vibrationsgalvanometer mit elektromagnetischer Abstimmung für niedrige Frequenzen. Z. Instrumentenk. **38**, 1. 1918.
74. Die Tätigkeit der Physikalisch-Technischen Reichsanstalt im Jahre 1917. Z. Instrumentenk. **38**, 85. 1918.
73. Krukowsky, v. W.: Vorgänge in der Scheibe eines Induktionszählers und der Wechselstromkompensator als Hilfsmittel zu deren Erforschung. Dissertation Darmstadt 1920. Berlin: Julius Springer 1920. S. 94. Ausführungsform, Aufstellung und Verwendung des Vibrationsgalvanometers.

Kondensatoren.

73—117. Orlich, E.: Kapazität und Induktivität. Leipzig: F. Vieweg u. Sohn 1909.
74. Wien, M.: Leydener Flaschen, Öl- und Preßgaskondensatoren. Ann. Physik **29**, 679. 1909.
74. Moscicki, J.: Über Hochspannungskondensatoren. ETZ **25**, 507. 1904.
80. 83. Seibt, G.: Ein Präzisionsdrehplattenkondensator und eine Methode zum Vergleichen von Kapazitäten. Z. f. Schwachstrom **5**, 649. 1911. Jahrb. **5**, 407. 1912.
— Neue Typen von Luftkondensatoren. ETZ **35**, 531. 1914.
88. Benischke, G.: Resonanz bei unvollkommenen Kondensatoren. ETZ **27**, 693. 1906.

Messungen von Kapazitäten.

93. Wien, M.: Messung der Induktionskonstanten mit dem „optischen Telephon". Wiedem. Ann. d. Phys. u. Chem. **44**, 689. 1891.
93. Giebe, E.: Messung induktiver Widerstände mit hochfrequenten Wechselströmen. Methode zur Messung kleiner Selbstinduktionskoeffizienten. Ann. Physik **24**, 941. 1907.
— Präzisionsmessungen an Selbstinduktionsnormalen. Z. Instrumentenk. **31**, 6, 33. 1911.
101. Wagner, K. W.: Zur Messung dielektrischer Verluste mit der Wechselstrombrücke. ETZ **32**, 1001. 1911.

Zu Seite
101. Wagner, K. W. u. Wertheimer, A.: Über genaue Messungen des dielektrischen Verlustwinkels und der Kapazität mit der Wechselstrombrücke, sowie über die Bestimmung der Phasenfehler von Widerständen. Phys. Z. **13**, 368. 1912.
106. Seibt, G.: Ein Präzisionsdrehplattenkondensator und eine Methode zum Vergleichen von Kapazitäten. Z. f. Schwachstrom **5**, 649. 1911. Jahrb. **5**, 407. 1912.
107. Hausrath, H.: Differentialmethode zur Messung des effektiven Widerstands und der effektiven Kapazität für Wechselstrom in elektrolytischen Zellen, insbesondere Akkumulatoren. (Nernst-Festschrift 1912.)
107. Hund, A.: Differentialmethode zur Messung kleiner Verluste in Hochfrequenzsystemen. Dissertation Karlsruhe. Berlin: J. Springer 1913. Jahrb. **10**, 305. 1916.
112. Rietz, W.: Über die Kapazität von Spulen. Ann. Physik **41**. 543. 1913. Jahrb. **7**. 535. 1912.
112. Behnken, H.: Eine Methode zur Messung der wirksamen Kapazität von Antennen. Phys. Z. **14**, 430. 1913. Jahrb. **7**, 425. 1913.
113. Pungs, L. u. Preuner, G.: Verfahren zur Messung sehr kleiner Kapazitäten und Induktivitäten. Phys. Z. **20**, 543. 1919.
113. Herweg, J.: Die Messung sehr kleiner Kapazitätsänderungen mittels ungedämpfter Schwingungen. Verh. d. D. Phys. Ges. **21**, 572. 1919.
115. Jaeger, R.: Die Dielektrizitätskonstante fester Körper bei verschiedenen Wellenlängen. Ann. Physik **53**, 409. 1917.

Induktivitäten.

Allgemeines und Berechnung von Induktionskoeffizienten.

122—159. Orlich, E.: Kapazität und Induktivität. Leipzig: F. Vieweg u. Sohn 1909.
124. Lindemann, R.: Untersuchungen über die Widerstandszunahme von Drahtlitzen bei schnellen elektrischen Schwingungen. Jahrb. **4**, 561. 1911.
127. Glage, G.: Wechselseitige Induktion, Selbstinduktion und Kapazität. Jahrb. **2**, 361, 501, 593. 1908/09.
127. Esau, A.: Über den Selbstinduktionskoeffizienten mehrlagiger Spulen. Jahrb. **15**, 2. 1920.
128. Korndörfer, M.: Über die Berechnung von Drosselspulen. ETZ **38**, 521. 1917.
128. Coursey, P. R.: The calculation and design of inductances. Electr. **75**, 841. 1915.

Messung von Induktionskoeffizienten.

130. Wien, M.: Messung der Induktionskonstanten mit dem „optischen Telephon“. Wiedem. Ann. d. Phys. u. Chem. **44**, 689. 1891.
130. Giebe, E.: Präzisionsmessungen an Selbstinduktionsnormalen. Z. Instrumentenk. **31**, 6, 33. 1911.
135. — Messung induktiver Widerstände mit hochfrequenten Wechselströmen. Methode zur Messung kleiner Selbstinduktionskoeffizienten. Ann. Physik **24**, 941. 1907.

Zu Seite

Kopplungskoeffizienten.

153. Kiebitz, F.: Eine neue Methode zur Messung von Kopplungsgraden und Induktionsgrößen. Verh. d. D. Phys. Ges. **15**, 1240. 1913. Jahrb. **9**, 162. 1914.

153. Högelsberger, L.: Eine Bemerkung zur Abhandlung des Herrn F. Kiebitz: „Eine neue Methode zur Messung von Kopplungsgraden und Induktionsgrößen". Verh. d. D. Phys. Ges. **16**, 151. 1914.

Wellenlängen.

Berechnung von Wellenlängen.

161. Sörensen, A. S. M.: Graphische Bestimmung der Wellenlänge bei gleichzeitiger unabhängiger Variation der Kapazität und Selbstinduktion. Jahrb. **6**, 429. 1913.

161. — Konstruktive Bestimmung der Wellenlänge aus Kapazität und Selbstinduktion. Jahrb. **12**, 526. 1917. ETZ **38**, 469. 1917.

161. Luckey, P.: Nomogramm für Schwingungszahl und Wellenlänge von Kondensatorkreisen. Jahrb. **12**, 516. 1918.

161. Eccles, W.: Eine Tafel zur Wellenlängenberechnung. Jahrb. **12**, 511. 1918.

Messung von Wellenlängen.

Resonanzwellenmesser.

163. Reithoffer, M.: Die Resonanzfrequenz in Schwingungskreisen bei parallel geschalteten Widerständen. Jahrb. **11**, 466. 1917.

166. Eichhorn, G.: Großer Wellenmesser Type E. G. W. System Telefunken. Jahrb. **8**, 168. 1914. Ausführl. Beschreibung von Bau und Anwendung des Wellenmessers Abb. 169.

166. Kock, F.: Wellenmesser mit Kapazitätsbrücke. Phys. Z. **21**, 214. 1920.

166. Nesper, E.: Ein Wellenmesser in Taschenformat. Jahrb. **14**, 624. 1919.

166. Leithäuser, G.: Über einige Anwendungen der Elektronenröhren zu Hochfrequenz-Messungen. Verh. d D. Phys. Ges., 3. Reihe, **1**., 23, 1920

168. Hirsch, R.: Ein direkt zeigender Wellenmesser. Jahrb. **1**, 250. 1911.

Wellenmesser mit zwei Wechselstromwiderständen.

171. Ferrié, G.: Appareils à deux aiguilles, Système Ferrié et Carpentier. Frequencemètres. Ohmmètres. La Lumière électr. **32**, 427. 1910. Jahrb. **5**, 106. 1911. ETZ. **32**, 474. 1911.

162. 172. Mandelstam, L. u. Papalexi, N.: Über eine Methode zur Messung von logarithmischen Dekrementen und Schwingungszahlen elektromagnetischer Schwingungskreise. Ann. Physik **33**, 490. 1910. Jahrb. **4**. 605. 1911. (S. 610 Kurzschlußdynamometer.)

172. Seibt, G.: Unmittelbar anzeigender Wellenmesser. Jahrb. **10**. 504. 1916.

176. Scheller, O.: Unmittelbar anzeigender Wellenmesser. Jahrb. **10**, 507. 1916.

Eichung von Wellenmessern.

161. Diesselhorst, H.: Absolute Messung der Wellenlänge elektrischer Schwingungen. Jahrb. **1**, 262. 1907.

161. — Frequenzmessung und Analyse elektrischer Schwingungen für drahtlose Telegraphie. ETZ **29**, 703. 1908.

183. Schapira, C.: Über den Wirkungsgrad der Hochfrequenz-Lampe mit unterteiltem Lichtbogen. Dissertation Charlottenburg 1908. Jahrb. **2**, 54. 1908.

Zu Seite

183. Lindemann, R.: Über die Verwendung harmonischer Oberschwingungen des Poulsenkreises bei Messungen der Wellenlänge. Verh. d. D. Phys. Ges. **14**, 624. 1912. Jahrb. **8**, 147. 1914.

183. Ettenreich, v. R.: Eine Methode der Wellenmessereichung mit Benutzung harmonischer Oberschwingungen. Jahrb. **15**. 236. 1920.

183. Weller, R.: Über die Bestimmung von Schwingungszahlen akustischer und elektrischer Schwingungen mit Hilfe der Schwebungsmethode. Jahrb. **14**, 599. 1919.

161—186. Nesper, E.: Neuere Frequenzmesser der Strahlungstelegraphie. Helios **19**, 585, 587, 612, 627. 1913. Als Sonderabdruck erschienen Leipzig: Hachmeister & Thal 1913.

Die Dämpfung.

189. Burstyn, W.: Einfache Berechnung der Formeln für die Dämpfung eines Schwingungskreises und ihre Messung nach Bjerknes. Jahrb. **10**, 347. 1916.

191—217. Hahnemann, W.: Die Meßmethoden, Größe und Bedeutung der Dämpfung in der drahtlosen Telegraphie. Jahrb. **2**, 293, 477. 1909.

192. Bjerknes, V.: Über elektrische Resonanz. Wiedem. Ann. d. Phys. u. Chem. **55**, 121. 1895.

199. Wien, M.: Über die Dämpfung von Kondensatorschwingungen. Ann. Physik **25**, 625. 1908.

201. Fischer, C.: Strahlungsdekrement, wirksame Kapazität und Selbstinduktion einer Antenne. Ann. Physik **32**, 979. 1910.

203. Kolster, F. A.: Ein direkt anzeigender Dekrement- und Wellenmesser. Jahrb. **10**, 316. 1916.

204. Wiesent, H.: Über einen direkt zeigenden Dämpfungsmesser. Jahrb. **12**, 330. 1917.

208. Lindemann, R.: Untersuchungen über die Widerstandszunahme von Drahtlitzen bei schnellen elektrischen Schwingungen. Jahrb. **1**, 561. 1911.

208. 211. Loewe, S.: Über die erreichbare Genauigkeit der Widerstandsmessung in Hochfrequenzkreisen. Dissertation Jena. Leipzig: Joh. Ambr. Barth 1913. Jahrb. **7**, 365. 1913.

214. Högelsberger, L.: Eine Vereinfachung der Methode zur Bestimmung des wirksamen Widerstandes von Schwingungskreisen mit Hilfe gedämpfter Schwingungen. Jahrb. **7**, 182. 1913.

191—217. Giebe, E. u. Alberti, E.: Störende Kapazitätswirkungen bei Hochfrequenzsystemen. Jahrb. **16**, 242. 1920.

216. Hund, A.: Differentialmethode zur Messung kleiner Verluste in Hochfrequenzsystemen. Dissertation Karlsruhe. 1913. Berlin: Julius Springer 1913.

216. — Neue Meßmethode zur Bestimmung des logarithmischen Dekrements von Kondensatorschwingungen. Jahrb. **10**, 305. 1916.

217. 219. Preuner, G. u. Pungs, L.: Elektrolytisch verkupfertes und verzinktes Eisen im Hochfrequenzfelde. Verh d. D. Phys. Ges. **21**. 594. 1919.

221. Austin, L. W.: Der Hochfrequenzwiderstand von einlagigen, mit Massivdraht bewickelten Induktionsspulen Jahrb. **8**, 159. 1914.

Strommessungen.

Zu Seite

Hitzdrahtstrommesser.

226. Keinath, Gg.: Über die Messung hoher Stromstärken bei Hochfrequenz. Jahrb. **11**, 43. 1916.

227. Hartmann-Kempf, R.: Hitzdrahtamperemeter ohne Nebenschluß für drahtlose Telegraphie. ETZ **32**, 1134. 1911.

— Neue Hitzbandamperemeter für Hochfrequenzströme von Hartmann u. Braun. Jahrb. **5**, 517. 1912.

227. Dellinger, I. H.: Hochfrequenz-Amperemeter. Z. Instrumentenk. **35**, 116. 1915. Jahrb. **10**, 176. 1915. **11**, 60. 1916.

Thermoelemente. Thermokreuzbrücke.

231. Brandes, H.: Über ein Vakuum-Thermoelement. Phys. Z. **6**, 503. 1905.

231. Voege, W.: Ein neues Meßgerät für schwache Wechselströme. ETZ **27**, 467, 780. 1906.

231. Johansen, E. S.: Über die Vakuumthermosäule als Strahlungsmesser. Ann. Physik **33**, 517. 1910.

231. Loewe, S.: Genaue Eichung einer Thermoelement-Anordnung. Jahrb. **6**, 451. 1913.

231. Gossen, P.: Über ein neues Drehspul-Meßinstrument für Gleich- und Wechselstrom. ETZ, **33**, 73, 94. 1912. In der Diskussion S. 94 zu diesem Vortrag viele Hinweise für die Herstellung von Thermoelementen.

233. Hund, A.: Differentialmethode zur Messung kleiner Verluste in Hochfrequenzsystemen. Dissertation Karlsruhe 1913. Berlin: Julius Springer 1913. Thermokreuzbrücke S. 29.

Bolometer.

235. Schmidt, K. E. F.: Beiträge zur Kenntnis des Baretters. Phys. Z. **7**, 642. 1906.

— Studien zum Baretter. Phys. Z. **8**, 601. 1907.

235. Kempe, W.: Der Baretter und seine Verwendbarkeit als Indikator in elektrisch schwingenden Systemen. Phys. Z. **11**, 331. 1910.

235. Neuhaus, Th.: Über Empfindlichkeit der Baretter und die Zuverlässigkeit der mit ihnen ausgeführten Messungen. Dissertation Halle 1909.

Stromwandler.

238. Lindemann, R.: Ein Hochfrequenzstrommesser mit mehreren Meßbereichen. Z. Instrumentenk. **35**, 143, 1915. Jahrb. **11**, 62, 1916.

238. Campbell, A. u. Dye, D. W.: Über die Messung von Wechselströmen hoher Frequenz. Jahrb. **11**, 66. 1916.

238. Mc Lachlan, N. W.: Beitrag zur Theorie der Stromtransformatoren mit Eisen für Hochfrequenz. Jahrb. **13**, 181. 1918.

238. Keinath, Gg.: Über die Messung hoher Stromstärken bei Hochfrequenz. Jahrb. **11**, 43. 1916.

Kristalldetektoren. Kathodenröhren.

237. Austin, L. W.: Über einige Versuche mit Radiotelegraphie auf große Entfernungen. Jahrb. **5**, 75. 1911.

237. — Die Messung elektrischer Schwingungen in der Empfangsantenne. Phys. Z. **12**, 1133. 1911. Jahrb. **6**, 178. 1919.

Zu Seite
237. Austin, L. W.: Quantitative Messungen über die Stärke der von den deutschen Funkenstationen in Nauen und Eilvese ausgehenden Signale zu Washington. Jahrb. **12**, 185. 1917.
238. — Quantitative Versuche mit dem Audion. Jahrb. **12**. 284. 1917.

Spannungsmessungen.

241. Szilard, B.: Über ein direkt ablesbares und direkt anzeigendes Elektrometer zur Messung sehr schwacher Ströme. Phys. Z. **15**, 209. 1914.
241. Jaeger, R.: Zum Verhalten des Saitenelektrometers bei idiostatischer und Quadrantenschaltung. Z. Instrumententenk. **37**, 5. 1917.
241. Hoffmann, G.: Über ein hochempfindliches Elektrometer und den hiermit möglichen direkten Nachweis der Ionisation des einzelnen α-Teilchens. Phys. Z. **13**, 480. 1912. Z. Instrumentenk. **33**, 229. 1913.
241. Hohage, K.: Die Verwendung hochgepumpter Kathodenröhren zur Messung von Wechselspannungen beliebiger Frequenz (Röhrenvoltmeter). Technische Mitteilungen (Nr. 2) der Versuchskompagnie der Tafern. 1917.
241. — Über die Verwendung der Kathodenröhren in der Fernmelde- und Meßtechnik. Helios **25**, 193, 201. 1919.
245. Samson, C., Über ein Braunsches Rohr mit Glühkathode und einige Anwendungen desselben. Ann. Physik **55**, 608, 1918.

Leistungsmessungen.

24⁻. Eastham, M.: Der Hytone-Sender für drahtlose Telegraphie. Jahrb. **11**, 266. 1916.
247. Dolezalek, F.: Über Binantenelektrometer für Zeiger- und Spiegelablesung. Ann. Physik **26**, 312. 1908.
247. Reich, M.: Über den dämpfenden Einfluß der Erde auf Antennenschwingungen. Jahrb. **5**, 176. 1911.
247. Mayer, E.: Die elektrometrische Methode der Leistungsmessung bei den Frequenzen der drahtlosen Telegraphie. Phys. Z. **14**. 394. 1913.
249. Hohage, K.: Die Verwendung hochgepumpter Kathodenröhren zur Messung von Wechselspannungen beliebiger Frequenz (Röhrenvoltmeter). Technische Mitteilungen (Nr. 2) der Versuchskompagnie der Tafern. 1917.
249. — Über die Verwendung der Kathodenröhren in der Fernmelde- und Meßtechnik. Helios **25**, 193, 201. 1919.
249. Salinger, H.: Messungen an Röhrenvoltmetern. Telegraphen- und Fernsprechtechnik **9**, Heft 2. 1920. Kurze Übers. Elektr. u. Masch. **38**, 391. 1920.

Untersuchung von Schwingungsvorgängen.

254. Braun, F.: Über ein Verfahren zur Demonstration und zum Studium des zeitlichen Verlaufs variabler Ströme. Wiedem. Ann. d. Phys. u. Chem. **60**. 552. 1897.
254. Faßbender, H. u. Hupka, E.: Aufnahme von Schwingungskurven kleiner Amplitude. Phys. Z. **13**, 559. 1912. Jahrb. **6**, 186. 1912.
254. — Nachweis von Schwingungen erster und zweiter Art am Poulsenbogen. Phys. Z. **14**, 222. 1913.
254. Chaffee, L.: Ein neues Verfahren der Stoßerregung ungedämpfter elektrischer Schwingungen und deren Analyse durch oszillographische Aufnahmen mittels der Braunschen Röhre. Jahrb. **7**, 483, 555. 1913.

Zu Seite

254. Zenneck, J.: Momentaufnahmen mit der Braunschen Röhre. Phys. Z. **14**, 226. 1913. Jahrb. **8**, 93. 1914.

254. Rogowski, W.: Neue Vorschläge zur Verbesserung der Kathodenstrahlen-Oszillographen. Arch. Elektrot. **9**, 115. 1920.

254. — u. Glage, G.: Einige Versuche mit einem verbesserten Kathodenstrahlen-Oszillographen. Arch. Elektrot. **9**, 120. 1920.

255. Samson, C.: Über ein Braunsches Rohr mit Glühkathode und einige Anwendungen desselben. Ann. Physik **55**, 608. 1918.

256. Mandelstam, L.: Über eine Methode zur objektiven Darstellung der Schwingungsvorgänge in einfachen und gekoppelten Kondensatorkreisen. Jahrb. **1**, 124. 1907.

259. Hausrath, H.: Verfahren zur Darstellung periodischer Hochfrequenzkurven mit der Braunschen Röhre. Phys. Z. **12**, 1044. 1911.

259. Ort, K.: Untersuchung der Schwingungsvorgänge des Lichtbogengenerators. Jahrb. **6**, 119. 1912.

259. Martens, F. F.: Über die Auflösung von Lissajous Figuren. Verh. d. D. Phys. Ges. **21**, 65. 1919.

260. Dießelhorst, H.: Frequenzmessung und Analyse elektrischer Schwingungen für drahtlose Telegraphie. ETZ **29**, 703. 1908.

260. Gehrke, E.: Eine einfache Methode zur Bestimmung des Stromverlaufs hochgespannter Wechselströme. Verh. d. D. Phys. Ges. **6**, 176. 1904.

260. Eichhorn, E.: Das Glimmlichtoszilloskop (von Boas). Jahrb. **3**, 404. 1910.

261. Hehl, N.: Über die Dimensionen der Gebilde an der Kathode. Phys. Z. **3**, 547. 1902.

253—263. Orlich, E.: Aufnahme und Analyse von Wechselstromkurven. Braunschweig: F. Vieweg u. Sohn 1906.

253—263. Hausrath, H.: Apparate und Verfahren zur Aufnahme und Darstellung von Wechselstromkurven und elektrischen Schwingungen Leipzig: Hachmeister u. Thal 1913.

Prüfung von Isolierstoffen und Isolatoren.

266—278. Verband Deutscher Elektrotechniker. Bericht der Kommission für Isolierstoffe für das Arbeitsjahr 1912/13. ETZ **34**, 688. 1913.

266—278. Schreiber, K. A.: Materialprüfungsmethoden im Elektromaschinen- und Apparatebau. Stuttgart: F. Enke 1915.

266—278. Schwaiger, A.: Lehrbuch der elektrischen Festigkeit der Isoliermaterialien. Berlin: Julius Springer 1919.

266—278. Demuth, W.: Die Materialprüfung der Isolierstoffe der Elektrotechnik. Berlin: Julius Springer 1920.

Eisenuntersuchungen mit Hochfrequenz.

281. Faßbender, H. u. Hupka, E.: Magnetische Untersuchungen im Hochfrequenzkreis. Jahrb. **6**, 133. 1912.

281. Faßbender, H.: Die alte und die neue Auffassung über den Magnetismus bei hohen Frequenzen. Jahrb. **14**, 222. 1919.

281. Alexanderson, E. F. W.: Die magnetischen Eigenschaften des Eisens bei Hochfrequenz bis zu 200000 Per./Sek. ETZ **32**, 1078. 1911.

281. Hund, A.: Bemerkungen über ein neues Verfahren zur Bestimmung der magnetischen Flußdichte und Permeabilität. Jahrb. **13**, 462. 1919.

Messung des wirksamen Widerstandes von Spulen.

Zu Seite

285. Lindemann, R.: Untersuchungen über die Widerstandszunahme von Drahtlitzen bei schnellen elektrischen Schwingungen. Jahrb. **4**, 561. 1911.

Entladestrecken.

287. Roschansky, D.: Über die Löschwirkung des Funkens auf gekoppelte Schwingungen. Phys. Z. **13**, 931. 1912.

289. Vos, M.: Über eine neue Form der Stoßerregung elektrischer Schwingungen. Dissertation Marburg 1913. Leipzig: Joh. Ambr. Barth 1913. Jahrb. **7**, 307. 1913. Insbesondere S. 325 u. 326.

Luftleiter (Antennen).

295. Behnken, H.: Eine Methode zur Messung der wirksamen Kapazität von Antennen. Phys. Z. **14**, 430. 1913. Jahrb. **7**, 425. 1913.

298. Meißner, A.: Über die Bestimmung der Eigenschwingung von Antennen. Phys. Z. **20**, 130. 1919. Jahrb. **14**, 269. 1913.

313—318. Esau, A.: Über die Messung der Selbstinduktion und Kapazität von Luftleitern. Phys. Z. **13**, 658. 1912. Jahrb. **6**, 575. 1913. Mit Hinweisen auf die Vorsichtsmaßregeln bei diesen Messungen.

313. 316. Groot, de C. J.: Aus dem Gebiete der drahtlosen Meßtechnik. Jahrb. **8**, 109. 1914.

313. Esau, A.: Über die Bestimmung des Spannungsknotens von Luftleitern. Phys. Z. **13**, 495. 1912. Jahrb. **6**, 36. 1912.

318. Fischer, C.: Strahlungsdekrement, wirksame Kapazität und Selbstinduktion einer Antenne. Ann. Physik **32**, 979. 1910.

320. Wagner, K. W.: Zur Elektrodynamik von Strahlerkreisen. Arch. Elektrot. **8**, 145. 1919.

325. Fischer, C.: Strahlung von Antennen. Phys. Z. **12**, 295. 1911. Jahrb. **5**, 582. 1912.

326. Austin, L. W.: Antennen-Widerstand. Jahrb. **5**. 574. 1912.

327. Erskine-Murray, J.: Eine direkte experimentelle Methode für die Bestimmung der Strahlungsnutzleistung, des Erdwiderstandes und des Strahlungswiderstandes eines radiotelegraphischen Senders. Jahrb. **5**. 499. 1912.

328. Groot, de, C. J.: Aus dem Gebiete der drahtlosen Meßtechnik. Jahrb. **8**, 109. 1914.

330. Braun, F.: Eine absolute Messung des vom Eiffelturm ausstrahlenden Feldes in Straßburg. Jahrb. **8**, 132 u. 212. 1914.

330. Rausch v. Traubenberg, H.: Über die quantitative Bestimmung elektromagnetischer Strahlungsfelder in der drahtlosen Telegraphie. Jahrb. **14**, 569. 1919.

334. Abraham, M., Rausch v. Traubenberg, H. u. Pusch, J.: Über ein Verfahren zur Bestimmung der spezifischen Leitfähigkeit des Erdbodens. Phys. Z. **20**, 145. 1919.

Sender.

Löschfunkensender.

343. Schmidt, K.: Das Arbeiten der Mittelfrequenzmaschinen auf den Löschfunkensender. ETZ **40**, 502. 1919.

Zu Seite
343. Falkenthal, E.: Der Pendelumformer, seine Konstruktion und Schaltung als Wechselstromerzeuger für kleine F.-T.-Stationen. Jahrb. **14**, 526. 1919.
350. Seibt, G.: Über Resonanzinduktorien und ihre Anwendung in der drahtlosen Telegraphie. ETZ **25**, 276. 1904.
355. Eichhorn, E.: Telefunken-Hilfszündung (Zusatzapparat für tönende Löschfunkensender). Jahrb. **7**, 607. 1913.
355. Hallborg, H.: Resonanzerscheinungen im Niederfrequenzkreis der radiotelegraphischen Sendestationen. Proc. Inst. Radio Engineers (New York) **3**, 107. 1915. Jahrb. **11**, 75. 1916.
355. Weinberger, J.: Der Entwurf des Niederfrequenzkreises von Löschfunkensendern. Proc. Inst. Radio Engineers (New York) **3**, 377. 1915. Jahrb. **11**, 79. 1916.
355. Bouvier u. Chireix: Untersuchungen über Resonanzverhältnisse im Niederfrequenzkreis der drahtlosen Senderanlagen und Ermittlung ihrer Bestimmungsgrößen. Jahrb. **13**, 189. 1918.
355. Martens, F. F. u. Zickner, G.: Über die mittelfrequenten Vorgänge in Tonfunkensendern. Jahrb. **15**, 266. 1920.
360. Boas, H.: Resonanztransformatoren. Jahrb. **3**, 601. 1910.

Vieltonsender.

363. Rein, H.: Der radiotelegraphische Gleichstromtonsender. Phys. Z. **11**, 591. 1910.
363. — Der radiotelegraphische Gleichstromtonsender. Dissertation Darmstadt 1910. Langensalza 1912.
363. — The multitone System. Proc. Inst. Radio Engineers (New York) **1**, 5. 1913.

Lichtbogensender.

366. Poulsen, V.: Ein Verfahren zur Erzeugung ungedämpfter elektrischer Schwingungen und seine Anwendung in der drahtlosen Telegraphie. ETZ **27**, 1040, 1075. 1906.
366. Pedersen, P. O.: On the Poulsen arc and its theory. Proc. Inst. Radio Engineers (New York) **5**, 255. 1917. **7**, 293. 1919.

Kathodenröhrensender.

Betriebsbedingungen und Schaltungen.

377. Osnos, M.: Erzeugung von Hochfrequenzströmen durch den Lichtbogen und Kathodenröhren. El. u. Maschinenb. **37**, 557. 1919.
377. Vos, M. u. Ziegler, R.: Über Röhrensenderschaltungen und ihre Dimensionierung. Jahrb. **14**, 578. 1919.
378. Mühlbrett, K.: Vakuumröhren als Verstärker und Schwingungserzeuger. Arch. Elektrot. **8**, 32. 1919.
379. Seitz, W.: Über das Ziehen von Senderröhren. Jahrb. **15**, 460. 1920.
379. Harms, F.: Zur Theorie gekoppelter Schwingungskreise mit Selbsterregung. Jahrb. **15**, 442. 1920.
379. Möller, H. G.: Die Elektronenröhre und ihre technischen Anwendungen. Braunschweig: F. Vieweg u. Sohn 1920. S. 96.
379. Glage, G. u. Edler, H.: Über das Ziehen des Zwischenkreisröhrensenders. Arch. Elektrot. **9**, 20. 1920.
379. Vogel, H. u. Wien, M.: Zungenpfeife und Röhrensender. Ann Physik **62**, 649. 1920.

Zu Seite
379. Heegner, K.: Über den Zwischenkreisröhrensender. Arch. Elektrot. **9**, 127. 1920.
382. Kühn, L.: Technische Entwicklung der Röhrensender. Jahrb. **14**, 395. 1919. (S. 405: Wehneltgleichrichter. S. 414: Ausgleichstransformator.)

Untersuchung von Kathodenröhren.

Messungen mit Gleichspannungen.

388. Hohage, K.: Die technische Untersuchung hochgepumpter Kathodenröhren an Hand von Betriebskurven. Technische Mitteilungen der Versuchskompagnie der Tafern, Nr. 2. 1917.
388. Jaeger, R.: Über Kennlinienaufnahmen von Elektronenröhren. Jahrb. **14**, 361. 1919.
388. Barkhausen, H: Die Vakuumröhre und ihre technischen Anwendungen. Jahrb. **14**, 27. 1919.
388. Möller, H. G.: Über Messungen an Elektronenröhren. Arch. Elektrot. **8**, 46. 1919.
388. Mühlbrett, K.: Vakuumröhren als Verstärker und Schwingungserzeuger. Arch Elektrot. **8**, 32. 1919.
388. Rukop, H.: Die Hochvakuum-Eingitterröhre. Jahrb. **14**, 110. 1919.
397. Jaeger, R.: Über Kennlinienaufnahmen von Elektronenröhren. Jahrb. **14**, 361. 1919 Insbesondere S. 383.
397. Möller, H. G.: Über Messungen an Elektronenröhren. Arch. Elektrot. **8**, 46. 1919.
397. — Die Elektronenröhre und ihre technischen Anwendungen. Braunschweig: F. Vieweg u. Sohn 1920. S. 122ff.
397. Barkhausen, H.: Die Vakuumröhre und ihre technischen Anwendungen Jahrb. **14**, 27. 1919. **16**, 82. 1920.
399. Möller, H. G.: Über Messungen an Elektronenröhren. Arch. f. Elektrot. **8**, 46. 1919.

Untersuchung einer Röhre als Schwingungserzeuger.

409. Meißner, A.: Über Röhrensender. ETZ **40**, 65, 78. 1919. Jahrb. **14**, 5 1919.
421. Möller, H. G.: Quantitative Behandlung der Schwingungen im Röhrengenerator mit Hilfe der Schwingkennlinien. Jahrb. **11**, 326. 1919.
421. — Die Elektronenröhre und ihre technischen Anwendungen. Braunschweig: F. Vieweg u. Sohn 1920. S. 43ff.
414. Orlich, E.: Aufnahme und Analyse von Wechselstromkurven. Braunschweig; F. Vieweg u. Sohn 1906.
414. Runge, C.: Methode der Zerlegung in Sinuswellen. ETZ **26**, 247. 1905. ETZ **30**, 816. 1909.
414. — Theorie und Praxis der Reihen. Leipzig: G. J. Göschen 1904.
414. Fischer-Hinnen, J.: Methode zur schnellen Bestimmung harmonischen Wellen. ETZ **22**, 396. 1901.
414. Finsterwalder, S.: Harmonische Analyse mittels des Polarplanimeters. Z. f. Math. u. Phys. **43**, 85. 1898. Z. Instrumentenk. **19**, 283. 1899.
414. Sanden, v.: Graphische Synthese und Analyse von Wechselstromkurven. Arch. Elektrot. **1**, 42. 1913.

Zu Seite Messungen an Röhrensendern.

421. Möller, H. G.: Über Messungen an Elektronenröhren. Arch. Elektrot. **8**, 46. 1919.

421. — Die Elektronenröhre und ihre technischen Anwendungen. Braunschweig: F. Vieweg u. Sohn 1920.

421. Mühlbrett, K.: Oszillographische Untersuchungen an Senderröhren Arch. f. Elektrot. **8**, 188. 1919.

421 Preuner, G. u. Pungs, L.: Kalorimetrische Bestimmung des Wirkungsgrades von Senderöhren. Jahrb **15**, 469. 1920.

421. Vos, M. u. Ziegler, R.: Über Röhrensenderschaltungen und ihre Dimensionierung. Jahrb. **14**, 578. 1919.

421. Kühn, L.: Technische Entwicklung der Röhrensender. Jahrb. **14**, 395. 1919.

Wellenanzeiger.

429. Schloemilch, W.: Ein neuer Wellendetektor für drahtlose Telegraphie. ETZ **24**, 959. 1903.

429. Székely, A.: Beobachtungen an elektrolytischen Detektoren. Sitzungsber. d. Akad. d. Wissensch. in Wien. **128**, 1377. 1919.

431. Braun, F.: Ein neuer Wellenanzeiger. ETZ **27**, 1199. 1906.

431. Brandes, H.: Über Abweichungen vom Ohmschen Gesetz, Gleichrichterwirkung und Wellenanzeiger für drahtlose Telegraphie. ETZ **27**, 1015. 1906.

431. Székely, A.: Die Kontaktdetektoren. Sitzungsber. d. Akad. d. Wissensch. in Wien. **127**, 719. 1918.

431. Huizinga, M. J.: Die Gleichrichterwirkung der Kristalldetektoren. Phys. Z. **21**, 91. 1920.

433. Ettenreich, v. R.: Eine Schwebungsmethode zur Prüfung der Trägheit von Kontaktdetektoren. Phys. Z. **21**, 208. 1920.

435. Poulsen, V.: Ein Verfahren zur Erzeugung ungedämpfter elektrischer Schwingungen und seine Anwendung in der drahtlosen Telegraphie. ETZ **37**, 1040. 1906.

437. Goldschmidt, R.: Das Tonrad als Detektor in der drahtlosen Telegraphie. ETZ **35**, 93. 1914. Jahrb. **8**, 516. 1914.

438. Wehnelt, A.: Über den Austritt negativer Ionen aus glühenden Metalloxyden und damit zusammenhängende Erscheinungen. Phys. Z. **5**, 680. 1904. Ann. Physik **14**, 425. 1904.
— Ein elektrisches Ventilrohr. Ann. Physik **19**, 138. 1906.

438. Reiß, E.: Neues Verfahren zur Verstärkung elektrischer Ströme. ETZ. **34**, 1, 359, 1385. 1913.

438. Lindemann, R. u. Hupka, E.: Die Liebenröhre. Theorie ihrer Wirkungsweise. Untersuchungen über Stromverzerrung und Trägheit der Entladung. Arch. Elektrot. **3**, 49. 1914. Jahrb. **12**, 218. 1917.

438. Möller, H. G.: Die Elektronenröhren und ihre technischen Anwendungen. Braunschweig: F. Vieweg u. Sohn 1920. S. 129.

438. Coster, D.: Über die Schaltungsweisen des Audions. Phys. Z. **20**, 579. 1919.

Zu Seite

Kathodenröhrenverstärker.

438. Mühlbrett, K.: Vakuumröhren als Verstärker und Schwingungserzeuger. Arch. Elektrot. **8**, 32. 1919.
— Über Verstärkertransformatoren. Dissertation Darmstadt 1920. Berlin: Julius Springer 1920.
438. Möller, H. G.: Über Messungen an Elektronenröhren. Arch. Elektrot. **8**, 46. 1919.
438. Möller, H. G.: Die Elektronenröhre und ihre technischen Anwendungen. Braunschweig: F. Vieweg u. Sohn 1920.
438. Barkhausen, H.: Die Vakuumröhre und ihre technischen Anwendungen. Jahrb. **14**, 27. 1919. **16**, 82. 1920.
438. Rukop, H.: Die Hochvakuum-Eingitterröhre. Jahrb. **14**. 110. 1919.
438. Schottky, W.: Über Hochvakuumverstärker. Arch. Elektrot. **8**, 1. 12, 299. 1919.
460. Pirani, M.: Über die Beurteilung der Leistungsfähigkeit von Empfangsverstärkern. Jahrb. **16**, 2. 1920.
463. Breisig, F.: Absolute Bestimmung der Dämpfung von Fernsprechleitungen durch Sprechversuche. Verh. d. D. Phys. Ges. **12**, 184. 1910.

Untersuchung von Telephonen.

466. Pirani, M. u. Paschen, P.: Über Lautstärke und Wirkungsgrad von Telephonen. Verh. d. D. Phys. Ges. **21**, 43. 1919.
479. Pedersen, P. O.: Über den Empfang kontinuierlicher elektromagnetischer Wellen in der Radiotelegraphie. Jahrb. **3**, 283. 1909.
479. Esau, A. u. Rein, H.: Über den Empfänger und seine Schaltungen. Jahrb. **13**, 391. 1919.
479. Burstyn, W.: Empfangsstärke und Abstimmschärfe. Jahrb. **12**, 427. 1918.
479. Dieckmann, M.: Über Maßbezeichnungen radiotelegraphischer Sende- und Empfangsstationen. Jahrb. **12**, 506. 1918.

Überlagerer.

485. Möller, H. G.: Die Elektronenröhre und ihre technischen Anwendungen. Braunschweig: F. Vieweg u. Sohn 1920. S. 137.
485. Salinger, H.: Über den Empfang ungedämpfter Wellenzüge durch Überlagerung. Phys. Z. **20**, 488. 1919.
485. Wien, M.: Über die Ausstrahlung der Nebenspektren beim Schwebungsempfang. Jahrb. **14**, 608. 1919.
486. Pungs, L. u. Preuner, G.: Verfahren zur Messung sehr kleiner Kapazitäten und Induktivitäten. Phys. Z. **20**, 543. 1919.
486. Herweg, J.: Die Messung sehr kleiner Kapazitätsänderungen mittels ungedämpfter Schwingungen. Verh. d. D. Phys. Ges. **21**, 572. 1919.
486. Weller, R.: Über die Bestimmung von Schwingungszahlen akustischer und elektrischer Schwingungen mit Hilfe der Schwebungsmethode. Jahrb. **14**, 599. 1919.
493. Meißner, A.: Über den Überlagerungsempfang. Z. Fernmeldetechn., **1**, 17, 35. 1920.

Rahmenantenne.

495. Braun, F.: Über den Ersatz der offenen Strombahnen in der drahtlosen Telegraphie durch geschlossene. Jahrb. **8**, 1. 1914.

Zu Seite
495. Esau, A.: Die Braunsche Rahmenantenne El. u. Maschinenb. **37**, 401. 1919.
— Die Braunsche Rahmenantenne. I. Selbstinduktion, Kapazität, Eigen- und Oberwellen. Jahrb. **16**, 162. 1920.
495. Burstyn, W.: Die Schleife als Empfänger. Jahrb. **13**, 378. 1919.
495. Hoffmann, H.: Über die Verwendung von Spulen an Stelle von Antennen in der drahtlosen Telegraphie. Jahrb. **16**, 31. 1920.

Messungen an Empfangseinrichtungen.

Messung von Empfangsströmen.

500. Braun, F.: Was mißt man mit Unipolardetektor und Parallelohmmethode. Jahrb. **8**, 203. 1914.
500. Klages, A. u. Demmler, O.: Lautstärkemessungen nach der Parallelohmmethode und ihre quantitative Brauchbarkeit. Jahrb. **8**, 812. 1914.
500. Austin, L. W.: Die Messung radiotelegraphischer Signale mit dem schwingenden Audion. Jahrb. **12**, 296. 1917.
502. Roux, E.: Untersuchungen und Verbesserungen am Parallelohmmeter. Jahrb. **12**, 462. 1918.
502. Dieckmann, M. u. Eppen, F.: Substitutionsmethode für den quantitativen Empfang drahtlostelegraphischer Signale. Zeitschr. f. Flugtechnik u. Motorluftschiffahrt. **5**, 22. 1914.
502. Zenneck, J.: Über telephonische Messungen an einem drahtlosen Empfänger. Jahrb. **12**, 443. 1918.
503. Austin, Über einige Versuche mit Radiotelegraphie auf große Entfernungen. Jahrb. **5**, 75. 1911.
505. — Die Messung elektrischer Schwingungen in der Empfangsantenne. Jahrb. **6**, 178. 1913.
505. — Quantitative Messungen über die Stärke der von den deutschen Funkenstationen in Nauen und Eilvese ausgehenden Signale zu Washington. Jahrb. **12**, 185. 1917.
505. — Quantitative Versuche mit dem Audion. Jahrb. **12**, 284. 1917.
505. — Die Messung radiotelegraphischer Signale mit dem schwingenden Audion. Jahrb. **12**, 296. 1917.
505. Barkhausen, H.: Theorie der gleichzeitigen Messung vom Sende- und Empfangsstrom. Jahrb. **5**, 261. 1912.
505. — Die Ausbreitung der elektromagnetischen Wellen in der drahtlosen Telegraphie. Jahrb. **8**, 602. 1914. ETZ **35**, 448. 1914.
505. Ludewig, P.: Der Einfluß geophysikalischer und meteorologischer Faktoren auf die drahtlose Telegraphie. Jahrb. **12**, 122. 1917.
505. Eccles, W.: Die Tätigkeit der Kommission für Radiotelegraphie der British Association. Jahrb. **8**, 289. 1914.
505. Groot, de C. J.: Über das Wesen und die Ausschaltung von Störungen. Jahrb. **12**, 532. 1918.
511. Deutsche Seewarte, Hamburg, Funk-Wetter. Liste und Schlüssel der Wetterfunksprüche, funkentelegraphischen Zeitsignale und Eismeldungen.

Zu Seite

Richtungsbestimmungen.

518. Bellini, E. u. Tosi, A.: System einer gerichteten drahtlosen Telegraphie. Jahrb. **1**, 598. 1907.
— Das Radiogalvanometer von Bellini u. Tosi. Jahrb. **2**, 511. 1909.
— Das Fundamentalprinzip des Systems für gerichtete drahtlose Telegraphie und Telephonie Bellini u. Tosi. Jahrb. **2**, 608. 1909.
521. Hoffmann, H.: Über die Verwendung von Spulen an Stelle von Antennen beim Empfang in der drahtlosen Telegraphie. Jahrb. **16**, 31. 1920.

Nachträge.

523. Moldenhauer, L.: Über Oberwellenerzeugung durch hochgesättigtes Eisen. Dissertation Darmstadt 1920.
523. Martienssen, O.: Über neue Resonanzerscheinungen in Wechselstromkreisen. Phys Z. **11**, 448. 1910.

Namenverzeichnis.

T.

V.

W.

Z.

Sachverzeichnis.

A.

B.

L.

M.

S.

T.

U.

V.

W.

Berichtigungen.

S. 63. Gleichung 11: statt $2{,}45 \cdot 10^5 \cdot b \cdot r \cdot \sqrt{\frac{1}{\lambda}}$ lies:

$$2{,}45 \cdot 10^4 \cdot b \cdot r \cdot \sqrt{\frac{1}{\lambda}}$$

S. 159. Gleichung 102: statt $T = 2\pi \cdot \sqrt{C \cdot L + \left(\frac{w}{2L}\right)^2}$ lies:

$$T = \frac{2\pi}{\sqrt{\frac{1}{C \cdot L} - \left(\frac{w}{2L}\right)^2}} = 2\pi \cdot \sqrt{CL} \cdot \sqrt{1 + C \cdot L \cdot \left(\frac{w}{2L}\right)^2} =$$

$$= 2\pi \cdot \sqrt{C \cdot L} \cdot \sqrt{1 + \left(\frac{\vartheta}{2\pi}\right)^2}$$

S. 160. Gleichung 103: statt $\lambda^{cm} = 3 \cdot 10^{10} \cdot 2\pi \cdot \sqrt{C \cdot L + \left(\frac{w}{2L}\right)^2}$ lies:

$$3 \cdot 10^{10} \cdot \frac{2\pi}{\sqrt{\frac{1}{C \cdot L} - \left(\frac{w}{2L}\right)^2}} = \lambda_0 \cdot \sqrt{1 + \left(\frac{\vartheta}{2\pi}\right)^2}$$

S. 181 Zeile 6 von unten statt 0,1 % lies 1 %.

S. 183 „ 16 „ „ „ 0,1 % „ wenigstens 1 %.

S. 354 letzte Zeile zufügen: Die Bilder links in Abb. 300 entsprechen einem Dämpfungsdekrement des Schwingungskreises von 0,1, die Bilder rechts dem Dämpfungsdekrement 0,025.

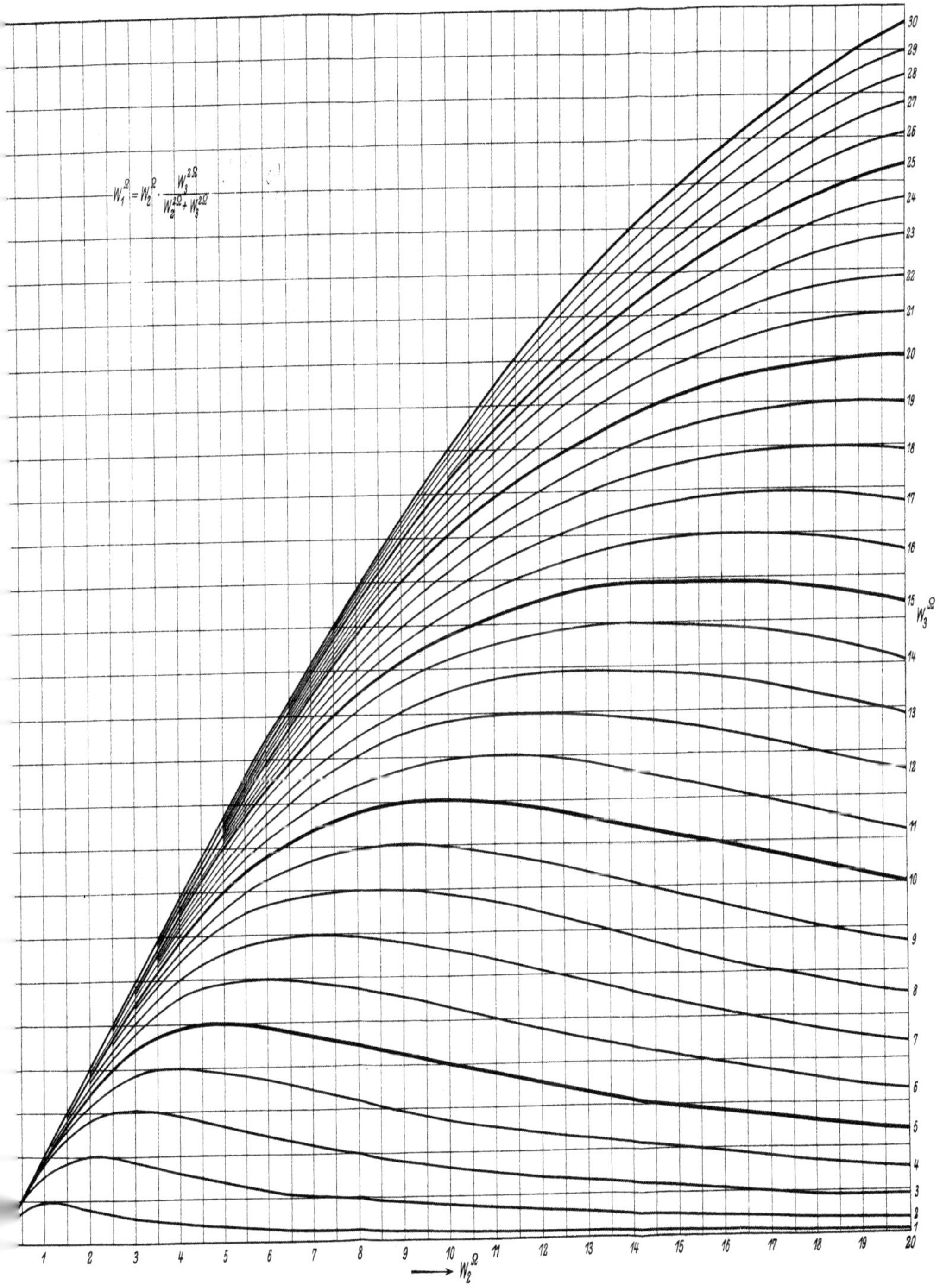
$W_1^{\Omega} = W_2^{\Omega} \cdot \frac{W_3^{2\Omega}}{W_2^{2\Omega} + W_3^{2\Omega}}$
1
2
3
4
5
6
7
8
9
10
11
12
13
14
15
16
17
18
19
20
21
22
23
24
25
26
27
28
29
30
W_3^{Ω}
W_2^{Ω}

Kapazitäts- und Selbstinduktionskurven.

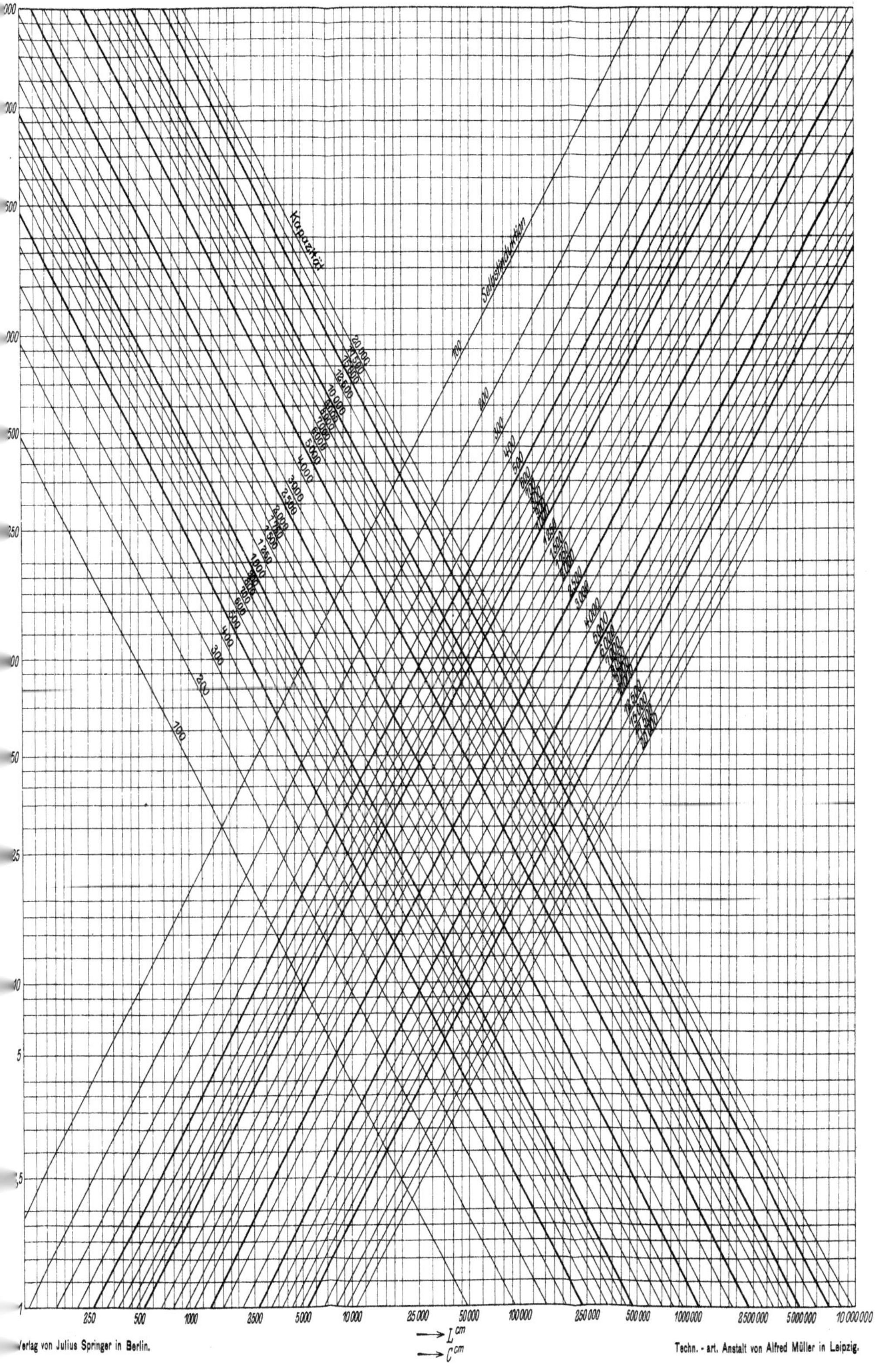

Verlag von Julius Springer in Berlin.

Techn.-art. Anstalt von Alfred Müller in Leipzig.

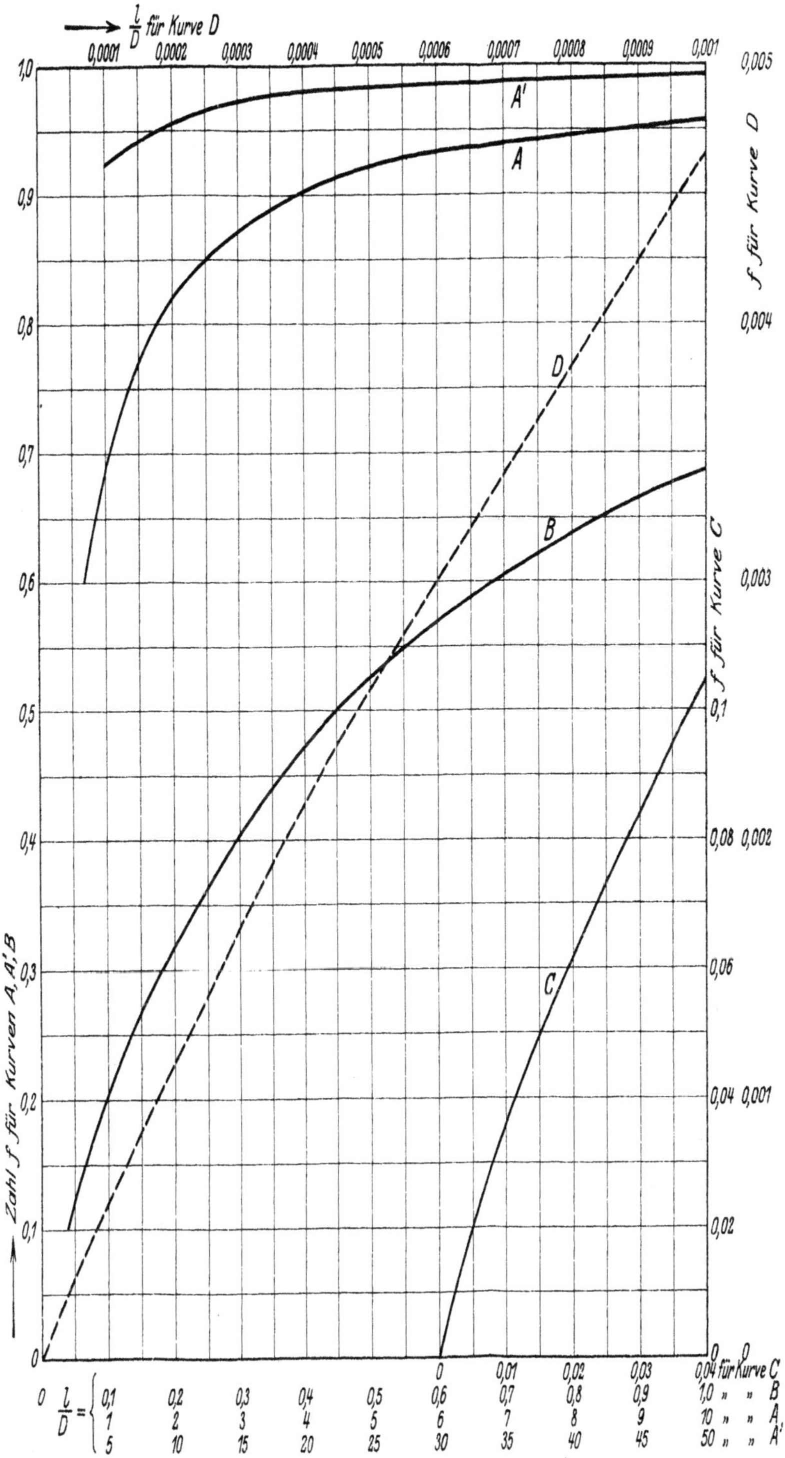

Verlag von Julius Springer in Berlin.
Techn.-art. Anstalt von Alfred Müller in Leipzig

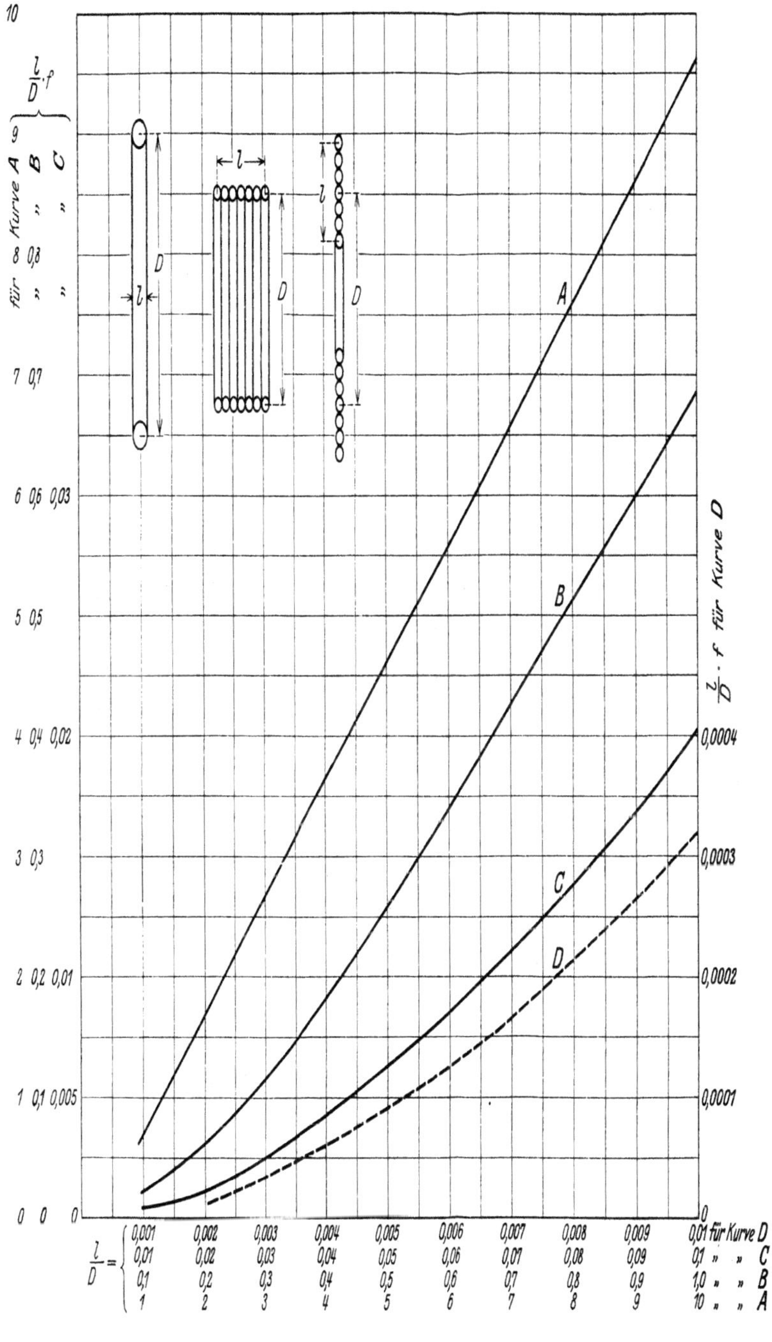

$\frac{l}{D} \cdot f$ für Kurve A 9, 8, 7, 6, 5, 4, 3, 2, 1, 0, 10
„ „ B 0,8, 0,7, 0,6, 0,5, 0,4, 0,3, 0,2, 0,1, 0
„ „ C 0,03, 0,02, 0,01, 0,005, 0
$\frac{l}{D} \cdot f$ für Kurve D 0,0004, 0,0003, 0,0002, 0,0001, 0
A
B
C
D
l
D
$\frac{l}{D}$ =
0,001 0,002 0,003 0,004 0,005 0,006 0,007 0,008 0,009 0,01 für Kurve D
0,01 0,02 0,03 0,04 0,05 0,06 0,07 0,08 0,09 0,1 „ „ C
0,1 0,2 0,3 0,4 0,5 0,6 0,7 0,8 0,9 1,0 „ „ B
1 2 3 4 5 6 7 8 9 10 „ „ A

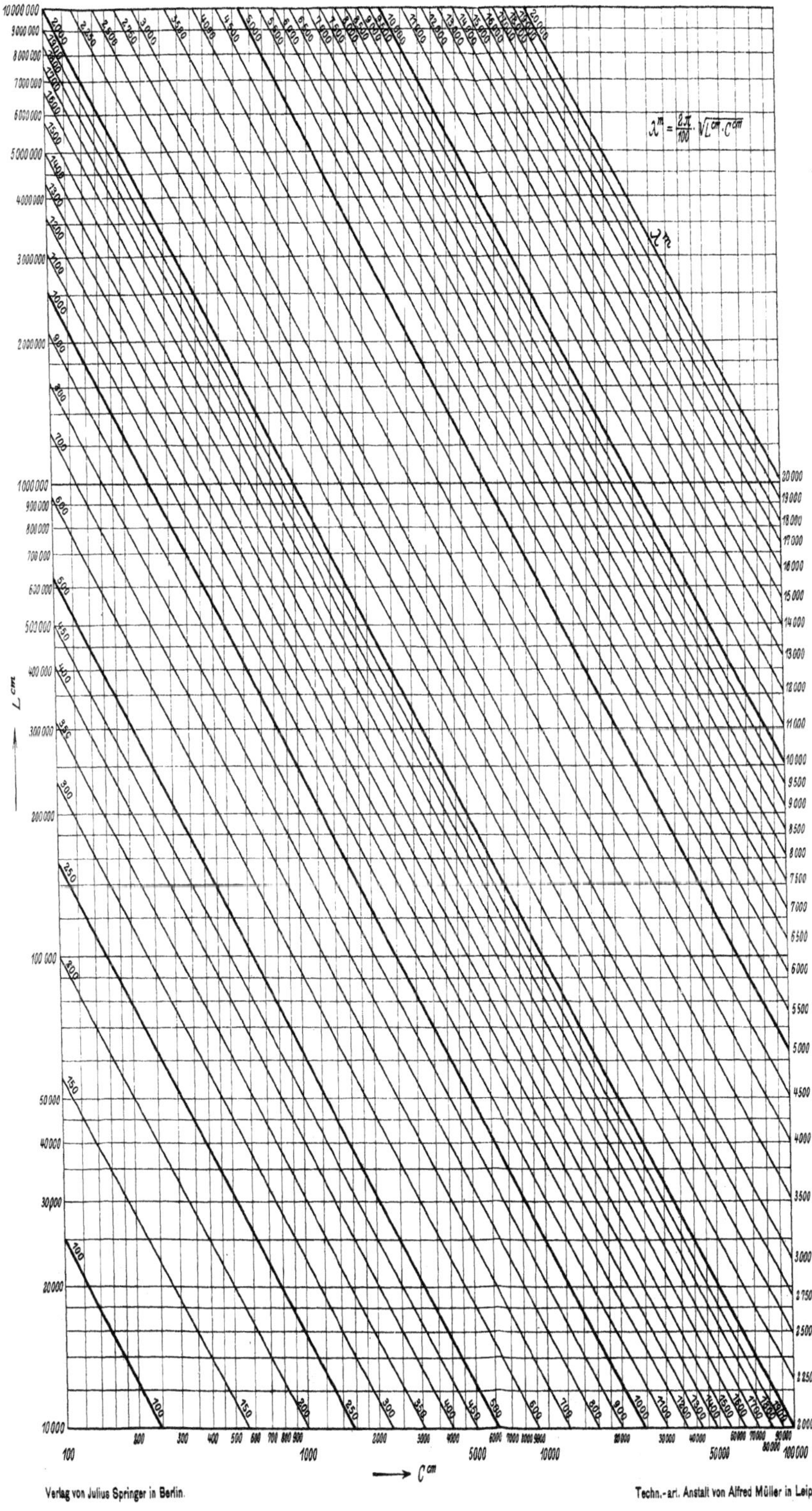

Verlag von Julius Springer in Berlin. Techn.-art. Anstalt von Alfred Müller in Leipzig.

[...]lius Springer in Berlin.

Techn.-art. Anstalt von Alfred Müller in Leipzig.

Antennenkurven.

Wirtz, Radiotelegraphisches Praktikum. 3. Aufl.

Strahlungswiderstand $W_s = 160 \cdot \pi^2 \cdot \left(\frac{h_w}{\lambda}\right)^2$ →

Tafel VII.

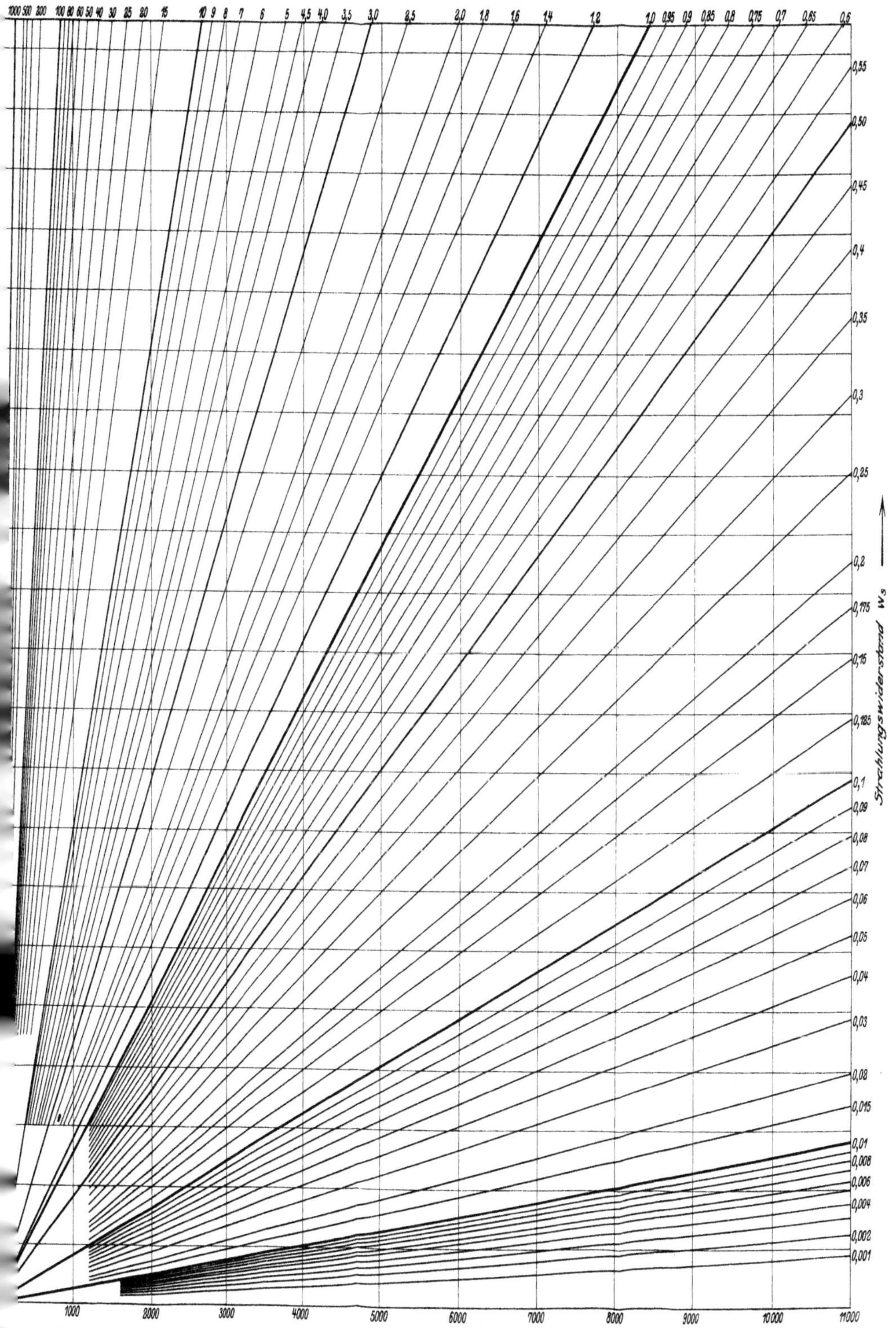

…n Julius Springer in Berlin.

Wellenlänge in Metern →

Techn.-art. Anstalt von Alfred Müller in Leipzig.

GPSR Compliance

The European Union's (EU) General Product Safety Regulation (GPSR) is a set of rules that requires consumer products to be safe and our obligations to ensure this.

If you have any concerns about our products, you can contact us on ProductSafety@springernature.com

In case Publisher is established outside the EU, the EU authorized representative is:

Springer Nature Customer Service Center GmbH
Europaplatz 3
69115 Heidelberg, Germany

Batch number: 10682323

Printed by Printforce, the Netherlands